教育部哲学社会科学研究后期资助重大项目（22JHQ003）成果

科学思想史

自然观变革、方法论创新与科学革命

肖显静 著

A History of Scientific Thought

The Scientific Revolutions Based on the Reforms of Nature-Views and Methodologies

科 学 出 版 社

北 京

内 容 简 介

本书主要研究人类历史上各个阶段自然观的内涵及其变革，以及随着这种变革所发生的方法论创新与科学革命——“大写的科学革命”。具体来说就是：勾勒史前人类神话宗教自然观与自然认识之间的关系；梳理古希腊自然哲学的主要内涵及科学思想意蕴；厘清中世纪自然哲学与自然神学、近代早期自然科学之间的关系；阐述近代科学革命的自然观变革、方法论创新及其关联；探讨现代科学的新发展、自然观的新变革及其方法论创新所引发的现代科学革命；构想既有利于环境保护又有利于经济发展的新的未来科学革命形式。由此就从“历史与逻辑的统一”“以史为鉴知兴替”的视角，系统地展现了由自然观变革和方法论创新所引导的“大写的科学革命”的概貌。

本书可作为高等院校科学思想（革命）史、科学通识教育的参考用书，也可作为科技史、科技哲学、科学社会学、科学教育等专业师生的研究用书，以及公众关心了解科学思想、科学革命的深度读本。

图书在版编目（CIP）数据

科学思想史：自然观变革、方法论创新与科学革命 / 肖显静著. —北京：科学出版社，2024.6

ISBN 978-7-03-075073-0

Ⅰ. ①科…　Ⅱ. ①肖…　Ⅲ. ①科学技术-思想史-世界　Ⅳ. ①N091

中国国家版本馆 CIP 数据核字(2023)第 037466 号

责任编辑：邹　聪　侯俊琳　陈晶晶 / 责任校对：姜丽策

责任印制：赵　博 / 封面设计：有道文化

科学出版社 出版

北京东黄城根北街 16 号

邮政编码：100717

http://www.sciencep.com

三河市春园印刷有限公司印刷

科学出版社发行　各地新华书店经销

*

2024 年 6 月第　一　版　开本：720×1000　1/16

2025 年 1 月第二次印刷　印张：48 1/2

字数：980 000

定价：298.00 元

（如有印装质量问题，我社负责调换）

序　一

肖显静教授近年来在学界颇为活跃，特别是在科学技术与自然观、科学技术与环境论方面颇有建树。他认为，单纯谈论自然观的变革并不可取，应该结合科学的发展来讨论这一问题，这种“自然观”的研究方式在国内学界还是非常新颖的。另外，他还提炼出“科学技术与环境论”主题，从科学本体论、认识论和方法论的角度来探讨科学应用何以造成环境问题，并提出解决环境问题的科学革命路径。把科学认识领域扩展到科学应用领域，有助于拓展科学技术哲学的研究疆域。

可见，显静教授的研究常常是别开生面的。这种特点在他的近著《科学思想史：自然观变革、方法论创新与科学革命》中也多有体现。

一般科学思想史著作，对于科学比较倾向于理想主义的观念，认为科学家都是客观的、无主观、无私利的，科学事实是明确的，科学认识是正确的，科学检验是确定的，科学认识不存在中间地带。科学的发展史应当是发现客观的、明确的科学事实的历史，是正确与谬误一刀两断并决然战胜谬误的历史，是科学与反近代科学（神话、宗教、巫术等）乃至非科学（哲学、文学、艺术等）决裂的历史。但是，显静认为，如此，就会抹杀科学是从宗教社会以及非科学社会产生的历史事实，就会忽略近代科学革命的发生与中世纪宗教神学、自然哲学以及古希腊自然哲学的紧密关联，就会无视科学从神学以及哲学中独立出来的复杂过程。所以，该著作有一个明显的特点，就是以反科学主义的科学观念来统领书稿的研究与撰写。

该著作的撰写也注意到科学探索自然奥秘的复杂性和艰巨性，尊重科学的成功是建立在失败的基础之上的，由此展现其在科学发展过程中的争论及其对科学的推动作用。他坚持不正确的或不完善的科学认识也是科学认识不可缺少的部分的观点，以完整客观地展现科学认识的历史。

该著作还指出下述科学主义观念的片面性——科学是关于自然的正确认识，利用这种正确认识改造自然，就会产生积极的结果，为人类造福。该著作认真反思科学应用造成环境问题在科学认识特征方面的原因，并在此基础上进一步探讨应该发展一个什么样的科学以保护环境。作者试图在拓展科学哲学研究疆域的过程中，把科学认识的客观性(真)与科学应用的安全性(善)联系起来，努力追求未来科学真与善的统一。

显静的科学思想史在概念上有一系列的创造。例如，他在区分抽象的哲学层面的范式和具体的科学层面的范式基础上，提出“大写的科学革命”和“小写的科学革命”概念，并将自己的研究定位在“大写的科学革命”上。以此界定各个历史阶段科学的特征——“神话式的”“哲学式的”“实证式的”“有机式的”“可持续式的”，并提出科学由“辩护式科学”走向“发现式科学”，由“机械式科学”走向“有机式科学”“地方性科学”（“可持续式科学”）。

具体地说，史前时期，尤其是旧石器时代晚期和新石器时代，已经有了科学，只不过处于萌芽状态。这样的科学可以称为“神话式科学”。以近代科学的观点看，史前人类以神话宗教自然观认识自然是错误的，但是，就当时的历史条件以及人类认识和实践的复杂性看，这种认识有一定的历史合理性，支撑并且推进了人类缓慢而坚定地向前发展。

古希腊自然哲学是通过自然的因素，而不是通过超自然的因素来解释自然，是从“神话式科学”向“哲学式科学”的转变。关于此，柏拉图的“数学的天文学”、亚里士多德的“哲学的物理学”等概括，可以很好地体现这一点。

该著作认为，现代科学革命是对近代科学的革命，它应该是基于一种不同于机械自然观的自然观。这样的自然观应该是有机整体性的自然观，具有返魅性、复杂性、整体性、非决定性。为了认识具有这种特征的对象，需要运用一种新的方法论原则来进行。如果说近代科学可以称为“机械式科学”，那么，现代科学则可以称为“有机式科学”。

该著作强调，在当代，科学得到了广泛的社会应用，也产生了一系列的环境问题。分析以机械自然观为基础的近代科学，不难发现：无论是机械自然观基础，还是方法论原则以及具体的实验方法、数学方法以及理想化方法的应用，都是远离自然的并且是建构自然的。自然科学非自然，自然科学不自然，自然科学反自然。这是科学应用造成环境问题的根本原因。不进行新的科学革命，是不可能解决环境问题的。于是，未来需要科学革命，由此产生“地方性科学”或“可持续式科学”。

该著作包含许多大胆的观点，例如，作者分析各种类型的科学，认为古代科学传统——博物学和地方性知识“环保但不经济”，近代科学“经济但不环保”。正因为如此，未来科学革命必须针对科学造成环境问题的根本原因——“远离”自然和“规训”自然的特点，“回归”自然和“顺应”自然。这样的科学将集中体现“地方性”，因此又称“地方性科学”。这样的科学以人与自然的和谐共生自然观以及相应的方法论原则为基础，能够做到既环保又经济，从而推进生态文明建设。虽然现代科学在自然观方面与未来科学有共同之处，但是其价值目标中并不必然含有环保，因此，其应用仍有可能会造成环境破坏。

当然，因为该著作标榜以反科学主义的科学观念来统领，就一定会与通常被接受的科学观念相左。例如，假如未来科学将集中体现“地方性”，那么，缺乏“普遍性”的科学还算科学吗？书中又添加了不少罕见的概念和观点，例如“大写的科学革命”“小写的科学革命”“雅典加”“亚历山大里亚加”等，自然也会引起一些争论。真理愈辩愈明，这应该是作者和大家所希望的。

在显静《科学思想史：自然观变革、方法论创新与科学革命》新著付梓之际，拉拉杂杂写上这些话，以便引起更多读者的兴趣。谨此聊表祝贺，以为序。

刘大椿

中国人民大学一级教授

2023 年 5 月于北京

序　二

以科学思想史为主题的著作可谓众矣！但是吾友肖显静教授的新作《科学思想史：自然观变革、方法论创新与科学革命》却令我耳目一新，不仅在于主题之鲜明，而且在于论述方法之创新。显静教授邀我为之序，我虽感难当此任，但阅读一遍，深受启发，颇有惊喜，于是不揣简陋，记下我的几点感想。

科学是什么？这是一部科学思想史必须回答的问题。对这个问题不同的回答意味着对科学思想史的不同写法。说实话，直接以“科学思想史”为书名的著作在国外很少见，在国内自从20世纪90年代以后似乎也少有问世，原因之一就是撰写这样宏大的科学思想史其实是很有难度的，涉及关于科学的根本认识问题。科学既是人类关于自然认识观念的集合，也是人类认识自然的方法论总和，更是人类认识自然的社会实践。于是科学必然就同时具有思想观念的、认识论和方法论的以及社会学的内涵，而且这几个方面是相互交织、不可分割的。一部科学思想史不可能是“纯粹的”科学知识史，必须观照科学的众多面相。正因为此，科学思想史是比较难写的。它既不属于柯瓦雷、兰德尔、克隆比等的“内史论”，只注重科学认识发展的内在逻辑；也不属于黑森、贝尔纳等的“外史论”，认为科学认识的产生取决于社会经济的外在条件；还不属于默顿等的传统科学社会学的“科学共同体的社会规范”；更不属于夏平等的科学知识社会学的“科学的社会构建史”。显静教授在充分分析和理解上述科学史研究范式的基础上，抓住了科学的最本质的三个方面的内涵——自然观、方法论和科学革命，探讨关于自然的知识即科学思想究竟以什么样的方式进步和发展。该书以“自然观变革、方法论创新与科学革命”为主题展开，树起“大写的科学革命”的大旗，并且将这样的“大写的科学革命”与科学思想的发展结合起来，是一个重要的创新。

显静教授在该书中的论述在方法论上也颇有创新。他在辨析区分库恩范式概念的基础上，合理地运用“哲学式范式”变革展开对科学思想史以及科学革命的研究；在充分吸收和扬弃夏平科学知识社会史，以及舒斯特后库恩“语境论”科学史研究纲领的基础上，提出了自己的科学史研究纲领“综合论”，并将这一方法论娴熟地运用于该书的科学思想史的研究之中。这也为该书提供了叙述的进路：在阐述科学革命的自然观变革、方法论创新的过程中，探讨科学共同体的社会-政治亚文化是如何与它们相互作用并影响甚至决定它们的，科学共同体外部的社会-经济文化等因素又是如何影响上述所涉及的科学内部各层面的。如此，就形成了以“科学认识”为核心圈层，以“科学共同体”为中间圈层，以“科学外部社会环境”为外部圈层的“三圈层模型”。显静教授的这一“综合论”模型，有机融合了科学思想的历史学、哲学和社会学研究。

科学思想史既不能是观念的逻辑顺序，也不能是历史语境的包装。显静教授的这本《科学思想史：自然观变革、方法论创新与科学革命》，以翔实的历史研究为基础，赋予其“大写的科学革命”的精神，体现了科学观念的历史与逻辑的统一。全书研究内容的创新处处可见，叙述引人入胜。我略举以下数端。

1. 新增了一些研究主题，以体现历史、现实与未来的完整性

为了完整地展现科学思想史的全貌，该著作沿着“史前阶段—古希腊阶段—中世纪阶段—近代—现代—未来”的时间轴线，新增了相关研究主题，如“第一章 史前神话宗教自然观——由超自然认识自然”“第四章 晚期希腊自然哲学——由解决个人的人生问题认识自然”“第五章 古希腊自然哲学——从革命到衰落再到恢复”“第十二章 现代科学革命的肇始——新的自然观与新的方法论”“第十三章 未来科学革命的提出——始于环境问题的产生及解决”“第十四章 未来科学革命的抉择——走向‘地方性科学’”。对于这些主题，或者国内研究较少(第一章、第四章、第五章)，或者国内和国外研究都较少(第十二章、第十三章、第十四章)。这些主题的增加，一定程度上弥补了国内这方面研究的欠缺，将视角从古代延伸到史前人类，从近代延伸到现代，进而展望未来，体现了科学思想史知识体系的完整性。

2. 针对某些历史人物国内研究不足的状况，专门展开研究以补充完善

该著作的撰写是以学派和历史人物的思想及其评介为基点的，数量众多，有爱奥利亚学派、毕达哥拉斯学派、柏拉图学派、亚里士多德学派、晚期希腊各学派、达·芬奇、塞尔维特、罗吉尔·培根、哥白尼、开普勒、伽利略、吉尔伯特、赫尔蒙特、哈维、弗朗西斯·培根、笛卡儿、惠更斯、波义耳、牛顿等。对于这些学派及其人物思想，国内大多进行了比较充分的研究，但是也有少数没有或少有研究，鉴此，该书作者对此进行专门探讨，为国内学界提供新的知识。这方面相关的章节有“第七章之‘三、伽利略：实现了数学的物理学思想’”“第八章 近代科学革命(二)——从泛灵的经验到激扰的实验”“第十章之‘一、惠更斯：将运动微粒说与数学相结合’‘二、波义耳：将机械论的微粒说与实验相结合’”等。

3. 着眼于综合论的研究纲领，将社会文化背景融入相关主题的研究中

为了完整地展现科学认识的历程，该著作研究遵循“综合论”研究纲领，新增“第五章 古希腊自然哲学——从革命到衰落再到恢复”“第七章之‘四、哥白尼的“日心说”是如何被接受的’”“第八章之‘二、弗朗西斯·培根：“激扰自然”的实验思想’”“第九章之‘三、机械自然观的建构以及被接受’”“第十章之‘四、牛顿的后机械论哲学及其研究纲领的贯彻’”等，以体现社会文化因素是如何影响自然观的变革、方法论创新与科学革命的。

4. 将研究延伸到未来，提出经济和环保双赢的未来科学革命新形态

一般的科学史或科学思想史研究是不涉及未来的，而该著作基于现时代环境保护和可持续发展对科学变革的要求，从科学哲学的角度反思科学与环境问题的产生及其解决之间的关联，提出科学的非自然性是造成环境问题的根本原因，要解决环境问题就必须进行新的科学革命，目的是创立新的科学——“地方性科学”。由此将科学哲学的研究从认识层面扩展到应用层面，拓展了科学哲学的视域；将科学思想史的研究延伸到了未来，形成完整的“历史—现实—未来”画卷。目的是“揆端推类，告往知来”，从人类社会生态文明建设角度提出未来科学革命的新形态。

由此看来，该著作的分量是极其厚重的，其出版具有多方面的意义和价值。

一是能够为科学思想史研究者提供脚本，有助于他们进一步展开相关研究——科学史价值。

二是能够为科学界提供思想资源，有助于他们了解科学革命发生的思想基础及其条件，理解新的科学革命(包括源于科学内部和源于科学外部)的自然观基础、方法论创新，自觉地推进现代科学革命和未来科学革命——科学价值。

三是能够为公众了解古代科学的形态、近代科学的起源、现代科学的发展、未来科学的革命，提供基础性的材料，有助于他们树立科学的世界观、科学的方法论以及科学精神——社会价值。

四是能够为全社会理解科学与环境问题的产生与解决之关联，推动新的未来科学革命，提供思想指引，发展一种“既经济又环保”的科学——未来价值。

五是能够为国内科学教育、高校科学通识教育以及科学史专业、科技哲学专业的研究生课程教学及研究，提供教学参考，培养学生的科学素养，提高他们的创新能力——教育价值。

显静教授的这本《科学思想史：自然观变革、方法论创新与科学革命》，是他长期从事科学哲学、科学社会学和科学史研究的积累，体现了他对科学发展的历史以及科学究竟是什么的深刻思考和理解，是该领域期待已久的一部力作，相信会经得住时间的考验。是为序。

中国科学技术史学会理事长

2023 年 8 月于北京

目　　录

图 目 录

表 目 录

引论　科学的思想

——从自然观变革、方法论创新到科学革命

一、“大写的科学革命”：以自然观变革和方法论创新为基础

（一）“革命”“范式”的含义确立与“大写的科学革命”

要弄清科学革命是什么，首先就要澄清“革命”（revolution）是什么。英语中的revolution来源于古法语中的revolucion，意指“天体的旋转”，或直接来源于中世纪的拉丁语revolutio，意指循环往复。阿伦特（Hannah Arendt，1906—1975）就说：“‘革命’一词本来是一个天文学术语，由于哥白尼的《天体运行论》（*De Revolutionibus Orbium Coelestium*）而在自然科学中日益受到重视。在这种科学用法中，这个词保留了它精确的拉丁文意思，是指有规律的天体旋转运动。众所周知，这并非人力影响所能及，故而是不可抗拒的，它肯定不以新，也不以暴力为特征。”[①]据此，哥白尼《天体运行论》中作为拉丁语的revolutionibus，意思就是“天体的旋转”。不过，拉丁语的revolutio又源于古希腊语的ἀνακύλωσις。其中的ἀνα的意思有两个：一是位置，表示从下到上，完全穿过；二是时间，历经来回。在古希腊，作为源于天文学的词，ἀνακύλωσις表示的是天球的运行，只是这里的天球不是我们现代人所理解的在天空中运行的那些行星、恒星之类的星球，而是古希腊人观念中的组成球形宇宙的那些一层一层的天球。如对于“地心说”，ἀνακύλωσις表示的就是镶嵌在天球之上的其他各类星球围绕静止于宇宙中心的地球所做的匀速圆周运动。鉴于ἀνακύλωσις在天文学上的循环意义，柏拉图（Plato）将此用于表达某种政体的变化，波利比乌斯（Polybius，公元前203—前121）则直接将其用来形容自己的政体循环理论，而推动这种政体循环的是命运女神。

到了近代，情况有所改变。I. B. 科恩（I. B. Cohen，1914—2003）考证发现，“革命”一词的上述含义在近代早期经历了双重演变：一是作为天文学周期性的或周而复

① ［美］阿伦特：《论革命》，陈周旺译，南京：译林出版社，2011年，第31页。

始的活动(如公转)的专有名词，被引入社会政治和文化领域；二是在引入社会政治和文化领域的过程中，获得“打断连续性或每过一定时期的(即非循环)真正重大的一个变化”的新含义，而且在1789年法国大革命以后，这种新含义占据了优势，指的是根本性的变化和对传统的背离。[①]从现在看，人们所称的“革命”几乎都是就第二种含义而言的。科学革命中的“革命”也是如此。

根据I. B. 科恩关于科学史的考察，把“革命”与“科学”联系在一起的出版物，最早可见于1620年首次出版的弗朗西斯·培根(Francis Bacon)的《新工具》。弗朗西斯·培根在这里所说的“革命”，大多指的是学术中的革命(doctrinarum revolution)，而非科学中的革命。[②]1751年达朗贝尔(法语：Jean le Rond D'Alembert，1717—1783)在为他与狄德罗(Denis Diderot，1713—1784)主编的《百科全书》(*Encyclopaedia*)所撰写的引言中，较早使用“科学革命”，并将此作为科学发展历程中的根本变化进行了介绍。[③]哈金(Ian Hacking)认为，第一个把“革命”这一概念推广到科学的人是康德(Immanuel Kant)。[④]

纵观“科学革命”一词的使用情况，在20世纪50年代之前很少出现，而在此之后，在学术界就受到重视。究其原因，这与下列图书的出版有关：一是柯瓦雷(法语：Alexandre Koyré，1892—1964)的《伽利略研究》(*Études Galiléennes*，法语版，1939年[⑤]；英译版，1978年)；二是巴特菲尔德(Herbert Butterfield，1900—1979)的《近代科学的起源：1300—1800》(*The Origins of Modern Science，1300-1800*，1949年)；三是霍尔(A. R. Hall，1920—2009)的《1500—1800年的科学革命：近代科学态度的形成》(*The Scientific Revolution 1500-1800：The Formation of the Modern Scientific Attitude*，1954年)等。当然，这也与科学转化为技术并进一步引发技术革命和产业革命有关。而且，随着库恩(Thomas Samuel Kuhn，1922—1996)《科学革命的结构》(*The Structure of Scientific Revolutions*，1962年)的出版，科学革命这个话题才逐渐流行起来。[⑥]

---

① [美]I. 伯纳德·科恩：《牛顿革命》，颜锋、弓鸿午、欧阳光明译，南昌：江西教育出版社，1999年，第43-44页。

② [美]I. 伯纳德·科恩：《科学中的革命》(新译本)，鲁旭东、赵培杰译，北京：商务印书馆，2017年，第737-746页。

③ [美]I. 伯纳德·科恩：《牛顿革命》，颜锋、弓鸿午、欧阳光明译，南昌：江西教育出版社，1999年，第49页。

④ Hacking I. Introduction essay//Kuhn T S. The Structure of Scientific Revolution. Chicago: University of Chicago Press, 2012.

⑤ 虽然柯瓦雷的这部著作的法语版出版于1939年，但是，由于第二次世界大战的爆发，它的学术影响在第二次世界大战后20世纪40年代末、50年代初才显现出来。

⑥ 鲁旭东：《科学革命的另一种解读——科恩与库恩的比较研究》，《哲学动态》，2014年第10期，第82页。

在《科学革命的结构》一书中，库恩关心的是科学革命的演进以及常规科学和科学革命时期“范式”(paradigm)的突变。他根据历史学和社会学的研究，提出了科学革命的“范式”理论：前科学→常规科学→危机→革命→新的常规科学→新的危机。根据这一理论，在常规科学阶段，“范式”不变；在“危机”以及“革命”阶段，“反常”出现，旧的范式受到挑战，新的范式被提出，并被进一步质疑、争论乃至最终接受。[①]如此一来，科学革命的进行就是“范式”的改变，“范式”的内涵决定了科学革命的形式。

“范式”的内涵是什么呢？库恩在《科学革命的结构》一书中，一会儿将“范式”指代科学研究的具体成就，一会儿将“范式”指代复杂的理论集、目标或标准等，甚至有些时候还将“范式”和“理论”交叉使用。他对“范式”术语的使用非常宽泛，却没有详细界定“范式”的内涵。这种状况导致他的《科学革命的结构》一书出版后，“范式”的概念就受到学界的广泛质疑。夏佩尔(Shapere)1964年认为这一术语“神秘、模糊且含混”。[②]马斯特曼(Masterman)1966年撰写一篇“范式的本质”的论文，该论文于1970年收入拉卡托斯所编的文集。在该文中，马斯特曼指出，库恩在《科学革命的结构》一书中对“范式”的用法有21种，却未能给出其清晰的定义。[③]威兹德姆(Wisdom)1974年认为：“尽管范式是一个很好的概念，但想要说清它的含义并非易事。”[④]霍林格(Hollinger)1980年则称这一概念让库恩同时享有盛名和污名。[⑤]萨克里(Thackray)1982年表示：“这是一个极其错误的想法。”[⑥]库恩的导师柯南特(Conant)更在1983年的信中指出，他担心库恩会成为一个“抓着‘范式’一词，并将它当作神奇的语言魔杖”的人。[⑦]

库恩本人也努力澄清“范式”的内涵。他在《科学革命的结构》首次出版7年后的1969年再版“后记”中，对“范式”的内涵进行了探讨。他认为“范式”与科学共同体相伴，“范式”作为“学科基质”(disciplinary matrix)是团体承诺的集合，

① [美]托马斯·库恩：《科学革命的结构（第四版）》(第2版)，金吾伦、胡新和译，北京：北京大学出版社，2012年。

② Shapere D. The structure of scientific revolutions. Philosophical Review, 1964, 73(3): 383-394.

③ Masterman M. The nature of a paradigm//Musgrave A, Lakatos I(eds.). Criticism and the Growth of Knowledge. Cambridge: Cambridge University Press, 1970: 59-91.

④ Wisdom J. The nature of “normal science”//Schilpp P(ed.). The Philosophy of Karl Popper, The Library of Living Philosophers. Cambridge: Cambridge University Press, 1974: 832.

⑤ Hollinger D T S. Kuhn’s theory of science and its implications for history//Gutting G(ed.). Paradigms and Revolutions. Notre Dame: University of Notre Dame Press, 1980: 197.

⑥ 转引自 Coughlin E.Thomas Kuhn’s ideas about science:20 years after the revolution. The Chronicle of Higher Education, 1982, 9(22): 21.

⑦ 转引自 Cedarbaum D G. Paradigms. Studies in History and Philosophy of Science Part A, 1983, 14(3):173-213.

“范式”是科学共同体共有的“范例”(exemplar)。至于“学科基质”，库恩认为它包含四种主要成分：一是符号概括——范式的形式成分，包括定律和定义等(比如$F=ma$)；二是形而上学的信念(比如“热是物体构成部分的动能”)；三是评价(比如准确性、一致性、广泛性、简要性和丰富性等)；四是共享的“范例”。①

随着研究的深入，有学者将“学科基质”概括为四个方面：第一，普通陈述(理论和经验法则)；第二，共同体的形而上学；第三，方法论和仪器；第四，已解决的问题。②对于“范例”，也有学者提出，是指被学术团体视作具有范例作用的具体的解决问题的方案。这些方案相当于一些模板，用以说明学术团体的成员应该如何进行科学研究，其中包括理论及理论应用、观察方法(比如他们在实验中寻找什么)以及使用哪些仪器、如何应用它们。③

不仅如此，库恩于1974年专门发文对“范式”概念作进一步的解释，并认为作为“学科基质”的“范式”是“范式”的“整体定义”(global definition)，它“包含了科学团体所共享的全部承诺(commitments)”，而作为“范例”的“范式”是“范式”的“局部定义”(local definition)。④

事实上，库恩对“范式”的上述整体和局部定义并没有消除学界对“范式”概念的质疑。对于作为整体定义的“学科基质”，夏佩尔抱怨道：“科学基质的概念无法澄清范式概念，更不能为‘革命的’和‘常规的’科学之间的显著差异进行辩护。”⑤马斯格雷夫(Musgrave)声称，学科基质为常规科学实践提供的共识并非必要的，因为微观共同体即便不拥有共同的形而上学也可以进行科学实践。⑥苏佩(Suppe)指出，虽然他非常欣赏库恩的这一澄清，但是，这一区分无法帮助我们区分常规科学和科学革命，相比之下，或许传统概念(如理论)更加值得托付。⑦另外一些学者则认为，范式内涵的这两个层面密切相关，因而没有必要单独对学科基质的内涵进行说明。⑧

---

① [美]托马斯·库恩：《科学革命的结构(第四版)》(第2版)，金吾伦、胡新和译，北京：北京大学出版社，2012年，第146-176页。

② Marcum J. From aradigm to disciplinary Matrix and Exemplar//Kindi V, Arabatzis T (eds.). Kuhn's *The Structure of Scientific Revolutions* Revisited. New York: Routledge Press, 2012: 59.

③ Devlin W, Bokulich A. Kuhn's Structure of Scientific Revolutions – 50 Years on. Vol.311. Cham: Springer, 2015: 2.

④ Kuhn T. Second thoughts on paradigms//Suppe F (ed.). The Structure of Scientific Theories. Urbana, IL: University of Illinois Press, 1974: 460.

⑤ Shapere D. The paradigm concept. Science, 1971, 172: 707.

⑥ Musgrave E. Kuhn's second thoughts. British Journal for the Philosophy of Science, 1971, (22): 287-306.

⑦ Suppe F. Examplars, theories, and disciplinary matrix//Suppe F (ed.). The Structure of Scientific Theories. Urbana, IL: University of Illinois Press, 1974: 483-499.

⑧ Kindi V. Kuhn's paradigms//Kindi V, Arabatzis T (eds.). Kuhn's *The Structure of Scientific Revolutions* Revisited. New York: Routledge Press, 2012: 91-112.

对于作为局部定义的“范例”，也遭到学界的质疑。首先，伯德(A. Bird)认为，“范例”不等同于理论，范例的内涵远比理论深广。很多范例的确是以理论的形式呈现出来的，但范例试图说明的是，如何从事科学工作，科学家为何可以成功地实现目标，为何这个问题值得探讨而非那个，等等。“从个体层面来讲，范例为科学家提供了把握相似性的个人直觉，这一直觉对解决未解之谜至关重要……从社会层面来讲，特定领域中的范式是参与者们所一致认可的。”[①]据此，范例的关注点不在理论本身，而在于理论之外能给予科学活动的那些方面。此外，雷(B. Wray)提出，范例和理论的不同还表现在，范例恰恰可以解释为什么理论的改变对科学家来说是非常痛苦的经历。范例限制了科学家的视域，甚至会屏蔽掉很多出现在他或她眼前的现象。在已接受的范例的长期指导之下，科学家们容易在一定的理论框架之内进行研究，很难跳出框架之外，因而也很难改变既定理论。[②③]

在这种情况下，作为“学科基质”以及“范例”的“范式”概念并没有得到学界的肯定，学界也很少使用这两个概念，库恩在学术后期也淡化了对“学科基质”的讨论。相反，倒是“范式”这一概念仍然在学界风靡，影响巨大。

“范式”的分类及其内涵究竟如何呢？马斯特曼早在 1966 年就对此作了相关研究。她把库恩在《科学革命的结构》一书中所使用的 21 种“范式”概念的含义进行了概括，分为以下三类：一是作为一种信念、一种形而上学思辨，它是哲学范式或元范式；二是作为一种科学习惯、一种学术传统、一个具体的科学成就，它是社会学范式；三是作为一种依靠本身成功示范的工具、一个解疑难的方法、一个用来类比的图像，它是人工范式或构造范式。而且，她认为，第一类“范式”的内涵并不重要，第二、第三类“范式”才是库恩对科学界的巨大贡献。库恩为科学家，尤其是为那些缺乏理论指导的科学家们，提供了解释科学实践的概念资源。[④]

应该说，马斯特曼对“范式”的上述分类还是有一定道理的。但是，她认为第一类范式——“哲学范式”不重要的观点是错误的。事实上，科学认识是以本体论、认识论、方法论、价值论为基础的，这是科学认识的抽象的哲学层面范式。它包括以下四个方面：一是本体论范式，如超自然的、有灵的、机械的、有机的、人与自然和谐的等；二是认识论范式，如实在论的、反实在论的、中立论的等；三是方法论的范式，如经验论与理性论、简单性与复杂性、整体性与还原性、决定性与非决定性等；

---

① Bird A. Thomas Kuhn. Chesham: Acumen, 2000: 79.

② Wray B. Kuhn and the discovery of paradigms. Philosophy of the Social Sciences, 2011, 40(3): 391.

③ 当然，这里的意思并不是说新的理论无法产生，只是说需要很漫长的时间以及库恩所谓的科学革命。科学革命一旦发生，新范式便会代替旧范式，从而形成新的理论框架，而接受了新范式的科学家们又会在这一框架下从事研究，仍然会忽略很多处于框架之外的问题和现象。

④ Masterman M. The nature of a paradigm//Musgrave A, Lakatos I(eds.). Criticism and the Growth of Knowledge. Cambridge: Cambridge University Press, 1970: 65-66.

四是价值论的范式，如神学中心论、人类中心论、非人类中心论等。

除此之外，科学认识还要以学术传统、科学的成就、仪器设备等为基础，这是科学认识的具体的科学层面范式。它包括以下几方面：一是理论范式，如概念、命题、假说、理论等；二是方法范式，如观察、实验、数学、测量、比较、分类、类比、假说-演绎等；三是工具范式，如仪器、设备、操作、程序、技艺等。

对于抽象的哲学层面的范式，离具体的科学活动较远，隐藏较深，难以被一般科学家或处于常规科学时期的科学家所察觉或发现；对于具体的科学层面的范式，与具体的科学活动紧密关联，是科学家在科学实践过程中直接接触并感知到的。由于马斯特曼是一位计算机科学家，而且她自称对科学哲学不感兴趣，故她更多地关注“范式”对于具体科学实践的作用，而相应地忽视了哲学范式对科学的作用。

事实上，库恩并未放弃对第一类范式的思考，上文提到的“整体定义”正是对第一类范式的延伸。相比之下，他的作为“局部定义”的“范例”则与马斯特曼的第二、第三类范式更加接近。现在人们一般不会拒斥“范式”的哲学层面的划分和科学层面的划分。舒斯特(J. A. Schuster)就说，所谓“范式”，是一个在特定的时刻或时期规范科学工作的统摄性理论框架。它包括：某一时期某一科学的基本定律和概念(理论)；通过事实归纳得出科学假说；检验科学假说的各种实验过程和仪器操作程序(实验)；使得相应的理论和实验成为可能的形而上学背景(自然哲学或自然观)。[①②]

按照上述思路，“范式”就可以分为“哲学层面的范式”和“科学层面的范式”，“范式转换”就可以分为“哲学层面的范式转换”和“科学层面的范式转换”。“哲学层面的范式转换”带来的是本体论(自然观)、认识论、方法论、价值论的变革，以及相应的科学层面的范式变革。这是科学认识基础性的、根本性的革命，由此引发的科学革命可以称为“大写的科学革命”，如果用英文表示就是 The Scientific Revolution(特指“某次‘大写的科学革命’”)或者 Scientific Revolutions(泛指“所有的‘大写的科学革命’”)。在“大写的科学革命”完成后，科学进入常规科学时期。此时也发生科学革命，只是发生的主要是“科学层面的范式转换”，带来的是

---

① [澳]约翰·A. 舒斯特：《科学史与科学哲学导论》，安维复主译，上海：上海科技教育出版社，2013 年，第 289 页。

② 需要说明的是，约翰·A. 舒斯特《科学史与科学哲学导论》一书的英文书名是 *The Scientific Revolution:An Introduction to the History and Philosophy of Science*，翻译成中文时不知何故省略了 *The Scientific Revolution*(科学革命)。没有将此翻译出来并作为译著的主标题，是不恰当的。在此特别说明。

具体的科学理论、科学方法、科学工具的变革，是科学认识非基础性的、非根本性的变革。这样的科学革命可以称为“小写的科学革命”。如果用英文表示，可以表示为 the scientific revolution（特指“某次‘小写的科学革命’”）或者 scientific revolutions（泛指“所有的‘小写的科学革命’”）。

根据上述“大写的”以及“小写的”科学革命的界定，“大写的科学革命”也可称为“元科学的革命”[The Meta-scientific Revolution(s)]、“形而上的科学革命”[The Metaphysical-scientific Revolution(s)]、“奠基的科学革命”[The Foundational-scientific Revolution(s)]；与之相对应，“小写的科学革命”也可称为“次科学的革命”[The Secondary-scientific Revolution(s)]、“形而下的科学革命”[The Physical-scientifical Revolution(s)]、“一般的科学革命”[The General-scientific Revolution(s)]。“大写的科学革命”是“由‘大写的’抽象的哲学层面的范式转换和具体的科学层面的范式转换引发的科学革命”，“小写的科学革命”是“在‘大写的科学革命’完成之后，遵循‘大写的科学革命’中的‘大写的’抽象的哲学层面范式和具体的科学层面范式，而获得的科学认识的突破”。如此一来，“小写的科学革命”并非随附于“大写的科学革命”，而是衍生于“大写的科学革命”。

（二）“大写的科学革命”与某些科学史家的观点相一致

以上述“范式”以及“科学革命”的内涵界定，考察科学史家关于科学革命的研究就会发现，某些科学史家事实上已经提出了如上所述的“大写的科学革命”的“科学革命”内涵。

巴特菲尔德在《现代科学的起源》(*The Origins of Modern Science*，1949 年)中虽然没有提出“大写的科学革命”这一词语，但是，根据他对近代科学①革命的下述描写，近代科学革命就是一次“大写的科学革命”——“那场革命不仅推翻了中世纪科学的权威，而且推翻了古代科学的权威，最后不仅使经院哲学黯然失色，而且

---

① 需要说明的是，对于所谓的“近代科学”，人们往往赋予两方面的含义：一是就时间而言，参照古代和近代，与近代科学革命及其推进有关，时间大约从文艺复兴时期晚期（也有说从 1700 年）到 19 世纪末 20 世纪初的量子论和相对论提出之前；二是就近代科学的本质特征而言，是以机械自然观为基础，以数学方法和实验方法为应用，体现了实证主义的特征，这类科学并未随着现代科学革命的肇始而结束，相反在 20 世纪以及 21 世纪的今天，仍占有重要的甚至是主导的地位。为了涵盖这两者，本书统一用“近代科学”表示，至于具体指的是第一种含义的“近代科学”，还是第二种含义的“近代科学”，或者两者兼而有之，要依据语境而定。国内有些学者用“现代科学”来表示“近代科学”，值得商榷。关于这点在本书稿所引用的参考文献标题及其内容中也有体现，相应之处不再讨论，读者可自行判断并体会。

摧毁了亚里士多德物理学。因此，它使基督教兴起以来的所有事物相形见绌，使文艺复兴和宗教革命降格为一些插曲，降格为仅仅是中世纪基督教世界体系内部的一些移位。它在改变整个物理世界图景和人类生活结构本身的同时，也改变了人们惯常思想活动的特征(甚至在处理非物质科学时也是如此)，因此它作为现代世界和现代精神的真正起源显得异常突出，以致我们对欧洲历史的惯常分期已经成为一种时代误置(anachronism)和障碍。”①

I. B. 科恩在《科学中的革命》(*Revolution in Science*，1985年)一书中指出：“本书所讨论的科学革命，是对所有科学认识均有影响的革命，从这一点讲，它既不同于本书所讨论的别的革命，也不同于大部分科学史著作中所讨论的革命。这种革命使科学的基础发生了彻底的变化，使实验和观察获得了重要的地位；它提倡一种新的数学理论的理想，强调预见的作用，并且大力宣扬：将来所作出的新发现不仅能使有关我们自己和我们这个世界的知识向前发展，而且还能增加我们对自然作用的控制范围。与之相伴而来的，还有一场组织机构中的革命。”②据此，在《科学中的革命》一书中，I. B. 科恩所探讨的“科学革命”应该就是近代“大写的科学革命”，但是，由于他没有从哲学层面和科学层面区分“范式”以及随之而来的“大写的科学革命”和“小写的科学革命”，因此，也把发生于18世纪的“燃烧学说革命”、19世纪的“电磁学革命”、20世纪的“大陆漂移说革命”等纳入他的“科学中的革命”中。根据上述“大写的科学革命”和“小写的科学革命”的区分，发生于18—20世纪的这几次革命，属于“小写的科学革命”而非“大写的科学革命”。

H. 弗洛里斯·科恩(H. Floris Cohen，1946—)在《科学革命的编史学研究》(*The Scientific Revolution: A Historiographical Inquiry*，1994年)一书中对科学革命进行了系统的编史学考察，区分了“诸科学革命”(Scientific Revolutions)与“科学革命”(Scientific Revolution)。他指出，“诸科学革命”是通称，“它代表一种关于科学发展进程的哲学观念，表示科学发现一般会以阵发性的方式进行”③。其含义与库恩《科学革命的结构》(*Structure of Scientific Revolution*)的“科学革命”含义相同。而“科学革命”则是特称，指的是近代科学革命。对于这次科学革命的实质，H. 弗洛里斯·科恩做了系统总结，认为表现在以下几方面：一是自然的数学化；二是概念上虽然有连续但是出现断裂；三是从证明性(demonstrative)科学

① [英]赫伯特·巴特菲尔德：《现代科学的起源》，张卜天译，上海：上海交通大学出版社，2017年，前言，第1-2页。

② [美]I. 伯纳德·科恩：《科学中的革命》(新译本)，鲁旭东、赵培杰译，北京：商务印书馆，2017年，第148页。

③ [荷]H. 弗洛里斯·科恩：《科学革命的编史学研究》，张卜天译，长沙：湖南科学技术出版社，2012年，第25页。

到试探性(tentative)科学；四是从自然哲学[①]到科学；五是对世界的祛魅(disenchantment)[②]；六是实验的兴起与“人造自然”的产生；七是科学社团等的出现等。[③]

从H. 弗洛里斯·科恩上述科学革命的论述看，他已经把近代科学革命看作是一次哲学层面的“大写的科学革命”，只是他仍然没有区分“哲学层面的范式”和“科学层面的范式”，进而没有在区分“大写的科学革命”和“小写的科学革命”的意义上谈论他的“诸科学革命”与“科学革命”(近代科学革命)。

在《世界的重新创造：近代科学是如何产生的》(*De herschepping van de wereld. Het ontstaan van de moderne natuurwetenschap verklaard*，2007年)一书中，H. 弗洛里斯·科恩更加明确地指出近代科学革命的过程和特征。他认为，1600—1640年，近代科学经历了三种革命性的转变：一是以开普勒(Johannes Kepler)与伽利

---

① 拉丁语的“自然哲学”(philosophia naturalis)是对亚里士多德所使用的希腊语的“自然知识”[φῦσικός ἐπίστήμη(physike episteme)]的翻译，在拉丁语中可以被称为physica或者physice，后面这两个单词与philosophia naturalis词义相同。就此来看，自然哲学起自古希腊，中心原则是揭示自然现象的原理和原因。在中世纪，自然哲学最初是被用来指明亚里士多德所描述的三门沉思性哲学中的一门，是与数学和形而上学并列的。随着自然哲学从13世纪起在中世纪基督教世界大学中被体制化，它就开始由对亚里士多德有关自然书籍的研究和注释内容构成。众所周知，文艺复兴时期自然哲学是建立在对其他可供选择的古代哲学的知晓、宗教异议的复兴、新近经验的观察和发现上的，亚里士多德的自然哲学必然面临着诸多挑战。但是这个结果很难说是对亚里士多德的背离。在16、17世纪，自然哲学逐渐与新权威(如波义耳及其“实验的自然哲学”)、新实践(牛顿及其《自然哲学之数学原理》)和新机构(如伦敦的皇家学会)联系在一起。自然哲学在这一时期的革新中得到了改造，但是，同时也引起了顽强的抵制。在17世纪的大部分时间里，传统的自然哲学(书斋式的自然哲学，主要指亚里士多德的那种自然哲学)，继续在大学的教育中盛行。不过，到了1700年，除了最保守的大学，传统的自然哲学差不多在所有大学中都明显地屈从于笛卡儿主义和牛顿主义的机械的、数学化的自然哲学。这似乎预示着自然哲学的终结。但是，事实上，“自然哲学”这一术语通过转变其方法以及解释原则，继续流行于整个18世纪(尤其在英语中)，涉及几乎所有领域。直到19世纪早期，由于我们今天所熟悉的专门的科学学科(从生物学和动物学到化学和物理)的出现以及专业化，这个观念和术语才开始被“科学”这一术语和观念所取代。[具体内容参见[美]安·布莱尔：《自然哲学》//[美]凯瑟琳·帕克(Katharine Park)、[美]洛兰·达斯顿(Lorraine Daston)主编：《剑桥科学史(第三卷)：现代早期科学》，吴国盛主译，郑州：大象出版社，2020年，第307-345页。]

② “祛魅”一词源于马克斯·韦伯(Max Weber，1864—1920)所说的“世界的祛魅”(the disenchantment of the world)，也可翻译为“世界的解咒”，是指对世界的一体化宗教性解释的解体，也就是消除自然的神性、精神性。马克斯·韦伯所使用的“祛魅”具有其复杂的意义。他在《新教伦理与资本主义精神》一书中把“祛魅”看作是将“魔力”(magic)从世界中排除出去，并使世界理性化的过程。(具体内容参见[德]马克斯·韦伯：《新教伦理与资本主义精神》，于晓、陈维纲等译，北京：生活·读书·新知三联书店，1987年，第79页。)

③ [荷]H. 弗洛里斯·科恩：《科学革命的编史学研究》，张卜天译，长沙：湖南科学技术出版社，2012年，第70-271页。

略(Galileo Galilei)为代表，从“亚历山大的”(Alexandria)[①]到“亚历山大加”(Alexandria-plus)，即从“抽象的-数学的”自然认识形式，走向“实在的-数学的”自然认识形式；二是以贝克曼(Isaac Beeckman)和笛卡儿(René Descartes)[②]为代表，从“雅典”(Athens)到“雅典加”(Athens-plus)，具体而言，就是把自然看作是机械，或者把古代原子论的物质微粒与运动机制联系起来，产生新的解释模式；三是以弗朗西斯·培根、吉尔伯特(William Gilbert)、哈维(William Harvey)、范·赫尔蒙特(Jean-Baptiste van Helmont)为代表，从“精确的观察”到“发现的-实验”。[③]

这里涉及“雅典的”和“亚历山大的”自然认识方式。[④]H. 弗洛里斯·科恩用“自然认识形式”(formen der naturerkenntnis)这一概念作为历史分析的单位，来诠释各个历史时期人类认识的特征。对于古希腊自然哲学，H. 弗洛里斯·科恩认为这种认识自然的形式有两种：一是“雅典的”(Athenian)，为古希腊早期自然哲学认识世界的方式，代表学派有柏拉图学派、吕克昂(Luceion)学派、斯多亚(Stoa)学派和伊壁鸠鲁(Epicurus)学派，他们用一种第一原理来说明我们周围的世界，解释着地球与宇宙其余部分的关系，在哲学形式上表现为抽象的理论构建；二是“亚历山大的”(Alexandria)，指的是公元前300年左右，在亚历山大城出现的主要以数学方法解决问题并认识世界的思想潮流，代表人物有欧几里得(Euclid，拉丁文为Euclides或Eucleides，约公元前330—前275)、阿基米德(Archimedes，公元前287—前212)、阿波罗尼奥斯(Apollonius of Perga，约公元前262—前190)、阿里斯塔克(Aristarchus，

---

① 现在看来，将H. 弗洛里斯·科恩的Alexandria译作“亚历山大的”似乎不太合适。“亚历山大”是人名，指亚历山大大帝(Alexander the Great，公元前356—前323)。“亚历山大里亚”(Alexandria)是地名，指亚历山大大帝建立在埃及的城市，继雅典之后成为古典文化中心，因此，以“亚历山大里亚”来指活动在其中的各学派，统称“亚历山大里亚学派”，更为合适。为了引用规范和方便，本书在引用H. 弗洛里斯·科恩的文献时，仍然使用“亚历山大的”，但在其后加“(‘亚历山大里亚的’)”，以表明此处实质上指的是“亚历山大里亚的”，其他地方一律用“亚历山大里亚的”。

② 也有译者译作“笛卡尔”。本书统一采用笛卡儿，但对具体译著的引用，仍沿用原译者译名。

③ [荷]H. 弗洛里斯·科恩：《世界的重新创造：近代科学是如何产生的》，张卜天译，长沙：湖南科学技术出版社，2012年，第82-114页。

④ 这里将古希腊关于自然哲学分为“雅典的”和“亚历山大的”(“亚历山大里亚的”)，这是就认识形式，而不是严格地就时间和地点界定的。如果按照时间界定，“亚历山大的”(“亚历山大里亚的”)似乎在“雅典的”之后，但是，就其各自反映的认识形式看，并无严格的时间界定。如果按照地点界定，亚历山大里亚的哲学家多是从雅典而来的，这如何区分呢？柏拉图的宇宙论是属于“雅典的”，但是就其理论内涵而言，是属于“亚历山大的”(“亚历山大里亚的”)，这又如何界定呢？而且，对于某些理论，如托勒密的地心说体系，已经被公认是对整个柏拉图学派和亚里士多德学派的天文学理论的继承，将它们冠以“雅典的”和“亚历山大的”(“亚历山大里亚的”)，如何能够对它们加以区分呢？一言以蔽之，这里的“雅典的”和“亚历山大的”(“亚历山大里亚的”)是就认识形式而非时间和地点界定的。

公元前 315—前 230）和托勒密（Claudius Ptolemaeus，约 90—168，150 年为其盛年）等，表现形式为数学、计算着天空中行星轨道的模型等。前者与日常经验的实在有关，是基于某些确定无疑的第一原理来解释世界，理解可知觉的现象，而且以可知觉的现象说明着第一原理；后者与日常经验实在没有什么联系，说明的是一个理想的世界，仅仅代表自身，在此，某一陈述的正确性并不依赖于相邻领域的陈述是否为真。前者根据确定的、完全用语词表述的永恒不变的第一原理，导出定性的、非定量的或近乎非定量的无所不包的解释；后者只是对抽象的对象作数学分析，主要借助于思想而非感觉，这又被称为"'抽象的-数学的'（abstract-mathematical）自然认识"。①

参照上述古希腊自然哲学的认识方式，考察近代科学对古希腊自然哲学认识方式的革命性变革，都与机械自然观转变和方法论创新紧密相关。

在第一种革命性变革形式中，开普勒逐渐改变柏拉图以来的"数学的天文学"之"天上世界"和"地上世界"之不同的观念，以及理想的天球运动是圆周运动的观念，将类似于磁力的"太阳力"概念运用于星球的运动推动中，从而创立了"物理的数学的天文学"，将经验的物理的因素融入星球的运动中；伽利略（Galileo Galilei）通过理想实验以及第一性质和第二性质的区分，一改数学只能应用到理想的天上世界的运动的传统观念，将数学运用于地上世界的实验理想化了的物理对象上，从而实现了天上世界和地上世界的统一，并将"抽象的数学"应用于物理对象中，创立了"数学的物理学"。

在第二种革命性变革形式中，笛卡儿一改人类历史上神话宗教自然观以及万物有灵论自然观解释自然的方式，提出机械自然观，通过微粒之间的相互作用来解释自然，这是对自然的"祛魅"。它提供了一种普遍解释自然的机械方式，引导着近代科学革命。更重要的是，一旦把自然看作是机械的，则在科学研究过程中采取简单性原则、还原性原则、因果决定性原则、祛魅性原则等方法论的原则，以及采取具体的数学方法和实验方法，就成了必然。

在第三种革命性变革形式中，笔者并不赞同 H. 弗洛里斯·科恩将弗朗西斯·培根之"实验"与吉尔伯特、哈维、范·赫尔蒙特之"实验"统称为"发现的-实验"的观点。事实上，弗朗西斯·培根之"实验"与吉尔伯特、哈维、范·赫尔蒙特之"实验"是不同的，这种不同更多的不是在"激扰"（vexing）自然的作用方式上，而是在对"自然"的理解，以及在"为什么做实验""如何更好地做实验"上。具体而言，吉尔伯特、哈维、范·赫尔蒙特之"实验"是在自然主义泛灵论基础上进行的，而弗朗西斯·培根之"实验"是在对"自由的自然"（nature

① ［荷］H. 弗洛里斯·科恩：《世界的重新创造：近代科学是如何产生的》，张卜天译，长沙：湖南科学技术出版社，2012 年，第 17-18 页。

of free)、“出错的自然”(nature in error)、“受限的自然”(nature in bonds)[①]的三重理解下进行的。

另外，笔者也不赞同他对以上三次科学革命的次序排列。根据笔者的考察，笛卡儿提出机械自然观的时间要晚于弗朗西斯·培根提出实验思想的时间，而且，弗朗西斯·培根之“实验”思想很大程度上不是基于机械自然观，故本书把“发现的-实验的”科学革命放在“雅典的-微粒的”科学革命之前。

H. 弗洛里斯·科恩进一步指出，在大约 1600 年到 1640 年间发生的三种革命性变革之后，从大约 1665 年到 1687 年，又发生了第四种、第五种和第六种革命性变革。

第四种革命性变革形式首先是由惠更斯(Christiaan Huygens)进行的，他从 1652 年到 1656 年，研究笛卡儿的碰撞定律。“研究碰撞时，惠更斯在历史上第一次造就了一种融合。在部分范围内，他把‘雅典加’与‘亚历山大加’结合在一起。如果考察自柏拉图以来的自然哲学史，我们就会看到，此前从未有人如此自由地处理过这两种自然认识。”[②]之后，他更是将这一革命性变革应用于光学的研究中。另外，从 1655 年到 1668 年，牛顿(Isaac Newton)独立于惠更斯，在碰撞、摆和圆周轨道的研究中，完成了第四种变革，即微粒说与数学的结合。

关于第五种革命性变革，按照 H. 弗洛里斯·科恩的说法是“培根式的综合”，典型代表人物是波义耳(Robert Boyle)[③]、胡克(Robert Hooke)和年轻的牛顿。1669—1679 年，他们接受笛卡儿的机械自然观(虽然这样的接受不是纯粹的)及其进一步的微粒说，贯彻培根的“实验哲学”，将微粒学说与实验结合起来，从微粒的角度解释实验结果，通过发现型实验来限制运动微粒。[④]

第六种革命性变革发生在 1684—1687 年，H. 弗洛里斯·科恩认为，“思想已经成熟的牛顿完全独立地作出了第六种转变”[⑤]，即他把微粒说、数学和实验结合起来，实现了“伟大的综合”，完成了革命[⑥]。H. 弗洛里斯·科恩之所以说牛顿“完

① 我国学者对 nature in bonds 的翻译有三种：一是“互信的自然”；二是“技艺的自然”；三是“受限的自然”。应该说，这三种翻译都有一定道理。不过，根据培根的实验思想，“受限的自然”似乎更加恰当些。

② [荷]H. 弗洛里斯·科恩：《世界的重新创造：近代科学是如何产生的》，张卜天译，长沙：湖南科学技术出版社，2012 年，第 178 页。

③ 也可译作“玻意耳”。

④ [荷]H. 弗洛里斯·科恩：《世界的重新创造：近代科学是如何产生的》，张卜天译，长沙：湖南科学技术出版社，2012 年，第 180-189 页。

⑤ [荷]H. 弗洛里斯·科恩：《世界的重新创造：近代科学是如何产生的》，张卜天译，长沙：湖南科学技术出版社，2012 年，第 175 页。

⑥ [荷]H. 弗洛里斯·科恩：《世界的重新创造：近代科学是如何产生的》，张卜天译，长沙：湖南科学技术出版社，2012 年，第 189 页。

成了革命”，是就牛顿提供了完整的科学研究纲领而言的。之后，科学研究就是在“雅典加”、“亚历山大加”和“发现的-实验的”综合基础上，也就是说在牛顿科学研究纲领的指导下向前迈进的。

从上述H. 弗洛里斯•科恩关于近代科学革命的相关观念变革的叙述中可见，近代科学革命之所以能够发生，其根本在于自然观的变革和方法论创新。而且，一旦自然观变革了，那么科学认识自然的方式就会发生革命性的变化，同时，科学就会取得一系列革命性的认识成果。这是基于自然观变革、方法论创新的科学革命，理应属于“大写的科学革命”。

进一步分析H. 弗洛里斯•科恩上述近代科学革命之“六次革命”可以发现，“大写的近代科学革命”起始于1600年，完成于1687年，而不是学界通常所认为的一直持续到19世纪。事实上，在此之后的18世纪、19世纪所发生的那些科学革命可以看作是“小写的科学革命”，20世纪所发生的科学革命某些是“大写的科学革命”，某些是“小写的科学革命”。

不仅如此，既然近代科学从古希腊自然哲学的“亚历山大”到“亚历山大加”，从“雅典”到“雅典加”，从“精确的观察”到“发现的-实验”，是认识自然的“大写的科学革命”，那么，古希腊自然哲学之“亚历山大的”“雅典的”“精确的观察”的自然认识方式又是如何产生的呢？它相对于之前的人类认识自然的方式是不是一次“大写的科学革命”呢？进一步地，在经历了近代“大写的科学革命”和“小写的科学革命”之后，一种不同于“大写的近代科学革命”的“大写的现代科学革命”有无出现？如果出现了，那么“大写的现代科学革命”是什么？在21世纪，是否需要提出“大写的未来科学革命”？如果需要，则这样的“大写的未来科学革命”应该是什么样的？

（三）基于自然观变革、方法论创新的“大写的科学革命”

根据现代认知科学的研究，人类对自然的认识绝不是简单的复现，而是依赖于人类的认知概念框架，主动地对自然进行同化和建构的结果。认知概念框架包括语言、神话、宗教、艺术、科学甚至政治等诸种观念，在此基础上形成了关于自然的总的看法——自然观，并在人类认知概念框架中占据着主导地位。这些自然观来自人类历史上到那时为止的知识的总括，代表着每一个时代的人类对自然和自身的认识，体现着人类关于自然的秩序以及人类在自然界中地位的信念，支撑着人类的各种活动，界定着一个个特殊的时代。不同的时代，人们的认知概念框架就不相同，主导人们的自然观的要素就不相同，人们就会有不同的自然观以及相应的对待自然的不同态度，从而也就有不同形式的认识自然的活动和不同的认识成果。自然观的变革是方法论创新的基础，方法论创新是科学认识革命的前提，两者的结合促成了具体化的科学认识的革命。“大写的科学革命”就是自然观变革、方法论创新基础上的科学认识革命。林德伯格(David C. Lindberg)就说："科学革命从一整套新的自然观念或一整套新的适合于探索自然奥秘的恰当方法中汲取能量，从而得以发生。"[①]既然如此，"大写的科学革命"不应该只有一种，"大写的科学革命"除了"近代大写的科学革命"外，应该还有其他多种。

史前人类时代，特别是旧石器时代晚期和新石器时代，人类的思维处于原始思维阶段，科学处于萌芽状态，人类对自然的认识主要依赖人类对自然的直观感觉以及神话自然观，此时的科学可称为"神话式科学"，所发生的科学革命可以称为"大写的神话式科学革命"。

古希腊时代，思想家们提出了各种各样的关于世界的本原、运动及其变化的学说。例如，爱奥利亚学派，试图通过自然的因素来解释自然；毕达哥拉斯(Pythagoras)学派，通过自然的本原"数"来认识自然；爱利亚学派，认为世界的本原是"不变的一"；元素论者和原子论者，强调由基本的构成解释宏观世界；柏拉图，坚持理念论，倡导数学的天文学；亚里士多德(Aristotle)，由自然的内在目的论作为根本原因解释事物的运动，属于哲学的物理学；等等。所有这些学说主要是以哲学的方式进行的，对自然的认识也是以哲学的方式展开的，可称为"哲学式科学"[②]，又称为"自然哲学"，所发生的科学革命可以称为"大写的自然哲学(科学)革命"。H. 弗洛里斯・科恩就说，自然哲学以其提出的第一原理为逻辑基点，对所有的经验现象进行统摄和解释。所谓"第一原理"，"是用一个既不能被省略或删除，也不能被违反的一个最基本的命题或假设，……如同数学中的公理，对经验现象的解释，'任何经验现象都可以毫无问题地纳入本质上由第一原理确定的整体图景'"[③]。回顾科学发展的历程，这种哲学式的或者自然哲学式的以第一原理认识自然的方式一直持续到近代科学革命。[④]

---

① [美]戴维・林德伯格：《西方科学的起源》，王珺、刘晓峰、周文峰等译，北京：中国对外翻译出版公司，2001 年，第 378 页。

② 在此，笔者之所以用"哲学式科学"，主要是就古希腊自然哲学基于日常经验的哲学思辨认识形态而言的。就科学(science)的词根以及在不同时代、不同国家的表现来看，在古希腊的"哲学"倒是从属于"科学"(ἐπιστήμη，episteme)这个概念的，它属于思辨科学。这点与德语中代表"科学"这个词的 Wissenschaft 一样，指的是一切理性知识。本书所用的"科学"显然不是就此意义而言的，而是就"自然的认识"而言的，与古希腊的"自然科学"(φυσική，physics)相对应。

③ [荷]H. 弗洛里斯・科恩：《世界的重新创造：近代科学是如何产生的》，张卜天译，长沙：湖南科学技术出版社，2012 年，第 11 页。

④ 这里的概括是就那一时期科学认识的总的特点来说的，具体到某些分支科学，如天文学、光学等，是有一些经验性的、描述性的、确定的认识的，如古希腊时代阿基米德(Archimedes，公元前 287—前 212)的物理学、古罗马时代托勒密的地心说、中世纪时代的博物学等。但是，科学不但是描述的，而且还是解释和预言的，一旦将科学认识扩展到对对象的解释和预言上，以古希腊为代表的西方古代科学就呈现出哲学思辨的特征。这种状况一直延续到近代科学产生。

中世纪，特别是中世纪晚期，占据统治地位的是基督教信仰和亚里士多德自然哲学的结合体，还有指导巫术、炼金术以及医药学派的自然主义万物有灵论(泛灵论)，从而使这一时期的科学呈现出“混杂状态”，既有“宗教式科学”，也有“哲学式科学”，还有“泛灵式科学”。当然，后面这两种科学是为“宗教式科学”服务的。可以说，这一阶段没有发生“大写的科学革命”。

在“大写的近代科学革命”发生后，又发生了许许多多的“小写的近代科学革命”。随着近代科学革命的发生及其推进，科学研究的对象、领域扩展了，复杂性科学、生态学等出现了，向我们展现了新的自然观，如返魅性(reen-chantment)的自然观、复杂性的自然观、整体性的自然观、非决定性的自然观，这就需要新的方法论原则乃至具体的方法去展开认识，从而进行新的科学革命。相对于近代科学革命，这是一次新的科学革命，被称为“大写的现代科学革命”。本书中的“现代科学”，指的就是“大写的现代科学革命”意义上的科学。

与“大写的现代科学革命”起源于科学自身的发展不同，随着科学的社会应用以及对自然的改造，人类社会进入工业文明时代，创造出了丰富灿烂的物质财富，满足了人类各种各样的需要，但同时也产生了一系列的环境破坏，影响到人类的可持续发展。鉴于此，探讨科学与环境问题的产生及其解决之间的关联，就成为全社会必须关注的问题。解决环境问题需要新的“大写的科学革命”吗？如果需要，其原因是什么？如果要进行新的“大写的科学革命”，这样的“大写的科学革命”形态应当如何？即自然观需要什么样的变革，方法论需要什么样的创新，以最终获得什么样的有利于环境保护的科学认识？

这是又一次新的“大写的科学革命”，是近代科学的应用所造成的人类生存危机引发的科学革命。它不同于“大写的现代科学革命”，不是由科学认识自身的发展趋势即科学内部引发并驱动的科学革命，而是由科学的外部，即科学应用所造成的环境问题的解决所引发并驱动的，是面向未来的，可称为“大写的未来科学革命”。“大写的未来科学革命”产生的是“未来科学”。“未来科学”是就其经济发展和环境保护的特质而言的，指的是既能够发展经济也能够保护环境的科学，是人类历史上迄今为止还没有出现过的科学。

这样一来，“大写的科学革命”不止一种，也不只近代有，史前、古代、现代以及未来都有。所有这些都应该成为本书的研究内容。

既然本书研究的是“大写的科学革命”，即主要研究各个历史时期自然观的变革、方法论创新与科学革命，那么，如何对此展开研究呢？如此研究的编史学依据何在呢？

二、已有的研究路径：从内史论、外史论到语境论

（一）传统科学史研究的内史论和外史论

纵观科学史研究过程，主要经历了从内史论、外史论到语境论的发展。20 世纪 30 年代之前，科学史的研究基本上都是“内史”研究，聚焦于科学自身发展过程中科学认识的获得，而不考虑科学外部的社会因素对科学的影响。萨顿（George Sarton，1884—1956）的编史学研究是其代表。之后，柯瓦雷的科学史研究虽然转到科学思想史方面，将科学思想的发展史提升到科学史的主流位置，以此彰显科学思想的变革对科学发展的重大影响，但是其仍然是基于科学发展的内部之形而上学背景对科学认识的影响进行的，核心仍然是内史研究。柯瓦雷认为，近代科学之所以在 17 世纪诞生，不是因为哥白尼、开普勒、伽利略、牛顿等发现了某种方法，而是因为他们采用了一种全新的、不同于以往的形而上学背景，即相信自然从根本上是数学的和可量化的——柏拉图主义（Platonism）和新柏拉图主义（Neo-Platonism）的。在柯瓦雷那里，科学的内部是概念背景以及形而上学，它们对变革以及断裂式的科学革命起着决定作用，科学的外部因素对科学革命并不重要。[①]

20 世纪中期，兰德尔（John Herman Randall，1899—1982）和克隆比（Alistair Cameron Crombie，1915—1996）认为，科学的内部或者科学的本质就是科学方法，这可以追溯到亚里士多德，发展于中世纪，成就于 17 世纪伽利略、牛顿等，科学革命史是一个缓慢的、连续的发展史。

比较内史论代表人物柯瓦雷以及兰德尔和克隆比的观点，他们虽然在科学内部要素以及科学革命究竟是断裂的还是连续的方面表述不同，但是他们都是内史论者，都认为科学有一个受特权保护的、自治的内部。

上面谈及的内史论受到外史论的科学编史学的挑战。后者认为，近代科学伴随着资本主义的产生而产生，中世纪并无资本主义，因此中世纪不会产生近代科学，近代科学是近代资本主义的产物。

这方面的典型人物有黑森（Boris Hessen，1893—1938）和贝尔纳（John Desmond Bernal，1901—1971）。黑森于 1931 年发表了会议论文《牛顿〈原理〉的社会和经济根源》（“The Social and Economic Roots of Newton’s *Principia*”）。他认为，商业资本主义的很多问题在本质上是应用物理学（弹道学、造船、流体力学、采矿）的问

---

① 关于此，只要参考柯瓦雷的以下著作就可得知：[法]亚历山大·柯瓦雷：《从封闭世界到无限宇宙》，张卜天译，北京：商务印书馆，2016 年；[法]亚历山大·柯瓦雷：《牛顿研究》，张卜天译，北京：商务印书馆，2016 年；[法]A. 柯瓦雷：《伽利略研究》，刘胜利译，北京：北京大学出版社，2008 年。

题，而牛顿的《自然哲学之数学原理》就是关于物理学的，因此，牛顿的《自然哲学之数学原理》就应该是对这些问题的回答。[①]贝尔纳赞同黑森的观点，出版了 4 卷本《历史上的科学》（*Science in History*，1959 年）。他认为，16 和 17 世纪商业(不是工业)资本主义的出现，跨国贸易、国际银行业务的剧增，以及殖民地资本主义和帝国主义战争的发生，在一些领域如采矿、战争、航海和化学等，导致了一系列的技术和实践难题，而为了解决这些难题，科学就以一种系统的和协调的方式产生了。[②]

比较内史论和外史论，它们既有共同点也有不同点。共同点在于：都承认科学既有内部也有外部，科学的“内部”仅仅由科学思想内容即科学的概念、理论和方法构成；科学的“外部”由社会的、政治的、经济的、宗教的、文化的等因素构成，科学总是在一定的外部环境中产生和变化的。不同点在于：内史论者认为，科学的思想内容只与内部逻辑和内部动力有关，除非外部因素已经成为障碍，否则科学与外部无关，由此，只有着眼于科学内部的思想内容才能理解科学史，研究科学的外部因素既不重要也没必要；外史论者认为，科学是思想成果的集合，但是，如果不通过科学的外部因素来解释科学内部的思想内容，就不能理解科学史，也就是说，科学的外部形成并决定着科学内部的思想内容。

考察上述内史论和外史论，它们都是存在欠缺的。科学的内部并非只有形而上学或科学方法，柯瓦雷以及兰德尔和克隆比的内史论就其自身来说就是片面的；牛顿的《自然哲学之数学原理》的内容并不直接关涉于技术的社会应用，而是关于基础原理方面，黑森的观点牵强附会；科学革命的主要发展如哥白尼的天文学、牛顿的物理学、哈维的血液循环说等，并不是由技术问题推动而产生，然后再应用于社会的，贝尔纳的观点也无法解释这一点。

不仅如此，比较这一时期的内史论和外史论，都有一个共同的预设，即科学(典型的是近代科学)是一个具有特殊本质的统一体，这种特殊的本质就在于其内部的思想内容(一系列的观念、方法和概念)是确定的、无疑的、独一无二的，不同的是前者认为科学内部的思想内容是与内部的逻辑一起进化的，后者认为科学内部的这种思想内容不能自我说明，要通过外在的或外部的因素来解释。具体情形见图 0.1。

---

① Hessen B. The social and economic roots of Newton’s *Principia*//Freudenthal G, McLaughlin P(eds.). The Social and Economic Roots of the Scientific Revolution. Boston: Springer, 2009: 41-101.

② [英]约翰·德斯蒙德·贝尔纳：《历史上的科学》（卷一至卷四），伍况甫、彭家礼译，北京：科学出版社，2015 年。

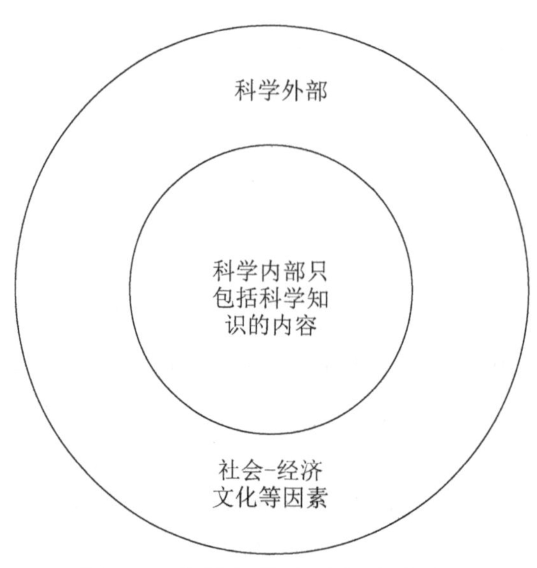

图 0.1 传统的外史论与内史论[①]

(二)默顿传统科学社会学视域的“新的外史论”

默顿(Robert King Merton，1910—2003)在科学社会学的研究中涉及“内史论”和“外史论”。对于默顿来说，科学是有其“内部”的，其内部规范来自古老的方法——“经验主义”和“理性主义”，它们综合而成科学内部的“技术规范”。除此之外，科学也是一种社会建制，具有那种可使科学得以存在并确保其基本属性(功能)的“社会规范”。这样的“社会规范”有四种(四原则)：公有主义(communism)——科学知识是开放的、公共的，虽然有发现的优先权，但是一旦发现公布之后，就为全人类所共有；普遍主义(universalism)——科学是不分性别、国籍、种族、阶级、个人品性的，每个人都可根据天赋参与科学研究；无私利性(disinterestedness)——科学工作者是无私利的，科学行为和科学评价遵循公正性和客观性原则；有条理的怀疑主义(organised scepticism)——对科学认识要展开一种批判性的、有依据的怀疑，科学观念应该树立在细致的辩护基础上。它们规范着科学共同体的行为，从而使得科学呈现出开放性、普遍性、客观性和自我纠错性等特征。[②]就此而言，“先前的内史论和外史论都是错误的。社会性也是科学的部分特征[尽管真正的内部只是古老的科学方法——正如哲学家所说的那样]；也就是说，科学的社会建制是由社会规范决定的，而社会规范本身则来自更为广阔的(先前的外部)环境”[③]。

---

① [澳]约翰·A. 舒斯特：《科学史与科学哲学导论》，安维复主译，上海：上海科技教育出版社，2013 年，第 476 页图 26.1。

② [美]R. K. 默顿：《科学社会学》(全 2 册)，鲁旭东、林聚任译，北京：商务印书馆，2010 年。

③ 转引自[澳]约翰·A. 舒斯特：《科学史与科学哲学导论》，安维复主译，上海：上海科技教育出版社，2013 年，第 465-466 页。

默顿研究了17世纪英国新教与科学的社会规范形成之间的关系，认为新教的理念包含着特定的规范或观点，这种规范或观点支持并规训着某些行为。默顿分析新教的理念，从那些理念中提取他所谓的对科学至关重要的规范，并且把它们用来建构科学的社会建制。他说："17世纪英国的清教提供了这样的社会环境，并且践行了这种社会规范，这些规范被转让给科学，从而创造了近代科学的社会建制。"[①]这包括四个方面：第一，上帝的超验和全能不能仅仅通过思辨和论证，而应该考察上帝创造的自然"事实"，在寻求自然知识时，应该践行经验主义和有条理的怀疑主义；第二，新教徒对"自然之书"(Book of Nature)和《圣经》(*Bible*)之书是一视同仁的，两者都是上帝的旨意和产物，这再次意味着应该从经验事实中获得可靠知识，即走向经验主义和有条理的怀疑主义；第三，新教徒坚持，一个人即使不是一名侍奉上帝的牧师，只要他的生存以创造性的、对社会有益的和神圣的方式进行，即以公有性、普遍性、无私利性以及有条理的怀疑的方式进行，他也可以获得救赎，如此，科学也应该以这种方式进行，并成为一种神圣的颂扬上帝的活动；第四，新教徒认为，只有上帝才会知道谁能获得救赎，在现实社会中，正是那些以神圣的方式从事对社会有益的活动的人，才是注定获得救赎的人，由此人们应该以公正性和客观性来行事，这也应该成为科学的特性。[②]

考察默顿的科学编史学思想，他仍然承认有一个独一无二的普适的科学，在这样的科学"内部"有一个科学的技术规范——"科学方法"，一旦这样的内部——科学方法(经验方法和理性方法)被发明，科学的技术性部分的历史就成了科学方法应用的历史，就此，他是一个内史论者。同时，他认为科学的外部环境能够影响到科学的选题、组织、规模和效率，但是不能影响科学研究的内容和方法以及科学认识的客观性，能够影响科学认识客观性的是科学的社会建制以及科学共同体的社会规范。由此，他在科学的内部和科学的外部之间增加了一个科学的中观区域(middle realm)——科学的社会建制以及科学共同体的社会规范，而且认为科学的外部环境决定了科学的中观区域，科学的中观区域能够影响科学认识的客观性。就此，他又是一个外史论者。当然，作为外史论者，他与传统的外史论者有所不同，这种不同在于他增加了一个中观区域，因此，他就不是一个传统意义上的内史论者或外史论者。

舒斯特对默顿的内史论和外史论进行了分析。他认为，默顿既是一个内史论者，也是一个外史论者，但更多是一个外史论者，而且是一个新的外史论者。舒斯特的理由是："他致力于将科学当作一种社会制度来研究，并将对科学共同体以及科学制度

---

① [澳]约翰·A. 舒斯特：《科学史与科学哲学导论》，安维复主译，上海：上海科技教育出版社，2013年，第461页。

② [美]罗伯特·金·默顿：《十七世纪英格兰的科学、技术与社会》，范岱年、吴忠、蒋效东译，北京：商务印书馆，2009年。

的研究界定为外史论者的任务：首先，因为他避免触及科学‘内部’的技术和思想性内容；其次，因为他试图寻找他所宣称的科学健康发展所必需的社会规范。”[①]鉴此，舒斯特就称默顿的“科学社会学模型”为“一种新的外史论”，把默顿看作一名新的外史论者，见图 0.2。

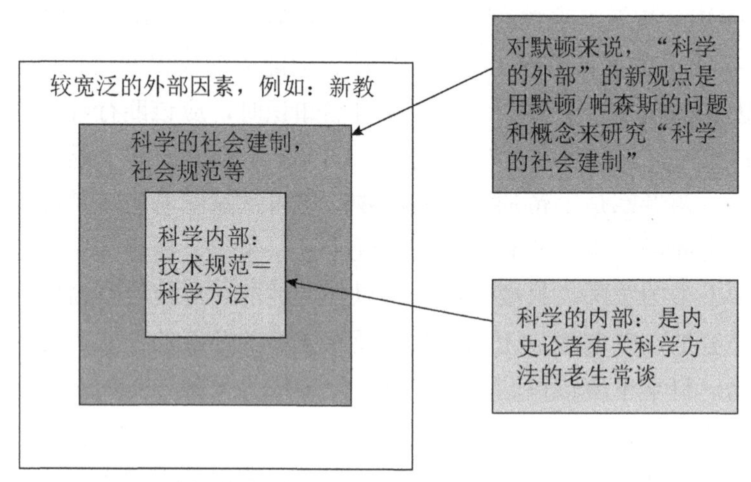

图 0.2　默顿的科学社会学模型——一种新的外史论[②]

舒斯特虽然认为默顿是新的外史论者，但是，他也对这种“新的外史论”展开了批判。他根据解释的社会学(interpretative sociology)，认为：“规范和反规范不会产生行为，它们只是辩护性的(或‘解释性的’)资源，行为者运用它们是为了给自己的行为找理由或者证明自己的行为是正当的。”[③]“一套单一的规范，提炼于科学公开形象的传统颂词，既不能解释科学家沟通谋略的细节及流变，也不能解释他们的成就和此时被视为理所当然的知识主张的建构的方向及形式。”[④]在舒斯特看来，默顿试图为科学提供一套一成不变的规范，这是对科学的神话及其固定本质的认定。

不仅如此，舒斯特还从历史的角度，对默顿的“资本主义清教[⑤]决定了科学的

① [澳]约翰·A. 舒斯特：《科学史与科学哲学导论》，安维复主译，上海：上海科技教育出版社，2013 年，第 458 页。

② [澳]约翰·A. 舒斯特：《科学史与科学哲学导论》，安维复主译，上海：上海科技教育出版社，2013 年，第 466 页图 25.1。

③ [澳]约翰·A. 舒斯特：《科学史与科学哲学导论》，安维复主译，上海：上海科技教育出版社，2013 年，第 467 页。

④ [澳]约翰·A. 舒斯特：《科学史与科学哲学导论》，安维复主译，上海：上海科技教育出版社，2013 年，第 467 页。

⑤ 清教与新教还是有区别的。一般来说，新教所涉及范围相对更广，种类更多。清教是欧洲宗教改革后形成的三种新教(路德宗、加尔文宗、安立甘宗)之一的加尔文宗在英格兰的特殊形式，区别于英国亨利八世宗教改革后形成的保守新教形式——英国国教，强调高度禁欲的新教信仰，主张更彻底地净化国教。

社会规范”这一观点展开批判。他认为：第一，潜心进行科学研究的人并不一定需要用清教思想去支持并奉行自然哲学，新教并不能解释哥白尼学说和机械自然观；第二，通过新教教义与科学共同体的社会规范之间的关联，并不能解释传统哲学向机械论哲学的转变，也无法解释弗朗西斯·培根的哲学以及机械论哲学为何会发生在17世纪30年代到90年代的英国，并历时三到四代人之久；第三，默顿所处的那一时代，清教徒有多种且不断分化，默顿的模型究竟针对的是哪一部分清教徒或者是不是所有的清教徒，并不明确；第四，默顿是在解释近代科学的起源，但是他并不清楚他所解释的仅仅是英国的培根主义-机械论自然哲学，事实上，科学有多种，科学在不同地方传播与发展，非清教的宗教对科学革命也有贡献，如从长远眼光来看，欧洲天主教对科学革命的贡献与新教对科学革命的贡献一样多，甚至比新教更多。[①]

根据舒斯特的上述论述，默顿的科学社会学模型——一种新的外史论是不完备的。不过，这样的不完备不是对默顿的“新的外史论”的完全否定，而是对其中社会规范“四原则”的普遍适用性以及清教对此社会规范的完全决定性的质疑。可以说，默顿所提出的科学共同体社会规范“四原则”以及资本主义清教决定了这样的规范，有一定的合理性。顺理成章地，默顿基于科学社会学研究所提出的“新外史论”就有一定道理。

（三）夏平科学知识社会史研究及其对“内史论”“外史论”的消解

20世纪70年代，受后经验主义科学哲学特别是库恩历史主义的影响，以爱丁堡学派为代表的一些欧洲学者，试图将曼海姆知识社会学的古典信念——社会因素影响人类的社会认识，推进到科学认识领域，通过科学认识的社会学考察，将科学认识与产生它们的社会因素联系起来，以说明相关社会因素不仅影响科学研究的选题、规模及其效率，也影响科学认识的内容。

史蒂文·夏平（Steven Shapin）是这方面的代表人物。他的最突出的研究特点是通过科学史的社会研究，展现社会因素对科学认识的影响。

1974年，夏平与其导师萨克里（Arnold Thackray）将集体传记方法作为科学史的研究工具，展现了1700—1900年英国科学共同体的行为和背景之间的关系。[②]1975年夏平在运用集体传记方法的基础上，首次使用“利益模式”（interests model），分析了19世纪早期爱丁堡地区的关于颅相学的争论，并以争论各方所持有的学术观

---

① ［澳］约翰·A. 舒斯特：《科学史与科学哲学导论》，安维复主译，上海：上海科技教育出版社，2013年，第468-470页。

② Shapin S, Thackray A. Prosopography as a research tool in history of science: the British scientific community，1700—1900. History of Science, 1974, 12(1): 3.

点与他们的社会地位、利益和价值的关联来解释争论。[①]1982 年，夏平系统梳理了科学知识社会学纲领以及后库恩科学史研究的状况，提出了科学编史学的新主张：一是科学的社会研究(social studies of science)应该吸收科学哲学和科学社会学的最新成果，展开科学史研究；二是科学编史学应该关注科学知识形成的社会基础，重构科学的历史叙事。[②]这种科学编史学的新主张在他与谢弗(Simon Schaffer)1985 年合著的《利维坦与空气泵：霍布斯、玻意耳与实验生活》中得到充分体现。

夏平和谢弗运用“陌生人的说明”(stranger's accounts)[③]方法，在《利维坦与空气泵》中，研究了发生于英国近代早期(1660—1670 年)波义耳和霍布斯(Thomas Hobbes，1588—1679)之间的争论。结果表明，这场争论虽然最终以波义耳获胜而霍布斯落败结束，但是，这不是英雄对蠢材、科学对非科学、客观对主观、事实对杜撰、正确对谬误的胜利，其中渗透了非常复杂的社会因素。首先，波义耳所获得的实验事实的客观性不是来自于自然和实验发现的可靠性，而是波义耳运用物质技巧——包括空气泵的制造和使用等，文学技巧——让那些未直接见证空气泵实验现象的人们熟知并接受的手段，社会技巧——包括实验哲学家在彼此相处和做出知识声明时的约定，所建构出来的；其次，空气泵实验的可靠性存在“实验者的回归”(experimenters' regress)难题，即实验事实的可靠性是通过运行良好的仪器获得的，而运行良好的仪器则又是通过实验事实的可靠性保证的。实验事实的可靠性可以通过可重复实验佐证，但是，空气泵实验可重复性很差，很少有复制成功的案例。如此，空气泵的可重复性实验的确立就需要磋商；最后，在这场争论中，波义耳之所以战胜霍布斯，还因为波义耳的实验哲学和方法代表了一种生活方式——在那里，争论可以安全地进行，危险性的错误可以很快地得到纠正，这与王政复辟时期维护政权的安全要求相一致。[④]

1994 年，夏平出版了他的另一部重要著作《真理的社会史——17 世纪英国的文明与科学》。这可以看作是《利维坦与空气泵》的续篇，仍然是以近代英国实验研究为题材。在这部著作中，夏平通过相应的科学社会史考察，表明科学认识是一项集体事业，任何个人所能做的只是将证据、论证和陈述说明提交给集体(共同体)去评价。这样的评价很大程度上并非基于个人认识的正确性，而是依赖于评价者对知

---

① Shapin S. Phrenological knowledge and the social structure of early nineteenth-century Edinburgh. Annals of Science, 1975, 32(3): 222.

② Shapin S. History of science and its sociological reconstructions. History of Science, 1982, 20: 157-211.

③ 所谓“陌生人的说明”，指的是以陌生人的角色，有意识地悬置那些存在于研究者头脑中的关于被考察对象的知识、成见等，以获得对被考察对象的不偏不倚的认识。

④ Shapin S. Leviathan and the Air-Pump: Hobbes, Boyle, and the Experimental Life. Princeton: Princeton University Press, 1985；夏平、谢弗：《利维坦与空气泵：霍布斯、玻意耳与实验生活》，蔡佩君译，上海：上海人民出版社，2008 年。

识提供者的信任。这样的信任不是对认识者个人知识的信任，而是对认识者个人与评价者集体所构成的道德关系的承诺。前者针对的是一种认识秩序，后者针对的是一种社会秩序。认识的真理性就是在这种将社会秩序和认识秩序“接合”起来的信任的作用下，得以确立。如此，科学认识就不单纯是“关于事的知识”，而是“关于人的知识”和“关于事的知识”的混生体。夏平通过科学史上的四个案例说明了这一点。这四个案例分别是：第一，波义耳关于寒冷现象的研究，其中对旅行者的证言具有不可避免的依赖；第二，波义耳对冰山漂浮在水面上的物理原因的解释，兼容并包了来自遥远时代和地域的经验；第三，波义耳对“水压是否存在”问题的回答，从实践上判断不同的潜水者是否值得信任；第四，英国皇家学会对两位同样有名望的天文学家赫维留斯(Johannes Hevelius)和奥祖特(Adrien Auzout)关于彗星的争论裁决，信任两者并且作出“两颗行星”的假说。[①]

正是在上述研究的基础上，夏平否定了传统的实证主义科学观，而走向新的科学史的社会认识：实验方法并非确定的、有效的，实验事实并非确定的、客观的，实验并非显而易见的、可重复的，科学认识的客观性和真理性并非由牢固的科学认识方法所确立。科学认识方法的有效性、科学事实的客观性、科学认识的真理性等等，都是通过科学争论建构出来的，换言之，也就是通过争论双方运用各种物质资源和社会资源建构出来的。

进一步地，夏平于1996年出版《科学革命：批判性的综合》一书，在系统梳理传统科学革命观念的基础上，通过对近代早期相关知识如何获得以及有何作用的科学知识社会史的考察，说明根本就不存在唯一确定的如柯瓦雷所展现的那样的科学革命——“空间的几何化(数学在科学中的普遍应用)”“‘思想实验’方法论的确立(理性与逻辑的力量)”“机械自然观与无限宇宙概念的确立”等，存在的则是处于那一社会情境中的社会活动，以及这样的社会活动所带来的认识因素的变化。

在该书第一章，夏平将叙述的主题集中在近代科学革命获得了什么样的认识，得出相关结论：伽利略运用望远镜对太阳黑子的观察，由于望远镜的理论尚未确立而存疑；16世纪末和17世纪，信奉和发展哥白尼观点的自然哲学家并不必然相信人类中心论，他们从根本上攻击人类中心论；在科学革命前夕，传统物理学有一个人性化的特征，甚至在17世纪，许多新自然哲学家们还抓住亚里士多德的目的论和文艺复兴时期的万物有灵论不放；17世纪的机械自然观解释都将自身定位为反传统，反对把目的、意图或感觉的能力归因于自然及其组成部分，但是，开普勒、第谷(Tycho Brahe)、培根、波义耳等都相信占星术，相信脱离实体的精神、女巫、魔

---

① Shapin S. A Social History of Truth: Civility and Science in Seventeenth-Century England. Chicago and London:University of Chicago Press, 1994；[美]史蒂文·夏平：《真理的社会史》，赵万里等译，南昌：江西教育出版社，2002年。

鬼在自然界中发挥的作用；尽管对所有的自然现象能够轻易地设想出微观机械论的解释结构，但并非所有的解释结构都能够从人类经验所在的中等尺度物体的范围内找到机械对应物，从而获得可理解性；尽管那一时代的人们普遍承认机械论和数学结构的解释天然“匹配”，但是，实际上很少有机械论哲学被数学化，而物理规则或定律能够用数学形式明确表述的能力也不依赖于对机械论原因的信仰，如牛顿就提出了非物质的“活力”概念。①

在该书第二章，夏平考察了知识如何产生的问题：一是有关阅读**自然之书**：走向自然并且读**自然之书**时，个人经验及其通过仪器观察到的是不可靠的；相信个人观察而非相信古人著作，并非古人错了，而是古代文本被玷污和破坏了，需要观察来鉴别；**自然之书**是神所书写的，阅读**自然之书**以理解上帝旨意以及上帝的伟大。二是有关经验的构成及其控制，日常的经验并非完全不可靠，实验的经验并非可靠，实验的经验需要社交技巧和语言技巧来辩护；整个17世纪，亚里士多德的自然哲学传统，连同与之联系在一起的经验概念，始终保持着活力；培根所倡导的一种真正的、实际发生的、明确的经验在当时并未普遍实现，盛行的仍然是日常的社会知识流通办法。三是有关事实制造的技巧和途径，17世纪占据主导的是，必须对感觉进行系统的训练，以产生出真正的、赖以展开哲学推理的事实材料，这方面培根的归纳法是其典型，但是，与此同时，其他类型的哲学家则利用多种多样的演绎方法论，以证明理论化的重要性强于事实特例之累积；实验事实的产生还没有得到普遍认可，甚至也没有得到同时代机械论哲学家的普遍认可。四是关于知识的范围和知识的公众化。机械论并不足以解释人类经验中的现象，人们普遍承认，神学的、道德的、形而上学的以及政治的讨论导致了种种分歧和冲突。知识是一种公共的、共享的东西，为了确保知识的可信，并使之获得应有的地位，个人如波义耳除了操控实验以及标准化地撰写实验报告外，还可依据可重复性实验确保知识的可信。不过，很多时候实验是难以重复的，为了增强可靠性，波义耳采取了“虚拟的目击者”策略，即在读者的头脑中形成实验现场的图像，好像重复了一样，另外就是使得实验报告者显得公正无私、谦逊、不慕虚名等等，以获得他人信任。②

在该书第三章，夏平着眼于知识有什么样的功用。一是自然哲学的自我救治：通过原有的自然哲学思辨来寻求真理的信念受到质疑，面向自然之书，通过明确的推理规则和对经验的控制获得知识得到提倡，目的是通过正确的方法消除哲学的混乱。二是自然知识与国家权力：13世纪以来封建秩序的崩溃和强大民族国家的兴起、新大陆的发现、印刷术的发明和应用、16世纪新教的改革运动等，改变了人们对于

① [美]史蒂文·夏平：《真理的社会史》，赵万里等译，南昌：江西教育出版社，2002年，第15-61页。

② [美]史蒂文·夏平：《真理的社会史》，赵万里等译，南昌：江西教育出版社，2002年，第63-115页。

知识以及知识对于秩序的维护和颠覆的作用的看法。对以往知识的怀疑和寻求新的认识方法如实验方法，需要来自自然秩序(神)和社会秩序(国家权力)的支持。虽然从中世纪到17世纪，许多甚至大多数自然哲学家都是神职人员，在神学院或宗教机构工作，但是，“宫廷科学家”的出现，绅士文化和贵族文化的流行，军事和经济的需要，以及16世纪末人文主义思潮的出现，等等，都促进了科学向社会的开放以及贡献，国家权威也要求专业团体内的私密性知识向社会开放，并通过新的科学学会有序开展。三是科学与宗教的关系不像传统观念所认为的那样水火不容，相反，自然哲学与神学互相支持，以至于对传统自然哲学的任何系统的挑战，都被看成是对基督教自身原理的攻击；对于那些传统的生机论(活力论，vitalism)哲学和万物有灵论哲学给出的自然的复杂性的、活性的和目的论的解释方面，如自然的神的设计、上帝的第一推动等，机械论哲学也给出了相应的回答。那一时期的自然哲学家和科学家绝大多数都是“自然的牧师”(波义耳所言)，对自然的机械理解引导他们承认一个本身不是自然的而是超自然的(miraculous)、不是物质的而是精神的终极因，即对自然的研究“始于自然而终于自然背后的上帝”，如此，也就承认了神秘事物在科学世界中的位置，目的论解释在机械自然哲学的认识中仍然存在。四是自然知识的无私利性与它的用途。一方面，17世纪的自然认识力图摆脱传统自然哲学、个人的情感因素以及社会因素对认识的影响，以获得认识的客观性和确定性；另一方面，却又在宣扬它对于宗教事务和国家事务的有用性，从而形成这样一个悖论——某一知识越是被认为是客观的、无私利性的，它作为道德和政治活动的工具就越有价值。①

正是在上述研究的基础上，夏平指出：“我不认为存在着这样一种东西，即17世纪科学或者甚至是17世纪科学变革的‘本质’。因而，也就不存在任何单一连贯的故事，它能够抓住科学或者让我们在20世纪末的现代正好感兴趣的科学或科学变革的所有方面。我想像(象)不出任何在传统上被认作近代早期科学革命本质的特征，它当时没有显著不同的形式，或者当时没有遭到那些也被说成是革命的‘现代主义者’的实践者的批评。既然我认为不存在科学革命的本质，就有理由讲述多种多样的故事，而每个故事都意图关注那个过去文化的某种真实特征。”②

根据上面的介绍，夏平很大程度上否定了内史论和外史论预设的“科学内部”的存在，认为在科学革命时期“科学内部”不是唯一的、确定的，是存在争论的，科学的世界观是多元的，科学实验方法和数学方法是不成熟的，科学事实并非无疑的，科学认识是存在争论的，科学认识的辩护是通过科学共同体成员运用科学的外部因素加以争论、协商、妥协等的结果。如此，科学很大意义上不是由自然决定的，

---

① [美]史蒂文·夏平：《真理的社会史》，赵万里等译，南昌：江西教育出版社，2002年，第117-163页。

② [美]史蒂文·夏平：《科学革命：批判性的综合》，徐国强、袁江洋、孙小淳译，上海：上海科技教育出版社，2004年，第9页。

而是由各种社会因素决定的。

(四)舒斯特后库恩主义的科学知识社会学和语境论科学史

舒斯特继承夏平科学史的科学社会学研究传统，在《科学史与科学哲学导论》一书中系统地否定了科学的内部，并且针对近代科学革命时期代表性人物以及典型的科学史案例的社会学考察，超越了内史论和外史论，走向了后库恩主义的科学知识社会学和语境论科学史。

无论是传统的内史论者还是外史论者，抑或是默顿这样的“新外史论者”，都预设了一个“科学的内部”，而且这样的内部都有以下三个预设：一是预设了科学家已经发现并且完善了科学研究的方法，这个方法就是一套发现事实，并且从事实中推导出理论并对理论进行检验的简单的规则和程序，它是唯一的、正确的，应用它于各门具体科学中，就能获得科学知识；二是要想这种方法得到有效应用，就必须让科学成为独立自主的存在，远离社会偏见、意识形态和宗教等的恶劣影响；三是通过这样的科学方法的应用，实验室和研究机构就可以源源不断地生产出各种各样的事实以及关于这些事实的被证明的理论。在此，科学方法是有效的、普遍的；科学(科学方法)是独立自主的，不受外界干扰的；科学认识是累积性的、客观的和正确的，因而也是进步的。

对此，舒斯特加以否定。舒斯特在《科学史与科学哲学导论》“第一篇 科学史与‘事实’崇拜”中认为，上述内史论者和外史论者对科学内部的承认及其观念，是对科学的迷信和“事实崇拜”。他进一步在上书“第一篇”之“第 4 章”中指出，实际上，自然界的事实不是等着科学家去发现并以镜像的方式呈现，而是受着相关的社会文化因素、宗教因素或主观因素的渗透和影响，以及科学家的知觉的格式塔转换，先验知识、理论、信念等“概念网格”的形塑，日常的和非日常的生活经验的启发。[①]因此，上述有关科学方法的观念、科学自主性的观念以及科学进步的观念就不是科学事实——科学家在科学研究中获得的事实，不是客观世界“所予”(given)的，而是科学家在科学研究实践过程中的自然的和社会的建构，是科学家的观点和旨趣的产物；历史学家和科学史家的任务，就是针对如此这般地被建构的科学进行“理论渗透”的叙事式的解释。这是舒斯特在上书“第一篇”之“第 2 章”表达的观点。[②]

问题是：对于这样的被建构的科学进行“理论渗透”的叙事式解释如何进行呢？舒斯特认为，应该摒弃科学史研究中的“好汉战胜蠢蛋”“真理战胜谬误”的“辉

---

① [澳]约翰·A. 舒斯特：《科学史与科学哲学导论》，安维复主译，上海：上海科技教育出版社，2013 年，第 46-66 页。

② [澳]约翰·A. 舒斯特：《科学史与科学哲学导论》，安维复主译，上海：上海科技教育出版社，2013 年，第 17-32 页。

格式的”[①]解释模式，采取“非辉格式的”解释模式，展开科学史研究。具体内容见上书“第一篇”之“第3章”。[②]

他是这样说的，也是这样做的。在《科学史与科学哲学导论》“第二篇 科学中的冲突和革命：哥白尼对阵亚里士多德”之“第5章”中，他介绍了亚里士多德的自然哲学和宇宙论，在“第6章”中介绍并且分析了托勒玫(托勒密)天文和希腊/中世纪世界观的合理性，在“第7章”中分析了哥白尼天文学的贡献与不足，在“第8章”中提出“哥白尼学说是正确的吗”以及“何以接受哥白尼学说的条件”的问题。总的结论是：来自占统治地位的、已经确立的亚里士多德的宇宙论与天文学的世界观，受到哥白尼日心说所蕴含的世界观的挑战，这种挑战不是“好汉战胜蠢蛋”“真理战胜谬误”，因为哥白尼日心说的建立基于“宇宙和谐”的信念以及新柏拉图主义，而且该学说与日常经验观察事实不符，在其提出后的一段时间并没有战胜托勒密的地心说，地心说也有一定的合理性。[③]这也说明：“事实和理论的建构与颠覆并非那些取决于与实在的本性的真实联系的历史现象——好汉发现了事实与理论间的关联，坏蛋则否。相反，这些现象取决于建构及颠覆事实和理论的个人的、社会的、政治的和制度的策略及其方式和方法。”[④]

以上述“第二篇”研究及其结论为基础，舒斯特在“第三篇 科学方法神话——两个传说”中，批判了普遍认可的科学方法神话——事实是客观的，理论被严格检验，反驳了波普尔(Karl Popper，1902—1994)拯救科学方法的尝试——证伪主义以及科学与非科学的划界，引出了预设和形而上学在科学中的作用。[⑤]所有这些表明：事实不是人类头脑中的实在之镜；事实是文化风格中的观念、目标、价值观和非事实的外部输入所形成的口头报告或书面报告；理论不是事实的简单归纳，包含着广泛的文化预设，其中最重要的是“形而上学背景”；理论的选择并不必然基于理论与事实的一致，并且并非必然得到事实的牢固检验。

---

① 辉格式的历史(Whiggish history)又叫“历史的辉格解释”(Whig interpretation of history)。这一词语是由英国史学家巴特菲尔德首先创用的。在19世纪初期，辉格党的一些历史学家从辉格党的利益出发，用历史证据来论证他们的政见，从而也就依照现在的观念来安排并且解释历史。巴特菲尔德用“辉格式”这个词形容这样的科学史——对于近代每一位科学家所做贡献的大小，是按照他们对我们所理解的近代科学的建立所作的贡献大小来评价的，而不是根据当时他所从事研究工作的认识背景来衡量的。就此，就弃置了早期科学家所赖以从事研究工作的全部概念和问题的前因后果。

② [澳]约翰•A. 舒斯特：《科学史与科学哲学导论》，安维复主译，上海：上海科技教育出版社，2013年，第33-45页。

③ [澳]约翰•A. 舒斯特：《科学史与科学哲学导论》，安维复主译，上海：上海科技教育出版社，2013年，第69-143页。

④ [澳]约翰•A. 舒斯特：《科学史与科学哲学导论》，安维复主译，上海：上海科技教育出版社，2013年，第70页。

⑤ [澳]约翰•A. 舒斯特：《科学史与科学哲学导论》，安维复主译，上海：上海科技教育出版社，2013年，第145-208页。

既然如此，科学家究竟是怎样进行研究的呢？舒斯特在“第四篇”对此进行了具体研究。结果表明，第谷和哥白尼学说被接受，不是由于该理论被事实所证实，而是正反两方面妥协、协商和政治策略运用的结果；开普勒的行星运动定律的创立，不是事实的归纳性的“发现”，而是基于“宇宙和谐”以及“精神性的力”“力与距离反比”的观念，结合第谷的数据，“制造”出来的；伽利略运用望远镜所作出的一系列天文学观察发现并不是不可怀疑的，那时望远镜仪器理论并未确立，支持哥白尼理论的这些天文学观察证据也支持第谷理论，人们尤其是公众之所以接受伽利略的望远镜观察事实，是由于 17 世纪上半叶的著作的劝说艺术，以及 17 世纪三四十年代机械哲学的信徒同时也是哥白尼学说信徒。①

这也表明，“科学知识和科学变革(发现的出现或整个理论的改变)是争论、协商和说服的结果，这些争论、协商、说服是在极可能分离的但相互作用的活动中持续发生的。甚至仪器及其使用和意义都包含于那些争论中，而不是与它们相隔绝的，所以科学知识和科学变革不是使用仪器和更加精确地揭露自然的好汉们的结果”②。

正是在上述研究的基础上，舒斯特开展了“第五篇　尝试重新理解科学是如何运作的”研究。该项工作是通过考察以及反驳库恩科学革命之“范式转换”进行的。

针对库恩的科学革命理论，舒斯特认为，库恩夸大了科学革命时期“范式”的“不可通约性”以及常规科学时期“范式”的静止不变性。常规科学时期的范式不仅仅是一个工具箱，而且是一个能够被解决问题的工匠所改变的工具箱，有许多科学的“发现”是通过修改范式而不是推翻范式得到的；所谓的科学革命并不像库恩所想的那样剧烈和狂暴，也可以是对某个旧的范式做一些相对较大的改造。③如果是这样，则可以对范式进行调适(fit)和扩展(extension)，以缩小范式预测与数据之间的差距以及使范式对新的现象领域作出解释和预测。④

这就是说，在常规科学时期，范式并非固定不变的；在科学革命时期，范式也并非与常规科学时期的范式断裂。如果是这样，则库恩所称的“范式转换”及其“范式的不可通约”就不存在，科学革命也就不存在。就此，舒斯特发出这样的感慨：“库恩提出的范式革命发生在哪里？”⑤

---

① [澳]约翰·A. 舒斯特：《科学史与科学哲学导论》，安维复主译，上海：上海科技教育出版社，2013 年，第 209-280 页。

② [澳]约翰·A. 舒斯特：《科学史与科学哲学导论》，安维复主译，上海：上海科技教育出版社，2013 年，第 279 页。

③ [澳]约翰·A. 舒斯特：《科学史与科学哲学导论》，安维复主译，上海：上海科技教育出版社，2013 年，第 313-316 页。

④ [澳]约翰·A. 舒斯特：《科学史与科学哲学导论》，安维复主译，上海：上海科技教育出版社，2013 年，第 288-294 页。

⑤ [澳]约翰·A. 舒斯特：《科学史与科学哲学导论》，安维复主译，上海：上海科技教育出版社，2013 年，第 487 页。

既然在舒斯特看来，“库恩式”的科学革命不存在，那么存在的是什么呢？存在的是“思想冒险”，即在一种社会、政治、文化、宗教背景下的科学变革。这是舒斯特著作的“第六篇”所要探讨的内容。

在该篇“第 17 章”“第 18 章”中，舒斯特对伽利略与天主教会之间的冲突以及“宗教审判”进行了梳理和分析，认为这不是我们现代人所理解的科学与宗教的对抗，而是一种科学与宗教共同体同另一种科学与宗教共同体的对抗，即不是科学对迷信、真理对谬误的决战，而是争论双方论战的策略都不太高明并且都犯了错误的结果。[①] 在该篇“第 19 章”“第 20 章”中，舒斯特梳理了 17 世纪上半叶机械论自然哲学的提出及其发展，表明其是在与亚里士多德自然哲学的抗争以及与哥白尼学说的联合中确立的；其被接受并非因其是正确的，而是因其被接受了才被看作是正确的，其被接受的重要原因是巫术型新柏拉图主义的覆灭以及其与培根主义的联盟。[②]在该篇“第 21 章”“第 22 章”中，舒斯特针对牛顿万有引力概念以及万有引力定律的提出进行了分析，指出万有引力是一种奇怪的、非机械的超距引力，不是被牛顿基于机械自然观发现的，而是牛顿基于后机械论自然哲学、神学以及他个人的生活经历建构的。[③]

经过上述研究和分析，舒斯特得出下面总的结论：一个唯一有效的科学方法是不成立的，在科学革命过程中，事实、观察、仪器设备以及理论检验及其选择的标准，都是“社会的”和“政治的”，建立在小的专业团体和自然哲学家的亚文化的狭小基础之上，像他在第二篇（第 5 章至第 8 章）和第四篇（第 12 章至第 14 章）所描述的那样。不仅如此，所有的协商和互动总是发生在更宏大的制度和背景中，像他在第六篇（第 17 章至第 22 章）所考察的那样。

这样一来，内史论和外史论（包括默顿的新外史论）所预设的唯一有效的、独立自主的、进步性的科学的内部（科学的思想内容，包括概念、理论和方法）是不存在的，存在的应该是作为科学内部的每门具体学科所具有的社会-政治亚文化和作为科学外部（语境）的社会-经济文化资源。在此，科学共同体成员调动这些资源，针对某一具体科学问题展开博弈和协调。

正是在这样的基础上，舒斯特认为：“我们在科学的内部没有发现什么思想性的东西，如观念、概念或理论。我们发现的是一种社会建制：处于社会关系和建制关系中的人——作为该具体科学的专业实践者的人。”[④]这些人，有的有权力，有的

---

① [澳]约翰·A. 舒斯特：《科学史与科学哲学导论》，安维复主译，上海：上海科技教育出版社，2013 年，第 321-356 页。

② [澳]约翰·A. 舒斯特：《科学史与科学哲学导论》，安维复主译，上海：上海科技教育出版社，2013 年，第 357-399 页。

③ [澳]约翰·A. 舒斯特：《科学史与科学哲学导论》，安维复主译，上海：上海科技教育出版社，2013 年，第 400-431 页。

④ [澳]约翰·A. 舒斯特：《科学史与科学哲学导论》，安维复主译，上海：上海科技教育出版社，2013 年，第 477 页。

有金钱，有的有专长，有的有其他各种各样的资源，他们利用所有的这些资源或者亚文化，反驳他人的观点，辩护自己的主张，形成自己的小型的亚社会系统。这样一来，科学的内部就不是如“内史论者”和“外史论者”那样的科学观念、理论和方法，而是“每一门具体科学的内部”。“任一具体科学的内部是大型社会中的小型亚社会或亚文化，并且，作为一种亚文化，该科学有着特定的社会性质和社会结构。”①“科学事实和主张是在这样的小共同体的社会和政治结构中并通过这样的结构被接受或拒绝、协调的。”②

这是一种基于库恩科学革命理论的批判性分析(可以称为“后库恩主义的方式”)，是对传统的“内史论”“外史论”“科学的内部”的反对，也是对默顿“新外史论”的超越，给出了关于科学的“内部”和“外部”的新见解，见图 0.3。

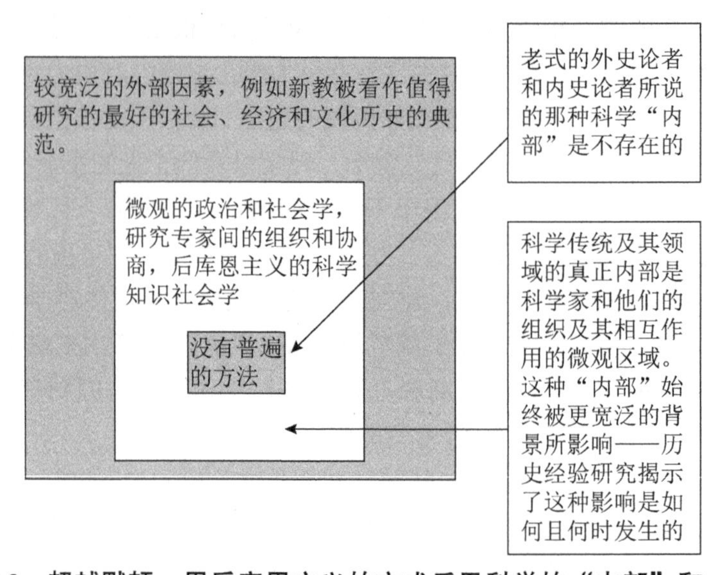

图 0.3 超越默顿：用后库恩主义的方式反思科学的“内部”和“外部”③

在图 0.3 中，“默顿认为是‘外部’的一个组成部分的中观区域图结果被证明在某种程度上是‘内部’；实际上，在知识的创造过程中，任一科学都是认知与社会的结合点，从这个意义上说，任何科学最终都只有‘内部’”④。“科学的内部即社会和政治的微观文化，科学的外部即一切可以在社会大环境中找到的影响

---

① [澳]约翰·A. 舒斯特：《科学史与科学哲学导论》，安维复主译，上海：上海科技教育出版社，2013 年，第 477 页。

② [澳]约翰·A. 舒斯特：《科学史与科学哲学导论》，安维复主译，上海：上海科技教育出版社，2013 年，第 455 页。

③ [澳]约翰·A. 舒斯特：《科学史与科学哲学导论》，安维复主译，上海：上海科技教育出版社，2013 年，第 472 页图 25.2。

④ [澳]约翰·A. 舒斯特：《科学史与科学哲学导论》，安维复主译，上海：上海科技教育出版社，2013 年，第 472 页。

科学的内部的因素。”[①]“内外部之间的界限现在是互相渗透的，并且通过经验研究，人们可以弄清楚，在每一特定的情况下，在每一门处于任意特定历史阶段的具体科学中，内部和外部是如何渗透或分离的。”[②]

这样的科学史的研究框架及其假设，与科学知识社会学的科学史相一致，舒斯特称其为“后库恩主义的科学知识社会学”，它关注的是特定亚文化内的科学知识的社会建构，是从社会学的视域展开的科学史的研究。

与此相关联，舒斯特认为：“另外一个相关的或部分研究相交叉的学者群，受的主要是历史研究训练，他们更多地关注在任何特定情况下的外部决定因素是什么的问题，以及对任何特定情况下的事实的提出和废弃所做的详细研究，这些学者被称为‘语境论科学史家’。”[③]语境论的科学史家研究的是特定情形下的科学“事实”以及科学的“外部决定”问题，科学知识社会学研究的是特定科学共同体（亚文化内）科学知识的社会建构，它们两者都以科学的社会和政治的微观文化（科学的内部）为前提，来研究科学的外部对此的影响，它们两者的研究框架是相同的，见图 0.4。“科学知识社会学家和语境论科学史家全都在这种新框架中从事研究。”[④]

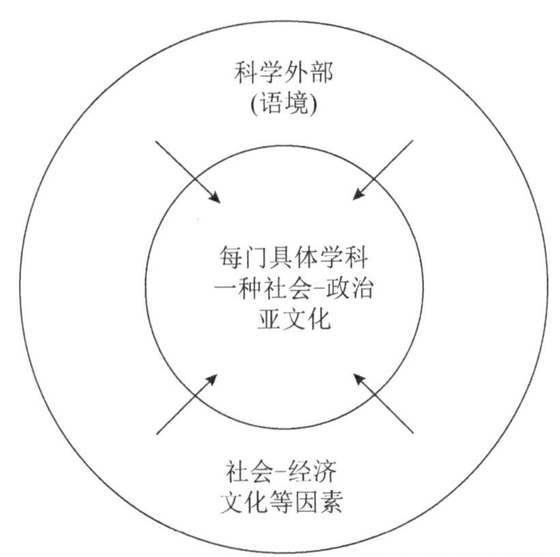

图 0.4 新兴的科学知识社会学和语境论科学史的深刻见解[⑤]

① [澳]约翰·A. 舒斯特：《科学史与科学哲学导论》，安维复主译，上海：上海科技教育出版社，2013 年，第 479 页。

② [澳]约翰·A. 舒斯特：《科学史与科学哲学导论》，安维复主译，上海：上海科技教育出版社，2013 年，第 479 页。

③ [澳]约翰·A. 舒斯特：《科学史与科学哲学导论》，安维复主译，上海：上海科技教育出版社，2013 年，第 479 页图 26.2。

④ [澳]约翰·A. 舒斯特：《科学史与科学哲学导论》，安维复主译，上海：上海科技教育出版社，2013 年，第 479 页。

⑤ [澳]约翰·A. 舒斯特：《科学史与科学哲学导论》，安维复主译，上海：上海科技教育出版社，2013 年，第 479 页。

三、本书的研究策略：综合科学的历史学、哲学和社会学研究

（一）科学内部难以消解："大写的科学革命"是存在的

夏平和舒斯特的前述观点有一定道理：避免了内史论和外史论各自的片面性以及共同的欠缺，摆脱了那种"独一无二的科学"成见，扩大了某种具体科学的"内部"，使其包含某种微观政治以及某种社会场域（social site）、某种亚文化，并在其亚文化中使得科学事实和理论主张得以建构、协商和解构。如果是这样的话，则以科学内部变革为标志的那种"范式"的科学革命就不存在了。

真的如此吗？奥昔亚（L. A. Orthia）指出，虽然现在有很多人一定程度上赞同抛弃科学史"旧的大图景"，但是，在要不要彻底放弃作为旧图景核心的"科学革命"这一点上，则是有各种不同的观点。[①]拉吉（K. Raj）就指出，现在虽然有很多学者认同"科学革命"是特殊时代"发明"的观点，但是，那种认为20世纪上半叶之后所兴起的科学革命研究热潮是冷战驱动的结果，具有欧洲中心主义色彩，服务于特殊时期意识形态斗争的需求，是存在欠缺的。[②]比亚吉奥利（M. Biagioli）宣称，科学革命是不死的。[③]亨利（J. Henry）认为，作为历史学家的一个方便的术语科学革命，并非仅仅是想象的虚构，没有历史依据。[④]赫利尔（M. Hellyer）认为，科学革命作为一个"简略的表达方式"，确实还有相当大的用处，并且肯定也没有任何消失的迹象。[⑤]迪尔（P. Dear）指出，虽然科学革命这一概念和研究领域不会"死亡"，但是，科学革命的大规模历史叙述的日子似乎已经一去不复返了。[⑥]迪尔后来相对委婉地指出，科学革命作为我们的历史遗产，它将继续为我们制定议程，并将我们导向特定的问题领域，他还强调，完全拒绝与"科学革命"相关的事件为时尚早，因为这些事件的价值取决于所提出的问题。[⑦]

从上述学界对近代科学革命是否存在的问题的回答看，绝大多数学者还是持肯

---

① Orthia L A. What's wrong with talking about the scientific revolution? Applying lessons from history of science to applied fields of science studies. Minerva, 2016, 54(3): 353-373.

② Raj K. Thinking without the scientific revolution: global interactions and the construction of knowledge. Journal of Early Modern History, 2017, 21(5): 445-458.

③ Biagioli M. The scientific revolution is undead. Configurations, 1998(6): 141-148.

④ Henry J. The Scientific Revolution and the Origins of Modern Science. London: Palgrave Macmillan, 1997: 1.

⑤ Hellyer M. The Scientific Revolution: The Essential Readings. Malden: Blackwell, 2003: 14.

⑥ Dear P. Historiography of not-so-recent science. History of Science, 2012, 50(2): 197-210.

⑦ Dear P. The mathematical principles of natural philosophy: toward a heuristic narrative for the scientific revolution. Configurations, 1998, 6(2): 173-193.

定态度的，即认为科学革命还是存在的。既然科学革命是存在的，即科学内部存在，那么夏平和舒斯特消解科学的内部从而否认“范式”意义上的科学革命有道理吗？

1. 夏平和舒斯特对科学内部的否定是不合理的

不可否认，在近代早期科学革命时期，机械论的自然哲学以及在其之上的科学研究方法论原则如祛魅性原则、简单性原则、还原性原则、因果决定性原则，以及具体的方法如数学物理的方法、实验方法并没有确立；科学也没有从社会中独立出来，从而不得不受到社会政治、经济、宗教以及自然观的影响。这些影响导致了科学研究的事业不是在一种有效的自然观、方法论和具体的方法、仪器设备、价值观等的指导下进行的，从而也使得科学不是一种累积性的事业，一种有效的、确定的、标准化了的、独立于社会的、累积性的科学并不成立。此时，科学家个人或者科学共同体成员就只能调动各种社会资源，如宗教的、自然哲学的、社会文化的等资源，对所涉论题展开争论、协商、调和与博弈。就此，夏平和舒斯特依据科学知识社会学和语境论的科学史研究方法对此展开研究，具有一定的合理性。

但是，夏平和舒斯特由此否定科学内部的存在，是不合理的。事实上，无论什么时期的科学，都是有其内部的，即都有其科学认识所依赖的自然观、认识论、方法论和价值论以及具体的科学理论、方法及认识手段，不同的则是所有的这些方面的内涵。在科学革命的早期，与近代科学相对应的、新的哲学基础以及认识方法还处于争论之中，还没有确立。没有确立并不能表明所有的这些方面不存在，只是表明这些方面还处于创立时期，还没有被牢固确立。还没有牢固确立表明其还存在争论，还需要通过调动各种社会资源来进行争论、协商、调和、博弈等加以确立。此时，科学事实是不牢固的和不充分的，科学理论的提出是多种路径的而非只由牢固的科学事实获得且得到有效的检验，科学也并非完全独立于社会的且是累积的。不过，随着科学革命的推进以及科学认识的深入，科学事实可以是牢固的，科学的方法论原则和具体的方法可以是有效的，科学理论的提出可以是有根据的且得到牢固的科学事业的辩护的，科学也是可以从宗教以及哲学的教条中独立出来成为一项累积性的事业的。因此，从科学革命的历史回溯，即使在科学革命的早期，也是存在科学的内部的，而且这样的内部与科学革命完成时期的内部，有相同之处。当然，需要说明的是，此时科学的内部是新旧科学内部的混杂，是需要各种资源加以争论、协商、辨别和甄选的。由此看来，夏平和舒斯特否定的只可能是独立的理想化的科学内部。

2. 库恩的科学革命的范式及其范式转换是否定不了的

第一，根据库恩的科学革命理论，不存在一个唯一的普遍的科学，但是，这也没有否认在常规科学时期存在一个唯一的统一的科学，这样的科学具有相同的范式。类似地，根据库恩的范式理论，也不存在一个只包含观念、理论和方法的科学，科学思想还应包含社会各方面的因素。不过，这也没有否认在科学的内部还存在那样一个只包含观念、理论和方法的科学认识(知识)的部分。

第二，不可否认，在常规科学时期，科学层面的范式是可以改变的而不完全是不变的；在科学革命时期，哲学层面的范式是可以调整的而不完全是剧烈变革的。但是，由此否定哲学层面的范式转换以及科学革命，是不恰当的，哲学层面的范式的转换是革命性的，从而标志科学革命的发生。如对于本书，探讨的是自然观变革基础上的方法论创新与科学革命，是哲学层面的范式革命，引发的是本体论的、认识论的、方法论的和价值论的革命。这是一种"大写的科学革命"，与人类发展的各个阶段相对应，呈现出相应的特征，形成各个时代各具特色的科学。史前人类有史前人类的科学——神话式科学，古希腊有古希腊的科学——哲学式科学，中世纪有中世纪的科学——神学式的、哲学式的和万物有灵论式的"混杂的科学"，近代有近代的科学——实证式科学(机械式科学)，现代有现代的科学——复杂性科学(有机式科学)，未来有未来的科学——可持续式科学(地方性科学)，等等。这些科学的产生及其存在表明，科学革命是存在的，不同科学发展阶段，哲学层面的范式可以是不同的，甚至是不可通约的。在不同的科学发展阶段，一种确定的科学内部是存在的。"科学的内部"作为一种理想是研究者所追求和逼近的，"大写的科学革命"是存在的，需要对此进行科学哲学研究。

3. 衡量科学革命相关要素的革命性变革是发生了的

对于科学史学家柯瓦雷、巴特菲尔德等来说，科学革命是存在的，而且是一种内史论意义上的革命。对此，夏平展开了批判。他认为这些科学史家将科学思想史与社会史分开来研究，舍弃了历史情景中的社会文化因素，只研究科学的知识因素如思想、观念、方法证据等，而不研究社会政治、经济等对科学的影响，也不研究科学的社会应用后果等对社会的影响。事实上，科学认识的历史既是自然科学知识史也是自然科学社会史，科学认识是由自然和社会共同决定的，甚至主要是由社会决定的。社会是无限的，由此导致的科学的意义世界也是无限的，像上述那样呈现出历史主线的科学革命是不存在的。他就说："把科学革命说成是自由游移的观念的历史，与把它说成是观念产生的实践史相比，根本不是一码事。"①

夏平的上述观点受到戴维・伍顿(David Wootton)的质疑，他认为，科学事实是客观的，科学是要与自然合作的，完全否定社会因素(实在论的绝对主义者)是错误的，但是，由此认为科学认识是由社会因素决定的(社会建构论的相对主义者)，也是不恰当的，否则会产生永无休止的激烈的争论。他既反对相对主义者，也反对绝对的实在论者。他说道："相对主义者和实在论者都承认科学的局限和力量需要把

---

① [美]史蒂文・夏平：《科学革命：批判性的综合》，徐国强、袁江洋、孙小淳译，上海：上海科技教育出版社，2004年，第4页。

怀疑和信任结合起来，但前者把怀疑做过了头，后者把信任做过了头。”[①]他指出：“无论这些团体自称为实在论者、实用主义者、工具主义者、无法明确阐释者或什么什么，除了在看到进步时承认进步的意愿，它们的共同之处就是承认，在什么可以作为成功预言和控制传递上，自然(或现实，或经验)确立了一些限制。就是说，自然‘推了回来’。这些人承认，科学知识既不是完全确定的，也不是未确定的，而是半确定的。成为纯粹的相对主义者是不可能的，承认自然推了回来也是不可能的。但是，成为建构主义者(主张我们从可以获取的自然资源中创造知识)是可能的，承认自然的抵制是可能的。实际上，如果得到正确理解，那么科学知识必须被视为既是被构造的，也是受到限制的。张夏硕(Hasok Chang)已经提议用‘积极的实在论’来命名这一双重的承认。”[②]

戴维·伍顿的上述观点有一定道理。事实上，科学革命并不单纯表现为科学认识成果的革命性，而是表现为科学认识整个过程所涉及各种因素的革命性。戴维·伍顿概括出近代科学革命的相互交织的五种类型的变化：“宽泛的文化的变化，证据的可用性和对证据的态度的变化，仪器使用中的变化，狭义的科学理论中的变化，科学的语言和语言使用群体中的变化，这些都在不同的时间尺度上产生了作用，并且受到了不同的、独立的因素的驱动。”[③]而且，在《科学的诞生：科学革命新史》(上下册)一书中，戴维·伍顿就是针对上述几种变化展开研究的，其中关于某些词汇，如“发现”“事实”“实验”“法则”“假说/理论”“证据”等，所做的产生历程以及含义演变与科学革命的关联研究，堪称创新。迪尔提出，从17世纪开始统治西方文明的新科学有六个关键的革新特征：一是对深思熟虑的、可记录的实验的重视的归因；二是接受数学作为揭示自然的享有特权的工具；三是将事物的某些感知属性的原因由事物自身重新分配给观察者的感知理解(“第一性质和第二性质”的区分)；四是把世界视为一种机器是具有相关合理性的；五是将自然哲学看成一项研究事业而不是一个知识体系的思想；六是围绕合作研究的积极评价，对知识的社会基础的重建。[④]

所有这些研究表明，对于“究竟有没有科学革命”这一问题，不在于“有没有”，而在于“怎么样”，即发生了什么样的科学革命，是“大写的科学革命”，还是“小写的科学革命”。如果是“大写的科学革命”，与之相伴随的是自然观革命、认识

---

① [英]戴维·伍顿：《科学的诞生：科学革命新史》(下册)，刘国伟译，北京：中信出版社，2018年，第598页。

② [英]戴维·伍顿：《科学的诞生：科学革命新史》(下册)，刘国伟译，北京：中信出版社，2018年，第597页。

③ [英]戴维·伍顿：《科学的诞生：科学革命新史》(下册)，刘国伟译，北京：中信出版社，2018年，第624页。

④ Dear P. Mersenne and the Learning of the Schools. Ithaca: Cornell University Press, 1988: 1.

论革命、方法论革命、价值论革命中的一种、几种或全部；如果是“小写的科学革命”，则究竟是科学理论革命，还是科学具体研究方法革命，或者是科学仪器革命。当然，在这样的革命的过程中，是会有科学体制的革命、社会观念的革命以及科学应用的革命的。这可以看作科学知识外部的科学共同体革命和科学之外的社会革命和技术革命。对于所有这些革命，在一本著作中不可能全面论及，而只能针对某一方面或某几个方面展开论述。无论是科学史还是编史学研究，甚至科学思想史研究，都是以科学发展的历史为基本出发点和最终归宿，都是在一定的视角下所展开的某类主题的研究。本书的研究就是基于以下主线而展开的：自然观变革以及随之发生的方法论创新是科学革命得以发生和展开的基础，科学革命是自然观革命、方法论革命、认识论革命、价值论革命等的“多位一体”。根据本书的研究，科学革命是存在的，而且这样的存在的革命还可以是最深层次的观念性的革命，是“大写的科学革命”，其中呈现出科学历史的明晰的、粗壮的主线，具有历史学的、社会学的、哲学的旨趣。

（二）对“大写的科学革命”展开科学哲学研究是合理的

既然科学思想史研究需要探讨科学的哲学基础，那么，对于这样的哲学基础，应该按照什么样的主线进行呢？如前所述，本书是围绕“大写的科学革命”进行的。这决定了本书的研究主线是：在“大写的科学革命”发生及其演进过程中，自然观是如何变革的；这样的自然观的变革是如何导致方法论（包含实验和数学方法）创新的；而这种创新获得了什么样的认识以及存在什么样的欠缺——认识论；将这样的认识加以应用，又会产生什么样的社会影响和环境影响——价值论；对于这种影响，如果产生较大乃至巨大的问题，应该进行什么样的“大写的科学革命”，以解决这一问题——实践论。

如此，基于自然观变革、方法论创新的科学革命研究，就是“大写的科学革命”思想史研究，也是关于这一研究过程中所涉及的科学哲学研究。这样的主线，是笔者在如此这般地、先验地预设的哲学观念前提下，经过科学史的案例研究“归纳”获得的？或者是笔者在对科学思想史的研究过程中，基于科学史上的客观事实，经过哲学“提炼”得到的？这些问题值得深入分析和回答。

不言而喻，本文是基于科学史上的客观事实，经过哲学“提炼”得到的。就此来说，它与科学哲学研究中的历史主义转向有相同之处，也应该受到与库恩的“科学革命的结构”以及拉卡托斯（Imre Lakatos，1922—1974）的“科学研究纲领方法论”等同样的责难。

1973年，吉尔（Giere）就说，这些科学哲学家虽然从科学史的案例中为他们相关的科学哲学论断提供支持，但是这种支持仅仅停留在启发式的（heuristic）层面，未能展现这些科学史的案例为科学哲学的相关结论提供了重要的、必然性的支持。一个真正的历史主义的科学哲学是需要展示这种支持的，否则，这样的科学哲学与科学史之间就不是“亲密的关系”(intimate relationship)而是“权宜的联姻”(marriage of convenience)，科学哲学的历史主义进路在思想上无法自洽。[①]

对于上述责难，切克诺(Schickore)认为有一定道理。他进一步探讨了引起这种责难的科学史的科学哲学研究纲领的困难处境，这表现在以下三个方面。

第一，科学史案例如此丰富多样，以至于它既可以为科学哲学家所提出的任何方法论或科学变化规律模型提供支持，也可以提供反驳，如此，历史主义的科学哲学结论就很难成立，相反的结论也可以同时成立。这样一来，费耶阿本德(Paul Feyerabend，1924—1994)的反对科学合理性的“怎么都行”，以及拉卡托斯坚持科学合理性的“精致证伪主义”，就可以同时是正确的。

第二，在某些历史主义的科学哲学家所提出的方法论理论和科学演化模型中，不少概念并不明晰，存在着广泛的争论，应用起来也比较困难。比如，库恩的“范式”和“范式革命”的概念就受到大量质疑。

第三，某些历史主义的科学哲学家所提出的方法论理论和科学演化模型并不确定，科学哲学家们在对科学哲学的某些观念进行研究时，还会发现某些与此观念不相符合的科学史案例，此时就需要参照这些新的科学史案例修补、完善乃至修改原先的那些观念。拉卡托斯“精致证伪主义”之于波普尔的“证伪主义”就是如此。[②]

第四，有学者还对历史主义的科学哲学提出了另外的责难——“辉格主义”，认为他们是用当今的科学概念和标准来理解和评价昔日的科学，从而造成科学史研究的“时代错乱”。

对于本书的写作，是否存在上述四个方面的问题呢？下面逐一回答。

第一，就本书所提出的普遍性的、规范性的“大写的科学革命”原则，虽然是由考察科学史而来，但是，该原则的确立又是基于人类认知概念框架。如此，从各个阶段人类认识的起源看，自然观先于科学认识。史前人类基于神话宗教自然观“神话式的科学认识”，古希腊基于自然哲学“哲学式的科学认识”，以及近代科学基于机械自然观“实证式的科学认识”，都是如此。尽管到了现代科学革命时期，“有机整体式的科学认识”是以科学认识所呈现出来的新的自然观为基础，但是，未来科学革命时期“可持续式的科学认识”或“地方性科学认识”，仍是基于人类环境保护和可持续发展需要而树立的“人与自然和谐发展”的自然观。这样，本书所提出的科学革命的原则，就可以避免上述通过特定的科学史的案例考察归纳得出普遍的科学哲学原则的困难——一是“归纳难题”，有限的事实归纳不能保证普遍的结

① Giere R. History and philosophy of science: intimate relationship or marriage of convenience? The British Journal for the Philosophy of Science, 1973, 24(3): 282-297.

② Schickore J. More thoughts on HPS: another 20 years later. Perspectives on Science, 2011, 19(4): 453-481.

论；二是“反例难题”，科学史上总会出现各种各样的反例。

不仅如此，为了保证本书所提出的上述“大写的科学革命”的哲学原则的正确性，本书对科学发展历史上科学革命的考察，既不只是共时性的考察，也不只是历时性的考察，而是基于共时性考察基础上的历时性考察。之所以如此，是因为专注于这两个方面的任何一方面都可能存在欠缺。“专注于共时分析及之后的比较，研究者易于在到达历史独特论式的、彻底地情景化的、充满戏剧感的历史之具体时，忘却或否认科学思想的相似性和连续性，进而断言断裂在科学史上以及整个历史上几乎无处不在，革命即是科学乃至全部人类文化的本质，或断言科学和人类文化均无本质可言。相反，采用历时分析优先进路的历史家，在进入长时段历史研究时，可能会像归纳论者那样，先用一把历史型的奥康剃刀，无情地剃除历史的细枝蔓叶，借以把握历史的主线”[①]。鉴此，本书首先基于科学史对人类历史各个时期“大写的科学革命”进行横向的共时性考察，揭示其所具有的突出特点，然后再进一步进行纵向的历时性的考察，比较它们的不同和共同点，最终得出上述“大写的科学革命”的原则。如此操作之后，就最大程度上避免了共时性考察所带来的欠缺，也避免了历时性考察所带来的欠缺。

第二，本书所提出的科学革命的哲学原则，确实是一种“范式”，而且此“范式”的概念由库恩所提出的“范式”而来。库恩所提出的范式以及范式革命概念，确实存在许多不明确之处，既有信念范式和形而上学范式，还有科学认识的理论范式、方法范式、工具范式以及社会范式。这些范式没有很好地区分并且针对特定的认识语境加以规定，常常混合使用，引发许多争论。既然如此，本书所提出的“大写的科学革命”的哲学原则即范式，是否也存在库恩范式概念所存在的问题呢？

为了避免库恩范式在本书中的应用所存在的问题，笔者在本书中特别对范式加以了区分和规定。本书把科学认识的范式分为抽象的哲学层面的范式和具体的科学层面的范式。哲学层面的范式包括科学认识的本体论、认识论、方法论、价值论、实践论，是科学认识的形而上学基础；科学层面的范式包括认识的理论体系(概念、命题、假说、理论等)、方法体系(观察、实验、数学、测量、比较、分类、类比、假说-演绎等)、工具体系(仪器、设备、操作、程序、技艺等)。在这样区分之后，笔者把抽象的哲学层面的范式变革与“大写的科学革命”联系起来，同时把具体的科学层面的革命与“小写的科学革命”联系起来，认为“大写的科学革命”就是科学认识的本体论的、认识论的、方法论的、价值论的和实践论的变革带来的，而“小写的科学革命”就是科学认识的理论体系的、方法体系的、工具体系的变革带来的。“大写的科学革命”可以带来其形成过程中的科学认识的理论、方法和工具的变革，

① 袁江洋、佟艺辰：《回到历史还是穿越历史——科学的历史哲学的反思》，《科学技术哲学研究》，2021 年第 2 期，第 24 页。

这样的变革相对于“大写的科学革命”之前的科学认识来说是翻天覆地的，如伽利略的数学的物理学的提出、牛顿的经典力学的建立、波义耳的实验化学的诞生等。“小写的科学革命”是在“大写的科学革命”所形成的既成的哲学层面的“范式”基础上或背景下展开的，它也可以带来科学认识的巨大变革，如麦克斯韦（James Clerk Maxwell）的电磁理论的建立、沃森（Watson）和克里克（Crick）DNA 双螺旋结构的发现等。本书聚焦于哲学层面的范式变革所带来的“大写的科学革命”的科学思想变革，辅之以“小写的科学革命”之科学认识脉络呈现。

第三，经过上述认识特别是经过区分“大写的科学革命”与“小写的科学革命”之后，本书很大程度上解决了科学发展历史的特殊性与科学哲学历史研究的普遍性之间的矛盾，从而也就避免了波普尔“证伪主义”所面临的窘境，不需要像拉卡托斯那样，针对科学史的反例（事实上，按照“大写的科学革命”也没有出现这样的反例），来修补、完善和修改笔者所提出的“大写的科学革命”之科学思想原则。

第四，前述“辉格主义”的责难，要具体情况具体分析。在科学史、科学思想史以及科学革命史的研究过程中，将科学哲学意义上的先见、成见乃至偏见当成研究的前提，对科学史进行筛选和重建，是错误的。关于这点，马赫（Ernst Mach，1838—1916）是典型代表。他在《力学史评》中借着撰写力学史，肆意宣传自己的实证主义观念，从而使得科学史的客观性受到损害，所获得的科学史成为论证科学哲学观念的工具。鉴此，应该让科学史成为科学哲学研究的基础以及相关结论的检验工具，而不只是为科学哲学观念或结论作注解。

不过，也不能把反“辉格主义”的立场理想化。自从智人出现后，人类社会发展的历史虽然呈现出不同的发展阶段，但是是连续的。与此相伴随的，科学发展的历史虽然也呈现出阶段性，但是也是连续的，前后相关的。近代科学革命是在古希腊自然哲学以及中世纪晚期古希腊自然哲学复兴及其对此反思批判的基础上产生的，因此，参照古希腊自然哲学的特点，厘清近代科学革命的相同和不同之点，或者参照近代科学革命之哲学基础，反思挖掘提炼古希腊自然哲学所蕴含的近代科学思想，就是合理的。更何况，现代科学革命是在近代科学革命及其发展的基础上产生和突破的，参照近代科学革命的特点，分析现代科学革命的内涵，也在情理之中。至于未来科学革命，更是要参照近代科学、现代科学的发展及其应用对自然和社会的影响，反思其哲学基础，从而实现人与自然的和谐一致。可以说，本书就是在这样的思想认识基础上展开的。

（三）可以有针对性地将科学（知识）社会学研究融入其中

根据上面的论述，对于科学革命之思想的研究不是不可以从科学知识社会学的路径进行，而是要在承认科学革命之“科学内部”逐渐形成的基础上，即在系统梳理和评价科学内部之科学数学化、科学实验方法以及机械自然观的形成及其综合的基础上，再参照科学史的或科学革命的科学知识社会学的研究方法及其成果，系统地呈现这样的“科学内部”并非先在地确定的，而是科学共同体运用各种物质资源和社会资源，进行争论、博弈、协商乃至妥协的结果。关于此，集中体现于本书之第七章、第八章、第九章、第十章的撰写中。

在“第七章 近代科学革命(一)——从抽象的数学理念到具体的数学实在”中，首先按照柯瓦雷的科学思想史研究方式，系统地阐述“哥白尼由新柏拉图主义创立日心说”“开普勒开创物理的数学的天文学”“伽利略实现数学的物理学思想”的思想历程，并以此为主线展现在此过程中新旧自然观以及方法论的观念转变。这主要属于科学革命史的科学哲学研究。不仅如此，为了呈现这一过程中科学数学化转变的完整图景，笔者还吸收了舒斯特的相关研究成果，从科学知识社会学之“社会-政治亚文化”的角度，探讨“哥白尼的‘日心说’是如何被接受的”。

在“第八章 近代科学革命(二)——从泛灵的经验到激扰的实验”中，首先，按照克隆比三卷本《欧洲传统科学中科学思维的风格》的研究方式[①]，系统地呈现科学实验的发展历程——区分 experience 和 experimentum，梳理从泛灵的经验走向“附魅”的实验的 Experimentum 内涵演变，展现“附魅”自然观基础上的实验实践，如巫术型实验、炼金术实验、帕拉塞尔苏斯(von Hohenheim Paracelsus)医药化学学派实验；其次，针对弗朗西斯·培根“激扰自然”的实验思想内涵，从其人生经历、自然哲学的革新以及历史的启示等角度，探讨其提出“激扰自然”的实验的缘由；最后，从自然哲学和科学哲学的角度，参照“激扰自然”的实验思想提出之前、提出之时以及提出之后，阐述“激扰自然”实验思想的贯彻及意义。

在“第九章 近代科学革命(三)——从万物有灵论到机械自然观”中，首先，从科学史和科学哲学相结合的路径，探讨“万物有灵论与自然的‘精神’解释”“机械自然观与自然的‘物质’解释”；其次，吸收舒斯特的相关研究，从社会-政治亚文化的角度，阐述“机械自然观建构和被接受的原因”。

在“第十章 近代科学革命的集成——微粒说、数学与实验相结合”中，首先按照科学史的哲学研究方式，系统探讨“惠更斯将运动微粒说与数学相结合的历程”“波义耳将机械论的‘微粒说’与‘实验’相结合的过程”“牛顿如何将运动微粒说、实验与数学相结合”；之后吸收夏平以及舒斯特的相关科学知识社会史研究成果，对波义耳实验之争论以及牛顿万有引力提出所涉及的社会政治文化因素以及自然观因素进行分析。

如此，就在肯定科学认识有正确和错误、客观与主观、自主与依赖之分的基础上，由科学史与科学哲学的研究展现近代科学革命的发生及其进步性；也在近代科学还没有从宗教神学中独立出来的背景下，从科学知识社会学的角度探讨社会政治、宗教、文化等因素对近代科学革命的影响。

---

① Crombie A. Styles of Scientific Thinking in the European Tradition. London: Duckworth, 1994.

（四）走向“大写的科学革命”（科学思想史）研究的“综合论”

1. 走向以自然观变革、方法论创新为基础的“综合论”

根据前面的论述，科学的内部以及库恩的科学革命的范式及其范式转换是否定不了的，基于自然观变革、方法论创新的科学思想或“大写的科学革命”是存在的，它由以下两个部分组成。

一是科学的内部，它包括科学的形而上层面，如本体论（自然观）、认识论（真理论）、方法论（含数学、实验等方法）、价值论（求智与求利等）；科学的形而下层面——具体化的科学理论、科学方法以及科学仪器等的发展；科学共同体所在的社会-政治亚文化区域。科学的形而上层面乃至形而下层面相对独立于科学的社会-政治亚文化，并且包含于科学的社会-政治亚文化之中，受到社会-政治亚文化的影响。

二是科学的外部，涉及的是社会-政治文化等因素。这里的“社会”不是指科学共同体内部“小社会”，而是指科学共同体之外的“大社会”。这种“大社会”，即科学外部社会-政治文化等因素会影响到“小社会”以及科学的形而上和形而下层面。“大社会”虽然一般不能直接影响科学理论和具体的方法，但是，它们能够影响科学内部的社会-政治亚文化，从而较为直接地影响哲学层面的自然观、认识论、方法论和价值论取向，间接地影响具体化的科学理论和科学方法的产生。

所有这些构成科学思想的内容，也构成基于自然观变革、方法论创新的科学革命“综合论”研究模型，见图0.5。

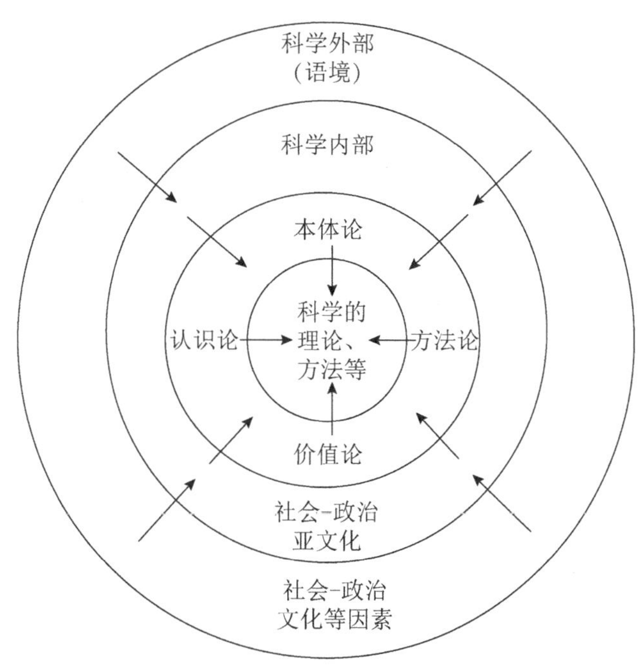

图0.5　科学思想史研究模型：基于自然观变革、方法论创新的科学革命“综合论”

对于“综合论”的科学史研究纲领，它将科学史研究的历史学、社会学、哲学研究纲领综合了起来，扬弃了内史论、外史论、新外史论、语境论以及科学哲学视域下的科学史论，展现了科学思想史研究从内部到外部，从科学知识到科学共同体，从科学的社会-政治亚文化到科学的社会文化综合的趋势，也就是展现了科学思想史研究从科学到综合的研究趋势。这样的研究趋势决定了科学思想史研究不仅需要研究科学内部哲学的和具体科学的历史史实，还要进一步探讨科学共同体的社会-政治亚文化是如何影响科学的形而上层面和形而下层面的，最后，如有必要，还要探讨科学外部的社会-政治文化等因素是如何影响上述所涉及的科学内部各层面的。这是关于科学思想的历史学、哲学和社会学(history, philosophy and sociology of science，HPSS)的综合性研究。

2. 走向自主性科学的科学思想史研究“双向综合论”

可以说，近代科学革命的过程就是从“神学式科学”“宗教式科学”到“实证式科学”的转变过程，也是科学从蕴含于社会到独立于社会的过程。

如果说，17 世纪是近代科学普遍开展的世纪，那么，18 世纪、19 世纪乃至 20 世纪科学的发展，就是在 17 世纪确立起来的机械自然观以及数学方法和实验方法的引导下进行的。其间，虽然也有一系列革命性的认识成果诞生，但是，它们是在近代科学革命之自然观变革、方法论的创新和具体方法的应用下产生的，属于“小写的科学革命”。

如果说在 18 世纪科学还没有从西方社会中完全独立出来，那么，到了 19、20 世纪，近代科学的机械自然观念、方法论的原则和具体的方法已经确立，一个成熟的、确定的、有效的科学内部已经形成。对这一时期的科学思想史的探讨，就可以很大程度上着眼于科学的内部，进行科学思想史的哲学考察。这也是笔者撰写“第十一章 近代科学革命的推进——范式的遵循、坚守与挑战”的原因。

不可否认，在 19 世纪末 20 世纪初，传统科学的研究深入到了新的领域，出现了“以太悖论”与“相对论”、“黑体辐射”与“量子论”对原有机械自然观和方法论原则范式的冲击，但是，这样的冲击并没有导致对原有范式的彻底的革命，这仍然属于“小写的科学革命”。而且，也不可否认，在这一阶段，科学的社会应用逐渐展开，社会对科学的作用也逐渐增加，但是，这样的作用更多的是对科学认识的选题、规模、速度等产生影响，对科学认识的自然观、方法论和具体的方法应用几乎没有产生影响，科学内部的自主性没有受到破坏，因此，科学沿着原来的道路向前迈进。

这样的迈进并不是一如既往的。大约在 20 世纪中叶，新兴科学的研究深入了复杂性的对象如地球自身和人类思维。对地球自身和人类思维的探讨，需要科学家对对象自身的特征进行分析，需要用一种不同于近代科学的新的自然观和新的方法论原则乃至具体的方法。这样的探讨既是一种科学的探讨，也是一种哲学的探讨，更是一种自然观和方法论的革命。这就是现代科学革命。这也是笔者运用科学哲学的思维方式撰写“第十二章　现代科学革命的肇始——新的自然观与新的方法论”的原因。

不可否认，无论是近代科学革命，还是现代科学革命，它们都会产生相应的社会影响和环境影响。而且，考察近代科学革命的推进及其所产生的环境问题，从科学的外部向我们提出了近代科学应用的合理性问题，进而需要我们反思并且回答科学认识与环境问题的产生及其解决之间的关联。由此，就需要我们研究近代科学的本质问题，即近代科学的自然观基础如何，方法论创新如何，由此获得了什么样的科学认识，这样的认识又会产生什么样的环境影响。这就需要我们从科学哲学的角度反思近代科学究竟是什么，近代科学应用究竟产生了什么样的环境影响，要解决环境问题是否需要进行新的科学革命等诸如此类的问题。这也是笔者撰写“第十三章　未来科学革命的提出——始于环境问题的产生及解决”“第十四章　未来科学革命的抉择——走向‘地方性科学’”的原因。这样的研究属于科学史研究的“语境论”，虽然这样的科学史是还没有发生的虚拟的、有可能发生于未来的“科学史”。

这样一来，科学思想史的研究还应该在图 0.5 的基础上加上一个反向的箭头，以说明科学认识不单纯来自社会语境以及社会政治亚文化的影响。而且还来自科学自身的认识及其应用所产生的影响。见图 0.6。

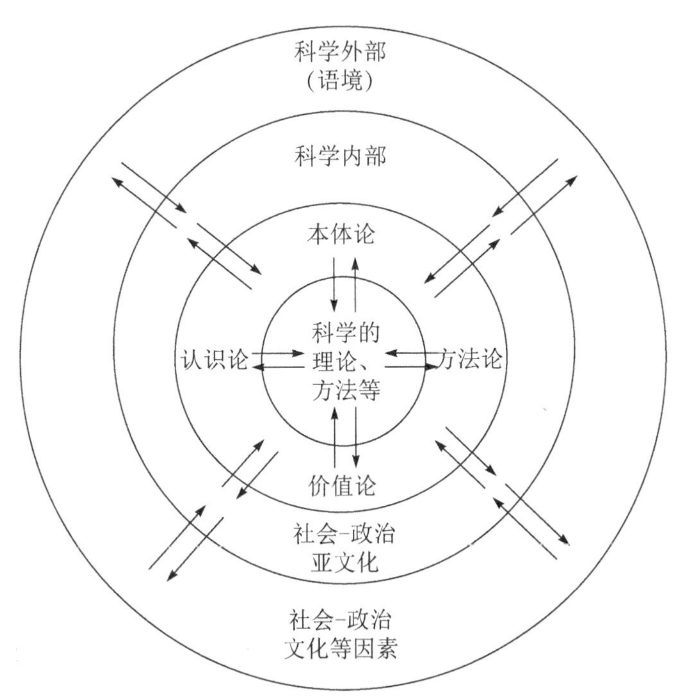

图 0.6　基于自主性科学的科学思想史研究“双向综合论”

说到这里，有一点需要说明，在近代科学革命发生之前，科学没有获得独立的地位，科学或者深蕴于神话宗教之中，或者深蕴于哲学思辨之中。前者如史前人类关于自然的认识，是依据神话宗教自然观，由超自然来认识自然的，对于这样的认识，应该放到那一时期人类发展的大背景中去理解，并且从人类生存的角度来阐释它的意义。对于后者，典型地体现于古希腊自然哲学之中。

为了更好地理解古希腊自然哲学之“科学”的含义，笔者参照劳埃德在《早期希腊科学：从泰勒斯到亚里士多德》一书中的做法，在近代科学革命的背景下，挖掘古希腊自然哲学中的科学革命思想，由此完成“第二章　古希腊早期自然哲学——由世界的本原认识自然”“第三章　古典希腊自然哲学——由数学理念和内在目的认识自然”两章。这是一种带有“辉格式”特点的科学哲学的研究方法，在参照这一时期自然哲学家的著作以及他人研究的相关著作的基础上，这一研究是有客观性的。

而且，为了完整地呈现古希腊自然哲学的演变，本书还探讨了“第四章　晚期希腊自然哲学——由解决个人的人生问题认识自然”以及“第五章　古希腊自然哲学——从革命到衰落再到恢复”。“第四章”表明古希腊自然哲学的一个转向——从单纯关注世界的本原问题，转而探究人的幸福和快乐问题，认识自然的目的是为快乐哲学作注，为人类的生活（主要是精神生活）服务。这是哲学伦理化的倾向体现。这种倾向对于科学发展亦有一定意义，但其意义大不如之前的自然哲学。“第五章”从历史的长河视域分析古希腊自然哲学（科学）的特征，揭示古希腊自然哲学是一次“大写的科学革命”。只是这样的科学革命只有开端没有延续，而且由于种种社会原因和自身的原因，于公元前2世纪突然结束了。它的重新恢复漫长又曲折。到了文艺复兴时期，古希腊自然哲学，尤其是亚里士多德的自然哲学，得到了全面恢复和重视。这直接引向近代科学革命。近代科学革命的发生有一定的历史必然性。①这两章可以看作是科学史的“语境论”以及科学哲学的综合研究。

至于中世纪之科学思想史，笔者主要是在中世纪宗教神学的背景下展开，采取的是“语境论”的科学史、科学内史以及科学哲学的研究方式，以期呈现这一时期古希腊自然哲学与神学、古希腊自然哲学与近代早期科学之间的关系，然后再进一步说明近代科学革命需要变革自然观。

这就是笔者在研究过程中所持的基本态度，以科学史研究为基点，批判性地参考科学哲学以及科学（知识）社会学的相关研究，尽量增强并且实现相关研究的客观性，以恰当地实现科学思想史研究的科学史、科学哲学与科学社会学视域的综合。

为了达到上述目标，笔者在本书撰写的过程中，采取了以下一系列措施。

一是系统收集并且研读国内外相关的科学（思想）史著作（包括译著）和期刊论

---

① ［英］G. E. R. 劳埃德：《早期希腊科学：从泰勒斯到亚里士多德》，孙小淳译，上海：上海科技教育出版社，2015年。

文，尤其是古希腊自然哲学家以及近代科学革命时期代表人物所撰写的著作，厘清基本的科学史实，阐述不同历史发展时期自然哲学家或科学家的科学思想的内涵，提炼其科学思想的突出特征及其演变历程。这方面的书籍很多，不再一一列举，其中也包括一些科学史与科学哲学综合研究的著作。

二是系统收集并且研读国外与科学（革命）史相关的科学（知识）社会学的著作和论文，如夏平和舒斯特的著作等，对此进行扬弃，将相关成果应用于近代科学革命时期的科学思想研究中。

三是针对现在较少有人研究的现代科学革命的哲学基础，在具体分析科学新发展的基础上，抽象出其本体论的特征以及方法论的诉求；对于未来科学革命，展开独立研究，分析近代科学之自然观、方法论以及具体方法与科学认识的特征之间的关系，揭示近代科学不自然、非自然的本质特征是其应用造成环境问题的根本原因。如此，就从环境保护需要新的科学革命的角度，提出了“既经济又环保”的未来科学的哲学基础。

上述这些措施的贯彻，能够使我们澄清科学史家的各种不同观点甚至对立的观点，明确笔者自己的观点，厘清笔者的观点究竟是出于科学史家，还是为了使得自己的观点更合理而选择科学史家。

本书就是在上述研究方法的指导下开展的——尽可能重现真实的历史事实，梳理历史事件的脉络，理解历史背后的语境，挖掘历史深处的思想观念乃至科学发展的一般规律，以体现“历史与逻辑的统一”。就此而言，本书按照“自然观变革、方法论创新与科学革命”的主线，综合科学的历史学、哲学和社会学进行科学思想史研究，就是恰当的了。

四、主要研究内容：系统呈现“大写的科学革命”

第一章，主要包含史前人类所持有的自然观以及关于自然的认识等。涉及以下主要问题：旧石器时代、新石器时代人类制造工具、展开活动、认识自然的特征是什么？这种认识是科学的还是非科学的？史前人类持有什么样的神话宗教自然观？这种自然观导致史前人类以什么样的方式认识自然？这样的认识方式是一次“大写的科学革命”吗？这种关于自然的认识对于史前人类的意义如何？

第二章至第四章，主要包含古希腊阶段自然哲学家所持有的自然观及其科学思想蕴涵。

第二章，主要包含古希腊早期自然哲学家所持有的自然观与自然认识，涉及以下主要问题。

（1）爱奥利亚学派的代表人物如泰勒斯（Thales）、阿那克西曼德（Anaximander）、阿那克西美尼(Anaximenes)关于世界本原的思想如何？有什么样的特征？他们的集大成者赫拉克利特(Heraclitus)关于世界本原的思想如何？又具有什么特征？这样的特征对于近代科学具有怎样的意义？

(2)毕达哥拉斯学派世界的“数”的本原思想内涵如何？其对于天文学的发展以及自然的数学化和科学的数学化有何意义？

(3)爱利亚学派的代表人物巴门尼德(Parmenides)是如何提出“世界的本原是不变的存在”的观点的？他的学生芝诺(Zeno)又是如何通过“芝诺悖论”来为他的这种观点辩护的？

(4)元素论者恩培多克勒(Empedocles)的“四根说”的主要内容是什么？阿那克萨戈拉(Anaxagoras)“种子说”的主要内容是什么？原子论者留基伯(Leucippus 或 Leukippos)和德谟克利特(Democritus)的“原子论”的主要内容是什么？它们各自具有什么样的科学思想和意义？这样的学说如何受到爱利亚学派的影响？

第三章，主要包含古典希腊自然哲学家所持有的自然观与自然认识，涉及以下主要问题。

(1)柏拉图理念论的主要内容是什么？据此，他是通过什么原则来认识可感世界的？对于天上的世界，他给出了什么样的自然观和认识原则？这样的原则对于以后的天文学的发展有何影响？

(2)亚里士多德的世界等级与自然的内在目的论的内涵如何？他是如何进行世界的逻辑化和知识的系统化的？他又是如何认识事物的经验方面和理念方面(或形式方面)的？由此使得亚里士多德关于世界的认识呈现出什么样的特征？

第四章，主要包含晚期希腊自然哲学家所持有的自然观与自然认识，涉及以下主要问题。

(1)伊壁鸠鲁学派代表人物的“原子论”内涵如何？对留基伯和德谟克利特的“原子论”有何发展？具有什么样的科学认识意义？“原子论”与伊壁鸠鲁学派快乐主义的关系如何？

(2)斯多亚学派的形体主义、宇宙生机论、宇宙循环论的内涵是什么？有什么样的科学认识意义？斯多亚学派的物理宇宙论与按照世界-理性生活的关系如何？

(3)怀疑论学派之早期皮罗(Pyrrhon)主义的“悬置判断”之本体论、认识论和方法论意义如何？对于事物的认识有何意义？赛克斯都·恩披里克[①](Sextus Empiricus)的主要思想内涵是什么？有什么样的科学认识意义？怀疑论学派“悬置判断”与过宁静生活有何关联？

(4)新柏拉图主义思想的主要内涵是什么？自上而下的“流溢”和自下而上的“净化”之间的关系是什么？新柏拉图主义思想有什么样的科学认识意义？新柏

① 又译为“恩披里柯”。

拉图主义的“三一本体论”与“净化德性”伦理学有何关系？

第五章，主要包含古希腊自然哲学的革命性特征及其历史命运，涉及以下三方面的问题。

(1)既然古希腊自然哲学蕴含丰富的科学思想，成为近代科学革命的源流，那么，古希腊自然哲学或者自然科学是不是一次科学革命呢？如果是，是一次什么样的革命？是“大写的科学革命”吗？这样的科学革命形态如何？

(2)既然古希腊自然哲学是一次科学革命，那么这样的科学革命为什么没有延续下去，而在公元前2世纪突然衰落了呢？假如古希腊自然哲学没有衰落，而是延续下去，则这样的科学革命会呈现什么状况呢？古希腊自然哲学又是如何被保存和恢复的呢？

(3)古希腊自然哲学作为近代科学革命的源流是如何可能的呢？这涉及古希腊自然哲学的保存和恢复。古希腊自然哲学是如何被保存和被恢复的呢？

第六章，主要研究中世纪自然哲学、自然神学与早期自然科学，涉及以下主要问题：中世纪自然哲学与自然神学的关系如何？是依附还是独立？中世纪自然哲学与近代早期自然科学之间的关系如何？是延续还是断裂？早期自然科学的产生，也就是近代科学的肇始，需要对中世纪自然哲学或者自然观进行变革吗？

第七章至第十章，主要研究近代科学革命阶段自然观变革、方法论创新与科学革命之关联，章节安排基本按照前述H. 弗洛里斯·科恩六种科学革命性变革进行。第七章至第九章，分别叙述前三种科学革命性变革，第十章集中叙述第四种、第五种、第六种科学革命性变革。

第七章，主要包含近代科学革命性变革之“第一种”——从“抽象的数学理念”到“具体的数学实在”，涉及自然的数学化与数学方法的应用问题如下。

(1)哥白尼何以能够提出“日心说”？这与“地心说”的提出所依据的自然观有何不同？“日心说”的提出与新柏拉图主义有何关系？“日心说革命”究竟是一种什么样的革命？

(2)开普勒何以能够提出“开普勒三定律”？他的自然哲学思想在其中起着怎样的作用？开普勒的“日心说”与哥白尼的“日心说”有何不同？

(3)伽利略为什么能够将数学运用到物理对象运动过程的描述中？伽利略为什么要进行理想化实验？伽利略的物理学与亚里士多德的物理学有何不同？

(4)哥白尼的日心说为何经历很长时间才被人们接受？其中，第谷、开普勒、伽利略的作用如何？为什么说哥白尼“日心说”的接受与机械自然观的提出及确立紧密相关？

第八章，主要包含近代科学革命性变革之“第二种”——从“泛灵的经验”到“激扰的实验”，涉及以下问题。

(1)古典时期、中世纪和近代早期的“经验”与“实验”在词汇与内涵上的区别与联系如何？中世纪晚期和近代早期实验的主要特征是什么？

(2)赫尔墨斯(Hermes)传统下的罗吉尔·培根(Roger Bacon)、吉尔伯特，以及炼金术和医药化学学派的实验有什么样的特点？它们以什么样的自然观为基础？由此，会导致什么样的实验结果以及相应的科学认识？

(3)弗朗西斯·培根为什么会提出运用实验方法来认识自然？为什么会提出运用“激扰自然”的实验方法来认识自然？他的“激扰自然”实验的哲学基础是什么？与传统的哲学有何不同？如何贯彻“激扰自然”的实验？弗朗西斯·培根的实验思想有什么样的科学意义？

第九章，主要研究近代科学革命性变革之“第三种”——从万物有灵论到机械自然观，涉及以下问题。

(1)在笛卡儿提出机械自然观之前，人类是通过什么样的自然观认识自然的？它们对人类认识自然有什么样的影响？

(2)笛卡儿机械自然观的主要内涵是什么？笛卡儿的机械自然观是如何对自然进行祛魅的？在笛卡儿提出机械自然观之后，人类又是通过什么样的自然观认识自然的？

(3)机械自然观在当时的历史条件下是如何被建构的？又是如何被接受的？它的提出与接受和新柏拉图主义以及宗教有何关联？

(4)机械自然观如何引导近代科学革命？其对于17世纪及其之后的科学革命意味着什么？

第十章，主要研究上述三种近代科学革命性变革后的综合集成，涉及以下问题。

(1)惠更斯、牛顿是如何实现微粒说与数学的结合的？这样的结合对于科学革命有何意义？

(2)波义耳、胡克、早期的牛顿是如何实现微粒说与实验的结合的？这样的结合对于科学革命有何意义？

(3)牛顿是如何实现微粒说、数学和实验三者大统一的，这样的统一对于科学革命有什么样的意义？根据机械论哲学能够导出万有引力概念吗？牛顿是根据什么样的自然哲学提出万有引力概念的？

(4)牛顿的科学研究纲领的内涵如何?又是如何被贯彻到后续的科学发展中的？

第十一章，主要研究近代科学革命在17世纪集成之后，是如何向前推进的，以及在这样的推进过程中遇到了什么样的范式挑战？其中，由“以太悖论”引发的“相对论”革命和由“黑体辐射”引发的“量子论”革命属于 “大写的近代科学革命”还是“小写的近代科学革命”？在生物学领域，对机械论提出挑战的活力论的内涵如何？结局怎样？

第十二章，主要探讨现代科学如复杂性科学、生态学等的进一步发展，以及所呈现出来的新的有机论自然观和方法论创新，涉及以下内容：科学的新发展与自然有机论的产生及其内涵之关联？有机论自然观下现代科学革命的新的方法论原则有哪些？对于这些方法论原则，如返魅性原则、复杂性原则、整体性原则、非因果决定性原则等，应该如何针对具体的研究情境加以综合地应用？

如果说第十二章是从科学内部即科学认识的内部来论述现代科学革命的肇始，那么第十三章至第十四章，则是从科学认识的外部，即科学的应用与环境问题的产生之间有一个什么样的关联，以及要保护环境，应该发展一个什么样的科学的角度，进行未来科学革命的构想。

第十三章，主要研究未来科学革命这一问题是如何被提出来的。这涉及以下问题：科学应用造成环境问题是人们滥用科学的结果，是技术制造产品并进而被人类利用废弃的结果，还是科学本身就存在很大的问题从而使得其应用造成环境问题？科学认识究竟具有什么样的特征，从而导致其应用破坏环境的问题？要解决环境问题，是否必须进行新的科学革命？

深入的研究表明，科学应用造成环境问题是内在于科学的、不可避免的，而且随着这样的科学的发展及其应用的推进，将会出现越来越复杂、越来越剧烈、越来越难以控制的环境问题。这就是说，如果不进行新的科学革命，是不可能解决环境问题的，生态文明也不能实现。要保护环境并且实现生态文明，必须进行新的科学革命。由此引出第十四章。

第十四章，主要研究未来有利于环境保护的科学革命之科学的新形态，涉及以下问题：未来科学革命是不是回归古代科学传统，如博物学传统和地方性知识等？回归古代科学传统能否解决现代人类所面临的环境问题？如果不能，则应该采取一种什么样的新的科学革命？这样的科学革命需要一种什么样的自然观和方法论原则？

最后是本书的结语，主要是在上述研究的基础上，对“大写的科学革命”的历程、特征以及诉求进行总结和探讨，以树立正确的“大写的科学革命”观念，并进一步提出推进现代科学革命和未来科学革命的举措。

就上述研究内容的简述看，基于“自然观变革、方法论创新与科学革命”的科学思想史研究，就是一个集本体论的、方法论的、认识论的、价值论的乃至实践论的综合研究，虽然这样的研究主要集中在本体论的和方法论的方面。

第一章 史前神话宗教自然观

——由超自然认识自然

史前人类，没有文字以及书面文化，只有口头文化以及在此基础上形成的万物有灵的自然观、神话和宗教。史前人类或者以朴素的感觉经验为基础，或者以万物有灵的自然观、神话宗教自然观①为基础，展开对自然的认识，由此支撑史前人类社会的存在，并促使其向前发展。②

一、史前人类认识自然的肇始与科学属性

（一）史前人类认识自然的肇始

所谓“史前人类”，指的是史前期(prehistory)的人类。其存在年代，从大约300万年以前的旧石器时期开始，到大约5000年前近东地区③最早一批定居中心的出现为止。

---

① 由下文的叙述可以看出，“史前人类神话宗教自然观”有“广义”和“狭义”的理解，“广义的理解”包含“鬼魂说”、“万物有灵论”和“神话传说”，狭义的理解就只包含“神话传说”。为了方便理解，本书如无特别说明，“神话宗教自然观”一词则是在广义层面而言的，而当提到“鬼魂说”“万物有灵论”时，则是相对于“神话宗教”在狭义层面而言的。

② 事实上，娱乐、仪式等实践行为对人类语言的产生以及思维活动也产生影响。芒福德在《技术与人的本性》的文章中就指出，催生语言以及消耗古人多余心理能量的主要方式是游戏而不是生存劳动。[参见 Mumford L. Technics and the nature of man. Nature, 1965, 208(5014): 923-928.]

③ 近东地区是西方史中文明的摇篮，也是最早的人类聚居地，孕育了伟大的古代近东文明。但随着考古技术的进步，其他地区，如中国地区、远东地区、南非地区、美洲地区的旧石器时代遗址逐渐被发掘出来。有学者指出：“早期人类在我们这块土地上至少已经生存了上百万年。他们创造了辉煌的中国旧石器时代文化，书写了中国史前史上最古老的篇章。”(参见王幼平：《旧石器时代考古》，北京：文物出版社，2000年，第2页。)有学者提出：“在蒙古和戈壁阿尔泰地区，共发现30多处旧石器时代早期露天遗址。根据地形学、技术一类型学特征以及人工制品表面磨蚀程度判断，这些遗址应该是这一地区最为古老的。早期的石器组合(那林山第17地点和其他地点)以重度磨蚀的砾石工具为特征，在更新世晚期地层内出有砍砸器、砾石石核和大量的刮削器。”(参见阿·潘·杰烈维扬科：《欧亚大陆人类的起源与现代居民的起源》，《吉林大学社会科学学报》，2006年第1期，第37页。)还有学者提出：“虽然最早的原始石器制造并把石器用于打击(敲击)活动，是早于人类的旧石器时代，但据报道，没有证据证明330万年前的肯尼亚洛迈奎遗址有系统地生产锐刃的石器，而且没有证据证明它比258万—250万年前的埃塞俄比亚奥杜韦遗址发现的规模化生产锐刃石器更早。”(参见 Braun D R, et al. Proceedings of the National Academy of Sciences of the United States of America. 2019, 116(24): 11712-11717.)

此后，文字记载产生，文明也随之发轫，较为准确的历史亦有据可查，人类进入有史期(history)。据此，“史前期的人类”，即“史前人类”应该指的是文字出现之前的人类。[①]

这一时期的人类是如何认识自然的呢？要回答这一问题，就要对“史前人类”的产生以及演化有一个深入的了解。人类是由南方古猿进化而来的。在大约600万年前的非洲南部某地，一个黑猩猩群体在与自己的同种隔绝的情况下繁殖着、进化着，又分裂成若干个群体，最终产生出好几个不同的物种，它们都用两只脚走路，被称为南方古猿。之后，“所有这些新的物种最后都灭绝了，但有一个物种除外，这个物种存活到距今大约200万年前，而在那时，它的变化如此之大，以至于称呼它们不仅需要用新的物种名称，而且更需要用新的属名称，这个名称就是人类”[②]。人类起源及其演化路线(人科演化树)见图1.1。

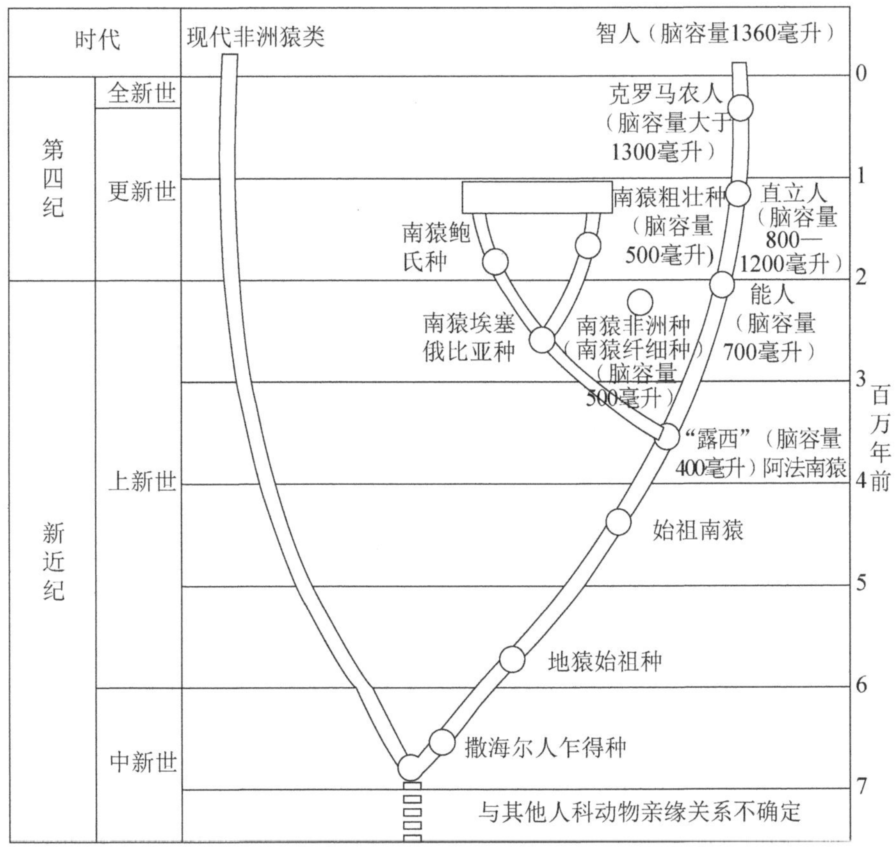

图1.1　人科演化树[③]

① Colin R. Prehistory: The Making of the Human Mind. New York: Modern Library, 2008.

② [美]迈克尔·托马塞洛：《人类认知的文化起源》，张敦敏译，北京：中国社会科学出版社，2011年，第1页。

③ 童金南、殷洪福：《古生物学》，北京：高等教育出版社，2007年，第159页。

考察“史前人类”的发展，可以分为两个阶段：一个是旧石器时代(paleolithic，源于希腊语，paleo 意为“古老的”，lithos 意为“石头”)，持续了 300 万年左右；另外一个是新石器时代(neolithic)，大约 15 000 年前始于近东地区。

在旧石器时代，较早出现的是“能人”(homo habilis)。虽然他们已经具有远超过其他任何灵长目动物的打造工具的能力，但是他们打造出来的大多是简单的砍器。之后，距今大约 200 多万年前的“直立人”(homo erectus)出现。他们活动在旧大陆(指非洲、欧洲和亚洲各大陆)的广大地区，通过自然选择而获得的“直立行走”使得他们能够腾出上肢做更多的事情，如抓握物品、使用工具和传递信息等；通过“制造和使用工具”，以及利用制造出来的工具去制造另外一些工具，他们具有其他物种所不可能有的技术文化，从而进入另外一种生存模式——技术生存模式。通过“火的使用和控制”，他们改变了自身的生存环境、饮食结构和交往方式，进而极大地提高了改造自然的能力。

尽管旧石器时代的技术生存模式是非常初级的，但却是非常重要的。旧石器时代的人类为何能够具有上述技能呢？通常的回答是“生物进化的结果”。可是，人类与黑猩猩的分离只有 600 万年，这在进化的时间尺度上是非常短暂的，而且，“在最近的 200 万年以前的人类整个进化过程中，没有任何迹象表明，人的认知技能有别于一般的大猩猩”①。鉴此，通过常规的生物进化过程，即通过遗传变异和自然选择，是不可能使得旧石器时代的人类具有上述技能的。造成这一点的原因应该是“人类进化出一种新型的社会认知，它产生了各种新的社会学习形式，也产生了一些社会进化的新过程和积累性文化进化”②。这种文化进化不仅需要创造性的发明，而且还需要可靠的社会传播。这种传播就像防倒转的棘轮一样，能够防止社会倒转。这是人类与其他非人类的灵长类生物最大的不同。“即个体生命体有能力把同物种成员理解为与自己相同的生命个体，把他们理解为有意向有心智的生命体，就像自己一样。这种理解使得个体能够模拟他人的心智，因此他们就能够不仅是从他人那里学习，而且是通过他人学习。”③这使得人类在一个有限的时间内发生转变，从而达到一个新的高度。

关于这一点，拉兰德(Laland)作了系统阐述。他认为，人类之所以拥有非凡的认知能力及其相关特征，并非是适应外部的结果，而是文化使然。文化并不是人类心智形成的原因，但是文化塑造了人类心智。他认为，人类社会的合作是一种考虑到他人以及当地公平的合作，而灵长类动物如黑猩猩却缺少这一点；灵长类动物如黑猩猩虽然具有与人类婴儿个体(2—3 岁)相当的关于物理世界方面(如空间记忆、

---

① [美]迈克尔·托马塞洛：《人类认知的文化起源》，张敦敏译，北京：中国社会科学出版社，2011 年，第 3 页。

② [美]迈克尔·托马塞洛：《人类认知的文化起源》，张敦敏译，北京：中国社会科学出版社，2011 年，第 6 页。

③ [美]迈克尔·托马塞洛：《人类认知的文化起源》，张敦敏译，北京：中国社会科学出版社，2011 年，第 5 页。

物体旋转、工具使用）的认知能力，但是儿童在社会领域方面（如社会学习、交际手势、理解意图）具有更为复杂的认知能力；人类语言不受时空限制，有着复杂的语法和句法结构等，而灵长类动物如黑猩猩的语言只能传播现时和现场的状况，不具有复杂的沟通系统；人类有丰富的道德情感，能够区别对错，而灵长类动物如黑猩猩并不明确具有这一点。所有这些方面导致人类具有"累积性文化"，能够进行广泛的知识共享和积累，迭代化地改进和传播技术，一代代相传推进，从而使得人类在不断繁衍的过程中具有独特且非凡的认知能力。而灵长类动物如黑猩猩虽然也有文化，但是，这样的文化不具有累积性，因此，它们就不能进化成为如人类那样的物种。

尽管随着动物认知科学的发展，"某些动物有智能""某些动物有语言""某些动物有情感""某些动物有文化"等观念得到加强，"黑猩猩是人类的近亲"这一观念也逐渐深入人心，但是，从"累积性文化"的角度看，"近亲之说"更有可能针对的是南方猿人和所有其他人科（傍人、地猿、乍得沙赫人和肯尼亚人），以及与人同属一类的其他所有成员如能人、直立人，而不是针对智人，更不是针对现代人类。人类正是通过"累积性文化"，展开合作交流、交易组织、设计制造等，在近 300 万年获得突飞猛进的发展。与之相比，灵长类动物如黑猩猩在这期间却没有什么大的变化。

这表明人类与黑猩猩之间一定意义上是存在鸿沟的。对此，有人可能持不同意见，认为人类和黑猩猩的基因相似度约为 98.5%，这意味着人类与黑猩猩之间的基因差异很小，人类与黑猩猩之间没有鸿沟。其实这种观点是错误的。这看似微小的"1.5%"的差别，意味着黑猩猩与人类相比，在核苷酸数量、基因差异、基因排列组合以及脑部的基因表达等方面存在着较大乃至巨大的差异。人类的认知与灵长类动物如黑猩猩的认知之间，确实存在着鸿沟[①]。

可以说，正是这种鸿沟，使得人类的进化主要发生在文化进化上。文化进化了，人类也就发展了。到了大约 40 000 年前，人类文化进化再次发生，史前人类的转折点再次来临。出现了尼安德特人[②]（Homo Neanderthalensis）和智人（Homo Sapiens）。"起先，在中东和欧洲，尼安德特人和解剖学意义上的现代人同时存在了好几万年。大约在 35 000 年前，可能是在与新来的群体发生冲突中被消灭，也可能是通过杂交被同化到现代人的基因组中，总之，尼安德特人消失了。在这同一时间前后，文化也出现了间断现象。尼安德特人就地取材，生产的是一些一般化的多用途的简单工具；而我们——现代智人，则开始生产五花八门的工具，其中许多都是专用工具（材

① ［英］凯文·拉兰德：《未完成的进化：为什么大猩猩没有主宰世界》，史耕山、张尚莲译，北京：中信出版社，2018 年，第 3-31 页。

② 尼安德特人又被某些科学家称作尼安德特智人（Homo Sapiens Neanderthalensis）。之所以如此，是因为这一部分科学家认为尼安德特人与我们十分类同，不过是我们这个物种的一个已经灭绝的变种或者属人种，因此称此为"智人"。与此相对，另外一些科学家认为，与解剖学意义上的现代人相比，尼安德特人有太多的"兽性"，因而把他们视为单独的一个物种，定名为"尼安德特人"。

料则有石头、骨头和鹿角等)，诸如绳、网、灯、弩、乐器、弓箭、鱼钩、带钩的武器、缝制衣服的针，以及比较复杂的带有壁炉的房舍等。”①

不可否认，在这一时期——旧石器时代晚期，人类对这些精巧工具的制造和使用，从其技术水平看，已经达到一定的高度，人类能够进行远距离贸易，从事艺术活动(绘画与石刻)，观察月亮运行，埋葬死者(出于对死者的敬畏)，等等。但是，就他们生活的基本方面来看，仍然以采集和狩猎为主。这种状况一直延续到距今12 000年左右的最近一次冰川期才结束。

纵观旧石器时代，尤其是旧石器时代晚期，人类生产和生活活动有了进一步推进。在这些活动中，人类获得了相关的进一步的自然认识，如人类在制造和使用工具的过程中，获得了各种可用于制造工具的原材料的认识。如果没有这些认识，这些工具就不会被制造出来。再比如，人类在采集、狩猎过程中，要获得对各种动植物的认识，否则，就很难或不会将这些动植物作为食物。而且，人类是通过对火的认识，才学会使用和控制火的；通过对天文现象的认识，才将时间用于生产和生活度量中。

这些都表明，旧石器时代，尤其是旧石器时代晚期，人类有了关于自然的认识，只是这样的认识深嵌于当时的技艺活动中。

这是否意味着旧石器时代有了科学呢？

(二)旧石器时代科学的萌芽

麦克莱伦第三(J. E. McClellan III)和多恩(Harold Dorn)认为：“旧石器时代的人们在他们从事手艺时，用到的是实用技能，而不是什么理论或科学知识。岂止如此，旧石器时代的人类也许对火有过什么解释，那多半是以为他们用火时是在与某个火神或火怪打交道，而绝无什么旧石器时代‘化学’那层想法。所有这些，总结出关于旧石器时代技术的一个主要结论：我们也许无论如何谈不到旧石器时代的‘现科学’，旧石器时代的技术显然早于并独立于任何这样的知识。”②

从上面这段话可以看出，麦克莱伦第三和多恩之所以得出“旧石器时代没有科学”这一结论，是以“旧石器时代的技术应用并不是以解释性的理论认识——科学”的判断为基础的。

应该说，上述看法有一定道理。如果以近现代技术及其科学来判断旧石器时代有无科学，那么结论只能是那时没有科学。甚至以古代科学的表现形式——自然来衡量，那时也没有科学。但是，如果以古代科学的拉丁文和希腊文来衡量，则结论会有所不同。林德伯格就说：“‘科学’一词的内涵，不论古代还是现代，都在某种程度

① [美]J. E. 麦克莱伦第三、[美]哈罗德·多恩：《世界科学技术通史》，王鸣阳译，上海：上海科技教育出版社，2007年，第13页。

② [美]J. E. 麦克莱伦第三、[美]哈罗德·多恩：《世界科学技术通史》，王鸣阳译，上海：上海科技教育出版社，2007年，第18页。

上(和某些情况下)不同于我们的研究所针对的主题。现代的‘科学’一词存在上述的一切模糊不清之处，而古代的这个术语(拉丁文是 *Scientia*，希腊文是 *episteme*)适用于任何具有严格和确定性特征的信念体系，不管这些信念与自然是否相关。因此，中世纪把神学作为科学，这在当时来说是很普遍的现象。”[①]以此来衡量，在旧石器时代，不能否认人类具有信念，从而也就不能否认那一时期的人类就有科学，只是那时的人类具有的更多的是原始思维，由此导致相关的信念和知识可能并不系统也不确定。

然而，即使旧石器时代没有古代意义上的自然哲学和近代意义上的科学，并非意味着那时没有科学的萌芽。在旧石器时代晚期，科学的萌芽确实存在。关于这点，从麦克莱伦第三和多恩他们自己所举的例子中可以得到说明。他们举例说，在乌克兰贡茨发掘到了一颗有刻纹的猛犸象牙，见图 1.2(a)。专家们对其进行解读，发现这块样品的制作时间距今 15 000 年左右，刻于其上的那些标记短线记录了 4 个太阴周期(月周期)，并由此解释月亮运行的周期，见图 1.2(b)。

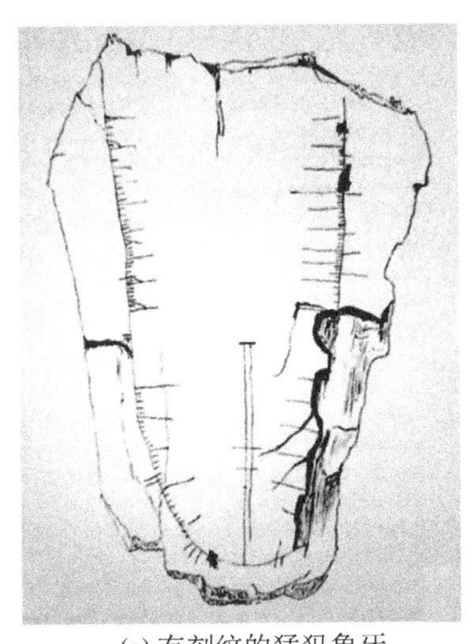

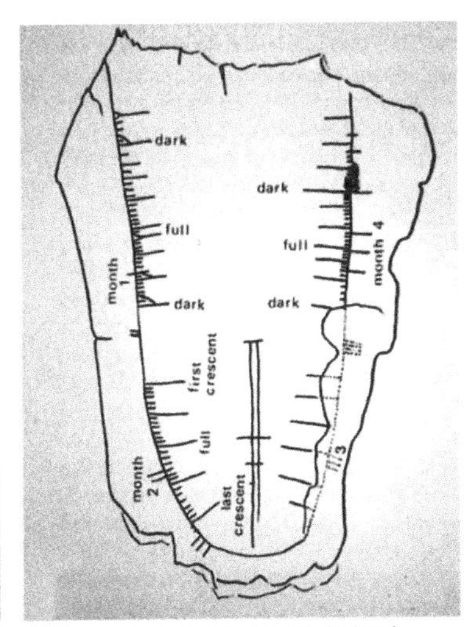

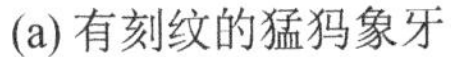
(a) 有刻纹的猛犸象牙　　(b) 对此样品所作的解读

图 1.2　旧石器时代的月亮记录[②]

从上述对猛犸象牙刻纹的解读，不难发现，猛犸象牙刻纹并没有体现手工艺中的实用知识，而是对特定类型的天文学现象进行系统观察基础上的某种抽象，是关于天文学现象的认识。这种知识理应属于科学。不仅如此，“人们发现了几千块这样的人工遗物，时间跨越 30 000 年”[③]。这就更表明，旧石器时代晚期不仅已经有

① [美]戴维·林德伯格：《西方科学的起源》，王珺、刘晓峰、周文峰等译，北京：中国对外翻译出版公司，2001 年，第 4 页。

② Mcclellan J E, Dorn H. Science and Technology in World History: An Introduction. Baltimore: Johns Hopkins University Press, 2015: 29.

③ [美]J. E. 麦克莱伦第三、[美]哈罗德·多恩：《世界科学技术通史》，王鸣阳译，上海：上海科技教育出版社，2007 年，第 19 页。

科学的萌芽，而且还有科学了。

也许正因为这样，麦克莱伦第三和多恩也为了避免他们自己所认为的“旧石器时代没有科学”的观点被激烈反对，他们在判断这一时期的人类认识是不是科学时，更多地使用“只能”“好像”“似乎”这样的词汇。如他们认为：“上述的那些人工遗物只能证明，在旧石器时代人们曾长时间地连续观察和记录过自然现象。这种活动只能表明当时的人类对理论知识有极肤浅的接触，仅仅是其成果好像比来自直接经验的知识要抽象，似乎不同于旧石器时代的人类体现在他们手艺中的其他某些知识。”[①]他们的这种“处理”表面上看起来是全面的，事实上有失偏颇。的确，在旧石器时代很长的一段时间内可能是没有古代和近代意义上的科学的，但是，到了旧石器时代晚期，如果我们仍然说那时没有科学或科学的萌芽，则未免绝对化了。

（三）新石器时代的科学与科学革命

到了新石器时代，史前人类的前进步伐加快。[②]“在那以后，先是新石器时代在屋旁种植(简单园艺)和豢养动物，接着是另一场技术革命，在政治国家的控制和管理下从事集约化耕作(农业)。”[③]自此，人类从食物采集者转变为食物生产者，标示着社会经济和技术的转型是一次革命，可以称为“新石器革命”。

“新石器革命”的发生首先是人类自己“革”自己的命，由漂泊觅食者转变为乡村的定居者；然后才是“革”自然的命，即在房屋周围栽种植物和驯化动物。这两类革命，既是“驯化”自身，也是驯化自然，人类从而得以“定居”，符合英文domesticate(驯养)一词的含义——domestic源自拉丁语domus，意为生物的饲养、定居和非野生，与家养的含义相一致。

关于上述观点，可以从以下一段话中得到佐证：“进入新石器时代几千年以后，在近东出现了一类把屋旁种植和动物饲养技术结合起来的混合型经济。……这种混

---

① [美]J. E. 麦克莱伦第三、[美]哈罗德・多恩：《世界科学技术通史》，王鸣阳译，上海：上海科技教育出版社，2007年，第20页。

② 至于“变化的步伐为什么会急剧加快”，有不同的解释：一种观点认为，这是在距今10 000—12 000年前，上一次冰期末的冰川后退和相应的气候变化导致生存环境发生改变。许多大型动物灭绝，食物来源减少；另一些动物的迁徙方式发生了变化，转移到了北方，从而也使某些人群在北方留了下来；而且还可能是人类自身过度捕猎大型动物，破坏了自己的生存环境。这些都导致人类的生产和生活方式改革。另外一种观点认为，在旧石器时代，人类人口数量较低，居住地附近的资源能够满足他们适度的开发利用，到了12 000年，人口密度急剧增加，采集狩猎的生产和生活方式实在满足不了他们的资源需求，需要他们离开原来生存的地方。这两种状况最终导致那一时期的人类在屋旁种植和豢养动物，由此，史前人类进入新石器时代。(参见[美]麦克莱伦第三、[美]多恩：《世界科学技术通史》，王鸣阳译，上海：上海科技教育出版社，2007年，第21页。)

③ [美]J. E. 麦克莱伦第三、[美]哈罗德・多恩：《世界科学技术通史》，王鸣阳译，上海：上海科技教育出版社，2007年，第21页。

合型的新石器时代的农耕，就是通往集约型农业和文明社会的历史过渡。如果说我们人类在新石器时代初期出现的生存模式中的那些特征，在一定程度上是由生物学和进化的因素决定的话，那么，新石器革命则代表了一种历史方向的转变，那是人类自身为了应付变化的环境而主动进行的转型。”[①]

“新石器时代”非常短暂，结束于距今约5000年的美索不达米亚和埃及古文明产生之时。那时的人类或者从野外采集转向屋旁种植，或者从游牧狩猎转向家养畜禽，进而进入农业文明时期。那时由于生活方式改变的需要，人类大大扩大了工具库，制作了一些较大的、常常被磨光了的器具如石斧和研磨石器，种植了小麦、水稻、玉米等农作物，驯化了一些野生的动物如牛、山羊、猪、鸡等，加工得到了耐存放、易处理的奶制品，处理了粪便使之成为肥料和燃料，等等。

在这样的革命性变革过程中，发生了一系列技术变革：农耕和畜牧所涉及的技术、编织技术、制陶的火法技术等。这些大大小小的技术变革，汇集在一起，铸就了新石器时代相应的新型生产和生活方式，家庭作为生产单元以及社会组织中心出现了，专职的陶匠、编织匠、泥水匠、工具制作匠、祭司和头人出现了，村落出现了，人类最终进入阶级社会和市镇社会。

在这些技术变革中，科学处于什么地位呢？麦克莱伦第三和多恩认为：“新石器革命是一个技术经济过程(techno-economic process)，其发生没有任何独立‘科学’的帮助或投入。”[②]为什么这么说呢？他们以制陶技术为例加以说明：“谈到新石器时代技术和科学之间的联系，制陶技术就是一个与旧石器时代的取火非常相似的例子。陶匠制罐，只因为陶罐为有用之物，只因为他们掌握了必要的制造知识和技艺。新石器时代的陶匠们掌握了关于黏土和火的特性的实用知识。而且，虽然他们也许会对制作过程中发生的现象进行解释，但是，他们只专心劳作，没有任何系统的材料科学知识，也不曾自觉地把理论应用于实践。硬说制陶技术只有在高深学问的帮助下才得以发展，其实是贬低了新石器时代的手工技艺。”[③]

应该说，他们的这种认识有一定道理。在那一时期，科学处于萌芽状态，技术走在科学的前面，科学还真没有从技术中独立出来并指导技术。但是，必须注意的是，这并不意味着当时没有科学。麦克莱伦第三和多恩就说：“那么，什么东西可以被认为是新石器时代的科学呢？在一个可被称为新石器时代天文学的领域，我们才可以有根有据地来谈属于一个科学领域的知识。确实，有相当多的证据显示，许多甚至

---

① [美] J. E. 麦克莱伦第三、[美] 哈罗德·多恩：《世界科学技术通史》，王鸣阳译，上海：上海科技教育出版社，2007年，第27-28页。

② [美] J. E. 麦克莱伦第三、[美]哈罗德·多恩：《世界科学技术通史》，王鸣阳译，上海：上海科技教育出版社，2007年，第33页。

③ [美] J. E. 麦克莱伦第三、[美]哈罗德·多恩：《世界科学技术通史》，王鸣阳译，上海：上海科技教育出版社，2007年，第33页。

大部分新石器时代的人们都会系统地观察天空，尤其是观察太阳和月亮的运行情况。他们经常会造出一些按天象校正方位的标志性建筑，用作判断季节变化的日历。只有在谈到新石器时代的天文学时，我们讨论的才不是科学的史前史，而是史前期的科学。”①英格兰西南部索尔兹伯里旷野上的史前期巨石阵遗址，就表明了这一点。

巨石阵(Stonehenge)，意为 hanging stone(“悬石”)，是在公元前 3100 年到公元前 1500 年长达 1600 年的时间内，由英国新石器时代和青铜时代早期的部落分多次建成的。现代的考古发现，它是该地区的祭祀中心，也是用来跟踪一年中季节变化的“天文台”，兼具天文现象的认识功能和宗教祭祀功能。

1740 年，英国古物研究者斯塔克利(Willian Stuckeley，1687—1765)在他的著作中首次提到巨石阵具有对准太阳方向的结构。之后，人们通过观察发现，在每年夏至(6 月 21 或 22 日)的早晨，从巨石阵圆垣的中心处望去，太阳正好在巨石阵的主轴线最南点升起，就像安放在标石的顶上。在其他时间，太阳从地平线的不同方位点升起，并且，随着时间的推移，太阳的升起点在地平线上左右移动。

不仅如此，进一步的研究表明，巨石阵不仅能够标记夏至日太阳升起的位置，还能够标记冬至日乃至秋分日和春分日太阳升起的位置；不仅能够标记这 4 个特殊日太阳升起的位置，而且还能够指明这 4 个特殊日太阳落下的位置，并由此通过跟踪月亮沿地平线左右移动这一更为复杂的运动，来标记这 4 个特殊日的月亮的 4 个不同的极限位置。如此，通过巨石阵，就能够跟踪太阳和月亮的周期性运动，见图 1.3。

图 1.3　从巨石阵看夏至日太阳升起②

① [美] J. E. 麦克莱伦第三、[美]哈罗德·多恩：《世界科学技术通史》，王鸣阳译，上海：上海科技教育出版社，2007 年，第 33 页。

② [美] J. E. 麦克莱伦第三、[美]哈罗德·多恩：《世界科学技术通史》，王鸣阳译，上海：上海科技教育出版社，2007 年，第 38 页图 2.4。

试想，那时的人们甚至是更久远时代的人们，如果没有对太阳和月亮进行长期的观察以及记录，没有掌握地平天文学（horizon astronomy）的相关知识，他们怎么能够建造出这样宏伟的天文学建筑呢？不可否认，建造巨石阵这样的建筑的动机应该是用来祭祀太阳和月亮，并对巨石阵反映太阳和月亮的周期性运动进行宗教诠释，但是，建造这样的建筑的知识应该是科学的，它反映了史前人类，最起码是新石器时代人类对天象（太阳和月亮）规律性运动的观察、跟踪和把握。这是一种“祭祀天文学”[①]，同时也是一种“科学天文学”。

如果我们把科学定义为近代意义上的“西方科学”，它以机械自然观为基础，以实验方法和数学方法为手段，以物理学、化学、生物学等分支学科为组成，以科学的技术应用为目的，等等，那么，新石器时代确实没有这样的“科学”而只有技术。但是，如果我们扩展视野，深入分析，就会发现，科学不止近代意义上的“西方科学”那一种，既然有以机械自然观为基础的科学，那么也就可以有不以机械自然观为基础的科学。在新石器时期，人类没有文字，没有近现代意义上的“力”的概念，也没有机械的以及与此相关的“因果关联”概念，没有实验、测量和数学方法，没有相关的概念和公理化的系统，没有关于自然的实证化了的、系统化的、量化了的、抽象的、深刻的、因果关联的近代科学意义上的认识，也没有作为技术创新之先导或理论基础的科学认识，因而也就不可能有以机械自然观为基础的科学，有的只是以那一时期神话自然观为基础的关于自然的认识。如果用近代意义上的“西方科学”之标准来衡量史前人类的“科学”，则史前人类没有“科学”。但是，历史是不能重演的，以一种“现在的历史”去衡量“过去的历史”，则会得出像现在这样的“过去的历史”不存在的结论。这是辉格式的，应避免之。事实上，科学是一种关于自然的认识，每个历史时期有每个历史时期的表现，具有历史性。在旧石器时代晚期以及新石器时代，科学处于萌芽状态，甚至是处于萌芽之萌芽状态，深蕴于神话自然观中，以“神话式的科学”面貌展现，可以称为“神话意义上的科学”，简称“神话式科学”。它的最主要的特点是将“超自然界主宰控制着自然界”作为存在基础，以超自然界（神、鬼、魂、天使、精灵等）来解释现实的自然界。

从今天的观点看，这样的与超自然界关联的科学与近代科学相违背，是非科学的，甚至是反近代科学的。鉴此，说史前人类拥有近代意义上的“科学”，就是不合理的。但是，如果我们剥离或者悬置“史前科学”中“神话宗教”的内涵[②]，就不

---

① ［美］J. E. 麦克莱伦第三、［美］哈罗德·多恩：《世界科学技术通史》，王鸣阳译，上海：上海科技教育出版社，2007 年，第 37 页。

② 在史前时期，神话与深蕴于其中的“科学”既不能清晰划分，也不能截然分开，因此，在史前人类那里，其中的“神话”的内涵，是无法从其“神话式科学”中剥离或悬置的，但是，作为现代人，仍然可以从思维上将其从那时的“神话式科学”中剥离或悬置出来，使其呈现出比较纯粹的“科学”的状态。

难发现其中富含关于自然的经验认识。虽然这样的认识是当地的、以观察为基础的、不自觉的、没有独立于技术的、直观的、粗浅的、现象的、经验的、描述的，是一种“地方性知识”和“博物学”的科学形态，但是，它所拥有的经验认识已经在用神话宗教自然观来解释，具有了某些理性特征，有某种程度的系统性，可以看作是关于自然的认识，也是一种科学。对于这样的形态，今天的人类学家在某些残存的原始部落的食物采集者那里也能观察到。基于这样的观察，这些人类学家得出结论：“他们可能已经发展出分类学和博物学，以对他们观察到的事物进行分类，而便于理解。”[①]

至于这样的科学是如何产生的，以及是不是一次“大写的科学革命”，有待进一步分析。我国有学者就认为：人类历史上的第一次科学革命发生在距今大约1万年前。这次科学革命的主要内容是动植物的驯化和农业的起源。人类对自然界中动植物的认知提升到了新的水平，因此进入了新的时代。这次科学革命的细节迄今为止我们还不太了解，但是它的结果我们很清楚，诞生了一个全新的产业——农业，所以这次科学革命通常被称为“农业革命”。[②]根据他的这段话，我们可以得知，第一次科学革命发生于大约1万年前，它直接导致了一个新的产业——农业产业的诞生。

考察农业产业及其农业文明的诞生，上述观点似乎有一定道理。试想：从采集-狩猎文明向农业文明的转变，怎么可能没有人类关于自然的认识的革命？如果人类没有更多地了解自然界的知识——动植物的相关知识，以及土壤、水文、气候、天文等方面的知识，没有更多地了解农业生产工具和生活用具(如陶器)制作等方面的知识，那么农业革命如何发生并向前推进呢？就此而言，农业革命的发生是以关于自然的认识革命——科学革命为其基础的。

不过，对于上述推论，还存有一系列的疑问：这样的科学革命是如何发生的呢？这样的科学革命是否就一定先于农业生产而成为其前提呢？如果答案是肯定的，这又是如何发生的呢？如果答案是否定的，则这样的科学革命不一定先于农业革命，甚至与农业革命相伴随或者后于农业革命而发生，而如果是这样的，则与农业社会相伴随的科学革命的标志是什么呢？不同的社会形态或者生产方式是否一定需要一个不同的科学认识形式与之相适应？换句话说，人类从采集-狩猎社会走向农业社会，是否一定需要科学认识方式和形态的革命？

对于这些问题，不能一一回答。不过，有一点值得注意，农业产业革命发生于新石器时代，文字还没有诞生，口头文化和神话占据主导地位，人类对自然的认识

---

① [美] J.E. 麦克莱伦第三、[美]哈罗德·多恩：《世界科学技术通史》，王鸣阳译，上海：上海科技教育出版社，2007年，第18页。

② 刘民钢：《人类历史上的三次科学革命和对未来发展的启迪》，《上海师范大学学报(哲学社会科学版)》，2018年第6期，第66页。

形态、认识方式和思维方式与旧石器时代相比较并没有本质差别，人类仍然是以原始思维形式和神话宗教的方式来认识自然的，所不同的只是认识对象的扩展和认识内容的增多。更何况，此时的科学认识还处于萌芽状态，是一种初级阶段的科学认识，还不能形成系统性的理性科学知识，只有到了文字诞生之后才有可能形成系统性的理性科学知识。就此，新石器时代的科学革命是一次“小写的科学革命”，而产生于史前人类的神话式科学是一次“大写的科学革命”。

总之，在旧石器时代晚期和新石器时代，也就是在史前晚期，科学是“神话式科学”，原始思维占据主导地位，科学思维方式处于萌芽状态，人类对自然的认识，主要是在口头文化、万物有灵论、神话和宗教自然观的框架下进行的。问题是：史前晚期人类神话宗教自然观的内涵如何呢？人们是如何以神话宗教自然观的方式认识自然的？

二、史前人类认识自然的神话宗教自然观方式

（一）史前神话宗教自然观

史前人类视野中的“自然”是怎样的呢？这可以通过对史前部落“口头文化”和生活实践的人类学考察得知，也可以通过考古遗迹、神话传说获知，甚至还可以通过考察古文明诞生早期相应的“自然”文字含义获得。

1. 史前人类的口头文化

口头文化是人类表达思维的一种工具，是以人类用发音器官发出的声音（语音）为形式的行为系统。人类借此沟通交流，保存和传递信息。赫拉利（Yuval Noah Harari，1976—）认为，虽然我们只能发出有限的声音，但组合起来却能产生无限多的句子，这些句子各有不同的含义，于是，我们就能吸收、储存和传播惊人的信息，并了解我们周遭的世界。[①]口头语言对于人类的文化进化以及认识世界有重大意义。

但是，必须清楚的是，与文字诞生之后的书面语言相比，口头语言对于人类认识自然存在着诸多局限性：所获得的认识不能确定不变地以文字的形式保存，只能保存在大脑中，容易被遗忘；相关认识只能以每个人的口头语言表达，因人而异，存在着可变性和不确定性；相关知识只能在场口头传播和交流，以传说和讲故事的形式展开，知识的学习受到时空限制；不能确定不变地以某种形式，如使用文字的形式，记录下自己或他人的相关认识，并以这种确定了的认识为基础，进行更进一步的思考和思维精炼，形成“俄罗斯套娃”式的知识积累模式以及严密的逻辑推理

---

① [以色列]尤瓦尔·赫拉利：《人类简史：从动物到上帝》，林俊宏译，北京：中信出版社，2014年，第24页。

思维形式。因此，从“口头文化”到“书面文化”的转变，应该是人类历史上发生的一次意义深远的革命。

2. 史前“万物有灵论”

“万物有灵论”(Animism)的观念与史前人类简单素朴的“灵魂”观念紧密相关。大约在旧石器时代(距今约260万年或250万年到距今1万年左右)的中期或晚期，史前人类通过无数次的经历发现，人在清醒的时候是有精神和意识的，但在睡眠、患病、死亡等等其他一些状态下，却是无精神和意识的，而且人一旦从睡眠或昏迷中苏醒，他的精神和意识也就恢复了。此外，史前人类还发现，在梦中，人们可以长途旅行，或者与远方的或已死去的亲友见面谈话，等等，而一旦醒来，会发现自己还是原封不动地停留在原地。这种种事项使得史前人类大胆想象，应该是有一种促成这种现象的精神的或意识的东西存在。对于这样的东西，他们称为“灵魂”，并进而认为，当“灵魂”进入人的肉体并居住于人的身体之内，人才有精神和意识，从而进行思考和行动，而当人的“灵魂”或因人的睡眠或因人的死亡脱离人的肉体时，人就失去了“灵魂”，从而失去精神和意识，或者出现精神和意识的偏差，人就不能思考和行动或者不能正常地思考和行动；至于人的生老病死，也可能由“灵魂”的偏差引起。

“万物有灵论”一词由人类学家泰勒(Edward Burnett Tylor，1832—1917)提出，它不是指一种宗教，而是指一种宗教理论。泰勒的“万物有灵论”源自区分梦境和清醒意识的“原始”的无能(无力)。当人类的“原始”祖先梦见死去的朋友或亲戚时，他们假定死者仍以某种精神形式活着。泰勒最重要的资料来源是一本关于南非的祖鲁教的记述，即《阿马祖鲁的宗教体系》。祖鲁人经常在梦中看到死去的祖先的影子。有的祖鲁人被精神的幻象所淹没，以至于把自己的身体描述为“梦之家”。根据泰勒的说法，所有祖鲁人都受到梦境的影响。此外，打喷嚏这一不自觉的生理现象也是泰勒论点的核心。正如泰勒所观察到的，打喷嚏最初并不是一种任意的和毫无意义的习惯，而是一种原则性的工作。祖鲁人把打喷嚏的观念和做法与古代野蛮的灵魂渗透和入侵相联系，分析其善恶，并据此加以区别对待。打喷嚏让祖鲁人想起并赞美他们的祖先；当他们打喷嚏时，祖先进入了后代的身体；而那些仪式专家，如祖鲁族的占卜师，经常将打喷嚏作为一种用来援引祖先精神力量的仪式技巧。因此，尽管原始人遭受了原始的愚蠢之苦，但泰勒认为他们仍然运用有限的智力，以对所生活的世界做出解释。[①]

概而言之，“灵魂”的概念起源于人类对自身生存状态的思考。它是史前人类在知识极其贫乏，不能对观察到的一些生理和死亡现象做出科学解释的情况下，对

① Taylor B R. The Encyclopedia of Religion and Nature (Two Volume Set): Volume 1. London: Thoemmes Continuum, 2008: 78-80.

相应的这些现象做出的超自然[①]解释。它表明，关于人类，有两类基本存在：一类是肉体，一类是灵魂。这两类存在相互关联，但是“灵魂”可以脱离肉体而存在。肉体是暂时的，可以死亡；灵魂是永恒的，可以脱离肉体成为一个精神性的存在——鬼或神[②]，成为超自然的力量，主宰并控制人类的思维、行为和命运。

不仅如此，史前人类还运用类比方法，把由人而来的“灵魂”对象化、客观化，并推广至其他一切事物，由此形成“万物有灵”的自然观。他们认为：自然界中的万事万物具有拟人化的特征，有着和人相似的东西——精神和灵魂——精灵，使得自然具有灵性，成为灵物——自然精灵；它们存在于万物之中，控制着万物的运动、变化和相互作用；“精灵仅仅是原因的化身。正如灵魂被认为是人的通常的生命的和活动的原因一样，和人的灵魂相似的东西——精灵是一切使人幸福和不幸的事件及外在世界形形色色的物理现象的原因”。[③]如史前人类就认为，水是受生命和意志指挥的，而不是受诸如近现代才有的“力的法则”支配的，水的精灵是水流动快或慢的根本原因。

总之，“万物有灵论并不是一种由明确主张构成的阐述清晰的世界观或宗教体系，而是一种生活方式。万物有灵论者的生活方式与自然界密切相关。他们与自然环境的互动方式类似于与人类的互动方式”[④]。

3. “自然”一词的词源学考察

事实上，史前人类的“万物有灵论”内涵，也可以从史前时期“自然”一词的含义中探知一二。从一般意义来说，“自然”作为人类认识世界的核心对象，是一个关于外部世界的综合概念，它在特定时期对应的字词的含义，能在一定程度上反映这一时期人类对“自然”的认识状态。不过，史前时期是没有文字的，关于那一时期“自然”一词的含义探寻，只能从离其最近的人类早期文明时期，如古希腊文明时期“自然”一词的含义中溯推得知。古希腊“自然”一词的含义如何呢？在古希腊，与“自然”对应的词是 phusis[⑤]，要理解其含义，就必须对其词源进行考察，

---

① 需要说明的是，在史前人类那里，是没有区分“自然”和“超自然”的。这里以及后文之所以用“超自然”，是为了与“自然”对应，并且是为了叙述方便。

② 人死后也可以成为神。弗洛伊德在《图腾与禁忌》一书中多次提到，在史前部落中，出于对敌人的禁忌，当他们杀死一个敌人时，必须举行隆重的“息怒”仪式，以便将死去的敌人的灵魂变为“守护神”。（参见[奥地利]西格蒙德·弗洛伊德：《图腾与禁忌》，文良文化译，北京：中央编译出版社，2009 年，第 5 页。）

③ [英]爱德华·泰勒：《原始文化：神话、哲学、宗教、语言、艺术和习俗发展之研究》，连树声译，桂林：广西师范大学出版社，2005 年，第 493 页。

④ Van Eyghen H.Animism and Science.Religions,2023,14(5):653.

⑤ 在西方，phusis 也指菲希斯，系自然秩序女神，为超神与原始神。至于“菲希斯”与“自然”之关联问题，有待进一步探讨。

并进而对词义进行分析。[①]

根据西方学者劳埃德(G. E. R. Lloyd)的研究，最开始“phusis 一词出现在《奥德赛》(*The Odyssey*)的一段著名的陈述中”[②]，并且是在荷马(Ὅμηρος/Homer，约前9世纪—前8世纪)提及一株植物的相关陈述中，指代它的特性或者(可能更为准确的是)指代其生长的方式。[③]由此看来，phusis 最初所指的并不是我们要讨论的“自然”，只是到了古希腊哲学产生之后，才成为“自然”的概念的。对于 phusis 的词根，中国学者吴国盛认为，phusis 的词根是 phuo[④]；西方学者奈德夫(Gerard Naddaf)认为“phusis 来自动词 phuo-phuomai”[⑤]；中国学者徐开来认为，“phusis 作为一个阴性名词，来源于动词 phuein”[⑥]。三位学者的结论虽然看似存在区别，但实际上涉及的只是动词 phuo 最为基本的三种词形：phuo 是第一人称现在时态陈述语气中的主动形式，phuein 是动词不定式的主动形式，phuomai 是第一人称现在时态陈述语气中的被动形式。[⑦]在语言学上一般认为：“词根是按特定顺序排列的辅音字母组，它确定了词语的一般的意义范围。”[⑧]并且它一般就是“把一个词的屈折词缀和派生词缀都去掉后剩下的部分”[⑨]。由此可见，动词原形 phuo 就是这组词的词根。

海德格尔(Martin Heidegger，1889—1976)曾探讨过 phuo 的词源，他认为：“另一个印欧语系词根是 bhu、bheu……也属于词根的希腊语是 phuo。”[⑩]西方学者查强恩(Pierre Chantraine)也认为：“从 phuo-phuomai 的词形上就能分析出其来自印欧语系词根 bhu。”[⑪]

由此，我们可以得出如下的词源关系：印欧语词根 bhu(bheu)→希腊语词根 phuo→希腊词 phusis。为了更全面地考察 phusis 的词根的内涵，就应该对印欧语系词根 bhu 和希腊语词根 phuo 递进式地进行考察。

---

① 肖显静、毕丞：《Phusis 与 Natura 的词源考察与词义分析》，《山西大学学报(哲学社会科学版)》，2012 年第 1 期，第 6-11 页。

② Rée J. The translation of philosophy. New Literary History, 2001, 32(2): 223-257.

③ Lloyd G E R. Greek antiquity: the invention of nature//John Torrance(ed.). The Concept of Nature. Oxford: Oxford University Press, 1992: 3.

④ 吴国盛：《自然的发现》，《北京大学学报(哲学社会科学版)》，2008 年第 2 期，第 58 页。

⑤ Naddaf G. The Greek Concept of Nature. New York: State University of New York Press, 2005: 12.

⑥ 徐开来：《拯救自然——亚里士多德自然观研究》，成都：四川大学出版社，2007 年，第 3 页。

⑦ Liddel H G, Scott R. A Greek-English Lexicon. Oxford: Oxford University Press, 1958: 1964-1966.

⑧ Root and pattern system//Encyclopædia Britannica. Encyclopædia Britannica Ultimate Reference Suite. Chicago: Encyclopædia Britannica Press, 2010.

⑨ 彭克宏：《社会科学大词典》，北京：中国国际广播出版社，1989 年，第 895 页。

⑩ Heidegger M. Introduction à la métaphysique: Traduit de l’Allemand et présenté par Gilbert Kahn, Paris: Presses Universitaires de France, 1958: 81.

⑪ Naddaf G. The Greek Concept of Nature. New York: State University of New York Press, 2005: 12.

中国学者王文华认为：印欧语词根 bheu、bhu，意思是“生长、出现、成为”(grow，come into being，become)。[①]查强恩也认为：“bhu 最基本的意思是生长(to grow)、生产(to produce)和发育(to develop)。”[②]可见，中西方学者在 bhu 的基本含义上达到了比较一致的认识，即都认为词根 bhu 含有“生长”之意。

接下来就是考察词根 phuo 的含义了。phuo 的不定式形式是 phein，中国学者徐开来通过总结里德(Henry G. Liddell)与斯科特(Robert Scott)编写的《希腊语-英语词典》(*A Greek-English Lexicon*)第 1966 页上的内容并对此作出解释，认为 phuein 用于不同的时态、语态和语气中，含义不尽相同。其“基本意思有两类：一为‘展现出’(bring forth)、‘生产’(produce)、‘出现’(put forth)；二为‘生长’(grow)、‘变大’(wax)、‘发生’(spring up)，尤指植物界的情形”[③]。

查强恩从词形的视角对词根 phuo 进行了类似的解释。他认为：“及物动词 phuo 所具备的含义是‘生长、生产、展现出(to bring forth)和生育(to beget)’，作为动词过去式出现的不及物动词 phuomai 所具备的含义是‘生长、发生(to spring up)、形成(to come into being)、成长(to grow on)和附着(to attach to)’。”[④]

由上可见，中西方学者在对词根 phuo 的考察中，得到了比较一致的结论。至于 phuo 的不定式形式 phein，就是对于动词的词形不加时态、人称和数量限制时的表现形式，其内涵也就相当于对于上述两种词形的内涵之和。这为查强恩在解释 phuo 时实际所用。

现在对词根 phuo 的基本含义梳理如下：表示某种创造性的动作，有生育、生产等含义；表示事物发展的动作，有生长、发育、生成和附着等含义；表示伴随前两类动作而出现的动作，有发生、展现等含义。

在考察过 phusis 的词根之后，就要对其词缀展开分析了。所谓词缀就是：“指附加在词根上以表示附加意义(词汇意义或语法意义)的语素。”[⑤]只有考察 phusis 的词缀之后，我们才能获得其更为准确的词义。

通过与词根 phuo 进行词形比照便知，phusis 的词缀是-sis。根据《牛津英语词典》(*Oxford English Dictionary*)的记载，英语词缀“-sis 来自希腊词缀-σις”(其拉丁拼音是本书中探讨的-sis)。它“表示某种动作行为的名词形式，如 analysis(分析)、merisis(分裂生长)和 peristalsis(蠕动)等”[⑥]。

---

① 王文华：《Physis 与 be——一个对欧洲语言系动词的词源学考察》，《世界哲学》，2011 年第 2 期，第 26 页。

② Naddaf G. The Greek Concept of Nature. New York: State University of New York Press, 2005: 12.

③ 徐开来：《拯救自然——亚里士多德自然观研究》，成都：四川大学出版社，2007 年，第 3 页。

④ Naddaf G. The Greek Concept of Nature. New York: State University of New York Press, 2005: 12.

⑤ 彭克宏：《社会科学大词典》，北京：中国国际广播出版社，1989 年，第 895 页。

⑥ Simpson J A, Weiner E S C. The Oxford English Dictionary:Vol15. Second Edition. Oxford: Oxford University Press, 2009:551.

从上面的考察中可以发现，-sis 这一词缀的基本内涵应该是强调某一动作的过程，而且这些动作都是因为某一目的而开始，达到某一目的后结束，一旦目的无法达到，这种行为动作将无休无止。西方学者本维尼斯特(Emile Benveniste)也持有类似的观点，他认为，以-sis 结尾的词语，一般意指“表现目的实现的过程的抽象概念”[①]。

简单总结一下词缀-sis 指代的基本含义便是：动作本身；动作的过程(开端、发展和终止)；动作的目的及目的的实现。

结合前文中探讨过的 phuo 的基本内涵，加上-sis 的词缀的意涵后，便可得出 phusis 的基本内涵如下：本源和发端——生育和生产这类动作的开端或发起者；状态或性质——生产和发育等动作的过程中都可以伴随生出的活动，被生出的就是一些状态和性质；生长等动作本身——也就是 growth 的内涵；形成这一动作行为的最终根源，就是“存在”(being)。

概括 phusis 一词，可以发现：希腊语词 phusis 的词根 phuo 来自印欧语系词根 bhu，phuo 是主要意指主动性的创造、发育和产出等动作的动词；希腊语名词词缀-sis 侧重于表示行为动作本身及其过程和目的，使得 phusis 更倾向于作为“创造”等动作的“目的”和“目的的实现”而出现。phusis 指称生长和生产之类的动作的全过程，因而具有本源(动作的发起)、性质状态(动作的展现)和存在(某些动作的目的或结果)等含义，并且，phusis 指称的对象是那些主动的动作的目的，这使得 phusis 的内涵相对而言更有能动性，phusis 指代的性质也是主动的“展现”，其指代的一切存在都是动作的目的。

当然，由古希腊自然 phusis 一词的词义，并不必然知晓史前人类的自然观，甚至我们难以考据史前人类言语中有无类似的特称“自然”的词汇，但是，由后来“自然”一词的出现，我们或可推测前人的头脑中应该存在类似的观念，紧随其后的人类时期才得以创造出对应的文字词汇，并由此词义可以大致向前推知史前人类视野中的“自然”更多地与生长、发育、生育、创造等相联系，即更多地体现了自然是有生命的、自然是活的或者自然是有精神的观念，这与“万物有灵论”的史前人类自然观相契合。

4. 史前的神话与宗教

对于神话，它是人类文化观念史中继语言产生之后或者伴随语言而产生的最早出现的一类现象。以故事和传说的方式世代相传，表达了远古时期人类对世界的起源、自然现象及社会生活的理解。在中国，典型的神话故事集有《山海经》等。

《山海经》，全书现存 18 篇，其余篇章内容很早就散失了。它主要包含民间

---

① 转引自 Naddaf G. The Greek Concept of Nature. New York: State University of New York Press, 2005: 12.

传说中的地理知识，涉及山川、道路、民族、物产、药物、祭祀、巫医等，并且以远古神话传说和寓言故事形式展现，如“夸父逐日”“精卫填海”“大禹治水”等。对于中国的此类远古神话，有学者提出：“在中国远古神话的发展历程中，远古帝王神话、感生神话和南方少数民族的洪水神话、抗击自然灾害的英雄神话、创世神话等是重要的构成元素，也基本构建起后世神话发展的脉络。原始先民以‘万物有灵’为逻辑原点，将其对动植物的崇拜心理，尤其是自然物的顽强生命力和强大繁殖能力作为信仰的落脚点。”[①]

神话是潜在的宗教，而宗教是神话的继续和发展，由于神话由“万物有灵论”而来，因此，宗教的基础在于“万物有灵论”[②]。泰勒在《原始文化》一书中以丰富的民族学和宗教学的资料为基础，提出了起源于“万物有灵论”的宗教学说。泰勒认为，由“万物有灵论”可知，“灵魂”既可以与有形物体相连，也可以独立于有形物体而以非物质性的形式存在。照此，它就可以随时随地附着在任何事物上，对该事物产生影响或进行控制。这样的存在以及这样的控制和影响是神秘的、诡异的，也是巨大的。在远古时期人类认识和改造自然的能力极其低下的情况下，必然引起人类对其的恐惧和崇敬，进而产生宗教。在此意义上，泰勒认为，灵魂观念是一切宗教观念中最重要、最基本的观念，是整个宗教信仰的发端和赖以存在的基础，也是全部宗教意识的核心内容。[③]

考察宗教产生的过程，会发现它最初出于史前人类对祖先灵魂的尊敬，并进而产生出对祖先的崇拜，继而将这种崇拜扩展到具有灵魂的自然物上，产生出拜物教或图腾崇拜等。最后再由这些超自然物掌管自然界中的某些现象，如风神掌管风现象，雨神掌管雨现象……而对它们加以崇拜。最终，一些敬畏和崇拜发展成为宗教思想。在史前，世界上的各个地区、各个民族在将灵魂观念转化为神灵观念的具体过程中，具有不同的途径和形式，也就相应地发展出不同的民族宗教和氏族图腾崇拜，或者发展出了不同的神学宗教。这就是早期多神教的由来。

由上述简短的描述可以看出，史前晚期神话与宗教表现为多种形态，既有

---

① 朱宏：《中国远古神话的文化意义与现代境遇》，《长江大学学报(社会科学版)》，2015年第8期，第13页。

② 宗教的产生基于万物有灵论，这本身没有问题。不过，根据某些学者的研究，宗教在拉丁语中的意义为“捆绑在一起”，表明宗教是随同和通过人类集体生活发展起来的。迪尔凯姆在《宗教生活的基本形式》一书中写道：宗教明显是社会性的。宗教表现是表达集体实在的集体表现；仪式是在集合群体之中产生的行为方式，它们必定要激发、维持或重塑群体中的某些心理状态。这是宗教起源于社会事实论。另外，弗雷泽坚持宗教起源于巫术，主要理由是，世界很大程度上是受超自然力支配的，而这种超自然力来源于神灵，表现为巫术-宗教-科学的发展形势。(参见李存生：《简述关于宗教起源的几种理论——以古典进化论学派及法国社会学派为例》，《思想战线》，2013年第S1期，第162-165页。)

③ [英]爱德华·泰勒：《原始文化：神话、哲学、宗教、语言、艺术和习俗发展之研究》，连树声译，桂林：广西师范大学出版社，2005年。

灵魂(可与人共存一体)，也有万物有灵(可与世上的万物共存一体)，还有神话(外在于世上万物且超越并控制世上万物)。从宗教的角度看，“万物有灵论”反映的是人类最早的宗教观念，神话次之。这些可以统称为“史前神话宗教”，其所反映出来的自然观可以统称为“史前神话宗教的自然观”。[①]

考察现代某些原始部落，上述史前神话宗教自然观得到一定程度的体现。基辛(Roger Martin Keesing)对卡拉巴里族进行了人类学考察，有了许多发现。卡拉巴里族是个以捕鱼为生的民族，居住在尼日利亚尼日尔河三角洲的沼泽地带。卡拉巴里人认为，存在一个“人界”，即可观察到的人和物的世界。除此之外，他们还认为在“人界”之外有三级“他界”。

第一级“他界”是“灵界”。“人界”中的人和物均由相应的“灵物”指导或促动。当一个人死了，或一件物品被打碎了，“灵物”就与他(或它)分离。人与“灵界”中的各种灵的关系以各种仪式为媒介建立起来，在世之人最关心的就是这种关系。

“灵界”分为三类：其一为“祖灵”，就是卡拉巴里族世系群的已经去世的成员，他们监管着每个活着的成员，凡遵守亲属规范者则赏之，凡违背者则罚之；其二为“村落英灵”，他们庇护整个村落，协调社区的人际关系和睦和事务，决定在世村落领袖的办事效率；其三为“水灵”，他们可以显现成人形，也可以显现为蟒蛇或彩虹的形状，他们并不随附人群，而是随附溪泽，控制着气候和渔捞，对人类的正面行为，如发明或获得不凡的财富，以及负面行为，如违背规范或精神异常等负责。这三类“灵界”与在世之人互相作用，通过在世之人的宗教仪式，循环往复地加强着在世之人与这三类“灵界”之间的联系。除此之外，这三类“灵界”之间还产生互动，共同指导并塑造人生。

在“灵界”之外，还有更抽象和更远离人生的第二级“他界”。这是“造物主神”居住的地方。“造物主神”在一个人出生之前，就决定着他的命运，安排着他的生命蓝图。对于一个人来说，其成功与失败都是预先注定的，一生中所发生的所有事件，只不过是“造物主神”安排的结果。

第三级“他界”属于“大造物主神”所在之处，处于最抽象的层次并远离人类。它创造世上的一切，并不可回转地决定其最终命运。[②]

卡拉巴里族人就是这样通过神话宗教的自然观来解释世界的。当然，这样的解释并非始终有效，当这样的“理论”与所观察的现象相符合时，即当祭祀达到期望的

---

① 需要说明的是，“史前人类神话宗教自然观”与本书之后所称的“中世纪神学自然观”是不同的。这种不同主要表现在三点：一是两者所内含的“万物有灵论”的自然观有所不同；二是前者以口头语言(神话)形式表达，后者以书面知识体系的形式表达；三是前者更多的是多神教或民族性的宗教，后者更多的是一神教或世界性的宗教，如天主教等。

② [美]R. M. 基辛：《当代文化人类学概要》，北晨编译，杭州：浙江人民出版社，1986 年，第 216-217 页。

结果时，自然而然地就强化了上述信念；而一旦失败了，他们就会求助于其他解释，如另一个灵力在起作用，或人类在仪式上犯了错误，等等。[①]

(二)史前人类以神话宗教自然观方式认识自然

史前人类已经开始制作工具，进行生产和生活等活动。而且，就是在这样的具体实践活动过程中，人们通过感觉来获得对事物的具体的表象的认识。但是，必须注意的是，这样的认识是直观的、朴素的和原始的，只知其然而不知其所以然。为了知其所以然，人类发挥了思维的积极作用，大胆地进行了沉思、想象和类推，以神话宗教自然观的形式解释世界。[②]

有学者对史前人类认识自然的状况作了概括："由于缺乏任何'自然律'或决定论的因果机制观念，他们对因果关系的看法远远超出了现代科学[③]所承认的那种机械的或物理的作用。在寻求意义的过程中，他们自然会在经验框架内行事，把人或生物的特性投射到在我们看来不仅缺乏人性，而且全无生命的物体或事件上去。于是，宇宙的开端通常是用出生来描述的，宇宙事件可能被解释为善恶两种相反力量斗争的结果。史前文化倾向于把原因人格化和个性化，认为事情所以发生是因为它们被期望如此。"[④]

如对于人类自身的存在和运动，史前人类可能是这样解释的：人类为什么会如此运动？这是由于人类"想"这样运动。人类为什么会有如此的存在状态？这是由附着于人类的"灵魂"作用所致。

至于自然界中除人之外的其他事物和现象，它们又是因何存在并展开运动的？

---

① [美]R. M. 基辛：《当代文化人类学概要》，北晨编译，杭州：浙江人民出版社，1986年，第217页。

② 需要说明的是，史前人类的时间跨度很大，并不是人类在其早期，就具有神话宗教自然观。相关研究表明，到了早期智人阶段，史前宗教开始萌芽，这从发掘的旧石器晚期世界各地史前人的陪葬品中可以看出这一点，这些陪葬品也表示了当时人类的宗教意识。(参见刘蔚华：《原始思维的进化》，《齐鲁学刊》，1985年第6期，第5-6页。)

③ 根据本书"前言"及其以后的相关论述，无论是就时空和本质特征而言，"现代科学"是与"近代科学"不同的。前者以有机论自然观以及相应方法论原则为基础，后者以机械自然观以及相应的方法论原则为基础；前者发生于20世纪至今，后者发生于中世纪晚期及近代早期，延续于今。对于英文Modern Science(s)，与上述"近代科学"的词义相符，应该译作"近代科学"。至于"现代科学"，则是在"大写的现代科学革命"基础上产生的，是与近代科学不同的，不应该用Modern Science(s)表示，或者将Modern Science(s)译作"现代科学"，而应该将"现代科学"的中文以与此相对应的英文Contemporary Science(s)译出，或者用Contemporary Science(s)来表征"现代科学"。在国内，许多人乃至学人没有区分这两者，往往将Modern Science(s)译作"现代科学"是不恰当的。这种翻译上的不恰当，还请参见本书第123页页下注①、第214页页下注② 、第244页页下注③、第390页页下注①。至于译著和论文标题中的不当，也请读者关注。

④ [美]戴维·林德伯格：《西方科学的起源》(第二版)，张卜天译，长沙：湖南科学技术出版社，2013年，第5-6页。

史前人类也许运用了类比思维，将基于对自身生存状态进行沉思、想象基础上所形成关于人的存在和运动的认识，应用于解释自然界中除人之外的事物和现象之中。人类把想象出来的人的特性——灵魂，类推到生物之上，再进一步地类推到那些在我们看来不但与人性无关，而且与生命无关的物体或世界之上，从而得出"万物有灵"的自然观以及神话宗教自然观。对于史前人类来说，灵物——天神和地神，精灵和鬼魂，恶魔和天使，共同构成了世界上活着的个体运动的原因。他们对自然界事物运动、变化原因的解释，就是通过这些超自然物进行的。这种认识并解释世界的思维方式，广泛地体现于中国古代传说以及西方神话传说中。

如在西方文学作品《伊利亚特》和《奥德赛》中，就有许多这样类似的传说。所谓"电闪雷鸣"，其实就是众神之王——宙斯(朱庇特)在大发雷霆；所谓"火山爆发"，其实就是火神——赫菲斯托斯(伏尔甘)在愤怒地锻造；所谓"雨后彩虹"，其实就是彩虹之神——伊里斯雨过天晴之后，在天上划出的一道弧线……

这些远古神话体现了所谓神话宗教的自然观的典型含义：在万事万物之外，有超现实的自然存在——神、鬼、魂，它们干预并控制着现实的自然界，使其呈现出相应的运动、变化和发展。如对于作物的生长、水产品的捕捞、月亮的盈亏、太阳的运行、星辰的移动等，尽管纷繁复杂，时而有序时而无序，但这一切都是由造物主或神控制的；自然界的有序或偶尔的失序，都是诸如此类的超自然存在作用的结果。

进一步的问题是，人类在其中起着什么样的作用呢？或者说，人类在其中是不是就根本不起作用呢？

答案是否定的。不可否认，在史前晚期神话宗教自然观中，超自然的存在决定着自然界的事物(包括自然界中的人和其他事物)的存在和变化。但是，在其中，人类并不是无足轻重的、被动的、无助的。"神话自然观"和"万物有灵观"均认为，人类生活中的一切善、恶以及自然中所有令人惊奇的现象，都应该归属于友善或敌对的精灵和神灵，他们和人是相通的；人类生活在跟自己逝去的祖先们活生生的和强有力的灵魂的密切联系中，生活在与激流和丛林、平原和山岳之中的精灵的密切交往之中；人类可能引起神灵的高兴或不悦，从而会引起他们以不同的方式影响或控制物质世界和人的今生来世，以友好或敌对的态度来对待人。由此，人类在能够给其带来幸运或不幸的物体中看到了影响其生活的神，看到了需要对之祈祷的神，看到了需要爱戴和敬畏、颂扬和以祭品来讨好的神。这就是说，人类可以通过采取各种各样的宗教仪式或活动，如祈祷、乐颂、吟诵、占卜，甚至奉献等，作用于超自然界，希望以此改变其对自然界以及人类的作用和控制，从而达到人类的目的。

这样一来，自然界中所发生的一切，就不仅与超自然界有关，而且也与自然界自身有关，尤其与人类有关。在史前人类神话宗教自然观中，自然是一个有生命的、有感觉和意识的有机体，超自然物处于一切自然物的主导位置，操纵着宇宙中所发生的一切。当然，史前人类相信，通过对超自然物进行某种宗教仪式实践，也能够推动超自然界改变控制自然界和人类社会的方式。

由此来看，史前人类对于自然界，尤其是对于超自然界，具有一套复杂的宇宙论信仰体系，说明了他们的原始思维是“神秘的”和“巫术性的”。至于原始思维是“神秘的”，上文所述已经得到体现，这里就不再赘述。这里仅对“巫术性的”思维加以阐述。

按照弗雷泽(James George Frazer，1854—1941)的看法，“交感巫术”(sympathetic magic)努力通过效仿超自然产生自然现象的方式来复现自然现象，它的进一步演变，就成为原始宗教的祭祀仪式。例如，人们最初就是试图通过举行仪式、诵念、符咒等使得雨落、日出、生物繁殖等发生。如果我们分析巫术赖以建立的思想原则，便会发现它们可以归结为两个方面：第一是“同类相生”或“果必同因”；第二是“物体一经互相接触，在中断实体接触后还会继续远距离地互相作用”。前者可称之为“相似律”，后者可称作“接触律”或“触染律”。所谓“相似律”，指的是仅仅通过模仿就可以达到人类的目的，有“顺势而为”的意思，与之对应的巫术叫“顺势巫术”或“模拟巫术”；所谓“触染律”，指的是在某两个实体中断接触后，仍然可以通过作用于其中某一实体，而对另一个实体施加影响，与之对应的是“接触巫术”。“模拟巫术”和“接触巫术”在实践中往往合在一起使用，两者具有共同点，都坚持“实体可以通过神秘的‘交感作用’远距离地施加影响”。[①]

列维-布留尔(Lucien Lévy-Bruhl，1857—1939)也对原始思维进行了系统研究。他认为，原始思维不同于理性思维或现在的逻辑思维，它是一种原逻辑思维[②]。这种原逻辑思维的特点是：神秘的情感取向；缺乏客观性；存在互渗律(或称参与律，principle de participation)，某一事物可以同时既是自身，又是别的事物(为“原始”思维所特有的支配那些表象的关联和前关联的原则[③])；是前逻辑或非逻辑的智力活动。[④]他进一步指出原始思维是神秘的和原逻辑的。他用两个专门术语来表示这种神秘性和原逻辑性：一是“集体表象”(collected percept)；二是“互渗律”。

所谓“集体表象”，“如果只从大体上下定义，不深入其细节问题，则可根据社会集体的全部成员所共有的下列各特征来加以识别：这些表象在该集体中是世代相传；它们在集体中的每个成员身上留下深刻的烙印，同时根据不同情况，引起该

① [英]弗雷泽：《金枝》(上册)，汪培基、徐育新、张泽石译，北京：商务印书馆，2013年，第25-29页。

② 译者丁由根据俄文版译“原逻辑”，根据法文可译作“前逻辑”(prelogique)。这种思维方式只有具象没有抽象，只有描述没有概念，只有联想没有分析，只有直觉没有推理，只有神秘力量没有物质原因，只有注定了的没有偶然发生的。(具体内容参见[法]列维-布留尔：《原始思维》，丁由译，北京：商务印书馆，1981年。)

③ [法]列维-布留尔：《原始思维》，丁由译，北京：商务印书馆，1981年，第69页。

④ [法]列维-布留尔：《原始思维》，丁由译，北京：商务印书馆，1981年，第1页。

集体中每个成员对有关客体产生尊敬、恐惧、崇拜等等感情”[①]。“智力过程在这里是不同的，更确切地说是更复杂的。我们叫做经验和现象的连续性的那种东西，根本不为原始人所觉察，他们的意识只不过准备着感知它们和倾向于消极服从已获得的印象。相反地，原始人的意识已经预先充满了大量的集体表象，靠了这些集体表象，一切客体、存在物或者人制作的物品总是被想象成拥有大量神秘属性的。因而，对现象的客观联系往往根本不加考虑的原始意识，却对现象之间的这些或虚或实的神秘联系表现出特别的注意。原始人的表象之间的预先形成的关联不是从经验中得来的，而且经验也无力来反对这些关联。”[②]

至于“互渗律”，指的是主体通过某些方式（如仪式、巫术、接触等）与客体相互认同的神秘意识特性。用列维-布留尔的表述是：“在原始人思维的集体表象中，客体、存在物、现象能够以我们不可思议的方式同时是它们自身，又是其它什么东西。它们也以差不多同样不可思议的方式发出和接受那些在它们之外被感觉的、继续留在它们里面的神秘的力量、能力、性质作用。”[③]具体说来，“互渗律”就是支配集体表象间相互联系的原则。“它包括人类情感意志向两个方面的投射：人向物的参与或渗透，人将自己的思想情感投射到对象世界，使对象物和人一样享有情感、灵性和德性。物向人的渗透，人将自己同化于对象之中，认为自己具有对象的某种特性。”[④]

所有这一切表明，在史前，人类用超自然界的要素——神、鬼、魂、精灵等，来解释自然界中的事物的存在及其运动变化；用与人的生活相类似的精神现象，来解释自然的过程及其变化。一言蔽之，自然界中的事物及其现象，是由事物自身精神性的因素以及超自然存在决定的；人类是通过神话和人格化的方式来认识世界的。如此，就使得人类对自然的认识具有神秘化、巫术化以及混沌的特征，同时也带有敬畏与崇拜的色彩。

进一步的问题是：这样的认识“科学”吗？如果不“科学”，那么对于史前人类还有意义吗？

三、史前人类由超自然认识自然的意义

（一）史前人类认为他们由超自然认识自然并非是错误的

如果我们将“科学”定义为“关于自然的系统化的认识”，则史前人类关于自

① [法]列维-布留尔：《原始思维》，丁由译，北京：商务印书馆，1981 年，第 5 页。
② [法]列维-布留尔：《原始思维》，丁由译，北京：商务印书馆，1981 年，第 69 页。
③ [法]列维-布留尔：《原始思维》，丁由译，北京：商务印书馆，1981 年，第 70 页。
④ 叶舒宪：《“原始思维说”及其现代批判》，《江苏社会科学》，2003 年第 4 期，第 130 页。

然的认识是“科学”的；如果我们将“科学”定义为古希腊自然哲学意义上的科学或近代意义上的“科学”，则史前人类通过神话宗教的自然观或者由超自然来认识自然就是不“科学”的和错误的，甚至是反近代科学的。既然如此，史前晚期人类神话宗教自然观如何能够为史前人类所拥有，并成为他们最主要的文化形态和认识方式呢？这样的自然观以及在此基础上获得的相应的自然认识，如何能够支撑史前人类应对自然，又如何能够支撑史前人类历史延续并向前迈进呢？要知道，如果史前人类神话宗教自然观以及相应的关于自然的认识方式和具体认识是错误的，那么人类就是在这样的认知框架的指导下生存了数十万年乃至百万年啊！这不得不说是一个奇迹。

史前人类的神话宗教自然观和相应的关于自然的认识，究竟是正确的还是错误的呢？如果从今人所持有的近代科学的观点看，肯定是错误的，或者基本上是错误的。但是，如果从史前人类或者那些笃信神话宗教自然观的人们认识自然的特点看，则并非如此。

第一，史前人类关于自然的认识范式与今天的人类认识自然的范式不同，在当时生产生活方式基础上产生的史前神话宗教自然观，是史前人类认识自然的基础。史前人类持有的是神话宗教自然观，他们通过对自身的内省，将人类所具有的灵魂特征类推到自然之后，就可以将神、鬼、魂、精灵等超自然对象作为现实存在的自然物运动变化的内在原因或外在的根本原因，并以此来解释现实的自然界。尽管这样的解释是以自然和人类之间切近的和深刻的类比、隐喻、论证为基础，以万物有灵观和自然神话的方式进行，其中充满着人们对自然的想象，但是，这样的想象不单纯是幻想的产物，而是人类企图找出万物的起源和原因，力求追溯事物的根源，以满足最初的求知欲，最终给出相关解释的结果。这样的解释能够以一个自圆其说的、有理有据(尽管是部分的有理有据)的方式，说明现实自然界的万事万物的运动变化及其原因。对我们来说，这样的解释是朴素的、原始的、蒙昧的、虚幻的和不确定的，但对于史前人类来说，这在他们的认识范式之内，是天经地义的，是清楚的和令他们满意的。试想，史前人类对“鬼魅世界”以及现实自然界中的电闪雷鸣、暴风骤雨、地动山摇等现象的观察，不正表明了超自然界的存在及其作用吗？只不过这样的存在和作用，带有神秘性的和精神性的色彩。但是，由于远古时期的人类笃信这样神秘的和精神的东西，因此，神秘主义者雅各布·波墨(Jakob Boehme，或为Böhme，1575—1624)就说：“对于原始人来说，一切都是清清楚楚的，自然的秘密，就像对于我们一样，对于他们也不那么隐秘。”[①]由此，在我们看来这种非科学的、错误的史前人类认识，在史前人类看来，并非就是错误的。

① [英]爱德华·泰勒：《原始文化：神话、哲学、宗教、语言、艺术和习俗发展之研究》，连树声译，桂林：广西师范大学出版社，2005年，第552页。

第二，就当时的历史条件而言，要证明神话宗教自然观以及相应的认识是正确的，比较容易，而要证明其错误，即“证伪”它们，则是比较困难的。其主要原因在于，当时以神话宗教自然观为基础的关于自然的认识，也具有外在的现象特征，并且能够容纳大量的自然现象。如对于“打雷”这一现象，会认为这是“雷神”的作用，而“雷神”为什么会有这一作用呢？会认为可能是“雷神”发怒了。“雷神”为什么发怒呢？可能会认为是统治者或世人做了伤天害理之事，惹怒了“雷神”。统治者或世人是否真的做了伤天害理之事呢？张三没做，李四没做……总有人做了伤天害理之事。最终，这一基于神话宗教自然观的“科学”认识，就能够与主要的日常观察事实相符合，得到正确性的检验。由此看来，基于神话宗教自然观的正确性检验是简单的。相反，考虑一下它的错误性检验或“证伪”，就不那样简单了。例如，对于上述“打雷”现象的神话宗教解释，要想证明其错误性，就要证明其中的“雷神”以及“雷神因为人类的失德而发怒”是错误的，而这两者是如此抽象、遥远和神秘，使得它们不可捉摸，因此要想表明它们不存在，基本上是不可能的。而且，在史前人类文化的背景下，倒有种种迹象表明它们是存在的。这种史前人类关于自然的认识在一些基本的神话、宗教假定上的不可检验性[①]，使得他们普遍地将其关于自然的神话宗教背景下的自然认识，看作是正确的。

不仅如此，在史前人类那里，拟人化的神对自然以及人类的干涉具有无限性，世界成为一个由其控制且有时呈现反复无常的世界，人类对于世界上的很多事物几乎不可能得到可靠的预测。一般来说，对于一个理论，预言越精确，其检验的蕴涵越丰富，客观上就需要更多、更加严格的检验，其正确性的确立一般来说将会更难；相反，则正确性的确立一般来说将会越易。以此考察基于神话宗教自然观的史前人类关于自然的认识，对自然现象的预言大都是不精确的，呈现出直观、朴素、想象和模糊的特征，如此也就使得它们比较容易被检验并确立为正确的。这也说明，当某一理论的预言精确性较低时，即使是一个不太正确的理论，也很容易被看作是正确的。这也是史前人类将自我构建的自然观及其相关认识看作是正确的另外一个非常重要的原因。

这样的一种状况对于史前人类意味着什么呢？意味着史前人类在自然界面前并不是完全无知的，相反地，在很大意义上是有知的，而且还是自我觉得是正确的有知。这种有知虽然基于神话宗教和万物有灵论，含有崇拜成分，但是，这毕竟是人类关于自然的且是自觉正确的认识，它最起码使得史前人类不至于在自然界(包括现实自然界和超自然界)面前手足无措，也使得人类从自然界中独立出来，成为一个

① 需要说明的是，这种“不可检验性”是人类在一定生产力水平下的不可检验性，并不代表绝对的不可检验性。随着人类生产力的提高和科学的诞生与发展，这样的不可检验性也可以得到检验。例如，当修筑堤坝有效地防止了水患时，“河神”就成为虚妄的了。

主体性的存在。想象一下，如果当时的人类不采取这种关于自然的认识，他又能够获得一个什么样的关于自然的认识，从而使之自立于自然界中呢？要知道，在史前，没有文字，没有实验，没有我们近现代人关于知识和真理的概念体系，没有因果决定论的概念，没有近代科学所认可的那种事物间机械的和物理的相互作用，从而也就没有近代意义上的科学。在那样的情况下，人类是不可能通过近现代科学的世界观和相应的科学认识方法去认识世界的，他们只能通过观察、想象、神话以及口头文化来认识世界。试想如果连这样的认识都没有，他们如何面对自然界？如何生存和发展？如何进化到文明时代？尽管这样的认识相对于近代科学认识来说，肯定是错误的，甚至是无意义的，但是，对于那时的人类来说，却是正确的和有意义的。这给了他们以认识自然的精神价值，从而使他们屹立于自然界(包括现实自然界和超自然界)之中。

(二)由超自然认识自然指导实践是知行有效的体系

至此，有人会认为，尽管史前人类可以自认为他们关于自然的认识是正确的，但事实上，自然现象被史前人类人格化和神化了，自然现象被看作是神意下的壮举，而这与近代科学对因果关联的探求还是有着天壤之别的。因此，史前人类对自然的认识就是虚幻的和不真实的，用来指导人类应对大自然的挑战没有用处。对于这一观点要具体分析。站在我们现代人的立场看，情况正是如此，因为，在我们看来，基于一种虚幻的、不真实的认识，只能得到错误的、无效的结果。但是，如果站在史前人类的立场看，情况未必这样，它们对于指导史前人类应对大自然的挑战的确具有作用。在此，以“西门豹治邺”为例对此加以具体说明。[①]

魏文侯时，邺县(今河北省临漳县西，河南安阳市北)老百姓中间流传着“假如不给河伯娶媳妇，就会大水泛滥，把那些老百姓都淹死”的说法，因此，每到汛期来临之时，当地就为河伯娶妻。在西门豹出任该县县令后，他了解到当地的“河伯娶妻”使得老百姓苦不堪言后，决定以实际行动证明“河伯娶妻”的“荒谬”之处。在“河伯娶妻”的那天，西门豹与巫婆、地方官员、父老乡亲一同会聚于河边。他以“为‘河伯’当日挑选的妻子不漂亮”为由，特别命令将巫婆投到河中，以便她向河伯禀报过几日后再重新挑选更漂亮的女子给他。在投到河中未果后，他又故意以“催促巫婆快点回来”为由，先后将巫婆的三个女弟子投到河中。仍然未果后，他又以投到河中的都是女的，不能说明事情为由，命令将掌管教化的官员“三老”投到河中。好久不见动静，西门豹问道：“他们都不回来，怎么办呢？”见到此情

---

① 需要说明的是，这里举的例子虽然不是“史前”时期，但是，其基本内涵及其展现，是与“史前神话宗教自然观”近似一致的，故以此来说明“自然的神话和人格化对于史前人类生存的意义”，是具有合理性的。

此景，旁边的长老、官员等都惊恐异常，跪地求饶。从此以后，邺县的官吏和老百姓都不敢再提起为河伯娶妻的事了。后来，西门豹动员当地老百姓开挖了十二条渠道，既治理了水患，又把黄河水引来灌溉农田，使得田地都得到灌溉。

上面的故事梗概，表面上呈现的是西门豹通过调查，了解到那里的官绅和巫婆勾结在一起危害百姓之后，设计破除迷信，进而大力兴修水利，使邺县重又繁荣起来的事情。这是先进的、值得提倡的，代表了历史发展的进步方向。然而，考虑到当时的历史背景，进行深层次的分析，事情可能就并非如此简单了。

首先，在当时的情况下，人类是没有办法像今天的人类那样了解气候变化以及自然灾害产生的原因的，只可能用超自然的因素"河伯"来解释现实自然界中发生的"河水泛滥"现象。而且，如上所述，这样的解释在当时是唯一的选择，是行得通的，要证伪"'河伯'的不存在"以及"他不对河水泛滥负责"也是很难的。鉴此，老百姓对此是深信不疑的。

其次，在当时的情况下，科学(近现代意义上的)处于萌芽状态，技术处于原始状态，人类改造自然的能力很弱，人类也就很少能够采取确实有力的实际行动，如开挖沟渠、兴修水利等，去防止水患，而只能依据当时的神话宗教自然观，通过祈祷、诵颂、敬献等礼式作用于超自然界，使其感动，并积极作用于现实自然界，进而满足人类的愿望。如此，当地为"河伯娶妻"的行为，也就是可以理解的了，会得到老百姓的理解和支持。

最后，给"河伯娶妻"的行为，对于治理水患有确实的效果吗？从今天看来，应该没有什么确实的效果。法国社会人类学家和哲学家列维-施特劳斯(Claude Lévi-Strauss，1908—2009)就认为："神话在给予人们物质力量去战胜周围的环境方面是不成功的，但是神话给人以幻觉，这是非常重要的，它使人们自认为能够理解宇宙，而且确实是了解了宇宙。当然，这只不过是一种幻觉。"①但是，必须清楚，在史前人类那里，神话宗教并非给他们以幻觉，它在给予当时的人们以精神力量去应对周围环境方面一定意义上是成功的。如对于上述"河伯娶妻"，如果在选送了某一漂亮年轻女子后，河水没有泛滥或泛滥的河水有所减弱或停止了，则表明"河伯娶妻"有效了；如果河水仍然泛滥或没有减弱、停止，则表明前面的"河伯娶妻"出了状况，可能是选送的女子因为各种原因不能令"河伯"满意，也可能是选送的女子在半路被"蟹精"劫走了，等等。人们可以想象出不计其数的理由，以继续选送更加优秀的女子给"河伯"做妻子，直到他最终满意，从而不让河水泛滥为止。最终，河水还真的不泛滥或停止泛滥了。诚然，洪水最终停止可能有很多其他原因，例如，上游的暴雨停了或者已经大面积泄洪了，等等，但是，人们仍可能会把它归功为给"河

---

① [法]列维-施特劳斯：《结构主义神话学》，叶舒宪编选，西安：陕西师范大学出版社，2011年，第60页。

伯娶妻”的结果。由此，我们可以看出，“河伯娶妻”虽然不是先人直接采用物质的力量去改造河流，进而治理水患，而是采取了相应的宗教祭祀仪式，作用于超自然物——“河神”，以作用于河流治理水患，但是，在先人看来，这种精神性的祭祀仪式，不是虚幻的，而是有着现实的、可预见的并且最终实现了的某些物质性的结果。①

结论是，史前人类对自然的神话和人格化的认识，不仅具有认识价值或精神价值，还具有实践价值或物质价值，成为史前人类认识和改造自然的哲学基础以及强有力的思想武器。它表明，人类在自然(包括超自然和现实的自然)面前并不是完全被动的和无助的，人类仍然能够凭其主观能动性(虽然是以对自然崇拜的形式)，将超自然界以及自然界的客观现实和变化，纳入其能够感受到的生活范围之内，由此通过人类的生活，特别是宗教生活，从而改变超自然界和现实的自然界，达到趋利避害的目的，以为人类服务。如果没有这样的认识和改造，史前人类的思想和行动的支点在哪里呢？按照这样的自然观去认识和改造自然，对于人类有什么损失呢？可以说，在史前人类不能采取近现代意义上的科学认识方式去认识自然以及改造自然的情况下，史前神话宗教自然观及以其为基础的对自然的认识和实践活动，为史前人类提供了一种认识并改造自然的方式。它成为史前人类的生存指南，支撑、指导并且推动着史前人类的生产、生活等活动，并使得人类以及人类社会向前迈进，进入到越来越文明的时期。也许正因为这样，在人类历史的演化过程中，虽然某些时候会发生剧烈变化，但是，神话宗教自然观的内涵似乎并没有发生深刻变化，而是保持着一种完整的连续性，进入现代文化之中。“事实上，原始的万物有灵观以众所周知的观点，如此令人满意地阐明了事实，以致它甚至在高级文化阶段仍然保持着自己的地位。”②

这就是史前人类神话宗教自然观以及相应的自然认识，是另一种形式的对自然的“认识”和对自然的“改造”。它表明，史前人类在大自然面前并不是完全被动顺应的，而是尽力运用神话宗教自然观，在崇拜、敬畏、顺应自然的基础上，努力“认

① 需要说明的是，这里对“西门豹治邺”的分析，绝没有否定“西门豹运用理性思维，破除迷信，依靠具体化的实践活动防止洪水”的意思。这里的目的只是想说明，西门豹的思想和行为，虽然代表了当时理性思维的发育以及正确，但是，这与当时社会占据主导的思想和行为肯定是相矛盾的，因而会受到它们的制约并进而在社会上不能占据主导地位。如在春秋战国时期《左传•僖公十六年》中记述道：“十六年春，陨石于宋五，陨星也。六鹢退飞过宋都，风也。周内史叔兴聘于宋，宋襄公问焉，曰：‘是何祥也？吉凶焉在？’对曰：‘今兹鲁多大丧，明年齐有乱，君将得诸侯而不终。’退而告人曰：‘君失问。是阴阳之事，非吉凶所生也。吉凶由人，吾不敢逆君故也。’”翻译成当今白话文就是：“当宋襄公问其中的吉凶时，周内史表面上按照宋襄公所希望的回答，但之后告诉人们，宋襄公的这个提问是错的，陨石、鸟退飞涉及的是自然阴阳的变化，而并没有什么吉凶预兆。”这里，对于陨石、鸟退飞这些现象，给出了客观的、非神秘的解释，可以作为春秋时期中国人理性思维发育的明证。但是，需要重申的是，这样的理性思维思想在当时以及以后的中国是不占主导地位的。

② [英]爱德华•泰勒：《原始文化：神话、哲学、宗教、语言、艺术和习俗发展之研究》，连树声译，桂林：广西师范大学出版社，2005 年，第 351 页。

识”自然并“改造”自然(超自然)，支撑人类向前发展。就此来说，史前神话宗教自然观以及在此基础上形成的知行有效体系，对于史前人类生存所具有的重大意义。

说到这里，有几点需要说明。

第一，从科学哲学角度论述史前人类神话宗教自然观以及基于此的自然认识的正确，并不是要说明它们真的正确，只是说明在当时那样的一个范式下或者在当时那样一个认识自然的水平下的“合理性”。这样的“合理性”相对于今天我们的自然观以及相应的科学认识，肯定是“不合理”的。

第二，从科学哲学角度论述史前人类神话宗教自然观，以及基于此的自然认识对于史前人类的意义，并不是说这样的意义是绝对的、巨大的和跨时代的，只是说，在当时那样的历史条件下，即生产力水平尤其低下的情况下，它为人们采取一种非物质的方式改造自然提供了思想指导。这样的指导相对于我们今天改造自然的方式，肯定是“不合理”的。

第三，既然史前人类的神话宗教自然观是错误的，那么基于此自然观改造自然的方式一般来说也应该是错误的，经过千百万年如此错误的对自然的认识和改造的积累，人类岂不走向毁灭，为何反而走向了古代文明时期呢？一个主要的原因是，基于这种错误的神话宗教自然观对自然的具体化的、物质性的改造是没有的，从而在物质层面对自然的损害就很少，而这种精神性的力量对人类的精神支撑作用是巨大的。由此，在这种自然观的指导作用下，人类不但不会衰退乃至毁灭，相反在持续不断地进步，只是鉴于这种神话宗教自然观的错误以及改造自然的方式的“精神化”，这种进步是非常缓慢的。这种神话宗教观念所具有的社会文化功能，促使人类“文化进化”，促进人类文明进步。其作用不仅在于其精神性的力量和支撑作用，而且在于其对社会成员之间的相互联系、社会群体内部的凝聚力、社会文化的传承性作用，进而塑造人类共同体。就这一意义而言，宗教神话自然观减少“棘轮效应”的打滑现象，从而有利于社会学习过程以及文化进化的积累。

史前时期什么时候结束，或者说新石器时代什么时候结束，是一个有争议的话题。如麦克莱伦第三和多恩认为“新石器时代”的结束时间大约是在 5000 年以前。[①]经过考古，距今大约 6000 年前，在近东地区，发生了人类社会进化的第二次伟大变革——城市革命。伴随着这次革命，人类在公元前 4000 年后进入到文明时期，相继诞生了美索不达米亚文明、埃及尼罗河文明、印度恒河文明、中国黄河文明等。“这些文明继承了以往全部社会和历史的成果，体现为城市、密集的人口、集权的政治和经济权威、区域性国家的雏形和成形、复杂的分阶层社会的出现、宏伟的建筑，而且

① [美]J. E. 麦克莱伦第三、[美]哈罗德・多恩：《世界科学技术通史》，王鸣阳译，上海：上海科技教育出版社，2007 年，第 25 页。

开始使用文字和有了较高的学问。”[①]兴修水利、灌溉农业、冶炼青铜、建设城镇和大型建筑如金字塔等，成为这一时期物质性活动的标志，而文字的诞生以及由此进行的书写、记录、文学以及认识自然等活动，使人类进入知识生产和传播的新阶段——算术有了进一步发展，天文学有了进一步提高，金丹术也开始备受青睐，“列表科学”[②]开始出现。只是，在这一时期，把追求知识本身作为目的的科学认识者还没有出现，这还要等到古希腊时期才出现。

旧石器时代，人类能够直立行走、制造石器和使用火，从而进行采集-狩猎等活动。这是人类进化史的一次革命。这次革命的发生主要不是人类自然进化的结果，而是文化进化的结果。到了新石器时代，人类进行了一系列技术变革，从食物采集者到食物生产者，进入农业社会。在这两个时代，技术走在科学的前面，科学处于萌芽状态，呈现出“神话式科学”的特征。这种科学是以神话宗教自然观——“口头文化”“万物有灵论”“神话与宗教”的方式认识自然的，具体而言，就是通过人格化的类比和超自然的方式认识自然的。这种认识自然的方式的产生是一次“大写的科学革命”，而且在那样一个时代有其合理性，其支撑着人类生活和生产活动缓慢又艰难地向前迈进。当然，史前晚期人类这种以神话认识自然的方式，是与当时十分低下的生产力水平相适应的，有其历史局限性，会随着生产力的提高而改变其形态。如果没有认识到这一点，则就夸大了史前人类关于自然的认识的正确性及其对于人类生活的意义，抹杀了史前人类所拥有的“科学”与近代乃至现代人类所拥有的科学之间正确性以及对于人类生产生活的意义的差别，从而走向另外一种“科学相对主义”和“历史虚无主义”，最终违背马克思主义的历史唯物主义。

---

① [美]J. E. 麦克莱伦第三、[美]哈罗德·多恩：《世界科学技术通史》，王鸣阳译，上海：上海科技教育出版社，2007年，第42页。

② 所谓“列表科学”，指的是在社会尚未形成正式的逻辑和分析思想的时候，对于事物如植物、动物、石头等的认识，只是一条一条地记录下来，而不加分类和不加系统性地分析，更不会进一步地抽象概括和系统总结，将此上升为普遍性的原理或定律。（具体内容参见[美]J. E. 麦克莱伦第三、[美]哈罗德·多恩：《世界科学技术通史》，王鸣阳译，上海：上海科技教育出版社，2007年，第63-74页。）

第二章　古希腊早期自然哲学
——由世界的本原认识自然

到了公元前6世纪，在神话宗教自然观和“万物有灵论”盛行的同时，一种人类认识自然的新形态——哲学形态——古希腊自然哲学诞生了。在古希腊，科学仍然处于萌芽状态，自然哲学和自然科学没有分离，哲学家们对自然的认识是以直观、思辨和理论的方式进行的。他们开始探寻世界的组成成分、形式结构及其运行方式，并深入思考、推论和试图证明自然的法则，形成对自然的独特看法。[①]这些看法蕴涵着深刻的科学思想成分，在文艺复兴时期被继承、倡导、反思和扬弃，成为近代科学革命的先导。相比较而言，发源于尼罗河、底格里斯河-幼发拉底河、印度河-恒河以及黄河流域的四大文明古国，则没有产生类似于古希腊那样的自然哲学。“虽然这些古老文化包含了技术知识、敏锐的观察技能，以及丰富的物质和信息积累，但他们并未创造出自然哲学，因为他们没有将自然界和超自然界区分开来。”[②]

---

① 至于古希腊自然哲学或者说自然科学出现的原因，与其所处的地理位置以及当时的政治、经济、文化、生态环境等相关。麦克莱伦第三和多恩就说：“一旦在古希腊出现了一种科学文化，它的成形总是由社会决定的，而那种社会并没有赋予科学研究以社会价值和向它提出要求，也没有为较高学问的学派提供过公开支持。”不过，他们又指出：“要想真正搞清楚为什么只有在希腊人居住的地方才出现了一种新型的科学文化，那是不可能的。”(参见[美]J. E. 麦克莱伦第三、[美]哈罗德·多恩：《世界科学技术通史》，王鸣阳译，上海：上海科技教育出版社，2007年，第79页。)

② [加]安德鲁·埃德、莱斯利·科马克：《科学通史：从哲学到功用》，刘晓译，北京：生活·读书·新知三联书店，2023年，第5页。

一、爱奥利亚学派：试图用自然的因素解释自然

（一）米利都学派："自然的发现"

1. 泰勒斯：世界的本原是"水"

一般认为，古希腊第一个哲学流派是米利都学派，[①]其创始人是泰勒斯(约公元前624—前547或前546)。关于自然的看法，目前仅记载着他的两种说法：其一是"万物充满神灵"；其二是"水为万物第一本原"。这表明当时的科学和宗教是混为一体的。他提出了西方文化历史上第一个真正具有哲学意义的命题——"万物的本原是'水'"，即"万事万物由水而来，而后又复归于水"。"水"是什么呢？又是如何形成万物的呢？事实上，在泰勒斯那里，所谓的"水"，不是近现代自然科学所理解的"水"，而是指万物由"水"生成，"水"成为万物的开端和起源；"水"是动态的、有生命的，以水、土、气三种形态存在，渗透在宇宙万物之中，使宇宙成为一个有机体。他说道，世界的心灵是神，一切都是活的，同时世界充满了精灵(πληρεζ)。水产生的湿气弥漫于宇宙中，构成了万物运动的原因。正是通过元素化的湿气，渗透着一种神圣的力量推动万物运动。[②]由此，通过"水"，世界上的万事万物得以生成，宇宙作为生长、生成、生活的生命整体的本质得以揭示，体现着泛灵论或万物有灵论的思想。

"万物是活的"，这便是早期希腊哲学家们看待宇宙的基本态度。万物(包括宇宙和其中的一切事物)都有其本原，由此生成出来的万事万物皆为有机体，有其生命，皆在生长，皆有灵魂，同时渗透着神性。

既然说"'水'是万物的本原"，那么这种作为万物本原的"水"与地球或大地的关系如何呢？在泰勒斯那里，他应该还没有"地球是球形"的观念。他认为："地球或大地是漂浮在水面上的圆盘。"据此，他更多地持有的应该是"地球"是大地的观念。这种对地球的理解符合当时学界对地球的以下两种理解方式：一是亚里士多德式的理解，水作为一种载体承载着大地；二是创世神话式的理解，即大地

---

① 米利都学派由泰勒斯创立，代表人物有泰勒斯、阿那克西曼德和阿那克西美尼。由于他们都居住在米利都(Miletus，小亚细亚西南角海岸，伊奥尼亚最繁荣的城市)，且各自的思想具有前后相继性，故将他们称作"米利都学派"。尽管赫拉克利特不居住在米利都，而是居住在邻近米利都城的爱菲斯城，故他不能归于米利都学派，但是，根据他的思想，即在对宇宙生成论的总结性阐述上，与米利都学派一脉相承，由此，学界将他们统称为"爱奥利亚学派"。

② 转引自[美]G. S. 基尔克、[美]J. E. 拉文、[美]M. 斯科菲尔德：《前苏格拉底哲学家：原文精选的批评史》，聂敏里译，上海：华东师范大学出版社，2014年，第146页。

从水中产生。[①]至于他对地球的理解是否符合柯林武德给出的理解，则值得商榷。柯林武德认为："地球不仅仅是诸多有机体中的一个有机体，而且是在其中孕育着有机体诞生的有机体。相对于那些被孕育的有机体来说，地球是创造性的，从而是神。它再次预示了以后的一个理论，即地球是被赋予了创造性的'第二因'，这种创造性虽然范围有限、性质特殊，但在其有限和特殊的方式之中依然是神性的。"[②]根据这种观点，"水"就成为万物的本原，大地就成为繁衍生息之地，也就成为神。

不管怎样，泰勒斯虽然把世界的本原归结为物质性的存在，但是，他不像今天的人们更多地是在无神论的意义上谈论它，而是在神话宗教的意义上理解它。不过，这丝毫不影响泰勒斯提出"万物的本原是'水'"这一命题的意义。第一，泰勒斯在一定程度上消除了自然神秘主义色彩，把自然看作是一个研究的对象，并用自然的因素来解释自然。第二，"它是人类第一次用理性的方式寻求万物的统一本质，也就是要透过气象万千的现象寻找共同的普遍因素，再从这一普遍本质来说明更多的现象，包括过去经验中没有接触过的现象。这是科学研究的基本思路，体现了理性思维的特点。"[③]

至于泰勒斯为什么能够提出"水是世界的本原"这一观点，一种说法是泰勒斯受到巴比伦人和埃及人关于创世传说的影响。"巴比伦人和埃及人曾经把水，后来又把空气和土，看成是世界的主要组成要素。"[④]另外一种说法是他根据对自然的观察，提出了这一命题。亚里士多德就指出："他之所以做出这一论断，可能是因为看到了万物都靠水分来滋润……由于这一点，再加上万物的种子本性都是潮湿的，所以水就成了潮湿的东西的自然本原。"[⑤]

在泰勒斯之后，阿那克西曼德（约公元前 610—前 545）和阿那克西美尼（约公元前 570—前 526）发展了他的思想。

2. 阿那克西曼德：世界的本原是"无定"

阿那克西曼德是泰勒斯的学生和朋友，据说"arche""ἀρχή"（本原、始基）这

---

① [美]G. S. 基尔克、[美]J. E. 拉文、[美]M. 斯科菲尔德：《前苏格拉底哲学家：原文精选的批评史》，聂敏里译，上海：华东师范大学出版社，2014 年，第 137-143 页。

② [英]柯林武德：《自然的观念》，吴国盛译，北京：商务印书馆，2018 年，第 43 页。

③ 刘兵、杨舰、戴吾三：《科学技术史二十一讲》，北京：清华大学出版社，2006 年，第 43 页。

④ [英]斯蒂芬·F. 梅森：《自然科学史》，上海外国自然科学哲学著作编译组译，上海：上海人民出版社，1977 年，第 12 页。

⑤ 亚里士多德：《形而上学》，982b6-14，见苗力田：《古希腊哲学》，北京：中国人民大学出版社，1989 年，第 20 页。

个概念最先是由泰勒斯探讨并且是由阿那克西曼德最先定义使用的。[①]他认为，世界的本原不是具体的实体，而是某种没有任何规定性的东西，他将其称为 ἄπειρον（希腊文，"无定"）。[②]"无定"（indefinite）有两种英文表达：apeiron（阿派朗，无形的初始态）或 boundless（无界），考虑到"无定"的希腊文表达及其语境，在这里采用前者似乎更好。阿那克西曼德认为，万物的本原是"无形的初始态"，即无限定的或无法界定的阿派朗（apeiron），它们从哪里来，最后也遵循必然之理回到哪里去；一切事物，即使互相对立之物都来自"无定者"，最终也回到"无定者"。"无形的初始态"是一个"超越者"（beyond），伸展在它所包围的宇宙界限之外，整个宇宙就是由它生成的。"无定"，它不像柏拉图和毕达哥拉斯学派所理解的那样是一个无形的、非物质性的要素。对于一个"无定"的东西，"无定"不是主词而是谓词，即这个东西"无定"。如此，"无定"指称的不是无穷性，而是一个对象，它的性质是"无定"。

这就是说，世界是不断变化、发展、生成的，这是世界的本质，正因此世界才成为世界。由此，阿那克西曼德给出了宇宙生成的一般原则：万事万物都有灵魂，它们都想方设法扩大自己的力量，如古希腊的四元素水、火、土、气在斗争中，火燃烧会变成土，水沸腾会化为蒸汽而变成气，而"无定"在背后平衡它们，不让任何元素主宰。对于这种平衡，阿那克西曼德称之为"正义"，并且认为："对于诸存在物生成出自于其中的，也就有毁灭归于其中，按照必然性；因为，它们向彼此交付不正义的赔付和补偿，按照时间的安排。"[③]

据此，就阿那克西曼德来说，世界的变化是有规律的，具有必然性，而"无定"掌握着这种必然性。进一步的问题是，这样的必然性是如何实现的呢？它指的应该是"它们向彼此交付不正义的赔付和补偿，按照时间的安排"。"在阿那克西曼德的构想中，宇宙演变的动力来自于阿派朗（*apeiron*）所生成的对立物的相互冲突，而对立物冲突和转化的根源在于双方的不正义。在此，不正义有双重含义：首先，是

---

① "这里我采用了 KRS 和伯奈特的意见（详见正文）。即认为这一句话不应翻译成'他是第一个运用了本原这一名称的人'，而应翻译作'他是第一个运用了本原的这一名称的人'。这是因为，前一翻译仅从句法上看就是不合适的。……""本原这一名称"和"本原的这一名称"仅一字之差，但意思却相差万里。"本原这一名称"暗示阿那克西曼德是第一个使用"本原"这个概念的人，从而就把"本原"的发明权归于阿那克西曼德了。而"本原的这一名称"则表明在塞奥弗拉斯特看来阿那克西曼德是第一个使用 ἄπειρον 这个概念来说明"本原"概念的人。（转引自[美]G. S. 基尔克、[美]J. E. 拉文、[美]M. 斯科菲尔德：《前苏格拉底哲学家：原义精选的批评史》，聂敏里译，上海：华东师范大学出版社，2014 年，第 162 页。）

② 国内学界习惯用"无限"称之，聂敏里认为用"无定"即"无限定"更恰当。（参见聂敏里：《西方思想的起源——古希腊哲学史论》，北京：中国人民大学出版社，2017 年，第 43 页。）笔者赞同这一观点。

③ 转引自[美]G. S. 基尔克、[美]J. E. 拉文、[美]M. 斯科菲尔德：《前苏格拉底哲学家：原文精选的批评史》，聂敏里译，上海：华东师范大学出版社，2014 年，第 163-164 页。

有限存在物相对于阿派朗（*apeiron*）而言的不正义，这种意义上的不正义最为根本；其次，是有限存在物之间的不正义。而不正义则必然导致对立的双方受到惩罚和付出赔偿，这解释了自然界生生不息的动力恰恰在于诸存在物对自身不正义的弥补，从而也是对正义的恢复。”[①]换句话说，世界上的万事万物都存在着对立面，它们在时间的秩序上向着对立面转化，从而在生成和毁灭的转化中达成事物相互之间的交换与补偿。他指出：“出于永恒的那热与冷的创生者在这个世界生成时被分离开来，并且一个出于它的火球包裹着环绕大地的空气被生成，就像树皮包裹着树一样；当它被破裂开来并被关闭进一些圈环中时，太阳、月亮和星辰便造成了。”[②]这就是说，“无形的初始者”是演进的，宇宙生成之初，一个冷热一体的存在从永恒的“无形的初始者”中分离出来，接着又从其中产生出一个火球，包裹着围绕大地的空气，就像树皮包裹着树一样……如此，宇宙像活着的东西一样由“种子”生长而成。“无形的初始者”是一种原始混沌体，包含冷热、干湿两种对立物，并且由于对立物的作用，从“无限”的原始混沌中分离出万事万物。由此，它就能够生出二重性和我们的世界，说明着泰勒斯无法说明的“冷”和“热”。“这并不是说阿那克西曼德的无限是抽象的无限；它是一个具体的无限实体[③]，但是在他的思想中抽象的倾向已经很明显。”[④]

这仍然是一种我们称为“宇宙生成论”（cosmogony）的理论。在该理论中，“这个世界的 natura naturata［被自然创造的自然］（预示了很久以后的一个区别）在它的范围里和其生命的持续方面是有限的，但它的 natura naturans［创造自然的自然］是无限者及其循环运动的创造本性，并因此是永恒和无限的”[⑤]。“宇宙及其重要特征，包括地球上的生命，被设想为是两种基本而对立的自然力量间进化着的相互作用的产物。”[⑥]由此可见，他比泰勒斯前进了一步，给出了宇宙演化的基本原则以及内在机制——世界是不断生成变化的，这种生成变化是有规律的，这种规律就是对立面

---

① 章勇：《自然与正义——论阿那克西曼德对自然的探究》，《海南大学学报人文社会科学版》，2017 年第 3 期，第 28-34 页。

② 转引自［美］G. S. 基尔克、［美］J. E. 拉文、［美］M. 斯科菲尔德：《前苏格拉底哲学家：原文精选的批评史》，聂敏里译，上海：华东师范大学出版社，2014 年，第 196 页。

③ 这里的翻译值得商榷。原文为：“This is not to suggest that Anaximander’s Boundless is abstract infinitude; it is a concrete indeterminate substance, but the tendency towards abstraction is manifest in his thinking.”据此，这句话应该翻译成：“这不是说阿那克西曼德的无界就是抽象的无限，它是一个具体的无定的本在，但是在他的思想中趋于抽象。”这里之所以将 indeterminate substance 翻译成“无定的本在”而非“无定的物体”，是就 substance 与 matter（物体）、material（原料）的区别而言的。前者带有“有灵”“无定”等抽象的含义，后者没有这一含义。

④ ［美］梯利：《西方哲学史》，贾辰阳、解本远译，北京：光明日报出版社，2014 年，第 25 页。

⑤ ［英］柯林武德：《自然的观念》，吴国盛译，北京：商务印书馆，2018 年，第 42 页。

⑥ ［英］泰勒：《从开端到柏拉图》，韩东晖、聂敏里、冯俊等译，北京：中国人民大学出版社，2003 年，第 69 页。

的相互转化。这就为解释世界的生成以及世界上的各种现象提供了一种普遍的解释模式，也能够解决泰勒斯理论所遇到的困难——若是将“水”作为世界的本原，那么，它的对立物“火”如何产生呢？

卡洛·罗韦利(Carlo Rovelli)认为，阿那克西曼德有关世界的本原学说(阿派朗)意义重大。他不是从日常经验中存在的物质寻找世界的本原，而是从一种非日常经验的物质寻找世界的本原。“在这里，最重要的出发点是解释世界的复杂性，想象和提出其他物质的存在是很有用的，这种物质不存在于我们的直接经验能接触到的物质中，却是所有物质的统一体。”[①]从他以后的古希腊原子论的提出和近代发展，以及近代科学中的“电磁场”“磁力线”“电磁波”“燃素”“电子”等概念的提出，都可以看到他的这一思想路线的延续。

不仅如此，人类认识自然的道路有三条：第一条道路对前人盲目崇拜，第二条道路完全抛弃前人与自己有区别的观点，第三条道路循序渐进、去粗取精、去伪存真。第三条道路是近代科学之路。阿那克西曼德遵循的是第三条道路。罗韦利认为，阿那克西曼德是第一个踏上第三条道路的人，也是他最先提出并实践了近代科学的基本信条——“深入学习前人的理论，理解他们的知识成就，化为己有，利用获得的知识，指出错误，再进行改正，更好地理解这个世界。”[②]如泰勒斯认为，世界是由水构成的，而阿那克西曼德认为这是错误的；泰勒斯认为环绕地球(大地圆盘)的水产生波动引发地震，而阿那克西曼德认为这是错误的，并认为地震是由地球上的裂缝引起的；等等。由此，阿那克西曼德开辟了人类思想史上的批判之路，之后许多思想家就是沿着他所开辟的批判之路向前迈进的。

3. 阿那克西美尼：世界的本原是“气”

作为阿那克西曼德的学生，阿那克西美尼将世界的本原归结为“无规定的气”。当它处于最平稳的状态时，并不为视力所达，但当它变热、变冷、变湿以及运动时，就呈现出来。它通过浓聚和稀散表现出不同的形式：当它发散而稀疏时，便生成了火。再者，风是浓聚起来的气；通过凝结，气就变成云；再凝结它的整体度再高一些，便成为水；更高程度的凝结则成为大地；当气浓聚到最密集程度时即成石头。这样一来，阿那克西美尼沿袭了阿克西曼德的对立生成万物的思想，即热和冷是生成的最有力的因素。[③]一句话，“气”由于热而“稀释”成“火”，由于冷而“凝聚”成“水”和“土”。如此，被假定的宇宙中两种相互冲突的力量——“稀释”和“凝聚”，就以不同的方式把气“凝聚”成液体和固体，也把气“稀释”为

---

① [意]卡洛·罗韦利：《极简科学起源课》，张卫彤译，长沙：湖南科学技术出版社，2018年，第90页。

② [意]卡洛·罗韦利：《极简科学起源课》，张卫彤译，长沙：湖南科学技术出版社，2018年，第105页。

③ 苗力田：《古希腊哲学》，北京：中国人民大学出版社，1989年，第31页。

火。由此，他解释了世界上的万事万物的生成，并且“把一种解释事物从什么而来的理论与一种解释事物如何从其而来的明确说法——即通过稀释（rarefaction）与凝聚（condensation）的过程——结合了起来”[①]。对比阿那克西曼德理论的高度抽象性，从涉及自然现象中仍能观察到的起作用的过程这方面来说，阿那克西美尼的解释更加明确。这不得不说是一个进步。

不仅如此，阿那克西美尼认为，在“气”“稀释”和“凝聚”的过程中，“气”本身，即“气”之为“气”的规定性是不变的，所改变的只是“气”的聚散程度或是密度。照此，世界上的万事万物享有的本质就是一样的，都拥有不变的规定性的“气”，不同的只是“气”的聚散或密度，即“气”的量，正是这一量的不同或者差异，形成了气象万千的世界。

如果由“气”及其“稀释”和“凝聚”来解释世界上的万事万物，那么神在哪里呢？对此问题有两种回答方式：或者相信神不存在，走向无神论；或者承认神的存在，将神之产生归于“气”。奥古斯丁（Saint Aurelius Augustinus）认为阿那克西美尼采取的是第二种方式：“阿那克西美尼将事物的所有原因都归于无限的气，并且不否认有诸神，或者在沉默中忽略他们；但他不相信气是由他们所造，而是相信他们从气中产生。”[②]

通过上文对米利都学派思想的陈述可以看出，米利都学派的自然哲学思想，是基于一定的自然观察和思考，而不是基于纯粹的猜测。尽管他们所持有的是一种“生机论”（Vitalism）[③]的自然观，尽管他们还远远不是无神论者，很多思想还带有浓厚的神话色彩，但是，他们对自然的解释已经不是像前人那样通过神话去解释自然，而是通过“自然主义”[④]的方式去解释。“他们摒弃了超自然的原因，认识到自然主义的解释可以并且应该被用于更大范围的现象；而且他们朝着理解变化这一问题迈出了尝试性的最初一步。”[⑤]他们虽然没有否认“超自然”的存在，但是已经懂得区分“自然”和“超自然”，并且试图用自然因素来解释自然现象。

---

① ［英］G. E. R. 劳埃德：《早期希腊科学：从泰勒斯到亚里士多德》，孙小淳译，上海：上海科技教育出版社，2015 年，第 19-20 页。

② 转引自［美］G. S. 基尔克、［美］J. E. 拉文、［美］M. 斯科菲尔德：《前苏格拉底哲学家：原文精选的批评史》，聂敏里译，上海：华东师范大学出版社，2014 年，第 163-164 页。

③ “生机论”又叫“活力论”。对于中国学界，在古希腊自然哲学专题研究和教学中，更多地用的是机体论。出于尊重传统，本书有关古希腊哲学部分，仍用“机体论”。

④ “自然主义”有多种含义，在各个学科领域中的表现也不同。此处的“自然主义”指的是面向“现实的自然界”而非“超自然界”。

⑤ ［英］G. E. R. 劳埃德：《早期希腊科学：从泰勒斯到亚里士多德》，孙小淳译，上海：上海科技教育出版社，2015 年，第 21 页。

这就是劳埃德所谓的“自然的发现”[①]，即认识到自然现象不一定是受到超自然界的带有神话色彩的、偶然的、任意的、胡乱的影响产生，而是受到有一定规则的因果关系支配而产生。如米利都学派的泰勒斯设想，大地是由水托着的，水的波动摇晃会导致大地的摇晃，从而产生地震；阿那克西美尼认为，闪电是由云块分裂产生的，雷霆是由风的撞击引起的；等等。

上述解释看似天真，但是意义重大。它提供了一种不同于“通过超自然物如神、鬼、魂来解释自然现象”的路径，即通过自然物来解释自然物及其现象。而且，过去对地震等现象的描述主要是就个别的具体情况来说的，而米利都学派指向的是地震这一类现象，探讨的是普遍的、本质的规律，一定意义上体现了科学解释的普遍性特征。他们的思想特质代表了科学解释的起源，也引发了人们对变化和持存[②]的思考。

（二）赫拉克利特：作为宇宙生成原则的“逻各斯”

赫拉克利特(约公元前 544—前 483，盛年期约在公元前 504—前 501)提出了一个非常重要的概念——“逻各斯”(logos，又称“逻格斯”)[③]来表示宇宙生成的原则。事实上，赫拉克利特是在事物生成变化的方面，以及在事物生成变化的过程中来阐述逻各斯的。他认为，万物的本原是“火”，火既是起源、始基，也是过程，是万物生灭的归宿。“有序化的世界，对所有人都是同一个，不由神或人造成，但它过去一直是、现在是、将来也是一团持续燃烧的活火，按比例燃烧，按比例熄灭”

---

① [英]G. E. R. 劳埃德：《早期希腊科学：从泰勒斯到亚里士多德》，孙小淳译，上海：上海科技教育出版社，2015 年，第 8 页。

② 古希腊米利都学派的哲学家阿那克西美尼提出：“什么东西是持存的？”“持存”一词大概来源于此。它的意思是不变不动，永恒存在，说通俗点就是持续存在。实际上米利都学派都是在寻求构成万物的那个“持存”。

③ 关于 logos 的用法，我国有学者对其他学者的研究加以了概括，认为格斯里从古代希腊著作中总结出它的十一种用法，并且认为，虽然他的分法有点过于琐碎，但大部分是言之有据的。格斯里的这十一种用法是：叙述；名誉；意见思想；原因、理由、推论；事实真相；尺度；比例；一般原则或规则；理性的力量；定义、公式；英语无对应的意义。(参见陈阳：《火、逻各斯、城邦生活三者的内在关系——赫拉克利特哲学思想研究》，《西南交通大学学报(社会科学版)》，2019 年第 4 期，第 102-110、118 页。)“逻各斯”是西方思想文化领域中运用得十分广泛的术语，但是，对于不同的人，在不同的领域以及不同的场合，它的含义并不都一样。它的具体含义要根据运用者使用时的情况来确定。在赫拉克利特那里，“逻各斯”主要是指一种“分寸”、尺度，也有规律的含义，但与我们现在使用的规律的含义还不能等同。“逻各斯”具有客观性、公共性、共同性、普遍性。客观性是“永恒地存在着”，即使人们对它毫无所知，它仍然存在，即不依赖于人的意识。普遍性和共同性指万物“根据这个‘逻各斯而产生’”，万物都遵循逻各斯。公共性指“逻各斯”是“人人共有的东西”，是“顷刻不能离的”“指导一切的”“每天都要遇到的”东西。(参见赫拉克利特.《著作残篇》D1、D2、D72，见北京大学哲学系外国哲学史教研室编译：《古希腊罗马哲学》，北京：商务印书馆，1982 年，第 18、26 页)(转引自黄颂杰、章雪富：《古希腊哲学》，北京：人民出版社，2009 年，第 18-19 页。)

（残篇 30）。[①]这告诉我们，逻各斯是过程，火是过程中的一部分。重要的不是火，而是内含逻各斯的火，火的无穷无尽的燃烧、熄灭与变化就是逻各斯。这是希腊人“自然”观念的原型和要旨，是一种“生机论”的世界观。世界不是绝对的有，也不是绝对的流变[②]；它流变但保持比例不变，它持续但会熄灭；世上万物都是按照对立的斗争和必然性而生成，体现了变化中的统一性——“这是一团‘永恒的活火’，在其‘点燃’的形式（我们称之为‘火’或‘火焰’）与它的另外两种形式——水（液化的火）和土（固化的火）——之间连续转变。根据赫拉克利特的说法，这三种形式之间的动态平衡保证了一个永恒的、稳定的宇宙。”[③]他又认为，“当他们踏入同一条河流，不同的水接着不同的水从其足上流过”（残篇 12）[④]，即“人不能踏进同一条河流”，这又表明了统一性中的变化。

根据上面的论述，赫拉克利特的学说与米利都学派的观念还是有一定差别的。“米利都学派企图确定或用概念来规定永恒的世界本原的尝试已经被认为无望了。无一物是永恒的，无论在宇宙中，或在作为整体的宇宙结构中。不仅具体事物，而且当作整体的宇宙都沉浸在永恒的、永无休止的变革中：万物流动，无物永存。我们不能说事物存在着；事物总在变，总在永恒变化的宇宙运动的游戏中消逝。因而，永恒的东西，应有神性之名的东西，不是物，不是实体或物质，而是运动，是宇宙变化过程，是流变本身。”[⑤]而且，赫拉克利特的自然哲学思想中含有丰富的辩证法思想，体现了世间万物的对立统一和循环往复。但是，“对于赫拉克利特的逻各斯，如果我们不从事物变化的方面、对立统一的方面来理解它，掌握它，而轻率地认为它指的是抽象普遍的自然规律本身，是事物根本不变的方面，那么我们就真正误解了赫拉克利特，误解了赫拉克利特的作为‘驾驭万物’的生成与变化的根本原则的逻各斯。实际上，赫拉克利特的逻各斯不是一种取消一切对立和差别的、抽象单一的原则，相反，它恰恰活动在对立和差别之中，并且只是在对立和差别的不断形成与发展之中才实现了它对万物生成的作为原则的支配作用”。[⑥]

赫拉克利特进一步认为：“对那永恒存在着的逻各斯，人们总是不理解，无论

---

① [古希腊]赫拉克利特：《赫拉克利特著作残篇》，[加]罗宾森英译，楚荷中译，桂林：广西师范大学出版社，2007 年，第 41 页。

② 流变，指事物在社会环境中发生性质、表征上的发展变化，多用于描述民风物故等社会现象、文化元素的变迁。

③ [美]戴维·林德伯格：《西方科学的起源》（第二版），张卜天译，长沙：湖南科学技术出版社，2013 年，第 34 页。

④ [古希腊]赫拉克利特：《赫拉克利特著作残篇》，[加]罗宾森英译，楚荷中译，桂林：广西师范大学出版社，2007 年，第 22 页。

⑤ [德]文德尔班：《哲学史教程》（上卷），罗达仁译，北京：商务印书馆，1987 年，第 55 页。

⑥ 聂敏里：《西方思想的起源——古希腊哲学史论》，北京：中国人民大学出版社，2017 年，第 57 页。

是在听到之前还是最初听到之时。因为尽管万物根据这逻各斯生成，他们却像是对此全无经验的人一般，甚至在他们经验了我所讲过的那样一些话和事情时，而我已按照自然分辨了每一个东西并且指明了这是如何。至于其余的人，他们醒来后所做的觉不到，正像他们不觉到睡时所做的一般。”(残篇 1)①他还认为：“对那个他们最经常打交道的、驾驭着万物的逻各斯，他们是格格不入的，而那些他们每天碰到的东西，在他们看来是生疏的。”(残篇 72)②据此，赫拉克利特认为，人们无论醒着还是睡着，很多时候都没有意识到逻各斯的存在，而逻各斯就是万物生成和转化的原则，支配着万事万物，是人类所必须遵守的共同的原则。“因此，必须跟随那共同的东西，而逻各斯就是共同的，但大多数人却活着像是有着自己的考虑。”(残篇 2)③在这种情况下，赫拉克利特给出建议：“不听从我而听从这逻各斯，同意一切是一，这就是智慧。”(残篇 50)④

赫拉克利特呼吁人们认识并遵从逻各斯，意义重大。对此，我国学者说道：“赫拉克利特反对纯粹依赖于现象，力图寻找现象背后的一般本质的思想引导人们打破愚昧的束缚，走出前现代性；而他强调那流变中的统一、视角性统一的思想又带领我们穿过现代性的迷雾，不让理性全然遮蔽了感官，阻止思想完全操控了身体，让我们重新真正栖身于这个复杂流变充满多样性的世界。”⑤

二、毕达哥拉斯学派：通过自然的本原“数”认识自然

毕达哥拉斯(公元前 580—约前 500)在意大利南部城市克罗托内(古称“克罗顿”)创立了具有自身特色的学派——毕达哥拉斯学派。历史上其创始人毕达哥拉斯因其神秘的宗教观点，尤其是灵魂转生说而闻名。这一学派与米利都学派是不同的，后者把世界的本原看作是物质性的(即使阿那克西曼德的“无限”也是物质性的⑥)，

① 转引自[美]G. S. 基尔克、[美]J. E. 拉文、[美]M. 斯科菲尔德：《前苏格拉底哲学家——原文精选的批评史》，聂敏里译，上海：华东师范大学出版社，2014 年，第 279 页。

② Diels H, Kranz W. Die Fragmente der Vorsokratiker: Griechisch und Deutsch. Berlin: Weidmannsche Verlagsbuchhandlung, 1960, S. 167.

③ 转引自[美]G. S. 基尔克、[美]J. E. 拉文、[美]M. 斯科菲尔德：《前苏格拉底哲学家——原文精选的批评史》，聂敏里译，上海：华东师范大学出版社，2014 年，第 279 页。

④ 转引自[美]G. S. 基尔克、[美]J. E. 拉文、[美]M. 斯科菲尔德：《前苏格拉底哲学家——原文精选的批评史》，聂敏里译，上海：华东师范大学出版社，2014 年，第 279 页。

⑤ 乔楚：《直观与统一：赫拉克利特的自然观》，《学术探索》，2014 年第 8 期，第 25 页。

⑥ 这句话似乎与上文的“世界的本原不是具体的实体”矛盾，其实不然。本在最早在亚里士多德是 ousia，后来译作 substance，substantial 的意思是实质性的。实体以及实体性的与实质以及实质性的含义不同，前者属于后者，但是，后者并不单纯只包含前者，某种非实体性的物质或者实质性的存在还是存在的。阿那克西曼德的“无限”就是这样的存在。

而前者将自然的本质归于形式方面。一个事物的“本性”，使事物是其所是的，不是构成它的那些东西，而是它的结构，结构又可以用数学来表示。在毕达哥拉斯学派看来，“万物皆数”(All things are numbers)，事物皆为数字的摹本，它们的本质是它们的数学构造；数是现实的基础，是决定一切事物的形式和实质的根据，是世界的法则和关系，由这个本性(nature)就可以解释事物不同的表现。“数”既包含数量，也包含几何结构；“数量”和“几何结构”是内在于事物的，成为自然界最本质的原则。[①]不仅现象的形式结构可以用“数”来表达，而且事物就是由“数”组成的，“数”存在于可感事物之中。[②]这点正如毕达哥拉斯的弟子费洛劳斯(Philolaus，约公元前480—？)所言：“一切可能知道的事物，都具有数；因为没有数而想象或了解任何事物是不可能的。”[③]

毕达哥拉斯学派[④]上述“万物皆数”的思想并非毫无根据，而是基于他们的经验研究和数学演绎。在现实生活中，有些音调听起来协调，有些音调听起来不协调。毕达哥拉斯通过对声乐和器乐的经验认识发现，人们可以系统地产生听起来悦耳、和谐的音程：先使一根弦发生振动，然后将它从正中间分开，使得振动弦的长度与总弦长之比为1∶2，然后使这个比为2∶3，最后是3∶4，如此，就能够得到八度音程、五度音程和四度音程这样的和谐音程——一种与数虽然没有明显关系的现象，但是呈现出了一种可以用数学表达的结构。

不仅如此，毕达哥拉斯学派进一步推理：既然上述原理适用于音程，那么也就可以适用于其他事物。他们把研究声学知识过程中首先发现的数学和谐现象加以推广，认为数学为无定者定形，为宇宙带来秩序。如对于宇宙，他们认为分为三层天球：第一层是最外层众神居住的地方，属完美之境，为奥林波斯(olympos)；最内层为月下区域或地上天球，为乌拉诺斯(uranos)，上述两者之间为科斯摩斯(cosmos)天球，容纳一切运动的天体。对于这些天体，它们之间的距离有一定比例，导致天体有序地运动，就像音乐的谐音一样。据此，他们提出了“天体乐章”或“天体和谐”的思想， 意为一个和谐的、有秩序的宇宙。由于“圆形和球形是最神圣完美的几何

---

① Maziarz E A. The Philosophy of Mathematics. New York: Philosophical Library, 1950: 33.

② 关于数与可感事物之间的关系问题，随着毕达哥拉斯学派思想的发展的延伸，有几种不同的回答：有的人认为事物本身就是数，有的人认为事物是在模仿数，也有的人认为数学对象抽象存在于可感事物之中。(参见林夏水：《数学哲学》，北京：商务印书馆，2003年，第36-38页。)早期的毕达哥拉斯学派大多持有第一种观点；柏拉图认为，数学对象独立于可感事物，可感事物是对完美数学理念的不完美复制，由此，他持有第二种观点；亚里士多德认为，数学对象不能独立存在，只能抽象地存在于可感事物之中，由此，他持有第三种观点。

③ [美]T. 丹齐克：《数：科学的语言》，苏仲湘译，北京：商务印书馆，1985年，第35页。

④ 毕达哥拉斯学派是一个宗教团体，其教义秘不外传，至于其数学和哲学理论，究竟是由毕达哥拉斯本人提出的，还是由他的学生门徒提出的，人们并不知道。鉴此，人们只能笼而统之以“毕达哥拉斯学派”概称之。此处用“毕达哥拉斯学派”而非“毕达哥拉斯”，也是考虑到这一点。

图形”，毕达哥拉斯学派提出了天球-地球的两球宇宙模型。[①]这一思想为以后天文学的发展奠定了形而上学基础。

当然，对于毕达哥拉斯学派，“音程和谐”“天体和谐”的思想虽然具有科学道理，但是，其中也蕴涵了他们的宗教追求。在他们那里，科学与宗教没有区分。“毕达哥拉斯学派之所以如此强调数学的研究，在很大程度上是因为其宗教的追求。他们信奉灵魂轮回的教条，他们宗教努力的目标是要净化灵魂，让灵魂从肉体的束缚中解脱出来。据说，历史上毕达哥拉斯阻止别人去用石子欺负一条小狗，原因是他在那条狗身上听到了朋友的呼唤。这个例子或许也可以让我们理解毕达哥拉斯学派的宗教理念。对毕达哥拉斯学派来说，数学和宗教的关系，可以这样理解：数学的研究，现象背后数的和谐关系的发现，尤其是只有通过心灵才能聆听天体的谐音，可以帮助人类净化灵魂，实现解脱。在这里我们看到科学与宗教在探索宇宙人生奥秘上某些奇妙的一致性。”[②]

上述这种数学神秘主义也体现在将数字与人类及其生活联系起来。他们认为：“每个数字都有其特别的性质，这些性质决定了世上一切事物的特质和表现。‘1’并不能简单地认为是一个数，它体现了所有数的特质。‘2’代表了女性以及观点的差异。‘3’代表了男性和认同的和谐。‘4’可以形象化地理解成一个正方形，它的四个角和四条边都相等，代表了一种平等、公正和公平。‘5’是‘3’与‘2’的和，代表了男人与女人的结合，也就是婚姻。”“毕达哥拉斯认为，‘10’是一个神圣的数字，因为它是 1、2、3、4 的和，而这 4 个数字正好定义了这个物理世界的所有维度：1 个点代表了零维度，2 个点确定了一条一维的线，3 个点确定了一个二维的角，4 个点则确定了一个三维的立方锥体。”[③]

事实上，毕达哥拉斯学派的数字神秘主义思想，是以当时奥尔弗斯教(Orphism，又译作“俄耳甫斯教”)的思想为基础的。奥尔弗斯教是一种崇尚灵魂而非形体的新的神学，相信灵魂不朽和灵肉二元。这本身体现了神秘主义。毕达哥拉斯学派持有上述观点，只不过他们把奥尔弗斯教的神秘主义改造成为特殊的理智形式。罗素(Bertrand Arthur William Russell)就从“理论”(theory)这个词的含义变化对此加以说明：“这个字原来是奥尔弗斯教派的一个字，康福德(F. M. Cornford)解释为‘热情的动人的沉思’。他说，在这种状态之中‘观察者与受苦难的上帝合而为一，在他的死亡中死去，又在他的新生中复活’；对于毕达哥拉斯，这种‘热情的动人的沉思’乃是理智上的，而结果是得出数学的知识。”[④]由此可以看出，毕达哥拉斯学派是

---

① 吴国盛：《希腊天文学的起源》，《中国科技史杂志》，2020 年第 3 期，第 399 页。

② 刘兵、杨舰、戴吾三：《科学技术史二十一讲》，北京：清华大学出版社，2006 年，第 45 页。

③ [美]迈克尔·J. 布拉德利：《数学的诞生：古代—1300 年》，陈松译，上海：上海科学技术文献出版社，2008 年，第 14-15 页。

④ [英]罗素：《西方哲学史》(上卷)，何兆武、李约瑟译，北京：商务印书馆，2017 年，第 41 页。

由神秘主义中发展出理智的成分，将数学和神学结合起来。我国学者也指出："毕达哥拉斯用数的概念和理论来说明世界的起源，从而使奥尔弗斯教的神秘主义获得了逻辑上的支持，将其抽象化为一种哲学理论。"[①]

同时，毕达哥拉斯学派进一步将这种数的神秘主义扩展至万事万物，使之真正成为万事万物的本原——"数具有一定的神性，它是世间万物之本原，因为有了数，才有了几何学上的点；有点之后才有了线、面和立体；而四种相似的立体又形成了火、气、水、土这四种元素；最后构成万物。"[②]

如此，"毕达哥拉斯学派具有一种十分强烈的神秘主义色彩。人们普遍认为，数学与神秘主义的结合在毕达哥拉斯学派那里达到了一种新的高度，并且最终形成了与科学精神相背离的神秘的、类宗教的团体"[③]。因而，"毕达哥拉斯代表着我们认为与科学倾向相对立的那种神秘传统的主潮"[④]。

尽管毕达哥拉斯学派在对世界的数的本质的探讨中，产生了某些数字崇拜，包含了相当多的神秘主义色彩，但是，他们凭着一种"万物皆数"的信念所进行的研究，获得了许多关于自然的重要认识。他们虽然不是基于无神论来探讨世界的数学起源，如将数学归结为商人做买卖算账时的简单运算以及泥瓦匠盖房时的几何度量，而是基于神话宗教、万物有灵论等来谈论自然的数学起源这类抽象化和理论化的问题，但是，通过事先预设一个纯粹的以某种方式构成了现实世界的数学王国世界，他们用已经掌握的数学知识去解释说明自然现象和社会现象的认识方式，是值得称道的。这是从另外一个不同的途径来解释事物，即不是通过构成事物的物质或实体来解释事物的行为，而是试图用事物的形式，也就是被看作是某种可以给予数学解释的东西，即它们的结构，来解释它们的行为。毕达哥拉斯学派这种看待事物的方式，这种最早在事物中寻找数的研究，试图为有关的自然知识提供量化的数学基础，对数学和自然科学发展的影响是重大的。这是人类最早对数学与世界之间的关系进行的哲学探讨，为数学方法应用于世界提供辩护，将此称为"科学数学化的源头"也不为过。

大约自公元前 300 年开始，这种方法在亚历山大里亚及其周边兴盛起来。其实践者主要有欧几里得、阿基米德、阿波罗尼奥斯，以及几个世纪之后的托勒密等。他们分别对光学透视、杠杆平衡及浮力现象、圆锥曲线以及地球运行等，进行了相应的数学处理，并获得了相应的认识。这些认识是有价值的，为

---

① 赵林：《希腊神学思想与基督教的起源》，《学习与探索》，1993 年第 1 期，第 9 页。

② 王琦：《波爱修斯的数学哲学思想》，《自然辩证法通讯》，2016 年第 3 期，第 63 页。

③ 黄秦安：《毕达哥拉斯—柏拉图的数学观念及其知识典范》，《陕西师范大学继续教育学报》，2007 年第 2 期，第 105 页。

④ 转引自[英]罗素：《西方哲学史》(上卷)，何兆武、李约瑟译，北京：商务印书馆，2017 年，第 39 页。

以后科学的数学化奠定了基础。

从今天的观点来看，“世界的本原是否为数”这一问题仍存在争论，科学也不能等同于数学，但是，科学的起源和发展离不开数学，数学是认识世界必不可少的工具。毕达哥拉斯学派的思想不仅对近代天体力学中行星运动定律的发现有决定性意义，而且对理解现代原子光谱学、相对论、规范场论和粒子物理学等都有启示价值。[①]

在天文学方面，毕达哥拉斯学派提出的“圆形和球形是最神圣完美的几何图形，地球和天体都是球形的，每个天体都沿着圆形的轨道运转”，被柏拉图和亚里士多德所接受，成为直至16世纪天文学的基本观念。他们提出的“整个天球[②]是一个和谐的、有秩序的宇宙”的观点，对托勒密的“地心说”、哥白尼的“日心说”、开普勒的“行星运动三定律”，具有决定性的影响，并成为牛顿引力理论之先导。在物理学方面，伽利略的“物理的数学化”，牛顿的“力图以数学定律说明自然现象”，爱因斯坦(Albert Einstein)的“相对论”，现代物理学的“粒子理论”等，无不受到毕达哥拉斯学派思想的影响。科学史家丹皮尔(Sir William Whetham Cecil Dampier，1867—1952)就指出：“在我们的时代，阿斯顿(Aston)的原子整量说，莫斯利(Moseley)的原子序数说，普朗克量子论，……都是毕达哥拉斯派哲学的一些见解的复活”[③]；我国学者也指出：“自从牛顿以来，自然科学总是在与时空有关的动力学定律的数学结构中，寻找毕达哥拉斯学派所要求的那种和谐。”[④]

这里可以以“原子光谱的‘谐音’”为例说明这一点。

现代原子物理研究是从光谱学开始的。巴尔末(Johann Jakob Balmer，1825—1898)爱好研究几何投影[⑤]和建筑结构，并从数和形之中寻求和谐与美。他在1884年发现氢光谱系列的存在，并且根据氢光谱的极其贫乏的数学资料(四条最重要

---

① 桂起权：《物理学史上的毕达哥拉斯主义研究传统》，《洛阳师范学院学报》，2005年第4期，第8-12页。

② 在数理天文学传统中，谈的基本上都是“天球”。恒星与行星都镶嵌在天球上，随着天球的运转而转动。宇宙的和谐基本上是说，各个天球上的行星行为能够通过恰当的几何假设，借助于数、量的比例论，被表达成“匀速正圆”运动。根据柯瓦雷的观点，“天体”这一概念出现很晚，是科学革命后的术语。

③ [英]丹皮尔：《科学史及其与哲学和宗教的关系》，李珩译，北京：商务印书馆，1975年，第53页。

④ 桂起权：《物理学史上的毕达哥拉斯主义研究传统》，《洛阳师范学院学报》，2005年第4期，第11页。

⑤ 几何投影不同于投影几何。几何投影是指将地球椭球体面上的经纬网投影到辅助投影面上，再展开成地图平面的投影方法。而投影几何是现代数学的一门分支学科，主要是用正投影法来研究图示和图解空间几何的各种问题，其次是用轴测投影法来反映物体，使之富有立体感，作为帮助看图的辅助性样图。

的可见光谱线），做出了惊人的发现，找出适合一切谱线的数字秘诀——巴尔末公式，其表示式是：$\lambda=Bn^2/(n^2-4)$，$n=3$，4，5，…，$B=3.6546\times10^{-7}m$，其中有规则出现的自然数，揭示了大自然隐秘构造的一个重要细节。之后，里德伯（J. R. Rydberg，1854—1919）提出了另一个经验式，称为“里德伯公式”：$\frac{1}{\lambda}=R\left(\frac{1}{n^2}-\frac{1}{n'^2}\right)$，$n=1, 2, 3, \cdots, n'=n+1, n+2, n+3, \cdots$（其中 $R=4/B$，称为里德伯常量，λ 是谱线的波长）。

将不同的整数置入里德伯的经验式，可以得到不同的氢光谱系列谱线。“里德伯公式”不仅能够预测巴尔末线系，而且还能够预测其他未知的谱线，巴尔末公式是里德伯公式的一个特例，里德伯公式比巴尔末公式更具有普遍意义。

巴尔末公式的发现是具有毕达哥拉斯主义色彩的，可以作为后来光谱公式的范式，为光谱理论构成磐石般的基础。[①]“它使我们重新回想起毕达哥拉斯学派‘预先制定的和谐’。原子的量子态具有特定的形状和频率，它们是预先惟一地确定了的。世界上每个氢原子都奏出一样频率的和音，如巴尔末的谱项公式所示。”[②]“毕达哥拉斯的观念在这里再生：原子的频率谱代表着一系列特征值，它好像是那个原子的典型‘谐音’；‘天体谐音’重又出现在原子世界之中。”[③]

考察爱奥利亚学派的世界本原学说，有一个共同点，都是在强调一种多样性世界背后的统一性的本原，如“水”“无定”“气”“火”，这些本原性的存在是生成着的、变化着的，由此产生出世界上的万事万物。换句话说，世界上的万事万物是由某种终极实在变化而来的，这种终极实在是变化的。既然终极实在是变化的，那么它还是终极实在吗？一个变化的终极实在能够解释世界万事万物的变化吗？几乎与赫拉克利特同一时期，作为南意大利爱利亚学派的哲学家巴门尼德（约公元前515 至前 5 世纪中叶以后）对上述问题进行了思考。他不同意米利都学派以及赫拉克利特的思想，认为支配世界表象的（即现象背后的本质）应该是一种根本的、不变的存在（unchanging being）；就世界的本原来说，无论何种形式的变化、过程和终结，都是不可能的。

① ［美］卡约里：《物理学史》，戴念祖译，呼和浩特：内蒙古人民出版社，1981 年，第 317-318 页。

② 桂起权：《物理学史上的毕达哥拉斯主义研究传统》，《洛阳师范学院学报》，2005 年第 4 期，第 10-11 页。

③ ［美］韦斯科夫：《二十世纪物理学》，杨福家、汤家镛、施士元等译. 北京：科学出版社，1979 年，第 32 页。

三、爱利亚学派：世界的本原是“不变的一”

(一)巴门尼德：世界的本原是不变的存在

为什么巴门尼德会把世界的本原归结为“不变的存在”呢？他认为：“但存在者怎么可能在以后存在呢？又怎么可能被生成呢？因为如果它曾被生成，现在便不在，如果它将要存在，现在也不在。这样生成便消灭了，而毁灭也不可听闻。”[①]就此，存在的东西不能从不存在的东西中产生，不存在的东西不能存在(what is not cannot be)是一个公理。[②]顺理成章地，他认为，变化是不可能的，因为变化的东西会变成它所不是的东西，即变成它原来不存在的东西；生成是不可能的，因为要生成的东西一定来自不存在的东西；终结也是不可能的，因为停止其存在的东西就是不存在。这样一来，在他看来，世界的本原就自然而然地成为一种非生成性的、非变化性的和不能终结的存在。

既然世界本原是不变的存在，而变化是变化出原先不存在的存在，则世界上的所有变化在逻辑上也是不可能的。这是从巴门尼德思想中得出的必然结论。由此，巴门尼德就进一步否定了世界上所有形式的变化，认为存在着的只有“一”和“永恒”。

巴门尼德的思想是违背经验常识的，在今天看来是荒谬的，但是，巴门尼德在这里走的不是经验的日常生活之路。“他代之以走向一条思想的道路(‘一条大道’)，它通向对不变的真理和有死者的意见这两者的一种超越的领会。”[③]如有些人认为，活着的人(存在)去世了，也就是死亡了，也就不存在了。对此，巴门尼德加以否定。“没有人会否定自身的‘是’，因为一旦否定自身的‘是’，就导致自身的‘死亡’，实际上‘死亡’也是一种‘是’，一种与‘生’相对的‘是’，是‘生’的‘不是’。人如果自身都不想做到与‘生’相对，那就更不可能去谈论那绝对的‘不是’。绝对的‘不是’意味着不呈现为言说，也就是说‘无法呈现’。因此‘不是’不存在，任何人们所以为的‘不是’都相对于‘是’，‘不是’(非存在)是以‘是’(存在)为前提的，‘不公正’以‘公正’为前提，‘恶’以‘善’为前提。”[④]按照这种思路，日常生活中人们所说的“不存在”就不是严格意义上的不存在，而是分有了“存

---

① 转引自[美]G. S. 基尔克、[美]J. E. 拉文、[美]M. 斯科菲尔德：《前苏格拉底哲学家：原文精选的批评史》，聂敏里译，上海：华东师范大学出版社，2014年，第386页。

② Goody J. The Domestication of the Savage Mind. Cambridge: Cambridge University Press, 1977: 76.

③ [美]G. S. 基尔克、[美]J. E. 拉文、[美]M. 斯科菲尔德：《前苏格拉底哲学家：原文精选的批评史》，聂敏里译，上海：华东师范大学出版社，2014年，第374页。

④ 章雪富、陈玮：《希腊哲学的精神》，北京：商务印书馆，2016年，第23页。

在”的“不存在”。“存在”是需要人们的思想把握的，这种把握就是彻底解除日常感觉经验对“真正的存在”的遮蔽，以呈现世界的真实性。

这是对米利都学派和赫拉克利特的反对，也是巴门尼德通过围绕世界本原所做的纯粹思辨式的沉思所得出的形而上学本体论。“巴门尼德是西方哲学史上形而上学的鼻祖，他创立了存在论(Ontology，或译本体论)，这是西方哲学发展史上一次非常重要的突破。”“它表明科学和哲学研究不能仅仅停留在变动不居的现象的描述上，必须要透过现象来认识事物不变的本质，要真正认识和理解变化，必须要把握作为变化之主体的存在。这种把握不是借助于感觉器官进行的，是要借助理性才能的。所以真理是通过思想获得的，感官只能获得意见。”[①]巴门尼德告诉我们，我们的思维不能违反逻辑学上的同一律、矛盾律和排中律。“既然一切都是‘存在’，一切都可以归于‘存在’，那么世界的多样性和变化性就不存在，只有‘存在’存在，换一句话说就是，只有那个被‘是’这个系词所对象化地肯定了的永恒不动的本质世界存在；如果它是真正的实在，那么变化和生灭就是不存在的。”[②]

(二)芝诺：运动是不可能的

1. “芝诺悖论”：“运动是不可能的”

沿着巴门尼德的思想道路，他的学生芝诺(希腊语 Ζήνων，英语 Zeno of Elea，约公元前 490—前 425)提出“芝诺悖论”，以一系列的证明来反驳物体运动位置变化的可能性，以支持巴门尼德的“世界的本原是不变的存在”。

一是“二分法”悖论：阿基里斯(希腊传说中的善跑者)为了跑完全程，就必须无限地接触按照 1/2、1/4、1/8……的顺序排列的无限的点，而在一个有限的时间内接触无限多的点是不可能的，因此，跑步者跑完全程也是不可能的。

二是“阿基里斯”悖论：最快的跑步者(阿基里斯)也追不上乌龟。因为最快的跑步者要赶上乌龟，首先就要到达乌龟原先的地方；而当最快的跑步者到达乌龟原先的地方，则乌龟又向前走了一点。……如此往复，他是越来越接近乌龟，但永远也追不上乌龟。

三是“飞矢不动”悖论：飞动中的箭在任一时刻(瞬间)都是既非静止又非运动的。如果瞬间是不可分的，箭就不可能运动，因为，如果它动了，瞬间就立即是可以分的了。

四是“运动场”悖论：说的是运动场上三列物体 A、B、C[图 2.1(a)]的相对运动所造成的谬误，即物体 A 不动，物体 B 和 C 以相反的方向经过一个时间单元

① 刘兵、杨舰、戴吾三：《科学技术史二十一讲》，北京：清华大学出版社，2006 年，第 47 页。

② 聂敏里：《西方思想的起源——古希腊哲学史论》，北京：中国人民大学出版社，2017 年，第 38 页。

运动，则物体 B 和 C 之间就有 2 个空间单元间距，见图 2.1(b)；物体 B 和 C 以相反的方向再经过一个时间单元运动，则物体 B 和 C 之间就有 4 个空间单元间距，见图 2.1(c)；要想物体 B 和 C 之间有一个空间单元间距，则对应是半个时间单元，而要想使物体 B 与物体 A 之间有一个空间单元间距，则对应的是 1 个时间单元，如此，半个时间单元等于 1 个时间单元。

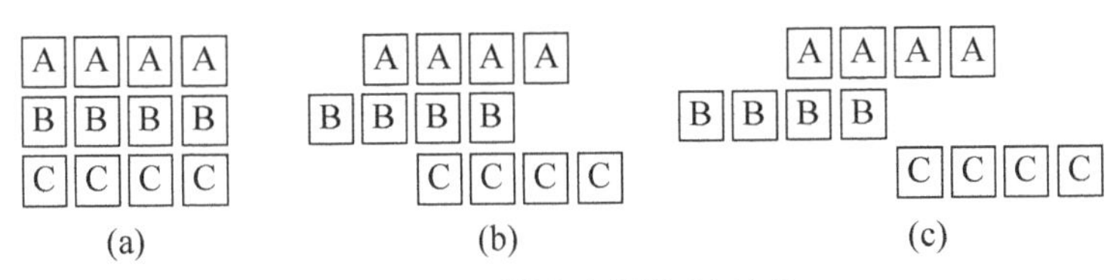

图 2.1 “运动场”悖论①

考察上述悖论，是从公认的或者假定的前提出发，经过逻辑推理，得出相互矛盾或者与前提相矛盾的结论。当论证出现这样的悖论时，只有两种可能：一是推理错误；二是前提不成立。从上述四个“芝诺悖论”看，与人类的经验常识相背，似乎是诡辩，但是，其涉及的推理似乎没有问题。既然如此，那么就只能得出一个结论：运动是不存在的，运动仅仅是假象。由此芝诺就为他的导师巴门尼德之“运动是不可能”的观点作出辩护。

芝诺的辩护与经验事实不符，应该是错误的。但是，要证明其错误，就涉及对时间、空间、无限、运动的看法，也涉及数学、逻辑学在运动学中的应用，发人深思。考察人们对待“芝诺悖论”的态度，大致上如霍盖特(Nick Huggett)所说的三种：第一种可称为“理智战胜经验”态度，为极少数人所持有，他们接受其悖论和结论而怀疑人类的经验，并将经验归结为系统性的误差；第二种可称为“事实胜于雄辩”态度，为绝大多数人所持有，他们认为既然日常生活和经验表明其错误，那么其就是错误的；第三种态度就是“大胆猜测，小心辩护”态度，也为极少数人所持有，他们试图通过严密的论证，表明其似是而非的特征。②考察这三种态度，第一种取理性舍感性，第二种取感性舍理性，只有第三种将感性与理性统一起来。历史上许多哲学家就是这样探讨“芝诺悖论”的。

2. 哲学的论证：“芝诺悖论”是不合理的

这方面代表性的哲学家有黑格尔、柏格森、罗素、梅洛-庞蒂等。

黑格尔(Georg Wilhelm Friedrich Hegel，1770—1831)提出：“运动的意思是说：在这个地点而同时又不在这个地点；这就是空间和时间的连续性，——并且这才是使

---

① 根据吴国盛：《科学的历程》(第四版)，长沙：湖南科学技术出版社，2018 年，第 105 页图修改而成。

② Huggett N. Everywhere and Everywhen: Adventures in Physics and Philosophy. Oxford: Oxford University Press, 2010: 8-19.

得运动可能的条件。芝诺在他一贯的推理里把这两点弄得严格地相互反对了。我们也使空间和时间成为点积性的；但同样也必须容许它们超出限制，这就是说，建立这限制作为没有限制——作为分割了的时点，但又是没有被分割的。”①

黑格尔的观点影响深远。恩格斯(Friedrich Engels，1820—1895)、列宁(Ле́нин，1870—1924)等对此表示赞成。恩格斯在1876—1878年完成的《反杜林论》一书中写道：“运动本身就是矛盾：甚至简单的机械的位移之所以能够实现，也只是因为物体在同一瞬间既在一个地方又在另一个地方、既在同一个地方又不在同一个地方。这种矛盾的连续产生和同时解决正好就是运动。”②

这种“既连续又不连续”的观点恰当吗？我国有学者指出，这与相对论的运动观是矛盾的：根据爱因斯坦的狭义相对论，物体运动是在“四维时空”中进行的；依据 “四维时空”概念，每个确定的事件都有四个数(x、y、z、t)跟它相对应，运动物体空间坐标的变化 dx、dy、dz 是对应于一个时间元 dt 的。在相对论的概念逻辑中，物体的机械运动也就是物体在某一时刻在某一地方(x_1，y_1，z_1，t_1)，在另一时刻在另一地方(x_2，y_2，z_2，t_2)，根本不存在物体“在这个地点而同时又不在这个地点”这种情况。这就说明黑格尔的运动命题是与相对论的科学思想不相容的，应该抛弃。③

我国学者依据科学原理来简单反驳“芝诺悖论”，一定程度上是将复杂问题简单化了，是以时间、空间的间断性来反驳相应的不间断性，以具体的科学实证来反驳抽象的哲学思辨。这似乎也是不充分的。柏格森的绵延时间理论也可以用来反驳这一点。

柏格森(Henri Bergson，1859—1941)认为，运动包含两个因素：一是运动物体所经过空间的动作，这是不可分的；二是运动物体所经过的空间，这是可分的。之所以会出现芝诺的“运动悖论”，是因为把运动和所经过的空间混淆了起来。④

运动也是由时间来度量的。对于时间，柏格森认为有两种：一种是纯粹的、绵延的、不间断的真正的时间；另一种是度量的、空间化的、间断的科学的时间。以绵延为本质特征的真正时间是与空间对立的：绵延是流动的质，空间是排列的量；绵延是连续不断，空间是间断可分；绵延是内在的，空间是外在的，我们在外界找不到绵延而只找到同时发生；绵延是生命的界说，空间是物质的规定。绵延的时间是形而上学所要认识的对象，科学的、空间化的时间是理智为实践的功用所做的构

---

① [德]黑格尔：《哲学史讲演录：第一卷》，贺麟、王太庆译，北京：商务印书馆，1997年，第288-289页。

② 马克思、恩格斯：《马克思恩格斯选集》(第三卷)，马克思恩格斯列宁斯大林著作编译局编译，北京：人民出版社，2012年，第498页。

③ 文兴吾：《芝诺运动悖论研究的演进》，《社会科学研究》，2018年第2期，第142页。

④ [法]柏格森：《时间与自由意志》，吴士栋译，北京：商务印书馆，1958年，第74-76页。

造。[①]绵延的时间与空间的时间是不同的，“但严格讲，纯绵延并不是一种数量；一旦我们企图测量它，则我们就不知不觉地使用空间来代替它”[②]。当这样做时，就把物质运动的绵延的形而上学时间，处理成了物体运动所经过的空间间隔的科学的时间了。“所有这些论证都包含着对运动与运动经历的空间的混淆，或者说，至少包含着这样的信条：可以如同处理空间一样地处理运动，将其无限细分而无需考虑衔接。”[③]在柏格森看来，这种对本真的时间——纯绵延和物理学上的时间的混淆，是造成“芝诺悖论”的根本原因。

罗素(1872—1970)坚决反对柏格森关于“芝诺悖论”的观点。他写道：“柏格森的关于绵延和时间的全部理论，从头到尾以一个基本混淆为依据，即把‘回想’这样一个现在事件同所回想的过去事件混淆起来……只要一认识到这种混淆，便明白他的时间理论简直是一个把时间完全略掉的理论。”[④]即柏格森只是“回想”造成“绵延”的这一事件，而非将“回想”的事件和现在连接在一起。紧接着，他认为，运动是连续的，“如果我们一定要假定运动也是不连续的，由运动的连续性便产生某些困难之点。如此得出的这些难点，长期以来一直是哲学家的老行当的一部分。但是，如果我们像数学家那样，避开运动也是不连续的这个假定，就不会陷入哲学家的困难。假若一部电影中有无限多张影片，而且因为任何两张影片中间都夹有无限多张影片，所以这部电影中决不存在相邻的影片，这样一部电影会充分代表连续运动。那么，芝诺的议论的说服力到底在哪里呢?”[⑤]既然运动是连续的，那么罗素认为，这种连续变化在数学那里，就是由一连串变化的状态构成，而柏格森认为“变化是由一连串变化中的状态构成的这种见解称作电影式的见解”，“这种见解是理智特有的见解，然而根本是有害的”。不过，在罗素看来，柏格森的主张——“任何一连串的状态都不能代表连续的东西，事物在变化当中根本不处于任何状态”[⑥]，也是不恰当的。

梅洛-庞蒂(Maurice Merleau-Ponty，1908—1961)认为，柏格森的运动观念属于心理学家的运动观念，罗素的运动观念属于逻辑学家的运动观念，“我们不能认为心理学家是有道理的，也不能认为逻辑学家是有道理的，两者合二为一才是有道理的，我们应该找到使正题和反题都成为真的方法”[⑦]。这种方法在他看来就是：“既

---

① 杨河：《时间概念史研究》，北京：北京大学出版社，1998 年，第 169 页。

② [法]柏格森：《时间与自由意志》，吴士栋译，北京：商务印书馆，1958 年，第 72 页。

③ [法]柏格森：《思想与行动》，邓刚、李成季译，上海：上海人民出版社，2015 年，第 145 页。

④ [英]罗素：《西方哲学史》（下卷），何兆武、李约瑟译，北京：商务印书馆，2018 年，第 399 页。

⑤ [英]罗素：《西方哲学史》（下卷），何兆武、李约瑟译，北京：商务印书馆，2018 年，第 395-396 页。

⑥ [英]罗素：《西方哲学史》（下卷），马元德译，北京：商务印书馆，1988 年，第 365 页。

⑦ [法]莫里斯·梅洛-庞蒂：《知觉现象学》，姜志辉译，北京：商务印书馆，2001 年，第 346 页。

然运动不是内在于运动物体的东西，而是完全在于运动物体和周围环境的关系，如果没有一个外在的方位标，运动就不能被想像(象)，最终也就没有任何方法能把本义的运动归因于‘运动物体’，而不是归因于方位标。”[①]具体而言就是：“当人们谈论运动的感觉，或谈论运动的特殊意识……只有当运动的知觉用运动的意义，用构成运动的所有因素，特别是用运动物体的同一性来理解运动，运动的知觉才能是运动的知觉，才能把运动当作运动来认识。”[②]对于“与我的移动的手臂共有的动作把我在外部空间没有找到的运动给了我，因为回到我的内部生活的我的运动在那里重新找到无广延的统一性”。[③]如此，梅洛-庞蒂他自己和柏格森、罗素都没有有效地解决“芝诺悖论”，但是，他继承和发展了柏格森把运动问题与运动知觉及其身体体验紧密关联的研究理路，从知觉现象学的角度对这一问题进行阐述。

不可否认，“芝诺悖论”也是一个数学问题。有些哲学家也从数学的角度通过修改“芝诺悖论”以进行相关认证，表明能够完成芝诺的“超级任务”，从而解决“芝诺悖论”。

3. 数学计算：“芝诺悖论”是能够解决的

对于上述“芝诺悖论”，历史上的思想家和科学家在努力地解决着。如亚里士多德对“二分法”进行了深入思考，他认为可以假定阿基里斯 10 秒跑完 100 米全程：过了 5 秒，跑了 50 米；又过了 2.5 秒，又跑了 25 米；又过了 1.25 秒，又跑了 12.5 米……如此，到第 10 秒时，恰好跑到终点。这就是说，如果采取时间如空间那样的变化方式，那么在芝诺看来需要无限多个步骤的任务，可以在有限的时间内完成。

真的如此吗？仔细思考，似乎不是如此。按照亚里士多德的这种解决方案，跑完 100 米所花的总的时间应该是 5+2.5+1.25+…，这时就需要无限个单元的时间，无限个数之和就是个无限的时间，即在亚里士多德那里，10 秒就成了一个无限的时间，一个有限的时间成了无限的时间，阿基里斯仍然需要无限的时间才能到达终点，即他永远也跑不到终点。如此，就又回到了“二分法”悖论本身。

亚里士多德自己也意识到上述问题。为了解决这一问题，他认为上述所谓“10 秒之无限”不存在，要使之事实上成为无限，就需要我们在无限的每一个时间间隔点开始的时候，用手指来捕捉它们，但是，诸如此类的事情不会发生，发生的只是思想中的“无限”分隔开的点，这是“潜在的”，也是不存在的，如此，我们可以但不要把 10 秒分开。

亚里士多德的上述论证，乍一看也不严密。10 秒是否包含了无限的部分，与我

---

① [法]莫里斯·梅洛-庞蒂：《知觉现象学》，姜志辉译，北京：商务印书馆，2001 年，第 341 页。
② [法]莫里斯·梅洛-庞蒂：《知觉现象学》，姜志辉译，北京：商务印书馆，2001 年，第 345 页。
③ [法]莫里斯·梅洛-庞蒂：《知觉现象学》，姜志辉译，北京：商务印书馆，2001 年，第 350 页。

们采取什么样的措施对此拆分无关。事实上，即使一个区间实际上被划分为一个有限区间的无限(每个区间与下一个有限的时间相隔)，它仍然可以是有限的；而一个有限的存在，确实可以划分为无限的间隔。这点从数学的一个线段的划分也可以说明。

这样的问题还是应该从时间和空间的数学描述和说明中加以阐述。事实上，这里要说明的是(1/2+1/4+1/8+…)是否等于1，如果等于1，则10秒×(1/2+1/4+1/8+…)就等于10秒，在10秒内就可以跑完全程，否则，就呈现“二分法”悖论。至于“(1/2+1/4+1/8+…)是否等于1”这一问题，即“无限的总和是否有一个极限或是否等于有限”这一问题，直到19世纪才被柯西(Augustin-Louis Cauchy，1789—1857)完全解决。他的工作明确回答了“所有的无限的总和是否等于无穷大”这一问题，从而也证明了“芝诺悖论”的错误。

哲学家葛瑞鲍姆(Adolf Grünbaum)就举了阿塔兰忒(Atalanta)[①]的例子来说明“阿基里斯”悖论，并按照图2.2的设计，以达到完成芝诺“超级任务”的目的。

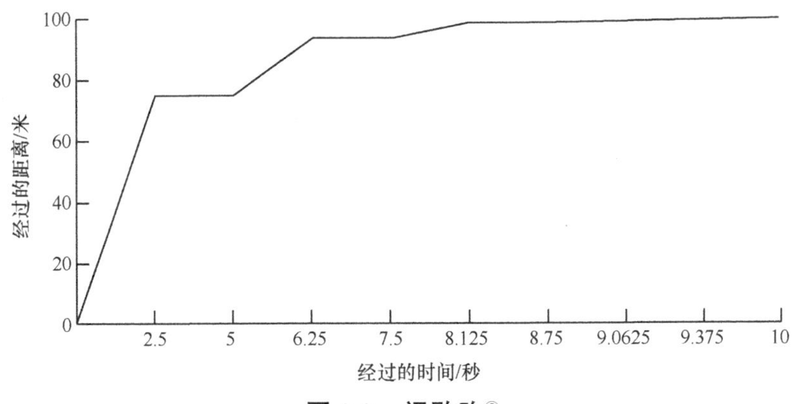

图2.2 间歇跑[②]

按照图2.2，阿塔兰忒的地点是参照时间标示的，表明她的赛跑是针对两次路程，以更短时间内的递减速度进行的。阿塔兰忒每跑一段就停下休息一段时间，在停下休息之时所跑距离为之前所跑路程的1/4，速度为前一段的一半。

在第一个时间段2.5秒，她以30米/秒的速度奔跑，走过第一段距离75米；然后她休息2.5秒，此时段她的运动速度和运动距离都为零；之后，进行第二个奔跑时段，按照上述奔跑规则，她奔跑速度是第一个奔跑时段的一半，即15米/秒，奔跑的距离应该是之前所跑距离(75米)的1/4，即18.75米，所花的时间是1.25秒，

① 阿塔兰忒(Atalanta)：古希腊神话中的一位美丽的公主，以快跑著称。Atalanta又称为“亚塔兰塔”，见第八章。

② Huggett N. Everywhere and Everywhen: Adventures in Physics and Philosophy. Oxford: Oxford University Press, 2010: 22.

此时，所花的时间总共是 6.25 秒，所奔跑的距离是 75 米加 18.75 米等于 93.75 米；之后，她再休息 1.25 秒，此时，她花费总时间为 7.5 秒，所跑距离仍为 93.75 米；之后，她进行第三个奔跑阶段，速度为前一奔跑时段的一半，即 7.5 米/秒，奔跑距离为前面所跑距离(18.75 米)的 1/4，即 4.6875 米，所花时间为 0.625 秒；之后，她再休息 0.625 秒，此时共花费时间 8.75 秒，所跑总距离为 98.4375 米；之后，她以速度为 3.75 米/秒奔跑，经过 0.3125 秒，跑了 1.171 875 米，此时共跑距离 99.609 375 米；之后再休息 0.3125 秒；再以速度为之前的 1/2 即 1.875 米/秒奔跑，奔跑 0.156 25 秒，奔跑距离为之前的 1/4，即 0.292 968 75 米；之后再休息 0.156 25 秒，共花费时间 9.6875 秒，跑了 99.902 343 75 米……以此规则进行，阿塔兰忒就能够在有限次(大于 100 次)"间隙跑"的计算加和中，达到在最后一个奔跑时段结束时，时间刚好达到 10 秒，奔跑的总距离正好达到 100 米。[①]

当然，这样的结论，也可能基于"间隙跑"的规则，通过柯西定律的计算获得。一种计算方法是：按照图 2.2，阿塔兰忒在整个间歇性的奔跑过程中，每一次奔跑的路程总是之前路程的 1/4，所以她所跑的总路程为 75 米×[1+1/4+(1/4×1/4)+(1/4×1/4×1/4)+…]。根据柯西定律，这个总和是 75 米×4/3=100 米，即阿塔兰忒跑完了全程。另外一种计算方法是：因为阿塔兰忒每次奔跑的距离是前一次的 1/4，速度是前一次的一半，所以所用的时间是前一次的 1/2(例如，1.25 秒是 2.5 秒的 1/2)，她跑步总共花费的时间是 2.5 秒×(1+1/2+1/4+…)，再考虑到她每跑一段距离总要休息与跑步时间相同的时间，所以她花费的时间应该加倍，即 2×2.5 秒×(1+1)=10 秒。这也就是说，当她按照上述规则奔跑到 10 秒时，她跑了 100 米，而且恰好停下来。由此，她打破了"二分法悖论"，完成了芝诺所谓的不可能完成的无穷无尽奔跑的任务。这也说明，芝诺认为所有的无限的总和是无穷大，也是一种常识性的直观上的预设，是错误的。

芝诺提出的四个悖论，虽然本质上是为了否定运动的存在，但也一定程度上反映出当时古希腊人对运动、时间和空间的认识。对这一问题的讨论也让古希腊之后的人类进一步以有限与无限、连续与间断来思考时间与空间，这表现出一种新的以"不变的存在"认识自然的方式。同时，"芝诺悖论"所展现的矛盾"不是感官经验所能把握的，而是依据当时自然哲学和数学得到的成就，靠巴门尼德奠定的理论思维和逻辑推理才能认识的"[②]。这就是理性的思维，其特点表现为论证的结果与经验的日常生活相冲突的。这也表明，理解爱利亚学派对自然的认识，是需要用思想来把握的，摒弃日常感觉经验，呈现世界背后的真实，即不变的"存在"。

---

① Huggett N. Everywhere and Everywhen: Adventures in Physics and Philosophy. Oxford: Oxford University Press, 2010: 21-22.

② 刘兵、杨舰、戴吾三：《科学技术史二十一讲》，北京：清华大学出版社，2006 年，第 48 页。

按照巴门尼德的“世界的本原是不变的存在”的思想，泰勒斯的世界本原之“水”，阿那克西曼德的世界本原之“无定”，阿那克西美尼的世界本原之“气”等，就是不合理的了；而且，人类通过观察所感觉到的经验世界本原方面的变化，也是不正确的了。“巴门尼德的形而上学和认识论没有为诸如他的伊奥尼亚前辈所曾经构造过的宇宙论留有任何余地，也确实没有为任何根本的对我们的感官向我们揭示的世界的信仰留有空间。”①鉴此，下列问题呈现出来：世界的本原如果是一种永恒不变的存在，那么这样的不变的存在是什么呢？它如何引致事物的运动和变化？对这些问题的探讨促使爱利亚学派之后的哲学家提出新的思想，并使希腊哲学由“宇宙生成论”转向构成性的“元素论”和“原子论”。

四、元素论者和原子论者：由基本的要素解释宏观世界

（一）恩培多克勒的“四根说”

首先提出“元素论”构想的是意大利西西里岛上的自然哲学家恩培多克勒（约公元前495—约前435）。他认为，对于万事万物，水、土、火、气是“根”，“根”本身不是生成的，而是永恒的、非创造的，它们是原始的基本的元素，处于平等地位。“根”以各种不同的比例相互混合，在“爱”和“恨”两种对立的原始力量推动下结合或分离，造成世界上的万事万物的生灭和变化：在完美无瑕的“爱”中，它们形成一个同质性的整体；在“爱”“恨”同时存在时，“四根”彼此斗争，以一定比例混合，形成具体的事物；不同的实体就是由“四根”按照不同但明确且固定的比例组合而成，在此过程中，“四根”没有生灭和变化。

根据恩培多克勒的理论，可知他已经意识到了只要假定诸“根”按不同比例混合，就可从理论上解释众多实体的形成。他比任何一位在他之前的前苏格拉底哲学家都更明确地掌握了“元素构成”的概念：原始的实体（在任何事物存在之时就已经存在的实体）是简单的实体，可以由复杂事物分解，但它们本身不能再进一步分解。这一概念与化学中的定比定律（化合物中各种元素在质量上按固定不变的比例构成）相一致，不同之点在于它们不是化学上的纯净物。

对于恩培多克勒的“四根说”的科学意义，也不能夸大。例如，有学者认为，未来科学所涉及的DNA分子序列图谱的变化、宇宙学理论、知觉与认识理论以及生命统一性理论的研究，是有可能把恩培多克勒视为一位古老的先驱的，并以其思想作为自己研究的基础；在上述四个主要领域中，恩培多克勒确保了他在哲学史上

---

① ［美］G. S. 基尔克、［美］J. E. 拉文、［美］M. 斯科菲尔德：《前苏格拉底哲学家：原文精选的批评史》，聂敏里译，上海：华东师范大学出版社，2014年，第368页。

的地位。[①]分析上述话语，就有夸大恩培多克勒“四根说”之嫌——把恩培多克勒视为所称“四个领域”的一位古老的先驱，并无不妥，但是，“以其思想为基础”则过了。

恩培多克勒的自然哲学思想，与其之前的自然哲学家的思想已经有所不同。在米利都学派、毕达哥拉斯学派和赫拉克利特那里，自然的本原是能动的，并且作为万物生成变化的原因。而在恩培多克勒这里，“四根”是永恒不变的“存在/有”本身，但是，其有生命，在“爱”与“恨”两种对立的力量作用下，形成世界上的万事万物，如此，世界的本原就是一个永恒不变的生命体；“四根”这种“不变的存在者”外在的混合与分离，造成了自然中的生灭变化，就此而言，世上万物是构成性的存在，但是，世上万物又是“四根”在“爱”与“恨”两种原始力量下形成的，世上万物就成了一个“构成性的生命”的存在。与“生机论”相比，在恩培多克勒的“四根说”那里，世界的本原以及世界自身就不再被理解为一种不断生成的生命体，而是一个起源于永恒不变的本原的“构成性”的存在，宇宙的生命意义已经从希腊思想中消退了许多。

（二）阿那克萨戈拉的“种子说”

与恩培多克勒相比稍晚一点的阿那克萨戈拉（公元前 500—前 428），同意恩培多克勒的观点，保留“有”不能从“无”中产生的原理。他认为，用某一种具体的物质或元素作为万物本原，不能够解决“一”和“多”的关系问题。他认为，存在不是唯一的，万物是由许许多多的体积无限小的“种子”构成的；“种子”有各种不同的性质，数目无限多，体积无限小，在种类上与可感性质相同，是构成世界万物的细小微粒和最初元素；每种“种子”具有一种不变的性质，“种子”的结合和分离造成万物的生灭和变化；在世界的伊始，所有的种子都混合在一起，形成一个巨大的混沌物，然后这个巨大的混沌物通过旋转，将混沌物中的各种“种子”分离出来，进而构成了我们今天看到的万事万物。不过，他又认为，各种“种子”是不可能被完全分离开来的，它总会带有一些微量的其他种子，如此，“每一事物还包含每一事物的一部分”，“今天存在的每一种类的自然实体存在于我们看到的周围的每一物体当中”。[②]如我们看作黄金的东西，主要成分是黄金，但是，也包含其他每一种物质（“种子”）的一小部分，而这一小部分里又包含了其他事物（“种子”）的每一小部分，这种分离永远不会彻底完成。当一类性质的种子在数量上聚集到一定的程度时，代表这类性质的具体事物就生成了；当另一类性质的种子在数量上聚集

---

① ［英］泰勒：《从开端到柏拉图》，韩东晖、聂敏里、冯俊等译，北京：中国人民大学出版社，2003 年，第 203 页。

② ［英］G. E. R. 劳埃德：《早期希腊科学：从泰勒斯到亚里士多德》，孙小淳译，上海：上海科技教育出版社，2015 年，第 43 页。

到一定程度(在那个原始的混合体中占据了绝对的优势，大到可以被我们知觉的程度)，从而与前类事物相比占据优势时，这个事物就表现为性质的变化或者事物本身的消灭。在此过程中，事物的种类是发生了变化，但是不变的是相应“种子”的本质。这是用不变的本质来解释变化的现象，变化的是现象，不变的是本质。这点正如阿那克萨戈拉所言：“希腊人对生成和毁灭认识得不正确；因为无物生成也无物毁灭，而是来自存在物的混合和分离。因此将生成称作混合、毁灭称作分离就有可能是正确的。”①

阿那克萨戈拉认为“种子”本身是不具有能动性的，是非能动者，推动“种子”结合和分离的东西在于“种子”之外的一种存在——“努斯”(Nous)，它不断促进宇宙发展的运动。在希腊文中，“努斯”本义为心灵，引申义为理性。他认为，“努斯”是独立自主的，不与其他事物混合，因此，“它在一切事物中是最精细的、最纯粹的”②。正是“努斯”的作用，才使原始的混沌体发生漩涡运动，造成无数“种子”的结合与分离，以及万事万物的生成与毁灭。这样，“努斯”一词就既具有物质的内涵，又具有精神的内涵。就其物质的内涵而言，“努斯”作为物理的作用足以说明世界生灭变化；就其精神的内涵而言，“努斯”具有心灵思维的、认知的功能。前一个方面容易理解，后一个方面可从阿那克萨戈拉关于“努斯”性质的陈述中得出。他认为：“努斯”“具有关于一切的所有知识”③；“努斯”“知道一切混合的东西、分开的东西和分离的东西”④。而且，在阿那克萨戈拉看来，这后一方面更加重要。如果是这样，“他赋予它具有理性知识的内涵。而我们说恰恰这一点是重要的，因为这使得心灵在作为一种物质存在的同时也具有思维的存在，同时，也使它摆脱了仅仅从动力学的角度来对宇宙的生灭变化加以说明的片面性，而具有对宇宙的生灭变化从其理性秩序的角度来加以解释的功能”⑤。也只有将“努斯”赋予这一精神内涵，它才能如阿那克萨戈拉所宣称的那样，完成以下功能：“凡是过去将要存在、曾在、现在以及将在的一切，心灵都予以安排，也包括星辰、太阳、月亮、气、以太这些分开的东西现在所旋转的那种旋转。”⑥试想：一个没有理性设计功能

---

① 转引自[美]G. S. 基尔克、[美]J. E. 拉文、[美]M. 斯科菲尔德：《前苏格拉底哲学家：原文精选的批评史》，聂敏里译，上海：华东师范大学出版社，2014 年，第 565-566 页。

② 转引自[美]G. S. 基尔克、[美]J. E. 拉文、[美]M. 斯科菲尔德：《前苏格拉底哲学家：原文精选的批评史》，聂敏里译，上海：华东师范大学出版社，2014 年，第 574 页。

③ 转引自[美]G. S. 基尔克、[美]J. E. 拉文、[美]M. 斯科菲尔德：《前苏格拉底哲学家：原文精选的批评史》，聂敏里译，上海：华东师范大学出版社，2014 年，第 575 页。

④ 转引自[美]G. S. 基尔克、[美]J. E. 拉文、[美]M. 斯科菲尔德：《前苏格拉底哲学家：原文精选的批评史》，聂敏里译，上海：华东师范大学出版社，2014 年，第 575 页。

⑤ 聂敏里：《西方思想的起源——古希腊哲学史论》，北京：中国人民大学出版社，2017 年，第 76-77 页。

⑥ 转引自[美]G. S. 基尔克、[美]J. E. 拉文、[美]M. 斯科菲尔德：《前苏格拉底哲学家：原文精选的批评史》，聂敏里译，上海：华东师范大学出版社，2014 年，第 575 页。

的“努斯”，怎么可能安排“过去将要存在、曾在、现在以及将在的一切”？就此，它与后来的柏拉图之理念论、亚里士多德之形式因紧密关联。

（三）留基伯和德谟克利特的“原子论”

1. 原子论的源头与思想内涵

从上述元素论者的讨论中可以看出，他们的理论看起来好像非常简约和粗糙，甚至其中也含有自然的“神话”和“人格化”的意味，但是，他们试图通过作为世界本原的元素来解释日常经验中的各种自然现象，与近代科学的思想是相一致的。

这种特征也集中体现在由米利都的留基伯（约公元前 500—前 440）所提出，后经阿布德的德谟克利特（公元前 460—前 370）加以发展的“原子论”的思想中。在公元前 5 世纪提出的各种理论体系中，最著名和最有影响的恐怕要数这种“原子论”了。

原子论的主要内容是：原子是构成事物的最小微粒，不可再分；所有的原子都是相同的，只能通过形状、位置与排列方式进行区别；原子的不同排列组合，造成一个物体与另一个物体的差别；原子是实在的，虚空是没有充实性的，原子在其中运动；原子在虚空中相互碰撞，造成旋涡运动，导致原子的结合与分离，产生通常所见的各种事物及其生灭变化。

分析原子论的内涵，不难发现，原子论是一种朴素的本体论学说，它所包含的机械还原论色彩是较明显的：力图将宏观层次上的万物分割还原为原子；原子不是生成的，也不会毁灭，它们是不变的、同质的和固态的，而且不可见；原子只具有某些最简单的机械性质——形状、大小和重量（后者为古希腊晚期哲学家伊壁鸠鲁所加）；原子的运动和相互间的关系也只具有某些最简单的机械性质，宏观上的多样性可以还原为微观层次上的机械运动，并由它们对世界做出统一的解释（尽管原子论者在把理论运用到解释具体现象上做得很不够），所有种类的变化都借助原子的结合与分离来进行解释。[①]

对于恩培多克勒和阿那克萨戈拉而言，基本事物或是可观察的元素和性质，或是不可观察的种子和性质，基本过程则是这些“元素”或“种子”的聚散。与其不同的是，在原子论者德谟克利特和留基伯那里，“基本事物不是性质和要素，而是物理性的诸个体（physical individuals），而基本过程也不是这些个体的聚散，而是它们的聚合体（aggregates）的形成与分解”[②]。问题是，这些聚合体是如何形成与分解

---

① 肖显静：《古希腊自然哲学中的科学思想成份探究》，《科学技术与辩证法》，2008 年第 4 期，第 75 页。

② ［英］泰勒：《从开端到柏拉图》，韩东晖、聂敏里、冯俊等译，北京：中国人民大学出版社，2003 年，第 253 页。

的呢？这与“虚空”有关。德谟克利特认为，虚空并不是“无”，而只是“非存在”，所谓“非存在”也是一种现实的客观存在，而且还是构成世界的一种基本要素，指的是它的稀空、不充实。正是这样的“非存在”的虚空，与原子相结合，使得原子在虚空中处于永恒的运动状态，而不需要外力的推动。这也表明，原子的本性是永恒不变的，但是原子之间的位置置换却在永恒的变化之中。由此，也就通过虚空解释了原子运动的原因，也解释了原子既是“一”又是“多”。

可以说，正是上述原子在虚空中的运动，原子之间的聚散，表明可感事物是有“空隙”的，可以分化和组合，形成德谟克利特所谓的“漩涡运动说”：一部分原子由于碰撞等原因而形成一个原始漩涡，在此形成过程中，较大的原子被赶到漩涡的中心，相互聚集形成球状结合体，即地球；较小的原子被赶到外围，产生一种环绕地球的旋转运动，而且，由于这些旋转运动而变得干燥，最后燃烧起来，变成各个球。①考察康德提出的“星云假说”，与此有着许多相同的内容。

在演绎漩涡运动说中，德谟克利特表述了两个重要思想：一个是世界的可生可灭性，另一个是自然界存在固有的运行规律和法则，这体现了自然的严格决定论。“其中发生的一切都是惰性的物质原子依其本性运动的必然结果。没有心智或神闯入这个世界。生命本身被还原为惰性微粒的运动。目的或自由没有位置，统治世界的只有铁的必然性。”②

至于事物的性质，可以通过原子论来解释。原子结合和分离形成各种复合体，所有种类的变化都用原子的结合与分离来解释，这些复合体都具有各种可被感觉到的性质，如颜色、味道和温度等，但原子本身在本质上没有改变。如此，他们就用构成事物的原子的数量和形状，原子之间弥漫的虚空，以及原子在虚空中的运动，来解释事物的可感性质。对他们来说，除了原子和虚空外，所有的一切都可归于经验现象，而所有的经验现象都可由原子和虚空解释。德谟克利特就说道：“在习俗上是甜的，在习俗上是苦的，在习俗上是热的，在习俗上是冷的，在习俗上是颜色，但实际上是原子和虚空。”③

而且，德谟克利特还将留基伯的原子论扩展到认识论系统。他就认为，由原子排列组合而成的物体本身所具有的特性，如空间的占有性、惰性、密度与硬度等，是客观的第一位的性质，而有关颜色、气味、味道等，由人的知觉而起，是主观的第二位的性质。这一思想被伽利略接受。他聚焦于第一性质而不研究第二性质，最

① 有的用的是“漩涡”，有的是“旋涡”。两者虽然没有大的区别，但是“旋涡”一般指的是广义上的范畴，气、汽、水、风都可以使用，而“漩涡”一般是指一个狭义的范畴，单指液体。

② [美]戴维·林德伯格：《西方科学的起源》(第二版)，张卜天译，长沙：湖南科学技术出版社，2013年，第32页。

③ 转引自[美]G. S. 基尔克、[美]J. E. 拉文、[美]M. 斯科菲尔德：《前苏格拉底哲学家：原文精选的批评史》，聂敏里译，上海：华东师范大学出版社，2014年，第649页。

终创立了“数学的物理学”。

德谟克利特还用原子论解释人类的认识活动，提出“影像说”。他认为，从事物中流射出来的原子形成的“影像”作用于人类的感官和心灵，就产生了人类对事物性质的认识。对于人类的知觉，他认为，知觉之所以可能，是因为人的灵魂是由微小的原子(火原子)构成，当人观察时，这些微小原子就被外在物体向外流射出的微小图像所撞击，从而便产生了感官知觉。他的这种理论对近代西方哲学的经验论产生了较大的影响。

需要补充的是，留基伯和德谟克利特也强调数学的重要性。他们相信所有的物质都是由同质的原子组成的，这些原子位置、大小和形状不同，共同决定着世界上的万事万物；原子是可以用数学表达的，由可以用数学表达的原子组成的世界也是可以由数学定律严格决定的，因此整个世界也应该可以由数学来表达。

2. 原子论的发展及其与近代科学的关系

到了古希腊晚期，伊壁鸠鲁继承并且发展了原子论。后来的阿拉伯科学家也持类似观点，主张原子构成了四种元素。在 11 世纪，印度哲学家发展出一种独特的原子论，认为两个原子或者三个原子可以结合成一组。到了 17 世纪，随着近代科学革命的进行，原子论有了进一步的发展。弗朗西斯•培根推崇原子论，提出“微粒说”。笛卡儿反对原子不可分的思想，阐述“机械的微粒学说”。伽桑狄(Pierre Gassendi，1592—1655)针对笛卡儿的观点，全面复兴了古代原子论，认为原子是不可分的，在空无一物的虚空中运动，原子具有广延性，但广延不是它的本质。17 世纪的胡克认为，容器(如气球)器壁受到的气体压力，也许是由周围的随机碰撞引起的。他的同时代人波义耳认识到气体能够被压缩，认为气体也许是理解原子的关键。到了 18 世纪，科学家陆续发现大气中有不同类型的气体，用今天的话说就是氧气、氮气、二氧化碳气体。所有这些给道尔顿以启发，使他于 19 世纪初提出了近代科学原子论。

道尔顿(John Dalton，1766—1844)首先研究了法国化学家普鲁斯特(Joseph Louis Proust，1754—1826)于 1806 年发现的定比定律(参与化学反应的物质质量都成一定的整数比)，之后又发现了倍比定律(当两种元素所组成的化合物具有两种以上时，在这些化合物中，如果一种元素的量是一定的，那么与它化合的另一种元素的量总是成倍数地变化的)。为什么元素间的化合总是成整数和倍数的关系呢？道尔顿对此问题展开研究，认为气体的压缩和扩散都是由微粒间的吸引与排斥引起的，正像牛顿力学中的物质微粒。对于此微粒，道尔顿借用古希腊“原子论”中的“原子”来表示，从而提出新的原子论。他认为：元素是由非常微小、不可再分的微粒——原子组成的，原子在一切化学变化中不可再分，并保持自己的独特性质。同一元素的原子完全相同，不同元素的原子在质量、形状和性质上各有不同；在混合气体中，一类气体的原子并不排斥另一类气体的原子，仅仅是同类原子相互排斥，不同类的原子可以化合成化合物（当时分子论还没有提出）；化合物的原子称为“复合原子”，它由构成该化合物成分的元素的原子结合而成，同一化合物的“复合原子”完全相同。

与古希腊原子论相比较，道尔顿原子论是人类第一次依据科学实验证据，经过推测提出来的理论，改变了古希腊原子论单纯哲学思辨的性质。在古希腊的原子论中，“原子”是未分化的、不可分的、同质的微粒，而在道尔顿的原子论中，“原子”有不同种类，具有不同的特性，由它们可以构成不同特性的物质。1826 年，戴维（H. Davy，1778—1829）就说：“道尔顿先生的不朽荣誉在于，他发现了普遍适用于化学事实的简单原理……从而奠定了未来工作的基础……他的功绩将与开普勒在天文学的功绩并辉。”①

自道尔顿之后，原子论又有了进一步的发展，形成了现代原子论——卢瑟福（Ernest Rutherford）的“太阳系模型”，玻尔（Niels Henrik David Bohr）的“轨道模型”，以及在其之后的“亚原子”或“基本粒子”等模型。可以说，现代原子论已经成为整个自然科学最基本的理论之一。

考察科学发展的历史可以发现，17 世纪科学中机械自然观的形成，“微粒说”的兴起，18 世纪科学原子论的提出等，都是与古代原子论的复活分不开的：它所代表的思想路线——以不变的基本物质微粒的运动来解释宏观经验现象，是近代科学研究所遵循的主要思想路线；它所内含的自然观与近代科学中的机械自然观基本一致；它试图通过少数基本假定来统一解释自然界的各种现象，以实现科学理论统一性的方法论原则，同样被近代科学所继承发展，成为它的研究纲领的一部分。

当然，这也不是说古代原子论就十全十美，不存在任何欠缺。事实上，古代原子论带有深厚的机械论色彩，不能有效地解释原子如何因碰撞而形成万物；虚空和漩涡运动只说明了运动的场所和形式，但是不能解释运动的真正原因；等等。不过，与原子论的价值相比，这些欠缺仍然不能抹杀它在人类认识自然过程中的地位，以及对于近代科学革命的意义。

鉴于以上论述，米利都学派是第一个探讨世界本原问题的学派，开启了宇宙生成论，用自然的因素解释自然。赫拉克利特对此加以发展，形成了他的“逻各斯”学说。毕达哥拉斯则认为万物的本原是数，通过“数”来认识自然。巴门尼德基于形而上学本体论的思辨，提出世界的本原应该是不变的存在，直接导致古希腊早期宇宙生成论的转向，即用不变的存在解释变化的现象。恩培多克勒的“四根说”、阿那克萨戈拉的“种子说”、德谟克利特和留基伯的“原子论”体现了上述思想，他们将古希腊自然哲学推向新阶段。古希腊早期自然哲学思想蕴涵丰富的科学思想成分。

---

① 转引自[美]雷·斯潘根贝格、黛安娜·莫泽：《科学的旅程》（插图版），郭奕玲、陈蓉霞、沈慧君译，北京：北京大学出版社，2008 年，第 223-224 页。

第三章　古典希腊自然哲学
——由数学理念和内在目的认识自然

“早期的希腊自然哲学家虽然开创了对自然进行抽象性研究的先河，但是他们的工作没有整体性，在他们的传统中明显缺乏对一个问题追根究底、持之以恒的那种科学研究。这种情况到公元前 4 世纪有了改变，出现了柏拉图和亚里士多德两大思想体系。”[①]先是柏拉图在雅典创立了阿加德米(Academy)学园(又叫“柏拉图学园”)，后是亚里士多德建立了吕克昂学园，形成了他们各具特色的自然观和科学认识思想。“文艺复兴时期以来，传统上人们把雅典学园与吕克昂学园视为哲学的对立两极。根据这一传统说法，柏拉图代表理想主义、乌托邦、彼岸世界；亚里士多德代表现实主义、功利主义、注重实际。”[②]不仅如此，他们还把希腊的自然哲学家吸引到那里，由此使得雅典在公元前 4 世纪后半期成为希腊主要的思想中心。这段时期被称为“古典希腊时期”。

一、柏拉图：理念论与数学的天文学

毕达哥拉斯学派兴起后，古希腊自然哲学中对万物本原的把握出现了另一种趋向——形式论，即从非物质性的形式方面探讨本原。柏拉图(公元前 427—前 347)系统地阐释了形式论。柏拉图认为，作为实体的形式是由“理念”和“数”结合而成的。“他试图将万物的本质是数这一毕达哥拉[③]学派的主要教义与他自己的理

---

① [美]J. E. 麦克莱伦第三、[美]哈罗德·多恩：《世界科学技术通史》，王鸣阳译，上海：上海科技教育出版社，2007 年，第 89 页。

② [英]安东尼·肯尼：《牛津西方哲学史》（第一卷），王柯平译，长春：吉林出版集团有限责任公司，2010 年，第 104 页。

③ 在原译著中，这里就是译作“毕达哥拉”而不是“毕达哥拉斯”。具体参见[德]E. 策勒尔：《古希腊哲学史纲》，翁绍军译，济南：山东人民出版社，1992 年，第 143 页。

念论结合起来”[①]，以获得对真实的、可理解的世界的认识。

（一）通过理念世界认识经验世界

柏拉图认为，存在着两个世界，一个是形式的理念世界，另一个是经验的物理世界。形式的理念世界不仅是非物理的、非物质的纯形式，而且，它们还是真实的，存在于一个独立的王国之中。如对于“圆”和“善”等，在毕达哥拉斯学派和柏拉图看来，就既不是我们心中的观念，亦不是人类理智的创造物，而是存在于理念世界之中，是真实的，在根本上是本质对象物，标示着事物最完满、最合理、最恰当的存在状态。这点与地球、星辰以及其他组成自然界的肉体性的事物(bodily things)或材料性的事物(material things)不同，这些事物虽然也独立于研究它们的人类思想而存在，但是，它们并不存在于理念世界之中。例如，我们即使在画纸上画圆，也并不能得到一个完美的圆形之物。

考察柏拉图的理念世界，其中所包含的理念有多种：一是自然物的理念，如人、牛、植物等；二是人造物的理念，如杯子、床等；三是范畴意义上的理念，如运动与静止等；四是数学意义上的理念，如方、圆、三角形、大于、小于以及加法、乘法这样的数学运算模式等；五是道德和审美意义上的理念，如勇敢、节制、正义、智慧等；六是“善”的理念。其中，自然物的理念属于最低层次，“善”的理念属于最高层次。柏拉图所言之“善”属于一种和谐与协调。如国家的善是人人各司其职，个人的善是勇敢、智慧、节制等品质在心灵中达成协调，这也是个人之“正义”。

对于经验的物理世界，柏拉图认为，它们是由感官感知的世界，其性质是变动的、不真实的。如此，当我们宣称认识到这些事物(它们是可感的、经验的)拥有某些性质的时候，这些事物事实上很可能由于变化已经不再拥有这些性质了。对于所有可感事物或有形事物，真实的情况是：“它们是‘它们所是的东西’——它们的表面特征，我称之为事物(things)——与‘它们所不是的东西’，亦即它们表面特征的对立面的混合物。”[②]

既然如此，我们应该如何认识并理解形式的理念世界和经验的物理世界呢？根据近代科学思想，我们对事物的认识是从表面的经验观察开始最后达到对事物的本质理解，但是，在柏拉图那里并非如此。他认为，由感官所感知的变动不居的物理世界是不可能达到对事物本质的理解的，主要原因在于，我们对物质世界表面的体验是无意义的或被误导的，感知的物质对象和物质现象仅仅是它们的理念本质（“模式”或“思想”）的“影子”或不完美的仿造品。这点犹如柏拉图的“洞穴比喻”——人

① ［德］E. 策勒尔：《古希腊哲学史纲》，翁绍军译，济南：山东人民出版社，1992 年，第 143 页。
② ［英］柯林武德：《自然的观念》，吴国盛译，北京：商务印书馆，2018 年，第 71 页。

们一般习惯于通过感官来认识世界，他们就好像住在幽暗的洞穴中，把墙壁上的影子当作真实的存在，根本无法接受真理之光。由此，柏拉图怀疑经验的物理世界的真实性，认为现实中的经验世界是虚假的，充满着似是而非的假象。

在这种情况下，柏拉图认为，人类应该通过对理念世界的理解来认识物理世界。理念世界是由有条理、有秩序的理念构成的，独立于经验的或物理的世界，主导着这个世界的各种事物与现象。一个“理念”的世界，包含着所有个别事物的完美的理念，经验的或物理的世界是“理念”不完美复制或模仿的存在。“所谓各种模仿只不过是事物本身的摹本而已。”[①]“自然事物或人类行为‘之中’的结构或形式，构成它们的本质，是它们一般或特殊特性的来源，但不是纯形式自身，而是向着这种纯形式的一种趋近。”[②]例如当我们说一个盘子是圆的，我们从来不是说盘子绝对地圆。盘子的形状不是真正地圆或绝对地圆，而是近似于圆。物理世界是理念世界的具体体现，现实事物因“分有”(participate in)了理念而存在。“正像数学家所处理的终极实在并不脱出任何经验过程提供的感觉资料之外，但是这一实在在关于其真实资料与关于其最终结果两方面都是某种绝对的与超越感官感知的东西；所以，就这一终极实在隐藏在所有现象背后而言，它就是理念，某种与灵魂的理性原理相和谐的东西，不服从于变化，不服从于感官感知的形象的流变。”[③]

如此，认识理念世界就成为最根本的了。到了晚年，他进一步认为，“数”是理念，甚至是基本的理念，是一切事物现实存在的原因，可以离开可感觉的事物而独立存在。这种观念是与早期毕达哥拉斯学派不同的：在毕达哥拉斯看来，数学形式或理念是内在于事物并成为事物的本原和本质的，而在柏拉图看来，数学形式或理念是外在于事物并超越事物的，事物“分有”或不完美地复制这样的形式或理念。

既然经验世界应该通过理念世界来认识，那么，理念及其理念世界又是如何被认识的呢？在柏拉图看来：“形式——将自己分化成诸形式的一个无限的多层等级——被毕达哥拉斯主义(并且推想起来，是被它的创始人)看成是构成了事物的本性(nature)。正是事物中的形式，使得事物像它们所表现的那样表现、是它们之所是。形式或结构而不是物质或能够接纳形式的东西，从此被等同于本质。相对于它存在于其中的事物的行为来说，形式就是本质或本性。相对于研究它的人类精神来说，形式不是像构成自然界的事物那样可感知的，而是可理解的。”[④]这就是说，形式或理念不是通过感知认识的，而是通过其他方式被理解的。“对柏拉图来说，哲学问题就是认识真正的存在。哲学家的功能就是通过理性找出藏在所有感觉现象背后并

---

① [古希腊]柏拉图：《理想国》，郭斌和、张竹明译，北京：商务印书馆，2012年，第95页。

② [英]柯林武德：《自然的观念》，吴国盛译，北京：商务印书馆，2018年，第88页。

③ [美]欧文·埃尔加·米勒：《柏拉图哲学中的数学》，覃方明译，杭州：浙江大学出版社，2017年，第50页。

④ [英]柯林武德：《自然的观念》，吴国盛译，北京：商务印书馆，2018年，第68-69页。

且控制所有感觉现象的绝对真理，永恒的存在。但是在逻辑上先天的基础之上，这一知识不能通过感官感知的渠道出现；因为感官是不充分的。”[①]在《斐多篇》(*Phaedo*)中，柏拉图就坚持感觉对于获得真理没有好处，只有哲学的反思才是通向认识之路。

柏拉图进一步认为，我们不能从影子和假象的世界中获得有关理念的知识，相反我们是直接从真实的形式世界本身，即通过理解理念世界来认识物理世界的。他坚信，我们的感觉之眼所看到的事物普通的外观和形象，是事物的表象甚至是假象；理念不可能是这个东西，理念应当是我们的灵魂之眼即理智所“洞察”的事物的真相——事物的本质，它与在我们的感官中所显露出来的事物的存在相比，不仅更真实，而且更完美。他认为，我们的灵魂本身就生活在理念世界当中，所以我们天生具有关于理念世界的完整知识，只是灵魂降生到可感世界的时候即出生时，这些完整知识被我们遗忘了。随后由于信任我们的感觉而导致层层错误，使它们模糊了。但是，通过不懈地运用“推理”和知觉中的某些暗示和启发，灵魂能够回忆起理念知识，把握永恒的理念世界，并使我们回到真实的形式世界，产生经验所无法提供的绝对的确定性。形式是绝对的，不是相对的；形式是稳定的、永恒不变的，不是暂时的、可变的；形式不可通过感觉来了解，只能通过不朽的灵魂去回忆。柏拉图就说：“灵魂是不朽的，并多次降生，见到过这个世界及下界存在的一切事物，所以具有万物的知识。毫不奇怪，它当然能回忆起以前所知道的关于德性及其他事物的一切。万物的本性是相近的，灵魂又已经知道了一切，也就没有理由认为我们不能通过回忆某一件事情——这个活动一般叫作学习——发现其他的一切，只要我们有勇气，并不倦地研究。由此可见，所有的研究，所有的学习不过只是回忆而已。”[②]

分析柏拉图对于理念论的上述认识论策略，可以发现：“它的先验主义特征是明显的，它是在强化理性认识和经验认识、本质和现象对立的基础上获得的，它诉诸的不是认识本身的不断深化和发展，而是在根本上诉诸一种认识的自明性，它企图通过认识的自明性来逾越在它那里被对立起来的理性认识和经验认识的界限。”[③]

从柏拉图的上述认识策略看，他过分重视了理性认识而轻视了感性认识。对此，某些国外学者并不完全赞同。林德伯格就说柏拉图在强调理念认识的同时，并不完全轻视感觉经验的作用。“事实上，柏拉图并不像巴门尼德所做的和《斐多篇》中可能

① [美]欧文·埃尔加·米勒：《柏拉图哲学中的数学》，覃方明译，杭州：浙江大学出版社，2017年，第51页。

② [古希腊]柏拉图：《曼诺篇》80E-81E，见苗力田：《古希腊哲学》，北京：中国人民大学出版社，1989年，第253-254页。

③ 聂敏里：《西方思想的起源——古希腊哲学史论》，北京：中国人民大学出版社，2017年，第128页。

暗示的那样完全摒弃感官。在柏拉图看来，感觉经验有各种有用的功能。首先，感觉经验可以提供有益健康的消遣。其次，对某些可感物体(尤其是那些具有几何属性的物体)的观察可以将灵魂引向形式世界中更高贵的对象；柏拉图用这个论证来为天文学研究辩护。再次，柏拉图(在其回忆说中)主张，感觉经验可以实际唤起回忆，使灵魂回想起它在之前存在时认识的形式，从而激起一种回忆过程，导向对形式的真正认识。最后，虽然柏拉图坚信关于永恒形式的知识(最高的也许是唯一真实的知识)只有通过运用理性才能获得，但可变的物质世界也是一种可接受的研究对象。这些研究是为了提供理性在宇宙中运作的范例。”[①]

(二)通过“四元素”的立体结构解释可感事物

恩培多克勒提出“四根说”，将水、火、土、气这四种元素作为世界的始基和本原，即世界是由这四种元素生成。柏拉图不同意这种观点。他认为，水、火、土、气在不断地运动和变化，处于不稳定性和不确定性之中，不能用确定的字眼“这一个”(英文以 this 译 touto)来指称它们，以免被误认为是在谈论某种稳定性的存在，而只能用“这样的”(英文以 of this sort 译 toiouton，46d 以下)描述性用语，以确定它们是一个不稳定的存在(*Timaeus*[②]，49d 以下)。[③]他进一步认为，这种不稳定的、随机的、不连续的存在不能作为宇宙的始基和本原，因为世界是稳定的、有目的的、连续的，具有稳定性、目的性、连续性的本质特点，作为宇宙之始基和本原的存在的东西，应该具有这样的特点，才能为世界提供稳定的基础。

这种稳定的基础是什么呢？柏拉图认为，是水、火、土、气这些可感元素背后的那些更基本的存在——完善的立体几何图形，它们使得这四种元素虽然彼此不同，但却具有相应的性质以及相应的转化。柏拉图认为，这些立体几何图形是最有规律的正凸多面体(又称“柏拉图立体”)，包括由四个等边三角形构成的正四面体(金字塔)，由八个等边三角形构成的正八面体，以及由二十个等边三角形构成的正二十面体；第四种立体则由等腰三角形合成，四个等腰三角形组成一个正方形，由六个这样的正四边形构成正多面体——立方体；还有第五种立体，是由正五边形

---

① [美]戴维·林德伯格：《西方科学的起源》(第二版)，张卜天译，长沙：湖南科学技术出版社，2013 年，第 40 页。

② *Timaeus*(《蒂迈欧篇》)是柏拉图的一篇对话录，该篇显露出他对自然界的兴趣，在这里可以看到他关于天文学、宇宙论、光与色、元素以及人体生理学方面的观点。由于《蒂迈欧篇》是传到早期中世纪(12 世纪以前)的唯一一部连贯的自然哲学著作，因此我们应该给予重视。(具体内容参见[美]戴维·林德伯格：《西方科学的起源》(第二版)，张卜天译，长沙：湖南科学技术出版社，2013 年，第 42 页。)

③[美]考卡维奇：《鸿蒙中的歌声》，李雪梅译，见徐戬：《鸿蒙中的歌声：柏拉图〈蒂迈欧〉疏证》，朱刚、黄薇薇等译，上海：华东师范大学出版社，2008 年，第 42 页。

构成的正多面体正十二面体。它们分别对应着四种元素和宇宙的灵魂：金字塔对应着火，正八面体对应着气，正二十面体对应着水，立方体对应着土，正十二面体对应着宇宙的灵魂，造物者用它作为整体的模型，即作为动物体的模型（*Timaeus*，55C-E）。[①]

柏拉图为什么要给出上述对应的关系呢？在他看来，正十二面体之所以对应着宇宙的灵魂，是因为其更接近球体，具有制作宇宙的功能。至于其他的对应关系，他是这样考虑的：在水、火、土、气这四种元素中，水、火、气三者之间的转化是容易进行的，而土元素与水、火、气元素相比较，则惰性最大，可塑性最强。据此，柏拉图就把水、火、气归为正二十面体、正四面体、正八面体，因为这些正多面体都源于同一种等边三角形；把土元素归于正方体，因为正方体由正方形构成，而正方形的平面比等边三角形的平面更稳固，更能体现土元素本身的特性。也正因为构成土元素的原始平面与构成水、火、气元素的原始平面不同，所以，水、火、气与土元素的相互转化相较于水、火、气三元素之间的相互转化，就比较困难。

至于柏拉图为什么将水、火、气三种元素分别对应于正二十面体、正四面体、正八面体，则是依据其他的原理。柏拉图认为，构成正凸面体的面越少，其正凸面体所塑造的元素就越活跃、越尖锐、越具有渗透力。火是最活泼的，因此将最少面的正四面体赋予它；气次之，将正八面体赋予它；最后是水，将正二十面体赋予它。也正因为水在水、火、气这三种元素中是最不活泼的，所以它的活泼程度与土元素最为接近，它与土元素之间就有了相互转化的可能。

由于水、火、气分别对应的正二十面体、正四面体、正八面体都具有相同的原始等边三角形，水、火、气之间的相互转化便可以转换为几何体之间的数学计算：当水被火乃至气所分解时，就会产生两个气和一个火；当气被分解重组时，可以形成两个火；当两个半的气结合时，可以形成一个完整的水；当少量的火被大量的气、水或土元素包围挤压时，两个火就会组合成一个气元素（*Timaeus*，56D-E）。[②]在柏拉图看来，数量上的变化会导致其所在区域的位置上的改变，而四种元素所进行的不间断的数量增减和位置变更，导致了不均质状态的永恒持续，从而使诸元素在现在和将来做持续不断的转换运动（*Timaeus*，58B-C）。[③]

为什么四种元素各有不同的性质，如火——热、水——冷、气——轻、土——

---

① Plato. Timaeus. Zeyl D J (trans.)//Plato. Complete Works. Cooper J M (ed.). Indianapolis and Cambridge: Hackett Publishing Company, 1997: 1258.

② Plato. Timaeus. Zeyl D J (trans.)//Plato. Complete Works. Cooper J M (ed.). Indianapolis and Cambridge: Hackett Publishing Company, 1997: 1259.

③ Plato. Timaeus. Zeyl D J (trans.)//Plato. Complete Works. Cooper J M (ed.). Indianapolis and Cambridge: Hackett Publishing Company, 1997: 1260-1261.

硬？柏拉图是这样解释的：火是正四面体，边角锐利，穿透力强，体积小，运动快，充满活力和冲劲，因此，当我们的身体接近火时，就会感到强烈的刺激，常常有烧灼感——“热”；水是正二十面体，不太活泼，当水元素接触并进入我们的身体时，会把较小的微粒冲开，挤压我们身上的湿气，整合不统一的微粒，会僵硬地与我们的身体产生冲撞，带来压力，而身体本身又会对这种作用产生反抗，从而带来身体的发抖和哆嗦——“冷”；气是正八面体，较为活泼而且其上升较为容易——“轻”；土是正六面体，它由正方形构成，看起来立足最稳，结构最为紧凑，因此其最为坚硬——“硬”（*Timaeus*，62B）。[①]

从上面的论述可以看出，柏拉图通过水、火、土、气四种元素的立体结构以及立体结构之特征并联，解释了这四种元素所具有的经验性质以及生灭变化，从而以数学的方式解决了经验的变化问题，打通了毕达哥拉斯主义和恩培多克勒学说之间的壁垒，以毕达哥拉斯学派的数学形式解决了恩培多克勒的可感事物的性质和变化。他将人类感官经验到的性质与元素（事物）的数学结构，以及元素（事物）的流变转化等关联了起来，用元素（事物）的几何立体的分解组合来解释自然元素的存在属性和转化，确立了元素（事物）理解的新范式。[②]这种新范式可以看作是物理学数学化以及化学数学化的先导。

问题是：人们如何具备相关的数学知识呢？对此，柏拉图认为，为了从“黑暗”过渡到“光明”，人们必须接受长期的思维训练，而最好的训练就是学习数学。因为纯数学关系并不存在于物质现实之中，而是存在于理念世界中，所以这种学习就不是从感官知觉中推断出数学知识，而是通过感官知觉提供给灵魂这样的机会，使其回忆起早就存在于其自身之中的数学知识。通过学习数学，人们就能够逐渐排除感官所感知到的具体事物的干扰，越来越多地关注抽象的、普遍的存在形式，最终转向对永恒理念世界的沉思……总之，数学是进入哲学的阶梯，是认识理想世界的工具。[③]可以说，上述对于基本元素的形状和它们之间的相互转变的物理现象的几何解释，就是如此。

柏拉图就是这样，“他不仅希望通过数学去理解自然，而且希望超越自然去理解他认为真正实在的、理想化的、用数学方式组织起来的世界。感观可见的、暂时的、不完美的世界必须被抽象的、永恒的、完美的世界取代。他希望，对物质世界的敏锐的洞察能够提供基本的真理，然后理性在不需要借助进一步观察的前提下去研究这种

---

① Plato. Timaeus. Zeyl D J（trans.）//Plato. Complete Works. Cooper J M（ed.）. Indianapolis and Cambridge: Hackett Publishing Company, 1997:1264.

② [美]考卡维奇：《鸿蒙中的歌声》，李雪梅译，见徐戬：《鸿蒙中的歌声：柏拉图〈蒂迈欧〉疏证》，朱刚、黄薇薇等译，上海：华东师范大学出版社，2008 年，第 64 页。

③ [美]M. 克莱因：《古今数学思想》（第一册），张理京、张锦炎、江泽涵等译，上海：上海科学技术出版社，1979 年，第 49-53 页。

真理。从这种观点出发，自然界就应当完全能为数学所刻画”[①]。他的“数学的天文学”思想，就体现了这一点。

(三)运用数学的天文学“拯救”天文观察现象

对于天文学，柏拉图认为有两种：

一种是抽象的、理想的、数学的天文学，在其中，天体处于至高无上的神圣地位，永恒不变，作完美的圆周运动。为什么说只有圆周运动才适合天体？柏拉图认为天体是高贵的，而匀速圆周运动又是一切运动中最美、最高贵的一种。唯有圆是永恒的曲线，没有开端，也没有结尾。因为天体是范型(form)世界完美性的忠实摹写，所以柏拉图断定天体肯定是做匀速运动，这样的运动才不会时而快，时而慢，从而摒弃了变化的不完美性，始终保持恒定而不越出正轨。[②]

另外一种是具体的、可错的、观察的天文学，是经验的，其中既含有一些星球的规则的运动，也含有一些星球的不规则的运动。如对于某些行星或者说“游星”[③]的运动，以恒星为背景，从地球上可能观察到的是它们自西向东运动，但是，进一步的观察发现它们并不总是自西向东运行，而是会周期性地变慢、停止并向相反的方向(自东向西)运动，而且，经过一段时间，它们会再一次变慢、停止，然后重新回到通常的自西向东的运行状态，在天空中留下一个很大的不圆的环圈(loop)。这就是所谓的非匀速非圆周的“停留和逆行”(stay for a time and retrogression)。如对于火星，在地球上的观测者看来，它在数月间相对于恒星背景的运动会改变方向，呈现“停留和逆行”，之后再回到原来的方向继续向前运行。每颗行星都表现出以恒星为背景的循环运动，并且每颗行星都有自己独特的循环周期。例如，金星的循环周期是116天，火星的循环周期是780天。[④]具体情形见图3.1。

---

① [美]M. 克莱因：《西方文化中的数学》，张祖贵译，上海：复旦大学出版社，2004年，第77页。

② 参见[美]J. E. 麦克莱伦第三、[美]哈罗德·多恩：《世界科学技术通史》，王鸣阳译，上海：上海科技教育出版社，2007年，第91-92页。

③ 上古的初民早已发现，天空中的绝大多数星星仿佛构成一幅固定不变的图画，随天穹周而复始地转动着。这些固定的星星叫作“恒星”。然而，有5颗亮星却总是在众星构成的图形间游移不定，沿着复杂的路径在群星之间自西向东徐徐穿行。古希腊人称它们为planetes，意为“游荡者”或“游星”。后来这个词进入英语，成了planet，即如今所说的“行星”。古人所知的5颗行星，就是水星(Mercury)、金星(Venus)、火星(Mars)、木星(Jupiter)和土星(Saturn)。此处括号中所列，是它们的国际通用名，均源自古代希腊-罗马神话。(具体内容参见卞毓麟：《从“游星”到系外行星——极简行星发现史》，《世界科学》，2019年第11期，第55页。)

④ [美]约翰·A. 舒斯特：《科学史与科学哲学导论》，安维复主译，上海：上海科技教育出版社，2013年，第3页。

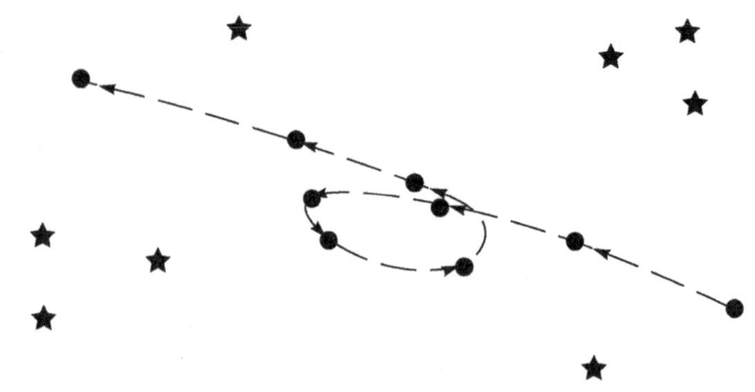

图 3.1　火星的停留和逆行[①]

对于图 3.1 中的“逆行”，在柏拉图看来，属于观测的经验天文学，有可能是虚假的，与理想的“两球宇宙模式”不一致，真实的是另外的“理想的数学的天文学”，“观测的经验天文学”是对“理想的数学的天文学”的不完美的复制。所谓“两球宇宙模式”指的是，典型行星在既定周期内自西向东围绕地球旋转，而“镶嵌”在另一个大的球体之上的恒星天球 24 小时自东向西围绕地球旋转，两者的运动都是匀速圆周运动。

既然如此，真实的理想的数学的天文学何在呢？柏拉图这样要求他的学生：“各位，我们的宇宙是某种具有多种圆周运动的球体。因此，我希望你们用一系列匀速圆周运动、充分利用可以获得的观察资料(包括巴比伦的资料)来努力解释复杂的、怪异的行星运动。”[②]具体来说，就是根据上述“两球宇宙模式”，构建数学的几何体系，校正观察到的行星运动的不规则的天文观察结果，使其以理想的“两球宇宙模式”运行。

这就是柏拉图的天文学的“拯救现象”(save the phenomena)[③]——依据“任何天球的运动都是圆形的、匀速的和按照恒定规律运行的”准则，对每一个观测到的星球的运动路径进行“编织”(weave)，最终给出相应的数学的天文学几何体系，以解释上述不规则的行星运动，“拯救”不规则的天文观察现象，体现天球的真正运动轨迹。

如此，对于柏拉图来说，所谓“天文学”，就是提出某种模型，做出数学或概

---

① [美]J. E. 麦克莱伦第三、[美]哈罗德·多恩：《世界科学技术通史》，王鸣阳译，上海：上海科技教育出版社，2007 年，第 94 页图 4. 3。标题为作者根据原图所改。

② [澳]约翰·A. 舒斯特：《科学史与科学哲学导论》，安维复主译，上海：上海科技教育出版社，2013 年，第 96 页。

③ 在柏拉图现有文本中并未见到此类说法。此类说法见于公元 6 世纪的希腊文献注释家辛普里丘(Simplicius，公元 490—560)《亚里士多德〈论天〉注释》。在此注释中，辛普里丘转述了索西吉斯的说法，称古代天文学家有一个传说，有一天柏拉图向他学园里的学生提出一个问题：“假定行星做什么样的均匀而有序的运动，才能说明它们的表观视运动。”(转引自 A Source Book in Greek Science, 第 97 页)以此为基础，迪昂(Pierre Duhem)将此标语作为古代以及中世纪数学的天文学的动机，并指出托勒密的目标就是去“拯救现象”。(参见 Duhem. To Save the Phenomena: An Essay on the Idea of Physical Theory from Plato to Galileo. Chicago: University of Chicago Press, 1908/1969: 5.)

念的抽象，以此说明观察到的现象，或者以此作为所观察到的对其不完美复制的现象的完美的原型。至于经验观察到的天文学现象，既可能是真实的，也可能是不真实的，真正真实的天文学应该是抽象的、理想的、数学的天文学，它才是裁决经验观察的天文学是否合理的根本。“因为真正的天文学研究的是数学天空中真正星辰的运动规律，而可见天空只是数学天空的不完美的表现。”[①]“真正的天文学与可见的天文运动无关，天空中星球的排列和其显而易见的运动，看起来的确神奇美妙，但是仅仅只对运动进行观察和解释，则与真正的天文学相去甚远。”[②]真正的天文学应该是精确的数学科学，数学的经验性是次要的，对数学本体的追求才是其目标，天文学家的真正任务是研究数学的天文学，以此“拯救现象”。数学的天空才是真正的天空。

柏拉图对天文学的态度表明他对所有自然科学的态度。“真正的知识只能通过对抽象理念的哲学观照才能获得，而不是通过观察实在世界中偶然的不完美的事物。”[③]从柏拉图时代到公元 16 世纪哥白尼之间的近 2000 年，如何用匀速圆周运动来说明行星的这种“结环形”运动，一直是天文学家要解决的核心问题，也成为困惑天文学家长达 2000 年之久的关键性难题。

(四)数学的天文学的应用及其推进

柏拉图的“数学的天文学”观念与他之前几个世纪以来的古埃及人和巴比伦人的观念是不同的，古埃及人和巴比伦人所做的是对星球进行观测和绘图，而柏拉图要寻找的是统一的天球运动理论，以揭示不规则天文现象背后的数学图式。柏拉图的“数学的天文学”思想意义重大，作为解释天文现象的自然观基础，它对其后的天文学家的研究起着指导作用。劳埃德就说：“公元前 4 世纪的天文学之主要价值不在于观测手段的进步，也不在于收集了许多观测数据，而是在于它为把数学方法成功地应用于研究复杂自然现象提供了范例。可以说，运用这种方法的动力部分地来自哲学。”[④]“早期希腊科学最伟大的成就在于天文学。在公元前 4 世纪末以前，天文学是唯一运用了数学方法(mathematical methods)，并通过这种数学方法取得了很大成功的科学。”[⑤]从此以后，天文学家们的方法和目标是一致的，就是基于天体和谐的最基本的原理，将极其复杂的现象简约成最简单的规则的运动，然后假定

---

① [美]M. 克莱因：《数学与知识的探求》(第二版)，刘志勇译，上海：复旦大学出版社，2016 年，第 3 页。

② [美]M. 克莱因：《西方文化中的数学》，张祖贵译，上海：复旦大学出版社，2004 年，第 78 页。

③ [美]M. 克莱因：《数学与知识的探求》(第二版)，刘志勇译，上海：复旦大学出版社，2016 年，第 4 页。

④ [英]G. E. R. 劳埃德：《早期希腊科学：从泰勒斯到亚里士多德》，孙小淳译，上海：上海科技教育出版社，2015 年，第 90 页。

⑤ [英]G. E. R. 劳埃德：《早期希腊科学：从泰勒斯到亚里士多德》，孙小淳译，上海：上海科技教育出版社，2015 年，第 75 页。

某种几何学模型能够解决天体运动问题，再尝试提出不同的模型，比较不同模型在拯救现象上的优劣，最后确定合适的模型。

柏拉图的门徒欧多克斯(Eudoxus of Cnidus，约公元前400—约前347)在毕达哥拉斯学派宇宙思想基础上，用天球的组合来模拟天象，为柏拉图的理想(解释复杂怪异的行星运动)提供了第一个有益的方案，即同心球的叠加方案。欧多克斯的同心球系统非常类似于“洋葱”，所以又叫“洋葱”系统。在该系统中，有27个嵌套(同心)的天球，每个天球都围绕着位于宇宙中心静止不动的地球作不同的旋转。其中一些天球被安排用来解释恒星、太阳和月亮的视运动(apparent motion)。每个逆行的行星，要用到4个旋转天球组成的系统来解释：一个说明每日的运动；一个说明天上的周期性运动；还有两个做反向运动，形成“停留和逆行”的8字形路径，即所谓的“马蹄印”。如此，依靠这一同心球系统(模型)，就可以说明行星在天上的每日运动和其他周期性运动，还可以解释在地球上的观测者看来为何两个这样的天球可以产生明显的“马蹄印”(或8字形)运动，即解释行星的“停留和逆行”观测现象，见图3.2。

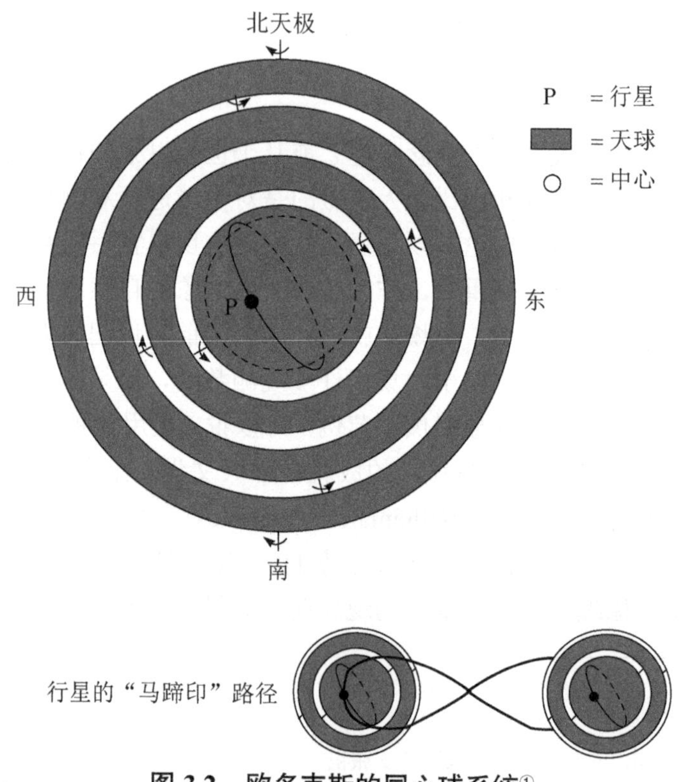

图3.2　欧多克斯的同心球系统①

欧多克斯的同心球系统也有不足，它不能解释观测到的春夏秋冬的天数不一样。

① [美]J.E. 麦克莱伦第三、[美]哈罗德·多恩：《世界科学技术通史》，王鸣阳译，上海：上海科技教育出版社，2007年，第95页图4.4。

为了解决这一问题，基齐库斯的卡利普斯（Callipus of Cyzicus，公元前 330 年为其盛年）改进了欧多克斯的同心球数学模型，为太阳增加一个额外的天球，使天球总数增加到 35 个。“但这个模型仍有缺陷。最明显的是，它无法解释，带着这样多或在上或在下以不同速率和倾斜度旋转的天球，宇宙在机械上是如何运行的。”[①]不仅如此，因为欧多克斯的同心球数学模型对于行星运动的细节不能很好地拯救，不能完全解释行星的视运动如逆行现象，所以在公元前 3 世纪中期至公元前 2 世纪末，希腊天文学家和数学家阿波罗尼奥斯和希帕克斯（Hipparchus，约公元前 190—前 125）利用他们发明的本轮-均轮（偏心圆）体系，构建几何模型，以拯救相应的现象。

在本轮模型中，行星都沿着小圆运动，那些小圆又沿着大圆运动；偏心圆则只是一种偏离中心的圆。利用本轮，可以轻而易举地且精确地模拟出行星的逆行和说明为什么四季长短不同。由于这些本轮和偏心圆有不同的大小，并且以不同的速度朝不同的方向转动，据此就可以精确地说明天体的运动。

这一工作到了公元 2 世纪罗马统治时期达到顶峰，体现于亚历山大城的托勒密（约 90—168，150 年为其盛年）。他给出了“地心说”的系统理论，成为“地心说”的集大成者。“地心说”的主要内涵有：地球位于宇宙的中心，静止不动；地球之外的星球依次有月球、水星、金星、太阳、火星、木星和土星，它们在各自的轨道上绕地球做匀速圆周运动。

托勒密为了使自己观测到的行星位置与匀速圆周运动的信条相一致，除了应用本轮和偏心圆概念外，还用到了第三个概念“均衡点”[②]。“均衡点”是空间中的一

---

① [美]J. E. 麦克莱伦第三、[美]哈罗德・多恩：《世界科学技术通史》，王鸣阳译，上海：上海科技教育出版社，2007 年，第 94 页。

② 关于“均衡点”（equant point）这一术语的翻译，吴国盛在其《Equant 译名刍议》（《自然辩证法通讯》，2007 年第 1 期，第 92-95 页）一文中总结了国内学界的共计八种译法：“对称点”（中国科学技术大学天体物理组：《西方宇宙理论评述》，北京：科学出版社，1978 年）、“偏心等距点”（[美]G. Holton：《物理科学的概念和理论导论》（上下册），张大卫等译，北京：人民教育出版社，1983 年）、“载轮”（[波兰]哥白尼：《天体运行论》，叶式辉译，西安：陕西人民出版社，2003 年）、“等值点”（爱德华・格兰特：《中世纪的物理科学思想》，郝刘祥译，上海：复旦大学出版社，2000 年）、“等分圆”（[美]艾伦・G. 狄博斯：《文艺复兴时期的人与自然》，周雁翎译，上海：复旦大学出版社，2000 年）、“对分圆”（[美]戴维・林德伯格：《西方科学的起源》，王珺、刘晓峰、周文峰等译，北京：中国对外翻译出版公司，2001 年）、“对点”（[英]米歇尔・霍斯金：《剑桥插图天文学史》，江晓原、关增建、钮卫星译，济南：山东画报出版社，2003 年）、均衡点（[美]J. E. 麦克莱伦第三、[美]哈罗德・多恩：《世界科学技术通史》，王鸣阳译，上海：上海科技教育出版社，2003 年）。吴国盛在该文中进一步指出，因为这个点是托勒密设置用来表示行星对该点做匀角速圆周运动，Equant 之为 Equant 不在于它所表达的“对称”“等距”，而在于它所表达的“匀速”。因此，Equant point 是匀速运动的参考点，但不是等距运动的中心，应该译作“偏心匀速点”，Equant 应该译成“偏心匀速圆”。事实上，吴国盛早在 2003 年，就在其翻译的《哥白尼革命》（参见[美]库恩著，吴国盛、张东林、李立译，北京：北京大学出版社，2003 年）中开始使用“偏心匀速点”的译法，而张卜天在 2004 年翻译的《天球运行论》（参见[波兰]哥白尼著，沈阳：辽宁教育出版社，2004 年）中也采纳了这种译法。

个假想点，站在“均衡点”望去，观测者会观测到行星在做匀速圆周运动，见图 3.3。

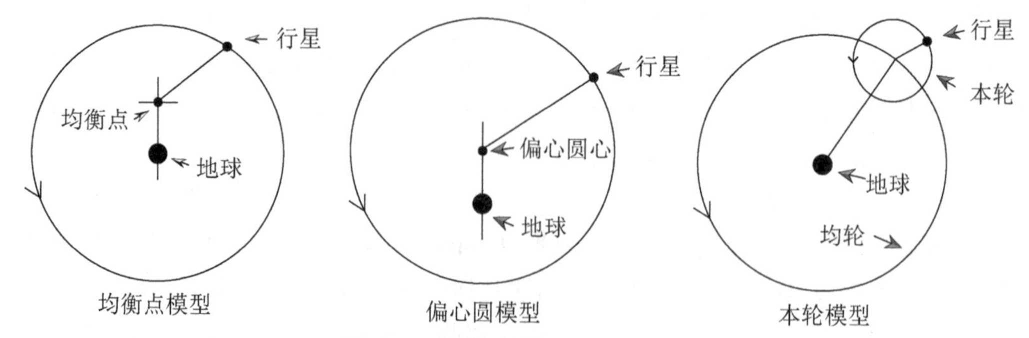

图 3.3　托勒密的天文学技巧①

托勒密把本轮、偏心圆和均衡点非常巧妙同时又经常令人费解地结合起来，企图以此来解释行星运动的难题。如为了说明水星运动的情形，托勒密设想如下：水星(行星)在本轮上逆时针运行，同时，该本轮的中心沿着一个更大的偏心圆绕圈运行；大偏心圆的中心在其自己的一个本轮上作反方向运动。该行星运动所必需的均匀性由连接均衡点和行星所在的本轮中心的直线以不变的方式扫过的角 α 来体现，即行星对均衡点做匀角速圆周运动。采用这一套技巧可以说明任何一条观测到的轨道，见图 3.4。

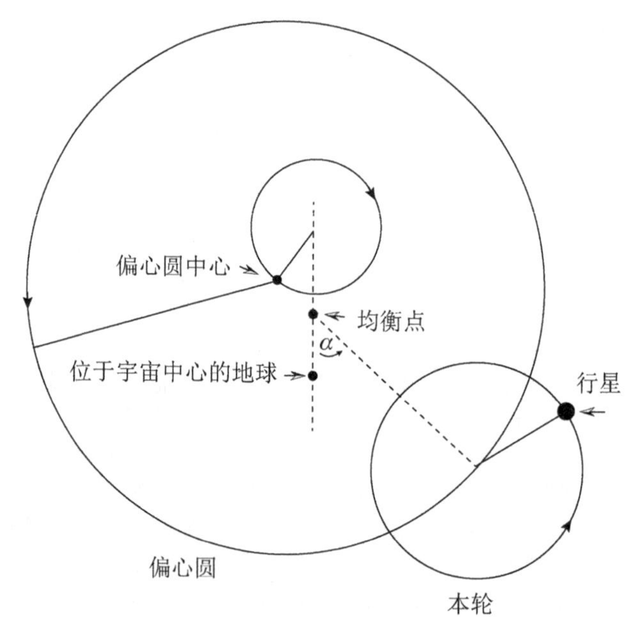

图 3.4　托勒密的水星模型②

① [美]J. E. 麦克莱伦第三、[美]哈罗德·多恩：《世界科学技术通史》，王鸣阳译，上海：上海科技教育出版社，2007 年，第 115 页图 4.7。

② [美]J. E. 麦克莱伦第三、[美]哈罗德·多恩：《世界科学技术通史》，王鸣阳译，上海：上海科技教育出版社，2007 年，第 116 页图 4.8。

本轮、偏心圆、均衡点的概念是非常有用的。从理论上讲，利用它们，数学的天文学家就可以构造出非常抽象又十分精巧的数学结构——一种类似于“摩天轮”的天球模型，以演示任何天球的真正运动，并进一步说明地球上的观察者所观测到的天球运动现象。这就是“拯救现象”。

托勒密“地心说”的影响是巨大的，意义是重大的。“在长达1500年的时间里，它一直是继承希腊化传统工作的每一位天文学家的圣经。”[①]“托勒密理论为大自然的齐一性和不变性提供了第一个合理完整的证据……托勒密理论的伟大意义在于，它证明了数学在将复杂甚至神秘的现象合理化中的力量。理解大自然甚至发现完全未知的现象，从它的第一个辉煌的成功中获得了动力和鼓励。”[②]它是“柏拉图将天体现象合理化之问题的最终的希腊解答，并且是第一个真正伟大的科学综合”[③]。托勒密的工作表明世界是合乎理性的，宇宙是设计的，决定其运动的原理是数学性的。这种基本思想，即使到了文艺复兴时期的哥白尼和开普勒那里(虽然他们提出并且发展了日心说)，甚至到了牛顿那里(他重建和完善了日心说)，仍然是他们最重要的信念。

其实，托勒密之前的柏拉图，就已经提出了他的“宇宙是设计的”思想。他始终强调智能的、有目的的能动者[agency，这里指创世神“得穆革”(Demiurge)]在宇宙中的作用，认为自然中有设计的成分。“柏拉图从事我们称之为自然科学的研究的主要动机，是要揭示出理性在宇宙中的运作。尽管他不时在与形式相比时把生成的世界说得多么差，但他还是一再断言，这是可能创造的最好的世界。它是生成的事物中最美好的(29a)，善(good)是它的制造者，它是照最完美的模型造的，而且与那个模型要多像就有多像(30d，39e)。”[④]在《蒂迈欧篇》(*Timaeus*)中，他称这种善是可理解的造物主，至大至善，至正至美。造物主凭借其意志创造世界，成为自然的动力因，形式凭借其静态的完美，成为自然的终极因。在柏拉图看来，宇宙的秩序和合理性只能被解释为由一个外在的精神所施加。“如果说自然哲学家从自然(本性)中找到了秩序的来源，那么柏拉图则将它定位于心灵中。”[⑤]

由此看来，柏拉图描绘了一个充满生机的，渗透了理性和目的的宇宙。他把宇

---

① [美]J. E. 麦克莱伦第三、[美]哈罗德·多恩：《世界科学技术通史》，王鸣阳译，上海：上海科技教育出版社，2007年，第117页。

② [美]M. 克莱因：《数学与知识的探求》(第二版)，刘志勇译，上海：复旦大学出版社，2016年，第71页。

③ [美]M. 克莱因：《数学与知识的探求》(第二版)，刘志勇译，上海：复旦大学出版社，2016年，第66页。

④ [英]G. E. R. 劳埃德：《早期希腊科学：从泰勒斯到亚里士多德》，孙小淳译，上海：上海科技教育出版社，2015年，第67页。

⑤ [美]戴维·林德伯格：《西方科学的起源》(第二版)，张卜天译，长沙：湖南科学技术出版社，2013年，第42页。

宙中的要素分为三类：第一是形式，第二是以形式为模型的具体事物，第三是主宰这种模仿过程的作用者，即工艺师(Craftsman)。这个工艺师创造宇宙，不是指创造构成宇宙的物质，而是被设想为接管已经存在的物质，并把秩序强加在无序的运动上。[①]在此，工艺师的作用类似于造物主。由此，柏拉图将造物主引进来，而且，正是造物主的伟大保持了自然的规律性，体现了自然的合理性，造成了运动变化。造物主不仅是一位理性的工匠，而且也是一位数学家，是他按照他自己所创造的几何原理构造了宇宙。这样，自然就数学化了，造物主就成为宇宙的最高原则。

既然宇宙是“巨匠造物主”按照几何原理设计构造的，那么人类为了体现造物主的完美性，以及为了维护神学意义上的数学本体的完备性，就要消解天球不规则运动，追求数学审美，以认识造物主造物的美和体现造物主的完善荣耀。在柏拉图那里，对宇宙的数学理解和认识与对造物主按数学规律设计宇宙的赞美是紧密关联在一起的，一种关于宇宙的数学哲学与关于宇宙的宗教含义及情怀是紧密结合在一起的。这种思想为人们(包括柏拉图自身)提供认识宇宙的主要动机，对天文学研究起着促进作用。这一点在文艺复兴时期哥白尼、开普勒等那里，得到了充分体现。

总之，柏拉图具有这样的思想：“真正的知识只能通过对抽象理念的哲学深思才能获得，而不是通过观察实在世界中偶然的不完美的事物。”[②]在他看来，不用几何学及其相关推理来认识世界，而用感官事实来取代纯粹的推理，用物理论据来证明数学的结果，是几何学的堕落。从后来科学的发展看，柏拉图的这种思想确实阻碍实验科学的进步，但是，从另外一个方面看，试图通过数学研究来探求事物本质的思想，还是可取的。他发展了对自然界进行定量研究的自然哲学传统，主张神在创造世界时已将数学规律放入其中，自然哲学家的任务就是通过心智活动，找出隐藏在自然现象后面的数学规律，成功地说明自然现象，并从中认识到神的伟大。这种带有深厚神学内涵的思想在今天看来是不可取的，但是在当时以及其后的很长一段时期内，是具有重要意义的，为天文学家研究解释天文现象，提供了宗教动机以及自然数学化的基础和指导。

需要说明的是，有人认为柏拉图基于形式理论的哲学是与科学不相容的，对科学的发展构成了重大障碍。这种观点失之偏颇。从现在的角度看，他贬低感性、观察，偏好理性，认为感觉不是对自然认识的最好方式，只有理性才能获得真正的自然认识，从探索自然的角度以及从他的言论的效果看，至少在有些领域还是不提倡经验研究，不鼓励将此研究与对经验的解释相联系的。这在一定程度上不利于运用经验方法来认识物理世界。不过，这并不意味着柏拉图完全否认感觉经验的作用，

---

① [英]G. E. R. 劳埃德：《早期希腊科学：从泰勒斯到亚里士多德》，孙小淳译，上海：上海科技教育出版社，2015 年，第 68 页。

② [美]M. 克莱因：《数学与知识的探求》(第二版)，刘志勇译，上海：复旦大学出版社，2016 年，第 4 页。

只强调理性认识，他强调的只是通过感觉经验不能获得真正的认识，真正的认识只能通过灵魂对理念或形式的回忆获得。“没有任何理由让我们可以不去细心地观察它们甚至不去理解它们之中任何可理解的东西，即内在于它们的形式因素。”[①]他坚持科学研究的目的是要发现隐藏在经验资料背后的抽象定律，并证明这一定律是正确的。他更加强调，自然科学不只是对现有的事实进行观察和分类，而且还是对自然界中的事物进行探索，寻找到相关的结构或形式的因素，而且，这些因素就其是形式而言，本身就是可理解的。这种思想对天文学以及物理学的发展具有十分重要的意义。

毕达哥拉斯学派、柏拉图学派对数学和科学发展的影响，在亚里士多德学派[②]兴起后逐渐减弱。到了中世纪，数学、哲学和科学都成了神学的“侍女”，此时这就更难听到柏拉图学派在这方面的声音了。柏拉图学派的影响是在文艺复兴时期开始恢复的。随着柏拉图思想的重新发现以及新柏拉图主义的重新兴起，很多科学家，如哥白尼、开普勒、伽利略等接受了这种思想，并将这种思想用于指导他们的工作，其结果是引导了近代科学的数学化。

二、亚里士多德：自然的内在目的论与哲学的物理学

亚里士多德(公元前 384—前 322)是柏拉图的学生，他的思想既受到柏拉图的影响又有很大的创新，在多个方面呈现出自己的特征。亚里士多德认为，柏拉图所称的“理念”不能脱离个体存在，而是存在于或内在于经验世界及其个体事物之中，是个体事物所要实现或体现的真正的实在和本质，是它们所要达到的目的和目标。在亚里士多德那里，“理念”以及内含理念或形式的个体都是真实的，都应该成为科学研究的对象。不仅如此，“与柏拉图只有在范型的先验世界中才找到实在也不同，亚里士多德认为我们体验到的世界就是物质的真实，因为世界中的物体(如桌子和树木)就是由基本物质和范型结合而成的一个个不可分割的混合体”[③]。对于柏拉图来说，表象与真实(现实)之间的距离是巨大的，而对于亚里士多德来说，物质世界是现实的，表象与真实之间相距很近。在亚里士多德那里，经验的世界是真实的、重要的，也是应该去认识的。问题是：亚里士多德是如何认识事物的经验方面和理念方面(或形式方面)的呢？同一个事物的这两个方面的关系怎样呢？由此使得亚里士多德关于世界的认识呈现出什么样的特征呢？

---

① [英]柯林武德：《自然的观念》，吴国盛译，北京：商务印书馆，2018 年，第 86 页。

② 需要说明的是，亚里士多德学派在古典希腊和晚期希腊的学术环境下，并不是一个主导性的学派，亚里士多德主义主要是中世纪经院哲学的特色。

③ [美]J.E. 麦克莱伦第三、[美]哈罗德·多恩：《世界科学技术通史》，王鸣阳译，上海：上海科技教育出版社，2007 年，第 99 页。

（一）世界的逻辑化与知识的系统化

1. 世界的逻辑化

在柏拉图的“理念世界”中，不仅有善的理念、美的理念、公正的理念，还有数的理念、人的理念、马的理念，甚至还有白的理念、大的理念、小的理念等，所有这些理念在内涵、外延和层次上是不同的。柏拉图虽然把“善”的理念当成理念世界中的最高理念，但是，除了“数”的理念及其在天文学上的应用外，他没有对其他的这些理念加以区分，各个理念之间的关系缺乏合理的逻辑秩序和关联，十分模糊和混乱。亚里士多德意识到这一点，并努力解决这一问题。他对柏拉图的“理念”概念进行了深入分析和批判，试图以概念体系的逻辑化来说明运动变化的现象世界。

亚里士多德认为，作为事物的形式、实质或共相的理念，只能存在于具体事物之中，而不能存在于具体事物之外并独立存在；过去人们用来论证理念存在的方法都是站不住脚的，因为它们或者缺乏必然性的推论，或者推出了一些没有与之对应的东西的形式或理念；只有“实体”才具有形式或理念，而柏拉图却让那些非实体性的东西也具有理念，这样一来，“分有”就成为一句空话，充其量不过是“一种诗意的比喻”而已。至于“摹仿”，亚里士多德认为更是无稽之谈。而且，如果具体事物是对理念的分有或摹仿，那么同一个事物都会有几种不同的形式或理念，如此，实体比理念更根本；从现实的角度来看，理念对于感性事物没有任何意义，它既不能引起事物的运动变化，也不能帮助人们更好地认识事物。这样一来，亚里士多德就把研究的重点放在具体的事物以及确定它们存在状态的范畴上。

他首先从范畴的角度对概念进行整理。通过研究，他把一切概念都归入如下十个范畴：实质(substance)[①]、量(quantity)、质(quality)、与其他事物的关系(its relation to other things)、它的处所(its place)、时间(time)、地位(position)、状态(state)、它的活动(its action)、它的反应(its affection)。通过上述范畴的划分，一切概念都依其所揭示的事物的存在方面的不同，被分门别类地归入不同的范畴种类之中，呈现出一定的主从关系，揭示出事物不同的存在状态，如：事物是什么？事物怎么样？该事物与其他事物有什么样的关系？该事物所处的时间和地点怎样？它的运动状态怎样？

根据亚里士多德的观点，实体范畴是对事物本质存在的描述，而其他九个范畴只是对事物偶性存在的说明。实体范畴分为第一实体和第二实体。第一实体是指独

---

① 需要说明的是，当亚里士多德报告他的一些前辈的观点时，他经常使用像“元素”和“本质”这样的词，语言学家告诉我们，这些词在亚里士多德在世时并不存在。亚里士多德所说的“四元素”最早出现在恩培多克勒斯的哲学中，这个词更接近我们的词根——“四根”。据文献：柏拉图第一个把“四根”改称为“四元素”，亚里士多德沿用并作出具体定义。此外，当我们确实从早期思想家那里得到可靠的引用时，其意义往往很难理解，因为它们缺乏那种只有在后来才会流行起来的术语。如阿那克西曼德和赫拉克利特已经开始有了自然法则的观念，但是当时没有这一词语。这也增加了研究和表述古希腊自然哲学思想的困难。

立存在的个别事物，第二实体是揭示第一实体本质的普遍概念。个别性的第一实体如“苏格拉底”，要比一般性的第二实体如“人”更真实，第二实体以及其他范畴都依附于第一实体而存在。通过对概念的分析，亚里士多德发现，概念与概念之间在普遍性程度上存在区别。例如，“动物”这个概念就比“生物”这个概念的普遍性程度要低一些，而“人”这个概念又比“动物”这个概念的普遍性程度要低一些。如此，柏拉图的原本杂乱无章的形式体系就有了初步的秩序，从而变得清晰起来。

在上述概念辨析的基础上，亚里士多德对相关命题进行了分析。在他看来，命题按组成结构来划分，可分为简单命题和复合命题；按质来划分，可分为肯定命题和否定命题；按量来划分，可分为全称命题和单称命题(特称命题)；最终，将质和量结合起来，便可以得到全称肯定命题、全称否定命题、特称肯定命题(单称肯定命题)、特称否定命题(单称否定命题)。亚里士多德还认为，所有的命题，或者是简单命题，或者是复合命题，由这些命题就可以提出概念之间的动态的逻辑关联，如“凡人都是要死的，苏格拉底是人，所以苏格拉底是要死的”。

这是一个“三段论”演绎，大前提的抽象程度很高，很不具体，好像与我们生活中经验到的特定事物无关，但是，通过中项，它就涉及了特定的经验对象，得出了一个可以检验的经验判断。

这样做的结果是，亚里士多德就在对概念和范畴的划分和命题分析的基础上，对世界加以逻辑化，使得世界上的万事万物及其各种性状，依据相应的概念体系，呈现出一定的秩序。而且，通过“三段论”的逻辑推理，亚里士多德就从抽象程度高的概念下降到抽象程度低的概念，从抽象到具体，从一般到特殊，从概念世界走向经验世界，最终用概念世界的知识体系来说明经验世界的运动变化。可以说，近代科学所运用的公理化方法、演绎证明法与此有着紧密的关联。

2. 知识的系统化

亚里士多德与柏拉图两人都主张哲学家要研究的是形式的和普遍的东西，而不是具体的和特殊的东西；两人都认为只有确定的和不可反驳的知识，才算得上严格意义上的知识。亚里士多德进一步认为，一门科学的目标是把该门科学学科内相关主题的知识系统化，其中的公理和定律必须是已知的命题并且满足基于知识之上的条件。所谓“基于知识之上的条件”，根据亚里士多德的观点，包括以下两个条件。

一个条件是“因果关系条件”：这些公理必须是正确的，否则它就既不能为人所知，也不能为我们对定律的了解提供基础；这些公理必须是“直接的和第一位的”，否则就会有比它们还要优先并且能从中推导出它们的真理的存在，这样，它们就全然不能成为公理或原始原理；这些公理要更为人知，否则定理何以依赖公理；这些公理必须“比推论更优先并成为推论的原因”，因为公理必须陈述终极原因，为定律所表达的事实提供解释，只有这样，才能使关于定律的知识建立在这些公理之上，并且涉及对原因的理解。

另外一个条件是“已知的事物必定是必然的事实”：如果你知道某物，那么该物不可能是其他事物。[①]亚里士多德在《后分析篇》里阐述了这一点。他将这一点与以下论点联系起来：只有普遍命题才能为人所知。他推论说：“从这样一个证据得出的结论必定是永久性的——关于事物的证据或知识是不会被破坏掉的。”[②]

分析上述两个条件，实质上是主张科学应该追求普遍适用性[③]，以及为了理解特定的事件，我们必须把它们看作某种普遍事物的组成部分。这是科学上公理化方法的雏形，对于科学的发展有一定意义。考察近代科学所运用的公理化方法、演绎证明法，都与亚里士多德的上述思想有着紧密的关联。“不过，亚里士多德的工作的威信在促使希腊和中古时代科学界去寻找绝对肯定的前提和过早运用演绎法方面，却起了很大作用。”[④]这也导致中世纪后期亚里士多德的这种认识方式盛行，向书本(大前提)学习而非向自然学习，成为阻碍科学进步的一个重要因素。

(二)世界的等级制与事物的属性变化

柏拉图的神学观念对他的学生亚里士多德有很大影响。与柏拉图一样，亚里士多德相信世界也是理性设计的产物，最高级的理性是“纯形式”“善本身”“神”，“神”是最高的形式，他按照等级创造了这个世界，地球是宇宙的中心。

对于天上的世界(月上世界)，亚里士多德认为，所有的天体都是由“以太”(ether或 aether)构成的，只有神圣的以太填充其间；天界是永恒地做圆周运动的天球所在的领域，这些天球是不灭的、单纯的、神圣的；它们的神圣表现在它们除了圆周运动外没有任何其他类型的变化，天上的行星和恒星沿着光滑的圆周永恒地转动。

对于地上的世界(月下世界)，亚里士多德认为，它们也是分等级的：最高级的是人类，其次是动物，然后是植物，再到山川江河等；它们处于月亮所在的天层以内，都是由与天上的世界不同的元素——土、气、水、火构成的(动物的构成还有灵

---

① [英]乔纳森·巴恩斯：《亚里士多德的世界》，史正永、韩守利译，南京：译林出版社，2013年，第26-27页。

② [英]乔纳森·巴恩斯：《亚里士多德的世界》，史正永、韩守利译，南京：译林出版社，2013年，第51-56页。

③ 关于公理应具有的两个条件的意义，《亚里士多德的世界》第八章结尾说道，普遍性是一种夸大其词。以下的内容引用该书：“在亚里士多德看来，科学定律并不总是普遍而又必然地正确：有些定律只是‘大部分’正确；‘大部分’正确和一直正确之间的区别很明显。‘所有的知识或者是关于一直正确的事物的，或者是关于大部分正确的事物的(若非如此，人们又如何能学习知识或向他人教授知识呢？)；因为知识必然取决于一直正确的或者大部分正确的事物或原理——比如，蜂蜜水大部分对发烧的人有好处。’亚里士多德关于科学命题必然是普遍的这一断言，据他自己承认，是夸大其词。”根据这段引文来看，亚里士多德并非一定主张科学的普适性。

④ [英]丹皮尔：《科学史及其与哲学和宗教的关系》，李珩译，北京：中国人民大学出版社，2010年，第52页。

魂)；它们在地上的世界中并不纯粹存在并可见，而是按照不同的比例组成地上世界的万事万物；这些元素在地上做直线运动，是有限的、可灭的，倾向于在热、冷、湿、干基本属性的作用下相互转化。

如土、气、火、水四种基本元素是由更为基本的属性热、冷、湿、干两两配对决定的，即湿和冷构成元素水，热和干构成元素火，湿和热构成元素气，冷和干构成元素土。当这些属性中的一种发生变化时，一种属性替换了另外一种属性，此时，元素就会发生相应变化。如对"水"(自然界中的由四种元素按照不同比例混合而成的"水")加热时，其中水的属性冷由热代替，此时，水就转变为"气"。这种通过改变某一物质(元素)的属性而使之转变为另一种物质(元素)的思想，为炼金术提供了思想基础。

盖伦(Claudius Galenus，129—199)结合人体体液，对水、火、土、气的性质进行了研究。他将希波克拉底(Hippocrates，约公元前460—前377)的"四体液说"与四种情绪相结合，即"肝脏之黄液——妒忌""心脏之血液——激昂""胃之黑液——沮丧""脑之黏液——冷漠"，再将其分别与亚里士多德的"四元素说"之"气""火""土""水"联系起来，认为血液与火有关，黏液与水有关，黄液与气有关，黑液与土有关，如果某种体液过多，就可以分别造成多血质、黏液质、忧郁质和胆汁质四种气质。如此，这四种元素中的每一种元素就与人体相应的每一种器官以及相应的每一种情绪联系了起来，结果是，"每一种元素还联系着一种'情绪'，于是亚里士多德的物质观同生理学和医学理论又有了关系"[①]。具体如图3.5

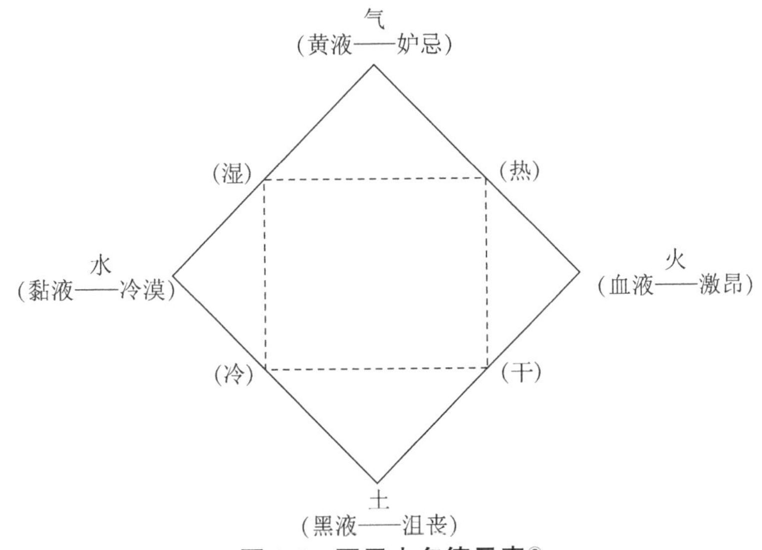

图3.5 亚里士多德元素[②]

① [美]J. E. 麦克莱伦第三、[美]哈罗德·多恩：《世界科学技术通史》，王鸣阳译，上海：上海科技教育出版社，2007年，第99页。

② [美]J. E. 麦克莱伦第三、[美]哈罗德·多恩：《世界科学技术通史》，王鸣阳译，上海：上海科技教育出版社，2007年，第99页图4.5。

所示。据此，“‘水、气、火、土’四元素是四原性抽象的组合，不是通常所见的水、气、火、土。”[①]

（三）自然的“内在目的论”与“四因说”

1. 自然存在的“内在目的论”

在亚里士多德的世界中，世界是分等级的，“神”是最高的存在，人类以神为目的，万物以人为目的，植物以动物为目的，等等，由此使得“神”成为最高级的形式。“神”是宇宙的第一推动力，推动着整个宇宙的发展，最终使宇宙归入自己的怀抱，从而达到最完满、最理想的状态，成为世界的“终极因”。整个宇宙的最终目的，就是在向着“神”的过程中生成。

亚里士多德认为，世界上的任何事物都有其内在的目的，内在目的作为本质特征内在于事物的变化之中，变化就是事物在内在目的的驱动下，向内在目的的实现迈进，并在此过程中，从潜在向现实过渡。事物的变化有四种形式：生灭（由橡子长出橡树）、质的变化（秋天橡树叶由绿变黄）、量的变化（秋天叶子的数目减少）和位置变化（秋天叶子落下）。它们都涉及内在目的的实现。内在目的是什么，这将会决定事物如何运动。由于元素土和元素水的内在目的是向着地球运动的，主要由重元素土或较重的元素水构成的物体，将沿直线朝宇宙中心运动；由于元素气和元素火的内在目的是远离地球，主要由轻元素气或更轻元素火构成的物体，将沿直线远离宇宙中心；由于“以太”的内在目的是趋于完美，由非物质的“以太”构成的天球，将沿着圆形轨道绕宇宙中心运动。假如这种自然秩序完全实现，所有目的都完成，则围绕着宇宙的中心将会形成一个土球——地球，包围土球的是一个水的球壳——地球的海洋，然后依次是一个气的球壳——大气层和一个火的球壳——太阳、月亮等。所有由“以太”构成的天球永远沿着圆形轨道绕这一整体旋转。

这就是亚里士多德的内在目的论：亚里士多德的世界不是一个偶然和巧合的世界，而是一个有序的、有组织的、有目的的世界，事物在其中向着由它们的本性决定了的目标发展。[②]事物的本性，使得事物依其自身的目的拥有生长、组织和运动的形式和动力。宇宙间所有变化和运动都可以追溯到事物的本性。“所有的自然物都有某种本性，那就是它们的形式，形式使它们趋向于发展。这种自然发展就是目的。”[③]“不同的自然物体有不同的形式和目的，但从神圣的天体到卑微的石子，所

---

① 张殷全：《亚里士多德的哲学元素观及其在化学中的演化》，《化学通报》，2006 年第 11 期，第 870 页。

② [美]戴维·林德伯格：《西方科学的起源》（第二版），张卜天译，长沙：湖南科学技术出版社，2013 年，第 56 页。

③ [美]加勒特·汤姆森、马歇尔·米斯纳：《亚里士多德》，张晓林译，北京：中华书局，2002 年，第 35 页。

有种类的自然物体都在寻找并向往着适合于它的形式和目的。”[①]总而言之，事物的内在本性是其运动朝向本位(natural place)[②]的根本原因，宇宙中的一切都有自己的本位，如此，自然总体上来说不是杂乱无章的，而是具有秩序和规则的；自然的变化就是从一种潜在转化为一种显在，在这种变化过程中，物体尽其所能地实现其本身所蕴含的目标——本质或理想形式。

劳埃德总结了亚里士多德目的论的特点：“第一，他坦言他不假定有神性从外部控制着自然的变化。第二，他承认自然在实现它的目的时有不守通则的例外。第三，他对自然过程中的目的因的研究，是对其他原因(质料因、形式因和动力因)的补充而不是排斥。他不仅探讨自然过程‘为了什么’而发生，而且探讨怎样发生，包括我们所说的机械的因果关系。第四，他对目的因的兴趣是他的生物学的一个特别显著的特征，生物学对目的的研究通常是对功能的研究：这样看来，他的形式因和目的因在很多情形下是对应于部件或器官的结构和功能。”[③]

2. 事物生存的“四因说”

对于地上世界的存在，亚里士多德进行过研究，认为存在的原因是多重的，应当对它们加以区分。他认为，对于第一实体，应该用“四因说”，即用质料因(material cause)、形式因(formal cause)、动力因(efficient cause)、目的因(final cause)来说明它存在的原因。所谓“质料因”，是指构成这个事物存在的物质材料；所谓“形式因”，是指使这个事物作为它自身而存在的形式、规则和本质，由此实现自身的全部潜能，达到自然运动的目的；所谓“动力因”，是指使这个事物存在及其运动的动力来源，它引起自然运动，然后遵照特定的程序完全实现形式，达到目标、目的；所谓“目的因”，是指这个事物存在及其运动的目的最终是实现“形式”。

以房子为例，对于一座房子，砖石是它的质料因，房子之所以为房子的那个样式和一般原理则是它的形式因，建筑师是它的动力因，让人们居住是它的目的因。亚里士多德认为，在这四种原因中，质料构成了事物存在的物质载体，形式规定了事物存在的样式，事物动力因的实施以及目的因的追求都是为了实现事物的形式，因此，动力因和目的因都可以统一到形式因中去。质料因和形式因是最基本的，没有无形式的质料，任何质料都要以特定的形式存在；也没有无质料的形式，任何形式都以质料为物质基础；它们两者的结合就能够生成任何具体的、个别的事物。

① [英]G. E. R. 劳埃德：《早期希腊科学：从泰勒斯到亚里士多德》，孙小淳译，上海：上海科技教育出版社，2015年，第112页。

② natural place可译作“自然场所”“栖身之地”“本原”“归宿”“原初位置”“原初”“本来的位置”“原本”“本位”等，综合考量，笔者将此译作“本位”。

③ [英]G. E. R. 劳埃德：《早期希腊科学：从泰勒斯到亚里士多德》，孙小淳译，上海：上海科技教育出版社，2015年，第98页。

如对于种子，当它还没有长成大树时，大树的形式潜存于种子当中。而当种子长成大树时，这颗种子就实现了它作为大树的形式本质。如果一颗种子正萌发成一株植物，而且它向植物的变化如果不是由外界适当的物质粒子随机碰撞所造成的纯粹偶然性所引起的，那么这种发展就为某种非物质的东西即植物的形式，以及被那种特定的植物的形式所控制。这种东西也就是柏拉图的植物理念，它是完全长成的植物的形式因，是种子向植物生长过程中的终极因。对于亚里士多德来说，“发展即意味着奋争，即一个运动或过程不仅仅是被定向去实现某种意义上尚未实现的物体形式，而且的确被朝着这种实现的趋向所激发。种子无论如何要生长，因为它正在致力于变成一棵植物；因此，一棵植物的形式不仅是它以这种方式生长的原因，也是它无论如何都要生长的原因，于是，既是它生长的终极因也是动力因”①。这也就暗含了事物有其灵魂，因此它有要求或欲望，尽管它不知道自己想要什么。“形式是这些欲求的对象，用亚里士多德本人的话说，它本身不运动(因为它不是一种物质的东西，因此当然不可能运动)，但它通过作为欲求的对象在别的事物中引起运动”②。

这就是亚里士多德“潜能实现的观念”。它必然带来物质层级思想：宇宙万物的生灭过程(自然运动)，就是由质料向形式不断生成、转化的过程。“这就是，任何一个自然事物都可以按其生成被分析为一个由尚不是什么到生成为什么的生成的结构。其中，那尚不是什么的就是质料，而那生成为什么的就是形式。显然，它们二者不是一种彼此对立、分离的关系，相反，质料是尚未实现的形式，而形式是已经实现的质料，从而，质料和形式就具有一种潜能与现实的辩证统一关系，它们统一在一个由形式所主导的生成实现的过程中。”③

根据上述质料和形式的关系，事物是具有内在目的的。“对于一个事物，当我们从这个事物实现的方面来观察时，它是形式，而当我们从这个事物尚未实现的方面来观察时，它则是质料；而形式既是质料所要成为的目的，又是使质料趋向目的的动力，所以我们又可以分别从生成之目的和动力的角度来对这个事物的生成进行观察。”④不仅如此，亚里士多德认为，事物是有等级的，这样的等级也体现在它的目的的等级上。关于整个世界的最终目的，亚里士多德把它称为“纯形式”“善本身”或“神”。“神”是最初的动力因，它自身不再运动，只推动其他事物运动，因此，世界的运动并非由神的运动或行动推动，而是由物质对其

---

① [英]柯林武德：《自然的观念》，吴国盛译，北京：商务印书馆，2018 年，第 104 页。

② [英]柯林武德：《自然的观念》，吴国盛译，北京：商务印书馆，2018 年，第 104 页。

③ 聂敏里：《西方思想的起源——古希腊哲学史论》，北京：中国人民大学出版社，2017 年，第 164 页。

④ 聂敏里：《西方思想的起源——古希腊哲学史论》，北京：中国人民大学出版社，2017 年，第 165 页。

的“饥渴”与“盼望”推动。

需要说明的是，上述观点对“人”而言，还是有所不同的。人不是另外什么更高的形式的质料，人自身的形式就是他自己的目的，他并不以别的什么更高的形式作为自己的目的。[①]

（四）“哲学的物理学”及其意义

1. 亚里士多德的物理学是“哲学的物理学”

通过上面的论述，可以得出以下结论：亚里士多德是通过世界的逻辑化与知识的系统化、世界的等级制与事物的属性变化、自然的“内在目的论”以及“四因说”来理解并且解释事物的运动变化的。具体地说就是：第一，他基于世界的逻辑化与知识的系统化以及世界的等级制与事物的属性变化，努力构建一个逻辑严密的知识体系。第二，通过自然的“内在目的论”之“自然运动”“自然位置”“天界”“地界”等核心概念，以一种令人信服的方式解释了如此众多的“日常事实”，如太阳每天东升西落、重物垂直落向地面等。如对于物体在空气中的自由下落，亚里士多德认为，重的物体要比轻的物体先落地。为什么呢？亚里士多德认为，在水、火、土、气四元素中，最重的元素是土，最轻的元素是火，水和气处于中间。如果重元素占优势，那么，该物体将自然落下地心，那是它们的自然位置；如果轻元素占优势，那么该物体将会朝着月球自然上升，那是它们的自然位置。至于重物向上运动以及轻物向下运动，那是在受到强迫的情况下才发生的，是非自然的运动(反自然运动)。第三，通过“四因说”，从事物本身所具有的内在原因来解释事物的自然运动和受迫运动。一句话，亚里士多德是从事物的本质是其运动变化的根本原因来研究事物的运动变化的。鉴此，他就认为物理学研究的主要目标是理解事物的本质，探寻事件的目的论含义，而不是确定运动物体的位置、时间等这些非本质的因素，因为即使对后者进行彻底的考察和清楚的认识，也不能有效地认识事物的本质。如此，他就既排斥数学方法的应用，也拒绝原子论，还不可能运用实验方法展开相关研究。

亚里士多德之所以排斥数学方法的应用，是因为在他看来，“量只是十个范畴之一，而且不是最重要的范畴。数学尊严[②]只处于形而上学和物理学之间。自然根本上说是量的也是质的”。[③]他进一步认为，数学对象是存在的，但它既不独立存在于

---

① 聂敏里：《存在与实体——亚里士多德〈形而上学〉Z卷研究(Z1—9)》，上海：华东师范大学出版社，2011年，代序第18页。

② 这里的“数学尊严”似乎当作“数学高贵”更好理解一些。意为数学虽然如柏拉图所认为的那样是一种理念，但是，它已经不是一种作为事物本质性存在的最基本的理念，如此，它的形而上学地位下降了，也就不如原先那样富有尊严并且尊享高贵的地位了。

③ [美]爱德文·伯特：《近代物理科学的形而上学基础》，张卜天译，北京：商务印书馆，2018年，第44页。

可感事物之中，也不独立存在于可感事物之外，而是抽象地存在于可感事物之中。数不是事物的本体而是事物的属性，数学就是研究数量的科学，通过数学不能反映事物的本性。“这样一来，数学就不能告诉我们关于运动物体的任何信息，因为数学与运动体的处所和本性毫不相干。”[①]而且，对于古希腊人来说，大部分数学是几何学，几何学研究的是图形，主要涉及的是形式因而不是动力因和目的因，对于解释事物运动变化没有什么作用。也许如此，亚里士多德一改柏拉图“土、气、火、水对应于完美的抽象三维多面体”之说，将热、冷、湿、干这几个更为基本的属性的两两配对作为土、气、火、水的组成及其转变的依据。

至于亚里士多德之所以拒绝原子论，是因为他认为，除了由土、水、火、气组成的物体所做的向上或向下的自然运动外，还有一类是受迫运动，如射出的箭矢或投出的标枪运动。对于后者，亚里士多德认为，由于射出的箭矢或投出的标枪在其脱离开射手后仍然在运动，因此，应该有一个推动者在继续推动着它们，这样的推动者就是“介质”；物质只有在有一定密度的介质中才会运动，在没有介质存在的环境——“真空”中，或者没有介质的推动，或者没有介质的阻碍，它或者就不能运动，或者就作速度为无限大的运动，这两者都是荒谬的。由此，亚里士多德认为，自然界厌恶真空，坚持“原子在真空(空无一物)中运动”的原子论是错误的。这是其一。其二，亚里士多德认为：“要认识一个事物是其所是的真正原因并不仅仅是认识它是由什么构成的，把这一事物进行分解去观察它，也就是说，并不仅仅去追溯它的成分在复合它的过程中所进行的运动，而是要把这个事物作为一个当下的整体来认识。”[②]由于“原子的这些性质并不能单独形成我们观察到的自然界的复杂多样的样式”[③]，因此，他就不赞同应用原子论来认识周围的世界。

亚里士多德之所以不可能运用实验方法展开相关研究，是因为他认为，世界是分等级的，分为天上的世界和地上的世界；天上的物体与地上的物体有高贵低贱之分，地上的物体也有高贵低贱之分，它们各有自己的“自然位置”，并且自然地运动到这一位置上面。在这种自然观念的基础上，亚里士多德进一步认为，事物的自然运动和自然行为是由事物自身本性决定的，要认识事物，就应当从事物处于自然无羁绊状态下的行为中发现其本性，人为限制仅仅是(对这种自然状态的)干扰[④]，使其变得非自然，由此不能认识事物的自然运动，进而不能发现事物的本质。如此，

① [英]迈克尔·霍斯金：《科学家的头脑：假想的与伽利略、牛顿、赫歇尔、达尔文及巴斯德的谈话》，郭贵春、邹范林、王道君译，北京：华夏出版社，1990年，第11页。

② [美]大卫·福莱：《劳特利奇哲学史·第二卷·从亚里士多德到奥古斯丁》，冯俊等译，北京：中国人民大学出版社，2004年，第30页。

③ [美]大卫·福莱：《劳特利奇哲学史·第二卷·从亚里士多德到奥古斯丁》，冯俊等译，北京：中国人民大学出版社，2004年，第31页。

④ [美]戴维·林德伯格：《西方科学的起源》(第二版)，张卜天译，长沙：湖南科学技术出版社，2013年，第55页。

在亚里士多德那里，就不可能想到乃至运用实验方法来认识自然，因为，实验是对事物自然状态的干扰，它甚至并不比其他方式更多地使我们获得关于事物本性的知识。照此，还真不能把亚里士多德对事物内在目的的探讨，看作是思想的愚昧和认识的缺陷，而应该理解为这与他的世界观以及他所感兴趣的问题的解决方式紧密相关。可以这么说，物理实验在亚里士多德那里是不可能诞生出来的；物理实验的诞生并非是以人们的想象，而是以人们的思想观念——世界观为基础的。

根据上述原因，再加上亚里士多德的"世界等级制""自然的内在目的论""四因说"等，导致的一个必然结果是，亚里士多德的《物理学》是一部要从自然哲学基本原理上推理并且解释世界运动变化本质原因的哲学著作，而不是一部描述并且实证物理世界运动变化的经验著作。亚里士多德的《物理学》是"质的物理学"(physics of quality)，是"哲学的物理学"，亚里士多德的《物理学》更应该译作《自然哲学》。

2. 亚里士多德"哲学的物理学"的意义

不可否认，亚里士多德的哲学的物理学是存在欠缺的：一是"以性质数学化的不可能性和运动推演的不可能性，来反对对于自然的数学化的企图"[①]；二是导致科学所关心的是未经扰动的自然，极度缺乏兴趣运用实验方法去操纵和干预自然，对实验方法的提出和应用起着阻碍作用；三是对原子论的接受和应用起着阻碍作用，并进而阻碍了对物体运动的机制(机械论)的研究。

这是否意味着亚里士多德的哲学的物理学一无是处呢？结论是否定的。亚里士多德对数学的拒斥并不意味着他排斥研究时间、空间以及物体的运动，如在他的《物理学》中就讨论了时间和空间以及具体的运动形式，只是他的物理学主要是研究物体运动的根本原因，以及通过这样的原因去解释物体的运动；亚里士多德没有提到乃至进行近代意义上的实验，并不意味着他不进行实验，事实上，他是做了一些动物实验的，尽管这样的实验仍然是对生物进行的初步的解剖与日常经验式的观察，没有对认识对象进行主动的干涉实验，即没有对认识对象进行人为的强制性的作用，以使其呈现出在通常状况下不能呈现的现象或奥秘。

这也说明，亚里士多德对事物本质的哲学重视并非意味着他不重视事物的物理性质。关于此，亚里士多德对柏拉图及其学派展开了批判，认为："在谈到现象时，他们主张那些与现象不一致的事物……他们如此地热衷于他们的原始原理，以至于他们表现得就像论文答辩中的那些答辩人；因为他们接受任何推理结果，认为他们占有真正的原理——似乎原理不应由他们的推理结果来判断，尤其不能由其目标来判定。在生产性科学中，目标就是产量；但是在自然科学中，目标就是任何可感

---

① [法]A. 柯依列：《伽利略研究》，李艳平、张昌芳、李萍萍译，南昌：江西教育出版社，2002年，第241页。

知的事物。”[①]

在物理学上，亚里士多德基于经验观察，得到“重的物体比轻的物体下落得更快”，并对此进行哲学解释。在生物学上，亚里士多德做了一些动物实验，获得了相关的经验事实，并提出相应的假说。对此，国外学者给予了较高评价：“亚里士多德的物理学，其实还包括亚里士多德的全部自然哲学，严格说来代表的是常识科学。不像柏拉图的先验论，亚里士多德认为感觉和观察是有效的，它们是通往知识的唯一途径。亚里士多德的观点总是与我们所知道的日常观察和生活中的常见现象相吻合(不像现代科学常常与日常观察相抵触，需要重新学习一下感觉才能接受)。亚里士多德强调事物的可感觉本质，这一点与毕达哥拉斯或者柏拉图的追随者们遵循的定量的和先验的方法正好相反。因此，亚里士多德的自然哲学更符合常识，在科学上也更有希望。”[②]“柏拉图因为坚持理性的作用而贬低感觉的作用，亚里士多德则重新恢复了观察……而亚里士多德根本的而且具有持久影响力的贡献则是既在理论上主张，又在实践中确实证明，进行具体经验研究是有价值的。”[③]

这样一来，亚里士多德的物理学就不是纯粹的哲学的物理学，而是有着经验事实基础的物理学。经验观察提供事实基础，哲学观念提供经验事实基础的本质解释，两者综合在一起。

这样的综合，即将对事物的经验观察与对事物运动内在原因的哲学解释相结合，是重要的。如对于天文学：“他对天体进行了物理学的描述，在这里，天层不再是几何学上的假定而是物质实体了。在亚里士多德的天文学理论中，最重要的一点是他研究了天层运动的原因。”[④]这可以看作是对物体运动动力学的尝试。

根据爱德尔(Abraham Edel)的看法，亚里士多德不是首先得到一个观点，从中引申出其蕴含的东西，然后再来找证据，而是首先广泛汇集整理各种意见和报道，它们是以通常的信念形式表现的，其中包括以往的各种学说、普遍的语言用法和观察得来的报告；然后他以巨大的劳作使之形成一个问题，系统地检查这些材料，在这时，他特别致力于把传统看法中所包含的困惑和明显的矛盾展现出来；最后他彻底地筛选哪些可取哪些不可取，对此加以区别，以找出解决办法，这种解决办法能使各种学说、语言用法和无可否认的观察事实里的那种分歧的成分彼此调

---

① 转引自[英]乔纳森·巴恩斯：《亚里士多德的世界》，史正永、韩守利译，南京：译林出版社，2013年，第114页。

② [美]J.E. 麦克莱伦第三、[美]哈罗德·多恩：《世界科学技术通史》，王鸣阳译，上海：上海科技教育出版社，2007年，第98页。

③ [英]G.E.R. 劳埃德：《早期希腊科学：从泰勒斯到亚里士多德》，孙小淳译，上海：上海科技教育出版社，2015年，第114页。

④ [美]大卫·福莱：《劳特利奇哲学史·第二卷·从亚里士多德到奥古斯丁》，冯俊等译，北京：中国人民大学出版社，2004年，第22页。

解或和谐起来，或者都加以重新解释。[①]据此，我们也可以比较清楚亚里士多德对归纳法的关注和贡献。

亚里士多德不仅构建了深刻的自然哲学体系来解释事物存在及其运动的根本原因，而且还通过经验观察，塑造/引导了物理学、气象学、行星天文学、生物学等许多自然科学的雏形。“亚里士多德是西方世界中建立教学科研机构以对科学的各个特殊分支进行系统研究的第一人。”[②]在希腊科学史上，他“标志着一个转折点，因为他是最后提出一个整个世界体系的人，而且是第一个从事广泛经验考察的人”[③]。这也决定了从公元前 4 世纪一直到公元 17 世纪的两千多年中，亚里士多德在欧洲科学史上极其重要的地位，他的自然观和科学思想对其之后的西方自然观和科学发展产生重要的影响。

如亚里士多德的哲学的物理学，是人类历史上第一次对物理现象进行认识所获得的系统知识体系，既具有直观的经验观察内容，也具有深刻的本质原因探索，为人类进行物理学的研究提供了知识基础。可以说，如果没有亚里士多德的哲学的物理学，近代物理学革命也就失去了它的知识基础和革命的对象，伽利略等所进行的物理学革命便是不可设想的。就此而言，亚里士多德的物理学的科学意义是重大的。

不可否认，在文艺复兴时期，当亚里士多德的哲学的物理学被宗教神学当作不可怀疑的教条之后，其哲学的物理学所存在的诸多欠缺，如缺乏数学、实验等，就成为阻碍科学尤其是物理学发展的重要因素。也正是如此，就需要那一时期的科学家(自然哲学家)如伽利略等对此进行反思批判，以发动近代科学革命。但是，即使这样，也仍然不能撇开亚里士多德另起炉灶。“亚里士多德思想的内容和结构都给后代留下深刻的印象。吕克昂里所使用的概念和术语提供了哲学和科学赖以发展的媒介，所以，即使那些决心反驳亚里士多德的激进思想家，最后也发现自己在用亚里士多德的语言进行反驳。当我们今天谈论物质和形式、种和属、能量和潜能、实体和质量、偶然性和本质时，我们就不经意地在说亚里士多德的哲学语言，在使用两千年前希腊所形成的术语和概念进行思考。”[④]

在科学思想史上，柏拉图和亚里士多德是重要人物。柏拉图提出了理念论，认为理念世界是完美的，经验世界是不完美的，应该通过理念世界来认识经验世界。

---

① Edel A. Aristotle and His Philosophy. London: Routledge, 1982: 30.

② [美]大卫·福莱：《劳特利奇哲学史·第二卷·从亚里士多德到奥古斯丁》，冯俊等译，北京：中国人民大学出版社，2004 年，第 4 页。

③ [英]斯蒂芬·F. 梅森：《自然科学史》，周煦良、全增嘏、傅季重等译，上海：上海译文出版社，1980 年，第 34 页。

④ [英]乔纳森·巴恩斯：《亚里士多德的世界》，史正永、韩守利译，南京：译林出版社，2013 年，第 136 页。

将此应用到天文学上，就是天上的世界是完美的，对天体现象的观察有可能是假的，鉴此，应该构建理想的星球运动几何体系，来“拯救现象”。这是“数学的天文学”，它指导并且规范着之后天文学的发展，直至16世纪。亚里士多德辨析人类关于事物认识的概念，将其逻辑化，从而为准确并且全面认识事物和描述事物，提供了一个严密的、逻辑化的框架。他也坚持从“四因说”和内在目的来解释地球上的物体的运动，这是哲学的或定性的物理学，而非数学的或定量的物理学。据此，“原子论”“实验”在他那里是难以想象的。不过，不可否认的是，亚里士多德的逻辑学以及哲学的物理学，在人类认识的历史上，意义重大。

第四章　晚期希腊自然哲学
——由解决个人的人生问题认识自然

公元前 322 年亚里士多德逝世，以及公元 529 年东罗马帝国皇帝查士丁尼大帝(Justiniane the Great，约 482—565)下令关闭雅典所有的学园，是古希腊晚期哲学衰落的两个标志性事件，前后间隔 800 余年。这在西方哲学史上构成了一个相对独立的完整阶段，经历了两个不同的时期：希腊化时期和罗马时期。在希腊化时期，古希腊自然哲学研究发生了转向，不再单纯只关注世界的本原问题，而是探究人的幸福和快乐问题，并从自然哲学的角度为快乐哲学作注解。这是哲学伦理化的倾向。进入罗马帝国时期，虽然历史层面的希腊时代已经消失，但是思想层面的希腊却仍在延续。一方面，早期哲学研究开始学科分化，诞生出物理学家阿基米德、数学家欧几里得、天文学家托勒密、医学家盖伦等科学巨匠；另一方面，晚期希腊哲学家吸取东方哲学和罗马人的实用主义态度及宗教思想，使得学术传统与技术传统、哲学与宗教伦理思想走向交融。考虑到这两个时期的哲学事实上都是希腊哲学的延续，表现出一脉相承的思想特征，更考虑到晚期希腊与罗马哲学有丰富内涵和理论特色，伊壁鸠鲁学派、斯多亚学派、怀疑论学派等都延伸、变迁于两个时代，最终汇流于新柏拉图主义，故将它们放在一起讨论。

一、伊壁鸠鲁学派：发展原子论追求快乐生活

伊壁鸠鲁学派的创立者是伊壁鸠鲁(公元前 341—前 270)。伊壁鸠鲁学派自身的传承与演变大体经历了早、中、晚三个时期，期间基本保持了伊壁鸠鲁的学说内容，但也有对其的丰富、发展与嬗变。早期是从公元前 4 世纪末到公元前 3 世纪末，为学派的创立与广为传播时期，伊壁鸠鲁在这一时期奠立了该学派学说的基本内容，包括准则学、原子论和伦理学；中期是从公元前 2 世纪到公元 1 世纪，为希腊化时代转入罗马时代时期，最重要的代表人物是罗马的卢克莱修(Lucretius，又可译为卢克来修，约公元前 98 或 94—前 55 或 50)，他撰写了哲理长诗《物性论》(*De Rerum*

Natura)，为后世留存了伊壁鸠鲁学派的思想资料，而且有他自己的发展；晚期是从公元1世纪到公元4世纪，为罗马帝国由盛而衰时期，由于罗马贵族的腐败，盛行一时的伊壁鸠鲁学说被曲解、篡改为一种宣扬无节制追求享乐的学说。[①]

(一)伊壁鸠鲁学派的准则学

伊壁鸠鲁学派的哲学可以分为三个层面：准则学(Canonic)、物理学(自然哲学)和伦理学。准则学是研究真理的标准、真理的来源的学问；物理学是研究生成、灭亡以及自然的学问；伦理学是研究应追求什么、回避什么，研究人生及最终目的(the end-in-chief)的学问。[②]第一个层面属于认识论层面，解释人类何以能够获得真理性的认识以及真理的标准是什么；第二个层面属于本体论层面，阐述原子的存在及其运动，即原子论的自然观；第三个层面属于伦理学层面，研究人生及其目的的快乐主义。第一个层面是准则，它为本体论层面的真理性提供判断依据；第二个层面是基础性的物理学(自然哲学)，它为第三个层面即为伦理学的快乐主义提供实然性的依据；第三个层面是归宿，即人生的目标就是获得快乐。

对于第一个层面，伊壁鸠鲁在《至希罗多德信(论自然学纲要)》中，给出了他的关于哲学研究的四准则。这应该是他的“准则学”的主要内容。

第一条准则与语言的使用有关。他认为：“必须把握语词的意义，以便能够用它们来判断各种猜想、探究和问题。”[③]他反对辩证法的语词使用，认为它使用的都是一些抽象话语，把本来简单的日常事物复杂化了，导致的是对一切不确定的事物作了没完没了的解释，这是多余的；应该使用与自然事物相对应的日常话语，避免使用无意义的语词，针对具体的自然事物，找到构成这些事物的真正的因素，以非抽象的方式去研究它。

第二条准则与人类如何认识事物有关。他认为：“必须将感觉作为对一切事物进行考察研究的基础。”[④]之所以如此，是因为他认为，感觉都是直接的和实在的，人类对事物所获得的感觉是由原子结合而成的事物——聚合物的射流与人类的感官接触生成的，由此所产生的关于事物的色、香、味等是客观的。感觉应该是人类认识的基础。不过，如果只有感觉，人类的认识活动是无法完成的，还必

---

① 姚介厚：《西方哲学史(学术版)·第二卷·古代希腊与罗马哲学》，叶秀山、王树人总主编，南京：凤凰出版社、江苏人民出版社，2005年，第863-864页。

② [古希腊]第欧根尼·拉尔修：《名哲言行录》，徐开来、溥林译，桂林：广西师范大学出版社，2010年，第500-501页。

③ [古希腊]第欧根尼·拉尔修：《名哲言行录》，徐开来、溥林译，桂林：广西师范大学出版社，2010年，第503页。

④ [古希腊]第欧根尼·拉尔修：《名哲言行录》，徐开来、溥林译，桂林：广西师范大学出版社，2010年，第503页。

须考虑心灵、情感和理智等的作用，否则感觉既不能产生，也不能保证正确。例如，如果人类的心灵中事先没有一匹马或一头牛的图式和理念，那么他们又怎么能够做出“这是一匹马或一头牛”的判断呢。鉴此，人类是根据预先存在于心灵中的图式和理念——预知(preconceptions)来感觉事物并且认识事物的。而且，基于人类的理智，这些图式和理念是真实存在的，由此也就保证了人类的认识的感觉的正确。伊壁鸠鲁就认为：“我们不可能命名任何东西，除非我们根据心灵中的图型预先知道了它的形状。因此，心灵中的各种图型是清楚明白的。”[①]这表明，预知是一种先存观念，是人心中预先就有的对事物的判断和认知，在我们进行认识的时候，预知会起主导作用。它使我们的认识活动成为可能，并会随着认识的深入得到发展，最后固定成为一种理论或知识。不仅如此，对于人类生活的领域，判断善恶的标准应该是情感，因此，情感就成为除了感觉、预知之外的判断人类认识的第三个标准。总之，感觉是认识客观存在的原则，预知是经验与理性的原则，情感是判断善的原则。

第三条准则是“无中不能生有”。伊壁鸠鲁就说：“首先，没有任何东西从无中来。”[②]他认为，如果任何东西都可以从无中而来，即无中生有，那么，任何东西的生成就不需要“种子”，任何东西都可以从其他任何东西中产生。这是不可能的。正因为这样，世上万物的产生都是需要最根本性的、最本原的存在的，这种存在就是原子。原子形成万物，但是其不可毁灭、不可再分、不可变化为其他，而只可以相互作用聚合成万物。不仅如此，原子形成万物还需要场所“虚空”，没有它，原子的存在和运动就没有场所，万物也就不能生成。对于宇宙的生成来说，原子和虚空都是不可缺少的。这第三条原则应该是伊壁鸠鲁赞成并发展原子论的基本依据。考虑到第一个原则和第二个原则，伊壁鸠鲁在此把原子感性化，认为其具有大小、形状、重量等，它们的结合及其作用形成万物以及相关现象，而它们本身并没有变化，具有恒在性。

第四条准则是“宇宙无变化”。这与“宇宙是无限的断言”有关。伊壁鸠鲁认为，宇宙是无限的，因为物体的数量和原子运动的场所“虚空”的范围是无限的，如果虚空是无限的而物体的数量是有限的，那么这有限数量的物体就会因缺乏阻挡和平衡，而穿越虚空的无限四处分散，无法凝聚，从而无法形成万物；如果虚空是有限的而物体的数量是无限的，则无限数量的物体将会缺乏容身和运动之所。[③]

从上述四准则的内容可以看出，前两条准则与人类认识的真理性评价有关，可

① [古希腊]第欧根尼·拉尔修：《名哲言行录》，徐开来、溥林译，桂林：广西师范大学出版社，2010年，第502页。

② [古希腊]第欧根尼·拉尔修：《名哲言行录》，徐开来、溥林译，桂林：广西师范大学出版社，2010年，第504页。

③ [古希腊]第欧根尼·拉尔修：《名哲言行录》，徐开来、溥林译，桂林：广西师范大学出版社，2010年，第505页。

以看作是认识真理性的标准，针对的是伊壁鸠鲁学派的自然哲学和伦理学；后两条准则主要涉及的是对非显现对象的认识原则，即我们应该依据什么样的原则来认识宇宙的起源和变化，这与原子论以及关于天象、灵魂等的认识紧密关联。

（二）伊壁鸠鲁的原子论及其与德谟克利特原子论的不同

伊壁鸠鲁的原子论是其自然哲学的核心理论，主要受到德谟克利特原子论的启发，并且通过修正、丰富和发展原先的原子论而形成，呈现出自身的特征。与德谟克利特的观点相同的是，伊壁鸠鲁相信物体由原子构成，空间不过是物体的不在场或仅仅是物体间关系的一个特征，也认为原子的数量是无限的，但是，在一些其他方面，他的原子论与德谟克利特的有很大的不同。

第一，伊壁鸠鲁认为原子具有重量，物体的运动是由原子的自重量和碰撞导致的①；原子本身是移动的，它必须具有“部分”，因为，只有有部分的东西才能跨越任何给定的边界，也才能移动。这种“部分”在他看来就是“极小”（minima），“极小”本身不具备独立运动能力，只能通过它们帮助组成的原子的运动来移动。②由此，伊壁鸠鲁补充了德谟克利特原子论中原子除了体积和形状这两种性质之外的第三种性质——“极小”。

有些人进一步推断，伊壁鸠鲁首先对古代思想中的(i)物理上不可分割的事物和(ii)如此之小以至于没有更小的事物（现代学术有时在理论上、概念上或数学上称为不可分割的事物，但在古代用法中被称为“极小”或“无部分”）之间作了清晰的区分；伊壁鸠鲁必定认为这些真正的“极小”，即“原子”中的“极小”，在概念上是不可分割的，概念本身就是一种类似于字面视觉的精神视觉。不过，这种观点受到另外一些人的怀疑。他们认为这是对类比的过度解读，“概念”或“理论”的不可分割性是纯粹现代意义的辩论，伊壁鸠鲁“极小”的地位是客观的，因为它是最小的量级，并且不包含认识论成分。③

总之，“极小”的提出有一定道理，因为以“最小的部分”为界标，可以对原子的体积和重量进行量度。④但是，必须清楚，原子本身不可分割为“极小”，也并非是由“极小”构成。

---

① ［古希腊］伊壁鸠鲁、［古罗马］卢克来修：《自然与快乐——伊壁鸠鲁的哲学》，包利民、刘玉鹏、王玮玮译，北京：中国社会科学出版社，2018 年，第 11 页。

② Algra K. The Cambridge History of Hellenistic Philosophy. Cambridge: Cambridge University Press, 2002: 372.

③ Algra K. The Cambridge History of Hellenistic Philosophy. Cambridge: Cambridge University Press, 2002: 376.

④ 王晓朝：《希腊哲学简史——从荷马到奥古斯丁》，上海：上海三联书店， 2007 年，第 225 页。

第二，伊壁鸠鲁反对德谟克利特的“原子可以有无限的大小及无限多的形状”的观点，认为“每一种同样形状的原子的数量是绝对无穷的，但是，形状的不同虽然多得数不清，却不是绝对无穷的”。[①]原子是不可分割的、物体性的东西，事物总体和虚空都是无限的。“宇宙是永恒的，由无限的虚空所构成，虚空中有无数个原子在永不停歇地运动，‘仿佛在永久的战斗中’被四处投掷，宛如一束明亮光线中的微尘。我们这个世界(以及无数其他世界)中的所有事物和现象都可以还原为原子和虚空；诸神必定也由原子构成。味道、颜色、冷暖等可感性质(我们现在称之为‘第二性质’)并不存在于原子中，原子唯一真实的属性是形状、大小和重量。”[②]“还有，事物的总体在物体的数量和虚空的范围两个方面都是无限的。如果虚空无限而物体有限，则物体将无法停在任何地方，而在其运动中弥散消逝在无限的虚空当中，因为没有东西可以支撑它们，或是止住其向上的反弹，把它们挡回来。如果虚空有限，那么无限的物体将无处容身。”[③]

第三，根据卢克莱修的记载，伊壁鸠鲁在承认运动方向的向下和碰撞运动之外还提出了原子的“偏斜运动”。伊壁鸠鲁认为，原子永恒运动，运动是原子的本性。原子的运动方式有两种：一是因原子有重量而在无限的虚空中作垂直下落运动；二是因原子下落时偏斜而碰撞，作偏离直线运动，而且这种偏斜是由于原子自身原因而自发地偏离原来的直线运动轨道[④]。原子的这两种运动方式使得原子的运动及其范围并不只局限在垂直方向上，而是构成一个三维的立体空间，扩充至整个宇宙。

伊壁鸠鲁认为原子有偏斜运动，这是他与德谟克利特的原子论的一个重要差别。马克思认为，伊壁鸠鲁的原子偏斜说“改变了原子王国的整个内部结构”[⑤]，使原子成为一个丰满的、充实的基本元素，受到众多的认可和赞扬。“这种偏斜不是在空间一定的地点、一定的时间发生的，它不是感性的质，它是原子的灵魂。”[⑥]这种观点改变了德谟克利特主张原子是按必然性运动的绝对的观念，“具有光辉的辩证法思想，它清除了由于片面强调必然性、否定偶然性的客观存在而产生的宿命论”[⑦]。

---

① [古希腊]伊壁鸠鲁、[古罗马]卢克来修：《自然与快乐——伊壁鸠鲁的哲学》，包利民、刘玉鹏、王玮玮译，北京：中国社会科学出版社，2018年，第6页。

② [美]戴维·林德伯格：《西方科学的起源》(第二版)，张卜天译，长沙：湖南科学技术出版社，2013年，第83页。

③ [古希腊]伊壁鸠鲁、[古罗马]卢克来修：《自然与快乐——伊壁鸠鲁的哲学》，包利民、刘玉鹏、王玮玮译，北京：中国社会科学出版社，2018年，第5-6页。

④ 赵敦华：《西方哲学简史》，北京：北京大学出版社，2015年，第97-98页。

⑤ [德]马克思、[德]恩格斯：《马克思恩格斯全集》第40卷，中共中央马克思恩格斯列宁斯大林著作编译局译，北京：人民出版社，1982年，第217页。

⑥ [德]马克思、[德]恩格斯：《马克思恩格斯全集》第40卷，中共中央马克思恩格斯列宁斯大林著作编译局译，北京：人民出版社，1982年，第122页。

⑦ 全增嘏：《西方哲学史》，上海：上海人民出版社，1983年，第228页。

第四，德谟克利特认为事物的性质是约定俗成的并且存在的，任何事物都可以在本体论上还原为原子。①伊壁鸠鲁对此予以反驳，他认为事物的性质是由原子的形状排列决定的，事物的性质能够在原子运动的角度上被分析和解释。伊壁鸠鲁认为，原子具有多样的形状、体积、重量和运动方式，原子按照不同的形状和次序在不断的运动中产生原子的聚合物。原子本身虽然没有颜色、味道、冷热等性质，但其聚合物具有这些性质。除此之外，聚合物的射流和感官接触又生成视觉、味觉等一系列感觉。原子除形状、重量、体积等属性外，不具有可感事物具有的其他性质。鉴此，伊壁鸠鲁就肯定了色、味等性质的客观存在，因此他被认为是一个解释论上的还原论者，而非本体论上的还原论者。也就是说，任何东西都可以在原子和虚空的意义上得到解释，但原子和虚空并非真实的一切。相对于时间、思想、灵魂等派生物，原子和虚空并不具有本体论的优先性。②这是其一。其二，伊壁鸠鲁在原子论方面发展了德谟克利特的观点，即“在物体当中，有的是组合物，有的是组成组合物的元素”③的观点，接近于近代物理学分子论的思想。

需要强调的一点是，伊壁鸠鲁与德谟克利特的一个最大不同之处在于，伊壁鸠鲁从认识论的角度为原子和虚空的真实性作了更加强有力的辩护。德谟克利特通过理性的洞察，认为宇宙的本原是原子与虚空，物体是由原子在宇宙的漩涡运动中复合而成的，事物的性质只是靠约定而存在的，真正说来只有原子和虚空。④伊壁鸠鲁则从经验的角度推断出原子的存在，伊壁鸠鲁学派认为，宇宙由物体与虚空组成。因为物体的存在是感觉自身通过一切经验而证实的。而对于不能感知的东西，理性应以感觉到的东西为根据来作出判断。如果没有虚空，物体就无存在和运动的场所，而物体的存在与运动是明白的事实。⑤据此，伊壁鸠鲁认为：“原子和虚空虽然是不可感的，不能被自明的感觉所直接证明，但它们的真实性却不可辩驳。”⑥

伊壁鸠鲁依据他的准则学，通过对感觉到的经验事实进行分析论证得出了不可感事物——原子和虚空的真实和无限性，进而推出万物的真实性和宇宙的无限性，继承了亚里士多德的逻辑分析传统，具有客观性和进步性。

---

① [美]诺尔曼·李莱佳德：《伊壁鸠鲁》（第2版），王利译，北京：中华书局，2014年，第7页。

② [美]诺尔曼·李莱佳德：《伊壁鸠鲁》（第2版），王利译，北京：中华书局，2014年，第8页。

③ [古希腊]伊壁鸠鲁、[古罗马]卢克来修：《自然与快乐——伊壁鸠鲁的哲学》，包利民、刘玉鹏、王玮玮译，北京：中国社会科学出版社，2018年，第5页。

④ [古希腊]第欧根尼·拉尔修：《名哲言行录》，徐开来，溥林译，桂林：广西师范大学出版社，2011年，第454-455页。

⑤ [古希腊]第欧根尼·拉尔修：《名哲言行录》，徐开来，溥林译，桂林：广西师范大学出版社，2011年，第504-513页。

⑥ 赵敦华：《西方哲学简史》，北京：北京大学出版社，2012年，第97页。

（三）卢克莱修对伊壁鸠鲁学派思想的发展

进入罗马时代后，伊壁鸠鲁学说通过其传人的不断传播，至罗马共和时代末期的卢克莱修，得到进一步发展，集中体现于《物性论》。卢克莱修“继承、发展了希腊朴素唯物主义的科学思想，详细阐发了伊壁鸠鲁的原子论及其伦理宗旨，犀利地批判宗教，宣传无神论，并论述社会进化、社会契约思想，对在罗马文明中传扬伊壁鸠鲁主义起着重要作用”[①]。

第一，论证原子论观点，丰富伊壁鸠鲁物理学。卢克莱修将力学意义的解释加入原子的运动中，认为事物的性质和变化不只是由原子的形状、次序与排列所致，而且与力学意义上的运动方式、运动状态有关。卢克莱修还认为物质及其运动都是无限的，但其总量是不增不减、守恒不变的，这一思想和近代物理学以实验证实的物质和能量守恒定律相一致。同时，卢克莱修指出原子自身没有颜色，只有不同的形状和原子间不同方式的组合。“因此，既然颜色是由光的撞击而产生，没有这种撞击这些颜色就不能生成。”[②]事物颜色在光线的不同照耀下发生变化，这种猜测和现代物理学用物体对光谱的吸收与反射解释颜色较为接近。

第二，以原子学说解释生理以及心理活动，修正了德谟克利特的原子论的部分内容。卢克莱修认为更小的灵魂原子稀疏地遍布全身，这些小原子激起了产生感觉的运动；灵魂原子受到骚扰也会引起疾病，严重的话会产生癫痫。这一思想吸取了当时人体生理解剖和医学思想的成果，对神经元和神经疾病作了初步解释。他还用光学上的镜像反射来说明影像如何产生各种感觉和意愿、情欲等心理活动，较早地从物理与生理角度研究心理现象。除此以外，卢克莱修还发现父母因爱情结合所生的子女，其特征或像父亲，或像母亲，或综合父母双方的特征，萌生了遗传学思想。[③]

第三，提出生物进化、文明起源和地质运动的思想。他认为人类世界并不受神灵的主宰，而是自然地经过了从出生到成熟最后到毁灭的过程，是一个自然地进化的过程。大地上的生命最初从泥土、雨水和阳光中生成，先是长出植物，后来出现动物，植物和动物都遵循适者生存、劣者淘汰的规则。再后来有了人类：人类的繁衍生息使得社会进入文明时代，并产生了家庭与社群；人类发展出火种使用、植物采集、金属炼制、土地耕作等技艺，推动了文明的发展；人类建造城堡、抢夺财富、相互争斗，又发展诗歌、绘画、雕塑等艺术，体现了文明发展过程中的掠夺性与先进性。而且，卢克莱修还分析了地震的多种可能的自然成因，如地质构造、地下飓

---

① 姚介厚：《西方哲学史(学术版)·第二卷·古代希腊与罗马哲学》，叶秀山、王树人总主编，南京：凤凰出版社、江苏人民出版社，2005年，第903页。

② [古罗马]卢克莱修：《物性论》，方书春译，北京：商务印书馆，2017年，第118页。

③ 姚介厚：《西方哲学史(学术版)·第二卷·古代希腊与罗马哲学》，叶秀山、王树人总主编，南京：凤凰出版社、江苏人民出版社，2005年，第909-910页。

风、禁闭空气等。据此，他进一步指出，要解释自然，“单单提出一个原因是不够的，我们必须举出许多的原因，其中之一将会是正确的”①。

卢克莱修思想作为伊壁鸠鲁学派思想的组成部分，大大充实了伊壁鸠鲁学派的思想内涵，其中很多先进的、优秀的思想成果，至今看来仍散发着光辉，对后世思想和科学的启蒙与发展，产生了深远和积极的影响。

通过上面的论述可见，晚期希腊哲学中的伊壁鸠鲁学派并不是希腊哲学衰落后的残枝败叶，而是开拓出了一片新的天地，在科学思想史和哲学史上都具有极其重要的承前启后的作用，无论从其思想内容还是从对后世思想的影响来讲，都是绕不开的篇章。“自然主义的解释方法和经验主义的证实原则”，②使伊壁鸠鲁学派的思想大放异彩。

（四）伊壁鸠鲁的自然哲学与快乐主义伦理学

伊壁鸠鲁的哲学不仅关注世界本原的问题，而且还关注人类的精神生活，用他的自然哲学为快乐生活作注。伊壁鸠鲁就说：“如果天象中的那些异象并不让我们感到惊恐，死亡也不让我们烦扰，并且很好地理解了痛苦和欲望的限度，那我们根本就没必要去研究自然哲学。”③这段话的意思是说，如果自然哲学不能对人类摆脱天象以及死亡的恐惧发挥作用，那么自然哲学也就没有存在的必要了，自然哲学应该服务于消除灵魂烦扰，摆脱肉体的痛苦，过快乐的生活。

1. 消除恐惧，实现灵魂的无烦扰

人类有许多恐惧，其中的最大恐惧莫过于对神的恐惧与对死亡的恐惧。伊壁鸠鲁认为，对这两者的恐惧直接影响到人们能否过上幸福的生活。在给希罗多德那封信的结尾，伊壁鸠鲁分析了造成这种恐惧的原因以及解决之道。他说道：“除了以上所说的这一切，还要注意，对于人而言，下面这些乃是导致灵魂最大的纷扰产生的原因：首先，人们一方面认为天体乃是不朽和幸福的，另一方面又认为它们拥有与不朽和幸福不相容的意志、行为和动机。其次，他们总是根据神话传说而推想或猜测存在着某种永久的痛苦，或者害怕死后将丧失感觉，仿佛这一切会影响他们似的。最后，之所以遭受这种情形，不是出于理性的判断，而是出于非理性的想象，因此，那些对痛苦不加限定的人，他们所受到的扰乱，与那些完全凭空乱想的人相比，一样大，甚至还要大些。灵魂的无纷扰就是从所有这一切

① [古罗马]卢克莱修：《物性论》，方书春译，北京：商务印书馆，2017 年，第 431 页。

② 黄林秀、张星萍：《身泰心宁：知识的诉求——伊壁鸠鲁的科学价值论维度》，《自然辩证法研究》，2015 年第 6 期，第 102 页。

③ [古希腊]第欧根尼·拉尔修：《名哲言行录》，徐开来、溥林译，桂林：广西师范大学出版社，2010 年，第 540 页。

中解脱出来，不断地牢记总的和首要的原则”。[①]

根据上述伊壁鸠鲁的分析，人们之所以产生对神的恐惧，原因在于对“天体是否永远是不朽的和幸福的”这一问题的错误认识；之所以产生对死亡的恐惧，原因在于对某种永久痛苦的肯定以及对死后丧失感觉的错误认识。要解决上述问题，伊壁鸠鲁认为，应该从非理性的想象和猜想走向理性的判断。

对于“天体是否永远是不朽的和幸福的”这一问题的回答，伊壁鸠鲁就认为它与关于天体现象(简称“天象”)的认识紧密相关。由于具体的天象是如此地众多，如此地遥远和复杂，人类对天象的认识就只能是不完全的和不确定的，有许多天象不能被观察到，有许多天象不能被确定性地解释。在这种情况下，要求人们用单一的原因如神来解释具体的天象——“单因解释”(single explanation)，是不合适的。伊壁鸠鲁在解释旋风、地震、风、冰雹、雪、霜露、冰、虹、月晕、彗星，以及流星等现象时，就批评“单因解释”。他说：“现象要求我们从多方面对之进行解释，如果只是一味地坚持一种原因，那只能是个疯子，并作出非常不适宜的事情来——那些热衷于荒唐的占星术的人就在干这样的事情，当他们不肯免去神圣本性管理天体的苦差时，他们就是在用空洞无意义的原因来解释天体现象……只有那些希望用奇谈怪事来迷惑大众的人，才会用单一的原因来解释这些现象。”[②]相应地，伊壁鸠鲁认为，对于这些具体化的天象的认识和解释，可以是不确定的并且有多种，应该遵循“多因解释”(multiple explanations)，只要这些解释与观察到的和没有观察到的现象相符合。伊壁鸠鲁就说：“我们在讨论天文现象时必须与日常经验一致。那些坚持只有一种解释的人，是在与现象作对，他们完全搞错了人类认识的能力和方式。”[③]

从表面看，“多因解释”使得人们在关于天象的认识上处于不确定的、多元的状态，在关于天体的认识上表明“天体并非永远是不朽和幸福的”，从而使得人类处于恐惧当中。但是，伊壁鸠鲁以自然界中存在的事实为依据，具体研究了星辰、地球以及在地球上所能够看到的其他各种现象，结果表明这些天象的存在都是有客观原因的。[④]既然如此，找出这些原因，就可以正确地理解这些天象，消除灵魂的烦扰。

而且，根据伊壁鸠鲁的准则说和自然哲学，上述关于天象的“多因解释”是

---

① [古希腊]第欧根尼·拉尔修：《名哲言行录》，徐开来、溥林译，桂林：广西师范大学出版社，2010年，第518页。

② [古希腊]第欧根尼·拉尔修：《名哲言行录》，徐开来、溥林译，桂林：广西师范大学出版社，2010年，第529页。

③ [古希腊]伊壁鸠鲁、[古罗马]卢克莱修：《自然与快乐——伊壁鸠鲁的哲学》，包利民、刘玉鹏、王玮玮译，北京：中国社会科学出版社，2004年，第24页。

④ [古希腊]第欧根尼·拉尔修：《名哲言行录》，徐开来、溥林译，桂林：广西师范大学出版社，2010年，第520-530页。

以感觉为基础的，以预见为先导的，以原子论以及相应的感觉理论为基点的，再加上多因解释之间是“不矛盾的”“相似的”“无争议的”，“解释与现象不冲突”，因此它们是确定的和具有真理性的，是应该提倡的。至于“多因解释”表明“‘天体并非永远是不朽和幸福的’，从而使得人类处于恐惧当中”，则主要是人们试图“根据神灵主导的明确意图”，去解释“多因解释”所解释的天象的所有方面，而遗忘了对神的共同观念——“神是不朽的幸福的存在者”，认为“诸神干预天体世界”，造成了世界的种种不幸，从而对诸神怀有恐惧。

在此，对诸神怀有恐惧心理的人们采取了双重认识标准：在对具体的天象进行认识时，采取的是自然主义的原则，以自然的因素(原子和虚空)来解释自然，从而以“多因解释”获得关于自然的非规律性、非永恒性的表象；而在对这样的表象进行本质原因的探求时，采取的是非自然主义的原则，以超自然来解释自然，从而以“单因解释”即“神操控天体从而导致这样的非规律性、非永恒性”，导致对诸神的恐惧。

伊壁鸠鲁似乎没有认识到上述对诸神怀有恐惧心理的人们认识的内在悖论，他是从另外一个角度，即人们错误地将天体等同于诸神，并将“多因解释”所导致的对诸神的恐惧归于诸神，从而遗忘了对诸神的“共同信念”。他说道：“首先要相信，人们铭刻于心的对神的共同观念(*hē koinē tou theou noēsis*)正是：神是不朽和幸福的存在者。那么，就不要把与其不朽不相容的或与其幸福不适宜的任何东西归给神：而要相信他事事总能保有其幸福和不朽。诸神存在，因为关于他们的知识明晰可鉴。但他们并不像多数人以为的那样：因为人们确实并非始终一贯如其所相信地那样描绘诸神。不虔敬者并不是否弃众人之诸神的人，而是接受众人所信奉之诸神的人。因为众人关于诸神的论断并不是出自于感觉的观念，而是错误的臆测——据此，邪恶者遭遇(最)大不幸，以及［良善者］适逢(最)大幸运，都拜诸神所赐。”[①]

根据上面伊壁鸠鲁的这段话，“神是不朽和幸福的存在者”，神并不像人们所想的那样将不幸和幸运赋予那些邪恶者和良善者。伊壁鸠鲁就说：“幸福和不朽者自己不多事，也不给别人带去操劳，因此他不会感到愤怒和偏爱，所有这些情绪都是软弱者才有的。”[②]“天体的规则运行，可以像发生在我们身边的那些事情一样，进行把握。对于它们，不必诉诸神圣的本性，相反，神才不管这些事情，

① 转引自罗晓颖：《伊壁鸠鲁自然哲学的伦理旨归》，《哲学研究》，2023 年第 3 期，第 105 页。该段引文是罗晓颖根据贝利笺注本希腊文并参考其英译译出。参考中文译文出自[古希腊]第欧根尼·拉尔修：《名哲言行录》，徐开来、溥林译，桂林：广西师范大学出版社，2010 年，第 533 页。

② ［古希腊］伊壁鸠鲁、［古罗马］卢克莱修：《自然与快乐——伊壁鸠鲁的哲学》，包利民、刘玉鹏、王玮玮译，北京：中国社会科学出版社，2004 年，第 38 页。

他们处在全然的福祉当中。”[①]就此而言，神是不朽和幸福的化身，其本身不会产生多样化的天象以及有缺陷的世界，不会将不幸和幸运带给人类。对此，卢克莱修就说：“世界决不是神圣力量为我们而创造的，因为现在的世界的缺陷实在太多了。”[②]这是其一。

其二，“诸神存在，因为关于他们的知识明晰可鉴。”即：关于诸神的认识是明确的，因此它们是存在的。之所以如此是因为，感觉与对象有关，对象首先发射出稀薄的原子，然后组成一个与对象相似的“影像”，之后流入我们的感官从而产生感觉。不仅如此，这种“影像”中的更为稀薄和更为精细的原子，可以透过我们的感官进入我们的“心灵”。可以说，无限宇宙中的那些“总体”性的东西(神)，就是依据这种途径进入我们“心灵”的，由此就有了相关的神的形象。

其三，上述由“感觉”所获得的相关的神的形象——“神是不朽和幸福的存在者”，原本是人们所拥有的“共同信念”，但是，有一些人不是出自上述所谓的“感觉”，而是出自错误的臆测，将神看作人类不幸和幸运的根源，从而对其怀有恐惧。

在此情况下，伊壁鸠鲁向我们提出了一个摆脱对诸神的恐惧的通道，即不要基于天象的“多因解释”，从而认为“天体不是永远不朽和幸福的”，进而遗忘“神是不朽和幸福的存在者”这一“共同信念”，再进一步认为“诸神干预世界”导致邪恶者不幸以及良善者之幸运，最终引发人类对诸神的恐惧。事实上，对天象的具体研究——“多因解释”并不与幸福有关，而对天象的本性研究(总原则)与幸福息息相关。这样的本性就是不要将天体赋予神性，不要将天象的非规律性、非永恒性与诸神联系起来，并进而将不幸或者幸运与诸神联系起来，对神怀有恐惧，而应该铭记并永怀“神是永远不朽的和幸福的”信念，以最终消除对神的恐惧并获得心灵的宁静。

至于对死亡的恐惧，与对神的恐惧有关。有些人就把死亡看作是神对自己最大恶的惩罚，从而在对神的恐惧的基础上加重了对死亡的恐惧。除此之外，对死亡的恐惧还有其他原因，如死亡之后灵魂不得安息，或下地狱或不能庇护亲友等。对于这几种对死亡的恐惧的原因，伊壁鸠鲁认为，它们都缘于希腊古典时期灵魂不朽的错误观念。苏格拉底、柏拉图、亚里士多德等都认为，灵魂与肉身是二分的，肉身死亡后灵魂不死，从而导致灵魂可能无处安顿从而存在灵魂烦扰的问题。但是，伊壁鸠鲁认为，灵魂不是无形物，它是十分精细的物质，它不能独立于身体而存在，与身体合二为一。如此，肉身死亡之时也就是灵魂消散之时，出于灵

① [古希腊]第欧根尼·拉尔修：《名哲言行录》，徐开来、溥林译，桂林：广西师范大学出版社，2010年，第524页。

② [古希腊]伊壁鸠鲁、[古罗马]卢克莱修：《自然与快乐——伊壁鸠鲁的哲学》，包利民、刘玉鹏、王玮玮译，北京：中国社会科学出版社，2004年，第199页。

魂不死的对肉身死亡的恐惧也就会烟消云散。当然，肉身死亡之后，组成肉身的原子还是存在的。不过，伊壁鸠鲁指出：“死与我们无关。因为身体消解为原子后就不再有感觉，而不再有感觉的东西与我们毫无关系。”[①]

在上述认识的基础上，伊壁鸠鲁从个人生活的角度，认为人们对死亡的恐惧也是没有道理的。伊壁鸠鲁就说：“当我们在的时候，死亡尚未来临，而当死亡来临时，我们却已经不在了。所以，无论是对于生者，还是对于死者，死亡都与之无关；因为对于前者，死亡尚不存在，至于那些死者，他们自己已经不在了。”[②]言下之意是，既然死亡与每个个人的现世生活无关，那么在活着的时候对死亡的担忧和恐惧也就不应该了。

卢克莱修在《万物本性论》第三卷中论证了“怕死的愚蠢”。他赞同伊壁鸠鲁的上述观点，并且进一步认为，灵魂是由原子构成的，那些消散的原子是可以在偶然中再聚集起来的，如此灵魂的复活也就是可能的。但是，这种复活的灵魂或者不具有记忆，或者具有的是破碎的记忆，不能回忆起原来的事情，因此，对此担心和恐惧也就没有必要了。

2. 摆脱痛苦，过快乐生活

消除恐惧，实现灵魂的无烦扰，能够使人们过上幸福的生活。但是，这种幸福的生活在伊壁鸠鲁看来，是为了过上快乐的生活，快乐是首要的、最高的善——至善，是目的自身，其他的善如幸福、知识、健康、理智、正义、敏捷、成功、荣誉等，是实现快乐目的的手段和必要因素。如此，消除恐惧，实现灵魂的无烦忧，最终目的仍然是为了获得快乐。获得快乐是伊壁鸠鲁伦理学的最高准则，伊壁鸠鲁凭此建构他的快乐主义伦理学。

如果说消除对神的恐惧和死亡的恐惧，更多地针对的是天国，那么减少痛苦过快乐的生活，更多地针对的是现世。对于前者，伊壁鸠鲁更多地是基于自然哲学建构和论证的；对于后者，则涉及自然哲学很少，更多地是基于准则说中的第一准则和第二准则进行的，以日常生活语言的使用以及感觉、情感为基础，运用理智去把握快乐的善的意义，走向快乐主义。

要认识伊壁鸠鲁的快乐主义，首先就要把握他对“快乐”的定义。古希腊哲学在一定程度上表现出了把快乐作为行为标准，或把其定位为一种善的伦理传统。伊壁鸠鲁继承了这一传统，在没有对“善”给予界定的情况下，不仅将快乐定义为善，而且将快乐作为最高的善，从而走向了快乐主义。应该说，这种界定

---

① [古希腊]伊壁鸠鲁、[古罗马]卢克莱修：《自然与快乐——伊壁鸠鲁的哲学》，包利民、刘玉鹏、王玮玮译，北京：中国社会科学出版社，2004 年，第 38 页。

② [古希腊]第欧根尼·拉尔修：《名哲言行录》，徐开来、溥林译，桂林：广西师范大学出版社，2010 年，第 534 页。

既不同于斯皮尤西波斯(Speusippus，前408—前339/8)以及后来的斯多亚学派，因为他们认为快乐既不是一种善，也不是最高善，是反快乐主义的；也不同于苏格拉底和柏拉图，因为他们认为快乐是一种善，但不是最高善，是非快乐主义的。

伊壁鸠鲁为什么要将快乐界定为最高的善呢？这应该是受到欧多克斯的影响。根据亚里士多德的记述，欧多克斯不仅明确宣称了“快乐是最高的善”，而且还给出了他的五个论证：[①]

A1. 在每种事物中，所被追求东西都是善，最被追求的就是最大的善。既然快乐被一切生命物追求，这就表明它对于所有生命物是最高善。

A2. 痛苦自身就是为所有生命物躲避的东西。所以，它的相反者也就是所有生命物所追求的东西。

A3. 最值得欲求的是那些因自身而不是因某种它物而被追求的事物，而快乐就被看作是这样的东西，快乐自身就值得欲求。

A4. 任何善的、公正的和节制的行为加上快乐更值得欲求，说明快乐本身是善，因为只有善的东西才能加到其他善的东西上面。

A5. 快乐尽管是一种善却得不到称赞，这表明快乐比那些受到称赞的事物更好。

根据上述的论证，所有的快乐都是被欲求的，都是善；快乐是首要的、天生的善，是善的起点和终点，是至善，是痛苦的减少，是不言自明的和以自身为目的的。

既然“所有的快乐都是被欲求的，都是善”，那么“作为善的所有快乐”按理说都应该值得我们选择并追求，但是，伊壁鸠鲁为什么会说：“所有的快乐就其自身的本性而言都是善的，但并不全都值得选择。”[②]这应该与上述快乐的定义有关。

首先，快乐是一切生物追求的，这导致人类从一开始就本能地被它所吸引，而忘记理性地考察它，不能达到最高的善。对此，伊壁鸠鲁说道：“快乐是目的，因为生物从降生的那一刻起，就自然地而不是通过理性去选择快乐，规避痛苦。”[③]如此，就需要对快乐本身进行理性的考察，以明确不同的快乐在什么意义上是善的，是否所有的快乐都等同于至善。

其次，快乐是分不同种类的，有肉体快乐和灵魂快乐。对于灵魂快乐，伊壁鸠鲁认为：“而当我们理解了导致灵魂极大恐惧的事情和类似的事情时，我们也

---

① [古希腊]亚里士多德：《尼各马可伦理学》，廖申白译注，北京：商务印书馆，2003年，第290-292页，第31页。

② [古希腊]第欧根尼·拉尔修：《名哲言行录》，徐开来、溥林译，桂林：广西师范大学出版社，2010年，第535页。

③ [古希腊]第欧根尼·拉尔修：《名哲言行录》，徐开来、溥林译，桂林：广西师范大学出版社，2010年，第538页。

就把握了灵魂快乐的限度。”[①]也就是说，要获得灵魂快乐，就要消除对神以及死亡的恐惧。关于此，前面已有论述，不再赘述。对于肉体快乐，是必不可少的和重要的。伊壁鸠鲁就说：“肉身的呼喊催促着我们避开饥渴和寒冷，谁能避开这些困扰并一直保持下去，其幸福将不亚于天神。”[②]然而，伊壁鸠鲁又说：“一旦身体由于某种缺乏而引起的痛苦消除，身体的快乐就将不再增长，只能仅仅变化花样而已”[③]。这就是说，肉体的快乐是有限度的，一旦最基本的肉体需要得到满足，再增加肉体的快乐并不能相应地增加快乐。“因为快乐不是无止境的狂欢滥饮，也不是沉溺于娈童和女人的美色，也不是享受鱼肉和餐桌上其他带来甜美生活的美味佳肴，而是冷静的推理，找出我们进行所有选择和规避的原因，将那些让灵魂陷入最大纷扰的观念赶走。所有这一切中首要和最大的善是明智，因而明智甚至比哲学更为可贵，所有其他的德性都从它那里产生出来的。”[④]

在这里，伊壁鸠鲁向我们提出了一个任务，就是要对肉体快乐进行理性的思考，不要无原则地纵欲，而要以明智的态度对待它，将德性赋予快乐。“伊壁鸠鲁还说，不能与快乐相分离的东西，只有德性，而其他的东西，如食物，则是可以同快乐相分离的。”[⑤]

也正因为如此，就需要我们对肉体快乐加以节制，明确以及限制不恰当的欲望。“要知道，在各种欲望中，有些是自然的，有些则是虚妄的。在自然的欲望中，有些是必要的，有些则仅仅是自然的而已。在必要的欲望中，有些是为了获得幸福所必需的，有些是为了摆脱身体的痛苦所必需，有些则是为了生活本身所必需。”[⑥]对于肉体快乐，要限制的就是那些非自然的、虚妄的肉体快乐，以及那些虽然是自然的但是是不必要的肉体快乐。除此之外，还要明确我们的欲望的满足究竟是满足我们什么样的需要，是满足衣食住行的基本需要，还是满足身体无疾病的需要，或者是满足获得幸福的需要。这最后一种需要是更高级的需要，是精神快乐乃至灵魂快乐所必需的。它应该高于肉体需要，是我们应该追求的。也

---

① [古希腊]第欧根尼·拉尔修：《名哲言行录》，徐开来、溥林译，桂林：广西师范大学出版社，2010年，第541页。

② [古希腊]伊壁鸠鲁、[古罗马]卢克莱修：《自然与快乐——伊壁鸠鲁的哲学》，包利民、刘玉鹏、王玮玮译，北京：中国社会科学出版社，2004年，第46页。

③ [古希腊]第欧根尼·拉尔修：《名哲言行录》，徐开来、溥林译，桂林：广西师范大学出版社，2010年，第541页。

④ [古希腊]第欧根尼·拉尔修：《名哲言行录》，徐开来、溥林译，桂林：广西师范大学出版社，2010年，第536页。

⑤ [古希腊]第欧根尼·拉尔修：《名哲言行录》，徐开来、溥林译，桂林：广西师范大学出版社，2010年，第539页。

⑥ [古希腊]第欧根尼·拉尔修：《名哲言行录》，徐开来、溥林译，桂林：广西师范大学出版社，2010年，第535页。

正因为如此，伊壁鸠鲁对于那些生活中的放纵者给出了他的限制："对于那些放荡者而言，如果那些让他们快乐的事情真的能够解除其内心对天象、死亡和痛苦的恐惧，能够教导他们懂得欲望的限度，那我们就没有必要指责他们，因为他们在各方面都充满了快乐，因为他们既无身体的痛苦，也无灵魂的纷扰——而它们就是恶。"[①]

通过上面的论述可以看出，伊壁鸠鲁所谓的"快乐"虽然与日常生活中具体的"快乐"有关，而且把日常生活中的快乐当作快乐的基础，但是，其最终指向的是"首要的和天生的善，最大的善"。"正因为如此，我们才说快乐是幸福生活的开端和终点，因为我们认为它是首要的和天生的善，我们对一切事物的选择和规避，都从它出发，又回到它，仿佛我们乃是以感觉为准绳去判断所有的善似的。"[②]"正因为快乐是首要的和天生的善，所以我们并不选择所有的快乐，而是会放弃许多的快乐——如果它们给我们带来更多的烦扰的话。有时我们甚至认为许多的痛苦比快乐更好——当这些痛苦因被忍耐较长时间而带给我们更大的快乐的时候"[③]。

在上述论述的基础上，也就可以比较好地理解伊壁鸠鲁提出的动态快乐和静态快乐概念了。

在伊壁鸠鲁看来，所谓"动态快乐"，是指那些能够增减的快乐，与具体化的欲望的满足、痛苦的减少以及恐惧的消除有关；所谓"静态快乐"，是指那些不能增减的，最为神所喜爱的快乐，就此是指那些经过理智思考之后进而消除了恐惧、摆脱了痛苦获得的快乐。两种快乐都存在于肉体和灵魂中，只是动态快乐是肉体痛苦和灵魂的烦扰被减少过程中所享有的快乐；而静态快乐则是肉体痛苦和灵魂的烦扰被消除之后的快乐，达到了心神宁静(ataraxia)的状态。就此来看，动态快乐更多地与我们追求快乐的过程中所获得的快乐享受有关，静态快乐更多地与我们摆脱了肉体的痛苦和灵魂的恐惧的情感体验有关，更多地与目的的善、最高的善、至善有关。两者缺一不可，只是后者是我们追求快乐的最终目的。

从上述的论述可以看出，无论是消除恐惧实现灵魂的无烦扰，还是摆脱痛苦过快乐生活，伊壁鸠鲁坚持的是一种明确的认识和论证，是一种实在论和独断论，即通过原子论以及准则说宣称他的观点的真理性。这种真理性受到伊壁鸠鲁"原子的偏斜运动"的挑战，因为据此可以认为世界是存在自由意志的和偶然性的。

---

① [古希腊]第欧根尼·拉尔修：《名哲言行录》，徐开来、溥林译，桂林：广西师范大学出版社，2010年，第540页。

② [古希腊]第欧根尼·拉尔修：《名哲言行录》，徐开来、溥林译，桂林：广西师范大学出版社，2010年，第535页。

③ [古希腊]第欧根尼·拉尔修：《名哲言行录》，徐开来、溥林译，桂林：广西师范大学出版社，2010年，第535页。

籍此，灵魂可以是自由的，事物可以是没有规律地变化的，“消除恐惧实现灵魂的无烦扰，摆脱痛苦过快乐生活”如何能够实现呢？这一问题值得进一步探讨。

总之，伊壁鸠鲁学派肯定原子和虚空的存在，肯定人类对事物性质的感觉及其认识的真实性，并以此为他们的快乐主义伦理学提供辩护。快乐主义的伦理观是感觉主义的准则学的延伸。按照感觉、前定观念和感情三条准则来衡量，快乐无可辩驳地具有崇高的价值。感觉证明了快乐为善、痛苦为恶这一常识的正确性，感情显示了趋乐避苦的自发性和自明性。另外，视快乐为幸福也是在人类生活中形成的前定观念。因此，快乐的伦理价值是显而易见的真理，身体免遭痛苦和心灵不受干扰的所谓静态快乐或无痛苦状态成为人类获得快乐的基本原则。这样一来，伊壁鸠鲁就“以原子论的自然哲学科学地理解整个宇宙的本性，消除对死亡、天象和各种神灵的恐惧，获得灵魂的宁静，这是伊壁鸠鲁建立伦理学的前提。他的新伦理学交融经验与理性，以幸福与快乐为其基本宗旨，确立一种个体本位的价值观，确认人的自然权利，并据以提出一种以契约的正义与友爱、合作为世界共同体伦理基础的社会伦理观”。[①]“从外在维度上，原子论自然哲学打破了一切神话和迷信，消除了给心灵带来烦扰的外部干扰；从内在维度上，原子的偏斜为意识自由开辟了道路。”[②]就此而言，“伊壁鸠鲁的原子论不是纯粹科学意义的自然哲学，而有鲜明的伦理学目的，他在自然哲学的阐发中渗透着浓烈的伦理学意义，并不热衷于作展开、纵深的自然科学研究”[③]。

二、斯多亚学派：创立物理宇宙论按照世界-理性生活

斯多亚学派(The Stoics)出现在希腊化时期，是晚期希腊哲学中流传最广泛、延续时间最长(600 余年)的一个哲学派别。考察斯多亚学派的自然哲学，按其时间顺序，可分为早期、中期和晚期三个阶段；按照思想倾向，可分为物理宇宙论、自然哲学原理和自然神学三方面。斯多亚学派的自然哲学既是物理学家的物理哲学，也是自然神学，前者体现了自然中物体的物理性——形体主义(corporealism)，后者体现了自然的理智性和秩序性，即神性——宇宙生机论(cosmobiology)和循环论(circulism)。“就斯多亚主义而论，物体展示的是物理世界的自然实存性，神所展示的则是物理世界的意识本身，就是逻各斯性。以此为关联，斯多亚主义把一

---

① 姚介厚：《西方哲学史(学术版)·第二卷·古代希腊与罗马哲学》，叶秀山、王树人总主编，南京：凤凰出版社、江苏人民出版社，2005 年，第 893 页。

② 曹欢荣：《营造快乐的伊壁鸠鲁自然哲学》，《自然辩证法研究》，2007 年第 4 期，第 1-4 页。

③ 姚介厚：《西方哲学史(学术版)·第二卷·古代希腊与罗马哲学》，叶秀山、王树人总主编，南京：凤凰出版社、江苏人民出版社，2005 年，第 878 页。

种典型的生机论置于自然哲学的实存框架里面，使得自然成为充满活力表达秩序的奥秘。”[①]

(一)形体主义：由哲学理念走向物理实体

与古典希腊自然哲学典范最突出的不同之处在于，斯多亚主义认为除了时间、空间、虚空以及某些只存在于思想例如命题和述谓中的逻辑实在之外，万物都是有形体的。这被称为“形体主义”。形体主义的物体原理是斯多亚学派物理宇宙论的基础。“这个激进的物理学观点不仅认为动植物和无生命的自然界是物体，而且认为情感、灵魂、美德和性质等都是有形体的。斯多亚的这种物体观念改变了古典希腊以来的实体观，甚至可以说是颠覆了古典希腊以来的实体观。”[②]

为什么说世界上的万事万物只要是存在的，就必是有形体的，也就是物体呢？他们认为，只有拥有形体才有可接触的物理表面，也才会有物理的相互作用。“在无形体的事物完全不可能是任何事物的作用者这一点上，芝诺[③]也与同样的哲学家[柏拉图主义者和漫步学派(Peripatetics)]区别开来，因为唯有物体才能作用和被作用。”[④]由于虚空是无形体，因此，在斯多亚学派看来，虚空不存在，如果物体里面有虚空，那么就不存在物体了，就此而言，物体完全是连续的统一体，它占有空间，并使之具有长、宽、高三维的物理性质。

对于具体的物体，其有形可以通过实见来理解，而对于像灵魂、情感类的存在，说它们是有形体的，则就难于理解了。斯多亚学派给出了两个方面的证明：第一个方面是从灵魂和身体的相互作用考虑的：“现在当灵魂生病和被伤害的时候，灵魂和身体就相互作用……因此灵魂是一个物体。”[⑤]第二个方面是从灵魂与身体的分离考虑的：“(1)克律西坡[⑥]说死亡是灵魂从身体的分离。(2)现在没有任何无形体的事物是与一个物体分离的。(3)因为一个无形体的事物不可能与一个物体形成接触。(4)但是灵魂既能够与物体接触又能够与它分离。(5)因此灵魂是一

---

① 章雪富：《斯多亚主义Ⅰ》，北京：中国社会科学出版社，2007年，第144页。

② 章雪富：《斯多亚主义Ⅰ》，北京：中国社会科学出版社，2007年，第58页。

③ 芝诺(Zeno，约公元前336—前264)，是塞浦路斯岛人，于公元前300年左右在雅典创立斯多亚学派。此芝诺不同于公元前5世纪提出“芝诺悖论”的爱利亚学派的“芝诺”。

④ 转引自章雪富：《斯多亚主义Ⅰ》，北京：中国社会科学出版社，2007年，第93页。原文出自：Cicero, Academica 1. 39(SVF 1. 90)//Long A A, Sedley D N(eds.). The Hellenistic Philosophers. Vol. Ⅰ. 45A.

⑤ 转引自章雪富：《斯多亚主义Ⅰ》，北京：中国社会科学出版社，2007年，第94页。原文出自：Nemesius 78. 7-79. 2(SVF 2. 790, part)//Long A A, Sedley D N(eds.). The Hellenistic Philosophers. Vol. Ⅰ. 45C.

⑥ 克律西坡，又称克里西坡，也称克里西普斯或克律西普斯(Chrysippus，约公元前280—前206)，是斯多亚学派早期代表人物之一，对逻辑学有特别的贡献。

个物体。”[①]

斯多亚主义的最突出之处在于他们认为万物都有形体，要理解这一点就免不了要回顾古典希腊哲学关于世界本原的探讨和发展。不可否认，从本原学说出发的古典希腊哲学开始之时是把形体性置于自然哲学的核心地位，这方面的典型代表有泰勒斯的“水”、赫拉克利特的“火”、阿那克西美尼的“气”。到了爱利亚学派那里，所谓的“存在”就是无形体如“无限”等了。后者的这种抽象的、自在的、不受限制的世界普遍本质的“存在”，受到同时代或稍后希腊自然哲学家的反对，如恩培多克勒提出“四根说”，阿那克萨戈拉提出“种子说”，德谟克利特提出“原子论”等有形论。之后，上述原子论的思想得到伊壁鸠鲁学派的继承和发展。

斯多亚学派继承了前苏格拉底时代有形论的自然哲学思想以及伊壁鸠鲁的原子论，但是，其思想与他们又有所不同。“斯多亚主义提出‘物体原理’的起因则是出于作用和被作用、出于物体运动之可能原因的考虑，这些考虑则主要是物理学的。由此，斯多亚主义从纯物理学角度描述了物体间完全一体的连续运动关系，矫正了古典希腊自然哲学的二元性的本原论。”[②]相较于伊壁鸠鲁学派的自然观，斯多亚学派还有一个最显著的特征是把自然看作一个整体。伊壁鸠鲁学派主张宇宙由单个原子构成，而斯多亚学派强调世界是实体的、单一的和整体的。说它是实体的，是因为它是一切物体的原初质料，并由普遍的理性贯穿渗透；说它是单一的，是因为它的各个部分不可分离并且相互贯通；说它是整体的，是因为它不缺少任何部分。

到了苏格拉底时代，希腊哲学发生了变化，开始关注人的问题。苏格拉底（公元前469—前399）认为，只有超经验的普遍理念才是真正的存在。柏拉图发展了他的思想，认为真正的存在是无形体的、非经验的理念，经验世界与理念世界相分离并且经验世界是理念世界的不完美复制；天上的世界是完美的，地上的世界是不完美的。由此，他提出数学的天文学。亚里士多德对柏拉图的理念论进行了批判，认为柏拉图心灵哲学意义上独立存在的纯形式并不独立存在，而是与形体或质料结合在一起。他接受了柏拉图的一些本体论观念，认为永恒不变的仍然是灵魂和美德这一类无形体的东西，因此在发展他的物理学时，他把观察事物所获得的表象归结为事物的内在目的论意义上的无形体的内在本质，由此他的物理学就成为定性的哲学的物理学。一句话，在柏拉图和亚里士多德那里，共同点是他们的自然哲学都是一种“非形体主义”的自然哲学。

斯多亚学派批判了苏格拉底时代“无形的”理念观念，并且不接受任何意义上的无形体的世界，而承认有形的自然界的真实性，认为只有物体才是真实的，一切存在

---

① 转引自章雪富：《斯多亚主义Ⅰ》，北京：中国社会科学出版社，2007年，第94-95页。原文出自：Nemesius 81. 6-10（SVF 2. 790, part）//Long A A, Sedley D N（eds.）. The Hellenistic Philosophers. Vol. Ⅰ. 45D.

② 章雪富：《斯多亚主义Ⅰ》，北京：中国社会科学出版社，2007年，第94页。

物都是物体，都是有形体有可能接触的物理表面的存在物。就此，斯多亚主义的形体主义与苏格拉底时期的哲学在哲学史上并没有直接的师承关系。它既不同于亚里士多德对于柏拉图的批评性的继承，也不同于伊壁鸠鲁学派对于德谟克利特哲学的“萧规曹随”式的继承，它是一种断裂式的继承。[①]

这样一来，“自然本身的实存性和真实性作为知识探究的可靠对象得到了肯定”[②]。“这种实体论的宇宙论把自然界从古典希腊思想家所贬低的自然是影像的观点中拯救出来，强调自然界是唯一真实的实存，为西方现代早期天文学研究提供了实体论基础。”[③]柏拉图的数学的天文学以及亚里士多德的哲学的物理学，就可能让位于斯多亚学派的“形体主义”的天文学和物理学。

(二)宇宙生机论：“神”意下的生命机体性的宇宙整体

如上所说，斯多亚学派提出了“形体主义”，认为世界上的万事万物都是有形体的，都是物体，问题是：这样的物体是如何运动变化的呢？斯多亚学派给出他们的回答。

斯多亚学派受到前苏格拉底的希腊自然哲学与小亚细亚的东方自然哲学的综合影响，认为整个宇宙是一个活的存在(a living being)或者有灵的存在(or animal: zôion)，它具有灵魂，是理性的、创造的、活动的和生命赋予的。[④]这是“生机论”的观点。如此，自然就成为具有能动性的主体，成为与神一样的具有创造性的存在。斯多亚学派就是这样，认为“神”就是自然本身，并用自然、命运、神意和最根本的理性(seminal reason)来称呼“神”。不仅如此，他们还把所有他们认为是合理的其他哲学的相关称呼称作“神”，典型的有赫拉克利特的“逻各斯”和“火”，第欧根尼(希腊语 Διογνη，英语 Diogenes，约公元前 412—前 324)和亚里士多德的“心灵/心智”，安提司泰尼(希腊语 Ἀντισθένης，英语 Antisthenes，公元前 435—前 370)的“自然法则”，柏拉图的“世界灵魂”等。神是单一的、最终的、能动的“因”，神被定义为“不朽的、理性的、有生命的存在，是完全的或者在他的福乐中可理智的，是没有恶的，是世界的神意，所有存在都包含在它里面，是非神人同形同性的，是万物的创造者，是每个人的父”[⑤]。“最重要的观点是，斯多亚主义把神看作是自

① 章雪富：《斯多亚主义Ⅰ》，北京：中国社会科学出版社，2007 年，第 60-61 页。

② 章雪富：《斯多亚主义Ⅰ》，北京：中国社会科学出版社，2007 年，第 143 页。

③ 章雪富：《斯多亚主义Ⅰ》，北京：中国社会科学出版社，2007 年，第 87-88 页。

④ White M J. Stoic Natural Philosophy (Physics and Cosmology)//Inwood B (ed.). The Cambridge Companion to the Stoics. Cambridge: Cambridge University Press, 2003: 129.

⑤ 转引自章雪富：《斯多亚主义Ⅰ》，北京：中国社会科学出版社，2007 年，第 65 页。原文出自 SVF Ⅱ. 1021.

然整体中任何事物都无法媲美的存在，神就是世界本身。”[①]神是火，是种子，是生育原理，是生命本身。神是自然化的神，这与古典希腊把自然看作被动的存在，即看作理念的模糊的镜子的观点，有了根本性的区别。“斯多亚主义的神既保存了希腊本原论，又强调了自然的主体性，从自然相生的角度表述了一个能动的自然。”[②]神既不在天空和世界之内，也不在天空和世界之外，它就是天空和世界自身。如此，要研究天空和自然，就应该直接研究其形体，而不要像柏拉图主义者和亚里士多德主义者那样，去研究神(造物主)所创造的“无形体”——“纯形式”。当然，“他们的‘形体’又不是纯物质性的，而是质料和逻各斯即理性的普纽玛的复合体，其中有内在的自然理性和生命力。”[③]

在柏拉图和亚里士多德的学说中，“柏拉图的创造者得穆革和亚里士多德的纯粹形式的第一推动者(‘神’)都是静止的纯粹形式，是宇宙的旁观者；神在创造中的工作只是赋予被造的宇宙以永恒的‘理念’。其自然哲学只是分析那存在于造物中的被分有的‘纯形式’，这样就把自然哲学变成了形而上学，自然哲学本身失去了它独立探究的价值”[④]。而在斯多亚学派的自然哲学中，“‘神’不是宇宙的‘形式’，它是宇宙的主动原理，渗透于一切造物之中”[⑤]，使得事物生殖、生长、发育，呈现出扩张趋势。“它是存在于物体中的一种扩张运动，既在外又在内。它的外部运动就是产生数量和性质，它的内部运动就是产生一种统一性和实体。”[⑥]以“火”为例，斯多亚学派认为“神”就是“火”，“火”有两种类型：“一种是直接的火自身(undesigning fire)，它把用来燃烧的质料完全地转换成了它自身；另一种是设计的火，它是生长和保存。”[⑦]“二者是同一种火，就所属阶段来说前一种火是火本身，是纯粹的宇宙大火，还没有处在演化的阶段；后一种火则是世界的种子，它创造世界并且根据命定的秩序使万物发生。”[⑧]神/宇宙大火是世界的种子，第一步创造了水、火、土、气四种质料。这后一个“火”不同于“宇宙大火”，它是被创造的质料。至于设计性的或者说创造性的火，是所有具有生命性的事物的生命原则，贯穿

---

① 转引自章雪富：《斯多亚主义Ⅰ》，北京：中国社会科学出版社，2007年，第65页。原文出自SVFⅡ.300.

② 章雪富：《斯多亚主义Ⅰ》，北京：中国社会科学出版社，2007年，第65页。

③ 姚介厚：《西方哲学史(学术版)·第二卷·古代希腊与罗马哲学》，叶秀山、王树人总主编，南京：凤凰出版社、江苏人民出版社，2005年，第943页。

④ 章雪富：《斯多亚主义Ⅰ》，北京：中国社会科学出版社，2007年，第66页。

⑤ 章雪富：《斯多亚主义Ⅰ》，北京：中国社会科学出版社，2007年，第66页。

⑥ 转引自章雪富：《斯多亚主义Ⅰ》，北京：中国社会科学出版社，2007年，第66页。原文出自Nemesius 70. 6-71, 4//Long A A, Sedley D N(eds.). The Hellenistic Philosophers. Vol. Ⅰ. 47J.

⑦ 转引自章雪富：《斯多亚主义Ⅰ》，北京：中国社会科学出版社，2007年，第82页。原文出自Stobaeus 1. 213, 15-21(SVF 1. 102)//Long A A, Sedley D N(eds.). The Hellenistic Philosophers. Vol. Ⅰ. 46D.

⑧ 章雪富：《斯多亚主义Ⅰ》，北京：中国社会科学出版社，2007年，第82页。

于自然万物之中并对它们加以维护，宇宙和质料要想永恒地连接在一起，就不可能不拥有生命之火。[①]设计之火借着气转变为水，潮湿的、稠密的、滞重的部分水就成为土，精微的部分就进一步稀薄化，成为气，再进一步稀薄化就产生火。动植物和其他的宇宙万物就是它们混合的结果。[②]甚至，在斯多亚学派看来，能思维的“灵魂”也是火性的东西，是一种“火的嘘气”，即火与气的混合物——“普纽玛”(pneuma)。[③]普纽玛不是火与气的化学性的简单合成，也不是一种唯物主义意义上的东西，而是有呼吸、有灵魂的生命力意义上的东西。它既是世界的物理构成要素，也是能动的理智力的本原，贯穿宇宙全体，整合乃至结集火、气、水、土四元素的功能，形成天空与大地的每一个事物。同时，它又是神，是理智，是逻各斯，是推动事物发展变化背后的决定因素和基本动力。

斯多亚学派承认存在着亚里士多德的四元素，但根据活动性将其分成了两组。一组是主动元素气和火，它们是作用者；另外一组是被动元素土和水，它们是被作用者。主动元素气和火以各种比例混合(斯多亚派设想的是一种彻底的同质混合)产生各种普纽玛。普纽玛有各种等级。最低层次的普纽玛被称为“倾向”，它解释了我们所说的无机物体(比如岩石和矿物)的内聚；动植物的普纽玛是“本性”(physis)，它赋予动植物以生命特征；最高等级的普纽玛是精神(psyche)，它为人所拥有，解释了人的理性。斯多亚学派把物体的普纽玛等同于灵魂(soul)，因此任何个别事物都渗透着灵魂，这种灵魂充当着它的组织原则。斯多亚学派甚至认为，必定存在着一种宇宙普纽玛，一种世界灵魂，因为宇宙也是一个有机统一体，其特性需要用主动本原来解释。斯多亚学派自然哲学深刻的活力论特征可见一斑。[④]

由上面的论述可见，“斯多亚主义的宇宙论侧重于描述宇宙形成的物理性环节，把宇宙看成是动态中自身生成的系统。由此宇宙扩张体现神意，宇宙扩张的完整过程就是神的必然性即自然法则的彰显”[⑤]。“斯多亚主义的自然哲学还是一种自然神学。斯多亚主义没有通过制造外在超越的力量来建立神学，它所谓的神就是自然。然而，自然神学的表述方式使得自然哲学的理智性和秩序性得到彰显。由此，自然

---

① 转引自章雪富：《斯多亚主义Ⅰ》，北京：中国社会科学出版社，2007年，第85页。原文出自Long A A, Sedley D N(eds.). The Hellenistic Philosophers. Vol. Ⅰ. p. 278.

② 转引自章雪富：《斯多亚主义Ⅰ》，北京：中国社会科学出版社，2007年，第84页。原文出自 Diogenes Laerius 7. 135-136(SVF 1. 102, part)//Long A A, Sedley D N(eds.). The Hellenistic Philosophers. Vol. Ⅰ. 52B.

③ 全增嘏：《西方哲学史》，上海：上海人民出版社，1983年，第246页。

④ [美]戴维·林德伯格：《西方科学的起源》(第二版)，张卜天译，长沙：湖南科学技术出版社，2013年，第86-87页。

⑤ 章雪富：《斯多亚主义Ⅰ》，北京：中国社会科学出版社，2007年，第68页。

哲学的物理性获得了一种形而上学的内在性，是有形而上学内涵的自然哲学。”[①]在斯多亚学派的思想体系中，神是一种世界理性，万事万物分有神性，所以自然就有了部分的世界理性。这种理性支配一切事物按照严格的自然法[②]（逻各斯）存在并发生。“宇宙就是这样一个有活力的由在那完全的自我里面的神向着一个自然存在物扩展的过程，并且由扩张性的自然收缩为完全地在自我之中的过程。由此而论，神是自然的内在相生原理，自然表现了神的自然相生的实体性存在形式。”[③]

（三）宇宙循环论：不是从“有”到“无”，而是从“有”到“有”

斯多亚学派认为，宇宙虽然是扩张的，但不是无限生长的，而是有限界的，这种限界就是它的周期性。当宇宙扩张到某个阶段的时候，它自我毁灭，这就是宇宙扩张的“大年”。[④]当“宇宙大年”到来的时候，整个宇宙会被摧毁，从而进入另外一轮循环。概括而言：“神/宇宙大火是世界的开始，贯彻在宇宙的整个扩张过程中。它始终在世界创造的质料里面，它本身也是物体，不是超然于质料之外的柏拉图的创造者得穆革和亚里士多德的第一推动者。在经过一定的扩张宇宙周期后，宇宙必然回到大火的状态。宇宙大火既是世界的起始也是世界的终了，任何一个现存的宇宙都是处在两场大火之间，整个世界都将在大火里面被‘摧毁’，但是它又必然得到完全恢复，因此这个‘摧毁’不同于日常意义所说的由‘有’归入‘无’的状态，它是一种‘自然的变化’，是从‘有’到‘有’的转变。”[⑤]

斯多亚学派“宇宙循环论”有其鲜明的特点：第一，宇宙秩序不是永恒的，摧毁宇宙的是宇宙大火；第二，宇宙大火之后进入这样一个时期，即除火之外什么也不存在；第三，在火燃尽了世界万物并且自身达到完全的纯净后，它将进入再次的自然生成之中，世界秩序再次形成；第四，“新”宇宙秩序的形成会经历与“旧”宇宙秩序生成完全相同的过程，“新”宇宙秩序与“旧”宇宙秩序在所有方面完全一致，由此进入宇宙周期循环；第五，宇宙秩序是毁灭和复原的永恒循环，所谓“复

---

① 章雪富：《斯多亚主义Ⅰ》，北京：中国社会科学出版社，2007年，第144页。

② 自然法：这是该学派的伦理学思想，在这里提及是想体现出该学派的论证方式，即他们是怎么解释因果决定论的（也就是普遍性与必然性）。第一，神具有理性：万事万物分有理性（通过普纽玛的“渗透”），所以自然分有部分理性。第二，神、逻各斯同一：所以自然分有内在的逻各斯，即自然法。第三，因为逻各斯是使宇宙井然有序、和谐的规则，自然法将宇宙联合万物形成一种内在联结的、动态的连续体，这个连续体中有一种自然阶梯，物种对应着自然阶梯的各个等级，人处于自然阶梯的最高级（因为灵魂是最高理性），所以，人遵循这个秩序，不为别的事物所影响，不去干预其他事物。

③ 黄颂杰、章雪富：《古希腊哲学》，北京：人民出版社，2009年，第501页。

④ 古希腊哲学家赫拉克利特就明确提出过大年的存在。赫拉克利特认为宇宙循环的大周期是10 800年，它是宇宙循环的大年。斯多亚学派的宇宙周期理论受到了赫拉克利特的大年思想的影响，斯多亚学派指出不只存在一个大年，而是存在无数个大年，宇宙在特定的周期会走向毁灭，每一次毁灭又是新的大年的开始。

⑤ 章雪富：《斯多亚主义Ⅰ》，北京：中国社会科学出版社，2007年，第86-87页。

原”，一是指世界万物都将回到它的原初，时间的刻度所至正是每一次的原初性质重建之时；二是指万物都将被复兴，因此宇宙秩序是唯一的，并且这个唯一的秩序是好的、合理的，因为它是符合理性的。①

从上面的论述可以看出，斯多亚学派的宇宙论既继承了希腊时期尤其是前苏格拉底时期的宇宙论思想，也受到当时小亚细亚米利都学派自然哲学的影响，从而使它与之前的自然哲学有很大的不同：一是从无形体回到有形体，从而使得“形式主义”的自然哲学走向“形体主义”的自然哲学；二是从神(造物主)创造形式回到自然主义泛灵论意义上的生机论，强调宇宙因秩序而具有生命活力；三是反对柏拉图和亚里士多德的无限永恒的宇宙观念，而提出宇宙循环的有限理论。

这就是斯多亚学派的物理宇宙论，将物体和作为宇宙主动原理的神、自然、限界以及其他原理相结合，具有其自身独有的特征，也被称为“物理的物理学”。“斯多噶学派勾画出来的关于物理自然的广阔图景得自于他们的这样一种观点，即一切实在的东西都是物质的，因此，整个宇宙中的每一事物都是物质的某种形式，然而世界并不就是惰性的或被动的物质的堆积——世界是一种能动的、变化着的、结构性的和有序的安排。除了惰性的物质，还有动力或能力，它们在自然中都代表着主动定形和建立秩序的要素。”②这种强调实体性、规律和秩序的自然哲学，“把自然从柏拉图的秩序阶梯和知识阶梯中解放出来，使其成为自然本身”③。科学史家巴克(Peter Barker)的研究表明，它对文艺复兴时期的天文学家多有影响，第谷、开普勒等抛弃了亚里士多德的物理学，采纳并改造了斯多亚主义的实体理论，实现现代早期西方天文学的重要突破。④

(四)按照世界-理性生活：达到不动心状态

在希腊化时期，东方专制主义侵蚀民主政治理想，社会动荡、战争频仍。因而希腊化时代的人们不再关心宏大的主题，而是潜心于个人的幸福和解脱。⑤斯多亚学派也不例外，他们通过对宇宙的自然与人的自然的关联阐述，从“人应顺应自然与天命”的角度说明了个体如何通过不动心以取得幸福。

根据形体主义、宇宙生机论和宇宙循环论，神即自然，具有形体，是质料和逻各斯(理性的普纽玛)的复合体，渗透于一切事物之中，促使事物生殖、生长、

---

① Hahm D E. The Origins of Stoic Cosmology. Columbus: Ohios State University Press, 1977: 185-186.

② [美]撒穆尔·伊诺克·斯通普夫、[美]詹姆斯·菲泽：《西方哲学史：从苏格拉底到萨特及其后》(修订第八版)，匡宏、邓晓芒、丁三东等译，北京：世界图书出版公司北京公司，2009年，第96页。

③ 章雪富：《斯多亚主义Ⅰ》，北京：中国社会科学出版社，2007年，第134页。

④ Barker P. Stoic contribution to early modern science//Olser M J. Atoms, Pneuma, and Tranquillity: Epicurean and Stoic Themes in European Thought. Cambridge: Cambridge University Press, 1991: 135-154.

⑤ 邓晓芒、赵林：《西方哲学史》，北京：高等教育出版社，2014年，第67页。

发育，呈现出扩张趋势，世上万物因神赋予的不同规定，形成自然阶梯。其中，无生命物处于最低阶梯中，普纽玛表现为贯通连续的作用力；有生命物更高一级，普纽玛不仅表现出“贯通连续的作用力”，而且还有“自然力”与“灵魂”。有生命物又从低到高分为植物、动物、人三层次：植物有“自然力”，能使自身获得营养和生长；动物还有“灵魂”，由表象刺激产生的欲求成为行为驱动力，从而产生行为；人的灵魂更有理性，它是世界理性的一部分，能指导人的合理行为，所以人处于自然阶梯的最高级，是分有神性的。[①]

所谓分有神性，就是作为宇宙之中的具体个体，也是世界大火(神)的“扩张”与“渗透”，具有个体灵魂。个体灵魂与宇宙灵魂使宇宙联结成连续的整体。个体灵魂是身体的生命力，使肉体结合在一起并统治肉体。个体灵魂只是普遍宇宙灵魂的一部分，与宇宙灵魂同体并且依附于宇宙灵魂，其本性取决于宇宙灵魂。宇宙灵魂是有理性的，这是世界-理性。世界-理性是灵魂的最高规律，[②]统辖着世界的运行。由于人是分有神性的并且属于个体灵魂，因此，宇宙的自然也是人的自然，人的自然，即理性。

基于上述观念，斯多亚学派提出了自然法的思想，主张人的道德从属于自然规律，道德与共同的法律应当与人的理性，亦即世界-理性是同一的、完全符合的。[③]换句话说就是，人们依照理性、依照逻各斯而生活，逻各斯是宇宙的主导原则，这个原则也称作神、圣火或命运。人们可以趋向逻各斯敞开自己，使其灵魂符合宇宙的和谐秩序，对所发生的一切都愉快地接受。这就是“自然与理性相等同”。“自然与理性相等同意味着人必须遵循着必须性，即命运。而遵循理性也就是依自然而生活。合乎自然的生活也就是德性的生活。宇宙与自然秩序中包含着自然法，自然法是永恒不变和普遍适用的理性法。自然法是宇宙与人类的共同法，在这一自然法中，包含着正义。自然法超越习俗或成文法，遵循自然法即为遵循正义。”[④]

由于上述原因，斯多亚学派指出，“善”就是按照自然而生活，而所谓按照自然的生活就是按照理性而生活：“芝诺第一个在他的‘论人的本性’里主张主要的善就是认定去按照自然而生活，这就是按照德性而生活，因为自然引着我们到这上面。克雷安德在他的‘论愉快’里也这样说，还有波西多纽与赫卡通在他们的‘论目的’以及‘论主要的善’里也这样说”。[⑤]

---

① 姚介厚：《西方哲学史(学术版)·第二卷·古代希腊与罗马哲学》，叶秀山、王树人总主编，南京：凤凰出版社、江苏人民出版社，2005年，第946页。

② [德]文德尔班：《哲学史教程》(上卷)，罗达仁译，北京：商务印书馆，2009年，第255页。

③ [德]文德尔班：《哲学史教程》(上卷)，罗达仁译，北京：商务印书馆，2009年，第234页。

④ 龚群、何小嫄：《斯多亚派的自然法伦理观念》，《湖北大学学报(哲学社会科学版)》，2016年第6期，第1-6页。

⑤ 北京大学哲学系外国哲学史教研室编译：《古希腊罗马哲学》，北京：商务印书馆，2021年，第389-390页。

但是，在现实世界中，个体灵魂常常被外界的事物如名利、权力等所干扰，难以保持自己的本性，从而患上多种疾病，如贪婪、愤怒、悲伤、忘恩等，这些疾病都被斯多亚学派称之为“激情”。“激情”实际上就是个体灵魂的出错，是心灵的不安宁。“斯多亚学派把激情规定为灵魂的剧烈运动(fouttering ptoiai)。芝诺曾经把激情说成是‘过分的冲动’(horme pleonazousa)，意思是超出理性的界限的冲动。”[①]所谓“超出理性的界限的冲动”，意思就是把没有价值的身外之物当作是有价值的，从而追求名利、地位、权力等，由此引起“激情”。芝诺把人类灵魂的疾病即“激情”分为悲伤、恐惧、贪婪、享乐四类，其中痛苦这种激情又可分为怜悯、羡慕、嫉妒、敌视、压抑等，恐惧这种激情又可分为畏缩、怯弱、恐慌、担心等。这些都是灵魂出了问题产生的，是灵魂的一种过度、非理性的运动，与自然、与理性相违背，因而激情对于理性的支配是恶。

由此，应该对“激情”这种个体灵魂的疾病进行治疗。这种治疗就是发挥人类理性的作用，认识到世界-理性是存在的，存在和世界-理性表明了世界的和谐完美，和谐完美的世界进一步表明了世界本身是好(善)的，是一种具有美德的存在。既然如此，作为世界一部分的个人，就应该遵循世界的本性，合乎自然地生活，端正自身的德性，实现好(善)的生活。

所谓“端正自身的德性”，就是抛弃那些导致灵魂疾病引致坏(恶)的德性，确立并且拥有那些拯救灵魂引致好(善)的首要德性，如智慧、勇敢、正义、节制，以及从属德性如宽容、自制、忍耐等。这些德性都是好(善)的，是无条件的，终极性的，具有最高的价值。一旦人类拥有了它们，便获得了一种永久的不需进一步完善的完满的幸福。这就是人类这种“理性存在作为理性存在的自然完成”，是人类依照理性而获得的生活圆满，是一种至善。至于生命、财富、健康、快乐美丽、力量、美名、高贵门第等，在斯多亚学派看来，既可以导致好(善)，也可以导致坏(恶)，它们本身不是好(善)的。

问题是，哪些人具有上述德性不需要治疗呢？在斯多亚学派看来，只有“贤人”才始终有正确的理性，他们是人的合理性的标准。[②]并且，依据其宇宙循环论，斯多亚学派内部有观点认为，依据理性生活的“贤人”，可以超越肉体的可朽性，达到灵魂的不朽，不过这种不朽受时间的限制，持续到宇宙大火时为止。[③]对于一般的民众，他们是不可能像“贤人”那样完全没有“激情”的。对于他们的各种由于“激情”而导致的灵魂疾病，就需要“贤人”帮助他们认识到世界-理性，并且依照世界-理性过一种自然的有德性的生活。具体而言就是，自然之中所发生的一切事情，都是世

---

① 汪子嵩、陈村富、包利民等：《古希腊哲学史》，北京：人民出版社，2010年，第683页。

② 姚介厚：《西方哲学史(学术版)·第二卷·古代希腊与罗马哲学》，叶秀山、王树人总主编，南京：凤凰出版社、江苏人民出版社，2005年，第954页。

③ [德]文德尔班：《哲学史教程》(上卷)，罗达仁译，北京：商务印书馆，2009年，第255页。

界-理性的体现，都是事先安排好的，不可能改变的，人类所能做的就是听从世界-理性或神的安排，合乎自然地有德性地生活，既不被生活中的种种诱惑所误导，也不被生活中的种种不幸所压倒，坦然地面对生活，达到一种宁静的、不动心的状态。

至此，斯多亚学派探求的“通过个体的修养，遵循理性而达到对外部世界的不动心，从而个体即可获得善或幸福”这一道路，便在其自然哲学中得到证明。

值得注意的是，斯多亚学派认为宇宙大火是创生万物，整合世界的力量和原理，是必然性与命运，也是神与理性，神即自然的理性支配一切事物按照严格的命定法则存在和行动。照此，个人的行动完全就由必然的命运决定，个人就不具有自由意志，从而也就不应该对其行为负责了。这明显是不合理的。对此如何解释呢？

斯多亚学派之所以强调宇宙理性法则的必然性，首先是基于其对“充足理由律”的遵循[①]——因为只有先假定这些理论，未来判断的正确性才能坚持，道德准则的普遍性才可得以维护，而不至于落入相对主义的囚笼；其次是根据上面的论述，只有假设宇宙理性的必然性，人们遵循其理性的本性也就是遵循宇宙理性之必然性，才能不受外物激扰，从而达到不动心。但是，斯多亚学派强调，这并不意味着人们不应对其行为负责，因为，决定人类行为方式的原因有两种：一种来自于外部的刺激——这是附属因，另外一种来自于个人内部的人格——这是主导因。在外部刺激即哲学教化的作用下，个人内部的人格可以为普遍的理性所决定而不受“激情”影响，从而可以为个人自身的行为负责。通过这种解释，斯多亚学派的伦理学与其自然哲学的不一致，就一定程度上得到了调和。

三、怀疑论学派：“悬置判断”过宁静生活

怀疑论学派在公元前 4 世纪末叶希腊化时代开初就已经产生，持续存在并演进到 3 世纪罗马帝制时期。在这段时间里，怀疑论学派自身的理论形态也有演变，大致经历了四个发展阶段：第一阶段是早期皮罗主义，以皮罗（约公元前 365—前 270）与蒂蒙（Timon，约公元前 320—前 230）为代表。皮罗被公认为怀疑主义的创始人，怀疑论因此也被称为“皮罗主义”；第二阶段是中期柏拉图学园的怀疑主义，以阿尔凯西劳（Arcesilaus，公元前 315—前 241）和卡尔内亚德斯（Carneades，约公元前 213—前 128）为代表。第三阶段是后期皮罗主义，以埃涅西德姆（Aenesidemus，生卒年不详）和阿格里帕（Comelius Agrippa，生卒年不详）为代表；第四阶段是罗马经验论的怀疑主义，以恩披里克（约 160—210）为代表。这一时期的怀疑论对于人类认识论的发展及其生活意义的展开有一定意义。

---

① ［德］文德尔班：《哲学史教程》（上卷），罗达仁译，北京：商务印书馆，2009 年，第 263 页。

(一)早期皮罗主义：怀疑论的“悬置判断”

在皮罗之前，无论是探讨世界本原的赫拉克利特、恩培多克勒、德谟克利特、爱利亚学派、伊壁鸠鲁学派、斯多亚学派，还是基于形式论探讨事物本质的柏拉图、亚里士多德，都认为人类关于事物本性的认识是可靠的。而皮罗关于这一问题，有着完全不同的看法。

根据皮罗的门人蒂蒙的记述，皮罗认为，人感知的只是事物的现象，事物的本性不可知。据此，皮罗不否认感觉，也不否认人类感知到的现象，而且认为感知到的这一现象还是事实——“我们并不推翻现象，现象作为表象所产生的一种状态的结果，不以意愿为转移地将我们导致某种同意。”①皮罗要否认的是现象的真实性，也就是说呈现出来的现象是不真实的。我们不能说它“是”，只能说它“显得如何”。②就此，蒂蒙说：“我不承认蜜是甜的，但我同意它显得是甜的。”③这就是说，皮罗要否认的是对感知或现象背后的本性的判断，即否定“事物的本质是什么”的断言，如否认“蜂蜜是甜的”。因为这样的断言与“这样东西对我来说不像是蜂蜜”的陈述和“这不是蜂蜜”的陈述，是等值的。④

皮罗为什么要否认对感知或现象背后的本性的判断呢？主要原因在于人类认识过程中，存在现象与现象、现象与思维、思维与思维之间的对立：第一，现象和现象的对立。比如，我们说一件衣服，在光线好的室外看时，它是蓝色的，在光线差的室内看时，它是灰色的；第二，思维和思维的对立。如果有人说上帝是万能的，就问上帝是否能制造一个连他自己都搬不起来的石头；第三，思维和现象的对立。比如，有人为了反驳蝴蝶会飞，就说蝴蝶是由毛毛虫变来的，毛毛虫是爬行的，因此蝴蝶也是爬行的不会飞；第四，思维和过去或者将来的现象对立。迄今为止，我们都没有办法驳倒一种理论，因为我们没有发现其与呈现的现有现象相反。但是，针对过去或未来，有可能存在与此理论对立的现象，此时也许存在一种与此理论相反的理论，其后来被确立是极有可能的。

正是在上述认识的基础上，皮罗认为，既然根据感知的现象去探究事物的本性就会产生互相矛盾的判断，即没有办法获得确定性的关于事物本性的知识，那么对于所有认识到的事物现象的判断，就要采取“悬置判断”的基本态度。如对于诸如世界的本原、本质、本体、“是”等形而上学问题，以至一切具体事物的本性，都不作论断，而采取不置可否的态度。第一，不做肯定和否定两种断言的表达方式；

---

① [古罗马]塞克斯都·恩披里柯：《皮罗主义纲要》，第1卷，第19节，见《赛克斯都·恩披里柯文集》第1卷。

② 苗力田、李毓章：《西方哲学史新编》(修订本)，北京：人民出版社，2015年，第151-152页。

③ [古希腊]第欧根尼·拉尔修：《名哲言行录》，徐开来，溥林译，桂林：广西师范大学出版社，2010年，第483页。

④ 陈智莉：《浅析皮浪怀疑主义的伦理意义》，《美与时代》(下)，2015年第5期，第43-44页。

第二，不做决定的表达方式，这里所说的“不做决定”并不是指不同意某些显而易见的问题，而是对自己当下心理状态的一种表达；第三，不做比较的表达方式；第四，不可知的表达方式，可以理解为，因为有第一种不做断言的表达方式，即我们对任何事物都不可能知道什么，所以没有任何观点能影响我们的立场。[①]如此一来，人类的认识只能局限于所感知事物的现象之中，不可能有确定的关于外在世界事物本性的认识。

由上面的论述可以看出，皮罗“悬置判断”的结论是经过系统论证得出的。

“悬置判断”是皮罗怀疑论的要旨。“悬置”(epoché)也可称为“悬疑”，即既不肯定也不否定事物的本性。如果我们把此理解为静止、停滞不前，那我们就没有真正理解皮罗的意图。[②]皮罗所谓的“对任何事物不作判断”，是指始终保持怀疑，继而进行永不停息的探索。“皮罗所说的‘判断’有特定含义，严格指关于事物本性的论断，是一种经过思索的对‘自在之物’的推理性论断。而日常生活中对现象的陈述，如说‘我看见一只猫’，皮罗主义者视之为仅是一种感知经验的报道，不在应于悬置的‘判断’之列。”[③]这是皮罗的智慧所在：无论做出肯定还是否定的判断，都是独断。要做到不独断，就要不判断，不断是非，不断真假，将人的认识严格局限于感知现象之中，肯定关于世界的相关常识，而怀疑基于现象的本性的判断。这种怀疑论，是近代大卫·休谟(David Hume，1711—1776)式的彻底的经验主义怀疑论的先声，对于我们考察认识世界的方法和思路，颇具启发。当然，这种怀疑论，在学理上就等同于放弃对事物的普遍本性和真理标准的一切哲学探究，仅仅满足于现象，以常识态度对待世界。这对于探讨事物的本质以及通过本质解释事物的运动变化(现象)，是很不利的。

(二)中期和后期皮罗主义：“二律背反”的逻辑思辨

中期学园派(约公元前247—前81)是从柏拉图学园中分离出来的。这一时期的代表人物阿尔凯西劳和卡尔内亚德斯为学园派带来了“怀疑主义”的一个转向——主要是通过逻辑思辨的方式，即所谓辩证法的名义，设立矛盾命题，以古代的“二律背反”否认判断真理的标准，将苏格拉底、柏拉图的传统修正为怀疑论哲学思想。这是与早期怀疑论不同的。它长期成为怀疑论的主流，掩盖了皮罗的现象主义怀疑论流脉。

在学园派怀疑论者那里，中止判断的首要目标是赢得更加确定的知识。对于他

① 林凡：《皮浪怀疑主义思想述评》，《重庆第二师范学院学报》，2013年第2期，第27页。

② 陈智莉：《浅析皮浪怀疑主义的伦理意义》，《美与时代》(下)，2015年第5期，第44页。

③ 姚介厚：《西方哲学史(学术版)·第二卷·古代希腊与罗马哲学》，叶秀山、王树人总主编，南京：凤凰出版社、江苏人民出版社，2005年，第1025页。

们来说，“没有真理的判准，只有或然率”[①]。即一个观点充其量是可信的，或者是“没有阻碍”的，是与其他观点不相冲突的，但如果说它们是坚定不移的、不可否决的，也是言过其实的。

对于后期皮罗主义，其特征是既秉承、发展了皮罗的现象主义，又吸收了中期学园学派的“二律背反”式思辨论证。在上述两脉传承之下，后期皮罗主义者以“论式”(tropos)为论证模式，说明存疑是如何产生的。埃涅西德姆和阿格里帕提出了十论式和五论式，对种种独断论进行批判，以反对独断论。之后，罗马经验论怀疑主义者恩拔里克对各种论式作了分类和阐释，其中包括埃涅西德姆的十论式、阿格里帕的五论式、二论式，具体见图 4.1。

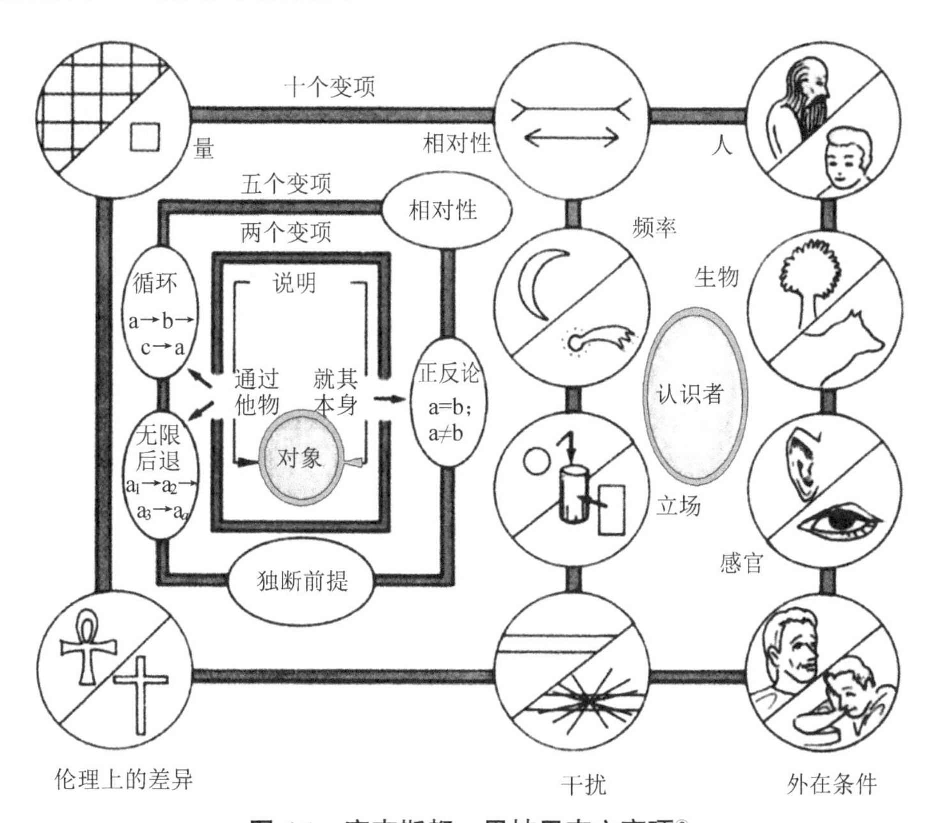

图 4.1　塞克斯都·恩拔里克之变项[②]

十个变项指向的埃涅西德姆的十个论式为：第一，基于动物的多样性；第二，基于人的差异；第三，基于感官构造的差异；第四，基于境况(即图中的外在条件)；

① [德]彼德·昆兹曼、[德]法兰兹-彼得·布卡特、[德]法兰兹·魏德曼等：《哲学百科》，黄添盛译，南宁：广西人民出版社，2011 年，第 61 页。

② [德]彼得·昆兹曼、[德]法兰兹-彼得·布卡特、[德]法兰兹·魏德曼等：《哲学百科》，黄添盛译，南宁：广西人民出版社，2011 年，第 60 页。

第五，基于位置、距离和场所；第六，基于混合(即图中的干扰)；第七，基于存在物的量和构成；第八，基于相对性；第九，基于发生的经常性或罕见性；第十，基于规训、习俗、法律、神话的信仰和独断的假说。而这些论式又可归于更高一级的分类形式：第一，将前四个论式(即图中最右侧的四个变项)隶属于判断者(或图中的认识者)；第二，将第七和第十论式(即图中最左侧的两个变项)隶属于被判断者(或图中的对象)；第三，将第五、第六、第八和第九论式同时隶属于判断者和被判断者(即图中的中间四个变项)。[①]

五个变项指向的阿格里帕的五个论式为：第一，基于分歧(即图中的正反论)。无论在日常生活还是在哲学家中，都存在着对给出的问题无法判定的分歧。因此，我们既不能选择也不能否定任何东西。第二，陷入无限后退。对于用以确证所提出的问题的凭据本身，又需要其他的凭据进行确证，以至无穷。第三，基于相对性。外部对象处于判断者和一起被观察的事物的关系之中，而显现为这样或那样，但我们无法判断对象自身的本性。第四，假设(即图中的独断前提)。独断论者陷于无穷后退时，把某种未确证的东西设为出发点，理所当然地接受下来。第五，循环推理。本应该用来确证该事物的东西，反而需要该事物进行确证。这五个论式最后都达致存疑，只能走向悬置判断。[②]

两个变项指向的是后期皮罗主义者对悬置判断的全部论式概括而成的两论式：第一，通过事物本身把握。第二，通过其他事物把握。由于我们对问题本身存在着无法判定的分歧，所以事物不能通过自身来把握。同时如果我们通过他物来理解某物，则会陷入循环推理或无穷后退。因此，任何事物都不能通过自身或他物来理解。[③]

埃涅西德姆的十论式是“就人感知的现象世界论证皮罗式的怀疑主义”，而阿格里帕的五论式则强调“理性的逻辑论证也必然陷入悖谬”，并“进一步摧毁希腊与罗马哲学的理性根基”。[④]十论式与五论式从感知和理性思维两个方面驳斥了独断论者的轻率的论旨，达到悬置对事物本性的判断的目的。根据恩披里克的记载，埃涅西德姆的十论式都可以归于“相对性”(此处并非十论式之相对性，但恩披里克在具体论述时同样陷于混乱之中)，将相对性作为最高的“属”，十论式则是低一级的

---

① [古罗马]塞克斯都·恩披里柯：《皮浪学说概要》(第1卷，第8节)，崔延强译注，北京：商务印书馆，2019年，第17页。

② [古罗马]塞克斯都·恩披里柯：《皮浪学说概要》(第1卷，第8节)，崔延强译注，北京：商务印书馆，2019年，第48页。

③ [古罗马]塞克斯都·恩披里柯：《皮浪学说概要》(第1卷，第8节)，崔延强译注，北京：商务印书馆，2019年，第51页。

④ 姚介厚：《西方哲学史(学术版)·第二卷·古代希腊与罗马哲学》，叶秀山、王树人总主编，南京：凤凰出版社、江苏人民出版社，2005年，第1049页。

“种”。[①]一切的存在都是相对的，这为十论式和五论式建立了关联，五论式之相对性是对十论式的概括。而两论式之通过自身或他物理解事物，前者存在五论式之分歧(正反论)，后者则会陷于五论式之循环论证与无限后退。就此，两论式将五论式中的三种复合为一个更为简洁的悬置判断的体系。

恩披里克通过他的工作对怀疑论哲学系统化，将后期皮罗主义者的十论式、五论式、两论式总结为一个论式体系。论式作为怀疑论悬置判断的一种工具，从方方面面对当时独断论者的哲学主张进行更为彻底的否定，揭露独断论者的鲁莽。

(三) 第四阶段：恩披里克的罗马经验论的怀疑论

1. 任何命题都能找到同样有力的反论

恩披里克就说：“怀疑论的标准是‘呈现’，它基本上指感觉呈现。因为这属于情感和非主动性的感受，它不在可以怀疑之列。所以，我认为没有人会争论背后的对象有这种或那种呈现；争论的焦点是：背后的对象是否真的像它呈现的那个样子。”[②]怀疑论者以此标准对自然哲学进行了怀疑。首先恩披里克从独断论者对世界本原的有关论断进行怀疑，他思辨地认为：“既然独断论者中有一些人[斯多亚派]声称神是有形的，另一些人[亚里士多德]则声称神是无形的，有些人[伊壁鸠鲁]断言神具有人的形式，另一些人断言神不具有人的形式，有些人说神存在于空间中，另一些人说神不存在于空间中；在说神存在于空间中的人中，又有一些人[斯多亚派]将神置于世界之内，而另一些人[伊壁鸠鲁]把神置于世界之外；那么，当我们对神的实体、神的形式、神的居所等还无法取得共识时，我们又如何能形成神的概念呢？只有在独断论者对神具有一个如此这般的性质取得一致意见时，只有他们先为我们勾画出那个性质时，我们才有可能据此形成神的概念。”[③]而后，关于“神的存在”，恩披里克做出了“它就是不可理解的”这样的处置。

同样，针对质料、物体、因果关系、运动位移、静止、混合、物理变化、增加和减少、整体和部分、空间和时间等自然学概念，恩披里克也都做了具体的思辨的讨论，他在论证过程中常常先肯定独断论的某些观点，然后再给出该观点的对立面，使得讨论对象在他所设置的语境中自相矛盾，最终都以“难以理解”“不能确证”

---

① [古罗马]塞克斯都·恩披里柯：《皮浪学说概要》(第1卷，第8节)，崔延强译注，北京：商务印书馆，2019年，第17页。

② [古罗马]塞克斯都·恩披里克：《皮罗学说概要》(第1卷)，见[古罗马]塞克斯都·恩披里克：《悬搁判断与心灵宁静：希腊怀疑论原典》，包利民、龚奎洪、唐翰译，北京：中国社会科学出版社，2017年，第8页。

③ [古罗马]塞克斯都·恩披里克：《皮罗学说概要》(第3卷)，见[古罗马]塞克斯都·恩披里克：《悬搁判断与心灵宁静：希腊怀疑论原典》，包利民、龚奎洪、唐翰译，北京：中国社会科学出版社，2017年，第112页。

“无法做出实在性的明判”等为理由而做出“悬置判断”的处理。

此外，他还特意对“数”进行怀疑，他认为毕达哥拉斯学派关于数的本原的相关论述都是“他们的臆测与虚构”。针对毕达哥拉斯学派对“数”到底是不是“可数之物”做出的含糊解释，他以“元一”(Monad)为事例来具体论证，认为“基本数字”(elemental number)的存在源于“分有”(participation)，它们或者分有了“元一”(统一性原则)而产生奇数，或者分有了“未定之二”(indefinite Dyad)而产生偶数。“元一”和“未定之二”都是原则或“种”，奇数和偶数只不过是这些“种”的殊相。[①]这样一来，“数并非是自存的。既然数既不能设想为可以自我存在，又不能设想为可以存在于可数之物中，那么，即便立足于独断论者所提出那些难以捉摸的理论来进行论证，我们也不得不说：数无以存在”[②]。

通过上述的论述，恩披里克说道，必须中止对事物本性的判断，因为“正反双方论证同样有力”。[③]

2. 澄清怀疑论并非“不可知论”

恩披里克认为，长期以来各学派学说的主要差异可概括为独断论和怀疑论的对立。独断论主张他们已发现、把握了真理；怀疑论则否定能把握真理，而且，这种怀疑论否定的只是对事物潜藏本性的独断论，并不是放弃对事物的一切认知，弃绝一切智慧，而是就事物现象显现的那样来考察事物。“希腊文中‘怀疑’(skepsis)的意思是‘思辨与探究’，怀疑论者(skeptikos)就是一个透视、审查之人，怀疑论哲学究其命名自身的本意，是指一种深究、探索的哲学。”[④]怀疑论的目标是，对每一个事物就像它显现的那样来处理与思考，而不是为了其他额外的东西。怀疑论者十分明确地区分了自己的学说与否定的独断论或不可知论。他们虽然承认以阿尔凯西劳和卡尔内亚德斯为代表的学园派在“存疑”方面很接近自己的学说，但是，仍然认为他们是否定的独断论者，因为他们没有理解怀疑的意义，没有掌握怀疑主义方法的精神实质，或者说是误用了这种方法，对外部实在做了否定的判断。

在以恩披里克为首的正统怀疑论者的心目中，怀疑主义绝对不是所谓的“不可知论”，因为“不可知论”指的是人类不能认识或理解世界的本质，人心不能认识

---

① [古罗马]塞克斯都·恩披里克：《皮罗学说概要》(第3卷)，见[古罗马]塞克斯都·恩披里克：《悬搁判断与心灵宁静：希腊怀疑论原典》，包利民、龚奎洪、唐翰译，北京：中国社会科学出版社，2004年，第162页。

② [古罗马]塞克斯都·恩披里克：《皮罗学说概要》(第3卷)，见[古罗马]塞克斯都·恩披里克：《悬搁判断与心灵宁静：希腊怀疑论原典》，包利民、龚奎洪、唐翰译，北京：中国社会科学出版社，2017年，第156页。

③ [德]彼得·昆兹曼、[德]法兰兹-彼得·布卡特、[德]法兰兹·魏德曼等：《哲学百科》，黄添盛译，南宁：广西人民出版社，2011年，第61页。

④ 姚介厚：《西方哲学史(学术版)·第二卷·古代希腊与罗马哲学》，叶秀山、王树人总主编，南京：凤凰出版社、江苏人民出版社，2005年，第1016页。

事物的本性这样一种知识论领域的思想。“不可知论”这个术语乃是近代哲学的产物，英文是 agnosticism，它的词干来自希腊文 agnoeó，而 agnoeó 一词在希腊哲学中并不是一个专门术语，而是一般意义上的“无所知”“不知道”“不明白”。这个词在恩披里克的作品中很少见，甚至在他分析怀疑主义时根本没有使用这个词。这里所说的“无所知”“不知道”“不明白”指的是“不能界定”“不能肯定”“不能确切知道”的意思，并不存在近代认识论意义上的“不可知”那种含义。恩披里克指出，怀疑主义虽然也使用“我不理解”(akatalepto)，“一切都是不可把握的”(pantaestin akatalepta)这样的表述形式，但同否定的独断论的用法不是一码事。在怀疑主义者那里，这些术语和表述形式仅仅描述了某种心灵感受(pathos)，即无法选择、悬置判断的心理状态，并不代表对事物本性作出了一种实质性的判断。至于学园派的观点，在恩披里克看来就是否定的独断论，就是近代意义上的“不可知论”，虽然那时还没有近代意义上的“不可知论”。否定的独断论宣称任何事物都是不可理解的或是不可把握的。[①]恩披里克将人用感官感知的现象看作行动的准则，将怀疑论的范围局限在人的经验范围内，是一种温和的怀疑主义认识论。对于神，恩披里克采取一种疑神论的态度，认为神的存在超出了人的经验，只能怀疑它的存在，不能像独断论者那样确切地说神存在还是不存在。恩披里克认为：“怀疑论者在哲学研究的方式上，不作轻率的陈述。”[②]故而对于宇宙、自然、神之类的对象，恩披里克持怀疑的态度，不作肯定的判断。

（四）怀疑论学派思想的意义

不可否认，怀疑论学派是一种深究、探查、怀疑、思辨的学说，终极目的是通过“悬置判断”，以达到“摆脱扰乱的心灵自由”。[③]这是存在欠缺的。但是，考察怀疑论学派，其思想仍然具有重要的意义。

第一，怀疑论学派虽然最终追求的是感性的、精神上的安宁，但是他们的怀疑论恰恰是通过站在理性的角度，对独断论的论断进行逻辑的批判而得出的理论，因此怀疑论得出的过程本身渗透着理性推理的特征。“怀疑主义作为一种清醒的理智，‘一种能力’(皮浪语)、一种思想素质或精神气质，检点理性的误用，提醒理性进行有效的使用，在一定意义上，它是一种批判的反思性的理性。”[④]进一步地，怀疑论学派的主张所内含的反思、批判、论证精神也启发后来的许多大家，间接地产生出

---

① 崔延强：《怀疑即探究：论希腊怀疑主义的意义》，《哲学研究》，1995 年第 2 期，第 61 页。

② [古罗马]塞克斯都·恩披里柯：《皮浪学说概要》(第 3 卷)，崔延强译注，北京：商务印书馆，2019 年，第 197-200 页。

③ [古罗马]塞克斯都·恩披里柯：《皮浪学说概要》(第 1 卷)，崔延强译注，北京：商务印书馆，2019 年，第 10 页。

④ 徐阳鸿：《希腊怀疑主义对独断论的诘难》，《现代哲学》，1998 年第 3 期，第 64-67 页。

许多伟大的思想。比如笛卡儿运用“怀疑一切”的方法，以明晰的数学为基础，发展出他庞大的机械论体系。

第二，怀疑论学派主要涉及认识论领域，并且他们所追求的伦理目标在当时也影响广泛。由怀疑主义的主张而受到关注的问题后来成为哲学中长久争论不休的问题，最为有名的就是休谟的“归纳问题”和“因果关系”，以及康德的“先天综合判断”和对人的认识能力的分析、审查、获得。无可怀疑，皮罗提出的怀疑论思想成为后来整个认识论领域许多重大问题的正式发端，在认识论层面影响深远。

第三，客观地讲，怀疑论学派不对事物本性做出“独断论”的认识倾向，有一定的消极意义。但是，在当时的理论背景之下，也就是在“独断论”盛行的思想界，这种理智地对待感知和经验，不盲从于人的感觉的认识方法，也有一定的积极意义。这是科学的认识论中理性思辨的一派。“这一学派的共同思想是：我们不可能知道事物的本性。我们的感觉只告诉我们事物如何向我们显现，而不是它们自身是什么。如果感觉是我们所有知识的来源，我们永远不可能超出感觉，那么我们怎么能知道对象是否同感觉相一致？而且，我们的思维同感觉相冲突，我们在这里没有标准来区分真伪(皮浪)。”[①]当无法认识感觉之外的事物之时，怀疑论者强调应当悬置判断，不假设、不断定任何东西。“晚期希腊的怀疑论揭示了可感现象的相对性和不确定性，认识到感性认识的局限，暴露了以往哲学在构筑体系时的逻辑上的缺点，促进了理论思维的提高，揭露了一切认识形式中的矛盾。这样，本来是为获得心灵宁静而提出的怀疑论，在历史上就具有了训练思维的作用。”[②]

第四，“原始的怀疑论的目标是要在智慧中‘得救’，但逐渐地它的辩证法得到了一种主要是方法论上的意义。”[③]怀疑论学派对自然事物悬置判断的认识论思想中蕴含着方法论思想，在人们认识的过程中给人以如何做的方法论指导。在塞克斯都看来，彻底的怀疑论者只能是方法论的怀疑论者。所谓‘方法派’的怀疑论者，指的是这样的思想家，他们避免对不明显事物的可理解性和不可理解性作任意断定，避开对它们作轻率处理，他们只是遵循从现象中推导出看起来是有益的东西这一原则。这种认识事物的方式对于避免独断论，遵从经验事实多有帮助。

第五，怀疑论学派对人们认识方面的独断论态度进行批判，这在一定程度上可以算作是帮助独断论者对形而上学独断论进行反思。在反思过程中，他们发现了形而上学独断论在认识本原时存在的弊端。“形而上学之所以相信理解力能够把握非显明之物，乃是基于一种不合法的类比，即通过经验上的简单类比产生对本原或始

---

① [美]梯利：《西方哲学史》，贾辰阳、解本远译，北京：光明日报出版社，2014 年，第 128 页。

② 苗力田、李毓章：《西方哲学史新编》(修订本)，北京：人民出版社，2015 年，第 155 页。

③ [法]莱昂·罗斑：《希腊思想和科学精神的起源》，陈修斋译，桂林：广西师范大学出版社，2003 年，第 331 页。

基的冲动，对支配宇宙的最高原则的冲动，编造超验的形而上学的神话。”[①]例如，看到人的某些有组织的有序的活动，会联系到天体的规律运动是否也是被所谓的“神”支配、组织或设计；或从音乐的和谐动听缘于音程的数学比例，类比出自然宇宙的和谐有序也由“数”所决定。这些本体论都是通过一种粗糙简单的类比得出，在怀疑论看来都是“草率”之举。因此，怀疑独断论的认识方式可以看作是对独断论关于本体论主张的间接反驳。怀疑主义做到了既对形而上学独断论进行思考和反思，又对独断论者在认识论方面的态度和方式进行了抨击。

第六，怀疑论学派虽然坚持“悬置判断”，但是并非对万物保持消极悲观的不可认识的态度，而是强调以更加严谨的方式实现认识。可以说，怀疑论学派在其充满怀疑与悬置的思想中暗含一定的可知思想。“怀疑派并没有放弃富有活力的思考和辩论的事业，他们也没有否认明显的生活事实——例如，人们会有饥渴，如果走近悬崖，处境会很危险。怀疑派认为人们显然应该在行动中小心仔细。他们并不怀疑他们生活在一个‘真实的’世界之中，他们只是想知道这个世界是否已经得到了正确的描述。”[②]可见，怀疑论学派的思想并非排斥一切认识，而是对无法判断之物不作判断。怀疑论者的认识是辩证的认识，是极具严谨性的认识，是竭力想要对世间万物进行探求，求取真知的认识。“从积极方面看，怀疑论者并不是要放弃科学认识，而是注重经验，主张对一切要持保留态度，反对独断主义。”[③]

（五）怀疑论学派的思想与过宁静的生活的关联

对于皮罗，其思想要点是，不否认人类感觉到的现象，而悬置对现象进行解释以及背后本质的判断，因为这样的判断存在现象与现象、现象与思维、思维与思维之间的对立。鉴此，对于这些现象，就应该不做肯定和否认的判断，不做决定的判断，不做比较的判断，不做不可知的判断，即“悬置判断”。通过这种“悬置判断”，不对事物进行解释和本质探求，而只将认识限定于事物的现象层面，跟着现象走，不持信念地、不受哲学影响地生活。因为，运用相应的认识原则，探究物质对象的本性、宇宙结构、道德价值与神的存在，追求关于这类对象的认识的确定性，是超越感知经验的、玄奥难决的，都对日常生活没有意义，带来的只是扰乱人的心智，使人的心灵不得安宁。要过上宁静的生活，就要：由自然所引导，自然地感觉和思想；由感受所驱使，饥就食，渴就饮；由传统和法则所限制，以虔敬为善，以

---

① 崔延强：《古希腊怀疑主义对形而上学的诊断与治疗》，《自然辩证法研究》，1998 年第 6 期，第 11-14 页。

② [美]撒穆尔·伊诺克·斯通普夫、[美]詹姆斯·菲泽：《西方哲学史：从苏格拉底到萨特及其后》，匡宏、邓晓芒、丁三东等译，北京：世界图书出版公司北京公司，2009 年，第 101 页。

③ 桂起权：《科学思想的源流》，武汉：武汉大学出版社，1994 年，第 42 页。

不敬为恶；由技艺所规训，在所接受的技艺中有所作为。[①]这是怀疑论者选择生活的四个行为准则。之所以选择这样的生活准则，是要规避“判断事物现象背后本质的生活”。

在皮罗怀疑论看来，要获得生活的宁静，就必须悬置判断，摆脱对善、神的本质等问题所作的相互矛盾的说明所引起的混乱。因为，“一切的不安来自认识与评价事物的冲动。认为事物有本质的好坏是一个独断的信念，为人们带来迷惘与恐惧。当怀疑主义者中止了一切判断，达到了漠然的态度，他的灵魂便得到了安宁，两者如影随形”[②]。根据第欧根尼的记载，皮罗从不著书立说，以实践这样的生活方式。第欧根尼还转述了一个广为流传的故事：有一次，皮罗和其他人乘坐的小船遭遇到了风暴，其他人惊慌失措，而皮罗却指着船头的一头悠闲进食的猪说，智者像这头猪那样顺其自然保持宁静。

至于皮罗怀疑主义所倡导的过这种宁静生活的思想路径，蒂蒙作了概括。他认为，一个想要获得幸福的人必须思考三个问题：首先，这个事物的本质究竟如何；其次，能否认识这样的本质，如果能够认识或者不能认识，我们应该持有什么样的态度；再次，对于这样的态度，我们应该过一个什么样的生活。对此，他认为皮罗怀疑主义是这样回答的：对于事物的本质，是无法作出确定性的不可质疑的判断的；对此，应该采取悬置的态度，即不持有观念的、不偏不倚的和无倾向的；因此，应该过一个“悬置判断”事物本质的宁静生活。

在恩披里克看来，这样的宁静不是通过哲学的论证，因为这样的哲学的论证不能获得关于外部事物的真理，它不是唯一的、必然的和自足的。因为，针对一般性命题，存在“十个变项”“五个变项”和“两个变项”。对于“十个变项”，它将会导致认识相对性。对于“五个变项”，则又存在判断主体与对象以及对象之间的复杂关系、无穷后退、循环论证、矛盾的命题(正反论)、判断主体之间的观点纷争等。因此，试图寻找真理，坚持真的或善的原则，去判断事物，不会获得确定的结果，只会扰乱内心的平静，要想获得内心的平静，就必须不去寻求本质，不对事物的本质作真假判断或善恶判断。如此的后果在学理上就是，放弃对事物的普遍本性和真理标准的一切哲学探究，满足于现象，以常识态度对待世界，这样处世也就会获得心灵的宁静和自由。[③]恩披里克在他的怀疑主义提纲的开头给出的皮罗怀疑论的定义：“怀疑论是一种能够在以任何方式出现和考虑的事物之间提出反对的能力，这种能力，由于对立的对象和叙述的均势，我们首先要暂停判断，然后才是

---

① 黄颂杰、章雪富：《古希腊哲学》，北京：人民出版社，2009年，第536页。

② [德]彼得·昆兹曼、[德]法兰兹-彼得·布卡特、[德]法兰兹·魏德曼等：《哲学百科》，黄添盛译，南宁：广西人民出版社，2011年，第61页。

③ [德]彼得·昆兹曼、[德]法兰兹-彼得·布卡特、[德]法兰兹·魏德曼等：《哲学百科》，黄添盛译，南宁：广西人民出版社，2011年，第61页。

平静。”[①]

综合怀疑学派，它们是一种深究、探查、怀疑、思辨的学说，不过，终极目的是通过“悬置判断”，以达到“摆脱扰乱的心灵自由”。[②]我国有学者就说，怀疑论者所质疑和批判的不是现象或显明之物，而是独断论所谈论的非显明之物，即独断论对外部实在做出的种种解释和论证；这种对独断论的反驳是通过对独断论论证的变项(tropos)的反驳进行的，遵循的是以下三条“元规则”(meta-rules)：一是证明一个无限系列是不可能的，二是试图通过成问题的东西确定成问题的东西是荒谬的，三是相矛盾的命题不可能同时为真，结论是对非显明之物进行的解释和论证是不确定的；在此基础上，怀疑论学派基于常识，对超越常识世界的哲学解释保持存疑，悬置判断事物的本质，而达致宁静的生活。[③]

对于皮罗怀疑主义以及在此背景下的“过宁静的生活”，休谟给予了怀疑。他认为，皮罗怀疑论是怀疑一切的，属于“极端怀疑论”。如果是这样，则一切都会处于浑然无知的状态，一切推论都应该停止，一切行为包括人类的基本生活也应该停止，结果只能是人生必然会消失。也即，皮罗怀疑主义最终会导致行动的丧失，生活的摧毁，不能期望它会给人类的心灵带来恒常的影响，而且，即使它能有那种影响，也不能期望那种影响会有益于社会。

对此，要深入分析。事实上，怀疑主义有两种：一种是对那种有可能影响人类认识真理性的各个方面加以怀疑并且深入分析，厘清束缚人类心灵的虚假观念和独断信念，寻求坚实的人类认识基础，可以说苏格拉底、柏拉图、亚里士多德、培根、笛卡儿、康德、逻辑实证主义者等都属于这一类；另外一种是皮罗主义者的，他们将怀疑的视野集中在那些非显明之物尤其是哲学的观点、命题、体系上，对此只做解构不做建构，只做批判不做判断，从而将人类的认识保持在现象或显明之物上。就此而言，它就不是怀疑一切的，而是怀疑非显明之物的，并且借此确立人类真理性认识的场所、幸福的原则以及幸福获得的疆域。这有一定的合理性，不可全盘否定。

四、新柏拉图主义：提出“三一本体论”过神性生活

新柏拉图主义的哲学思想最早可以追溯到斐洛(Phlio，约公元前20—约公元50)。作为希腊文明和希伯来文明融合时期的思想家，斐洛站在希伯来立场上力图融合希腊

---

① 转引自 Robbins J. The rediscovery of Pyrrhonism. Bulletin of Spanish Studies, 2005, 82(8): 21-37.

② [古罗马]塞克斯都·恩披里柯：《皮浪学说概要》(第1卷，第8节)，崔延强译注，北京：商务印书馆，2019年，第10页。

③ 崔延强：《作为生活方式的怀疑论何以可能？——基于皮浪派和中期学园派的理解》，《中国社会科学院大学学报》，2023年第3期，第5-30页。

哲学，从而把“高度伦理的一神教和柏拉图主义的超验主义神学融合起来”[①]。斐洛的思想深刻地影响到新柏拉图主义的创始人普罗提诺(Plotinus，204/205—270)。有学者就认为：“在许多方面，斐洛的学说像是为普罗提诺提供了蓝图。”[②]普罗提诺一方面继承了希腊文明的思想传统，另一方面又吸收了希伯来文明的基督教思想，在古希腊罗马哲学中占有重要的地位，是古希腊罗马哲学迈向中世纪哲学的桥梁。[③]普罗提诺的研究者阿姆斯特朗(Arthur Hilary Armstrong)这样评价普罗提诺：“他是一位富有原创性的哲学天才，是晚期希腊思想史中唯一能达到柏拉图和亚里士多德水准的哲学家。”[④]

(一) 斐洛：把神归为上帝

斐洛为了对《旧约圣经》进行阐释，利用柏拉图关于两个世界的划分思想，切断人与神的联系，把神置于高高在上的地位。他认为，神是一栋宅邸，是无形的理念的无形的居处；神是万物之父，由神生出万物；神是至高完善的、不可认识的存在，只能通过柏拉图式的“理念”(eidos)才能和神有所联系。他用柏拉图和斯多亚学派的学说来解释犹太教非拟人化的一神论思想，认为：“神是存在的，是永恒存在的；因此，神实际上是，而且只有一个，神创造了这个世界，并且把它造成为一个世界，这个世界是独一无二的，正像神自己是独一无二的。”[⑤]由此他把神归为上帝[⑥]。

第一，上帝是永恒、唯一、无限、原初、终极的“一”和至高无上的真实存在，所以，“上帝显得比一切完美的事物更完美，比善更善，他无名或无质，是不可思议的”。[⑦]上帝是不可见的，是超越于现实世界的，它同时又是外在与内在的统一，居于万物之上，又显现在万物之中。

第二，上帝创造了万事万物，世界上的万事万物都是上帝的作品和子民。他若

---

① Armstrong A H. The Cambridge History of Later Greek and Early Medieval Philosophy. New York: Cambridge University Press, 1967: 141.

② Armstrong A H. The Cambridge History of Later Greek and Early Medieval Philosophy. New York: Cambridge University Press, 1967: 154.

③ Armstrong A H. The Cambridge History of Later Greek and Early Medieval Philosophy. New York: Cambridge University Press, 1967: 676.

④ Armstrong A H. The Cambridge History of Later Greek and Early Medieval Philosophy. New York: Cambridge University Press, 1967: 195.

⑤ [古罗马]斐洛：《论〈创世记〉》，王晓朝、戴伟清译，北京：商务印书馆，2017年，第172页。

⑥ “上帝”这一概念在不同时期的含义是不一样的，基督教以前的“上帝”在古希腊、古罗马、古希伯来文化中都和“神”的概念没有区别(在希伯来文化中，上帝是希伯来人信仰的“雨神”)，并不一定是独一无二。后来，随着基督教的发展“上帝”才被当作是独一无二、至高无上的存在。(参见黄刚：《中西方文化系统下的“上帝”概念》，《系统科学学报》，2019年第4期，第25-28页。)

⑦ [德]E. 策勒尔：《古希腊哲学史纲》，翁绍军译，济南：山东人民出版社，1996年版，第279页。

不给予，你就不可能拥有，因为一切万物都是属于他的财产，你拥有的一切东西，即身体、感觉、理性、心灵以及它们的各种功能，都是属于神的。[①]

第三，上帝创造了人，并按照自己的旨意规定了人的性质和生存空间，可以说是人的上级，因此，对于由上帝创造的人来说，不能认识上帝的终极的神秘本性，只能用“耶和华”来指谓上帝，或用一些否定性词语如不死的、不朽的、不变的、不可见的等来描述其特性。[②]

第四，为了使上帝的绝对超然存在与他的一切绝对活动统一起来，斐洛提出了中介存在者的假设，即引入了“逻各斯”的概念，作为上帝与世界之间最普遍的中介。他指出，逻各斯是整个理念世界的总称，是上帝的心智与作为宇宙内在固有秩序的神圣理性，是世界的原始样式。“在斐洛那里，逻各斯/道(logos)是一个关键术语，柏拉图式的理念包含在神圣的逻各斯/道中，成为组成神的工具，由此在超验的形式和道之间形成一种清晰而紧密的联系。”[③]上帝是以逻各斯理念世界为原型，并以其为工具，创造了严整有序的现实世界。这样，上帝、逻各斯、人三位一体，便形成了一个完整的系统。鉴此，布鲁诺(Giordano Bruno，1548—1600)称斐洛为“基督教教义之父”。[④]

(二)普罗提诺：“三一本体论”与自上向下的“流溢”

在世界本原的问题上，普罗提诺的理解与前人不同。他没有使用希腊传统哲学中的实体(ousia)，而是用了本体(hypostasis)。这两个词语在希腊语中都表示“基本的存在者”以及“性质和活动的承受者”，在一般情况下不做区分。但是，普罗提诺区分了这两个概念。在他看来，“ousia作为本体不具有最原初的意义，因为ousia就词源而言，要表达的是‘是什么’或者‘是其所是’的意思，而‘所是’可以是抽象的、普遍的东西，也可能是具体的、个别的东西”[⑤]。鉴此，普罗提诺使用hypostasis一词，表示最原初的、抽象的和普遍的本原，以及“非物质的、独立的存在(entities)”[⑥]，进而提出与前人不同的“三一本体论”或“三本体论”思想。

所谓“三一本体论”或“三本体论”思想，指的是普罗提诺将太一(the One)、理智(the Intellect)和灵魂(the Soul)作为世界的第一、第二和第三本原。“至善的单

---

① [德]E. 策勒尔：《古希腊哲学史纲》，翁绍军译，济南：山东人民出版社，1996年，第283页。

② 姚介厚：《西方哲学史(学术版)·第二卷·古代希腊与罗马哲学》，叶秀山、王树人总主编，南京：凤凰出版社、江苏人民出版社，2005年，第1075-1078页。

③ Harold T. From the Old Academy to Later Neo-Platonism: Studies in the History of Platonic Thought. England: Ashgate Publishing Limited, 2011: 201.

④ 邓晓芒、赵林：《西方哲学史》，北京：高等教育出版社，2005年，第78页。

⑤ 王强：《普罗提诺终末论思想研究》，北京：人民出版社，2014年，第66页。

⑥ Remes P. Neoplatonism. Stocksfield: Acumen, 2008: 48.

一本性也是原初的……而被称为太一的事物，其本性是同(因为它并非先是另外的事物，然后才是一，同样，至善也并非先是别的事物，然后才是善)……这就是第一者；在它之后是理智，它是最初的思者；理智之后是灵魂(因为这就是与事物的本性相对应的顺序)。”[①]简而言之，太一流溢出理智，理智再流溢出灵魂，最后灵魂与物质(matter)相结合，形成可感的世界。太一因充满而外溢，普罗提诺称之为“流溢”。每个较高的存在层都在较低层映现自己，然而统一性与存有的充满却也层层流失，直到最后完全物质性的存有构成了物理世界，概况见图 4.2。

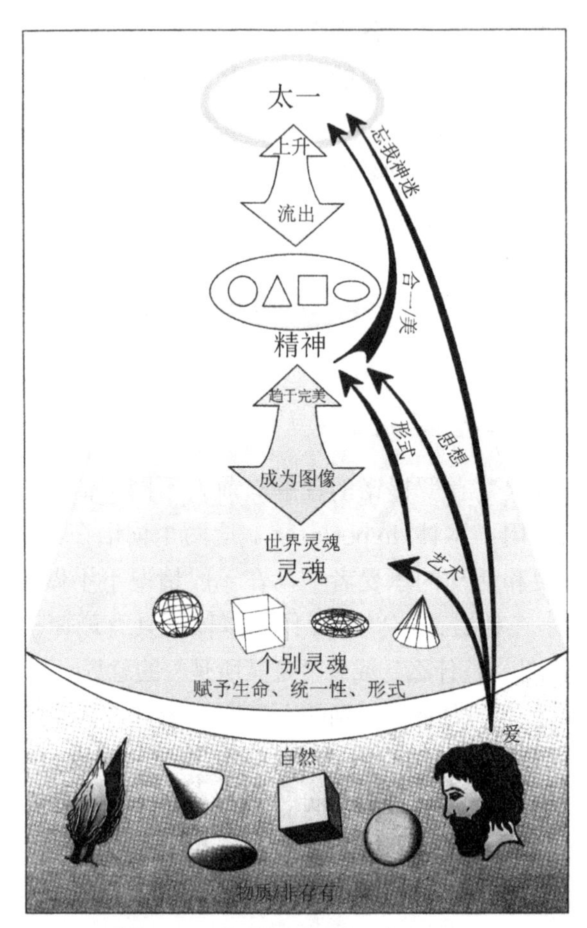

图 4.2 普罗提诺的流出阶层[②]

1. 绝对的统一与充满的源头“太一”

普罗提诺将“太一”作为世界的最高本原，在三本体论中占据主导地位。太一

① [古罗马]普罗提诺：《九章集》（上册），石敏敏译，北京：中国社会科学出版社，2018 年，第 166-167 页。

② [德]彼得·昆兹曼、[德]法兰兹-彼得·布卡特、[德]法兰兹·魏德曼等：《哲学百科》，黄添盛译，南宁：广西人民出版社，2011 年，第 62 页。

是“一”，不是数量上的“一”，而是专名上的“一”。万物之源并非万物，而是朝向太一的回归，或者更确切地说，即使它们现在还未回归，但将来总要归于太一。就此，万物都为太一所拥有。[①]据此，太一在普罗提诺那里就是第一性的存在，是最高的、唯一的，是其他一切事物的原因，是无所不包的、不可分割的、没有大小性质之分的、具有创造力的超验本体。太一具有肯定和否定两种规定性：从肯定的角度说，太一又称为主善，是绝对的统一与充满，一切的善乃至于美都源自它，没有任何存有物可以游离于它；从否定的角度说，太一不是伦理意义上的善，既然太一的本性就是生育万物，那它就不是万物中的一个，因此它就不是某物，没有被限制或量化，也不是理智或灵魂。它不在运动和静止之中，不在空间或时间之中，而是“自存自在的单一形式自身”，或毋宁说它是无形的。[②]由此，太一超越于一切具体存在物，也超越于理智与灵魂，而包含全部生命力并成为最高本原。它没有形式而且先于一切形式而存在，它既不运动也不静止，也不存在于时间和空间中；它超越时空，超越运动与静止，自在地存在而不受任何限制，具有唯一性与单一性而又能使其自在的存在成为多样性的统一，成为一个蕴涵着全部潜能与生命力的一种至高无上的、完善的无形实在。“普罗提诺遵循着‘太一’超越存在的理念。‘存在’是多种多样的，而‘太一’是绝对简单的，因此它不存在于‘存在’之中，而是超越存在。”[③]

也正由于太一是这样的存在，“太一是绝对的统一体，不承认任何多样性和复合性，否则，它就不会发挥终极的、独特的解释原则的作用”[④]。它不可能借直接的、概念性的、解析性的手法被接近。它是世界的最高、能动的本体；它是无所不包、不可分割、不可名状的，是超验、完满而有生命力的无形本体；它超越于一切存在，是神和善本身，是绝对的“一”。它是不可认识的，它不是理智的对象，它是超越柏拉图的理念世界的存在，是一种超验的存在。它不可名状，无法用定义来表达和加以描述。“它不是存有物，否则在此一本身将成为他物的谓词；它……没有名字，(我们)将之称为一，当然这不表示，它本身是一特定的什么，然后此外也是一个一。它毋宁必须通过其产物来认识，即存有。”[⑤]理智无法把握太一，所以，我们也不能对太一产生认识，我们对太一只能作否定性表述，有限的、具体的、肯定的陈述不能用来形容无限的太一，太一是产生一切又超越一切的存在。普罗提诺的太

---

① [古罗马]普罗提诺：《九章集》（下册），石敏敏译，北京：中国社会科学出版社，2018年，第472页。

② [古罗马]普罗提诺：《九章集》（下册），石敏敏译，北京：中国社会科学出版社，2018年，第767页。

③ Remes P. Neoplatonism. Stocksfield: Acumen, 2008: 49.

④ Remes P. Neoplatonism. Stocksfield: Acumen, 2008: 49.

⑤ [德]彼得·昆兹曼、[德]法兰兹-彼得·布卡特、[德]法兰兹·魏德曼等：《哲学百科》，黄添盛译，南宁：广西人民出版社，2011年，第63页。

一，“实质上是将已有理性神意义的后期柏拉图所说的‘一’、柏拉图与亚里士多德所说的至高的‘善’、斐洛指谓上帝的‘一’，以及新毕泰戈拉主义者神化数的‘元一’融合在一起”[①]，整摄、升华为一种超验的(极致超越的)、绝对的、有神秘韵味的新理性一神。

“太一是它自己独特的存在的完美实现：一个超越存在、超越实体和限制的存在。”[②]作为完美的实在，太一不缺少任何东西，它也不会渴望任何超出自身本性的东西；它是自给自足的，虽然外部事物由它创造，但是，它所创造的外部事物绝不会改变它，就此来说，它与外部事物没有相互作用。它本身没有外部原因，只有自身原因以及自我关系(self-relation)[③]；它是自身的自发的自由意志和自我决定，不受任何外在事物的强迫。[④]“太一通过流溢的本性而产生万事万物，因此，一方面，没有任何现存的事物能够超越它们以及它们的原因而独立地和分离地存在；另一方面，一切都是由太一产生的，并在一定程度上反映了它的本性、统一性和善。”[⑤]

2. 从“太一”流溢的是“理智”

太一创造了万物，但它的直接产物是理智。最先从太一“流溢”出来的是理智。它是“三本体论”中的第二层本体，普罗提诺用 nous(“努斯”，又称为“精神”)为它命名。“理智不是个体的理智，而是所有事物的理智，包含了理智的形成如物种的原则、个性化以及辩证法所需要的中心概念。”[⑥]“理智比太一低一级，它是柏拉图理念(Platonic Ideas)和实存(real being)的领域，所谓实存，是指凭借自身而非其他东西成为它自身。”[⑦]理智体现了两方面的思想：“一是对应于亚里士多德的神，二是对应于理性参与的思想本身。”[⑧]理智是理念的国度，理念意味着一切事物永恒的原型，因此理智是最高的存有。由于理智是由太一自身的完满充盈才产生的，因此它是太一的象征，太一通过理智展现自己；又由于它最先从太一中流溢出来，因此具有和太一最相似的特征，并且不再保持太一绝对的统一性，而是一和多的统一性，是比太一低一等级的本原；更由于理智中有思想，于是要求思想者与思考对象加以分离，明确对象之间的差异性。如此，理智除涵盖存有、不动、自我同一(基于其永恒性)等原理外，还有思想行为本身所蕴含的动态与差别化。这后一个

---

① 姚介厚：《西方哲学史(学术版)·第二卷·古代希腊与罗马哲学》，叶秀山、王树人总主编，南京：凤凰出版社、江苏人民出版社，2005 年，第 1095 页。

② Remes P. Neoplatonism. Stocksfield: Acumen, 2008: 49.

③ Remes P. Neoplatonism. Stocksfield: Acumen, 2008: 49.

④ Remes P. Neoplatonism. Stocksfield: Acumen, 2008: 50.

⑤ Remes P. Neoplatonism. Stocksfield: Acumen, 2008: 50-51.

⑥ Remes P. Neoplatonism. Stocksfield: Acumen, 2008: 53.

⑦ [美]大卫·福莱：《劳特利奇哲学史·第二卷·从亚里士多德到奥古斯丁》，冯俊等译，北京：中国人民大学出版社，2017 年，第 431 页。

⑧ Remes P. Neoplatonism. Stocksfield: Acumen, 2008: 53.

方面说明了作为第一原则的单一太一，是如何通过理智而使多样性进入形而上学的。这也说明："存在的多样性的原则在于理智。"[①]"理智必须以复杂的可理解的结构来解释宇宙中的理智的设计；它导致概念和思维的多样性以及存在的多样性。它创造了实在性：人类概念试图理解的事物本身。这是发生在它的转化中；在转向太一的过程中，理智将太一的流射解释为与众不同，即存在的多样性。在流射中，理智产生并维持自身，即理智存在的多样性。其结果是，理智由柏拉图式的形式或理念构成：真实的或真实的存在。这就是这些思想的多重性在某种意义上的统一。"[②]

太一流溢出理智，理智是普遍性理念的全体，是太一的心智，是永恒的精神现实，是一和多。普罗提诺将从太一到理智的流溢过程分成了两个阶段：第一阶段，太一生出一个未成形的潜能；第二阶段，理智在凝思中回归太一，并通过太一而有了形式，从潜能变成了现实。因而普罗提诺认为理念内在于神圣理智，如果理智不在本质上包含理念作为其思想，它的知识和智慧就成了问题了，"我们认为理智应当观察属于它自身的事物，也就是它自身内在的事物"[③]。理智的思维是自我思维，其知识也是一种自我知识，这种自我思维同时也是理念和实存。在普罗提诺看来，实存与神圣理智的同一，意味着知识与存在相一致，成为其知识得以可能的必要条件。

考察新柏拉图主义的"理智"："在将形而上学意义上的实体(entities)看作是独立于任何人类思维的思想对象这一意义上，新柏拉图主义的视角看起来就像现代的实在论。不过，在将思想的对象放置在心灵之中并且作为心灵活动的产物这一意义上，它还包含后来的唯心主义的种子。这是心灵的活动，在此巅峰，创造了自然和存在。但是，产生存在(being)的心灵或思想者高于个别性的心灵，它被假设为(it is hypostasized)具有实在性。总而言之，新柏拉图主义者否认思维与存在的严格分离，但以一种微妙的方式，他们希望维持形而上学实在论的核心原则。"[④]

3. 从成熟的"理智"中孕育出灵魂的果实

最初从太一流出的是理智，理智摹仿太一流溢产生灵魂。"这些灵魂居住于它们凭借理念所创造的物质世界中，成为了人的灵魂或者其他自然生物的灵魂"[⑤]，灵魂摹仿理智流溢产生万事万物。结果是，这个智性的世界以太一为观照对象，但本身已有了分化，作为连接太一和现象世界的中间环节——"'心智'对位于其上的'太一'来说，是被表现出来的精神，而对位于其下的现象世界，又是模型，是产生万

---

① Remes P. Neoplatonism. Stocksfield: Acumen, 2008: 53.

② Remes P. Neoplatonism. Stocksfield: Acumen, 2008: 54.

③ [古罗马]普罗提诺：《论自然、凝思和太一：〈九章集〉选译本》，石敏敏译，北京：中国社会科学出版社，2004 年，第 189 页。

④ Remes P. Neoplatonism. Stocksfield: Acumen, 2008: 54.

⑤ 邓晓芒、赵林：《西方哲学史》，北京：高等教育出版社，2005 年，第 80 页。

物的原因和动力。”[①]

在这里，理智模仿太一，流溢出次等的存在——灵魂。灵魂是理智与世界的中介，是宇宙形成的直接原因。灵魂从理智中流溢出来，所以一方面，灵魂向理智和太一趋近，寻求至善，成为天上的灵魂；另一方面，灵魂作为外物生成的直接原因，生成外物，所以灵魂与物质相结合，成为物质质料的形式，成为物和自然中的灵魂。如同话语是思想的反映，灵魂也是理智的反映。作为理智的“外显作用”，灵魂最高的活动便是回返观照理智。灵魂搭起了理智界与物质界的桥梁。“理智模仿太一，以同样的方式连续不断地发出多种能力——这是它的一个形象——就像它的本原产生出它一样。这种产生于理智实体的活动就是灵魂，在灵魂生成的同时，理智则保持不变，就像理智生成之后，理智生成者保持不变一样。但是，灵魂在生产中却并非保持不变，它的形象就产生于它的运动。它凝思自己的源头，从而被充满，但是通向另一方面运动产生出自己的形象，这就是感觉和植物的生长原理。”[②]

因为自然、宇宙的生成是灵魂流溢的过程，所以，自然、宇宙是有开始的，但其生成却是永恒的。“而天宇，在灵魂的明智引导下，进入永恒的运动，成为一个‘幸运的生命物’，又因灵魂的进入和安居其中而获得自身的价值。”[③]普罗提诺认为，天上的事物与地上的事物之所以在永恒性问题上不同，是因为它们来自不同的无上的神，天上的事物源自至高神，而地上的生命物源自至高无上的神所生出的诸神，地上的灵魂只是天上灵魂的影像。

4. 灵魂普照下的自然界中的物质

普罗提诺深受柏拉图哲学的影响，接受了柏拉图关于两个世界的划分学说，同时也深受两个世界划分学说的困扰，即如何沟通这两个世界。不可见的世界规定着可见的世界，存在着森严的宇宙秩序，那么如何沟通不同秩序的宇宙就变得困难重重了。为了解决这一困难，普罗提诺引入了灵魂的观念以沟通这两个世界。

灵魂的等级低于理智，灵魂是理智的影像，它也具有创造性的生命力。由于其功能的多样性，从某些方面来说，灵魂是普罗提诺理论中最复杂的本原。在普罗提诺的形而上学哲学体系中，灵魂本体是直接对感性世界负责的理智等级，有机体、形式、质料等都是灵魂的产物。“灵魂解释了感性者的动态本质以及它的欲求和努力，也解释了我们在这个世界上所看到的运动、成长、知觉意识和行为。虽然灵魂本身是一个永恒的和无时间的存在，但是，它的行为创造了时间序列或者发生在时

① 冒从虎、王勤田、张庆荣：《欧洲哲学通史》(上卷)，天津：南开大学出版社，2012 年，第 196 页。

② [古罗马]普罗提诺：《九章集》（下册），石敏敏译，北京：中国社会科学出版社，2018 年，第 473 页。

③ [古罗马]普罗提诺：《九章集》（下册），石敏敏译，北京：中国社会科学出版社，2018 年，第 459 页。

间序列之中。它给了这一序列以秩序和方向，从而也产生过去-现在-未来的秩序和维度。”①“灵魂是理智(the Intellect)产生感性(the Sensible)的工具或中介。”②

灵魂如何连接智性的世界和感性的世界，又如何能在此处运作又在彼处运作呢？这与等级性的灵魂有关。“灵魂可分为灵魂本体(它停留在理智的领域内)、世界灵魂(Word-Soul)和个体灵魂(Souls of Individuals)，后两者处于同一等级。在后两种类型中，又进一步根据灵魂直接作用于身体与否，区分为较高级的灵魂和较低级的灵魂(这种区分同理性灵魂与非理性灵魂之分是一致的)。”③由于个体灵魂不足以解释为什么个体生物具有关键的功能，还需要世界灵魂作为它的更普遍的来源。“世界灵魂遍满整个宇宙，赋之以形，为它注入生机，为世界带来秩序。”④世界灵魂当中包含了个体灵魂，个体灵魂与物质结合，形成了物理世界的个别物。对于这样的结合，普罗提诺认为，根本不是灵魂呈现在形体中，而是形体呈现在灵魂中，就像处在光或热当中，形体被照亮或加温的同时，光源或热源根本不会受到任何影响。质料是普罗提诺等级次序中最低级的存在，也是解释多样性所必需的，形式和质料的复合便成了可感世界的生成物。

由此可见，自然界中的个别物是灵魂普照物质的产物。“在最基本的层面上，灵魂可以被理解为一个实体化的、具体化的现世生命原则。”⑤就单纯的物质来说，普罗提诺称物质为非存有，它本身没有形式，也没有尺度，杂乱无章且丑陋。它是距太一之光最远者，因此普罗提诺曾有“物质之黑暗”之说，它处于图 4.2 中的下半部分——阴影的“物质/非实有”部分。就灵魂普照下的感性灵魂来说，感性的领域是流射的最后一步，它与“本原”太一的善相距甚远，因此在“本原”方面表现出最大的缺陷。它也是我们所看到的展开在它的最扩展形式上的存在，它展示并且扩张颜色、材质，重复的和个别的差异，整体和部分，行为、美德和邪恶等各种属性。“灵魂与物质结合之后，其观照睿智与己之所从出的太一的视线便遭到遮蔽。”⑥

(三)普罗提诺自下向上的“净化德性”伦理学

上述各个方面的论述展现了普罗提诺形而上学意义上的世界体系等级制——太一-理智-灵魂-感性领域-物质，由此可以解释世界中的具体物质。想象一匹棕褐

① Remes P. Neoplatonism. Stocksfield: Acumen, 2008: 56.

② Remes P. Neoplatonism. Stocksfield: Acumen, 2008: 55.

③ [美]大卫·福莱：《劳特利奇哲学史·第二卷·从亚里士多德到奥古斯丁》，冯俊等译，北京：中国人民大学出版社，2017 年，第 433 页。

④ [德]彼得·昆兹曼、[德]法兰兹-彼得·布卡特、[德]法兰兹·魏德曼等：《哲学百科》，黄添盛译，南宁：广西人民出版社，2011 年，第 63 页。

⑤ Remes P. Neoplatonism. Stocksfield: Acumen, 2008: 55.

⑥ [德]彼得·昆兹曼、[德]法兰兹-彼得·布卡特、[德]法兰兹·魏德曼等：《哲学百科》，黄添盛译，南宁：广西人民出版社，2011 年，第 63 页。

色的马，你看到它在田野上奔跑。这时，这匹马是一个可识别的、统一的存在，因为它由统一性和同一性的终极原则“太一”所引起。这匹马为什么会有优良的结构和功能，这是第一原理的善使然。它符合匀称的、美的比例，最终由同样的理智和灵魂协调的原则推演而来。此外，我们还可以看到马有一个普遍的智能的形式和结构，这能从特定的“太一”中抽象。它是一种动物，一种哺乳动物；它具有棕褐色和其他属性的适当组合。它的属性和它们所形成的马的特征是由智能的原则，亦即理智的内容“形式”所保证。这样的形式或原则由理智流溢而来，必然比单一的“一”本身更低。特定的马也是有生命的，它本身就是它自己的生命功能和运动的起源，并且表现出相应的努力和奋斗。这些是由灵魂来解释的，灵魂也是有生命的。最后，马是现世的、肉体的和物质的，是不完美的，可能在结构和功能上存在欠缺从而使其不善于倾听或奔跑，而这主要是由于在物质的实现或者反映智能的原则方面并不完全成功。

这是普罗提诺自上而下的“流溢”阶层。由此，可以具体解释事物的存在、运动和变化：万事万物的产生和存在就像事物的流溢一样，是从最高的本原太一中流溢出来的；太一的流溢含有“派生”“创生”“辐射”的意味，太一流溢出理智和灵魂，并与它们一起构成三个层级的统一本体，即“三位一体”说。普罗提诺认为可感的现实世界是“三位一体”之神在流溢中创生的，体现神性，也富有生命力，继而组成了世界上的万事万物。

与此相反，物质也可以向着太一上升。“这一过程被普罗提诺称为‘净化’。其动力为对原始的美及合一的爱。上升的道路是观照。‘例如艺术经由感官之美的鉴赏通往纯粹的、自身完美的形式之美。’在哲学里，灵魂也克服了如阴影般虚幻的物体世界，返回精神之中。至高无上的解脱是忘我神迷，即直接沉降至对太一的观照中。”①

对于普罗提诺来说，物质是最低等级的存在，人的肉体由灵魂和物质两个部分组成。作为灵魂的一面，人的灵魂趋向于认识神，企图重返到神的世界。而作为物质的一面，则呈现相反的状况，如此使得灵魂与物质的结合成为一种罪恶和堕落，也使得原本高居于神的世界的灵魂受肉体拖累。为了克服这种堕落和罪恶，灵魂需要重新回归到太一中，才能得到神的观照。那么怎样才能回归太一呢？普罗提诺认为，首先就要认识太一，而认识太一的困难在于它超越了“是”，因此，就需要通过以下两种途径认识它：一是与太一合一(亲证)，二是通过在它之后的事物去认识它(推论)。②第一种方法要求我们抛开“是”的限制，超越理智，超越一切杂多和分

① [德]彼得・昆兹曼、[德]法兰兹-彼得・布卡特、[德]法兰兹・魏德曼等：《哲学百科》，黄添盛译，南宁：广西人民出版社，2011 年，第 63 页。

② 陈越骅：《太一的多面相——论普罗提诺形而上学中的最高本原》，《世界哲学》，2011 年第 2 期，第 291-300 页。

别，超越和摆脱肉体的束缚，循着美德上升到精神的沉思，达到一种迷狂的境地，使自我的灵魂与太一融合为一体。但是，这种迷狂的状态是很难达到的，他本人一生中也只是有四次这样的直觉体验。“据波尔费留说，他与普罗提诺相处六年，普罗提诺曾有过四次观照的经历，而他自己在 68 年中仅有一次。”[①]第二种方法就是从“它之后的、由它而来的东西”发现太一作用的痕迹，再从痕迹去推论原因，推论太一的存在，这种方法适合所有人。对于无法领会纯粹的思想的灵魂的人，可从先认识形成意见的灵魂或从低级的解释感觉开始。如果他愿意，最好降到生产的灵魂，再过渡到它所生产的产品，然后从那里上升，从最低级的形式上升到最高级的，或者毋宁说上升到最原初的形式。[②]

下面以第二种方法为例，陈述普罗提诺自下向上的“净化德性”伦理学。

根据普罗提诺的“三一本体论”，“太一”流溢出理智，理智流溢出灵魂，最后灵魂向下“流溢”作为外物生成的直接原因，与物质结合，成为物质质料的形式，生物、形式、质料等都是灵魂的流溢。灵魂有等级，包括灵魂本体(它停留在理智领域中)、世界灵魂和个体灵魂，后两者处于同一等级中。在后两种类型的灵魂中，又进一步根据灵魂是否直接作用于身体，区分为较高级的灵魂(理性灵魂)和较低级的灵魂(非理性灵魂)。世界灵魂包含个体灵魂，个体灵魂与物质结合，形成物理世界的个别体。不是灵魂呈现于形体中，而是形体呈现于灵魂中，形式和质料的复合便成了可感世界的生成物。

按理说，世界灵魂和个体灵魂对世界的创造和管理不会受到物质世界的影响，但是，它们有可能对物质世界过于热心、投入、好动、下倾、照管等，从而最终可能深陷于被创造和管理的物质世界之中，使其与自己的产品、映像完全等同。这样一来，灵魂就不是在做自己产品的主人，反而成了奴仆。[③]也正因为如此，普罗提诺建议灵魂在管理这个世界时，一定要与被创造和管理的对象保持距离，注意自己的最重要的生活是观照理智的生活，具有相关的恶的认识和了解邪恶的本性，从而居高临下地管理自己的产品，并“尽快地逃离”。普罗提诺说道：“灵魂虽然具有神圣之本质并居于上界，仍然进入到形体中；它是低层次的神，是自愿跃入此岸世界中的，这是由于它的内在力量和组织自己的产物的欲望。如果它逃得快，那不会受什么伤害；它已经有了恶的知识并了解了邪恶的本性。它也展示了自己的力量，并且进行了它如果一直停留在无形存在中就会毫无作用、从未实现的工作与活动。”[④]

---

① 张志伟：《西方哲学十五讲》，北京：北京大学出版社，2004 年，第 140 页。

② [古罗马]普罗提诺：《论自然、凝思和太一：〈九章集〉选译本》，石敏敏译，北京：中国社会科学出版社，2004 年，第 198 页。

③ [古罗马]普罗提诺：《九章集》，石敏敏译，北京：中国社会科学出版社，2018 年，4.8.2，5.1.1。

④ [古罗马]普罗提诺：《九章集》，石敏敏译，北京：中国社会科学出版社，2018 年，4.8.5。

在这里，就灵魂普照下的感性灵魂来说，感性的领域是流溢的最后一步，它与本原的“太一”“至善”相距甚远。也正因为这样，就需要自下向上的“净化”，向上凝视理智净化灵魂自身，借此就可以将灵魂与具体的物质世界保持距离，以免受到玷污。个体灵魂通过审美艺术以及对爱的观照，自下向上地进入理智，最后再由理智向上净化，进入到忘我神迷的境界。在此，“太一”会一下子降临并充满我们。

对于“太一”，又称为“至善”。“那么，这是什么呢？是产生一切存在的力量。没有它，则万物不会存在，纯思也不会成为最初的、普遍的生命。超越生命者是生命之源：因为万物总和之生命活动并非源初的，而是从某个源泉出来的。想想一眼泉水，不再有更前面的源头了；它流出了一条条河，自己却不会为众河所穷尽，仍然宁静自足”[①]。这就是说，“太一”（“至善”）是本原，是无限的、永恒的，是宁静自足的，不依赖于其他存在的，是一切价值的源头。其他的一切不是它的目的，而是它的流溢。就此而言，它也是超越的。“既然对最好者的渴望和朝向它的活动就是善的，那么至善必然不朝向或渴望其他什么事物，而是宁静自在，是所有自然活动的‘源泉和源头’……它之所以是至善不可能是因为活动或思想，而是因为它的永久不变。因为它‘超越存在’，超越活动，超越心灵和思想。”[②]

所谓“‘超越存在’，超越活动，超越心灵和思想”，并不在于它创造并管理它们，而在于它自己极度丰沛，必然满溢开来，就像太阳能量过于丰沛，必然在四周满溢着光和热。它高高在上，远远超越物质世界。它向下流溢进入理智，理智向下流溢进入灵魂，然后由“世界灵魂”思考观照理智并创造和管理世界。

如对于人类的自制、勇气、公正德性，按照“公民德性”(civic virtue)的理解，就是需要我们人类修身养性，成为仁义之人——一是具有自制力，能够经受住各种诱惑的考验；二是具有勇气，能够勇敢地面对人生痛苦的折磨；三是具有正义，能够与不正之事和邪恶之人作斗争。

不过，只有“公民德性”远远不够。在普罗提诺看来，公民德性总是以情绪为前提或与感觉世界生活中的其他缺陷相关，没有诱惑何谈自制，没有战争何谈勇敢，没有不义何谈正义，照此，公民德性存在内在矛盾，难以达到理想状态并且真正实现。我国有学者就说：“拥有公民美德的人会在实践活动中根据计算得出什么是内在于正确尺度的，什么是超出了这个尺度的，比较不同的行动方案就让它以获得最佳结果。但正是因为推论理性关注的只是灵魂的部分性，它也会造成诸善的冲突，比如在战场上为了国家利益奋勇杀敌虽不正义却是勇敢的。”[③]

---

① [古罗马]普罗提诺：《九章集》，石敏敏译，北京：中国社会科学出版社，2018 年，3.8.10。
② [古罗马]普罗提诺：《九章集》，石敏敏译，北京：中国社会科学出版社，2018 年，1.7.1。
③ 刘露：《论普罗提诺的净化伦理》，《道德与文明》，2020 年第 4 期，第 126 页。

在这种情况下，普罗提诺更加强调“净化德性”（purifying virtue），即通过自下向上地净化灵魂，实现灵魂和肉体的分离，上升至理智，最终达至“太一”（“至善”）。此时，上述所谓的自制、勇气、公正等德性，就可以自然而然地、完满地实现。对此，普罗提诺就说：“我们称这些不同的美德为‘净化’又是什么意思呢？我们如何通过被净化而真正成为与神相像？既然灵魂一旦完全与躯体混合，它就是恶，并分有躯体的经验以及所有相同的意见，那么当它不再分有躯体的意见而独立行动时——这就是理智性和智慧，这时它不再感受到躯体的经验——就是自我控制，这时它不惧怕从躯体分离——就是勇气，这时它由理性和理智统治，毫不抵制——这就是公正。”[①]正因为这样，普罗提诺号召人们：“我们应当抓紧逃离这里，不甘愿被尘世束缚把握住，全身心地拥抱神。”[②]

在普罗提诺那里，“净化德性”就是净化人类自己的心灵，摆脱肉体和情感的束缚，上升至“太一”（“至善”），过神一般的生活。这种净化德性使人摆脱常人的状态，而进入到神圣的状态。

如此，普罗提诺德性伦理学就与亚里士多德的德性伦理学不同。对于亚里士多德来说，作为德性的人的行为本身就是要达到终极的目的——至善；至善即幸福，幸福本身不是外在的物质财富和权力，而是作为人的内在的卓越优秀；这种卓越优秀就是在日常事务中规范并养成公民的美德，让灵魂自身限制贪欲，远离道德上的恶，是政治性的。这更多的是一种人格的完善，是成人(成仁)的德性——“公民德性”。而对于普罗提诺来说，人格的完善更多地不在于其具体行为，而在于灵魂的净化，是成圣(成神)的德性——“净化德性”。它以“太一”（“至善”）为净化的本原和最终目标，这样的对“太一”（“至善”）的伦理追求，不是去追求具体生活中“公民德性”之“善”，而是去追求一切善乃至美的源头——“太一”（“至善”）。理智的“善”由它流溢而出，类似于柏拉图的理念和实存，灵魂的善由理智的“善”流溢而出，具体的感性事物的“善”由灵魂的“善”流溢而出，所有的“善”都归于“至善”，由“至善”溢出。

对于普罗提诺的“净化德性”伦理学，我国学者评论道：“进入希腊化罗马时代后，公元一世纪的‘中期柏拉图派’哲学家普鲁塔克继承了亚里士多德传统，他的德性-行动论指向政治积极行动中成就优秀有为的政治家。然而，到了公元三世纪，当‘新柏拉图主义’大师普罗提诺横空出世时，却开出了一种大为不同的‘德性论’：第一，至善是静止的太一，而不是我们的德性行动；第二，德性指向的不是成人，而是成圣；人本质上不是生物，而是灵性化的理智。所以，幸福不是人性卓越，而是灵性卓越；第三，德性本质上不是政治性的，而是个人性的，是净化人

---

① [古罗马]普罗提诺：《九章集》，石敏敏译，北京：中国社会科学出版社，2018年，1.2.3。

② [古罗马]普罗提诺：《九章集》，石敏敏译，北京：中国社会科学出版社，2018年，6.9.9。

与世间的一切关联，从孤独的灵魂走向孤独的太一。”[①]

作为古代希腊罗马哲学的最后一个重要流派，新柏拉图主义在古希腊罗马哲学和中世纪哲学之间起着重要的承上启下的作用。它的主要学说特征，是将柏拉图的理念论和神学相结合，形成具有浓重的神秘主义一神教思想，而且，其三位一体的形而上学被后来的基督教改造，以形成基督教教义最核心的信条——圣父、圣子、圣灵“三位一体说”。只是，新柏拉图主义并不全然是神秘主义的，从认识论上讲，其思想中含有理性思辨的成分，是一种比较严整的思想体系，而非纯粹的非理性主义。赖迈什(Remes)概括了普罗提诺的相关思想，认为其总体上体现了“一对多”(one versus many)和“不变对变化”(constancy versus change)的第一原则，而且在其思想的具体展开过程中体现了以下七个原则：原则 1——“所有存在都是由唯一的第一因引起的”(all that exists is caused by a single first cause)，这第一因就是“太一”；原则 2——自发产生的原则(the principle of spontaneous generation)，本原通过自己的活动生成善；原则 3——非相互依赖的原则(the principle of non-reciprocal dependence)，上一层级本原独立于下一层级，但流溢出下一层级；原则 4——因果关系原则(the principle of causal relationships)，所有富有生产力的原因都优越于它产出的(every productive cause is superior to that which it produces)，越完美的越简单和越普遍；原则 5——充裕原则(the principle of plenitude)，最好的宇宙是完整的宇宙，实现了其可能实现的；原则 6——循环活动的原则(the principle of cyclic activity)，万物回归它的本原；原则 7——实在论的原则(the realistic principle)，更高等级的总是更普遍，所有的事物都是存在的，但是并非所有的事物都有思想，因此，思想后于存在(everything exists but not everything thinks, hence thinking is posterior to being)。[②]这些原则对于人类理解宇宙以及解释自然界中事物的运动具有重要的意义。而且，新柏拉图主义的精神渗透在基督教的教义之中，成为经院哲学产生之前的基督教哲学的主要哲学形态，其对文艺复兴时期数学的天文学的发展，尤其是哥白尼“日心说”的提出，具有重要的作用。

由上述介绍可以看出，“在晚期希腊时期，哲学便主要地成为伦理学，哲学家们研究自然、研究人，更多的是为解决自己的人生问题服务的”[③]。伊壁鸠鲁学派传承、发展乃至修正德谟克利特的原子论，以感觉和认识的稳定性为快乐主义伦理学作注释；斯多亚学派以逻各斯主义的“神”意宇宙论为基础，在理性主义的主旨下

---

① 包利民：《古典德性论的再出发——试论普罗提诺的内圣价值学》，《浙江学刊》，2020 年第 5 期，第 134 页。

② Remes P. Neoplatonism. Stocksfield: Acumen, 2008: 35-75.

③ 聂敏里：《西方思想的起源——古希腊哲学史论》，北京：中国人民大学出版社，2017 年，第 205 页。

以达到不动心的状态；怀疑论学派既怀疑感性认知，也怀疑理性论证，悬置判断以过宁静的生活；新柏拉图主义以“三一本体论”的自上向下的“流溢”和“自下向上”的“净化”，过神一样的生活。这也决定了在这一时期的哲学思想中，科学的成分不多，大部分是一些认识论、伦理学、神学思想，而且即使有一些科学思想成分，也是出于论证人生的幸福、价值、意义等目的。这一状况的出现与当时的时代特征与文化背景是分不开的，也导致了：“希腊晚期的哲学从总的方面说，失去了繁荣时代的朝气蓬勃和全面发展的生命力，同城邦奴隶制的衰落相适应，转向侧重研究人生哲学和社会伦理”。[①]不过，我们仍不得不承认，这一时期的思想仍然有很多值得借鉴的地方，有很多可贵的精神财富，对后世思想的发展产生了重要的影响。虽然该时期的自然哲学思想是为解决人类自身的人生问题服务，但是，无论是伊壁鸠鲁学派对感觉经验的强调，还是斯多亚学派的实存论，抑或是怀疑论学派对事物本性采取悬搁判断的态度，或者是新柏拉图主义“三一本体论”，都为人们认识世界和自然展现了不同的视角，提供了不同的认识世界的方法论和认识论。作为连接古希腊与中世纪的思想桥梁，晚期希腊哲学有着独特的历史地位，并发挥着特有的作用。

① 冒从虎、王勤田、张庆荣：《欧洲哲学通史》（上卷），天津：南开大学出版社，2012 年，第 165 页。

第五章　古希腊自然哲学
——从革命到衰落再到恢复

考察近代科学的起源以及科学革命的发生，若没有从泰勒斯到原子论者这些希腊哲学家对自然的探究，就不会有文艺复兴时期以后的机械自然观，也就没有近代科学的诞生；若没有毕达哥拉斯的“世界的数的本质”和柏拉图的“数的理念”的思想，就不会出现数学在科学领域，尤其在天文学和物理学中的应用。出于这种考量，恩格斯指出：“因此，理论自然科学要想追溯它的今天的各种一般原理的形成史和发展史，也不得不回到希腊人那里去。”[①]古希腊自然哲学含有丰富的近代科学思想成分，使其成为近代科学革命的源头。既然如此，古希腊自然哲学就不能作为历史长河中那一时期的一次科学革命吗？如果答案是否定的，那么这是一次什么样的科学革命？为什么在古希腊能够发生这样的科学革命？这样的科学革命为何没有在古希腊延续下去？如果这样的科学革命延续下去将会怎样？古希腊自然哲学衰落后的命运如何？它是如何被保存与恢复的？

一、古希腊自然哲学是一次“大写的科学革命”

古希腊自然哲学有两个基本特点：一是“自然的发现”，通过自然的因素来解释自然；二是“哲学式科学”，创立“数学的天文学”和“哲学的物理学”。鉴此，古希腊自然哲学相对于史前时期“神话式科学”，是一次“大写的科学革命”。对于古希腊自然哲学的这种革命性，学界长期以来缺乏认识。到了21世纪，这种状况有所改变，某些国外学者肯定其是一次科学革命，但对于其究竟是一次什么样的革命，未作深入探究，需要进一步探讨。[②]

---

① 弗里德里希·恩格斯：《自然辩证法》，北京：人民出版社，2015年，第45页。

② 以下部分内容根据下面文献改写而成——肖显静：《古希腊自然哲学之科学革命论》，《长沙理工大学学报（社会科学版）》，2020年第9期，第8-23页。

(一)古希腊自然哲学的特征决定其是一次“大写的科学革命”

古希腊自然哲学家主要探讨以下四个问题。

(1)宇宙的本原是什么？他们或者把宇宙的本原归结为某种自然的对象，如“水”“火”“土”“气”“原子”等，或者把宇宙的本原归结为物质的特定属性或结构，如数和无定。

(2)本原性的存在如何组织以构成宇宙？这属于宇宙学的问题。

(3)世界上的事物何以产生？这涉及事物的运动、变化是如何发生的。

(4)人类是如何知道上述三个问题的答案并且如何知道答案是正确的？“这个问题在早期希腊传统中是缓慢发展的，因为这个问题在希腊人的自然哲学传统的起始阶段是不存在的，但是随着像亚里士多德和他的老师柏拉图这样的人物出现，这个问题最终还是出现了。”[①]如对于亚里士多德自然哲学，“红色”这一理念就存在于玫瑰之中，即人们观察到了玫瑰是红色的，玫瑰就是红色的，人们对“玫瑰是红色的”这一真理性的认识就包含在人们的日常观察以及关于事物和现象的日常描述中。

古希腊自然哲学对上述前三个问题的探讨属于本体论层面，对第四个问题的探讨属于认识论和方法论的层面。这些探讨告诉我们：世上万物是由最基本的本原性的自然对象生成或构成的；世上万物的运动变化是按照某种规则进行的，并且根据自然界的本原性对象的存在来解释的。这是试图从混乱的世界中寻找某种秩序，并且从复杂的世界中寻求某种还原论的解释。这种看待并且认识自然的方式，就与史前人类认识自然的方式有所不同，主要不是通过超自然的因素如神、鬼、魂解释自然，而是努力通过自然的因素来解释自然。参照“大写的科学革命”的定义，这后一方面的认识范式与自然哲学紧密相关，可以称之为“哲学式科学”。“哲学式科学”相对于史前人类对自然的神话式的认识——“神话式科学”，应该是一次“大写的科学革命”。

上述观点可以从H. 弗洛里斯·科恩那里获得支持。他认为，前苏格拉底哲学家巴门尼德提出了他的“变化是不可能的，尽管有其外表”观点之后，对于变化问题，柏拉图学派、亚里士多德学派、伊壁鸠鲁学派、斯多亚学派等给出了他们各自不同的解决方式。柏拉图承认，事物的变化是真实的，但是变化是次要的，真正重要的是实在(理念)，它不受事物变化的影响；亚里士多德认为，事物的变化就是由事物中可能性的潜在向现实存在的展开；伊壁鸠鲁学派坚持，原子的持续不断的组合与分离造成了世上万物的变化；斯多亚学派提出，事物的变化由弥漫于整个宇宙的一种特殊介质“普纽玛”推动。H. 弗洛里斯·科恩对上述古希腊自然哲学家的思想及其认识方式作了总结，认为这些哲学家之间确实存在一些共同点，即都提出了某个

① [澳]约翰·A. 舒斯特：《科学史与科学哲学导论》，安维复主译，上海：上海科技教育出版社，2013年，第74页。

能够解释一切的、无可置疑的、关于整个世界的第一原理以说明整个世界。这是“雅典的”自然认识方式，是一种“本原的、实在的”认识自然的方式。[①]

不仅如此，H. 弗洛里斯·科恩还提出了古希腊自然哲学的第二种认识自然的方式——“亚历山大的”（“亚历山大里亚的”）。他认为：“倘若不是在距离雅典不远的地方发展出了另一种方法，也许希腊思想就不再能够继续发展下去。亚历山大大帝征服地中海东部之后，到了公元前300年左右，雅典附近出现了第二个知识中心，这便是由亚历山大大帝建立的城市亚历山大城。”[②]在亚历山大里亚城市及其周边，有一些数学家如欧几里得、阿基米德、阿波罗尼奥斯、阿里斯塔克和(几个世纪之后的)托勒密，他们发扬毕达哥拉斯主义和柏拉图学派的传统，将数学用于自然现象的研究中。[③]对于和谐之音，欧几里得从数学上处理各个弦长之间数的比例，并做了精确推导和严格证明；对于杠杆和液体中的平衡状态，阿基米德把其中物质性的东西抽象成数学加以表示，并进行数学证明；对于天体(太阳、地球、月亮等)的运动，那时的天文学家尤其是托勒密取得了巨大的成就。

为了更好地区分“雅典的”和“亚历山大的”这两种自然认识形式，H. 弗洛里斯·科恩把“亚历山大的”自然认识形式称为“抽象的-数学的”，并干脆称为“亚历山大的”，而把“雅典的”自然认识形式称为“自然哲学”(naturphilosophie)[④]，并干脆称之为“雅典的”。[⑤]

无论是“本原的-实在的”认识自然的方式——“雅典的”，还是“抽象的-数学的”认识自然的方式——“亚历山大的”（“亚历山大里亚的”），在史前人类时期都是没有的，相对于史前神话自然观的认识自然的方式，古希腊自然哲学是一次“大写的科学革命”。不过，从现在看，H. 弗洛里斯·科恩并没有意识到这一点，仍用“自然认识形式”(Formen der Naturerkenntis)称呼古希腊自然哲学的认识方式。

(二)鲁索所谓被遗忘的希腊化时期“精确科学”革命论

关于古希腊自然哲学是不是一次科学革命，鲁索(Lucio Russo)有不同的看法。

---

① [荷]H. 弗洛里斯·科恩：《世界的重新创造：近代科学是如何产生的》，张卜天译，长沙：湖南科学技术出版社，2012年，第7-12页。

② [荷]H. 弗洛里斯·科恩：《世界的重新创造：近代科学是如何产生的》，张卜天译，长沙：湖南科学技术出版社，2012年，第12页。

③ [荷]H. 弗洛里斯·科恩：《世界的重新创造：近代科学是如何产生的》，张卜天译，长沙：湖南科学技术出版社，2012年，第12-15页。

④ [荷]H. 弗洛里斯·科恩：《世界的重新创造：近代科学是如何产生的》，张卜天译，长沙：湖南科学技术出版社，2012年，第18页。

⑤ 这种说法失之偏颇。事实上，不管是“雅典的”自然认识方式还是“亚历山大的”自然认识方式，都是自然哲学。不同之处在于前者是一种“本原的-实在的”认识自然的方式，后者是一种“抽象的-数学的”认识自然的方式。

他认为，哲学上的古希腊时期开始于公元前8世纪，结束于公元前1世纪中叶，可以划分为四个阶段：爱奥利亚阶段、雅典阶段、希腊化阶段和罗马阶段。对于这几个阶段，他进一步认为在希腊化阶段确实发生了科学革命，而且这样的革命是“精确科学”(exact science)革命，可惜的是，这次革命被遗忘了。[①]

对于“精确科学革命”的内涵，鲁索针对所涉及的人物及其成就作了概括。欧几里得撰写了《几何原本》；阿基米德在数学、物理学、力学等方面均有发现，提出了浮力原理、杠杆原理等一系列理论，在机械工程方面也有许多创造发明；希帕克斯主要研究天文学，尤以创立平面和球面三角学闻名；阿里斯塔克提出“太阳是宇宙的中心”的论断，被称为“希腊哥白尼”；埃拉托色尼(Eratosthenes 公元前275—前195)是第一个真正测量地球大小的人，他测量了子午线，其精确度极高，误差范围不到1%；赫罗菲拉斯(Herophilus，公元前335—前280)是科学解剖学和生理学的创始人，基于“水钟的系统使用”，研究了脉搏收缩期和舒张期所花费时间的比率；他的继任者埃拉西斯特拉图斯(Erasistratus，公元前304—前250)，据说在公元前3世纪的亚历山大里亚进行了活体解剖；克特西比乌斯(Ctesibius，公元前285—前222)是气体力学的创始人，也是亚历山大力学学派的创始人；希罗(Hero of Alexandria)延续了克特西比乌斯的工作，其著作《力学》涵盖力学和工程的诸多方面；克律西普斯对逻辑学有着特别的贡献；狄西阿库斯(Dicaearchus，约公元前355—约前285)制作地图，首先在地图上画下了从东到西的纬线；阿波洛尼乌斯(Apollonius，约公元前262—约前190)发展了圆锥截面理论；丢番图(Diophantus，约246—330)创立了代数学，其《算术》从纯分析的角度处理数论问题。

鲁索对上述“精确科学”的特征作了分析，认为它具有以下三个基本特征：“第一，它们的陈述不是关于具体的对象(concrete objects)，而是关于特定的理论实体(theoretical entities)；第二，它们有严格的演绎结构；第三，它们在现实世界的应用是基于理论实体与具体对象之间的对应规则。”[②]这种理论实体与具体对象之间的对应规则，即他所说的“科学的技术的作用”(The role of scientific technology)如图5.1所示。

在图5.1中，上方的平面代表的是科学的理论，其中的淡色圆圈代表的是特定的理论实体，通过逻辑推论(箭头)，它们在理论平面上的对应项与许许多多的其他结构相关联，这些结构可能有也可能没有具体的对应项。其中一些理论结构按照对应规则(虚线)产生了新的下方平面上的深色圆圈，所代表的是自然界中的具体对象，它们具有具体的自然实在性。

---

① Russo L. The Forgotten Revolution: How Science Was Born in 300 BC and Why It Had to Be Reborn. Levy S (trans.). Berlin: Springer, 2004.

② Russo L. The Forgotten Revolution: How Science Was Born in 300 BC and Why It Had to Be Reborn. Levy S (trans.). Berlin: Springer, 2004: 17.

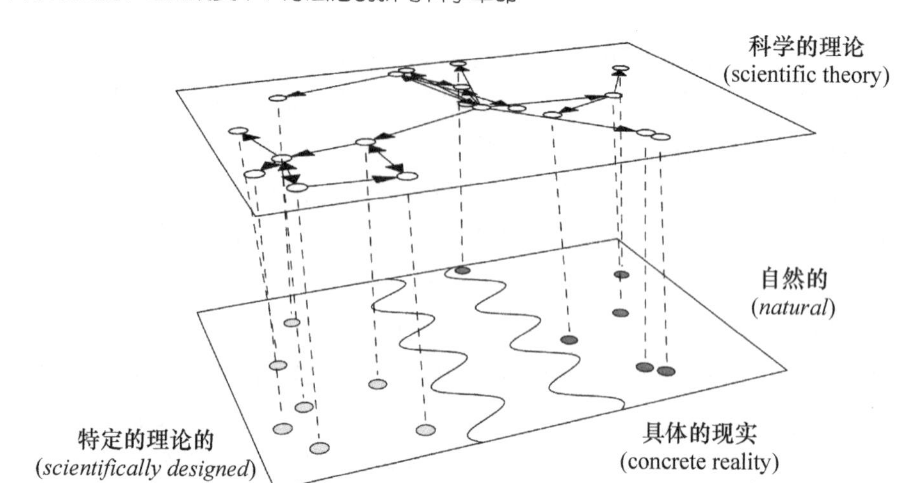

图 5.1 科学的技术的作用(The role of scientific technology)[①]

从上述鲁索描述"科学的技术的作用"的一段话中可以看出，所谓"精确科学"，事实上就是提供关于现实世界的模型。对于这些模型，鲁索认为："有一种可靠的方法可以辨别真伪；自然哲学未能实现对世界做出绝对真实陈述的目标，而科学却成功地保证了其自身主张的真实性，代价是把自己局限于模型的领域之中。当然，这样的模型允许人们描述和预测自然现象，方法是通过对应规则将自然现象转化为理论原则，然后通过理论原则探索自然的解决方案，并将获得的解决方案应用于现实世界。然而，还有另一种更有趣的可能性：在理论之中自由移动，从而达到与对应规则中任何具体事物无关的点，然后再从理论层面的这一个点出发，构建相应的现实模型，从而修正现有的世界。"[②]鉴此，鲁索就说："正是在所谓的希腊化时期，我们第一次在世界的某一地方看到了现在所理解的科学的出现。这不是事实的积累，也不是基于哲学的推测，而是有组织地对自然进行建模，将这些模型或某种意义上的科学理论精确地应用于解决实际问题，并加深对自然的理解。"[③]

鲁索的上述观点是合理的。阿基米德在《论浮体》(*On Floating Bodies*)中首次阐述了流体静力学的原理。他证明了引力的简单假设(从本质上说，正如亚里士多德所认为的那样，引力是指向地球中心的球对称拉力)，再加上关于流体的简单假设，就推导出"静止情况下海洋是球形的"结论。同样地，他根据流体的质量以及浮力定律，推导出"地球的形状也是球形的"结论。这表明，"精确科学"的典型代表

---

① Russo L. The Forgotten Revolution: How Science Was Born in 300 BC and Why It Had to Be Reborn. Levy S (trans.). Berlin: Springer, 2004: 19.

② Russo L. The Forgotten Revolution: How Science Was Born in 300 BC and Why It Had to Be Reborn. Levy S (trans.). Berlin: Springer, 2004: 18.

③ Russo L. The Forgotten Revolution: How Science Was Born in 300 BC and Why It Had to Be Reborn. Levy S (trans.). Berlin: Springer, 2004: 1.

阿基米德根据相应的逻辑关系，不仅阐释了地球的地质历史，还产生了重要的天文学和宇宙学成果；流体静力学是一个精确的演绎的科学理论，即基于自然规律，推导出详细的、定量的、可经过经验检验的结果。

至于“科学的技术作用”，可以以阿基米德对“金冠打造过程中是否掺假”难题的解决为例加以说明。某一天国王交给阿基米德一个任务，即检验国王的皇冠是否掺假。国王告诉阿基米德，打就的皇冠重量与原先他所给予金匠的纯的黄金金块重量一样。阿基米德对此难题百思不得其解。据说有一天，阿基米德坐在浴盆中，还在思考这一难题。当他看到浴盆中的水溢出时，他恍然大悟，忘乎所以地从浴盆中跳出，大喊“尤里卡”（eureka，我知道了）。他是这样找到“金冠打造过程中是否掺假”难题的解决方法的：他想到，当将相同体积的不溶于水的固体放到一个装满水的盆中时，是会溢出与物体体积相同的体积的水的——这是普遍的科学的理论；他进一步想到，可以将此理论应用于具体的皇冠是否掺假的难题的解决中，即：根据上述理论，如果皇冠没有掺假，那么它的体积应该与原先所给予的同样重量的纯金金块的体积相同，将它们分别放入同样装满水的盆中，也应该溢出同样体积的水——被科学地设计的由科学的理论到具体的实在的推理；最后，阿基米德根据上述由科学理论到具体实体的推理或模型建构，进行具体的操作实践，发现同样重量的由工匠打造出来的金冠与纯金金块排出的水的重量不一样，据此他确定由金匠打造出来的皇冠是掺了假的。

应该说，鲁索的“精确科学”革命论有一定道理。但是，根据鲁索的上述论述，基本上可以断定他所称的“精确科学”更多地属于具体的自然科学学科，而且集中在各个具体的自然科学领域中数学方法的应用。照此，他的古希腊时期的“科学革命”就不是自然哲学意义上的科学革命，而是数学方法在具体的自然对象认识应用中的革命，是在“大写的”自然的数的本质哲学范式革命基础上的“大写的”科学层面的革命。鲁索对古希腊时期科学革命的认识，还是存在欠缺的。

首先，对古希腊时期自然科学的认识存在偏颇。事实上，古希腊关于自然的认识是沿着两种方式展开的：一种是“雅典的”自然认识方式，它从泰勒斯就开始了；另外一种是“亚历山大的”（“亚历山大里亚的”）自然认识方式，它起源于毕达哥拉斯学派。由此来看，鲁索所谓的希腊化时期的“精确科学”革命，一是缩短了这次革命的时限，二是忽视了另外一种认识自然的方式的革命——“雅典的”自然认识方式革命。

其次，对希腊化时期与现代之“精确科学”的区分不够明确。根据鲁索的论述，他所称的“精确科学”最关注的并非所要研究的对象，而是研究对象时所运用的理论。这点与现代学者对“精确科学”的定义异曲同工，即在考察对象时撇开对象的其他一切特性而仅仅考虑其数目和几何形状，这样就有了数和形的概念的产生，也有了数量关系和空间形式的初步知识，从而使人类开始了精确思维。[①]事实上，现代之“精确科学”之数学模型的应用在于数学方法与实证方法的结合，而希腊化时期之“精确科学”数学模型的应用则是基于相应的自然哲学，如毕达哥拉斯主义、柏拉图主义等而展开的。对此，舒斯特认为：“古希腊人也创造了众多的技术科学(在这里我确实想使用科学一词)。这些技术科学是探究具体自然的狭窄的、技术性的、专业的领域，希腊人认为，这些技术科学应当不悖于，且受制于某种包罗万象的、系统化的一般的自然哲学。”[②]

最后，没有理解“大写的”哲学层面的范式革命和科学层面的范式革命。从鲁索的陈述看，他主要着眼于“具体的科学革命”，即具体的数学方法在自然认识中的应用，而没有正确认识古希腊时期自然哲学的作用。怀特海就认为：“希腊的天才人物是富于哲学性的，思路也是明晰的，并且长于逻辑。这一派人物主要是提出哲学问题。他们问：自然的始基是什么呢？……这派人对数学也很感兴趣……他们的头脑里充满了一种酷爱一般原则的热忱。他们要求得到清晰而大胆的观念，并且用严格的推理方法把这些观念加以推演”[③]。这就是说，在古希腊，自然哲学是最主要的理论认识形式。这种理论认识形式类似于大卫·福特(D. Ford)所说的“统摄性原理”(over-arching axiom)，[④]是科学理论中的基础性原理，作出的是宽泛的原理性的理论预设(postulate)，而且这样的预设不能被单一的研究所直接挑战，但是它能够结合相应的经验陈述，规定有待使用的知识体系，进一步推导出科学理论的其他更低层次的理论体系，如概念、命题、定理、原理等。也正因为这样，舒斯特说道：“希腊人把自然哲学设想为提供了一种包罗万象的、系统的理论的哲学，狭窄的具体科学就在这种理论中得以探索。”[⑤]

如对于天文学研究，古希腊人就是在毕达哥拉斯主义的宇宙和谐、柏拉图的数学的天文学以及亚里士多德的世界的等级制的自然哲学观念下展开的；对于物理学研究，与天文学研究有所不同，古希腊人是在亚里士多德自然内在目的论的框架内进行的。相较于那一时期的具体的自然科学认识，总体性的、普遍性的、抽象性的自然哲学占据主导地位，由它统摄性地规定着具体的自然科学研究。在那时，天文学、物理学等具体的自然科学，并没有从自然哲学中独立出来，各门具体的自然科

---

① 王汝发、朱海文：《从精确科学到模糊科学的哲学思考》，《北京科技大学学报(社会科学版)》，2001年第1期，第1-3、8页。

② [澳]约翰·A. 舒斯特：《科学史与科学哲学导论》，安维复主译，上海：上海科技教育出版社，2013年，第71-72页。

③ [英]A. N. 怀特海：《科学与近代世界》，何钦译，北京：商务印书馆，1989年，第7页。

④ [英]大卫·福特：《生态学研究的科学方法》，肖显静、林祥磊译，北京：中国环境科学出版社，2012年，第38-49页。

⑤ [澳]约翰·A. 舒斯特：《科学史与科学哲学导论》，安维复主译，上海：上海科技教育出版社，2013年，第72页。

学如光学、静力学、声学、解剖学等并没有充分发展，自然哲学作为研究天上的世界和地上世界的本质的权威和哲学范式而存在。在这种思辨哲学仍然统摄科学研究的情况下，何来所谓希腊化时期“精确科学”革命？而且，即使我们承认希腊化时期“精确科学”相对独立于古希腊自然哲学，也不可否认古希腊自然哲学相对于它的先在性。可以这么说，古希腊自然哲学的产生是一次“大写的哲学层面的科学革命”，在这次“大写的哲学层面的科学革命”的基础上，发生了“大写的科学层面的科学革命”——“古希腊‘精确科学’革命”。

(三) 施拉格尔古希腊“经验的-理性的”“数学的-推理的”科学革命论

关于古希腊自然哲学是否是一次革命，施拉格尔(Richard H. Schlagel)持肯定态度。他将以往的科学革命划分为三次：第一次发生于古希腊以及希腊化时期，起于自然哲学探索，以近代传统科学的先驱——部分经验主义和理性主义的探究方法，取代了(replacement)[①]以前试图以神话的方式解释宇宙和人类存在的起源和本质；第二次发生于近代早期，由哥白尼拒绝古老的“地心说”宇宙观引起，从古希腊自然哲学转变为近代科学；第三次发生于19世纪晚期和20世纪，典型的代表有电子、质子、中子等亚原子粒子的发现和电磁理论的创立，以及达尔文(Charles Robert Darwin)自然选择进化论的提出及其推进。[②]

对于第一次科学革命，施拉格尔认为，虽然古埃及人和美索不达米亚人在天文学、数学、生物学和医学方面比古希腊人的科学探索更早，也做出了更大的贡献，但是，人们一般认为，是古希腊人首先开始了系统化的尝试，通过经验观察、逻辑推理、数学计算以及哲学解释，来取代先前的神话和神学的叙述，从而获得对宇宙更加“经验的-理性的”(empirical-rational)理解。这是人类历史上关于世界观念的第一次科学转变，自然哲学作为之前的神话和神学的可供选择的替代物出现了。[③]

不仅如此，他还认为，希腊化时期的科学成就值得重视。他在列举希腊化时期科学成就的基础上进一步评论道：“尽管亚里士多德的科学著作具有深远的历史影响力，但都已被证明是错误的，而希腊化时期思想家在科学和数学上的一些贡献至今仍然有效。”[④]这表明，在希腊化时期，科学以及自然的数学化研究取得巨大成就。数

---

① 这里用 replacement(“取代了”)，并不很合适，因为古希腊哲学家提出的这些自然哲学并非与神话宗教完全分离，仅是提供了另一种与神话宗教紧密关联的对世界的理解方式。

② Schlagel Richard H. Three Scientific Revolutions: How They Transformed Our Conceptions of Reality. New York: Humanity Books, 2015.

③ Schlagel Richard H. Three Scientific Revolutions: How They Transformed Our Conceptions of Reality. New York: Humanity Books, 2015: Chapter I.

④ Schlagel Richard H. Three Scientific Revolutions: How They Transformed Our Conceptions of Reality. New York: Humanity Books, 2015: Chapter I.

学成了亚历山大里亚学者研究的工具，也使他们关于自然的研究更加严密和更具有逻辑性。有学者认为，这一时期可以作为"第一个伟大的科学时代"，当时的人们所取得的科学成就超越了早期以及中期的古希腊人，所从事的科学研究和发现少了一些思辨性，多了一些实证和实用，更符合近代科学的特征，他们被看作近代科学的鼻祖。[①]

在施拉格尔看来，古希腊自然哲学以及希腊化时期产生于亚历山大里亚的科学具有革命性，是一次科学革命。这次科学革命分为两个阶段，具有不同的特征。前一阶段为古希腊自然哲学阶段，集中体现了"经验的-理性的"认识方式；后一阶段为希腊化时期，集中体现了自然的数学化的认识方式，是"数学的-推理的"。

施拉格尔提出的古希腊以及希腊化时期的科学革命论有一定道理。纵观这两种认识方式，以理性主导甚至支配着非理性，在史前万物有灵论和宗教神学的主干道上开辟出科学理性的新支路，这样的支路暗示着古希腊自然哲学(科学)包含了经验理性、数学理性、逻辑理性、公理方法等，从而使得科学理论体系得以构建。此处也印证了罗素的断言——"希腊哲学与理性科学属于同一时代"。[②]而且，就施拉格尔的上述观点，事实上也含有了"哲学式科学"之意。就此，古希腊自然哲学革命是一次"大写的科学革命"。

但是，施拉格尔的上述观点存在明显的不足。他没有区分古希腊自然哲学中的具体的经验认识、数学描述与哲学解释。在古希腊自然哲学中，是有一些涉及具体领域的经验性的、描述性的、数学确定性的认识的，不过，更重要的还是基于自然哲学原理对这些现象的观察和解释。在此，哲学是先于这些经验的，决定着这些经验的取舍，解释、预言甚至"拯救"相关的经验现象。如亚里士多德运用自然的内在目的论解释"重的物体比轻的物体先落地"，再如柏拉图以"数学的天文学"拯救经验的"天文观察"现象。就此，施拉格尔将古希腊自然哲学革命当作"经验的-理性的"以及"数学的-推理的"，也是不太恰当的，没有揭示出这次"数学的天文学""哲学的物理学"科学革命的本质特征，更没有从"大写的科学革命"角度把古希腊自然哲学革命归结为"哲学式科学"革命。实际上，这次科学革命是理性哲学先在的、数学理念拯救现象的，经验的地位较低，数学的真理先在，与"经验的-理性的""数学的-推理的"认识方式还有一定差距。

这就是说，施拉格尔没有清楚地区分抽象的哲学层面的范式与具体的科学层面的范式，也没有意识到这两种层面范式变革所引发的科学革命的不同，从而将这两种革命的表现放在一起来界定古希腊自然哲学和希腊化时期科学革命的特征，并将

① 参见 Singer C. A Short History of Scientific Ideas to 1900. London: Oxford University Press, 1959: Ch. III. 又参见 Boardman J, Griffin J, Murray O (eds.). The Oxford History of the Classical World: Greece and the Hellenistic World. Oxford: Oxford University Press, 1986.

② [英]伯兰特·罗素：《西方的智慧》，马家驹、贺霖译，北京：世界知识出版社，1992 年，第 125 页。

前一阶段发生的科学革命称之为“经验的-理性的”，后一阶段发生的科学革命称之为“数学的-推理的”。实际上，前一阶段，主要发生的是哲学层面的“大写的科学革命”，用 H. 弗洛里斯·科恩所称的两种古希腊自然认识方式“雅典的‘本原的-实在的’”和“亚历山大的‘抽象的-数学的’”更加恰当，它包含了施拉格尔所称的两种革命形式。对于希腊化时期所发生的科学革命，应该是在上述“大写的数学哲学层面的科学革命”基础上进行的，其中自然的数学化以及数学在各门学科中的应用是其具体表现。就此而言，希腊化时期的科学革命应该是具体化的“大写的科学层面的科学革命”，具体表现为自然的数学化及其应用，它更多地是在前一阶段“大写的”“亚历山大的‘抽象的-数学的’”革命的基础上进行的。

（四）古希腊自然哲学之“大写的科学革命”发生的原因

根据上面的论述，古希腊自然哲学是一次科学革命，而且是一次“大写的科学革命”。既然如此，这次科学革命为什么会发生呢？为什么会在古希腊发生呢？西方学者从不同的视角和方面，对这些问题作了回答。

安德鲁·埃德和莱斯利·科马克（Andrew Ede & Lesley B.Cormack）虽然没有意识到古希腊自然哲学是一次科学革命乃至“大写的科学革命”，但是，他们对古希腊自然哲学产生的原因作了分析，而且这种分析是通过比较发源于大河流域的四大文明古国自然哲学与古希腊自然哲学之间的差别进行的。

他们认为，在古代，沿着尼罗河、底格里斯河-幼发拉底河、印度河-恒河，以及黄河等流域，出现了四大文明的摇篮。这四大流域哺育了各自的古代帝国和种族，他们都在寻求知识、创建知识和运用知识，并且掌握了相应的观察、记录、测量和数学的全部技能，由此形成各自的科学传统文化，呈现多样化。对于这些古老的传统文化，虽然其包含了技术知识、敏锐的观察技能，以及丰富的物质和信息积累，但是他们没有将自然界与超自然界区分开来。就此而言，他们并没有创造出自然哲学，他们依据的是这样一种信念，即物质世界由超自然界所控制和占据，而这些超自然力的行为，其原因是未知的。结果是，尽管在四大流域文化的社会中有许多技术上的发展，但是知识传承是由祭司们主导的，他们对物质世界的兴趣不过是他们神学观念的延伸，埃及大金字塔的建立就是如此。而且，四大流域中心的这种权力可能会抵制思想活动的变革，社会分层和僵化的阶级结构将人们限定在狭窄的职业范围内。在这种情况下，四大文明古国没有产生出自然哲学。[①][②]

① ［加］安德鲁·埃德、莱斯利·科马克：《科学通史：从哲学到功用》，刘晓译，北京：生活·读书·新知三联书店，2023 年，第 4-6 页。

② 对于埃德和科马克的“四大文明古国没有产生出如古希腊那样的自然哲学”的观点，值得深入研究，在此不作评论。

古希腊则走向了一条不同的道路——自然哲学之路，即通过自然的因素来解释自然。为什么古希腊会走向这样的一条自然哲学之路呢？埃德和科马克认为，古希腊社会并不是一个单一的政治实体，而是一些分散于爱琴海周边和地中海东岸的城邦集合。这些城邦在不断变换的伙伴、联盟和对抗关系中长期相互竞争，吸引人才，追求文化上的优越并且追求学术。而且，古希腊人的生活在很大程度上是公开进行的。他们以城市广场为中心，设立公共论坛，开展各项活动，如讨论和决定国家治理和城市管理的重要议题，辩论和传授抽象的哲学理念，传播和交换来自世界各地的消息和货物等等。所有这些思想的公开交流，以及要求个人在政治和文化社会生活方面发表看法，使得希腊人拥有了理性上的严谨的传统和对不同哲学的宽容。这种竞争、民主、宽容、上进的特性，使得古希腊人不仅从心理上做好了接受挑战的准备，而且习惯于听取和思考不同的观点。他们吸收邻邦文明中有用的东西，并根据自己的需要对其加以改造。这种改造使得他们的信仰不同于他们的邻国。在他们看来，万神殿中的神无论在外观形象，还是与人互动方面，都更像人类。至少有一个时期，凡人可以和神争论、与他们竞赛，甚至否定他们。尽管古希腊的世界里仍然充满鬼神，古希腊人却不会轻易给每件物体赋予超自然的属性。在某些根本层面上，古希腊人相信他们能够做好任何事情，他们不希望等到来生再获得回报。①就此，古希腊人通过自然的因素来解释自然，即通过自然哲学来认识自然，也就是自然的了。自然哲学是从古希腊人而不是从其他古老文化起步的。

亨利虽然没有提出古希腊自然哲学科学革命论，但是他从地理环境和社会制度方面，解释了为何古希腊人会用少数几种本原或原则来解释变化的世界，而不继续使用喜怒无常的神来解释。他认为，古希腊文明不像其他的早期文明如埃及、巴比伦、波斯，后者是由强大的君主统治臣民。古希腊是由一种经常不稳定的独立城邦如雅典、斯巴达、科林斯(Corinth)等组成的。即使在希腊本土，城市的发展也局限在狭窄的谷底，被山区地形与其他城市隔开。其他的城市坐落在希腊群岛的小岛上，或者在现在的土耳其海岸，或者在意大利海岸，甚至是北非。这种水系发达的状况，导致内地城市之间的旅行也不得不走海路，也形成这些城市的管理方式和政治形式。他们形成的群体是小的，所发生的政治冲突是面对面的，冲突解决的方式是相对自主的，以至于从公元前 6 世纪，希腊人就开始建立自己的民主形式的治理，以取代早些时候的寡头政治或专制。这样做的一个结果是，希腊所有城市的市民都具有政治知识、批判精神，并习惯于以前所未有的方式参与政府决策和治理。这种对民主的强调，形成了一个重要的具有独立思想的居民群体，也意味着形成了一个更加平

① [加]安德鲁·埃德、莱斯利·科马克：《科学通史：从哲学到功用》，刘晓译，北京：生活·读书·新知三联书店，2023 年，第 6-8 页。

等的社会(至少在那些被允许参加民主进程的公民中是这样)。[①]

不仅如此，古希腊社会政治结构、法律观念在先，自然哲学在后。亨利还认为，上述对民主的强调还带来了社会组织的复杂性，由此需要复杂的立法来管理。法律作为一种具有其自身特点的抽象而且真实的实体概念，逐渐得到人们的承认。“法律并不仅仅被看作是一个转瞬即逝的暴君的武断的想法，而是被看作是社会本质的自然伴生物——法律是社会本质固有的。人们认为，没有法律，社会就无法运作，也就无法建立自身。”[②]

可以说，“古希腊社会和政治结构为哲学家提供了重要的生态位，这是任何社会都不曾有过的”[③]。古希腊上述审视社会运作方式的批判性方式，以及法律在维持这些功能中的作用，都被带入了对自然的研究中。古希腊自然哲学家就认为，宇宙系统本身不是一个毫不相关的事物的集合，而是像一个管理良好的有秩序的城市，按照自然法则(natural law)运作，自然法则统治一切，自然法则为宇宙所固有。

当然，如果认为每个古希腊人都清楚地看到了这一点，并本能地认为自然是由自然法则统治的，那显然是不恰当的。但是，可以肯定的是，古希腊自然哲学家大多是这样想的，而且，希腊各地都建立了学校，以便广泛地向人民灌输这些思想。

鲁索从另外一个角度对“精确科学”革命何以在希腊化时代发生进行了分析。他认为：虽然希腊人的文化取得了诸多成就，但从技术角度看，古典时代的希腊人仍然落后于埃及人和美索不达米亚人。造成这种情况的主要原因在于古希腊、古埃及和美索不达米亚这三种古老文化背景下的技术发展都是通过经验知识的逐渐积累和传播进行的，而后两种文明更古老，要比古希腊文化早出千年，这必然会给这两种更古老的文明带来技术优势。当希腊人迁移到亚历山大征服的新王国之后，他们必须管理和控制那些他们不熟悉的，而且是更为先进的经济和技术，为此，他们必须发挥前几个世纪由希腊文化传统发展起来的复杂的理性分析方法的作用。这是他们的优势，也使得他们能够创造出大量的“精确科学”成果。[④]

鲁索的上述观点还是比较恰当的。他既看到了古希腊自然哲学自身的特征以及演化的趋势，也看到了社会文化环境变化对古希腊自然哲学发展和演化的影响。正是古希腊社会文化环境的变化，一定程度上导致希腊化时期之前自然哲学的“哲学式”特性以及希腊化时期所谓“精确科学”的产生。这也从另外一个角度，即科学的技术应用角度支持古希腊自然哲学是一次“大写的科学革命”，以及希腊化时期“精确科学”是古希腊自然哲学“大写的哲学式科学革命”之后的一次“大写的具体

---

① Henry J. A Short History of Scientific Thought. New York: Palgrave Macmillan, 2012: 3.

② Henry J. A Short History of Scientific Thought. New York: Palgrave Macmillan, 2012: 3.

③ Henry J. A Short History of Scientific Thought. New York: Palgrave Macmillan, 2012: 3.

④ Russo L. The Forgotten Revolution: How Science Was Born in 300 BC and Why It Had to Be Reborn. Levy S (trans.). Berlin: Springer, 2004: 28-29.

的科学层面的革命”。

从上面的论述可以看出，对于古希腊自然哲学，无论是鲁索的“精确科学”革命论，抑或施拉格尔的“经验的-理性的”科学革命论，都是不恰当的，H. 弗洛里斯·科恩的观点有一定的合理性。据此，可以分析得出古希腊自然哲学的产生确实是一次“大写的科学革命”。既然如此，为什么这样的“大写的科学革命”在古希腊之后没有延续下去并且充分显现，使后人不能充分享受其恩惠并意识到其存在呢？这与古希腊自然哲学（“大写的”古希腊自然哲学革命）在公元前 2 世纪的突然衰落有关。可以说正是这一衰落，使得近代科学革命不可能在古希腊发生。

二、“大写的”古希腊自然哲学革命的突然衰落

“古希腊自然哲学在公元前 2 世纪突然衰落”这一观念，已经成为科学史学者的共识。H. 弗洛里斯·科恩认为，在公元前 150 年左右，整个自然哲学和自然认识中的数学开创性工作几乎已经结束，尽管在其他文化领域还很繁荣或者即将繁荣，但是，古希腊自然哲学认识的黄金时代于公元前 2 世纪突然结束了。至于之后托勒密等个别人物所做出的巨大成就，是一种“补燃效应”（nachbrenneffekt）。[①]由此引出一个问题：古希腊自然哲学为何在公元前 2 世纪突然衰落呢？

（一）本-戴维：专门科学失去了道德意义

对于古希腊自然哲学突然衰落的社会应用方面的原因，本-戴维（Joseph Ben-David）进行了专门研究。他认为，古希腊自然哲学的衰落在于自然哲学家社会角色的变化。[②]为什么这么说呢？本-戴维是这样论证的：科学要想繁荣，科学家就要获得独立的社会角色；科学家要想获得独立的社会角色，就要使其关于自然的认识富有价值并且得到社会认可；在传统社会中，要想获得社会认可，东方文明中的一般模式是，只要在某个地方发展出对自然的研究，那么这种活动要么服务于被认为有益的实际追求，要么仍然被包裹在更全面的思想体系中，该体系旨在查明“人在宇宙中的位置，人的命运是什么，人应当如何行事才能达到完美状态”。[③]强调

① 所谓“补燃效应”指的是：古希腊自然哲学认识的黄金时代过后是急剧衰落，很少有学者能进行创造性的研究，但不排除有时会有个别人做出一些重要的成就。托勒密就是在古希腊自然哲学衰落后做出巨大成就的个别人。具体内容参见［荷］H. 弗洛里斯·科恩：《世界的重新创造：近代科学是如何产生的》，张卜天译，长沙：湖南科学技术出版社，2012 年，第 20-21 页。

② 转引自［荷］H. 弗洛里斯·科恩：《科学革命的编史学研究》，张卜天译，长沙：湖南科学技术出版社，2012 年，第 332-333 页。原文出自：Ben-David J. The Scientist’s Role in Society, A Comparative Study. Hoboken: Prentice Hall, 1971: xvi.

③ Ben-David J. The Scientist’s Role in Society. Chicago: University of Chicago Press, 1984: xvi.

前者的有埃及和巴比伦，强调后者的有中国。

以此对照古希腊自然哲学，第一阶段是前苏格拉底阶段，它符合传统模式，尽管与传统社会中常见的其他类型的哲学相比，它更加注重数学和自然；第二阶段的标志是波斯战争所导致的不确定状态，以至于那时的希腊人需要一种哲学指向正确的和正义的生活方式，柏拉图学派和亚里士多德学派是其典型代表；第三阶段是一个独特的阶段，出现了诸如阿里斯塔克、埃拉托色尼、希帕克斯、欧几里得、阿基米德和阿波罗尼奥斯那样善于思考的人，他们的工作可以被视为专业化的专门科学。

考察这第三阶段科学家的活动，他们正在摆脱亚里士多德的哲学框架，而独立开展科学活动。这是好事还是坏事呢？本-戴维认为这是坏事："这种发展也许看起来像是科学家角色的开端，它具有社会认可的目的和自己的尊严，但事实上，这种发展却是失败的标志。新分化出来的角色被赋予的尊严从来也不能与道德哲学家相比。从哲学中独立出来使科学家的地位非升反降。在柏拉图和亚里士多德试图重建希腊社会的道德宗教基础和希腊思想的理智基础期间，科学被拖入了社会思想关切的中心。……但是从公元前 3 世纪开始，主要是在亚历山大城有少数几位天文学家、数学家、博物学家和地理学家完全脱离了任何一般的思想运动或教育运动。……[因此]专门科学失去了其道德意义。"①

"专门科学失去了其道德意义"为什么是坏事呢？本-戴维认为，这种道德意义的失去，对于科学家以及科学来说是致命的。它虽然能够使得古希腊自然哲学获得独立性，"但是，新的自主性并没有赋予科学家更大的尊严。恰恰相反，它使科学家的关切明显边缘化。结果，从公元前 2 世纪开始，科学家的角色再没有任何进一步的发展，科学活动也衰落了"②。

本-戴维的上述观点有一定合理性。考察古希腊自然哲学，第一个阶段和第二个阶段确实如本-戴维所言。而且从第一阶段和第二阶段古希腊自然哲学的特征看，它们是哲学式的，很难被应用于当时的社会生产实践中。由此，古希腊自然哲学要生存，或者就要与宗教神学相结合，或者就要与社会伦理道德相结合，从而由社会推动向前发展。否则，古希腊自然哲学也就失去了它的存在和发展的社会基础，处于停滞或衰落状态。可以说，晚期希腊自然哲学"由解决个人的人生问题认识自然"就是这方面的诉求和体现。不过，晚期希腊自然哲学这条解决自然哲学困境的道路仍然没有走通。这也从反面表明，即使希腊化时期的"专门科学"没有像本-戴维所

---

① 转引自[荷]H. 弗洛里斯·科恩：《科学革命的编史学研究》，张卜天译，长沙：湖南科学技术出版社，2012 年，第 335-336 页。原文出自：Ben-David J. The Scientist's Role in Society, A Comparative Study. Hoboken：Prentice Hall，1971：40.

② 转引自[荷]H. 弗洛里斯·科恩：《科学革命的编史学研究》，张卜天译，长沙：湖南科学技术出版社，2012 年，第 335 页。原文出自：Ben-David J. The Scientist's Role in Society，A Comparative Study. Hoboken：Prentice Hall，1971：41.

说的那样失去道德意义，即科学家没有获得所谓的独立的社会角色，其仍然不能避免古希腊自然哲学衰落的命运。

更何况，本-戴维所称的第三阶段的“专门科学”，事实上就是希腊化时期的自然科学，更多地涉及到的是各门具体的自然学科而非自然哲学，与前述鲁索的“精确科学”为同一个东西，是有其专门应用的。就此，“专门科学”应该要发展下去。可为什么“专门科学”在以后的历史进程中没有长足的进步呢？这只能从当时的社会历史中找原因。一个似乎合理的解释是，虽然希腊化时期“专门科学”有了一定的社会应用，但是，其应用不是广泛的和关键的，对社会的作用尤其是农业生产作用不大，社会没有意识到这样的科学的作用从而有意识地推动它。相反，对于当时的人们来说，怎样有信仰地过一种神性的生活，应该更加重要。什么时候宗教神学需要古希腊自然哲学或者“专门科学”了，那么它们就能发展，否则就很难获得进步。中世纪特别是中世纪晚期，西方欧洲的宗教神学利用古希腊自然哲学为其服务，并进而促进古希腊自然哲学的发展、复兴以及近代科学革命的肇始，就比较充分地说明了这一点。

而且，本-戴维没有区分他所称的第一阶段和第二阶段古希腊自然哲学与第三阶段古希腊专门科学之间的区别。事实上，本-戴维所称的第三阶段的科学——专业化的专门科学，与古希腊自然哲学相比，它是少了一些道德成分，但是，也不能就说这样的一些科学从哲学中独立了出来。事实上，此时的科学仍然具有深厚的古希腊自然哲学的特征。如对于那时的光学，肯定不是我们今天的光学，它虽然也有几何光学的成分，但是其也含有许多哲学和认知心理学等的思想成分，而且介质在其中发挥着巨大的作用。再如阿基米德的平衡，也不是像我们今天这样的具体的物理性的平衡，它含有更多的理性成分，是高度数学化的、抽象的，哲学在其中发挥着重要作用。因此，本-戴维借口科学的独立而宣称科学家角色的变化并导致科学衰落的论证，也是没有多少道理的。

（二）H.弗洛里斯·科恩：创造力之源枯竭了

H.弗洛里斯·科恩对古希腊自然哲学衰落的原因也进行了研究。他认为，无数手稿已经在古代散失，大多数时候我们只能见到古代著作的少数残篇；斯多亚学派的自然哲学几乎完全亡佚，亚里士多德和原子论者越来越退居幕后。这必然导致古希腊自然哲学的衰落。[①]

除了上述原因之外，H.弗洛里斯·科恩还从其他方面对这一问题进行了探讨，并给出相关结论。他认为，导致其他文明衰落的两大因素——大规模的毁灭性入侵

---

①［荷]H. 弗洛里斯·科恩：《世界的重新创造：近代科学是如何产生的》，张卜天译，长沙：湖南科学技术出版社，2012年，第23页。

和不同宗教之间的冲突，并没有在古希腊自然哲学的衰落中发挥多大作用；中世纪晚期科学与宗教的冲突似乎也不存在，因为在基督教出现以前，人们不会认为古希腊自然哲学有什么亵渎圣灵的地方，那时的宗教对自然哲学的衰落并不承担多大责任。他进一步指出，对古希腊自然哲学衰落承担责任的是怀疑论学派，通过“悬置一切判断”，一定程度上否定了“雅典的”自然认识方式，从而使得整个希腊思想的历险仿佛已经结束了。而且，即使不考虑这一点，H. 弗洛里斯·科恩认为，依据“雅典的”自然认识方式，也很难想象继续向前迈进，因为适合应用的第一原理的储备似乎已经用尽。至于“亚历山大的”（“亚历山大里亚的”）自然认识方式的衰落，H. 弗洛里斯·科恩认为原因有所不同，可能的原因是在公元前 150 年左右，君主对数学的自然认识应用支持中断了，尽管在过了 3 个世纪之后的罗马统治时期，君主的这种支持可能又重新出现，并且由此产出生托勒密的“地心说”。[①]

在这样的情况下，H. 弗洛里斯·科恩认为，古希腊自然哲学创造力之源流枯竭了。“在自然哲学中，令人振奋的新真理之间原本富有成果的竞争，退化成了对某一学派固有看法的无休止反刍和一套套的陈腐说辞。不仅如此，已知的思想还被重新整理，并且为了教学的目的而被简化。”[②]H. 弗洛里斯·科恩进一步指出，在那时，在努力调和的过程中，柏拉图的理念论、亚里士多德的目的论、伊壁鸠鲁的原子论、斯多亚学派的“普纽玛”学说被混合起来，只是在此过程中，最多会有一些深思熟虑的变种被设计出来，比如普罗提诺对柏拉图学说的进一步精神化，或者普罗克洛斯以柏拉图的精神来反思欧几里得几何学的基础。此外，还出现了针对各个雅典学派学说所写的解释性的，甚至是批判性的评注。但是，所有这一切都无法阻止“自然哲学”在整个哲学中的比重持续下降。[③]

应该说，H. 弗洛里斯·科恩的上述观点还是值得进一步探讨的。他的“战争所导致的文明的衰落以及科学与宗教的冲突，对古希腊自然哲学的衰落没有影响”的观点，太绝对了；他的“古希腊自然哲学的‘雅典的’自然认识方式的发展演化特征，以及统治阶层对古希腊自然哲学的支持的匮乏，对古希腊自然哲学的衰落有重要影响”的观点，有一定道理。

（三）本杰明·法灵顿等：没有产生广泛的社会应用

本杰明·法灵顿(Benjamin Farrington)指出，仅就内容和方法而言，公元前 2 世

---

① [荷]H. 弗洛里斯·科恩：《世界的重新创造：近代科学是如何产生的》，张卜天译，长沙：湖南科学技术出版社，2012 年，第 20-23 页。

② [荷]H. 弗洛里斯·科恩：《世界的重新创造：近代科学是如何产生的》，张卜天译，长沙：湖南科学技术出版社，2012 年，第 23 页。

③ [荷]H. 弗洛里斯·科恩：《世界的重新创造：近代科学是如何产生的》，张卜天译，长沙：湖南科学技术出版社，2012 年，第 23 页。

纪以来的希腊科学为科学革命做好了准备，但是，由于缺乏实际应用和与当时的技术富有成效的互动，奴隶制的社会背景注定使古代科学随即陷入停滞。他进一步指出，在古希腊奴隶社会中，所有的劳动都由奴隶完成，自然哲学家们并不劳动，也不关心技术，更不考虑(根本没有考虑到)科学的技术应用，而是热衷于沉思，由此导致理论与实践的断裂，理论的社会功能丧失了，失去了进一步前进的动力。而当希腊科学在16世纪中叶的西欧复兴时，它置身于自由劳动的崭新氛围中，中世纪的技术成就以及一种源于《圣经》的乐观积极的世界观赋予了它生命力。在这样的新环境下，古代科学的“种子”最终“长出了健康的庄稼”。①

戴克斯特霍伊斯②(Eduard Jan Dijksterhuis，1892—1965)认为，希腊几何学家所颂扬的柏拉图主义的纯洁性阻碍了对应用数学的寻求和变量处理，科学与技术之间缺乏富有成效的互动。③

劳埃德认为，到二世纪末，伊壁鸠鲁主义和斯多葛主义等伟大古希腊自然哲学衰落了，丧失了从事新的研究的原创精力，而把大量的时间和精力用在保存此前所获得的科学成果上。当然，在这样说时，3世纪的丢番图(Diophantus)，5世纪的普罗克洛斯(Proklos)和6世纪的菲洛波诺斯(Philoponus)等要除外。至于其原因，劳埃德认为古希腊所涉及的自然哲学家(科学家)太少了。除此之外，他还认为，古希腊自然哲学核心的欠缺在于：发展科学是为了纯粹的知识而不是为了实际的应用，如此，就没有通过应用科学生产物质财富来证明科学认识自然的合理性，从而也使得科学或科学家本身在古代思想或古代社会中没有一个得到承认的位置。④

鲁索的观点与上述几人的观点有所不同。他认为，在希腊化时期科学革命发生后的公元前2世纪，科学就陷入危机并且衰落了，其主要原因在于以下三方面：第一，在帝国时期，研究的恢复确保了古代知识的复兴，但没有产生任何新的科学理论，甚至连科学方法本身也被拒绝了⑤；第二，更为严重地阻碍科学活动的可能是罗马和希腊国家的战争，最为著名的就是公元前212年对锡拉库扎的掠夺和对阿基米德的残杀，在这一次战争中，大量书籍和艺术品被掠夺，大量文集作品被销毁，希腊人被作为奴隶驱逐出境；第三，图书馆的消亡加快了希腊化文化和科学的衰落。⑥

---

① Farrington B. Greek Science. Harmondsworth: Penguin, 1953: 308.

② 也可译作“戴克斯特豪斯”。

③ 转引自[荷]H. 弗洛里斯·科恩：《科学革命的编史学研究》，张卜天译，长沙：湖南科学技术出版社，2012年，第320-321页。原文出自：Dijksterhuis E J. The Mechanization of the World Picture. Oxford: Oxford University Press, 1961.

④ Lloyd G E R. Greek Science after Aristotle. New York: Norton, 1973: 176.

⑤ Russo L. The Forgotten Revolution: How Science Was Born in 300 BC and Why It Had to Be Reborn. Levy S (trans.). Berlin: Springer, 2004: 231.

⑥ Russo L. The Forgotten Revolution: How Science Was Born in 300 BC and Why It Had to Be Reborn. Levy S (trans.). Berlin: Springer, 2004: 233-234.

应该说，他的这种探讨还是有一定道理的。然而，他的关于希腊化时期科学的应用观点与前述几位的有很大不同。关于这点，他是通过希腊化时期“精确科学”的技术作用阐述的。

对于古希腊“精确科学”中科学理论与具体现实世界(“科学的技术”)的关系，鲁索认为：即使是出于描述自然现象的目的而创建的科学理论，也能够通过演绎方法来扩大自身，因此，它们通常会发展成为技术活动领域的模型。科学技术是由目的性的规划刻画的，并且是在某些科学理论或其他科学理论中完成的，它内在地与精确科学的方法论结构相关，并且不可能与后者同时出现。“每个科学理论都有一个有限的应用领域。一般来说，它只能用于模拟那种激发其创建的现象‘相差不远’的现象。为此目的，必须替换那些被证明不足以描述新现象集的理论。但是根据我们的定义，它们仍然是科学理论，并且可以继续在其自身的有效性范围内使用。”[①]

根据上面的论述，鲁索特别强调希腊化时期“精确科学”概念中科学理论与具体现实世界之间的关系，他把它称为“科学的技术的作用”。鲁索认为，古希腊有一系列“科学的技术”，如机械工程、仪器仪表、军事技术、航行与航海、造船学等[②]；并且还有医学和其他经验科学，如解剖学和生理学、植物学和动物学、化学[③]；也有一系列古希腊的科学方法，如科学论证的起源，假设或假说，拯救现象，定义、科学术语和理论实体，认识与技艺，数学以及物理学的假设与意义，古希腊的科学与实验方法，科学和口语等[④]；甚至还有这一次科学革命的其他方面，如城市规划、有意识和无意识的文化演化、梦的理论、命题逻辑、哲学的和语言的研究、具象艺术、文学和音乐。[⑤]

由此不难看出，在鲁索那里，希腊化时期的“精确科学”与技术紧密关联，有其广泛的应用，应该是有生命力的，应该能够得到社会的广泛的支持，进而反过来推动古希腊自然哲学向前发展。但是，事实不是这样。究其原因，或者是由于那时的科学的技术应用并不像鲁索所称的那样广泛，而是如其他学者所认为的那样缺少；或者是那时的科学的技术应用确实如鲁索所称的那样广泛，只是由于古希腊自然哲学突然衰落了，从而导致其技术应用也突然衰落；或者是由于其他方面的原因。关

---

① Russo L. The Forgotten Revolution: How Science Was Born in 300 BC and Why It Had to Be Reborn. Levy S (trans.). Berlin: Springer, 2004: 18.

② Russo L. The Forgotten Revolution: How Science Was Born in 300 BC and Why It Had to Be Reborn. Levy S (trans.). Berlin: Springer, 2004: 95-142.

③ Russo L. The Forgotten Revolution: How Science Was Born in 300 BC and Why It Had to Be Reborn. Levy S (trans.). Berlin: Springer, 2004: 143-170.

④ Russo L. The Forgotten Revolution: How Science Was Born in 300 BC and Why It Had to Be Reborn. Levy S (trans.). Berlin: Springer, 2004: 171-202.

⑤ Russo L. The Forgotten Revolution: How Science Was Born in 300 BC and Why It Had to Be Reborn. Levy S (trans.). Berlin: Springer, 2004: 203-230.

于这一问题，值得进一步探讨。

三、假如古希腊自然哲学革命没有衰落会怎样

如上所述，由于种种原因，古希腊自然哲学在公元前 2 世纪衰落了，这种衰落随之也导致古希腊自然哲学所代表的那样的“大写的科学革命”中断了，没有持续下去。试想，如果这样的情况没有发生，那么古希腊自然哲学之科学革命的状况如何呢？

（一）古希腊自然哲学革命将会处于长期停滞状态

分析古希腊自然哲学，无论是泰勒斯学派，还是毕达哥拉斯学派，亦或是元素论者和原子论者，都是通过世界的本原来认识自然。虽然到了柏拉图学派以及亚里士多德学派那里，情况有所不同，但是，他们都有一个共同点，就是通过一种关于自然的哲学观念来说明世界的起源、事物的变化以及所观察到的各种各样的现象。这样的认识方式虽然是通过自然来认识自然，但是，是通过自然的哲学观念——大前提来认识自然的。只要大前提、小前提正确，那么由大前提、小前提所推演出来的结果也应该正确，而如果这一推演能够说明世界的起源、事物的变化以及解释所观察到的现象，那么，这样的大前提的正确性也就得到了保证。

如对于亚里士多德，他被称为古希腊百科全书学者，其研究领域涉及天文学、物理学、生物学、逻辑学等，但统领其中的仍然是他的“自然的内在目的论”，由此使得他不仅能够提出并且解释世界的等级图景，而且还能够解释一系列的具体的物理的和生物的现象。亚里士多德自然哲学知识体系与被说明和解释的世界之间构成了一个自洽的系统，从而表明亚里士多德自然哲学逻辑上的正确性。

将上述论证用于其他的古希腊自然哲学体系，也可以得到相类似的结论。如果不用今天的科学知识来对古希腊自然哲学体系进行反思批判，而仅就他们的这种自然哲学体系自身而言，是能够解释当时所观察到的经验现象的。

有人会说，随着人类的发展，人类所观察到的现象将会越来越多，这更多的现象当中将会产生与古希腊自然哲学体系不一致的结论，从而使得古希腊自然哲学受到挑战乃至证伪。事实上，对于古希腊自然哲学体系，尤其是柏拉图自然哲学体系和亚里士多德自然哲学体系，在一个相当长的时间内，的确没有遇到过这种挑战。

柏拉图倡导“理念论”，认为天上的世界遵循“数学的真理”，由此天文学成了“数学的天文学”；而地上的世界是不完美的，现实的“经验世界”是理想的“理念世界”的不完美复制；“理念世界”是真实的，“经验世界”是可错的，“经验世界”服从“理念世界”。如对于天球，是做匀速圆周运动的——“数学的真理”，

而在实际的天文观察过程中，会出现与此不一致的现象，此时还是应该坚持“数学的真理”，调整原先的天文体系。“地心说”就是据此提出并发展的。

亚里士多德遵循的是“自然内在目的论”，即事物是通过内在目的产生并且被解释的。由此，亚里士多德的物理学就成了定性的物理学，有关定量的经验和人工的经验也就几乎不存在，经验现象归结为定性的观察经验，对观察经验的认识也就成了哲学式的认识，亚里士多德的物理学就成为“哲学的物理学”。在他看来，数学方法不能揭示事物的本质，因此也就不需要通过数学方法来认识事物；而且，由于实验是在对事物干涉的基础上认识事物的，因此，亚里士多德也就不可能提出实验方法。

不运用数学方法和实验方法来认识事物，导致的结果是不能获得对事物的定量观察以及实验经验，而只能得到对自然发生的现象的定性观察。如此，所得到的观察现象就大大减少了。更何况，在近代科学诞生之前或者农业社会时期，个体一生中所观察到的现象是不断增加的，但是，就人类而言，所观察到的现象与他的前辈相比，并没有增加多少。结果是，在所观察到的自然现象中，并没有遇到多少与亚里士多德自然哲学相悖的案例。

这样一来，古希腊自然哲学就在很长的时间内没有受到怀疑，被当作真理的知识体系，而被人们视作理所当然；古希腊自然哲学能够运用其所构想出来的基本原理来解释所观察到的各种各样的现象，从而形成一种普遍解释的状况。如根据亚里士多德的重的元素“土”具有回归地球的本质，以及轻的元素“气”具有远离地球的本质等等，就可以普遍地解释地球上的“重的物体先落地、轻的物体后落地”之普遍现象。

概括古希腊自然哲学，它可以在不发现新的自然现象的基础上，“真理性地”解释自然界的普遍现象。凡是与古希腊自然哲学相一致的，就是正确的；凡是与之不一致的，就是错误的，是需要调整的。由此，古希腊自然哲学成为裁决自然现象真理的标准，成为统领观察事实的普遍性的原理，成为一个内在自洽的、故步自封的存在。如果这样的古希腊自然哲学延续下去，即作为“大写的科学革命”的古希腊自然哲学延续下去，科学革命也会处于停滞状态。

关于这一点，国外学者对古希腊自然哲学的相关认识特征分析，给我们以启发。

休厄尔（W. Whewell，1794—1866）认为，古希腊哲学家们“在其哲学中引入任何抽象的一般概念，就仅仅凭借内在的心灵之光对它们进行细察，而不再向外打量感觉世界。……他们本应通过观察来改造和确定通常的概念，却只是通过反思来分析和扩展概念；他们本应通过反复试验在出现于心灵的概念中找出能够精确运用于事实的概念，却武断从而错误地选取了对事实进行组织和安排的概念；他们本应通过思想的归纳行为从自然界中收集清晰的基本概念，却只是由他们所熟悉的某个概念通过演绎导出结果”[①]。休厄尔还以希罗多德对尼罗河季节性泛滥的解释为例，表明希腊人一般会满足于用非常抽象的概念来解释，即便这些概念没有得到充分说明，以致根本不可能将相关事实结合起来。[②]

这就是说，古希腊自然哲学用理性统领感性，用理论统领观察，用先验统领经验，用演绎推理统领经验归纳，从而使得古希腊自然哲学成了终极真理，人类也不再需要探索新的自然现象和新的解释，古希腊自然哲学关于自然的认识也就停滞了。对此，休厄尔评论道：“我们只能将其视为发现事物原因的努力的彻底失败，其最终结果就是亚里士多德的自然学论著；在到达了这些论著所标示的地点之后，人类心灵在所有这些主题上停滞了至少近两千年。”[③]

戴克斯特霍伊斯与霍伊卡(R. Hooykaas)持有与休厄尔类似的观点。戴克斯特霍伊斯认为：“一般希腊思想家都低估了研究自然的困难。无论是否对自然持经验态度，他们无一例外地高估了不加约束的思辨在自然科学中的力量；他们丝毫不知道那种往往迷失在琐碎细节中的艰苦费力的工作，而做不到这一点，就不可能获得对自然的任何理解。”[④]霍伊卡指出，希腊科学反映的是一种生机论的世界观，而近代早期的实验却要求一种机械论的(“类似于机器”意义上的)世界观。古希腊自然哲学有一个缺陷，就是理性高于经验，从而导致理性的思想体系成为自然认识的桎梏：自然必须如此这般，否则就会违背人们对于理性事物的看法。这种对待古希腊自然哲学和自然的态度，使得古希腊自然哲学停滞不前。[⑤]

(二)古希腊自然哲学革命将会含有诸多反近代科学的思想成分

古希腊自然哲学具有丰富的科学思想成分，成为近代科学革命思想的源头，这是它的一个特征。但是，受到历史阶段的限制，同时也受到当时占据主导地位的神话宗教自然观以及万物有灵论自然观的影响，它含有很多反近代科学的思想成分。

---

① 转引自[荷]H. 弗洛里斯·科恩：《科学革命的编史学研究》，张卜天译，长沙：湖南科学技术出版社，2012 年，第 318 页。原文出自：Whewell W. History of the Inductive Sciences, from the Earliest to the Present Time. 3rd ed. Vol.3. London: Parker, 1857: 28.

② 转引自[荷]H. 弗洛里斯·科恩：《科学革命的编史学研究》，张卜天译，长沙：湖南科学技术出版社，2012 年，第 318 页。原文出自：Whewell W. History of the Inductive Sciences, from the Earliest to the Present Time. 3rd ed. Vol.3. London: Parker, 1857. (1st ed., 1840)

③ 转引自[荷]H. 弗洛里斯·科恩：《科学革命的编史学研究》，张卜天译，长沙：湖南科学技术出版社，2012 年，第 319 页。原文出自：Whewell W. History of the Inductive Sciences, from the Earliest to the Present Time. 3rd ed. Vol 3. London: Parker, 1857: 20.

④ 转引自[荷]H. 弗洛里斯·科恩：《科学革命的编史学研究》，张卜天译，长沙：湖南科学技术出版社，2012 年，第 320 页。原文出自：E. J. Dijksterhuis. The Mechanization of the World Picture. Oxford: Oxford University Press, 1961: 92.

⑤ Hooykaas R. Science and Theology in the Middle Ages. Amsterdam: Free University, 1954: 77-163.

米利都学派虽然试图用自然的因素来解释自然，但是，他们持有有灵论的自然观，认为万物是活的，有精神和灵魂，通过本原物质如“水”“无定”“气”等生成出来。

毕达哥拉斯学派虽然提出数是万物的本原，但是，他们对“数”是充满崇拜的，并将此神秘化。不仅如此，毕达哥拉斯学派还将这种数的神秘主义扩展至万事万物，使之真正成为万事万物的本原，如此，毕达哥拉斯学派具有强烈的神秘主义色彩。

元素论者恩培多克勒虽然提出了“四根说”，但是，他用了人格化的力量来解释四根的运动，认为水、土、火、气这四种元素在“爱”和“恨”两种原始力量的推动下结合或分离，造成世上万物的生灭和变化。在完美无瑕的“爱”中，它们形成一个同质性的整体；在“爱”“恨”同时存在时，四种元素彼此斗争，以一定比例混合，形成具体的事物；在“恨”的作用下，四根分离，从而使得万物消散。

阿那克萨戈拉提出“种子”说，并用“努斯”说明种子的结合和分离。如此，他就陷入“外因论”，他的“努斯”一词被后来的苏格拉底、柏拉图，一直到黑格尔说成是精神的实体，使“努斯”变成了唯心主义的术语。

原子论者德谟克利特虽然将留基伯的原子论扩展为唯物论的系统，但是，在认识论上，他就走向了唯心论，认为知觉是由人的灵魂(微小的火原子)被外在物体流射出的微小图像撞击而形成。这里预设了灵魂原子的存在，它被看作人的身体运转的燃料。

柏拉图学派基于理念论提出了数学的天文学的思想内涵，这对于从事宇宙学和自然科学研究是重要的。它作为之后的天文学家研究解释天文现象的自然观基础，对天文学家起着指导作用，促进了天文学的发展，但是，柏拉图学派主张“神在创造世界时已将数学规律放入其中，并从而使世界呈现和谐的状态，自然哲学家的任务就是要找出这样的数学规律，展现世界的和谐，并从中认识神的伟大”，带有浓厚的神学色彩。不仅如此，我国有学者通过对讲述“善”的宇宙论的《蒂迈欧篇》中数学与“善”的解读，发现虽然《蒂迈欧篇》中的数学不像在《理想国》中那样，能够促进灵魂从影像世界转向实在世界，具有理论和沉思的性质，但绝不能据此就说，数学仅是构造世界和灵魂的工具，其本身就是一种善，并且是善自身和宇宙善的构成部分，也是可见宇宙的善的构成部分。[①]“而神做几何的方式，与他实现善、一与尺度的方式相同。”[②]这种将数学与“善”等人文概念联系起来的做法，体现了目的论的数学宇宙观，是不符合近代科学思想的。后面章节的分析表明，伽利略、笛卡儿就是在除去柏拉图目的论的数学宇宙论基础上，才推进了科学的数学化的。

亚里士多德虽然由观察经验方法建立起了各门自然科学体系，但是，在说明物质运动变化的原因时，坚持自然的内在目的论，反对原子论，也反对在物理学中引

---

① 范志均：《数学与善——柏拉图数学思想新探》，《自然辩证法研究》，2010 年第 11 期，第 70-74 页。

② 雷阿勒：《柏拉图的理想城邦及其宇宙论的起源说理据》，王师译，见刘小枫、陈少明主编：《柏拉图与天人政治》，北京：华夏出版社，2009 年，第 39 页。

入数学，认为它们都不能反映事物的本质进而解释事物的运动变化。这对科学的机械自然观的形成以及科学的数学化是很不利的，也使得科学在亚里士多德那里呈现哲学的状态。不仅如此，亚里士多德“潜能实现”的观念，必然带来物质层级的观念，即由最低下的纯粹物质依次上升到最高的纯粹形式，这种最高的纯粹形式，或者纯粹精神，就是“神”。“神”是最初的动力因，它自身不再运动，只推动其他事物运动。不仅如此，他还认为，一切生物都有灵魂：植物具有“摄取营养的运动”或“灵魂”，动物除了“营养”的灵魂，还具有“感觉”的、移动躯体的灵魂，人类除了这两者，还具有“思维”的灵魂。[①]

如此分析之后，古希腊自然哲学的特征就呈现出来，古希腊自然哲学深蕴在万物有灵论、神学宗教的自然观以及神秘主义中，在具有丰富的近代科学思想成分的同时，也具有一些反近代科学思想的成分。古希腊自然哲学“科学革命”应该是这样的“科学革命”：既体现古希腊自然哲学所含有的近代科学思想的成分，也体现其所含有的反近代科学思想的成分。

（三）古希腊自然哲学革命将会为宗教和伦理服务

假若古希腊自然哲学没有衰落，它应该是古希腊自然哲学的延续。问题是：古希腊自然哲学究竟指的是什么呢？指的是古希腊早期的自然哲学，还是古典希腊时期的自然哲学，抑或是晚期希腊自然哲学？如果古希腊自然哲学指的是古希腊早期的自然哲学，它就是为了认识而认识，目的是认识世界的本原及其运动变化以体现人类的智慧。对于这种自然哲学，从当时的状况看，没有延续下去的社会环境。如果古希腊自然哲学指的是古典时期的自然哲学，则它在为了认识而认识的同时，也意识到人类社会政治生活伦理哲学的重要。只不过，此时关于自然的自然哲学研究与关于人类的政治伦理研究是分离的，相互独立的，一个人可以同时研究这方面，就像柏拉图和亚里士多德那样，但是对两者的研究很大程度上是分离的。从后续古希腊自然哲学的发展看，这样的自然哲学似乎也没有延续下去。如果古希腊自然哲学指的是晚期希腊自然哲学，则这样的自然哲学研究就是为人生目的服务，或者说为了宗教信仰以及伦理道德服务。这是古希腊自然哲学发展的第三阶段，是古希腊自然哲学自身的延续呈现。假如说古希腊自然哲学没有衰落，则按照历史的延续，延续下来的应该是晚期希腊自然哲学。

由“为了认识自然而认识自然”的古希腊早期自然哲学，发展到“为了宗教信仰和人生目的服务”的晚期古希腊自然哲学，是历史的必然。从古希腊自然哲学的社会遭遇看，“为了认识而认识”这方面的价值并不为社会所遵从，当时社会所遵

---

① 引自[古希腊]亚里士多德：《论灵魂》，见[古希腊]亚里士多德：《亚里士多德全集》（第3卷），苗力田主编，北京：中国人民大学出版社，1992年，第33-34页。

从的是人的生存意义及其价值，由此使得神学自然观以及人生的意义及其价值成为社会的核心以及人类关注焦点，而关注自然的起源、世界的变化的自然哲学不被社会所重视，不能成为主流之学。

可以说，正是出于上述原因，晚期希腊自然哲学有了一个转向，既不像古希腊早期自然哲学家如泰勒斯、毕达哥拉斯、德谟克利特等那样，由世界的本原来认识世界，也不像古典希腊自然哲学家如柏拉图和亚里士多德那样，由数学理念和内在目的来认识自然，而是由解决个人的人生问题认识自然。晚期希腊自然哲学似乎在一定意义上能够解决古希腊自然哲学的社会合法性问题，但是，此时的自然哲学就已经不是原先的自然哲学了，它的目的不是去认识自然，而是去理解人生及其人生的意义，照此发展下去的古希腊自然哲学肯定要失去其独立性，成为宗教以及人生哲学的附庸。

可以说，历史发展的事实给上面观点以支持。从古希腊自然哲学的发展看，那种独立的为了认识自然而认识自然的自然哲学到了晚期希腊衰落了，兴起的是为了宗教信仰和伦理道德服务的晚期古希腊自然哲学。这样的自然哲学虽然失去了它自身发展的独立性和纯洁性，但是，它在努力地为人类的宗教信仰和伦理道德服务，有其存在的社会理由。也正因为如此，晚期希腊哲学尽管在其之后也很快衰落了，但是，它的这种“由解决人生问题而认识自然”的自然哲学研究方式，倒是在中世纪欧洲得到了发扬乃至光大，尽管这样的发扬乃至光大是以古希腊自然哲学在伊斯兰文明世界的保存，特别是在中世纪欧洲的恢复及其复兴为其基础的。古希腊自然哲学在中世纪欧洲的遭遇，从另外一个角度支持了“假若古希腊自然哲学没有衰落，则其将会为宗教信仰和人生目的服务”这一结论。

（四）即使有可能发生如近代科学革命那样的革命也是很久之后

上面的论述表明，古希腊自然哲学有其自身的特征，即使其在公元前 2 世纪没有突然衰落而是延续下去，其所发生的科学革命仍然不会是近代科学革命那样的革命，而是颇具自身特色的科学革命。就此而言，提出“近代科学革命为何没有在古希腊发生”就没有多少意义。H. 弗洛里斯·科恩就指出，如果古希腊自然哲学像劳埃德和本-戴维所说的那样——“在公元前 2 世纪突然衰落了”，那么，就不是古希腊自然哲学与近代科学之间“不连续”，而是古希腊自然哲学自身“不连续”。既然古希腊自然哲学衰落了，那么再谈论近代科学为什么没有在古希腊发生，也就没有意义了。由此，H. 弗洛里斯·科恩进一步指出，也许问以下的问题更有意义：“为何衰落恰恰开始于公元前 2 世纪中叶？它是如何出现的？创造力之流是完全枯竭了，还是在寻找新的河床？”[①]

---

① ［荷］H. 弗洛里斯·科恩：《世界的重新创造：近代科学是如何产生的》，张卜天译，长沙：湖南科学技术出版社，2012 年版，第 22 页。

应该说，H. 弗洛里斯·科恩的上述观点有一定道理。正是公元前 2 世纪古希腊自然哲学的衰落，导致作为“大写的”古希腊自然哲学革命的中断；也正是古希腊自然哲学内在的“本原的-实在的”“数学的-抽象的”哲学认识特征，以及外在的技术应用的缺乏和诸多社会历史文化因素，导致了这种衰落并使得古希腊自然哲学长期处于停滞状态。就此而言，“大写的”古希腊自然哲学革命不仅中断了，而且在此之后的很长一段时间内处于停滞状态。这种状况也导致以古希腊自然哲学为基础的近代科学革命，不仅不可能在古希腊发生，而且在很长一段时间内也不可能在世界上其他地方发生。当然，只要时间足够长，这样的科学革命还是能够在合适的时间和合适的地点发生的。

考察古希腊自然哲学，主要就是通过世界的本原来认识世界。这样的本原有两个，一个是“元素”和“原子”等实体性的存在，另外一个就是数以及数与数之间量的关系。

对于古希腊自然哲学之世界本原“元素”和“原子”，前者体现于“元素论”，后者体现于“原子论”。“元素论者”是依照万物有灵论，通过“元素论”中的典型元素“水”“火”“土”“气”来说明世界的形成的，照此延续下去，物理学的数学化以及实验方法就没有必要产生也不可能产生，类似于近代科学革命那样的科学革命也是不可能由古希腊自然哲学的演化而发生的。

关于这点，桑博尔斯基(Samuel Sambursky)认为，古希腊自然哲学家们持有生机论的自然观，对有生命的宇宙存在着某种神秘依附，从而不能实现地上世界物理学的数学化和实验化，不能进入机械论的视角，将自然物和人工物结合起来。[①]

根据桑博尔斯基的观点，因为古希腊自然哲学家们持有的是生机论的自然观，所以实验方法和数学方法不可能应用于地上世界的认识。

上述观点失之偏颇。事实上，古希腊自然哲学(自然哲学家)除了持有生机论自然观外，还持有机械自然观。这方面典型的代表是“原子论者”。如此，他们是按照机械的方式来看待自然的，照此延续下去，似乎是有可能诞生实验方法和数学方法的，是有可能引致类似于近代科学革命那样的科学革命的。

但是，考察古希腊自然哲学家，他们习惯于通过生机论自然观来考察世界，而且还习惯于通过价值对立来考察世界，如柏拉图理想的理念世界与非理想的经验世界观念，以及亚里士多德的完美的天上世界与不完美的地上世界观念，都表明了这一点。就此，审美的、价值论的和目的论的观念，在古希腊自然哲学中占据重要地位，而没有审美的、价值论的和目的论的原子论自然观，在古代并没有多少追随者。这点正如戴克斯特霍伊斯所说：“任何以柏拉图主义、亚里士多德主义、斯多亚主义或新柏拉图主义的方式思想的人，必定因其世界观的本质本能地对它退避三舍，

---

① Sambursky S. The Physical World of the Greeks. London: Routledge & Kegan Paul, 1956.

出于审美和伦理动机对它心生厌恶。原子论在解释自然现象方面所取得的成就尚不足以使学者们因为理论中明显的真理要素而克服这种厌恶。”①就此，在古希腊，是不可能发生由“原子论”而引致近代科学革命的事情的，这样的事情的发生只能是在其之后久远的将来。

至于通过数学的本原和方法来认识世界，要分为两个层面，一个是天上的世界，被古希腊自然哲学家当成理想的世界，由此，“数学的天文学”成为认识的形式，“地心说”是有可能被“日心说”代替的；另外一个是地上的世界，被古希腊自然哲学家当成不完美的世界，数学方法不能在其中应用。不过，参照近代早期伽利略“数学的物理学”或“物理学的数学化”，数学还是可以而且能够应用于不完美的物理世界之中的，而且这样的应用还可以产生理想化的实验。照此，由古希腊自然哲学的延续，也是可以发生物理学领域的数学革命的。不过，这样的发生只可能在其之后的某个时期。

当然，这样由古希腊自然哲学所引致的科学革命，事实上也是作为“大写的科学革命”的古希腊自然哲学（“哲学式科学”）的进一步的革命，即发挥“数学的天文学”“原子论”的优势，悬置或者摒弃其万物有灵论（生机论）自然观的一面，突出并且发展其机械自然观的一面，在理想化自然对象的基础上，应用数学方法和实验方法来认识世界，走向实证。它并不是在当时就立即发生并一蹴而就的，而是要经过很长时间的，也就是说，古希腊自然哲学所引致的科学革命在古希腊是不可能发生的，可能要等一段时间之后才可能发生。这一点也从科学发展的历史得到证实，近代科学革命的发生就是在其一千多年之后。

但是，上述观点似乎与鲁索的看法不一致。如前所述，鲁索持有“精确科学”革命论，并且认为其中发生了“科学的技术的作用”，由此也使他对于古希腊科学有着与常人不一样的看法。鲁索认为，现在被津津乐道的有关“古代科学”（ancient science）的相互关联的论断——古人不知道实验方法，古代科学是一种思辨的知识形式，不关心应用，希腊人创造了数学，但没有创造物理学，在古希腊那里都可以找到反例，都是应该反对的。②

鲁索的上述观点值得商榷。不能说古希腊人不知道实验方法以及没有应用实验方法，但是当时他们确实没有实验方法之观念；也不能说古希腊没有物理学、解剖学和生理学、化学，只是这类科学更多处于初级阶段，不是近代科学意义上的；更不能说古希腊没有科学的技术，但是，这样的技术应用并非如近现代的科学那样走在技术前面，并且作为技术创新的基础。总而言之，这样的一些表现在古希腊或者

① ［荷］E. J. 戴克斯特霍伊斯：《世界图景的机械化》，张卜天译，长沙：湖南科学技术出版社，2010年，第88-89页。

② Russo L. The Forgotten Revolution: How Science Was Born in 300 BC and Why It Had to Be Reborn. Levy S (trans.). Berlin: Springer, 2004: 197-198.

是个别的，或者是初步的，或者是低层次的，还未达到一种范式的程度，还不能把它们作为古希腊自然哲学科学革命的基本组成或特征。至于他所称的“科学革命的其他方面表现”，似乎与科学革命并无紧密关联。相反，如果有关联的话，可以设想，古希腊自然科学就有了社会应用基础，古希腊自然哲学就可以成为社会的主流，古希腊自然科学革命就可以延续下去而不会中断。这从另外一个方面表明上述论断的不恰当。

上面关于“假如古希腊自然哲学革命没有衰落会怎样”的四个方面的论述，也从另外一个角度说明了近代科学革命是不可能在古希腊发生的。这也表明，与其问“近代科学革命为什么没有在古希腊发生”，还不如问“古希腊自然哲学革命为什么衰落了”以及“如果没有衰落之后将怎样”，后两个问题是更有意义的问题。

四、古希腊自然哲学的翻译浪潮与文化移植

尽管古希腊自然哲学在公元前2世纪突然衰落了，其革命性的历程也突然中断，但是“革命”的火种并没有完全熄灭，而是得到了保存和恢复，成为近代科学革命的源流。关于这方面，H. 弗洛里斯·科恩做了详细叙述，认为古希腊自然哲学在经历了二次“翻译浪潮”和三次“文化移植”之后，最终在西方导致近代科学革命的发生。[①]

（一）古希腊自然哲学保存与恢复的简要历程

由上面的论述可知，古希腊自然哲学之“大写的科学革命”主要发生于古希腊早期和中期，而非古希腊晚期即“希腊化时期”。在古希腊晚期，自然哲学没有什么大的成就，最成功的也就是伊壁鸠鲁主义、斯多亚主义、怀疑主义和新柏拉图主义。之后，进入古罗马帝国统治时期，时间跨度从公元前27年到476年。在罗马人统治的几个世纪里，自然哲学走向衰落，虽然这期间也出现了伊壁鸠鲁主义者卢克莱修、禁欲主义者塞内加（Lucius Annaeus Seneca，公元前4—公元65）和罗马皇帝奥勒留（Marcus Aurelius，121—180），以及怀疑论者西塞罗（Marcus Tullius Cicero，公元前106—前43），而且也出现了一些杰出的工程师、建筑师和其他务实的思想家，但是，从未产生过一位独创性的哲学思想家。人们对自然现象的兴趣被事实的简编或百科全书所满足，这方面典型的有塞内加的颇具风格的写作以及老普林尼（Pliny the Elder，23—79）的博物学。

① ［荷］H. 弗洛里斯·科恩：《世界的重新创造：近代科学是如何产生的》，张卜天译，长沙：湖南科学技术出版社，2012年，第40-81页。

随着西罗马帝国的灭亡，西欧进入中世纪，即所谓的“黑暗时代”。这种“黑暗”渗透到并且反映在社会的方方面面，自然哲学也不能幸免。亨利就说：“不可否认，从 5 世纪到 10 世纪，自然哲学在基督教世界几乎没有被当作一种学习的方式，几乎不被认为是一种有价值的追求。那些有智力天赋的人要么在当时的社会和政治气候中找不到任何闪耀的机会，要么把他们的智力精力投入到神学，或者也许是法律，或者是政府管理上。尽管少数教会人士做出了令人印象深刻的努力，但古希腊之夜留下的遗产可能已经永远消失了。”①

既然如此，“近代科学革命”又如何在西方发生呢？这与古希腊自然哲学的伊斯兰文明保存以及中世纪西方世界恢复有关。对于这一问题，H. 弗洛里斯·科恩做了系统研究。他认为，虽然古希腊自然哲学手稿有许多已经散佚，但是，也有一些得到保存并且被“文化移植”，以某种方式恢复，最终在近代作为科学革命的源头引发科学革命。

他是依据以下思路进行论证的：这种自然认识或者能够实质性地继续发展，或者不能。如果不能(各种迹象表明中国的自然认识就是这样)，则它就是一个“辉煌的死胡同”；如果能，则有以下两种可能性：这种自然认识或者经历了文化移植过程，或者没有。如果没有经历移植过程(比如中国的自然认识)，那么它将一直自我封闭，永远忠实于自己的原理，其核心不会发生改变。但如果移植过程发生了，则这种自然认识或者被转变为某种(或多或少)完全不同的东西，或者没有。②

根据上述思路，H. 弗洛里斯·科恩认为，以中国古代自然哲学为基础的科学革命是不可能在中国发生的，但是，对于古希腊自然哲学，基于其发生了两次“翻译浪潮”和三次“文化移植”，最终导致近代西方科学革命的发生。

这两次翻译浪潮发生于罗马帝国分裂成的西罗马帝国(罗马)和东罗马帝国(君士坦丁堡)：“一次是从希腊文翻译成拉丁文，它始于公元前 1 世纪，持续到公元 6 世纪。由此产生了一种彻底的重新编排和简化，它与其说是直译，不如说是拉丁文的意译。另一次是从 4 世纪到 6 世纪，被从君士坦丁堡驱逐到波斯的基督徒把希腊文译成了叙利亚文、波斯文或者这两种语言。由此产生了一些准确得多的翻译，它们仍然保留着雅典或亚历山大文本原初的‘认识结构’。我们将会看到，这两次翻译浪潮在古代文明灭亡之后将会成为一个发展的起点，其顶峰是伊斯兰文明中自然认识的黄金时代。”③

这两次翻译浪潮的发生，保留了古希腊自然哲学思想，促进了古希腊哲学思想的传播。

---

① Henry J. A Short History of Scientific Thought. New York: Palgrave Macmillan, 2012: 29.

② [荷]H. 弗洛里斯·科恩：《世界的重新创造：近代科学是如何产生的》，张卜天译，长沙：湖南科学技术出版社，2012 年，第 38 页。

③ [荷]H. 弗洛里斯·科恩：《世界的重新创造：近代科学是如何产生的》，张卜天译，长沙：湖南科学技术出版社，2012 年，第 24 页。

对于三次“文化移植”，H. 弗洛里斯·科恩也给予了详细叙述。①

第一次“文化移植”是由曼苏尔(Mansur，707—775；760 年左右掌权)发动的。出于获得可靠的占星术建议目的，也为了获得建立在征服基础上的统治的合法性②，他下令收集整个穆斯林帝国的古希腊文本手稿，将其带回新建的都城巴格达译成阿拉伯语。他还向君士坦丁堡派遣公使，让他们把希腊原始文本带回国。大约在 10 世纪初，大多数希腊自然认识内容均已被翻译成阿拉伯语。

这次文化移植持续到 11 世纪上半叶，尤其到阿维森纳(伊本·西纳，Avicenna，980—1037)、阿尔-比鲁尼(Al-Biruni，973—1048)和伊本·海塞姆(Ibnal-Haytham，965—1040)那里达到最高点。之后，便像前希腊那样，出现急剧衰落。衰落的主要原因是，从大约 1050 年到 1300 年，游牧民族或半游牧民族从伊斯兰世界北部、南部和东部的草原和沙漠大举入侵，使得伊斯兰文明遭受重创。这些入侵者有许多，先是柏柏尔人、蒙古人、巴努希拉尔人、塞尔柱突厥人，然后是欧洲人的十字军东征。衰落的结果是，在伊斯兰世界，整个知识被划分为“阿拉伯知识”和“外国知识”，从“阿拉伯知识”角度来看，“外国知识”被看作是无用的，研究希腊哲学甚至被认为是亵渎神明，由此导致接下来的几个世纪里几乎没有人从事自然认识。③

然而，在伊斯兰文明这种“文化移植”衰落过程中，也存在着几个个人的偶然的“补燃效应”，呈现出区域性复兴的特征。一个地区是旭烈兀的都城马拉盖(Maragheh)——蒙古人统治下的波斯，代表人物是纳西尔丁-图西(Nasir al-Din al-Tusi，1201—1274)，以及海亚姆(Omar Khayyam，1048—1131)。第二个地区位于奥斯曼土耳其帝国统治下的东地中海地区，代表人物比鲁尼，他会在合适的地方用自然哲学思想来支持数学论证，其中有一种立场关联到以下观念：没有什么可观察的现象表明地球不可能绕轴自转，如果是这样，在转动的地球上，一切事物都与在静止不动的地球上没有区别，而且这一点不能被任何自然哲学所反驳，那么从地球自转出发，在某种程度上就可以构建新的行星模型。第三个地区是柏柏尔人统治下的安达卢西亚(Andalusia)有两个相继的柏柏尔王朝有兴趣推动自然认识。他们在哲学，尤其是亚里士多德的哲学中寻找自己统治的合法性，由此引起阿维罗伊

---

① 以下内容参见[荷]H. 弗洛里斯·科恩：《世界的重新创造：近代科学是如何产生的》，张卜天译，长沙：湖南科学技术出版社，2012 年，第 40-75 页。

② 对于这种统治的合法性，H. 弗洛里斯·科恩也作了论述：“在其新的波斯臣民中流传着这样一个传说：所谓的希腊自然认识原本是波斯人的，而亚历山大大帝窃取了它们。翻译运动仿佛使希腊的自然认识又成了合法财产，哈里发们希望由此让有教养的波斯人为宫廷服务。”(参见[荷]H. 弗洛里斯·科恩：《世界的重新创造：近代科学是如何产生的》，张卜天译，长沙：湖南科学技术出版社，2012 年，第 41 页。)

③ 亨利认为，将伊斯兰科学的衰落原因归于宗教倒退以及 1258 年蒙古帝国的入侵，都不可信，因为这两件事发生的时间太短了。而且，将之归于伊斯兰思想家与宗教权威的冲突，也没有证据。(参见 Henry J. A Short History of Scientific Thought. New York: Palgrave Macmillan, 2012: 35.)

(Averroes，1126—1198，也称伊本·拉西德)对亚里士多德著作进行评注。而且，柏柏尔君主渐渐重新征服了基督教的西班牙，为第二次“文化移植”创造了条件。

第二次“文化移植”开始于西班牙的托莱多(位于今天的马德里附近)，起始于12 世纪。其先驱者是一位来自意大利克雷莫纳的巡游学者，名叫杰拉德(Gerard of Cremona，约 1114—1187)。他一直在寻找托勒密的《天文学大成》，但欧洲的少数几个图书馆中都没有。他于 1145 年左右来到托莱多，开始翻译《天文学大成》，并且在那里度过了余生。在大约半个世纪的时间里，他和他的合作者共同把大约 70 部希腊著作从阿拉伯语译成了拉丁语。入选著作主要是自然哲学和数学的文本，涉及亚里士多德、托勒密、欧几里得等学者，重点是亚里士多德的著作及其大量评注。

事实上，克雷莫纳的杰拉德等在托莱多所做的翻译工作对欧洲发展产生了深远影响。当其他雅典学派的著作在托莱多被大量翻译出来之前，欧洲所拥有的少量知识被人遗忘，亚里士多德几乎获得垄断地位。虽然此时克雷莫纳的杰拉德也把亚历山大的核心文献，如托勒密的《天文学大成》和欧几里得的《几何原本》，从阿拉伯文翻译为拉丁文，但是，典型的数学证明变成了亚里士多德学说所特有的论证形式，“亚历山大的”（“亚历山大里亚的”）被融入亚里士多德主义的思维方式之中。

更为重要的是，在 13 世纪上半叶，多明我会(Dominican)修士大阿尔伯特(Albertus Magnus)和他的学生阿奎那(Thomas Aquinas)被翻译出来的亚里士多德著作中关于各种现象之间关系的新见解所吸引，进而做了大量工作，把亚里士多德的学说和基督教的教义紧密联系在一起，从而使亚里士多德的学说成为那一时代的真理以及接受学术教育的人的必修科目。到了 14 世纪，让·布里丹(Jean Buridan)、“牛津计算者”(Oxford Calculators)、奥雷姆(又称“奥里斯梅”，Nicole Oresme，1323—1382)等作出了变革和创新。让·布里丹提出了“冲力学说”；“牛津计算者”一反亚里士多德的“事物的性质不可能还原为定量的东西”，认为可以赋予某种属性以时强时弱的强度，并作出相应的数学计算；奥雷姆接受“牛津计算者”的思想，提出了地球自转产生星空周日视运动的设想。

但是，这一次“文化移植”的黄金时代随着 1382 年奥雷姆的去世突然结束。而且，这次的结束更加彻底，没有出现前文所述的“补燃效应”。

第三次“文化移植”发生于 1453 年。此时，奥斯曼土耳其帝国的统治者苏丹穆罕默德二世(Fatih Sultan Mehmet，1432—1481)征服君士坦丁堡，并将此定为都城，重新命名为伊斯坦布尔。这位统治者本身对古希腊文本不感兴趣，但是，出生在君士坦丁堡的神父贝萨里翁(Basilios Bessarion，1403—1472)却竭力推动这一翻译事业。他皈依了罗马天主教会，在意大利甚至被任命为红衣主教。主要是由于他的努力，意大利的古希腊文本才成为希腊自然认识的第三次也是最后一次移植的起点。这次是由希腊原文直接翻译的，由此也就让人们直接见识 1500 年前古希腊自然哲学家们的思想，而且还可以避免由叙利亚语、波斯语或阿拉伯语转译可能导致的错误。到了 1600 年左右，欧洲学者几乎可以看到所有没有亡佚的希腊自然认识的权威文本。

（二）第三次“文化移植”促使古希腊自然哲学复兴

“到目前为止，我们已经看到了在翻译和处理希腊自然认识方面三次文化移植的共同之处。在认识结构保持不变的情况下，内容上的扩充模式清晰地显现出来。然而，差异也是存在的。”[①]比较上述三次“文化移植”，一个显著的差异是移植发生的时间。第一次“文化移植”发生于伊斯兰文明之中，始于 8 世纪，终于约 1050 年；第二次“文化移植”发生于欧洲，始于 12 世纪，终于约 1380 年；第三次“文化移植”发生于文艺复兴时期的欧洲，始于 15 世纪中叶，终止时间不确定。“这种差异使得每一个后来阶段都能在某种程度上从之前获得的新知识中受益。因而伊本·海塞姆对光与视觉的综合能够被中世纪的欧洲所接受，然后在文艺复兴时期原封不动地继续存在。”[②]

另外一个显著的差异是：“在所有这三次移植中，对希腊自然认识的传播和接受并非同样完整：在文艺复兴时期为最强；在中世纪最弱，接受也很片面；而伊斯兰文明则介于中间。虽然在整个伊斯兰文明中，原子论、斯多亚学派的观点乃至一些怀疑论批判一直不绝于耳，但在哲学辩论中占主导地位的主要还是亚里士多德和柏拉图。”[③]

这就是说，虽然上述三次“文化移植”各有不同，但是，有一点是肯定的，即随着这样的“文化移植”的推进，古希腊自然哲学得到了恢复与传承。H. 弗洛里斯·科恩指出，翻译并不只是传达，有时甚至还是对内容的扩充。“虽然这些补充和修正必定最好地证明了显著的批判能力和创造性，但‘亚历山大’或‘雅典’的方法和认识结构一直没有改变。希腊人的基本假设被不加怀疑地接受了，因此也没有被全新或部分新的假设所取代。”[④]“到了 1600 年左右，只要总览一下欧洲和伊斯兰文明中希腊自然认识的状况就会看到，虽然有许多东西得到了澄清和扩展，但其核心一直未变。任何从事和推进希腊自然认识的人都会认为，数学科学的出发点

---

① [荷]H. 弗洛里斯·科恩：《世界的重新创造：近代科学是如何产生的》，张卜天译，长沙：湖南科学技术出版社，2012 年，第 50 页。

② [荷]H. 弗洛里斯·科恩：《世界的重新创造：近代科学是如何产生的》，张卜天译，长沙：湖南科学技术出版社，2012 年，第 50 页。

③ [荷]H. 弗洛里斯·科恩：《世界的重新创造：近代科学是如何产生的》，张卜天译，长沙：湖南科学技术出版社，2012 年，第 50 页。

④ [荷]H. 弗洛里斯·科恩：《世界的重新创造：近代科学是如何产生的》，张卜天译，长沙：湖南科学技术出版社，2012 年，第 47 页。

仍然是阿基米德和托勒密，自然哲学的出发点仍然是雅典的各个学派。”①

H. 弗洛里斯·科恩将古希腊自然哲学在人类历史上的繁荣以及衰落(复兴)各个阶段的方式、代表人物、时间节点以及表现，用表 5.1 表示。

表 5.1 古希腊自然哲学的繁荣及其衰落(复兴)②

	希腊	伊斯兰文明	中世纪欧洲	文艺复兴时期的欧洲
繁荣	创造+(数学上的)转变	翻译→扩充	翻译→亚里士多德主义扩充	翻译→扩充：同时出现了一种经验的-实践的自然认识形式
黄金时代	从柏拉图到希帕克斯	从金迪到伊本·西纳+比鲁尼+伊本·海塞姆	从大阿尔伯特到奥雷姆	从雷吉奥蒙塔努斯到克拉维乌斯+斯台文
衰落	约公元前 150 年	约公元 1050 年	约公元 1380 年	？？？
(1)为什么?	事件的正常进程	事件的正常进程	事件的正常进程	事件的正常进程
(2)为什么是这时?	怀疑论危机? 赞助终止?	入侵→内转	扩充的可能性耗尽	—
(3)后果	急剧衰落，持续，长时间处于低水平	急剧衰落，持续；局部性、区域性地回到更高水平	急剧衰落，持续；没有逆转	—
表现为	编纂、评注、调和	评注	评注	—
后开的花	托勒密、丢番图、普罗克洛斯、菲洛波诺斯	图西、伊本·沙提尔、伊本·鲁世德(阿维罗伊)	无	—

根据表 5.1，第一次和第二次“文化移植”都突然中断了，而第三次“文化移植”自从约 1450 年兴盛后，衰落的时间用了“？？？”表示。H. 弗洛里斯·科恩在此的意思应该是在这第三次“文化移植”之后，西方欧洲在此基础上发生了近代科学革命，这样的科学革命是“三种革命性转变”——“开普勒与伽利略：从‘亚历山大’到‘亚历山大加’”“伊萨克·贝克曼和笛卡尔：从‘雅典’到‘雅典加’”

① [荷]H. 弗洛里斯·科恩：《世界的重新创造：近代科学是如何产生的》，张卜天译，长沙：湖南科学技术出版社，2012 年，第 49-50 页。

② [荷]H. 弗洛里斯·科恩：《世界的重新创造：近代科学是如何产生的》，张卜天译，长沙：湖南科学技术出版社，2012 年，第 77 页(表)。表题为本书作者所加。

"培根、吉尔伯特、哈维、范·赫尔蒙特：从观察到发现型实验"[①]。据此，这第三次"文化移植"就不仅没有像第一次和第二次"文化移植"那样突然衰落，而是被近代早期自然哲学家们批判性地以及革命性地吸收，成为近代科学(自然哲学)的一部分。

第三次"文化移植"发生于文艺复兴时期的欧洲，这一时期也是欧洲一个特殊的历史发展时期。在这一时期，五个雅典学派和"亚历山大的"("亚历山大里亚的")的自然认识形式被全面恢复，完成这一工作的是那些被称为"人文主义者"的人。他们的目的是回到古典时代，恢复古代文本，革新相关认识，超越黑暗沉闷的中世纪。为此，他们或者专注于某个雅典学派，或者专注于数学文本，将希腊语翻译成拉丁语，从而全面地研讨古希腊自然哲学。在"亚历山大里亚的-数学的"自然认识(天文学)方面，典型的代表人物有努力恢复数学的自然认识的雷吉奥蒙塔努斯(原名约翰·缪勒，Johann Müller，1436—1476)、哥白尼等。

值得提出的是，"人文主义者"除了重新发现并且扩充雅典的自然哲学和"亚历山大里亚的-数学的"自然认识外，还提出了第三种认识自然的形式。"到了 15 世纪中叶，在重新复兴的希腊认识边缘产生了独特的第三种自然认识形式。它在方法上与两种希腊的自然认识形式极为不同。从事这种自然认识的人认为，真理并不能从理智中导出，而是要到精确的观察中去寻找，目的是实现某些实际的目标。"[②]这方面典型的代表人物有维萨里(Andreas Vesalius)、第谷、斯台文(Simon Stevin，1548—1620)、达·芬奇(Leonardo da Vinci)、帕拉塞尔苏斯(Paracelsus)[③]等。

显然，沿着第三种认识自然的方式的认识者通常并非自然哲学家和数学家。正如"雅典的"和"亚历山大的"("亚历山大里亚的")一直是分离的，彼此没有交流(虽然有互相争论，但并没有任何建设性的对话)，它们与"第三种"自然认识形式之间也存在着一堵密不透风的隔墙。对于这种截然分离的一般规则，也有两个明显的例外。其中一个是葡萄牙人文主义者和探险家若昂·德·卡斯特罗(Dom Joao de Castro，1500—1548)；另外一个是亚里士多德学派的人文主义者、哲学家兼医生的让·费内尔(Jean Fernel，1497—1558)和耶稣会的早期成员克里斯托夫·克拉维乌斯(Christoph Clavius，1538—1612)所进行的"混合数学"(gemischte Mathematik)工作，他们把严格的数学证明形式与亚里士多德的推理解释紧密关联起来，比中世

① [荷]H. 弗洛里斯·科恩：《世界的重新创造：近代科学是如何产生的》，张卜天译，长沙：湖南科学技术出版社，2012 年，第 82-107 页。

② [荷]H. 弗洛里斯·科恩：《世界的重新创造：近代科学是如何产生的》，张卜天译，长沙：湖南科学技术出版社，2012 年，第 67 页。

③ "帕拉塞尔苏斯"(Paracelsus)原名为"菲利普斯·奥里欧勒斯·德奥弗拉斯特·博姆巴斯茨·冯·霍恩海姆"(Philippus Aureolus Theophrastus Bombastus von Hohenheim)，为中世纪欧洲医生、炼金术士。他之所以自称"帕拉塞尔苏斯"，是因为他自认为他比罗马医生塞尔苏斯更加伟大。

纪的计算者走得更远。[1]这表明这三种自然认识方式之间并不是完全不可交流，而是在当时就表现出了互相整合的倾向。

H. 弗洛里斯·科恩的上述观点有一定道理。从近代科学革命的历史、内涵及其发展看，古希腊自然哲学的最核心的内涵“雅典的”和“亚历山大里亚的”自然认识方式并没有被抛弃，而是一直被坚守着。前者遵循的是“自然的本原化及其解释路径”，后者遵循的是“自然的数学化及其解释路径”。不仅如此，还发展出了“精确的观察”的第三种认识方式。

从上述“三次文化移植”看，第一次是阿拉伯世界伊斯兰文明的“文化移植”保存了古希腊自然哲学，成为西欧“第二次文化移植”乃至“第三次文化移植”的知识基础，并使得古希腊自然哲学最终在西欧恢复得以可能。从 8 世纪到 11 世纪，伊斯兰文明改变了自然哲学在基督教占主导的世界里不被重视的局面，而自身也得到了自古希腊时代以来前所未有的发展。

鲁索对古希腊自然哲学恢复的问题进行了专门研究。他认为，古希腊自然哲学的恢复是一个漫长的过程，共分为三次：一次是帝国时代的科学研究的恢复，一次是开始于公元 6 世纪早期，最后一次是文艺复兴时期。[2]在帝国时期的恢复，作者们的原创几乎为零，而且这时代的筛选有着太多个人因素掺杂其中。而后的复兴，对希腊化科学家的了解大多数来自帝国时代作家的筛选，这就更加加剧了对希腊化时期的误读。[3]而且作者认为，近代的学术界充满了只看哲学家而不理解数学家的笨蛋，他们完全错过希腊化思想的要点，况且他们过于痴迷柏拉图和亚里士多德。[4]

亨利也从西方基督教世界大学教育的角度对古希腊自然哲学的复兴进行了阐述。在西欧，最早的大学有博洛尼亚大学、巴黎大学和牛津大学。亨利认为，任何接受过大学教育的人从一开始就接受了亚里士多德自然哲学的教育，这意味着对自然世界的理解几乎成了精英文化中理所当然的一面。这确保了自然哲学在西方文明中长期占据重要的地位。而对于伊斯兰的科学，则完全依赖于富有的和政治上有权势的赞助人的兴趣和参与，这最终导致伊斯兰科学的衰落，尽管伊斯兰在科学上的成就远远超过了西欧在文艺复兴之前的成就。[5]

---

① 转引自[荷]H. 弗洛里斯·科恩：《世界的重新创造：近代科学是如何产生的》，张卜天译，长沙：湖南科学技术出版社，2012 年，第 73-74 页。

② Russo L. The Forgotten Revolution: How Science Was Born in 300 BC and Why It Had to Be Reborn. Levy S (trans.). Berlin: Springer, 2004: 330-335.

③ Russo L. The Forgotten Revolution: How Science Was Born in 300 BC and Why It Had to Be Reborn. Levy S (trans.). Berlin: Springer, 2004: 198.

④ Russo L. The Forgotten Revolution: How Science Was Born in 300 BC and Why It Had to Be Reborn. Levy S (trans.). Berlin: Springer, 2004: 233.

⑤ Henry J. A Short History of Scientific Thought. New York: Palgrave Macmillan, 2012: 46-47.

古希腊自然哲学是人类历史上最伟大的思想之一，也是对史前人类以神话的方式认识自然——“神话式科学”的一次“大写的科学革命”，从而使人类关于自然的认识方式由“神话式科学”走向“哲学式科学”。这次革命于公元前 2 世纪突然结束了，究其原因，与当时的社会环境有关，也与其哲学地认识自然的方式有关。而且，即使这次“大写的科学革命”没有衰落，这样的革命也将会是长期的、缓慢的，含有许多反近代科学的成分的，蕴涵宗教和伦理意蕴的，很难发展到近代科学的地步。当然，古希腊自然哲学的突然衰落并非意味着其消亡。在古希腊自然哲学突然衰落之后，有两次“翻译浪潮”和三次前后相连的“文化移植”。它们传播、保存并且恢复古希腊哲学。第一次和第二次“文化移植”虽然也发生了突然衰落，但是第三次“文化移植”却最终结出了近代科学革命的果实，使人类进入到新的时代和新的世界。

第六章　中世纪自然哲学

——从为神学服务到为科学做准备

公元 3 世纪以后，随着罗马帝国的衰落和基督教神学的兴起，欧洲逐渐进入中世纪。在这一时期，宗教神学占据主导地位，自然哲学成了神学的婢女，为宗教神学服务。在这种情况下，中世纪自然哲学是如何为宗教神学服务的？它又是如何作为近代早期科学基础的？近代科学革命是否需要变革中世纪自然哲学？这需要我们给出恰当回答。林德伯格就说："'中世纪'这一概念最早是 14 世纪、15 世纪的意大利人文主义学者提出的，这些学者认为古代的辉煌成就与他们自身时代的教化之间有一个黑暗的中间时期。如今，这种贬低性的看法(体现于'黑暗时代'这个熟悉的称号)几乎已被持中立看法的专业历史学家彻底抛弃。他们认为，'中世纪'时期对西方文化作出了独特的重要贡献，理应得到公正而无偏见的研究和评价。"[①②]

一、中世纪自然哲学之于神学：从"依附"到"独立"

(一)公元 4 世纪：自然哲学被改造并为神学服务

在罗马帝国统治下的非洲，迦太基的德尔图良(Tertullian of Carthage，约 155—约 230)坚定地拒斥哲学，而北非人奥古斯丁(354—430)将新柏拉图主义与基督教教义有机地结合起来，以便建立中世纪第一个完整的神学体系，完成了当时一次知识的大综合。奥古斯丁的思想对基督教思想的影响最为深远，他根据当时人们对哲学的流行理解即"幸福生活的指南"，把基督教看成是"真正的哲学"，称自己皈依基督教的行动是"到达哲学的天堂"的路径。[③]这就使哲学与神学合流，开创了影响

① [美]戴维·林德伯格：《西方科学的起源》(第二版)，张卜天译，长沙：湖南科学技术出版社，2013 年，第 211 页。

② 对此，笔者的观点是：公正而无偏见地考察和评价中世纪，这本身没有错，但是不分阶段地、过高地评价中世纪也是不恰当的，事实上在中世纪的各个时期，情况有所不同。

③ 赵敦华：《基督教哲学 1500 年》，北京：人民出版社，2007 年，第 141 页。

后世近千年的“哲学服务于神学”的传统。

在神学自然观上，奥古斯丁否定泰勒斯、伊壁鸠鲁等关于世界始基的观点，肯定柏拉图关于永恒存在的思想理念——造物主的存在，并将造物主的存在改造成为上帝存在。他进一步认为，由于上帝的推动，所以就从虚无中产生了水、火、土、气、原子以至宇宙万物；上帝是终极的、全能的造物主，“万物都必须服从上帝的管辖，这是‘永恒的规律’，如果不是上帝的意志，就是一根头发也不会从头上脱落下来”[①]。不仅如此，奥古斯丁还提出并论证了宗教神学的时空观。他认为，上帝创世之前没有时间和空间，时空是从上帝创世开始存在的，时空是有限的，上帝是永恒的，并超越于时空之外。

在认识论上，奥古斯丁综合了柏拉图的回忆说和亚里士多德关于积极能动的理性灵魂的观点，使用神学语言，把广义的真理说成“光”，把狭义的真理等同为“上帝”，提出了“光照说”。他将恩典和真理看作是起源于上帝并且体现于我们心灵的理性之物；上帝好像真理之光，人的心灵好像眼睛，心灵的视觉好像理性，如此，正是上帝的光照使心灵的理性看到了真理。按照这种“光照说”，只有在虔诚的信仰中，上帝的光照才会显得通透明亮，而神圣的真理也只有在灵魂摆脱肉体之后才能最终被认识。

奥古斯丁就是这样，对自然哲学进行改造并且将此应用于神学的论证中。在他那里，自然哲学，也像整个哲学一样，是用来为神学服务的，扮演着婢女[②]的角色，就此来说宗教神学似乎阻碍了科学的发展。但是，“如果我们将早期教会与现代的研究性大学或国家科学基金会相比较，那么教会绝对不是科学和自然哲学的支持者。但这种比较显然是不公平的。而如果我们把早期教会对自然研究的支持与同时代其他社会机构所提供的支持相比较，就会明显看出，教会是科学学问的主要赞助者。其赞助也许是有限的和选择性的，但有限的选择性赞助与毫无赞助有天壤之别”[③]。

上面的论述说明自然哲学能够为宗教神学服务，宗教神学一定意义上支持自然哲学，倡导“读自然之书”。事实上，在公元 4 世纪，就有一位教父克里索斯托[④]（St. John Chrysostom，约 347—407）第一次正式用“上帝的两本书”——“自

---

① 周德昌：《简明教育辞典》，广州：广东高等教育出版社，1992 年，第 355 页“奥古斯丁，A.”条目。

② “奥古斯丁在这一隐喻中使用了女性（婢女而不是男仆），这与女性地位更低的观念毫无关系，而是源于拉丁语名词‘哲学’philosophia 是阴性。‘神学’theologia 也是阴性。”（出自[美]戴维·林德伯格：《西方科学的起源》（第二版），张卜天译，长沙：湖南科学技术出版社，2013 年，第 163 页。）

③ [美]戴维·林德伯格：《西方科学的起源》（第二版），张卜天译，长沙：湖南科学技术出版社，2013 年，第 163 页。

④ 克里索斯托，是东罗马帝国时期古代基督教的教父，一位口才出众的传道者，因善于言辞，被称为“金口约翰”，他认为“自然”的作用就像一本启示之书。

然之书”及《圣经》之书的比喻，来说明人类能够从自然及《圣经》的启示中认识上帝。[①]所谓从自然认识上帝，就是通过观察自然得出关于上帝的知识，传统上被称为“自然神学”(Natural Theology)，在这一时期又被称为“基督教自然哲学”；所谓通过《圣经》启示认识上帝，就是通过诠释《圣经》获得启示并进而获得关于上帝的知识，这被称为“启示神学”(Revealed Theology)。“自然神学”和“启示神学”虽有区别——通过不同方式来认识上帝，但两者又被统称为“宗教神学”。

公元4世纪末，随着基督教的胜利[②]，罗马帝国中“像前几个世纪那样力图理解、提高和维持一个高水准的理论科学遗产的那么一小批素质娴熟的人也没有了”[③]，神学自然观占据主导地位，基督教被视为崇高和神圣。“至500年，基督教会攫取了绝大多数有才华的人来为它服务，包括传教、组织管理事务、教义探讨及纯粹的思辨活动，荣耀不再来自客观和科学地理解自然现象，而是来自实现教会的目标。”[④]柏拉图和其他古人的宇宙论和物理学被用于阐明《创世纪》，对自然及其运动变化的本性、原理或形式的探讨的最终目的，也是为了证明上帝的全能、至上和仁慈。从此，自然哲学不是或不能去实现自己的目标，而是被改造，为解释、论证宗教神学服务，沦为宗教神学的婢女。在这种情况下，“毫无疑问，此时人们对于希腊自然哲学和数学科学的了解已经急剧衰落，中世纪早期(约400—1000)的西欧对此鲜有原创性的贡献”[⑤]。

(二)公元4世纪到8世纪：拉丁百科全书学者的贡献

公元395年，罗马皇帝狄奥多西驾崩，罗马帝国就此分裂成东、西两个帝国。讲拉丁语的西罗马帝国逐渐失去了同讲希腊语的东罗马帝国(东边的拜占庭帝国)的文化交流。公元476年，日耳曼人废黜了西罗马帝国的最后一个皇帝，西罗马帝国

---

① [美]彼得·M. J. 赫斯：《“上帝的两本书”：基督教西方世界中的启示、神学与自然科学》，见[美]泰德·彼得斯、江丕盛、格蒙·本纳德：《桥：科学与宗教》，北京：中国社会科学出版社，2002年，第192-193页。

② 公元1世纪初，基督教产生于罗马帝国统治下的巴勒斯坦地区。其组织规模由城市里的小社团逐渐发展到罗马帝国时期许多地方的较大组织。公元2世纪与3世纪之间，分散在各地的社团开始走向统一，最终使得教会形成。公元3世纪中叶，基督教为罗马皇帝所镇压(又称“教难时期”)。公元313年，罗马皇帝君士坦丁一世(拉丁语：Constantinus I Magnus，275—337)颁布《米兰敕令》，承认基督教的合法地位。公元392年，罗马皇帝西奥多修斯(Theodosius，345—395)正式承认基督教为罗马帝国国教。至此，基督教取得完全胜利。

③ [美]爱德华·格兰特：《中世纪的物理科学思想》，郝刘祥译，上海：复旦大学出版社，2000年，第4页。

④ [美]爱德华·格兰特：《中世纪的物理科学思想》，郝刘祥译，上海：复旦大学出版社，2000年，第4页。

⑤ [美]戴维·林德伯格：《西方科学的起源》(第二版)，张卜天译，长沙：湖南科学技术出版社，2013年，第168页。

宣告灭亡。随着西罗马帝国的衰落，其原有的教育体系也衰落了，与古典传统的联系逐渐衰微。尽管不复繁荣，在罗马、意大利北部、高卢南部、西班牙和北非，学校和思想生活仍继续存在着。[①]在公元5世纪，“隐修院充当了读写能力和孱弱的古典传统(包括科学或自然哲学)的传承者”[②]。卡洛林时期(公元8世纪)，查理曼(又称“查理大帝”)(Charles the Great，768—814 年在位)请学者阿尔昆(Alcuin，约730—804)领导了许多书籍(包括古典著作)的收集、修正和抄写，使得讲拉丁语的西方国家的教育比前几个世纪更广地传播开来，并为将来的学术奠定了基础。[③]

在东方的拜占庭帝国，古代学术延续得相对较好，古代文本用古希腊语保存下来。在拉丁西方，由于懂希腊语的人日渐稀少，如何了解希腊学术的问题开始突显出来。从公元4世纪到8世纪，拉丁西方的一些有识之士感受到了这种危机，他们或者将希腊哲学文献翻译成拉丁文，或者用百科全书等的方式，将当时能够获得的有关基督教的或其他被看作异教的知识记录下来，以此来保存古典学术。这些人常常被称为“拉丁百科全书学者”(Latin Encyclopedists)。他们撰写出了一系列著作，典型的有马克罗比乌斯(Macrobius Ambrosius Theodosius，活跃于5世纪上半叶)，撰写了《〈西庇阿之梦〉评注》(*Commentary on the Dream of Scipio*)，比老普林尼写作《自然史》(*Natural History*)晚了约350年；卡佩拉(Martianus Capella，约410—439)，撰写了《菲劳罗嘉与默丘利的联姻》(*The Marriage of Philology and Mercury*)；塞维利亚的伊西多尔(Isidore of Seville，约560—636)，主要基于异教文献和基督教文献，撰写了《物性论》(*On the Nature of Things*)和《词源学》(*Etymologies*)两本书；可敬的比德(the Venerable Bede，约672—735年)，撰写了《英吉利教会史》(*Ecclesiastical History of the English People*)，并且基于老普林尼和伊西多尔的著作，他也写了一本《物性论》(*On the Nature of Things*)；等等。[④]这些著作对整个中世纪，特别是对公元1200年之前的中世纪，产生了巨大影响。不过，由于他们遵循的是工具书和百科全书的学术传统，目标是普及和传播希腊科学的理论和成果，而不是探讨和研究希腊科学的专业性内容或方法，因此，对科学的推动作用不大。这也说明，“如果不深入到希腊科学的坚实核心，西方世界就不会超出拉丁百科全书作家的水平”[⑤]。

---

① [美]戴维·林德伯格：《西方科学的起源》(第二版)，张卜天译，长沙：湖南科学技术出版社，2013年，第164页。

② [美]戴维·林德伯格：《西方科学的起源》(第二版)，张卜天译，长沙：湖南科学技术出版社，2013年，第169页。

③ [美]戴维·林德伯格：《西方科学的起源》(第二版)，张卜天译，长沙：湖南科学技术出版社，2013年，第214页。

④ 这些著作的主要内容参见[美]戴维·林德伯格：《西方科学的起源》(第二版)，张卜天译，长沙：湖南科学技术出版社，2013年，第152-171页。

⑤ [美]爱德华·格兰特：《中世纪的物理科学思想》，郝刘祥译，上海：复旦大学出版社，2000年，第14页。

需要说明的是，这里的“对科学的推动作用不大”，是就新的科学知识的创造而言的。如果就科学知识的整理及其传承而言，那么，他们的作用是巨大的。林德伯格就说：“假如科学史仅仅是伟大科学发现或重大科学思想的年表，那么伊西多尔和比德在其中将不会有任何位置，今天不会有任何科学原则以他们的名字流传。然而，如果科学史研究的是共同把我们引向当今科学的那些历史潮流(要想理解我们来自何方以及如何到达此处，就必须把握这些线索)，那么伊西多尔和比德所从事的事业就是这种历史的重要组成部分。”[①]

伊西多尔和比德是这方面的代表人物。伊西多尔在《词源学》中对各种事物的名称作了词源学的分析，并且对这些事物作了百科全书式的描述。他认为，地球是宇宙的中心，地球表面是球形的，地球以及宇宙都是由“四元素”组成的；上帝告知了人们世界的结构、元素的活动、季节运行的规律等。就此来说，作为关于宇宙内部物理影响的一套信念以及作为绘制天宫图、决定良辰吉日之类的技艺作用的占星术也就用不上了，占星术是荒谬的。比德充分地应用他所掌握的有限的天文学知识以及相关的历法论文文献，建立了计时和历法管理的原则，为后来的“计算”(computus)科学奠定了坚实的基础。“伊西多尔和比德都没有创造新的科学知识，但他们都在一个自然研究属于边缘活动的时代重述和保存了当时的科学知识。他们使学问度过了一段危险的艰难时期，从而得以延续；在此过程中，他们深刻影响了欧洲人在接下来几个世纪对自然的了解和思考自然的方式。这一成就或许缺少发现万有引力定律或提出自然选择理论的那种戏剧性，但对欧洲随后的历史进程的影响绝对称得上是非比寻常的。”[②]他们努力保存和传播残存的古典学术，在后来被证明对科学的发展意义重大，这也间接表明早期中世纪宗教文化对科学的重要意义。就此而言，“他们的名字已经变得与中世纪早期自然哲学和中世纪世界观同义”。[③]

(三)公元8世纪到13世纪：学校的建立及古希腊自然哲学的引入

公元711年以后，穆斯林很快攻占了西班牙。倭马亚王朝扶持教育，资助抄写和翻译书籍，促进了学术的交流。到了8世纪晚期和9世纪初，查理曼在西欧建立了第一个中央集权制政府，开始教育改革，收集和抄写古典传统的书籍，将海外学者引进到宫廷学校中，并且下令在全国范围内兴建隐修院学校(Abbey School)和大教堂学校(Cathedral School)。这“使得教育在拉丁西方比前几个世纪更广地传播开

---

① [美]戴维·林德伯格：《西方科学的起源》(第二版)，张卜天译，长沙：湖南科学技术出版社，2013年，第171页。

② [美]戴维·林德伯格：《西方科学的起源》(第二版)，张卜天译，长沙：湖南科学技术出版社，2013年，第171页。

③ [美]戴维·林德伯格：《西方科学的起源》(第二版)，张卜天译，长沙：湖南科学技术出版社，2013年，第169页。

来，并为将来的学术奠定了基础”[①]。爱留根纳(John Scotus Eriugena，约 800—877，活跃于 850—875)精通拉丁文，将几篇希腊文神学论著翻译成拉丁文。他发展了伪狄奥尼修斯(Pseudo-Dionysius，公元 500 年左右的一位佚名的新柏拉图主义基督徒)[②]的新柏拉图主义，并试图将希腊倾向的基督教神学与新柏拉图主义综合起来。10 世纪晚期的奥里亚克的热尔贝(Gerbert of Aurillac，约 946—1003)在伊斯兰世界和拉丁基督教世界富有思想成果的交流中扮演了先驱角色，他促进了亚里士多德逻辑学的传播和发展，熟知伊斯兰的数学和天文学成就，并且利用他作为名师和教会要员的这些富有影响的职位，推动了西方数学科学的进步，激励了伊斯兰世界与基督教欧洲之间严肃而富有成果的科学交流。[③]

对比拉丁西方持续地遭受战乱，东罗马帝国则显得相对安定。“东方从来没有因为语言障碍而脱离原始的希腊学术文献。”[④]由于对古典传统的保存，“拜占庭在科学史上很重要”[⑤]。

罗马东西方世界在 5 世纪末的联系逐渐减少，它们的重新联系发生于十字军东征。西欧人在被统治了数个世纪之后，开始把穆斯林赶出西班牙，并派遣十字军东征。东西方世界大规模交流，就发生在第四次十字军东征之后。

尽管十字军不断挑起战争，但是，在 11 世纪末，英国、法国、德国等地区政治却趋向稳定，战事开始逐渐减少，边境安宁，内乱和暴力减少，正处于政治、社会和经济复兴的前夜。[⑥]十字军东征对拜占庭的伤害是巨大的，但对拉丁文明来说，将希腊文化带回欧洲厥功至伟。十字军东征后(11 世纪末到 13 世纪)，欧洲人开始把阿拉伯文的希腊、印度科学著作译本以及阿拉伯人自己的科学著作大量译成拉丁文。特别是在 1200—1225 年，《亚里士多德全集》被欧洲人发现并翻译出来。这使得西方世界接触到阿拉伯人在前几个世纪所翻译的大量希腊科学著作，从而也就使得他们

---

① [美]戴维·林德伯格：《西方科学的起源》(第二版)，张卜天译，长沙：湖南科学技术出版社，2013 年，第 214 页。

② 在欧洲中世纪，基督教教会中广泛流传着一些署名狄奥尼修斯的著作。人们相信这些著作的作者就是由使徒保罗使其皈依的雅典大法官、首任雅典主教亚略巴古的狄奥尼修斯。他的身份特殊，所撰写的著作受到中世纪他人的追捧。不过，后世经过考证，发现一些署名狄奥尼修斯的著作产生自 5 世纪末或者 6 世纪初，著作作者似乎生活在叙利亚的隐修士圈子里，其生平和名字却无从得知，故称之为伪狄奥尼修斯。伪狄奥尼修斯的著作明显地表现出新柏拉图主义的影响，其中对哲学来说最为重要的是他的《论神的名称》和《论神秘神学》。

③ [美]戴维·林德伯格：《西方科学的起源》(第二版)，张卜天译，长沙：湖南科学技术出版社，2013 年，第 218-221 页。

④ [美]戴维·林德伯格：《西方科学的起源》(第二版)，张卜天译，长沙：湖南科学技术出版社，2013 年，第 172 页。

⑤ 转引自 Stavros Lazaris. A Companion to Byzantine Science. Leiden, Boston: Brill, 2020: 3.

⑥ [美]C. 沃伦·霍莱斯特：《欧洲中世纪简史》，陶松寿译，北京：商务印书馆，1988 年，第 137 页。

逐渐深入到希腊科学的核心，提升西欧科学的地位。[①]而且，政治上的稳定也促进了经济的发展和城市化，所有的这一切推动了教育的发展。“随着人们在 11 世纪、12 世纪涌向城市，此前对教育事业贡献不大的各种城市学校走出了隐修院学校的阴影，成为教育的主要力量。”[②]城市学校的数量增加了，逻辑学、四艺、神学、法律和医学在隐修院传统中得到了前所未有的发展。这些学校，一是恢复和掌握拉丁文古典著作(或希腊古典著作的古代拉丁文译本)；二是试图将理智和理性应用于人类事业的许多领域。前一种发展之后就是复兴古希腊自然哲学，后一种体现了“理性主义”走向实用的趋向。

“理性主义转向”体现的一个重要领域是神学。安瑟尔谟(Anselmus of Bec and Canterbury，1033—1109)对神学教义确信无疑，他要做的就是打破神学方法论的局限，运用哲学理性的论证去确立神学教义，从而让信仰者更加信仰它们，非信仰者都开始信仰它们。他对上帝存在进行了“本体论证明”(ontological proof)——因为上帝是一个被设想为无与伦比的东西，又因为被设想为无与伦比的东西不仅存在于思想之中，而且也要存在于现实中；设想为仅在心中存在的东西或者仅在现实中存在的东西，都不如被设想为同时在心中和现实中存在的东西那样无与伦比；所以上帝实际上存在。考察上述证明，就是依据纯粹理性的论证而非《圣经》的权威或神的启示。

阿贝拉尔(Peter Abelard，约 1079—1142)发展了安瑟尔谟的理性主义纲领，认为“理解导致信仰”，只有将信仰建立在理性的基础之上才是可靠的。因此，他倡导对各种权威著作进行批判性考察，消除一切可能产生歧义的语词或命题，树立正确的信仰。结果是，他以哲学论证的方式，捍卫了在他的同时代人看来是危险的神学观点，打破了他的同时代人对教会和权威观点的盲目崇拜，而受到宗教当局的谴责和迫害。这也说明，理性之于神学是一把双刃剑。一方面可以用它来论证神学观点的成立，另一方面当它的论证结论与神学观点不一致时，可以用来削弱或反驳神学观点。这后一方面必然引起宗教神学保守派的担心或恐慌，从而限制理性方法在神学观点论证中的应用。

考察古希腊自然哲学在西欧的复兴，特别是亚里士多德自然哲学的遭遇，典型地体现了这一点。

(四)对神学与亚里士多德自然哲学的调和

在 12 世纪，自然哲学在学校并没有占据中心地位，但是学者们已经决心掌握拉

---

① 欧洲人整理了阿拉伯人的古希腊文献，就有了后来的文艺复兴和科学的兴起，那么为什么阿拉伯人手中一直执掌知识财富却未能先行一步占据科学的高峰？中世纪晚期的希腊-阿拉伯科学地位如何？这是另外一个值得深思和探讨的问题。鉴于此论题重大，在此不予叙述。

② [美]戴维·林德伯格：《西方科学的起源》(第二版)，张卜天译，长沙：湖南科学技术出版社，2013 年，第 222 页。

丁文的自然哲学经典著作。这些著作大多带有一种柏拉图主义的倾向（当时亚里士多德的著作还基本看不到），研读它们的学者不可避免地被引向柏拉图的宇宙观，并且用这样的宇宙观解释《创世纪》。然而，在这样做时也有例外，沙特尔的蒂埃里（Thierry of Chartres，卒于1156年后）就运用柏拉图的宇宙论以及亚里士多德、斯多亚学派自然哲学的一部分，阐释“六天创世说”：上帝首先在瞬间创造了四元素，其后每一事物都是那种原初创造行为所内在的秩序的自然展开。一旦被创造出来，火立即开始旋转（因为它的轻盈不允许静止），同时也照亮了气，这样就解释了昼与夜（创世的第一天）；第二天，火加热了下面的水，使它们作为蒸气上升，直到悬浮于气的上方，这是《圣经》中所谓的“天穹之上的水”；第三天，蒸发导致下界水的数量减少，就使海洋中出现了干燥的陆地；第四天，天空中的水进一步受热形成了由水构成的天体；最后，在第五天和第六天，土和位置较低的水受热产生了植物、动物和人。①

根据蒂埃里的上述解释，他已经将上帝的直接干预限制在了创世的原初一刻，其后每一事物都是按照那种内在于原初创造行为的秩序而自然地展开，其中所发生的过程和结果都有其自然原因。这体现了自然主义的特征。而且这一特征也是12世纪自然哲学的一个最鲜明的特征，被其他学者如孔什的威廉（William of Conches，卒于1154年以后）、巴斯的阿得拉德（Adelard of Bath，1116—1142）等所赞同。

孔什的威廉就认为，神总是通过自然力来使自然运作的，哲学家的任务就是充分发挥这些自然力的解释能力。他进一步认为，在这样做时，切不可贬低神的力量和威严，认为世上万物除魔鬼之外没有不是上帝造就的，上帝能够去做与实际去做不是一回事，事实上，上帝并没有做他能做的每一件事。

这就是说，上帝是全能的和自由的，有无限的自由去创造他所希望的任何一种世界，但是，他事实上选择了创造如此这般的世界，并且在完成了创造的行动之后并不准备干涉这一世界。据此，就可以调和神的万能与自然秩序的不变性之间的矛盾。

对神学和哲学之间的调和并不是一帆风顺的。随着12世纪及其之后翻译运动的兴起，某些古希腊自然哲学家如亚里士多德的著作及其思想受到重视，“亚里士多德的影响从12世纪末开始显现，之后逐渐壮大，到了13世纪下半叶，他的形而上学、宇宙论、物理学、气象学、心理学和生物学著作已经成为必须研究的文本”②。亚里士多德以及其他学者的著作得到翻译和重视。“这些新文献构成了13

① [美]戴维·林德伯格：《西方科学的起源》（第二版），张卜天译，长沙：湖南科学技术出版社，2013年，第229-230页。

② [美]戴维·林德伯格：《西方科学的起源》（第二版），张卜天译，长沙：湖南科学技术出版社，2013年，第243-244页。

世纪学术生活的核心特征，13 世纪最优秀的学者将尽心竭力研究它们。他们需要妥善处理新翻译文本的内容——掌握和整理新知识，评价其意义，发现其可能结果，解决其内在矛盾，（只要可能）将其应用于当前的学术关切。"①"这些新文本之所以极富吸引力，是因为内容广泛、思想强大且具有实用性。但它们也有异教来源。正如学者们逐渐发现的那样，它们包含着一些在神学上可疑的内容。于是，13 世纪学者面临着一项严肃的思想挑战，他们处理这些新材料的方法和技巧将对西方思想产生深远影响。"②

在这一过程中，各种具体的学科（数学、天文学、静力学、光学、天象学、医学）的专著，如欧几里得的《几何原本》、托勒密的《天文学大成》、花剌子米（Al-Khwarizmi，约 780—约 850）的《代数》、伊本 • 海塞姆的《光学》以及阿维森纳的《医典》等被接受，并被整合进西方知识的体系中。但是，对于自然哲学中的那些与自然观以及神学紧密关联的宇宙学、物理学、形而上学、认识论和心理学等，则受到宗教神学的挟制。

在巴黎，有人指控艺学③院的老师在亚里士多德思想的影响下讲授了泛神论，主张神是宇宙的本质或神与宇宙是一体的。这直接导致在 1210 年举办的巴黎主教大会上颁布了一项法令，禁止在艺学院讲授亚里士多德的物理学。而且，该禁令还于 1215 年被教廷使节库尔松的罗伯特（Robert de Courcon）重新颁布，明确禁止研究亚里士多德的物理学和形而上学。不过，这两项禁令仅适用于巴黎。

1231 年，在推行控制巴黎大学的规章过程中，教皇格列高利九世（Pope Gregory IX，约 1145—1241）也卷入该事件。他承认 1210 年禁令的合法性，并且重新颁布了该禁令。该项禁令明确规定：亚里士多德的《物理学》除非已经被检查并剔除了所有的疑问和错误，否则不得在艺学院中传阅。

从上述 1231 年的禁令可以看出，格列高利九世既承认亚里士多德自然哲学的危险性，也意识到了它的有用性，从而鼓励人们在剔除了其"错误"之处后再去应用它。也许是因为这种鼓励，也许是因为格列高利于 1241 年去世，也许是其他方面的原因，如巴黎的艺学老师们害怕失去阵地，或者亚里士多德的影响力难以遏制等，导致在 1240 年前后，上述禁令失去一定的强制力，亚里士多德完整的、未经审查的著作在巴黎大学等大学中再次被讲授。人们越来越相信，可以用亚里士多德的自然哲学来论证并辩护神学。

---

① [美]戴维 • 林德伯格：《西方科学的起源》（第二版），张卜天译，长沙：湖南科学技术出版社，2013 年，第 247 页。

② [美]戴维 • 林德伯格：《西方科学的起源》（第二版），张卜天译，长沙：湖南科学技术出版社，2013 年，第 247 页。

③ 在中世纪大学，艺学包括逻辑、四艺（算术、几何、天文和音乐）和亚里士多德的三种哲学[道德哲学（或伦理学）、形而上学和自然哲学]，其中，自然哲学无疑是最重要的。

但是，不可否认的是，亚里士多德自然哲学中的某些具体的主张确实与正统的宗教教义相违背。亚里士多德认为，宇宙是永恒的，它既不生成也不毁灭，而神学宗教的观点是，上帝创造了这个世界，宇宙不是永恒的；亚里士多德认为，理性灵魂中的被动理性是暂时的，随着肉体的消亡消失，理性灵魂中的主动理性可以脱离肉体而不朽，[①]而基督教的教义表明与灵魂和肉体相关的一切感觉、情感、属性都是不朽的。

这种亚里士多德自然哲学与神学相矛盾的状况，就必然需要自然哲学家或神学家加以协调。协调的表现之一是在 12、13 世纪，仍然有一些哲学家改造哲学的论证，以使改造后的自然哲学思想与神学相一致。就此，哲学仍然作为神学的婢女而存在。

阿维罗伊忠实于亚里士多德原著，在其基础上进行注释。他了解亚里士多德的某些思想与神学的冲突，并试图调和它们。他提出“单灵论”（monopsychism），认为人的灵魂中非物质的、不朽的是“理智灵魂”（intellective soul），它不是个体性的或为个人所独有的，而是为所有人所共有的单一理智；人死后这种“智识”或精神得以保留而不消失，从而使得人所共有的精神或灵魂不朽。表面上看，他的“单灵论”协调了亚里士多德的“灵魂消失论”与神学“灵魂不朽论”之间的矛盾，但是，由于他的所谓的灵魂不朽不是个人灵魂的不朽而是人类共有的灵魂的不朽，这点又与基督教“个人灵魂不朽”的教义相违背。

罗伯特·格罗斯泰斯特（Robert Grosseteste，1175—1253）为了使他的关于宇宙起源的解释满足《圣经》中从无到有的论述，在亚里士多德宽泛范围内应用新柏拉图主义的“流溢说”，认为被创生的宇宙是从上帝流射出来的，恰如光从太阳中流射出来。

罗吉尔·培根为了说服教会统治阶层，宣称“新哲学是神的馈赠，能够证明信仰正确，并说服那些未改宗者相信：科学知识对《圣经》诠释极为有利，天文学对于确立宗教历法至关重要，占星术使我们能够预测未来，‘实验科学’教我们如何延长生命，光学能使我们制造出仪器震慑那些不信仰者并使之皈依”[②]。在罗吉尔·培

---

① 亚里士多德认为，人的灵魂包括感性灵魂和理性灵魂，理性灵魂又可区分为主动理性和被动理性。感性灵魂的功能是感知外在事物；被动理性以感性灵魂形成的感觉、知觉和表象等感性经验材料为认识对象，形成具有普遍性的知识；主动理性以被动理性的知识为对象，使潜在的普遍知识实现为现实的知识。主动理性是一种无质料的纯形式，它是灵魂中最神圣的部分，具有通达神的能力。被动理性和感觉、记忆、经验等感性认识存在关联，被动理性是不纯粹的，随着肉体的死亡，被动理性也跟着消失。理性灵魂中的主动部分却是不朽的，它可以超越生死而参与神业。（具体内容参见胡志刚：《亚里士多德之灵魂与神的关系探析》，《武汉理工大学学报（社会科学版）》，2018 年第 4 期，第 139-145 页。）

② ［美］戴维·林德伯格：《西方科学的起源》（第二版），张卜天译，长沙：湖南科学技术出版社，2013 年，第 259 页。

根看来，自然哲学与神学并不矛盾，它能够为神学服务，神学应该利用这样的自然哲学，并将这样的自然哲学引向恰当的目的。[①]

波纳文图拉(Bonaventure，约 1217—1274)对自然哲学之于神学的作用的看法要比罗吉尔·培根谨慎。他认为，理性在没有神启的情况下是很难独自发现真理的，自然哲学绝不能与神学教义相违背，亚里士多德的“宇宙永恒论”、“变化决定论”以及“灵魂消失论”是不能被相信的，上帝是万能的，上帝的佑助体现在每一个因果的事件中，个体灵魂不朽论是正确的，应该摒弃阿维罗伊的“单灵论”。

生于德国的大阿尔伯特(约 1200—1280)尊重亚里士多德哲学对于神学和宗教的实用性，理解和传播了这一哲学。他致力于掌握和解释亚里士多德文集，在此基础上，将西方基督教世界与亚里士多德传统联系在一起，由此他经常被人们看作是基督教亚里士多德主义的实际创建者。“大阿尔伯特做这些事情的目的就是要展示和利用亚里士多德主义哲学的解释力，他认为这种哲学是神学研究的必要准备。他无意使亚里士多德主义哲学摆脱婢女身份，而是想让它承担更大责任。”[②]他断然拒绝亚里士多德的那些与神学教义相违背的方面，并建议在方法论的意义上应用自然哲学。他宣称：上帝创造万物，是每一事物的终极因，但是，上帝习惯于通过自然因来达到其目的，哲学家的任务不是去考察上帝的意志——终极因，而是通过自然哲学研究自然因，以体现上帝的目的。由此，他就确立了宗教神学的绝对真理性，并且认为自然哲学是可错的，对于这些错的方面，应该抛弃。如对于亚里士多德的关于灵魂是身体之形式的主张，他就认为是错误的。他认为，灵魂不是身体的形式却发挥着形式的作用，灵魂可以与身体分离而成为一个精神性的不朽的东西，如此，他就在扬弃亚里士多德的自然哲学思想，给出他的哲学论证。

阿奎那(约 1225—1274)继承了他的老师大阿尔伯特的思想传统，希望通过界定那些异教学问与基督教神学间的适当关系，解决信仰与理性之间的关系问题。[③]他研究并注释了亚里士多德的著作，正视并修正了那些似乎与宗教教义相冲突的亚里士多德的思想，把亚里士多德形而上学和自然哲学的主要部分纳入基督教神学之中，作为表述神学自然观的根据，同时又把托勒密的天文学和天主教的教义结合起来，形成了他的自然观。他运用亚里士多德解释运动的“四因说”来维护基督教神学。他把亚里士多德用以指称物质的“质料”解释为形而上学的“存在”“实体”；把

---

① [美]戴维·林德伯格：《西方科学的起源》(第二版)，张卜天译，长沙：湖南科学技术出版社，2013 年，第 259 页。

② [美]戴维·林德伯格：《西方科学的起源》(第二版)，张卜天译，长沙：湖南科学技术出版社，2013 年，第 262 页。

③ [美]戴维·林德伯格：《西方科学的起源》(第二版)，张卜天译，长沙：湖南科学技术出版社，2013 年，第 265 页。

运动的概念凝固于“存在”之中。他还把亚里士多德关于潜能和现实、形式和质料的学说，改造为基督教神学中的目的论，宣称一切都是神意的安排。例如，他把亚里士多德提出的宇宙运动根源的第一推动者解释为上帝。他认为，世界上的万事万物都是上帝按照一定的目的创造出来的，是由目的论制约的、等级制的有序系统，遵循着上帝—天使—人—动物—植物—山川江河的等级体系，从高级到低级，其中的每一等级都将趋向上一等级作为自身完美的目的，而起始的原因和终极的目标就是上帝。如此，他就把亚里士多德哲学“基督教化”，把基督教“亚里士多德化”，从而巧妙地把基督教神学和亚里士多德哲学融合成“基督教亚里士多德主义”。

对于哲学(理性)和神学(信仰)的关系，阿奎那有其深刻的见解。“在以理性论证基督教信仰和教义并因而将理性主义发展到极致的同时，阿奎那明确意识到信仰和理性在本性上是对立的，神学与哲学分属于信仰和理性这两种不同的认识途径：‘基督教神学来源于信仰之光，哲学来源于自然理性之光。’”[①]他在《神学大全》中写道：“神学可能凭借哲学来发挥，但不是非要它不可，而是借它来把自己的义理讲得更清楚些。因为神学的原理不是从其他科学来的，而是凭启示直接从上帝来的。所以，它不是把其他科学作为它的上级长官而依赖，而是把它们看成它的下级和奴仆来使用。”[②]这就是说，哲学(理性)从属于神学(信仰)，哲学是神学的婢女。不过，阿奎那创造性地指出：“哲学虽是神学的婢女，但本身并不依附于作为主人的神学，哲学是有独立人格的婢女。”[③]如此，阿奎那就根据神学与哲学来源的不同，在一定意义上承认哲学是独立的。他以亚里士多德的自然哲学为蓝本，在明确意识到信仰和理性有本质区别的基础上，通过理性论证基督教信仰和教义，并进而将理性主义发展到极致。这种努力调和哲学和神学的思想，是神学所允许的。

考察大阿尔伯特和阿奎那的思想，可以发现他们领导了一场有利于哲学壮大的开明运动。“然而无论哲学能够变得多么强大，在他们看来，哲学永远只是一个婢女。理性永远不能胜过启示。”[④]这也是那一时期宗教神学所坚持的。

---

① 谢鸿昆：《简论近代自然哲学与中世纪基督教的内在联系》，《自然辩证法通讯》，2003 年第 5 期，第 20 页。

② 北京大学哲学系外国哲学史教研室编译：《西方哲学原著选读》(上卷)，北京：商务印书馆，1981 年，第 268 页。

③ 谢鸿昆：《简论近代自然哲学与中世纪基督教的内在联系》，《自然辩证法通讯》，2003 年第 5 期，第 20 页。

④ [美]戴维·林德伯格：《西方科学的起源》(第二版)，张卜天译，长沙：湖南科学技术出版社，2013 年，第 268 页。

（五）自然哲学论证与神学的矛盾及“1277 年大谴责”

在 13 世纪，有一些艺学学者们仍在讲授威胁到神学的自然哲学思想，而不太注意其在神学上可能造成的负面影响。

布拉班特的西格尔（Siger of Brabant，约 1240—1284）在他的执教生涯中捍卫世界的永恒性和阿维罗伊的“单灵论”，认为这是正确运用哲学的必然的和不可避免的结论。他的这一观点和论证受到阿奎那所撰写的《论理智的单一性》的反驳。之后，西格尔调整了他的观点，以调和与宗教神学家的矛盾。他的这种观点是：“他的哲学结论虽然并非错误，而是必然的哲学结论，但并不一定为真。论及真理时，他会肯定信仰。”[①]

尽管如此，西格尔的这种“正确从事的哲学探究有可能得出与神学相矛盾的结论”的激进观点，在达契亚的波埃修（Boethius of Dacia，活跃于 1270 年）所撰写的一篇小论文《论世界的永恒性》（“On the Eternity of the World”）中，得到充分体现。波埃修认为，作为基督徒，必须按照神学和信仰承认创世的教义，而只有哲学家，“决定一切能作理性争论的问题，因为每一个能作理性争论的问题都会落入存在的某个部分，而哲学家研究所有存在——自然的、数学的和神的。因此，需要由哲学家来决定每一个能作理性争论的问题”[②]。如此，他就区分了哲学和神学论证，认为理性的哲学论证能够对自然的原因得出可信的结论；他系统地整理并驳斥了那些曾被用来捍卫基督教创世教义而反对亚里士多德思想的哲学论证，坚持了世界的永恒性，并认为这是作为哲学家的必然选择。

尽管西格尔和波埃修屈从于宗教神学的压力承认神学的权威性，但是，他们的这种试图将自然哲学从神学中独立出来，并坚持其可以得出与神学相矛盾的结论的观点，是不能被宗教神学所允许的。巴黎主教唐皮耶（Etienne Tempier）于 1270 年颁布谴责书，谴责西格尔及其艺学院中激进的追随者们所公然讲授的 13 条哲学命题；到了 1277 年，他再次颁布谴责书，将被禁命题的清单扩展到 219 条，并宣布“凡持有禁单中所列见解的人，哪怕是其中一项，都将受到开除教籍的处罚”。这就是著名的“1277 年大谴责”。[③]受到谴责的一些典型条款见表 6.1。

① [美]戴维·林德伯格：《西方科学的起源》（第二版），张卜天译，长沙：湖南科学技术出版社，2013 年，第 268 页。

② [美]戴维·林德伯格：《西方科学的起源》（第二版），张卜天译，长沙：湖南科学技术出版社，2013 年，第 269-270 页。

③具体内容参见[美]爱德华·格兰特：《近代科学在中世纪的基础》，张卜天译，长沙：湖南科学技术出版社，2010 年，第 87-99 页。

表 6.1 "1277 年大谴责"的某些条款①

条目序号	条目内容
9	没有第一个人出现过，也不会有最后一个。相反，过去一直是，将来也永远是人与人之间代代相传
34	第一因(也就是上帝)不能创造几个世界
35	若没有一个类似父亲或其他男人的合适的能动的媒介/中介，人就不能由上帝单独创造出来
37	除非是不证自明，或对其的主张来自不证自明的事物中，否则不应该相信任何东西
49	上帝不能用直线运动的方式来移动天堂(即世界)，原因是这样做将留下真空(状态)
90	自然哲学家应该绝对否认世界是被全新创生出来的思想，因为他依赖于自然因素和自然原理。然而，信徒们可以否认世界的永恒性，因为他们依赖超自然的因素
91	哲学家试图揭示天空的运动是永恒的论证并非诡辩，但令人不解的是资深的学者却不明白这一点
141	上帝不能在没有基体的情况下创造偶性的存在(即创造出某物的属性却没有创造出具有这一属性的事物)，也不会让多过三个维度同时存在
145	没有任何一个问题不可以通过哲学家质疑和断定的推理(过程)去争论的。换言之，任何问题都是可以通过哲学家质疑和断定的推理过程来争论的
147	上帝或另一种媒介代理是做不到绝对不可能的事的——如果不可能根据自然法则去理解，那这就是一个错误
153	因为知晓神学，所以什么东西都知之不深
154	哲学家是世界上唯一的智者
185	说什么东西可以无中生有是不正确的，说它是在第一次创世活动中被创造出来的也是不正确的

概括上述两次"谴责"所禁止的条目，包含以下内容：一是亚里士多德自然哲学中明显的危险成分，如世界的永恒性、单灵论、决定论、否认个人的不朽、否认神的佑助和否认意志自由；二是西格尔等激进主义者的理性主义倾向，如哲学家有权利解决关于理性方法所适用的主题的所有争论，认为依赖权威不能获得确定性；三是亚里士多德传统的自然主义，如第二因是自主的，即使第一因(上帝)不再参与，第二因也将发挥作用；四是某种方法论原则，如自然哲学家，它们只关注自然因，因此有权否认世界是被创造出来的；五是其他一些命题，如上帝不能创造出一个人

① Henry J. A Short History of Scientific Thought. New York: Palgrave Macmillan, 2012: 43, Box4. 2. 本表据此修改而得。

(指亚当)，除非通过另一个人的中介作用。[①]

除此之外，“1277年大谴责”还包括以下内容：几个占星术的命题，如天除了影响身体外也影响灵魂；世界每隔36 000年，天体就回到它们原先的位置重现一次；天球由灵魂推动；一套特别重要的命题，讨论的是据说上帝做不到的事情，如上帝不能创造另外的宇宙，上帝不能沿直线移动这个宇宙的最外层天(这样会在空的空间中留下不被亚里士多德主义允许的真空)，上帝不可能在没有一个基体(subject)的情况下创造一个偶性，等等。这些命题都受到了谴责，因为它们公然违抗了神的自由和全能。[②]

(六)“1277年大谴责”一定程度上促进了自然哲学的发展

对于这两次谴责，应该给予什么样的评价呢？“这两次谴责发生时，围绕新学问所进行的近一个世纪的斗争已经接近尾声，它们代表了保守派对自由派激进拓展哲学(特别是亚里士多德主义哲学)范围并确保其自主性的尝试进行了一次反击。大谴责显示了哲学疆域的大小和反对的力量——相当多有影响的传统主义者还不准备接受自由派(尤其是激进的亚里士多德主义者)大胆提出的那个新世界。”[③]这两次谴责断然宣告：一切与神学教义相违背的断言都是错误的，一切所做的与神学教义相违背的哲学(主要是亚里士多德自然哲学)论证都是不允许的，哲学只能是神学的婢女。“于是公平地说，大谴责代表的不是近代科学的胜利，而是13世纪保守神学的一次胜利，是明确宣称哲学从属于神学。”[④]

这种状况对于古希腊自然哲学复兴以及独立肯定有阻碍作用。就在大谴责颁布整整一个世纪之后的1377年，巴黎大学神学家奥里斯梅(Nicole Oresme，1323—1382)还这样维护他的宇宙由无限虚空包围的观念——他向可能批判他的人暗示：“坚持相反的观点就是在坚持巴黎谴责中的一个条目。”[⑤]

换个角度考虑，“1277年大谴责”也在一定意义上深化自然哲学研究。关于此，林德伯格认为包括以下两个方面。

第一个方面，大谴责中的某些条目提出了紧迫的新问题，需要得到进一步分析。

---

① [美]戴维·林德伯格：《西方科学的起源》(第二版)，张卜天译，长沙：湖南科学技术出版社，2013年，第271页。

② [美]戴维·林德伯格：《西方科学的起源》(第二版)，张卜天译，长沙：湖南科学技术出版社，2013年，第271-272页。

③ [美]戴维·林德伯格：《西方科学的起源》(第二版)，张卜天译，长沙：湖南科学技术出版社，2013年，第273页。

④ [美]戴维·林德伯格：《西方科学的起源》(第二版)，张卜天译，长沙：湖南科学技术出版社，2013年，第273页。

⑤ [美]戴维·林德伯格：《西方科学的起源》(第二版)，张卜天译，长沙：湖南科学技术出版社，2013年，第276页。

例如上帝能够超自然地创造没有基体的属性，引发亚里士多德形而上学中的偶然的属性(偶性)，如文明的、白的及其主体的本性之间关系的激烈争论；上帝具有无限的创造力，引导人们对可能世界的沉思以及上帝能够创造出来的事件的想象。在这一过程中，亚里士多德自然哲学的各种原则得到批判、澄清和拒绝。

第二个方面，当亚里士多德的必然性被迫在神之全能的主张面前低头时，亚里士多德的其他原理也容易遭到攻击，由此需要修改亚里士多德的某些自然哲学思想。例如，上帝能够在我们的世界之外创造另一个宇宙，意味着需要一个外在于我们宇宙的空间，如此，就需要一个虚空甚至是一个无限虚空来容纳那些可能的宇宙。同样地，如果宇宙的最外层天或整个宇宙能超自然地沿着一条直线移动，那么运动就一定能够被应用于最外层天或整个宇宙。但是，亚里士多德是用周围天体来定义运动的，在最外层天之外没有什么包围着它。因此，显然就需要去修改或纠正亚里士多德对运动的定义。[①]

不仅如此，对上帝是自由的和全能的的强调，也可能带来两个结果：第一个结果，上帝能够创造超自然界，对此只能运用神启，而不能应用哲学。哲学面对的是自然界，神学涉及所有可能的世界，神学阐释超自然界，如此，哲学和神学是二分的，哲学不仅不威胁神学，而且还可以在自然领域中大显身手。第二个结果，上帝是自由的和万能的，既可以创造这样的世界也可以不创造这样的世界，既可以实施第一推动后让其按照某种规则运动，也可以随时干预运动，不管哪一种，都需要自然哲学家走出去，看一看自然界中究竟发生了什么，这就需要发展一种经验的自然哲学。从这两个结果看，其都能推动自然哲学的发展，甚至引向近代科学。

当然，对于第二个结果，将世上万物每一时刻的运行交付给自由全能的上帝，是有可能引出“偶性的自然，即自然秩序的损害”的结论的，由此也使得演绎性的亚里士多德自然哲学无法用来对此加以解释。但是，上帝为什么要这么做呢？这样做能够体现上帝自身的伟大与荣光吗？纵观中世纪的神学家，例如奥古斯丁、阿奎那等，都认为自然界的和谐秩序与等级分层表明存在着一种超人的智慧，这种超人的智慧只能归因于无所不能的、理性的上帝。上帝是万事万物的终极原因，他能够做任何逻辑上不矛盾的事情。既然如此，上帝就可以改变那些看似固定的因果关系，从而使自然界中的因果关系失效。不过，上帝一般不这样做，上帝创造这个世界是有目的的，即体现和谐与秩序。如此，自然是按照规则惯常运作，只有上帝的干预才能中止自然的日常活动，在没有上帝介入的情况下，自然界中的结果一般不会偏离通常的状况。

这就是中世纪神学家普遍持有的观点。他们普遍认为，虽然上帝是自由的和万

---

① 转引自[美]戴维·林德伯格：《西方科学的起源》(第二版)，张卜天译，长沙：湖南科学技术出版社，2013年，第273-274页。

能的，但是，“上帝是始终如一的，而非反复无常的，所创立的自然法则是不变的，值得深入研究”①。这样的研究是一种宗教职责，因为它可以体现自然规则并进而体现上帝的创造力及其伟大。这是中世纪神学利用自然哲学进行论证的形而上学基石，也是自然哲学在中世纪得以复兴和发展的基础，否则自然哲学为神学服务的资格都没有，更谈不上复兴和发展了。

在上述形而上学观念的基础上，法国经院哲学家让·布里丹(约 1292—1358) 认为，只要自然事物能够一直处于“自然的日常进程”(common course of nature) 中，人类就可以运用因果性来理解自然的运作，从而获得自然科学的真理。这是认识自然的“合乎自然地说”(loquendo naturaliter) 的方案，就是通过理性和日常的俗语而非信仰或神学去解释世界的结构和运作。

也正因为这样，林德伯格就说：“对于大谴责在 13 世纪末或 14 世纪初产生了多大影响，我们并不完全清楚，但可以认为它们强迫服从和影响哲学思想的能力在不同情形下差别很大。”②换句话说，就是“1277 年大谴责”只是在强迫自然哲学家不得支持禁单上的条目方面有所成就，但是，对于自然哲学思想本身方面，并没有多大的影响。“中世纪对亚里士多德哲学的评价不管动力何在，对自然哲学的发展都具有重要意义。毕竟，没有人能够在尚未发掘出亚里士多德哲学的内在基础并努力将其不连贯的缺陷填平之前就对其指手画脚，而认真的研究正是严肃批评的必要准备。”③“当批评亚里士多德的声音在中世纪响起时，基本上是对亚里士多德理论只言片语的挑剔而非对其整个理论的背离，而这不会导致对亚里士多德理论的基本原则的拒斥。”④“中世纪的自然哲学家和神学家们仍然相信，世界和探索世界的正确方法或多或少就是亚里士多德所描述的样子——尽管和以前一样，他们愿意批判性地阅读亚里士多德，质疑亚里士多德自然哲学或方法论中这样那样的细节，甚至会(当时机出现时) 做实验。此时距离完整而系统地发展出一套实验纲领仍然有几个世纪之遥；它最终出现时，也许有一部分得自神的全能教义，但还有更多可能的资源，包括相信人类在伊甸园中的‘堕落’以及由此导致的人类理智能力的严重丧失——在一些人看来，这种丧失可以通过系统运用观察和实验而得到完全或部分的改善。”⑤

---

① Hannam J. The Genesis of Science: How the Christian Middle Ages Launched the Scientific Revolution. Washington, D. C.: Regnery Publishing, Inc., 2011: 348-349.

② [美]戴维·林德伯格：《西方科学的起源》(第二版)，张卜天译，长沙：湖南科学技术出版社，2013 年，第 275 页。

③ [美]戴维·林德伯格：《西方科学的起源》，王珺、刘晓峰、周文峰等译，北京：中国对外翻译出版公司，2001 年，第 378 页。

④ [美]戴维·林德伯格：《西方科学的起源》，王珺、刘晓峰、周文峰等译，北京：中国对外翻译出版公司，2001 年，第 378 页。

⑤ [美]戴维·林德伯格：《西方科学的起源》(第二版)，张卜天译，长沙：湖南科学技术出版社，2013 年，第 278-279 页。

这样的质疑涉及亚里士多德自然哲学的许多方面。如对于亚里士多德的有关地球自转的观念，让・布里丹认为，如果地球是围绕其轴进行自转，那么在一个无风的日子里，与地球表面垂直向上射出的箭将不会落回原处，因为地面在它下面向前移动了，既然垂直向上射出的箭垂直落回原处，那么，地球应该是静止不动的。奥里斯梅不以为然。他认为，我们所感知到的运动都是相对运动，在旋转的地球上，一支垂直向上射出的箭同时带有一个水平运动，使之始终处于它在地面射出点的上方，使之能够垂直下落回到原处，这点正如在一艘平稳运行的船上人意识不到船在运行一样。这就是运动的相对性，类似于17世纪伽利略捍卫运动相对性的观点。[①]

这样的例子在中世纪后期还有很多，涉及天文学、光学、生物和医学等，这里不一一介绍了。这些例子说明，表面上，“1277年大谴责”事件是基督教会对亚里士多德哲学的一次批判，实际上，它使得大家能够对亚里士多德的学说进行有规则的、仔细的审视，它在一定程度上促进了中世纪自然哲学的发展。汉南(James Hannam)就说：“主教并没有阻止人们去调查这个世界是如何运作的，他只是阻止人们说上帝在如何组织这个世界上受到限制。这些谴责并没有限制自然哲学家的工作，反而解放了他们。他们不必再固执地追随亚里士多德，而是可以援引上帝的自由，以不同的方式做事，发展亚里士多德范式之外的理论。”[②]“1277年大谴责”事件为中世纪自然哲学的发展腾出了空间。

(七)13世纪之后自然哲学在一定意义上独立于神学

综观中世纪自然哲学与神学之间的关系，自然哲学是为宗教神学服务的。一旦它不能履行这一功能，主教就会出台相关禁令限制自然哲学与宗教神学不相符合的言论。不过，不可否认，在自然哲学遵从并且服务于神学的基础上，由于自然哲学基于理性，而宗教神学基于信仰，所以，自然哲学可以证明神学信仰的前提，阐明神学信仰的真理，反驳反对神学信仰的主张，而信仰只能专制地禁止自然哲学的张扬，不能对自然哲学加以事实的论证。就此，自然哲学在很大程度上是优越于并且可以独立于宗教神学的。

不过，需要说明的是，在中世纪，许多经院学者持有“双重真理论”，认为亚里士多德的自然哲学和基督教神学是通向真理的两条道路，每一条道路都是值得信赖的。哲学不可能与神学相矛盾。理性即使不能证明信仰的真理，但能够帮助信仰。

---

① 尽管奥里斯梅对地球绕其自身之轴自转的论证是如此理性、合理和经济，但是，他本人以及同时代人并不打算接受这一思想。至于其原因，应该与宗教神学的成见以及其他方面紧密相关。(具体内容参见[美]戴维・林德伯格：《西方科学的起源》(第二版)，张卜天译，长沙：湖南科学技术出版社，2013年，第312-314页。)

② Hannam J. The Genesis of Science: How the Christian Middle Ages Launched the Scientific Revolution. Washington, D. C.: Regnery Publishing, Inc., 2011: 96.

即使如此，在中世纪，尤其是到了13世纪晚期，教会领袖中出现了一种强烈的理性倾向。阿奎那不仅是亚里士多德哲学的主要评论家，同时也是教会中最重要的神学家之一。基督教会鼓励神学家去研究上帝创造的自然世界，神学家出于信仰而频繁、广泛地运用理性论证教义。“中世纪的神学和自然哲学一样，它也是经院哲学，同样服从于理性。”[①]因此，神学对自然哲学的依赖远远胜于自然哲学对神学的依赖。这表现在以下两方面：一方面，对《圣经》以及其他神学著作的评注，其中需要大量运用自然哲学知识；另一方面，中世纪晚期自然哲学和数学的概念与技巧被大量运用于与创世有关的神学问题，涉及上帝的全能、无限、与受造物的关系，以及自由意志、罪等，由此构造出了一些全新的神学问题，如上帝的无限属性问题(涉及能力、存在和本质)，世界可能的永恒性问题，等等。[②]在这样的情况下，自然哲学在中世纪(尤其是中世纪晚期)得到了复兴、批判与发展，为近代早期科学的诞生及其发展奠定了基础。

从上述中世纪宗教神学与自然哲学之间关系演变的描述中可以看出，自然哲学相对于神学的地位在逐渐提高，一定意义上从“依附”走向“独立”，促进了古希腊自然哲学的复兴以及对古希腊自然哲学的批判性考察，从而也为近代早期科学的产生及发展做准备。中世纪晚期自然哲学与近代早期科学之间的关系怎样呢？

二、中世纪自然哲学之于近代早期科学：从“连续”到“断裂”

(一)“断裂说”与“连续说”的争论

有关自然哲学与近代早期科学之间的关系究竟是断裂的还是连续的，在学术界存在着长期争论。

17、18世纪的弗朗西斯·培根、弗朗索瓦-马利·阿鲁埃[本名为François-Marie Arouet)，笔名为Voltaire(伏尔泰)，1694-1778]、孔多塞(Condorcet, Marie-Jean-Antoine-Nicolas-Caritat, Marquis de，1743—1794)，都认为两者的关系是断裂的。19世纪的瑞士史学家布克哈特(Jacob Burckhardt，1818—1897)将这一思想于19世纪后半叶广泛传播开来，并认为西方科学传统绕过了中世纪这一阶段，它发源于古希腊文明时期，再迈向16和17世纪的欧洲科学时代，文艺复兴是古希腊文化经过中世纪漫长的黑暗岁月后的重生。

迪昂(Pierre-Maurice-Marie Duhem，1861—1916)不同意上述观点。他在1902—1916年撰写了15卷有关中世纪的科学著作，发现与哥白尼、伽利略、开普勒、笛

① Henry J. A Short History of Scientific Thought. New York: Palgrave Macmillan, 2012: 46.

② 张卜天：《中世纪自然哲学的思维风格》，《科学文化评论》，2011年第3期，第33页。

卡儿和牛顿的名字联系在一起的科学革命，其实只是对 14 世纪提出的物理学和宇宙论观念的拓展和详细阐述，这些成就主要是由巴黎大学的老师们做出来的。[①]根据迪昂的观点，17 世纪欧洲近代早期科学(即通常所谓的“近代科学革命”)是以中世纪晚期的希腊-阿拉伯科学为基础的，是它们的传承和延续。

迪昂的上述观点受到著名科学革命史家柯瓦雷的质疑。他说：“近代科学的创始人，包括伽利略在内，必须要做的，并不是批评或抵制某些错误理论，然后用一种更好的理论来取代它。他们必须做一些与此全然不同的工作，他们必须砸碎一个世界，以另一个全新的世界取而代之。他们必须重新塑造我们头脑中原有的思维框架，重新表述和形成概念，发展出一套研究事物的全新方法、一套新的知识观、一套新的科学观。”[②]他认为，即使中世纪的思想和概念与近代科学革命提出的观念有很大的相似性，但是，16 和 17 世纪的“科学革命”也绝对不是中世纪科学(物理学)的扩展或延续，而是理性的“突变”。这种理性的突变发生于文艺复兴后期，导致了中世纪世界观的“消解”。这是对中世纪“范式”(包括自然观与科学认识)的革命，是以对其基础——亚里士多德的自然哲学“范式”进行革命为前提的。

在迪昂之后，有许多人进行相关研究，以支持他的“连续说”。如克隆比在 1959 年出版的书中写道：“正是这些 13 世纪和 14 世纪实验和数学方法的发展，带来了一场运动，到 17 世纪，这场运动变得如此引人注目，被称为‘科学革命’。”[③]他于第二年进一步认为，早期近代科学的关键特征在于对科学实践合理方法——实验方法的把握，而实验方法产生于中世纪后期。[④]纽曼(William Newman)于 20 世纪 90 年代所做的关于中世纪和近代早期炼金术的研究，似乎揭示了 17 世纪的微粒理论有深刻的中世纪根源。[⑤]

(二)格兰特的“连续说”的主要内涵

上述中世纪自然哲学与近代早期科学的“断裂说”，对格兰特(Edward Grant)的影响很大。他最早于 1971 年出版的《中世纪的物理科学思想》(*Physical Science in*

① [美]爱德华·格兰特：《近代科学在中世纪的基础》，张卜天译，长沙：湖南科学技术出版社，2010 年，第 1-2 页。

② Koyre A. Galileo and Plato//Koyre. Metaphysics and Measurement: Essays in the Scientific Revolution. Philadelphia: Gordon and Breach Science Publishers, 1992: 20-21.

③ Crombie A C. Augustine to Galileo：The History of Science A. D. 400-1650. Cambridge：Dover Publications, 1996：273.

④ 需要说明的是，这里的实验方法并非近现代意义上的实验方法，关于这一问题，在后面第八章“近代科学革命(二)——从泛灵的经验到激扰的实验”中专门论述。

⑤ Newman W. The Summa Perfectionis of Pseudo-Geber: A Critical Edition, Translation and Study. Leiden and New York: E. J. Brill, 1991；Newman W. Gehennical Fire: The Lives of George Starkey, an American Alchemist in the Scientific Revolution. Cambridge: Harvard University Press, 1994.

the Middle Ages）一书，就是在这种信念下写成的。到他1996年出版《近代科学在中世纪的基础》（*The Foundations of Modern Science in the Middle Ages*）时，他的态度和观念发生了变化。他认为，近代科学并非源于16和17世纪的科学革命，而是根植于古代和中世纪，近代早期科学的诞生是以中世纪自然哲学为基础的，或者准确地说，是以中世纪晚期基督教和亚里士多德哲学相融合后的自然哲学为基础的。关于此观点，格兰特作了详细分析。他认为，科学革命之所以在17世纪的西欧发生，至少包含以下三个重要的前提条件。[①]

一是希腊-阿拉伯的自然哲学著作于12和13世纪被译成拉丁文。其核心是对亚里士多德著作的翻译以及对它们的注解。如果希腊-阿拉伯科学和自然哲学的译本没有在12和13世纪出现，那么欧洲人只能在没有外界帮助的情况下提升自己的思想，由此也就无法设想他们在17世纪会发动一场科学革命。

二是中世纪大学的形成。中世纪拉丁社会的演进允许教会与国家分离，两者都承认像大学这样的团体的独立存在。到了1200年左右，在大多数翻译完成之后不久，巴黎大学、牛津大学和博洛尼亚大学诞生了。无数翻译著作，尤其是亚里士多德的著作以及基于翻译（著作）的原创性著作，被纳入大学课程。这些课程主要包括精确科学、逻辑学和自然哲学。如此一来，亚里士多德的自然哲学思想就被引入或融入神学，作为中世纪西方大学课程的基础，成为西方无法撼动的思想体系。这种中世纪存在的大学中的自然哲学课程，不仅提供了解释自然现象的机制，而且提供了看待世界的主要方式。[②]更重要的是，这些课程一定程度上使得科学与自然哲学能够被建制化。这对于近代科学革命意义重大。如果没有中世纪大学中早已存在的科学-自然哲学课程，这样一场革命也不可能发生。

三是神学家-自然哲学家（theologian-natural philosophers）出现。在中世纪大学，有艺学硕士学位和神学硕士（或博士）学位。对于艺学教师，大学禁止他们将相关的知识运用于神学，而对于神学家，大学要求他们具备自然哲学的知识背景。如此，对于神学家，"无论是将科学和自然哲学运用于《圣经》解释，还是将上帝的绝对权能运用于自然界中假想的可能性，或是频繁援引《圣经》文本来支持或对抗科学观念和理论"[③]，都是被允许的。由此，也就使得他们既可以把自然哲学运用于神学，又可以把神学运用于自然哲学，从而比较容易和自信地将两者关联起来。如对于世界，由于它是上帝创造的，因此在这个世界中的自然对象之间可以直接发生作用。

---

① ［美］爱德华·格兰特：《近代科学在中世纪的基础》，张卜天译，长沙：湖南科学技术出版社，2010年，第209-233页。

② ［美］爱德华·格兰特：《近代科学在中世纪的基础》，张卜天译，长沙：湖南科学技术出版社，2010年，第105-106页。

③ ［美］爱德华·格兰特：《近代科学在中世纪的基础》，张卜天译，长沙：湖南科学技术出版社，2010年，第104页。

不仅如此，由于上帝赋予自然以产生事物的力量和能力，自然成了一种自行运作的东西。更由于上帝的伟大和荣光，自然或宇宙就成为一个受规律支配的、井然有序的、自给自足的和谐整体，可以由人的理智来探究。如此，世界就成为12世纪常说的一台平稳运转的机械(machina)。

应该说，在中世纪晚期，神学家-自然哲学家群体如罗吉尔·培根、邓斯·司各脱(John Duns Scotus，约1265—1308)、奥卡姆(Ockham，约1285—1349)等的出现，是一件大事。正是由于他们的出现，神学和自然哲学之间才极少发生冲突，教会也能够赞许地看待自然哲学，再加上世俗政府也对自然哲学采取了宽容的态度(他们没有理由不这样做)，这一切有利因素使得自然哲学在西欧的地位提高了，很大程度上摆脱了中世纪早期“婢女”的角色，能够被独立对待，自然哲学几乎能够独立地进行。关于此，可以从孔什的威廉的下面一段话得到佐证：“上帝的权能通过指派次级原因(secondary causes)而得到增强，它不仅使自然能够运作，而且还通过自然产生人。那些充满新的探究精神的人认为信徒有义务去发现自然规律。通过研究自然或宇宙，可以促进我们对上帝创世的理解。然而，在这一崇高的任务中，起指导作用的是哲学而不是《圣经》。只有当自然原因无法找到时，才能援引上帝作为原因来解释。在基督教的历史上，理性的力量得到前所未有的颂扬。对自然中次级原因的寻求强调了自然秩序及其合乎规律的运作。世俗学问获得声望，有些人认为它构成了对神学和圣经解释的挑战。一个新的时代已经呼之欲出，对自然的探究在其中扮演着重要角色。”①

作为中世纪晚期最后一位伟大的哲学家库萨的尼古拉(Nicholas of Cusa，1401—1464)，“首先摈弃了中世纪的和谐整体宇宙观念，我们往往把宣称宇宙无限这一伟大功绩或罪过归于他”②。“他认为人类的一切知识都只不过是猜测而已，虽然人们可以凭神秘的直觉去领会神，而神也囊括了一切存在物。尼古拉由此形成的见解后来成为一种泛神论，而为布鲁诺所采纳。不管他对于知识的看法怎样，尼古拉在数学和物理学方面却有显著的贡献。他用天平证明生长着的植物从空气里吸取了一些有重量的东西。他提议改良历法，认真地尝试把圆化为面积相等的正方形，并且抛弃了托勒密体系，拥护地球自转的理论，成为哥白尼的先驱。”③

尼古拉的宇宙论思想大胆而深刻，导致这些思想在当时并没有得到过多关注，甚至被摒弃了一个多世纪。直到“布鲁诺之后(他主要的灵感是从库萨的尼古拉那里

① [美]爱德华·格兰特：《近代科学在中世纪的基础》，张卜天译，长沙：湖南科学技术出版社，2010年，第30-31页。

② [法]亚历山大·柯瓦雷：《从封闭世界到无限宇宙》，张卜天译，北京：商务印书馆，2016年，第6-7页。

③ [英]丹皮尔：《科学史及其与哲学和宗教的关系》，李珩译，北京：中国人民大学出版社，2010年，第109页。

获得的），库萨的尼古拉才被誉为哥白尼甚至是开普勒的先驱，才被笛卡尔作为无限宇宙的倡导者加以引证”①。

如此，中世纪的西方基督教在把亚里士多德的自然哲学作为神学强有力的支持并将之绝对化的过程中，也使得自然哲学的婢女地位及其观念逐渐被改变，自然哲学有了进一步的发展。这为近代早期科学的出现或近代科学革命的肇始奠定了基础。

进一步地，格兰特认为，虽然上述三个前提条件对于西欧近代早期科学的出现至关重要，称得上是奠基性要素，但是，单靠它们还不够，科学在西方社会中扎根的最终原因，还必须在发展起来的科学和自然哲学的本性中去寻找。他认为，这些才是促成科学革命的实质性前提。②

第一，在中世纪，精确科学（主要是数学、天文学、静力学和光学）被保存、研究并发展。“保存这些文本，研究它们，甚至撰写新的相关论著，本身就是重要的贡献。这些活动不仅使精确科学保持了活力，而且显示有一群人在中世纪有能力在这些科学上开展工作。”③否则，后来的哥白尼、伽利略和开普勒等就不知道研究什么。

第二，较之于精确科学，中世纪自然哲学对科学革命的影响更大。格兰特认为，自然哲学所扮演的角色与精确科学截然不同，它不仅仅是对希腊-阿拉伯知识的保存，而且它还将自身遗产变得最终有利于近代科学的发展。在中世纪晚期，大学艺学院的自然哲学家将亚里士多德的自然哲学变成了针对自然提出的大量疑问，其内容涉及近代科学几乎所有的学科，如物理学、化学、生物学、地质学、气象学、心理学等。近代科学就是在此基础上产生的。就此而言，格兰特就说：“我把自然哲学称为一切科学之母。”④

第三，中世纪自然哲学，尤其是对亚里士多德自然哲学的继承与发展，为近代早期科学准备了一套广泛而复杂的术语，如“潜能”“现实”“实体”“属性”“偶性”“原因”“类比”“质料”“形式”“本质”“属”“种”“关系”“量”“质”“位置”“虚空”“无限”等，它们构成了科学讨论的基础。

第四，中世纪自然哲学家提出了关于自然的数百个问题，他们给出的回答包含了大量的科学信息。16 和 17 世纪的非经院自然哲学家们对这些问题展开了新的思考和研究，从而引导新科学的产生。“当这些在中世纪的自然哲学家看来可以接受

---

① [法]亚历山大·柯瓦雷：《从封闭世界到无限宇宙》，张卜天译，北京：商务印书馆，2016 年，第 20 页。

② [美]爱德华·格兰特：《近代科学在中世纪的基础》，张卜天译，长沙：湖南科学技术出版社，2010 年，第 233-234 页。

③ [美]爱德华·格兰特：《近代科学在中世纪的基础》，张卜天译，长沙：湖南科学技术出版社，2010 年，第 234 页。

④ [美]爱德华·格兰特：《近代科学在中世纪的基础》，张卜天译，长沙：湖南科学技术出版社，2010 年，第 234 页。

的结论在16、17世纪的学者看来不恰当时，革命性变化就发生了。到了17世纪末，新的物理学和宇宙论观念极大地改变了自然哲学。亚里士多德的宇宙论和物理学在很大程度上被抛弃了。但他关于自然许多其他方面(比如物质变化、动物学、心理学等)的思想仍然受到重视。在生物学方面，亚里士多德的影响一直持续到19世纪。”①

第五，中世纪不仅流传下来历经数个世纪的传统自然哲学(其中许多以疑问形式写成)，而且留下了一份非凡遗产，那就是蕴含于其中的，也是自然哲学家所追求的相对自由的理性探索。②可以说，“自然哲学的理念是仅仅使用合乎理性的论证”。③“中世纪自然哲学是最为典型的理性事业。”④“16、17世纪的自然哲学学者是中世纪自然哲学家培养的自由探索精神的受益者。”⑤

(三)中世纪晚期支持“连续说”的一些证据

考察中世纪晚期自然哲学与近代早期科学的关系，格兰特的上述论述有一定道理。下面以物理学中的运动学和动力学为例加以说明。

对于“运动”的概念，亚里士多德本人的论述比较模糊，而且不同文本的论述不尽一致。这使得后来的学者颇费心思，对此的探讨一直没有中断过。代表人物有早期希腊评注者辛普里丘(Simplicius，约490—560)，中世纪的阿维森纳、阿维罗伊、大阿尔伯特、阿奎那，中世纪晚期的奥卡姆的威廉、让·布里丹、奥里斯梅等。尽管有许多这样的思想家进行了相关探讨，并且在中世纪“运动”概念是自然哲学的核心概念，但是，对于运动到底是什么，它在世界中的本体论地位如何，与亚里士多德体系中的诸范畴有何关系，却还存在着争论。

大阿尔伯特提出了所谓“流动的形式”(forma fluens，flowing form)与“形式的流动”(fluxus formae，flow of a form)这两种对立且争论的观点。中世纪学者所说的形式，往往指偶性。“流动的形式”指变化中的偶性，“形式的流动”指偶性的变

---

① [美]爱德华·格兰特：《近代科学在中世纪的基础》，张卜天译，长沙：湖南科学技术出版社，2010年，第236页。

② 当然，如果没有基督教神学世界观的压制，自然哲学家应该更能自由理性探索，延续古希腊传统。这是从另外一个视角得出的结论，必须关注。

③ [美]爱德华·格兰特：《近代科学在中世纪的基础》，张卜天译，长沙：湖南科学技术出版社，2010年，第243页。

④ [美]爱德华·格兰特：《近代科学在中世纪的基础》，张卜天译，长沙：湖南科学技术出版社，2010年，第243-244页。

⑤ [美]爱德华·格兰特：《近代科学在中世纪的基础》，张卜天译，长沙：湖南科学技术出版社，2010年，第245页。

化。[①]这两种观点分别对应于“流形说”（forma fluens）和“流性说”（fluxus formae）。“流形说”认为，运动并不是一种与运动物体相分离或相区别的东西，运动就是运动物体及其连续占据规定了的、变动的空间的这一过程。如此，运动不存在，存在的只是运动的物体以及被其占据的空间。“流性说”坚持，除了运动着的物体及其连续占据的空间之外，运动物体之中还存在着某种内在的东西——“运动”。

奥卡姆的威廉捍卫“流形说”。他认为事物的运动是存在的，但是存在的这种事物的运动并不是一个具体的真实存在的东西如实体或属性，而是根据运动的物体及其占据的空间抽象出来的、虚构出来的术语。因为作为名词形式的、表示真实存在的“运动”，可以被非名词形式的、仅用作描述术语的“运动”所代替。如在“任何运动都由推动者产生”这句话中，“运动”是名词，表示的是一种真实的存在。但是，我们可以改变上面这句话为“任何运动的物体都因推动者推动”。在后一句话中，“运动”虽然也像前一句话那样表示运动物体及其连续占据的空间，但是它是“运动”的非名词形式，表示并非真实存在的东西。奥卡姆的威廉根据其提出的思维经济原则——“如无必要，勿增实体”（entities should not be multiplied unnecessarily）（又称“奥卡姆剃刀”，Occam's Razor），认为还是应该坚持“运动”不是一个真实的存在物，因为这样的世界更简洁，包含的东西更少。

与奥卡姆的威廉不同，让·布里丹捍卫“流性说”（“形式的流动”）。让·布里丹认为，上帝是自由和全能的，能够做他自己想做的事情，也就是他既可以使整个宇宙做旋转运动，也可以使整个宇宙做直线运动，只不过，他绝不会自相矛盾地同时做这两件事情，况且，他也可以做他能够去做而不去做的事情。鉴此，让·布里丹最终坚持上帝利用他的全能使整个宇宙做旋转运动。这点与亚里士多德的观点不同。亚里士多德认为，所谓“位置”必须根据周围物体来定义，由于宇宙周围没有任何东西，因此也就没有位置，谈论它的运动是没有意义的。根据“流形说”的“运动”定义——运动的物体及其连续占据的位置，如果宇宙没有因位置改变而产生位移运动的情况，也就没有运动。这些都与“上帝使得整个宇宙做旋转运动”相矛盾。为了解决这一矛盾，让·布里丹认为应该摒弃“流形说”，采取另外一种较为广义的“流性”运动的概念，即运动不是简单的运动物体和运动物体连续占据的位置，而是运动物体某种类似于性质的属性，从而使得上帝所创造的宇宙能够在没有位置的情况下，具有广义的“流性”运动这一属性而运动。这一看法在14世纪后半叶自然哲学家中相当流行。[②]

不仅如此，中世纪后期的自然哲学家们还对亚里士多德的运动学和动力学进行

① 张卜天：《质的量化与运动的量化——14世纪经院自然哲学的运动学初探》，北京：北京大学出版社，2010年，第65页。

② [美]戴维·林德伯格：《西方科学的起源》（第二版），张卜天译，长沙：湖南科学技术出版社，2013年，第328-329页。

了探讨，增加了相关数量关系的处理。

布鲁塞尔的杰拉德撰写《运动之书》(*Book on Motion*)一书，将论题集中于运动学，即只考虑物体运动本身的数学描述而不考虑物体运动的原因。这种研究传统被14世纪(1325—1350年)活跃于牛津大学墨顿学院(Merton College)的一批逻辑学家和数学家所重视，形成墨顿学派。他们严格区分了动力学和运动学，认为动力学探讨运动的原因，描述运动产生者的推动力，而运动学分析运动的结果；努力发展出一套概念体系和专业术语如匀速运动、匀加速运动、非匀加速运动，给出了与今天一样的匀加速定义——某运动物体的速度在相等的时间单位里增量相等，则该物体为匀加速运动；在进一步区分属性的强度(intensity，如密度)和量(quantity，如重量)的基础上，给出“匀速定律”(mean-speed theorem)：做匀加速运动的物体在一定的时间里所走过的路程，与以匀加速运动的平均速度做匀速运动的物体在相同时间里走过的路程相等。

在上述运动学的数量化方面，奥里斯梅是杰出代表，他用几何图案来表示某物运动时速度随时间变化的情况，见图6.1。之后，他把运动的总量等同于物体走过的距离，也就是图6.1中所展示的面积。

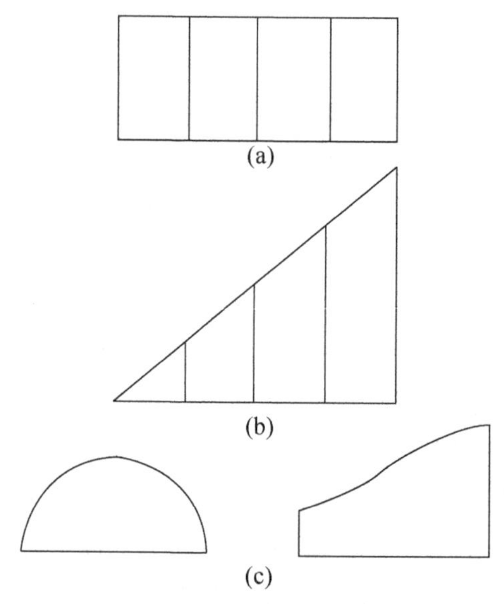

图6.1　对各种运动的表示①

在图6.1中，水平线代表物体运动的某一时刻，垂直线代表的是速率的变化，也就是强度的变化。图6.1(a)表示的是匀速运动，在各个时间点上速率相同，故用各垂直线等高的图形——矩形表达；图6.1(b)表示的是均匀的非匀速运动(即匀加速运动)，在相同的时间间隔内速度的变化量相等，由此，它用三角形表示；图6.1(c)

① [美]戴维·林德伯格：《西方科学的起源》(第二版)，张卜天译，长沙：湖南科学技术出版社，2013年，第336页图12.7。

表示的是非均匀的运动(即非均匀的加速运动)，图形呈现出不规则的形状。

基于图 6.1，通过图 6.2，奥里斯梅为“匀速定律”提供了简洁明了的证明：在图 6.2 中，匀加速运动由三角形 ACG 表示，该三角形的面积表示的是物体运动的距离；由该三角形表示的匀加速运动的物体平均速度由 BE 表示，以中速度运动的物体运动的距离是矩形 ACDF 的面积；由于在图 6.2 中，三角形 AFE 的面积与三角形 EDG 的面积相等，所以，“匀速定律”成立。[①]

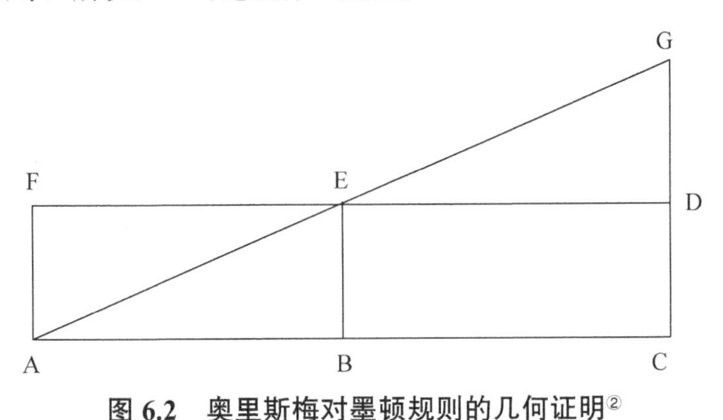

图 6.2　奥里斯梅对墨顿规则的几何证明[②]

根据图 6.2，奥里斯梅还提出匀加速运动的第二个定律：做匀加速运动的物体在前半段时间里所经过的距离与后半段时间里所经过的距离是 1∶3 的关系。证明类似于前。

需要说明的是，上述关于运动学的研究严格地说不是物理学，而是在数学的理想世界中所做的数学的抽象和演绎。在亚里士多德的地上的物理世界中，事物是不完美的，上述理想的数学方法不能应用到它的运动学的度量和描述中。而且，即使不考虑这一点，在当时，如何准确地测量物体的运动速度和时间，也是一件不可能完成的任务。如此，当时从事这项工作的是逻辑学家和数学家而非经验的物理学家，而且这些逻辑学家和数学家也不会想到把他们的研究成果应用到地上的物理世界中。不过，后续的物理学的发展史表明，这种关于运动学的纯粹的理智活动及其产物，为伽利略在 17 世纪创立他的“数学的物理学”提供了思想基础和认识成果。“在相当大程度上，伽利略对落体的运动学分析就是发挥和运用了从 14 世纪牛津和巴黎发展出来的运动学基本原理。伽利略能够认识到运动学和动力学之间的差别这

① 这一定律又被称作“墨顿规则”(Merton Rule)或“中速度定律”(Mean-Speed Theorem)。该定律试图通过与匀速运动相比较来找到匀加速运动的度量。它声称，做匀加速运动的物体在给定时间内走过的距离，等于与该匀加速运动的中间(或平均)速度做匀速运动的物体在相同时间内走过的距离。有些学者将此规则也称为“墨顿规则”。

② [美]戴维·林德伯格：《西方科学的起源》(第二版)，张卜天译，长沙：湖南科学技术出版社，2013 年，第 337 页图 12.8。不过，在原书中，标题用的是“奥雷姆对墨顿规则的几何证明”。

一事实，揭示出布拉德沃丁和奥里斯梅以来科学传统的影响。当我们研究伽利略的运动学时，他所用的概念框架，包括空间、时间、速度和加速度概念，很明显是中世纪运动学的概念框架，他的数学方法也大量取自14世纪。完整的伽利略理论中的主要部分源于中世纪的具体定理，包括'均速定率'和'墨顿规则'。的确，现在作为伽利略运动学成就具体表现（$V \propto t$ 和 $S \propto t^2$）的有关数学关系的部分，正是14世纪提出的定义或定律的简单表述。"[①]

（四）中世纪自然哲学与近代科学之间不是断裂的

上面的案例比较充分地说明，近代科学革命离不开中世纪的自然哲学。中世纪自然哲学确实为近代早期自然科学的诞生作出了重要贡献。林德伯格将此概括为五个方面：第一，中世纪后期的学者创立了一套思路开阔的思想传统，若无此作为基础，自然哲学领域内此后的进步是不可想象的；第二，在取得希腊和阿拉伯哲学的读本之后，中世纪欧洲的哲学家便急不可耐地一头扎入文献之中，寻求对内容的透彻理解；第三，上述两种思想的综合在中世纪的大学里取得了制度化的地位；第四，中世纪的自然哲学家并不满足于把亚里士多德的哲学与其他思想传统合为一体，使之完全融入中世纪思想之中，他们还对亚里士多德的著作进行了细致入微的考察并寻求合理解释；第五，就某些具体的学科而言，17世纪的"新科学家"所提的问题、所使用的词汇以及所运用的理论都与中世纪自然哲学有着紧密的连续性。[②]"严格说来，中世纪的自然哲学家为17世纪的科学成就打下了基础，铺垫了道路，当一种新的科学框架在17世纪建立起来时，这一大厦包含有许多中世纪的砖瓦。"[③]如伽利略就把中世纪自然哲学的一些术语、概念和理论纳入他的静力学的体系之中。

但是，由此认为中世纪自然哲学与近代早期科学之间没有本质的差别，也是与历史事实不相符的。林德伯格就认为，那些持"连续说"的学者如克隆比就夸大了中世纪"实验"与近代早期"实验"的相似性。事实上，17世纪的自然哲学家更加决绝地背离了亚里士多德，"到了17世纪，（后来所谓的）'机械论哲学'占据了主导地位，意大利的伽利略、法国的笛卡儿和皮埃尔·伽桑狄、英国的罗伯特·波义耳和牛顿以及其他许多人运用和发展了这种哲学。中世纪形而上学和宇宙论的有机论宇宙被原子论者那个无生命的机器所击溃。这导致了一种激进的观念转变，它改

---

① [美]戴维·林德伯格：《西方科学的起源》，王珺、刘晓峰、周文峰等译，北京：中国对外翻译出版公司，2001年，第380页。

② [美]戴维·林德伯格：《西方科学的起源》，王珺、刘晓峰、周文峰等译，北京：中国对外翻译出版公司，2001年，第376-381页。

③ [美]戴维·林德伯格：《西方科学的起源》，王珺、刘晓峰、周文峰等译，北京：中国对外翻译出版公司，2001年，第376页。

变了此前近 2000 年的自然哲学的基础”[①]。“不仅如此，新的形而上学对自然哲学的其他方面也有深远的影响，包括对方法论的影响。我们可以合乎情理地(甚至言之凿凿地)声称，17 世纪许多方法上的革新根植于新创生的形而上学。例如，抛弃亚里士多德自然科学(它只是对事物自然的、无控制的状况考察后的发现)的基本内核鼓舞了人们利用控制的、实验的方法来研究自然现象。而且，毫无疑问，强调人眼看不见的微粒的机械论，迫使人们对假说和它的认识论地位进行了严肃认真的思考。最后，从重视亚里士多德的属性学说转移到注重微粒的几何特性(形状、大小和运动)也鼓励了人们把数学运用于自然。”[②]

这就说明，中世纪晚期的自然哲学与近代早期科学之间的关系是双重的。这种关系具有连续性，体现在中世纪自然哲学，尤其是中世纪晚期的自然哲学，为近代早期科学奠定了相关知识背景基础。不过，这并不意味着中世纪神学自然观与近代科学自然观没有矛盾，也不意味着中世纪自然哲学与近代科学是一回事。事实上，近代科学并非完全就是中世纪自然哲学的延续，虽然在中世纪尤其是中世纪晚期的自然哲学为近代早期科学奠定了基础，但是这在很大程度上不是哲学范式意义上的。近代科学的诞生是以革命性的哲学范式创立为基点的，换言之，近代科学革命的发生及其进行，需要建立在对中世纪自然哲学范式变革的基础上。如此，中世纪晚期的自然哲学与近代早期科学之间又是断裂的。所谓“断裂”，是从哲学层面的范式变革而言的，发生的是“大写的科学革命”；所谓“连续”，是从具体的科学范式变革而言的，发生的是“小写的科学革命”。上述学者没有意识到这一点，从而出现相关“断裂说”与“连续说”的争论。

三、近代科学革命需要变革中世纪自然哲学

(一)对亚里士多德自然哲学思想展开批判性反思

格兰特概括了中世纪晚期自然哲学与近代早期科学之间的“连续”关系，但是，这种“连续”是在“革命”的基础上的“连续”。格兰特就说“如果没有 12、13 世纪这批翻译家小分队的辛勤劳动，不仅中世纪科学要成为泡影，17 世纪科学革命也几乎不可能发生。‘新’科学是如此浩瀚，首先必须有一个吸收消化过程，这一过程实际上贯穿整个 13 世纪，接着来临的是一个精心修正和重大变革的时期，到 15 世纪早期，建筑在亚

① [美]戴维·林德伯格：《西方科学的起源》，王珺、刘晓峰、周文峰等译，北京：中国对外翻译出版公司，2001 年，第 405 页。

② [美]戴维·林德伯格：《西方科学的起源》，王珺、刘晓峰、周文峰等译，北京：中国对外翻译出版公司，2001 年，第 374-375 页。

里士多德世界观之上的中世纪科学进入了全盛阶段。与此同时，在亚里士多德科学框架内，大量反亚里士多德的批判也已出现。经过15世纪和16世纪早期一段时间的相对停滞之后，经院科学遭受了激烈的批判，新的航程开始了，并一直驶向了科学革命的顶峰。”[①]

比如，对于亚里士多德而言，自然界中存在着一种“善”的等级序列，一些事物比另一些事物更完美、更高贵。对于天界，它远比地界中除人的生命及其不朽的灵魂以外的其他所有事物都更完美、更高贵；对于地界，人比其上的其他所有事物都更完美、更高贵，动物比植物完美，植物又比无生命的物体完美，无生命的物体位于等级链的末端。这样的思想被中世纪晚期的让·布里丹接受，从而将这种等级观念与事物的运动联系起来。让·布里丹认为，对于天界，它的运动比静止更高贵；对于地界，其上的物体到达其自然位置后所获得的静止，要比它的自然运动更高贵。

再比如，亚里士多德认为，事物(包括水、火、土、气)都是有内在目的和本性的，事物的内在目的和本性是该事物具备它自身特征和行为方式的内在原因，正是内在目的和本性引起了事物所有的自然运动，物理学的任务就是探求这样的运动的内在目的和本性(终极因)。鉴此，亚里士多德反对原子论，反对在物理学中引入数学，并在认识自然时不采用实验方法和数学，由此使得他的物理学是哲学的、定性的物理学。到了中世纪晚期，亚里士多德的目的论以及哲学的物理学被宗教神学继承并得到加强，以至于当时许多人认为物理学家就是研究自然所有现象的学者或哲学家。此时，在认识自然的过程中，虽然也有实验的应用，但是，这种应用主要表现在炼金术、自然法术等上，没有恰当的自然哲学理由支撑，还不能成为科学家研究自然的普遍准则。虽然在天文学中也有数学的应用，数学还被认为对自然哲学极为重要，并被广泛应用于自然哲学，但是，数学并没有广泛地应用到物理学中。“伽利略、笛卡儿、开普勒、牛顿等对科学革命有贡献的人试图将数学运用于物理世界的实际问题，而中世纪数学运用于自然哲学则通常只是假设性的，与经验研究无关。它们往往只是一些基于任意假设的纯形式练习，依赖于逻辑论证。中世纪自然哲学家很少声称他们的结论与‘实际’世界之间的对应。事实上，他们对于检验自己假说性的结论是否符合那个世界根本没有兴趣”[②]。“中世纪自然哲学家在两个重要方面区别于近代早期的科学家，一是他们通常并不把实验当作获取知识的手段，二是他们缺乏科学进步这一实用概念。中世纪的哲学家试图表明，被亚里士多德视为荒谬和不可能的一些观念实际上是可能的和可理解的，虽然它们存在的可能性很小。”[③]

以上应该是中世纪物理学家不能取得成功的几个重要原因。在这种情况下，不

---

① [美]爱德华·格兰特：《中世纪的物理科学思想》，郝刘祥译，上海：复旦大学出版社，2000年，第20页。

② [美]爱德华·格兰特：《近代科学在中世纪的基础》，张卜天译，长沙：湖南科学技术出版社，2010年，第185页。

③ 张卜天：《中世纪自然哲学的思维风格》，《科学文化评论》，2011年第3期，第32页。

对亚里士多德的自然哲学思想进行反思批判，仅仅局限于盲目地重复吸收亚里士多德的自然哲学思想，就不可能产生新的物理学。

亚里士多德认为，无论是有生命的东西还是无生命的东西，都是被另外的东西所推动。在有生命的物体如动物中，灵魂是推动者，动物的躯体是受动者，在天体或行星运动中，推动者是天智(a celestial intelligence)，受动者是行星的物理球。在这两种情况下，推动者和受动者都可以区别开来，但无法在物理上或空间上将两者分离开。在无生命物体的强制和自然运动中，推动者和受动者可以在物理上分开。亚里士多德以这样的方式描述运动：一块向上投掷的石头，维持其运动的动力是石头穿过的空气——外部媒介，第一单元受扰的空气推动石头，同时也扰动邻近的第二单元空气；第二单元受扰的空气推动石头使其运动得更远，同时也扰动邻近的第三单元的空气，依此类推。随着过程的继续，各单元空气的动力依次逐渐减弱，直至到达不能再激发下一单元空气的那一单元为止。这时，石头开始自然下落。

在这里，亚里士多德认为，媒介既是动力又是阻力，阻力随媒介的密度增大而增大，减小而减小，运动时间随之增加而增加，减小而减小。既然如此，如果媒介消失，也就是真空状态——虚空，将会没有阻力，速度将会达到无限大，运动也就是瞬时的，而不是有限的和连续的(这当然是不可能的)。由此，亚里士多德否认有任何形式的真空存在而提出“以太”的概念。他认为：“世界必定是一个实满(Plenum)，月下区充满了由四种元素构成的物体，而月上区充盈着神圣的不可变的以太。”①

亚里士多德的上述思想在经过阿拉伯注释家翻译注释后得到了修正补充。阿维罗伊在对亚里士多德《物理学》的注释中，转述了阿芬巴塞(Avempace，约 1095—约 1138)否定亚里士多德的看法——物体下落时间与它下落时所穿过的外部媒质密度成正比，因而也与阻力成正比。阿芬巴塞争辩说，如果从一点到另一点运动所需的时间仅仅归因于中介媒质的阻滞能力，亚里士多德这一断言就该是真的。但是，亚里士多德已经观察到，尽管天上没有媒质的有效阻力，但是，所有的行星和恒星仍以各种不同的有限速度作圆周运动，并不瞬时地从一点运动到另一点。据此，阿芬巴塞推理道，一个阻滞媒质对运动的发生不仅不是必需的，而且它的唯一功能只是阻滞运动，普通可观测的运动是假设的未受阻碍的运动减去媒质的阻滞以后所剩下的运动。②

尽管阿芬巴塞没有为人们实际地确定以及测量可观察的运动提供明确的答案，但是，他的这种批判随着阿维罗伊的著作被译成拉丁文后不久，就广泛地流传开来，并且引发了进一步的修正和争论。阿奎那接受了阿芬巴塞的解释并且认为，无阻力媒介中的运动应该是有限的，真空中的运动并不是不可能的，而是可能的，是有限

---

① [美]爱德华·格兰特：《中世纪的物理科学思想》，郝刘祥译，上海：复旦大学出版社，2000 年，第 43 页。

② [美]爱德华·格兰特：《中世纪的物理科学思想》，郝刘祥译，上海：复旦大学出版社，2000 年，第 44 页。

的和连续的，因为空虚的空间至少跟填满了物质的空间一样，是一个展延的、有维度的容器。

反思上述思想，可以引出下列一些问题：真空存在吗？在真空中的运动可信吗？如果可信，则物体在其中能够自然地上升或下落吗？在真空中物质被推一下，它能永远地运动下去吗？怎样测量在一个媒介中运动的物体所遭受的阻力？之后的几个世纪，人们都在思考并回答着这些问题。

让·布里丹把冲力视为一种自我维持的力量，它不会自行耗尽，从而把空气对物体的外在推动力转变为存在于物体之中的一种内在推动力。如果这个冲力在运动物体中永远保持下去，那么由冲力物理学就肯定能够导向惯性原理。贝内代蒂（Giovanni Battista Benedetti，1530—1590）发展出一种冲力物理学，否定了介质的推动作用，认为冲力由施动者传递给运动物体而维持物体运动。最终，伽利略在接受上述反亚里士多德思想的基础上，成功地为媒介阻力提供了一个客观测量的方法，比较完美地解决了上述难题——物体下落时阻滞媒介仅是一个阻滞因素，它的真正的自然运动只出现在真空中，尽管真空是假设的；所有的物体在真空中都以同等的速度下落。

上述事例表明，对亚里士多德的思想的接受本身没有过错，错的是将他的思想教条化、绝对化。事实上亚里士多德的自然哲学就其自身是研究日常经验世界中的事物的，再加上中世纪晚期不断增加的经验知识又越来越与依附于基督教的亚里士多德主义发生冲突，从而促使人们努力去摆脱它，由此也就出现从研究自然哲学文本走向研究自然文本的倾向。近代科学革命的发生，就产生于诸如此类的过程中。

（二）从研究自然哲学文本转向研究自然本身

这种转向肇始于13世纪，发展于文艺复兴运动。

13世纪的罗吉尔·培根在自然魔法、炼金术、占星术等自然神秘主义的背景下，提出“自然的经验”和“人类的经验”，强调人类面向自然的认识活动的重要性，倡导“实验科学”。无独有偶，司各特（Walter Scott，1771—1832）强调我们的一切知识都是从感觉产生的，人的理智就像一块“白板”，理性观念说到底都是来源于对个别事物的感觉经验。个别事物是最真实的实在，应该成为认识的唯一对象和出发点。

到了14世纪，文艺复兴运动开始了。古希腊自然哲学家的著作得到更广泛的收集、翻译和研究，火药、磁罗盘、印刷术等的应用彻底改变了人们的生活，马丁·路德（Martin Luther，1483—1546）的宗教改革给人们带来了新思维，航海实践推动了贸易并且开阔了人们的眼界。所有这一切使人们对待亚里士多德的态度发生了某些改变，一些思想家抛弃了亚里士多德，转而支持另一种古老的权威如柏拉图主义、斯多亚主义，还有一些人采取折中主义的路线，将不同哲学家认为最有价值的思想融合在一起，形成一种混合的哲学，甚至还有些人信奉另一种古希腊哲学——怀疑论，拒绝所有的权威。所有这些都对亚里士多德自然哲学至高无上的权威发起了挑战。但是，所有的这些挑战似乎更多的是在自然哲学内部进行的，更多地针对的是自然哲学理论体系自身，而没有完全意识到要走向自然，通过具体化的观察实践等获得具体化的认识，来对亚里士多德的自然哲学展开反思批判。不过，在中世纪晚期，或者说在文艺复兴时期，也有一些思想先驱一反既往通过权威经典著作解读世界的方式，提倡走向自然，进行精细的观察，获得具体化的经验事实，以认识自然。这方面典型的代表人物有达·芬奇、维萨里等。

1. 达·芬奇：从书本的教条走向实用现实主义

列奥纳多·达·芬奇(1452—1519)反对暴政和侵略战争，反对天主教会的精神统治，主张科学地认识自然，反对只向书本请教而不向自然请教。

达·芬奇认为："自然界的不可思议的翻译者是经验。经验绝不会欺骗人，只是人们的解释往往欺骗自己。我们在种种场合和种种情况下谈论经验，由此才能够引出一般的规律。自然界始于原因，终于经验，我们必须反其道而行之。即人必须从实验开始，以实验探究其原因。"[①]不仅如此，他还认为："如果没有经验的检验，那么一切都不可能是确凿无疑的。"[②]在达·芬奇看来，"始于头脑、终于头脑"的科学不是真实的，它们应该以经验为基础并由经验来检验。"如果你说始于头脑、终于头脑的科学是真实的，那么它就不能被承认，只能因众多理由而被否认。这主要是因为，这些头脑练习缺乏经验的检验。"[③]"以经验为基础"，事实上成为达·芬奇的信条。达·芬奇给自己贴了一个标签，即 Leonardo vinci disscepolo della sperientia(列奥纳多，经验的信徒)。如果说罗吉尔·培根是在神学价值观里看待观察和实验，那么，达·芬奇对待观察和经验的态度是实用实在论。从神学价值观向实用实在论态度的转变，是文艺复兴时期的特点。而且，这种特点又成为经验性科学方法发展的必要文化前提。

达·芬奇鄙视炼金术、占星术与降神术的愚蠢行为。在他的眼中，自然是有规律的、非魔术的，受不可改变的必然性支配。根据这一点，他也重视数学方法的应用。他指出："如果不能够进行数学证明，那么全部人的研究都不能被称作真正的科学。"[④]据此，在达·芬奇那里，真正的科学是建立在数学[算术、几何、透视法、

---

① 转引自[日]汤浅光朝：《解说科学文化史年表》，张利华译，北京：科学普及出版社，1984年，第38页。

② 转引自[英]戴维·伍顿：《科学的诞生：科学革命新史》(上册)，刘国伟译，北京：中信出版社，2018年，第27页。

③ 转引自[英]戴维·伍顿：《科学的诞生：科学革命新史》(上册)，刘国伟译，北京：中信出版社，2018年，第27页。

④ 转引自[英]戴维·伍顿：《科学的诞生：科学革命新史》(上册)，刘国伟译，北京：中信出版社，2018年，第27页。

天文学（包括制图学）和音乐]之上的，不用到数学的科学不能算作真正的科学。

由此，亚里士多德的自然哲学在达·芬奇那里就不是真实的，真正的科学应该是那些既是数学上的又以经验为基础的知识体系。依据上述思想，达·芬奇取得了一系列的科学成就。在天文学上，达·芬奇认为宇宙是无限的，地球不是宇宙的中心，天上的物质和地上的物质没有本质的差别；在物理学上，达·芬奇初步表达了惯性原理，提出了运动合成的概念，证明了杠杆原理，有了能量守恒和功率的思想；在生物学上，他绘出了许多精细的人体解剖图，描述了血液流动带走废物的功能，关注到眼睛的构造及其活动方式；在工程学上，达·芬奇设计过飞行器的图样，提出过坦克的设想，设计过永动机，而且他宣称永动机是不可能造出来的。①

2. 维萨里：从依赖权威向仔细观察转变

如果从学科的角度考虑，从依赖权威论述向精细观察转变，文艺复兴时期的解剖学当推第一。“最后文艺复兴运动促使人们更加坚持观察和改进观察技巧，第一个通过观察而发生转变的科学分支是解剖学这门画家的科学，这也许不是偶然的。维萨留斯使这门科学得以复兴，在他那里，艺术家的头脑与科学家的心灵几乎已经合二为一了。”②

维萨里（1514—1564）被誉为现代解剖学之父。他对解剖学方法的变革是以精细的观察为前提的，并且他关于解剖结构的描绘技法受到了达·芬奇等的影响，能够比较准确地表现出解剖内容。当时的医学课程中虽然也有解剖，但这种实践的根本目的是更形象地展示医学权威盖伦的理论，而不是供人反思。也就是说，医学权威的观点在逻辑上要重于医学中的观察。维萨里刚开始也是如此，但随着所进行的解剖的积累和对其的反思，他意识到了盖伦医学的许多错误。他于1543年出版了《人体结构》（*On the Structure of the Human Body*）一书，其中包括200多幅插图，纠正了盖伦很多关于人体结构观点的错误，促进了人们对人体结构进行反思。如基督教典籍中宣称人的身体内有“永不毁坏的复活骨”，上帝就是用男人的肋骨造出女人以及通过复活骨使死者复生，这也使得男人的肋骨要比女人的肋骨少一根。而维萨里则通过解剖表明这种观点是错误的，事实上，男人肋骨的数量与女人的一样多。③

维萨里的解剖学观察是精细的，渗透着反思和思辨。在盖伦的医学中，人体左右心室是相通的，而维萨里在对心脏进行解剖的过程中没有发现有违盖伦观点的明

---

① 转引自[英]戴维·伍顿：《科学的诞生：科学革命新史》（上册），刘国伟译，北京：中信出版社，2018年，第27页。

② [美]赫伯特·巴特菲尔德：《近代科学的起源：1300—1800年》，张卜天译，上海：上海交通大学出版社，2017年，第33页。

③ 需要说明的是，当时的解剖学本义并不是要与神学做斗争，而是试图用结构和功能说明身体的活动，以此阐明造物主的杰作。（参见[美]洛伊斯·N. 玛格纳：《生命科学史》，李难、崔极谦、王水平译，天津：百花文艺出版社，2002年，第144页。）

显之处。由此他就接受盖伦关于心脏和循环系统的观点，相信血液是通过左心室与右心室之间肉眼看不见的微孔来进行流通的。然而在1555年出版的《人体结构》第二版中，他又讨论血液如何穿过心脏隔膜的问题。他认为，没有证据支持盖伦“左右心室相通”的观点。他写道：“不久前，我还不敢对盖伦有丝毫的偏离，但情况却似乎是，心脏的隔膜是如此的厚实紧凑，与心脏的其余部分没有什么不同。所以，我看不出哪怕最细小的微粒，又怎能从右心室穿过隔膜转移到左心室的。”[①]在这里，维萨里表现得像是一个谨慎的经验主义者，只想展示观察结果，却不想做出假设或新理论，以改正错误的理论。维萨里的表现印证了，在科学史中，当一个理论所代表的范式衰落时——在维萨里这里，是盖伦的血液流动理论与观察不符——科学革命常常不会立刻发生，谨慎的研究者会提出特设性的解释以弥补不符。

中世纪晚期这种由研究自然哲学文本走向研究自然本身的方式的转变，意义重大。它意味着研究自然的整个思维方式和研究路径的转变，即由依赖古希腊自然哲学权威的文本叙述及其对此的研究，转向通过一定的方式研究自然自身。“这是理智生活中的一个非常戏剧性的变化。请记住，中世纪的自然哲学家并不研究自然世界，他们研究亚里士多德对自然世界的看法。因此，拒绝权威和研究自然世界本身的想法，对我们来说是非常明显的，这是一个全新的想法。”[②]这样的想法就是：当我们将中世纪自然哲学如柏拉图的“数学的天文学”和亚里士多德的“哲学的物理学”等奉为权威之时，事实上就是将先验的理论当作现实的经验的裁决者——凡是与自然哲学理论相符合的观察及其经验就是正确的，否则，就是错误的。鉴此，认识自然也就成了认识自然哲学的经典，认识自然过程所获得的观察乃至实验经验，成了一个可有可无的东西，自然哲学的理论而非经验(观察乃至实验)成为检验真理的唯一标准。当我们遵循达·芬奇、维萨里等的认识路线时，则是直接走向自然去研究自然界中的具体事物和现象，以便获得独立于自然哲学的经验事实，并借此评判自然哲学——这是一种新的认识自然的方式，意味着从理论走向经验，从先验走向后验，从“理论裁决经验”走向“经验(或实践)裁决理论”，实践成了检验的标准，由此也使得以自然哲学占据主导的“哲学式科学”，走向以经验事实占据主导的“实证式科学”——近代科学。“惯性原理难道不是仅仅表达了观察到的运动事实吗？这种看法体现了我们的一种信念，即现代科学建立在经验事实的牢固基础之上，当人们从中世纪经院哲学的空洞诡辩转向对自然的直接观察时，现代科学便诞生了。”[③]

---

① 转引自[美]雷·斯潘根贝格、黛安娜·莫泽：《科学的旅程》(插图版)，郭奕玲、陈蓉霞、沈慧君译，北京：北京大学出版社，2008年，第68页。

② Henry J. A Short History of Scientific Thought. New York: Palgrave Macmillan, 2012: 54.

③ [美]理查德·韦斯特福尔：《近代科学的建构：机械论与力学》，张卜天译，北京：商务印书馆，2020年，第25页。

进入中世纪，神学自然观占据主导地位，科学(自然哲学)成为宗教神学的“婢女”，失去独立地位。这种状况到了中世纪后期有所改变，即自然哲学成为具有相对独立人格的“婢女”，自然哲学有了一定的独立性。中世纪晚期的神学家集神学知识与自然哲学知识于一身，从而促进了自然哲学的发展，为近代科学革命奠定基础。不过，必须清楚，这样的结论只是表明，中世纪神学并非像我们过去所认为的那样与自然哲学势不两立，而是与“哲学式科学”的自然哲学混合而成的“混杂式科学”。中世纪自然哲学也并非像我们过去所认为的那样完全依附于神学，成为神学教条，阻碍科学的发展，而是意味着自然哲学的地位有所提高，具有一定的独立性。这也决定了中世纪科学是“神学式科学”与“哲学式科学”相合而成的“混杂式科学”。这种状况是有利于近代早期科学的诞生的。“中世纪的自然哲学家为西方科学传统作出了很多重要而且影响久远的贡献，这些贡献促进了科学传统的形成且部分地解释了这一传统。”[①]但是，有一点应该肯定，就是上述贡献远非“范式”意义上的。“中世纪的自然哲学家并没有先行提出早期近代科学中的基本组成部分，后者远非中世纪世界观的拓展、修正和明晰化。”[②]纵观近代早期科学革命的发生，就是对中世纪自然哲学的革命，其中最典型的就是对亚里士多德自然哲学的怀疑批判，以及从亚里士多德的自然哲学研究走向自然的精确观察。

---

① [美]戴维·林德伯格：《西方科学的起源》，王珺、刘晓峰、周文峰等译，北京：中国对外翻译出版公司，2001年，第373页。

② [美]戴维·林德伯格：《西方科学的起源》，王珺、刘晓峰、周文峰等译，北京：中国对外翻译出版公司，2001年，第373页。

第七章　近代科学革命(一)
——从抽象的数学理念到具体的数学实在

就文艺复兴时期的天文学而言，柏拉图的数学的天文学占据主导地位，其实质就是用所谓的“数学理念”去“拯救”观察到的经验现象。在这里，真理性的东西是“数学理念”，是造物主的杰作，可错性的东西则是“经验观察”，“数学理念”成了检验“经验观察是否正确”的标准。据此，需要进一步回答以下问题：对天文现象的经验观察真的是错的吗？数学的天文学之“数学理念”真的是正确的吗？天体的运动真的不可以违背这样的“数学理念”吗？经验观察到的天体运动真的不能作为天体运动理论的检验标准吗？天体运动的根源何在？难道仅仅是天体灵魂的作用或造物主的推动？等等。另外，就这一时期的物理学而言，占据主导地位的是亚里士多德的哲学的物理学，它运用观察方法而非实验方法和数学方法，从事物的等级和内在目的去解释事物的运动变化。由此带来的相关问题是：实验方法和数学方法真的不能运用于物理学中吗？物理学真的只能是哲学的物理学吗？等等。哥白尼、开普勒和伽利略等对这些问题的回答，构成了近代科学革命的一部分。

一、哥白尼：由新柏拉图主义创立日心说

在哥白尼(Nicolaus Copernicus，1473—1543)所处的时代，从人们所观察到的天文现象，所构建的传统的天文学理论体系，以及所持有的宗教神学思想内涵来看，都是不支持日心说的。在这种情况下，哥白尼为什么会提出“日心说”呢？究其原因，这与他坚持并践行新柏拉图主义有关。

(一)新柏拉图主义的复兴与哥白尼“日心说”的提出

在文艺复兴时期的佛罗伦萨，重新发现柏拉图思想是一个重要事件。在15世纪左右的欧洲，经人文主义者的研究与传播，柏拉图主义再次流行起来，其思想趋向体

现了新柏拉图主义的特征，使新柏拉图主义在西欧得到复兴。

新柏拉图主义的代表人物——希腊晚期的普罗提诺认为，天体的运动是一种“具有专注的自我意识的运动，是理智和生命的运动，完全在自身里面，没有哪一部分在外面，或者在别处”[①]。他认为，天体的运动不是自身的机械运动，而是由灵魂所引导的以神为中心所做的圆周运动。“在天上，只要灵魂具有良好且比较敏锐的感知力，就会向善运动，同时使身体以相应的方式在空间里运动。反过来，感知力从那高高在上的灵魂获得了善，就欣然去追寻它自己的善，由于善无处不在，因此无论何处它都被引向善。”[②]灵魂向善运动，追求自我完善，这种自我完善的表现之一是做圆周运动。“理智是这样被推动的。它既是静止的，又是运动的，因为它围绕着他[至善]运动。”[③]所以，宇宙也是如此，既做环形运动，又静止不动。普罗提诺在这里把天体宇宙的运行看作是由灵魂的牵引和推动而做的追求自身完善的运动，起因是神秘主义的，而非机械式的。

新柏拉图主义的思想在文艺复兴时期有了进一步的发展，呈现出三方面的特征：“第一，在本体论上强调数和形是宇宙万物存在的本质。第二，在数学审美上崇尚三类相互关联的美，即思想上的逻辑美、视觉上的圆形美以及听觉上由数字比例而产生的和谐美，因而强调简单性、对称性、明白性以及和谐性的重要性。第三，宗教方面强调数学设计论。”[④]自然的数学本体论强调的是自然的数的本质；自然的数学美学强调的是自然的简单、和谐、对称等，这是数学设计论和数学本体论的进一步贯彻和体现；自然的数学设计论强调的是自然的数的本质在宗教意义上的起源，即上帝是一个至高无上的数学家，他按照数学方式设计大自然。“这三方面相互依存。数学审美是数学设计的进一步贯彻和表现。对于数学审美上的强调则来自于设计信仰。”[⑤]

根据新柏拉图主义，宇宙的本质是简单和谐的，反映在天文学的数学结构上也是简单和谐的；一个能够真实反映天体运动的天文学，应该是一个在数学体系上简单和谐的天文学。以此观之，当时依据托勒密的“地心说”来反映天球运动的数学体系呈现出复杂的状态，存在一定的欠缺：附加的本轮数量太多，数学体系不简洁；偏心圆的设定意味着行星的运动不再以地球为中心；偏心匀速点的设定是为了将偏

① [古罗马]普罗提诺：《九章集》（上册），石敏敏译，北京：中国社会科学出版社，2018年，第114页。

② [古罗马]普罗提诺：《九章集》（上册），石敏敏译，北京：中国社会科学出版社，2018年，第117页。

③ [古罗马]普罗提诺：《九章集》（上册），石敏敏译，北京：中国社会科学出版社，2018年，第117页。

④ 王海琴：《“哥白尼革命”的另一种解读——从数学哲学的角度看》，《自然辩证法研究》，2005年第9期，第21页。

⑤ 王海琴：《“哥白尼革命”的另一种解读——从数学哲学的角度看》，《自然辩证法研究》，2005年第9期，第21页。

心匀速点到行星本轮中心连接形成的一条线，在相等的时间内扫过相等的角度，由此，行星本轮相对于偏心匀速点做匀速运动。偏心匀速点是想象出来的，行星本轮的匀速运动是相对于想象中的某个点——偏心匀速点进行的，而不是相对于地球进行的，相对于地球，似乎意味着行星的运动时快时慢，在做着非匀速圆周运动，等等。所有这些都使得天体运动看起来不自然、不和谐，与亚里士多德关于天体运行的“匀速圆周运动”原则①相违背，也与新柏拉图主义的观点相冲突。哥白尼认为，托勒密的地心说违背了天球圆周运动的基本原则，但这不是因为他将圆心轨迹引入本轮，以解释行星有时候在天空中好像向后移动，而是因为他为了维持其圆周运动，引入了偏心匀速点，通过一个非圆的中心点来测量，以加速或延缓一个天体的运动从而保持其天体圆周运动。②由此，哥白尼对托勒密天文体系之“偏心匀速点”的设立颇为不满，他不能接受这一概念，因此提出一个不需要“偏心匀速点”的天文学体系。这是一个要建立大胆创新的、简单精巧的天文学体系的想法。

15—16世纪，“具有这种毕达哥拉斯成分的柏拉图主义又在意大利复活了”。③博洛尼亚大学的数学和天文学教授诺瓦拉(Maria de Novara，1454—1504)批评托勒密体系“太繁复”，“不合于数学和谐的原理”。哥白尼正是诺瓦拉的学生，他的这一观点对哥白尼影响很大，并引导他着手构建一个新的、从数学上来看简单明了的体系，也就是后来的日心说体系。④不仅如此，“在当时有著作传世的古代人中，只有毕达哥拉斯认为地球是围绕一团中央火运行的”⑤。毕达哥拉斯的这一观念很有可能给哥白尼留下深刻的印象并且影响了他。与此同时，航海事业获得了巨大的发展，迫切需要更加精确的天文历表。

(二)哥白尼提出“日心说”的契机

哥白尼在1543年出版的《天球运行论》(*De Revolutionibus Orbium Coelestium*)一书的序言中，就说到他试图提出新的天文学体系的原因。他说：“因此我不打算向陛下隐瞒，由于意识到天文学家们在这方面的研究中彼此并不一致，我不得不另寻一套体系来导出天球的运动。因为首先，他们对于日月的运动非常没有把握，甚至无法确定或计算出回归年的固定长度；其次，在确定日月和其他五颗行星的运动

---

① 这一原则指的是，任何天体都是做匀速圆周运动的。虽然实际观测所获得的天体运行图像(又叫“视运动”)与此不一致，但是，天文学家必须以此为原则，运用相关的数学知识和前提假定如本轮、均轮等，构建出与视运动相合的理论模型。这样的理论模型才是星球真正的运动图像。这体现了柏拉图数学的天文学的思想，也是托勒密、哥白尼等数学的天文学家所追求的。

② [英]戴维·伍顿：《科学的诞生：科学革命新史》(上册)，刘国伟译，北京：中信出版社，2018年，第168页。

③ [英]丹皮尔：《科学史》，李珩译，北京：中国人民大学出版社，2010年，第123页。

④ 罗兴波：《17世纪下半叶英国科学研究方法的转变》，《中国科技史杂志》，2011年第1期，第49页。

⑤ [英]丹皮尔：《科学史》，李珩译，北京：中国人民大学出版社，2010年，第123页。

时，他们没有使用相同的原理、假设和对视运转和视运动[①]的解释。一些人只用了同心圆，另一些人则用了偏心圆和本轮，而且即便如此也没有完全达到他们的目标。虽然那些相信同心圆的人已经表明，一些非均匀运动可以用这些圆叠加出来，但他们无法得出任何与现象完全相符的不容置疑的结果。另一方面，虽然那些设计出偏心圆的人运用恰当的计算，似乎已经在很大程度上解决了视运动的问题，但他们引入的许多想法明显违背了均匀运动的第一原则；他们也无法由偏心圆得出或推导出最重要的一点，即宇宙的结构及其各个部分的真正对称性[②]。恰恰相反，他们的做法就像这样一位画家：他从各个地方临摹了手、脚、头和其他部位，尽管都可能画得相当好，但却不能描绘出一个人，因为这些片段彼此完全不协调，把它们拼凑在一起所组成的不是一个人，而是一个怪物。”[③]“这一缺陷无法通过有限范围内的轻微修正来消除，而是需要一种全面的修正方法。”[④]

由此可见，促使哥白尼提出新的天文学体系的，是托勒密“地心说”存在的这样一些形式上的不完美以及预测上的不准确等问题。为了解决这些问题，他就一改“地球是宇宙的中心，永恒不动”的观念，代之以“地球在动，太阳不动，‘太阳现在被安放在宇宙的数学中心点附近(实际上并不在正中心)’[⑤]，其他星球围绕太阳运行”的观念。这后一种观念就是他的“日心说”。

更重要的是，哥白尼提出的“日心说”，比“地心说”更加简单和谐，更能体现新柏拉图主义。比较哥白尼的“日心说”和托勒密的“地心说”：“日心说”不仅能够更加详尽地解释后者所能解释的现象，而且还能够解释后者所不能解释的许多显而易见的天象，如逆行的时间、次数和范围，以及彗星的出现等；“日心说”在几何结构以及对行星的解释上，要比后者简单明了，在某些情况下不必借助本轮就可以解释行星的相关运动。

事实上，到了15、16世纪，天文现象的观测精确度已经有了很大提高，观测到的天文现象也越来越多，当时，为了使托勒密的学说与这些观测结果相吻合，就不得不在本轮之上加上第二个本轮、第三个本轮……最后本轮、均轮的总数达到79个

---

① “人生活在地球上，无时无刻不参与地球的运动。人们所观测到的天体在天球上的位置称为视位置，而把视位置的变化称为视运动，它是地球自身运动和天体实际运动两者的综合观测效应。天文学家需要，也只能通过观测到的天体的视运动特征，来探求它们的实际运动状况，进而研究其种种性质。”(参见晓泓：《天体视运动的规律》，《科学》，2008年第5期，第57页。)

② 亦可称为“可公度性”、“可通度性”或“可通约性”。可公度性是指如果两个量可合并计算，那么它们可以用同一个单位来衡量。

③ [波]哥白尼：《天球运行论》，张卜天译，北京：商务印书馆，2016年，第xxx-xxxi页。

④ [荷]H. 弗洛里斯·科恩：《世界的重新创造：近代科学是如何产生的》，张卜天译，长沙：湖南科学技术出版社，2012年，第65页。

⑤ [美]艾伦·G. 狄博斯：《文艺复兴时期的人与自然》，周雁翎译，上海：复旦大学出版社，2000年，第99页。

(另一说法是 80 个)。哥白尼采用“日心说”，只用了 34 个本轮-均轮模型就取代了托勒密的 79 个(或 80 个)本轮-均轮模型，更有效地“拯救现象”，解决了托勒密“地心说”所面临的诸多难题。

哥白尼认为，他的天文学体系与托勒密的天文学体系相比，有两方面的数学审美优势：一是摒弃了托勒密的偏心匀速点，运用较为简洁的方式定性地解释了重要的行星不规则运动；二是首次为地球以及所有行星天球确立了轨道次序，并且“我们在这种安排中发现宇宙具有令人惊叹的对称性，天球的运动与尺寸之间有一种既定的和谐联系，这用其他方式是无法发现的”[①]。

这里可以以金星为例加以说明。金星之所以被看成晨星或晚星，是因为它的位置要么在太阳前面一点点，要么在太阳后面一点点，但永远不能像外行星那样，偏离太阳 180 度。在这种情况下，托勒密体系只有通过强行假定金星与水星本轮的中心永远固定在日地连线上，见图 7.1(a)，才能解释这一点，即水星和金星的均轮像太阳一样每年绕地球旋转一周。而在哥白尼的体系中，只需假定金星和水星的轨道位于地球轨道内部即可。显然，哥白尼的日心说比托勒密的地心说更简单地解释了金星运动，见图 7.1(b)。

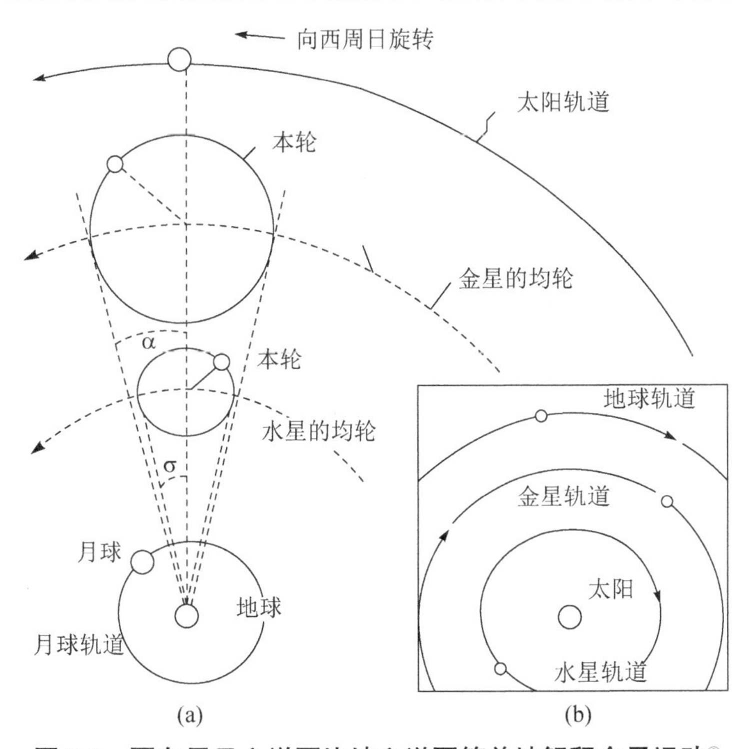

图 7.1　哥白尼日心说要比地心说更简单地解释金星运动[②]

① [波]哥白尼：《天球运行论》，张卜天译，北京：商务印书馆，2016 年，第 36 页。

② [美]I. 伯纳德·科恩：《新物理学的诞生》，张卜天译，北京：商务印书馆，2016 年，第 39 页图 11。标题为笔者所加。

对于自己创立的“日心说”，哥白尼评论道：“通过假定地球具有我在本书中所赋予的那些运动，经过长期认真观测，我终于发现：如果把其他行星的运动同地球的轨道运行联系在一起，并且针对每颗行星的运转来计算，那么不仅可以得出各种观测现象，而且所有行星及其天球的大小与次序都可以得出来，天本身是如此紧密地联系在一起，以至于改变它的任何一部分都会在其余部分和整个宇宙中引起混乱。”①

根据上述哥白尼自己的评论可以知道，他之所以提出并坚持“日心说”，就在于此数学体系的简单和谐，并进而反映了新柏拉图主义的“天体运动的简单和谐”。正是在这一意义上，伯特(Edwin Arthur Burtt，1892—1989)说道：“对哥白尼来说，向新世界观的转变只不过是在当时复兴的柏拉图主义的激励下，把一个复杂的几何迷宫在数学上简化成一个美妙和谐的简单体系。”②

不仅如此，“日心说”的提出还受到“地动说”“太阳中心说”的启发。

从哥白尼的《天球运行论》中，我们了解到他是知道“地动说”的。他说：“为此，我重读了我所能得到的所有哲学家的著作，想知道是否有人曾经假定过与天文学教师在学校中讲授的不同的天球运动。事实上，我先是在西塞罗的著作中发现，希克塔斯(Hicetas)曾经设想过地球在运动，后来我又在普鲁塔克(Plutarch)的著作中发现，还有别人也持这种观点。为了使每个人都能看到，这里不妨把他的原话摘引如下：

‘有些人认为地球静止不动，但毕达哥拉斯学派的菲洛劳斯相信，地球同太阳和月亮一样，围绕(中心)火沿着一个倾斜的圆周运转。庞托斯的赫拉克利德(Heraclides of Pontus)和毕达哥拉斯学派的埃克番图斯(Ecphantus)③也认为地球在运动，但不是前进运动，而是像车轮一样围绕它自身的中心自西向东旋转。’

因此，从这些资料中获得启发，我也开始思考地球是否可能运动。尽管这个想法似乎很荒唐，但我知道既然前人可以随意想象各种圆周来解释天界现象，那么我认为我也可以假定地球有某种运动，看看这样得到的解释是否比前人对天球运行的解释更加可靠。”④

不仅如此，古希腊人阿里斯塔克认为，静止于宇宙中心的天球不是地球，而是太阳；地球每日依自己之轴自转，每年沿圆周轨道绕日一圈，其他行星也以太阳为

① [波]哥白尼：《天球运行论》，张卜天译，北京：商务印书馆，2016年，第xxxii-xxxiii页。

② [美]埃德温·阿瑟·伯特：《近代物理科学的形而上学基础》，张卜天译，北京：商务印书馆，2018年，第45页。

③ 埃克番图斯(Ecphantus)是一个神秘的希腊前苏格拉底哲学家。19世纪的某些学者怀疑他的存在，说他可能根本就不存在。他被认为是公元前4世纪的毕达哥拉斯学派，也是日心说的支持者。来自锡拉库扎(意大利的某个地方)的描述，这可能是，也可能不是被证实的克罗顿的埃克番图斯。

④ [波]哥白尼：《天球运行论》，张卜天译，北京：商务印书馆，2016年，第xxxii页。

中心绕日运转。

所有这些思想家们的“地动说”和“太阳中心说”的思想被哥白尼所吸收，作为他的思想起点。

在当时，一些新柏拉图主义者以“太阳神”为宇宙的中心。受此启发，“哥白尼还引用隐士的文献，以太阳为‘可见的神’①”②。如果太阳是“可见的神”，那么它作为宇宙的中心应该就是理所当然了，因为只有这样才与它作为神圣的标志相符。也许就因为如此，哥白尼提出：“太阳的王位雄踞在所有位置的中心。在这个最为壮美的殿堂里，我们还能把这个光芒四射的天体放在更好的位置使它可以立刻普照万物吗？他有权被称为神灯、心灵、宇宙的立法者；赫尔墨斯称他为看得见的上帝，索福克勒斯笔下的艾勒克塔称他为全视者(All-seeing)。所以太阳坐在神圣的王座之上，号令他的孩子，那些绕他转动的行星。”③“这种太阳神的思想似乎给哥白尼科学的灵感，他的话确实表明他受太阳神观念的影响。”④

不仅如此，哥白尼之所以提出“日心说”，还与他对上帝的热爱有关。他认为，自然是神性和谐的，造物主是完善的并且创造出美的宇宙万物，这种美和善就是宇宙的简单和谐。又由于宇宙的简单和谐与数学的简单程度成正比，因此，对后者的追求，就成为对宇宙秩序的追求，这也是对上帝伟大荣耀的体现和赞美。当被问到为什么会创立“日心说”时，哥白尼说道：“我将试图——这有赖于上帝的帮助，否则我将一事无成——对这些问题进行更广的研究，因为这门技艺的创始者们距离我的时间越长，我用以支持自己理论的途径就越多。”⑤这表明，引导并支撑哥白尼提出“日心说”的绝非仅仅是纯数学，与数学、宇宙和谐相连的神学目的论才是哥白尼提出“日心说”的最深层次动机。这种把数学和宇宙以及神学统一起来的数学哲学思想，正是新柏拉图主义的思想内涵。

从上面的论述可以看出，哥白尼之所以提出“日心说”，原因有二：一是其与托勒密天文学体系相比，有数学上的审美优势，而且能够更加方便地解释更多的天文学现象，更充分地体现了自然的神性和谐，遵循和体现了新柏拉图主义；二是受到前人

---

① “可见的神”的观念是哥白尼受文艺复兴时期赫尔墨斯主义魔法和新柏拉图主义神秘主义的影响而提出的，将“可见的神”的概念运用于“太阳”属于哥白尼无心之错(因为记忆出了错)，因为“可见的神”的概念指的是“可知觉的宇宙”。(具体内容参见[波]哥白尼：《天球运行论》，张卜天译，北京：商务印书馆，2016年，第36、608页。)

② [美]兰西·佩尔斯、查理士·撒士顿：《科学的灵魂——500年科学与信仰、哲学的互动史》，潘柏滔译，南昌：江西人民出版社，2006年，第66页。

③ [美]库恩：《哥白尼革命：西方思想发展中的行星天文学》，吴国盛、张东林、李立译，北京：北京大学出版社，2003年，第129页。

④ [美]兰西·佩尔斯、查理士·撒士顿：《科学的灵魂——500年科学与信仰、哲学的互动史》，潘柏滔译，南昌：江西人民出版社，2006年，第65-66页。

⑤ [波]哥白尼：《天球运行论》，张卜天译，北京：商务印书馆，2016年，第5页。

如阿里斯塔克的“地动说”和“太阳中心说”的启发，以及通过运动相对性原理可以推出地球可能运动的情况。可以说，这第一个原因是更加直接的、更加深刻的原因，也是哥白尼提出“日心说”最为重要的原因。“新柏拉图主义为哥白尼革命搭好了概念舞台。”[①]

（三）哥白尼“日心说”在何种意义上正确

有一个问题需要说明，依据新柏拉图主义构建出来的“日心说”，其正确性如何保证呢？根据日心说，地球是在动的，但是一般的感觉经验告诉我们，地球并不动，这又是怎么一回事呢？哥白尼回答了这一问题：“我们是在地球上看天穹周而复始地旋转，因此如果假定地球在运动，那么在我们看来，地球外面的一切物体也会有程度相同但方向相反的运动，就好像它们在越过地球一样。特别要指出的是，周日旋转[②]就是这样一种运动，因为除地球和它周围的东西以外，周日旋转似乎把整个宇宙都卷进去了。然而，如果你承认天并没有参与这一运动，而是地球在自西向东旋转，那么经过认真研究你就会发现，这才符合日月星辰出没的实际情况。”[③]

而且，即使不考虑上面这一点，从新柏拉图主义的视角看，也是可以认定“日心说”有一定道理的。因为，在新柏拉图主义看来，感觉到的地球运动可以是虚假的、易变的，因此经验观察不能作为天文学真理的判据，作为天文学真理判据的只能是经验世界背后的数学理念世界。数学理念世界才是真实的、永恒的，是我们的感官知觉达不到的，甚至与我们感官知觉到的物理实在相矛盾。将新柏拉图主义这种理念运用到哥白尼的“日心说”，就是：“日心说”的提出主要不是以观察事实为基础并作为检验标准的，而是以新柏拉图主义作为思想原则，在没有被观察资料充分佐证之前，以天体运动的数学简单性和和谐性为标准，对天球的运动进行调整的结果。相比于其他的天文学知识体系，越是简单的、和谐的，并且能够用来解释更多的天文学现象的天文学几何体系，其正确性越能得到确认。这就是数学的天文学的核心要旨，也是数学的天文学“拯救现象”的内涵。它告诉我们，即使这样的几何结构缺乏足够的观察经验事实支持，人们也可能会接受这样的数学结构以及其

① [美]库恩：《哥白尼革命：西方思想发展中的行星天文学》，吴国盛、张东林、李立译，北京：北京大学出版社，2003 年，第 130 页。

② 可称为周日运动，亦为周日视运动，是描述地球上的观测者每天观测到天空上的天体明显的视运动状态。这是地球绕轴自转使然，使得所有天体都绕着这个轴（从观测者眼中即绕着北极星）做圆周运动，这个圆圈称周日圈。日、月的东升西落就是周日运动的体现。

③ [波]哥白尼：《天球运行论》，张卜天译，北京：商务印书馆，2016 年，第 16-17 页。

所内含的假定。按照上述思想衡量哥白尼的“日心说”，“由于他的日静说[①]除了像托勒密的理论一样精确地解释了所有的天象观察以外，还解决了每个行星在运动时每年都会出现的一直都没有得到解释的内容(当然，这是对地动说的挪用)，同时也由于他的日静说在确定每个行星的位置方面提供了一个简单易行的手段(托勒密的论述则有些武断)，于是，哥白尼相信他的体系在物理学方面肯定是真实的”[②]。“哥白尼坚信，地动说不论怎样地抵触了自然哲学，也必定是真的，因为这是数学所要求的结果。这一点是革命性的。”[③]

当然，如此说“‘日心说’正确”，更多的是在新柏拉图主义的意义上说的，而非在观察经验的意义上而言。伽利略就说：“按照哥白尼的看法，一个人必须否定自己的感觉。”[④]不可否认，哥白尼的“日心说”，是体现了宇宙的简单和谐和数学审美方面的特征的[⑤]，但是，由于“日心说”与日常经验(如地球静止、太阳东升西落、浮云不动等)不符，而且还与当时占主导地位的“地心说”相对立，所以它就更多地具有数学意义而不具有感性意义，很难被当时的天文学家和神学家接受。“在十六世纪中只有新柏拉图主义者无保留地接受哥白尼主义。”[⑥]“在这新系统以外的主流科学家直到一百年后的伽利略时代才开始接受日心论，而且直到牛顿时代日心论才有机制的解释，在这些发展以前整个日心主义的争论都是完全根据宗教上和哲学上的论据。”[⑦]

---

① 原文就是“日静说”。至于“日静说”，我国有学者指出：“然而，库恩深刻地指出，日心说仅仅是在理论层面上具备这种简单和谐的美感。由于哥白尼和托勒密一样执意认为天体在圆球上做匀速运动，如果仍要‘拯救现象’，让日心说体系与实际观测相吻合，那么他也不可避免要引入一大套圆球，而且还要假设太阳不在宇宙正中，而是偏于一侧(因此他的‘日心说’严格说来其实是‘日静说’)。”(参见刘夙：《万年的竞争：新著世界科学技术文化简史》，北京：科学出版社，2017年，第4页。)

② [英]约翰·亨利：《科学革命与现代科学的起源》(第3版)，杨俊杰译，北京：北京大学出版社，2013年，第37-38页。

③ [英]约翰·亨利：《科学革命与现代科学的起源》(第3版)，杨俊杰译，北京：北京大学出版社，2013年，第38页。

④ [意]伽利略：《关于托勒密和哥白尼两大世界体系的对话》，周煦良等译，北京：北京大学出版社，2006年，第177页。

⑤ 需要指明的一点是，尽管在哥白尼的体系中大小轮子的数量减少了，并且没有借助本轮就对行星运动做出定性解释，对于只考虑行星定性运动的天文学家来说，哥白尼体系肯定经济得多，但是，在做出定量解释的时候，哥白尼也需要求助于小本轮和偏心圆，在这个意义上，哥白尼体系和托勒密体系的准确度和经济性其实差不多，又显得比托勒密体系更复杂，实际上也没有解决问题。所以对哥白尼日心说的“简单性”分析，也应当全面客观。当然，总体而言，哥白尼的“日心说”几何体系要比那一时期托勒密的“地心说”几何体系简单和谐。

⑥ [美]兰西·佩尔斯、查理士·撒士顿：《科学的灵魂——500年科学与信仰、哲学的互动史》，潘柏滔译，南昌：江西人民出版社，2006年，第66页。

⑦ [美]兰西·佩尔斯、查理士·撒士顿：《科学的灵魂——500年科学与信仰、哲学的互动史》，潘柏滔译，南昌：江西人民出版社，2006年，第67页。

（四）哥白尼"日心说"的意义

"日心说"的提出意义是重大的。从科学上说，哥白尼批判了托勒密的理论，说明了天体运行的现象，挑战了长期以来居于统治地位的"地心说"，推进了天文学的根本变革。从宗教上说，虽然"日心说"与"地心说"都是建立在柏拉图数学的天文学的信念之上，但是，它客观上否定了千百年来被奉为定论的基督教神学的核心理论基础"地心说"，对宗教神学是一个沉重打击。在科学方法论上，它启发我们，一种富含宗教神学观念的自然哲学，也是做出科学发现的重要理论基础，新柏拉图主义之哥白尼"日心说"的提出，就是如此。哥白尼"日心说"的提出主要不是基于表象，而是基于理性的建构；表象有可能是错误的，一个人必须运用理性，透过表象，才能达到真实。我国有学者就说："与其说理性最终导出了日心学说，不如说日心学说最终彰显了理性在人类认识世界中的地位。理性的至高无上的权威由是确立。从此以后，理性成了人类思维活动的唯一被认可的主导。正是在这一意义上，日心学说的建立开辟了人类认识世界的一个新纪元。"①

因此，传统的观点认为，哥白尼的日心说相对于托勒密的地心说是一次革命。但现在，有少数学者持有相反的观点，认为哥白尼的日心说并不是一次天文学革命。理由如下。

第一，他所持有的最终的原则与托勒密的相同，即造物主创造这个世界的基本原则是简单的和和谐的，由此使得他构建日心说的基本原则与地心说一致。

第二，他在各方面都是保守的，如他模仿托勒密的演讲风格，依靠托勒密的观察，使用托勒密的数学技巧(除了均衡点)；他拒绝使用均衡点，原因是它违背了古希腊的原则；他完成日心说著作后约 30 多年，才交由出版机构出版问世；他把他理论的创新归于古代的希腊权威，而不是他自己。

第三，在出版的《天球运行论》序言中，他称这本书的结论只是假设性的，而不是对世界体系的真实描述。

即使上述理由都是事实，但是并不能充分说明哥白尼的日心说不是一次革命。

第一条理由表明哥白尼的日心说相对于地心说并不是一次"大写的科学革命"，而是一种在最基本的自然观一致基础上的"小写的科学革命"。鉴此，宗教神学可以在坚持最终的自然观原则——"上帝创造这个世界是简单的和和谐的"基础上，最后承认日心说的正确性。话虽如此，但是，鉴于当时的社会环境，哥白尼提出日心说还是需要足够的勇气的，因为一旦涉及乃至接受日心说，就意味着地球可能不是宇宙的中心，天上的星球可能并不围绕地球运转，也就进一步意味着宗教教义可能就是错的，这对宗教神学是一个打击。就此而言，日心说不单纯是一次天文学革命，还是一次宗教神学革命。

① 吴以义：《从哥白尼到牛顿：日心学说的确立》，上海：上海人民出版社，2013 年，第 4 页。

对于第二条理由，表面上看来是支持“哥白尼是保守的”这一观点，但是，深入分析之后未必尽然。他之所以模仿托勒密的演讲风格，依靠托勒密的观察，以及使用托勒密的数学技巧，是因为他考虑到他的天文学同伴都习惯使用托勒密的喜好，这样做可以让他们更好地跟随他。[①]他之所以根据古希腊的原则拒绝使用托勒密的均衡点，是由于与他同时代的人们相信，与亚当越接近的古人所知道的东西比他们所知道的东西更多，如此，诉诸古希腊哲学家，就可以更好地说服他的同时代人相信他的系统的真理性。[②]而且，有学者认为，哥白尼坚信真实的天体匀速圆周运动是不需要均衡点这样的假设作为工具的，由此也反衬他认为他的日心说是正确的。[③]至于他之所以推迟30多年才出版他的著作，并没有证据表明这是由于他的保守，而是有证据表明他一直在努力改进这本书。[④]

对于第三条理由，根据当今越来越多科学史家的研究，《天球运行论》的序言是在哥白尼不知情或未经他允许的情况下由他人代写的，建议读者将日心说视为数学上的假设，这样可以更简洁地解释天文现象，而没必要将其视为真实的宇宙结构。事实上，哥白尼相信日心说是正确的。[⑤]结论是：“他的工作有两个主要方面表明他是一个非常明确的革命思想家：第一，他的目的是恢复宇宙学的科学，而不仅仅是提出另一个数学体系；第二，他认为数学胜过物理，坚持认为地球必须是运动的，因为数学要求它，尽管他不能对地球是如何运动的给出物理解释。”[⑥]

应该注意，虽然哥白尼提出了日心说，比较完美地克服了托勒密地心说的困难，但是仍有两个大的问题需要回答：第一，如果各星球都围绕太阳运动，那么其运动状态如何？第二，在新柏拉图主义的背景下，数学如何可能运用于地上物体的运动？开普勒和伽利略分别对这两个问题进行了探索。

二、开普勒：开创了物理的数学的天文学

如前所述，哥白尼是在坚持新柏拉图主义的基础上创立“日心说”的。他为开普勒时代的人们留下了几个问题：“日心说”成立吗？成立的理由是什么？如果“日心说”是正确的，那么围绕太阳运行的行星数目是多少？为什么会有这么多的行星

---

① Henry J. A Short History of Scientific Thought. New York: Palgrave Macmillan, 2012: 73.

② Henry J. A Short History of Scientific Thought. New York: Palgrave Macmillan, 2012: 73.

③ [美]理查德·德威特：《世界观：现代人必须要懂的科学哲学和科学史》(原书第3版)，孙天译，北京：机械工业出版社，2020年，第173页。

④ Henry J. A Short History of Scientific Thought. New York: Palgrave Macmillan, 2012: 73.

⑤ Henry J. A Short History of Scientific Thought. New York: Palgrave Macmillan, 2012: 73.

⑥ Henry J. A Short History of Scientific Thought. New York: Palgrave Macmillan, 2012: 73.

数目？行星是如何围绕太阳运行的？它为什么会这样围绕太阳运行？开普勒(1571—1630)对这些问题给出了自己的思考，他赞同哥白尼的日心说，接受宇宙“简单和谐”的哲学理念，运用数学方法构建天球运行模型，提出“开普勒三定律”，以最终体现这种“和谐”。开普勒是如何做到这一点的呢？国内外一些学者给出了相关解答。

(一)运用原型为哥白尼“日心说”辩护

斯蒂文森(Stephenson)认为：“开普勒的工作太有独创性了，以至于不容易被主流，甚至不容易被天文学的主流吸收，而这门科学本身也太过发达，不可能因为他的新奇理论而偏离自己的轨道。这更是因为他的理论中的天文学被嵌入到物理推测、原型(archetype)[①]推理和和谐狂想曲组成的矩阵之中，而其他科学家发现这几乎是无法理解的。”[②]科兹罕特丹(Job Kozhamthadam)说道：“在宗教上，开普勒认为，上帝是宇宙的创立者，他按照简单的、理性的、几何的、活力论的、音乐和谐的思想创立这个世界；在哲学上，即在认识论和方法论的原则上，开普勒坚持实在论、量化、因果性、充足理由、秩序、统一、和谐、简约和简单性。这两者在开普勒第一定律、第二定律的形成和辩护中起着整合性的作用。如因果性原则导致开普勒思考各种运动的原因，简单性原则使得他宣称哥白尼体系优于托勒密体系。”[③]科学史家格德斯坦(Goldstein)指出，开普勒的“新天文学”的“新”体现在“逻辑”“神学”“目的”“假设”“规律”“标准”六个方面：在逻辑上，它不是描述性的，而是因果性的，这样的因果性不单纯表现为力，而且还表现为原型；在神学上，它不是圣经中的神学，而是结合了“三位一体”的原型；在目的上，它不是去反映角速度关系，而是探寻行星沿轨道运动的线速度和行星与太阳之间距离的关系；在假设上，他对天文假设与几何假设作了严格区分，如“月亮轨道是卵形(oval shape)”属于天文假设，而“用复合圆来解释卵形”则属于几何假设；在规律上，开普勒认为支配行星运动的是距离与速度的关系，且距离和速度的关系中距离优先，而不是光学误差的角速度关系；在标准上，开普勒认为行星运动规律与观测结果一致的标准是与原型

---

① “原型”这一术语早在斐洛·犹大乌斯(Philo Judaeus，约公元前20—公元45年)时代便出现了，在希腊语中是archetype，可以解释为“最初的模型”，意指人身上的上帝形象。在古希腊，上帝被称作“原型之光”，古希腊著作中出现了“非物质原型”和“原型石”等术语。在圣·奥古斯丁的著述中，“它们并非是自发形成的而是容身于神知之中”。“原型”是对柏拉图理念的解释性释义。(具体内容参见[瑞士]荣格：《原型与集体无意识》(第五卷)，徐德林译，北京：国际文化出版公司，2011年，第6页。)

② Stephenson B. The Music of the Heavens: Kepler's Harmonic Astronomy. Princeton: Princeton University Press, 1994: 242.

③ Kozhamthadam J. The Discovery of Kepler's Laws. London: University of Notre Dame Press, 1994.

一致。[①]我国学者总结道：在开普勒看来，上帝作为万物的起源，是按照自己的计划即原型创造世界的，由此使得创造物与上帝在本质上相一致，有着数学的和谐；这种数学的和谐决定了，从结构上看，宇宙就是几何的，从物理运动上看，宇宙就是一台和谐运转的机器；数学的和谐是原型的内在本质，物理的证据是原型的反映，通过原型的反映寻找原型的影子，从而为相关天文学假设提供物理上的证据，通过数学的论证揭示原型的本质，并且说明天球运动上的数学的和谐。原型为开普勒提供了一个演绎推理的公理基础，一个为自己的新天文学辩护的理由，一个把数学的天文学与物理的天文学有机结合起来的理由，由此就使得星球的运动物理上真实，数学上美感，原型上和谐。[②]

应该说，上述学者对开普勒科学思想的揭示有一定道理。这些在开普勒的思想观念及其科学发现中得到了体现。

持有“原型”的思想是开普勒为哥白尼日心说辩护的根本原因，而从数学的天文学的角度为哥白尼的日心说进行辩护，是他所采取的具体路径。他在《宇宙的奥秘》(*Mysterium Cosmographicum*，1597年)一书的序言中说：“特别地，我一直探求为何事物的三个原因——数目、尺寸以及圆形运动是这个样子，而不是另外的样子。我胆敢这样，是因为静止的太阳、恒星天和二者之间的空间与圣父、圣子和圣灵之间存在着巨大的和谐。我将要在我的宇宙论中继续仔细地研究。”[③]开普勒认为，哥白尼的日心说是有道理的，上帝是完美的创造者，他创造的东西也是完美的，这样的完美不仅在于自己的形象——“三位一体”的球形结构，即圣父在中心，圣子在球面，圣灵在中心与球面之间，而且还将这样的完美形象赋予宇宙——太阳在宇宙的中心，对应圣父；恒星天球在球面，对应圣子；充斥在宇宙的其他各个部分，对应圣灵。这样一来，哥白尼的以太阳为中心的球形结构，就与“三位一体”的上帝形象相对应。

有关太阳行星的数目，开普勒也从原型上找到了解释。根据哥白尼的日心说，太阳周围的行星的数目是6个，为什么是6个呢？开普勒认为，这是出于原型的理由，即上帝创造的这个世界是和谐的，这种和谐体现在日心说上，就是“五个正多面体[④]的体系能够嵌入六颗行星的天球之间，这便是行星的数目是六的原因”[⑤]，见

① Goldstein B R. What’s new in Kepler’s new astronomy?//Earman J, Norton D J. The Cosmos of Science. Pittsburgh: University of Pittsburgh Press, 1997: 4-12.

② 王国强：《新天文学的起源——开普勒物理天文学研究》，北京：中国科学技术出版社，2010年，第7页。

③ Kepler J. The Secret of the Universe. Duncan A M (trans.). London: Abaris Books, Inc., 1981: 63.

④ 正多面体，亦称柏拉图正多面体、柏拉图立体，即在几何体中，有且只有五个正多面体的存在：立方体、正四面体、正十二面体、正二十面体和正八面体。

⑤[美]埃德温·阿瑟·伯特：《近代物理科学的形而上学基础》，张卜天译，北京：商务印书馆，2018年，第54页。

图 7.2。

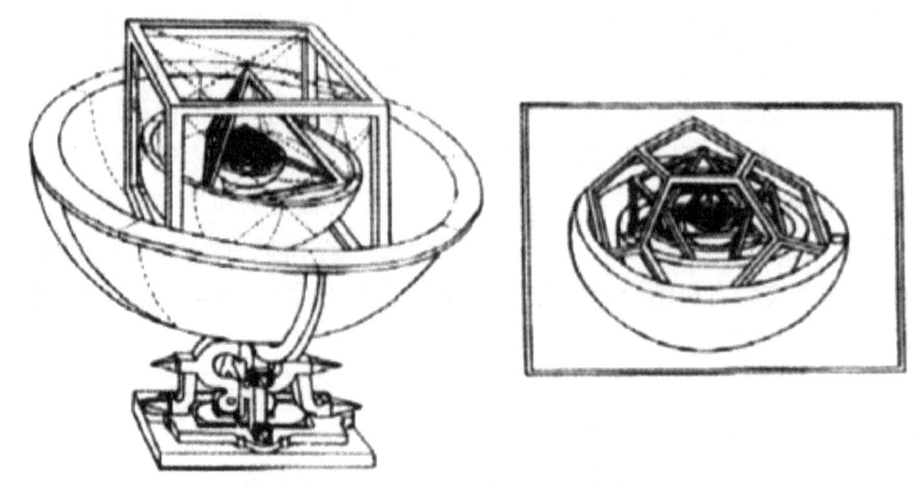

图 7.2　开普勒的宇宙模型[①]

根据图 7.2，开普勒设想其体系结构如下：如果把一个六面体内接于土星天球(即以太阳为中心的球，土星轨道位于球上)，那么这个六面体的内切球将是木星天球。再把一个正四面体内接于木星天球，则该四面体的内切球将是火星天球。以同样的方式进行下去，则十二面体、二十面体和八面体的内切球将依次为地球天球、金星天球和水星天球。行星之所以有六颗，恰恰是因为六个同心球提供了五个居间，可以依照上述方式嵌入五个正多面体。[②]“开普勒确信这绝不可能出于偶然，认为他已经部分揭示了上帝的创世设计的奥秘。”[③]

这从原型的角度或从终极因的角度，在哥白尼的日心说中找到了原型上的数学和谐，并从原型的意义上回答了开普勒的“为什么天体的运动轨道的数目、大小和运动就是那个样子，而不是别的样子”这个问题。

在上述思想的基础上，开普勒认为，哥白尼的世界体系不仅能从观察数据上归纳出来，而且也能从原型的结构中推演出来，具有优越性。他在《宇宙的奥秘》的第二章评价道：“哥白尼，像一个靠手杖走路的盲人一样(正如雷蒂库斯(Rheticus)本人过去所说)，通过观察的结果，靠侥幸而不是靠可靠的推测，归纳得出被认为是

---

① [美]I. 伯纳德·科恩：《新物理学的诞生》，张卜天译，北京：商务印书馆，2016 年，第 133 页图 26。该图取自开普勒 1596 年的《宇宙的奥秘》。

② 在早期，开普勒完全基于“原型”，建构了“5 个柏拉图正多面体正好镶嵌在 6 个行星天球之间”的宇宙模型。后来，开普勒在分析第谷的观察数据、制定行星运行表时，认识到这一模型是不正确的，因此，就摒弃了这一宇宙模型。尽管如此，与让开普勒声名远播的“三定律”相比较，开普勒更喜欢这种设计奇特的包含着五种层层嵌套的正多面体模型。

③ [荷]E. J. 戴克斯特豪斯：《世界图景的机械化》，张卜天译，北京：商务印书馆，2015 年，第 425 页。

正确的东西，而所有这些东西从原因和创造物的原型中，靠演绎推理也能完全正确地得出。可不可以设想，多面体模型演绎的结果要比哥白尼归纳出的结果好得多，或令人信服得多。”①由此来看，许多人认为开普勒是新柏拉图主义者，还是有一定道理的。柯瓦雷就说：“首先，开普勒想要的是找到上帝头脑中支配宇宙的结构性定律(他称为原型定律)，而且这些定律只能是数学的，或确切地说是几何的。其次，他想要的是找到一个能保持结构完整，或者说在运动中能整合在一起的上帝用的物理(动态的)方法。”②

(二)结合物理的、数学的和原型的思想创立行星运动三定律

1. 天文学理论要与观察的现象相一致

在传统的数学的天文学那里，天上的世界与地上的世界是不同的，天上的世界是由以太构成的，沿着一定的轨道做匀速圆周运动；如果人类对星球的观察不符合这一点，不是上述观点错了，而是人类的观察出了问题。

开普勒不同意这种观点。他认为，创世和谐说是没有问题的，但是，人类关于世界和谐的一些看法是有可能出错的。第谷(1546—1601)和其他人对1572年的新星和1577年的彗星进行了仔细观察，发现这两者皆位于月界以下。那么问题来了，它们是由什么构成的呢？根据亚里士多德的理论，天球是完美的并具有不变性，是由一种不同于月下世界的组成元素——以太构成的。它们是星球，应该由以太构成。但是，现在的观察表明这两种星球又位于月下世界，应该不由以太而是由月下世界的四种元素——水、火、土、气构成。如此，由上述观察就不能必然得出“星球是由以太构成的”这一结论。这促使开普勒不得不放弃以太天球的观点以寻求别的解释。他逐渐认识到，观察到的自然宇宙的事件是对基本的、简单的数的关系的例示，观察到的现实世界很可能是真实的。

既然观察到的现实世界有可能是真实的，那么，面对这一世界，我们该如何对待呢？开普勒认为，它应该要由简明的数学体系来证明，并由此体现世界的和谐。或者说，天文学上的数学必须要有物理上的基础，说明并解释着真实的物理世界。就此，开普勒的天文学就与柏拉图的数学的天文学不一样，它不仅要揭示星球的真实数学结构，用数学的和谐来解释人们观察到的天文现象，还要使得理论与观察到的现象相一致。如果不一致，就去寻找并发现与观察事实相一致的、新的数学和谐理论，而不是将一些先验的、与观察事实相违背的理论强加于对自然界的解释上。

这就说明，开普勒的思想在发生变化，由强烈的“原型”主义者，转变为将“原

① Kepler J. The Secret of the Universe. Duncan A M(trans.). London: Abaris Books, Inc., 1981: 97.

② Koyre A. The Astronomical Revolution. Maddison R W(trans.). New York: Dover Publication, Inc., 1973: 122.

型”、数学解释、观察到的天体运动这三者神奇地结合在一起，来说明天球的运动。由此，开普勒的天文学被称为“物理的数学的天文学”。

2. 开普勒第一定律——椭圆定律的创立

椭圆定律的创立与“8′误差”的解释密切相关。所谓“8′误差”，指的是第谷的火星观测数据和根据托勒密的对位点[①]偏心圆模型所计算的数值之间不一致，即0.133°(这个角度相当于表上的秒针在 0.02 秒瞬间转过的角度)，存在着“8′误差”值。开普勒认为，第谷的观测没有问题，应该是对位点或者是偏心圆有问题。开普勒相信物理的真实性，对位点的存在能很好地解释火星的距离与速度的变化，即行星运动的不均匀性，并且在与太阳对称的位置上推导出的偏心距离误差较小。因此，他就很难认为对位点存在是错误的而放弃对位点。他后来研究地球轨道时发现地球轨道也像其他星球同样存在着对位点，这就更加坚定了他的“对位点普遍存在”的物理思想。如果对位点是普遍并真实存在的，则可能出现问题的就是“偏心圆”，即“地球的圆周运行轨道”可能有误。有了这一想法后，开普勒通过计算日地之间的距离，以确定地球的轨道形状，最后得出的计算结论是 “地球的轨道是卵形的”。尽管如此，他仍然不敢贸然相信并接受这一点，毕竟，“理想的行星圆周运动”是2000 多年以来根深蒂固的观念，被看作是宇宙和谐的典型特征，而这也符合开普勒的“原型”原则。

从 1604 年开始，开普勒再次对火星轨道展开研究，很快他就发现其轨道的形状也不是圆形，而是卵形。而且他认为，其卵形的形成是由于行星体内有一种理智或精神(mind)，使其在本轮上做完美的圆周运动，同时在外部太阳力的作用下推动行星做非匀速运动。卵形运动轨道就是这两种力共同作用的结果。不过，卵形轨道难以在物理上和数学上得到统一，这导致开普勒困惑于此长达 4 年之久。之后，他对这种卵形轨道的数学规律进行研究，发现根据圆形计算的距离比观测结果要大，而根据卵形计算的距离要比观测值小，如此，行星的轨道应该是位于圆形与卵形之间。最后，他通过计算及几何建构，得出“火星的轨道是椭圆的”结论。[②]

由此，第谷的火星观测数据和根据对位点模型所计算的数值之间的“8′误差”，最终使开普勒抛弃了沿袭 2000 多年的“星球圆周运动”观念，提出开普勒第一定律，即所有行星围绕太阳的轨道都是椭圆的。

开普勒之所以提出行星运动的椭圆轨道，还与以下两方面的因素有关。

一是他收集到第谷的肉眼观察资料(这是当时最精确的)和关于火星轨道的刻

---

① “对位点”的概念——该点位于地球相对于均轮中心的反方向，且到均轮中心的距离与地球到该中心的距离相等；同时假定行星本轮的中心以恒定角速率环绕对位点运行。

② 有关开普勒发现行星运动三定律的具体内容，请参见王国强：《新天文学的起源——开普勒物理天文学研究》，北京：中国科学技术出版社，2010 年，第 71-105 页。本书不再赘述。

画，注意到火星在亮度和速度上的变化并且火星轨道的形状是椭圆形或鹅卵形，很显然火星的运动轨迹不可能是圆形的和匀速的。

二是他还意识到太阳光的散发随着距离的增加而变得越来越暗。他想到，对此的解释，与其说行星灵魂产生了运动，还不如说太阳发出另一种类似于光的“力”(拉丁语为 vis，即英文的 force)，这种“力”是“有形的但非物质的”(corporeal but immaterial)。受到吉尔伯特的影响，他在书中描述了地球和包括太阳在内的其他行星在相反的轴上有磁极。他推断，当行星绕太阳旋转时，如果它们各自的极性相反，导致它们被吸引或排斥，这就可以解释轨迹为何偏离圆周形状和匀速运动。由此，他得出结论，这两种力[太阳的辐射(emanation)引起行星运动的力以及差异明显的吉尔伯特的磁力(contrasting magnetic forces)]，可以解释观测到的行星鹅卵形或椭圆形的运动。但是直到他测量了火星轨道从圆形到椭圆形产生的半径偏差为 0.00427，他才最终确信轨道一定是椭圆的。

开普勒“火星运动椭圆轨道”的提出，表明他似乎放弃原型的原则。事实上并非如此。开普勒从两个方面来证明椭圆不仅具有原型上的优点，而且还符合物理的原则：第一，椭圆与圆有着必然的联系，两者有着天然的、和谐的几何关系；第二，椭圆能够解释行星的物理振荡运动。也许正因为如此，“不难理解，为什么开普勒一有了行星的轨道是椭圆的念头之后，就不管仍然存在的一些误差和物理上难以解释的缺陷，而欣然接受行星的轨道是椭圆。如果不从原型的角度来理解，就难以理解对卵形接受与椭圆接受的开普勒的心理反差。在这里，开普勒一方面探讨行星的物理机制，一方面又定量地计算行星的和谐的数学关系，所以，可以认为原型的思想指导开普勒去发现行星物理机制背后的和谐的数学关系，并剔除了一些数量上的障碍”[①]。

霍尔顿(Gerald Holton)对开普勒的上述思想和策略作了概括。他认为：“开普勒论证的有效性事实上是来源于许多完全不同的平行因素的作用结果。我们发现，当他的物理学分析方法失败时，他的形而上学就会来救助；当他的机械模型解释失败时，他就用数学模型来解释；当这两者都失灵时，他就采用神学的原则。”[②]如此，“原型”在开普勒那里仍然是最重要的。不仅如此，开普勒还认为：“宇宙是物理的机器，宇宙是数学的和谐，宇宙是神学的根本秩序。”[③]神学是开普勒新天文学的思想基础。

---

① 王国强：《新天文学的起源——开普勒物理天文学研究》，北京：中国科学技术出版社，2010年，第 105 页。

② Holton G. Thematic Origins of Scientific Thought, Kepler to Einstein. Revised Edition. Cambridge and London: Harvard University Press, 1988: 54.

③ Holton G. Thematic Origins of Scientific Thought, Kepler to Einstein. Revised Edition. Cambridge and London: Harvard University Press, 1988: 70.

3. 开普勒第二定律——面积定律的创立

对于行星，人们很早就发现其运动的不均匀性。它主要表现在两个方面：一是每个行星在各自不同的轨道上以不同的速度运行；二是同一个行星在轨道的不同位置速度也不相同。

如何看待这两方面的不均匀性呢？对于开普勒之前的数学的天文学家如托勒密和哥白尼等来说，这样的不均匀性并不是真实的，真实的应该是它们的种种匀速圆周运动，因为只有这样才符合柏拉图意义上的“天体和谐”。

对于开普勒来说，情况并非如此。他认为，行星在远日点运动慢，在近日点运动快，这是事实，应该尊重。既然如此，是什么原因造成这一点呢？应该是太阳，因为太阳在等级上要比地球高，在太阳的内部隐藏着神圣的、与我们的灵魂相类似的东西，如此，使得它正如不动的推动者(the unmoved mover)，成为像上帝那样的类似物，不被创造却创造他物，尽管在有形的这一点上与上帝不同。[①]

太阳是如何推动行星如此这般地运动的呢？在开普勒那里，“他相信大自然是统一的，试图通过地界力学所使用的原理来解释现象”[②]。在《宇宙的奥秘》一书中，他认为，太阳具有驱动活力(moving spirit)或者是驱动灵魂(moving soul)，很可能就是它推动着行星运动。他之所以提出这一观点，主要原因在于他认为，在哥白尼体系中，太阳的功效绝不只位居宇宙的中心和照亮整个宇宙系统，它很可能也是推动行星运动的原因，否则，它何以自居中心？不仅如此，他还认为上述观点有一些“事实”支持，如行星的轨道面与太阳相交意味着行星的轨道是受太阳控制的；行星距离太阳越近，运动速度越快，距离太阳越远，运动速度越慢。[③]至于行星运动速度与距离太阳之远近的关系原因，他认为：“太阳辐射力的效果应当随着距离的增大而成比例地减小，每颗行星的速度应当与太阳的距离成反比。”[④]

进一步的问题是，这种推动力与行星距离太阳的远近、运动的速度有什么样的关系呢？为了找出这种关系，开普勒在 1605 年读了吉尔伯特关于磁铁的论述后，受到启发，作了物理的类比。他说：“我的目标是证明，天空机器不像一种神圣的生物，而是像一个时钟(那些相信时钟有生命的人把工匠的光荣分配给了作品)，只要运动的一切差异都是由一种最简单的、磁性的、物质的力引发的，就像时钟的一切

---

① Kozhamthadam J. The Discovery of Kepler's Laws. London: University of Notre Dame Press, 1994: 191-193.

② [美]理查德·韦斯特福尔：《近代科学的建构：机械论与力学》，张卜天译，北京：商务印书馆，2020 年，第 8 页。

③ [澳]约翰·A. 舒斯特：《科学史与科学哲学导论》，安维复主译，上海：上海科技教育出版社，2013 年，第 249-250 页。

④ [美]理查德·韦斯特福尔：《近代科学的建构：机械论与力学》，张卜天译，北京：商务印书馆，2020 年，第 12 页。

运动是由一种简单的重物引发的那样。我也将证明，这一物理的解释将经得起数学和几何的检验。”[①]据此，他将太阳作为具有磁灵魂那样的东西，射出的原型物可能是磁性丝状物(magnetic fibres)，它推动行星就像地球推动月球运动一样。[②]“因此，我们必须确立以下两个事实中的一个：要么(行星的)施动灵魂(animae motrices)随着与太阳距离的增加而减弱，要么只有一个施动灵魂位于所有轨道的中心，即太阳。物体越接近它，它所产生的推动作用就越强，而对于更远的物体，它会因为距离遥远以及(随之的)力量减弱而变得无效。”[③]不仅如此，他认为：“正如太阳是光的源头一样，处在中心的太阳也是天球共同的原点。生命也是如此，宇宙的灵魂和运动源于太阳，以便将静止赋予恒星，将运动的次级推动力赋予行星，但是，将原动力赋予太阳。同样太阳以其美丽的外表、有效的动力、灿烂的光辉远远超过其他一切事物。”[④]

换言之，当行星在自己的轨道上围绕着太阳运动时，如果离太阳较近，太阳的活力就较强，运动速度就较快；如果离太阳较远，太阳的活力就越弱，运动速度就越慢。“太阳活力是行星离太阳距离远近的物理原因，同时也是宇宙秩序形成的物理原因。”[⑤]

从前面所引的开普勒的一段话中可以看出，他将太阳驱动力与光作了类比。据此，有学者认为，根据光学知识，光的衰减与距离的平方成正比，所以开普勒认为驱动力的减弱可能与距离的平方成正比，甚至可能是立方。[⑥]另外一些科学史家也持有类似的观点，认为开普勒就是根据“距离与太阳驱动力可能是简单的反比关系”得出平方反比定律的。这种观点，可以从开普勒的下面一段话中得到佐证：“不管怎样，我们现在必须考虑建立我们所需要的轨道比的方法。上面已经看到，如果天球厚度是唯一使周期增加的原因，那么在运动和平均距离之间就会存在着同样的差别。……可是不管怎样，这种运动的比意味着越远的行星驱动活力(moving spirit)越弱。因此，我们还必须发现，这种运动关系与活力的弱化存在什么样的关系。那么，

---

① 转引自[英]戴维·伍顿：《科学的诞生：科学革命新史》(下册)，刘国伟译，北京：中信出版社，2018年，第537页。

② Kepler J. New Astronomy. Donahue W H(trans.). Cambridge: Cambridge University Press, 1992: 390-391.

③ 转引自[荷]E. J. 戴克斯特豪斯：《世界图景的机械化》，张卜天译，北京：商务印书馆，2015年，第433页。原文出自 Kepler J. Das Weltgeheimnis(Mysterium Cosmographicum), übers. und eingel. von Max Caspar. Munich-Berlin, 1936.

④ Kepler J. The Secret of the Universe. Duncan A M(trans.). London: Abaris Books, Inc., 1981: 199.

⑤ 王国强：《新天文学的起源——开普勒物理天文学研究》，北京：中国科学技术出版社，2010年，第26页。

⑥ Stephenson B. Kepler's Physical Astronomy. Princeton: Princeton University Press, 1994: 72.

我们不妨假设，很可能太阳分配的这种运动与光的比例一样。”①

到了1609年，开普勒的《新天文学》(*Astronomia Nova*)②一书出版，上述“太阳驱动力”的思想得到更加充分的体现。该书的第32章谈到在一个圆上推动行星的力随着离太阳越远而变弱；第33章证明了这种力只能在太阳体内；第34章推测太阳是一个磁体，能够自转；第35、36章论述了太阳力传播的方式等。③通过这样的研究，开普勒概括性地论述了两种力以及它们是如何推动行星运动的。

一种力是太阳发出的推动力，它导致行星围绕太阳旋转。太阳光芒四射并绕自身轴心旋转，太阳赤道发射出非物质的线或力线的形式——辐条，它就像风扇或螺旋桨一样随着太阳一起旋转。如果一颗行星处于太阳旋转的漩涡内，这些力线就会穿过这颗行星并使它运动。太阳创造了风车效应，辐条旋转通过。行星越靠近太阳，每分钟穿过行星的辐条就越多，因而行星的运动就越快。

另外一种力是推拉行星的力。这后一种力应该就是吉尔伯特所发现的磁力。在《论磁、磁体和地球作为一个巨大的磁体》[简称《论磁》，*De Magnete*，1600)]一书中，吉尔伯特提出，地球是一个以南北两极作为磁极的巨大磁体。受此影响，开普勒猜测太阳和所有的行星都可能是磁体，具有那时所认为的那样一种特殊的、有价值的、非物质的磁力，它们作用于太阳或行星，使得行星靠近或者远离太阳运动。具体而言，太阳只有一个磁北极，地球具有磁南极和磁北极。当地球的北半球处于夏天时，地球的轴线向太阳倾斜，所以磁北极比磁南极更靠近太阳，这时太阳表面遍布的磁北极会产生一种同极相斥的作用，造成地球在它绕轨道运动时慢慢远离太阳。当地球的北半球处于冬天时，磁南极更靠近太阳，这就会产生一种异极相吸的作用，从而拉近地球在它持续绕轨道运行时靠近太阳。这种研究的历程充分体现了开普勒的思想——“天文学理论不能只是一套用来解释观测现象的数学工具，而是也必须基于可靠的物理原则，并从原因导出行星的运动。”④结果就是，用对位点模型解释了“距离定律”，用变速运动代替了匀速运动，“距离定律”最终发展成“面积定律”，即“开普勒第二定律”——行星和太阳的连线在相等的时间间隔内扫过相等的面积。⑤

在《新天文学》一书的序言中，开普勒也说：“本书中，我的目的主要是改革

---

① Kepler J. The Secret of the Universe. Duncan A M (trans.). London: Abaris Books, Inc., 1981: 201.

② 该书也被称作《以对火星运动的评论表达的新天文学或天空物理学》，或被称作《论火星的运动》以及《论火星》。

③ 王国强：《新天文学的起源——开普勒物理天文学研究》，北京：中国科学技术出版社，2010年，第26页。

④ [美]理查德·韦斯特福尔：《近代科学的建构：机械论与力学》，张卜天译，北京：商务印书馆，2020年，第6-7页。

⑤ Kepler J. New Astronomy. Donahue W H (trans.). Cambridge: Cambridge University Press, 1992.

三种形式的天文学理论[①](特别是火星运动的理论)，以便我们根据星表计算的结果能与天象吻合。……我也浏览亚里士多德的《形而上学》，或者确切地说，我也研究天体物理学和行星运动的自然原因。这种考虑的最终结果非常清楚地表明，只有哥白尼关于世界的观点(有一些小的变化)是真的，而别的两个是假的，如此而已。当然，所有这些情况相互关联、相互交织、相互纠结在一起，以至于对天文学计算的改革，在尝试了许多不同的方法之后——有些方法古人已经做得不错了，而另一些方法则是根据他们的例子模仿他们的计算——发现除了本书中所说的根据运动自身的物理因外，再也没有别的好方法。”[②]“寻求物理原因与寻求几何结构同时进行——对开普勒来说，这两者只是同一个实在的不同侧面罢了。”[③]结果是，开普勒已经把哥白尼运动的日心说改造成为动力的日心说，如此，太阳成了整个宇宙运动的动力来源，并以某种数学规律支配着行星的运动，看似静止的处于宇宙中心的太阳事实上成为其他星球围绕其运动的中心。

这既是对数学的天文学的革命，由数学的天文学走向物理的数学的天文学，也是天文学史上的一次重大创新。

4. 开普勒第三定律——和谐定律的创立

开普勒在1619年出版的《世界的和谐》(*Harmonice Mundi*)第五卷第八条谈到了和谐定律的第一次发现。他说：“由于22年前某些不甚明了的原因，我不得不把《宇宙的奥秘》中的一部分搁置一旁。如今我要在此重新插入完成。借助第谷的观察资料以及我本人长期的艰苦摸索，我弄清楚了天球之间的真实距离，最后，终于发现了轨道周期与天球半径之间恰当的比例关系……任何两个行星的周期之比恰好等于它们的平均距离即天球距离之比的3/2次方。”[④]

开普勒是怎样得到这个比例关系的呢？为什么他会注意这样一个比例？对此，开普勒虽然在《世界的和谐》中没有给出明确的回答，但是可以肯定的是，这一定律的提出仍然与他对原型的信仰密切相关。根据H. 弗洛里斯·科恩的研究，“对开普勒而言，其数学定律所适用的实在不仅仅是一种力的作用意义上的物理的东西。它在本性上首先是和谐的”[⑤]。开普勒第一定律——行星在相应的椭圆轨道上绕着太阳运动——是次要的，真正重要的是“世界的和谐”。他的体现上帝和谐创造的著

---

① 这里指的是托勒密的地心说理论、哥白尼的日心说理论以及第谷对行星运动的观察。

② Kepler J. New Astronomy. Donahue W H (trans.). Cambridge: Cambridge University Press, 1992: 48.

③ [美]理查德·韦斯特福尔：《近代科学的建构：机械论与力学》，张卜天译，北京：商务印书馆，2020年，第7页。

④ Kepler J. Harmonies of the World. Motte A(trans.). London: Running Press, 2002: 14.

⑤ [荷]H. 弗洛里斯·科恩：《世界的重新创造：近代科学是如何产生的》，张卜天译，长沙：湖南科学技术出版社，2012年，第85页。

作《世界的和谐》，才是其著作的王冠。[①]

总之，行星运动三定律的发现，是开普勒在坚信宇宙和谐简单的基础上不断探索的结果。“第三定律”是开普勒“毕生事业中最令他着迷的定律”，是他作为数学上的新柏拉图主义者或新毕达哥拉斯主义者坚信整个自然都是简单的数学规律性的例证。他明白，只从理论入手难有进展，需要求助于第谷的观察资料，然后再从观察事实中获得能够涵盖大部分数据甚至全部数据的理论，该理论以数学形式表示，而且具有简约与和谐的特性，经受观察数据的严密检验。如此，“开氏拒绝仅视哥氏与自己的发现为数学假说。他坚持他们给予现实世界真实的图像，因物理实有的基本结构即为数学。与前辈天文学家相异，开氏找到了一个完整统一、与现实相符的模型。‘在开氏眼中，物质宇宙并非仅是发现数学性和谐的世界，亦是被数学法则解释其现象的世界。’”[②]。这些模型或定律及其所反映的行星运动的简单性，在天文学史上超出了前人的想象。“新的太阳系模型既有数学上之简明，又有美学上之优异。最重要的是，它呈现物理世界现实的准确图像。”[③]

应该知道，受历史条件的限制，开普勒不可能完全明确天体运动的动力。这种状况在《宇宙的奥秘》这本书中有所体现，在该书中，开普勒提出“太阳天国辐射出来的动力”这一概念，他称为“活的灵魂”(anima motrix 或 motive soul)。这是一个充满泛灵论(生机论)气息的词，表示太阳驱动力既有物理上的自然特点——物质性，又具有某种原型的神性——精神性。在 1609 年出版的《新天文学》中宣布的行星运动第一定律和第二定律，都是建立在与生机论有关的物理学假设的基础上的。该书的副标题强调了书中一再重复的主题：“基于新天文学或天体物理学的起因，根据贵族第谷的观测，通过对火星运动的评注而给出。”[④]在 1621 年，当他准备《宇宙的奥秘》第二版时，加了一个脚注：“如果用‘力’(*vis*)这个词取代‘灵魂’(*anima*)，你便拥有了《火星评注》[即《新天文学》]中的物理学所基于的原则。因为我以前深受尤里乌斯·凯撒·斯卡利格关于致动灵智(motive intelligences)学说的影响，坚信推动行星运动的原因是一个灵魂。但是当我认识到随着与太阳的距离的增加，这种动因会像太阳光的衰减一样逐渐变弱时，我推断这种力可能是物理的。”[⑤]

由此可见，对于天球运动的原因，开普勒刚开始认为是灵魂，后来就部分否定

---

① [荷]H. 弗洛里斯·科恩：《世界的重新创造：近代科学是如何产生的》，张卜天译，长沙：湖南科学技术出版社，2012 年，第 85 页。

② [美]查尔斯·赫梅尔：《自伽利略之后：圣经与科学之纠葛》，闻人杰等译，银川：宁夏人民出版社，2008 年，第 51 页。

③ [美]查尔斯·赫梅尔：《自伽利略之后：圣经与科学之纠葛》，闻人杰等译，银川：宁夏人民出版社，2008 年，第 47 页。

④ Kepler J. Gesammelte Werke. Band III. Astronomia Nova. Hrsg v. Max Caspar. Munchen, 1937: 5.

⑤ [美]理查德·韦斯特福尔：《近代科学的建构：机械论与力学》，张卜天译，北京：商务印书馆，2020 年，第 13-14 页。

泛灵论自然观，转向“力”，逐渐产生了宇宙是一部机器的思想萌芽。“他提出，在物理学的处理中，灵魂(anima)这个词应当用力(vis)这个词来代替，换句话说，自身是量的并且产生量的变化的机械能的概念，应该取代产生质变的活力能的概念。”[①]“1605年，德国天文学家开普勒(Johannes Kepler，1571—1630)宣称他改宗不再信仰行星运动的‘动力因’(the motor cause)‘是一个灵魂’：‘我正忙于物理因的研究。在这项研究中，我的目的是展示宇宙机器并不类似于一个神性的生命存在，而是类似于一座时钟。’”[②]开普勒的思想发展预示着17世纪科学的进程——从活的灵魂转变到力，从泛灵论转变到机械论。他说：“我沉迷于物理因的探索。我如此这般的目的是要表明天体机器不能被看作神性的有机体，而应该被看作时钟机器……因为，几乎所有各部分的运动都是靠单一的、简单的磁力方式实现的，这一点就如同时钟一样，所有的运动都只需要通过简单的重力来驱动。而且，我还要展现，这种物理的观念要通过计算和几何来表述。”[③]

这种自然观的转变意义是重大的，它使得开普勒把吉尔伯特对磁性的解释当作一种模式，来解释那种可能在绕太阳轨道上驱动行星运动的力，进而将对世界真实数学结构的揭示与对真实物理原因的探求紧密关联在了一起。结果导致：“在他那里我们可以看到，一种以地界力学原理为基础的天界力学开始取代对天界的纯粹运动学处理。现在，天文学试图理解控制行星运动的力，而不再是对圆的操纵，圆曾被认为表达了天界这个独立领域的完美和不朽。”[④]“与哥白尼不同，开普勒将新颖的动力学论据加进了其运动学研究中。在此，与哥白尼不同还在于，太阳不再被看作是处于运动学的非正圆心点的没有物理学功能的东西，而是被看作行星运动的动力因。新的任务也就是要从数学上来确定这些力。开普勒用磁场进行的动力学解释，只是一次(不成功的)最初尝试。在后来的牛顿引力理论中才取得了成功。”[⑤]牛顿的万有引力定律就是在开普勒的第三定律的基础上建立起来的。

由开普勒的科学历程可以看出，如果开普勒墨守新柏拉图主义的自然观，就不可能基于彗星的观察资料，进一步分析提出“开普勒第一定律”；如果开普勒坚信“万物有灵论”，就不能提出星球运动的“力”的动力概念，从而也不可能用“力”来分析天体运动，将天体运动作为动力问题来处理，进而提出“开普勒第二定律”

① [英]柯林武德：《自然的观念》，吴国盛译，北京：商务印书馆，2018年，第128页。

② [英]史蒂文·夏平：《科学革命：批判性的综合》，徐国强、袁江洋、孙小淳译，上海：上海科技教育出版社，2004年，第32页。

③ 转引自 Holton G. Thematic Origins of Scientific Thought, Kepler to Einstein. Revised Edition. Cambridge and London: Harvard University Press, 1988: 56.

④ [美]理查德·韦斯特福尔：《近代科学的建构：机械论与力学》，张卜天译，北京：商务印书馆，2020年，第8页。

⑤ [德]克劳斯·迈因策尔：《复杂性思维：物质、精神和人类的计算机动力学》，曾国屏、苏俊斌译，上海：上海辞书出版社，2013年，第37页。

和“开普勒第三定律”。有了这些定律，人们最终可以抛开并非作为上帝第一因的宇宙的灵魂和天性，以及抛弃所有过去编造的用来解释行星轨道的运行和规模的东西，如天球、本轮、偏心圆、偏心匀速点和灵魂，并最终用机械论的概念取代天球宇宙的概念。这些似乎是开普勒的最终目的，他在与朋友通信中就说：“我的目的是要证明，天国中的机械(heavenly machine)不是一种神圣的、活生生的东西，而是钟表。几乎所有钟表不同形式的运动都因为一个最简单的……重量……我还展示了如何给出这些物理原因的数值和几何表达。”①

总之，如果开普勒没有在自然观上的变革以及尊重事实的严肃态度，他就不可能把对世界真实数学结构的揭示与对真实物理原因的探求紧密关联在一起，不可能将观察到的事实用于数学的天文学的建构中。如此，他的思维就不仅是数学的，而且还是经验的；他的天文学就不仅是数学的天文学，而且还是物理的天文学，或者是“物理的数学的天文学”。对他而言，重要的不是承认数学的天文学的真理性，而是敢于将这种数学真理“认定”为一种现实世界的真理，并设法找到与数学的天文学理论相符合的经验证据，从而建立了一种全新的物理的数学的天文学。

这在科学发展的历史上是首次。它表明开普勒的研究已经开始进入到真正的近代科学领地。他第一次提出了天体动力学的问题，试图建立天体动力学，从物理基础上解释太阳结构的动力学原因。此后，科学就一直将天体运动作为力学问题来处理。他是第一个以数学公式表达物理定律并获得成功的人，彻底摆脱了托勒密繁杂的本轮-均轮宇宙体系，完善和简化了哥白尼日心说，使之更精确、更严密、更具有科学性，从而巩固了日心说在科学上的地位。他把数学论证与物理学的“因果推理”结合在一起，这对经典力学体系的建立起到了重要的启发作用。如果说哥白尼“日心说”的提出是一次“小写的科学革命”，那么，开普勒行星运动三定律的创立，就是一次“大写的科学革命”。可以说，一种根本性的近代“大写的天文学革命”是从开普勒开始的。这也表明人们一般地将近代天文学革命归功于哥白尼的观点值得商榷。

三、伽利略：实现了数学的物理学思想②

与开普勒相比，伽利略(1564—1642)的思想和工作就更有意义了。在科学史上，伽利略可以被看作是在科学实践中建立科学方法、打开科学大门的第一人。他不墨

① 转引自 Schlagel R H. Three Scientific Revolutions: How They Transformed Our Conceptions of Reality. New York: Humanity Books, 2015: Chapter Ⅱ.

② 本部分主要参考肖显静：《伽利略物理学数学化哲学思想基础析论》，《江海学刊》，2012 年第 1 期，第 53-62 页。

守成规，不盲目迷信，而是向自然学习，把实验方法与数学方法结合起来，运用实验(包括理想实验和测量)，对自然进行直接的经验研究，用数学表达式描述事物的运动状态。法国著名科学史学家柯瓦雷在《伽利略研究》一书中是这样评价伽利略的："历史学传统将伽利略视为'经典科学之父'，不管怎么说，这种观点不无道理。因为，正是在伽利略的著作中(而不是在笛卡儿的著作中)，人类思想史第一次发展出了数学的物理学的观念，或者更确切地说，是将物理学数学化的观念。"[①]这种对伽利略的评价是恰当的。问题是，伽利略是如何实现物理学数学化的思想的呢？这与他对亚里士多德思想的反思批判和对柏拉图主义的超越，是分不开的。

(一)伽利略物理学数学化面临的哲学诘难

伽利略所处时代是文艺复兴时期的后期，面对的是亚里士多德者的物理学以及由此引申出来的冲力物理学。它们都是以亚里士多德自然哲学为基础的，拒绝数学方法的应用，由此导致的结果是，"亚里士多德学派的物理学模仿了生物学，所使用的解释范畴也与通常用以理解生命体的解释范畴相类似"[②]。亚里士多德者的物理学虽然也重视经验方法，是感性经验物理学，但是，它不是要建立一个描述物理世界的形式系统，而是要从概念上解释物理现象的所以然，它的全部任务就是制定主要范畴(自然的、强制的、直线的、圆周的)，从内在目的论描述其定性的和抽象的普遍特征的根源。"正是在这种意义上，在科学革命的前夕，传统物理学有一个人性化的特征。对于通常解释石头如何运动和我们如何运动来说，两者范畴的基本特征被认为是相似的。正因为如此，一个人可以自由地谈到这种'万物有灵'(*animistic*)的传统观点，给自然对象和活动赋予灵魂一类的属性(拉丁语 anima 就意味着灵魂)。"[③]这是一种"质"的物理学，数学在其中的确没有用武之地。

在这种情形下，要想将数学运用于物理对象中，伽利略就必须回答如下问题：自然的本质是亚里士多德的内在目的或"四因"吗？如果回答是肯定的，则数学方法对物理对象的探讨，是否真的不能反映事物运动的本质，或不能对事物运动的原因进行本质方面的解释？如果回答是不能，则还有必要将数学方法运用于物理对象的研究中吗？或者物理学的数学化还有价值吗？如果要进行物理学的数学化，又要通过什么途径贯彻实施呢？这是伽利略物理学数学化所面对的第一层诘难。它表明，如果数学不能从本质上解释事物运动变化的原因，那么，将物理对象数学化并从数学的角度来认识它就没有必要。

---

① [法]A. 柯瓦雷：《伽利略研究》，刘胜利译，北京：北京大学出版社，2008 年，第 318 页。

② [英]史蒂文·夏平：《科学革命：批判性的综合》，徐国强、袁江洋、孙小淳译，上海：上海科技教育出版社，2004 年，第 28 页。

③ [英]史蒂文·夏平：《科学革命：批判性的综合》，徐国强、袁江洋、孙小淳译，上海：上海科技教育出版社，2004 年，第 28-29 页。

除此之外，伽利略还面临第二层诘难，这个诘难与柏拉图的理念论有关。在柏拉图的世界中，天体及其运动都是完美的，人们可以用数学方法进行天文学研究，从而创立了数学的天文学。托勒密的“地心说”和哥白尼的“日心说”的创立，都是这一思想的体现。在柏拉图的世界中，天上的世界是完美的，地上的世界是有缺陷的、不完美的。当时，流行的柏拉图学派学者的观点是：理想化的、完美的数学是不能够应用于以真实的、有缺陷的可感物体为对象的物理学中的。

天上的世界与地上的世界真的不一致吗？天上的世界真的完美吗？不完美的地上世界真的不能运用数学来进行研究吗？这是伽利略物理学数学化必须面对的第二个诘难。它表明，要想将数学应用于地上的物理对象中，就必须打破天上世界和地上世界的二分，否则将数学运用到物理世界中就失去了它的本体论基础和认识论上的可能性。

伽利略要实现物理学的数学化，就必须面对上述哲学诘难——“以‘性质不可能数学化’以及‘从数学中不可能推导出运动’来反对将自然数学化的企图”[①]，进行一系列的哲学创新，为数学应用到物理学的研究中创造哲学条件。

（二）伽利略物理学数学化的本体论基础

对于“伽利略为什么会应用数学方法于物理学的研究中”这一问题，很多人认为，根本原因在于伽利略坚持“自然的本质是数”这种观念。他们常常将伽利略在1610年说过的下面一段话作为证据：“哲学[自然]是写在那本永远在我们眼前的伟大书本里的——我指的是宇宙——但是，我们如果不先学会书里所用的语言，掌握书里的符号，就不能了解它。这书是用数学语言写出的，符号是三角形、圆形和别的几何图像。没有它们的帮助，是连一个字也不会认识的；没有它们，人就在一个黑暗的迷宫里劳而无功地游荡着。”[②]

但是，仔细审读这段话，伽利略并没有明确自然的本质是数，只是说“自然”这本“书”是用数学的语言写成的。这点造成在考察关于伽利略对待数学与自然的关系时，不同的人有不同的理解。

第一种理解是本质主义的。这种理解能够追溯到毕达哥拉斯学派的信念和柏拉图主义的理念中。这是自然数学化的第一种形式，可以称为“数学本质论”，是人们比较偏爱的。照此，伽利略就深受当时柏拉图-毕达哥拉斯传统的影响，认为世界是完美化的按照数学建构的宇宙体系。因此，伽利略的物理学的数学化就有了本质主义本体论的承诺，使得本体论与方法论相一致，并使得现象的描述与本质的探求

---

① [法]A. 柯瓦雷：《伽利略研究》，刘胜利译，北京：北京大学出版社，2008年，第332页。

② 转引自[美]M. 克莱因：《古今数学思想》（第一册），张理京、张锦炎、江泽涵等译，上海：上海科学技术出版社，2014年，第273页。

是同步的。

第二种理解是科学实在论的。持有科学实在论的人们相信，写在“自然”这本“书”上的数学语言虽然不能反映事物的本质，但是确实是真实存在的，不是大自然的模型，也不是“拯救现象”的假说，而是存在于自然对象之中。这是自然数学化的第二种形式，可以称为“数学实在论”。按照这种理解，伽利略相信“自然中存在数学结构”，并将数学应用到自然中也就顺其自然了。

第三种理解是工具主义的。他们没有承诺自然的本质是数或自然中存在数学结构，只是表明物理学研究需要运用数学计算，即它没有对自然的数学化作本体论的承诺，只是对自然进行了数学化的处理或建构，可以称为“数学工具论”。这方面的典型代表是彼特(Joseph C. Pitt)。[①]按照这种理解，伽利略的物理学数学化也就成了工具主义的体现，对物理世界的认识只具有实用主义的特征，不具有本质的含义或实在论的真理性特征。

伽利略究竟持有什么样的自然的数学化观念呢？根据伽利略的科学实践，他悬置了对事物本质原因的探讨，似乎并没有承诺“自然的本质是数”。他认为，自然的真正和谐不在于事物与数字的完全相合，而在于数字能够代表事物可以量化的物理特性。他试图用物理定律来表示事物间的关系，这是从毕达哥拉斯主义到物理学数学化的发展。不仅如此，伽利略抛弃新柏拉图主义有关数的神秘化思想，坚持柏拉图的理念世界与现实世界的二分，并力图通过现实世界理想化来达到对现实世界的认识。这表明他不是一个纯粹的柏拉图主义者。但是，正如后面将要谈到的，他将数学方法运用于自然认识，对物理对象进行理想化处理，都表明他吸收了柏拉图主义的许多思想成分，与其有许多关联和一致之处。

至于说伽利略是一个工具主义者，就更难以令人信服了。由他似乎并不持有“自然的本质是数”的断言，并不能得出他不持有“自然中存在数学结构”的结论；由他没有全盘接受新柏拉图主义有关世界数的神秘化思想，甚至没有“数学真理”的思想，并不能得出“他没有受到这样的思想的影响”的结论。根据后文所述，他认为事物的第一性质是存在数学结构的，并且可以用数学来表达。如此，他就持有“自然中存在数学结构”的观点，他的物理学的数学化就不是工具主义的，而极大可能是科学实在论的或数学实在论的。

简言之，伽利略以“自然的数学化”，为物理学数学化奠定基础。进一步地，伽利略还以“自然的统一性”，为物理学数学化创造条件。从古希腊到文艺复兴时期，传统思想认为天体的物理本质和定律在特征上不同于地球上的物体。但是，伽利略通过望远镜对太阳黑子的观察以及其他的观察和理论，对亚里士多德学派关于

---

① Pitt J C. Galileo, Human Knowledge, and the Book of Nature: Method Replaces Metaphysics. Dordrecht: Kluwer Academic Publishers, 1992.

天界和地界有着根本区别的观点，提出了意义深远的质疑，给出了“自然统一性”的思想。华莱士(Alfred Russel Wallace，1823—1913)对伽利略关于“自然统一性”的推理链条做了概括。

主题：可观察的宇宙有一种自然的统一性。

论证：之所以如此，是因为：①在所有物体中，自然运动是相同的，而且物体在天上和在地球上自然地运动着；②亚里士多德把运动分为圆周和直线、向上和向下，是站不住脚的；③在天上存在不可观察的变化的主张不再成立，因为天上的变化已经是可以辨别的了；④细致的考察表明月亮和地球实质上没有差别。

结论：可观察的宇宙看起来是一个整体。①

华莱士进一步指出：“《关于两门新科学的对话》的主要驱动力是指向世界的统一性的，表明在天上的和在地球上的物体都自然地运动着，不存在天上的物体做曲线运动，而地上的物体做直线运动的截然二分，天体和地球一样是可变的，在天上的存在和地上的存在之间不存在本质的不同，月上世界和月下世界享有一种共同的本性。”②

在此基础上，伽利略宣称，不存在两种分别适用于相应领域的自然知识，只存在一种普适的知识，对地球上的普通物体的属性和运动的研究能够提供对自然的普遍理解；既然可用数学来对天上的世界进行认识，那么，也就可用数学来对地上的物体进行认识；天上的世界和地下的自然动力学都由同样的数学规律统治着，数学方法可以运用到对地上物体运动的研究中。

问题到此并没有完全解决。虽然天上的世界与地上的世界是一致的，但是，这种一致是就完美的意义而言还是就不完美的意义而言呢？当他应用望远镜发现月球表面有凹凸起伏，金星表现出像月球一样的位相，太阳表面有黑子，木星周围有 4 颗环绕着的卫星等后，他就抛弃了先前的“天球是完满的”这一教条，去遵循“天上的世界与地上的世界同样是不完美的”的观念。既然如此，对于这不完美的世界，尤其是地上的世界，数学何以能够运用于其中并且如何运用于其中呢？这是伽利略物理学数学化过程中所必须解决的问题。

(三)伽利略物理学数学化的方法论策略

1. 悬置事物的本质，将对物体的研究转移到外在物理特征上

根据前面的分析，亚里士多德的物理学是一种自然哲学和“质”的物理学。这种“质”就在于更多地运用哲学思辨和推理，对物理对象进行认识。其中，直观经验证据是重要的，但更重要的是对经验证据的内在本质原因的自然哲学解释。经验证据与形

① Wallace A. Galileo’s Logic of Discovery and Proof: The Background, Content, and Use of His Appropriated Treatises on Aristotle’s Posterior Analytics. Dordrecht: Kluwer Academic Publishers, 1992: 220.

② Wallace A. Galileo’s Logic of Discovery and Proof: The Background, Content, and Use of His Appropriated Treatises on Aristotle’s Posterior Analytics. Dordrecht: Kluwer Academic Publishers, 1992: 220.

而上学融为一体，甚至形而上学凌驾于经验证据之上，说明着经验证据。这是直到伽利略时代物理学的状态：物理学没有从哲学中分离并独立出来，物理学体现为哲学。

伽利略对这种状态大为不满，“希望将科学从哲学——已成为阻碍科学应用和进步的历史障碍——的奴役下解放出来”①。他尖刻地嘲讽和批判了亚里士多德学派的物理学家，认为他们不是在阅读“自然”这本书，只是紧盯着亚里士多德的只言片语，用他们背诵的几条理解得很差的原则来谈哲学。在伽利略看来，这种以哲学的方式研究物理学的做法是存在很大欠缺的。

第一，这种物理学利用亚里士多德的自然哲学对事物的变化做出终极解释，是一种繁复的同义反复，不会产生对世界的新认识，只能为一批思维敏捷、善于感受时代精神的青年学者所厌恶。他认为，无须追问哲学意义上的终极原因，因为这些终极原因只是神学想象、哲学思辨、逻辑演绎的产物。

第二，亚里士多德的自然哲学讨论的是一个纸上的世界，缺少对具体经验的关注，而物理学必须是关于经验世界的。伽利略就说：“我这样说，并不意味着一个人不应当倾听亚里士多德的话；老实说，我赞成看亚里士多德的著作，并精心进行研究；我只是责备那些使自己完全沦为亚氏奴隶的人，变得不管他讲的什么都盲目地赞成，并把他的话一律当作丝毫不能违抗的神旨一样，而不深究其他任何依据。”②

在这里，“伽利略从两个层面反对他那个时代的自然哲学家：一是他们钻进亚里士多德的故纸土堆里，而不去读自然的伟大之书；二是即使不是如前，他们由于对数学的无知，也不具备理解自然的能力”③。伽利略不是反对一般意义上的哲学家的活动，而只是反对哲学家将自己的或他人的哲学观念凌驾于自然哲学(物理学)之上，从而侵犯到自然哲学(物理学)。伽利略就说：“我们的争论是关于可感世界，而不是纸上谈兵”。④经验是“天文学真正的女主人”⑤，“天文学家的主要任务仅仅是为天体现象提供理由”⑥。伯特就说：“展现在我们面前的感觉事实是有待解释

① [英]S. 德雷克：《伽利略》，唐云江译，北京：中国社会科学出版社，1987 年，第 159 页。

② [意]伽利略：《关于托勒密和哥白尼两大世界体系的对话》，周煦良等译，北京：北京大学出版社，2006 年，第 80 页。

③ Drake S, Levere T H, Shea W R. Nature, Experiment, and the Sciences: Essays on Galileo and the History of Science in Honour of Stillman Drake. Dordrecht: Kluwer Academic Publishers, 1990: 124.

④ 转引自[美]埃德温·阿瑟·伯特：《近代物理科学的形而上学基础》，张卜天译，北京：商务印书馆，2018 年，第 68 页。原文出自 Galilei G. Dialogues Concerning the Two Great Systems of the World. Salusbury T(trans.). Vol. Ⅰ, London, 1661: 96.

⑤ 转引自[美]埃德温·阿瑟·伯特：《近代物理科学的形而上学基础》，张卜天译，北京：商务印书馆，2018 年，第 68 页。原文出自 Galilei G. Dialogues Concerning the Two Great Systems of the World. Salusbury T(trans.). Vol. Ⅰ, London, 1661: 305.

⑥ 转引自[美]埃德温·阿瑟·伯特：《近代物理科学的形而上学基础》，张卜天译，北京：商务印书馆，2018 年，第 68 页。原文出自 Galilei G. Dialogues Concerning the Two Great Systems of the World. Salusbury T(trans.). Vol. Ⅰ, London, 1661: 308.

的东西，不能置之不理或将其忽视。伽利略每每觉得有必要诉诸感官的证实，并不只是为了赢得争论。他的经验主义是相当深的。”[①]

不仅如此，伽利略认为，物理学最重要的以及首要的，是运用数学进行测量，获得经验证据。伽利略在他的著作中借笔下人物萨尔维阿蒂(Salviati)[②]之口说道：“辛普利邱(Simplicio)，请你注意，如果没有几何学，而要对自然界进行很好的哲学探索，人们究竟能走多远呢？”[③]他说这句话的意思不是说物理学不要哲学，或者与哲学一点关系也没有，而是说物理学应该运用数学，追求确定性的认识，不能置经验事实和数学于不顾，只是运用哲学的教条、想象和推理，寻求书本上的知识。

在上述认识的基础上，伽利略认识到：“现在似乎不是探索自然运动加速度之原因的合适时机，不同的哲学家已对此表达了不同的观点，有些哲学家用中心吸引力来解释；另一些哲学家则用物体非常细小部分之间的排斥力来解释；还有一些哲学家则将其归于周围介质中的某种压力，这种压力在落体的后部闭合，驱使其从其中的一个位置移向另一个位置。而所有这些想象以及其他想象都应该接受考察，但此事并不真的值得去做。目前，我们作者的目的只是探索和证明加速运动的某些性质(不管这种加速度的原因可能是什么)……”[④]

照此，伽利略的物理学研究就是，努力打破亚里士多德学说以及经院哲学和圣经的教条，悬置目的论和亚里士多德的四重思想(包括激发、生命有机体的模式、生存冲动以及伴随着它们生存冲动而展开的生物的目标和目的)，放弃对事物为什么运动的终极因和目的因的探求，将研究转移到物体的外在物理特征和事物怎样运动上面。就此而言，所有基于价值、完满性、和谐、意义和目的的哲学思想都被伽利略从科学思想中移去，所有从终极因、目的因中去寻求解释的哲学思维方式被放弃，取而代之以物质经验证据和数学测量对物理对象进行解释。这一定程度上实现了物理学同哲学的分离，最起码是同亚里士多德自然哲学“自然内在目的论”的分离，将科学从哲学的思辨辖制地位中解放出来。

---

① [美]埃德温·阿瑟·伯特：《近代物理科学的形而上学基础》，张卜天译，北京：商务印书馆，2018年，第68页。

② “书中以三个人对话的形式讨论关于托勒密地心说和哥白尼日心说哪个正确的问题。其中一个人叫辛普利邱，代表托勒密；另一个人叫菲利普·萨尔维阿蒂，代表哥白尼；还有一个‘街上人’叫沙格列陀，对前两人讨论作出判断，这位公正人实际上代表伽利略自己。表面上好像看不出伽利略本人站在哪一边，而从事实和论据两方面都强有力地支持了哥白尼学说，同时严厉地批判了亚里士多德和托勒密的错误理论。”(参见[意]伽利略：《关于托勒密和哥白尼两大世界体系的对话》，周煦良等译，北京：北京大学出版社，2006年，第11页。)

③ [意]伽利略：《关于托勒密和哥白尼两大世界体系的对话》，周煦良等译，北京：北京大学出版社，2006年，第139页。

④ [美]艾伦·G. 狄博斯：《文艺复兴时期的人与自然》，周雁翎译，上海：复旦大学出版社，2000年，第128页。

这种解放意义重大，扭转了人们对物理对象的研究视域，为人们运用实验方法和数学方法认识事物的外在特征，创造了前提条件。这表明，伽利略的物理学既不是亚里士多德的，也不是哲学式的，而是经验的和数学的，即是近代自然科学的。

2. 把科学研究的对象限定在满足数学必然性的第一性质上

为了能够对事物进行量的分析，建立数学的物理学，伽利略将物体的外在特征或性质分为两类：第一性质，包括形状、大小、位置、时间、空间、运动等；第二性质，包括气味、颜色、声音、味道等。他认为，第一性质是物体固有的，存在于物体之中，其值可在数学上定量；第二性质并非物体固有的，是当我们遇到一个特定物体时第一性质在心灵中造成的主观感觉，与感觉有关且只存在于感觉之中，不可定量分析。基于绝对不变的第一性质的数量知识是可靠的，而基于第二性质的“主体的感觉为中介”的知识是模糊而不确定的。“我不相信，为了刺激我们的味道、气味和声音，除了大小、形状、数字和缓慢或快速的动作外，我们的外部身体还需要任何东西；我认为，如果耳朵、舌头和鼻子被拿走，形状、数字和动作将保留下来，而不是味道、气味和声音。我相信，除了活生生的事物之外，这些除了作为名字之外，什么都不是——就像当腋窝和鼻子周围的皮肤都不存在的时候，痒和瘙痒(tickling and titillation)只不过是名字。”[①]

随着伽利略对物体第一性质和第二性质的区分，自然被还原成为“一个呆滞的存在：没有声音，没有感觉，没有颜色，仅仅是一个匆匆离去的、无穷尽的、毫无意义的物质”[②]，失去直接的趋向、目的、价值、意义和变化。由此他也开启了“形式-机械论”的自然观。[③]他把运动物体中的那些可度量、可由数学规律联结的特征分离了出来，并将科学研究的对象限定在满足数学必然性的、可观测的物体的第一

① 转引自 Schlagel R H. Three Scientific Revolutions：How They Transformed Our Conceptions of Reality-Humanity Books. 2015: Chapter Ⅱ. 原文出自 Galileo Galilei. *The Assayer*, reprinted in Drake and O'Malley. *The Controversy on the Comets of 1618: 311*. The subsequent parenthetical citation is also to this work.

② Whitehead A N. Science and the Modern World. New York: The New American Library of World Literature, Inc., 1997: 56.

③ 需要说明的是，伽利略在物理学数学化过程中，对亚里士多德探求本质原因的悬置以及将研究集中到事物的第一性质上，是有原因的。当列奥那多(Leonardo)的机器，尼古拉斯·塔塔利亚(Nicholas Tartaglia)的机械解释和阿基米德的复兴，作为同一复杂思想的一部分(强调可预测的大自然内部的互相作用的机械力)，(参见 Kearney H. Science and Change 1500-1700. McGraw-Hell Book Company Reprinted，1981.)在文艺复兴时的意大利出现时，那种“对自然现象的机械解释”给伽利略带来的影响无疑是深刻的——“阿基米德(Archimedes)式机械主义情结”持续“在更广阔范围中起主导作用”，以至“持续至他的余生”。(具体内容参见宋俊龙、高永兰：《哥白尼与伽利略科学思想比较——从二人承袭的传统角度分析》，《卷宗》，2015 年第 5 期，第 556 页。)但是，必须清楚，上述行为并不表明伽利略抛弃了亚里士多德的自然内在目的论和万物有灵论，持有机械自然观的观点。他进行这样的处理，可能只是在方法论的意义上，一定程度上出于物理学数学化的现实需要。当然，在这样认识事物的过程中，它使人们聚焦于事物的机械的方面，忽略或者不考虑事物的有机方面，事实上导致的是人们将事物作为机械处理了，由此是能够将人们引向机械自然观的，把自然看作一个机械式的存在。

性质的范围之内；形而上学的理念、形式因、本性等，连同第二性质，都被当作物体运动的非实证的、不可定量的、不真实的性质，从物理学中除去了。亚里士多德用到的诸如活动性、刚性、要素、自然位置、猛烈的运动、潜势等这样一些关于质的概念，被伽利略选择的距离、时间、速度、加速度、力、重量等这样一些可以测量的概念所代替。[①]“我们现在不是用实体、偶性与因果性、本质与理念、质料与形式、潜能与现实来处理，而是用力、运动、定律、时间和空间中的质量变化等等来处理。”[②]

通过测量，度量那些可以度量的，分析、反思与之相关的运动现象，研究空间、时间、重量、速度、加速度、惯性、力和动量等量的方面，不对事物的本质、内在的趋向和目的进行哲学性的定性研究，如此，最终就抛弃亚里士多德的“质”的物理学，发展出“量”的物理学。“物理空间被认为等同于几何学领域，物理运动正在获得一种纯数学概念的特征。因此在伽利略的形而上学中，空间(或距离)和时间变成了基本范畴。真实世界是由正在作可做数学处理的运动的物体构成的，这意味着真实的世界是在空间和时间中运动的物体的世界。经院哲学把变化和运动分解为目的论范畴，作为对目的论范畴的替代，我们现在赋予这两个此前无足轻重的东西以作为绝对数学连续体的新的意义，并把它们提升为基本的形而上学概念。再次重申，真实的世界是处于空间和时间之中、可对运动进行数学测量的世界。”[③]

这应该是伽利略物理学数学化的自然观基础，也是他在物理学上运用数学方法，主要研究物体的运动状态变化——静力学或运动学的原因。

3. 理想化实验方法的提出

上面两点分别表示了要实现物理学的数学化，一是要研究事物的外在特征，二是要研究外在特征中的第一性质。这里有一个问题仍然没有解决，就是现实中物理对象的第一性质的表现是不理想的，不理想的第一性质如何能够与理想的数学相符呢？这点正像那时亚里士多德学派的质疑，“这些数学上的微妙论点抽象地说来是很不错的，但是应用到感觉的和物理的事件上就不成了”[④]。

针对上述观点，伽利略加以回应。他认为，“正如计数的人在计算糖、丝绸和羊毛时必须除掉箱子、桶和其他包装一样，数学家要在具体条件下看出他在抽象条

---

① 这表明对物理对象运动及其特征的描述和解释的词汇，反映了使用该词汇的科学家的世界观和方法论。在近代被创造出来的这些区别于亚里士多德物理学的新词项，被赋予了新的意义，本身带有形而上学的先验色彩。

② [美]埃德温·阿瑟·伯特：《近代物理科学的形而上学基础》，张卜天译，北京：商务印书馆，2018年，第14页。

③ [美]埃德温·阿瑟·伯特：《近代物理科学的形而上学基础》，张卜天译，北京：商务印书馆，2018年，第85页。

④ [意]伽利略：《关于托勒密和哥白尼两大世界体系的对话》，周煦良等译，北京：北京大学出版社，2006年，第141页。

件下所证明那些原理时，同样必须除掉那些物质的障碍，而且如果他能做到这样的话，我敢向你保证，事物是和计算的结果同样符合的。所以错误不系于抽象还是具体，也不系于几何学或者物理学，而系于计算者是否懂得进行正确的计算”[①]。

他是怎样“计算”的呢？是运用理想化的方法——现实测量实验的理想化与思想实验方法的有机结合实现的。“我们必须将现实世界理想化，因为不可能期望将我们这个丰富而又奥秘的世界完全以数学表示出来——即使我们忘掉色彩和气味，而将注意力集中于诸如形状和速度这些方面。也就是说，我们必须忘掉那些对于实现我们的目的来说属于非本质的东西。但这样做必须十分谨慎才是，否则，我们就会处于一个与我们生活于其中的真实世界毫无关联的纯想象的世界中了。”[②]经过上述处理后，就可以对物理对象进行量的认识了。我国学者就指出：“一旦抽象出了关于物体第一性质的可观测量的概念，便可把观察实验限制在关于物体运动之可观测的、可定量的物性范围之内。一旦对个体对象与经验对象进行了抽象的、理想化的、分析的、设定性的理论实体的处理与类的处理，便可建立起能蕴涵大量经验内容的、具有普遍必然性的公设与演绎系统。这样，伽利略便把观察实验与数学演绎方法有机地结合起来了，从而便成功地创造了近现代实验自然科学研究的真正方法——数学实验方法。”[③]

伽利略就是这样创立了理想实验方法——通过一定的物质操作和思维加工相结合的实验过程，得到自然过程在理想状态下的规律，然后再回到现实的过程中去加以修正，使之能直接应用于实际。“对伽利略来说，真实的世界是那个抽象数学关系的理想世界，而物质世界则对这个作为蓝本的理想世界的不完美实现。要想恰当地理解物质世界，就必须从理想世界这个有利角度在想象中去看待它。只有在理想世界中，完美的圆球才能在完全光滑的平面上永远滚动下去。而在物质世界里，平面从来也不是完全光滑的，球体也从来不是完美的球形，滚动的球体最终会停下来。”[④]这样一种工作程序是近现代一切科学工作所使用的常规方法。这是自伽利略开始的，从某种意义上说只有这种方法才是真正的科学实验。伽利略的实验方法有两点尤其重要：“第一，当得到意想不到的实验结果时，他并不拒绝——他质疑自己的思路；第二，他的实验是量化的，这在当时是一个革命性的观念。”[⑤]

---

① [意]伽利略：《关于托勒密和哥白尼两大世界体系的对话》，周煦良等译，北京：北京大学出版社，2006年，第144-145页。

② [英]迈克尔·霍斯金：《科学家的头脑：假想的与伽利略、牛顿、赫歇尔、达尔文及巴斯德的谈话》，郭贵春、邹范林、王道君译，北京：华夏出版社，1990年，第13页。

③ 王贵友：《科学技术哲学导论》，北京：人民出版社，2005年，第295-296页。

④ [美]理查德·韦斯特福尔：《近代科学的建构：机械论与力学》，张卜天译，北京：商务印书馆，2020年，第27页。

⑤ [美]伦纳德·蒙洛迪诺：《思维简史：从丛林到宇宙》，龚瑞译，北京：中信出版社，2018年，第125页。

经过前面的分析，可以得出下面结论："他（伽利略）先于牛顿形式表达法（formal method of presentation）将他的分析方法分为‘定义、公理、定理和命题’，并从最简单、匀速的运动开始，然后转到加速和非自然或抛物运动中；其次，他用图示来说明推理，产生四个公理和六个定理。他的方法论预见了现代科学中对先验假定甚至常识性定义的拒绝，而倾向于那些由实验证据支持的最好的‘契合自然的现象’（fitting natural phenomena）。"①

伽利略之所以能实现物理学的数学化，是有其哲学思想基础的。而其哲学思想基础的建立，又是基于对传统科学所奠基的哲学思想基础的反思、批判、决裂或者扬弃。如对于亚里士多德学派的物理学家，伽利略总体上是反思批评的。他否定了亚里士多德学派从本质的角度研究物理对象的动机，强调了数学在研究物理对象上的可能性、必要性和现实性，对亚里士多德物理学所涉及的日常经验加以批判性的考察和解释，从而走向批判的经验主义。对于柏拉图主义，伽利略总体上坚持"扬弃"。他坚持了柏拉图主义重视数学于世界研究的传统，受着理念论的影响，走向理想实验。不过，他抛弃了柏拉图主义的神秘主义成分，否定了物理学的研究只是数学的先验论证的观念，批判性地考察了经验世界的真实性以及其对理性发现的数学形式的说明，由此实现了经验世界与认识的数学形式之间的和谐一致性，从而最终也使物理学的数学化得以实现。伽利略的物理学数学化是与他对亚里士多德思想的反思批判，对柏拉图主义的坚持突破分不开的。这是其物理学数学化的思想基础。这样的思想的历史功绩是巨大的。"为什么在伽利略解决之后，所有的科学问题都不像以前那样了呢？在很大程度上取决于他对科学可理解性的重新定义以及他实现科学的可理解性的方法：只有一种新的解释性典范和一种史无前例的将理性与观察结合起来的技巧，才能以如此激进的方式改变自然哲学。难怪当我们读到他的作品时，我们首先会被他在具有 2000 年历史的科学理性画卷上以非凡的方式画出近代科学的特点所震撼。"②

当然，伽利略所处的时代是近代科学革命的前夜。伽利略对传统物理学及其哲学思想基础所进行的反思、批判、扬弃，不是一蹴而就的，而是逐渐的、不完全的、不彻底的，甚至是随具体情况变化而变化的。伽利略的"数学的物理学"针对的还是他的所谓的事物的"第一性质"而非事物的所有性质，是不完全的。伽利略并不是专门的哲学家，并没有专门、系统、清晰地阐述他的物理学的数学化哲学思想，他的这方面思想主要体现在对新科学的哲学辩护，尤其是方法论的辩护上。对哲学的关注，对方法的追求，对反对派哲学家的回击，对哲学家头衔的维护以及对科学的哲学问题争论的兴趣和贯彻等，构成了他的科学实践活动和融会于其中的哲学思

① Schlagel R H. Three Scientific Revolutions: How They Transformed Our Conceptions of Reality. New York: Humanity Books 2015: Chapter Ⅱ.

② Clavelin M. The Natural Philosophy of Galileo: Essay on the Origins and Formation of Classical Mechanics. Pomerans A J (trans.). Cambridge: The MIT Press, 1974: 383.

想，同时也展现了伽利略的科学不单纯是一些结论的集合和方法的阐述，也不是纯粹的科学成果，而是与科学活动紧密关联的哲学思想的探讨。他对哲学的反思、批判、扬弃，主要体现于科学实践之中，以及对科学实践的哲学理论化的反思之中。

四、哥白尼的“日心说”是如何被接受的

上一节主要阐述伽利略是如何创立数学的物理学的。事实上，伽利略对于天文学(哥白尼的“日心说”)也有他的贡献。伽利略虽然不是第一个用望远镜望天的人，在他之前有英国的哈里奥特(Thomas Harriot，1560—1621)，但是，哈里奥特没有公布他的发现，而伽利略则将他的发现在《星际使者》(*The Messenger of the Stars*，1610年)、《关于太阳黑子的书信》(*Letters on Sunspots*，1613年)、《关于两大世界体系的对话》(*Dialogues Concerning the Two Chief World Systems*，1632年)中公布了出来。这些发现一定程度上支持了哥白尼日心说的正确性和托勒密地心说的错误性，也相应地反驳了与地心说相一致的亚里士多德的自然哲学体系。鉴此，是否当时的人们就应该接受哥白尼的“日心说”呢？哥白尼的日心说在提出之后是如何被当时的人们对待以及接受的呢？对此，学界有不同的视角和看法。

(一)德威特科学哲学视角：从工具论到实在论接受日心说

德威特(R. Dewitt)从科学哲学——实在论与工具论的视角，对上述“日心说”的提出及其发展历程进行了探讨。

1. 16世纪：基于实在论接受地心说以及基于工具论应用日心说

德威特认为，对于一个理论来说，它或者被人们看作是工具论的——仅仅是解释和预测相关证据的工具；或者被看作是实在论的——不仅能够解释和预测相关的证据，而且还能够反映事物的本来面目；或者被看作是混合的——理论的一部分被看作是工具论的，另一部分被看作是实在论的。[①]当遇到相互冲突的理论时，还有可能同时接受两个互相冲突的理论，对一个理论持工具主义者态度，而对另一个理论持实在论者的态度。[②]

德威特比较了托勒密的地心说和哥白尼的日心说，认为在天体遵循匀速圆周运动等自然哲学观念方面，哥白尼天文学体系稍微要好些，因为它舍弃了“均衡点”

① 此处，“实在论”的英文为realism，在译著《世界观：现代人必须要懂的科学哲学和科学史》(原书第3版，2020)中被译为“现实主义”，这是不恰当的；至于realist被译为现实主义者也是不恰当的，应该译作“实在论者”。

② [美]理查德·德威特：《世界观：现代人必须要懂的科学哲学和科学史》(原书第3版)，孙天译，北京：机械工业出版社，2020年，第91-99页。

这一概念；在复杂性方面，两者都是复杂的，很难区别它们；在对星球逆行运动的解释方面，哥白尼天文学体系有着更加自然的解释；在实在论方面，从当时的情况看，是强烈支持托勒密天文学体系的，即认为地球是宇宙的中心。结果是："在大多数方面(除了不使用等距点和对逆行运动的解释两方面)，哥白尼体系并没有比托勒密体系更好，在某些重要方面(比如，在'地球是静止的'和'地球是运动的'两个观点中，哪一个观点更为合理)，哥白尼体系远不如托勒密体系。"[①]

因此，在日心说被哥白尼提出后的16世纪后半期，托勒密的地心说仍然广为人们所接受，而哥白尼的日心说仅被少数人相信是正确的并被接受。不过，这也并不表明哥白尼的日心说被当时的社会断然拒绝。德威特的研究表明，哥白尼的天文学理论被广泛地阅读、讨论，也广泛地在欧洲的大学里被用于教学。不仅如此，它还被用作制作天文学图表。这是什么原因呢？德威特认为，部分原因是自托勒密天文学体系出现之后的近14个世纪，一直没有出现另外一个完整的天文学体系，而一旦哥白尼的天文学体系出现后，便给人们留下了深刻印象，它是在此期间发表的第一个全面的、复杂的天文学体系，由此，人们将他称为"托勒密之二"；另外一个原因就是，在16世纪急需一套新的天文学图表时(旧的一套是13世纪制作的，已经过时)，做出了新一套表格的这位天文学家运用的是哥白尼理论。这就证明了哥白尼的日心说在制作天文图表方面与托勒密的地心说具有几乎同等的预测和解释的优势，这也使得哥白尼体系得到推广，并且威望大增。[②]

这就是说，人们阅读、讨论乃至教学哥白尼的日心说，并不是抱着它是一个正确的理论的态度——实在论的态度，而只是抱着一个工具主义的态度，即认为它是一个有用的天文学体系，它能够解释和预测一些现象，但它的最基本的假设"太阳为中心"是错误的。这样的状况也使得它提出后，能够与托勒密的天文学体系和平共存，虽然某些宗教领袖出于宗教的原因而非实证的原因强烈反对它。对此，德威特总结道："除了少数一些例外情况(当时存在某些新柏拉图主义者和少数其他人用现实主义态度看待哥白尼体系)，哥白尼体系都被当作一个实用工具，并没有人认为它是对宇宙真实情形的反映。"[③]

尽管人们当时可以以工具主义的态度来对待哥白尼的日心说，但是，对其所展示的优势以及揭示的地心说的问题如"均衡点"等也不可等闲视之。第谷依据他自己的天文学肉眼观察，试图在"地球是宇宙的中心"前提下，综合这两个理论。

---

① [美]理查德·德威特：《世界观：现代人必须要懂的科学哲学和科学史》(原书第3版)，孙天译，北京：机械工业出版社，2020年，第170页。

② [美]理查德·德威特：《世界观：现代人必须要懂的科学哲学和科学史》(原书第3版)，孙天译，北京：机械工业出版社，2020年，第174-175页。

③ [美]理查德·德威特：《世界观：现代人必须要懂的科学哲学和科学史》(原书第3版)，孙天译，北京：机械工业出版社，2020年，第175页。

2. 16 世纪末至 17 世纪前半叶：地心说和日心说折中的"第谷理论"及其被接受

第谷先是对炼金术感兴趣，后来因为 1577 年彗星的出现转向研究天文学以及占星术。他认为彗星不在大气层中而在天上。他进一步计算了彗星轨道，发现彗星经过或者穿过了某些行星的轨道。这是惊人的，根据亚里士多德的理论，每个行星都处在一个由第五元素构成的坚硬且透明的完美的水晶球上，水晶球携带它的行星一起旋转，其他星球是不可能穿越它们的。

为了解释这种反常现象，第谷对亚里士多德的上述理论进行了调整。他认为，第五元素并非如亚里士多德所认为的那样是坚硬的，而是液态的流体，在地球上不存在，其特别之处在于，它携带着行星旋转，而且还允许天球如彗星穿越。在此基础上，他进一步吸收哥白尼的可取之处，对托勒密的地心说作了局部调整，形成了他自己的理论——"第谷理论"。

在"第谷理论"中，又有了恒星天球，而且地球处于宇宙的中心；太阳和月亮围绕地球旋转，前者 365 天绕地球一圈，后者大概 28 天绕地球一圈；水星、金星、火星、木星和土星围绕太阳旋转，就像太阳围绕地球旋转一样。行星的轨道好像大的本轮，这些本轮以在绕地轨道上运转的太阳为轴心，太阳的轨道构成了全部行星的均轮，见图 7.3。

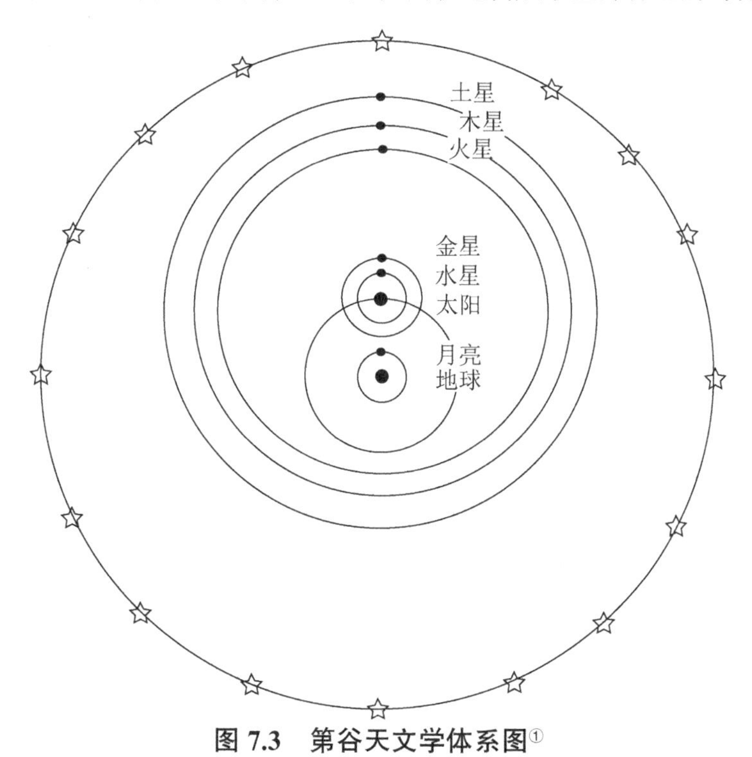

图 7.3 第谷天文学体系图[①]

① [美]理查德·德威特：《世界观：现代人必须要懂的科学哲学和科学史》(原书第 3 版)，孙天译，北京：机械工业出版社，2020 年，第 178 页图 15-1。

考察第谷的“天文学体系”可以发现，第谷凭借自己的能力发展出了一个体系，其中既包括了大多数哥白尼体系得到认可的优势，又保留了“地球是宇宙中心”的观点[①]。它在解释地心说不能解释的某些星球运动现象如“逆行”时，能够与哥白尼日心说的解释一样好，但同时它还能够解释那些哥白尼日心说不能解释而托勒密地心说能够解释的那些现象，如“物体垂直下落”“浮云飞鸟”等现象。

分析“第谷理论”的创立，实际上体现了拉卡托斯(1922—1974)的“科学研究纲领方法论”思想。[②]第谷在创立他的“地心说”的过程中，坚持“反面助发现法”，将否证的矛头指向“保护带”，保留了“地心说”的核心内涵——“硬核”——地球是宇宙的中心并且是静止的，同时在“正面助发现法”的指导下，改变了地心说的“保护带”，发展了“第五元素”的内涵，创造性地吸收了哥白尼的某些观念如行星(除地球以外)围绕太阳运动，使其能够很好地解释以往地心说难以解释的现象，形成和发展他自己的天文学体系。就此而言，“第谷理论”有一定的合理性。

不过，这种合理性仍然不能掩盖第谷天文学理论体系的不足，关键之点在于它是“地心说”与“日心说”的折中。这并不太令那些坚信“地心说”是完全正确的宗教徒信服。但是，随着伽利略利用望远镜发现了更多的支持行星围绕太阳运转的观察证据，“第谷理论”就成为那些坚信“地心说”的人士的另外一种选择。

这种选择不无道理。因为，无论是17世纪伽利略的那些天文观察，还是19世纪的恒星视差(stellar parallax)观察，或者是现代的太空天文观察，都不能为地球围绕太阳旋转提供直接有效的证明。基于这一点，现在仍有某些虔诚的信徒在“地球是宇宙的中心”的基础上，进一步修正第谷的天文学体系。[③]

对比第谷理论，开普勒的天文学体系尽管有诸多优点，却并未受到过多关注。尽管如此，随着开普勒提出行星运动三定律，行星做完美的匀速圆周运动观念被行星在椭圆轨道上做非匀速运动的观念所代替，哥白尼“日心说”中的本轮、均轮、偏心轮等被放弃，开普勒的天文学体系比托勒密的“地心说”以及哥白尼的“日心说”

---

① [美]理查德·德威特：《世界观：现代人必须要懂的科学哲学和科学史》(原书第3版)，孙天译，北京：机械工业出版社，2020年，第179页。

② 拉卡托斯在《科学研究纲领方法论》中认为，科学中的基本单位和评价对象不应是一个个孤立的理论，而应是在一个时期中由一系列理论有机构成的研究纲领。这一研究纲领由“硬核”和“保护带”构成。所谓“硬核”指的是理论的基本原理，它不容经验反驳，如果遭到反驳，整个研究纲领就遭到反驳，放弃“硬核”就意味放弃了整个研究纲领；所谓“保护带”，指的是围绕在硬核周围的许多辅助性假设、初始条件、边界条件等，可以对此进行相应的调整、修改，以保持“硬核”不变。鉴此，在科学研究过程中，可以在遵守“反面启示法”的原则下，即在不放弃或修改研究纲领的“硬核”的前提下，采用“正面启示法”，修改辅助性假说、前提条件和边界条件等，以保持“硬核”成立。(具体内容参见[英]伊姆雷·拉卡托斯：《科学研究纲领方法论》，兰征译，上海：上海译文出版社，2005年。)

③ [美]理查德·德威特：《世界观：现代人必须要懂的科学哲学和科学史》(原书第3版)，孙天译，北京：机械工业出版社，2020年，第179页。

都要简单，而且，它的预测和解释能力更强。按理说这应该受到人们更多的关注。但是，历史事实似乎并不如此。究其原因在于：

第一，一些人努力将其并入自认为完美的匀速圆周运动的天文学体系中，即承认开普勒的成功而没有完全接受他的方法和模型；

第二，开普勒天文学体系出版时间为 1609 年(至少是关于火星运动的部分)，而在第二年，伽利略公布了他利用望远镜所做出的新的天文学发现，这遮蔽了开普勒的天文学发现；

第三，自从伽利略公布他的望远镜的天文学发现后不久，天主教就开始正式反对“太阳是宇宙的中心”的观点，限制关于这个问题的讨论和出版的著作，开普勒在 1609 年及其之后出版的相关著作也在禁书之列。[①]这也使得他的“天体非匀速椭圆轨道运动”的思想直到 17 世纪中叶才被学界普遍接受。当然，这样的接受是以实在论的态度进行的，即他的天文学体系描述了月亮和行星真实的运动方式。

3. 17 世纪中叶：人们对日心说的最终接受还是基于伽利略的实证性研究

到了伽利略这里，他于 1609 年开始运用望远镜进行天文观察，作出了一系列的发现，如月球山脉、太阳黑子、土星环、木星卫星、金星相位、恒星新发现。这些发现对于打破亚里士多德和柏拉图的世界观以及树立哥白尼的“日心说”，具有重要的意义。“月球山脉”喻示天上世界并非由以太构成，“太阳黑子”喻示天上的世界的不完美，“土星环”喻示天上的世界的不完美以及并非由以太构成，“木星卫星”喻示宇宙的运动中心并非只有一个，“金星相位”喻示相关证据与托勒密的“地心说”相悖，“恒星新发现”喻示恒星的无数以及宇宙的无限。所有这些看来都与亚里士多德宇宙观不符并且支持哥白尼的“日心说”。此时再说“日心说”只具有工具的意义已经不再可能。“日心说”是不是真实的这一问题，就非常突出地摆在伽利略以及那些关注“日心说”的神学家面前。

在《给大公夫人克里斯蒂娜的信》中，伽利略向她以及她所在的家族美第奇家族说明，自己的观点与《圣经》和天主教教义并不矛盾，他与她们家族的立场是完全一致的。不过，“伽利略清楚地表明，他认为《圣经》里的每一个字都是正确的。然而，他同时表示，《圣经》是写给所有人看的，包括那些生活在很久以前、科技还不发达年代的人们，以及几乎没有受过教育或者仅接受过少量教育的人们。因此，《圣经》的写法决定了其真正的含义通常很难确定。于是，伽利略认为，当我们面对可以有经验性/科学性证据来支撑的经验性/科学性命题时，我们应当认为经验证据的说服力比宗教经文所提供的证据更强，而且我们决不应该依靠《圣经》来对这样

① [美]理查德·德威特：《世界观：现代人必须要懂的科学哲学和科学史》(原书第 3 版)，孙天译，北京：机械工业出版社，2020 年，第 191-192 页。

的经验命题做出最终裁决”[①]。

根据上面这段话，伽利略的意思是：日心说是正确的，不影响救赎，且其正确性不应由宗教教义来判断。这种日心说的实在论的观点以及关于科学与宗教之间的关系叙述，必然遭到教会的反对。枢机主教贝拉明(Saint Robert Bellarmine，1542—1621)在《给福斯卡里尼的书信》中明确表示，他不同意伽利略的上述观点。他认为，地球是否围绕太阳运转是与救赎相关的，否认地心说，其实就意味着《圣经》的相关段落是不正确的，从而威胁到《圣经》的权威性。贝拉明还认为，经文关于这个问题的描述并不如伽利略所说的复杂且教会几乎不可能误解，因此在日心说与地心说之争中，来自经文的证据胜过通过望远镜获得的证据。《圣经》教义对此有裁决权。而且，关于地球是否真的围绕太阳运转，无法演示。[②]他警告伽利略，不得支持哥白尼的日心说。

如果说贝拉明上述话语中的前半段是错误的，那么他的后半段还是有一定道理的。他的意思是，即使伽利略利用望远镜所观察的事实是真实的，仍然不能就说地心说是错误的而日心说是正确的，地心说并没有被有效证伪。

这就是说，在当时的历史条件下，伽利略的那些天文学观察并非无可置疑，其对日心说的支持也并非完全确定，无懈可击。鉴此，当将日心说看成是正确的并因此造成对宗教教义的冲击时，必然会遭到宗教神学家们的反击。1616 年 2 月，宗教裁判所谴责日心说“在哲学上是愚蠢和荒谬的，在形式上是异端邪说。因为无论是根据其字面上的意义，还是根据罗马教皇(Holy Fathers)和神学家们(Doctors)通常的阐述和意图，它在许多方面都明显地有悖于《圣经》教义”[③]。几个星期后，哥白尼的《天球运行论》被列入禁书，伽利略也被警告，不能为哥白尼的日心说辩护。

在此之后，伽利略沉默了一段时间。在此期间，他仍从事着相关的研究，似乎裁决对他的影响不大，被禁的是哥白尼的著作以及与之紧密相关的著作。到了 1623 年，伽利略计划撰写一部为哥白尼日心说辩护的著作。9 年后这部著作出版了，它就是《关于托勒密和哥白尼两大世界体系的对话》(*Dialogo sopra i due massimi systemi del mondo, Tolemaico e Copernicano*，简称《对话》，1632 年)。该书之所以能够出版，是因为他在该书的结尾声称他所说的“哥白尼日心说只是一个假设，并非真实存在”。

《对话》全书由四天不间断的对话组成。第一天的话题是关于世界的统一，即地球和月亮。伽利略的观点是，亚里士多德关于“天上的世界和月下的世界是不一样

---

① [美]理查德·德威特：《世界观：现代人必须要懂的科学哲学和科学史》(原书第 3 版)，孙天译，北京：机械工业出版社，2020 年，第 210 页。

② 转引自[美]理查德·德威特：《世界观：现代人必须要懂的科学哲学和科学史》(原书第 3 版)，孙天译，北京：机械工业出版社，2020 年，第 210-211 页。

③ [美]艾伦·G. 狄博斯：《文艺复兴时期的人与自然》，周雁翎译，上海：复旦大学出版社，2000 年，第 116 页。

的”观点是基于日常观察的，月亮上的山脉是基于他的望远镜发现的，如果所发现的这样的新的天文学现象是正确的，那么月亮与地球一样，也是不完美的。第二天的话题是关于地球是否在做旋转运动的问题，伽利略用行驶中的船上物体下落的例子表明，感官经验具有欺骗性，物体的运动具有相对性，经验在判决地球动与不动这一问题上是中立的，不能依据物体下落运动的状态来反驳哥白尼的日心说。第三天的话题是关于地球和其他行星绕着太阳旋转的论据的问题，这涉及恒星视差。至于没有观察到恒星视差，伽利略解释道，这是因为恒星的遥远以及人类观察力和理解力有限。一旦使用望远镜进行观察，这可以得到新的观察结果以对此有所启发。第四天的话题是关于地球上的潮汐现象，伽利略认为地球的自转与地球潮汐运动之间是紧密相关的。[①]

根据上述《对话》的简介可知，该书的实际内容是为哥白尼的日心说辩护的，伽利略事实上坚信日心说正确。正因为如此，《对话》出版后不久就很快遭到禁止，伽利略本人也受到宗教法庭的审判。审判一共进行了四次：第一次庭审，主要证词来自贝拉明，表明伽利略在收到教皇的通知——不能为哥白尼的日心说辩护之后，没有在任何人面前宣誓放弃自己的学说；第二次庭审，伽利略承认自己有“虚荣的野心、纯粹的无知和疏忽”，表明自己只是在 1616 年禁令之前是哥白尼主义者，《对话》本身事实上是要反驳哥白尼日心说的，而且他表明自己可以在《对话》中加入一两天以驳倒错误的和受谴责的观点；第三次庭审，伽利略强调贝拉明通知的模糊性，并请求基于他的健康和年龄方面的原因，给予宽恕；第四次庭审，伽利略再次重申自己只在 1616 年之前对哥白尼日心说犹豫不决，之后则把托勒密的地心说视为真实的和不容怀疑的。但是，所有这一切并不能改变宗教法庭审判者的看法，最终伽利略被终身监禁并且命令他正式宣布日心说是错误的。

事实上，对伽利略的审判并没有有效地阻止哥白尼日心说的传播和接受，相反地，还促进了一些学者的进一步思考。如果伽利略望远镜的发现确实是真实的，那么它就确实能够给予哥白尼日心说以支持。随着科学认识以及世界观的转变，越来越多的人开始接受日心说。德威特就说：“似乎很明确的一点是，到了 17 世纪中叶，大多数跟踪着新发现发展的人都已经相信日心说观点是正确的。”[②]至此，那些接受哥白尼日心说的人，大多是基于实在论的态度来接受它的，这完成了从工具主义的日心说理解到实在论的日心说理解的转变。

---

① [意]伽利略：《关于托勒密和哥白尼两大世界体系的对话》，周煦良等译，北京：北京大学出版社，2006 年。

② [美]理查德•德威特：《世界观：现代人必须要懂的科学哲学和科学史》(原书第 3 版)，孙天译，北京：机械工业出版社，2020 年，第 216 页。

（二）舒斯特科学知识社会学视野：通过社会亚文化接受日心说

1. 1543—1600 年：日心说并非比地心说优越

舒斯特认为，接受一个理论与该理论是否正确有关。他进一步认为，在哥白尼的时代，判断哪一个理论更正确的标准与我们现在的标准不同，并不完全根据该理论与那些已为人知的“事实”相符合，而是根据以下标准来对某一个理论进行评判：简洁性（simplicity）、精确性（accuracy）、与公认知识的一致性（agreement with accepted knowledge）、引人注目的新预测（dramatic new predictions）。比较哥白尼日心说与托勒密的地心说在这四个方面的得分，结果如下：两种理论使用的本轮和均轮数量基本上相符，简洁性不相上下；两种理论做出的预测与可以获得的人类观察数据之间的“差距”较为接近，精确性不相上下；[①]托勒密的地心说与人们日常经验观察以及《圣经》的观点相同，而哥白尼的日心说与这两个方面相悖，两者相差很大；对于“已被证实的重大事件预测”，不言而喻仍然是托勒密的地心说获得更大的胜算，而哥白尼日心说的新预测则遭到亚里士多德派学者的反击，并与常识相违背；至于哥白尼提出的恒星视差，应该算一个“引人注目的新预测”，只是这样的预测现象在 16 世纪不能为任何人观测到，虽然哥白尼对此做了解释——“恒星天球与我们的距离比我们想象的要远得多”，但是，这一解释仍然不被更多的人接受，因此在“已被证实的对重大事件的预测”或“引人注目的新预测”方面，虽然舒斯特认为对两者的评价会取决于评价者的立场，但在 16 世纪“日心说”是不如“地心说”被人们所接受的。[②]

根据舒斯特的上述比较，在哥白尼提出日心说之时，在各个方面并不优越于托勒密的地心说，日心说是不可能被人们普遍接受的。

对于上述观点，有人会提出疑问：哥白尼的日心说难道不会凭借其在数学方面的优美，以及随之而来的宇宙的和谐，获得人们的普遍认同和接受？表面上看是如此，但是，正如舒斯特所言：“对于一个亚里士多德学派的人来说，哥白尼的理论的优美是不重要的，因为事实就是，地球实际上不在运动。这种所谓的‘和谐’只是纸上谈兵——他们怎么能让一个物理上不可能的理论变成事实呢？的确不可能！”[③]

以上就是哥白尼日心说在刚提出时的境遇。考虑到上面这些，在哥白尼《天球运行论》出版后的第一代人中（1543—1570 年），专业天文学家对哥白尼的日心说理论是非常挑剔的。他们认为哥白尼的日心说是错误的，但是其中有可取之处，可以

---

① 根据本章前面的叙述，在 16 世纪，哥白尼的日心说与托勒密的地心说要说明相关的天文现象，所需的本轮和均轮数量是不同的，前者共需要 34 个，后者共需要 79 个或 80 个。就此来说，两者的简洁性相关还是较大的。舒斯特在此的观点值得商榷。

② [澳]约翰·A. 舒斯特：《科学史与科学哲学导论》，安维复主译，上海：上海科技教育出版社，2013 年，第 116-125 页。

③ [澳]约翰·A. 舒斯特：《科学史与科学哲学导论》，安维复主译，上海：上海科技教育出版社，2013 年，第 136-137 页。

整合到托勒密的地心说中。

对于这样的可取之处，有两个方面：第一，是有关均衡点的问题。根据柏拉图的观念，天球是做匀速圆周运动的，而在托勒密的地心说中，均衡点的设立却使星球的运动规则与柏拉图确立的匀速圆周运动的规则不一致，产生出运动的加速或减速效应。如果柏拉图的思想是正确的，那么均衡点的设立就与此相违背，进一步地由此建构出来的地心说，似乎就不是对天球真实运动的表征，需要进一步调整以便与观察数据相符合。"均衡点"的设立就是科学哲学中"工具论"的体现。可以说，哥白尼意识到了这一点，对均衡点的设立很不满意，认为它在哲学上或者在美学上都是不可接受的，是错误的，应该除去。在他的日心说中，他确实这样做了。这点受到专业天文学家的称赞。第二，是有关行星与太阳的距离问题。在哥白尼的日心说中，给出了行星水星、金星、地球、火星、木星、土星等天球与太阳间的距离的相对排序，见图 7.4。当时的专业天文学家认为这是非常富有智慧的，也是宇宙和谐的重要体现。

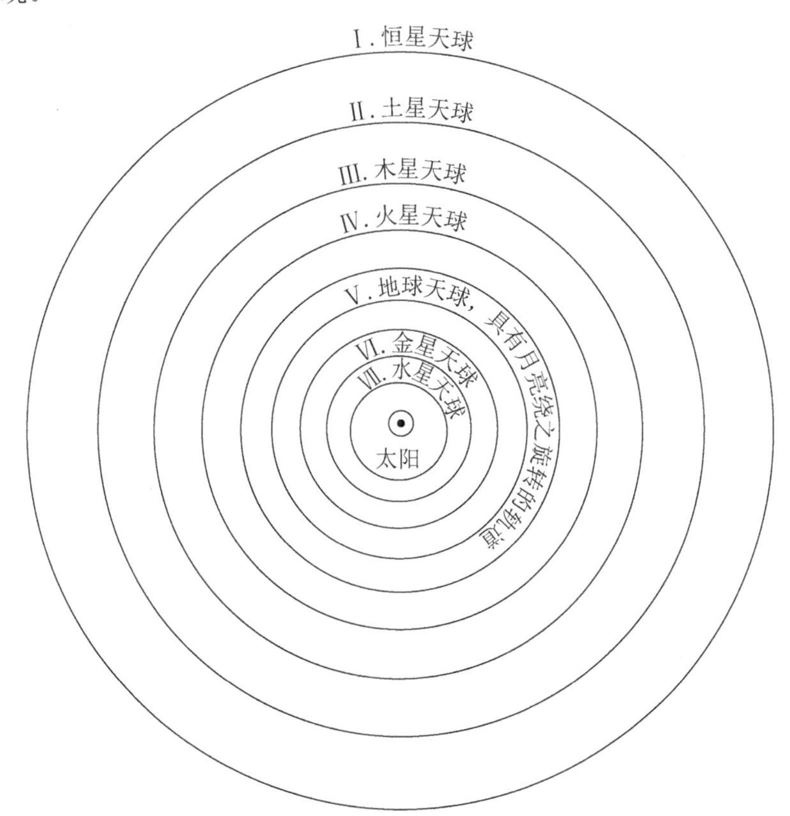

图 7.4　哥白尼体系的"简单"版本[①]

---

① [澳]约翰·A. 舒斯特：《科学史与科学哲学导论》，安维复主译，上海：上海科技教育出版社，2013 年，第 113 页图 7.1。

除掉上面的两点之外，当时的专业天文学家认为“日心说”哥白尼的其他方面就没有什么可取之处了，毕竟在《天球运行论》的序言中，也声称该书提出的“日心说”仅仅是一个计算工具，是不可能正确的。这种状况导致：在1543年到约1600年之间，欧洲真正信奉哥白尼学说的人屈指可数。在《天球运行论》出版后的两代人中，哥白尼学说并不像个得胜者。①

到了哥白尼之后的第二代，即从大约1570年至1601年，更多的人意识到《天球运行论》的序言并非哥白尼所写，而是由奥西安德(Andreas Osiander，1498—1552)所写(这是开普勒后来证实的)，事实上哥白尼本人认为他的“日心说”是正确的。但是，这仍然没有促使人们把“日心说”当成是正确的，更多的人以工具主义的观念看待哥白尼的“日心说”，即把它当成是解释和预测天文学现象的一个理论工具，而非真实的存在。

这种状况也决定了哥白尼日心说在提出后的16世纪余下的时间，并没有被更多的人所接受，人们接受的仍然是托勒密的地心说。由此，也就好理解，在第谷基于地心说并且吸收日心说的某些观念而提出他的天文学体系——“第谷理论”以后，这一理论被人们所接受，被理性的进步人士所信奉。

2. 1601—1630年：被更多接受的是“第谷理论”而非“开普勒三定律”

舒斯特考察了“第谷理论”，认为它在17世纪前30年比哥白尼的天文学理论被更多的人接受，究其原因，是因为“第谷理论”有以下几方面的优势：首先，他把地球静止地置于宇宙的中心，因此，以“事实”为基础的条理分明的亚里士多德的地球物理学复原了；其次，他的体系不悖于《圣经》的文本诠释，尽管这一点并不是每个人都会看重，但这是一条具有某种重要性的标准(即将会变得越发重要)。在这一点上他再一次打败了哥白尼；最后，令人惊奇的是，这个体系实际上包含了哥白尼学说的宇宙和谐。第谷论证了他的理论和哥白尼的理论在几何学上是一致的，太阳和月亮围绕地球转，其他行星围绕太阳转，这体现了神的指示。第谷理论能够解释金星和火星的逆行，而且不需要恒星视差这一预设。②

总之，“第谷成功地提出了一个出色的新主张——这个主张制服了所有反对哥白尼的意见，同时体现了支持哥白尼自己的体系的最重要的和最根本的论点——和谐。”③正是“第谷理论”具有这种优势，成为当时的第三种天文学理论，并且在三

---

① [澳]约翰·A. 舒斯特：《科学史与科学哲学导论》，安维复主译，上海：上海科技教育出版社，2013年，第142页。

② [澳]约翰·A. 舒斯特：《科学史与科学哲学导论》，安维复主译，上海：上海科技教育出版社，2013年，第227页。

③ [澳]约翰·A. 舒斯特：《科学史与科学哲学导论》，安维复主译，上海：上海科技教育出版社，2013年，第228页。

种天文学理论当中是最好的，受到各界的广泛支持。[①]“第谷体系在1600—1630年那个时代是最被广泛接受的理论。”[②]这种状况有点出乎意外。在我们当代人的印象中，开普勒在16世纪末、17世纪初提出了行星运动三定律，发展了哥白尼的日心说。按理说，这一时期被更多人接受的应该是发展了的哥白尼的日心说。不过情况并非如此。

开普勒是一个新柏拉图主义者。他认为自然界的蓝图是上帝设计的，上帝设计这一蓝图是有目的的，就是这一自然界的蓝图是简单的、优美的数学结构；人类能够揭示这一数学结构，而且一旦揭示了这一简单的、优美的数学结构，则表明人类已经发现了真理，并且由此体现上帝的伟大。这造成开普勒赞成哥白尼的日心说，并且像哥白尼那样，努力认识宇宙的和谐以体现上帝的伟大。

上帝如何伟大呢？开普勒在《宇宙的奥秘》(1597年)中提出的“宇宙模型”体现了这一点：“这就是因为上帝只想创造6颗行星，并且上帝想通过拉开这几颗行星的轨道的距离来展现他所设计的蓝图，其原理就是他利用外接和内切球体(也就是行星运行的轨道)的技术将5个完美多面体嵌套在一个模型中。”[③]

开普勒所提出的上述“宇宙模型”并非出于事实的发现，也非出于事实的归纳，而是出于其自然哲学思想。此模型虽然后来被裁定为错误的从而被抛弃，但在当时还是被一些人所接受。而且更为重要的是，开普勒在1600年以后，沿着新柏拉图主义的思想，将研究推进到行星绕日运动的动力、轨道以及规律上来。他的自然哲学肯定不是即将到来的机械自然观，他认为，推动行星运动的动力不是亚里士多德那样的内在的目的，也不是在他之后那些机械自然观所称的原子或微粒之间的相互作用，而是由太阳发出的，可以用数学描述的、特殊的非物质性的力。基于这样的力，开普勒提出了行星运动第二定律和第一定律。

严格地说，第二定律不是被“发现”的，即它主要不是根据观测数据“归纳”出来的，而是基于新柏拉图主义自然哲学以及“非物质性的力”的假设，被“建构”出来的。“开普勒从作为条件(一种来自于自然哲学的智力建构)的第二定律(首先被发现的)出发，碰巧得到了第一定律(后被发现的)。因此，第二定律是他的形而上学的产物，而第一定律也不过是这种形而上学的推论而已。”[④]

尽管开普勒行星运动定律是“建构”的而非“发现”的，但是，“根据开普勒

---

① 第谷天文学体系不仅被当时的人们普遍支持，而且还受到当代某些信奉《圣经》的宗教信徒的支持。他们以“行星在椭圆轨道上以不同速度运动”这一思想修正第谷的天文学体系，维护了“地球是宇宙的中心”这一宗教教义。

② [澳]约翰·A. 舒斯特：《科学史与科学哲学导论》，安维复主译，上海：上海科技教育出版社，2013年，第228页。

③ [澳]约翰·A. 舒斯特：《科学史与科学哲学导论》，安维复主译，上海：上海科技教育出版社，2013年，第241页。

④ [澳]约翰·A. 舒斯特：《科学史与科学哲学导论》，安维复主译，上海：上海科技教育出版社，2013年，第249页。

的新柏拉图主义自然哲学，开普勒定律所描述的行星轨道及其运动是在真实空间里的真实表述，这种表述简洁而优美，因而是正确的”[①]。

既然如此，开普勒的行星运动理论就比哥白尼的日心说以及第谷理论更优越和更真实，理应受到同时代人们的关注。

但是，事实似乎与此有所出入。与他同时代的伽利略虽然也确信哥白尼的日心说，不过，他完全没有肯定开普勒的研究并将此应用于他的研究中。他很大程度上忽略了开普勒。与他同时代的其他大多数专业天文学家在自然哲学上并不信奉新柏拉图主义，因而也不认为开普勒的行星运动理论是真实的，他们所做的仍然是使用本轮和均轮来模拟并预测行星的运动。对于自然哲学家，他们中的大多数不久之后(17 世纪 50 年代)就开始成为机械论者，而几乎所有的机械论者都接受哥白尼的日心说，因此也就接受开普勒的行星运动定律。只不过，他们会认为推动行星运动的力并非开普勒所称的非物质的力，而是由物质的微粒或原子相互碰撞所导致的机械冲击力。“所以开普勒的理论在天文学和自然哲学方面的伟大前景被割裂得支离破碎，没有人完整地理解过它。”[②]“唯有一个人在一定程度上还原了开普勒的理论，那便是 17 世纪末期的牛顿，但牛顿不是以开普勒的方式，而是以他自己独特的，与开普勒不同的方式还原开普勒理论的。”[③]至于其具体内容，在第十章“牛顿”部分将会详细叙述。

3. 伽利略的天文学观察并非完全证实了日心说

伽利略利用望远镜做出了一系列的发现。这些发现有力地支持了哥白尼的“日心说”，这对托勒密的地心说是一个打击。问题是：这些观察证据是否真的证实了日心说？舒斯特对此问题做了系统阐述，他认为对日心说的证实是不充分和不确定的。

第一，应用望远镜所观察到的天文现象的真实性有待进一步考证。[④]

通过望远镜，伽利略观察到了“月球上有山脉，太阳上有黑子，木星有卫星”等现象。所有这些似乎都与亚里士多德的自然哲学体系不一致，而支持哥白尼的“日心说”。

但是，望远镜是一种科学仪器。科学仪器并非理论中立的，科学事实也并非中立地等着科学仪器原封不动地呈现，科学仪器是负荷理论的，科学事实也是负荷理论的，对科学仪器以及由科学仪器呈现出来的科学事实，在很多时候是存在争议的，

---

① [澳]约翰・A. 舒斯特：《科学史与科学哲学导论》，安维复主译，上海：上海科技教育出版社，2013 年，第 247 页。

② [澳]约翰・A. 舒斯特：《科学史与科学哲学导论》，安维复主译，上海：上海科技教育出版社，2013 年，第 257 页。

③ [澳]约翰・A. 舒斯特：《科学史与科学哲学导论》，安维复主译，上海：上海科技教育出版社，2013 年，第 257 页。

④ [澳]约翰・A. 舒斯特：《科学史与科学哲学导论》，安维复主译，上海：上海科技教育出版社，2013 年，第 269-277 页。

需要科学共同体去商榷，去选择，去权衡，去解释，去对观测结果与理论预测之间的“差距”的大小和意义进行分析，以达成某种平衡。

将此落实到伽利略天文观察所用的望远镜上，可以发现它的使用并不是没有问题的：当时，望远镜运行的理论没有诞生；在用望远镜观察事物时会产生色差现象，而此现象并不能得到解释；望远镜观测到的月亮上的火山口按理说可用肉眼看到，但是人类肉眼没有看到；观测到了许多过去闻所未闻、见所未见的新事物，呈现出对当时的人们来说显得怪异的现象；等等。在这样的背景下，伽利略的望远镜并非简单地和直截了当地呈现了“自然界的事实”，望远镜的成像是可疑的，它所呈现出来的事实并非就直截了当地证明了哥白尼日心说的正确性。借此，亚里士多德派的学者以及托勒密地心说的坚守者，凭什么要相信伽利略的望远镜可以用于观测？凭什么要相信观测之后所获得的结果是可靠的？又凭什么要相信伽利略的观测结果支持乃至确立了哥白尼日心说的正确性呢？

第二，天文观察对日心说的证实和证伪都是相对的。

这里以“金星的位相”观察为例加以说明。根据哥白尼的日心说，金星和地球都是绕着太阳运行的，只是地球处于较远的轨道上运行。当太阳、地球和金星处于其他平面内，在地球上的观测者观测金星时，由于受着地球和金星的相对位置以及太阳照射金星的位置变化的影响，他们只能看到金星的一部分——或者是一小片形状的金星，或者是一半形状的金星，或者是一新月形状的金星。见图 7.5。

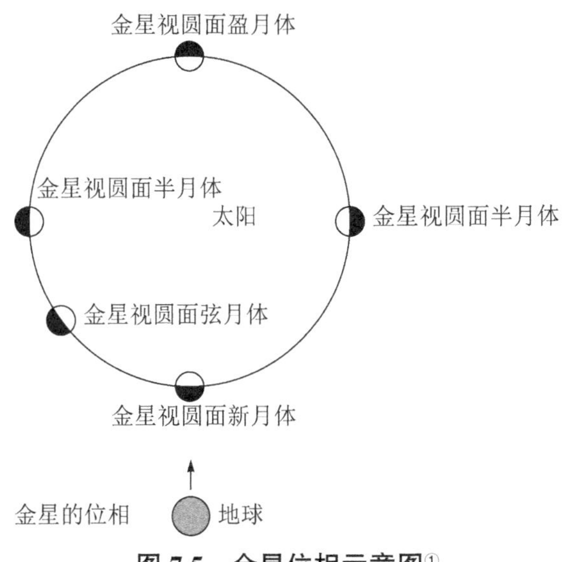

图 7.5 金星位相示意图[①]

① [澳]约翰·A. 舒斯特：《科学史与科学哲学导论》，安维复主译，上海：上海科技教育出版社，2013 年，第 262 页。

但是，人类的肉眼没有看到金星的位相。这是什么原因呢？是哥白尼的日心说错了？哥白尼并不这么认为，反过来他认为，应该是另外一个什么原因导致了人类看不到原本可以看到的金星位相现象。最后他将这样的原因归结为"金星是透明的"。如此，他通过特设性假设消解了"反常"的观察，"拯救了"日心说。

到了伽利略那里，他对哥白尼上述构想特设性假设以拯救现象的选择视而不见，反而说哥白尼忽视了人类肉眼观察不到金星位相这一威胁日心说的现象。事实上，哥白尼并没有忽视这一现象，而且也没有像波普尔的"证伪"理论所说的那样，拒绝并且抛弃日心说。这是其一。其二，伽利略于1609年应用望远镜观测到了金星的位相。这对哥白尼的日心说来说应该是一个支持。不过，这种支持并不必然，因为，既然哥白尼可以通过特设性假设以拯救现象，那么我们也可以通过构建新的特设性假设来规避伽利略的金星位相观察，即认为伽利略的这一天文学观察是错误的，如此，哥白尼的日心说不能得到该天文观察的维护。

第三，观察结果对理论的支持是逻辑的和心理趋向的博弈结果。

这方面与"金星和火星视圆面形状的显著变化"问题有关。根据哥白尼的日心说理论体系，金星在距离地球最远时的视直径看起来是它距离地球最近时的视直径的6倍，火星在距离地球最远时视直径看起来是它距离地球最近时视直径的8倍，由此，金星在它距离地球最近时，其视表面面积看起来比它距离地球最远时大36倍。同理，火星在距离地球最近时，其视表面面积看起来比它距离地球最远时大64倍。但是，当时哥白尼给出的观测数据是火星离地球远近呈现的视直径大小比率为4∶1，金星离地球远近呈现的视直径大小比率为1∶1。这明显与日心说的预测不相符合。而伽利略的望远镜观测的视表面面积的结果是："金星的约为40∶1"，"火星的约为60∶1"。在伽利略看来，这与哥白尼的日心说相一致，望远镜的观测结果支持哥白尼学说的正确性。

深入分析伽利略的观测结果与日心说的关联，仍然可以发现，伽利略所声称的"观测结果与理论预测结果误差'足够小'，以致可以证实哥白尼的理论预测"，仍然是有问题的。它不具有严格的逻辑学意义，只是人们的心理趋向以及争论、协商、妥协等的结果。[①]

所有这些表明，伽利略的观察证据并非确实无疑的，这些观察证据对哥白尼日心说的证实以及对托勒密地心说的证伪也不是充分的和确定的。在这种情况下，伽利略公开捍卫哥白尼学说的正确性，呼吁人们相信这一新的理论，并以这一新的理论来对《圣经》作出新的解释，必然受到保守的宗教神学家的反对。这可以看作1616年宗教法庭的禁令以及1633年宗教法庭审判发生的根本原因。

---

① [澳]约翰·A. 舒斯特：《科学史与科学哲学导论》，安维复主译，上海：上海科技教育出版社，2013年，第263-264页。

4. 宗教法庭对伽利略的审判并非科学与宗教的对抗

对伽利略的审判意味着什么呢？一种观点认为，这是科学与宗教之间的对抗，是科学方法的有效性与宗教信仰的无效性之间的对抗，是科学观察的客观性与宗教教义的主观性之间的对抗，是科学寻求自主性与宗教寻求控制性之间的对抗，是科学与宗教之间的一次大搏斗。

舒斯特认为，上述观点是不恰当的。首先，科学并非与社会的各个方面无关，而是生长并发展于各个社会之中。就当时的社会而言，宗教神学仍然占据主导地位，任何对宗教神学造成冲击的东西，必然受到宗教神学的限制，就此，宗教神学对那些有悖于宗教教义的新科学的限制也就是自然的事情。我们不能借口理想化的科学的自主性观念而决然痛斥宗教对科学的干预，将之贸然地定性为对科学的扼杀和压制。事实上，在中世纪后期，古希腊自然哲学已经成为论证宗教神学教义的有力工具，由此，自然哲学得到了进一步的发展。

其次，伽利略所用的观察仪器及其科学方法还不明确，所获得的观察事实还不具有不容怀疑的客观性，其对哥白尼日心说的证实还不是有力的，托勒密的地心说也没有被有效证伪，因此，还不能绝然就说宗教法庭对伽利略的审判就是谬误对真理、迷信对理性、愚昧对启蒙、专制对民主的践踏。这一点从教会创办大学，进行科学教育以及16、17世纪耶稣会会士在中国的科学传播，就可佐证。可以说的是，宗教法庭对伽利略的审判，目的是禁止和压制伽利略对那些违背宗教教义的研究成果正确性的宣称。[①]

在上述分析的基础上，舒斯特认为："伽利略事件不是我们所理解的科学与宗教的对抗，而是一种科学与宗教共同体同另一种科学与宗教共同体的对抗；第谷理论依然是一种可能方案。"[②]他的意思是，无论当时伽利略的表现还是宗教法庭的审判都是不合时宜的。伽利略并非一个纯粹的科学家，而是一个集科学与神学于一体的人。他的观察证据以及哥白尼的日心说没有被牢固确立，他也没有提出一个系统的自然哲学体系来说服人们相信他的理论，因而，不会有更多的人追随他，而作为维护了地心说的核心内涵和吸取了日心说某些优点的第谷天文学体系具有优势，被很多人接受。如果伽利略给予第谷的天文学体系以更多关注和认真对待，如果当时的欧洲不是处于欧洲历史上最紧张且处于转折关头的时期之一，即1618—1648年的三十年战争时期，如果不是某些宗教人士要陷害他，那么，1633年对伽利略的法庭审判就不会发生。就此而言，宗教法庭对伽利略的审判操之过急了，主要基于政治价值判断。"伽利略事件的悲剧就在于，双方都是以不成熟的和不恰当的方式推

---

① [澳]约翰·A. 舒斯特：《科学史与科学哲学导论》，安维复主译，上海：上海科技教育出版社，2013年，第353-355页。

② [澳]约翰·A. 舒斯特：《科学史与科学哲学导论》，安维复主译，上海：上海科技教育出版社，2013年，第351页。

行各自的方案。天主教会最后仓促而激烈地做出反应，并违背了教会自己的规则。伽利略违背了天主教会关于推进变革的期望；他妄言自己能涉足神学；在没有一个确定性证据的时候，他却声称拥有这样的证据，而他当时确实拥有的证据和观点并没有赢得大多数天主教会同侪的支持（虽然其中很多人被他说服了且还有更多人被他打动，但他对第谷理论的回避却是他斗争策略中的一大缺陷）。”[①]

5. 机械自然观在日心说的接受中起着重要作用

对伽利略的审判阻碍了意大利天文学和宇宙哲学的发展，但是，在整个17世纪，自然哲学反而在意大利凭借文艺复兴的力量保持下去，并部分地得到伽利略的学生的推进。而且，更重要的是，在意大利之外，伽利略事件并未真正阻止天文学讨论和公开辩论。如在天主教国家的法国，有很多哥白尼的追随者。笛卡儿就是其中之一。他原本打算1633年出版他的第一部系统论述机械论自然哲学的著作，但是，当他听到伽利略被审判后，决定不出版了。有人认为他主要害怕受到宗教影响，事实上是他害怕他所发表的观点因伽利略的审判而得不到广泛传播。直到1644年，他才出版了更倾向于哥白尼学说的机械论自然哲学著作——《哲学原理》（*Principles of Philosophy*）。[②]

舒斯特认为，这是机械论哲学提出（大约在1620年）和确立（大约在1650年）的缘故。他指出，亚里士多德学派的人都不是哥白尼学说的信徒，有一些柏拉图主义者是哥白尼学说的信徒，而所有的机械论哲学家都是哥白尼学说的信徒。机械论哲学与哥白尼学说之间有一种紧密的联系。机械论者都相信惯性运动，因此支持哥白尼的日心说；机械论哲学都主张无限宇宙观，这与哥白尼的有限宇宙观有所不同，但是，它将哥白尼的日心说包含在内，是一种无限宇宙观的日心说。如此，机械论哲学的命运也就与哥白尼学说的命运紧密联系在一起了。“大多数情况下，机械论哲学家选择成为机械论哲学家，同时也选择了哥白尼学说，而不是在选择了哥白尼学说之后再为之创立机械论哲学。”[③]人们接受了机械论哲学，也就接受了哥白尼的日心说。结果是，在1620—1650年之间，随着机械论哲学的提出、确立及其被人们接受，哥白尼学说也就顺理成章地被人们接受了。[④]

---

① [澳]约翰·A. 舒斯特：《科学史与科学哲学导论》，安维复主译，上海：上海科技教育出版社，2013年，第354-355页。

② [澳]约翰·A. 舒斯特：《科学史与科学哲学导论》，安维复主译，上海：上海科技教育出版社，2013年，第350-351页。

③ [澳]约翰·A. 舒斯特：《科学史与科学哲学导论》，安维复主译，上海：上海科技教育出版社，2013年，第372页。

④ [澳]约翰·A. 舒斯特：《科学史与科学哲学导论》，安维复主译，上海：上海科技教育出版社，2013年，第371-373页。

(三)对德威特和舒斯特观点的评判：最终根据实在论接受日心说

德威特是根据科学哲学的理论资源来分析哥白尼日心说的提出、发展及其辩护的。德威特指出，哥白尼提出日心说，原因之一是地心说的一个概念——“均衡点”的使用，具有工具论的含义而不具有实在的意义，因此应该被抛弃，就此，哥白尼是追求实在论的；在哥白尼的日心说提出后的16世纪后半叶，经验证据还不足以支持日心说，此时人们普遍接受地心说，也是根据实在论的，当然，当时有一些人也在接受日心说，只不过更多是抱着工具论的态度接受的，即日心说并非正确的而仅仅在制作实用的天文图表上有用；第谷提出他自己的理论后，由于其既保持了托勒密地心说的核心思想又吸取了哥白尼日心说的某些观念，具有两方面的优势，因此受到广泛关注和接受，尽管其理论含有预设的成分，也就是说含有工具论的成分。特别是宗教法庭对伽利略的审判，更是以伽利略观察证据不能成立以及哥白尼日心说不正确为由进行，因此也是基于实在论的，尽管此时伽利略根据其望远镜的天文学观察事实以及他自己的理论分析，已经比较充分地证明了日心说的正确性。

与德威特的上述分析不同，舒斯特根据他的论述，得到以下一系列结论：哥白尼日心说、第谷理论、开普勒行星运动理论的提出，主要不是依据观测事实或观测事实归纳“发现”的，而是基于相应的诸如新柏拉图主义等的自然哲学思想，结合相关观测事实建构的；哥白尼的日心说提出后，并非立即就被认为是正确的并被接受，对理论的评价标准有多种，既有理论的简洁性、精确性，还有该理论能够用来解释已知事实，能够与被接受的理论相一致，并且能够作出正确的预测，就这些评价标准而言，哥白尼日心说在其提出后的一段时间里并无优势，人们也并不认为它是正确的而接受它；人们对开普勒行星运动三定律的接受也是复杂的，受着各个方面因素的影响，其中既有理论建构的原因，也有第谷理论已经被公众接受的原因，还有伽利略等忽视了开普勒进而影响到开普勒思想传播的原因；伽利略的望远镜观察事实并非客观的、确定无疑的，其对哥白尼日心说的证实也不是充分的和确定的，其中渗透着心理和非逻辑的作用；宗教法庭对伽利略有审判并非必然，其中有各种社会因素以及当事双方不恰当的判断，这并非科学与宗教的对抗，而是一个科学与宗教共同体同另一个科学与宗教共同体的对抗……一言以蔽之，哥白尼日心说的提出及其接受并非完全像当代人所认为的那样——以事实为根据，提出科学假说；以事实为准绳，检验科学假说；科学假说被检验为正确后，上升为科学理论，被人们广泛接受。或者说，哥白尼日心说代替地心说，并非天才战胜蠢货，真理战胜谬误，科学战胜宗教的故事，而是在当时复杂的社会背景下，一系列的因素如宗教、自然哲学、理论、仪器、事实等相互作用的结果，哥白尼日心说的提出及其发展反映了社会的建构，体现了社会亚文化的争论、协商、妥协等。

不能说舒斯特的上述分析没有一点道理。但是，深入分析之后，就可发现舒斯特观点的不当之处。

第一，在哥白尼日心说提出后的较长一段时间里，科学还没有独立出来，科学还深蕴在宗教神学和自然哲学的文化氛围中，不可避免地要受到其影响，在其影响下进一步构建日心说不可避免，就此而言，哥白尼日心说的创立，“第谷理论”的提出，开普勒行星运动三定律的建构，都是如此。它们在很大程度上就是基于上帝伟大创造和谐世界的宗教观念，运用数学构建天文学体系以拯救现象。不过，在哥白尼、第谷、开普勒那里，天文学的经验观察并非毫无用处，无论地心说的坚持还是日心说的辩护，或者要与观察事实相一致，或者能够用此解释和预言相关的观察事实。对理论抽象的工具论的预设的避免(如哥白尼对地心说“均衡点”的思考及其抛弃等)，对观察事实的追求(如哥白尼对人类肉眼为何不能观察到“恒星视差”的解释等)，对新的观察事实的解释(如开普勒行星运动三定律对第谷天文观察事实的解释，伽利略对月亮山脉、潮汐现象、惯性运动等的观察和解释等)，都表明日心说的创立和接受并非完全是理论抽象的结果，观察事实在其中起着非常重要的作用。

第二，不可否认，在近代科学发展的早期，有关望远镜的理论还没有确立，望远镜的观察还没有那么完美，其观察事实的客观性还没有被普遍承认，因此，对这些观察事实的怀疑的争论就不可避免。再加上当时哥白尼日心说的正确性还没有被证实，还有很多人认为其是错误的，因此，当出现一个支持其的观察事实，如“金星位相”“金星和火星视圆面面积”的望远镜观察事实出现时，人们并不是一下子就接受日心说。这两方面表明，在近代科学诞生之前或者在近代科学革命的早期，科学的发展和进步是曲折的、艰难的和复杂的，对事实客观性的追求以及认识真理性的确认也是曲折的、艰难的和复杂的。不过，需要说明的是，这并不表明那一时期的科学家(自然哲学家)对自然的认识不以追求真实(实在论)为目标。

第三，纵观近代科学革命的发生，确实是在中世纪以及之后宗教神学的背景下产生的，宗教神学确实给予了近代科学革命以一定的空间，但是，宗教毕竟是宗教，科学毕竟是科学，当科学认识与宗教法则相违背时，或者科学认识对宗教的权威造成了冲击时，宗教法庭仍然会以维护宗教神学的权威和所谓的正确，而压制和打击科学和科学家。宗教法庭对伽利略的审判说明了这一点。事实上，当时，伽利略已经出版了《对话》并且给予日心说以强有力的支持，宗教法庭再以“伽利略所要维护的哥白尼的日心说是错误的”为理由宣判伽利略有罪，是有问题的。不过，这一审判恰恰反映了宗教神学对科学的压制。尽管这样的压制由于时代发展以及科学发展等各方面的原因效果不佳，但是，这样的压制是客观存在的。因此，宗教法庭对伽利略的审判并非单纯是一个科学和宗教共同体与另外一个科学和宗教共同体的对抗，也是宗教与科学的对抗。更何况，当时的日心说还没有被完全确立。

总之，在那样一个时期，科学方法还没有完全确立，科学仪器还不够先进，科学观察或实验所获得的事实还不牢固和不容怀疑，因此，作为新理论的日心说并不是一下子就战胜旧理论地心说的，而是有一个长期的博弈的过程。这一过程的进行只是表明科学认识的复杂性，科学认识有社会因素渗透，甚至在某一个时期或特殊点，科学认识的正确以及被人们相信甚至由社会决定，但是，它并不表明这样的认识只由或永远由社会因素决定，最终，科学经验的事实，即来自科学对象的经验事实，仍然是决定人类建构的理论是否正确的重要原因。这一点从哥白尼日心说的创立，从第谷、开普勒、伽利略日心说的发展，从宗教法庭对伽利略审判，从机械自然观与日心说的接受之关联，以及从哥白尼日心说被最终接受，都可以得到佐证。因此，舒斯特依据日心说的科学知识社会史的考察，否定科学的客观性、独立性、真理性追求，是失之偏颇的，对日心说的接受最终仍然是基于实在论的。

文艺复兴时期，新柏拉图主义盛行。哥白尼受到新柏拉图主义影响，以及古罗马有关地球运动与太阳中心论述的启发，提出“日心说”。“日心说”关于地球和太阳的具体观点是与宗教神学的“地心说”观点相违背的，但是其立论的神学宗教基础——“上帝创造星球是和谐的”，是与“地心说”一脉相承的，两者都是神话宗教意义上的“数学的天文学”。开普勒一开始也完全遵循这样的天文学，但是，后来在天文观察事实的基础上，认识到天上的世界和地上的世界一样，也可能是不完美的，有可能有类似于力的作用，由此就将物理学、数学和原型综合于天文学研究中，创立了物理的数学的天文学。伽利略更进一步，不仅通过天文观察以及相对运动为哥白尼的“日心说”辩护，而且更是悬置事物的本质，应用理想化实验，将研究集中到那些事物的可以量化的第一性质方面，从而实现了物理学的数学化。这样的一个过程就是从“抽象的数学理念”到“具体的数学实在”的过程，是自然数学化或科学数学化的革命，为近代科学的诞生提供了思想基础和方法工具。纵观哥白尼日心说从提出到被接受，是一个较为长期的过程，其中既有从工具论的到实在论的态度的转变，也有社会政治价值的考量，绝非真理与谬误、理性与迷信、科学与宗教的二分裁决那样简单。

第八章　近代科学革命(二)

——从泛灵的经验到激扰的实验

在中世纪晚期，精细的观察越来越多，实用的倾向也越来越强，而且，《赫尔墨斯全集》(*Corpus Hermeticum*，1460 年)的翻译，直接促进了西方占星术和炼金术的发展，也引发占星术以及炼金术意义上的实验的盛行。这种实验把自然看作是有精神和灵魂的，把人类与自然之间的关系看作是感应的。它以精确的观察和实际应用为导向，以揭示自然隐秘属性为目的，可以称之为“附魅”自然的实验。弗朗西斯·培根对这种实验进行了反思批判，提出了“激扰自然”的实验思想。这是又一次“大写的科学革命”，被称为“发现的-实验的”革命。“到了 1600 年左右，以实践为导向的精确观察逐渐浓缩为发现型实验[①]，越来越多的方法被用来人为地制造出那些原本不会产生的自然现象。”[②]

一、从泛灵的经验走向“附魅”的实验

不可否认，中世纪晚期理性神学以及自然哲学的勃兴，确实推动了科学的发展。不仅如此，“这一时期还有一个特征，即对观察的依赖不断增长，而且逐渐接近我们把实验理解成对理论的一种精心设计的——并可重复的——检验。观察性科学和

---

① “发现型实验”是 H. 弗洛里斯·科恩所命名的。他认为有四位研究先驱对“发现型实验”作出了贡献，他们是弗朗西斯·培根、吉尔伯特、哈维和范·赫尔蒙特。他进一步认为：“无论这四位‘发现的-实验的’研究先驱所提出的问题有多么不同，他们之间还是有一些本质的共同点：他们都认为世界是有灵的，都注重实践和技艺，都愿意让自然产生出不会自发产生的现象；(除了培根)都有追踪现象之间关联的天赋。他们有时还会使用一些简单的仪器。”(参见[荷]H. 弗洛里斯·科恩：《世界的重新创造：近代科学是如何产生的》，张卜天译，长沙：湖南科学技术出版社，2012 年，第 106 页。)而且，这里的“浓缩”是指那些实验者对事物进行认识所采取的方法由“精确的观察”转变为“发现型实验”。

② [荷]H. 弗洛里斯·科恩：《世界的重新创造：近代科学是如何产生的》，张卜天译，长沙：湖南科学技术出版社，2012 年，第 107 页。

方法较古老的经典著作受到文艺复兴时期学者们的公认和赞扬，他们视其为效法的榜样”[①]。不过，“16 世纪的科学家们并没有立即产生对运用实验的现代意义上的理解，但很显然，他们的著作比以前更加普遍地求助于观察证据。”[②]“同样令人感兴趣的是约翰·狄，他把 Archemastrie 列入他的各门数学科学之中，这门科学‘教导我们把通过所有数理学科(the Artes Mathematical)得出的一切有价值的结论带给可感觉的实际经验……因为它依据“经验”开始，并探求隐藏在经验中各种结论的原因，它被命名为“科学的实验”，即“实验的科学”’[③]。在这里，‘实验’一词也许最好是当成‘观察’来理解。狄的方法论中不包含现代受控的概念。”[④]他们对实验的近代理解，是随着区分“经验”与“实验”，以及在接受弗朗西斯·培根“实验”概念的基础上完成的。

(一)从经验(experientia)到实验(experimentum)

1. 从词源看“经验”与“实验”的区别

在古典时期、中世纪和近代早期，experientia 和 experimentum 这两个拉丁语单词的含义几乎相同，都为“经验”。只是到了 13 世纪，experimentum 词义发生了变

---

① [美]艾伦·G. 狄博斯：《文艺复兴时期的人与自然》，周雁翎译，上海：复旦大学出版社，2000 年，第 11 页。

② [美]艾伦·G. 狄博斯：《文艺复兴时期的人与自然》，周雁翎译，上海：复旦大学出版社，2000 年，第 12 页。

③ 在讨论文艺复兴时期神秘学与科学的相互联系时，约翰·狄(John Dee)占据重要地位。虽然他对神秘学(从占星术、炼金术到仪式魔法)的兴趣浓厚，但他在数学、航海和计算天文学方面的能力和兴趣也是不可否认的。Archemastrie 一词是约翰·狄著作中的专有名词，首先作为他著作的书名出现。他用 Archemastrie 来描述一门包括数学、自然哲学和神秘学等多个学科的综合科学的术语。他认为，Archemastrie 可以通过经验和实验来证实和扩展从这些学科中获得的知识，强调理论与实践的结合验证和利用数学、神秘学和自然哲学的结论。它是高级形式的魔法，是智力活动的至高综合，也是与上帝亲近的精神工具，旨在揭示大自然的内部运作和造物的秘密，以深入理解造物主的杰作。然而，就像文艺复兴时期神秘学与科学的相互关系一样，人们对约翰·狄的神秘学与科学的确切关系也存在分歧。这些讨论的核心文本是约翰·狄 1570 年英译欧几里得《几何原本》的 Mathematicall Praeface。约翰逊(Johnson)、泰勒(Taylor)和考尔德(Calder)的早期讨论侧重于将 Archemastrie 作为现代科学的宣言，强调约翰·狄对实验方法与定量的数学方法相结合的理解。最近的学者对约翰·狄在《前言》中 Archemastrie 部分使用的 scientia experimentalis 一词持谨慎态度，指出该词通常仅指经验，而非现代意义上的有控制的假设检验，很容易被用于神秘经验。尽管如此，玛丽·博厄斯(Marie Boas)认为约翰·狄的 Archemastrie 是指“对自然的真正观察”，以至于“魔法接近于成为实验科学”。另一方面也有学者认为，约翰·狄的朝向科学不是以魔法和神秘为代价，而是被他对神秘哲学的坚持所促进，并且以文艺复兴时期“可操作的魔法是理解自然的关键”观念为基础。(参见 Vickers B. Occult and Scientific Mentalities in the Renaissance. Cambridge :Cambridge University Press,1984:57.)

④ [美]艾伦·G. 狄博斯：《文艺复兴时期的人与自然》，周雁翎译，上海：复旦大学出版社，2000 年，第 12-13 页。

化。这种变化与伊本·海塞姆的著作《光学》(*Optics*)的翻译有关。

伊本·海塞姆[在西方又被称为"海桑"(Alhazen)]使用一种严格的实验方法，驳斥了标准的视力外向放射理论，捍卫了内向放射理论，认为人之所以有视力，不是眼睛放出光线所致，而是因为从物体放出的光线进入眼睛所致。他不仅首次提出了反射定律的完整表述，还研究了折射现象。他第一次设计了真正意义上的暗箱，在理解眼睛生理机能上取得了巨大进步。此外，他还奠定了人造透镜的知识基础。"中世纪光学非常依赖他的贡献，他无疑是吉尔伯特之前的实验科学家的最佳榜样。"[①]

1230 年，伊本·海塞姆的《光学》被翻译成拉丁语。"当时，伊本·海塞姆的《光学》等重要阿拉伯文本的译者已经选择拉丁语的'experimentare'而非'experiri'来翻译阿拉伯语的'i'bar'，并且用它们来描述光学实验。作为一种结果，中世纪哲学家通常使用'experimentum'来描述人为构造的经验。"[②]自此，experimentum 除了"经验"含义外，还承载了伊本·海塞姆相关"光学实验"之"实验"内涵。

当然，这种内涵并不能够在短期内被人们认识并加以推广，当时的人们更多地仍然是从"经验"的角度来理解 experimentum。即使有很少的先驱从"实验"的角度理解它，但是对其意义的理解也是不明确的。如 13 世纪的罗吉尔·培根虽然区别了这两个词，但是他认为这两个词只有细微的差别：experientia 表示单一的简单感知，既为人类所具有，也为动物所具有，只有在非常宽泛的意义上才能用于科学认识；experimentum 只为我们人类所独有，人类依靠此建立了基于经验的原理(experimentum principium)，如此，这两种经验是我们发现科学原理的普遍来源。鉴此，罗吉尔·培根常常互换使用 experientia 和 experimentum 这两个词。

这就是说，中世纪晚期的某些哲学家(自然哲学家)已经认为 experientia 和 experimentum 这两个词之间有一定区别，但区别不大。之后，随着帕拉塞尔苏斯实验传统的兴起以及炼金术实验的推进，experimentum 的含义逐渐向实验(experiment)转变，由此扩大了 experientia 和 experimentum 这两个词之间的差异。

到了 17 世纪，拉丁语单词 experientia 和 experimentum、英语单词 experience 和 experiment 在含义上逐渐有了差异。这成对单词中的前者表示经验，后者表示实验。吉尔伯特在 1600 年的《论磁》中，明确用 experimentum 表示实验。1660 年，波义耳卓有成效地发明并推广了"实验哲学"(experimental philosophy)(现在被称为"实验科学")一词，并在他的开创性著作《关于空气的弹性及其效果的物理力学新实验》

---

① [英]戴维·伍顿：《科学的诞生：科学革命新史》(上册)，刘国伟译，北京：中信出版社，2018 年，第 350 页。

② [英]戴维·伍顿：《科学的诞生：科学革命新史》(上册)，刘国伟译，北京：中信出版社，2018 年，第 380 页。

(*New experiments physico-mechanical touching the Spring of the air and its offcts*)中描述了这一新的方法。[①]自此，experimental philosophy 被广泛用于标志一种依靠实验的科学，再也没有人提 philosophy 了。[②]不仅如此，波义耳还在 1662 年称赞帕斯卡尔(Blaise Pascal，1623—1662)在多姆山所做的“大气压力”实验为 experimentum crucis(关键性实验)，认为它证实了一种新物理学。1664 年，亨利·鲍尔(Henry Power)在《实验哲学》一书中区分了显微镜所做的实验与用水银所做的实验，他把前者叫作 observation，把后者称作 experiment。

应该说，亨利·鲍尔的上述区分有一定道理。根据科学的“观察”定义——在不干涉认识对象的情况下对事物进行“看”的过程，显微镜之下的“看”，确实属于“观察”。按照《牛津英语词典》，以这一新含义第一次使用 observation 是在 1547 年，第一次使用 observe 是在 1559 年；1727 年是作为动词的 experiment 被用来指 experience 的最后一年，1763 年是作为名词的 experience 被用来指 experiment 的最后一年。[③]也就是说，experiment 在更早的时候就剔除了经验的含义，但是直到 1763 年才完全和经验一词分开。

以上就是这两个单词的演变情况，从中反映出“观察”和“实验”在认识自然中的演化。鉴于这种情况，在面对 experientia 和 experimentum 以及 experience 和 experiment 这两个成对概念时，一定要根据所处的历史时期对此加以分析和区别，切不可按照现代的理解盲目翻译。如对于古典时期以及中世纪晚期、近代早期，experimentum 更多地指的是经验，此时，“由于没有注意到这一含义变化，学者经常把拉丁文本中的‘experimentum’一词翻译成‘experiment’，因此让人完全误解了其含义，而其含义通常指‘experience’”[④]。

在 13 世纪之后，可能是 17 世纪或 18 世纪之前，experimentum 一词的含义虽然有从“经验”走向“实验”的趋势，但是，对于此“实验”(experimentum)，应该按照下述含义理解：“一部名为 *Experimentarius* 的著作讨论了占卜术的各种形式；*Liber experimentorum* 是对据说已经得到试验的药方的收集；奥弗涅的威廉(William of Auvergne)在其著作中称，印度是一个有着许多 experimentalists 的国度，因为魔法在那里很盛行。*experientia* 通常是一种带有强大魔力的处方；罗吉

---

① Pumfrey S, Rayson P, Mariani J. Experiments in 17th century English: manual versus automatic conceptual history. Literary and Linguistic Computing, 2012, 27(4): 395-408.

② [英]戴维·伍顿：《科学的诞生：科学革命新史》(上册)，刘国伟译，北京：中信出版社，2018 年，第 380 页。

③ [英]戴维·伍顿：《科学的诞生：科学革命新史》(上册)，刘国伟译，北京：中信出版社，2018 年，第 343-344 页。

④ [英]戴维·伍顿：《科学的诞生：科学革命新史》(上册)，刘国伟译，北京：中信出版社，2018 年，第 343 页。

尔·培根所谓的实验(experimental)天文学似乎只是一种占星学。*experimentum* 与今天所说的科学实验之间的区别就如同 *mathematicus*(占星学家)与真正的数学家之间的区别。”①

这应该是介于古代经验与近代实验之间的一种“实验”形态。这种实验形态比较典型地体现在罗吉尔·培根和吉尔伯特等的“实验”概念上，也体现于帕拉塞尔苏斯之实验传统之上。此时将 experimentum 译成实验也要注意，它与近代意义上的实验(experiment)也有区分，对于这区别也要标明。

2. 罗吉尔·培根：从自然的经验到“种相播殖”的实验

活跃于 13 世纪的罗吉尔·培根(约 1214/1220—1292)，常常被看作是中世纪倡导实验方法的先驱。他明确区分了“经验”(experientia)的两种含义：“一种是人的或哲学的经验，它基于感知觉，提供关于世俗对象的知识；另一种是内在的光明，因神的介入而产生，它既可以涉及物质，也可以涉及精神。”②对于第一种经验，他认为这是认识事物的必要前提，可以由两种方式而来，一是从观察而得来，被称作“自然的经验”；二是从实验(尽管当时一种明确的实验概念还未提出)中获得，这种经验是“‘用技艺帮助自然’而获得的经验”，被称作“实验的经验”。“自然的经验”是通过消极地接触自然如观察获得的，因而是被动的；“实验的经验”是积极地参与自然，因而是主动的，能够主动地增加经验事实，扩大感性经验的范围，提供经验事实以检验和证实从理论推论出来的结论。由此，罗吉尔·培根认为，“实验的经验”比“自然的经验”具有更重要的意义。也就是说，实验比观察更重要。③

然而，罗吉尔·培根的“实验”，并不是近代意义上的“实验”概念，而是与自然魔法(nactural magic)④有着紧密的联系。这与近代实验相比，存在着根本的不同之处。虽然罗吉尔·培根事实上并没有提出近代意义上的“实验”概念，

---

① [荷] E. J. 戴克斯特豪斯：《世界图景的机械化》，张卜天译，北京：商务印书馆，2015 年，第 196 页。

② [荷] E. J. 戴克斯特豪斯：《世界图景的机械化》，张卜天译，北京：商务印书馆，2015 年，第 195 页。

③ 夏基松，沈斐凤：《西方科学哲学》，南京：南京大学出版社，1987 年，第 19 页。

④ 自然魔法利用从自然中发现的隐匿的力量，如自然元素、植物、动物等客观存在，通过观察、实验和科学方法来发现和利用这些力量，其目的是揭示自然界的奥秘和规律，帮助人们更好地了解和掌握自然界的规律。而传统魔法则主要依赖于神秘的力量或精神中介的能力来产生作用，如通过咒语、符咒、祭祀等某种神秘的方式或仪式来获得，曾被视为一种危险的、非科学的、迷信的行为，其目的是控制或影响自然的力量或事件。因此，自然魔法较之于传统魔法被视为一种更加科学、理性的方法，而传统魔法则更加注重神秘、仪式和精神中介。

但是，他引入了一门特殊的“经验知识”(scientia experimentalis)[①]。他认为，这门“经验知识”旨在检验所有其他科学分支的结果，在这些结果中，有些是通过纯粹思维的方法获得的，有些是通过不完整的经验获得的，以使心灵能够达到绝对的确定性。[②]“他说，有一种科学，比其他科学都完善，要证明其他科学，就需要它，那便是实验科学。实验科学胜过各种依靠论证的科学，因为无论推理如何有力，这些科学都不可能提供确定性，除非有实验证明它们的结论。”[③]

这种“经验知识”是什么呢？罗吉尔·培根为我们展现了这种“经验知识”的前景。“培根越想界定它，它的身份似乎就越不确定。不过，有一点是肯定的：它是某种与科学研究的实验方法完全不同的东西。它有时也被称为‘秘密实验的知识’(*scientia secretorum experimentorum*)或‘实验术’(*art experimentalis*)，因此似乎是一种高度隐秘的技艺或技巧，而不是一种停留在理性领域的活动。它拥有一种完美的经验(*experientia perfecta*)，其价值既高于纯粹思辨的推理，也高于有缺陷的日常经验。”[④]“培根对 *experientia* 的思考与他对占星学、炼金术和魔法的看法密切相关。他和他的同时代人都把这些看作真正的科学，尽管对基督徒来说，这三门科学并非以同样的程度被允许。他期待能够用实验科学来清除它们之中的大量欺骗和错误，将其引上正确的道路，获得所期待的结果——更准确的预言、更纯净的黄金、更灵验的魔法。”[⑤]如此，罗吉尔·培根的“经验知识”与自然魔法、炼金术以及占星术等自然神秘主义就有紧密的联系了。

---

① 在我国，普遍地将罗吉尔·培根的 scientia experimentalis 译作“实验科学”。这是不恰当的。原因有二：一是将 scientia experimentalis 与 experimental science 混淆了；二是没有认识到中世纪对 scientia 以及对 experimentalis 词语含义的理解。在中世纪，拉丁语 scientia 一词的含义是“系统化了的知识”，之后才演变为英语 science，并且具有“科学”的含义。不仅如此，中世纪学者在谈到“通过经验”(per experientiam)认识事物时，对“经验”(experientia)一词的理解非常宽泛，而且对 experimentalis 一词的理解也是如此。在此情况下，scientia experimentalis 一词应译为“经验知识”(“experiential knowledge”)，而不是“实验科学”(“experimental science”)。尽管罗吉尔·培根的 scientia experimentalis 的确包含炼金术中所使用的实际步骤(experimenta)以及仪器的使用(如光学和天文学研究)，但它也包括简单的观察以及依赖于值得怀疑的数值的二手报告。而且，就当时而言，只有在天文学等少数几个领域，自然哲学家采用的程序与细致的测量有关。因此，罗吉尔·培根的 scientia experimentalis 与量化(quantification)也没有任何一致的联系。这种一致的联系要等到罗吉尔·培根之后的 1 个世纪。[参见 Dawes G W. Ancient and Medieval Empiricism, The Stanford Encyclopedia of Philosophy (Summer 2023 Edition), Edward N. Zalta & Uri Nodelman (eds.), URL.]

② [荷]E. J. 戴克斯特豪斯：《世界图景的机械化》，张卜天译，北京：商务印书馆，2015 年，第 194 页。

③ [英] W.C.丹皮尔：《科学史》，李珩译，北京：中国人民大学出版社，2010 年，第 107 页。

④ [荷]E. J. 戴克斯特豪斯：《世界图景的机械化》，张卜天译，北京：商务印书馆，2015 年，第 197 页。

⑤ [荷] E. J. 戴克斯特豪斯：《世界图景的机械化》，张卜天译，北京：商务印书馆，2015 年，第 196 页。

导致罗吉尔·培根提出如此这般的“经验知识”的原因有很多。一个主要的原因是他所持有的自然观——“种相播殖”[①]理论(theory of species multiplication)。他认为，任何事物都能够以自我复制、繁殖的方式对其他事物产生同质性的作用，通过这种作用，被作用者获得同作用者类似的性质。这方面包括光源对周遭介质和事物产生作用，以及动物繁殖、感知觉活动、理智活动在内的所有事物的变化，等等。在这种情况下，他的“实验”不可能是近代意义上的“实验”，只可能是自然魔法意义上的“实验”，其“经验知识”虽然包含实践技艺，但具有浓厚的自然神秘主义的色彩。

这就是当时科学发展的状况。在罗吉尔·培根所处的时代，科学发展面临特殊的困难。罗吉尔·培根认为解决这一困难就要批判传统，剔除谬妄，推陈出新。他在其《大著作》(*Opus Maius*)的开篇阐述了妨碍形成理性认识的诸种障碍，包括：敬畏可疑的、不再值得尊敬的权威；固持根深蒂固的传统；看重流行的偏见；故弄玄虚以掩盖无知等等。[②]在此基础上，他认为要建立“经验知识”就应该对相应的传统思想进行批判，移去这些障碍。为此，罗吉尔·培根提出了两种形式的辩护的经验论(justificatory empericism)：第一种是单独的逻辑论，即使其源自经验，对于“事物的确证”(verifiation of things)也是不充分的，如此没有经验就不能充分认识事物；第二种是有些信念只能通过经验来捍卫，没有任何先验原则的论据可以用来支持它们。而且，即使论证有它们的经验起源，也需要通过世界之物之直觉来确证。他将科学的论证与道德的、宗教的神秘的直觉相区别，尽管他也允许科学中的揭示了的直觉。不过，“他自己似乎仍然深陷其中，以致无法通过一些正面的科学成就来区别于那些缺乏反叛精神的同时代人。由此，我们必定会认识到，科学思想要想摆脱束缚还需要多么漫长的斗争”[③]。

罗吉尔·培根之后的科学发展表明了这一点。或者应该说基于上述缘由，“尽管罗吉尔·培根和其他人可能谈到作为理解宇宙基础的观察的新作用，但人们更习惯于依靠老普林尼(Pliny the Elder，23—79)或者其他古代百科全书的作者所作的那

---

① “种相”概念源于亚里士多德所构想的一种关于如何通过感知觉来认知事物的理论，阿奎那又对它作了详细阐述。罗吉尔·培根一般用“种相”来表示所有起作用的事物(不论是实体还是偶性)影响其他事物所凭借的力量。对于一个起作用的实体来说，这种力量是精神性的还是物质性的并不重要。施动者本身的特征当然在这种力量中有所揭示；“种相”在某种意义上类似于施动者，因此就其起源来说也称为“似相”(similitudo)或者“形相”(imago)。(具体内容参见[荷] E. J. 戴克斯特豪斯：《世界图景的机械化》，张卜天译，北京：商务印书馆，2015年，第210页。) multiplication既有“繁殖”“增加”的意思，也有“传播”的意思，这里其实有双重含义，故译成“播殖”还是恰当的。

② [荷] E. J. 戴克斯特豪斯：《世界图景的机械化》，张卜天译，北京：商务印书馆，2015年，第191页。

③ [荷] E. J. 戴克斯特豪斯：《世界图景的机械化》，张卜天译，北京：商务印书馆，2015年，第198页。

些寓言式描述。甚至 14 世纪出现于牛津和巴黎的对古代运动物理学的精妙批评，更多的是基于演绎推理和逻辑规则，而不是任何新的观察证据的结果”①。鉴此，走出抽象的思辨论证，进行深入的观察经验研究，仍然是 14 世纪及之后科学家(自然哲学家)所要完成的主要任务。②

除此之外，他的“经验知识”与近代实验科学还有以下两方面的不同：第一，他的“实验”不是理想状态下的实验，即不是“理想化实验”。对此，有学者就说：“我们必须小心 *experientia* 一词，不要把我们今天所说的‘实验’(*experiment*)含义赋予这个词或通常与之同义的 *experimentum*。今天所说的实验是指在有意选择的情况下尽可能隔离发生的自然现象。一般来说，*experientia* 和 *experimentum* 的意思差不多就是指经验(或者以经验方式获得的东西)，无论在何地、以何种方式获得。”③第二，他的实验并不必然要利用仪器设备来作用于自然。对于罗吉尔・培根的实验，“其间也许会用到仪器，但绝非必需。培根似乎认为，未经仪器帮助且未受特殊训练的感官对于人世间的目的来说已经完全足够”④。如此，在罗吉尔・培根那里，科学仪器对于科学实验来说就不是必需的。

(二) 赫尔墨斯传统下的实验⑤

1. 占星术、自然法术、巫术下的实验

“占星术”(astrology)一词源于希腊语，在古希腊语中的“占星术”(στρολογα)

---

① [美]艾伦・G. 狄博斯：《文艺复兴时期的人与自然》，周雁翎译，上海：复旦大学出版社，2000 年，第 12 页。

② 需要说明的是，罗吉尔・培根的最终目标是要建立一门“普遍科学”，这门科学以“种相播殖”理论为核心，能够统一解释人类感觉、理智活动在内的一切自然界的运动和变化。除此之外，罗吉尔・培根明确宣告“数学是经验科学的大门与钥匙”，由此也有人称他为数学的物理学运动的早期先驱，认为他在将数学运用于自然研究的历史进程中起着承前启后的作用。不过，必须清楚，罗吉尔・培根的“数学”与通常所说的“普遍数学”是不一样的。“普遍数学之所以能作为一种普适方法，主要是由于其高度的形式化和符号化。符号化表达均质地代表了同类事物和它们的大小，使得理智具有一种构建任何数、量的方法，具体体现为，先于且独立于感觉事物的理智构图能力。与这种数学形态不同，培根数学不仅依赖感知觉，而且其普遍性也需借助被描述对象的普遍性。”(参见晋世翔：《罗吉尔・培根在科学史中的位置》，《自然辩证法研究》，2017 年第 3 期，第 71 页。)出于他对其他人思想的激进批评和对自然魔法的主张，他受到了当时基督教会的惩罚。

③ [荷] E.J. 戴克斯特豪斯：《世界图景的机械化》，张卜天译，北京：商务印书馆，2015 年，第 195 页。

④ [荷] E.J. 戴克斯特豪斯：《世界图景的机械化》，张卜天译，北京：商务印书馆，2015 年，第 195 页。

⑤ 赫尔墨斯(希腊语：Ἑρμῆς；英语：Hermes)是奥林匹斯十二诸神之一，是畜牧之神；在古埃及它又被称为“透特”(Thoth)，透特是众神的记录者，是赫利奥波利斯之神的主神之一(埃及神话)，是智慧之神，被认为是占星术的创造者和炼金术的发明者。赫尔墨斯传统，是融合多种宗教文化元素的神秘主义法术传统。中世纪的占星术和炼金术正是在赫尔墨斯传统下进行的，因此这种传统下的实验也具有了神秘主义的特征。

与“天文学”(στρονομα)基本是同义，皆指关于天体的科学。占星术起源于人类对宇宙内部天上世界与地上世界相互关联的一套信仰。其核心的内涵是天和地在物理上是相关联的，可以根据行星和恒星事件来预测地上相关事件的发生，以及根据一个人在娘胎或出生时的天象来预言他的一生。至于“占卜术”(divination)，是通过一种仪式(活动)，来决定福祸以及相应的时辰之类的东西。“占星术”是自然哲学中一个值得人们尊重的分支，其结论很少招致怀疑。相反，“占卜术”却常常会受到各种(经验的、哲学上的和神学上的)反对意见的攻击，在整个中世纪它一直都是争论的主题。

考察天上世界和地上世界的关联，没有多少人会怀疑天是地的光源和热源，也没有多少人会怀疑太阳沿黄道的运动与季节更替之间的关联，这为占星术的产生提供了事实基础。而且，在古希腊文化中，占星术观念得到各种哲学体系的支持。如柏拉图认为行星以及行星神创造了月下区的各种事物，由此天界与地界是紧密联系的。不仅如此，他还认为，宇宙具有统一性，整个宇宙和单个人之间的关系是大宇宙与小宇宙之间的关系。亚里士多德认为，地上物体的运动与天界有紧密关系，他还把季节的变化以及地界事物的生灭归因于太阳沿黄道的运动。斯多亚学派把宇宙看成是一种以统一性和连续性为特征的活性的、主动的、有机的宇宙。……林德伯格借用亚里士多德的话说：“几乎任何古代哲学家都认为否认这些关联的存在是愚不可及的。”[①]在这种情况下，人们普遍认为只要理解了天界对地界的影响并且掌握了天界的运动和天象，就可以预言各种各样的自然现象以及人的命运。就此来说，占星术还是有一定道理的。

虽然后来某些时期也有一些反对占星术的活动，但是主要针对的是具体的占星术的决定论断言和把神性赋予恒星和行星的做法，而非其理论基础。这点在伊斯兰世界以及中世纪欧洲都是如此。当 12 世纪新柏拉图主义在西方兴盛以及希腊和阿拉伯的占星术著作被重新翻译时，占星术兴盛起来。“在 12 世纪，亚里士多德本人著作的重新获得进一步促进了占星术的亚里士多德化。在 13 世纪，占星术信念得以确立，成为中世纪标准世界观的一部分。”[②]

之后，随着《赫尔墨斯全集》的翻译及其传播，在 16 世纪和 17 世纪，通过某种神秘的经验或者直接的实验对自然进行探索，就成为占星术的普遍追求。

上述这点对于自然魔法和巫术，也是如此。以自然魔法为例，它与科学是不同的。波尔塔(Giambattista Della Porta，1535—1615)就说，自然魔法是关于异乎寻常之物的科学，它与亚里士多德的自然哲学不同，后者的目标是解释自然的常规方面，

---

① [美]戴维·林德伯格：《西方科学的起源》(第二版)，张卜天译，长沙：湖南科学技术出版社，2013 年，第 301 页。

② [美]戴维·林德伯格：《西方科学的起源》(第二版)，张卜天译，长沙：湖南科学技术出版社，2013 年，第 305-306 页。

而不是像自然魔法那样去解释非凡的和“超自然”的东西。不过，作为一种非亚里士多德式的自然哲学，文艺复兴时期盛行的自然魔法是一种不同于传统魔法的、主要以实用为目的的技术的魔法形态，它对实验的发展也有一些贡献：一是推动了整个文艺复兴时期自然哲学由沉思逐渐走向实践；二是为近代科学实验的诞生奠定了必要的实验工具和实验程序基础；三是一定程度上促成了关于理论或假说间接检验之观念的形成。

2. 炼金术的实验

炼金术起源于赫尔墨斯传统(17 世纪学者认为其文本著作是在基督教早期形成的)，复兴于 1460 年，发展于帕拉塞尔苏斯学派。

炼金术的产生有其深刻的哲学基础和社会原因。炼金术的哲学基础来自亚里士多德的“四元素说”和柏拉图的“理念论”。在亚里士多德那里，水、火、土、气四元素不仅是可以互相转换的，而且转换后由不同比例的这四种元素所组成的物质还具有不同的性质。由此，炼金术的一个基本思想就是通过“炼”金属，改变其中各种不同元素的比例从而导致其性质发生改变，由一种金属变成另一种金属。在柏拉图那里，事物都是趋向于完善的。将此思想应用于炼金术中就是：金属是生长于地球内部的有机物质，当地球内部生长金属的自然过程圆满完成时，就生产出了金，金是最完美的金属；当地球内部生长金属的自然过程没有圆满完成，即生长金属的这一过程中断或早产时，就生产出不太完美的乃至不完美的金属。炼金术士的主要任务就是通过实验，运用技艺，以人为的过程，在“哲人石”(“炼金术士的魔法石”，又被称作“顺应自然的催化剂”)的帮助下，加速完成地球内生产金的自然过程，如发酵、生长、消化、生产、成熟等，最终生产出金来。这就是炼金术的哲学基础和主要内在思想。不仅如此，炼金术士作为一种独立的职业得到认可的最主要原因，是他们被皇室频繁地召集到宫廷中，将金银与其他金属结合形成合金，竭力为皇室提供一种用少量的金银制造更多硬币的方法。在皇室看来，这既能够获得金银贵金属，增长财富以体现富贵，也能够解决当时的政治和经济困难。由此，皇室是支持炼金术的，炼金术获得了合法性地位，甚至关于炼金术的政策在亨利六世那里成为主要的经济政策。这些是那一时期炼金术在西方得以产生及盛行的社会政治、经济和文化等方面的原因。[①]

文艺复兴时期，人们既可以热爱炼金术也可以憎恨炼金术。达・芬奇在他关于绘画的论述中就称炼金术士为“天才的骗子”。他虽然不赞成炼金术，但是同时又给予它极大的赞扬。在他的笔记中，有许多对炼金术方法的详细记录，他也用类似于作坊里熟悉的物理和化学过程的术语来描述某些自然现象的运动变化。与达・芬

① Moran B T. Distilling Knowledge: Alchemy, Chemistry, and the Scientific Revolution. Cambridge: Harvard University Press, 2005: 31.

奇同时期的比林格塞奥(Vanoccio Biringuccio，1480—1539)也是既赞扬又谴责炼金术。对于炼金术，比林格塞奥是没有多少信心的。他说道："炼金术士根本无法模仿只有自然才能创造的东西。"[①]然而，当炼金术在作坊中按照实验程序被部分实现，并且能够被理解并公开时，他又给出了不同的看法。他认为炼金术：一是就像达·芬奇一样，在通过大自然本身制造有用的东西，改变物质形态的过程中，至少有一些是可以模仿的，而且确实可以通过工匠所掌握的技术来加速事物的转变；二是凡是自然界有恩惠可以发现的地方，凡是智力可以开放的地方，就需要体力劳动来找到它们，从这个意义上说，炼金术使人们认识到，事物的某些内在力量和潜力，不是通过启示，而是通过那些操作不同的物质并经常被酸性物质腐蚀和灼伤的手指来实现的；三是通过分离物质，获得关于自然内部力量的第一手经验，并进而获得实践知识。[②]就此，比林格塞奥并没有完全否定炼金术，而是撰写了大量的炼金术方面的著作。这被许多炼金术者收藏，从而推进了炼金术的普及。

在那时，像比林格塞奥这样的人有很多。他们撰写了大量的炼金术著作，向社会各界传播，而且，各个阶层都可以有属于他们的炼金术，这导致炼金术书籍被大量出版和销售。所有这些都促进了炼金术的广泛传播、普及与应用。

尽管炼金术在文艺复兴时期以及近代早期在西方大行其道，但也有一些人对此保持怀疑。由本·琼森(Ben Jonson，1572—1637)创作并于1610年在詹姆士一世宫廷上主演的话剧《炼金术士》中，詹姆士一世扮演怀疑者的角色。他面对狡猾的骗子炼金术士(由他的仆人扮演)说道："请对炼金术操作中的'激扰'以及'金属的折磨'(martyrizations)进行解释。"仆人面对着他说道："先生，它们是腐乱、溶解、作用、蒸馏、混合、烧灼、礼拜和固定。"[③]

分析炼金术中的物质转化过程，集中体现了"激扰"的思想。一般来说，炼金术被认为是一种能够打开"自然秘密大门"的工艺，炼金术的"激扰"可以控制物质的变化，使贱金属转化为金银贵金属。

3. 帕拉塞尔苏斯的医药化学学派实验

炼金术士这种"激扰自然"的思想，被创立医药化学学派的帕拉塞尔苏斯(约1493—1541)所接受。他部分地反对以往的"大宇宙-小宇宙平行论"和炼金术士的金属理论，提出了物质性普遍感应的医药化学观点。不仅帕拉塞尔苏斯的个人观点带有赫尔墨斯主义的神秘气息，而且他的思想、行动以及著作《哲人书——激扰之

---

① 转引自 Moran B T. Distilling Knowledge: Alchemy, Chemistry, and the Scientific Revolution. Cambridge: Harvard University Press, 2005: 39.

② 转引自 Moran B T. Distilling Knowledge: Alchemy, Chemistry, and the Scientific Revolution. Cambridge: Harvard University Press, 2005: 40-43.

③ Jonson B. Mercury Vindicated from the Alchemists at Court//Jonson B, Gifford W. Works. Vol. 11. London: Routledge, Warne, and Routledge, 1860: 595-597.

书》(*The Coelum Philosophorum—Book of Vexations*)之中更多体现了“附魅”之下的“激扰”操作。在他写作《哲人书》时，副标题用的就是《激扰之书》，大意是：世界和人体运作的主要过程是炼金术的，这种炼金术的关键技术和过程是分离和蒸馏，分离是一切事物产生的原则，通过这一分离，即“激扰”，产生具有新质的事物。[①]在《关注事物的本质》(*Concerning the Nature of Things*，1537年)的第一卷中，帕拉塞尔苏斯写道：“了解转化的过程是最为必要的……它们往往跟这些联系在一起，即煅烧、升华、溶解、腐败、蒸馏、凝血、酊剂。”[②]这些转化的过程，在帕拉塞尔苏斯看来，就是vexations(“激扰”)。

由此可见，通过实验对相应的对象进行“激扰”，成为帕拉塞尔苏斯医药化学学派的核心。这是与炼金术一脉相承的。但是，帕拉塞尔苏斯医药化学学派接受炼金术的相关思想以及“激扰”实验的目的并不是将普通金属变为黄金，而是运用汞、硫和盐来制造药物，进而调整人体内部的元素比例，以达到医治人体疾病的目的。

为了实现这一点，以帕拉塞尔苏斯为首的这一派吸收了古希腊和古罗马相关医学思想，对此加以改造。“希波克拉底派和盖伦派的医生把疾病看成系统性的，认为疾病源于四种体液的不平衡，而帕拉塞尔苏斯则认为疾病源于外在于人的、影响人体特定部分的元素。由于人体的各个部分对应于各个天体，医生可以通过理解星辰与身体各个部分之间的对应关系以及星辰与地球上的金属、矿物和植物之间的对应关系来找到治疗方法。于是，占星学充斥于帕拉塞尔苏斯派的医学。炼金术也起着核心作用。”[③]

不仅如此，由于人类接受了对神的皈依(Divine Grace)，而不只是被动地接受星体的影响，而且，由于宇宙的各部分之间存在着一种普遍的一致性，因而人既可以受到超自然的影响，也可以反过来影响超自然。这一概念通过药效形象说(the doctrine of signatures)[④]在医学上具有直接的价值。在此，“人们要求真正的医生有能力成功地从植物界与矿物界寻找与天体相一致的那些物质，并因此最终找出与造物主相一致的物质”[⑤]。由此，人类、自然、超自然存在着普遍共感，而且世上的万物普遍具有精神和灵魂。据此，文艺复兴时期的自然魔法、炼金术也就大行其道了，

---

① Paracelsus. The coelum philosophorum, or book of vexations//Waite A E(trans.). The Hermetic and Alchemical Writings of Aureolus Philippus Theophrastus Bombast, of Hohenheim, called Paracelsus the Great. Berkeley: Shambala Books, 1976: 2, 5-20.

② Paracelsus, Hermetic Writings, op. cit., Waite A E(trans.). Vol. 1. quotation on pp. 151.

③ [美]玛格丽特·J. 奥斯勒：《重构世界：从中世纪到近代早期欧洲的自然、上帝和人类认识》，张卜天译，长沙：湖南科学技术出版社，2012年，第137页。

④ 这是古代西方的一种医学观，即如果某种植物具有与人体器官对应的名称或形态，那么其就对相应器官具有医用价值。

⑤ [美]艾伦·G. 狄博斯：《文艺复兴时期的人与自然》，周雁翎译，上海：复旦大学出版社，2000年，第18页。

帕拉塞尔苏斯医药化学学派的实验也就有了较大的社会影响。

帕拉塞尔苏斯反对当时大学里占统治地位的、传统的亚里士多德哲学，信奉能够说明所有自然现象的基督教的新柏拉图主义和赫尔墨斯思想。根据大宇宙与小宇宙的平行论，不仅人的“精神-灵魂-肉体”“三分”对应于大宇宙的“逻各斯-努斯-宇宙”的“三分”，而且，它也被拓展到金属，以至于金属中也存在着类似于精神、灵魂和肉体的元素，只不过，这三种元素并非像今天的人们所认为的是不同类型的存在，而是如斯多亚学派所认为的都是物质性的。

帕拉塞尔苏斯继承了这一思想，不再坚持亚里士多德的“四元素说”，也不赞同先前炼金术士关于金属的所谓“硫-汞理论”[①]，而是把所有物质都建立在“汞”、“硫”和“盐”三要素(principles)的基础上。“汞”是代表主动的精神要素，“盐”是代表被动的肉体要素，“硫”是代表在两者之间进行调节的灵魂要素，三者在人体以及其他物质中的比例，决定了这些物质的状态。如对于人体，“汞”决定其流动的内容，“硫”促进其生长，“盐”赋予其形式和牢固性，三者的平衡决定了人体的健康。当这三要素受到干扰从而导致不平衡时，就可以通过药物重新建立平衡。尽管这里的汞、硫、盐并不是近代化学中的对应元素，但是所体现出的思想倾向是与近代化学意义上的医学相一致的。如此，帕拉塞尔苏斯就发展了医药化学(iatro-chemical)理论——“化学是医学的一种适当基础，并因此成为一切科学之首。”[②]

帕拉塞尔苏斯上述医药化学的理论，是建立在赫尔墨斯传统基础上的，并把化学作为研究人体和宇宙的指南。“他们高声反对当时过于依赖古人的潮流，倡导一种建立在以化学为取向的观察和实验基础上的新医学和新自然哲学。”[③]“他们强调把观察和实验作为研究自然的一种新基础。”[④]通过化学实验，也就是通过观察和实验，改变物质中的“汞”“硫”“盐”三要素的比例，以治疗人体三元素的失衡，就成为帕拉塞尔苏斯及其追随者的信条。这一过程既体现了帕拉塞尔苏斯对化学和其精神原则的掌握，又推动了医疗化学以及化学自身的发展，并为实际工作提供了

---

① 中世纪欧洲的炼金术没有超出阿拉伯人的水平。欧洲炼金术士也认为，水银是一切金属的本源，硫为一切可燃物所共有。但他们所谓的水银和硫，是一种性质要素，而不是实体。他们认为，金和银含有最纯粹的水银和硫，贱金属与金银之所以不同，仅在于所含水银、硫的比例和纯度有所不同；而借助于“哲人石”就可使贱金属的本质趋于完善并转化为黄金，所以炼金的关键在于制出“哲人石”。同中国炼丹术士一样，欧洲炼金术士对他们的方术也严格保密，所以秘方中充满符号和隐喻，令人很难弄清他们活动的具体内容。

② [美]艾伦·G. 狄博斯：《文艺复兴时期的人与自然》，周雁翎译，上海：复旦大学出版社，2000年，第40页。

③ [美]艾伦·G. 狄博斯：《文艺复兴时期的人与自然》，周雁翎译，上海：复旦大学出版社，2000年，第42页。

④ [美]艾伦·G. 狄博斯：《文艺复兴时期的人与自然》，周雁翎译，上海：复旦大学出版社，2000年，第41页。

一个基础。“由于热与火的重要性，因而对尿的新的化学分析与新的化学药效形象说都具有蒸馏程序的特征。同样，帕拉塞尔苏斯派学者在对矿泉浴场的药用水成分的研究中，推动了分析化学的发展。该领域一种悠久的中世纪传统不但导致了各种分离测试的发展，而且也导致了各种真正的分析程序的发展。”①

然而，我们对帕拉塞尔苏斯医药化学的作用不可夸大。虽然当时一流的化学家都是帕拉塞尔苏斯学派的学者，他们形成了一个名为“医药化学家”(iatrochemists)或“金石药家”(spagyrists)的学派，但是，与近代化学不一样的是，他们并非为了处理各种化学现象，而是将化学看作是医学的侍从。“他们在蒸馏实验中广泛使用化学设备，并始终把各种化学类比作为理解整个自然现象的方法，这使他们恰好置身于赫尔墨斯-炼金术传统之中。”②在帕拉塞尔苏斯及其追随者那里，万物是有灵的，“汞”“硫”“盐”三元素是有生命的，这直接影响到对这三种元素的鉴定、操作及其认识。进一步地，他们还认为，这三种要素的性质在它们按照不同比例所形成的物质中是保持不变的。既然如此，改变某一物质中的这三种元素的比例，就能够改变这一物质的性质，进行相应的药物制备和使用，就可治疗人类疾病。

帕拉塞尔苏斯进一步指出，对于任一物质，除了“汞”“硫”“盐”这三种物质性要素外，还有一种更具精神性的要素——“主基”③(Archeus，常常被称作“始基”或“本原”)，只是它仍然被看作一种精细的物质。主基的作用有二：一是作为内在发展要素，引导和控制着化学过程；二是作为规范性的、组织性的要素，把本来只是单纯聚集的东西连成一个整体。这样一来，“由于拥有元气，物质被置于与生命体同样的层次，在生命体中，三要素也通过一个生命要素融合在一起，从而本身不可见”④。主基学说体现了万物有灵论[又称为“物活论”(hylozoism)，即万物都是有生命的]，据此，不能引导产生清楚的元素分析和机理分析，这对于科学的发展不利。结果就是“虽然帕拉塞尔苏斯的确在化学上开辟了新的方向，但他具有神秘主义倾向，思想混乱，其最具个性的观点鲜有追随者。”⑤

总结帕拉塞尔苏斯在赫尔墨斯传统下的实验可以发现，他已经触及近代意义上的实验的最深层次——“干涉”(intervention)，只是这种触及是以“激扰”的方式进

---

① [美]艾伦·G. 狄博斯：《文艺复兴时期的人与自然》，周雁翎译，上海：复旦大学出版社，2000年，第37页。

② [美]艾伦·G. 狄博斯：《文艺复兴时期的人与自然》，周雁翎译，上海：复旦大学出版社，2000年，第41页。

③ 在2015年的译本中，被译作“元气”。(参见[荷]E.J. 戴克斯特豪斯：《世界图景的机械化》，张卜天译，北京：商务印书馆，2015年，第391页。)其实，笔者觉得还是译作“主基”更好。

④ [荷]E.J. 戴克斯特豪斯：《世界图景的机械化》，张卜天译，北京：商务印书馆，2015年，第391页。

⑤ [荷]E.J. 戴克斯特豪斯：《世界图景的机械化》，张卜天译，北京：商务印书馆，2015年，第392页。

行的，即在大宇宙与小宇宙的平行论、普遍共感以及万物有灵的观念基础上进行，由此使得它与近代意义上的实验“形似而神异”。现在，赫尔墨斯传统下的实验甚至被许多人认为是伪科学，但是，如果我们不从近代科学的视角来解释它，即不采取一种“辉格式”的历史观去评价它，而是实事求是地去看待它在历史中的地位，将会发现，从 16 至 17 世纪的 100 多年间，在欧洲形成了一个对化学发展至关重要的医药学派，这一学派是在赫尔墨斯(自然魔法)传统下进行实验的，这成为许多近代自然科学的雏形。

（三）“附魅”自然观基础上的实验实践

1. 吉尔伯特：根据磁的灵魂学说解释磁现象

吉尔伯特(1544—1603)的科学研究和科学方法集中体现在出版于 1600 年的著作《论磁》中。无论是在吉尔伯特之前，还是在吉尔伯特生活的时代，对磁现象的研究已经有很多，并且已经在实践中发现了许多磁现象。吉尔伯特对磁现象研究的贡献就在于他通过系统的实验，对磁现象进行了系统的研究，并发现了许多新的磁现象，给出了有关磁的灵魂的统一解释。

吉尔伯特在《论磁》中通篇都在强调实验主义的思想。这体现在他对两个工作原则的论述中。第一个原则表明了一种包含怀疑态度的经验主义，吉尔伯特认为，由于几乎所有被确立的、诠释的概念都是错误的，所以人们不得不牢牢地从观察到的现象中保持理性；第二个原则是对类比的研究方法的合理性论证，通过发现型实验对自然进行研究便是在这个原则的支持下开展的。吉尔伯特认为，地球模型可用以重复自然状态下有关地球本身的磁现象，比如，指南针的指向性。①他在论述关于磁性的实验现象的时候，所使用的是磁球，而不是磁棒——即使磁棒比磁球更合适于实验——而且他称呼磁球为“小磁球”(terrellae)——这是一种磁化了的小球，字面意思为“小地球”，指用天然磁石制成的球形磁体。②他这么做的目的，大致就是强调实验中所用物体与自然状态中的物体之间的类似。根据这种对类比的合理性论证，以及在语言上隐喻的使用，他就有意识地支持了在实验室中研究自然现象的合理性。

毫无疑问，吉尔伯特做了许多磁学实验，发现了许多磁现象。对于发现的这些现象，他也依据磁的灵魂学说做出了解释。“将一块磁石放到盘子上，让其能在水面上漂浮……将另一块磁石拿在手中，用它的北极去接近漂浮在容器里的磁石，后

---

① [英]彼得·哈曼，西蒙·米顿：《剑桥科学伟人》，李佐文、刘博宇、姜雪等译，保定：河北大学出版社，2005 年，第 6 页。

② [荷] E.J. 戴克斯特豪斯：《世界图景的机械化》，张卜天译，北京：商务印书馆，2015 年，第 217 页。

者会追随你手中的磁石，好似渴望与其相连。……于是可知这是一条法则：一块磁石的北极吸引另一块的南极，而它的南极吸引另一块的北极。设若你相反而行，让一块的北极接近另一块的北极，你手中拿的这块磁石就会显得像是在推那漂浮的磁石并使其逃离。……这是因为其中一块磁石的北极寻找另一块的南极，所以会排斥另一块的北极。一个证据就是，最终北极会与南极结合在一起。”[①]

如此，就出现了疑问：在自然主义泛灵论的背景下，吉尔伯特是如何能够做出相关研究和发现的呢？在他的自然主义泛灵论与实验发现之间，究竟存在着什么样的关系呢？是否一旦持有自然主义的泛灵论，就不能运用实验方法对相关现象展开研究？

事实上，吉尔伯特是通过实验调查确立磁学的基本事实，并且通过泛灵论的自然观(hylozoism)来回答这些问题的。基于对第一个问题的回答，他的书常常被称颂为近代实验科学的第一个例子；基于对第二个问题的回答，他的书常常被认为是为了阐明“磁就是地球的灵魂”这一新的自然哲学——自然法术。“吉尔伯特的某些主要信念属于前科学时代的观念。他坚持说行星拥有灵魂，地球是一个有磁性的行星。”[②]对于吉尔伯特等来说，反对亚里士多德形而上学的逻辑推理，倡导自我体验，尤其崇尚自然法术，从而进行相应的观察和实验实践，是一件重要的事情。在他们看来，自然法术与腐朽的巫术相去甚远，自然法术通过在神创的自然界中探求神性真理而与宗教紧密地联系在一起，这样，对自然进行观察和对自然进行实验就成为敬神仪式的一种形式，成为与神的一种真正联系，成为对上帝的一种探求。从这个角度来说，他对第三个问题的回答则是否定的，持有自然主义泛灵论的人也能运用实验展开相关研究。“经院亚里士多德主义断言，人的理智能够探究自然的理性秩序，而16世纪的自然哲学则宣称理性无法参透自然的奥秘。只有凭借经验，才能得知有隐秘的力量渗透于宇宙中。”[③]当然，也不能过高评价吉尔伯特的科学研究，毕竟他的世界观念有万物有灵论的成分。

2. 哈维：遵循旧的自然哲学解释血液循环理论

1628年，哈维(1578—1657)的《心血运动论》[④]出版了。在这本书中，哈维系统阐述了他的血液循环理论，基本内涵是：血液通过大静脉流入右心房，当右心房收

---

① 转引自陶培培：《被化约的“排斥运动”——吉尔伯特对于磁体排斥现象的研究》，《自然辩证法通讯》，2015年第1期，第86页。

② [英]彼得·哈曼，西蒙·米顿：《剑桥科学伟人》，李佐文、刘博宇、姜雪等译，保定：河北大学出版社，2005年，第2页。

③ [美]理查德·韦斯特福尔：《近代科学的建构：机械论与力学》，张卜天译，北京：商务印书馆，2020年，第35页。

④ 《心血运动论》一书原名为《动物的心血运动及解剖学研究》(*An Anatomical Disquisition on the Motion of the Heart and Blood in Animals*)，中文本译名为《心血运动论》。

缩时，血液就被送到右心室，此处的瓣膜使其不可能回流；然后，右心室收缩，把血液通过肺动脉送入肺部，瓣膜又一次使其不可能反转方向；之后，来自肺部的血液从肺静脉进入左心房；紧接着，左心房收缩，血液就进入左心室；最终，进一步的收缩迫使动脉血进入主动脉和动脉系统。

哈维为什么能够提出“血液循环理论”呢？这与他利用如下的方法论原则是分不开的：进行反复的活体解剖，并做出精细的观察，然后提出假说，再进一步考量假设的可行性。①哈维解剖并且考察过约 40 个物种的心脏和血液运动。他观察到，所有情况下心脏收缩时会变硬，且动脉会扩张，这种周期性的扩张能够从手腕的脉搏中感觉到。由此，他假设，这种情况的发生是血液正在被泵入动脉，起水泵作用的是心脏。心脏就像水泵一样，使得液体在由水管组成的闭合回路中流动。哈维在一篇论文中写道：“由心脏的结构可以清楚地看出，血液经由肺部被不断运送入主动脉，就像通过两个水阀把水喷射出来一样。”②

据此，是否就可以认为哈维具有机械论动物观(生命观)，并且将这样的机械的观念用于生物学的研究中呢？答案是否定的。这点从他对血液循环的解释就可看出。

他在思考着，既然血液是从右心室经由肺部进入左心室的，那么，从左心室被压出的血液又到了哪里呢？他做了这样一个实验，并且假设左心室只能容纳 2 盎司血，脉搏每分钟跳动 72 次，那么左心室 1 小时之内就可迫使约 540 磅的血进入主动脉。这么多的血液从哪里来呢？动物体内的血液最多只有几磅，这么多的血液不可能重新生产出来，只能来自静脉并且循环运行。他写道：“我开始思考，是否在循环中实际上可能并不存在运动。后来，我确实发现这种运动真的存在；最后我看到，被左心室的作用压入动脉的血液统统被分布到体内。这些血液被分成几个部分，以其流经肺部的同样方式，被右心室压入肺动脉，然后再经过静脉和大静脉，以已经说过的方式转向左心室。我们也许可以把这个运动称为循环。这个循环是按照亚里士多德所说的相同方式产生的：空气与雨水仿效着天体的循环运动，因为潮湿的土地被太阳晒热而蒸发，这些升入空中的水蒸气就凝结起来，并以雨水的形式降落下来，又一次湿润土地……”③

根据哈维的上述陈述，可以看出，他是亚里士多德理论的信奉者。这点由他通过大宇宙-小宇宙的类比来理解心脏的作用得到佐证：“所以，心脏是生命之源，是小宇宙的太阳，这正如太阳接下来很可能被认定是世界的心脏那样。因为正是心脏

---

① [英]丹皮尔：《科学史及其与哲学和宗教的关系》，李珩译，北京：中国人民大学出版社，2010 年，第 133 页。

② [美]理查德·韦斯特福尔：《近代科学的建构：机械论与力学》，张卜天译，北京：商务印书馆，2020 年，第 107 页。

③ 转引自[美]艾伦·G. 狄博斯：《文艺复兴时期的人与自然》，周雁翎译，上海：复旦大学出版社，2000 年，第 81 页。

的功效和搏动，才使得血液运动不息、完善无瑕、易于供给营养，并且防止了腐烂和凝结。正是这种普通的神性，在履行其职责时，滋养、抚育了整个身体，并加快了整个身体的成长。它的确是生命的基础、一切活动的源泉。”[①]

由此，哈维把血液看作神性的存在，并且认为其是生命之基础和来源，是一种精神性的物质。“对自然来说，灵魂由星星的本质所控制，与精神一同被囚禁，换句话说，灵魂与天有些类似，是天的工具，与天相应。”[②]就此而言，哈维将血液作为精神性的物质存在来理解，与盖伦“三灵气说”中对于血液的理解有神似之处——盖伦认为，肝脏是人体的造血器官，食物的营养在肝脏转化为携带着“自然灵气”(natural spirits)的静脉血；这种静脉血的大部分通过静脉在人的身体做“潮汐运动”，小部分透过心脏膈膜进入左心室，与来自肺部的空气结合生成“生命灵气”(vital spirits)，然后再通过动脉输送到全身，为全身注入活力；一部分生命灵气上升到大脑，在那里“生命灵气”转化为“动物灵气”(animal spirits)，支配人体肌肉的活动，并使人产生表象、记忆和思维活动。

由上面哈维关于心脏以及血液循环理论的论述，可以得到下面的结论：哈维在将心脏血泵类比于水泵时，是自发的机械论观念的应用，并非意味着他拥有机械自然观。他将心脏及血液的循环作用作为大宇宙-小宇宙类比时，又是与亚里士多德主义以及盖伦“三灵气说”相一致的，“直到临终之前，他仍认为自己既是亚里士多德的信徒又是盖仑[③]的追随者”[④]。

这也告诉我们，遵循一种旧的自然哲学信念进而运用新的直接面向自然的精确观测方法，是能够得到重大的发现的，且发现的意义巨大。I.伯纳德·科恩认为，“哈维对生物学以及对医学的生理学基础的根本性改革包括三个重要方面。第一个重要方面是论证了心脏动脉和静脉构成了一个“循环”系统；第二个重要方面是引入了定量推理，并把它作为有关生命过程问题之结论的基础；第三个方面即最重要的方面是，坚定地把实验和细致的直接观察确定为发展生物学和确立生命科学知识的方法。[⑤]还有学者写道，哈维的科学成就意味着解剖学或生理学中新的范式的确立，他的研究实践为之后的研究提供了范例。“虽然有些人曾经更早地提出过神秘的血液循环，但哈维当时涉及到了真正的实验，并且提出了一种不可辩驳的定量论据。人

---

① 转引自[美]艾伦·G. 狄博斯：《文艺复兴时期的人与自然》，周雁翎译，上海：复旦大学出版社，2000 年，第 82-83 页。

② [美]理查德·韦斯特福尔：《近代科学的建构：机械论与力学》，张卜天译，北京：商务印书馆，2020 年，第 108 页。

③ 此处的“盖仑”即本书中的“盖伦”。

④ [美]艾伦·G. 狄博斯：《文艺复兴时期的人与自然》，周雁翎译，上海：复旦大学出版社，2000 年，第 86 页。

⑤ [美]I. 伯纳德·科恩：《科学中的革命》，鲁旭东、赵培杰译，北京：商务印书馆，2017 年，第 282 页。

们认为，哈维的著作是对人体过程的第一个恰当说明，也是通向近代生理学之路的起点。可以肯定的是，从这以后，人们对待生命过程的态度就有了改变。而早些时候人们论及的无法定义的体热(innate heat)、空气的力、动物精气以及内在生机(archei)注定要被取代，取而代之的是人们对那些更加简单的物理概念的一种新的寻求。”①

当然，哈维的理论也有其时代的局限。虽然哈维将心脏确定为血液循环的动力，但他同时错将心脏看作生命的起点，而认为血液循环的过程就是生命重新获得活力的过程。

3. 范·赫尔蒙特：依据活的生命要素解释杨柳实验

范·赫尔蒙特(1579—1644)反对旧的自然哲学，赞成自然法术和帕拉塞尔苏斯的观点。这种自然哲学的取向，集中体现于在他去世4年后出版的全集《医学起源》(*Ortus Medicinae*，或译为《医学精要》)中。范·赫尔蒙特认为，古代的自然哲学都是落后的，应该摧毁；古代的科学和医学都是“数学的”和“逻辑的”，应该由对自然的真正观察研究代替。之所以如此，最主要的原因是它们都预设了一个固定不变的原动力去永恒地推动事物的运动，以达到“数学地”或“演绎地”研究事物的运动变化。这就给造物主施加了限制，与基督教的教义相违背。

在上述认识的基础上，范·赫尔蒙特认为，自然界的万事万物都是有精神和情感的，都是相互感受的，凭借这种感受力，它们可以觉察出哪些是它们的同类，哪些是它们的异类。对于同类，它们是爱戴的；对于异类，它们是痛恨的。正因为这样，范·赫尔蒙特就非常赞成用膏药疗伤时，不需要把膏药涂抹在伤口，而是把膏药涂抹在使人受伤的武器上，就可以达到疗伤的目的。

在后人看来，范·赫尔蒙特的观点是错误的，但是，在当时的文化背景下，却是有积极意义的。范·赫尔蒙特认为：“要让学术界知道，数学规则或者通过论证得到的学问与自然并不相符合。因为人并不量度自然，而是自然量度人。”②在这种情况下，他就坚持走向自然，通过自然来认识自然。他认为自然界中的现象是纯粹的自然现象，不需要用超自然的术语进行描述。借此，他就说：“自然……并不要求神学家作为她的诠释者，而只希望医生做她的子民。”③在此基础上，他就坚持通过直接观察自然来获得关于自然的认识。

范·赫尔蒙特进一步指出，仅仅对自然进行直接的观察还不够。根据他的自然

---

① [美]艾伦·G. 狄博斯：《文艺复兴时期的人与自然》，周雁翎译，上海：复旦大学出版社，2000年，第87页。

② 转引自[美]艾伦·G. 狄博斯：《文艺复兴时期的人与自然》，周雁翎译，上海：复旦大学出版社，2000年，第148页。

③ 转引自[美]艾伦·G. 狄博斯：《文艺复兴时期的人与自然》，周雁翎译，上海：复旦大学出版社，2000年，第147页。

哲学观点，事物的运动变化等属性是事物生命中所固有的，它被造物主注入最初的种子里，要认识事物，就要认识建构自然界实在的各种生命要素。对此，范·赫尔蒙特宣称："'逻辑是无益的'，'19种三段论带不来知识'。能够认识事物真相的唯有理解力，而不是浮于表面的理性。理智必须探入深处；理解力必须转变为'可理解之物的形式；事实上在这一刻，理解力(仿佛)成了可理解之物本身'。"[①]"只有理解力凭借着对真理的一种直觉才能认识事物本身，并且在认识事物的时候认识它们的运作。"[②]这点充分体现于他的"杨柳观测实验"及其对"万物源于水"的命题的相关解释上。

范·赫尔蒙特将200磅(1磅≈0.4536千克)在火炉中烘干的土放入一个陶器中，然后在其中植入5磅重的杨柳枝干，之后在需要的时候浇上水。而且，为了防止空气中的灰尘混入土中，他用一块马口铁盖住陶器口，在上面钻了许多小孔。这样经过了5年，柳树长大了，称重约为169磅3盎司(1盎司≈0.0283千克)，而将陶器里的土烘干称重，发现它大约是200磅(只比5年前少了约2盎司)，如此，他认为，杨柳增加的164磅重量应该就是它所吸收的水量。

在此，"水"成为杨柳生长的根本性的要素。对于"水"以及杨柳的生长，范·赫尔蒙特是这样解释的："水是质料，代表雌性本原，需要雄性的种子本原或生命本原为它受精和赋予生命。"[③]"当然，种子本原或者生命本原构成了每一个存在物的终极本质，是每一个存在物是其所是和行为的来源。"[④]"赫尔蒙特把它比喻成工匠大师，不是一个死的形象，而是一个'充分了解'自己必须做什么并且有能力实现自己的形象。"[⑤]如此，当雌性要素与雄性要素相遇时，杨柳"胚胎"获得了"水"，从而就生长发育长大。在这里，无论是杨柳还是水，都是有精神的、有灵魂的，受着某种无形的看不见的力量支配。人类对自然界万事万物的认识，就是要认识这样的精神、灵魂及其力量。

从今天的角度看，范·赫尔蒙特的实验存在很大的问题，而且其基于元素体系和万物自身生命循环变化的活力论解释，也是错误的，但是，在当时，这是一项精心设计的定量实验，其中蕴含了他的物质不灭以及重量守恒的思想。"对17世纪

---

① [美]理查德·韦斯特福尔：《近代科学的建构：机械论与力学》，张卜天译，北京：商务印书馆，2020年，第36页。

② [美]理查德·韦斯特福尔：《近代科学的建构：机械论与力学》，张卜天译，北京：商务印书馆，2020年，第36-37页。

③ [美]理查德·韦斯特福尔：《近代科学的建构：机械论与力学》，张卜天译，北京：商务印书馆，2020年，第35页。

④ [美]理查德·韦斯特福尔：《近代科学的建构：机械论与力学》，张卜天译，北京：商务印书馆，2020年，第35页。

⑤ [美]理查德·韦斯特福尔：《近代科学的建构：机械论与力学》，张卜天译，北京：商务印书馆，2020年，第35-36页。

中期几十年间的许多人来说，范·赫尔蒙特似乎为新哲学提供了一种方法，这种方法和机械论哲学家的方法一样充满希望。这就是对自然进行一种‘基督教的’观察研究，它似乎反对较早期的帕拉塞尔苏斯信徒的神秘主义，但仍然表明把人和自然进行比较是正当的。”[①]讨论实验科学的历史无论如何都不能略过这个实验，虽然从现在看来这个实验漏洞很多，但这确实是一项范·赫尔蒙特相信“任何东西都不能被自然力或技艺所消灭，也不能被创造出来”的实验，这种“守恒”的思想可以说是近现代科学一切定量实验的前提。

二、弗朗西斯·培根：“激扰自然”的实验思想

罗吉尔·培根虽然区分了“经验”(experientia)与“实验”(experimentum)，并且倡导“经验知识”(scientia experimentalis)，但是，他的“实验”是在“种相(species)播殖”的理论背景下进行的，更多地与自然魔法(以下简称“法术”[②])、炼金术相关联，并非近代科学意义上的实验；伽利略虽然提出并且贯彻理想化实验，但是，对近代科学实验之本质“干涉”没有涉及。提出近代科学实验之“激扰”(vexing)[③]思想的是弗朗西斯·培根(1561—1626)，他被普遍认为是近代实验科学的真正始祖。弗朗西斯·培根是如何提出近代科学实验之“激扰”思想的呢？他提出这一实验思想的缘起如何呢？是基于什么样的哲学思想基础呢？

(一)为什么做实验：出于人类福祉，面向自然展开认识

1. 动机：为全人类的福祉而奋斗，推崇“光”的实验，“点燃照亮自然之灯”

第一，为人类服务，做出新的发明尤其是发现。

从弗朗西斯·培根的人生经历可以看出，他的一生主要是追求政治权力为国家行政服务。既然如此，他又如何能够提出“激扰自然”的实验思想的呢？这与他的远大的理想“相信自身存在的意义是为全人类服务”有关。

弗朗西斯·培根的父亲是按照未来政府高层的标准精心培养弗朗西斯·培根的，

---

① [美]艾伦·G. 狄博斯：《文艺复兴时期的人与自然》，周雁翎译，上海：复旦大学出版社，2000年，第151页。

② 以下文本中的magic之所以译作“法术”，而不译作“巫术”以及“魔法”，主要原因在于弗朗西斯·培根是在扬弃的基点上使用 magic 的，除掉了巫术的腐朽的东西以及“魔法”的邪恶之意。至于其他地方，仍然按照magic的原意，将此译作“巫术”或“魔法”。

③ 对于培根“vexing of nature”之“vexing”或者“vextion”的含义，国外学界存在争论，典型的有麦茜特(Carolyn Merchant)和佩西奇(Peter Pesic)之间的争论。麦茜特认为其具有“拷问”(torture)之意，而佩西奇认为其没有这样的含义，只有“激扰”(irritate)“惹恼”(annoy)之意。笔者赞同佩西奇的观点，将此译为“激扰”。具体论证当另文进行。

他不断地向弗朗西斯·培根和他的哥哥灌输要为女王服务的思想。在这种情况下，弗朗西斯·培根首先想到的还是为自己的国家造福，他的一生首要的角色就是作为政府官员。至于他的母亲，对他的影响也很大。他的母亲生于爵士之家，是英国新教的构建者之一，在思想上同于加尔文教徒，而在道德方面则是一位清教徒。她翻译了一些宗教著作，并将家庭第一的理念和阅读《圣经》的习惯带入自己的家庭，向弗朗西斯·培根灌输新教教义如对上帝的信仰以及对人类的责任等。这种宗教思想影响到弗朗西斯·培根。“弗朗西斯·培根很有可能是从他的基督徒的责任中，领悟到‘要为全人类的福祉而奋斗’这样一个目标的。”①

也许正因为如此，弗朗西斯·培根在其有生之年，就处处表现出“为全人类的福祉而奋斗”的思想倾向。1603 年，在他所撰写的一部未完成的作品的前言注解中，他就表达了对自己命运的思考：“由于相信我的出生是为全人类服务，并且把对国民的关怀看作是一类公共财产，它就像空气和水一样属于每一个人，所以我站在如何能更好地为人类服务的角度，依据自然的本性以更好地实施。（‘*Proemium*’, *of the Interpretation of Nature*）”②他批判亚里士多德的自然哲学和《工具论》(*Organon*)，在 1620 年出版《新工具》(*Novun Organum*)以取代亚里士多德古老的《工具论》。在《新工具》中，弗朗西斯·培根把人生的野心分为三个层次：“第一是要在本国之内扩张自己的权力，这种野心是鄙陋的和堕落的。第二是要在人群之间扩张自己国家的权力和领土，这种野心虽有较多尊严，却非较少贪欲。但是如果有人力图面对宇宙来建立并扩张人类本身的权力和领域，那么这种野心(假如可以称作野心的话)无疑是比前两种较为健全和较为高贵的。”③在弗朗西斯·培根看来，在人生的三个层次的野心中，最高贵的是为人类服务，其次是为国家，最后是为个人。

既然如此，弗朗西斯·培根为何在他的一生中的绝大多数时间里，都在追逐权力，为自己以及为国家服务呢？这可以从三方面考虑：一是家庭影响；二是身不由己，难于免俗；三是认识到这一点较晚。关于这最后一点，可以从他生命最后几年的表现中看出。在弗朗西斯·培根失去了他所有的职务(1621 年)之后，他的内心充满了悔恨，后悔自己当初不应该一味追求名利，而没有能够将自己的心思和精力放在自己最擅长和最想做的事情上。在向上议院承认自己受贿的罪行后，他又向上帝做了一份完全不同的忏悔：“在我所有的罪行中，我最应该忏悔的是我亏空了那本来能够给我带来荣耀的不可多得的才能。我既没有将它用来增加典雅，也没有将它用来获利，而是将它用在我最不擅长的事情上。以至于我可以确切地说，我所拥有的灵魂在

① Henry J. Knowledge is Power: Francis Bacon and the Method of Science. London: Icon Books, Flint: Totem Books, 2002: 19.

② 转引自 Henry J. Knowledge is Power: Francis Bacon and the Method of Science. London: Icon Books, Flint: Totem Books, 2002: 13.

③ [英]培根：《新工具》，许宝骙译，北京：商务印书馆，2016 年，第 114 页。

我的朝圣之旅上迷失了方向。(*Prayer After Making His Last Will*，1625 年)”①

他所迷失的方向是什么呢？就是为国家服务而不是为全人类服务。问题是：如何为全人类服务呢？弗朗西斯·培根认为，能更为长远地为人类造福的事情是“发明家的工作”，在所有能给人类带来福祉的工作中，最伟大的就是新的才能的发现以及能够提升人类生活品质的事物的发明。然而，弗朗西斯·培根的目标不是做出某种具体的发明，而是要做比之更伟大的事情——“发现”：“因为发现之利可被及整个人类，而民事之功则仅及于个别地方；后者持续不过几代，而前者则永垂千秋；此外，国政方面的改革罕能不经暴力与混乱而告实现，而发现则本身便带有福祉，其嘉惠人类也不会对任何人引起伤害与痛苦。”②

第二，最重要的发现是发现“发现的方法和路径”。

要发现，就要有发现的方法和路径。对于弗朗西斯·培根来说，发现“发现的方法和路径”非常重要。他说：“首先，如果一个人能够成功，不是做出引人注目的某些特定的然而是有用的发明，而是点燃照亮自然之灯(kindling a light in nature)——这灯的光芒不断向前照亮我们现有知识所圈定区域的边界，并且因此不断地揭露或者让我们开始看到那些世界上隐藏最深的秘密——这样一个人(我认为)就是全人类的恩人——就是将人类帝国扩展到宇宙的传播者，就是自由的拥护者，是必要事物的征服者和管理者。[‘*Proemium*’(Preface), *of the Interpretation of Nature*, 1603 年]”③他进一步指出：“既然人们把某种个别的发现尚且看得比那种泽及人类的德政还要重大，那么，若有一种发现能用为工具而便于发现其他一切事物，这又是何等更高的事啊！还要以光为喻来说明(完全说真的)，光使我们能够行路，能够读书，能够钻研方术，能够相互辨认，其功用诚然是无限的，可是人们之见到光，这一点本身却比它的那一切功用都更为卓越和更为美好。”④

据此，对于弗朗西斯·培根，最重要的就不是发明，甚至也不是具体的发现(虽然其相较于具体的发明也重要)，而是发现“发现的方法和路径”——“点燃照亮自然之灯”，提出某种方法以及某种步骤，以利于人类发现隐藏于世界深处的秘密，获得关于自然的认识。

第三，探索发现的方法，进行伟大复兴。

如何获得关于自然的认识呢？弗朗西斯·培根围绕三个问题进行：知识如何得到拓展？知识如何被证明为合理？知识如何成为有用？对于第一个问题，主要集中

---

① 转引自 Henry J. Knowledge is Power: Francis Bacon and the Method of Science. London: Icon Books, Flint: Totem Books, 2002: 31-32.

② [英]培根：《新工具》，许宝骙译，北京：商务印书馆，2016 年，第 113 页。

③ 转引自 Henry J. Knowledge is Power: Francis Bacon and the Method of Science. London: Icon Books, Flint: Totem Books, 2002: 1-2.

④ [英]培根：《新工具》，许宝骙译，北京：商务印书馆，2016 年，第 114-115 页。

在弗朗西斯·培根的“激扰自然”的实验思想以及“归纳推理”上；对于第二个问题，主要集中在弗朗西斯·培根的“四个偶像”(种族偶像、洞穴偶像、市场偶像和剧场偶像)及其纠正上；对于第三个问题，主要集中在弗朗西斯·培根的“知识就是力量”上。弗朗西斯·培根就说：“科学的真正的、合法的目标说来不外是这样：把新的发现和新的力量惠赠给人类生活。”[①]就此而言，他“创立了近代科学”(inventing modern science)[②]。

至于弗朗西斯·培根究竟何时开始转向“近代科学”的创立，不得而知。一种说法是，弗朗西斯·培根从1603年就开始写一些关于科学改革必要性和改革方向的小文章。[③]这得到他本人的佐证。他在1620年出版的《伟大的复兴》(*Great Instauration*)一书中告诉詹姆斯一世，他已经为这本书准备了将近30年。这本书是弗朗西斯·培根经典之作，集中体现了他对“创立近代科学，进行伟大复兴”的理解。

在弗朗西斯·培根被弹劾之后，他就全身心地投入到科学改革的大业中去，以弥补他从政所带来的遗憾。随后，他出版了《建立哲学的自然和实验方法的历史》以及《新工具》，这被看作是弗朗西斯·培根对“近代科学”最大的贡献，重塑了探查自然的方法论。1622年，他完成《新自然启蒙》(*New Abecedarium of Nature*)一书，该书被他本人看作是将《伟大的复兴》中提及的方法应用到自然历史信息中的象征；1623年，基于1605出版的英文简版，他成功出版了他此生最重要的和广为流传的《学术的进展》(*Of the Proficiency and Advancement of Learning*)的拉丁语版本，同年也出版了《生与死的历程》(*History of Life and Death*)；之后，他还完成了另外两部在他死后才出版的大作《林中木》(*Sylva Sylvarum*)和《新大西岛》(*The New Atlantis*)；等等。

在《新大西岛》(此书完成于1624年，出版于弗朗西斯·培根去世后的1627年)中，弗朗西斯·培根对这样的实验作了概括：在所罗门建筑物中，有各种各样的“实验室”，包括天文观察室、发动机房实验室、熔炉室、声音实验室、数学实验室、公园和安静的环境等；工作人员在其中做着各种各样的实验，如改造植物、动物，催生金属、气体，模拟并演示雪、冰雹、雨等气象现象，限制并且控制着那些为人类能够控制的现象。……目的就是认识事物的起因和动机，扩展人类帝国的边界，对所有可能发生的事情施加影响，以利于人类。[④]

---

① [英]培根：《新工具》，许宝骙译，北京：商务印书馆，2016年，第64页。

② Henry J. Knowledge is Power: Francis Bacon and the Method of Science. London: Icon Books, Flint: Totem Books, 2002: 5-12.

③ Henry J. Knowledge is Power: Francis Bacon and the Method of Science. London: Icon Books, Flint: Totem Books, 2002: 32.

④ Bacon F. New Atlantis//Spedding J, Ellis R L, Heath D D. The Works of Francis Bacon: Vol.3: Philosophical Works 3. Cambridge: Cambridge University Press, 2011: 119-166.

第四，“点燃照亮自然之灯”，进行“光”的实验而非“果”的实验。

事实上，在弗朗西斯·培根之前，已经有他人论述并且实施实验。为什么他们的实验不是“点燃照亮自然之灯”而只有弗朗西斯·培根的实验才是？对此，弗朗西斯·培根做了深入阐述。他认为，他们的实验属于巫术、炼金术、赫尔墨斯传统下的实验，这类实验是存在欠缺的：“即使人们有时亦图从他们的实验中抽致某种科学或学说，他们却又几乎永是以过度的躁进和违时的急切歪向实践方面。这尚非仅从实践的效用和结果着想，而亦是由于急欲从某种新事功的形迹中使自己获得一种保证，知道值得继续前进；亦是由于他们急欲在世界面前露点头角，从而使人们对他们所从事的业务提高信任。这样，他们就和亚塔兰塔(Atalanta)[①]一样，跑上岔道去拾金苹果，同时就打乱了自己的途程，致使胜利从手中跑掉。”[②]弗朗西斯·培根称这一类的实验为“果”的实验。他认为，这类“果”的实验并没有“点燃照亮自然之灯”，我们应该追求“光”的实验而不是“果”的实验，以发现真正的原因和原理。所谓“光”的实验，在弗朗西斯·培根看来，不是说它们带来了一个个具体的实验结果，而是它们具有普遍性意义的方法论原则，能够发现原因和原理，并且能够带来累积性的、大量的实验结果。与“果”的实验不同，“这一类的实验具有一种大可赞美的性质和情况，就是它们永远不会不中或失败。这是因为，人们应用它们时目的不在于产生什么特定的结果，而在于为某种结果发现其自然的原因，所以它们不论结局如何，都同样符合人们的目的；因为它们解决了问题”[③]。对于这两类实验的差别，弗朗西斯·培根利用“上帝创世”的类比来说明：“且看上帝在创世的第一天仅只创造了光，把整整一天的工夫都用于这一工作，并未造出什么物质的实体。同样，我们从各种经验中也应当首先努力发现真正的原因和原理，应当首先追求‘光’的实验，而不追求‘果’的实验。因为各种原理如经正确地发现出来和建立起来，便会供给实践以工具，不是一件一件的，而是累累成堆的，并且后面还带着成行成队的事功。”[④]

2. 前提：否定诡辩哲学和迷信哲学，倡导发现型实验，“走向自然的自然哲学”

弗朗西斯·培根认为，为了真正洞悉事物的本性，人类首先必须清除一切偏见，以获得对事物客观的认识。在《新工具》中，培根将这样的偏见称为“偶像”，其

---

① 此处的亚塔兰塔(Atalanta)即本书第二章的阿塔兰忒(Atalanta)，以擅长跑步著称。传说凡是向她求婚者，竞走胜出者娶之，否则则死。最终，有一位名为喜普门尼(Hippomenes)的人冒险求婚应赛。他将爱神所给他的金苹果数枚事先放于路旁，诱导亚塔兰塔在比赛过程中走上岔路捡拾苹果。亚塔兰塔第一次拾取后仍然能够领先……如此反复，结果是亚塔兰塔最终在竞走中败北，而喜普门尼获胜，喜普门尼遂娶亚塔兰塔为妻。

② [英]培根：《新工具》，许宝骙译，北京：商务印书馆，2016年，第49-50页。

③ [英]培根：《新工具》，许宝骙译，北京：商务印书馆，2016年，第86页。

④ [英]培根：《新工具》，许宝骙译，北京：商务印书馆，2016年，第50页。

中，“种族偶像是人类与生俱来的假象，洞穴偶像是个人的偏见，市场偶像是语言上的偏见，剧场偶像是哲学流派的偏见”[①]。对于剧场偶像，弗朗西斯·培根认为：“是从哲学的各种各样的教条以及一些错误的论证法则移植到人们心中的。”[②]他把它分为三种：诡辩的哲学、经验的哲学和迷信的哲学。

对于第一种哲学——诡辩的哲学，弗朗西斯·培根认为，它由那些唯理派的哲学家们如亚里士多德所拥有。“唯理派的哲学家们只从经验中攫取多种多样的普通事例，既未适当地加以核实，又不认真地加以考量，就一任智慧的沉思和激动来办理一切其余的事情。”[③]如此，他认为第一种哲学——诡辩的哲学的危害是巨大的，应该抛弃。

对于第二种哲学——经验的哲学，弗朗西斯·培根认为其蕴涵于占星术、自然巫术、炼金术之中。对于这一类哲学，弗朗西斯·培根的心理比较矛盾。一方面，弗朗西斯·培根没有拒绝它们“激扰自然”的实验方式，相反他的“激扰自然”的实验之“激扰”思想还来自此。另一方面，弗朗西斯·培根对这类哲学的思想倾向以及实践方式进行了批判，提出了他自己的如何进行“激扰自然”的实验思想。

对于第三种哲学——迷信的哲学，弗朗西斯·培根认为其出于毕达哥拉斯学派和柏拉图学派。这一类哲学家们“出于信仰和敬神之心，把自己的哲学与神学和传说糅合起来；其中有些人的虚妄竟歪邪到这种地步以致要在精灵神怪当中去寻找科学的起源”[④]。毕达哥拉斯的神秘主义、柏拉图的回忆说和理念论，都是以一种迷信的形式——理想化的、神学的形式，败坏自然哲学。

对于上述第一种和第三种哲学，弗朗西斯·培根总结道：“在他们的哲学和思辨当中，他们的劳力都费在对事物的第一性原则和对自然中具有最高普遍性的一些东西的查究和处理；而其工作的效用和方法都是完全出自中间性的事物。由于这样，所以人们一方面则要对自然进行抽象，不达到那潜而不现、赋形缺如的物质不止；另一方面则要把自然剖解到直抵原子方休。而这两个东西又怎样呢？它们即使是真的，也不能对人类福利有多少作用。”[⑤]就此，弗朗西斯·培根否定了第一种哲学——诡辩的哲学和第三种哲学——迷信的哲学。这种否定意义是重大的。如果不否定这两种哲学，就不可能改变中世纪自然哲学之“没有自然的自然哲学”(natural philosophy

① [德]彼德·昆兹曼、[德]法兰兹-彼得·布卡特、[德]法兰兹·魏德曼等著：《哲学百科》，黄添盛译，南宁：广西人民出版社，2011年，第95页。

② [英]培根：《新工具》，许宝骙译，北京：商务印书馆，2016年，第22页。

③ [英]培根：《新工具》，许宝骙译，北京：商务印书馆，2016年，第36页。

④ [英]培根：《新工具》，许宝骙译，北京：商务印书馆，2016年，第36-37页。

⑤ [英]培根：《新工具》，许宝骙译，北京：商务印书馆，2016年，第45页。

without nature)[①]的状况，也就不可能改变诡辩的哲学和迷信的哲学“通过一系列严格的假定（预设）的演绎推理去解释已知的现象而获取知识，对于那些与预设不符的现象则置之不理”的认识方式，从而也就不可能通过具体的、发现性的经验研究来认识事物。对诡辩的哲学和迷信的哲学的否定，是弗朗西斯·培根提出“激扰自然”实验思想的前提。从此，“他开创了哲学向科学的转变和哲学家向科学家的转变，尽管在19世纪才真正出现了现代意义上的‘科学’和‘科学家’的概念，但是它们的历史可以追溯到弗朗西斯·培根试图对一个沉思的学科（哲学）进行根本性改变的尝试。其就是要把哲学从一门依靠思辨哲学家个人所例证的沉思的学科，改造成由实验自然哲学家们所例证的共有的，甚至最终是集中来引导的事业。”[②]。

（二）为什么做“激扰自然”的实验：“激扰自然”，以便认识自然

1. 来自自然自身的启发：自然隐藏其秘密，需要“激扰”揭示它

弗朗西斯·培根认为：“要在一个所与物体上产生和添入一种或多种新的性质，这是人类权力的工作和目标。[Super datum corpus novam naturam sive novas naturas generare et superinducere opus et intentio est humanae poten-tiae.]对于一个所与性质要发现其法式，或真正的种属区别性，或引生性质的性质，或发射之源（这些乃是与那事物最相近似的形容词），这是人类知识的工作和目标。[Dat autem naturae Formam, sive differentiam veram, sive naturam naturantem, sive fontem emanationis...invenire opus et intentio est humanae scientiae.]”[③]

根据上面这段话，可以看出弗朗西斯·培根使用了naturam naturantem，它是拉丁语natura naturans的语法形式，表示的是积极、主动意义上的自然，是事物性质的原因，相当于nature naturing。与之相对应，natura naturata表示的是消极、被动意义上的自然，是处于限制中（in bonds）的自然，是日常生活中的、能被经验研究的自然，相当于nature natured。两者的关系是：“Natura naturata是在任意一个给定的时间，一个给定的对象或性质，或者是所有的对象和所有的性质的集合——宇宙的实际状况；natura naturans是这一状况或者状况集合的内在起因……因此，natura naturans对natura naturata而言是一种因果关系，或者换句话我们可以说，natura naturans是自然的主动的或动力的（active or dynamical）方面，natura naturata是自然

① Murdoch J. The analytic character of Late Medieval Learning: natural philosophy without Nature// Roberts L D. Approaches to Nature in the Middle Ages. Medieval and Renaissance Texts and Studies. Vol.16. Binghampton: Center for Medieval & Early Renaissance Studies, 1982: 171-213.

② Gaukroger S. Francis Bacon and the Transformation of Early-Modern Philosophy. Cambridge University Press, 2004: 221.

③ [英]培根：《新工具》，许宝骙译，北京：商务印书馆，2016年，第117页。

的被动方面。”[①]

培根认为，技艺(art，techne)能够用来限制主动的自然以征服(subdue)主动的自然，并且可以从被动的自然中提取(extract)自然的秘密。[②]由此，在弗朗西斯·培根那里，要认识事物运动变化的性质(natura naturata)，就要认识其原因(natura naturans)。根据亚里士多德的“四因说”及其认识论，要认识并且解释事物的性质，必须由这四种原因——质料因、动力因、形式因、目的因乃至由事物的根本原因“终极因”进行。但是，对于弗朗西斯·培根来说，“但且看这四种原因，目的因除对涉及人类活动的科学外，只有败坏科学而不会对科学有所推进。法式因[③]的发现则是人们所感绝望的。能生因和质料因二者(照现在这样被当作远隔的原因而不联系到它们进向法式的隐秘过程来加以查究和予以接受)又是微弱、肤浅，很少有助甚至完全无助于真正的、能动的科学”[④]。在这种情况下，弗朗西斯·培根把重点放在比亚里士多德“四因说”更普遍的“形式”上，并且将作为物质(matter)的最普遍属性的“本在”(substance)的形式讨论作为人类心智探询自然的最后一步。他就说：“可是如果有谁认识到法式，那么他就把握住若干最不相像的质体中的性质的统一性，从而就能把那迄今从未做出的事物，就能把那永远也不会因自然之变化、实验之努力，以至机缘之偶合而得实现的事物，就能把那从来也不会临到人们思想的事物，侦察并揭露出来。由此可见，法式的发现能使人在思辨方面获得真理，在动作方面获得自由。”[⑤]如此，对弗朗西斯·培根来说，最重要的与最必要的就是认识“法式因”(形式因)[⑥]，它是自然的内在的、根本性的“形式”(formam)，自然界的东西(natura naturata)就是由“形式”创造或“产生”(engendered)的。可以说，natura naturata 被称作“被动的自然”(passive nature)、“物理的自然”(physical nature)或者“被自然创造的自然”

① Bacon. Novum Organum. Thomas Fowler. 2nd ed. Oxford: Clarendon Press, 1889, Bk. II, Aphorism I; Lucks, “Natura Naturans—Natura Naturata”, p. 9. 转引自 Merchant C. Autonomous Nature: Problems of Prediction and Control from Ancient Times to the Scientific Revolution. London: Routledge, 2016: 85.

② Merchant C. Autonomous Nature: Problems of Prediction and Control from Ancient Times to the Scientific Revolution. London: Routledge, 2016: 84.

③ 在《新工具》([英]培根，北京：商务印书馆，2016 年)中，许宝骙译作“法式因”的与“形式因”对应，译作“能生因”的与“动力因”对应。在此说明。

④ [英]培根：《新工具》，许宝骙译，北京：商务印书馆，2016 年，第 118 页。

⑤ [英]培根：《新工具》，许宝骙译，北京：商务印书馆，2016 年，第 119 页。

⑥ “‘形式’是培根哲学的中心范畴之一。亚里士多德哲学和中世纪哲学曾经广泛使用它。培根虽然沿用这个范畴，但他赋予这个范畴以新的含义。培根所谓形式不是‘抽象形式和理念’，是指决定物体的简单性质的规律和规定性。他写道，‘当我讲到形式的时候，我所指的不是别的，而是绝对现实的法则和规定性，即支配和构成各种物质中的简单性质(如热、光、重量)以及能够接受这些性质的主体的简单性质的规律和规定性。因此，热的形式或光的形式和热的规律或光的规律乃是同一的东西’。有时，培根也把形式规定为运动或活动的规律，但这与上面的定义是一致的。”(参见苗力田、李毓章：《西方哲学史新编》，北京：人民出版社，1990 年，第 273 页。)

(nature natured、nature already created)，是就此意义而言的。也正因如此，要认识 natura naturata，根本性地还是要认识 natura naturans 之 formam，即认识积极主动的、创造性的自然的“形式”。[①]

问题是如何认识形式呢？在柏拉图那里，是通过回忆和沉思；在亚里士多德那里，是不加干涉地让自然自发地呈现其所是。在弗朗西斯·培根这里，与上述两种都不同。他认为，要认识积极主动的、创造性的自然的“形式”，就要将自由的、主动的自然与受限的、被动的自然联系起来，通过“激扰”自由的、主动的自然，即操作自然，使之成为受限的、被动的自然，而获得对自由的、主动的自然的认识。

麦茜特(C. Merchant)认为，培根的“主动的自然”“被动的自然”“操作的自然”这三个概念是从希波克拉底的《论技术》(*On the Techne*)中获取灵感的。[②]除此之外，培根还区分两种行为，一种是通过力量来操纵自然以创造新的实体，另一种是将自然视作积极的、有创造性的实体，对它进行研究以获取知识。前者是能让人类统治被动的自然，而后者能获得主动的自然的知识。[③]前一种行为是依赖于后者的，那么对主动的自然进行研究就成为一种必须进行的活动。为了获取有关主动的自然的知识，就必须使用技艺。使用技艺所限制的自然还是自然吗？对此，培根提出了三种状态，将被技艺所限制的自然纳入自然当中，最终目的是引出三种自然的历程，认为可以使用技艺研究自然，并且认为其是自然历程的一部分。

为什么要以这种方式认识自然呢？弗朗西斯·培根认为：“自然以三种状态存在……要么她是自由的，并且以她自己的通常方式发展；要么她因……‘非物质的暴行’(*the violence of impediments*)而偏离其合适状态；或者她受到技术和人类事工的约束和塑造。第一种状态指向事物之类；第二种状态指向奇怪的事物；第三种状态指向事物的人工物(things artificial)。因为在人工物中，自然服从人的命令，并在人类的权威下运行；没有人，这样的事物永远不会创造……自然历程(natural history)因此是三重的。它以自由的自然、出错的自然和受限的自然的态度对待自然。这样我们就可以将它公平地分为同代历程、青春期历程和技艺历程(history of generations,

---

① 事实上，在弗朗西斯·培根时代，伽利略已经将理想化的实验应用到物理学的研究中。“虽然伽利略和其他人已经用物质原子即微粒、运动和它们的规律建立了一门新的物理科学，但培根仍然在用亚里士多德的质料、形式、性质等概念以及与之相关的质料因、形式因、动力因和终极因的概念进行思考。”(参见[英]亚·沃尔夫：《十六、十七世纪科学、技术和哲学史》，周昌忠、苗以顺、毛荣运等译，北京：商务印书馆，2017 年，第 769 页。)

② Merchant C. Autonomous Nature: Problems of Prediction and Control from Ancient Times to the Scientific Revolution. London: Routledge, 2016: 84.

③ Merchant C. Autonomous Nature: Problems of Prediction and Control from Ancient Times to the Scientific Revolution. London: Routledge, 2016: 85.

of pretergenerations, and of arts)[①]；最后那一个，我称为机械历程或实验历程。”[②]据此，自然就有三种状态：自由的自然、出错的自然、受限的自然。前面两种与 natura naturans 对应，后面一种与 natura naturata 相对应。

对于以上三种自然状态，弗朗西斯·培根用古希腊神话中的三个神来类比：牧神潘(Pan)，象征自然的第一种状态——“自由的自然”，她是自由的和富有创造力的，如同宇宙一般，在天堂，在动物和植物的创造过程中遵循自己的发展；海神普罗蒂厄斯(Proteus)，或者说物质，象征第二状态——“出错的自然”，这第二种状态对于去说明偏离常规的自然的各种各样的形状、奇迹以及奇怪形式是必要的，而这种偏离就像在妖怪存在的情况下，由物质的任性、扭曲以“非物质的暴行”所造成，即普罗蒂厄斯因为“非物质的暴行”而出现反常行为；普罗米修斯(Prometheus)，象征第三种状态——“人的状态”，或者说“受限的自然”，是以普罗米修斯或人类的状态为象征的。“他是人类的本性，……有心智之力能够理解，具有人性，自然中的人类，混合以及组成所有事物的人。普罗米修斯作为技术的创造者，同样代表着被艺术改造过的自然。他把大自然束缚起来之后，人类将获得自由和救赎。”[③]这是“受限的自然”，也可称为“技艺的自然”或“与人建立互信关系的自然”。

对于弗朗西斯·培根来说，第一种状态的自然，可以由其自身自然展现来加以认识；第二种状态的自然，常常由反常的行为产生例外、奇迹和奇怪的形状，可以用普罗蒂厄斯的神话加以解释，即当受到束缚，即受到“非物质的暴行”时，普罗蒂厄斯就为了解放自己而奋起反抗和改变自身。第二种状态的自然与第一种状态的自然是有差别的。对于第二种状态的自然——“出错的自然”，“这是宇宙中的混乱——自然的任性维度，如世界灵魂(the world soul)或自然违背上帝意志的叛逆大胆——可以被对自然规律的理性理解所抑制”[④]。对于弗朗西斯·培根来说，要认识第二种状态的自然，就要走向第三种状态的自然。“就像越过一个人的底线才会

---

① 这里之所以将 history 译作“历程”，是因为早期 natural history 之 history(historia)忽略了人类与自然主体之间的区别，指的是对自然事物和人类行为的记录，时间性概念始终不突出。这是与现代意义上的 history 不同的。18 世纪之后，布丰(Buffon)将时间的概念融入 natural history 中，由此，natural history 转变为 the history of nature，使其真正具有了“历史”的含义，不过，它的基本含义没有变化，仍然指向个别事物事实的收集、鉴别、描述等。鉴于忠实于他人中文诸如此类的引用，本书没有对他们将 history 作为“历史”理解加以纠正。

② 原载 Bacon F. The Philosophical Works of Francis Bacon. Robertson J M. Freeport: Books for Libraries Press, 1905: 403. 转引自 Tiles J E. Experiment as intervention. The British Society for the Philosophy of Science, 1993, 44(3): 469.

③ Merchant C. The violence of impediments: Francis Bacon and the origins of experimentation. Isis, 2008, 99: 740-750.

④ 转引自 Merchant C. Autonomous Nature: Problems of Prediction and Control from Ancient Times to the Scientific Revolution. London: Routledge, 2016: 95.

知道他的性情一样，希腊海神普罗蒂厄斯（多变的人）知道被限制和急速卷起才会改变他的形状；所以大自然和它的多样性不会在完全自由的状态下呈现出来，只会在人为的尝试和烦扰中出现。”[①]“而正如在生活事务方面，人的性情以及内心和情感的隐秘活动尚且是当他遇到麻烦时比在平时较易发现，同样，在自然方面，它的秘密就更加是在方术的扰动下比在其自流状态下较易暴露。”[②]如此，第二种状态的“出错的自然”与第三种状态的自然——“受限的自然”，并不是分离的和相互排斥的范畴，相反，它们是彼此跨越而进入对方之中的，能够以彼此解释的方式以及自然自身的方式被研究。具体而言，就是自然是自由的，但是，自然有时也会做出反常的和无礼的行为，偏离自由的自然的正常轨道和行为。不过，这种反常和无礼的行为不是以自然规律为准则去行动的自然行为，而是自然对某种东西的报复。在此情况下，要想探知自然的真相，就要运用人类的权力，约束和限制自然（natura naturata），通过各种手段（means）、技艺（art）和技能（techne），激扰自然，创造出实体（creating entities），即 natura naturans，逼迫自然暴露它的秘密，即其原因和规律。如此一来，第二种状态的自然与第三种状态的自然是有关联的，通过第三种状态的自然，可以理解第二种状态的自然。“通过对第二种自然状态——‘自然奇观’（the wonders of nature）的理解，也才能理解第三种自然状态，即‘技艺的奇观’（the wonders of art）。”[③]

要注意的是，弗朗西斯·培根并没有认为这三种状态是明确分开的，而是认为它们之间相互交叉，可以以一种照亮彼此且以自然本身的方式被研究。弗朗西斯·培根指出，根据上述三种自然，可以将此历程（history）分为同代历程、青春期历程和技艺历程。自然的历程并没有先后之分，自然的历程仅是研究自然的三种主题（subject），并且可以以两种维度来讨论。一个维度是各历程所包含的具体事物；另一个维度是哲学所讨论的抽象内容。[④]

麦茜特认为主动的自然对应自由的自然，被动的自然对应受限的自然，出错的自然是源于物质的反常行为，没有与之对应的自然类型。但是麦茜特认为弗朗西斯·培根的第二种自然状态是必要的，目的是能解释在被创造的世界中所观察到的差异，这差异是不同于按照自然法则行事的自然行为。不过，斯宾诺莎（Baruch de Spinoza，1632—1677）认为，如果有任何实体的行为偏离了主动的自然的规律和预测的行为，那仅仅是因为科学还没有发现该行为的原因。[⑤]如此一来，可以将出错的

---

① Bacon F. Of the Advancement of Learning. (1605), Kitchin G W, Dent J M(eds.). London: J. M. Dent & sons, 1915: 73.

② [英]培根：《新工具》，许宝骙译，北京：商务印书馆，2016 年，第 86 页。

③ Merchant C. The Violence of Impediments: Francis Bacon and the Origins of Experimentation. Isis, 2008, 99: 745-746.

④ Bacon F. Selected Philosophical Works. Indianapolis: Hackett Publishing Company, 1999: 191-192.

⑤ Merchant C. Autonomous Nature: Problems of Prediction and Control from Ancient Times to the Scientific Revolution. London: Routledge, 2016: 86.

自然归入自由的自然当中。不过，麦茜特并没有说明为什么自然的两种类型可以与自然的三种状态对应。按照笔者的理解，麦茜特貌似是因为主动的自然与自由的自然都涉及主动性，而被动的自然与受限的自然都涉及被动性，从而得出这种对应关系。为什么要将自然类型与自然状态对应呢？其实，培根在论及自然历程时只从自然的三种状态出发，并没有涉及自然的类型。提出自然类型的目的，貌似仅是为了说明，人类为了能统治自然界，必然要获取主动的自然的知识，而不是沉溺于被动的自然当中。

以上是弗朗西斯·培根"激扰自然"(vexing nature)实验思想的基础。这种思想始见于1605年出版的《学术的进展》一书之"试验和工艺的激扰"(trials and vexations of art)。在此，术语trials(试验)意味着检验或证明，vexations(激扰)意味着通过人类的手段(工艺)对物质(具体的身体)进行约束或拷问，使之转化，以获得认识。[①]

比较弗朗西斯·培根的这种自然观念与亚里士多德的自然观念，两者已经有所不同。亚里士多德认为："我们必须在保持本性的事物中，而不是在毁灭的事物中寻找自然的意图。"[②]"如果像亚里士多德所认为的那样，应当从处于自然无羁绊状态下的事物行为中发现其本性，那么人为限制将只会造成干扰和破坏。"[③]弗朗西斯·培根与之相反，相信从事物的自然状态很难发现事物的本性，只有进行人为的限制，才能发现这种本性。

问题是：如弗朗西斯·培根那样对自然进行"激扰"，难道就不破坏自然的本性(形式)，从而不能获得对自然事物"原因"的认识了吗？应该说有这种可能。考虑到这点，弗朗西斯·培根强调："人类知识和人类权力归于一；因为凡不知原因时即不能产生结果。要支配自然就须服从自然；而凡在思辨中为原因者在动作中则为法则。"[④]"在获致事功方面，人所能做的一切只是把一些自然物体加以分合。此外则是自然自己在其内部去做的了。"[⑤]换句话说就是，当人类通过"激扰自然"操作自然并且研究自然时，要遵守一定的规则，将两者统一起来，即在服从自然的基础上支配自然，在支配自然的基础上认识自然。对于这一规则，弗朗西斯·培根认为："它应当是确实的，自由的，倾向或引向行动的。而这和发现真正法式却正是一回事。"[⑥]法式与性质相互依存，谁也离不开谁；真正的法式是以那附着于较多性质之内的，在事物自然秩序中比法式本身较为易明的某种存在为本源，而从其中推

---

① Bacon F. Of the Proficience and Advancement of Learning, Divine and Humane. London: Cassell & Company, 1893:35.

② Politics, 1. 4, 1254a35-37, trans. B. Jowett, in Aristotle, Complete Works, 2: 1990.

③ [美]戴维·林德伯格：《西方科学的起源》(第二版)，张卜天译，长沙：湖南科学技术出版社，2013年，第55页。

④ [英]培根：《新工具》，许宝骙译，北京：商务印书馆，2016年，第8页。

⑤ [英]培根：《新工具》，许宝骙译，北京：商务印书馆，2016年，第8页。

⑥ [英]培根：《新工具》，许宝骙译，北京：商务印书馆，2016年，第120页。

绎出所与性质，即物体的性质和本质。“这样说来，要在知识上求得一个真正而完善的原理，其指导条规就应当是：要于所与性质之外发现另一性质，须是能和所与性质相互掉转，却又须是一个更普遍的性质的一种限定，须是真实的类的一种限定。”[①]如此，对自然的操作(动作)与对自然的研究(知识)才是一回事，也才能达到弗朗西斯·培根所提出的：“凡在动作方面是最有用的，在知识方面就是最真的。”[②]

2. 来自哲学“制造世界”的启发：只有作用于自然，才能认识自然

事实上，在弗朗西斯·培根之前，就有一些思想家提出人类“制造世界”以及“只有通过作用于自然才能认识自然”的思想。库萨的尼古拉继承了新柏拉图主义的传统，认为人类这种堕落的创造物并非完全缺乏基督教上帝所具有的那种十分重要的和确定的属性——“创造”，事实上，人类除了复制或者模仿自然之外，还能够制造出自然所没有提供的样品或者原型之物，并以此超越自然，这就是说，在上帝创造世界的时候，也创造出具有创造另一个数学的和抽象观念的世界的能力的人；达·芬奇主张，与人类相关的科学是第二个创造物；维韦(Juan Luis Vives，1492—1540)写道：“人在他能够制造的范围内进行认识”(man knows as far as he can make)；卡尔达诺(Girolamo Cardano，1501—1576)证明，由于心智自身制造出或者产生出它所操作的东西(实体)，因此，在数学中才能存在确定性；布鲁诺拒绝把沉思放在首位，并论证道，哪里有制造或者生产某种东西的能力，哪里就有那种东西被认识的确定性；帕拉塞尔苏斯指出，自然必须被人为地带到这样一个地方，在这里她对人类探询的目光显露出她自己。[③]

概括上述思想，都有一个基本内涵，就是：人类是能够“制造世界”的，而且只有在“制造世界”的过程中，才能认识世界。弗朗西斯·培根受到这一哲学思想的影响，并以此进一步提出实验之“激扰自然”的观念。

3. 来自《圣经》信条的启发：只有受到“激扰”，才能理解教义

事实上，在弗朗西斯·培根之前，旧约《圣经》中也有“激扰”思想。《圣经》的天主教版本，用拉丁文书写的拉丁文圣经，在赛亚书的28:19节中可见以下陈述：Sola vexatio intellectum dabit auditui. 翻译成英文就是：Only pain shall give understanding.(“只有痛苦才能给予理解。”)或者换句话说就是：Only tribulation alone will give understanding to the hearing.(“只有苦难才能使人们明白道理。”)到了弗朗西斯·培根时代，上述思想有了进一步发展。在英国国王詹姆士一世时代的《圣经》版本中，拉丁语 vexatio 被翻译成 vexation，And it shall be a vexation only to

---

① [英]培根：《新工具》，许宝骙译，北京：商务印书馆，2016 年，第 120 页。

② [英]培根：《新工具》，许宝骙译，北京：商务印书馆，2016 年，第 120-121 页。

③ 转引自[英]G. H. R 帕金森：《文艺复兴和 17 世纪理性主义》，田平、陈喜贵、韩东晖等译，北京：中国人民大学出版社，2009 年，第 173-174 页。

understanding.(“只有当你受到激扰，才会使你理解教义。”)被很好地翻译并广为流传，成为一种社会文化。在这种文化背景下，弗朗西斯·培根肯定会受到相应的影响。

分析上述《圣经》之“激扰之后才能理解”，其深层次的含义是“人类只有经历苦难和痛苦，才能理解教义”。这种含义到了宗教裁判所那里，引申出如下含义：就是要对异教徒进行“激扰”——或者限制，或者监禁，然后“调查”“追寻”“拷问”“审讯”(the inquisition)，引起异教徒身心痛苦，理解教义，招供秘密，认识真相。“审讯的目的在于让异教徒认识真相而不是创造真相；拷问在本质意义上‘产生’真理……在这里因为再次痛苦导致理解。”[①]

以此反观弗朗西斯·培根“激扰自然”的实验思想，与此惊人相似：自然在通常情况下不易暴露自身的秘密，只有在工艺等“激扰”下，才更加容易暴露自己，敞露真相，并实现人类对它的认识。弗朗西斯·培根就说：“科学家，作为权威，一定不要认为‘对自然的审查可以以任何方式被阻断或被禁止’(The inquisition of nature is in any way interdicted nor forbidden)。”[②]这是人类的权力(power)，犹如宗教裁判的权力。

4. 来自巫术、炼金术的启发：以“激扰自然”的方式，认识自然

亨利认为：“弗朗西斯·培根的哲学著作表明，他了解大量的巫术，他是部分巫术传统的实践者，特别是炼金术，而他自己的哲学大大地受惠于巫术。”[③]如此，弗朗西斯·培根就不仅是巫术思想的持有者，而且还是巫术思想的实践者，巫术的相关思想及其实践必然影响到他。巫术的关键是利用自然现象、身体的自然权力，以及它们的力和运动，以便实现实用的目的。具体而言，就是：某个人一旦受到魔鬼的“激扰”，其身心就会出现异常，表现为“扭动和反抗”(“writhing and struggling”)，要想恢复正常，就要采取相应的手段对此作法，驱赶魔鬼，限制身体，使之解脱。这一思想影响到弗朗西斯·培根，亨利进一步认为：“因此，弗朗西斯·培根转向它，将此作为自己努力去变革的自然哲学的精神气质的灵感的主要来源，这几乎是不足为奇的。但是，巫术对弗朗西斯·培根的影响到此并没有结束。一旦弗朗西斯·培根留意到巫术，他就不可能不注意到，巫术的主要方法特点就是实验。”[④]麦茜特也

---

① Ames C C. Righteous Persecution: Inquisition, Dominicans, and Christianity in the Middle Ages. Philadelphia: University of Pennsylvania Press, 2009: 167.

② Bacon F. Preface//Spedding J, Ellis R L, Heath D D. The Works of Francis Bacon: Vol. 4: Translations of The Philosophical Works 1. Cambridge: Cambridge University Press, 2011: 20.

③ Henry J. Knowledge is Power: Francis Bacon and the Method of Science. London: Icon Books, Flint: Totem Books, 2002: 42.

④ Henry J. Knowledge is Power: Francis Bacon and the Method of Science. London: Icon Books, Flint: Totem Books, 2002: 53.

指出，相应的巫术案例的特征很可能已经影响到弗朗西斯·培根“激扰”概念的形成及其同“物理扰动”的联系。[1]

对于炼金术，其代表人物帕拉塞尔苏斯在《关注物的本质》第一卷中写道：“所有自然物的产生(generation)来自两方面：一是由自然而非工艺介入；二是由工艺加工后的，也就是说，通过炼金(by Alchemy)。”[2]比较帕拉塞尔苏斯的这一论述和前述弗朗西斯·培根的相关论述，可以发现：此处关于自然第一方面的论述，类似于弗朗西斯·培根关于自然的第一种陈述，即创造自然的自然(natura naturans)；此处关于自然第二方面的论述，类似于弗朗西斯·培根运用人类的力量(在工技艺的“激扰”下)改变了的自然(natura naturata)。这从一定意义上表明弗朗西斯·培根很有可能受到帕拉塞尔苏斯炼金术思想的影响。对此，麦茜特说过：“尽管弗朗西斯·培根提出了他自己的关于自然的三种状态和物质转变的理论，但是，他可能是从帕拉塞尔苏斯的著作《关注特的本质》中获取的灵感和启发。”[3]

如果说以上论述还不能够充分说明弗朗西斯·培根确实受到帕拉塞尔苏斯炼金术思想的影响，那么，格雷汉姆·里斯(Graham Rees)的研究则比较明确地表明了这一点：弗朗西斯·培根虽然常常对帕拉塞尔苏斯采取一种斥责的态度(参见 *Temporis Partus Masculus*，约 1602 年)，但是他却了解并吸收了帕拉塞尔苏斯的宇宙学和炼金术，并在他的 *Theme Coeli*(1612 年)基础上创造出一种新的世界体系——宇宙的化学。[4]进一步地，麦茜特认为：“(弗朗西斯·培根)对帕拉塞尔苏斯(1493—1541)的《哲人书》或《哲学家的天国》非常了解。”[5]如果是这样，那么，帕拉塞尔苏斯著作 *The Coelum Philosophorum*(《哲人书》)之副标题“Book of Vexations”《激扰之书》[6]中的 Vexations 思想不可能不影响到弗朗西斯·培根。进一步地，在帕拉塞尔苏斯那里，炼金术是对相关的物质进行“激扰”，如煅烧、升华、腐蚀、蒸馏等，揭开自然的奥秘；相应地，在弗朗西斯·培根那里，认识自然是通过工艺或技能、技术去“激扰自然”使之转变，使其呈现出通常状态下所难以呈现的特征。两者的内涵和目标是如此地契

---

① Merchant C. Autonomous Nature: Problems of Prediction and Control from Ancient Times to the Scientific Revolution. London: Routledge, 2016: 81.

② 转引自：Merchant C. Autonomous Nature: Problems of Prediction and Control from Ancient Times to the Scientific Revolution. London: Routledge, 2016: 86.

③ Merchant C. Autonomous Nature: Problems of Prediction and Control from Ancient Times to the Scientific Revolution. London: Routledge, 2016: 87.

④ Rees G. Francis Bacon's Semi-Paracelsian Cosmology, Ambix 12, Part 2(July 1975): 81-101.

⑤ Merchant C. Autonomous Nature: Problems of Prediction and Control from Ancient Times to the Scientific Revolution. London: Routledge, 2016: 87.

⑥ Paracelsus, The Coelum Philosophorum, or Book of Vexations, in The Hermetic and Alchemical Writings of Aureolus Philippus Theophrastus Bombast, of Hohenheim, called Paracelsus the Great ... ed. and trans. Arthur Edward Waite, 2 vols. (Berkeley: Shambala Books, Vol. 1,1976: 5-20).

合，以至于我们很难否定弗朗西斯·培根的 Vexations 没有受到帕拉塞尔苏斯炼金术的 Vexations 影响，并进而不将后者视为他的 Vexations 的来源。

三、“激扰自然”的实验思想贯彻及意义

弗朗西斯·培根提出“激扰”自然的实验思想之后，也对如何进行这样的实验以获得确实的实验结果进行了阐述。这方面典型地体现了他的全面的方法论特征。这种“激扰”自然的实验思想及其方法论特征具有十分重要的意义。

(一) 弗朗西斯·培根“激扰自然”的实验思想贯彻

1. 摒弃神秘主义，以恰当的自然观念统领实验

考察经验的哲学如赫尔墨斯传统等，它们是以大宇宙-小宇宙平行论、天人同感论以及万物有灵论为基础的，充满了神秘主义的色彩。

弗朗西斯·培根对经验哲学的这种观念进行了批判。他认为：“那些充满了太多想象和信仰的科学，如那些堕落的自然魔术、炼金术、占星术等，在他们的陈述中对方法的叙述比他们的主张或目标更加荒诞不经。”[①]“再说到自然幻术的一流人物，他们是以交感和反感来解释一切事物的；这乃是以极无聊的和最怠惰的构想来把奇异的性德和动作强赋予质体。假如他们也曾产出一些事功，那也只是旨在标奇取誉而不是旨在得用致果的一些东西。”[②]“在揭示自然的真相方面，自然魔术所带来的知识跟我们真正需要的知识之间的距离，正如英国的亚瑟王或波尔多的休这样的传奇故事与凯撒那些真正的历史之间的差距。”[③]据此，弗朗西斯·培根认为经验哲学家们的理论基础——自然哲学思想是错误的、虚幻的、不真实的，依据此错误的、虚幻的、不真实的自然哲学思想去指导“实验”实践，虽然有的时候可能取得一定的成果，但是，那不是必然的、经常的，而是偶然的、难得的、没有预料到的、歪打正着的，很多时候只可能是南辕北辙、事倍功半。弗朗西斯·培根以“翻土得金”的典故对这种状况进行了形象比喻：“炼金家们不是没有许多的发现，不是没有带给人们以有用的发明；不过他们的情节却如寓言中所讲的一个老人的故事：那老人以其葡萄园中的窖金遗给诸子，而故称不知确切地点，诸子于是就辛勤地从事于翻掘园地，虽

① [英]弗朗西斯·培根：《学术的进展》，刘运同译，上海：上海人民出版社，2015 年，第 91 页。

② [英]培根：《新工具》，许宝骙译，北京：商务印书馆，2016 年，第 70 页。

③ [英]弗朗西斯·培根：《学术的进展》，刘运同译，上海：上海人民出版社，2015 年，第 90-91 页。

然没有找到什么金子，可是葡萄却由于这次翻掘而变得更加丰茂了。”[①]

为了改变上述状况，弗朗西斯·培根提倡新的实验应该走向自然，对自然母亲进行直接的考察，以发现自然界的奥秘。对此，有学者总结道：“弗朗西斯·培根之所以反对炼金术士，是由于他们跟随了错误的贤者之石，包含了他们前辈的预设的错误。新的贤者之石不是投机取巧而是对于自然母亲的观察。”[②]

2. 以法庭审判为模板，按部就班地进行实验

作为大法官的弗朗西斯·培根不可能不深受相关法律的影响，从而将相关的思想用于“激扰”实验思想的构建中。对于弗朗西斯·培根，马丁(J. Martin)就说：“尽管他一再声称‘实验’是他变革了的自然哲学的一个重要组成部分，但是，弗朗西斯·培根对如何实施或进行一个新的实验的探查，从没有提供一个详细的讨论。然而，他的言论足以表明他所设想的实验是与法庭诉讼和审批非常类似的。”[③]这点由弗朗西斯·培根自身的言论可以得到印证：“在神恩和至圣天道所恩准的此项伟大抗辩和诉讼中(在那里人类追求恢复他对自然的权利)，我所意愿的东西(基于公共事务中的实践)就是运用技艺质询考察自然本身。”[④]在此，弗朗西斯·培根把法庭上询问证人与考察自然作了类比，并依据前者来贯彻后者。

马丁对弗朗西斯·培根之实验质询与法庭质询之类比作了系统阐述。

弗朗西斯·培根是如何安排他的实验的呢？这点见于他晚年创作的《新大西岛》(*New Atlantis*，1627)一书中。该书以乌托邦小说的形式撰写，其中，弗朗西斯·培根设想了一个专门的科学研究机构“所罗门学院”(Salomon's House)，用来开展实验研究和自然哲学探究活动，其长老向主人公讲述了机构的职位体系和工作安排。他说：

“至于我们的工作和任务，我们有十二个人以其他国家的名义(因为我们自己的国家是不让人知道的)航行到外国去，收罗各地的书籍和论文，以及各种实验的模型，我们把这些人叫作‘光的商人’。

“我们还有三个人专门收集各种书籍中所记载的试验，我们把他们叫作‘剽窃者’。

“我们有三个人收集所有关于机械工艺、高等学术的实验和不属于技艺范围的

---

① [英]培根：《新工具》，许宝骙译，北京：商务印书馆，2016年，第70-71页。

② Agassi J. The Very Idea of Modern Science: Francis Bacon and Robert Boyle. Dordrecht: Springer, 2013: 50.

③ Martin J. Francis Bacon, the State, and the Reform of Natural Philosophy. Cambridge: Cambridge University Press, 2007: 165.

④ Bacon. Preparative Towards a Natural and Experimental History, Works, Vol. 4, p. 263. Italics added. 转引自Martin J. Francis Bacon, the State, and the Reform of Natural Philosophy. Cambridge: Cambridge University Press, 2007: 165.

各种实际操作方法。我们把他们叫作‘技工’。

“我们还有三个人从事于他们认为有用的新的实验。我们把他们叫作‘先驱者’或者‘矿工’。

“我们还有三个人把上述的四种实验制成图表，以便于从中得出知识和定理。我们把他们叫作‘编纂者’。

“我们有三个人专门观察他们同伴的实验，从其中抽出对于人类的生命和知识以及工作实际有用的东西，能清楚地说明事物的本原和预见将来的方法，并对万物的性质和构成作出顺利而可贵的发现。我们把这些人叫作‘天才’或者‘造福者’。

“在我们全体人员举行各种会议和讨论，研究了以前的工作和搜集的各种材料之后，其中有三个人从事于新的更高级的、更深入自然奥秘的试验。我们把它们叫作‘明灯’。

“我们还另有三个人，专门执行计划中的试验，并提出报告。我们把他们叫作‘灌输者’。

“最后，我们有三个人把以前试验中的发现提高为更完全的经验、定理和格言。我们把他们叫作‘大自然的解说者’。”①

根据上面的叙述以及培根“激扰”自然的实验思想，可以概括性地给出他的实验的一般程序以及如此之做的原因。

首先，弗朗西斯·培根认为，自然史或者实验史是重要的，要进行实验，首先就要搜集这方面的资料。这一工作包括以下四个方面：

一是由“光的商人”（“Merchants of Light”）到国外去收集各种书籍、文摘和实验②资料。在这里，之所以用“商人”（“Merchants”)，应该是他们的工作性质更方便收集；之所以用“光”（“Light”），应该是与弗朗西斯·培根的“光”（“Light”）的隐喻有关。在培根的《新大西岛》中“光”（“Light”）有两种含义：一是作为光学实验中研究对象的光；二是作为上帝创造出来的光。在《新大西岛》以及培根的其他著作中，培根大多是在“上帝之光”的意义上使用“光”的，并且赋予人类这样一个使命，就是去发现“光”的实验，为人类造福。可以说，所罗门学院所设置的九个工作职位都是为了完成这一使命，做着发现“光”的使者的工作。

---

① [英]弗·培根：《新大西岛》，何新译，北京：商务印书馆，2012 年(2020 年重印)，第 39-40 页。

② 该词在原文为“experiment”。培根所使用的“experiment”的含义与我们今天所说的实验并不完全相同。培根用“experiment”来描述自然历史学家的各种不同的活动，如报告观察到的工艺和技术，和其他人进行的一些特定内容的调查；他自己进行的“人工的”(artificial)调查；以及任何后续的、“更微妙”(more subtle)的调查。例如培根在“实验”集 *Sylva Sylvarum* 中展示的他所从事的活动。(参见 Martin J. Francis Bacon, the State, and the Reform of Natural Philosophy. Cambridge: Cambridge University Press, 2007: 155.)

二是由“剽窃者”（“Depredators”）收集所有书中记载的实验。根据“Depredators”的含义以及在此使用的语境，似乎将“Depredators”译作“掠夺者”更好。

三是由“技工”（“Mystery-men”）收集包括机械技艺和人文科学在内以及尚未成为技艺的实验材料。之所以如此，是因为培根将自然分为“自由的自然”“出错的自然”“技艺的自然”，相应地，自然史(博物学)也应该包括这三类。对于“技工”，就不仅需要收集“自由的自然”史、“出错的自然”史，而且还需要收集“技艺的自然”史。这不仅涉及人文，而且还涉及机械技艺。对于后者，尤其重要，因为在弗朗西斯·培根看来，过去的思想总是把技艺和自然分开，过去的哲学总是厌恶机械以及与机械有关的事物，应该对这种思想和哲学进行变革，运用自然史中的机械史，获得来自机械技艺的经验。这种经验比来自其他任何领域的经验都有助于达到哲学上关于原因和公理的更真实和正确的“光亮”(illumination)，可以作为最彻底和最根本的自然哲学的变革基础。由此来看，“技工”的工作是伟大的。

四是由“先驱者”（“Pioneers”）或“矿工”（“Miners”）从事新的实验。之所以如此，是因为“技工”的工作虽然重要，但是，“在极其丰富的机械性实验当中，那种对于指教理解力方面最为有用的实验确是尤为稀少。因为机械学者由于不肯自苦于查究真理，总是把他的注意局限于那些对自己的特殊工作有关系的事物”[①]。因此，“我们不仅要谋求并占有更大数量的实验，还要谋求并占有一种与迄今所行的实验不同种类的实验”[②]。“先驱者”或者“矿工”所做的工作就是在“技工”等已经为自然史收集起多种多样的实验后，从事那种“对于指教理解力有用的新实验”，以挖掘埋藏在自然“矿洞”深处的真理。这更多地与自然哲学相关联。弗朗西斯·培根在此用“先驱者”和“矿工”比喻之，应该还是很有道理的。

弗朗西斯·培根进一步指出，仅仅经过上述工作准备完成了所需要的自然史和实验史方面的材料还不够，因为理解力不能仅凭记忆去处理，而是要让“经验”学会其“文字”，也就是说必须用文字记载它。但是，文字又是散乱的，会分散和惑乱我们的理解力，因此，培根认为，我们必须借着那些适用的、排列得很好的“发现表”(tables of discovery of things)，使我们的心跟着“发现表”所整理和编列的材料动作起来。[③]这项编写“发现表”的工作由所罗门学院中的“编纂者”（“Compilers”）完成。他们将前四组实验制成图表，为从其中得出知识和公理的工作提供更好的“光亮”（“light”）。因此，“编纂者”的工作是重要的。

① [英]培根：《新工具》，许宝骙译，北京：商务印书馆，1986年，第78页。
② [英]培根：《新工具》，许宝骙译，北京：商务印书馆，1986年，第79页。
③ [英]培根：《新工具》，许宝骙译，北京：商务印书馆，1986年，第80页。

不过，弗朗西斯·培根认为，这还不够，还需要“天才”（“Dowry-men”）或“造福者”（“Benefactors”）观察同伴的实验，从中抽取出有用的东西，清晰说明事物的本质和原因，使得实验在“原理的新光亮”下进行。之所以如此，是因为弗朗西斯·培根认为：“鉴于真理从错误中会比从混乱中出现得较快，我以为在三个初步列示表业经做出并经考量以后，就宜允理解力凭着各表所列事例以及他处所遇事例的力量来作一回正面地解释自然的尝试。这种尝试我称之为理解力的放纵，或解释的开端，或初步的收获”。[①]为了做到这一点，弗朗西斯·培根认为，“天才”或者“造福者”的具体任务就是：在“编纂者”将前四组实验材料整理为表格后，观察它们，遵从一种准确的归纳方法和规则，提炼出原理，获得对人类生活和工作有用的知识，继而指导通向新的特殊的实验的道路。

弗朗西斯·培根将上述这种能发现原因和原理的实验称为“光的实验”。很显然，“光的实验”是有层级的，“光”的亮度以一个阶梯不断上升。低级原理的光亮是朦胧的，而随着阶梯的不断上升，终极原理就像上帝的真理之光一般照耀着自然。“天才”或者“造福者”在此处抽取出的“光”属于低级原理，需要进一步推进。

弗朗西斯·培根认为，完成上述推进工作的是“明灯”（“Lamps”）。他们通过会议对之前的工作和材料进行讨论，指导新的实验更深入地研究自然。他们的工作类似于审查委员会的成员，是必要的，因为弗朗西斯·培根认为：“在用这样一种归纳法来建立原理时，我们还必须检查和核对一下这样建立起来的原理……一旦这种过程见诸应用，我们就将终于看到坚实希望的曙光了”[②]。在此，弗朗西斯·培根对知识的求索之路是谨慎的，他认为由归纳法建立的初级原理是必要的，但是，还必须对此进一步审查，消除或修正相关的错误，而达致中级原理。

不仅如此，由归纳法得出的新原理经过上述审查，就会反转过来用来指导新的具体的实验。弗朗西斯·培根就说，追寻真理之路并不是一道平线，而是有升有降的，首先上升到原理，然后降落到事功。[③]换句话说，新原理会被应用到新的实验之中，得出更高级更完全的原理。“明灯”作为承载“光”的容器以“更高级的光亮”（“higher light”）指引着“灌输者”（“Inoculators”）执行新的实验，以便更加深入地探求自然的奥秘。

最后，整个工作体系中得到的所有实验结果，都汇总到“大自然的解释者”（“Interpreters of Nature”）那里，由他们将之前所有实验中的发现提炼为更为完全

---

① [英]培根：《新工具》，许宝骙译，北京：商务印书馆，1986年，第150页。
② [英]培根：《新工具》，许宝骙译，北京：商务印书馆，1986年，第83页。
③ [英]培根：《新工具》，许宝骙译，北京：商务印书馆，1986年，第80-81页。

的公理和认识，作出“自然的解释”（“Interpretation of Nature”）。“从 17 世纪开始，几乎在培根所有未出版的自然哲学著作的标题中都出现了‘自然的解释’。这一现象随着《新工具》的出版达到顶点。”[①]《新工具》的拉丁文标题为“*Novum Organum, sive Indicia Vera de Interpretatione Naturae*”，译作《新工具，或关于解释自然的正确指导》。“事实上，这个概念是如此持久地贯穿了培根的著作，以至于我们可以说，比起那些 19 世纪和 20 世纪学者所关注的方法、归纳法或实验等从属概念，支配着这些从属概念的‘自然的解释’实际上是培根自然哲学里的中心概念。”[②]如此，在弗朗西斯·培根那里，对自然进行解释应该是自然哲学的最终目标，所罗门学院的设置，相关人员及其职业的安排，实验以及自然哲学等的推进，都是为达到这一最终目标迈进的。

当然，达到对自然的解释的最终目标不是一蹴而就的，为了能够达到弗朗西斯·培根追寻的能够真正解释自然的知识。上述所罗门学院的工作体系以及相应职位人员所做的相关工作必然是循环进行的，以便得到更好的、更高级的“光”的实验，与“上帝之光”更加靠近。

上面是对弗朗西斯·培根实验程序的完整解读。在对上述内容深入理解的基础上，马丁对弗朗西斯·培根的“实验质询”与“法庭质询”作了比较。他认为，对于自然科学(自然哲学)，第一步是由实验者收集相关数据，然后公布，由科学共同体(科学委员会同仁)商讨以判别真伪，从而形成正式的实验文本，作为人类的认识(公理和原则)，之后，这样的发现(公理和原则)为增进人类的利益服务；对于法庭诉讼，首先是志愿者收集法律问题及其案例，形成非正式的报道，然后交由法律委员会同仁决定哪一个法律案例是真正重要的，之后形成正式的法律文本，提交给法庭，最后以维护当事人的法律权利。照此，弗朗西斯·培根就将应用实验获取知识的过程和功用，与应用质询获取法律事实的过程和功用相类比，得到两者有一个精确相似的结论。弗朗西斯·培根“改革后的科学的法律和他改革的自然哲学有相同的目的、相同的技艺、相同的词汇以及相同的层次组织”[③]。“弗朗西斯·培根改造的自然哲学是以他改造的法律为模本的。”[④]这种状况可由图 8.1 表示。

---

① Richard Serjeantson. Francis Bacon and the “Interpretation of Nature” in the Late Renaissance. Isis, 2015,105(4): 682.

② Richard Serjeantson. Francis Bacon and the “Interpretation of Nature” in the Late Renaissance. Isis, 2015,105(4): 682.

③ Martin J. Francis Bacon, the State, and the Reform of Natural Philosophy. Cambridge: Cambridge University Press, 2007: 170.

④ Martin J. Francis Bacon, the State, and the Reform of Natural Philosophy. Cambridge: Cambridge University Press, 2007: 164.

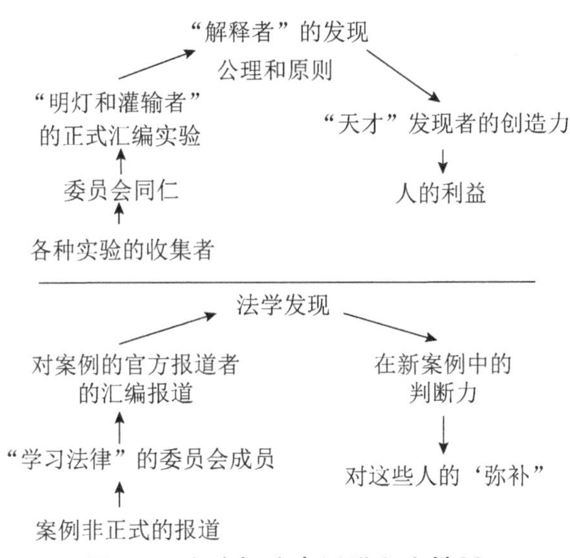

图 8.1　实验与法庭诉讼和审批①②

3. 以归纳推理而非演绎推理的方式，获得普遍认识

弗朗西斯·培根认为，第二种哲学——经验的哲学，来自这样一类哲学家：“在辛勤地和仔细地对于少数实验下了苦功之后，便由那里大胆冒进去抽引和构造出各种体系，而硬把一切其他事实扭成怪状来合于那些体系。”③这一类哲学家，对于弗朗西斯·培根来说，指的是他那个时代的化学家以及进行磁石实验的吉尔伯特之流，他们从“狭隘的和晦涩的实验”，一下子跳跃到普遍的结论，即把一个普遍性的体系建立在“狭隘的和晦涩的实验”基础之上。如吉尔伯特通过一组实验去探查磁石的特征，并且证明地球自身是一个巨大的磁体，但是，他并没有花一点时间来对他的实验方法和实验结果进行评论，而是直接地根据魔法哲学(万物有灵论)形成其完整的宇宙学。对此，弗朗西斯·培根进一步说道：“对于这一类的哲学，有一点警告是不可少的：我已先见到，假如人们果真为我的忠告所动，竟认真地投身于实验而与诡辩的学说宣告永别，但随即跟着理解力的不成熟的躁进而跳跃或飞翔到普遍的东西和事物的原则，那么这类哲学所孕的莫大危险是很可顾虑的。对于这个毛病，我们甚至在此刻就该准备来防止它。”④

---

① Martin J. Francis Bacon, the State, and the Reform of Natural Philosophy. Cambridge: Cambridge University Press, 2007: 169.

② “在所有的弟兄们关于‘以前的工作和收集’的‘各种会议和咨询’之后，三个‘灯’决定由三个‘接种者’进行新的实验，他们向三个‘自然的解释者’报告他们的结果。”(参见 Martin J. Francis Bacon, the State, and the Reform of Natural Philosophy. Cambridge: Cambridge University Press, 2007: 137.)

③ [英]培根：《新工具》，许宝骙译，北京：商务印书馆，2016 年，第 36 页。

④ [英]培根：《新工具》，许宝骙译，北京：商务印书馆，2016 年，第 40 页。

如何防止它呢？弗朗西斯·培根认为应该遵循以下原则："最好的论证当然就是经验，只要它不逾越实际的实验。"[①]该原则含有两方面的含义：第一，普遍的原理应该建立在经验之上，而不是前述那些诡辩的哲学、经验的哲学和迷信的哲学之上。对于这三种哲学，它们是剧场假象，它们的论证是邪恶的论证。"邪恶的论证可以说是假象的堡垒和防线。我们在逻辑中现有的论证不外是把世界做成人类思想的奴隶，而人类思想又成为文字的奴隶。"[②]在此意义上，"最好的论证当然就是经验"。第二，虽然最好的论证是经验，但是，对于这一经验，应该是经过辩护的，而不是逾越实际的实验。"因为我们如搬用经验于认为类似的其他情节，除非经由一种正当的、有秩序的过程，便不免是谬误的事。可是现在人们做实验的办法却是盲目的和蠢笨的。他们是漫步歧出而没有规定的途程，又是仅仅领教于一些偶然自来的事物，因而他们虽是环游甚广，所遇甚多，而进步却少；他们有时是满怀希望，有时又心烦意乱，而永远觉得前面总有点什么东西尚待寻求。"[③]

鉴此，弗朗西斯·培根认为，应该杜绝这种偶然的经验。弗朗西斯·培根坚持，经验有两种：一种是偶遇，是自行出现的；另外一种是实验，需要着意去寻找。[④]真正的经验方法与偶遇相反。"它是首先点起蜡烛，然后借蜡烛为手段来照明道路；这就是说，它首先从适当地整列过和类编过的经验出发，而不是从随心硬凑的经验或者漫无定向的经验出发，由此抽获真理，然后再由业经确立的原理进至新的实验；这甚至像神谕在其所创造的总体上的动作一样，那可不是没有秩序和方法的。这样看来，人们既经根本误入歧途，不是把经验完全弃置不顾，就是迷失于经验之中而在迷宫里来回乱走，那么，科学途程之至今还未得完整地遵行也就无足深怪了。而一个安排妥当的方法呢，那就能够以一条无阻断的路途通过经验的丛林引达到原理的旷地。"[⑤]在此，弗朗西斯·培根对通过工艺"发现实验"的强调，是非常有价值的。

在上述认识的基础上，弗朗西斯·培根认为，感觉是一切知识的源泉，科学本质上是经验的，应该把认识建立在经验基础之上。他认为，简单的、朴素的经验是不行的，真正的经验方法是从经过适当安排和消化的经验开始，导出公理，进而又从公理导出新的实验，也即只有按确定程序和规则进行的实验，才能成为科学知识的可靠源泉。他一再强调："钻求和发现真理，只有亦只能有两条道路。一条道路是从感官和特殊的东西飞越到最普遍的原理，其真理性即被视为已定而不可动摇，而由这些原则进而去判断，进而去发现一些中级的公理。这是现在流行的方法。另一条道路是从感官和特殊的东西引出一些原理，经由逐步而无间断的上升，直至最后

---

① [英]培根：《新工具》，许宝骙译，北京：商务印书馆，2016 年，第 49 页。
② [英]培根：《新工具》，许宝骙译，北京：商务印书馆，2016 年，第 47-48 页。
③ [英]培根：《新工具》，许宝骙译，北京：商务印书馆，2016 年，第 49 页。
④ [英]培根：《新工具》，许宝骙译，北京：商务印书馆，2016 年，第 65 页。
⑤ [英]培根：《新工具》，许宝骙译，北京：商务印书馆，2016 年，第 66 页。

才达到最普遍的原理。这是正确的方法，但迄今还未试行过。”[①]如此，弗朗西斯·培根提出了归纳推理的方法，就是收集材料，整理材料，推出一般结论。当然，这里的材料是通过自然历程和实验历程研究获得的，借助它们，通过“三表法”——具有表、缺乏表、程度表，找到事例间的同一与差异，在排除差异、寻求同一的过程中，辨识错误以及一切预先假定的理论，从而把理论建立在无谬的经验基础上。关于这点，可以由弗朗西斯·培根的“实验家——蚂蚁——只收集事实”“推论家——蜘蛛——只进行推理”“科学家——蜜蜂——归纳推理”的隐喻中得到佐证。

如对于热的本质的认识，培根是这样设想的：

第一步，收集热存在的所有例子，如燃烧之火、体内之热、摩擦生热等等。

第二步，收集所有没有热产生的例子，这样的例子很多，可以参照第一步的例子寻找相反的例子，如死去的动物冰冷的体温、靠在一起的两个不摩擦的固体等等。

第三步，就是收集热随其他参数变化的情况以及呈现出来的规律，如物体离火越近就越热，变热越快变冷就越慢，等等。

在上述证据收集的基础上，弗朗西斯·培根就进一步设想：这一切现象产生的原因是什么呢？他考虑了许多关于这种原因的热的本质的设想，但很快又否定了。如他认为，热是“光和亮度”，但随之他又否定了这一说法，因为沸水没有亮光；他又想到热是一种物质，但随之他又否定了这一说法，因为一热的物体将热传给冷的物体时，其自身重量不变。在否定了所有的不合适的假想之后，弗朗西斯·培根提出：“热是一种扩张的、受到抑制的、在其斗争中作用于物体的较小分子的运动。”[②]

当然，弗朗西斯·培根的方法也被认为是过于乐观和难以实践的。“培根设想，如果科学家开始用他的方法去认识某一种现象，他们会迅速排除掉正确解释以外的所有假设。事实证明这种想法太过乐观了。”[③]“培根方法之所以用起来很困难，并不是由于培根认为只有真理能够解释一切的假设有什么原则上的错误，而是因为它几乎不可能应用在实践中：在科学研究中，通常会有好几种相互矛盾的假设，而它们解释的成功率却大致相当。”[④]

但是，这仍然不能掩盖弗朗西斯·培根方法论的价值。事实上，我们正是通过归纳法获得普遍的事实根据的，并且提出解释它们的假说。这是科学认识的一般性原则。而且，更为惊奇的是，弗朗西斯·培根认为，一个普遍的、被接受的假说是应该能够解释所有可观察的现象的，否则，这一个假说就可能遇到一些它无法解释的证据而被淘汰。这样的思想与现代科学哲学界对“实证主义”的批判，以及对“证

---

① [英]培根：《新工具》，许宝骙译，北京：商务印书馆，2016年，第12页。

② [英]培根：《新工具》，许宝骙译，北京：商务印书馆，2016年，第174页。

③ [美]迈克尔·斯特雷文斯：《知识机器》，任烨译，北京：中信出版社，2022年，第99页。

④ [美]迈克尔·斯特雷文斯：《知识机器》，任烨译，北京：中信出版社，2022年，第99页。

伪主义”一定程度的肯定，是相符合的。

总之，弗朗西斯·培根的“实验”，在很大程度上祛除了占星术、巫术以及炼金术之赫尔墨斯传统下实验的神秘主义，通过一种对自然的主动干预——“激扰”使自然暴露它的秘密，并以一种归纳推理的方式获得对世界的理论化的认识以及对理论的“证伪”。“以前的理性自然哲学将演绎推理法作为唯一可靠的推理手段，但是弗朗西斯·培根认为，演绎推理只能用来证实已知知识的正确性，却不能引导我们做出新的发现，而且鉴于当时的自然哲学所基于的预设大部分是错误的，因此，演绎推理是通过将错误证实为正确来帮助延续错误。弗朗西斯·培根在否定演绎推理方法的同时，提出了一种更好的替代方法——归纳推理法，一种已经成为实验基本逻辑的方法。”①这是一种新的科学发现的逻辑。它也体现在弗朗西斯·培根《木林集》中所描述的标准化的实验实施模式中：事实(facts)→探究(inquisition)→原因(causes)→原理(axiom)。②

（二）“激扰自然”的实验思想的意义

1. 推崇“光”的实验，倡导“发现”的文化，发现“发现”

对于弗朗西斯·培根，推崇“光”的实验，而非“果”的实验，以“点燃照亮自然之灯”，发现自然奥秘，以为人类服务。这应该是弗朗西斯·培根提出“激扰自然”的实验思想的最大意义。

对于近代科学来说，“实验”方法的诞生是一件大事件，以至于“自然科学”又被称为“实验科学”。伊本·海塞姆在11世纪就做光学实验了，罗吉尔·培根也早在13世纪就提出“经验知识”的思想了，而且，炼金术实验开始得很早，医药化学学派的实验进行得很多，至此，为什么在弗朗西斯·培根提出“激扰自然”的实验之前，或者说在17世纪中叶之前，成功的实验的例子很少呢？戴维·伍顿对此作了探讨，认为有以下五个方面的原因：一是中世纪文化对体力劳动仍有相当大的限制，实验方法涉及体力劳动，因此，体力劳动限制实验；二是亚里士多德自然哲学在中世纪大学里占据主导地位，导致对实验方法的双重限制，即亚里士多德说过的就不说了，没有说过的也应该按照演绎的、逻辑的、目的的、因果的方式进行；三是实验方法既涉及对外部世界的研究，也涉及抽象概括能力，它需要一种在具体和抽象、直接例子与科学理论之间来回移动的能力，但是，这一移动在概念上和历史上是存在问题的；四是实验是人为现象，亚里士多德把自然和人为截然分开，理解

---

① Henry J. Knowledge is Power: Francis Bacon and the Method of Science. London: Icon Books, Flint: Totem Books, 2002: 6-7.

② 何军民、石云里：《〈木林集〉：培根实验方法的真正范本》，《东南学术》，2012年第4期，第235页。

其中一个不能为理解另一个提供基础，阻碍了实验发展；五是中世纪肯定不存在发现文化，只有发现“发现”或者“发明”发现，才能进行实验，作出发现。[①]

2. 将科学认识从哲学中独立出来，由“哲学式科学”走向“实证式科学”

弗朗西斯·培根基于哲学层面本体论、认识论和方法论的思想变革，否决了第一种哲学——亚里士多德式的哲学和第三种哲学——柏拉图式的哲学，认为它们分别是“诡辩哲学”和“迷信哲学”，不能获得有效的认识。同时，他也部分否定了第二种哲学——自然巫术式的“经验哲学”，认为其实用的“实验”是可取的，但其神秘主义的哲学基础却是错误的。“他坚持，由推测性的哲学表明的通向认识的道路是错误的和行不通的，它的基点只是在于‘争论的漩涡和涡流’(whirl and eddy of argument)以及‘传统的迷雾’(mist of tradition)。”[②]由此，他就否决了“以哲学统领科学，以演绎推理代替经验发现，以抽象理论(哲学)解释并裁决经验事实而不是以经验事实发现自然并且检验理论”的合理性。在此基础上，弗朗西斯·培根接受了第二种哲学——经验哲学之实用的“实验”，提倡走向自然，直接进行具体化的发现型实验，并以实验检验哲学。如此，科学的性质改变了，开始从哲学中分离并且独立出来，在柏拉图以及亚里士多德那里表现突出的“哲学优位”的科学——“哲学式科学”，开始让位于“实证优位”的科学——“实验科学”，即由原先的由哲学认识自然走向由科学认识自然，科学从哲学中开始独立出来，实验科学诞生了。

至于弗朗西斯·培根本人，似乎没有做过多少具体的实验，而且从弗朗西斯·培根的科学实验思想来看，也不涉及具体化的实验(在英文上用 experiment 表示)，但是，他提出的是一种实验的方法论(methodology)，涉及的是抽象的实验方法(在英文上用 experimentation 表示)，引导并且指导着具体化的、多样化的实验。“弗朗西斯·培根是第一批提倡将实验作为获取自然知识最有效和最可靠手段的自然哲学家(我们这样称呼他是因为在他的时代并没有类似于‘科学’‘科学家’这样的称呼)之一。”[③]“而弗朗西斯·培根向当时的自然哲学家们展示了实验方法在探索和理解未知世界方面强大的作用，进而改变了当时的情况。”[④]“在17世纪，实验者受弗朗西斯·培根的激发，开始揭示自然界的秘密，这导致人们对被动的自然

---

① [英]戴维·伍顿：《科学的诞生：科学革命新史》(上册)，刘国伟译，北京：中信出版社，2018年，第350-359页。

② Henry J. Knowledge is Power: Francis Bacon and the Method of Science. London: Icon Books, Flint: Totem Books, 2002: 54.

③ Henry J. Knowledge is Power: Francis Bacon and the Method of Science. London: Icon Books, Flint: Totem Books , 2002: 5.

④ Henry J. Knowledge is Power: Francis Bacon and the Method of Science. London: Icon Books, Flint: Totem Books , 2002: 6.

(*natura naturata*)的认识，并且导致人类能够预测和控制自然。”[①]

弗朗西斯·培根的实验思想影响巨大。自然哲学家们在意大利、英国和法国建立实验学会，开始通过实验去探查事物的本质。意大利的实验科学院(The Italian Academla del Cimento，1657 年)、英国皇家学会(The Royal Society of London，1662 年)和巴黎科学院(The Paris Academy of Sciences，1666 年)的成员都强调弗朗西斯·培根的实验方法。1663 年，伦敦“皇家学会”成员就“物理学、解剖学、几何学、天文学、航海学、地理学、磁体学、化学、力学和自然实验”等相关话题，进行了哲学上的讨论和思考，目的是不受“神学和国家事务”的影响而研究自然。许多实验，特别是在生物体上完成的实验，如波义耳于 1660 年在空气泵中所做的动物生死实验等，展现了弗朗西斯·培根“激扰自然”，使自然离开自然状态，以揭示其秘密的过程。[②]“弗朗西斯·培根去世后，哲学家宣传他的专作、提高他的权威，不仅是去观察实验的实用性，同时也是在研究同行转向实验的原因。这无疑是弗朗西斯·培根科学实验方法后期取得成功的主要因素。尽管后来有很多著名的实验证明了该实验方法的重要性，但对实验方法的哲学有效性有很大的争议点。因此，所有自然哲学家纷纷转向支持弗朗西斯·培根。”[③]

值得关注的是，也有一些学者对弗朗西斯·培根实验思想的伟大及其贡献持有异议。如丹皮尔就说：“培根对于实际从事科学实验的人似乎没有影响，或很少有什么影响。”[④]对此值得商榷。如上所述，新的科学史研究表明他的“激扰自然”的实验思想对实际的科学研究影响还是很大的。

3. 将科学与神学、巫术相区别并加以扬弃，由“奴婢式科学”走向“独立式科学”

关于弗朗西斯·培根的“激扰自然”的实验思想，有两个问题需要澄清：一是弗朗西斯·培根肯定是赞同宗教神学的。弗朗西斯·培根认为：“如果认真加以思考，我们就会知道，信仰比知识更加有价值。因为在知识方面我们的心理会受到感官的影响，但是在信仰方面我们的心理是受精神支配，精神比起心理来拥有更多的权威，因此可以说，在信仰上我们的心理受到更有价值的力量的指引。”[⑤]对于弗朗西斯·培根，宗教神学与科学是分离的。他说：“宗教神学(按我们的习惯就叫作神

---

① Merchant C. Autonomous Nature: Problems of Prediction and Control from Ancient Times to the Scientific Revolution. London: Routledge, 2015: 90.

② Wallis J. A Defence of the Royal Society, and the Philosophical Transactions.London: Thomas Moore, 1678: 7.

③ Henry J. Knowledge is Power: Francis Bacon and the Method of Science. London: Icon Books, Flint: Totem Books, 2002: 143.

④ [英]W. C. 丹皮尔：《科学史》，李珩译，北京：中国人民大学出版社，2010 年，第 140 页。

⑤ [英]弗朗西斯·培根：《学术的进展》，刘运同译，上海：上海人民出版社，2015 年，第 188 页。

学)只是建立在上帝的话语与神迹之上的，而不是建立在自然之光基础上的。”[①]言下之意是，科学是建立在自然之光基础上的，科学与神学是分离的。二是弗朗西斯•培根是赞同自然巫术的，但是，这种赞同是建立在批判基础上的。“弗朗西斯•培根是自然巫术的批判者，就其取得的成就令人失望，但是，毫无疑问地就其方法，他认为，如果被适当利用，是优越于思辨性的哲学的。”[②]如此，弗朗西斯•培根扬弃了自然巫术，“通过将巫术中的实用主义和实验主义引入到自然哲学，培根彻底地改变了自然哲学并且使得它更加富有成就。不是努力劝说他的同时代人他已经发现了宇宙的正确系统，他努力向他们刻画理解自然世界运作的最好的程序。一句话，他努力向他们展现形成科学方法的重要性。就此而言，弗朗西斯•培根成功了”[③]。弗朗西斯•培根的成功，“归功于他和其他一些人，当自然哲学与巫术传统中提取的概念和实践结合之时，它就更接近于近代科学了。其中最重要的是这样的思想——认识应该在实践中有用，以及通过经验和实验手段收集知识的实践”[④]。随着这样的实验实践的推进以及对自然的更加彻底地祛魅——走向机械论，必然导致自然巫术的衰落和科学相对于神学的独立。这点到了 18 世纪就更加明显了。

4. 将科学认识奠基于恰当的自然哲学，由“主观式科学”走向“客观式科学”

弗朗西斯•培根认为，自然是自由的、主动的、积极的、创造的，自然又是被动的、消极的、被创造的；自然自身不能说话，隐藏它的奥秘；要获得对自然的认识，就要对其加以“激扰”，也就是束缚(vincula)，即通过人类双手以工艺和技能对自然加以限制，逼迫自然脱离它的自然状态(包括混沌状态)，展现其在自由状态下不能展现出来的性质。“自由”“可错”“受限”是“自然”概念的三个关键术语和“自然”的三种状态，而“激扰”是弗朗西斯•培根实验思想的核心。

这是弗朗西斯•培根提出“激扰自然”实验思想的自然观基础或本体论基础。它表明，否决以演绎推理为优位的“诡辩的哲学”以及“迷信的哲学”，而走向直接面向自然的“实验”实践还不够，还必须为实验的贯彻提供一般性的实践方式——“激扰自然”；仅仅提出“激扰自然”的实验方式还不够，还必须为这样的实验方式提供自然观基础。鉴于上述主动的和被动的自然之概念以及自然的三种状态之分，才有自然研究之“激扰自然”的实验方式之合理，也才能获得关于自然的有效的认识。

---

① [英]弗朗西斯•培根：《学术的进展》，刘运同译，上海：上海人民出版社，2015 年，第 188 页。

② Henry J. Knowledge is Power: Francis Bacon and the Method of Science. London: Icon Books, Flint: Totem Books, 2002: 54.

③ Henry J. Knowledge is Power: Francis Bacon and the Method of Science. London: Icon Books, Flint: Totem Books, 2002: 66-67.

④ Henry J. Knowledge is Power: Francis Bacon and the Method of Science. London: Icon Books, Flint: Totem Books, 2002: 65.

这是弗朗西斯·培根为“激扰自然”的实验方法论(知识如何被拓展)以及实验认识论(知识如何被证明为合理)做出的本体论承诺以及哲学的基础性辩护。这也表明，弗朗西斯·培根并不完全拒斥哲学，他拒斥的是凌驾于实验科学之上的“诡辩哲学”和“迷信哲学”，同时认为科学一定意义上独立于哲学并与哲学紧密联系。

不仅如此，弗朗西斯·培根的“如何进行‘激扰自然’的实验”这一问题，是与如此这般地做实验才能获得有效的认识紧密关联的。首先，弗朗西斯·培根依据其终生法律实践，提出“激扰自然”的实践程序与之类同的思想。其次，弗朗西斯·培根创造性地变革自然哲学，尤其是其赫尔墨斯传统(经验哲学)。“弗朗西斯·培根的创新是：在变革自然哲学之时，倡导使用巫师的实验方法。在那里，自然哲学和巫术是完全分开的传统——理性主义者和推理者，与其他的实验主义者和实用主义者之间是完全分开的，弗朗西斯·培根建议他们结合起来。”[①]

弗朗西斯·培根上述“如何进行‘激扰自然’的实验思想”的意义是重大的。第一，弗朗西斯·培根努力使得“激扰自然”的实验从神秘和深奥的氛围中脱离出来，并以一种规则性的经验程序呈现出来，如此，科学走向自然，走向公开，走向规则，成为社会领域的一部分或一个建制，从此，科学从一种神秘的哲学的少数人的不规则的缓慢的活动，转变为公开的经验的多数人的规则性的快速活动，科学认识的模式发生了根本性的改变。第二，弗朗西斯·培根这里的“如何进行‘激扰自然’的实验”是与“如此这般地实验以使得知识被证明为合理”相一致的，在此既涉及本体论上的实验的正确的自然哲学指导，也涉及方法论的经验事实之上的归纳推理以获得普遍结论的强调，这两者都是为了保证所获得的关于自然认识的客观性。虽然在弗朗西斯·培根的时代，“客观性”这一概念并不存在，但是，在弗朗西斯·培根的影响下，科学家们开始思考建立事实最好的方式，至此，“客观性”这一概念出现了。“科学中对客观性的追求，也源自弗朗西斯·培根。”[②]据此，丹皮尔的下面一段话也是值得商榷的——“培根自己在实验领域中，对于认识自然并没有什么显著的或成功的贡献，他的理论和科学方法在范围方面野心过大了，在实践方面也是根据太不足了。”[③]

弗朗西斯·培根“激扰自然”的实验思想是在对“诡辩哲学”“迷信哲学”“经验哲学”批判反思的基础上，基于“自由的自然”“出错的自然”“受限的自然”之自然观，扬弃巫术、炼金术以及医药化学学派之 vexing(“激扰”)实验思想提出

① Henry J. Knowledge is Power: Francis Bacon and the Method of Science. London: Icon Books, Flint: Totem Books, 2002: 64.

② Henry J. Knowledge is Power: Francis Bacon and the Method of Science. London: Icon Books, Flint: Totem Books, 2002: 10.

③ [英]W.C. 丹皮尔：《科学史》，李珩译，北京：中国人民大学出版社，2010 年，第 140 页。

的。“激扰自然”的实验思想实现了价值论、本体论、方法论、认识论的统一。其中，价值论是根本，即为了人类福祉而寻找发现的路径——进行“光”的实验；本体论是基础，这也是弗朗西斯·培根自然哲学的核心，为“激扰自然”的实验思想提供形而上学的合理性理由；方法论是根据，即如此这般地进行实验，以获得客观性的认识；认识论是目标，之所以进行上述价值论、本体论、方法论的探讨，目的是获得关于自然的正确认识。结果是，弗朗西斯·培根从哲学角度，为“激扰自然”以认识自然进行辩护，从而为具体化的操作实验(experiment)奠定了抽象化的哲学基础，创立了方法论意义上的实验(experimentation)，回答了以下几方面的问题：一是“为什么要通过实验获得知识”？目的是有效地揭露自然之奥秘；二是“为什么要通过‘激扰自然’的实验获得知识”？主要是通过技艺限制自然使得出错的自然暴露其秘密；三是“通过什么样的实验实践才能获得有效的知识”？摒弃神秘，抛弃假象，质询自然并且对结果加以归纳；四是“获得这样的知识是为了什么”？最终目的是应用科学，造福人类。通过对这几个问题的回答，弗朗西斯·培根就将“知识如何得到拓展”“知识如何被证明为合理”“知识如何成为有用”统一了起来。至此，“大写”意义上的近代科学实验革命的思想提出了，实验科学诞生了。

第九章　近代科学革命(三)

——从万物有灵论到机械自然观

考察前两章之“近代科学革命(一)——从抽象的数学理念到具体的数学实在”“近代科学革命(二)——从泛灵的经验到激扰的实验”中的部分代表人物，他们虽然在相应的方法论的变革中涉及自然观的改变，有了机械自然观的萌芽，但是，他们并没有明确地宣称并且论证机械自然观。笛卡儿对此作了系统阐述，从而改变了人类历史上对自然的认识方式，即从万物有灵论对自然的“精神”解释，转变为机械自然观对“附魅”的自然进行“祛魅”①，以获得对自然的“物质”解释。在这里，“附魅”和“祛魅”的自然观的内涵是什么呢？以机械自然观为基础的认识自然的方式有什么样的特征呢？在当时的宗教神学自然观占据主导的情况下，机械自然观是如何被建构和被接受的呢？机械自然观对于人类认识自然的方式有什么样的影响呢？特别是对于近代科学革命有什么样的意义呢？这些问题值得我们去探讨。

一、万物有灵论与自然的“精神”解释

在近代科学革命早期，哥白尼的“日心说”、哈维的“血液循环理论”等新科学向托勒密的“地心说”、盖伦的“三灵气说”等旧科学以及宗教神学发起了挑战，启示着一种新的自然观的出现。但是，那一时期宗教神学以及旧科学的力量异常强大，因此，新科学并没有立即战胜旧科学和宗教神学，进而也就没有产生一种新的完整的自

---

① 对自然进行“祛魅”，事实上就是祛除附着在自然之上的“魅”——“自然主义泛灵论”等。不过，这里需要说明的是，近代科学革命对自然的“祛魅”主要“祛”的是“自然主义泛灵论”，用机械自然观取而代之——认为地球上的万事万物(除人之外)并非精神性的存在，而像一架机器。但是，对于宗教神学中的“上帝”观念，似乎祛除得很少。如在那一时期，无论是机械自然观的提出者笛卡儿，还是接受并赞同他的观点的其他科学家，都认为“上帝”存在。由此来看，近代科学革命之机械自然观主要与“自然主义泛灵论”相对立，而非拒斥和抛弃宗教神学之“上帝”存在以及创造世上万事万物之观念。这应该是当代西方许多科学家一方面从事科学，一方面信仰“上帝”的重要原因。

然观。在那样一个时期，亚里士多德学派、柏拉图学派以及其他学派的学者，都把世界理解成是有生命的——在所有层次上都是如此。这在某种意义上意味着人们接受了“大宇宙-小宇宙”的类比观念，也意味着人们接受了一种活力的自然观念——虽然这种自然观念后来被 17 世纪机械自然观所逐渐代替。而且，从科学发展的历史看，尽管对于物理对象的数学抽象以及对于研究对象的量化是近代科学的诞生和发展的必不可少的条件，但是，这种观念在当时是不多见的，其意义也不如现在这么重大。对于当时的许多人来说，回归到“真实的”神秘主义和自然魔法更加重要。通过考察文艺复兴时期的自然哲学可以发现，当时盛行的主要观念是亚里士多德的“内在目的论”以及“自然主义泛灵论”和“赫尔墨斯传统”。

关于亚里士多德的自然的“内在目的论”，在本书的第三章已有介绍。其核心思想是：自然界的万事万物都具有目的，并且被其本性驱动而朝向其目的运动，这使得它们呈现出恒常稳定的状态，也使得它们呈现相应的等级结构；要说明事物的运动变化，就要如其所是地去看待它们，探讨它们的本质以及它们运动变化的真实原因，而这种真实原因就是目的因，所以要了解事物运动变化的原因，就必须通过目的因来加以解释。由此，也使得亚里士多德的物理学成为以目的因说明为宗旨的“质的物理学”，通过“目的、本性和自然倾向”来说明自然现象。在这种情况下，不具有“目的、本性和倾向”的原子论、实验、数学等在这样的物理学中就没有用武之地。

关于“自然主义泛灵论”，其核心内涵是：对于宇宙中的每一物体而言，最终的存在是其活的要素，它在一定程度上带有心灵的或精神的特征；心灵和躯体、精神和物质被看作是不能分离的，统一于同一个物体之中，从而使得该物体成为具有精神的生命体，存在着各种难以理解的隐秘力，引发或促动该物体的运动；对于这种运动，人类也可以通过各种自然魔法，引导这些心灵或精神的因素表达出来，以实现自然的目的。

“自然主义泛灵论”的思想深刻地影响着 16 世纪的天文学、物理学、解剖学和生理学等学科的发展，这种思想典型地体现在吉尔伯特于 1600 年出版的《论磁》一书中。吉尔伯特认为，真实的地球物质呈现出原始的有活力的形式，这种形式就是原始地球物质的磁的本性，它与呈现在所有事物中的活的要素是一致的，表现为一种磁的灵魂。这种磁的灵魂以自愿联合的方式结合在一起，通过同极相斥与异极相吸、爱与憎的方式把磁体与相关物质联系起来。而且，吉尔伯特认为，磁就是地球的灵魂。

类似的思想充斥于文艺复兴时期，并且塑造了 16 世纪早中期以帕拉塞尔苏斯为代表的“医药化学学派”的观念：人体本质上是一个化学系统；这个化学系统是由炼金术士所认为的两种元素汞、硫和第三种元素盐(他自己增加的)组成的；汞、硫、盐是活的要素，分别代表了精神、灵魂和肉体；所有的疾病是由存在于人体中的这三种元素的平衡被打破而引起的；要治疗疾病，就要针对相应的病症，运用炼金术冶炼出相应的矿物药物，并加以使用，因为，化合物的许多性质是由这三种元素的特别的活力造成的。

盛行于 15 世纪欧洲文艺复兴时期的赫尔墨斯主义，主张对哲学与魔法进行研究和实践。

赫尔墨斯主义源于古埃及托特崇拜与古希腊赫尔墨斯崇拜的杂糅，其教义包含了古埃及、古希腊、犹太教以及诺斯替[①]主义的因素。文艺复兴时期的人文主义者出于时代的需要，对赫尔墨斯主义做出了独特的阐释。他们在理论上把赫尔墨斯主义塑造成为古代智慧的代表，认为其中包含着人类社会最为原初的智慧、纯洁的宗教，证明了基督教的真理以及实现了“人的尊严”。[②]

在宇宙论和形而上学的观点上，赫尔墨斯魔法传统主要结合了中世纪的新柏拉图主义的观点，还混杂了诺斯替教和犹太教的观点，其追求的是要在神秘力量的指引下得到一种由神赐予的关于宇宙永恒性问题的答案。“赫尔墨斯主义关于宇宙的一个很重要的思想就是‘宇宙交感’的观点。这一观点主张：地球上的事物之间和宇宙中任何事物之间都存在某种隐秘的相互感应力，物体之间通过这种神秘的交感力量可以远距离相互作用，因此这种交感力量可以被用来解释、预示乃至控制事物发展的进程。”[③]在赫尔墨斯传统中虽然没有关于宇宙无限的具体概念，但是赫尔墨斯主义主张：“‘上帝之完满就是万物存在之现实，有形的和无形的，可感的和可推理的……任何存在都是上帝，上帝就是万物’，‘如果世界外面有空间的话，那一定充满着有灵性的存在，这个存在就是上帝的神圣性之所在’，‘上帝所在的领域，无处不中心，无处有边界’。”[④]

自然魔法的基本内涵是：上帝具有超自然的力量，能够在创造自然世界的同时，把神秘的自然力量赋予自然事物。这种被赋予的神秘的自然力量本身是自然的而非超自然的，并且在进行自然魔法过程中，能够操作自然的魔法师也并不具有超自然的力量，他只是激发了隐藏在自然事物的力量。在宇宙中，只有上帝才具有超自然

---

① “诺斯替”，也译作“努斯底”，来源于希腊语 γνοστικος，是希腊哲学晚期的一种思想，是一种隐秘的、关乎拯救的智慧，被称为“诺斯”，意思是“真知”。持有这种观点的人们主张神秘的宗教顿悟，宣称自己知道真正的创世故事、上帝的来历及救世之方，坚信物质是罪恶的。因此，一些诺斯替者是禁欲主义者，还有一些诺斯替者相信人通过自身的努力能够拯救自己。

② Ebeling F. The Secret History of Hermes Trismegistus: Hermeticism from Ancient to Modern Times. Lorton D (trans.). Ithaca: Cornell University Press, 2007.

③ Yates F A. Giordano Bruno and the Hermetic Tradition. London: Routledge and Kegan Paul, 2002: 42-48.（此书第一次出版是 1964 年，而后 1999 年和 2002 年再版，2007 年被转换为电子书。）

④ Yates F A. Giordano Bruno and the Hermetic Tradition. London: Routledge and Kegan Paul, 2002: 272.

的力量。这是前现代时期(the pre-modern period)[①]关于自然魔法的主要思想。

对于自然的力量，又可以分为能动的力量和被动的力量、服从人类的力量和不服从人类的力量。要想把这些力量激发出来，魔法师就要细心地观察和倾听自然，拥有关于所有自然事物的精妙知识，如星星的影像，人和其他生物的构成，植物、树根、树桩、石头等的种类、形状和生成，等等。这些知识远远超出了普通人的能力，为魔法师所独有。他们或者把它们分开，或者通过一个事物相对于另一个事物的共有部分或相互适用的部分，把它们融为一体，由此引导自然把能动的东西和被动的东西结合起来，展现其预先准备好的东西。这在普通人看来是奇迹，但从上帝创世说的观点看，是自然运行的结果。

可以说，魔法师除了自然地把积极的力量运用到适当的、相称的被动对象上之外，其他方面也不能起到什么作用。概括地说，魔法师通过某种艺术或技术，施行某种非超自然的、创造的力量，产生各种奇妙和不寻常的东西，其原因超出了感官和通常的理解。

至于魔鬼，则另当别论。因为他们是不朽的存在，而且在亚当和夏娃之前就存在了，所以他们比最伟大的人类魔法师知道更多的魔法，但除此之外，他们也没有特殊的能力。作为灵魂，他们可以做我们不能做的事情，如穿过墙壁、飞翔等，但是，他们没有统治或命令宇宙的普遍本性，不能违反或改变世世代代永恒的不可侵犯的法令。魔鬼也是由上帝创造的天使“堕落”而成的，他们要受制于上帝以及上帝所创造的宇宙的力量。

从上述在文艺复兴时期占据主导地位的自然哲学的内涵看，人们大都相信自然是有魔力的、有神性的和有生命的，充满了精神、智慧、目的、活力和神秘。这是一种自然的“附魅”，由此形成了心灵与世界交织在一起的观念，泛灵论的以及宗教的思想。如文艺复兴时期的新柏拉图主义阐述了由女性灵魂赋予生机的宏观宇宙形象，自然被描绘成母亲女神爱西斯(Isis)。见图 9.1。

---

① 这里之所以将 the pre-modern period 翻译成“前现代时期”而非“前近代时期”，与对 modern 的理解及其翻译有关。在西方学界，将世界史划分为 Ancient、Medieval 和 Modern 三个阶段。对于中国学界，分别将 Ancient、Medieval 译作“古代”和“中世纪”没有什么疑问，但对于 Modern 的翻译则存在疑问，有人将此译作“近代”，也有人将此译作“现代”，还有人将此译作“近现代”。对于英文 modern，究竟应该翻译成什么呢？根据西方社会的历史发展，经历文艺复兴之后，发生了三种革命，一是科学技术革命，二是社会政治革命，三是市场经济革命。这三种革命使得西方社会从封建制走向资本主义，也使得西方社会进入新的历史发展时期——工业文明时期，走向现代化。可以说，现在的种种成就和不足，都是发源于此，就此而言，与之前三四百年的欧洲相比，现在的欧洲并没有本质的不同，都是在 modern ideas 指引下向前迈进的。考虑到这一点，将 modern ideas 翻译成“近代观念”显然不妥，而应该翻译成“现代观念”。相类似地，将 modernization 翻译成“近代化”也是不合适的，应该将此翻译成“现代化”。不过，一旦涉及中国的历史，情况就完全不同，无论是从时间的角度还是从社会发展的意义角度，近代和现代区分明显。当然，英文的 modern 也不是不可以译作“近代”，但是，这要根据上下文的语境，以能够区分出其“近代”含义是就时间而言的为好。

她飘扬的长发覆盖着整个世界，披风的上端缀满星星、下端饰满鲜花，她的子宫镶嵌着一弯月亮，月光的照耀使地球肥美丰产，太阳和月亮是她的两只耳朵，分别代表着自然界的男性和女性原则。爱西斯一只脚站在每年泛滥成灾的尼罗河上，左手握着一个提桶，用来灌溉地球，象征着泛滥的尼罗河浇灌着地球；右手摇着古埃及的拨浪鼓，象征着自然永不中断的运动和生生不息的内在的生命力；月光照射在她繁殖地球的子宫上，她头饰上的蛇象征着生命的复苏（因蛇可以自己蜕皮），头饰上的谷物代表着季节的收成。

图 9.1 《爱西斯》①

上述这种以万物有灵论为基础，将自然神化、人格化并以此解释其运动的方法，不免带有神秘论色彩和有灵论色彩，不能真正揭示自然的奥秘，不利于人类正确地认识自然。②对此，我国学者提出："那么当自然主义者③用类似'人的意志'的'普遍灵魂'来比附磁铁之间的相互作用，来解释琥珀对纤毛的吸引，来描述物体的化学特性的转换，则是要完全抛弃'灵魂'与'物体'的区别，完全将自然界与人类精神等量齐观。于是，在自然主义学说的宇宙当中，人凭借着对语言、符号以及各种巫术仪式的掌握，拥有着预知未来和施加魔法改变自然进程的神秘力量；而自然界则因为拥有与人类意志相类同的'普遍灵魂'，所以它也就彻底失去了被可供检验的恒常有效的自然规律来规定的可能，其内部充斥着违背常理的奇迹与魔幻。"④

① 转引自[美]卡洛琳·麦茜特：《自然之死——妇女、生态和科学革命》，吴国盛等译，长春：吉林人民出版社，1999 年，第 13 页。原图出自 Athanasius kircher, Oedipus aegypticus(1652).

② 肖显静：《从机械论到整体论：科学发展和环境保护的必然要求》，《中国人民大学学报》，2007 年第 3 期，第 10 页。

③ 这里指的就是"自然主义泛灵论"或"赫尔墨斯主义传统"。

④ 宋斌：《论笛卡尔的机械论哲学——从形而上学与物理学的角度看》，北京：中国社会科学出版社，2012 年，第 18-19 页。

在这种情况下，近代科学是不可能诞生的。要改变上述状况，亟须一场自然观的变革。这种变革只有在对自然进行“祛魅”，对自然之精神的思想、泛灵论的思想以及宗教的思想进行批判之后，才有可能清除它们的根本性影响，促进科学的发展。

二、笛卡儿：机械自然观与自然的“物质”解释

如前所述，开普勒之所以创立“物理的数学的天文学”，伽利略之所以创立“数学的物理学”，都与他们的自然观的部分改变有关。他们对世界的看法已经初步涉及机械自然观的最深层次的内涵。[①]实际上，并不是某一个人创造了机械自然观。纵观17世纪上半叶西欧科学界，我们能够看到的是一场朝向机械论[②]的自然观念，以及反对文艺复兴时期自然主义泛灵论的自发运动。在这场运动中，法国哲学家笛卡儿的机械自然观思想的影响比其他任何人的都大。他赋予了机械自然观一定程

---

① 在此，之所以说“开普勒和伽利略对世界的看法已经初步涉及机械自然观的最深层次的内涵”，是就以下意义而言的：对于开普勒，虽然他没有明确宣称其是机械论者，而且他也没有明确宣称天球是一个由非灵魂推动的存在，但是，其借鉴吉尔伯特磁灵魂的作用而产生天球的类似于“力”（无论这种力是“精神之力”还是“机械之力”）的想法，最起码是有祛除“精神之力”而走向“机械之力”之倾向；对于伽利略，也有类似情况，他肯定不是一个机械论者，似乎也没有完全否定亚里士多德的自然的“内在目的论”，只是他在物理学的研究中悬置了这一论题——对物体为什么这样运动，即物体运动的原因“存而不论”，而将研究集中于事物“第一性质”的“量”的方面，而且为了使得这一“量”的方面符合理想化的数学，而对研究对象和研究环境进行了理想化处理或理想化实验，使之尽量达到理想化状态，从而最终以规律性的形式表现，并使我们能够发现这一规律并能够用一定的数学定律（科学定律）对此加以表示。如此，在伽利略那里，他事实上已经将视野集中于事物的机械方面并对此加以研究。开普勒和伽利略的上述科学思想展现表明，科学上的自然观的转变，即从万物有灵论的自然观转变为机械自然观，既不是突然发生的，也不是一蹴而就的，而是一个过程，一个逐渐发生的过程，其中具有纯粹的“万物有灵论”和纯粹的“机械自然观”之混合状态。这种呈现混合状态的自然观是一种“混杂自然观”。

② 机械论（mechanism），英文词根为“机械学”（mechanics）。在古代，这是一门专门研究人造机械的内部运作规律的学科。然而，在现代物理学的语境中，mechanics更多地指称“力学”，此时研究范围不仅仅限于人造机械，还扩展到全部自然物体之间的相互作用。从历史上看，作为一门科学的mechanics，之所以从“机械学”转向“力学”，与机械论哲学或机械自然观紧密相关。“力学的英文是mechanics，希腊文是mechanica，原初的意思是机械学，与‘力’毫不相干。到了伽利略，才把mechanics由单纯的机械学转化为运动学，将mechanics和物理学这两个原本互不相干的学科结合起来，创立了新的物理学，但是，伽利略的力学仍然是无‘力’之学。到了牛顿，力才被引入新物理学，使‘力学’变得名副其实。”“在伽利略和笛卡尔的影响下，17世纪的科学先驱们慢慢把光学、天文学、力学这些应用数学或混合数学学科看成是物理学的分支，甚至把作为运动科学的力学看成物理学的基础学科。力学论（机械论）自然观成为占主导地位的自然观。”（参见吴国盛：《什么是科学》，广州：广东人民出版社，2016年，第178-182页。）

度的哲学严密性，并且在此基础上提出了他的科学认识方法论。[①]

(一)提出机械自然观作为解释自然现象的方式

1. 机械自然观的提出

笛卡儿(1596—1650)认为，在我们的地球上，有两类存在：一类是人，由精神和肉体组成，精神是不朽的和永存的，肉体是短暂的和易逝的，人类的精神可以摆脱自然的束缚去认识和把握自然的奥秘；另外一类是其他的自然事物，它们只是一架机器，只有"肉体"，没有"精神"，它们是由惰性的、不可见的、坚硬的、形态各异的物质微粒构成的，这些微粒要么暂时聚集在一起，要么在不停地运动，以形成宏观可见的各种现象。在笛卡儿看来，世界并不是一下子创造出来的，而是在演化的过程中逐渐形成现有的形状的。相对运动和相对静止遵循差异原则，它使空间的某些部分共同属于一个整体，并且区分于其他部分。空间部分有三种级别大小："原初存在的一部分微粒相互摩擦而成为小球，另一部分微粒则通过相对静止这种黏合剂而结合成更为粗糙的物块。第一个过程中产生的摩擦碎屑由极为精细的微粒构成，它们高速运动，填充了另外两种微粒之间的所有间隙(人们会不自觉地这样表达；实际上那些间隙就是摩擦碎屑)。这一过程完成之后(或者更正确地说，从一开始)，情形是这样的：所谓'次级物质'(second matter)的球形微粒形成了巨大的旋涡；在离心倾向的作用下，这些旋涡驱使极为精细的所谓'初级微粒'(primary particles)或精细物质微粒朝中心运动。在那里，它们聚集成球块，构成太阳和恒星。因此，每颗恒星都被一个次级微粒的旋涡或天空环绕着，因此次级微粒又被称为'天界微粒'(celestial particles)。更为粗糙的第三级微粒(tertiary particles)形成了地球和诸行星；它们的间隙被次级微粒所充满，而次级微粒的间隙又包含有精细物质微粒。于是，这些精细物质微粒也属于天界物质。地界物体的物质的量(为方便起见，我们今后称它为'质量')由其中所含第三级微粒的总容量所决定。我们将称它为'真实容量'(real volume)，它等于经验容量(empirical volume)减去被天界物质充满的间隙的总容量。物体膨胀时，会有更多天界物质进入第三级微粒之间；压缩时，这些天界物质被排出。自然中发生的所有变化都源于这三种空间微粒的运动。"[②]

既然如此，笛卡儿这架所谓的自然机器与工匠制造的机器之间有什么样的区别

---

① 需要说明的是，笛卡儿的机械自然观思想受到了他的老朋友伊萨克·贝克曼的影响。贝克曼来自齐兰(Zeeland)，是一位神学家、管道工、蜡烛制造商和高中校长。他从未系统地表述过对自然的看法，但是，根据他在莱顿做学生以来的日记记录，他对笛卡儿产生了相当的影响。他们于1618年在布雷达(Breda)会面了。(具体内容参见[荷]H. 弗洛里斯·科恩：《世界的重新创造：近代科学是如何产生的》，张卜天译，长沙：湖南科学技术出版社，2012年，第98-102页。)

② [荷]E.J. 戴克斯特豪斯：《世界图景的机械化》，张卜天译，北京：商务印书馆，2018年，第576-577页。

呢？笛卡儿进一步指出："因为在工匠所制造的机器与自然所构造的各种物质之间，除了机器的运行结果依赖于一定的导管、弹簧和其他部件的配置，这些部件因为出自制造者之手，所以其大小总是足以让它们的形状和运动被观察到，而那些造成自然物体的结果的导管或弹簧却通常太小而不能够被我们的感官觉察到这个区别之外，我没有发现任何其他的差别。"(Principes，AT Ⅸ 321-322)[①②]

根据上述笛卡儿的这段话，可以得到这样的结论："笛卡儿将自然法则(laws of nature)与机械学的法则(laws of mechanics)完全地等同起来。"[③]具体来说：自然机器与工匠制造的机器没有本质上的不同，它们既没有亚里士多德意义上的事物的"内在目的"，也没有自然主义泛灵论的"普遍灵魂"，因此，对于除人之外的自然对象，就不需要根据亚里士多德的"目的"、"倾向"以及"自然主义泛灵论"的"普遍灵魂"等来解释，只需要根据存在于自然机器系统中的恒常有效的、前后相继的"机械论的因果关系"来解释。"机械论的因果解释"与"目的论的因果解释"是不同的：前者把先发生的事件当作后发生的事件的原因，把后发生的事件当作先发生的事件的结果；后者正好相反，把事件发生的结果当作它发生的原因，由结果上升至原因。

至此，有一个问题需要澄清：笛卡儿是否在任何时候、任何场合都绝对地拒斥"目的论的因果解释"？

答案是否定的。笛卡儿是承认人是有思想、情感和灵魂的，对于人类而言，自身是有"目的"和"自由意志"的，个体可以自我驱使做出相应的行动以实现特定的目的，由此个体的行为是需要而且可以运用"目的论"来进行"因果解释"的。[④]但是，对于自然界中除人以外的其他自然对象，它们只有"肉体"没有灵魂，只具有"广延"的本质而没有"自由意志"或"自我意识"，它们没有内在的"目的"和"倾向"，就不能驱使自我去完成相应的行为以实现相应的"目的"和"倾向"。既然

---

① 本章有关笛卡儿研究所引用的笛卡儿的文献，除特别注明外，皆转引自宋斌：《论笛卡尔的机械论哲学——从形而上学与物理学的角度看》，北京：中国社会科学出版社，2012年。按照研究的惯例，本部分所转引的笛卡儿文献只注明文献名称与章节、页码。其中"AT"表示的是国际上通用的载有拉丁文与古法语的权威版本"Descartes(1996)"，Principes 为《哲学原理》，Méditations 为《第一哲学沉思录》，Le Monde 为《论世界》，等等。

② 转引自宋斌：《论笛卡尔的机械论哲学——从形而上学与物理学的角度看》，北京：中国社会科学出版社，2012年，第11页。

③ Garber D. Descartes, mechanics, and the mechanical philosophy. Midwest Studies in Philosophy XXVI, 2002: 191.

④ 需要说明的是，尽管笛卡儿认为人是由肉体和灵魂构成的，但是，他也认为，没有心灵参与的人的身体仅仅是机器。正是在这样的思想指导下，他甚至将机械论的因果解释推广至身心统一体的人的活动(心物互动)上。一方面，他将人的知觉活动，包括感觉和激情，机械地解释为从物体到心灵的环环相扣的因果作用链条；另一方面，他也同样地将人的意愿活动机械地解释为正好相反的从心灵到物体的环环相扣的因果作用链条。

如此，人类通过相应的“目的”或“倾向”去解释除人以外的自然现象也就是错误的了。关于这点，从笛卡儿对亚里士多德之“重的物体先落地”的反驳中可以看出。

亚里士多德认为，重的物体之所以下落得更快，是因为其中含有更多的土元素，而土元素具有“回到自己的自然位置(地球)的‘目的’”以及“下降的倾向——重性”。对此，笛卡儿反驳道：“重性(pesanteur)将物体带向地球的中心这个观点，就好像是说它(重性)自身已经具有对于这个中心的认识一样。”(Méditations，Sixèmes Réponses，AT Ⅸ 240-241)[①]笛卡儿的言下之意是：土元素不具有“有关地球中心”的认识，它也不具有有关“它要把落向地球中心作为自己的运动终点”的认识，因此，亚里士多德基于本体论的自然“内在目的论”对事物运动变化进行“目的论的因果解释”是错误的。在这一意义上，笛卡儿说道：“我们必须注意到这样一条规则——我们必须永远都不从目的出发来进行论证。”(《与伯曼的对话》，AT Ⅴ 158)[②]他的理由如下：首先，关于目的的知识并不会带给我们关于事物本身的知识；其本性仍旧不为我们所知。事实上，亚里士多德总是从目的出发来进行论证。其次，这是他的最大的错误。上帝的所有目的都不为我们所知，想要深入研究它们是十分轻率的。笛卡儿进一步指出拒绝从目的出发进行论证的原因是：“因为，既然已经知道了我的本性是极其软弱、极其有限的，而相反，上帝的本性是广大无垠、深不可测、无限的，我再也用不着费事就看出他的潜能里有无穷无尽的东西，这些东西的原因超出了我精神的认识能力。光是这个理由就足以让我相信：人们习惯于从目的里追溯出来的所有这一类原因都不能用于物理的或自然的东西上去；因为，去探求和打算发现上帝的那些深不可测的目的，我觉得那简直是狂妄已极的事。”[③]

这是否意味着笛卡儿反对亚里士多德的“终极因”呢？笛卡儿说道：“我们不会停下来去检查上帝创世时候所提议给自己的目的，在我们的哲学中我们完全抛弃对最终原因(目的因)的研究：因为我们不能够如此地抬高自己，以至于相信上帝愿意让我们来做他的顾问；然而，在认为上帝是所有事物的作者的同时，我们会仅仅尝试着凭借上帝安置在我们心中的那种理性的能力来探寻，我们通过感官感知到的那些事物是怎样被制造出来的。”(Principes AT Ⅸ 37)[④]由此来看，笛卡儿并没有否定上帝是自然界事物(包括人)的最终目的，而只是认为人类无法认识这一目的，人类能够认识的是那些人类的理性能力能够达到以及感官能够感知到的东西。

---

① 转引自宋斌：《论笛卡尔的机械论哲学——从形而上学与物理学的角度看》，北京：中国社会科学出版社，2012 年，第 16 页。

② 转引自施璇：《笛卡尔的机械论解释与目的论解释》，《世界哲学》，2014 年第 6 期，第 83 页。

③ [法]勒内·笛卡尔：《第一哲学沉思集》，庞景仁译，北京：商务印书馆，1986 年，第 58 页。

④ 转引自宋斌：《论笛卡尔的机械论哲学——从形而上学与物理学的角度看》，北京：中国社会科学出版社，2012 年，第 203 页。

对于自然界中除人以外的其他事物，笛卡儿是在“机械论的本体论”的意义上采用“机械论的因果解释”对它们进行认识的，尽管许多人完全可以不接受机械论的本体论而接受机械论的因果解释[①]，或者他们完全可以不接受目的论的本体论而接受目的论的因果解释。

笛卡儿是如何贯彻他的“机械论的因果解释”的呢？他这样说道：“首先，我一般性地考虑能够存在于我们的理智当中的所有关于物质(les choses materielles)的清楚分明的观念(notion)，我在这样做的时候，发现除了我们拥有的关于形状、大小、运动，以及这三样东西借以相互之间施加影响赋予多样化的规则(règle)(这些规则便是几何学与机械学的原则)的观念之外不能够拥有任何其他的如此清楚分明的观念，于是我就判断人类所能够具有的关于自然的知识必然是从这里得出的；因为我们拥有的关于可感事物的所有其他的观念，因其混淆与晦涩，不能够用来给予我们任何外在于我们的事物的知识，毋宁说它们会阻碍我们的认识。接下来，我就会考察那种种因其微小而使之不可见的物体的形状、大小和运动之间所有能够存在的主要差别，以及通过这些因素相互配置在一起的各种各样的方式能够产生出什么样的可感的结果。在这之后，当我在我的感官已感知到物体那里发现了同样的类似的结果，我就会想这些结果本能够按照我所设想那样被产生出来。接下去，当在我看来在自然的全部领域都不能够找到能够产生这样的结果的其他原因的时候，我就会相信它们必然是被如此这般地产生出来的。”(Principes，AT Ⅸ 321-322)[②]

从笛卡儿对“机械论的因果解释”的描述看，他预设了：自然中的具体事物仅由机械的、没有活力的、惰性的物质微粒构成，这些微粒的运动引起了所有的自然现象，这种现象均可由因果性的机制来解释。但是，这就存在一个疑问：笛卡儿是怎样达到对难以感知的物体如惰性物质微粒的形状、大小和运动的认识的呢？对此，笛卡儿自己的解释是：“很显然，所有机械学的规则都适用于物理学，以至于所有人工的事物都因此而是自然的。因为，例如，当一块手表通过它的齿轮来显示时间的时候，这件事情与一棵大树制造果实相比，同样自然。这就是为什么，当一个钟表匠看到一只不为他所制造的钟表，他通常能够从他所看到部分，判断他看不到的其他部分的样子，而以同样的方式，在考虑了自然物体的可感知的部分及其结果之后，我就尝试着去认识它们那些未感知的部分应该是什么样子。”(Principes，AT Ⅸ 321-322)[③]这就是说，对于那些难以感知的物质微粒，笛卡儿认为是能够认识的，并

① Chene D D. Mechanisms of life in the seventeenth century: Borelli, Perrault, Régis. Studies in History and Philosophy of Biological and Biomedical Sciences, 2005, 36(2): 245-260.

② 转引自宋斌：《论笛卡尔的机械论哲学——从形而上学与物理学的角度看》，北京：中国社会科学出版社，2012 年，第 10-11 页。

③ 转引自宋斌：《论笛卡尔的机械论哲学——从形而上学与物理学的角度看》，北京：中国社会科学出版社，2012 年，第 11 页。

且是通过如钟表匠那样由钟表的可见的部分来认识钟表内不可见部分的方式认识的。也正因为如此，他进一步得出结论："某些人还将继续询问我是从哪里获知每一物体的微小颗粒的形状、大小和运动的；关于这些物质微粒，尽管我不能通过感官的帮助来感知它们这一点是非常肯定的(既然我承认它们是难以感知的)，然而在这里我仍然像我已经看见了它们那样去规定了它们。"(Principes，AT Ⅸ 321-322)[①]

2. 运用机械自然观解释自然现象

在上述机械自然观思想的基础上，笛卡儿指出，物质的各种性质，无论是显在的，诸如重力现象、光现象和热现象，空气的稀释和压缩，水的凝结和蒸发，水银等化学物质的特殊性质，玻璃、琥珀等摩擦后的电效应，等等，还是隐秘的，诸如感觉，都能够通过构成物体的物质微粒的运动以及相关的按照某种模式制作的位形(configuration)来说明。

如对于笛卡儿来说，"人们现在所称的'条件反射'的事例能用相应的、特定的机械术语解释"[②]。对此，用图 9.2 加以说明。

图 9.2 笛卡儿解释反射动作的图解[③]

① 转引自宋斌：《论笛卡尔的机械论哲学——从形而上学与物理学的角度看》，北京：中国社会科学出版社，2012 年，第 10 页。

② [英]史蒂文・夏平：《科学革命：批判性的综合》，徐国强、袁江洋、孙小淳译，上海：上海科技教育出版社，2004 年，第 46 页。

③ Descartes R. De homine figuris et Latinitate donatus a Florentio Schuyl. Leyden：Franciscum Moyardum and Petrum Leffen, 1662: 33.

在图 9.2 中，“火堆 A 的微粒迅速移动，因此拥有足以取代临近的皮肤 B 的力量，B 牵动神经线 cc，使之打开了终止于脑的孔隙 de，‘这就像拉动一个绳索的末端，挂在另一端的铃铛会同时响起一样’。孔隙被及时打开，包含在脑中空穴 F 的活力精神进入孔隙并由它运载，‘一部分传到用于从火旁撤走足的肌肉，一部分传到用于转头注目去看它的肌肉，一部分传到抬手屈身去保护它的肌肉’”①。

对于自然界中除人以外的存在，笛卡儿则是通过一种非精神性的机械微粒及其相互作用来解释的。如对于吉尔伯特通过经验研究所得出的磁现象，笛卡儿是这样解释的：“地球分别从两极发出螺旋形的微粒：从一极发出右手螺旋微粒，从另一极发出左手螺旋微粒。地球中拥有相应形状的孔隙使这些微粒规则地流出。微粒穿过时，埋在地里一段时间的铁块将会形成螺旋形的孔隙。就这样，铁块被磁化，磁微粒在围绕地球运转时将使铁块确定方向。”②按照类似的方式，笛卡儿解释了光的反射现象、折射现象以及彩虹现象等。③

不仅如此，因为笛卡儿坚持机械自然观，认为物体不具有像“灵魂”“目的”那样的“自我驱使”能力，所以，他就认为，物体自身不具有改变自己的运动状态的能力，如此他就在《哲学原理》第二部分的第 37 篇、第 39 篇中分别得出了他的包含惯性原理的物理学定律。

笛卡儿首先提出了一条最高的自然定律：上帝使运动的总动量保持恒定；运动的首要原因在于上帝的惯常参与及其持续不断地维护；上帝是不变的，既然他希望世界处于运动之中，所以变化必须尽可能地遵守某种规则使得某些方面恒定不变。

然而，仅有最高的定律还无法确定自然事件的进程。笛卡儿还提出另外三条定律作为辅助的指导原则。④

第一条自然定律：在没有任何东西来改变它的那段时间内，每个事物都持续存留在它所处的状态中。(Principes，AT Ⅸ 84)

第二条自然定律：所有运动物体都倾向于在直线中继续它的运动。(Principes，AT Ⅸ 85)⑤

进一步地，笛卡儿认为“物质与广延同一、空间总是被充满”，因此，他就不

---

① [英]史蒂文·夏平：《科学革命：批判性的综合》，徐国强、袁江洋、孙小淳译，上海：上海科技教育出版社，2004 年，第 46-47 页。

② [美]玛格丽特·J. 奥斯勒：《重构世界：从中世纪到近代早期欧洲的自然、上帝和人类认识》，张卜天译，长沙：湖南科学技术出版社，2012 年，第 99-100 页。

③ 具体内容参见[美]玛格丽特·J. 奥斯勒：《重构世界：从中世纪到近代早期欧洲的自然、上帝和人类认识》，张卜天译，长沙：湖南科学技术出版社，2012 年，第 116-133 页。

④ [荷]E. J. 戴克斯特豪斯：《世界图景的机械化》，张卜天译，北京：商务印书馆，2010 年，第 450 页。

⑤ 转引自宋斌：《论笛卡尔的机械论哲学——从形而上学与物理学的角度看》，北京：中国社会科学出版社，2012 年，第 182 页。

同意原子论的虚空概念。他提出“宇宙漩涡说”，认为真空中充满了空间物质，它们围绕太阳形成漩涡，这种漩涡导致了太阳系的形成。具体而言，就是在充满空间物质的宇宙中，一个运动的物质进入到另一个运动物质留出的空间，形成一个闭合的循环，由此使得每一个运动必定是圆周运动。圆周运动有一种离心趋向，在所有物质中产生离心的压力。这样一来，所有的物质处于漩涡运动中。从此出发，笛卡儿试图推出我们观察到的现象，包括太阳系的构成、行星的轨道、重力现象、光现象、磁现象等。如对于太阳系，真空不存在，其中充满以太，太阳的转运在以太中形成宇宙涡旋，涡旋运动带动各个行星运动，从而形成我们见到的各种天象。这一解释从哲学思辨上来说，其成功是前所未有的，它首次提出了一个不诉诸诸神力的宇宙动力学模型，很有想象力，满足了人们解释天象的思辨需要，但是，也存在着诸多困难，难以解释各行星的自转、“逆行”现象等。[①]

在笛卡儿看来，地球上的物体是没有灵魂的，空间又是充满介质的，因此物体之间的作用力只可能通过物体的相互碰撞来传递，而不是通过诸如“超距作用”[②]来进行，因为后者是可以不通过特定媒介物体而无阻碍地在全部空间中起作用的。当笛卡儿得知某些学者旨在以地球与月球之间的“吸引”来解释它们的运动时，他做出了激烈反驳：“没有比上述所作的假设更荒谬的了；作者假设有某种特性是世界物质各个部分中所固有的，由于这种特性的力，各部分互相靠近并且吸引。他又假设有一种类似的特性是地球各部分所固有的，认为地球的每一部分都与其他部分有关联；并且假设这种特性不以任何方式干扰前一种特性。为了理解这一点，我们不仅需要假设每个物质质点都是有生命的，甚至是通过大量不同的、彼此互不干扰的灵魂而获得的生命，而且还要假设这些质点的灵魂都具有一种真正神性才有的知识，以致无须任何媒介，他们就可以知道很远地方的情况，并据此而行动。”(Principes, AT Ⅳ 396)[③]简单地说，“对于笛卡尔来说，说地球可以‘吸引’月球，从而使得月球做圆周运动，这就相当于说地球具有了‘灵魂’，拥有了对于‘月球’的认识，地球与月球之间的作用力就成为灵魂与物体之间的作用，而这对于强调‘灵物绝对二分’的笛卡尔哲学来说，显然是荒谬的”[④]。

在笛卡儿看来，一个物体对另外一个物体的力的作用，是以与此物体进行实际接触和碰撞为前提的，由此，他提出了第三条自然定律，即“如果一个运动物体碰

---

① [英]牛顿：《自然哲学之数学原理》，王克迪译，北京：北京大学出版社，2006年，第4页。

② 超距作用：相隔一定距离的两个物体之间存在直接的、瞬时的相互作用，不需要任何媒质传递，也不需要任何传递时间。

③ 转引自宋斌：《论笛卡尔的机械论哲学——从形而上学与物理学的角度看》，北京：中国社会科学出版社，2012年，第197页。

④ 宋斌：《论笛卡尔的机械论哲学——从形而上学与物理学的角度看》，北京：中国社会科学出版社，2012年，第197页。

到了另一个，并且，它所具有的继续保持直线运动的力比另一个物体所具有的阻抗它(继续做直线运动)的力更小，那么，它就会丢掉它运动的方向而不会丢掉它的运动；而如果它的力更大，那么，它就会同这另一个物体一起运动，并且它所丢掉的运动与它传递给这个物体的运动相同”(Principes，AT Ⅸ 86-87)[①]。

以上是笛卡儿的机械自然观在其物理学研究上的体现。事实上，笛卡儿也将其机械自然观应用于他的生物学研究中。他认为，动物是机器，没有心灵参与的人的身体也仅仅是机器。笛卡儿说：“在动物的肉体中，和在我们的肉体中一样，存在着骨、神经、肌肉、血液、动物精气，以及其他的器官，这些器官之间互相配置，以至于它们可以仅仅凭借自身，而不依靠任何思维的帮助就可以做出所有我们在动物那里观察到的行为；这样的(不依靠思维的)行为在人的‘痉挛’这里就可以看到，此时，不依赖灵魂，肉体这台机器经常会以比它惯常在意志的帮助下更激烈也更多样的方式被推动。”(à Morus，5 Février 1649，A Ⅲ 886)[②]如果是这样，那么，按照笛卡儿的观点，动物虽然是有生命的，但是它没有思想和灵魂，它的生命现象不需要思想和灵魂来参与，对它的研究就可以像对研究物理学的对象那样，完全摆脱“目的”“灵魂”等因素的影响，以机械论的方式进行。抱着这样的态度，笛卡儿就把心脏中的热量类比为粮食囤中干草发酵所散发出的热量。(Le Monde，AT Ⅺ 121-123)[③]“当然，如果以精确的解剖学和生理学知识来判断，笛卡儿在解剖学知识中混入了那么多的想像(象)，这确实是错误的，但他的学说却得到了人们广泛的理解、仿效和信任。他向科学家们挑战，要求用对待所有其它科学问题相同的方式来处理人类肉体和精神这两方面的问题。斯坦诺把笛卡儿看成是第一个‘敢于以一种机械方式来解释人类的全部功能，特别是脑的功能’的人。”[④]

笛卡儿的机械自然观对于科学的发展意义重大。在此之前，物理学遵循的是亚里士多德的范式。在亚里士多德的体系中，物理学与机械学有着明显区别。“自然哲学(物理学)按照自然事物本身的状态来对待它们，探究它们的本质和自然(物理)现象的真实原因。但是，自然界的事物并不总按照我们想要的方式运行。在另一方面，机械学是一门人工的、自然的科学，因为它们被配置成有利于我们的装备。这样，它是对物理学本身的补充：它至少处理了物理学中没有处理的某些种类的东西，

---

① 转引自宋斌：《论笛卡尔的机械论哲学——从形而上学与物理学的角度看》，北京：中国社会科学出版社，2012 年，第 182 页。

② 转引自宋斌：《论笛卡尔的机械论哲学——从形而上学与物理学的角度看》，北京：中国社会科学出版社，2012 年，第 199 页。

③ 转引自宋斌：《论笛卡尔的机械论哲学——从形而上学与物理学的角度看》，北京：中国社会科学出版社，2012 年，第 214 页。

④ [美]洛伊斯·N. 玛格纳：《生命科学史》，李难、崔极谦、王水平译，天津：百花文艺出版社，2001 年，第 412 页。

特别是人造的东西、机械。”[①]据此，物理学只关注自然事物，机械论只关注人工事物的运作。但是，在笛卡儿的机械自然观中，对“机械学”的理解更加彻底。“在这里，‘机械学’并不是对已经形成的物理学知识的技术应用，而恰恰是物理学本身就需要借助‘机械学’的原则来构成。”[②]“在这样的意义上，在笛卡尔的体系中没有‘人工的’与‘自然的’之分，全部物体的运动都要受到‘机械原则’的支配。”[③]由此，机械论因果解释方式就可以应用于所有的自然对象中，或者，按照笛卡儿的话说，就是“机械学的全部规则都属于物理学”(toutes les règles des mécaniques appartient à la Physique.)(Principes，AT Ⅸ 132)[④]。“我整个物理学就仅仅是机械学。”(my entire physics is nothing but mechanics.)[转引自 Garber(2002)，192；原文出自 à Debeaune? 30 April 1639，A Ⅱ 532][⑤]他在《哲学原理》的结尾部分说道：“机械论里的所有解释，没有哪一个是物理学用不到的，因为物理学就是机械论的一个部分或者其下属的一个科目。”[⑥]

(二)通过物体的广延和运动建立普遍科学

关于人类的认识，笛卡儿提出了四条基本原则。

“第一条是：凡是我没有明确地认识到的东西，我决不把它当成真的接受。也就是说，要小心避免轻率的判断和先入之见，除了清楚分明地呈现在我心里、使我根本无法怀疑的东西以外，不要多放一点别的东西到我的判断里。

“第二条是：把我所审查的每一个难题按照可能和必要的程度分成若干部分，以便一一妥为解决。

“第三条是：按次序进行我的思考，从最简单、最容易认识的对象开始，一点一点逐步上升，直到认识最复杂的对象；就连那些本来没有先后关系的东西，也给它们设定一个次序。

“最后一条是：在任何情况之下，都要尽量全面地考察，尽量普遍地复查，做到

---

① Garber D. Descartes, mechanics, and the mechanical philosophy. Midwest Studies in Philosophy, 2002, XXVI: 188.

② 宋斌：《论笛卡尔的机械论哲学——从形而上学与物理学的角度看》，北京：中国社会科学出版社，2012 年，第 10 页。

③ 宋斌：《论笛卡尔的机械论哲学——从形而上学与物理学的角度看》，北京：中国社会科学出版社，2012 年，第 10 页。

④ 转引自宋斌：《论笛卡尔的机械论哲学——从形而上学与物理学的角度看》，北京：中国社会科学出版社，2012 年，第 14-15 页。

⑤ 转引自宋斌：《论笛卡尔的机械论哲学——从形而上学与物理学的角度看》，北京：中国社会科学出版社，2012 年，第 14 页。

⑥ 引自 Gaukroger S. Descartes' System of Natural Philosophy. Cambridge: Cambridge University Press, 2002.

确信毫无遗漏。”[①]

在上述四条原则中，“第一条包括了他的方法论的怀疑、理性主义的真理标准以及理性直观方法。第二条论述了寻求简单自明原理的分析方法。第三条是按照从简单到复杂的上升的程序进行的演绎推论方法。第四条是全面列举和普遍审视即他所谓的‘归纳’的方法”[②]。

有了上述思想，笛卡儿相信数学在定义原理或原初命题中的作用，并试图以数学为基础建立普遍的科学。

笛卡儿对于自然的数学哲学以及数学方法的运用，有其非常重要的见解。在伽利略那里，数学是一个探索自然的工具，而在笛卡儿那里，则要运用数理方法，借助数学演绎的确定性，建立普遍科学，达到人类全部知识的确定性和可靠真理，完成传统哲学无法完成的任务。

如果说伽利略是在区分第一性质及第二性质的基础上，通过测量以及理想化实验的方法，实现了第一性质物理学的数学化[严格地说是实现了静力学(运动学)的数学化]，那么笛卡儿就是在哲学上为科学数学化以及普遍科学的建立，寻找形而上学的根据。

与伽利略认为知识来源于观察而不是书本的观点不同，笛卡儿虽然在许多科学工作中也做了实验，并且要求理论符合事实，但是，他认为人们能完全弄清楚的东西，“即便是形体，真正说来，也不是为感官或想象力所认识，而只是为理智所认识；它们之被认识，并不是由于被看见或摸到了，而只是由于被思想所理解或了解了”[③]。为什么笛卡儿会持这种观点呢？他认为感觉经验是靠不住的，会导致幻觉，只有依靠以数学为楷模的理性演绎方法去认识世界，才能获得并建立可靠的知识体系。他强调数学演绎方法运用所具有的特点是：由最少的、极清晰的概念，经确定的推理能够得到大量确凿的结论。

在上述认识的基础上，他试图解决两个问题：一是数学方法为什么可以作为构建普遍科学的有效方法？二是将以数学为楷模的理性演绎方法运用于认识世界时，为什么会获得可靠的知识体系？

对第一个问题的回答与笛卡儿的自然数学化以及数理方法的普遍化有关。笛卡儿认为，自然界是一个存在于空间中的巨大的物质世界，不具有精神，是一部机器；自然界中的具体事物不存在任何一种活的要素，仅由惰性的物质微粒构成，这些微粒的运动引起了所有的自然现象，这些现象均可由因果性的机制来解释；自然界中的事物都在按照物理的必然性运动变化，与各种思维存在物，如灵魂、活的要素、爱、憎、魔力等无关。笛卡儿认为，自然中的物质最基本的性质就是广延和运

---

① [法]笛卡尔：《谈谈方法》，王太庆译，北京：商务印书馆，2000年，第16页。

② 苗力田、李毓章：《西方哲学史新编》，北京：人民出版社，1990年，第300页。

③ 转引自北京大学哲学系外哲史教研室编译：《西方哲学原著选读》(上卷)，北京：商务印书馆，1981年，第372-373页。

动。广延是可以量化的，并且物质世界可以还原为由长、宽、高三维构成的广延。物体并不异于广延，也就是说，如果我们把物体的所有可感性质，如硬度、颜色、重量、冷、热等都抽去，那么剩下的就只能是它沿长、宽、高的广延。如此一来，广延和运动是可量化的、可测量的，它们是清晰而明确的概念，我们可以清晰而明确地理解它们。而且，他指出，没有实体的绝对虚空是不存在的，空间也不是无限的。客观世界是空间的展现或几何学的具体化，因而其性质可以从几何学的第一原理[①]中推导，可以由数学来获得对世界的认识。笛卡儿关于物质是广延的观点，为其科学的数学化提供了支持。“真实的世界是可用数学表达的物体在空间和时间中的运动的总和，而整个宇宙是一部巨大、和谐、根据数学设计的机器。”[②]这就从自然本体论的角度回答了数学何以能够运用于对自然的认识之中的问题。

笛卡儿的目标远不止于此。他的最高目标是要建立普遍科学。根据笛卡儿的观点，物质的本质属性就是空间上的广延性。物质的所有本质在于其在空间中的广延，仅仅存在于诸如形状、大小和运动等属性上，其差别仅仅在于其广延上的差别。一旦丧失了广延性，物质就不存在了，而丧失了其他属性，物质仍然存在。所以，广延性就是物质的本质属性。不仅如此，他还认为，物质的全部样式的多样性，都依赖于运动。既然如此，所有自然变化都可以通过运动中的物质的空间属性，按照组成它们的微粒的不同形状、大小和运动来进行解释。

笛卡儿就是这样，把世界的存在归结为广延和运动，也就是归结为数和几何图形。他认为，事物的差别仅仅表现在量上，在对自然进行量化的过程中，可以通过研究世界的可量化属性之间的关系，如大小、形状和运动等，来研究自然。物质世界的所有事实，都可以用几何学术语来表述。“这就将所有自然界的事物放到了同一层面上，服从同样的物理规律。”[③]既然物质以及支配物质的规律具有统一的本质，那么紧随而来的就是科学的统一了。笛卡儿进一步认为，这种科学的统一应该是数学，理由是，既然物质的所有属性可以根据物质的广延和运动得到解释，而广延和运动又可以由数学表述，因此，所有的科学都可以归化为数学，数学是科学的精髓。

对于第二个问题的回答，笛卡儿认为，应该与数学演绎方法的特征以及人类认识的特征有关。根据笛卡儿的思想，所谓“以数学为楷模的理性演绎方法”可分为两个方面：一是理智直观，二是演绎。主要步骤是：首先由理智直观“发现”不证自明的、无可置疑的第一原理——公理，然后再从公理出发，按照演绎方法和严密逻辑，进行推演，形成知识体系。在笛卡儿看来，数学是建立在理性直觉基础上，

---

① 第一原理(first principle)，是哲学与逻辑名词，是一个最基本的命题或假设，不能被省略或删除，也不能被违反。第一原理相当于数学中的公理。最早由亚里士多德提出。

② [美]M. 克莱因：《数学与知识的探求》(第二版)，刘志勇译，上海：复旦大学出版社，2016年，第100页。

③ [美]加勒特·汤姆森：《笛卡尔》，王军译，北京：中华书局，2002年，第10页。

经过演绎途径得到的，所以数学比其他科学更可靠。

不言而喻，上述运用数学演绎方法进行认识的真理性完全依赖于第一原理是否正确。第一原理的正确性又是如何保证的呢？笛卡儿是这样进行论证的：人类以及人类的大脑是不完美的，不完美的人类大脑导不出或造不出一个完满的存在的观念。但是，人类大脑中的确有完满的观念，尤其是关于一个全知、全能、永恒、完美的存在的观念。既然如此，这一观念是如何得来的呢？“我既然在怀疑，我就不是十分完满的，因为我清清楚楚地见到，认识与怀疑相比是一种更大的完满。因此我想研究一下：我既然想到一样东西比我自己更完满，那么，我的这个思想是从哪里来的呢？我觉得很明显，应当来自某个实际上比我更完满的自然。”[①]这就是说，大脑中的完满的观念只能从一个完满存在的实在中得出，这个完满的存在就是上帝，因为上帝存在，所以大脑中完满的观念也存在。“在我心里想到一个比我自己更完满的是者[②]的时候，情形就不能是这样了，因为凭空捏造出这个观念显然是不可能的事情。要知道，说比较完满的产生于比较不完满的，说前者沾后者的光，其不通实在不下于说无中生有，所以我是不能凭自己捏造出这个观念的。那就只能说：把这个观念放到我心里来的是一个实际上比我更完满的东西，它本身具有我所能想到的一切完满，也就是说，干脆一句话：它就是神。……要想发挥我的本性的全部能力去认识神的本性，就不用做什么别的，只需要把我心里所想到的东西统统拿来，看看具有它们是完满呢，还是不完满。我深信：凡是表明不完满的，在神那里都没有，凡是表明完满的，在神那里都有。于是我看到，怀疑不定、反复无常、忧愁苦闷之类事情，神那里都不可能有，因为连我自己都很乐意摆脱它们的。”[③]不仅如此，完满的上帝不会欺骗我们，所以可以依靠我们的直觉来得出一些真理。数学公理作为我们最清楚的直觉，必然是真理。由公理推理出来的定理是正确的，因为上帝不会允许我们虚假地推理。[④]鉴此，笛卡儿就得出结论：只有依靠理性的直觉和演绎的知识才是可靠的，为了确立真理，应该运用数学方法。[⑤]

沿着同样的思路，在《探求真理的指导原则》中，笛卡儿明确地指出了普遍数

---

① [法]笛卡尔：《谈谈方法》，王太庆译，北京：商务印书馆，2000年，第28页。

② “是者”(l`ētre)，这里指的是“起作用者”，也就是指“神”。

③ [法]笛卡尔：《谈谈方法》，王太庆译，北京：商务印书馆，2000年，第29页。

④ 实际上，问题到这里并没有结束。人类究竟有没有理智直观呢？理智直观究竟能否把握第一原理呢？即使能把握，所把握到的第一原理的可靠性怎样呢？如果不能保证，则以第一原理为逻辑前提和基础而进行的演绎方法的运用所获得的知识的真理性还能够保证吗？实际上，这是不能保证的。关于这点应该明确。

⑤ 笛卡儿在这里的论证并非无懈可击。既然“不完美的人类头脑导不出或造不出关于一个完美的存在的观念”，那么，“因果性的原则”作为一个人类思维的规律(存在于不完美的人类头脑中)，怎么能够完成这一论证(导出关于一个完美的存在的观念)？而且，“‘因果性的原则除在可感世界中外，其应用都是没有意义、没有标准的。’……我们不能够运用心灵的先天范畴来尝试描述超越感性经验的实在”。(参见[美]撒穆尔·伊诺克·斯通普夫、[美]詹姆斯·菲泽：《西方哲学史：从苏格拉底到萨特及其后》，匡宏、邓晓芒、丁三东等译，北京：世界图书出版公司北京公司，2009年，第279页。)

学的概念：“谁要是更细心加以研究，就会发现，只有其中可以觉察出某种秩序和度量的事物，才涉及马特席斯[①]，而且这种度量，无论在数字中、图形中、星体中、声音中，还是在随便什么对象中去寻找，都应该没有什么两样。所以说，应该存在着某种普遍科学，可以解释关于秩序和度量所想知道的一切。它同任何具体题材没有牵涉，可以不采用借来的名称，而采用已经古老的约定俗成的名字，叫做 Mathesis Universalis，因为它本身就包含着其他科学之所以也被称为数学组成部分的一切。它既有用，又容易，大大超过了一切从属于它的科学。”[②]他认为：“既不承认也不希望物理学中有任何原理，不同于几何学和抽象数学中的原理，因为后者能对所有的自然现象给出解释，而且能对其中某些给出证明。”[③]“凡其他科学涉及的范围，它都涉及到了，而且只有过之；其他科学也有同它一样的困难（如果它有的话），然而，其他科学由于本身特殊对象而碰到的一切其他困难，它却没有。”[④]

笛卡儿明言他最热爱数学，他能清楚地回忆起在 1619 年 11 月 10 日梦中所发生的事情，在梦中他获得了真理的启示：数学是“一把金钥匙”。醒来后，他即刻深信整个自然界就是一个巨大的几何体系。[⑤]他的名言是：“给我运动和广延，我将构造出宇宙。”[⑥]这样，数学就被笛卡儿作为一种普遍的方法系统地引入了自然科学研究的一切领域，并成为衡量一门知识是否有资格被称为科学的基本标准。如此一来，自然被整个地数学化了。

笛卡儿机械自然观的意义是重大的。他认为整个宇宙是一架机器，根据自然规律来运转，这些自然规律可以通过人类理性，尤其是数学推理来发现。这可以看作是笛卡儿运用理性演绎方法，将数学运用于自然认识中的最主要的原因。笛卡儿的科学数学化思想（当然还有伽利略）影响了后来自然科学的发展进程。“在 1650 年，自然界的数学解释已经风行全欧洲，并成为一种时尚，以至于印有笛卡儿名字的精美、昂贵的书籍，成了贵妇们梳妆台上的装饰品。”[⑦]牛顿也相信上帝根据数学原理设计了世界，在他的划时代著作《自然哲学之数学原理》的序言中，他指出他的研究目标是“力图以数学定律说明自然现象”。牛顿达到了这一目的，自牛顿开始，由于微积分的发明，力学的数学化便逐步臻于完善。

---

① 马特席斯 Mathesis，常常附有形容词，以 Vera Mathesis（真正马特席斯）或 Mathesis Universalis（普遍马特席斯）呈现，在笛卡儿那里用作某种包括数学在内而又有别于数学的通用性学科，指导一般思想，尤其指导形象思维（不是文艺）的概括性学科的名称。（参见[法]笛卡尔：《探求真理的指导原则》，管震湖译，北京：商务印书馆，1991 年，第 108 页。）

② [法]笛卡尔：《探求真理的指导原则》，管震湖译，北京：商务印书馆，1991 年，第 18 页。

③ [美]M. 克莱因：《西方文化中的数学》，张祖贵译，北京：商务印书馆，2013 年，第 136 页。

④ [法]笛卡尔：《探求真理的指导原则》，管震湖译，北京：商务印书馆，1991 年，第 18-19 页。

⑤ 转引自[美]M. 克莱因：《西方文化中的数学》，张祖贵译，北京：商务印书馆，2013 年，第 136 页。

⑥ 转引自[美]M. 克莱因：《西方文化中的数学》，张祖贵译，北京：商务印书馆，2013 年，第 137 页。

⑦ [美]M. 克莱因：《西方文化中的数学》，张祖贵译，北京：商务印书馆，2013 年，第 138 页。

三、机械自然观的建构以及被接受

亨利将笛卡儿的机械自然观概括为三方面：一是物质的新理论；二是因果关系的新概念；三是自然本质的新思想。

作为第一个方面的“物质的新理论”，包含以下内容：

(1) 物体所有属性和性质都取决于它的形状、大小和运动，但有时必须从其构成微粒的形状、大小、排列和运动来理解；

(2) 所有物体都被认为是由看不见的微小的物质微粒组成；

(3) 远距离作用是不可能的；

(4) 在物质当中或其他任何地方，都不存在诸如“神秘特质”(occult qualities)、“力量”(powers)、“共感”和“厌恶”(sympathies and antipathies)、“精气”原则(“vital” principles)或“生机”原则(“animate” principles)这样的东西；

(5) 区分了第一性质(primary qualities)(如形状、大小、排列和运动)和第二性质(secondary qualities)(如热、颜色、质地等)，所有这些第二性质都被认为是可以还原为第一性质的。例如，原子或微粒没有颜色，但由于它们不同的运动速度，在眼睛/大脑中产生了不同颜色的感觉。

作为第二个方面的“因果关系的新概念”，包含以下内容：

(1) 亚里士多德四因说(质料因、形式因、动力因、目的因)的解释被拒绝了；

(2) 只有动力因被认为是可理解(即立即给事件带来一个新的状态)的，动力因按照物体之间的接触行为、碰撞或相互纠缠而被理解(类似于钟表或桌球的因果关系)；

(3) 考虑到原子论的假设或物体的微粒结构，以及对神秘力量的拒斥，动力因往往被归结为“运动中的东西”(matter in motion)；

(4) “力”唯一有效的概念是“冲击的力”(force of impact)或“运动的力”(force of motion)；

(5) 动力因被整合为三种高度具体的自然法则的形式。

作为第三个方面的“自然本质的新思想”，包含以下方面：

(1) 包括生物现象在内的所有现象，通过使用力学模型或类比，是可以用“机械”(mechanistic)术语来解释的。世界就像一个巨大的时钟；

(2) 以前人们对“自然的”(natural)和“人工的”(artificial)的区分是不正确的。机械(machinery)不再是自然魔法的领域，而是自然哲学的领域。自然是上帝的杰作，优于人造机器，但在性质上两者并无不同。[①]

---

① Henry J. A Short History of Scientific Thought. New York: Palgrave Macmillan, 2012: 137.

依据这些方面及其条目，笛卡儿的机械自然观就向当时的人们提供了明确清晰地看待自然以及认识自然的思想路线。正因为如此，大约在 17 世纪 20 年代到 40 年代，机械论哲学作为自然哲学的一个新体系或新类型才被提出且被一部分人接受，但是，到了 1660 年或 1670 年，几乎所有受过教育的人们都认为机械论哲学大体上是正确的，并且迅速接受了蕴含于其中的机械自然观。[①]

这种情况是如何发生的呢？这与当时社会的宗教、文化、社会思潮等紧密相关。

舒斯特认为，机械自然观的被接受与人们对巫术型新柏拉图主义的拒斥有关。他认为："它与试图推翻亚里士多德哲学关系不大，但却关系到试图摧毁一个激进的新挑战者——新柏拉图主义，特别是新柏拉图主义中备受吹捧的'巫术'(magic)形式。"[②]"1500—1650 年，特别是在这一时期的最后 50 年，见证了相信各种新柏拉图主义自然哲学的潮流的兴起，它常常(但不总是)伴随着巫术的暗示或旨趣。值得注意的是，机械论哲学在 17 世纪 20 年代初创之时，恰逢巫术型新柏拉图主义自然哲学的兴起和广泛传播。人们创立机械论哲学的原因，在很大程度上就是为了抵抗这些新柏拉图主义哲学。"[③]

如前所述，新柏拉图主义的一个最基本的原则是，上帝是按照宇宙和谐来创造这个世界的，从而也使得其呈现数学的简单优美性。这点充分体现于哥白尼的日心说和开普勒的行星模型以及行星运动定律。不仅如此，"对于一些新柏拉图主义者来说，数学不仅仅是物理世界中的和谐与对称，它还有神秘的数学元素及维度，在这种神秘维度中，人们可以利用数学中某些深奥的或神秘的方式去获得超自然的、宗教的和精神性的知识"[④]。

除此之外，新柏拉图主义的另外一个基本原则是，宇宙是分等级的，上帝是最高级的存在，是纯粹的精神，是最完美的。在其之下，是一系列基于物质和精神(实在)之间的平衡的等级系统。对于宇宙中的天体，太阳是最好的，它虽然是物质的，但却是有灵魂的，具有很高的精神性，能够发光和发热(发光和发热都是一种精神力量)，产生地球上的生命。对于其他行星，它们的精神性要比太阳差一些。太阳以及行星将它们的精神性投射到地球上的事物，从而使得地球上的事物的精神性程度不同：其中有一些事物如金银、磁石等含有相当数量的精神因素但无灵魂，许多其他的物体则缺乏精神，或只含有少许精神，甚至某些事物没有精神，成为无理性物质。由此，地球上不同类型的事物都有不同的星相起源，据此可以解释事物之间的亲缘关系。

① [澳]约翰·A. 舒斯特：《科学史与科学哲学导论》，安维复主译，上海：上海科技教育出版社，2013 年，第 361 页。

② [澳]约翰·A. 舒斯特：《科学史与科学哲学导论》，安维复主译，上海：上海科技教育出版社，2013 年，第 374 页。

③ [澳]约翰·A. 舒斯特：《科学史与科学哲学导论》，安维复主译，上海：上海科技教育出版社，2013 年，第 374-375 页。

④ [澳]约翰·A. 舒斯特：《科学史与科学哲学导论》，安维复主译，上海：上海科技教育出版社，2013 年，第 376 页。

在地球上所有的事物中，人类比较特殊，人体就是大宇宙的小宇宙，其内部各个部分和每一个方面都与自然和天空中的事物对应关联，人体各部分之间的关系折射着宏观宇宙中的各种关系。例如，在人体中，就有与火星这种“红色行星”相联系的组成——心脏和血液，它们是红色的，代表着勇敢、力量和战争，因为火星投射出同一种精神，这种精神把受火星浸渍的物体变为火星的或战争类型的事物，具体见图 9.3。

对此，舒斯特就说：“这可能听起来是幼稚的和愚蠢的，但对于新柏拉图主义者来说，这一理论极其复杂，并且揭示了自然之中的网格或密码，揭示了自然的本质，而不是自然表面所呈现的样子。自然就是地球之物和星际之物间的一种精神关系体系。”[①]这种精神关系的实际应用就是自然巫术(natural magick)[②]，其定义为：

---

① [澳]约翰·A. 舒斯特：《科学史与科学哲学导论》，安维复主译，上海：上海科技教育出版社，2013 年，第 379 页。

② 从词形上看，magick 比 magic 多了一个词尾字母“k”。它是如何产生的呢？为何要作这样的改变呢？这就要从著名的神秘学家阿格里帕(Heinrich Cornelius Agrippa，1486—1535)说起。他于 1509 至 1510 年间撰成《隐密哲学》(*De occulta philosophia*)一书，并于 1533 年完成最终版的修改。这本拉丁文的神秘学著作在 1651 年被一个署名为“J.F.”的人翻译成了英文。正是在这一译本中，原文中的拉丁语词“magia”被他翻译成了“magick”。其实，在英语中原先并没有 magick 这个单词，而且对于此单词的含义，无论是“J.F.”本人，还是后世的关于此书编辑者和使用者，都没有明确说明。1655 年，《阿巴太尔：古代的魔法》(*Arbatel de Magia Veterum*)一书的英文版由特纳(Robert Turner) 翻译出版。在该书的序言中，特纳也将原文中的 magia 以 magick 的形式译出，不过，特纳本人没有对此作出说明。这种状况到了 1929 年有了改变。就是在这一年，另一位神秘学家克劳利(Aleister Crowley，1875—1947)在其著作《理论与实践中的魔法》(*Magick in Theory and Practice*)为 magick 正名，系统、开放地阐释了 magick 的含义。在他看来，magic 作为对于自然魔法的指称，源自古希腊术语 magiké，最原初的内涵与某种非公开的、秘密性质的仪式技艺，如神秘崇拜(Heraclitus）、束缚咒(binding spells, defixiones)和占卜(Divinatory Arts)有关。不过，随着时代的发展，magic 渗透了更多的日常生活元素，其内涵已经有了一些改变，不只是原先作为部分人用以逃避现实的工具，也不与科学实践的心灵(或精神)相抵触。在此情况下，尤其是在日常语用里，magic 更多地被用来指称舞台魔术和戏法，而这一层涵义无疑是与原初的 magic 用来表示隐密的仪式技艺有所不同。为了与原先的 magic 相区别，magick 就被创造出来。magick 的视域更加广阔，面向日常和“所有”；magick 不是象征着逃避，而是象征着积极、主动地去忍受；magick 也并非与科学和艺术背道而驰，相反，它恰恰是引起符合意志的变化的科学与艺术。(具体内容参见：Aleister Crowley. Magick in Theory and Practice. New York:Dover Publications,Inc,1976.) 如此，克劳利将 magick 的划界作用点明了出来，使其象征着的自然魔法以一种更正式的、更明晰的面貌呈现在了神秘主义的发展史中，否则，magick 这一单词很可能还在以一种神秘模糊的样貌以及自明的“行话”，在神秘主义的领域内部封存着，不为外界所知。在自然魔法发展史中或以暗线或以明线存在着的 magic 与 magick 之争，体现的不单单是字形拼写的表面形式的争议，实质是自然魔法专业性范畴的划界之争。在克劳利之后，许多魔法师都在使用 magick 这个词，他们的使用或与克劳利所创立的赫尔墨斯传统的泰勒玛(Thelema，原文出自希腊语，意为 Will)魔法体系有关，或与此无关，但无论如何，这都说明 magick 一词的确是被更大规模地推广开来了。除了 magick 本身以外，作为 magick 之拓展的形容词“magickal”以及名词“magickian”也被产生出来并且使用。不仅如此，神秘学家们为了与 magic 象征着的舞台戏法断绝关系，以便阐发各自独特的魔法主张，他们也按照一定规则尝试对 magic 进行变形处理，随之，“magik”“majick”“majik”等新造词也在神秘主义领域内部陆续出现。(具体内容参见：John Michael Greer. The New Encyclopedia of the Occult. Llewellyn Publications. 2003. ）

引起符合意志变化的科学与艺术。它的目的就是控制和支配自然。如对于帕拉塞尔苏斯来说，人体的贫血就是“血弱”，而“血弱”就是人体缺少火星的精神发散物，为了增加这一发散物，就要用含铁的混合物制成的药物，因为铁矿石及其生成物富含火星的精神发散物。如此，帕拉塞尔苏斯就用占星术、炼金术、民间知识，以及新柏拉图主义的基本概念，来治疗贫血。这就是自然巫术在医学中的应用。

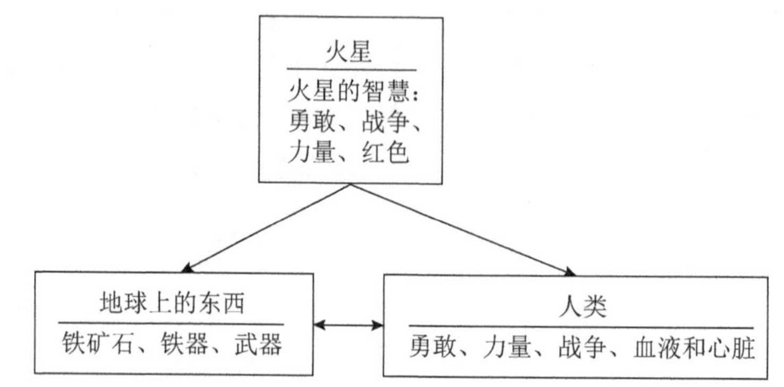

图 9.3　占星术的影响的例子及大宇宙/小宇宙的密切关系的例子①

另外，这种自然精神也应用于炼金术中。炼金术认为，地球上生长着各种各样的金属，它们在刚开始生长时都是贱金属（the base metals，如铜和锡），但是如果金属在地球上不被干扰地保持足够长的时间，它们就会全部变成贵金属（the noble metals，如金和银）。……炼金术士想要做的事情就是在实验室里加速这一进程。炼金术的目的不是从无到有地创造金子，而是加速金和银生长的自然过程。如何才能加速这一过程呢？那就是融入这一基本进程，并且学会如何干预以加速这一进程，这就是巫术的范畴了。②

舒斯特称上述新柏拉图主义为“巫术型新柏拉图主义”。他认为，与新柏拉图主义相比，亚里士多德哲学没有对自然的控制，没有真正的智慧，没有精神的完善，没有什么实际的用处，所以，在 16 世纪，新柏拉图主义吸引了很多重视操作、实践和技术的人。那些对实践、对数学、对经验感兴趣的人，都可能成为新柏拉图主义者。就此而言，对于当时的许多人来说，巫术型新柏拉图主义比亚里士多德自然哲学更好。③

既然如此，为什么后来又会有机械论哲学被建构并且代替新柏拉图主义呢？舒

① [澳]约翰·A. 舒斯特：《科学史与科学哲学导论》，安维复主译，上海：上海科技教育出版社，2013 年，第 379 页图 20.3。

② [澳]约翰·A. 舒斯特：《科学史与科学哲学导论》，安维复主译，上海：上海科技教育出版社，2013 年，第 384 页。

③ [澳]约翰·A. 舒斯特：《科学史与科学哲学导论》，安维复主译，上海：上海科技教育出版社，2013 年，第 385-386 页。

斯特认为："原因在于，对于某些知识分子来说，巫术型新柏拉图主义也表达并促进了危险的政治、社会和宗教的思想及纲领。"[①]

在16世纪晚期和17世纪早期，新柏拉图主义者不仅仅致力于巫术，而且还支持社会和政治改革方案。他们认为："如果我们全都成为巫术型新柏拉图主义者，那么我们就能够解决宗教问题，重新统一欧洲，使每个人都快乐并且停止新教徒和天主教徒之间的宗教战争。"[②]由此，巫术型新柏拉图主义者，包括激进的路德会教友、炼金术士等形成一个团体——玫瑰十字会会员(Rosicrucian)，都在推进这项改革。他们提议(基于巫术型新柏拉图主义)建立一个新教的欧洲联合体以对抗天主教。

然而，上述巫术型新柏拉图主义的改革方案遭到那些后来被称为"机械论哲学家"如笛卡儿、霍布斯等的反对。笛卡儿是天主教耶稣会教徒，霍布斯是新教圣公会教徒，与巫术型新柏拉图主义宗教信仰不同。在政治上，他们无法忍受废除英国和法国君主政体的政治方案；在宗教上，他们不想接受神秘的经验和启示，以及那些受神启发的巫术士；在社会上，他们不能容忍那些文化不高的工匠、外科医生以及药剂师到处声称他们对自然的无所不知。他们试图变革巫术型新柏拉图主义的自然哲学，以一种新的自然哲学思想引领社会和科学。这种新的自然哲学就是机械论哲学。

所以，机械论哲学的提出主要不是针对亚里士多德自然哲学的，而是针对巫术型新柏拉图主义。比较机械论哲学和巫术型新柏拉图主义，它们之间虽然有着某些共同的价值观和目标，但它们之间也有明显的不同。

在本体论上，机械论哲学把世界看作是由上帝创造的机器，其中物质性的微粒及其时空关系的不同组合(尺寸、形状、硬度和移动性)，决定了事物的存在及状态；巫术型新柏拉图主义则把世界看作是由不同程度的精神性物质组成的等级体系，地球上事物的性质是由上天对应的精神性的存在决定的。

在认识论上，机械论哲学认为，事物的性质都可以归结到原子或微粒的大小、形状、移动或静止，以及不可分割的属性等第一性质上，源自人类感觉和意识的第二性质，如味道、气味、颜色、冷热、湿干等，取决于人类的神经系统、感觉系统对原子或微粒以及它们运动的接受；巫术型新柏拉图主义则坚持人类不仅有一个由物质构成的、可腐化的肉身，而且还拥有最高等级的灵魂，有能力洞悉整个自然的神秘模型，因为上帝在创世之初就已经把洞悉该模型的潜能设定在人类的灵魂之中了，对于有教化的人来说，只要付出适当的努力并拥有适当的道德态度，就应该有可能获得关于自然的几乎神圣的知识。

---

① [澳]约翰·A. 舒斯特：《科学史与科学哲学导论》，安维复主译，上海：上海科技教育出版社，2013年，第386页。

② [澳]约翰·A. 舒斯特：《科学史与科学哲学导论》，安维复主译，上海：上海科技教育出版社，2013年，第386页。

在方法论上，机械论哲学认为，人类感觉是不可靠的，由此获得的事物的第二性质也是不可靠的，应该通过仪器设备和数学的理想化方法的使用，对对象进行可信的微观的机理模式的实验以及对结构进行数学的机理描述，把第二性质还原到第一性质，以此拓展和完善人类的感觉，达到非神秘的数学理性；巫术型新柏拉图主义认为，上帝是有智慧的，上帝在创造世界之时就将数学原型和谐地置于世界之中，而那些具有特定伦理态度之人，通过触景生情而“回忆”与真实事物发生关联，凭借理性乃至直觉感应洞察世界的神圣作用以及数学结构。

在价值论上，机械论哲学认为，人类认识自然的目的首先在于获得关于世界的结构的认识，增进对自然规律的理解，以及这种结构与上帝创世说的契合；其次在于应用相关知识，有效地控制自然，为人类的物质和精神利益服务；巫术型新柏拉图主义则认为，人类认识自然的目的有三：一是为了体现上帝创世的伟大，二是为了达到个人精神的完善，三是为了人道主义以及道德的目的，获得有效控制自然的力量。

综合比较机械论哲学和巫术型新柏拉图主义的异同，前者要比后者优越得多。“机械论逐条回答了巫术型新柏拉图主义的问题或难题，或终结了出现这些问题的可能性。无须恶魔巫术[①]，无须神秘的天启，无须神秘的数学，无须天体和谐，只需直截了当的数学。人类是特殊的，但并非在某种新柏拉图主义的意义上是特殊的，而只是因为，人类具有灵魂，其他一切事物则都是机器。我们计划征服事物和自然，但从社会的角度说，其现状是要先了解事物与自然的本质，而不是制定某些激进的改革方案。”[②]与此同时，机械论者保持了宗教和自然哲学之间的正统关系，即“上帝是造物主，上帝是超验的，上帝创造了自然，上帝不等于自然”。“机械论哲学家在思想上是进步的，但在社会和政治上却是保守的。”[③]这些应该就是机械论哲学提出并且被社会接受的最重要的原因。

需要指出的是，所有的机械论者都是实在论哥白尼学说的信徒。这些机械论哲学家很大程度上是在接受开普勒、伽利略等的相关学说的基础上，进一步认为哥白尼学说是正确的，从而接受它。不过，必须说明，这并不意味着机械论哲学家因为接受了哥白尼学说而创立了机械论哲学——“大多数情况下，机械论哲学家选择成为机械论哲学家，同时也就选择了哥白尼学说，而不是在选择了哥白尼学说之后再为之创

① “恶魔巫术”(demonic magic)，指的是出于个人邪恶的目的而直接与魔鬼联系并结盟，祸害人类。“恶魔巫术是新柏拉图主义者和亚里士多德主义者彼此给对方贴的狡诈而危险的标签。”(参见[澳]约翰·A. 舒斯特：《科学史与科学哲学导论》，安维复主译，上海：上海科技教育出版社，2013年，第383页。)

② [澳]约翰·A. 舒斯特：《科学史与科学哲学导论》，安维复主译，上海：上海科技教育出版社，2013年，第391页。

③ [澳]约翰·A. 舒斯特：《科学史与科学哲学导论》，安维复主译，上海：上海科技教育出版社，2013年，第390页。

立机械论哲学。”[①]更为重要的是，机械论哲学在当时被看作是最正统的基督教自然哲学。根据这些机械论者[伽桑狄是一名天主教神父，梅森(Marin Mersenne，1588—1648)是一位修道士，笛卡儿实际上是天主教徒，而霍布斯和比克曼都是新教徒]的观点，机械论哲学是当时可以期望的最具基督教精神的和神学上最正统的自然哲学，因为没有什么比让上帝创造一个如机器般的自然，而这个机器般的自然什么也不能做，完全取决于上帝，更能体现“上帝是万能的造物主”这一思想的了。[②]

这就是上帝创造世界的自然“机器”的隐喻。根据这一隐喻，“第一，‘自然即机器’，意味着人们必须用数学方法来研究和解释自然。第二，自然即机器意味着人们可以对它进行拆解并对它进行实验。第三，为了人类的物质利益，人们可以拆解自然，毕竟自然只不过是一台机器，上帝把它摆放在那儿并且给予我们心智去理解它；理解自然的唯一方式就是将它拆解”[③]。不仅如此，“自然即机器”也使人们把科学与技术及工艺联系了起来，使人们成为自然的主人，认识并且控制自然为其服务。

从上面的论述可以看出，机械论哲学的提出并且被接受似乎并非由于机械论者发现了自然是一架机器，也并非他们发现了自然界事物中的原子或微粒以及它们之间的相互作用是机械的，而是基于社会的、政治的、宗教的以及其他方面的原因提出的一种自然哲学，是一种他们努力对自然加以认识和控制的形而上学思想。它比巫术型新柏拉图主义更合理，从而被看作是正确的并被接受；被接受后又进一步证明它更合理、更正确并且大获全胜。舒斯特就说：“我认为，在为何要选择机械论哲学的问题上，政治、社会和宗教层面因素的考量远远大于科学层面的考量。”[④]“机械论哲学并非因其是正确的而被接受，而是因为其被接受了才被看作是正确的，而且人们接受它是出于政治的、宗教的和社会的原因。这就是机械论如此迅速地大获全胜的原因。”[⑤]

当然，对于舒斯特的观点也要一分为二地看待，在重视其社会历史建构论观点的同时也要重视机械自然在认识自然方面的优势，也要看到其最终导向与巫术型柏拉图主义和宗教神学的对立。不仅如此，机械自然观的被接受还与当时社会的经济、

---

① [澳]约翰·A. 舒斯特：《科学史与科学哲学导论》，安维复主译，上海：上海科技教育出版社，2013年，第372页。

② [澳]约翰·A. 舒斯特：《科学史与科学哲学导论》，安维复主译，上海：上海科技教育出版社，2013年，第371页。

③ [澳]约翰·A. 舒斯特：《科学史与科学哲学导论》，安维复主译，上海：上海科技教育出版社，2013年，第370页。

④ [澳]约翰·A. 舒斯特：《科学史与科学哲学导论》，安维复主译，上海：上海科技教育出版社，2013年，第370页。

⑤ [澳]约翰·A. 舒斯特：《科学史与科学哲学导论》，安维复主译，上海：上海科技教育出版社，2013年，第365页。

科学技术等发展有关。

四、机械自然观引导17世纪科学革命

如果孤立地、静止地看待笛卡儿对自然界中各种现象的解释，就会发现他是不太成功的。莱布尼茨挑战了他的运动和连贯性定律，牛顿挑战了他的星球漩涡运动，还有其他人挑战了他的关于磁力和重力的描述，等等。这种状况使得笛卡儿的物理学在18世纪被遗弃了。科学史家柯瓦雷曾这样评价笛卡儿的科学研究："他试图使科学隶属于形而上学，用那些关于物质结构和行为的、未经证明且不可能得到证明的幻想的假说来取代经验、精确性和测量，这种做法不仅不合时宜，而且反动和虚妄。"[①]当然，这只是牛顿主义者心中的印象，并不能掩盖笛卡儿机械论思想的伟大。"笛卡尔哲学的意义是重大的。他创立了一种不同于亚里士多德和文艺复兴时期的自然哲学，扭转了以往人们以生机论观点看待自然的方式，代之以机械论的理解和描述，为17世纪的科学家提供了一种解释已知现象的方式——机械论方式，并为17世纪下半叶的科学革命提供了自然观基础。"[②]考察17世纪的科学研究，可以这么说，"17世纪的几乎所有科学工作都受到了机械论哲学的影响，离开了机械论哲学，大部分工作都无法得到理解"[③]。

（一）机械自然观引导17世纪物理学革命

在物理学上，与笛卡儿同时代的法国哲学家和科学家伽桑狄，就将朴素的古代哲学原子论改造为"机械原子论"。在1648年前后，他发表了《伊壁鸠鲁的哲学体系》等著作，宣扬世界上的所有物质都是由相同质料的原子组成，物质的性质取决于这些原子的形状、大小和机械运动状态。在流体静力学上，科学家们运用微粒学说和真空学说，解释了虹吸管和气压计中液面的高度问题。在光学上，机械论哲学促使了光的微粒学说的提出，并由此解释了许多已知的光学现象，如光的直线运动、反射和折射等。

这里以虹吸现象、气压计实验以及大气压力的解释为例加以说明。

人们很早就知道虹吸现象，并且也观察到虹吸管最高能把水吸到大约34英尺[④]的高度。为什么会有这一现象呢？伽利略对此作了解释。他在1638年出版的《关于

---

① [法]亚历山大·柯瓦雷：《牛顿研究》，张卜天译，北京：商务印书馆，2016年，第74页。

② 肖显静：《从机械论到整体论：科学发展和环境保护的必然要求》，《中国人民大学学报》，2007年第3期，第11页。

③ [美]理查德·韦斯特福尔：《近代科学的建构：机械论与力学》，张卜天译，北京：商务印书馆，2020年，第51页。

④ 1英尺=30.48厘米。

两门新科学的对话》中认为，之所以会有大约 34 英尺高水柱这一现象，是因为水这种物体是由无限小的真空分开的无限小的微粒构成的，真空吸引导致了一种内聚力，从而导致我们看到的现象。

上述解释从来没有被普遍认同。所以 17 世纪的自然哲学家们继续思考这一问题。他们于 17 世纪 40 年代把虹吸管的一端封闭起来，做成人类历史上第一支水气压计，装满水倒立于装有水的水槽中发现，管子中水的高度大约为 34 英尺，而且封闭一端的顶部有一没有水的空间。

这一空间是什么呢？又是什么支撑水柱的高度为大约 34 英尺呢？当时一些研究者认为，上述封闭一端顶部空间内空无一物，是真空，支撑水柱高度的应该是大气的重量，它与大约 34 英尺水柱高度的水的重量相平衡。

如果是这样，装在上述气压计中的液体越重，则液面的高度将会越低，因为在他们看来，与此装置相连的外在的空气重量是一定的。依据此设想，托里拆利(Evangelista Torricelli，1608—1647)于 1644 年制成第一支水银气压计，经过实验发现，管中的水银柱的高度为 29 英寸，[①]是上面水气压计高度的 1/14。

为什么会出现这一现象呢？根本原因在于水银的密度是水的密度的 14 倍，因此，托里拆利管中的水银柱高度就为相应的水气压计中水的高度的 1/14。如此，就从相应装置的一侧——大气与另外一侧——封闭的液体之力学平衡的角度，机械性地解释了相应的现象。

不过，这种机械论的解释并不能立即被当时的人们普遍接受，因为上述解释已经预设了托里拆利管中封闭一端顶端的真空的存在，而“真空不存在”以及“自然界厌恶真空”的观点在当时还很流行。当时的亚里士多德主义者就是依据“真空不存在”以及“自然界厌恶真空”给出了他们的解释：一派认为，对于管路封闭一端顶端的空间，不可能是真空，即空无一物，必须有某个东西占据此空间，这一东西是气泡，当管子被竖起时，气泡肿胀，或者不如说被拉伸，直到此张力中心支撑管中水银；另外一派认为，液体上方形成了蒸汽，驱使液体下降，如果没有蒸汽，水银就会充满管子。

上述观点是否正确呢？如果管中真有一个气泡，并且凭借其张力支撑着液柱，那么在气泡所占据的空间与液柱的高度之间应该有一个关系。帕斯卡尔用水银气压计于 1646 年做了如图 9.4 的实验，表明在任何情况下，管中液柱的高度都是 29 英寸，与管顶部所谓的“气泡”大小无关；而且，当将管子倾斜，水银面的垂直高度不变，当管子的顶部下降到 29 英寸时，水银上方的空间消失，所谓的“气泡”也随之消失。这表明亚里士多德派学者的所谓“气泡说”是不成立的。

---

① 1 英寸=2.54 厘米。

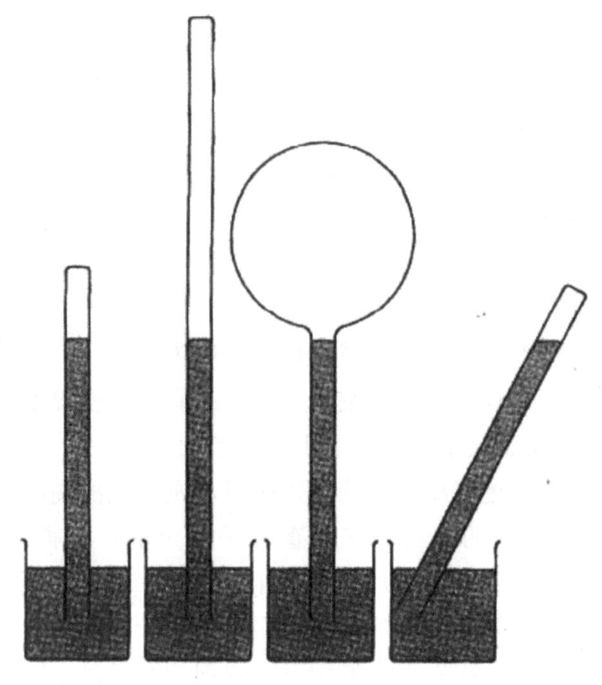

图 9.4 真空与水银的比例①

至于亚里士多德派学者的“蒸汽说”，也是没有根据的。因为，根据“蒸汽说”，酒比水轻，而且更具挥发性，因此也就更能产生蒸汽，从而使得酒精柱的高度更高。帕斯卡尔在鲁昂港的一艘船的桅杆旁竖起两根长管，分别充满酒精和水，进行相关实验，得到与“蒸汽说”预测相反的实验结果。

按理说，到此帕斯卡尔应该赞同气压计的机械论解释而认为真空是存在的。不过，也许是受到传统观点的影响，他仍然持有“自然厌恶真空”的观念，只是他认为自然对真空的厌恶是有限的，由 29 英寸高的单位水银柱的重量来衡量，当超过这个重量就可以创造出真空。

这就是说，帕斯卡尔承认在上述实验如图 9.4 的几种情形中确实创造了真空，水银柱的共同高度 29 英寸是由其承载的重量与大气的重量达到平衡的结果。由此他想到改变气压计在大气中的高度，以观察其中液柱高度改变的实验：他把一支气压计放在山脚下作基准，把另一支气压计由他的内弟带到多姆山（Puy de Dôme），结果表明山顶上的气压计的液柱高度下降了。这一实验结果更加充分地证实了液柱高度的机械论解释：随着气压计高度的上升，其外部空气越来越稀薄，与之平衡的气压计液柱高度也越来越低。就此，气压计的作用原理与简单的机械平衡相等同。

不过，必须清楚，直到此时，人类仍然没有直接制造出真空。要想制造出真空状

① [美]理查德·韦斯特福尔：《近代科学的建构：机械论与力学》，张卜天译，北京：商务印书馆，2020 年，第 55 页图 3.1。

态，最好、最直接的方法就是制造出空气泵，抽出某一容器中的空气，产生不含物质的真空。1650 年，盖里克(Otto von Guericke，1602—1686)首先实现了这一点，并且研究真空的相关性质，得到“声音不能在真空中传播”“真空不能助燃”等结论。

1657 年，波义耳听到盖里克的上述实验之后，在胡克的帮助下设计制造出了比盖里克更好的空气泵，并且由此产生出“波义耳真空”。进一步地，他把水银气压计放在封闭的带有空气泵的储气器中进行实验，随着空气的逐步被抽出，水银柱的高度逐渐减少。根据这一实验结果，他想到，液柱高度的变化不可能是液柱重量与其外在空气重量平衡的结果，因为上述实验抽出的空气太轻了，与水银柱中的水银重量相比微乎其微，绝对不足以与水银柱中的水银重量相平衡。

既然如此，是什么导致气压计中液面高度变化呢？波义耳做了另外一个实验，发现即使含有少量空气的气囊也会不断膨胀。据此，他设想，空气是一种弹性流体，空气微粒类似于一个个可以被外力压缩的小弹簧，当对此施加压力时它会压缩，压力解除时它会膨胀。也正因为如此，当做相应的如图 9.4 的实验时，空气弹性流体就会因为弹性而施加压力给水银槽中的水银，从而支撑水银柱中的水银达到通常状态下的 29 英寸的高度。

波义耳在 1660 年发表了《关于空气弹性的物理-机械新实验》(*New Experiments Physico-Mechanical，Touching the Spring of the Air,and Its Effects*)，比较系统地叙述了相关实验以及空气弹性解释。其中空气弹性解释受到列日的莱纳斯(Linus of Li)的指责，认为波义耳的“空气既可以膨胀，也可以被压缩”是荒谬的。为了回答这一指责，波义耳于 1662 年做了如下实验：首先在一个 17 英尺长、一端封口、一端开口的 J 形管内注入水银至两边液面高度一致；然后再次注入水银，使得封闭端内空气的体积(高度)减为原来的一半，测量所注入的水银的体积(高度或重量)；接着，进一步注入水银，使得封闭端内空气的体积(高度)减为原来的 1/3，测量所注入的水银的体积(高度或重量)液面高度；最后所得到的结论是：在温度保持不变的情况下，一定量的气体体积与其压强成反比，这就是波义耳定律。根据此实验及其结果，波义耳进一步指出，空气是由微粒组成的，微粒之间有空隙，由此才能被压缩；当压强增大时，这些微粒之间的间隙变小，微粒靠得更近，所施加的压力也更大。

(二)机械自然观引导 17 世纪化学革命

在化学上，17 世纪初，帕拉塞尔苏斯医药化学学派和炼金术对化学的影响很大。化学主要以这两种形式存在。这两者都是以能动性的主动本原自然观为基础的，有的只是本原(元素)之间的转换，因此，这两者都带有神秘色彩，并与机械自然观相矛盾。

到了 17 世纪中叶，上述状况并没有多大变化。“在 17 世纪中叶，化学传统的每一个主要方面所表达的自然观都与在物理科学的其他地方渐渐占主导地位的自然观完全相反。”[①]造成这种情况的原因应该是帕拉塞尔苏斯医药化学学派以及炼金术的影响，它使得17世纪中叶的化学积重难返。也许正因为如此，对于笛卡儿，韦斯特福尔就用了数章的篇幅讨论磁和光等话题，但却用寥寥数语打发化学问题。

当然，上述状况不可能长久持续下去。因为一旦机械论哲学被提出，那么由微粒及其相应的性质来解释化学变化的现象，就成为顺理成章的事情。这也导致17世纪下半叶机械论哲学在化学领域中被大量使用，结果是：“17世纪下半叶化学的历史就是化学转变为机械论哲学的历史。也许更贴切的说法是化学屈从于机械论哲学，因为机械论在化学文献中所起的越来越大的作用似乎更多是因为将各种机制外在地强加于现象，而不是源于现象本身。”[②]

法国化学家莱默里(Nicolas Lemery，1645—1715)于1675年编写出版了一本17世纪最流行的化学教科书《化学教程》(*Cours de Chymie*)。在该书中，莱默里写道，当海盐的精(盐酸)与强水(硝酸)的混合液与金属(如金)相遇时，就会形成新的物质(硝酸盐)。此时，海盐的精的体积较大的尖锐微粒推撞并摇动强水微粒，从而进一步将金属溶解。在莱默里那里，酸是由尖的微粒构成的，他经常称之为“酸尖”(acid points)。酸尖很轻，因此能够托住它们所刺穿的金属微粒，与之一道运动变化，这点正如木头能够带动附着其上的金属浮动。不仅如此，一旦酸中的每个酸尖都与金属微粒结合，这种酸就再没有多余的酸尖与金属微粒结合了，如此，也就解释了一定量的酸只能溶解一定量的金属。对于酸碱中和反应，莱默里把酸想象成是尖锐的粒子，而把碱想象成多孔的粒子，各种“酸尖”能插入其内，以此就很好地解释了中和反应。

从上述所举的例子可以看出，莱默里的化学是机械论化学。“莱默里的机械论化学最终关注的不是提出某种化学理论，而是对观察到的性质做出解释。”[③]这种解释，就是通过想象中的相关微粒的形状来解释相关微粒的机械的相互作用。也正因为如此，“在他的处理中，化学并非致力于对持久存在的物质进行分离和组合，而是致力于将可延展的微粒塑造成几种一般形状”。[④]之后，再进一步根据微粒的形状、大小和运动来区分它们并解释它们的作用和变化。

不过，莱默里的机械论并不是彻底的。他认为每种酸的酸尖尖锐程度有所不同，更尖的微粒是在地球中经过较长时间的发酵形成的，因此酸尖更尖。当通过腐蚀性的升汞($HgCl_2$)制备甘汞(*mercuriuss dulcis*，Hg_2Cl_2)时，必须将材料升华3次以使酸

① [美]理查德·韦斯特福尔：《近代科学的建构：机械论与力学》，张卜天译，北京：商务印书馆，2020年，第80页。

② [美]理查德·韦斯特福尔：《近代科学的建构：机械论与力学》，张卜天译，北京：商务印书馆，2020年，第80页。

③ [美]理查德·韦斯特福尔：《近代科学的建构：机械论与力学》，张卜天译，北京：商务印书馆，2020年，第83页。

④ [美]理查德·韦斯特福尔：《近代科学的建构：机械论与力学》，张卜天译，北京：商务印书馆，2020年，第85页。

尖变钝，因为如果只升华 2 次，则酸尖仍然太过尖锐，其导泻能力仍然太强；如果升华 5 次，其导泻能力将被完全摧毁。

如果说化学的机械论解释在莱默里那里显得粗糙，那么在波义耳那里则显得精致得多。关于此，在“第十章之‘二、波义耳：将机械论的微粒说与实验相结合’”部分，会有详细叙述。至于牛顿的化学及其与炼金术之间的关系，将在“第十章之‘三、牛顿：将运动微粒说、实验与数学相结合’”部分详细叙述。比较波义耳与牛顿之间在化学上的不同：“波义耳认为化学是一种工具，可以证明自然中的所有现象都源自运动中的物质微粒，而牛顿则认为化学现象证明了物质微粒彼此吸引和排斥。”[①]

纵观 17 世纪下半叶机械论哲学指导下的化学的发展，并不尽如人意。主导化学思想的机械论哲学仅仅提供了一种对反应进行描述的语言，化学理论没有取得重大进展。但是，“机械论化学的确取得了一项成就。它引导化学进入了自然科学的界限。在 17 世纪初，化学通常并不被视为自然科学的一部分；它顶多是一种服务于医学的技艺，在最坏的情况下则是神秘的故弄玄虚。而到了 17 世纪末，化学家在欧洲的科学协会中占据着崇高的地位。毫无疑问，机械论化学在这种变化中扮演着重要角色。它以科学界可接受的方式来表述化学，从而使化学获得了前所未有的尊敬”[②]。

(三)机械自然观引导 17 世纪生物学革命

在生物学上，伴随着生命知识的增长，对生命本质的再思考也发生了，这种思考更多的与机械论自然哲学相联系。

哈维 1628 年在他的《心血运动论》一书中，已经把血液循环概念用于解释解剖学中已被确认的各种事实，并坚持认为循环的机械论含义应该得到认识。在对血液循环进行证明时，他把注意力放在了血管系统的机械必然性上。现在人们普遍认为，哈维的著作是对人体血液循环过程的第一个恰当说明，也是通向近代生理学之路的起点。

但是，需要澄清的是，哈维对于世界的看法本质上不是机械论的。他相信，心脏/血液系统是一个独立的系统，它是身体的活性原则(living principle)。他认为，心脏和血液是灵魂之所在(seat)，具有精神特性，能够驱动心脏持续不断地跳动，如此，也就不需要应用其他因素来解释它了。此外，他通过完美的实验证明心脏收缩(systole)才是主动搏动的(扩张仅仅发生在心脏放松的时候)。

---

① [美]理查德•韦斯特福尔：《近代科学的建构：机械论与力学》，张卜天译，北京：商务印书馆，2020 年，第 94 页。

② [美]理查德•韦斯特福尔：《近代科学的建构：机械论与力学》，张卜天译，北京：商务印书馆，2020 年，第 95-96 页。

笛卡儿不同意上述观点，他认为，心脏的持续跳动应该只涉及物质和运动这类机械的东西，与灵魂之类的东西无关。为了做到这一点，他部分回归盖伦学说。根据盖伦的说法，心脏扩张(称为舒张，diastole)是主动搏动的(active stroke)。他认为，当用来冷却肺的血液从肺静脉滴入左心室时，由于左心室内部非常热，所以冷却的血液迅速(几乎是爆发地)膨胀，导致心脏扩张；扩张的血液涌向主动脉(aorta 或 the main artery)，然后进入动脉系统；此时心脏坍陷(看起来像是收缩)，又有几滴血液进入，爆发性的扩张再次发生，将更多的血液输送到主动脉。这个模型有点像内燃机，但不是火花点燃燃料(血液)，而是一团火在左心室燃烧。笛卡儿曾说过，这团火在没有光的情况下燃烧，但在其他方面，它与我们所熟悉的火是一样的，它可以被称为“笛卡儿的火”。

笛卡儿坚持认为，他对心脏的描述一定遵循了心脏各部分的编排(arrangement)，就像钟表的运动必然遵循齿轮和轮子的编排一样。[①]

作为机械世界观的代表人物，笛卡儿同样具备机械论的生物观。笛卡儿在《论人》(*Treatise on Man*)一书中进行了人体与机器类比的思想实验：“我假设(这些人的)身体只不过是一个由土制成的雕像或机器，上帝在塑造它的时候想让它尽可能地像我们……不仅在外部赋予它我们身体所有部分的颜色和形状，还在它内部放置了使它行走、进食、呼吸所需的所有部件，使其最终能够模仿我们的所有功能，这些功能可以被想象为来自物质，并完全取决于我们器官的安排。”[②]笛卡儿在使用机械论思维解释了这些“人”的功能后，给出了他举出这个思想实验的目的：“我希望你们考虑一下我赋予这个机器的所有功能……我希望你能考虑到，这些功能单纯由机器器官安排而来，就像钟表或其他自动装置的运动由其配重和车轮的安排而来一样自然。那么，为了解释这些功能就没有必要设想这台机器有任何植物性的(vegetative)或敏感的灵魂或其他运动和生命的原则。”[③]虽然没有明确表明，但笛卡儿凭借这个思想实验试图将生物(包括人类)等同于机器，而不仅仅是在隐喻的意义上。

由于人类思维的独特性，笛卡儿提出了著名的“我思故我在”(Cogito，Ergo Sum)命题，使得他无法完全将人类还原为机器。笛卡儿提出了“心—— 物二元论”的思想，认为心灵和物质完全不同，心灵不可分割而物质可无限分割。

笛卡儿关于生物的思想既是一元论也是二元论的——一元论体现在他认为除了人之外的生物并没有特殊的灵魂或其他生命原则，消解了活物(living matter)与死物

---

① Henry J. A Short History of Scientific Thought. New York: Palgrave Macmillan, 2012: 138.

② Descartes R. Treatise on man//Bedau M A, Cleland C E. The Nature of Life: Classical and Contemporary Perspectives from Philosophy and Science. Cambridge: Cambridge University Press, 2010:15.

③ Descartes R. Treatise on man//Bedau M A, Cleland C E. The Nature of Life: Classical and Contemporary Perspectives from Philosophy and Science. Cambridge: Cambridge University Press, 2010:20.

(dead matter)的区分，植物、动物和人体仅仅是复杂的机器；笛卡儿的二元论只针对人，虽然人体是由物质构成的机器，但人的心灵是特殊的存在，身体与心灵结合而成的整体的人并没有被笛卡儿还原为机器。

尽管笛卡儿对血液循环的解释有错误之处，而且他的生理学基本上可以说是披上了机械论哲学外衣的盖伦生理学，但是，到17世纪末，他的影响超过了哈维，规定着生物学研究的基调。一些生物学家就在“动物是自动机器”的观念指导下，创建了医学机械学，运用简单机械运动原理来分析各种人类和其他动物的各种运动，把生物运动还原为机械运动。如博雷利(Giovanni Alfonso Borelli，1608—1679)就在《论动物的运动》(*De Moth Animalium*，1680)[①]一书中，把人体作为机器来研究，分析了肌肉的力学和人体的骨骼构架，并且试图把肌肉的收缩解释为一种液压作用或组织的机械膨胀，见图9.5。这是作为机械论哲学的生理学的内涵。

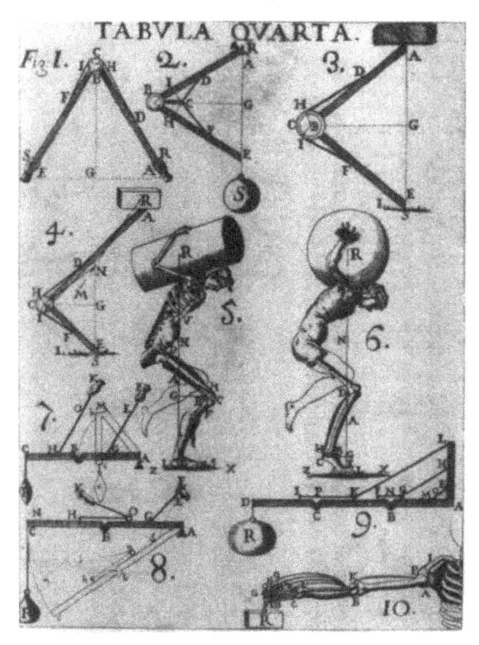

图9.5　作为机械论哲学的生理学[②]

不仅如此，机械论哲学的解释原则也被用于胚胎学研究中的“预成论”(又称“先成说”)和“渐成论”(又称“后成说”)的争论。“胚胎学的发现以及整个生物学领域的其他许多发现，其实是在机械论哲学主导科学思想时做出来的。无论它的范畴多

① 《论动物的运动》这本书是在博雷利去世之后出版的。博雷利专心为克里斯蒂娜女王工作，但这本书还没出版，他就死于肺炎了。在1679年底，克里斯蒂娜女王同意资助出版这本书，这使得该书第一卷于1680年出版，第二卷于1681年底出版。

② 转引自[美]托马斯·L. 汉金斯：《科学与启蒙运动》，任定成、张爱珍译，上海：复旦大学出版社，2000年，第119页，图5.1。

么不适合生物学理解，它并不妨碍生物学知识的大大扩展。”[①]关于此，在“第十一章 近代科学革命的推进——范式的遵循、坚守与反抗”论及。

在人类生存的几百万年时间里，人类几乎都是凭借神话宗教自然观以及万物有灵论的自然观认识世界和改造世界，展开生产和生活实践的。我们把这种人类赋予人与自然之间的关系的状态，称作“自然的附魅”。它是在近代科学诞生之前人类认识自然和解释自然的基础。近代科学的诞生是以对这种自然观的革命为基础的，这是“自然的祛魅”，它是近代科学革命发生的前提。笛卡儿提出“机械自然观”，对自然进行了“祛魅”，由此摘下了自然神秘主义的面纱，使其成为机械的存在，从此人类就在新的道路上开启了物质性地探索自然的旅程。这又是一次“大写的近代科学革命”，它引导在此之后的 17 世纪物理学、化学、生物学领域发生诸多“小写的近代科学革命”。可以说，17 世纪及其之后的科学，就是遵循并沿着这样的道路加速向前迈进，并取得了巨大成就。

① ［美］理查德・韦斯特福尔：《近代科学的建构：机械论与力学》，张卜天译，北京：商务印书馆，2020 年，第 123 页。

第十章　近代科学革命的集成

——微粒说、数学与实验相结合

近代科学革命的进行并非一蹴而就，而是经历了之前所述的三种转变：一是从“抽象的数学理念”到“具体的数学实在”；二是从“泛灵的经验”到“激扰的实验”；三是从“万物有灵论”到“机械自然观”。H. 弗洛里斯·科恩曾形象地将此三次转变概括为：从“亚历山大的”（“亚历山大里亚的”）到“亚历山大加”（“亚历山大里亚加的”）转变，从“精确的观察”到“发现的-实验的”的转变，从“雅典的”到“雅典加的”转变。这三种转变是“大写的科学革命”，在开始的一段时间里是自行发展的。到了17世纪下半叶，“一直把各种自然认识形式彼此隔离的墙体在一定程度上已经被拆除。虽然三种形式都在自行发展，但历史上第一次出现了富有成效的结合”[①]。惠更斯、波义耳、牛顿是这种结合的贯彻者，由此分别将运动微粒说和数学、微粒说与实验以及微粒说、数学和实验结合起来。

一、惠更斯：将运动微粒说与数学相结合

伽利略将“亚历山大里亚的”自然认识方式应用于物理学，创立了数学的物理学，使其成为“亚历山大里亚加的”；笛卡儿提出了机械自然观，并将此用于自然认识，发展了“雅典的”自然认识方式，使其成为“雅典加的”自然认识方式。但是，在他们那里，这两种认识自然的方式是割裂开来的，将它们结合起来并用于物理学研究的是惠更斯(1629—1695)。

（一）“雅典加”与“亚历山大里亚加”的第一次综合

惠更斯何以能够实现“雅典加的”和“亚历山大里亚的”认识自然的方式的综

① [荷]H. 弗洛里斯·科恩：《世界的重新创造：近代科学是如何产生的》，张卜天译，长沙：湖南科学技术出版社，2012年，第145页。

合呢？这与他的经历有关。惠更斯于1629年出生在荷兰海牙的一个有名望又富裕的家庭，他的父亲介绍他与笛卡儿等哲学家频繁交流，由此，他受到笛卡儿机械自然观的影响。在他从事研究工作的初期，他把机械自然观仅仅作为一种启发思维的方式而不是用来说明问题的基本原理。在他迁居巴黎之后，他就开始强调严格的机械证明的重要性，认为任何现象都必须由机械过程来说明其起因，否则就不能算作对事物有效的认识。他于1645—1647年在荷兰的莱顿大学修读法律和数学，他先是接受了“亚历山大里亚的”自然认识方式，并且天才地完善了阿基米德的工作，但是在熟悉了伽利略对运动现象的研究之后不久，就转向了“亚历山大里亚加的”阵营。[①]

这两方面的经历，使得他日后能够将这两种认识自然的方式加以综合，并且运用到他的科学实践中。他的研究遍及物理、数学、天文学等多个领域，在摆钟的发明、天文仪器的设计等诸多方面都有突出成就。1657年，他设计的摆钟获得了专利权；1659年，他出版了《土星系统》(*Systema Saturnium*)一书；1673年，他完成了弹簧钟表的设计，并发表了《摆动的时钟》（“Horologium Oscillatorium”）一文，给出了向心加速度公式和单摆周期公式；1679年，他在法国科学院的会议上宣读了《论光》（“Wave theory of light”）一文；1690年，他正式出版了《光论》(*Traité de la lumière*)一书，全面阐释了光的波动说思想；等等。荷兰学者博斯曾这样评价惠更斯：“在从韦达、笛卡儿到牛顿、莱布尼兹之间，他是最伟大的数学家；在伽利略之后与牛顿之前，他占据着力学领域的至高地位；他在天文学、时间测量和光理论方面的工作具有开创性意义。”[②]

H. 弗洛里斯·科恩以“球的碰撞问题”为诱因，具体描述了惠更斯从1652年到1656年所完成的“雅典加”与“亚历山大里亚加”的综合。[③]对于这种综合，在惠更斯之前从来没有他人这样进行过。要想完成这种综合，一个必不可少的前提是先把运动微粒的哲学从“雅典”的认识结构中解放出来，摆脱自然哲学家们由来已久的要获得全知和确定性的知识的旧观念。[④]在研究碰撞问题时，惠更斯在历史上第一次对此加以贯彻实施。

17世纪的人们相信运动来源于上帝，是上帝创造了物质并使其处于运动之中，惯性原理是机械论哲学的基础，因此就不需要任何东西来保持物体的运动。只有在物体发生碰撞时，运动才会从一个物体传递到另一个物体，而运动本身是不灭的，

---

① [荷]H. 弗洛里斯·科恩：《世界的重新创造：近代科学是如何产生的》，张卜天译，长沙：湖南科学技术出版社，2012年，第176页。

② Gillispie C C. Dictionary of Scientific Biography. NewYork: Charles Scribner’s Sons, 1981, (6): 597-613.

③ [荷]H. 弗洛里斯·科恩：《世界的重新创造：近代科学是如何产生的》，张卜天译，长沙：湖南科学技术出版社，2012年，第175-179页。

④ [荷]H. 弗洛里斯·科恩：《世界的重新创造：近代科学是如何产生的》，张卜天译，长沙：湖南科学技术出版社，2012年，第175-179页。

因此碰撞问题至关重要。[①]

对于这个问题，早在惠更斯之前，就有不少人研究过。早在伽利略写作《关于两门新科学的对话》的时候，他就打算用数学方法研究碰撞问题，并计划作为第 6 天对话收入该书，后因赶不上出版时间就搁下了。不过，这方面的手稿还是于 1718 年由后人整理发表。伽利略就利用图 10.1 所示的装置来研究碰撞中产生的冲击力作用。天平右端W是重物，左端A和B是用小管相连的两个小桶，桶A内装有水，且其底部有活门可以启闭，先闭活门使两方平衡。若将活门开启，水还未达到B时，天平应向哪边偏斜？伽利略起初认为，冲击力应使天平向左偏斜，但实际结果却恰恰相反。现在我们知道，由于水在到达B之前，处于小管中之时是处于“失重”状态的，所以这段时间天平会向右倾斜。但当时由于知识的局限性，伽利略无法对此进行解释。

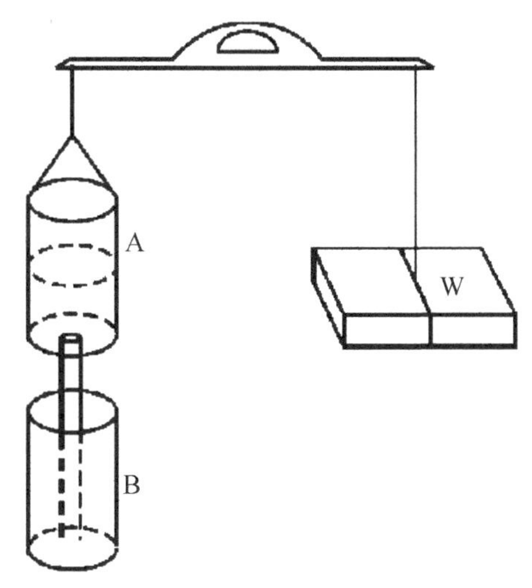

图 10.1 碰撞中产生的冲击力作用[②]

笛卡儿等也展开了与碰撞问题有关的研究。在笛卡儿 1644 年的《哲学原理》中，他提出了七条碰撞定理，不过这些定理大多是不正确的或者表述不清楚的。笛卡儿宣称：当一个小球撞上一个大球时，小球会以相同的速度弹回，而大球则留在原地不动。如果用两个悬挂在细绳上的弹子球做试验，我们将会发现，大球肯定会运动。“笛卡儿以完美的雅典方式由他的第一原理导出了他的碰撞定律——这预先赋予了它们以确定性。但与此同时，他很清楚自己关于弹子球的大多数定律是失效的。只不过在他看来，这根本没有关系。在他的旋涡世界中永远都有碰撞发生，但这种碰撞从来都不纯粹，因为毕竟所有微粒都同时在运动。”[③]

---

① 李丹、韩静：《惠更斯及其碰撞理论》，《物理教学探讨》，2008 年第 8 期，第 4-7 页。

② 罗腊春：《德高望重的惠更斯》，《物理通报》，2015 年 1 期，第 121-123，129 页。

③ [荷]H. 弗洛里斯·科恩：《世界的重新创造：近代科学是如何产生的》，张卜天译，长沙：湖南科学技术出版社，2012 年，第 176 页。

以“亚历山大里亚加”的框架来看，弹子球其实是一次实验检验，表明笛卡儿的观点根本站不住脚。但惠更斯极具革新性地主张，如果有两套规则，而且在弹子球桌上已经发现，其中一套与经验直接冲突，另一套与经验相当接近，那么就暗示第一套错了，因此应暂定第二套规则是对的。由此，惠更斯对“亚历山大里亚加”进行了重要的完善，即应用经验来检验理论。

伽利略的运动的相对性表明，无论是小球碰大球，还是大球碰小球，这两种情况都是一样的，只不过需要改变参考系。但是在笛卡儿看来，哪个球碰哪个球关系甚大，虽然他也推导过运动的相对性原理，但是，在研究弹子球的过程中他却忽视了这一点。惠更斯与笛卡儿不同，开始借助运动的相对性原理，寻找与弹子球手感觉相一致的新的碰撞定律。

惠更斯对其碰撞规则的推导并不只是基于运动的相对性原理的运用。起初，他在进行推导时试图运用“碰撞力”这个概念，他假定在速度传递的瞬间，一球对另一球施加了一个力使之弹回，但他很快就放弃了这种想法。在更仔细地思考之后，他认为“力”这个概念太过模糊，转而从微粒说与数学相结合的角度来考察这一问题。“惠更斯不再相信自己知道世界是如何构造的，不再以‘雅典’式的第一原理为基础。他大体上知道世界是由遵循着某些运动定律的微粒构成的，而这些定律必须能用数学来表达。但无论是这些定律本身，还是表达这些定律的精确机制，都不能由一种关于世界构造的先入之见推导出来，更不要说确定地推导出来了。关于我们就这种或那种机制所作的结论，我们最多只能称‘有可能’。”①这样一来，他就摆脱了魔法世界中隐秘的吸引力和排斥力，不需要用笛卡儿的涡旋理论来解释事物的运动，更不用像伽利略那样不涉及微粒，而是将微粒说与数学结合了起来，也就是将“雅典加的”和“亚历山大里亚加的”结合了起来。现在，一种比较完整的自然哲学第一次被用作假说，其可用性不是事先就被接受下来，而是需要一次次的实验。所有这些都使惠更斯形成一种工作纲领：“惠更斯认为自己的任务便是将两者的方法调和起来，而且不是以耶稣会士炮制大杂烩的那种肤浅方式，而要像笛卡儿那样从运动微粒出发，然后像伽利略那样进行数学处理。”②这就是惠更斯的“机械论的数学化”。

以“圆周运动向心力”为例，惠更斯的“机械论的数学化”就是：从机械论中以太的离心趋势或离心力出发，引入细致的数学规划程序，先将离心力的概念量化，再透过有效的运算分析，合理推导并诠释出伽利略落体运动的和谐关系。这种创新与彻底的数学方法，不仅解除了数学观和机械论冲突的鸿沟，并在论证过程中将此两种不同的思考模式交互使用，获得许多有意义的成果。这种将原本差异甚大的两

---

① [荷]H. 弗洛里斯·科恩：《世界的重新创造：近代科学是如何产生的》，张卜天译，长沙：湖南科学技术出版社，2012 年，第 178 页。

② [荷]H. 弗洛里斯·科恩：《世界的重新创造：近代科学是如何产生的》，张卜天译，长沙：湖南科学技术出版社，2012 年，第 178 页。

种思潮圆满结合——先分析力的作用情形，然后使用数学运算，最后寻找出和谐的形式结果的方法，在此之后一直沿用至今。在惠更斯建立圆周运动理论之后，很快又将其应用于物理钟摆。他分析了钟摆摆动的过程以及特征，提出“摆动中心”的概念，并于1659年得出单摆周期的公式。他所提出的向心加速度公式和摆动中心概念，为牛顿建立万有引力定律和后人研究复摆创造了条件。

（二）光的波动说：惠更斯原理

可以说，惠更斯最伟大的科学贡献是创立了光的波动说。他是如何创立的呢？这与他对笛卡儿、胡克相关观点的扬弃，以及对牛顿相关观点的批判分不开。

笛卡儿首先提出了关于光的本性的两种假说：光是一种类似于微粒的物质；光是一种以“以太”为媒质的压力。惠更斯虽然受笛卡儿的影响很大，是机械自然观的支持者，认为一切自然现象都可以用机械运动来解释，但对笛卡儿的思想保持质疑，而不是全盘接受。笛卡儿认为，人们在认识事物时可以达到十分精确的程度，以把握绝对的真理。惠更斯却认为，在研究自然时，完全的精确性是不可能达到的，不可能把握绝对的真理；存在一定程度的或然性，而且，这种或然性与哲学家的直觉紧密相关。笛卡儿强调理性主义，认为经验是靠不住的，而惠更斯则赋予经验和实验以重要的检验理论的作用，当用假定的原理论证了的东西与实验所产生的现象完全一致时，尤其是当这些现象大量存在时，他就认为假定的原理是成立的，否则，假定的原理就成为一个或然性的东西，就有可能是错误的。

胡克(1635—1703)发展了笛卡儿的观点，认为光是单个的、穿过媒质的脉冲。胡克把光类比为小石块投入水后在水面形成的环状波，明确提出光是一种振动。[①]惠更斯虽然并不完全赞同胡克的观点，但是胡克所提出的“光是一种脉冲”观点显然影响了他。

牛顿的看法与胡克不同，提出光的微粒说，即光是一种物质，由粒子组成，并以粒子的形式向外传播。对于光的传播，惠更斯公开反对牛顿把光的本性归因于光所具有的粒子性。他认为光的微粒说与观察到的现象相矛盾，光应该是一种运动。“光线可以交叉而不会互相干扰，而微粒流却无法避免互相干扰。此外，光从光源向四面八方传播出去；例如，如果太阳持续发射微粒以填充它所照亮的球体，那么太阳的物质会逐渐消散，其尺寸也会逐渐减小。因此，光不可能是微粒。由于光是一种机械现象，所以它必定是一种经由介质来传播的运动。”[②]“毫无疑问，光是某种物质的运动，因为如果考虑光的产生，我们注意到在地球上，光主要是由火和火焰引起的，

① 方在庆、黄佳：《从惠更斯到爱因斯坦：对光本性的不懈探索》，《科学》，2015年第3期，第30-34页。

② [美]理查德·韦斯特福尔：《近代科学的建构：机械论与力学》，张卜天译，北京：商务印书馆，2020年，第72页。

它们无疑包含着快速移动的微粒，因为它们能够熔解和熔化其他一些非常坚实的物体；或者如果考虑光的结果，我们看到，当光(比如被凹面镜)聚焦时，它能像火一样燃烧，也就是说能把物体的各个部分分开，这肯定暗示光是运动，至少在所有自然结果的原因都以机械论方式来构想的真正的哲学中是如此。我认为必须做到这一点，否则我们就不能指望理解物理学中的任何东西。”①

既然在惠更斯看来，牛顿的光的微粒说是错误的，光是一种运动，那么，光是一种什么样的运动呢？或者换句话说，光是如何传播的呢？在此，惠更斯继承并发展了笛卡儿的微粒说，进一步扬弃胡克的思想，将光与声音进行类比，认为光应该以另外的某种形式传播，以此创立并说明他的光的波动学说。

不仅如此，受到笛卡儿“光是一种以‘以太’为媒质的压力”的观念的影响，惠更斯对“以太”②与光的关系做了重新解释。他认为，“以太”是一种具有理想硬度的有弹性的微粒，光波的形成是由发光体振动着的微粒把脉冲传递给附近的以太微粒，然后以太微粒相互碰撞，产生振动，将接收到的脉冲传递给与其接触的其他粒子，由此将光脉冲一点一点地传播出去。他认为，每个以太微粒本身并不发生永久性的位移，但作为整体的以太媒质却能够同时向四面八方传播行进的脉冲。他指出，单独一个子波太弱小以致不可能被察觉出是光，但是，当许多子波合在一起互相加强时，其运动就足以形成光波。惠更斯把子波相互加强的地方称为波前，他指出从一亮点扩散开来的波前呈球形，亮点是球的中心。“在一已知波前上的所有的点，都可以看作产生次级球面波的子波源，它们仍以在该媒质中的波速向前传播，其包络形成新的波前。”③这就是“惠更斯原理”，见图 10.2。

根据图 10.2 可知，*ACE* 是一束光，从 *A* 点发出的波前上的诸多 *b* 点和 *d* 点分别构成了一个新的次波波源，新的波前 *DCF* 由所有这些次波波前共同构成。假定 *A* 是一个点光源，*BG* 是暗屏 *HI* 上的一个开口，则以 *ACB* 内各个点为中心(即次波波源)传播开来的球面波，会产生一个以 *A* 为中心的包络波前 *CE*。球形波面上的每一点(面源)都是一个次级球面波的子波源，子波的波速与频率等于初级波的波速和频率，此后每一时刻的子波波面的包络就是该时刻总的波动的波面，结果是光是一种波动，在介质中以球面波的形式直线传播，介质中任一处的波动状态是由各处的波动决定的。

---

① [美]理查德·韦斯特福尔：《近代科学的建构：机械论与力学》，张卜天译，北京：商务印书馆，2020 年，第 72 页。

② 惠更斯认为，自然界的事物由不同层级的粒子构成，同级粒子的形状和质量大致相等：第一级粒子构成物体或空气，粒子之间有空隙，运动速度很慢；第二级粒子形成以太，它充满空间，作为物体之间所有作用力的中介；第三级粒子是磁现象的载体；第四级粒子是充满地球周围的极细微的流体媒介，它绕地球做快速运动，可以毫不费力地穿过物质的孔隙，它是重力产生的原因。

③ 梁昌洪：《广义惠更斯原理》，《电子学报》，2008 年第 12 期，第 2439-2444 页。

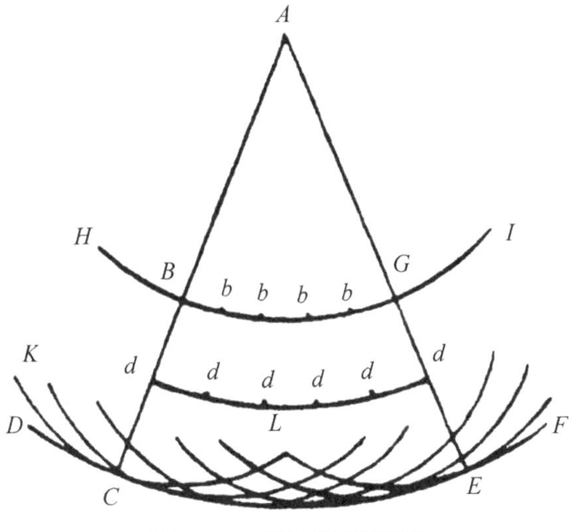

图 10.2　惠更斯原理①

“惠更斯原理”的作用重大。在“惠更斯原理”的基础上，光学家们不仅推导出了光的直线传播定律、光反射定律和光折射定律，还解释了光的干涉和晶体的双折射现象。“惠更斯原理”最精彩的运用是对冰洲石双折射现象的解释。惠更斯设想在晶体中有寻常光和非寻常光两种光线，它们遵循不同的传播规律，寻常光在任何方向传播的波速相同，而非寻常光在某个方向(晶体对称轴方向)上的传播速度与另外方向上的传播速度不同，从而使得寻常光的光波波前是球面，而非寻常光的波前是椭球面。经过计算，他完美地解释了冰洲石双折射现象，并预言了光线在非天然面上的折射性质。之后，这一预言得到了实验的证实，表明惠更斯理论的解释是正确的，也使得《光论》成为惠更斯一生最杰出的著作。

从上面的论述可以看出，惠更斯之所以提出光的波动说，与他综合运用微粒说与数学紧密相关。在机械自然观的统治下，他重新解释了“以太”与光的关系。而且，惠更斯在《光论》中还将笛卡儿的以太漩涡说扩展为球面以太漩涡说，提出了著名的惠更斯原理，通过对光本性的解释进一步表明了他的机械自然观。同时惠更斯认为：“真正的哲学把一切自然现象的原因都看成力学原因。我认为，正是应该这样。不然，你就根本别希望理解任何物理现象。”②不仅如此，惠更斯始终将“亚历山大里亚加的”数学思想应用于他的光学研究中。惠更斯认为，弗朗西斯·培根是存在欠缺的，因为他只懂实验而不懂数学，从而也就不懂数学对于物理学研究的重要性，只有伽利略同时具有这两种能力，能够将数学与实验结合起来，依靠测量

① [荷]惠更斯：《光论》，蔡勖译，北京：北京大学出版社，2007 年，第 14 页图 6。

② 转引自俞成：《经典物理巨匠——惠更斯》，《中学物理教学参考》，1995 年第 12 期，第 44-46 页。

和推理来创立构建理论，这一点是他成功的关键。[①]这也决定了“惠更斯作为一名数学家，并不是一个抽象理论和方法的人，他倾向于使用这些理论和方法来解决问题，最好是物理问题。”[②]“惠更斯的数学在更现代的意义上被应用到真实的物体上，而不是抽象的谜题。”[③]“惠更斯更相信严谨的数学推理的力量和丰富的想象力，而不是普通工匠纯粹的经验主义。”[④]由此，他将几何学应用于现实的事物“光”中，完成了他的《光论》。

惠更斯光的波动学说具有重要意义。“惠更斯一直以来被称作伽利略的真正继承者、完美的笛卡儿主义者，也是一个巧妙地在弗朗西斯·培根经验主义与笛卡儿理性主义之间采取折中策略的人。”[⑤]“在反射和折射光线的有限范围内，惠更斯发现了物理光学的一部分，其中数学有效地整合了光的性质及其观察到的行为。开普勒已经意识到，对光线的数学描述也应该反映它的物理性质，但是并没能成功地从它的‘原因’(cause)中推导出折射的‘量度’(measure)。笛卡儿曾明确阐述过光的机械性质，但由于他是在物质本体论而不是其运动中寻求数学方法，因而未能成功地将他的图景(picture)进行数学化。牛顿可以将光粒子的运动数学化，但是这却无法与他通过实验建立起来的有色射线特性的数学理论自洽。与惠更斯相平行的是，牛顿研究了物理光学的其他部分，其中，实验被用作探索新的光现象和建立其数学性质的启发式工具。通过这种方式，他将光学的数学科学扩展到了颜色的特性上。惠更斯则将其扩展到光学定律的机械论原因。通过将伽利略的运动科学应用于以太微粒(ethereal particles)的运动，惠更斯创造了十七世纪最完整的数学的物理学形式。”[⑥]

当然，惠更斯原理还是比较粗糙的：第一，整个波动理论存在的基础是宇宙中充满了“以太”，而且“以太”能渗入物体内部，且随着物体的不同而有所改变，对于具有如此弹性的“以太”介质，是难以想象的；第二，在当时的实验条件下，对波的展现及其理解存在困难；第三，波的假设并不涉及波的波长、振幅、相位、周期等特性，还不能解释细微得多的光的衍射现象；第四，明暗相间条纹

① Elzinga A. Huygens' theory of research and descartes' theory of knowledge I. Journal for General Philosophy of Science, 1971, 2(2): 174-194.

② Bos. Huygens and mathematics//Dijksterhuis F J. Lenses and Waves: Christiaan Huygens and the Mathematical Science of Optics in the Seventeenth Century. Dordrecht: Kluwer Academic Publishers, 2004: 257.

③ Dijksterhuis F J. Lenses and Waves: Christiaan Huygens and the Mathematical Science of Optics in the Seventeenth Century. Dordrecht: Kluwer Academic Publishers, 2004: 257.

④ Dijksterhuis F J. Lenses and Waves: Christiaan Huygens and the Mathematical Science of Optics in the Seventeenth Century. Dordrecht: Kluwer Academic Publishers, 2004: 259.

⑤ Dijksterhuis F J. Lenses and Waves: Christiaan Huygens and the Mathematical Science of Optics in the Seventeenth Century. Dordrecht: Kluwer Academic Publishers, 2004: 9.

⑥ Dijksterhuis F J. Lenses and Waves:Christiaan Huygens and the Mathematical Science of Optics in the Seventeenth Century. Dordrecht: Kluwer Academic Publishers, 2004: 260-261.

的出现，也表明各点的振幅大小不等，对此惠更斯原理就更无能为力了；第五，由惠更斯原理还会推导出空间上的每一个点都可以视为新的波源并向四周发出波，由此会出现与波整体传播方向相反的波——倒退波，但是，在实际的观测中并没有发现倒退波，因此这一推导显然是错误的。

但是，惠更斯原理的次波假设在当时的时代背景下是先进的，体现了当时人类对光学现象的一个近似认识，奠定了近代光学的波动理论的基础。后来菲涅耳对惠更斯光学理论做了发展和补充，创立了“惠更斯-菲涅耳原理”——面上的任意一点都可以看作是新的振动中心，它们发出球面次波，这些次波是相干的，它们在空间某一点的相干叠加决定了该点的振动。这一原理“可以解释和描述光的干涉现象和光束通过各种形状的障碍物时所产生的衍射现象。在现代波动光学中，菲涅耳把相位和振幅考虑在内，使这一原理更加完善，能解释许多光学现象及波动现象，它对光的折射、干涉和衍射现象的解释，广泛出现在各种光学教材中”[①]。

(三)惠更斯与牛顿光学思想的异同

由上面的论述可见，笛卡儿首先提出了光有微粒性和连续性(连续的压力)，胡克改进了笛卡儿关于光的“连续压力”的说法并提出“光是脉冲”(光波的概念开始发展)，而后惠更斯继承了光的波动性并抛弃微粒性，牛顿则继承了光的微粒性并抛弃光的波动性。

比较惠更斯和牛顿的光学思想，两者有共同点：他们都信奉 17 世纪后期兴起的粒子论，只不过，惠更斯认为光是通过匀质的、均匀的弹性粒子以太来传播的一种脉冲或波动，而牛顿认为光由粒子组成，以粒子的形式向外传播。两者都是粒子哲学的产物，都是受当时流行的机械论观点影响的结果。

这表明惠更斯和牛顿的光学思想之间有共同的思想基础。但是，这两者之间也是有所不同的。

首先，惠更斯在笛卡儿“假想的物理学”的基础上建立了演绎的物理学。他认为要建立完备的物理学体系，所有自然现象都要运用机械运动分析，然后再建立理论；而牛顿则在建立科学理论和科学原则中不构造假说，直接在现象的基础上建立科学理论，例如在处理颜色实验的时候就是利用这种方法，在处理“力”的概念的时候也强调了这一点。牛顿把吸引力概念当成了《自然哲学之数学原理》的核心概念。然而，机械论哲学明确排除任何类型的超距作用。牛顿如何来调和这种明显的矛盾呢？牛顿在《自然哲学之数学原理》中声称，力只不过是描述物体如何偏离惯性运动的数学表达。在附加于《自然哲学之数学原理》后来版本的“总释”中的一段著名的话中，牛顿写道：“迄今为止我们已经用重力解释了天体及海洋的种种现

---

① 徐林燕：《牛顿与惠更斯光学思想的比较研究》，广西民族大学硕士学位论文，2013 年，第 27 页。

象，但还没有把这种力量归于什么原因。……我还没有能力从现象中导出重力的那些属性的原因，我也不杜撰假说。因为凡不是从现象中推导出来的任何说法都应被称为假说；而假说，无论是形而上学的还是物理学的，是关于隐秘性质的还是力学的，在实验哲学中都没有位置。……对我们来说，知道重力确实存在，并且按照我们已经说明的那些规律起作用，还可以用它来广泛解释天体和海洋的一切运动，这就足够了。”①②

其次，牛顿反对笛卡儿主义哲学的假说，目的是为寻求更大的真实性，而惠更斯则是为寻求更大的可能性。惠更斯建立在笛卡儿自然哲学基础上的光学理论，依赖的基础是无从论证的假设性的物质——以太，从现象归纳演绎出的科学理论都只是在可能的范畴内，而牛顿的工作大多是对实际现象的描述，或者是描述性实验，所建立的科学理论都是从实验中归纳演绎得到的，是确定性的，不存在不确定的基础条件。

最后，惠更斯建立的是光的波动理论，其赖以成立的前提是宇宙中有以太的存在。而牛顿所提出的则是契合(fit)原理，发展了光的微粒说，牛顿不赞成波动说的理由是光的波动说不能很好地解释光的直线传播这一事实，同时，也不能解释光的偏振现象。③“在牛顿《光学》第二编中牛顿环的发现使牛顿触到了光的周期性的门槛，为后人完善对光本性的认识打下了基础；虽然惠更斯可能看过牛顿写的这部分光学实验，但可能由于他对这方面知识不熟，而且，他所认识的光波是某种类似于声波的纵波(疏密波)，因而在光的波动说的建立时对波相位和周期没有涉及，只建立了初级的光的波动理论。”④也许因为持波动说观点的科学家们将光波看作一种纵波，无法解释当时发现的光的偏振现象，再加上牛顿的巨大威望，所以，惠更斯的波动说在与牛顿的光的微粒说的竞争中渐居下风。直到 19 世纪初托马斯·杨(Thomas Young，1773—1829)的“双缝干涉实验”的实施，这种状况才得以改变。

---

① Isaac Newton, The Principia, trans. I. Bernard Cohen and Anne Whitman, assisted by Julia Budrnz(Berkeley and Los Angeles: University of Canifornia Press), P.943.

② 玛格丽特·J. 奥斯勒认为，牛顿的这一声明并非完全坦诚，因为他已经提出了神学的、形而上学的和物理的等各种假说来解释引力吸引和他在整个自然界中观察到的其他吸引和排斥。然而，牛顿说他还没有能力发现重力或其他吸引的原因，这暗示寻求这样一种原因是合理的。那样一来，重力并不像广延、不可入性和硬度那样是物体的一种第一性质。(具体内容参见[美]玛格丽特·J. 奥斯勒：《重构世界：从中世纪到近代早期欧洲的自然、上帝和人类认识》，张卜天译，长沙：湖南科学技术出版社，2012 年，第 182-183 页。)

③ 徐林燕：《牛顿与惠更斯光学思想的比较研究》，广西民族大学硕士学位论文，2013 年，第 39 页。

④ 徐林燕：《牛顿与惠更斯光学思想的比较研究》，广西民族大学硕士学位论文，2013 年，第 39-40 页。

二、波义耳：将机械论的微粒说与实验相结合[①]

波义耳(1627—1691)出生于英国贵族家庭，学过医学，之后研究化学，成为著名的化学家。“他坚定地拥护一种机械论哲学版本(‘机械论哲学’一词实际上是波义耳创造的[②])，即他所谓的微粒论[③]。”[④]他也“喜欢自称为一个培根主义的经验论者”[⑤]，“他曾在自己著作的前言中多次声称，他曾经强忍着不去阅读笛卡儿和伽桑狄的著作，以免受到他们体系的诱惑”[⑥]。在波义耳看来，“只有化学才能为机械论自然哲学提供一种建立在实验基础上的物质理论”。[⑦]波义耳将机械论的“微粒说”与“实验”结合起来了吗？他为什么要将机械论的“微粒说”与“实验”相结合？他为什么不将“元素说”与“实验”相结合？他如何将机械论的“微粒说”与“实验”相结合？他将机械论的“微粒说”与“实验”相结合有何意义？

(一)波义耳将机械论的“微粒说”与“实验”结合起来了吗？

R. A. 霍尔(R. A. Hall)和 M. B. 霍尔(M. B. Hall)[⑧]对波义耳的硝石(硝酸钾)“重

---

① 以下部分内容主要来自肖显静：《波义耳将“微粒说”与“实验”相结合的自然哲学分析》，《山东科技大学学报(社会科学版)》，2020 年第 6 期，第 1-12 页。

② 对于波义耳之于机械论哲学(mechanical philosophy)一词的创立和使用，学界有不同的观点。彼得·安斯蒂(Peter Anstey)认为“机械论哲学”一词是由亨利·摩尔(Henry More，1614—1687)在笛卡儿哲学的背景下首先引入的。(参见 Anstey P. The Philosophy of Robert Boyle. London: Routledge, 2000: 153-154.)不过，是波义耳对这一概念作了深入细致的阐述，一定程度上使这个术语成为更为广泛的概念。

③ 考察科学史家对波义耳机械论哲学方面的研究，所用的词语也很多，除了机械论哲学之外，还有微粒哲学和微粒说。他们一般没有将此加以区分，而在同样的意义上加以使用。此外，考察波义耳本人对这两个词语的使用，也是不加区分的。鉴此，在本书的撰写和叙述过程中，为了尊重所引文献作者各自的用法，所用词语若无特别说明，可将它们在相同的意义上加以理解。而且，也为了本书研究需要，一般情况下用“微粒说”表示之。

④ [美]玛格丽特·J.奥斯勒：《重构世界：从中世纪到近代早期欧洲的自然、上帝和人类认识》，张卜天译，长沙：湖南科学技术出版社，2012 年，第 146 页。

⑤ [美]理查德·韦斯特福尔：《近代科学的建构：机械论与力学》，张卜天译，北京：商务印书馆，2020 年，第 88 页。

⑥ [美]理查德·韦斯特福尔：《近代科学的建构：机械论与力学》，张卜天译，北京：商务印书馆，2020 年，第 88 页。

⑦ [美]理查德·韦斯特福尔：《近代科学的建构：机械论与力学》，张卜天译，北京：商务印书馆，2020 年，第 89 页。

⑧ 此处的 M. B. 霍尔(M. B. Hall，1919—2009)，即后面的博厄斯(Marie Boas)，博厄斯(Marie Boas)1959 年及以前以玛丽·博厄斯写作，1959 年与 R.A. 霍尔(R.A. Hall)成为夫妻后改名为 M. B. 霍尔(M. B. Hall)，并且以 M. B. 霍尔之名写作。

整化(复原)实验”(the redintegration experiment)展开研究，认为波义耳的实验与他的机械论解释之间关系紧密。[①]

M. B. 霍尔认为，波义耳的机械论哲学建立在实验的基础上，是一个完整的和发展良好的理论，既是理性的，也是经验的，足以解释所有物质的性质；波义耳的科学成就和他的机械论哲学之间，存在着一种亲密而富有成效的关系。[②]

安德鲁·派尔(Andrew Pyle)赞同上述观点，认为波义耳在气动学方面的工作给予机械论的解释以力量，照亮了化学学科的发展之路，是机械论哲学的又一次胜利。[③]

克莱里库齐奥(A. Clericuzio)对 R. A. 霍尔和 M. B. 霍尔的上述观点展开了批判，认为在脱硝基过程中，波义耳根据微粒的化学属性说明了硝酸钾的“复原”，而没有做出从机械论的原则推演的任何努力；波义耳和斯宾诺莎之间的争论事实上是一位严格的化学家与一位严格的机械论哲学家之间的争论。[④]

查尔默斯(Alan Chalmers)认为 M. B. 霍尔和安德鲁·派尔的观点失之偏颇。他指出，尽管波义耳忠于机械论哲学，但是，在波义耳的机械论哲学和他的科学之间的连接远非亲密的和富有成效的，波义耳科学上的成功是独立于他的机械论的微粒说的；当波义耳出于压力要为自己的观点辩护时，就转向实验结果而不是机械论哲学。结果是，波义耳科学上的成功并没有为他的机械论哲学提供经验上的支持。[⑤]

萨金特(R. M. Sargent)对上述问题进行了深入细致的研究，结论是：波义耳坚持实验与思辨哲学(运动微粒的自然哲学)的相互作用和制约，从实验和思辨哲学相互作用的角度，曾经做过两次阐释，每次分别列出七点，简明扼要地概括了他的这种观点：一是实验对思辨哲学的用处，包括：补充和纠正我们的感官；提出一般的和特殊的假说；对解释进行说明；化解疑问；确证真理；反驳谬误；提供启发性的线索给相关研究和实验。二是思辨哲学对实验的用处，包括：设计全部或主要依赖于原理、概念和推理的哲学实验；设计工具(无论是力学的还是其他的)研究和试验；改变或改进已知的实验；帮助估计什么在物理上是可能的和可行的；预测一些尚未尝试的实验的结果；确定可疑的、看起来并不明确的实验的界限和原因；精确地确定实验的条

① Hall R A, Hall M B. Philosophy and natural philosophy: Boyle and Spinoza//Braudel F (ed.). Mélanges Alexandre Koyré Ⅱ: L'aventure de l'esprit. 1964: 241-256.

② Hall M B. Robert Boyle on Natural Philosophy: An Essay with Selections from His Writings. Bloomington, London: Indiana University Press, 1966: 57.

③ Pyle A. Atomism and its critics: problem areas associated with the development of the atomic theory of matter from democritus to Newton. Ph.D. Thesis, University of Bristol, 1982: 609.

④ Clericuzio A. A redefinition of Boyle's chemistry and corpuscular philosophy. Annals of Science, 1990, 47: 561-589.

⑤ Chalmers A. The lack of excellency of Boyle's mechanical philosophy. Studies in History and Philosophy of Science Part A, 1993, 24(4): 541-564.

件和关系，如重量、尺寸和持续时间等。[①]

萨金特的工作似乎没有受到更多人的关注，倒是查尔默斯的“波义耳之实验与微粒说之间没有互助关系”的观点，受到了安斯蒂(Anstey P R)和安德鲁·派尔两位学者的质疑。安斯蒂认为，波义耳实验研究不是为了把某一现象或性质还原为微粒的具体结构而寻求经验证据，他关心的是用微粒的或机械的属性对实验现象或性质做出与经验相符合的“理智解释”。机械论哲学有其自身的“启发性的结构”(heuristic structure)，这驱动并主导着波义耳的实验程序(experimental programme)，波义耳的大多数(即使不是全部)实验工作都被认为与机械论哲学相关联。波义耳能够通过两方面的假定——一是假定所有的性质最终都能够归结为一组选择的机械的性质，二是假定所有自然现象的解释都能够根据机械的操作以及仅仅诉诸那些熟悉的性质，去确定任何现象的可能解释范围。……因此，波义耳的实验并非有自己的生命，而是根据机械论哲学被清楚地指导和理解。他对托里拆利实验等的考察和解释，都表明了这一点。[②]

安德鲁·派尔与萨金特的观点有所不同。他指出，波义耳的机械论哲学与科学成就之间是相互支持的。波义耳在气动学和化学方面的科学成就取决于他的机械论哲学，而且为他的机械论哲学提供支持。作为机械论原则与实验现象解释之间“中间假说”(“中间原因”)的“微粒假说”，在实验研究中具有独特的方法论作用：“微粒结构”作为现象的“次级原因”(subordinate causes)，用于实验现象的经验解释，类似于培根对经验现象原因的所谓“倒序说明”(自然历史方法)，有助于对“根本原因”进行经验研究。[③]例如，“空气泵实验”虽然没有明确给出“空气弹性”的微粒机制，但是，基于“空气机械弹性”假说，能够经验性地解释空气的重量、压力和真空等现象。

在同一年(2002年)同一期刊上，查尔默斯对上述两位学者的质疑给予了回应。他认为，“机械”有两种含义——机械论哲学家意义上的严格的“机械”和常识意义上的“机械”，波义耳的实验科学是通过机械类比而富有成效地获得信息的，其中“机械”的含义与机械论哲学意义上的严格的“机械”含义毫无关系，而与常识意义上的“机械”含义相符。安斯蒂和安德鲁·派尔以常识意义上的“机械”的含义对此

---

① 转引自[荷]H. 弗洛里斯·科恩：《世界的重新创造：近代科学是如何产生的》，张卜天译，长沙：湖南科学技术出版社，2012年，第181-182页。原文出自 Sargent R M. The Diffident Naturalist, Robert Boyle and the Philosophy of Experiment. Chicago: University of Chicago Press, 1995: 164.

② Anstey P R. Robert Boyle and the heuristic value of mechanism. Studies in History and Philosophy of Science Part A, 2002, 33(1): 157-170.

③ Pyle A. Boyle on science and the mechanical philosophy: a reply to Chalmers. Studies in History and Philosophy of Science Part A, 2002, 33(1): 171-186.

加以质疑是不恰当的。[①]

2009年，查尔默斯对他原先的观点做了进一步的论述。他认为，在波义耳的实验科学中所涉及的“中间因素”，如空气的重力和弹力，从经验上说是可得到的，而终极机械微粒则不能。正因如此，波义耳的实验科学并没有得益于其机械论哲学的指导，而他的科学实验的成功也没有为其机械论哲学提供重要的支撑。与亚里士多德主义的自然学说一样，“机械论微粒说”是形而上学的，并不具有波义耳所谓的“更理智、更明晰”的优势。他甚至说，波义耳的实验科学成就与其说得到了机械论的帮助，不如说经受住了机械论的干扰。机械论与实验科学无关，甚至有害于科学。[②]

H. 弗洛里斯·科恩对上述问题进行了思考，认为波义耳的微粒说与实验之间有一种相互限制的关联：“这种关联使得此前作为普遍教条的微粒思想变成了假说和其他辅助手段的来源。”[③]

从上述争论可以看出，关于波义耳机械论哲学或微粒说与实验之间的关系，概括起来有三种：一是“无助论”，以查尔默斯为代表；二是“单向有助论”，以克莱里库齐奥为代表；三是“双向有助论”，以霍尔等为代表。谁是谁非，需要我们深入分析。最终得到的结论是：波义耳将机械论的“微粒说”与“实验”结合了起来，“双向有助论”似乎是合理的。

（二）波义耳为什么要将机械论的“微粒说”与“实验”相结合？

1. 出于上帝的旨意，通过“微粒说”与“实验”认识自然

波义耳认为，上帝不仅是物理世界的创造者，而且还是管理者，从而使得这个世界像一架机器那样运转。波义耳也想把“自然”一词从古代和中世纪的讨论和那些模糊不定的用法中解救出来，通过新的二元论来定义它——自然既非实体的聚集，亦非不可预见之力的神秘施予者，而是一个机械定律系统，当它被构造的时候，它被看作一个本原，由于这个本原，物体按照造物主规定的运动定律活动和变化。……他将用宇宙机制（cosmical mechanism）来表达他所说的整个自然，它包含伟大宇宙体系所属物质的所有机械属性（形状、大小、运动等）。[④]波义耳认为，世界的本原是由

---

① Chalmers A. Experiment versus mechanical philosophy in the work of Robert Boyle: a reply to Anstey and Pyle. Studies in History and Philosophy of Science Part A, 2002, 33(1): 187-193.

② Chalmers A. The Scientist's Atom and the Philosopher's Stone: How Science Succeeded and Philosophy Failed to Gain Knowledge of Atoms. Dordrecht: Springer, 2009: 97-122.

③ [荷]H. 弗洛里斯·科恩：《世界的重新创造：近代科学是如何产生的》，张卜天译，长沙：湖南科学技术出版社，2012年，第182页。

④ [美]埃德温·阿瑟·伯特：《近代物理科学的形而上学基础》，张卜天译，北京：商务印书馆，2018年，第174页。原文出自：The Works of the Honourable Robert Boyle, Birch edition, 6 Vols, London, Vol.Ⅴ, 1672: 177.

微粒构成的，粒子有大小和形状，本身没有运动能力，是上帝在造物之时将它们置于运动之中；上帝凭借其意志直接作用于微粒之上，并且直接赋予微粒以能力以及相互作用，使得宇宙成为一台设计精良的“钟表”。[①②]由此，微粒说就与宗教神学的上帝旨意相符合。

对于这个机械般的世界，波义耳指出，人类有责任去认识它，这也是上帝赋予人类的使命。波义耳认为：基督教福音书实际上包含和展现了人的赎罪的全部秘密，为了灵魂的得救，我们有必要认识它。微粒哲学或机械论哲学力图从惰性的物质和位置运动中推导出一切自然现象。但是，不管是基督教的基本教义，还是关于物质和运动的能力和效果的学说，它们至多只是……由上帝的产物构成的巨大的宇宙体系中的一个轮子……似乎都只是这个普遍假说的成员。这个假说的对象，他认为就是上帝的本质、目的和作品，它们是可以由我们在生活中来发现的。[③]这段话事实上是说：以微粒说来认识这个机械般的世界，这是人类的责任，也是灵魂得救的途径；上帝创造人类并且赋予人类相应的责任以认识上帝创造世界的伟大，从而体现上帝的全知全能。

问题是：如何认识微粒并且提出微粒说呢？对于波义耳来说，人类不能先验地获得微粒说的确定了的认识，以迅速明了地理解上帝的全知全能，要做到这一点，还需要我们对世界的经验如实验加以佐证。关于这点，波义耳说道：“对于这类作品[完整的躯体或生理系统]，如果其作者(就大部分而言)是敏锐而好奇的人，那么他们或许大有用处，而不是用似是而非的解释来完成他们的智慧。因为一方面，他们的作者，要想使他们的新观点好起来，要么必须带来新的实验和观察，要么就必须考虑以新的方式考虑那些已知的东西，从而使我们注意到他们以前没有注意到的东西，而另一方面，不管读者是否喜欢所提出的假设，他都不会因为好奇心而兴奋地去尝试一些事情，这些事情似乎是他的新学说的结果，可能会因为它们被证明是成立或反对的实验而建立或推翻它。”[④]如此，实验方法对于认识自然就是非常重要的了。“在方法论上，波义耳以下述方式赋予实验以崇高的地位：自然哲学家通过实验与观察来阅读自然之书，由此了解上帝深置于自然过程中的确凿信息——上帝的暗示；而在一时找不到明确的上帝启示及暗示之处(实际上，前沿的科学探索之

---

① Boyle R. The Works. Vol.3. Birch T (ed.). Georg Olms Hildesheim Reprinted in Germany, 1965: 15-31.

② 袁江洋：《探索自然与颂扬上帝——波义耳的自然哲学与自然神学思想》，《自然辩证法通讯》，1991 年第 6 期，第 40 页。

③ [美]埃德温•阿瑟•伯特：《近代物理科学的形而上学基础》，张卜天译，北京：商务印书馆，2018 年，第 193 页。原文出自：The Works of the Honourable Robert Boyle, Birch edition, 6 Vols, London, Vol.Ⅳ, 1672: 19.

④ Boyle R. The Works of Robert Boyle. Vol. 8. Hunter M, Davis E B (eds.). London: Pickering and Chatto, 2000: 12.

处大都缺乏这类启示与暗示)，则要‘用理智来衡度真理’，并用实验来校准人类易谬的理智。”[①]这就从“神学意义上确立实验在自然哲学中的地位，并将其自然哲学又称为‘实验哲学’”[②]。“对波义耳来说，就像对培根一样，实验科学本身就是一项宗教的工作。”[③]

通过微粒说认识世界是重要的。波义耳在《机械假说的卓越性》(*Excellency of the Mechanical Hypothesis*)的结尾明确地说道：“[T]智慧且勤勉的现代博物学家和数学家们，愉快地把它们(机械原理和解释)应用在一些曾被认为具有神秘性质的困难领域上(流体静力学、光学的实用部分、射击学等)。极为可能的是，当这一哲学被更深入地研究和进一步完善后，它将被发现可用于解决更多的自然现象。因此，如果机械论哲学继续以近年来的发展速度来阐释物质，那么毋庸置疑，公正无偏见的人们，总有一天会认为这种方法很有价值，因为它既符合自然规律，又能适用于许多自然现象。”[④]

2.“第二凝结物”由“第一凝结物”形成，与化学实验过程有着更加紧密的关联

波义耳机械论的微粒说思想主要体现在两本书中：一本是创作于17世纪50年代晚期，出版于1666年的《根据微粒哲学的形式与性质的起源》(*The Origin of Forms and Qualities According to the Corpuscular Philosophy*)；另外一本是出版于1674年的《关于机械假说的优点和依据》(*About the Excellency and Grounds of the Mechanical Hypothesis*)。

根据波义耳机械自然观，这个世界是由十分微小的微粒组成的，当微粒与物体结合或分离时，因为要与物体中的孔洞(pores)相适应，其大小和形状也会发生变化。如果其中微粒的运动和结构产生变动，物体会发生变化而获得新性质。可感的物体是由许多不可感的微粒结合而成的，微粒的摆置方式和顺序使物体产生一定的排列和配置，构成物体的特殊织构(texture)，规定着物体的性质，使得物体呈现出颜色、气味、味道等可感性质。物体及性质的产生、毁灭和变化均是微粒结构的变化。化学反应仅仅是粒子的重组，并且所有化学性质都取决于运动中的物质粒子。[⑤⑥]

对于波义耳来说，构成世界的微粒有大小、形状和运动(或静止)的机械属性，

---

① [英]波义耳：《怀疑的化学家》，袁江洋译，北京：北京大学出版社，2007年，第8页。

② 袁江洋：《论玻意耳-牛顿思想体系及其信仰之矢》，《自然辩证法通讯》，1995年第1期，第44页。

③ [美]埃德温·阿瑟·伯特：《近代物理科学的形而上学基础》，张卜天译，北京：商务印书馆，2018年，第191-192页。

④ 转引自 Boyle R. The Works of Robert Boyle. Vol. 8. Hunter M, Davis E B (eds.). London: Pickering and Chatto, 2000: 114.

⑤ Boyle R. The Works. Vol.3. Birch T (ed.). Georg Olms Hildesheim Reprinted in Germany, 1965: 15-31.

⑥ 袁江洋：《探索自然与颂扬上帝——波义耳的自然哲学与自然神学思想》，《自然辩证法通讯》，1991年第6期，第40页。

微小而不可感知。那些理论上可分而用自然的方法几乎不可分的微粒，被称为“自然的最小量”(natural minima)或“自然始基”(prima naturalia)。物质世界的所有现象都可以而且应该根据以“最初属性”(primary affections)为特性的“自然的最小量”的微粒的排列和运动来解释、追溯或简化，这些不可见微粒的排列和运动被称为“织构”，它们对物体的可观察属性负责。

进一步地，作为“自然的最小量”的微粒并非静止不动，它们可以紧密凝结从而形成相对稳定的“星团”(clusters)。这些“星团”是“第一凝结物”(prima mixta)，也是基本的物质(fundamental matter)，具有严格的机械论属性，对应于基本的微粒(fundamental corpuscles)。它们仍然不能被感知并且不能用自然的办法分开，但是，它们具有独特的且不变的形状与大小，具有不可穿透性(impenetrability characteristic)和“最初属性”，能够运动。

“第一凝结物”以其大小、形状、运动以及“最初属性”造就事物，形成“第二凝结物”。对于波义耳来说，事物的性质是由“第一凝结物”、其他各级“微粒”的结构，以及由逐级凝结形成的物体的整体微粒结构(其中包括物体内部的孔隙)决定的，即由各级微粒特定的机械属性和结构决定的。

“第二凝结物”与“第一凝结物”是不同的。“物质是由许多均匀的小微粒组成的，这些小微粒结合在一起形成更大的微粒，这些大微粒则构成了化学所处理的物质和物体。我们在物体中观察到的所有差异都必定来自于次级凝结物(即构成物体的有效微粒)在形状和运动上的差异。”[①]这就是说，在化学变化或实验过程中，“第一凝结物”相对于“第二凝结物”更加稳定，也更加根本，与实验现象或者事物的性质没有直接的关联，而“第二凝结物”则与实验现象或事物的性质有直接的关联，因此，可以作为直接的原因用来解释和说明实验现象，而实验所得到的结果也更多、更紧密地与“第二凝结物”及其特征相关联。

3.“微粒说”需要实验的支持，实验给予日常意义的微粒说更多支持

波义耳是如何捍卫机械论哲学的呢？他希望对物质实在的终极本质，即表象背后的实质做出解释，即像古人一样，借鉴可观察世界的知识，抽象它的各个方面，并将其转化为基本原理。具体而言就是，他主张这些原则的可理解性，试图通过与可观察的宏观领域的类比，提出关于不可观察的微观领域的似乎合理的主张。这些主张援引了不可观测粒子的形状、大小和运动，必然超出了直接的可观察属性，从而使得关于这些不可观察粒子的论述并不必然合理。而且，将物体的性质从可观察的领域向不可观察领域扩展外推，由此得到的类比知识以及关于不可观察领域的知识也不是必然的，如对于自由落体定律，对轻的和重的物体来说，都是不变的，但

---

① [美]理查德·韦斯特福尔：《近代科学的建构：机械论与力学》，张卜天译，北京：商务印书馆，2020年，第89页。

是，不能说它就同样适用于波义耳的自然的最小量，因为此时它没有重量。

这就是说，通过宏观或微观类比所得出的各种各样的微粒说并不是完全确定的，需要进一步的实验为其辩护。在一篇名为《多种独特性质的机械起源或产生》（"Mechanical Origin or Production of Divers Particular Qualities"）的文章中，波义耳特别评论了事实与他的机械哲学之间的关系。在他看来，我们可以通过诉诸实验来支持"微粒学说"(corpuscular doctrine)，以至于提出可能的微粒机制来解释现象或使其与机械哲学相兼容。他反复声称，他在化学领域中颇受青睐的实验如硝石实验，就为他的微粒说提供了支持；他还早在《形式与性质的起源》(*Origin of Forms and Qualities*)一书中就明确指出："那些热爱真正学问的人，希望通过特定实验来重回新哲学的学说，而我已经尽力为他们提供了所需的经验。"[①]

对于实验给予机械论微粒说的支持，查尔默斯有不同的看法。如前所述，他认为机械论哲学分为两种：一种是严格意义上的精确的机械论哲学，它以微粒的大小、形状、运动以及"最初属性"来解释实验，与事物变化的根本原因或第一原则相对应；另外一种是日常意义上的朴素的机械论哲学，它与钟表、手表、标杆以及机器相对应，以其组织部分之间的相互作用来解释实验，与事物变化的中间原因或从属原理相对应。波义耳的实验所涉及的物质的性质更多地涉及的是诸如重力、弹力、材料的反射和折射属性等，而不是仅涉及"最初属性"，因此，这类实验就不能给予严格意义上的机械论哲学以充分的支持，而只能给予日常意义的相互的机械论哲学以支持。[②]

查尔默斯的主张有一定道理。斯宾诺莎与波义耳之间关于硝石(硝酸钾)"重整化(复原)"实验的争论说明了这一点。

事实上，这场争论并非直接在斯宾诺莎与波义耳之间展开，而是在斯宾诺莎和奥登伯格(Oldenburg)之间的通信中展开，只是，奥登伯格对波义耳观点的阐述是在与波义耳协商后提出的，代表了波义耳的观点。在这些实验中，波义耳将炽热的木炭混入硝石，将其转化为"固定硝酸盐"(碳酸钾)，然后再通过加入硝石精(硝酸)将其复原。斯宾诺莎批判波义耳并没有证实这一过程的真正机械原理，并试图弥补这一缺陷。他认为硝石和硝石精实际上是由同一种物质组成的，其区别在于构成硝石精的基础物质能够快速运动。波义耳拒绝去推测一个精确的机制，他声称已经证明了硝石可以在"固定硝酸盐"和硝石精中被分解和重新产生，并极力主张，诉诸实体的形式并不可行。(斯宾诺莎对后一点并不感兴趣，他已经把否定实体形式视

---

① Boyle R. The Works of Robert Boyle. Vol.8. Hunter M, Davis E B(eds.). London:Pickering and Chatto, 2000: 296.

② Chalmers A. The Scientist's Atom and the Philosopher's Stone: How Science Succeeded and Philosophy Failed to Gain Knowledge of Atoms. Dordrecht: Springer, 2009: 117.

为理所当然了。)[①]

除了上述原因外，波义耳将“微粒说”与“实验”结合起来的另外一个重要原因是，他怀疑他之前各种“元素说”之作为本原性的“元素”是否在所有的有关物体的实验中都得到验证。一旦进一步的实验结果是否定的，那么，就不能将原先的这些作为本原性的“元素”作为最终微粒，而必须以其他种类的微粒作为基本存在来说明各种实验现象，或以各种各样的实验来确证所提出的各种各样的微粒说。

(三)波义耳为什么不将“元素说”与“实验”相结合?

波义耳对各种本原性的“元素”之存在表示怀疑。对于其怀疑的理由，波义耳指出，“元素说”或者是实验上的(主要针对的是炼金术士、医药化学学派等)，或者是概念上的(主要针对的是亚里士多德主义者的学者)，或者是神学意义上的(主要针对的是神学观念)。“如要用短短的一句话来归结我所要谈的全部理由，那我只能这样告诉你，任何一个命题，无论它如何著名，如何重要，只要它尚未为毋庸置疑的证据证明为真，那么，从哲学上讲，我就有充足的理由去怀疑它。如同往常一样，如果我能揭示，人们用于说明元素存在的那些理由并不能令那些勤于思考的人们满意，那我就敢于认为我的怀疑是一种合理的怀疑。”[②]

1. 基于实验事实，“元素说”之本原性“元素”并非存在于所有物体中

基于来自古希腊的元素概念，即“元素是原始的、简单的或者完全不混合的物质”，17世纪下半叶的人们通过植物蒸馏，论证出了“四元素说”“三要素说”等是错误的。对于这种倾向，波义耳说道：“我从开始便一直抱有某种怀疑，亦即怀疑通常的那些要素可能并不像人们所相信的那样是一些普遍而广泛的要素，并不能从化学操作中一一得出，因此，对我来说，既要注意到种种为怀有偏见的人们所忽视的、看起来与炼金术学说不太协调的现象；又要设计出一些可能为我反对该学说提供依据的，且并不为许多现在仍然活着的、从事化学事业或许要比我更久、对于某些特殊过程可能要比我更有经验的人们所熟知的实验，倒算不得什么难事。”[③]基于这样的思想，波义耳结合相关实验，对“元素说”作了一番考察和评论。

波义耳说道：“首先，我认为，在何种程度以及何种意义上，才应当将火视为真正的且是万能的分析结合物的工具，这可能恰恰还是一个有待质疑的问题，而不论庸俗化学家们曾作过怎样的证明或训示。”[④]“其次，我发现，存在着某些结合物，

① Chalmers A. The Scientist’s Atom and the Philosopher’s Stone: How Science Succeeded and Philosophy Failed to Gain Knowledge of Atoms. Dordrecht: Springer, 2009: 109.

② [英]波义耳：《怀疑的化学家》，袁江洋译，北京：北京大学出版社，2007年，第189页。

③ [英]波义耳：《怀疑的化学家》，袁江洋译，北京：北京大学出版社，2007年，“对后一文的序文”，第11页。

④ [英]波义耳：《怀疑的化学家》，袁江洋译，北京：北京大学出版社，2007年，第29页。

看起来似乎以任何强度的火都可以从这些结合物中分离出盐或硫或汞，但这种可能却从来就不曾被实现过，更不用说要将所有这三要素一起分离出来。”[①]“下一项，我们着手考虑，仅只使用火，有些分析要么完全不能进行，要么不能很好地完成，而利用其他方法却能够完成。譬如将金和银融为一体后，让精制人员或金匠们利用火法分析来分离金银，这使他们倍感棘手，毫无疑问，他们只能勉勉强强地将它们分开。”[②]“我将要提出第四点理由以支持我的第一类思考，这就是，火即便有时能将某种物体分解成稠性各不相同的种种物质，但通常情况下并不能将其分成种种实体性的要素，而只是重组其成分形成种种新的结构，由此产生的种种凝结物，无疑有着新的性质，但仍然不外乎是复合物性质。”[③]“第五，上述实验促使我认为，很难证明，除了火以外，再也找不到其他任何物体或办法，能够将凝结物分解成数种匀质物质，而这些物质如同用火分离得到或产生的那些物质一样，无疑应称为是凝结物的元素或要素。”[④]

根据以上五点，波义耳事实上是说，除了将“火”作为手段之外，还可以运用其他手段达到分析结合物的目的。根据以往的经验，用“火”对结合物进行分析，还不能从所有物质中分离出本原性的“盐”，或本原性的“硫”，或本原性的“汞”，至于同时从同一物质中分离出这三种本原性的元素，就更未见。这说明，在很多时候用“火”分析结合物，并不能得到本原性的元素；而且，通过除“火”以外的其他方法，也不能得到这些元素。

在这样的基础上，波义耳最后得出结论：“须知，此后我还将会证明，化学家们通常称之为物体的盐、硫、汞的那些物质，并不像他们所想象的那样以及他们的假说所要求的那样是一些纯一的、元素性的物质。”[⑤]

这样的证明体现在波义耳的水培植物(如烟草、绿薄荷、南瓜等)、黄杨木的蒸馏实验中。通过这两个实验，波义耳得到与已有判断相矛盾的结论，并在此基础上，进一步怀疑并否定原有的元素理论和元素概念。[⑥]

第一个矛盾，与水培植物(如烟草、绿薄荷、南瓜等)的蒸馏实验有关。由此实验得到的馏出物是一些黏液、一些焦臭的精、少量的油以及某种波义耳认为可以转变为盐和土的残渣，而非范·赫尔蒙特认为的水。而且，对于其中的黏液馏出物，波义耳发现，它们之间存在很大的差异，并且它们都具有独特的味道，而非人们所说的淡而无味。

---

① [英]波义耳：《怀疑的化学家》，袁江洋译，北京：北京大学出版社，2007年，第32页。
② [英]波义耳：《怀疑的化学家》，袁江洋译，北京：北京大学出版社，2007年，第37页。
③ [英]波义耳：《怀疑的化学家》，袁江洋译，北京：北京大学出版社，2007年，第41页。
④ [英]波义耳：《怀疑的化学家》，袁江洋译，北京：北京大学出版社，2007年，第41页。
⑤ [英]波义耳：《怀疑的化学家》，袁江洋译，北京：北京大学出版社，2007年，第42页。
⑥ 冯晓华、王金凤：《植物蒸馏与波义耳的怀疑》，《山西科技》，2018年第4期，第46-48页。

第二个矛盾，与黄杨木的蒸馏实验有关。他通过实验发现，如果将气味强烈的酸味液体馏出物称作“盐”，那么这种盐是与已知的三大类盐(酸味的盐、含碱的盐和含硫的盐)不同的一种新盐。原因是，已知的三大类盐彼此之间都不能相安无事地共存，而黄杨木的这种盐却分别能与已知的三大类盐和睦共存且不发生异常现象。还有，黄杨木气味强烈的液体馏出物是酸的，而盐是咸的。如果称这种气味强烈的酸味液体馏出物为精，波义耳发现，这种精，除了有一种其他物质的精常有的强烈的、焦臭气味之外，还有一种酸味，他怀疑这种精不是由一种而是由两种不同的物质组成。于是，他进一步去分离这种精，得到了一种气味强烈，但一点也不酸的精，它与没有去掉酸味的精之间有很多不同的性质。波义耳还对多种树木进行蒸馏，他发现所得的精之间有很大的区别。不仅如此，波义耳还发现，葡萄在不同状态下蒸馏出的精也不同。

第三个矛盾，涉及对油的馏出物的判断。波义耳选用茴香子亲自做了蒸馏实验。他之所以选用茴香子，是因为对于不同温度的蒸馏，它产生的油物质之间的区别比其他植物更显著。通过该实验，波义耳揭示了得自同一种植物的各种油之间的明显不同的性质。

这就是说，根据波义耳的相关实验，并不能保证世界上的万事万物最终都有“四元素说”“三元素说”“五元素说”之各种各样的本原性的“元素”，传统“元素说”将世上万物的最终存在定于几种本原性的“元素”是错误的。

当然，对于这几种元素是否物质性地存在，波义耳并不否认，他否认的是把这些物质作为万事万物的本原性的“元素”。波义耳说道：“我想，你大概猜得出我这样争辩的意思，也想得到我总不至于可笑到如此地步，竟然会否认土、水、汞和硫这些物体的存在：我将土和水视为宇宙(或者毋宁说地球)的一些组成部分，而不是所有混合物的组成部分。而且，虽然我不会武断地否认有时可能会从某种矿物甚至是金属中得到某种流动的汞或可燃物，但我无需承认在这种情况下得到的流动的汞或可燃物即是上述意义上的元素。”①

2. 基于“‘凝结物’是多种多样的”思辨，“元素”也应该是多种多样的

波义耳说道：“就我当时所运用的那些元素概念而言，我想再次指出，如果我们姑且认为下述假定是合理的，这一假定就像我当时曾作过的假定一样，是说一种元素是由彼此完全相同的众多的微粒构成的，而这种微粒又是由质料的极其微小的

---

① 转引自[美]玛格丽特·J. 奥斯勒：《重构世界：从中世纪到近代早期欧洲的自然、上帝和人类认识》，张卜天译，长沙：湖南科学技术出版社，2012 年，第 146 页。原文出自 Boyle R. The Sceptical Chymist; or, Chymico-physical Doubts & Paradoxes, Touching the Spagyrist's Principles Commonly call'd Hypostatical, As They Are Wont to Be Propos'd and Defended by the Generality of Alchymists(1661), in The Works of Robert Boyle, ed. Michael Hunter and Edward B. Davis, 14 vols. (London:Pickering and Chatto, 1990), 2: 345.

粒子所构成的某种微小的第一凝结物组成的，那么，我们设想上述第一聚集体的种数可能远远不止三个或五个便绝无荒谬可言。因此，我们便无须假定，在我们所探讨的每一复合物中，都恰好能够找出三种如上所述的原始凝结物。”①

根据波义耳的上述话语，每一种元素都与同一种微粒凝结成的第一凝结物对应，第一凝结物多种多样，因此，元素也应该多种多样，有的结合物可能由两种元素组成，有的结合物可能由三种、四种、五种乃至更多的元素组成。“所以，按照这一见解，就不可能给一切类别的复合物的元素指定确定的种数，因为有些凝结物可能是由较少的元素组成的，还有些凝结物又可能是由较多的元素组成的。而且，按照这些原则，就的确可能存在着这样的两类结合物，其中一类可能并不含有组成另一类结合物的全部元素中的任何一种。”②

这就是说，组成万事万物最终的元素有多种，也可能完全不同。“由于元素可能不止五六种，而且一物体所具有的那些元素亦可能不同于另一物体所具有的那些元素，因此，某些再混合物的分解可能导致某些新种类的结合物的产生，因为一些以前并未聚集在一起的元素可能会发生结合。”③

综合上面的论述，波义耳似乎是说，原先认为存在于一切事物之中作为世界本原的那几种特定的“元素”并非存在于一切事物之中，存在于事物之中的，应该是多种多样的作为构成这些事物的微粒的“第一凝结物”的“元素”，这样的“元素”多种多样，可以作为每一种事物之根本。波义耳就说：“须知，正如一种语言的每一个单词无不是由数目相同的一组字母组成未见得就合乎语言的本性一样，说一切由元素组成的物体都是由数目相同的一组元素复合而成，也未见得合乎我们的这个正因为多姿多彩才显得完美无缺的大千世界的本色。”④

3. 从神学上看，造物主无须只用少数几种“元素”创造世界

波义耳说道：“人们想到元素的存在，可能出自这样的一些考虑，简单地划分一下，不外乎有两类。其一是说，造物主在构成那些被看做是结合物的物体时必须使用元素作为砌块。另一是说，结合物的分解表明造物主早已将元素复合成了结合物。”⑤

对于上述这两类考虑，波义耳认为都是存在欠缺的。“因为同一团质料无须通过与任何外部物体发生复合，起码它无须通过与元素发生复合，就可以被赋予形形色色的形式，从而可被(成功地)转变成许许多多的不同物体。又因为质料纵然拥有多种不同的形式，但从根本上讲都不过是水而已，而且它在历经如此之多的转变过

① [英]波义耳：《怀疑的化学家》，袁江洋译，北京：北京大学出版社，2007年，第93页。
② [英]波义耳：《怀疑的化学家》，袁江洋译，北京：北京大学出版社，2007年，第93-94页。
③ [英]波义耳：《怀疑的化学家》，袁江洋译，北京：北京大学出版社，2007年，第109页。
④ [英]波义耳：《怀疑的化学家》，袁江洋译，北京：北京大学出版社，2007年，第184页。
⑤ [英]波义耳：《怀疑的化学家》，袁江洋译，北京：北京大学出版社，2007年，第189页。

程中，从未被还原成其他的那些被说成是结合物的要素和元素的物质中的任何一种，这当然要把剧烈的火除开在外，火本身并不能将物体分解成绝对简单或绝对基本的物质，而只是将其变成一些新的复合物；所以，我要说，既然是这样的话，那我实在看不出有什么理由非要相信存在着这样的一些原始而简单的物体，说造物主正是用这些物体作为先在的元素才得以复合出一切其他物体。我实在看不出我们为什么不能设想，造物主只须以各种方式对那些被认为是结合物的物体的微小部分施行改造作用，即可以令这些物体相互造成它们自己，而无须将质料化作那些所谓的简单物质或匀质物质。”[①]

由上面的叙述可以看出，波义耳怀疑各种“元素说”之本原性的“元素”存在乃至质疑“元素说”。这点由波义耳的下面一段话作为佐证：“我现在所谈的元素，如同那些谈吐最为明确的化学家们所谈的要素，是指某些原始的、简单的物体，或者说是完全没有混杂的物体，它们由于既不能由其他任何物体所混成，也不能由它们自身相互混成，所以它们只能是我们所说的完全结合物的组分，它们直接复合成完全结合物，而完全结合物最终也将分解成它们。然而，在所有的那些被说成是元素的物体当中，是否总可以找出一种这样的物体，则是我现在所要怀疑的事情。”[②]

不过，值得注意的是，化学界乃至科学史界在很长一段时间内只注意到上面一段话的前半部分，而没有重视后半部分，认为波义耳提出了科学的、近代的元素定义，甚至恩格斯在《自然辩证法》(1925 年第一次出版)中认为，波义耳“把化学确立为科学”[③]。

对上述状况首先进行质疑的是博厄斯。她于 1950 年发表《作为理论科学家的波义耳》一文，指出波义耳不仅仅是一个实验主义者，因为他的目的是通过实验来证实物质的微粒理论。在这篇文章的脚注中，博厄斯简单地提到：“现代读者常常没有注意到，波义耳最终是要怀疑任何基本元素的存在的。”[④]1952 年，博厄斯在《机械哲学的建立》一文中再次指出：“波义耳对元素的定义看似令人吃惊的近代化，但是实际上不是真的近代。人们对波义耳定义的讨论常常没有注意到一个基本事实，那就是这个看似正确的定义促使波义耳怀疑任何基本物质的存在。”[⑤]波义耳提出元素的定义，目的是怀疑符合其定义的元素的存在。同样在 1952 年，库恩根据自己对波义耳微粒哲学的分析，惊讶于过去的人们怎么会常常认为“波义耳提出了科学的元素定义”。他指出：“是时候纠正过去相关文献的错误了。”[⑥]1966 年，M.B 霍

---

① [英]波义耳：《怀疑的化学家》，袁江洋译，北京：北京大学出版社，2007 年，第 223 页。
② [英]波义耳：《怀疑的化学家》，袁江洋译，北京：北京大学出版社，2007 年，第 188 页。
③ 恩格斯：《自然辩证法》，于光远等译编，北京：人民出版社，1984 年，第 28 页。
④ Boas M. Boyle as a theoretical scientist. Isis, 1950, 41(3/4): 261.
⑤ Boas M. The Establishment of the mechanical philosophy. Osiris, 1952, 10: 412-541.
⑥ Kuhn T S. Robert Boyle and structural chemistry in the seventeenth century. Isis, 1952, 43(1): 26.

尔再次明确地指出，波义耳否认了元素的存在。[①]到此，她的观点终于得到科学史家的普遍认同。

根据克莱里库齐奥 1994 年的研究，英国皇家学会的医学研究员考克斯(Coxe)和法国巴黎科学院化学研究员莱默里、霍姆伯格(Homberg)和杜哈梅尔(Du Hamel)都提到了波义耳的物质理论观点，并且说到波义耳反对元素学说，甚至其中某些人还表示赞同波义耳的这个观点并加以传播。[②]这也从与波义耳同时代的他人那里，为波义耳怀疑并且否认元素说寻找根据。

如果波义耳怀疑乃至否定作为物质本原之"元素说"，那么，就可以理解他为什么不将"元素说"与"实验"结合起来，而是将"微粒说"与"实验"结合起来了。

(四)波义耳如何将机械论的"微粒说"与"实验"相结合?

1. 将实验从哲学的统领中解放出来，把化学确立为科学

考察传统的炼金术士、巫术士和医药化学家的实验，虽然它们基于不同的元素理论，但是，在波义耳看来，它们却具有以下一系列共同特点。

第一，万事万物都是由这些元素构成的，它们是世上万事万物的始基。这些元素并非没有生命、没有精神和没有灵魂，而是有其内在的本质和自身的倾向，正是这些本质和倾向引导并决定着炼金术士、巫术士、医药化学家等进行实验，"激扰自然"，激发隐藏在事物内部的能力(Powers)，从而产生新的物质，以达到制得贵金属、治疗疾病等目的。

第二，这些实验都是以无法被解释(验证)的亚里士多德的"实质的形式"(substantial form)来解释事物的性质的，即事物除了具体化的质料外，还有使该事物"是其所是"的形式(form)，这样的形式是事物运动变化的内在原因，就是它赋予了事物性质或特性。[③]如此，在传统的实验者那里，各种"元素说"就是最基本的，是上述各种实验的理论基础，正是它们作为先验的真理，成为不容怀疑的教条，指导并且规定着各种实验的设计、实施及其实验结果的解释和检验，而它们自身不用解释和检验。结果是，作为哲学的各种"元素说"就成为实验的先导统领着实验，而实验反而为上述各种"元素说"提供支持，并成为各种神秘方术的代名词，"现象

① Hall M B. Robert Boyle on Natural Philosophy: An Essay with Selections from His Writings. Bloomington, London: Indiana University Press, 1966: 67-72.

② Clericuzio A. Carneades and the Chemists: A Study of the Sceptical Chymist and Its Impact on Seventeenth Century Chemistry//Hunter M(ed.). Robert Boyle Reconsidered. Cambridge: Cambridge University Press, 1994: 79-90.

③ 转引自[荷]E. J. 戴克斯特豪斯：《世界图景的机械化》，张卜天译，北京：商务印书馆，2018年，第 626-627 页。原文出自 Boyle, The Origin of Forms and Qualities, Works III: 37.

被压入了概念所提供的模子当中”[①]。

这就是当时化学的状况：实验没有从哲学的理论中独立出来，实验的进行不是去提出理论并且检验理论，而是去体现或实现哲学的“元素说”观念，实验没有获得独立地位，它仅仅作为哲学的“元素说”的“婢女”去实现“元素说”的理念，为“元素说”服务。这虽然在一定程度上推动了化学的发展，甚至也推动着冶炼术和医药化学为人类服务，但是，“在 1600 年，化学家的分析是理论上的而不是实际的”[②]，它并没有作为一门独特的、实证性的近代自然科学学科出现。韦斯特福尔(Richard S. Westfall)的下面一段话很好地概括了这一点——“化学作为一门独特科学几乎不存在。就化学是一种独特的事业而言，它一般不被认为是科学。另一方面，就化学是科学的一部分而言，化学又不是一种独特的事业。化学家们认为自己的学科是一门服务于医学的技艺，即致力于制造药物。”[③]

波义耳认识到了当时化学所处的状况。他说：“那些称颂抽象理性的人在言语上赞美理性，就好像它是自足的，而我们则是在实效上赞美理性，我们把理性交予物理经验和神学经验，告诉理性如何请教它们并从中获得信息；后一种人比前一种人更能为理性提供有用的服务，因为前一种人只是恭维理性，而后一种人却能用正确的方式来改进它。”[④]

他是这样说的，也是这样做的。他不以理论的教条规定实验，而是把理性交于物理经验；他遵从机械论哲学，通过实验否定“元素说”之某些元素作为事物本原(最终存在)的观点，并且通过大量实验来研究物质的性质和结构，然后再运用微粒说解释实验，进而将实验从哲学之中，以及将理论(微粒说)从先验之中，独立了出来。波义耳曾写道：“我们在物理学、力学、化学和医学领域中最有用的概念，并不是从基本原理衍生出来的，而是源于从基本原理衍生出来的中间理论、概念和规则，这实际上是说，实验科学能够独立于机械论哲学的指示而卓有成效地进行研究。”[⑤]

---

① [美]理查德·韦斯特福尔：《近代科学的建构：机械论与力学》，张卜天译，北京：商务印书馆，2020 年，第 78 页。

② [美]理查德·韦斯特福尔：《近代科学的建构：机械论与力学》，张卜天译，北京：商务印书馆，2020 年，第 77 页。

③ [美]理查德·韦斯特福尔：《近代科学的建构：机械论与力学》，张卜天译，北京：商务印书馆，2020 年，第 77-78 页。

④ 转引自[美]埃德温·阿瑟·伯特：《近代物理科学的形而上学基础》，张卜天译，北京：商务印书馆，2018 年，第 168 页。原文出自 The Works of the Honourable Robert Boyle, Birch edition, 6 Vols, London, Vol. Ⅴ, 1672: 540.

⑤ 转引自 Chalmers A. The Scientist's Atom and the Philosopher's Stone: How Science Succeeded and Philosophy Failed to Gain Knowledge of Atoms. Dordrecht: Springer, 2009: 108. 原文出自 Boyle (1990, Vol. ix, f40, reel 5, frame 250).

就此，他改变了当时化学的状况，不以传统哲学统领和裁决实验，而以物质性的实验及其实验检视保证实验过程及其结果的真实，获得客观经验，再进一步构建微粒假说解释实验以校验微粒说，从而将化学确立为科学，开创了近代化学。

2. 寻找与实验紧密关联的“中间原因”或“次级原因”，将更为重要

对于机械“微粒说”与“实验”之间的关系，波义耳就说：他的主要目的是通过实验向大家表明，几乎一切种类的特性——其中大多数没有得到经院学者的阐明就留了下来，或者一般地把它们称为不可理解的物质(实体)形式(但他自己知道其实并非如此)——“都可以机械地产生，这些性质中的大多数都没有得到经院学者的解释，或者被泛泛地归于我所不了解的某些无法理解的实体形式；我所谓的物质动因是指只有凭借物质自身各个部分的运动、大小、形状和设计(contrivance)才会运作的东西(我把这些属性称为物质的机械属性)。”[①]据此，波义耳是说，通过实验可以机械地呈现事物的现象和性质，对于它们，不应该通过实体的形式来解释，而应该通过各种微粒的机械属性来阐明现象发生的原因。

任何现象(包括实验现象)的发生都有原因，也都需要解释。对于波义耳来说，这样的原因和解释，存在一个“量表或一系列的原因”和相应的“解释程度”。[②]在自然原因的范畴内，最高级的原因是真正的机械原因，源于物质的最小微粒或原子的运动，以“最初属性”作为其特性，最根本的解释是由这些原因所引起的；最低级的原因是最直观、最具体，也是最易懂的原因，例如可以用重量(重力)来解释石块的下落。高级原因和低级原因之间形成了一个“原因量表”，根本解释与非根本解释之间造成了“程度差异”，两者之间存在着某种对应。“事实上，在事物的特定结果和最普遍的原因之间，常常存在着许多次要的原因，因此留下了一个很大的领域，使人们能够发挥自己的勤勉和理智，从更普遍和常见的因素中推断出事物的性质以及它们之间的中间原因(如果我可以这样称呼它们的话)。”[③]例如，我们可以通过气压来解释气压计中的汞含量，通过空气的弹性(弹力)和重力来解释气压，通过构成微粒的弹性来解释空气的弹性，以此类推，直到达到最高级，即通过普遍存在的物质组成的形状、大小和运动解释微粒的弹性。至此，就可以由机械论哲学——最终的物质微粒的形状、大小和运动来解释实验的

---

① 转引自[美]埃德温·阿瑟·伯特：《近代物理科学的形而上学基础》，张卜天译，北京：商务印书馆，2018年，第170-171页。原文出自 The Works of the Honourable Robert Boyle, Birch edition, 6 Vols, London, Vol.Ⅴ, 1672: 13.

② Boyle R. The Works of Robert Boyle. Vol. 2. Hunter M, Davis E B (eds.). London:Pickering and Chatto, 2000: 21.

③ Boyle R. The Works of Robert Boyle. Vol. 2. Hunter M, Davis E B (eds.). London: Pickering and Chatto, 2000: 23.

现象。

通过高级原因解释事物是重要的。波义耳认为："拒绝或轻视所有不是从原子或其他不可观察的物质微粒的形状、大小和运动中直接推导出来的解释是倒退的"，并敦促那些坚持机械程序的人，"承担比他们想象的更艰巨的任务"。[①]

但是，进一步通过中间原因乃至低级原因来解释事物也很重要，因为通过高级原因解释事物是很难达到的，实验科学中的解释通常需要诉诸"从属原则"和"中间原因"。波义耳说："知道事物的性质是如何从物质中最小部分的最初属性推导出来的，这是一种好处，也是令人满意的地方；然而无论我们是否意识到，如果我们知道它们所组成的这个或那个的主体性质，以及它是如何作用于其他的物质，或是由它们所带来的，我们都可以在没有上升至原因量表顶端的情况下，完成重大时刻的事情，例如，如果没有对特定的物质进行仔细的检查，恐怕即使是最知识渊博的沉思者，也从来不会找到先验的先例。"[②]他进一步指出：为了要阐明一个现象，赋予它一个普遍有效的原因是不够的，我们还必须明确表明那个一般的原因产生这个拟定效果的具体方式。如果一个人，只想弄清楚一只手表的现象，仅满足于知道它是一个钟表匠制造出来的机械，那么，他必定是个很迟钝的研究者，因此他就对如下这些东西一无所知：发条、齿轮、摆轮和其他零件的结构和接合，以及它们相互作用、协调起来使表针指出正确时间的方式。[③]

在此情况下，波义耳努力寻找与实验紧密相关的"从属原则"和"中间原因"。他将重力、发酵(fermentation)、弹性和磁性列为从属原则和中间原因。他明确提出，他那个时代的大部分科学，包括他自己的化学和气动学，都应该被视为"中间原因"的知识，而不是首要的原因——机械论的原因。对于这些原因，波义耳认为它们虽然不能对实验现象给出最终的和最根本的解释，但是，这样的解释能够被实验所证实，因而也是更加真实和有用的。波义耳就说："在自然事物的从属或中间原因或理论中，可能有许多：一些或多或少地偏离了基本原理，但每个原则都能够给人一种令人愉悦和有益的指导。为了区别起见，我们可以把这些称为宇宙学、流体静力学、解剖学、磁学、化学和其他现象的原因，因为这些原因相较自然现象的普通和

---

① 转引自 Chalmers A. The Scientist's Atom and the Philosopher's Stone: How Science Succeeded and Philosophy Failed to Gain Knowledge of Atoms. Dordrecht: Springer, 2009: 97-122. 原文出自 Boyle (1990, Vol. viii, f166, reel 5, frame 168).

② Boyle R. The Works of Robert Boyle. Vol.2. Hunter M, Davis E B (eds.). London: Pickering and Chatto, 2000: 21.

③ [美]转引自埃德温·阿瑟·伯特：《近代物理科学的形而上学基础》，张卜天译，北京：商务印书馆，2018 年，第 175-176 页。原文出自 The Works of the Honourable Robert Boyle, Birch edition, 6 Vols, London, Vol.Ⅴ, 1672: 245.

初始原因更加直接(按我们估量事物的方式)。”①

3. 从还原论的到非还原论的化学本体论出发，以获得更加充分的对实验的解释

查尔默斯认为，从某种意义来说，波义耳是通过还原论来解释可观察物体的一系列属性的。查尔默斯指出，这些属性可分为两类：一类是可感知特性(波义耳术语中的“感知特性”)，如颜色和气味；另外一类，如温度或弹性，则取决于物体的机械粒子如何相互作用。对于前一类可感知特性，可以通过机械粒子(即仅以形状、大小和运动为特征的粒子)对我们感官的作用引起的反应来解释。如对于某个特定环境中的物体的颜色，是由构成它们的微粒结构同构成光的微粒结构相互作用的结果，以及在这些情况下光与我们的眼睛(它们本身是由机械粒子组成的一种特殊排列)的相互作用的结果。对于后一类特性，波义耳认为，它们与人类能否感知无关，而均可以用机械粒子及其运动来解释。如一个物体的温度取决于组成它的微粒运动的相对活力，而硝酸溶解黄金的能力则归因于构成这两种物质的机械粒子的形状和运动之间的关系及其相互作用。②

考察我国学者对波义耳硝石(硝酸钾)的“复原实验”的微粒说的解读③，似乎正是如此。

这一实验分成了三个部分，首先是硝石的分解，即在熔融的硝石中投入炽热的木炭，木炭发出闪光并爆发，持续加热至木炭不再反应，得到“固定硝石”(氧化钾)，并收集发出的棕红色雾气(波义耳称之为硝石精)，将雾气导入水中，得到硝石精溶液；然后是硝石的复原实验，既可以将固定硝石加水溶解并滴定硝石精溶液，将产物蒸发结晶后，得到可与炽热的木炭反应且闪光爆发的硝石，也可以直接在前一步得到的固定硝石上滴加硝石精溶液至反应结束，在湿润的盐表面撒上炽热的木炭，同样产生闪光爆发，证明得到了复原的硝石；最后，前文的“固定碳酸盐”(鞑靼盐)和“硝石精”溶液(镪水)亦可反应制备硝石。这一实验表明，“初级凝结物”可以通过燃烧、蒸馏等过程产生各种不同的组合，最后又复归原来的“初级凝结物”。

我国学者对波义耳的上述实验所作的微粒说解释进行了概要性解读，见表10.1。

---

① 转引自 Chalmers A. The Scientist's Atom and the Philosopher's Stone: How Science Succeeded and Philosophy Failed to Gain Knowledge of Atoms. Dordrecht: Springer, 2009: 97-122. 原文出自 Boyle（1990, Vol. ix, f40-41, reel 5, frame 250）.

② Chalmers A. The Scientist's Atom and the Philosopher's Stone: How Science Succeeded and Philosophy Failed to Gain Knowledge of Atoms. Dordrecht: Springer, 2009: 100.

③ 陈仕丹、袁江洋：《波义耳的“硝石复原”实验与化学微粒论》，《自然辩证法通讯》，2018年第10期，第4页。

表 10.1　“硝石复原”实验的微粒论解释①

现象或性质	可感现象或可感性质	微粒论解释
冷、热	硝石感觉起来是冷的，然而它所含的精和碱却能相互剧烈反应产生热	热是微粒多样而迅速的扰动，扰动持续热就持续，且随其增长和消退
声音	伴随溶液发泡和沸腾，有声音。噪音消失后，热仍持续	声音产生于液体微粒快速而不规则运动对周围空气的高速扰动
颜色	固定硝石显示蓝绿色，加入酸精之后消失。硝石分解产生红色雾气，其进入溶液后消失	光被物体的微粒排列反射入眼睛，光被微粒结构修正而产生颜色，物体颜色改变说明微粒排列改变
气味	硝石精有刺激性气味，与固定硝石反应时气味更浓烈，而硝石却没有气味	实验中有气味的物质被激烈扰动，更大地释放出难闻的蒸汽
味道	硝石精酸性特别强，固定硝石有不同于硝石精的刺激性。硝石却没有味道	没有分析具体原因
可燃性	硝石精和固定硝石都不能燃烧，但硝石却能爆炸性地剧烈燃烧	没有分析具体原因
干湿性	硝石很干，但硝石精挥发后，却变成一种不会因冷却而凝结的液滴	没有分析具体原因
挥发性	硝石精具有很强的挥发性，而硝石加热也不能挥发	流动性变化源于微粒结构改变。逃逸性的部分与不活泼的部分相结合，物质的挥发性受到限制
液体扰动	将铁片投入硝石精中，液体逐渐产生烫手的热；硝石精中放入一小块指甲花，则没有类似扰动；硝石精中放入白色树胶，产生热，树胶变成发黄的油状物	液体与铁的微粒和孔洞(pores)相会，铁明显改变液体各部分及新的结合物的运动，这些能动部分相互穿透、加热，铁的微粒密集四散，也进入快速的不规则运动，产生大量的热
发泡、沸腾	固定硝石的溶液加入硝石精，可见液体中盐的微粒相互推动。鞑靼盐溶液中加镪水，产生小气泡无数	发泡现象的原因是两种液体的冲突和扰动。大量小气泡产生于很多小盐粒与酸精的结合与冲突
能动性	硝石固体没什么反应能动性，但当各部分分解后，挥发性的和碱性的微粒从固体上解离，获得相应能动性	各组分能动性有差异，不同性状的组分凝结进物体微粒纹理(texture)中；能动性微粒被释放后，具有能快速运动的结构
腐蚀、溶解	硝石精腐蚀银但不能腐蚀金，固定硝石的溶液可溶解油状物，而酸精不能	没有分析具体原因

① 陈仕丹、袁江洋：《波义耳的“硝石复原”实验与化学微粒论》，《自然辩证法通讯》，2018年第10期，第4页。

续表

现象或性质	可感现象或可感性质	微粒论解释
酸碱性	镪水溶解矿物，固定硝石能使其沉淀：固定硝石溶解油状物后加硝石精析出	没有分析具体原因
空气在硝石复原中所起到的作用	硝石精加入固定硝石溶液，在空气中冷却逐渐生成硝石晶体。而除非充分暴露空气中，鞑靼盐加镪水得到的盐却无晶体形状。推测空气可能为盐的微粒进入晶体提供媒介，使其聚集成适应其结构的晶体形状	媒介允许和时间充分，硝石微粒倾向于排列成完美晶体。缺乏空间或凝结过快，微粒因为重量作用而沉淀为无定形粉末。空气中富含地面蒸汽和活性射流，可能有助于晶体的形成
硝石内服的安全性	硝石晶体黏附的硝石精，可用水洗去，硝石精腐蚀珊瑚或珍珠后可得缓和	用溶媒制备药剂时，溶媒可能结合，性质得到缓和

从表 10.1 可以看出，波义耳认为，硝石的性质更确切的是源于它的粒子的形状，这种粒子又由组成硝石的两种物质的粒子组成。波义耳运用微粒说，将热、声音、颜色以及气味、溶解、挥发性、腐蚀性等现象和性质的原因，解释为微粒的机械属性如微粒运动、排列的改变等，而对于那些他还不能给出合理的机械论解释的性质，如味道（涉及微粒与感官的作用）、可燃性、酸碱性（涉及不同物质微粒结构的相互作用）等，就不给出具体的解释了，以留待以后的实验探索者回答。

分析上述波义耳利用微粒说对实验的解释，原则有二："一是将物体性质与物体微粒的结构关联起来，二是以不同物体之不同微粒及孔隙之间的空间适配性——用他的话来说就是'钥匙与锁'的关系——来解释金属在硝酸中的溶解等化学反应过程。"[①]如此，就使得微粒说获得解释实验结果的意义。

不过，也有学者持有不同观点。玛丽娜・保拉・班彻蒂-罗比诺（Marina Paola Banchetti-Robino）对波义耳的理论加以评价。他就认为，微粒是分等级的，有"一阶凝结物"（first-order corpuscles）和"二阶凝结物"（second-order corpuscles）。"二阶凝结物"由"一阶凝结物"形成但又不同于"一阶凝结物"，对于"一阶凝结物"，可以以还原论的机械论属性对待之，而对于"二阶凝结物"则应该以非还原论的化学属性讨论之。这就是波义耳的复杂的化学本体论，它要比精确的还原论以及笛卡儿的机械论哲学，提供更加令人满意的对化学现象的理解。这点体现于波义耳和斯宾诺莎之间的关于硝石（硝酸钾）的重整化的争论上。[②]

① 陈仕丹、袁江洋：《波义耳的"硝石复原"实验与化学微粒论》，《自然辩证法通讯》，2018 年第 10 期，第 4 页。

② Banchetti-Robino M P. The ontological function of first-order and second-order corpuscles in the chemical philosophy of Robert Boyle: the redintegration of potassium nitrate. Found Chemistry, 2012(14): 221-234.

4. 从科学的实验本身以及社会的叙事视角，为实验结果辩护

波义耳复杂的本体论能提供更令人满意的对化学现象的解释，这点比较充分地反映在17世纪60—70年代发生于英格兰的波义耳与霍布斯关于空气泵的实验争论中。

波义耳经过长时间的空气泵实验，于1660年发表论文《关于空气的弹性与其效应的物理实验》，得出“真空是存在的”结论。这一结论遭到霍布斯的质疑。他认为波义耳的气泵接收器是被某种微小的物质而非大颗粒的空气所填满，并把压力归因于这种微小物质的循环。他还批判波义耳将弹性归因于空气，却又无法对此进行解释。依据机械哲学家霍布斯的观点，将弹性归因于空气等于承认空气可以自行运动。①

波义耳以多种方式对上述质疑做出了回应，所有回应都涉及他认为可以通过实验确定的“事实”。对于真空存在的可能性，以及他的真空接收器(evacuated receiver)和气压计中水银上方的空间是否构成真空，他没有表明自己的立场。他认为这样的问题是“形而上学的”，因为对其不易进行实验研究。他声称他的真空接收器相对而言是真空的，并且能够提供一系列的实验证据来证明这一说法。②他坦率地承认，他在描述空气的弹性时虽然提出空气的微粒类似于微小弹簧，但是他并没有进一步阐述空气微粒的内部构造及其与空气弹性之间的关系，即他没有对空气的“弹性”作出机械解释。他坚持认为，他已经通过实验证明了空气具有弹性，并且可以用它来解释气压计的行为以及使用气泵和其他方法所揭示的各种现象。

霍布斯与波义耳的这一争论，与各自持有的哲学观念紧密相关。对于霍布斯，他在本体论上持有唯物主义和一元论的自然哲学观念，认为世界是充满物质的，真空是不可能的；在认识论上持有形式化的几何学的普遍的知识优先于实验的事实认识，事实知识有可能是错的；在方法论上指出波义耳的空气泵实验并不严密，存在漏气现象。而对于波义耳，如前文所述，他认为，实验是独立的且实验事实由其自身实践证实，机械论哲学可以解释但不可裁决实验事实，实验事实的真实性由其自身实践决定。

最终，波义耳在这场争论中取得了胜利。霍布斯的观点被后人遗忘，波义耳的成功被后人赞许，人们普遍认为这是由波义耳科学实验的客观性结果决定的。

到了20世纪80年代，史蒂文·夏平与西蒙·沙弗尔从科学知识社会学的角度，对这一问题进行了探讨。他们认为，这一争论不是发生在科学共同体内部，而是发生在科学共同体内部和外部之间，由此，这一争论就不单纯涉及科学实验及其

① Hobbes. Dialogus physicus//Shapin S, Schaffer S. Leviathan and the Air-Pump: Hobbes, Boyle, and the Experimental Life. Princeton: Princeton University Press, 1985: 254-255.

② Boyle R. The Work of Robert Boyle. Vol.2. Hunter M, Davis E B (eds.). London: Pickering and Chatto, 2000: 87.

检验——自然，还涉及社会层面，社会层面是决定这一争论成败的关键。他们认为，霍布斯之所以在这次争论中落败，不是因为波义耳已经获得了牢不可破的“真空”实验事实，而是由于如下原因：一是波义耳把自己塑造成科学家的形象，并且成为皇家学会会员，拥有共同实验研究纲领的赞同者，而霍布斯拒绝加入皇家学会；二是波义耳掌握着皇家学会期刊《科学》的发表权，后者拒发霍布斯的反对文章；三是波义耳主张自然哲学家要远离有争议的“市民哲学”(civic philosophy)，让事实说话，以此建立自身秩序，而霍布斯认为只有确立科学、宗教、社会政治一体化的“外显哲学”(demonstrative philosophy)，即通过一种精确的几何推理，才能保证一种整体上的可靠性和牢固性，带来真正的秩序。如此，霍布斯契合于政治上的专制独裁主义，而波义耳通过以实验、观察所获得的事实为基础的归纳，符合民主政治的理想，迎合了当时的社会需要。总之，在那样一个时代，实验知识远不是自明的和自主的，自然因素对于科学知识的生产也不是强制性的裁决力量，社会因素在其中起着十分重要的作用。[①]

夏平与沙弗尔的上述观点揭示了社会因素在科学发展中的作用，是有一定道理的。但是，考虑到波义耳更多地是从“中间原因”乃至“低级原因”来解释实验结果，而霍布斯更多的是从“根本原因”或“最终原因”来论证实验结果，波义耳战胜霍布斯最终主要靠的仍然是实验实践以及对实验的“中间原因”或“低级原因”的探求和解释。

(五)波义耳将机械论的“微粒说”与“实验”相结合有何意义?

根据以上的论述，波义耳否定了亚里士多德学者哲学推理式的先验的自然观——“元素说”以及“内在目的论”的真理性，代之以机械论的“微粒说”来解释世界；抛弃了传统炼金术士、医药化学家以及金属冶炼家们以先在的“四元素说”“三元素说”“五元素说”的演绎推理统领并裁决实验的“哲学式科学”，而走向实验先在的并以实验为基础建构并审度相关微粒说的“实证式科学”；提出了“第一凝结物”“第二凝结物”的概念，并以“中间原因”以及“低级原因”的探求，给出了实验现象以及物质性质的“二阶解释”，进而从“哲学式科学”的原理式的自然观理论形态，走向“实证式科学”的原理式的自然观理论形态与概念式的命题理论形态之中间形态——“准科学定理”或“准科学规律”形态，使得化学成为科学实验与科学理论的结合体。

如此，波义耳将有事实根据的自然观代替哲学推理式的先验的无事实根据的自然观，将实验独立出来，并且将建构出来的微粒说用来解释实验，避免了传统“元

---

① Shapin S, Schaffer S. Leviathan and the Air-Pump: Hobbes, Boyle, and the Experimental Life. Princeton: Princeton University Press, 1985.

素说”对事物的解释以及在其基础上的实验的随机性(不确定性)，使得相关微粒说解释和实验实践具有确定性。这是机械论的微粒说的胜利，也是独立的实验实践的胜利，更是波义耳的微粒说与实验实践相结合的胜利。正是这样的胜利，使得化学从原来神秘的先验的理论统领经验之路走向具体的后验的实验实证之路，也使得化学成为独立的科学。

历史上的科学史家给予波义耳以很高的评价。法国科学史家萨韦里安(A. Savérien)称赞波义耳，说他使化学与物理学统一了起来，或者至少与物理学联系了起来，教给化学家以一种可理解的方式去谈论化学。[①]英国化学家沃特森(Robert Watson)宣称波义耳的各种著作和实验极大地促进了英国理性化学的引入。[②]化学家、炼金术士普赖斯(James Price)称赞波义耳是可敬的英国哲学化的化学之父。[③]博厄斯经过研究指出，波义耳不仅证明了化学对医药和实用技艺是有用的，而且还证明了化学对自然哲学也是有用的；波义耳通过化学阐述自然哲学，在当时是非常激进的做法；波义耳可能是第一个把化学当作自然哲学的一个分支来处理的人，他成功地从机械论哲学之微粒说的角度来解释物体的化学性质。[④]玛丽娜•保拉(Banchetti-Robino)说道，我们对结构解释的关心，是当代化学强调微观结构的一个体现。不过，在波义耳那里，对结构解释的讨论，将作为案例研究，用于阐明我们当代关注的主题早就有深刻的历史来源，而且，化学史能够本质地影响到当代化学哲学的议题。[⑤]

上述评价有一定道理。当然，受时代的影响、科学发展以及个人的局限，波义耳的许多科学思想并不是纯粹的近代意义上的科学思想，而是包含了复杂的成分。

第一，波义耳曾经多次提出，世界上的许多现象不能单用机械论来解释，源于上帝的活性和运动能力，才是其运动变化的最根本原因。“波义耳强烈反对摩尔[⑥]关于天使和‘自然精气’(或朝着某些目的运作的附属的精神存在)的学说，以及用它们来解释内聚力、虹吸、重力等吸引现象。他完全相信这些现象以及其他定性现象能在

① Savérien A. Histoire des Philosophes Modernes. Paris: Impr. de Brunet, 1768: 63-92.

② Watson R. Chemical Essays. Cambridge: J. Archdeacon for T. and J. Merrill et al., 1781: 31-32.

③ Price J. An Account of Some of the Experiments on Mercury, Silver and Gold. Oxford: Clarendon Press, 1782: 2.

④ Boas M. The establishment of the mechanical philosophy. Osiris, 1952, 10: 412-541.

⑤ Banchetti-Robino M P. The function of microstructure in Boyle's chemical philosophy: 'chymical atoms' and structural explanation. Foundations of Chemistry, 2019, 21: 51-59.

⑥ 摩尔认为，存在着一种自然精神(spirit of nature)，一种非物质实体，它是世界上一些普遍存在的现象得以产生的真正原因，我想我已经完全证明了它的存在，在哲学中再没有什么比这一观点更具有明证性的了。这种精神是“由全知的上帝为了宇宙的顺利运行而赋予自然的较低级的本质能动性(activity)，它自身就包含着一些最基本的自然律和自然的运行方式。但并不包括特殊的天意(providence)”。精神统治着自然界的一切日常事务，它赋予物质以能动性和生机。(具体内容参见田径：《亨利•摩尔自然哲学概述》，《自然辩证法通讯》，2005 年第 5 期，第 30-35，99 页。)

一种微粒说的或机械论的基础上得到解释，虽然他并未试图解释这些问题。”[①]但是，“与莱默里和梅奥一样，波义耳的化学在其机械论外表背后保留了来自帕拉塞尔苏斯主义传统的大量遗存”[②]。如波义耳认为，酸精是硝石的活的成分的具体体现，空气中包含的“活性射流”(seminal effluvia)参与了硝石的结晶；波义耳同意，金属生长在土中，而且是“雄性要素”(范·赫尔蒙特的术语)产生了它们。这体现了活力论与炼金术传统的“种子”(通过在“转化”中加入“种子”来完成转化)对他的影响。这也说明，波义耳虽然批判了活力论、目的论等观点，但并没有完全质疑它们的有效性。这也是他热衷于炼金术的原因之一。

第二，波义耳基于机械自然观否定了亚里士多德学者、炼金术士、医药化学家、冶炼金属者等“元素说”之“实体形式”的元素的存在，也基于实验否定了上述“元素说”之本原性的几种“元素”的存在，但是，他并没有明确否定“元素说”的核心内涵，只是可能把这样的“元素”归于多种多样的“自然的最小量”凝结成的“第一凝结物”。如果是这样的话，说他“创立了科学的元素概念，把化学确立为科学”有一定道理，因为基于波义耳的实验实践之贯彻，体现了物质化学鉴别的思想，最终目标是达到他的“元素”定义的状态——“不能分解的状态”，只不过这样的元素种类有多种而不是原先的“元素说”的三种、四种或五种。

第三，深入考察波义耳的微粒说与实验之间的结合可以发现，正是实验之于微粒说的相对独立，以及基于实验的“中间原因”或“低级原因”的、非根本的对“第二凝结物”等的具体的解释，把基于机械自然观的实验与基于实验的微粒说结合了起来。这可能导致两方面的结果：一是实验之于微粒说的依赖要比微粒说之于实验的依赖更少；二是基于“中间原因”或“低级原因”更加具体的机械论的解释对实验的支持，要比基于“根本原因的”更加抽象的微粒说的解释对实验的支持更多。如此，就在传统的“哲学式”科学之自然观与观察事实之间加进了一个中间层次——基于中间原因的更为具体的微粒说。这是科学假说或科学理论的前身，一定意义上将科学理论与实验关联了起来。应该说，这是波义耳将化学确立为科学的最重要的方面。

需要指出的是，“波义耳的代数解题能力以及数学应用的能力与他的神学、语言、公共事务、实验哲学、医学以及化学一样好”[③]。他也不是不知道数学对于自然科学

---

①[美]转引自埃德温·阿瑟·伯特：《近代物理科学的形而上学基础》，张卜天译，北京：商务印书馆，2018年，第174页。原文出自 The Works of the Honourable Robert Boyle, Birch edition, 6 Vols, London, Vol.Ⅴ, 1672: 192, ff.

② [美]理查德·韦斯特福尔：《近代科学的建构：机械论与力学》，张卜天译，北京：商务印书馆，2020年，第90页。

③ Hall M B. Robert Boyle on Natural Philosophy: An Essay with Selections from His Writings. Bloomington, London: Indiana University Press, 1966.

(自然哲学)的作用，他曾指出，没有学过数学的人是不能发现自然界事物的许多性质和用处的。既然如此，他为什么不将数学与实验结合起来，将实验推进到定量阶段？最主要原因是他觉得在他那一时代，走向实验更重要：第一，人们习惯于在较少的观察和实验的情形下提出普遍性的假说(公理或原则)，结果这些假说(公理或原则)最终被新的进一步的观察和实验所否决[①]，鉴此，他决定从自身做起，忽视理论，历史地、忠实地、谨慎地报告事实；进行实证性的实验研究，重复实验，你会自己发现它们可以作为证据[②]；第二，数学证明有点过于接近从先验原理推理的方法，实验证明比数学证明更有说服力[③]；第三，相对于数学文献，绅士和商人都更容易从实验文献中受益。[④]

三、牛顿：将微粒说、数学与实验相结合

惠更斯将微粒说与数学结合起来，波义耳将微粒说与实验结合起来，他们是在 1655—1684 年完成的，“从而使运动微粒摆脱其幻想性特征”[⑤]，推动了科学的发展。至于牛顿，H. 弗洛里斯•科恩就说，1665—1668 年是牛顿著名的“奇迹年”，他独立于惠更斯完成了第四种转变，即微粒说与数学的结合；1669—1679 年，他通过与波义耳和胡克的思想交流，参与了第五种转变，即微粒说与实验的结合；1684—1687 年，思想已经成熟的牛顿完全独立地做出了第六种转变，即数学与实验的结合，创立了他的运动定律和万有引力定律。[⑥]由此，牛顿就在上述工作的基础上，最终实现了微粒说、数学与实验的大综合。

(一)将微粒说与数学方法结合起来

牛顿在大学读书时，就阅读了当时一些机械论哲学家如笛卡儿、霍布斯、波义耳等的著作，并且吸收了他们的思想。

1675 年，牛顿在提交给皇家科学院的论文《对光的特性进行解释的假说》

---

① Hunter M, Davis E (eds.). The Works of Robert Boyle. Vol.2. London: Pickering, 1999: 20-21.

② Agassi J. The Very Idea of Modern Science: Francis Bacon and Robert Boyle. Dordrecht: Springer, 2013.

③ Sargent R M. Learning from experience: Boyle’s construction of an experimental philosophy. Hunter M (ed.). Robert Boyle Reconsidered. Cambridge: Cambridge University Press, 1994: 57-78.

④ Hall M B. Robert Boyle on Natural Philosophy: An Essay with Selections from His Writings. Bloomington, London: Indiana University Press, 1966.

⑤ [荷]H. 弗洛里斯•科恩：《世界的重新创造：近代科学是如何产生的》，张卜天译，长沙：湖南科学技术出版社，2012 年，第 175 页。

⑥ [荷]H. 弗洛里斯•科恩：《世界的重新创造：近代科学是如何产生的》，张卜天译，长沙：湖南科学技术出版社，2012 年，第 175 页。

（“Hypothesis Explaining the Properties of Light”）中，根据机械自然观，对光的特性如“牛顿环”做了解释。他认为，一种由微观粒子组成的流体——以太充满整个空间，其密度的大小改变了穿过它的光粒子的运动方向。不仅如此，牛顿还用以太去解释其他的人类现象和自然现象，如感觉、肌肉运动、物体的内聚力和重量等。对于地球上的物体下落运动，牛顿认为，这是由于地球是由凝聚的以太构成的，以太在地球中的凝聚必然会使以太朝向地球连续地运动，从而使整个物体向下运动并使它们具有重量，而太阳中以太的凝聚也引起类似的运动，结果使行星在它们各自的轨道上围绕太阳运转。这是万有引力定律的雏形。

不过，当时也存在着一些“以太”假说和传统机械论哲学不能解释的现象，如“水与酒相溶却不与油相溶”。考虑到这些，牛顿在1687年出版《自然哲学之数学原理》（*Philosophiae Naturalis Principia Mathematica*）一书时，就正式用微粒之间的作用力代替了他早期所假想的以太。他在1704年出版的《光学》（*Opticks*）一书中，补充了吸引力和排斥力以取代他的以太思辨：“物体的微粒是否具有某种能力、效能或力量呢？凭借这些，它们能对远处的东西产生作用，不仅能作用于光线使之反射、折射和弯曲，而且也能彼此之间互相作用而引起为数众多的自然现象？众所周知，物体能通过重力、磁力和电力的吸引而互相发生作用，这些事例显示出了自然界的意向和趋势。但是，除此之外还可能有更多种类的吸引力。因为自然界本身是和谐一致的。”[①]

根据上述思想，牛顿对所发生的各种类型的现象进行了解释。他认为，把酸泼到铁屑上产生热和沸腾的现象，是由于微粒间的相互吸引碰撞，而将食盐溶于水，整个溶液都是咸的，是由于微粒间的排斥作用；物体的内聚性和毛细作用显示了吸引力，而气体的膨胀则是排斥力的结果。而且他还认为，这种“力”的大小与距离成反比。

这样一来，牛顿的机械论哲学就有了与其之前传统机械论哲学不同的一面——使用数学方法对光学、力学等自然现象进行解释。传统机械论哲学家为了解释磁现象，被迫创造出了一种神秘的、不可见的机制如磁的灵魂以解释磁力的吸引。而牛顿将磁吸引力加到这种机制中，它是在一定的距离内作用的力。如此一来，牛顿使机械论哲学更趋完善，从而也使得在“力”概念基础之上计算力的大小成为可能。“通过增加除物质和运动以外的第三个范畴——力，他试图使数学力学和机械论哲学相协调。对他来说，力从来不像文艺复兴时期自然主义的共感和反感那样是一种隐秘的质的

① 转引自[美]玛格丽特·J. 奥斯勒：《重构世界：从中世纪到近代早期欧洲的自然、上帝和人类认识》，张卜天译，长沙：湖南科学技术出版社，2012年，第178页。原文出自 Isaac Newton, Opticks; or, A Treatise of the Reflections, Refractions, Inflections & Colours of Light, repr. from the 4th ed.（1730），with a foreword by Albert Einstein, introduction by Sir Edmund Whittaker, and preface by I. Bernard Cohen, New York: Dover, 1952: 375-376.

作用。他把力置于一种精确的力学背景下，力通过它所产生的动量来衡量。”[①]

如牛顿曾经做过一个实验，尝试对毛细作用中的力进行定量分析，见图 10.3。实验原理是：抬起玻璃片，使得一滴橙汁与下面的玻璃片分离。此时，橙汁的重力抵消着毛细吸引力，两个力保持平衡，由此就可以测量毛细吸引力了。具体步骤如下：选择两块大约 2 英尺长的玻璃片，一端互相接触，另一端先隔开一段很小的距离，再使一滴橙汁与两片玻璃相接触；当 A 端被抬起时，测量玻璃片之间的距离以及橙汁与玻璃片的接触面积，最后根据被提拉的橙汁的重量和相关数据计算出其中的毛细吸引力。

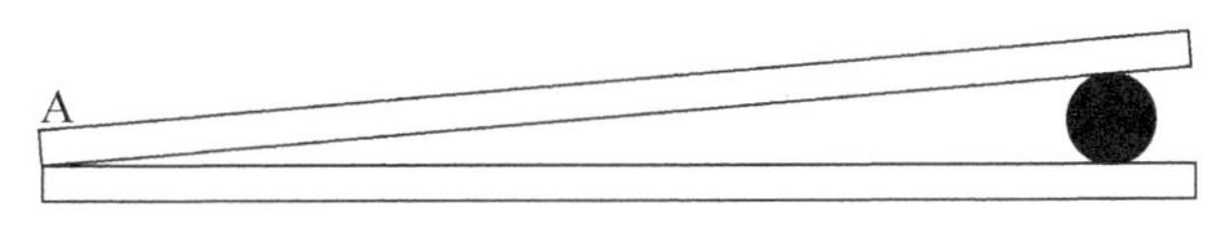

图 10.3　对毛细吸引力的测量[②]

（二）将数学方法与实验方法结合起来

不可否认，自然的数学化肯定是 17 世纪最新颖、最重要的科学思潮。然而，与之对应的还有另外一种思潮，就是更少的自然数学化，更多的观察和实验。这是由古希腊原子论激发出来的。到了近代，伽桑狄、罗贝瓦尔（Gilles Personne de Roberval，1602—1675）、波义耳是其中的杰出代表。他们都用一种更加谨慎和更加稳妥的微粒哲学去对抗伽利略和笛卡儿的泛数学主义。如在笛卡儿看来，物质是具有同种本质的微粒，而在波义耳看来，物质是由各种不同的微粒形成的。

这种对抗从历史的角度看，并非没有道理。笛卡儿的反对者就认为，笛卡儿试图通过那些没有被验证的且在当时也不能被验证的物质微粒说来解释宏观现象，是不恰当的，因为他忽视了经验、精确程度和测量实验等在事物解释过程中的作用，让科学隶属于形而上学。

可以说，牛顿看到了笛卡儿的这种不足，试图将两者统一起来。笛卡儿认为物质实体的本质属性是广延即空间，而广延又是与精神实体的属性——思维相独立、相平行并且互不干涉的，因此，笛卡儿试图将科学还原为几何学，以建立普遍的科学。但对牛顿而言，所有这些都是错误的：空间与物体并不是一类东西；无限并非完满；广延与心灵是紧密相连的；物质的本质并非只包括广延，还包括不可入性和强度；广延和空间并不依靠物质而存在。

与笛卡儿的世界不同，牛顿的世界不再只是由两种成分（广延与运动）构成，而是由三种成分组成：一是物质，这种物质是由彼此分离的、坚硬的、不变的但互不

---

① [美]理查德·韦斯特福尔：《近代科学的建构：机械论与力学》，张卜天译，北京：商务印书馆，2020 年，第 170 页。

② [美]理查德·韦斯特福尔：《近代科学的建构：机械论与力学》，张卜天译，北京：商务印书馆，2020 年，第 170 页图 8.1。

相同的、无限多的微粒组成；二是运动，它并不影响微粒的本质，而仅把微粒在无限的、同质的虚空中传递；三是空间，即那种无限的同质的虚空，微粒(以及由此构成的物体)在其中运动，但不对其产生任何影响。至于引力，它并不是牛顿世界的一个构成要素。它要么是一种超自然的力量(上帝的行动)，要么是上帝制定自然之书的句法规则的一种数学结构。[①]引力将物质、运动和空间结合在一起。

这就是牛顿的绝对时空物质观。与笛卡儿的两种成分世界观相比，多了一个成分，即构成物质的微粒。这也决定了他的研究路线与笛卡儿的不同。笛卡儿试图将"广延性"这种关于物体"真实性质"的直觉观念作为演绎论证的前提，试图从这种超验的原理出发，推导出一系列基本的物理学定律。牛顿反对这种唯理论的科学方法，认为科学认识应该像伽利略所做的那样，从定量观察和实验入手，从中获得准确的观察数据，再经过数学分析和处理获得相应的数学表达式。牛顿认为，物理世界是一个可感觉的世界，且由那些可感性质来表征，在把这个世界还原到数学定律时必然要强调那些性质。他在《自然哲学之数学原理》中就说："由于古代人[帕普斯(Pappus，3—4 世纪人)告诉我们的那样]在研究自然事物方面，把力学看得最为重要，而现代人则抛弃实体形式与隐秘的质，力图将自然现象诉诸数学定律，所以我将在本书中致力于发展与哲学相关的数学。……由于手工技艺主要在物体运动中用到，通常似乎将几何学与物体的量相联系，而力学则与其运动相联系，在此意义上，理性的力学是一门精确地提出问题并加以演示的科学，旨在研究某种力所产生的运动，以及某种运动所需要的力。……因此，我的这部著作论述哲学的数学原理，因为哲学的全部困难在于：由运动现象去研究自然力，再由这些力去推演其他现象。"[②]

牛顿的自然哲学数学原理与笛卡儿哲学相比，更加注重观察也更加数学化。"对牛顿而言，绝不存在开普勒、伽利略尤其是笛卡儿所相信的那种先验的确定性，即世界彻彻底底是数学的，更不相信通过已经臻于完美的数学方法便能完全揭示世界的秘密。世界就是现在这个样子，如果能在其中发现严格的数学定律，那当然很好；如果不能，我们就必须试图扩展数学，或者屈从于其他某种不太确定的方法。"[③]这就是说，牛顿不像传统的柏拉图主义者那样，用已有的数学原理去"拯救"自然现象或实验结果，以使之与数学原理相符合，而是在揭示和分析各种物理现象的过程中，引导出相关的数学原理。如此，他把自己严格限定在"对事物的表面"的知识的追求上，把研究自然的数学模式以及自然力的数学定律当作目标，而且，为了能够用数学来精确地处理，他将科学严格建立在实验与实验观测数据的基础

---

① [法]亚历山大·柯瓦雷：《牛顿研究》，张卜天译，北京：商务印书馆，2016 年，第 16-17 页。

② [英]牛顿：《自然哲学之数学原理》(彩图珍藏版)，王克迪译，北京：北京大学出版社，2018 年，序言第 3-6 页。

③ [美]埃德温·阿瑟·伯特：《近代物理科学的形而上学基础》，张卜天译，北京：商务印书馆，2018 年，第 210-211 页。

之上。“在牛顿看来，科学只包括阐述自然的数学行为方式的那些定律——这些定律可以从现象中清楚地推导出来，可以在现象中严格证实——任何进一步的东西都必须从科学中清除出去，这样一来，科学就成了一个关于物理世界活动的绝对确定的真理体系。通过把数学方法与实验方法紧密结合在一起，牛顿相信他已经把数学方法完美的精确性与实验方法对经验始终如一的关注牢固持久地结合起来。科学是对自然进程精确的数学表述。”①

由此可以看出，牛顿是经验的和实验的运动以及演绎的和数学的运动的继承者，将数学方法与实验方法综合了起来。“在牛顿那里，‘自然之书’是用微粒符号和微粒语言写成的，这一点同波义耳一样；然而，把它们结合在一起并赋予文本意义的句法却是纯粹数学的，这一点又同伽利略和笛卡儿一样。”②

（三）将实验方法与微粒说结合起来

众所周知，牛顿进行了大量的光学、力学实验，并且提出了光的微粒说来解释实验现象。他认为，光是由以极大的速度移动的微粒组成的，光线运动所呈现的折射性、反射性以及所呈现出来的颜色，都与这种微粒的运动有关。光微粒的运动需要充满空间的、精细的“以太”为媒介，以太密度的变化会导致在以太中传播的光微粒的方向的改变，从而导致了反射、折射等现象；而发光体所发出的光的粒子流进人的眼睛，就会冲击视网膜引起视觉，产生出光的各种颜色。

不过，值得注意的，牛顿还进行了大量的炼金术实验，甚至时间长达约 30 年，从大约 1669 年开始延续到他 1696 年离开剑桥赴任造币厂厂长之前。对于他的炼金术实验，是如何设计和贯彻的呢？是否如他的光学实验那样，以机械的微粒说为哲学基础呢？

多伯斯（B. J. T. Dobbs，1930—1994）1975 年对此做了专门研究。她通过解读牛顿炼金术的实验笔记以及凯恩斯（J. M. Keynes，1883—1946）所藏标号为 Keynes MS18③的牛顿手稿等文献后，认为牛顿炼金术活动分为两个时期：第一个时期为 1669—1675 年，牛顿主要依据“传统炼金术”展开工作，体现于她所重构的牛顿这一时期炼金术实验的基本轮廓中——第一项是湿法制汞，第二项是干法制汞，第三项是制备“星锑”，第四项是制作“哲人网”（The Net，一种由星锑与铜制得的合金），

---

① ［美］埃德温·阿瑟·伯特：《近代物理科学的形而上学基础》，张卜天译，北京：商务印书馆，2018 年，第 225 页。

② ［法］亚历山大·柯瓦雷：《牛顿研究》，张卜天译，北京：商务印书馆，2016 年，第 16 页。

③ 牛顿留下了大量的炼金术手稿。1936 年之前，牛顿的这些手稿未曾公开，也没有被科学史家用于研究。1936 年，封存 200 多年的牛顿炼金术与神学手稿于英国索斯比拍卖行被公开拍卖。凯恩斯是其最大的买主之一。他为牛顿的这些手稿分类编号。其中 Keynes MS18 是他为牛顿的某一手稿材料所编的号。之后，科学史家针对这些手稿展开相关研究。

第五项是制备汞齐(利用“星锑”制备“哲人汞”，实为由锑与银、金、汞融合制得的低熔点的汞齐)，等等；第二个时期是在1675年及其之后，牛顿试图从传统炼金术转向寻求传统炼金术与机械论哲学的统一。①

这就是说，在牛顿炼金术的第二个时期，他是以机械的微粒说作为其哲学基础的。这一结论有一定道理。事实上，在牛顿之前，波义耳在炼金术与机械论哲学的交汇方面就做了大量的工作并取得了重要进展。甚至，纽曼(W. R. Newman)认为，在波义耳之前，斯塔克也曾尝试用他在哈佛学院里学到的理性思维与陈述方式来改造炼金术。②而且，博厄斯早在1958年就指出，牛顿的物质理论直接导源于波义耳的微粒哲学，而且终其一生。③

除了物质理论外，牛顿的光学、炼金术的实验均以波义耳的工作为直接起点和基础，因为牛顿在其学生时代后期就广泛阅读波义耳的著作，如《论形式与质料的起源》(1666年)以及《怀疑的化学家》(1661年)。

这样一来，“牛顿在其青年时代即从整体上接受了波义耳对自然哲学的理解。像波义耳一样，牛顿也持有唯意志神学立场，也采用了类似微粒哲学的粒子-微粒论，也将炼金术研究视为其整体自然哲学研究的一个内在的、重要的组成部分；而且，在其长达数十年的炼金术研究中，他也侧重于嬗变实验，侧重于炼金术的宇宙论思考，而在当时化学与炼金术的主流方向医药化学或称医药炼金术上却缺乏深入的研究。”④

对比牛顿和波义耳在炼金方面的研究，他们既有相同之处，也有不同。

第一，牛顿与波义耳一样，相信一切物质在理论上是可以相互转化的，否则，他们不会有炼金术信念并且将其贯彻到炼金术的实践中。牛顿在《自然哲学之数学原理》第一版“假设III”中明白地陈述了他的炼金术信念：“每一种物体均可嬗变为任何另一种物体，可以具备一切中间程度的性质。”⑤所谓“中间程度的性质”指的是通过炼金术或化学操作改变了物体的组成微粒的结构而获得的性质，它是由最小粒子所组成的种种其他层次的微粒的性质，但不是最小粒子所具有的性质。如对于牛顿，1692年在皇家学会《哲学学报》上发表了《论酸的性质》一文(其写作时间

---

① Dobbs B J T. The Foundation of Newton's Alchemy, or, “The Hunting of the Greene Lyon”. Cambridge: Cambridge University Press, 1975:230.

② Newman W R，Principe L M. Alchemy Tried in the Fire: Starkey, Boyle, and the Fate of Helmontian Chymistry. Chicago: University of Chicago Press, 2002: 91-155.

③ Hall M B. Robert Boyle and the Seventeenth-Century Chemistry. Cambridge: Cambridge University Press, 1958.

④ 袁江洋：《牛顿的炼金术：高贵的哲学》，《自然科学史研究》，2004年第4期，第288-289页。

⑤ Newton I, Cohen I B, Whitman A. The Principia: Mathematical Principles of Natural Philosophy.Berkeley: University of California Press, 1999: 795.

远早于其发表时间)，陈述酸的微粒在大小上介于水与土质微粒之间，且既可与水的微粒结合，又可与土质微粒结合，因而具有介于水与土质微粒性质之间的性质。[①]至于最小的微粒，它的性质在改变微粒结构的炼金术过程中一直保持不变，因而它在类别上属于物体的普遍性质。也正因为如此，在《自然哲学之数学原理》第二版中，牛顿将此转变为“哲学推理的规则”之“规则III”：“物体的特性，若其程度既不能增加也不能减少，且在实验所及范围内为所有物体所共有，则应视为一切物体的普遍属性。”[②]这样的转变不是对《自然哲学之数学原理》第一版中“假设III”的否定，而是对“假设III”炼金术信念的强化处理。

第二，在炼金术研究进路上，牛顿与波义耳有所区别：“波义耳通过考虑微粒的形式(微粒的结构与孔隙)、微粒形式之间的适配性以及作用剂的渗透性筛选炼金术作用剂，而牛顿在炼金术实验中逐渐确信此路不通，从而将注意力转向微粒间的作用及作用剂的腐蚀性，并从此角度出发筛选炼金术作用剂。”[③]由此，牛顿对波义耳微粒哲学作了修正，提出了粒子与粒子之间存在着力的作用的概念。在《光学》“疑问 31”中，牛顿写道：“强水[硝酸]能溶解银而不溶解金，王水则溶解金而不溶解银，是否可以说，强水[的微粒]已细微到既足以钻进银又足以钻入金中去，但却缺少使它钻进金中去的吸引力；而王水[的微粒]则细微到足以钻进金也足以钻入银中去，但却缺乏使它钻进银中去的吸引力呢……”[④]

第三，对于炼金术与化学之间关系的处理，牛顿和波义耳都面临着相似的状况，近代化学研究的范式还没有形成，炼金术还受到很多人的青睐，以金属嬗变为主题的相关研究往往以炼金术的名义展开，某些化学的研究还需要借用炼金术的语言来表述，从而呈现出一种炼金术-化学混合在一起的状态，带有明显的炼金术性质。牛顿在《论酸的性质》一文中就以酸为例，概括性地陈述了他的微粒哲学以及相应的炼金术研究纲领——“一切物体都由可相互吸引的粒子形成：最小粒子的种种结合体可称为对应于第一级组成的种种粒子，由第一级组成粒子形成的种种组合体或集聚体可称为种种第二级组成粒子，以此类推，直至形成最后一级组成粒子。水银和王水都能渗入金或锡的最后一级组成粒子之间的孔隙之中，但却不能进一步渗入其他级别的组成粒子之间的孔隙；这样讲是因为，倘若某种溶媒能进一步地涌入其中，换句话说，倘若金的第一级组成粒子，甚或是第二级组成粒子能被离解，那么，这种金属就可被转变成一种液体，起码也会变得更柔软一些。又，倘若能使金发酵或

---

① Dobbs B J T. The Foundation of Newton's Alchemy, or, “The Hunting of the Greene Lyon”. Cambridge: Cambridge University Press, 1975: 228.

② [英]牛顿：《自然哲学之数学原理·宇宙体系》，王克迪译，武汉：武汉出版社，1992 年。

③ 袁江洋：《牛顿的炼金术：高贵的哲学》，《自然科学史研究》，2004 年第 4 期，第 294-295 页。

④ [英]牛顿：《光学》，周岳明等译，北京：科学普及出版社，1988 年。

腐败，就可能将金转变成其他的任何一种物体。锡或任何其他物体亦同此理”[①]。

总之，牛顿的炼金术研究是以波义耳的微粒哲学以及炼金术实验为其工作的起点的，呈现出机械论哲学基础上的炼金术特征。这是与传统炼金术不同的，鉴此，对于牛顿的炼金术实验，我们再不能以传统的炼金术实验来看待它，从而将其等同于传统的炼金术实验，对其加以贬斥，或者将其视作旁门左道，打入冷宫，或者将其视作与牛顿的其他成功的科学实践相悖。对于牛顿的炼金术，应该将其看作与牛顿的其他实验如光学实验、力学实验、化学实验一样，都是基于机械论的微粒哲学进行的，尽管牛顿的机械论哲学观念还不彻底。就此而言，多布斯的下面一段话还是恰当的："过去数十年中，一些历史学家一直不愿对牛顿炼金术正眼相看，并对牛顿炼金术一定与其公开阐述过的物质理论存在着内在联系这种见解嗤之以鼻。而现在我们知道，牛顿将炼金术作为一个至关重要的砝码，以弥补古代以及那时原子论的种种不足，这些不足涉及内聚性与活性、生命与生长以及上帝的支配与庇佑。牛顿在炼金术、神学、形而上学以及观察方面的探索，促使他逐渐形成了他关于物质的性质以及同物质相关的种种动力的最后结论。"[②]

当然，对牛顿炼金术的正名，并不是要肯定牛顿的炼金术，毕竟，牛顿的炼金术从大前提上看是错误的，因此，据此实验是不能得到想要的结果的，炼金术一定程度上延缓了化学革命。但是，对牛顿炼金术的机械论解释以及对化学的炼金术的说明，一定程度上能够促进炼金术的消亡以及近代化学的诞生及其发展，就此而言，炼金术-化学的存在有其进步意义。

（四）将微粒说、数学方法与实验方法综合起来

牛顿将微粒说、数学方法与实验方法综合起来。这样的综合不仅与力的概念和运动定律的提出有关，也与万有引力定律的创立不无关系。波义耳运用实验启发性地提出微粒说的思想也影响到了胡克。胡克认为，微粒一直在振动，如果这些微粒的振动彼此和谐，就很容易混合甚至结合为一个物体，否则就会因不和谐而彼此分开。胡克就说："这些微粒具有同样的大小、形状和质量，将会结合在一起或者说共舞，不同种类的微粒将会被抛出或挤出；同类的微粒，就像许多张力相同的弦一样，和谐一致地一起振动。"[③]如此，根据微粒振动来说明相关现象就成为胡克研究工作的核心。

---

① 转引自袁江洋：《牛顿的炼金术：高贵的哲学》，《自然科学史研究》，2004 年第 4 期，第 295 页。原文出自 Newton I. The Correspondence of Isaac Newton. Vol.3, 1688-1694. Turnbull H W. Cambridge: Cambridge University Press, 1961: 205-212.

② Dobbs B J T. Newton's Alchemy and his theory of matter. Isis, 1982, 73(269): 311.

③ Hooke R. Micrographia: Some Physiological Descriptions of Minute Bodies Made by Magnifying Glasses with Observations and Inquiries Thereupon. London: The Royal Society, 1665:15.

但是，胡克在应用上述原则解释生命自发活动现象时遇到了障碍。“并非自然界中的所有活动都可以用无生命的运动微粒来解释，还必须有别的东西在起作用。至于这种别的东西是否能够最终归结为无生命微粒的一种机制，这是胡克后来提出的核心问题，但他对此提出的看法并不一致。”[①]在这种情况下，有些时候，他认为自然现象是纯粹物质的，但另一些时候，他又持有完全相反的看法——物质和运动是两种基本本原，物质是“雌性的或母性的本原，它没有生命，是一种完全缺乏主动性的力量，直到仿佛被第二种本原[即运动]受孕为止”。[②]他把这第二种本原直截了当地称为“精气”(spiritus)，这也是对斯多亚学派的普纽玛的拉丁文表述。“这种语言使我们经由笛卡尔严格的微粒理论，回到了解释中包含着太多‘精气’和魔法的范·赫尔蒙特和帕拉塞尔苏斯。这是因为，一方面要使用一种丰富的以太，其中普纽玛和世界灵魂在与精细物质争夺优先地位，而另一方面，对自然的解释不能使生命世界的自发活动停止。”[③]

牛顿同样注意到了这种状况。通过系统地研究整个炼金术文献和他亲手做的数百个炼金术实验，牛顿坚信“即使是自然界中的‘生长作用’(vegetativen Wirkungen)也不能仅仅归因于微粒的运动”[④]。1669年，他写了一篇题为《论金属的生长》(“Uber die Vegetation von Metallen”)的总结性论文(该论文为私用)。它清楚地表明，牛顿和之前的胡克一样，早已超越了能够与正统微粒哲学相容的界限。“‘微粒的机械组合或分离’不足以解释自然界中的活动，‘我们必须求助于某种更遥远的原因’。”[⑤]

一开始，牛顿试图在与普纽玛和世界灵魂紧密关联的精细物质——“以太”中寻找这种原因。他甚至说道：“也许自然界的整个架构就是以太被一种发酵本原凝聚起来。”[⑥]他开始猜测，是否需要一种非常薄而精细的以太，使得行星通过这样

① [荷]H. 弗洛里斯·科恩：《世界的重新创造：近代科学是如何产生的》，张卜天译，长沙：湖南科学技术出版社，2012年，第185页。

② 转引自[荷]H. 弗洛里斯·科恩：《世界的重新创造：近代科学是如何产生的》，张卜天译，长沙：湖南科学技术出版社，2012年，第185页。原文出自 Henry J. Robert Hooke, the Incongrous Mechanist//Woodbridge. Robert Hooke:New Studies,The Boydell Press,1989:151.England. London: Routledge, 2017:149-180.

③ [荷]H. 弗洛里斯·科恩：《世界的重新创造：近代科学是如何产生的》，张卜天译，长沙：湖南科学技术出版社，2012年，第185-186页。

④ [荷]H. 弗洛里斯·科恩：《世界的重新创造：近代科学是如何产生的》，张卜天译，长沙：湖南科学技术出版社，2012年，第186页。

⑤ 转引自[荷]H. 弗洛里斯·科恩：《世界的重新创造：近代科学是如何产生的》，张卜天译，长沙：湖南科学技术出版社，2012年，第186页。原文出自 Westfall R S. Never at Rest: A Biography of Isaac Newton. Cambridge: Cambridge University Press, 1980: 307.

⑥ 转引自[荷]H. 弗洛里斯·科恩：《世界的重新创造：近代科学是如何产生的》，张卜天译，长沙：湖南科学技术出版社，2012年，第187页。出自 Newton I. The Correspondence. Vol.1. 1661-1675. Cambridge: Cambridge University Press, 1959: 364.

的以太时，可以免受阻力的影响而减速；而且也需要它异常坚硬，从而在系统中没有松弛，能够以惊人的速度传播光。但是到了 1679 年，“继续进行的以太思辨使牛顿确信，如果沿着这种道路走下去，含糊性是不可避免的。渐渐地，他开始猜测，在他的化学和炼金术实验中几乎触手可及的物质精细结构中，有力在起作用”①。

根据上述思想，在牛顿的经典力学中就有两个命题：

(1)所有的物理现象都可以用组成粒子之间的引力和斥力来解释。

(2)所有的现象都可以用渗透整个宇宙的活性细微流体(active subtle fluids)或以太来解释。

乍眼一看，上述两个命题似乎是不相容的，但是对于牛顿来说，两者还是相容的。对于粒子，如果它们之间的斥力足够强大，就可以使得粒子之间的距离变远，以致满足刚性的要求，导致一个粒子的轻微运动会立即影响周围的粒子。对于一个由极微小的粒子组成的以太来说，它与其他原子相比很小，彼此相距甚远，而且中间是真空，具有合适的稀薄度，因此对穿过它的行星没有抵抗力。这样，就可以解释自然界中所有的现象。在牛顿那里，对以太的进一步思考，是将实验与微粒说结合起来进行思考和行动的结果。问题是：相关的“力”究竟是什么呢？有一个什么样的机制和规律可以界定呢？对此，胡克与牛顿之间的通信成为该项研究推进的契机。

1679 年末，胡克给牛顿去信，询问牛顿是怎样看待他的以下理论的：利用一条惯性路线和一种将一个物体吸向另一个物体中心的力来研究行星的运动。显然，这次请教对牛顿发展自己的轨道力学具有非常重大的意义。牛顿回信搪塞道，他因忙于其他事务而多年很少考虑哲学了。但他还是在信中提出了一个关于地球日常自转的“怪念头”：当一个物体从空中落到地球上时，地球的日常自转并不会让物体落到正下方的那一点(这与一般人的观念相左)，而会让物体落在它原来位置的前面(即东侧)。胡克收到这封信后，给予了积极回应，他称根据他假定的惯性运动以及向心引力，牛顿描述的是一个物体下落时会划出一个椭圆的轨迹，而不是一个螺旋的轨迹。牛顿无法接受胡克对他的纠正，1680 年回信指出，即使没有阻力，物体也不会以椭圆路线下落，而会“在其离心力与重力交替压倒彼此的过程中进行或升或降的循环运动”。之后，胡克再次回应，称他原来就假定物体的重力总是与其到引力中心的距离的平方成反比，只是这样的物体的运动会划出什么样的路线呢？在这里，胡克向牛顿提供了研究直线运动惯性与向心引力之间的新动态关系的关键线索。接着，胡克向牛顿提出了一个相关的问题：由开普勒第一定律可知天体的运行轨道是椭圆，如何将平方反比定律与天体的运行轨道联系起来呢？胡克告诉牛顿，他毫不

---

① [荷]H. 弗洛里斯·科恩：《世界的重新创造：近代科学是如何产生的》，张卜天译，长沙：湖南科学技术出版社，2012 年，第 187 页。

怀疑牛顿轻易就会算出这个曲线到底是什么，它有什么特性，并提出这个比例的物理原因。虽然牛顿后来指责胡克无能，不愿继续与他通信，但牛顿后来还是向哈雷(Edmond Halley，1656—1742)承认，他与胡克的这次交流引发了他对天体力学的重新思考。的确，大约就是这个时候，牛顿迈出了重大的一步：用开普勒第二定律来证明一个沿着椭圆轨道运行的物体遵循引力平方反比定律。[①]

不仅如此，牛顿还与皇家天文学家弗拉姆斯蒂德(John Flamsteed，1646—1719)进行了一系列的通信。这些通信对于牛顿深化其天体运动的思考意义重大。1680 年 11 月初，天文学家观察到一颗大彗星，而且在随后的 12 月，夜空中又出现了一颗彗星。弗拉姆斯蒂德于 12 月 15 日告诉牛顿，他曾经预测 11 月出现的那颗彗星将会再次出现，所以他提前几天就开始寻找这颗彗星，并且终于再次发现了它。弗拉姆斯蒂德告诉哈雷，那颗彗星是一颗毁灭的行星，被太阳吸进了自己的旋涡。他说那颗彗星被吸到太阳前面的时候在太阳北极引力的作用下偏离了自己原来向南的路径，但同时太阳旋涡也使得这颗彗星侧向运动……牛顿无法接受弗拉姆斯蒂德的观点，于 1681 年 2 月末对其展开批判。他说，虽然他可以想象太阳会持续不断地吸引彗星，使彗星偏离原先的轨道，但是，太阳对彗星的吸引永远都不会使彗星的运动径直朝太阳方向运行。况且，太阳旋涡只会将彗星推离太阳。牛顿提出，解决这些问题的唯一方法，就是设想彗星转到太阳的另一面去了，承认太阳会发出一种向心引力，使行星沿着曲线运行，而且这种引力不是磁力。因为磁石(天然磁体)在高温下会失去磁力。更重要的是，就算太阳的吸引力像一块磁铁，且彗星像一块铁，弗拉姆斯蒂德还是没有解释清楚太阳怎么会对彗星从吸引突然转向排斥。牛顿在致弗拉姆斯蒂德的信中说道，那种 vis centrifuga(离心力)在近日点“超过了”引力，从而使彗星不顾太阳的吸引而倒退开去。离心力就是一个沿着轨道运行的物体离开吸引体的趋势(或程度)。虽然牛顿后来舍弃了离心力的概念，但是持续不断的引力这一概念成为他后来《自然哲学之数学原理》中所论述的更成熟的天体动力学的基石。[②]

应该说胡克的猜想对于牛顿创立万有引力定律意义重大。不过，胡克只是提出了猜想，将此猜想转化为严格意义上的科学的是牛顿。提出假说是一回事，用数学和实验确证假说则是另一回事。胡克提出“把原本和匀速直线运动的天体维持在椭圆轨道上的是一种与距离的平方成反比的力”的猜想后，一直没有公开他的证明，甚至声称他当时还不想暴露这一证明，除非清楚地知道其他任何人都无法给出这一证明。鉴此，1684 年 8 月，哈雷去剑桥求教牛顿，想请牛顿解决这一问题。这一行动最终促成了 1687 年牛顿的《自然哲学之数学原理》的出版。

---

① [英]罗布·艾利夫：《牛顿新传》，万兆元译，南京：译林出版社，2015 年，第 88-91 页。
② [英]罗布·艾利夫：《牛顿新传》，万兆元译，南京：译林出版社，2015 年，第 91-94 页。

在这本著作中，牛顿提出了万有引力定律，并对此作了解释：任何物体的运动都是在力的作用下进行的，这样的力是构成物体的微粒之间的作用力，而不是他早期假想的以太。世界上的万事万物都是由微粒构成的，每个物体内部的微粒都会对其他任何微粒施加一种引力，而且这种引力集中于物体的中心或质点。物体的质量越大，构成它的微粒的数量越多，引力就越强。引力的强度与距离的平方成反比。

根据万有引力定律，不仅能够推得开普勒第三定律，而且还能够解释行星围绕太阳的一系列运动现象以及潮汐现象，所有这些都得到经验的证实。从万有引力定律的提出和检验看，它不仅遵循了机械论哲学——微粒说，把这样一种哲学用于对事物现象的解释中，而且还根据“力”的概念，推导出规律性的数学公式以描述这种现象，再进一步根据观察实验等来检验这一数学公式。如此，就把微粒学说、数学和实验结合了起来，完成了科学的大综合。

考察牛顿完成科学综合的过程，在个人层面，与胡克、哈雷和弗拉姆斯蒂德的介入有关；在建制层面，与英国皇家学会有关；在学术交流层面，与期刊和通信有关；在思想观念与理论层面，与牛顿自身此前参与过第四种转变和第五种转变有关。相较于牛顿，惠更斯一直停留在意义明确、简单直观的运动微粒机制上，缺乏培根式的混合——实验与微粒说的结合，因此，他虽然于1675年在他的笔记中引入了一种新的力的概念，但是，并没有往前更进一步；胡克没有受过系统的数学训练，缺乏数学的严格性和思想的规范，因此，他虽然在1679年做出了天才般的猜想，但是仍然没有给出数学论证，提出万有引力定律。“要想发现万有引力定律，仅有胡克或惠更斯是不够的，只有两者的混合胡更斯(Hookgens)才可能成功。这种要求只有牛顿才能满足。”[①]

四、牛顿的后机械论哲学及其研究纲领的贯彻

从上述关于牛顿的分析中可以看出，他确实是“站在巨人的肩膀上”，将前人进行的“微粒说革命”“数学革命”“实验革命”进行了综合，提出了万有引力定律，创立了经典力学，成为近代科学革命的集大成者。问题是：牛顿何以能够提出“万有引力”概念的？牛顿的研究纲领如何？应该如何看待它们？

(一)基于后机械论哲学，提出万有引力概念

根据机械论哲学，上帝创造了粒子和原子，这些粒子和原子具有一定的大小、

① [荷]H. 弗洛里斯·科恩：《世界的重新创造：近代科学是如何产生的》，张卜天译，长沙：湖南科学技术出版社，2012年，第193页。

形状、运动和不可分割性等几种基本的属性，其所呈现出来的性质或者现象，是由各种各样的粒子或原子按照上帝设定的自然定律运动或碰撞(推、拉或挤压等)而产生的，其中存在着各种各样的碰撞力等接触力，没有接触就没有力，没有接触及其作用的发生，即没有其中所蕴含的“时间绵延”，就没有力。

但是，在牛顿这里，万有引力之“引力”不是上述粒子或原子之间的推、拉或挤压，而是一个瞬时的超越距离限制的作用。这种作用是如何发生的呢？

流行的观点认为，是牛顿的“上帝的第一推动”导致了超距作用。不过，新的观点指出，牛顿本人并未明确地将引力描述为一种由神赋予的精神性力量。相反，他更多地关注于数学地描述天体之间的引力作用，而对于这种力的本质，他留下了开放的空间。对此，舒斯特坚持第一种观点，认为在牛顿那里，上帝不仅创造了粒子或原子，而且还创造了那些比粒子更高级的精神层次的“施动者”(causal agents)——“引力”，这些“引力”是非物质的因果性的“施动者”，它们并不存在于粒子之中，也不存在于粒子相互碰撞或物体相互碰撞的作用力之中，而是存在于上帝在造物之时所赋予物的一种非物质的(精神性的)因果性施动者之中，正是它依据完美对称的数学方程式，让自然以似自然律的方式作用并导致了粒子运动。[①]

比较牛顿的自然哲学与传统的机械论哲学，牛顿坚持了其最基本的内涵——粒子及其粒子之间的作用，但是，他又引入了非物质的(精神性的)因果“施动者”，就此来看，他非常类似于开普勒，似乎回到开普勒和其他新柏拉图主义者那里。“他的自然哲学以一种不同寻常的和富有成效的方式综合了机械论的和新柏拉图主义哲学的理论成分。”[②]就此，舒斯特把牛顿的自然哲学称为“后机械论自然哲学”(Post-Mechanistic Natural Philosophy)。[③]

进一步的问题是：牛顿为什么采用了后机械论自然哲学？他又是如何通过后机械论自然哲学提出万有引力概念的？这涉及牛顿的个人生平以及制度的、社会的、宗教的、政治的等因素。

20 世纪 70 年代，学者曼纽尔(Frank Manuel)在《牛顿的肖像》(*A Portrait of Isaac Newton*)中依据弗洛伊德(Sigmund Freud，1856—1939)的精神分析学，结合牛顿的人生经历，对此进行了分析。他认为，牛顿之所以能够提出万有引力，是出于潜意识结构的有意识表达。一是牛顿是个遗腹子，出生于旧历 1642 年的圣诞节，从未见到过自己的父亲，由此，牛顿潜意识地认为自己是上帝之子，上帝赋予其特别的才

---

① [澳]约翰 • A. 舒斯特：《科学史与科学哲学导论》，安维复主译，上海：上海科技教育出版社，2013 年，第 409 页。

② [澳]约翰 •A. 舒斯特：《科学史与科学哲学导论》，安维复主译，上海：上海科技教育出版社，2013 年，第 410 页。

③ [澳]约翰 •A. 舒斯特：《科学史与科学哲学导论》，安维复主译，上海：上海科技教育出版社，2013 年，第 415 页。

能，以揭示上帝的秘密；二是在牛顿出生3年后，他的母亲就改嫁了，他是由他的外祖母抚养长大的。他经常梦中看到他的母亲几乎总是站在那里，但是他却没有办法“触及”她。牛顿与他母亲之间这种奇特的关系，使他的心理升华为一种有意识表达，即万有引力。①

从牛顿的人生经历以及万有引力这种非物质的(精神性的)“施动者”特征来看，上述分析比较有趣，亦有一定道理，不失为一个视角。从影响牛顿思想的各种可能因素如生平、制度、社会等广阔背景，来分析牛顿为什么会成为一名后机械论自然哲学家，以及如何在这种自然哲学的框架内提出万有引力概念，也是必不可少的。

舒斯特认为，牛顿于1661年进入剑桥大学三一学院之后，就接触到了机械论哲学。只是在大学里，机械论哲学思想是以非正式的方式传播的。牛顿接受了这一思想，但是他在技术和科学层面以及神学层面，并不完全信奉这一思想，而是对此展开冷静的批判。如牛顿认为，根据机械论哲学，镜子表面也是由粒子构成的，因而是“粗糙”的，当入射光线以一定角度照射到此镜面时，光的微粒将与镜面上的微粒发生不可控制的碰撞，从而不可预见地向四面八方散射，而不会发生直线性的反射现象。如此，机械论哲学是无法解释光的反射定律的。为了解释反射定律，牛顿认为，镜面上的粒子形成的物理平面是参差不齐的，但是这些粒子在很短的距离内发射少许斥力，从而在其上形成一个很薄但完全平直的数学平面；入射光线也是由光粒子构成的，这些光粒子在一定距离内也发射少许斥力；当光线照射到镜面时，光粒子的斥力场与镜面粒子的斥力场发生非物理的精神的相互作用，结果是出现一条紧密的反射光线，并且入射角与反射角相等②。具体情形见图10.4。

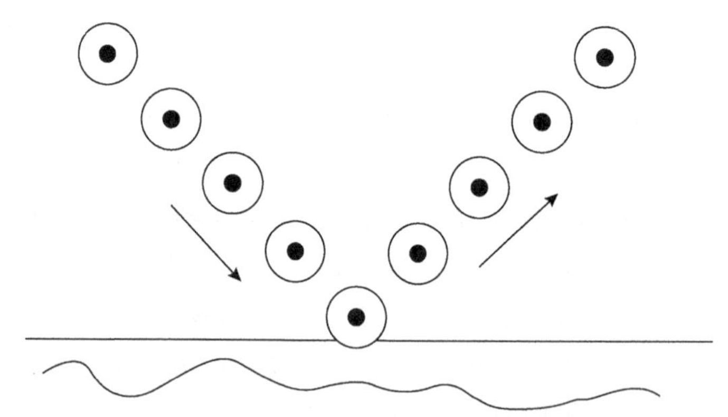

图10.4 牛顿的答案：短程力场的相互作用③

① Manuel F E. A Portrait of Isaac Newton. London: Frederick Muller Limited, 1980: 23-35.

② [澳]约翰·A. 舒斯特：《科学史与科学哲学导论》，安维复主译，上海：上海科技教育出版社，2013年，第420-422页。

③ [澳]约翰·A. 舒斯特：《科学史与科学哲学导论》，安维复主译，上海：上海科技教育出版社，2013年，第422页图22.4。

由此，牛顿通过对短程斥力这一概念的建构，比较充分地解释了光的反射现象，并用一种数学的简明性表达了这一现象。“牛顿的观点是机械论的，但除了机械论之外还有其他东西，因为他担心机械论哲学的技术性，所以添加了这些非机械论的动因和作用力。”[①]这也是舒斯特称牛顿的自然哲学为“后机械论自然哲学”的原因。

其实，根据舒斯特的考察，牛顿之所以持有后机械论自然哲学思想还有其理论来源。在17世纪60年代，牛顿在剑桥与两个人过往甚密，他们是摩尔(H. More，1614—1687)和卡德沃思(R. Cudworth，1617—1688)。这两个人都是剑桥新柏拉图主义者，生活在英国的不稳定时期(17世纪50年代和60年代，英国经历了内战、革命、处死国王和政府的更替、宗派主义的暴动事件，以及最后1660年斯图亚特王朝的复辟)，出于担心天主教徒的动乱，也出于希望1660年斯图亚特王朝的复辟的社会的安定，他们选择反对天主教徒和清教徒的哲学观点，远离亚里士多德哲学，拒斥巫术过度的狂热以及自然巫术的不理智形式，投入到机械论哲学的怀抱。不过，他们也反对无神论的极端机械论，也有点不相信纯粹形式的机械论[②]。他们认为：“我们是机械论者，但是我们也认同上帝以其仁慈之心把某些非机械性的、精神的力量放入自然之中，这就使得自然现象不仅由纯粹的机械原因所致，而且也显现了上帝的能力和仁慈。”[③]

上述剑桥新柏拉图主义者的政治观点以及自然哲学思想，给牛顿留下了深刻印象，也成为牛顿建构自己后机械论自然哲学思想的理论框架和形而上学背景。这也表明，诸如万有引力这样的概念，并不是在自然界中发现的，也不是从纯粹的观察事实中归纳推理出来的；它是非物质的精神性的“施动者”，我们永远也观察不到它；它是牛顿在后机械论自然哲学的框架内建构出来的，建构这一概念的目的是解释观察到的现象。就此而言，“万有引力”概念及其“万有引力定律”，就是一个历史的建构，这种建构扎根于复杂的历史研究模式和历史条件之中；就是一个复杂的“文化”集成，而不完全是“自然”的镜像。至于舒斯特所称的“万有引力完全是一个历史的建构”以及“科学理论是复杂的‘文化’集成，而不是‘自然’的镜像”[④]，这种观点太过于绝对了，值得商榷。

不容怀疑的是，牛顿之所以提出“万有引力”，部分因为他把神秘主义融入了机械自然观中。“我们在牛顿的作品中看到的是机械论的思想与深厚的神秘主义思

---

① [澳]约翰·A. 舒斯特：《科学史与科学哲学导论》，安维复主译，上海：上海科技教育出版社，2013年，第422页。

② [澳]约翰·A. 舒斯特：《科学史与科学哲学导论》，安维复主译，上海：上海科技教育出版社，2013年，第423-424页。

③ [澳]约翰·A. 舒斯特：《科学史与科学哲学导论》，安维复主译，上海：上海科技教育出版社，2013年，第424页。

④ [澳]约翰·A. 舒斯特：《科学史与科学哲学导论》，安维复主译，上海：上海科技教育出版社，2013年，第429页。

想的完美融合。”[①]这种融合是如何发生的呢？

开始，牛顿是运用笛卡儿的方法思考相关问题的。他接受笛卡儿的假设，认为行星之所以保持在稳定的轨道上运转，是由于两种力的平衡作用：一种是从中心向外的离心力，另外一种是从中心向内的向心力。根据笛卡儿的漩涡理论，月球绕地球旋转产生的离心力被不断下降的粒子流(ever-descending streams of particles)所抵消，因为粒子流产生向心力，将月球推向地球。对于地球上的任何物体如苹果，没有受到离心力的足够作用，无法抵消下降粒子的力，就会按照向心力下落。至于他本人之后所宣称的“在那时，他就提出了万有引力的普遍原理”，则未可信。

对于上述笛卡儿假说的正确性，笛卡儿自己从来没有进行数学论证。牛顿在1665—1666年运用精湛的数学技巧似乎论证了它，即维持行星在其轨道上运转的力与地球表面的力是相同的，符合同一种规律。

虽然如此，牛顿这里所称的“力”还是与笛卡儿的“力”不同。笛卡儿的“力”表示的是物质之间的相互碰撞或撞击而导致运动，当笛卡儿主义者要解释诸如重力和磁力这类神秘的力(forces)或力量(powers)时，他们不得不求助于有关螺旋线粒子(screw-threaded particles)的细节性想象。而在牛顿那里，他受炼金术、巫术和宗教信仰等的影响，还保留着自然的神秘主义思想。

牛顿在炼金术上所花的时间远远超过他花在数学和物理学上的时间。他是一个炼金术的狂热信奉者。他信奉炼金术并非要把铅转变成金子，而是要找出物质运动和活动的神秘来源。1675年，他把他的《解释光的特性的假说》论文寄给皇家学会。[②]在这篇文献中他写道：“也许整个自然界不过是某些缥缈的精灵或蒸汽的种种情景，它们好像是通过沉淀凝结起来的，很像水蒸气在水中凝结起来的样子，或者是呼出的气体，虽然不那么容易凝结，但却变成了更粗糙的物质；凝结成各种形状；起初是由造物主直接的手创造的；从那以后，由于大自然的力量，通过指令，增加和繁殖，成为一个完全的模仿者的复制品所设定的原生质体[③]。因此，也许所有的事物都起源于以太……光和以太相互作用。”[④]这样的描述充分体现了牛顿的炼金术思想以及神秘主义思想，促使牛顿得出结论，即物质粒子之间一定存在着相互吸引与相互排斥的力。

---

① Henry J. A Short History of Scientific Thought. New York: Palgrave Macmillan, 2012: 150.

② 牛顿的这篇论文当时没有通过英国皇家学会的审稿，理由是皇家学会拒绝这种仅仅基于想象猜测的假设性解释的东西，而强调处理不可否认的事实。他们想让所有人相信，他们只强调事实，拒绝“假说”。牛顿并不知道这一点，从而造成投稿后被拒的结果。

③ 1861年由舒尔策(Max Schultze)提出，其认为有机体的组织单位是一小团原生质，这种物质在一般有机体中是相似的，并把细胞明确地定义为：“细胞是赋有生命特征的一团原生质，其中有一个核。”1880年海斯泰因(Hanstain)将细胞概念演变成由细胞膜包围着的原生质，分化为细胞核和细胞质。

④ 转引自 Henry J. A Short History of Scientific Thought. New York: Palgrave Macmillan, 2012: 154.

如果没有胡克和哈雷，也许牛顿还不能那么快地把他在炼金术中所持有的这一思想扩展到宇宙学中。胡克在阅读开普勒的《新天文学》之后得出结论：行星之所以围绕确定的轨道运行，不像笛卡儿所说的那样依靠离心力和向心力的平衡，而是行星在一个与太阳和行星之间的距离平方成反比的引力的作用下，使得惯性的切向运动弯曲成一个封闭的轨道。17 世纪 70 年代末，胡克写信给牛顿，询问他对这一理论的看法。牛顿给予了回答并交流看法。之后哈雷于 1684 年参与进来，促使牛顿进一步思考这一问题，最终提出万有引力定律。韦斯特福尔认为，在此之前，牛顿认为吸引力和排斥力只存在于炼金术的语境中，即物体的微小粒子之间的作用力，多亏了胡克和哈雷，促使他认识到这些力与整个物理学有关，包括宇宙学。①

在 1687 年出版的《自然哲学之数学原理》一书中，牛顿说道："我希望能用同样的推理方法从力学原理中推导出自然界的其他许多现象。因为有许多理由使我猜想，这些现象都是和某些力相联系着的，而由于这些力的作用，物体的各个粒子通过某种还不知道的原因，或者相互接近而以有规则的形状彼此附着在一起，或者互相排斥而彼此分离。正由于我们还不知道这些力是什么，所以直到现在哲学家对自然界的探讨都以失败而告终，但是，我希望本书所奠定的原理将对这种或某些更正确的哲学方法提供一些线索。"②

从上面的一段话中可知，牛顿是机械自然观的贯彻者，但是，由他的"我们还不知道这些力是什么"可知，这样的力——重力或万有引力以"超距"的形式作用，是神秘的。他说："现在，我们可以加上一些关于某种最'微妙的精神'的东西，这种精神弥漫并隐藏在所有的物体之中；通过这种力和作用，物体的微粒在近距离相互吸引，如果是连续的，就会凝聚在一起；电体的作用距离更大，同时排斥和吸引邻近的微粒；光被发射、反射、折射、弯曲并加热物体；所有的感觉都是兴奋的，动物的身体在意志的命令下运动，也就是通过这种精神的振动，沿着坚实的神经纤维相互传播，从感觉器官到大脑，从大脑到肌肉。但是这些事情不能简单地用几句话来解释，我们也没有足够的实验来精确地确定和论证这些电的和弹性的精神所遵循的法则。"③

牛顿为何能够接受这样的神秘的"力"？除了上面所述的原因外，还与牛顿对笛卡儿"力"的学说的批判性考察紧密相关。

---

① Westfall R S. Never at Rest: A Biography of Isaac Newton. Cambridge: Cambridge University Press, 1980.

② 转引自[英]牛顿：《牛顿自然哲学著作选》，王福山等译，上海：上海译文出版社，2001 年，第 16-17 页。

③ Schlagel R H. Three Scientific Revolutions: How They Transformed Our Conceptions of Reality. New York: Humanity Books, 2015: 62-63.

根据笛卡儿的相关理论，如果下降的粒子流将物体推向地球的说法是正确的，那么我们就会认为物体的表面积是一个相关因素。但是，牛顿的万有引力定律表明两个物体之间的万有引力与物体的质量成正比，因此，万有引力应该是由物体的最深处或中心处发出并传递到遥远的地方。牛顿在他的《自然哲学之数学原理》第二版中补充道："可以肯定的是，它(万有引力)一定缘于一个深入太阳和行星中心的原因，而且没有丝毫减少；它所起的作用不是根据它所作用的粒子的表面的量，而是根据它们所包含的固体物质(the solid matter)的量，并把它的功效从四面八方传播到极远的地方。"[①]

而且，巫术传统对牛顿也有很大的影响。巫术师们经常被迫承认他们不知道某物是如何运作的(因为它是神秘的或隐秘的)，但是，他们声称他们可以通过实验证明它确实这样运作。牛顿继承了这一思想，认为对于万有引力和磁力，也可以宣称它们是事实，理由是它们可以很容易地通过实验研究或者通过数学分析进行详细的论述。这点也是当时英国皇家学会的做法，可以被看作是向自然巫术传统的回归。

总之，"牛顿的成就在于将机械论哲学与存在神秘的力(forces)和力量(powers)的信仰相结合。当然，他对存在这些神秘的力的信仰源于他自己在炼金术方面的工作，也源于英国自然哲学中一个源远流长的传统，这一传统始于威廉·吉尔伯特，弗朗西斯·培根使之在哲学上受到尊敬，并被英国皇家学会奉为经典。在这种传统中，身体被假定藏有秘密或具有隐藏的力量，可以通过实验来证明和研究，即使它们永远无法用机械学术语来解释"[②]。

也许正是牛顿提出的万有引力概念如此地奇怪，具有非机械的超距作用，以至于当时一些重要的机械论哲学家如惠更斯并不认为万有引力是真实的，也不认为牛顿的后机械论自然哲学是可以接受的。但是，随着牛顿经典力学应用的成功，即通过牛顿三大运动定律和万有引力定律，不仅可以推导出伽利略的落体定律、笛卡儿的惯性原理以及开普勒的行星运动三定律，而且还能够解释潮汐现象、彗星的运动、地球的形状等，越来越多的人认为牛顿的后机械论自然哲学是正确的，牛顿的万有引力是存在的并且是正确的，从而沿着他开创的研究纲领向前迈进。

但是，牛顿的万有引力定律也不是不可置疑的。他本人对超距作用以及不需中间媒介的作用表示怀疑，感到这是不可理解的。从现代物理学的观点看，任何作用都不可能瞬间发生，因为任何物质的运动速度都不可能超过光速。而且超距作用也不是不需要媒介，它通过引力场来传递。

(二)从运动现象分析自然之力，再从自然之力证明其他现象

伽利略、笛卡儿的工作虽然奠定了机械自然观的基础，但还不足以使力学真正确

① 转引自 Henry J. A Short History of Scientific Thought. New York: Palgrave Macmillan, 2012: 153.

② Henry J. A Short History of Scientific Thought. New York: Palgrave Macmillan, 2012: 151.

立起来，主要原因在于他们对与物体运动相关的“质量”“动量”“惯性”“力”等基本概念的认识，还存在着较大的模糊和混乱，还不能将引起物体运动变化的原因归结为力的作用，也不能通过这种力来解释物质的运动。

牛顿接受了上述概念词项，并赋予它们以清楚的含义。如分析牛顿的“力”的概念，并不是一个像文艺复兴时期自然主义中“爱”和“憎”一样含糊的、起决定性作用的词，也不完全是那种解释碰撞作用的“一个物体对另一个物体的压力”，而是改变物体机械运动状态的、能够精确度量的力学上的一种物理量。牛顿通过在物质和运动基础上加上一个新的范畴“力”，在伽利略的数学传统中引入笛卡儿的微粒间的相互作用，从而将数学力学和机械论哲学综合了起来。力的概念使自然科学达到了一个前所未有的水平，并从此成为科学实证的范例。

明晰这些概念的意义非常重大。原因是：“他不仅对力、质量、惯性等概念作了精确的数学运用；而且还为时间、空间、运动等旧术语赋予了新的含义，这些术语在牛顿之前并不重要，而现在却变成了人们思维的基本范畴。”[①]“牛顿利用了像力和质量这样的模糊术语，但赋予它们一种作为‘定量的连续体’(quantitative continua)的精确含义，使得通过运用这些术语，物理学的主要现象变得可以用数学来处理。”[②]根据牛顿的观点，他的理想是最终证明，一切自然现象都可以按照数学力学来说明。

概念明晰只是牛顿建立他的研究纲领的第一步。在此基础上，牛顿提出了他的核心研究纲领：“从运动现象来考察自然之力，然后根据这些自然之力去论证其他现象。”[③]这可以分为三个主要步骤：“首先是通过实验对现象进行简化，从而把握和精确定义现象的那些定量变化的特征及其变化方式。后来的逻辑学家实际上忽视了这个步骤，但显然正是以这种方式，牛顿精确地确定了光学中的折射和物理学中的质量等一些基本概念，并且发现了关于折射、运动和力的更加简单的命题。第二步是对这些命题进行数学阐述(通常要借助于微积分)，使得这些原理在出现它们的任何量或关系中的运用能够在数学上得到说明。第三步是进一步作精确的实验，以便(1)证实这些推论可以应用于任何新的领域，并把它们归结为最一般的形式；(2)如果现象比较复杂，就要查明可作定量处理的任何额外原因(在力学中是力)是否存在并确定它们的值；(3)如果这些额外原因的本性依旧模糊，那么就要拓展我们目前的数学工具，以便能更有效地处理它们。”[④]通俗地说就是，首先通过观察或实

---

① [美]埃德温·阿瑟·伯特：《近代物理科学的形而上学基础》，张卜天译，北京：商务印书馆，2018年，第21页。

② [美]埃德温·阿瑟·伯特：《近代物理科学的形而上学基础》，张卜天译，北京：商务印书馆，2018年，第20页。

③ 转引自 Henry J. A Short History of Scientific Thought. New York: Palgrave Macmillan, 2012: 152.

④ [美]埃德温·阿瑟·伯特：《近代物理科学的形而上学基础》，张卜天译，北京：商务印书馆，2018年，第219-220页。

验，根据“自然的一致性(或简单性)原则”“同因同果的线性因果决定性原则”“物体属性的普遍性原则”“归纳主义的原则”，从现象中推出普遍的规律，获得与运动现象有关的科学事实；然后再假设承载此现象的物质是由某种微粒构成的，从运动现象出发努力分析并发现这种微粒之间存在着某种力，这种力及其现象有一定的性质及大小，可由一定的数学方程来表示；最后通过这种数学方程来预言或解释其他的运动现象，而且，也可以通过种种其他的现象来证实该数学理论的正确。

牛顿在他的著作中很好地贯彻了他的研究纲领。在他的经典著作《自然哲学之数学原理》中，他清楚地定义了涉及物质运动的“质量”“动量”“惯性”“时空”等基本概念，提出了运动三定律和万有引力定律，构建起了严谨的经典力学体系。而且他开始把表面看来并非力学现象的“自然界的其余现象”与“力学原理”联系起来，要从力学原理中导出它们。他明确地把热看作是物体微粒的振动，并且以此为基础，假定物体微粒间的斥力与距离成反比，从力学原理中推导出波义耳定律(虽然此定律是由波义耳运用实验发现的)；他将微粒说作为光学理论的基础，把光学还原为力学，借助于微粒说，运用力学机制来推导出包括折射定律在内的许多光学定律，建立起了近代科学中第一个光学理论。可以说，牛顿借助于力学还原论实现了科学史上的一次大统一，通过事物之间的万有引力，将天上物体的运动与地上物体的运动统一了起来。

这是一种从现象到理论的科学研究方式，是牛顿所坚守的。牛顿宣称他不杜撰假说。牛顿做出的这一宣称是有原因的。这种原因与牛顿当时受到的责难以及当时“假说”的内涵有关。

在牛顿于 1664 年、1666 年以及 1672 年进行了他的光学实验并提出相应的光学理论之后，帕迪斯(Ignatius Pardies，1636—1673)称牛顿的论文是“一种最巧妙的假装”“一种非凡的假说”。他说，如果它是真的，那么它就会颠覆光学的基础。对此，牛顿认为这不是一种侮辱，他回应道：“我不认为可敬的神父把我的理论称作假说是不适当的，因为他不熟悉它。但是，我的意图却大相径庭，因为它似乎只包含了光的特性。光的特性现在已经被发现了，我认为证明它们很容易。如果我不把它们当作真的，那么我宁可人们把它当作徒劳、空洞的推测，也不愿意人们承认它是一种假说。”①

这就是说，牛顿认为他的理论是真的、正确的，不应该用“假说”来称呼。实际上，在中世纪，假说有三种不同的含义：一是逻辑学的，如“人终有一死，苏格拉底是人，所以苏格拉底必死”；二是数学的，如托勒密的“地心说”和哥白尼的“日心说”，它们是基于不同的假说做出的论证，对于此假说，不在于它是否真实，而在于它是否产生准确的结果；三是实证意义上的，相关的假说的真实性很重要，

---

① 转引自[英]戴维·伍顿：《科学的诞生：科学革命新史》(上册)，刘国伟译，北京：中信出版社，2018 年，第 421 页。

假说提出后必须要经受观察或实验的检验以判别其真伪，如果通过了实验检验，则是真的，成为理论，否则就是假的，成为假说。[①]根据这三种含义，牛顿拒绝用“假说”来称呼他的光学理论，也就有情可究了。至于他为何“不构想假说”，倒是值得进一步深究，毕竟“假说-演绎方法”是科学普遍的方法。

（三）牛顿研究纲领在 18 世纪的贯彻

基于机械论哲学，牛顿运用其相应的研究纲领，创立了经典力学。这具有重大的意义：一是将天上和地上物体的运动统一了起来；二是把人们对机械运动（位置变动）的认识从运动学水平提高到了动力学的水平；三是把对物体运动状态的描述从变化的结果提高到了对变动过程的认识；四是把原来被看作是孤立的力学事件联系起来形成一个因果的链条。

或许是牛顿科学的巨大成功，牛顿之后，他所坚持的自然观以及以机械的方式解释世界的科学思想路线，被许多科学家接受，成为他们行动的指南。这一时期的科学都是在牛顿的研究纲领下进行的，都被“牛顿化”（Newtonized）了。为了进一步合理地贯彻牛顿机械论纲领，18 世纪的许多杰出的科学家们力图构建隐藏在现象背后的某种假想实体，并赋予这种实体以纯机械的（力学的）性质，以便对复杂的自然现象做出统一的机械论解释。具体而言就是，比照牛顿力学中把具有质量的客体作为力学的实体来加以研究的方法，提出各种粒子学说，并假设粒子间具有各种作用力，从而解释自然现象，由此出现了广泛使用“力”这一概念的现象。

在力学上，为了说明膨胀现象，提出了膨胀力；在光学上，为了说明光的折射现象，提出了折射力。

在热学上，18 世纪波尔哈夫（Hermann Boerhaave，1668—1738）提出热质说；之后 18 世纪 60 年代，布莱克（Joseph Black，1728—1799）提出比热的概念；1798 年，伦福德（Rumford，1753—1814）提出热动说，认为在钻孔的过程中，钻孔机的机械运动转变成了热，热是运动的一种形式——热动说，这一学说 70 多年后才被接受。

在电学上，17 世纪的吉尔伯特在他的《论磁》一书中区分了磁和电，萨克森地区马德堡的盖里克（Otto von Guericke，1602—1686）做了摩擦带电现象的实验。到了 18 世纪，带电玻璃球和棍棒成为风靡欧洲的娱乐用具，有的吸引，有的排斥，而且当时的科学家提出电流体说；1729 年，格雷（Stephen Gray，1666—1736）发现了导电现象；1745 年左右，荷兰与波美拉尼亚的发明家分别发明了莱顿瓶（Leyden jar）；1752 年，本杰明·富兰克林（Benjamin Franklin，1706—1790）做了闪电的放电实验；1785 年，库仑（Charles-Augustin de Coulomb，1736—1806）提出了“库仑定律”，之

---

① ［英］戴维·伍顿：《科学的诞生：科学革命新史》（上册），刘国伟译，北京：中信出版社，2018 年，第 423-425 页。

后不久，进一步提出磁力也符合平方反比定律。

在化学上，1697 年，斯塔尔提出“燃素说”，1779 年，拉瓦锡提出他的“燃烧学说”；若弗鲁瓦(Étienne François Geoffroy，1672—1731)18 世纪初提出“亲合力表”，开始用“力”来解释化学现象。

在生物学上，为了说明生命现象，提出了活力、生命力和消化力，等等。

考察牛顿研究纲领在 18 世纪的上述应用，是以本体论的微粒以及微粒间的力的作用为哲学基础的，由此有学者将此称为 18 世纪思辨哲学体系。具体内涵见表 10.2。

表 10.2　18 世纪思辨哲学体系[①]

代表人物	主要作品	核心观点
赫尔曼・波尔哈夫(Hermann Boerhaave，1668—1738)	《化学实验法则》(*Institutiones et experimenta chymicae*，1724 年)	认为火是自然界膨胀活动的原因，并且包含在所有物质中。所以，物质的引力遵循牛顿的万有引力定律，但也包含着一种斥力，是由它的内在之火赋予的
斯蒂芬・黑尔斯(Stephen Hales，1677—1761)	《植物的静电》(*Vegetable Staticks*，1727 年)	接受了牛顿的观点，认为气体的粒子必须互相排斥，并试图从气体的排斥粒子和其他物体的吸引粒子之间的相互作用来解释化学过程
约翰・罗宁(John Rowning，1701？—1771)	《简明自然哲学体系》(*Compendious System of Natural Philosophy*，1735 年)	认为粒子在不同距离上交替地相互吸引和排斥，以此来解释硬度和柔软度、凝聚力和液化、弹性等
戈温・奈特(Gowin Knight，1713—1772)	—	他试图证明所有成熟的现象都可以用两个简单的主动原则来解释，即吸引和排斥(1748 年)
罗杰・约瑟夫・博斯科维奇(Roger Joseph Boscovich，1711—1787)	《自然哲学理论》(*A Theory of Natural Philosophy*，1758 年)	论证说，物体不是由物质构成的，而是仅由具有惯性并具有一定边界吸引力的几何点构成(接近到几何点)，当吸引力转换为排斥力时(并产生坚固感)
约瑟夫・普利斯特列(Joseph Priestley，1733—1804)	《关于物质与精神的论述》(*Disquisitions on Matter and Spirit*，1777 年)	将博斯科维奇的理论引入了英国，并用它论证了世界并没有分为被动物质和主动精神，但该物质是活跃的，具有吸引力和排斥力
布赖恩・希金斯(Bryan Higgins，1737—1820)	《关于……火与光……以及其他化学哲学主题的实验和观察》(*Experiments and observations relating to...the matter of fire and light...and other subjects of chemical philosophy*，1786 年)	认为物质粒子坚硬且呈球形，并被火气包围，其结果是粒子可以表现出吸引力和排斥力

① Henry J. A Short History of Scientific Thought. New York: Palgrave Macmillan, 2012: 166, Box 14.2.

续表

代表人物	主要作品	核心观点
詹姆斯·赫顿(James Hutton，1726—1797)	《关于自然哲学的不同主题的论文》(*Dissertation on Different Subjects in Natural Philosophy*，1792 年)	认为关于两种物质的争论，即引力的吸引物质和排斥的太阳物质(后者在光、火和电中最清楚地表现出来)，甚至暗示着惯性是由物质的吸引力和排斥力的平衡产生的

从表 10.2 所呈现的 18 世纪代表人物的主要著作题目以及核心观点可见，这一时期的科学是科学与哲学、实证与思辨的结合，实证的研究是以观察、实验、测量为基础的，思辨的解释是以寻找现象背后的原因为策略。这种策略在当时作为某种自然现象暂时还不知道原因的代名词，作为用来说明自然现象的权宜之计，是允许的，甚至是有益的，为非力学领域整理科学材料，说明有关自然现象，深化科学研究的工作，提出科学假说，创立科学理论，创造了条件。但是，上述这种寻找现象背后原因的策略应用显得呆板、教条、机械，假想的成分很重。如果固守这种力的说明方法而不进一步去探讨有关现象背后的真实原因，就很有可能抹杀不同自然现象之间质的差别，阻碍认识的进步。科学史上燃素说之于燃烧学说、热质说之于热动说，就说明了这一点。

这里以燃素说和燃烧学说为例，说明这一问题。

某些物质加热后是可以产生燃烧现象的。针对这一现象，存在着各种各样的说法。17 世纪，作为炼金术士的贝克尔(Johann Joachim Becher，1635—1682)指出，所有的物质都是由空气、水和土构成，土有三种，分别为油脂土(terra pinguis)、水银土(terra mercurialis)和石头土(terra lapida)。17 世纪后期，斯塔尔(1660—1734)把贝克尔的油脂土改称为燃素(phlogiston)，并把它说成是一种强有力的“火焰、炽热、白热、热的”流体，当物体燃烧、锻炼或以其他形式变化时，就会释放或者消耗这种流体。

燃素论者用燃素说解释燃烧现象时认为，一切与燃烧有关的化学变化都可以归结为物体吸收燃素和释放燃素的过程。煅烧金属，燃素从中逸去，金属变成了煅渣；煅渣与木炭共燃时，煅渣又从木炭中吸取燃素，重新变成金属。在燃素论者看来，物体中所含的燃素越多它燃烧起来就越旺，如油脂、炭黑、硫、磷就是富含燃素的物质；反之，如石头是不含燃素的物质，就不会燃烧。

鉴于大多数化学现象似乎可以用燃素得到说明，燃素说在它流行的一百多年里被绝大多数科学家相信，以至于他们或花费很大精力投入到寻找燃素的工作中去，或用燃素说牵强附会地解释与燃素说相矛盾的燃烧现象。

比如说，如果化学家把燃素看作是一种物质，那它就应该具有重量。但是，在煅烧金属时，金属是要释放燃素的，为什么失去燃素后所得的煅渣重量反而增加了呢？有人认为，燃素应具有一种负重量(或“正轻量”)，它具有不被吸向地心、反其方向而上升的性质。不过，这一点违反了万有引力定律。

再比如说，根据燃素说，空气是一种元素，燃素是一种可以构成火的元素，一切可燃的物体都含有燃素。既然如此，为什么燃素离开空气后就不能起作用了呢？胡克曾提出了这样的见解：空气仿佛是一种溶剂，燃素只有通过空气的溶解才能从物体中释放出来。但后来的实验发现，空气中有一部分气体不能助燃，并会使动物窒息，被称作“浊空气”。既然空气是燃素的溶剂，那为什么有的能自燃(“可燃空气”)，有的不能助燃(“浊空气”)，可见空气不可能是一种元素，而只能是一种含有不同成分的混合物。

1755年，布拉克(J.Black，1728—1799)发表了《关于钱石、生石灰和其他碱性物质的实验》的论文，在论文中他宣称得到一种具有重量的气体。它可以和碱性物质相结合而被固定，他称为“固定空气”。“固定空气”具有不助燃和使动物窒息等性质，它可能由煅烧石灰石而得。“固定空气”的不助燃性质正好与“燃素”的助燃性质相反，煅烧石灰石过程中各种物质的重量变化似乎表明“燃素”的不存在。不过，需要说明的是，布拉克本人并没有能够收集到这种气体，也没有提出相关的新假说。

1766年，卡文迪什(Henry Cavendish，1731—1810)做了一个新奇的实验，他把锌片和铁片扔进稀盐酸或硫酸里，金属片突然大冒气泡，放出气体，该气体一遇火星就立刻燃烧以至爆炸。我们现在知道这是较活泼的金属与酸发生置换反应，生成了氢气，氢气在点燃的情况下与氧气发生爆炸反应生成了水。但是在当时，人们还没有氢气这一概念。人们所有的较深厚的信念就是燃素说。燃素说的信徒们根据燃素说对此现象做出了解释。他们认为，金属片和酸作用时，金属被分解为燃素和灰烬，放出来的气体就是燃素，燃素导致剧烈燃烧的反应。他们高喊“燃素找到了”，高兴得沸腾了起来。其实他们发现的这种气体并非燃素，而是一种人类历史上从未认识到的气体——氢气。

1774年，英国化学家普利斯特列(Joseph Priestley，1736—1813)在加热氧化汞后得到了一种新气体，它能够使点燃的蜡烛大放光芒。这是什么原因呢？我们知道，这是普利斯特列制得的氧气与蜡烛中的成分发生化学反应的结果。如果当时普利斯特列能客观地分析问题，是有可能正确地揭开燃烧之谜的。然而他是燃素说的信奉者，相信燃烧就是释放燃素，于是从燃素论的观点出发，完全错误地解释了自己的实验，说新气体是不含燃素的，是一种失去燃素的空气，它具有极强的吸收燃素的本领，因而在燃烧中有极强的助燃能力。一旦它碰到蜡烛，便贪婪地从蜡烛中吸取燃素，从而使得燃烧异常旺盛。鉴此，普利斯特列将这种气体命名为“脱燃素空气”。就这样，普利斯特列被传统的燃素说所束缚，对实验结果做了错误的解释；走到了真理的面前，却当面错过了它。

最终摆脱传统思想的束缚，找到燃素说错误的根源，揭示出燃烧和空气的真实联系的，是法国科学家拉瓦锡。

拉瓦锡在研究燃烧现象时，特别注重重量的测定。他善于运用天平，并将此作为研究化学变化的有力工具。1774 年他用锡和铅做了著名的金属煅烧试验。他把精确称量过的锡和铅分别放在曲颈瓶中，将其封闭后，准确称量金属与瓶的总重量，然后加热，使铅、锡变为灰烬。他发现加热前后总重量没有变化，但是，金属经煅烧后重量却增加了。这说明所增之重既非来自火中，亦非来自瓶外的任何物质，只可能是金属结合了瓶中部分空气的结果。同时他发现把瓶打开时空气冲了进去，瓶和金属煅灰的总量因此而增加了，所增加的重量和金属经煅烧后增加的重量恰好相等。这说明金属煅烧时与空气中的某一成分发生了作用。那么，是空气中的什么与金属结合了呢？最有说服力的当然就是设法从金属煅灰中直接分解出这种气体来。

然而，他的实验一开始并没有取得成功。正在拉瓦锡遇到困难的时刻，来访的普利斯特列将自己的关于加热氧化汞而得到一种特殊空气的实验，告诉了拉瓦锡。拉瓦锡立即想到，这可能是他预想的在还原金属煅灰时会产生的那种空气。他按照自己的想法做了实验：加热汞让它生成煅灰，然后再加热煅灰使其还原。结果是，生成煅灰时所吸收的特殊空气和还原煅灰时所得到的特殊空气的重量正好相等。把这一部分特殊空气同不参加反应的其他空气混合后，正好就是普通的空气。他断定，这一部分特殊的空气参加了燃烧过程的化合反应。

拉瓦锡对待他的燃烧学说十分谨慎。在 1772—1777 年的几年中，他又做了大量的燃烧实验，例如使磷、硫黄、木炭、钻石燃烧；将锡、铅、铁煅烧；将许多有机化合物燃烧；等等。他对燃烧以后所产生的和剩余的气体也一一加以研究，然后对这些实验结果进行归纳和分析。1774 年，拉瓦锡将他的论文《燃烧概论》提交给皇家科学院院刊，但直到 1778 年才被刊载。1779 年，他建议将这种气体命名为 principe oxygine（即“氧”），该词来自希腊语，意思是“可构成酸类”（成酸元素）。

就此，拉瓦锡把燃素从燃烧中驱逐了，用真实的原因解释了燃烧的本质。其要点如下：燃烧时放出光和热；物体只有在氧存在时才能燃烧；空气是由两种成分组成，物质在空气中燃烧时，吸收了其中的氧而加重，所增加之重量恰为其所吸收的氧气之重；一般的可燃物质（非金属）燃烧后通常变为酸，氧是酸的本原，一切酸中都含有氧元素。

为什么拉瓦锡会挣脱燃素说的束缚，完成近代化学革命呢？这与他的科学理性批判精神、创新意识是分不开的，他首先冲破燃素说并坚决主张：假如有“燃素”这样的东西，我们就要把它提取出来看看；假如的确有的话，在他的天平上就一定能察觉出来。他以敏锐的目光洞察了燃素说错误的要害在于把虚幻的燃素当作客观存在的物质实体。他坚定地认为“燃素是假想的、不必要的东西”，可燃物质的燃烧根本不是燃素的释放，而是与氧发生化合反应，氧才是假想的燃素的真实对立物。

这样他就摆脱了错误理论的束缚，用正确理论解释了实验的结果。

当然，拉瓦锡燃烧学说的鉴定还与他把系统的、严格的定量方法引入化学实验的研究之中密切相关，定量方法的应用使化学研究的基本方法(实验方法)发生了质的飞跃。他一再强调："除了事实之外我们什么都不必相信：事实是自然界给我们提供的，不会诓骗我们。我们在一切情况下都应当让我们的推理受到实验的检验，而除了通过实验和观察的自然之路之外，探寻真理别无他途。"①

他是这样说的也是这样做的。在运用天平进行精确的科学测量的基础上，他首次全面阐述了质量守恒定律。当时对该定律的正式陈述为："我们可以将此作为一个无可争辩的公理确定下来，即在一切人工操作和自然造化之中皆无物产生；实验前后存在着等量的物质；元素的质和量仍然完全相同，除了这些元素在化合中的变化和变更之外什么事情都不发生。实施化学实验的全部技术都依赖于这个原理。我们必须永远假定，被检验物体的元素与其分析产物的元素严格相等。"②"拉瓦锡用经过称量的不可反驳的证据证明物质虽然在一系列化学反应中改变状态，但物质的量在每一反应之终与每一反应之始却是相同的，这可以从重量上寻找出来。"③这就是拉瓦锡的化学反应前后质量守恒定律，即进行化学反应的每一反应物的质量可以改变，但是反应物的质量总和与生成物的质量总和相等。根据这一质量守恒定律，拉瓦锡还设想出以下表述方式：葡萄汁=碳酸+酒精，即把参加发酵的物质和发酵后的生成物列成一个代数式，再逐个假定方程式中的每一项都是未知数，然后逐个算出它们的值。这样一来既可用计算来检查人们的实验，又可用实验来验证人们的计算。显然，这是近代化学方程式的雏形。拉瓦锡的上述贡献，对化学反应过程的系统研究产生了不可估量的深远影响。

1783 年，拉瓦锡在他的论文《对燃素的思考》中仔细地对"燃素说"进行了分析。"他证明，用燃素理论解释一些实验时，引出了许多矛盾和前后不协调的地方。对不同的化学家来说，燃素意味着不同的东西，而且随着情况的变迁，它的意思也不断改变。有时候它是一种物质，有时候是一种原则；有时候它有重量，有时候又没有；有时候它是热，有时候是火，有时候又成为火精(principle of fire)。为了满足逻辑上一致性的要求，拉瓦锡证明在定量化学中完全用不着燃素理论。"④

上述燃素说到燃烧学说的转变，是拉瓦锡将定量方法应用到化学中的结果，由此确立了质量守恒定律，应该是一次科学革命。它把人们长久未能解释的燃烧之谜揭开了，使过去在燃素说形式上倒立着的化学正立过来，第一次建立了科学的化学

① [法]拉瓦锡：《化学基础论》，任定成译，北京：北京大学出版社，2008 年，序第 4 页。
② [法]拉瓦锡：《化学基础论》，任定成译，北京：北京大学出版社，2008 年，第 46 页。
③ [法]拉瓦锡：《化学基础论》，任定成译，北京：北京大学出版社，2008 年，导读第 11 页。
④ 转引自[美]托马斯 • L. 汉金斯：《科学与启蒙运动》，任定成、张爱珍译，上海：复旦大学出版社，2000 年，第 111 页。

反应理论，彻底割断了化学与炼金术的联系，从此，结束了化学上百年的混乱局面，奠定了近代化学的基础，形成了化学史上的一次重大革命。这次革命不仅是18世纪化学中最伟大的成就，而且也是对过去整个化学这门学科的一次系统总结，是对从波义耳到布拉克、卡文迪什和普利斯特列的气体化学之集大成。它不仅促进了化学的变革，也促进了那个时代人们的世界观、方法论的变化与进步，并对人类当时及以后的生产和生活产生了重大影响。拉瓦锡因而被誉为“近代化学之父”。

I. B. 科恩对拉瓦锡的燃烧学说的创立进行了研究，认为拉瓦锡是第一位将自己的科学研究称作“革命”的人①，并且认为这样的革命是科学革命的范例，通过了鉴别科学革命的所有检验。②如果我们把燃素说看作库恩“常规科学”下的旧范式，那么拉瓦锡对天平增重这一现象的发现，就是常规科学的“反常”现象。之后，为了解释这一“反常”现象，拉瓦锡创立燃烧学说。燃烧学说是一个新范式，新范式取代旧范式，化学革命结束。就此来说，I. B. 科恩的上述观点有一定道理。

不过，国内外学者有不同看法。西格弗里德(Robert Siegfried)指出，氧与燃素在本体论上并没有什么不同，燃烧仅仅是从失去燃素的过程变为增加氧气的过程。③我国学者认为，氧化说与燃素说处于同一个传统之内。④霍姆斯(Frederic Holmes)指出，普利斯特列的“燃素”不仅仅建立在燃烧之上，而且还用来解释腐烂、呼吸等的过程，它与拉瓦锡的氧的燃烧学说是两种竞争的学说，而非新的和旧的两种范式；燃烧学说取代燃素说，不是新旧范式的更替，而是竞争假说的选择。⑤我国学者认为，燃素说与氧化说均遵循元素论化学的要素原则，氧气与燃素均承担可燃性的性质。⑥克莱因(Ursula Klein)指出，与燃素说相比较，氧化说的本体论并不具有革命性，而且两者都是在亲合力化学的框架下来解释相关现象的，因此这是一场“没有发生的革命”。⑦

分析上述各位学者的观点，有一个共同点，就是通过否定氧气之于燃素的本体论地位，来否定氧气之于燃素的范式差异，再进一步否定燃烧学说之于燃素说的范式变迁以及革命性。事实上，这种否定有一定道理。从“大写的科学革命”和“小写的科

---

① [美]科恩：《科学中的革命》(新译本)，鲁旭东、赵培杰译，北京：商务印书馆，2017年，第349页。

② [美]科恩：《科学中的革命》(新译本)，鲁旭东、赵培杰译，北京：商务印书馆，2017年，第349页。

③ Siegfried R. Lavoisier and the phlogistic connection. Ambix, 1989, 36(1): 31-40.

④ 任定成：《论氧化说与燃素说同处于一个传统之内》，《自然辩证法研究》，1993年第8期，第30-35页。

⑤ Holmes F. The "Revolution in Chemistry and Physics": overthrow of a reigning paradigm or competition between contemporary research programs?. Isis, 2000，91(4):735-753.

⑥ 冯翔、袁江洋：《判决性检验：拉瓦锡化学革命研究》，北京：科学出版社，2015年，第90-92页。

⑦ Klein U. A Revolution that never happened. Studies in History and Philosophy of Science, 2015, 49: 80-90.

学革命”的定义和内涵看，氧气和燃素都是具体化的科学概念，燃烧学说以及燃素说也是具体化的科学理论，它们属于具体化的、个别的“科学层面的范式”，而不是抽象化的、普遍的“哲学层面的范式”。从燃素到氧气以及从燃素说到燃烧学说这种范式的转变，是“科学层面的范式”的转变，属于“小写的科学革命”。它们不是“大写的科学革命”，因为它们都同样受惠于牛顿的研究纲领，都是以机械论哲学为基础的，都是以一种看不见的微粒来解释已经看到的现象。

对于这种“小写的科学革命”，由于所变革的不是抽象的哲学层面上的范式，而是具体的科学层面的范式，科学层面范式的革命不是彻底的、根本性的，也不是不可通约的，而是科学家依据已经形成的“哲学式的科学范式”，在具体的科学研究过程中完成的。这种“小写的科学革命”可以表现为科学的自我纠正。关于此，可由图 10.5 表示。

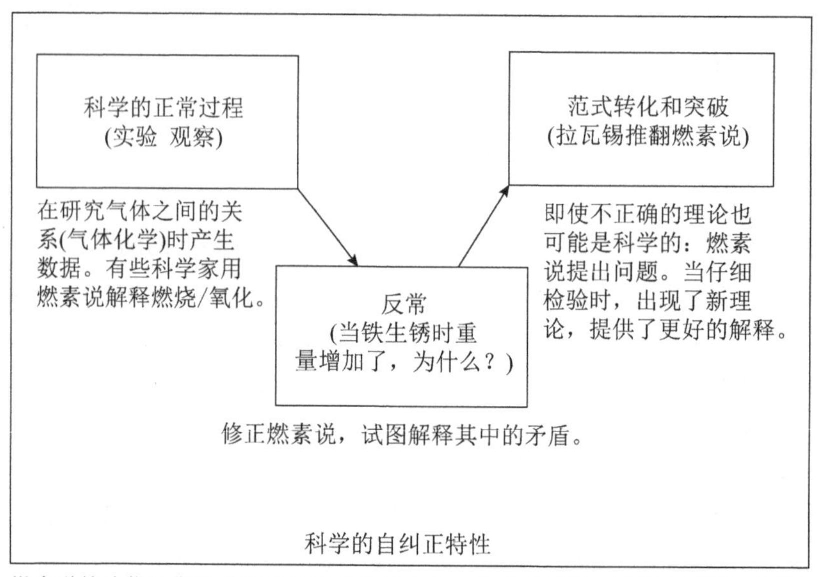

燃素说的让位提供了科学的自我纠错能力的一个极好例证。科学家试用这些概念看看是否合适，如果假说并不符合发现的新事实，就花时间修改假说，或者根据结果提出新的假说。

图 10.5 从燃素说到燃烧学说的范式转换①

说到这里，有一个问题需要澄清：牛顿的研究纲领出现后，是否笛卡儿的研究纲领就衰落了呢？在 18 世纪，至少是在 18 世纪上半叶，情况不是这样的，当时笛卡儿的哲学影响广泛，而牛顿的影响则实际上仅限于英国。到了 18 世纪下半叶，牛顿的影响增大，牛顿的支持者认为牛顿要比笛卡儿更加正确和伟大。他们认为牛顿体现了进步的、成功的近代科学的理想，牛顿很清楚科学的局限性，并将它严格建立在能做

① [美]雷·斯潘根贝格、黛安娜·莫泽：《科学的旅程》(插图版)，郭奕玲、陈蓉霞、沈慧君译，北京：北京大学出版社，2008 年，第 157 页。标题为笔者所加。

精确数学处理的实验与实验观测数据的基础之上，而笛卡儿却是试图使科学隶属于形而上学，用那些关于物质结构和行为的、未经证明且不可能得到证明的幻想的假说来取代经验、精确性和测量。这样一来，有些学者就认为牛顿一方就代表着真理，而笛卡儿一方则代表着主观的谬误，不仅不合时宜，而且反动和虚妄。这种观点受到笛卡儿支持者的反对。

柯瓦雷对上述现象进行了分析，认为争论双方是在按照普鲁塔克(Plutarchian，约公元 46—120)[①]的方式来比较笛卡儿和牛顿，并使两者对立。丰特奈勒(Monsieur de Fontenelle)认为："这两位伟人的体系极为相反，但在某些方面很相像。他们都是第一流的天才，生就超常的理解力，都适合做知识王国的奠基者。作为出色的几何学家，他们都注意到有必要把几何学引入物理学，因为他们都把自己的物理学建立在几何学的发现之上，而这些发现几乎可以说是他们自己做出的。但其中一位野心勃勃地想立即找到万物的本原，试图通过清晰而基本的观念来掌握第一原理，然后他可能就没有更多事情可做，而只能降低到自然现象的层面去追寻必然的因果联系；另一位则更加小心谨慎或者说谦逊，他从掌握已知现象入手去寻求未知的原理，而且只有在它们能被一连串因果关系产生出来时才肯承认。前者从他认为是清楚无误的东西出发去寻求现象的起因，而后者则从现象出发去寻找其背后的原因，无论它是清楚的还是模糊的。前者所主张的自明的原理，并不总能使其找到现象的真正原因，而现象也并不总能使后者获得足够明显的原理。使这两个人止步不前的各自探索道路上的边界，并不是他们本人理解力的边界，而是人类自身理解力的边界。"[②]正是在这样的比较的基础上，他指出，只有在对笛卡儿的学说进行旷日持久的斗争之后，牛顿的物理学，或者其自称的自然哲学，才在欧洲获得了普遍认可；笛卡儿的科学对我们来说完全属于过去，而牛顿的科学虽然已经被爱因斯坦的相对论和当代的量子力学所超越，却仍然有生命力。[③]

牛顿的功绩是巨大的。韦斯特福尔给予其很高评价："人人都承认艾萨克·牛顿在科学史特别是 17 世纪科学史上的地位。牛顿的成就不仅是里程碑式的，代表着人类理智的最高成就之一，而且也将 17 世纪科学的主要流派汇聚起来，解决了科学革命尚未解决的一些重大问题。"[④]"如果说他的工作总结了 17 世纪的科学革命，那么它也开创了 18 世纪的物理科学。在牛顿那里，机械论自然哲学从根本上得到修

---

① 普鲁塔克是西方史学史上第一个具有明确、自觉的比较意识，并成功地将比较方法运用到历史研究的史学家。他在《亚历山大传》第一章里比较了历史与传记的基本区别，并进一步认为，历史叙述人民与英雄的业迹，而传记则描写人物的性格。

② 转引自[法]亚历山大·柯瓦雷：《牛顿研究》，张卜天译，北京：商务印书馆，2016 年，第 70-71 页。原文出自 Monsieur　de Fontenelle. The Elogium of Sir Isaac Newton//I. B. Cohen(ed.). Isaac Newton's Papers and Letters on Natural Philosophy. Cambridge: Harvard University Press, 1958: 457-45.

③ [法]亚历山大·柯瓦雷：《牛顿研究》，张卜天译，北京：商务印书馆，2016 年，第 71-72 页。

④ [美]理查德·韦斯特福尔：《近代科学的建构：机械论与力学》，张卜天译，北京：商务印书馆，2020 年，第 165 页。

正，变得更加复杂，在接下来两个世纪里为西方世界的科学思想提供了框架。”[①]

总之，从 17 世纪下半叶开始，科学进入到了一个新的历史时期，大约从 1655 年到 1684 年，又发生了第四种、第五种革命性变革。第四种革命性变革主要是微粒说与数学的结合，由惠更斯和牛顿各自独立实现；第五种革命性变革主要是微粒说与实验的结合，由波义耳、胡克和牛顿实现。正因为牛顿参与了这两种革命性变革，所以能够最终于 1687 年实现第六种革命性变革，即在结合数学与实验的基础上实现微粒说、数学与实验的大综合。在此之后，科学就是沿着这样的“大写的科学革命”道路向前迈进的。就此，“从历史上说，牛顿也许已经完成了科学革命，从内容和方法上说，这场革命一直持续到今天”[②]。

---

① [美]理查德·韦斯特福尔：《近代科学的建构：机械论与力学》，张卜天译，北京：商务印书馆，2020 年，第 165 页。

② [荷]H. 弗洛里斯·科恩：《世界的重新创造：近代科学是如何产生的》，张卜天译，长沙：湖南科学技术出版社，2012 年，第 209 页。

第十一章　近代科学革命的推进
——范式的遵循、坚守与挑战

考察“大写的近代科学革命”的历程，至17世纪末已经基本完成。这次革命就是“革”传统自然哲学的“命”，也就是“革”柏拉图理念论以及亚里士多德自然内在目的论的“命”，最终确立了机械自然观的哲学范式。机械自然观的哲学范式是近代科学革命的基础和归旨，它使得科学认识的具体方法如数学方法和实验方法在各个自然科学领域中诞生并实施，也使得科学认识在其确立之后突飞猛进，于18世纪、19世纪乃至20世纪取得了一系列巨大的成就，以至于人们把它们称为“燃烧学说革命”“电磁理论革命”“细胞学说革命”“相对论革命”“量子力学革命”等。这一切是如何发生的呢？这是对近代科学抽象的哲学层面的范式的遵循、坚守，还是对近代科学具体理论层面的范式的转变？更何况，在18世纪，一种与机械自然观相对立的生物活力论被提出，并在此之后得到发展以及最终衰落。生物活力论的内涵如何？它是如何挑战生物机械论并最终被生物机械论战胜的？

一、范式的遵循：机械自然观下的方法论原则贯彻

（一）自然的“祛魅”与“祛魅性原则”

1. 机械自然观与自然的“祛魅”

如前所述，近代科学是以机械自然观为基础的，它进一步消除了自然的神灵性和人格化，把自然看作是一架机器、一个死物，其中的任何事物都不存在精神现象，即不存在哪怕些许的思维、情感、意志、文化、智能以及自主的能动性、目的性。这是自然的“祛魅”。[①]自然而然地，近代科学家们在对自然进行认识时，就

① 肖显静：《环境·科学——非自然、反自然与回归自然》，北京：化学工业出版社，2009年，第46页。

遵循了“祛魅性原则”，把自然看作是无精神性的存在来认识，不去考虑或认识自然的精神性方面。

对于无机自然界，“祛魅性原则”典型地体现在“构成论”中。“构成论”的基本思想是：宇宙及其万物都是由一些基本元素或微粒构成的，宇宙中万事万物的运动、变化都是其构成要素的分离和结合。古希腊原子论自然观和近代机械自然观都含有这种思想。它们否定了宇宙万物都是“生成”的，从而也就否定了世界的历史性和创造性，否定了事物本身的随机性，从而把宇宙看作是机械决定论的，具有可逆性以及时间上的无方向性。

如果宇宙是机械决定的，那么事物的运动和变化就可以按照机械的方式来理解。在亚里士多德那里，宇宙是有内在的目的和本质的，物体运动基于其内在的本质属性。在笛卡儿那里，宇宙的无限是可以反映上帝全能这一观念的，因为，如果我们相信原子论，并且也相信宇宙是无限的，那么，在虚空中运动的原子如果没有与其他原子碰撞，它将会沿着直线一直运动下去。这就是惯性定律。就此，笛卡儿第一个清楚地论述了宇宙的无限，认为这是上帝无限创造力的体现，只有上帝才能保证宇宙中的物质能够一直运动下去，而不会出现任何的混乱或静止状态，从而捍卫了上帝的全能。

而在牛顿这里，天球的运动遵循“万有引力定律”，地上物体的运动遵循“运动三定律”，它们都是由于受到外力的作用才运动的。这种作用非常类似于机械式的推拉，做机械式的运动。就此，宇宙机器的隐喻出现了，上帝的观念也随之改变，即上帝是宇宙的“第一推动”，一旦宇宙运动之后，就不需要上帝的推动了——这是惯性原理使然。“在牛顿理论中，用惯性原理和万有引力定律解释行星轨道，而不是寻求利用永恒不动的上帝或其他神的推动来解释。强调利用自然方法来解释自然现象，而不是用超自然的存在或力量来解释，这是现代科学的核心部分。”[①]而且，根据牛顿的自然观，宇宙一旦成为机器，其亚里士多德意义上的宇宙目的论和本质主义就不复存在了，地球作为宇宙的中心以及人类作为地球的中心的观念也就被削弱了。这是牛顿世界观的引申义。

对于有机自然界，在生物学家对动植物展开研究时，就很少乃至不研究与生物的思维、智能、语言、通信等相关的现象，即很少乃至不研究生物界的“社会性”方面，生物学研究被限制在生物的物质性或机械性的范围之内，生命被还原为物理的、化学的存在，生物学被还原为生物物理学和生物化学。这方面最突出的就是拉美特利[②](Julien Offroy de La Mettrie，1709—1751)，他于1748年出版《人是机器》

---

① [美]理查德·德威特：《世界观：科学史与科学哲学导论》(第2版)，李跃乾、张新译，北京：电子工业出版社，2014年，第312页。这段话在2020年出版的《世界观：人人必须要懂的科学哲学与科学史》(原书第3版)([美]理查德·德威特著，孙天译，北京：机械工业出版社)中，被译者删去了。

② 也可译作拉·梅特里。

(*L'homme Machine*)一书。在这本书中，他宣称，人体就是一台完全受着物理和化学因素控制的机器，人与动物之间没有本质的区别，人只不过是另外一种动物，一种"会说话的猿猴"。18 世纪的生理学、繁殖和胚胎学就是在这样一种观念的指导下向前迈进的。

考察 18 世纪科学发展的历史不难发现，科学中的每一个重大发现，如拉普拉斯(Pierre-Simon de Laplace，1749—1827)的《天体力学》(*Traitē mēcanigue cēleste*)、拉瓦锡的"氧的燃烧学说"等，都在贯彻并且不断地证实着机械自然观。在当时的科学家中，没有出现重大影响力的机械论的反对派。就机械论的社会影响来说，在 18 世纪，它还只是少数科学家和先进学者坚持的信念，在广大的社会公众层面以及社会知识阶层层面，流行的仍然是中世纪的神学自然观。这种状况促使那一时期的某些哲学家努力将机械论哲学发展成熟，加以宣传，使之成为那一时代的精神。

与牛顿差不多处于同一时期的英国唯物主义哲学家霍布斯和洛克(John Locke，1632—1704)把科学中的机械自然观上升为机械唯物论哲学，使机械观的概念范畴，如物质、运动、组成等得到进一步的概括和精炼，发展为经典形态的成熟的机械观。其基本思想是："整个宇宙由物质组成；物质的性质取决于组成它的不可再分的最小微粒的空间结构和数量组合；物质具有不变的质量和固有的惯性，它们之间存在着万有引力；一切物质运动都是物质在绝对、均匀的时空框架中的位移，都遵循机械运动定律，保持严格的因果关系；物质运动的原因在物质的外部。"①从笛卡儿到牛顿，从霍布斯到拉美特利，"机器的隐喻"逐渐统治了早期的近代思想，以至于不仅物理的宇宙，而且社会、动物甚至人类都被同样地看作是机器，没有任何生命的冲动。

牛顿的经典力学和英国的机械论哲学传到法国后，对 18 世纪法国思想界的启蒙运动产生了决定性的影响。他们中的一部分人②把物质看作是唯一的实体，是存在和认识的唯一根据，不依赖于思维和造物主而存在；把物质的运动还原为机械运动，具有决定论的因果必然性；把人对物质世界的认识看作是刺激-反应式的反映论，从而走向了认识论上的一元论。

至此，近代之前"附魅"的世界被一步步"祛魅"，形成近代世界。近代世界是一台运转有序的时钟和机器，遵循着一定规律，以稳定的和有序的方式发挥着作用，能够被理性的大脑准确地理解。这就是所谓的机械自然观。这样的自然观对自

---

① 刘大椿：《科学技术哲学导论》(第 2 版)，北京：中国人民大学出版社，2005 年，第 78 页。

② 并非所有启蒙运动的思想家都是唯物主义者。伏尔泰的"上帝"、孟德斯鸠的"自然法"、卢梭的"良知"等，都表明他们没有"把物质看作是唯一的实体"。卢梭就说："一听他们的话，人们岂不明白他们都是一群江湖骗子？一个说并不存在实体，一切都是表象；另一个说除了物质以外，便没有别的实体，除了人以外，就没有其他的神。"(参见[法]让-雅克·卢梭：《卢梭全集》(第 4 卷)，李平沤译，北京：商务印书馆，2012 年，第 409 页。)

然的看法就是，“不承认自然界即被物理科学所研究的世界是一个有机体，并且断言它既没有理智也没有生命。因此，它没有能力以理性的方式操纵它自身的运动，并且它根本就不可能自我运动。它所表现出来的运动以及物理学家所研究的运动，都是外界施与的，它们的规律性应归属于同样是外加的‘自然定律’。自然界不再是一个有机体，而是一架机器：一架按字面意义和严格意义上的机器，一个被在它之外的理智心灵，为着一个明确的目的设计出来、并组装在一起的躯体各部分的排列”。[①]

2. 自然的“祛魅”在科学中的体现

在 18 世纪，科学中真正成熟的只有力学和天文学，牛顿的科学研究纲领“希望从力学原理中导出其余自然现象”，在很大程度上还只是一种美好的愿望。到了 19 世纪，不仅绝大多数自然科学家对于机械论深信不疑，而且社会大众也普遍接受了机械自然观。在 19 世纪的科学特别是物理学和化学中，那些最伟大的成就几乎都是在机械自然观的指导下取得的。对于任何有点科学素养的科学家来说，从力学角度对自然现象进行最终解释，都被看成是一种常识。不仅仅光学、统计力学等领域成为机械论科学的楷模，而且整个物理科学都已建基于力学原理之上。以下四方面的研究进展和尝试比较充分地体现了这一点。

第一，拉普拉斯及其追随者，建立了一种既适用于力学，又适用于热学和光学现象的关于粒子间的力的普遍的数学理论。尽管在 1815—1825 年这一理论被抛弃，但是拉普拉斯的数学化和公式化对统一的物理世界观，对以后物理学理论的发展产生了深刻的影响。

第二，1822 年傅里叶（Baron Jean Baptiste Joseph Fourier，1768—1830）关于热的数学理论的发表，把原先只适用于力学问题的数学分析方法，应用于热学的研究之中。这一工作对建立统一的物理学产生了深远和广泛的影响。汤姆逊（William Thomson，1824—1907）对热学和电学、质点力学与流体力学及弹性力学之间数学相似性和物理类似性的比较，加深了人们对物理现象统一性的认识。

第三，菲涅耳推进光的波动说，假定光是依靠以太振动实现传播的，因而光学又被纳入力学自然观的范畴之中。

第四，19 世纪 40 年代能量守恒定律的建立，使热、光、电、磁的现象都归并到能量的范畴之下，从而加强了物理学的统一性。麦克斯韦提出了“麦克斯韦方程组”，建立了电与磁之间的数学关系，由此提出了电磁波的预言。该预言在 1888 年被赫兹（Heinrich Rudolf Hertz，1857—1894）用实验加以证实。电磁理论从本质上揭示了光、电、磁现象的统一性，也说明了电磁力的合理性。

根据以上科学家的工作，以往被认为不可称量的流体——热、光、电和磁等，具有了在机械论物理学框架下进行研究的条件并且呈现数学化。1888 年，汤姆逊

---

① [英]柯林武德：《自然的观念》，吴国盛译，北京：商务印书馆，2018 年，第 8 页。

(Joseph John Thomson，1856—1940)在回顾了19世纪物理学主要进展以后，强调指出：19世纪物理学的这些进展，其“最引人注目的一个结果就是增强了用力学原理来说明一切物理现象的信念，促进了追求这种说明的研究”。他进而表述了他自己以及19世纪绝大多数科学家的那种共同信念：“一切物理现象都能够从力学的角度来说明，这是一条公理，整个物理学就建造在这条公理之上。”①

由此，一种思路变得清晰了：相信自然力互相转化和自然界的统一性，是建立热、光、电、磁之间的相互联系的基础。这是18世纪后期物理学的共同观念，也是在对以前所假设的各种不可称量流体进行鉴别、修正、放弃的基础上进行的。“直到放弃了不可称量流体的学说之后，物理学家才承认自然现象的统一性和转化性。放弃不可称量流体学说，并得到新的关于转化现象的实验发现的支持，自然力统一性和等价性学说于19世纪30年代方使人们逐渐深刻地认识到自然现象间的这种关系。”②

对于化学，18世纪除了氧气的发现以及燃烧学说的提出外，布莱克发现了“固定空气”(二氧化碳)，卢瑟福(Daniel Rutherford，1749—1819)发现了氮气，卡文迪什分解水产生了氢气。到了19世纪，道尔顿科学原子论的引入，使得化学具备成熟的机械论的表现形式；戴维(Humphry Davy，1778—1829)电化学实验的贯彻，为众多元素的发现奠定了基础，也为19世纪元素周期律的提出创造了条件。到了19世纪80年代，在吉布斯(Josiah Willard Gibbs，1839—1903)、亥姆霍兹(Hermann Ludwig Ferdinand von Helmholtz，1821—1894)和普朗克(Max Karl Ernst Ludwig Planck，1858—1947)的研究工作中，热力学的概念也被用来研究化学过程。化学反应的机制、化学亲合力的性质、化学平衡的理论以及化学反应的方向等，都被纳入热力学解释的框架之中。

对于生物学，随着机械世界观影响的不断深入，机器模型在生物的研究中越发普遍。在18世纪，沃康松(Jacques de Vaucanson，1709—1782)发明了像活鸭子一样可以喝水、吃东西、消化和排泄的著名自动装置“机器鸭”。为了完全还原鸭子的解剖结构，沃康松甚至在“机器鸭”上安上开口让公众观察机器鸭的运动过程。③当然，“机器鸭”不可能完全复制真的“活鸭”。后来人们发现，在“机器鸭”中，食物并没有进入所谓的“胃”，而是被放置于“鸭口”底部，所谓食物被“消化”后形成的彩色“粪便”，也是事先把面包屑涂上颜色，并且提前藏在鸭肚中的容器里。

1748年，拉美特利在《人是机器》(*L'homme Machine*)一书中明确批判了笛卡儿的心-物二元论：“笛卡尔以及所有的笛卡尔主义者们(人们把马尔布朗

① 转引自李醒民：《激动人心的年代：世纪之交物理学革命的历史考察和哲学探讨》，成都：四川人民出版社，1983年，第28页。

② [英]彼德·迈克尔·哈曼：《19世纪物理学概念的发展——能量、力和物质》，龚少明译，上海：复旦大学出版社，2000年，第34页。

③ Riskin J. The defecating duck, or, the ambiguous origins of artificial life. Critical Inquiry, 2003, 29(4): 599-633.

希[①]派也算作笛卡尔主义者是很久的事了），也犯了同样的错误，他们认为人身上有两种不同的实体，就好像他们亲眼看见并且曾经好好数过一下似的。”[②]拉美特利直接将人看作是机器，心灵也是由机器的养料所支持：“人体是一架会自己发动自己的机器：一架永动机的活生生的模型。体温推动它，食料支持它。没有食料，心灵便渐渐瘫痪下去……但是你喂一喂那个躯体吧……这一来，和这些食物一样丰富开朗的心灵，便立刻勇气百倍了。”[③]可见，拉美特利认为心灵也依赖于人体的物质供给，即心灵随附于作为机器的人体。

在这种风潮的影响下，越来越多的研究者投入到对生物的机械论解释中，体现在两个方面：一方面，早期生物机械论者通过解剖动物来分析动物运动的机制，通常将动物的运动还原为肌肉的收缩；另一方面，在生理学领域，随着学者们对动物分解食物和释放能量等功能的了解，越来越多的生理学家认为哺乳动物是一台遵循物理和化学定律的“热机”（heat engine）。

在生理学上，哈勒（Albrecht von Haller，1708—1777）逐个考察器官的构造和功能，使解剖学成为一门实验科学，还把动力学原理应用到生理学的研究中。他探讨了肌肉的应激性和神经的敏感性，从而为循环系统生理学作出了重要贡献。他发现肌肉的应激性是由于神经的刺激，只有神经才是感觉器官，所以身体中只有与神经系统连接的部分才能体验到感觉，也才有“敏感性”，当感觉器官受到刺激时才能把信息传递到大脑。列奥谬尔（Rene-Antoine Ferchault de Reaumur，1683—1757）是昆虫学的创立者之一，而且他还发现胃液对食物有消化作用。斯帕兰扎尼（Lazzaro Spallanzani，1729—1799）用鸟类以及自己的身体重复进行列奥谬尔做过的实验，推进了这项研究，发现胃液对肉类的消化作用需要一定的温度。拉瓦锡发现动物的呼吸是肺吸收氧气释放二氧化碳的过程，这一过程释放热量，维持动物体温。

3. 达尔文进化论的机械论含义及其对上帝创世说的冲击

到了19世纪，生物的机器类比得到了进一步发展。1859年，达尔文（Charles Robert Darwin，1809—1882）出版了开启生命科学新的历史篇章的巨著《物种起源》（*On the Origin of Species*），提出了生物进化论。达尔文认为生物都具有渐进的历史演变过程，同一种生物有共同的祖先。物种的进化受到自然环境的影响，随着生物族群的扩大，适应环境的个体才能够生存和繁衍后代，而不适应环境的个体将被淘汰，即自然选择。达尔文在《物种起源》中是这样描述自然选择的：“因此，从自然的战争，从饥荒和死亡，我们所能想象的最崇高的目标即高级动物的产生直接随之而来。这种生命观是宏伟的……虽然这个星球按照固定的万有引力定律循环运

① 此处的马尔布朗希为Nicolas Malebranche（1638—1715），又译马勒伯朗士，17世纪法国哲学家。
② [法]拉·梅特里：《人是机器》，顾寿观译，北京：商务印书馆，2017年，第114页。
③ [法]拉·梅特里：《人是机器》，顾寿观译，北京：商务印书馆，2017年，第21页。

行，但从如此简单的开始，无数最美丽和最奇妙的形式已经并且正在进化。”[①]对于达尔文而言，物种进化的原因来自外界环境的选择而不是生物的内在原因，生物的进化是环境对生物的遗传和变异进行自然选择的结果，这意味着生物进化取决于外部环境而不是内在因素，与机械自然观中物体运动取决于外力作用的观点是相近的；同时，自然选择理论认为生物进化遵循着自然选择的规律，也就是遵循着因果性机制，与机械自然观的决定论观点也是契合的。此时自然选择的效用就类似于牛顿的“力”(force)，而达尔文的进化论思想使其成为“草原上的牛顿”。

乌克蒂斯(Franz M. Wuketits，1955—2018)赞成上述观点，认为：“从这一理论(自然选择理论)的角度看，生物不是机器，而是依赖于机械原则(mechanical principle)——由任何生命系统的物理环境运作的自然选择原则——并且被其改变的系统：生物受外在选择代理(external selective agencies)的支配。达尔文的理论……破坏了普遍的目的论概念。”[②]我国也有学者认为，生物进化论与机械自然观尽管外表不同，但本质上是相容、统一的：在关于运动和发展的机理上，机械论与进化论可以是相容的，其本质上是内在变异与外在选择相统一的规律。这一规律不仅适应于机械运动和生物进化，而且适用于所有的物质系统，是系统发展、进化的普适规律。[③④]

---

① Beer G, Darwin C. On the Origin of Species. New York: Oxford University Press, 2008: 360.

② Wuketits F M. Organisms, vital forces, and machines: classical controversies and the contemporary discussion ‘reductionism vs. holism’//Paul H-H, Wuketits F M(eds.). Reductionism and Systems Theory in the Life Sciences. Dordrecht: Kluwer Academic Publishers, 1989: 12.

③ 涂宏斌：《进化认识论的思想基础——从机械论与进化论的统一来看》，《广西大学学报(哲学社会科学版)》，1998 年第 4 期，第 17-18 页。

④ 对于上述观点，也有不同看法。迈克尔·鲁斯(Michael Ruse)研究发现，从可考的资料来看，达尔文在最富有创造力并集中撰写进化论相关论著的时候，并不将机械论的相关表述作为他的支撑性理论语言，他本人也从未将自然选择观点和机械论等同。达尔文论著中机械论的痕迹更有可能来自他所受到的机械自然观教育，尽管其理论中有机械论的少许渗透，那也是在无意识情况下做出的。他倾向于认为，达尔文即便在机器的意义上讨论进化的问题，也是用作比喻而非论述事实本身，不过这一比喻也是十分有必要的，是考虑到当时自然哲学大背景下的必要使用。[具体内容参见 Michael Ruse. Darwinism and mechanism: metaphor in science. Studies in History and Philosophy of Science Part C: Studies in History and Philosophy of Biological and Biomedical Sciences, 2005, (36) 2: 285-302.]考察达尔文的著作，其中鲜有提及哲学思想，也没有过多探讨生物的本体论问题或者将生物作为机器，而且他并没有表示自己是机械论者。而且，考察达尔文的进化论思想，其中并不必然含有机械论的目的论以及决定论的内涵，而是含有非目的论的、非决定论的意义。(参见程倩春：《达尔文进化论对近现代哲学的影响》，《云南大学学报(社会科学版)》，2008 年第 3 期，第 16-21 页。)根据达尔文的阐述，“个体变异”的原因是复杂的：“变异性受许多复杂的法则所支配——受相关生长、补偿作用、器官的增强使用和不使用及周围条件的一定作用所支配。”(转引自谢平：《生命的起源——进化理论之扬弃与革新——哲学中的生命，生命中的哲学》，北京：科学出版社，2014 年，第 127 页。)“个体变异”原因之复杂，表明生物不是完全由自然选择、由环境塑造的，生物是复杂的，本身具有一定的自主性，这与机械自然观中物体运动单纯取决于外力作用的观点是相悖的；同时，生物的进化并非完全遵循着自然选择规律，具有一定的随机性，这又与机械自然观的决定论观点有所冲突。

不可否认，与机械论相符合的进化论对宗教神学产生了冲击。达尔文的进化论表明，生物进化是自然选择的结果而不是上帝设计和创造的，地球上生物的进化及其存在（包括人类），是数十亿年无数的偶然事件作用的结果。试想，如果没有6500万年前那场小行星撞击地球的浩劫，可能就没有恐龙的灭绝，也就可能没有后来人类的诞生，就此，人类就不是一个事先设计好了的、有目的地进化的、必然的产物。而且，如果生物是由自然选择进化而来，那么，超自然在生物运动变化中就没有了地位，诸如祈祷可以影响生物乃至宇宙中的事物的想法和行为也就成为无稽之谈。这对宗教神学自然观是一个打击，表明上帝干涉和影响人们的日常生活没有根据。“这些学者认为演化论为已经发展了一段时间的构想提供了最后一块重要拼板。具体来说，演化论为最后一种以前看似需要用超自然解释的现象提供了自然解释，也就是说，演化论为我们在生物界所发现的复杂性提供了一个完全自然的机制。在这一点上，在一个科学得到充分发展并且尊重科学的世界观里，西方世界关于上帝的传统观点或者关于宇宙有一个宏伟目标的观点，就已经没有了立足之地。”[①]

在此情况下，宗教神学只有改变看待自然的方式，才能适应自然科学发展的需要。怀特海（Alfred North Whitehead，1861—1947）认为，与实体相比较，过程和事件、变化等更为根本。与传统的观念——“客体之间的相互作用产生事件”相反，过程哲学坚持认为实体是从过程和事件中产生的。[②]这一过程哲学思想影响到了德日进（又名“夏尔丹”，法文原名 Pierre Teilhard de Chardin，1881—1955）。他认为，上帝不是脱离世界的一个事物，而是作为世界基础的不断变化和演化的行为、过程的一部分（或总和，或未来），参与到世界的运动、变化等过程中，使得这一过程按照自然法则发展。[③]现代神学家豪特（John F. Haught，1942—）则更进一步，吸收了过程哲学的思想，创立过程神学。他认为，上述进化论对宗教神学的挑战是存在的，需要对西方上帝的概念进行完善，去重新思考上帝、创造、宇宙目的等概念，从而发展了过程神学。豪特认为，宇宙是上帝在七天内创造的，但是，创造出来的宇宙不是按照具体的蓝图演变的，而是按照自然法则运行的，这样的自然法则与日常运作有关。这些日常的运作由不断发生的、不可预测的过程所构成，也表明宇宙每时每刻都是不同的，都在不断发生、不断变化的过程中被创造。上帝既不计划也不干涉宇宙的日常运作，但是，上帝密切关注并干涉宇宙所进行的创造过程。这个过程又产生于混乱与秩序的平衡之中，即如果混乱太多，则过去进化史上所发生的生物进化所需要的规则就少，如果秩序太多，则生物进化所需要的那种偶然事件不会发生。在这种存在于宇宙之中的上帝创造性地干涉宇宙创造过程

---

① [美]理查德·德威特：《世界观：现代人必须要懂的科学哲学和科学史》（原书第3版），孙天译，北京：机械工业出版社，2020年，第432页。

② [英]怀特海：《过程与实在》（修订版），杨富斌译，北京：中国人民大学出版社，2013年。

③ [法]德日进：《人的现象》，范一译，北京：北京联合出版公司，2014年。

的混乱和平衡的创造作用下，宇宙一直被引向未来，甚至上帝可以被比作宇宙被牵引着奔去的那个未来。[①]“这样一来，上帝就紧密地参与到宇宙中去了，同时也紧密地参与到那些从秩序和随机性的平衡中产生的、正在进行的创造过程中去了。因此，宇宙并不是在进行某些‘无意义的闲逛’。事实上，宇宙有自己的目的，而它大致朝向某个特定方向发展就是为了实现这个目的，在这个过程中，宇宙完全是按照包括演化论的核心规律在内的自然规律发展和变化的。”[②]

（二）自然的“简单”与“简单性原则”

考察古希腊自然哲学家的思想，如泰勒斯的“水”、阿那克西美尼的“气”、毕达哥拉斯的“数”、赫拉克利特的“火”、德谟克利特的“原子”等，莫不把世界的本原归结为一种或几种物质或要素。这是物质构成上的简单性。

至于物质运动上的简单性，与古代人们对自然的认识有关。欧几里得在他的《反射光学》（*Catoptrica*）中根据光线在同一介质中沿直线传播的公设，证明了光线在镜面反射时入射角和反射角是相等的。后来亚历山大里亚城的希罗（Heron，公元 62 年左右，生卒年不详，又叫“赫罗”或“赫伦”）进一步证明，光线在镜面反射时所经过的路径是最短的一条。希罗把这个结论叫做最短路径和最少时间原理，并把它运用到凹和凸的球面镜的反射问题上。[③]自那以后，一种根深蒂固的信念影响了许多物理学家和生物学家，这就是：大自然必定以最短捷的可能途径行动。公元 6 世纪，奥林匹奥多鲁斯（Olympiodorus）在他的《反射光学》中就说：“自然不做任何多余的事或者任何不必要的工作。”[④]中世纪哲学家阿维罗伊和英国自然哲学家格罗斯泰斯特都相信，简单性是自然界的一个特征。格罗斯泰斯特还认为，自然总是以数学上最短和可能最好的方式行动。[⑤]

到了近代，古代本体论意义上的这种简单性原则被近代科学家继承并发扬。如牛顿把上述简单性原则作为一种信念置于众多法则之首，以至在他的名著《自然哲学之数学原理》中认为，“因此哲学家说，自然界不做无用之事，只要少做一点就成了，多做了却是无用；因为自然界喜欢简单化，而不爱用什么多余的原因以夸耀

---

① 转引自[美]理查德·德威特：《世界观：现代人必须要懂的科学哲学和科学史》（原书第 3 版），孙天译，北京：机械工业出版社，2020 年，第 433-437 页。

② [美]理查德·德威特：《世界观：现代人必须要懂的科学哲学和科学史》（原书第 3 版），孙天译，北京：机械工业出版社，2020 年，第 437 页。

③ [美]M. 克莱因：《古今数学思想》（第二册），江泽涵、姜伯驹、程民德等译，上海：上海科学技术出版社，2014 年，第 163-164 页。

④ [美]M. 克莱因：《古今数学思想》（第二册），江泽涵、姜伯驹、程民德等译，上海：上海科学技术出版社，2014 年，第 164 页。

⑤ 肖显静：《环境·科学——非自然、反自然与回归自然》，北京：化学工业出版社，2009 年，第 46-48 页。

自己”[1]。莱布尼兹(Gottfried Wilhelm Leibniz，1646—1716)则认为，上帝是以实现最大限度的简单性和完美性的方式来统治宇宙的，他所提出的“单子”概念集中体现了这一理念。他认为，构成世界万物的基础是不具广延的、无限的、不可分的、能动的精神实体——“单子”，“单子”所具有的“知觉”的清晰程度不同，造成了“单子”质的千差万别和“单子世界”从最低级的“单子”(具有“微知觉”的无机物和植物)到最高级的“单子”(上帝)的等级不同的序列。“单子”是能动的、不能分割的精神实体，是构成事物的基础和最后单位；单子是独立的、封闭的，没有可供出入的“窗户”，然而，它们通过神彼此互相发生作用，并成为一个连续性的和谐一致的整体，这是上帝在创造单子时就已预定了的和谐，其中每个“单子”都反映着、代表着整个世界。

既然在本体论的意义上自然是简单的，那么在认识自然时就应该遵循并体现简单性原则。关于此，最著名的当数中世纪经院哲学家奥卡姆的威廉了。他坚信自然的简单性，认为“如无必要，勿增实体”，即当可以用少数几个原理或原则来说明事物的时候，就没有必要用许多的原理或原则来说明——“奥卡姆剃刀”。爱因斯坦也提出：“自然规律的简单性也是一种客观事实，而且正确的概念体系(scheme)必须使这种简单性的主观方面和客观方面保持平衡。”[2]海森伯[3](Werner Karl Heisenberg，1901—1976)坚信：“我相信自然规律的简单性具有一种客观的特征，它并非只是思维经济的结果。如果自然界把我们引向极其简单而美丽的数学形式——我所说的形式是指假设、公理等等的贯彻一致的体系——引向前人所未见过的形式，我们就不得不认为这些形式是‘真’的，它们是显示出自然界的真正特征。”[4]

这是从本体论意义上的简单性原则，走向方法论意义上的简单性原则和认识论意义上的简单性原则。主要指的是，在构建和评价科学理论时，要着眼于自然的简单性——自然的明晰性、线性、周期性、对称性、最优性等，运用尽可能少的基本概念、公理和公设，以及尽可能简单的数学语言、符号、方程等，来解释或预言尽可能广泛的经验事实和表象。此时，越简单的理论越正确。如对于黄铜棒，它的温度和它的长度之间有什么样的关系呢？要回答这个问题，我们的科学家首先要进行实验，获得相关数据，然后在此基础上，建构和选择科学理论来反映这种关系。

对于黄铜棒，可以这样进行实验：在室温为20℃时，设定棒的长度为1.0000米，然后加热棒，并且每隔 5℃测量它的长度。由此可以得到黄铜棒的长度与温度之间

---

① [英]牛顿：《牛顿自然哲学著作选》，王福山等译，上海：上海译文出版社，2001年，第3页。

② [美]爱因斯坦：《爱因斯坦文集》(第1卷)，许良英、李宝恒、赵中立等编译，北京：商务印书馆，2017年，第317页。

③ 也可译作“海森堡”。

④ [美]爱因斯坦：《爱因斯坦文集》(第1卷)，许良英、李宝恒、赵中立等编译，北京：商务印书馆，2017年，第320页。

的对应数值如表 11.1 所示。[①]

表 11.1　黄铜棒的长度与温度的对应数值

实验序列	1	2	3	4	5	6
温度/℃	20	25	30	35	40	45
长度/米	1.0000	1.0001	1.0002	1.0003	1.0004	1.0005

在得到上述实验数据后，科学家就要建构相应的理论来说明这些数据。一般来说，可以这样建构：建立一个坐标系，以横坐标代表温度，以纵坐标代表长度，将上述所获得的实验数据标于坐标系中，如图 11.1 中“×”所示。根据构建理论的原则——理论与观察到的现象相一致，所构建理论的表征曲线应该通过这些数据点，这样的理论有多少呢？原则上可以有多个理论所对应的曲线通过它们，并且能够解释它们。典型的有图 11.1 中理论 A、理论 B 和理论 C 三种。

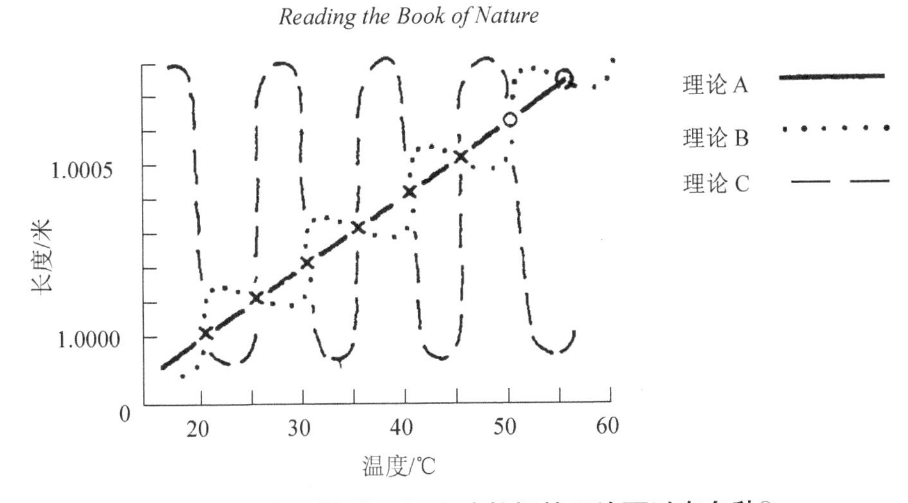

图 11.1　解释和检验一组实验数据的理论可以有多种[②]

在上述三种理论中，理论 A 表征的图线解释了所有的被观察到的现象，通过了所有的实验数据点，预言了将来的情况，理论 B、理论 C 也是这样。此时，哪一个理论是正确的呢？科学家一般会根据方法论意义上的简单性原则，即“自然是简单

① Kosso P. Reading the Book of Nature: An Introduction to the Philosophy of Science. Cambridge: Cambridge University Press, 1992: 43.

② Kosso P. Reading the Book of Nature: An Introduction to the Philosophy of Science. Cambridge: Cambridge University Press, 1992: 44.

的，所构建出来的理论也应该具有综合简明性”，来选定理论 A。

（三）自然的“还原”与“还原性原则”

哲学里“还原”(reduction)这个术语用来表示这样的思想：如果某一实际存在 X 还原为另一实际存在 Y，那么在某种意义上 Y 优先于(prior to)X，也比 X 更基本，以至于 X 完全依赖于 Y，或者 X 由 Y 构成。说 X 还原为 Y 通常暗示 X 只不过就是 Y，或者 X 并不超出 Y 或者比 Y 多一点。

不言而喻，机械自然观就是一种还原论自然观，它表明，物质的世界可以还原为微粒和运动，包括“构成还原”和“运动还原”两种方式。

对于构成还原，如物质可以分为纯净物和混合物，纯净物可分为单质与化合物，单质又可分为金属、非金属和稀有气体，化合物又可分为有机化合物和无机化合物，之后它们还可以分为各种不同类型的物质。在所有这些物质中，有些是直接由分子构成的，有些是直接由原子构成的，有些是直接由离子构成的。分子可分为原子，原子可分为原子核和核外电子，原子核又可分为质子和中子，质子和中子又可分为各种类型的夸克。所有下一层次的存在要素都是上一层次存在的基础，并决定着上一层次的性质。对于运动还原，这是针对物质的运动而言的，即社会运动可以还原为生物运动，生物运动可以还原为化学运动，化学运动可以还原为机械运动，机械运动最后可以还原为力学运动。[①]

由于科学家相信自然是可以还原的，所以他们在认识自然时就遵循还原论原则，对自然加以分离，不研究事物之间的内在关系，而去研究事物之间的外部关系；不通过认识整体来认识部分，不通过认识高层次的来认识低层次的，而是通过认识部分来认识整体，通过认识低层次的来认识高层次的。依据这一思路，学科之间可以呈现出如下的还原关系，即心理学—生物学—化学—物理学—力学，所有的自然现象最终都可以得到力学的解释。克里克(Francis Harry Compton Crick，1916—2004)就赞成这种观点，他说，我们可以希望有一个整体性的生物学能被更低的层次所解释，并且一直深入到原子的层面，任何东西都可能被物理学和化学所解释。[②]

对生命体构件的科学分析以及遗传本质的研究路径，比较充分地说明了这一点。这种研究方式体现了生物学还原论，即只有通过对生命物质组成成分，如分子以及细胞本身的深层研究，我们才能充分理解生命。

自古以来，人们就对“种瓜得瓜，种豆得豆”的现象印象深刻，但一直不明白蕴含于其中的原理。直到 1865 年孟德尔(Gregor Johann Mendel，1822—1884)发现生物

① 肖显静：《环境·科学——非自然、反自然与回归自然》，北京：化学工业出版社，2009 年，第 48 页。

② 肖显静：《环境·科学——非自然、反自然与回归自然》，北京：化学工业出版社，2009 年，第 48-51 页。

遗传学规律——分离定律和自由组合定律，关于这一点才有突破，即遗传物质能够独立存在，并在生物繁殖过程中连同其所随附的性质或功能遗传给后代。

但是，这一遗传物质是什么呢？1909 年，约翰森（Wilhelm Ludwig Johannsen，1857—1927），在《精密遗传学原理》一书中根据希腊语“给予生命”之义，将孟德尔提倡的遗传因子命名为“Gen”（德文），英译为“gene”，中文称作“基因”。

基因存在于哪里？基因是什么呢？这是进一步需要回答的问题。

1903 年，萨顿（Walter Stanborough Sutton，1877—1916）提出遗传因子与染色体一一对应的假说；1910 年，摩尔根表明基因存在于染色体上。

1928 年，格里菲斯（Frederick Griffith，1879—1941）利用肺炎链球菌与老鼠所进行的一系列生物学实验结果显示，细菌的遗传信息会由转型（或称转化）作用而发生改变，基因应该是一类特殊生物分子。

1944 年，艾弗里（Oswald Theodore Avery，1877—1955）和他的合作者把 DNA 与其他物质分开，单独直接研究各自的遗传功能，发现 DNA 是生命的遗传物质，蛋白质不是生命的遗传物质。

1952 年，赫尔希（Alfred Day Hershey，1908—1997）和蔡斯（Martha Chase，1927—2003）进行了更有说服力的噬菌体实验，得到了更牢固的结论：生命的遗传物质是 DNA，基因是由 DNA 组成的决定遗传信息的结构单位。

从 1944 年到 1952 年，用了整整 8 年时间，全世界的科学家才接受了艾弗里的“生命的遗传物质是 DNA”的结论。

问题是：DNA 的结构是怎样的呢？它又是如何完成生物遗传功能的呢？

1952 年，富兰克林（Rosalind Franklin，1920—1958）拍摄了 DNA 的 X 光衍射照片。

1953 年，沃森和克里克提出了 DNA 双螺旋结构模型，又称为“沃森-克里克 DNA 双螺旋模型”（Watson-Crick DNA double helix model）。“DNA 双螺旋结构模型”打开了分子生物学的大门，确立了核酸作为信息分子的结构基础，展现了碱基配对是核酸复制、遗传信息传递的基本方式，表明核酸是遗传的物质基础。

之后，1958 年，米西尔逊（Mattew Meselson，1930—）和富兰克林 • 斯塔尔（Franklin Stahl，1929—）发现了 DNA 半保留复制；1958 年，克里克提出了分子生物学的中心法则——储存着信息的 DNA 本身可以复制，信息可以从 DNA 传递到 RNA 再到蛋白质，而不能反向传递；1966 年尼伦伯格（Marshall Warren Nirenberg，1927—2010）和科拉纳（Har Gobind Khorana，1922—2011）完成了遗传密码的破译；1970 年，特明（Howard Martin Temin，1934—1994）和巴尔的摩（David Baltimore，1938—）从鸡肉瘤病毒（rous sarcoma virus，RSV）颗粒中发现了以 RNA 为模板合成 DNA 的逆转录酶，进一步补充了遗传信息传递的“中心法则”。

“中心法则”表明，DNA 是生物遗传的基本物质，遗传信息以碱基序列的形式贮存在 DNA 分子中，再由亲代传给子代，并决定了蛋白质分子氨基酸组成和序列等，从而决定了生物体的性状。DNA 分子可以自我复制，将遗传信息传递给下一代。DNA 分子也可以转录成 mRNA，mRNA 再把遗传信息翻译成蛋白质，如此，生物的遗传特征通过 DNA—RNA—蛋白质的传递得到基因表达（gene expression）。蛋白质分子说明着生物功能的原因，而 DNA 分子则说明着蛋白质的原因，这一过程可由图 11.2 表示。

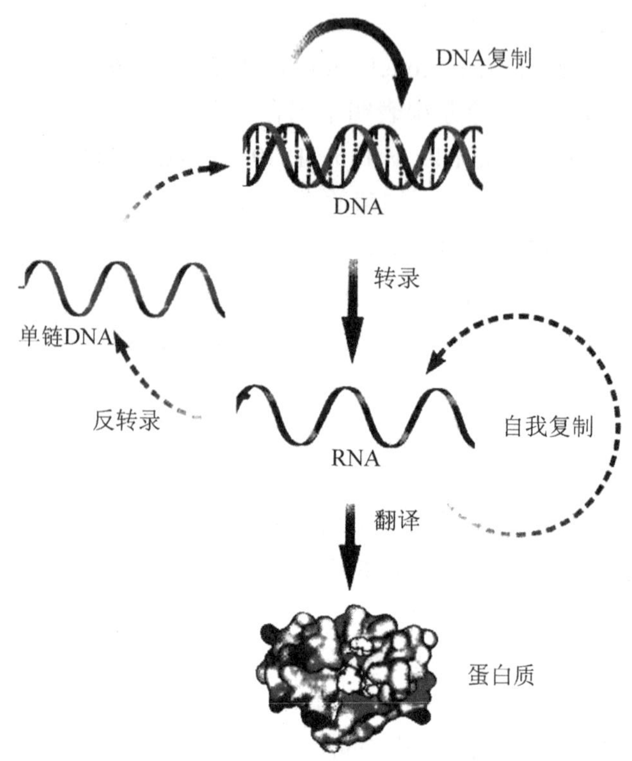

图 11.2　DNA 结构和遗传信息流①

中心法则是分子遗传学基本理论。它表明，DNA 是遗传的基本物质，DNA 遗传密码指导蛋白质的合成，而蛋白质则是执行细胞生理活动的主要物质。通俗地说，“中心法则”就是说：一种基因决定一种蛋白质的合成，从而决定着一种生物功能。由此，生物性状或功能就被还原为 DNA 分子，这是“基因还原论”（genetic reductionism）；“基因还原论”导致生物的性状或功能由基因决定，这被称为“基因决定论”（genetic determinism）。

如此，生命现象就被还原为 DNA 的化学属性，生命成为一种复杂的化学系统，以 DNA 的特殊性质以及被编码的蛋白质分子为基础。“一切具有生命的事物（包括人类在内），都能够根据它们的物质组成要素——构成生命的原材料——以及这些材

① 吴庆余：《基础生命科学》（第 2 版），北京：高等教育出版社，2006 年，第 4 页图 1-5。

料的化学性质得到完全解释。”[①]“DNA 以其密码为生命构建蛋白质提供必要的信息，而蛋白质作为遗传信息和大多数我们已知的复杂天然化学物质的产物，在生命中起着关键作用。因而，如果生命是一场戏，DNA 就是剧作家，而蛋白质则是这出戏的演员，它们共同演绎着生命现象中所有显著的特征。”[②]

(四)自然的“规律”与“决定性原则”

机械自然观是规律性的自然观。自然的规律性表明自然具有机械的确定性、固有的秩序性、决定性、必然性和单一因果关联性等。

自然规律性的观念自古就有。米利都学派的世界本原学说、赫拉克利特的世界之“火”、恩培多克勒的“四根说”、留基伯和德谟克利特的“原子论”，都含有世界由某些基本元素生成而来的含义，其中体现了某种趋势和规律。毕达哥拉斯的“宇宙音乐和谐”、柏拉图的“数学理念”以及“数学的天文学”，包含了天上的世界具有数学规律的和谐性的内涵。至于亚里士多德，虽然坚持天上的世界与地上的世界的不同，一个完美，另外一个不完美，但是，他坚持自然的内在目的论，由此也就表达了世界上的万事万物的存在都有其内在的目的，最终导向宇宙最完美的存在，就此而言，自然是有目的的从而也就是有规律的。卢克莱修试图通过证明物质世界中的所有行为都是纯自然的，自然是合法的和有规律的，来消除对神的任意和超自然行为的恐惧——毕竟，如果神是任意的，即神具有自由意志，那么他就是难以琢磨的，不能通过理性把握。而且，如果物质世界体现了神的意志，那么在这种情况下，自然也是没有规律的。这可以看作哲学意义上自然规律的早期表达，简称“哲学式自然规律”。

到了中世纪，神学自然观占据主导地位，上帝创世说成为人们的信条。上帝是完美的，由其创造的这个世界也是有目的的并体现上帝的完美，这种自然的目的性及其完美体现之一便是自然的规律性。鉴此，“自然是有规律的”就成为“上帝是完美的”一个必然推论。这是神学意义上的“自然规律”，简称“神学式自然规律”，在此，自然的规律性是由上帝创造和决定的。

到了近代，新柏拉图主义盛行，追求天球的和谐以体现上帝的伟大，成为数学的天文学家的不懈追求。哥白尼、第谷、开普勒是其杰出代表。他们的工作成果集中体现了天球运动的规律性。不仅如此，伽利略理想实验的提出和贯彻，更是将自然的规律性推进到地上的物理世界中，通过对不完美的物理世界的理想化实验处理，使之处于理想状态，从而符合某一数学规律性的表征。如此，开创了数学的物理学，

---

① [美]斯蒂芬•罗思曼：《还原论的局限：来自活细胞的训诫》，李创同、王策译，上海：上海译文出版社，2006 年，正文第 2 页。

② [美]斯蒂芬•罗思曼：《还原论的局限：来自活细胞的训诫》，李创同、王策译，上海：上海译文出版社，2006 年，正文第 2 页。

从而也开创了用数学的定量化的而非哲学的定性的方式表达并体现自然规律性的先河。它表明，地上的物理世界是有规律的，这样的规律可以用数学公式来表示，简称“数学式自然规律”。

笛卡儿创立了机械自然观，强调世界(除人之外)就像一架机器。机器是规则的并按照某种规律运转，由此自然也是有规律的，自然的规律性成为机械性的世界的必然属性。这种属性可以由实证性的微粒之间的作用数学地表达，如此，就从机械自然观的角度为自然的规律性奠定了哲学基础，并且也为自然规律性的实证性表达提供了本体论依据。它表明，自然的规律性是内在于自然之中而非神造的，自然的规律性不单纯可以定性表达，更重要的是可以由数学定量地表达。由此所获得的自然规律简称“机械式自然规律”。

在“机械式自然规律”方面，牛顿的经典力学是典型代表。拉普拉斯将此推至极致。他看到牛顿力学不仅把天上和地上的物体的运动统一到力学原理之中，而且根据力学原理利用数学推导出其他自然现象，因此，他认为：“我们应该把宇宙的目前状态看作是它先前状态的结果，并且是以后状态的原因。我们暂时假定存在着一种理解力(intelligence)，它能够理解使自然界生机盎然的全部自然力，而且能够理解构成自然的存在的种种状态……它在力学和几何学上的发现，加上万有引力的发现，使它能用相同的分析表达式去理解宇宙系统的过去状态和未来状态。把同一方法应用于某些其它的知识对象，它已能将观察到的现象归结为一般规律，并且预见到给定条件下应当产生的结果。”[①]

这就是自然的规律性。自然的规律性预示着自然是具有普遍性、必然性和确定性的，这体现了自然的因果决定论。相信自然具有确定性的规律，在研究自然时就遵循因果决定性的原则，将对自然的研究焦点放在探求自然的决定性的规律上，成为近代科学诞生的前提。如果没有这一前提，在那样的历史阶段，人类就无法去认识自然。对事物之间因果性和规律性的坚信，以及对自然秩序和规律的存在和可理解性的坚定信念，是近代科学理性精神的灵魂，它指导并促成了近代科学革命的真正发生。爱因斯坦就说：“要是不相信我们的理论构造能够掌握实在，要是不相信我们世界的内在和谐，那就不可能有科学。这种信念是，并且永远是一切科学创造的根本动力。”[②]开普勒行星运动三定律、伽利略自由落体定律、牛顿运动三定律以及万有引力定律、波义耳定律、惠更斯-菲涅耳原理、欧姆定律等莫不表明这一点。

将自然规律学说推至极致，就是试图创立“大统一理论”，寻求对万物的决定性解释。牛顿的经典力学理论用万有引力将天上物体和地上物体的运动统一了

① [法]D. 拉普拉斯：《论概率》，李敬革、王玉梅译，《自然辩证法研究》，1991 年第 2 期，第 59 页。

② [美]爱因斯坦：《爱因斯坦文集》(第 1 卷)，许良英、李宝恒、赵中立等编译，北京：商务印书馆，2017 年，第 520 页。

起来，麦克斯韦的电磁学理论将电、磁统一了起来，爱因斯坦的狭义相对论将宏观低速的物体运动和宏观高速的物体运动统一了起来。自此，“根据较少的统治自然的力的规律去进行解释的模式，并最终达到一个统一的规律，成为物理学把世界看作是简单的核心”①。爱因斯坦力图推进这方面的工作，但没有取得成功。在他去世后的二十多年里，格拉肖(Sheldon Lee Glashow，1932—)、温伯格(Steven Weinberg，1933—2021)和萨拉姆(Abdus Salam，1926—1996)相继在弱力和电磁力统一研究领域独立地做出重要成果。最终，于1970年正式形成了以杨-米尔斯(Yang-Mills)理论为基础的弱电统一理论，并在后来的实验中得到确证。之后，科学家们展开进一步研究，试图建立统一引力相互作用、电磁相互作用、弱相互作用和强相互作用之三种或四种基本作用的理论。如果做到了这一点，那么就可以依据这些大统一理论，说明自然界中所有层次物质的运动，推导出其他所有的自然规律，以获得对世界的全部的和最终的理解。因为从现在看，上述四种基本相互作用可以看作自然界中所有事物相互作用的基本类型，成为自然界中所有事物运动的来源。

二、范式的坚守(一)：从“以太悖论”到“相对论”

(一)“场”概念的提出及其对机械自然观的冲击

从1805年到1815年，牛顿研究纲领的影响达到顶峰，它体现在拉普拉斯和贝托莱(Claude Louis Berthollet，1748—1822)开拓出来的一片物理领域中。

到了19世纪20年代，拉普拉斯的牛顿研究纲领开始衰落。傅里叶(Baron Jean Baptiste Joseph Fourier，1768—1830)分别对两种被认为无法计算的流体(热和光)进行新的处理，从而创立了热传导的数学理论，但这并不能归于他所认为的关于热量性质的未经证实的假设，也就是所谓的热的可储存流体。

1820年，奥斯特(Hans Christian Ørsted，1777—1851)意外发现了电线中的电流使磁针偏转，过流导线对于磁极的作用力，既不在金属线元与磁针的连线上，也不在电流体的粒子与基本磁偶极子的连线上，而是与这些连线相垂直。而且，就在奥斯特宣布他的发现的当年，法国科学家安培(André-Marie Ampère，1775—1836)进一步发现：放在磁铁附近的载流导线或载流线圈也会受到力的作用而发生运动，即在载流导线或载流线圈之间也会发生力的相互作用。这种力是电磁力，它所展示的相互作用既不是吸引的，也不是排斥的，不能简单地归入“吸引”或“排斥”的机械

① Barrow J D. Is the world simple or complex?//Williams W. The Value of Science. Boulder: Westview Press, 1999: 85.

论框架之中。在电与磁的相互作用发现之前，物理学家只知道一种力——中心力，即引力或斥力，自然界的一切力的相互作用只发生在物质粒子的连线上，其大小只与距离有关。而现在发现了一种新的力——电磁力，它与引力不同。

进一步地，1831年法拉第（Michael Faraday，1791—1867）发现电磁感应原理，即通过机械运动与磁的结合可以产生电流，这就是发电机的原理。1844年他提出场理论，引入"场"（field）的概念，指出电和磁的周围都有场的存在。而且，"为了从理论上说明产生感应电动势的原因，法拉第提出了'力线'的观念，这个观念为阐明电磁领域中一系列定律和现象提供了一幅物理图像。这个图像不但能自然地解释静电或静磁的吸引和排斥，而且还能很自然地解释电流的磁效应。而当要解释电磁感应定律时，他又把回路中所产生的感应电动势与通过回路的磁力线数目的变化联系起来，认为后者正是前者的原因，强调'形成电流的力正比于所切割的磁力线数'。法拉第的这些观念虽然都还比较朴素，而且在很大程度上只是定性的，但它在物理学史上却标志着一个革命性观念的产生"。法拉第倾向于他所说的力线和场是一种真实的、物理的实在，所以不需要以太来传播。"法拉第关于电磁场的创造性想象不但描绘了一幅不同于机械论的新的物理自然图景，而且还据此设想出电和磁的传播都是以波动方式进行的，并且还是一种'横振动'（横波）。他对电和磁的理论的设想是'打算去掉以太，而不是去掉振动'。法拉第的这些观念为后来麦克斯韦创建他的电磁场理论提供了方法和观念的基础。"①

麦克斯韦（1831—1879）从1855年开始进行电磁现象及理论的研究，于1865年完成决定性的工作，在1873年完成《电磁理论》（*Treatise on Electricity and Magnetism*）一书，系统、全面、完整地阐述了电磁场理论。麦克斯韦刚开始赞同法拉第的力线和场的实在论，后来才将电力线、磁力线归为以太的一种状态。麦克斯韦认为，电和磁无法分开，电磁场实际上是由电流的振荡造成的，这个场从源头以恒定的速度向外辐射，其速率与光的速度一致。这是一个巧合，但是就是这一巧合使麦克斯韦想到，光本身一定也与振荡着的电荷有关，光就是电磁辐射，光也许就是由以不同速度振荡的电荷所引起的辐射。他认为，电磁辐射需要媒介，这和场一样，"以太"作为一种媒介弥漫于空间中，电磁波就在这一媒介中传播。在这一"以太模型"的基础上，麦克斯韦把众多科学家竞相发现的各种结果综合成一个完美的方程式——麦克斯韦方程式（Maxwell's equations），使经典物理学达到了顶点，实现了光、电、磁的统一。1886年，赫兹运用实验表明光就是一种电磁辐射。

对于法拉第和麦克斯韦来说，"场"既不是实体，也不是能量，而是一类特殊的物质，尽管这类物质看不见、摸不着，但却真实存在着。一个有质量的物体能够对另一个有质量的物体产生引力，一个带电的物体能够对另外一个带电的物体产

---

① 林定夷：《实在论与电磁场理论》，《自然辩证法通讯》，1995年第4期，第16页。

生电力，一个具有磁性的磁体能够对周围相应物体产生磁力，等等，依靠的就是这种特殊的存在。对于这种存在，洛伦兹(Hendrik Antoon Lorentz，1853—1928)就认为，电磁“场”是一种独立的物理实在，它完全摆脱了力学的所有性质并与普通物质不一样；它不是建立在牛顿力学的原理框架之上，而是作为没有力学性质的“以太”，用来产生相应的电磁作用力；这打破了牛顿力学“超距作用”的传统观念，以至于能够给物理学提供概念基础的是电动力学，而不是力学。如此，“场”的自然观完全不同于机械自然观，电子以及电磁以太本体论的发展强烈冲击着19世纪物理理论界占统治地位的机械论理念。①

应该说明的是，“虽然19世纪90年代力学解释的原则受到了冲击，但力学(经常称为‘动力学’)的世界观，亦即假定运动着的物质粒子是决定物理实在的依据的所谓本体论仍占19世纪的主导地位。这里，术语‘本体论’是表示物理实在的基本构成的某种假设，它不同于特殊的假设或不同于实在的模型”②。法拉第、麦克斯韦所提出的“场”的观念和电磁场理论，原则上是一种有别于机械论的，并可与之竞争的自然观或科学纲领。但是，在19世纪70、80年代以前，几乎所有的科学家，包括法拉第、麦克斯韦自己在内，都力图将场的概念、电磁场理论归于牛顿纲领之下，即力图把电磁场理论还原为力学，而不是相反。在这种情况下，一种真正地对机械自然观造成冲击的概念“场”及其相关图景，在当时某些科学家的人为归约下，并未真正成为与机械自然观相对抗的另一种自然图景。直到19世纪80年代末，当赫兹强调不能把电磁场方程归结为牛顿的运动方程时，才进一步提醒人们“场”的世界图景与机械自然观的世界图景是不同的乃至独立的。至于“场”的世界图景是否比机械力学的世界图景更优越、更有前途，赫兹并没有明确表明。

(二)“迈克尔逊-莫雷实验”与“以太悖论”的产生

惠更斯最先提出光的波动说，并且阐述了介质中光的传播的惠更斯原理。菲涅耳对此进一步研究，完善了惠更斯原理，认为光不仅是波，而且是横波，这似乎否定了牛顿作为微粒的光的主要观念。两者的理论统称为“惠更斯-菲涅耳原理”。之后，托马斯·杨根据光的衍射现象和干涉现象，复兴了光的波动理论，并且认为光是以横波的形式传播的。这样的传播，在他以及他同时代的人看来，是需要媒介的，而且这样的介质是“以太”。

“以太”一词源自亚里士多德，被认为是除了水、土、火、气四元素外的第五元素，它是一个纯净的、不变的、永恒的实体，人们设想它在月上区。17世纪，笛卡

---

① [英]彼德·迈克尔·哈曼：《19世纪物理学概念的发展——能量、力和物质》，龚少明译，上海：复旦大学出版社，2000年，第115页。

② [英]彼德·迈克尔·哈曼：《19世纪物理学概念的发展——能量、力和物质》，龚少明译，上海：复旦大学出版社，2000年，第9页。

儿、惠更斯等将“以太”作为物体之间相互作用的媒介物；18 世纪，菲涅耳等用“以太”推导光束在运动物体中的速度，这一点与当时波动媒介传播理论是相一致的——波浪的运动是由水作为媒介而进行的，声波通过空气为媒介而传播，等等；到了 19 世纪，麦克斯韦用“以太”来解释电磁现象，“以太”成为负载电磁波和光波的共同介质，成为经典物理学不可缺少的概念。至此，作为媒介的“以太”就与亚里士多德的“以太”没有一点相似之处，它只是光、电磁传播的媒介，它比空气稀薄，而且比空气精微得多。

根据麦克斯韦的电磁理论，“以太”是存在的，并且假设电磁场方程在绝对惯性系中是严格成立的(在地球上近似成立)；在“以太”中光速各向同性，即在不同的方向所测得的性能数据完全相同，且为恒定值，而由伽利略变换可知在其他参照系中，光速非各向同性；假定太阳与以太固连，地球相对于以太的速度就应当是地球绕太阳的运动速度。如果存在以太，而且以太又完全不为地球运动所带动，那么，地球对于以太的运动速度就是地球的绝对速度。利用地球的绝对运动速度和光速在方向上的不同，应该在所设计的迈克尔逊干涉仪实验中得到某种预期的结果，从而求得地球相对于以太的绝对速度。①

据此，麦克斯韦于 1879 年提出光速的一种测定方法：让光线分别在平行和垂直于地球运动的方向等距离地往返传播，平行于地球运动方向所花的时间将会略大于垂直方向的时间。

1887 年，迈克尔逊(Albert Abrahan Michelson，1852—1931)和莫雷(Edward Williams Morley，1838—1923)依据上述原理设计了光速测定实验(又称“迈克尔逊-莫雷实验”，Michelson-Morley experiment)。通俗地说就是：如果充满宇宙的“以太”是静止的，那么地球在“以太”中运动时，在地球上看来，“以太”就像“风”一样，顺着“以太风”一起运动的光束会被“以太风”带着走，而逆着“以太风”的光束应该走得更慢。如果是这样，当地球穿过“以太”绕太阳公转时，在地球上与以太相对运动的方向一致的情况下测量的光速，应该大于在与以太运动的垂直方向测量的光速。根据“以太学说”，在不同的方向上测得的光速的数值应该是不同的。

1881 年，迈克尔逊建造了一台干涉仪，可以把光束一分为二，它们相互垂直运行，而后再重新汇合。通过这一方式，就可以以极高的精度测量光束在顺着和逆着“以太风”这两种情况下的速度。

1886 年，迈克尔逊和莫雷开始在美国海军学院进行观测，测量地球通过以太的速度。他们使用了一个漂浮在水银上的大石盘作为干涉仪的基底，这样可以很容易地改变干涉仪的方向，也可以减轻地球振动的影响。当地球以速度 v 穿过以太，并

① 赵克：《科学革命：一种流行的神话》，《科学学研究》，2012 年第 9 期，第 1284-1285 页。

与干涉仪的入射光束成角 ϕ 时，即使不知道地球相对于以太的运动方向，通过旋转干涉仪以改变角 ϕ 的值，也能在理论上得出所有方向上的光速值。他们在基底上放置了一个强光源，它能发射一束光到一个半镀银的镜面(half-silvered mirror)上，这个半镀银镜面与入射光束成 45°，见图 11.3。

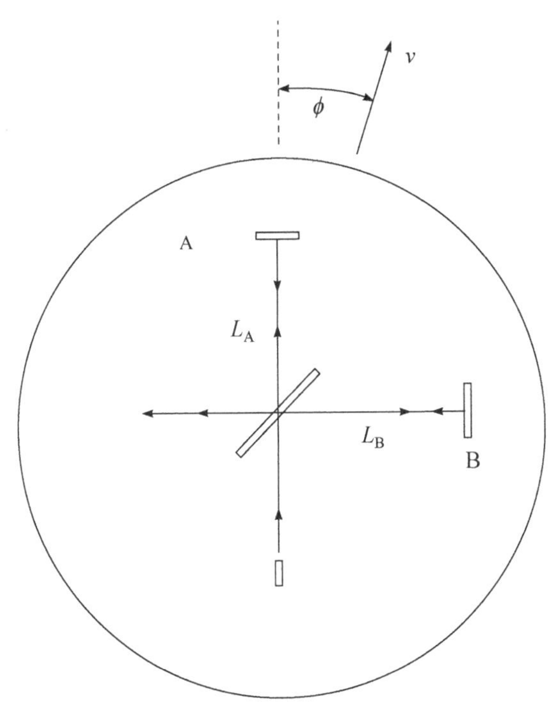

图 11.3　迈克尔逊-莫雷实验中所使用的干涉仪的俯视图[①]

在图 11.3 中，一半光束(half the beam)直接向前射向与半镀银镜距离为 L_A 的普通镜 A。另一半光束经半镀银镜反射后，以直角射向与半镀银镜距离为 L_B 的另一面普通镜 B。之后，这两束光经普通镜 A 和普通镜 B 再反射回半镀银镜，并且以与射向普通镜 B 的光的相反方向一起到达探测器。该探测器是用来测量这两组反射光重组后所形成的光束的强度。如果以太存在，那么光从半镀银镜沿上述路径到达普通镜 A 和普通镜 B 再返回，其光速就会有差异，结果是在探测器上观测到的光的强度理论上就会有差异。

实验后发现，旋转干涉仪时所测得的重组光的强度并没有变化。迈克尔逊和莫雷在 1887 年得出结论：从运动的地球上观测到的光速在所有方向上都是相同的。这表明“静止以太假说”是错误的。

也许是迈克尔逊的实验结果错了。为了保证实验结果的正确性，1887 年，迈克尔逊和莫雷一道改进实验仪器和实验设计并且进一步实验，结果仍然是两束光波返

① Weinberg S. Foundations of Modern Physics. New York: Cambridge University Press, 2021: 92.

回光源的速度是一样的，即这两束光波以相同的时间返回，在不同方向上的光速并没有差异，“以太”似乎不存在。这就与麦克斯韦的电磁理论“以太是存在的”预设相矛盾，被称为“以太悖论”。

（三）洛伦兹提出“辅助性假说”，拯救“以太悖论”

根据电磁理论，“以太”是存在的，而根据迈克尔逊-莫雷实验，“以太”又似乎不存在。在这种情况下，“以太”究竟存不存在呢？如果它不存在，那么光作为一种波，在没有供其运行的媒介的情况下又是如何传播的呢？而且，上述实验结果也对牛顿的相对性原理“物体运动速度的大小取决于观察者的参照系”造成冲击，它表明不管以什么作为参照系，光速都是不变的。

洛伦兹对相关问题进行了深入思考。

洛伦兹于 1870 年进入莱顿大学，1875 年获得博士学位，而迈克尔逊-莫雷实验完成于 1887 年，因此，在 1887 年之前，他的主要工作不是在“以太悖论”的背景下进行的，而是在“以太存在”的预设前提下展开的。他大学学习的是物理学和数学，博士学位论文研究的主题是电磁理论在光学中的应用，博士研究生毕业之后致力于电磁理论的推广和发展工作。他在 1875 年就说：“麦克斯韦关于光和电磁的统一只是一个起点，根据自然界普遍存在电性，电磁论和分子论的结合很可能有助于完成物理学的所有分支的综合。”[①]他是这样说的，也是这样做的。他以“以太的存在”为基础，将粒子（电子）与场统一起来，形成他的“综合电子论”或者“电磁自然观”：自然界中基本的物理实在就是电磁以太和带电粒子，这些带电粒子具有“原子性”，本身是由微小的实体——后来科学家发现的“电子”组成的，由此可以解释物体的电性质；电子在磁场中运动要受到力的作用，这种作用叫作“洛伦兹力”，由此可以推导出它的运动轨迹；物体之所以发光是由于原子内部电子的振动，当将光源放入磁场中，光源原子内的电子振动将发生改变，从而使电子的振动频率增大或减小，进而导致光谱线的增宽或分裂。

洛伦兹的上述理论正确吗？从当时的情况看，有一定的正确性。因为在 1896 年 10 月，他的学生塞曼（Pieter Zeeman，1865—1943）发现，在强磁场中钠光谱的 D 线有明显的增宽，即产生“塞曼效应”，证实了洛伦兹的预言。塞曼和洛伦兹于 1902 年共同获得诺贝尔物理学奖。

从迈克尔逊-莫雷实验看，洛伦兹的上述理论有根本性的不足之处，即承诺了“电磁作用通过以太以光速传播”。

“以太”究竟存不存在？对此有两种选择：“（1）坚持‘以太假说’，放弃相对

---

① R. 麦科马奇：《罗伦兹和电磁自然观》，董光壁译，《自然科学哲学问题丛刊》，1985 年第 1 期，第 32 页。

性原理。根据这一假说，由麦克斯韦方程组计算得到的真空光速是相对于 ether(此时指绝对参考系)的速度；在相对于 ether(此时又指空间)运动的参考系中，光速具有不同数值。换言之，就是光速可变，不变的是时间(或时间的量度与参照系无关)、空间(长度的量度与参照系无关)，并且时、空是互不相联系的。(2)坚持相对性原理，放弃‘以太假说’。伽利略相对性原理认为，一切彼此做匀速直线运动的惯性系，对于描写机械运动的力学规律来说是完全等价的，并不存在一个比其它惯性系更为优越的惯性系。”①

对于洛伦兹，究竟是选择哪一种呢？鉴于他的教育背景，也鉴于当时麦克斯韦电磁理论的地位(1889 年赫兹发现了电磁波，确证了该理论)，洛伦兹仍然坚信电磁理论是正确的，“以太”是存在的。在这种情况下，他所做的选择就是上述第一种，即“坚持以太假说，放弃相对性原理”。为了做到这一点，他想尽一切办法，提出辅助性假说，以拯救“以太悖论”。据统计，他前后共用了 11 条假说以便他的“综合电子论”能够拯救“以太悖论”。如他在 1892 年的一篇论文中提出了“在以太中运动的物体在运动方向上缩短”的假说——“收缩效应”，并对此这样解释：决定物体尺寸的分子力通过以太的传播就像通过电力的传播一样，由此造成干涉仪随着地球在以太中运动的方向上的那一臂缩短了。之后他又导出了“洛伦兹变换”关系式，再加上另外的多个假说，最后他“成功地”消除了地球通过以太运动产生的以太拖曳这一预期的效应，由此也就解决了“以太学说”同“迈克尔逊-莫雷实验”结果之间的矛盾。②

事后有人评价洛伦兹的工作，为他惋惜，认为他敢于否定牛顿第三定律、质量守恒定律和相对性原理，却偏偏不愿放弃“以太”概念，坚持绝对的时空观；敢于提出“在以太中运动的物体在运动方向上缩短”的假说等，已经半只脚踏进相对论的门槛，却不愿再向前迈进一步，像爱因斯坦那样，创立相对论，完成“相对论革命”。

深入分析，上述评价有失公允。事实上，洛伦兹的上述表现无可厚非。从他获得博士学位的 1875 年到迈克尔逊-莫雷实验完成的 1887 年，前后长达 13 年的时间。这段时间“电磁理论革命”基本完成并且被科学共同体广泛接受，成为科学家研究所遵循的范式。洛伦兹也不例外，也必然将此作为研究范式，加以遵循，从而在出现反例(迈克尔逊-莫雷实验结果)时，不是立刻就否定旧的理论范式而创建新的理论范式，而是如拉卡托斯所说的那样，遵循麦克斯韦的电磁理论研究纲领，保护“硬核”——“以太模型”，想尽各种办法，提出诸多辅助性假说，修改保护带，以消解反常。③

---

① 赵克：《科学革命：一种流行的神话》，《科学学研究》，2012 年第 9 期，第 1285 页。

② [英]彼德·迈克尔·哈曼：《19 世纪物理学概念的发展——能量、力和物质》，龚少明译，上海：复旦大学出版社，2000 年，第 114 页。

③ [英]伊姆雷·拉卡托斯：《科学研究纲领方法论》，兰征译，上海：上海译文出版社，2005 年。

洛伦兹的这种选择是有道理的。一个新理论在提出之时往往是不完善的，会遇到许许多多的反例，一旦出现反例，就否定此理论，则再好的理论也发展不起来。这点对牛顿的经典力学——“天王星的‘非正常运动’”是这样，对麦克斯韦的电磁理论——“迈克尔逊-莫雷实验”也是这样，不能因为“迈克尔逊-莫雷实验”与麦克斯韦的电磁理论的预设“以太”相矛盾，来否定麦克斯韦的电磁理论。

洛伦兹对迈克尔逊-莫雷实验“反常结果”的消解，从某种意义上既是对旧范式——电磁理论以及“以太模型”坚守下的常规研究，也是对旧范式下科学的危机——“反常”——“以太悖论”的消解。为了消解“以太悖论”以保护电磁理论不受损害，他提出了“以太施力但不受力，从而牛顿第三定律失效”“以太不动，干涉仪的臂在地球运动方向以 α 系数收缩(或称洛伦兹收缩)”等新的范式。这些新的范式相对于牛顿的经典物理学，是一次思想上的革命。只不过，这样的革命性的思想或论断在之后被证明是错误的而已。在科学史上这样的例子还有很多，“燃素说”之于“燃烧说”，“热质说”之于“热的传导学说”等莫不如此。这些都是失败的“科学革命”，但是，失败的“科学革命”仍然是“科学革命”。不能因为它们失败了，而抹杀它们革命性的特征以及对于科学发展的革命性意义。

必须注意，这样的革命不是“大写的近代科学革命”，而是“大写的近代科学革命”的延续——“小写的近代科学革命”，即在总的机械观背景下的局部的科学革命。在这样的科学革命中，机械自然观的本质没有改变，对象的祛魅性、简单性、还原性、决定性的特征没有改变，方法论原则以及具体方法的应用也没有改变，改变的只是“保护带”的辅助性假说。考察爱因斯坦的“相对论革命”，也是如此。

（四）爱因斯坦消除“以太”概念，提出“狭义相对论”

与洛伦兹不同，爱因斯坦(1879—1955)于 1900 年才从大学毕业。此时，物理学已经危机四伏，迈克尔逊-莫雷实验的光速测定并且恒定，伦琴(Wilhem Conrad Röntgen，1845—1923)X 射线和贝克勒尔(Antoine Henri Becquerel，1852—1908)元素放射性的发现等，无不给他留下深刻印象。大学毕业后，他到瑞士伯尔尼专利局工作，与科学共同体没有多少联系，也没有与洛伦兹等接触，这使得他的出发点与洛伦兹的出发点有所不同，不是做第一种选择，即从电磁自然观出发去发展电磁理论，而是做了另外的选择——坚持相对性原理，创立狭义相对论。

首先，爱因斯坦接受了普朗克的“能量子”假设，并将此运用于光的运动中，提出“光量子”假设。而且，如果“光量子”假设是正确的，那么光就会像普朗克理论所描绘的那样，以分立的波包(wavepacket)[①]或量子形式传播，不需要任何媒介。如

---

① 波包，英文翻译为 wavepacket，一般的波是由若干种以至无限多种谐波叠加而成的，往往仍然是非局域性的。但是，在特定条件下，叠加后的波有可能是局域性的，犹如被某种曲面包裹住那样。这种局域性的波就叫做“波包”。

此，麦克斯韦电磁理论就可以在“没有‘以太’存在”的前提下成立。

其次，爱因斯坦想到，如果迈克尔逊-莫雷实验结果是正确的，则“地球相对于以太运动”的想法就不正确；如果这一想法不正确，并且麦克斯韦和洛伦兹的电动力学方程式是正确的，且在运动物体参考系中同样有效，那么就必须假定“光速不变”的概念。

最后，爱因斯坦推得，如果迈克尔逊-莫雷的实验结果、“以太”不存在以及麦克斯韦电磁方程式都是正确的，并且“在任何参照系下光速不变”，那么，“质量、空间和时间全都跟着你的运动速度而变化。在旁观者看来，你运动得越快，你的质量也就越大，你占据的空间就越小，时间也过得越慢。你越是接近光速，这些效应就越显著。”[①]这就是爱因斯坦的“尺缩钟慢”效应，也是“狭义相对论”(发表于1905年)的核心内涵。

与洛伦兹的相关理论相比，爱因斯坦的狭义相对论确实是正确的，确实是一次革命。但是，这并不意味着洛伦兹固守旧的范式，思想保守，不思创新，而是意味着不同的时代有不同的理论和实验以及对此理论和实验的不同的理想和信念，这些理想和信念对科学共同体以及对科学共同体中的一员有规范甚至定向作用。这就是范式的作用。范式“不仅对科学工作者的心理或知觉有定向作用，而且对科学共同体的工作也有定向作用”[②]。由此，“罗伦兹[③]在这一场革命中所持的观点是完全可以理解的；在科学革命期间，理论范式对在其中工作的科学家产生决定性的影响”[④]。爱因斯坦相对于洛伦兹，不是天才之于庸才、英雄之于平民，也不是真理之于谬误，而是在不同范式下所进行的不同的科学创新活动。

爱因斯坦狭义相对论的创立毕竟是一次创新，必然会引发某些科学家的责难。X光的发现者伦琴就感到莫名其妙，认为为了解释自然现象，是否需要使用如此高度抽象的理论和概念。洛伦兹、迈克尔逊等也对狭义相对论充满怀疑，甚至有一些科学家指责狭义相对论“违背常识”“标新立异”“玩弄数学游戏”等。但是，进一步的实验表明，爱因斯坦的狭义相对论是正确的，而且是一场科学革命。

(五)相对论革命是一次“小写的科学革命”

爱因斯坦的相对论分为“狭义相对论”和“广义相对论”。对于“狭义相对论”，如上所述，应该是一次科学革命，只是这次革命不是一次“大写的近代或现代科学

---

① [美]雷·斯潘根贝格、黛安娜·莫泽：《科学的旅程》(插图版)，郭奕玲、陈蓉霞、沈慧君译，北京：北京大学出版社，2008年，第327页。

② 邱仁宗：《科学方法和科学动力学》，上海：知识出版社，1984年，第104页。

③ 此处的“罗伦兹”事实上就是本书中的“洛伦兹”，“罗伦兹”是本段引文作者的称呼。

④ 桂质亮：《比较研究：罗伦兹与爱因斯坦——科学革命期间理论范式的影响》，《同济医科大学学报(社会科学版)》，1990年第1期，第23页。

革命”，而是一次“小写的近代科学革命”。之所以这么说，原因分为以下两点。

第一，在牛顿经典力学“绝对时空观”那里，“绝对的空间，就其本性而言，是与外界任何事物无关而永远是相同的和不动的”[①]；“绝对的、真正的和数学的时间自身在流逝着，而且由于其本性而在均匀地，与任何其他外界事物无关地流逝着，它又可以名之为‘延续性’”[②]。时间、空间外在于客体对象及其运动而没有内在的关系，时间和空间是外在的、平直的、均匀的、非演化的、可逆的，时间和空间仅是描述客体对象呈现及其运动的工具；而在爱因斯坦狭义相对论“相对时空观”那里，虽然时间是相对的，并不总是以同样的速度流淌，运动的时钟走得慢，而且，在静止的观察者看来，物体运动得越快，在其运动方向上的长度就收缩得越厉害。但是，时间和空间仍然是外在于客体对象的，仍然是外在的、平直的、均匀的、非演化的、可逆的，时间、空间不能影响到客体对象的运动变化，只不过客体对象的运动状态会影响到时间、空间及其相关尺度的度量。比较这两种学说，有一个共同点，就是时间和空间同物质存在仅构成外部关系而无内在关联，而这一点是机械自然观的本质特征。

第二，爱因斯坦的狭义相对论并没有完全证伪牛顿的经典力学理论。牛顿的绝对时空观以及相应的力学定律仍然适用于宏观低速对象，只不过在宏观高速领域，要应用爱因斯坦的狭义相对论，后者把前者作为它的一个特例包含其中，即当物体运动的速度接近于“零”时，狭义相对论以渐近线的形式接近经典力学体系。[③]

进一步的问题是：爱因斯坦的“广义相对论”革命又是一次什么样的革命呢？

在提出狭义相对论之后，爱因斯坦思考这样一个问题：狭义相对论适用匀速直线运动，但当运动物体在加速、减速或者沿螺旋轨道转弯时，其时间和空间表现如何呢？这样的研究最终导致他于 1916 年进一步创立了广义相对论。

爱因斯坦认识到，引力效应与加速效应之间的差别是无法辨别的，应该放弃引力是一种力的思想，代之以“我们观察的物体就是以那种方式在空间和时间里运动”的人为设想。[④]三维空间(长、宽、高)和第四维(时间)共同组成所谓的时空连续体，即四维的时空流形(spacetime manifolds)。

---

① [英]牛顿：《牛顿自然哲学著作选》，王福山等译，上海：上海译文出版社，2001 年，第 27 页。

② [英]牛顿：《牛顿自然哲学著作选》，王福山等译，上海：上海译文出版社，2001 年，第 26 页。

③ 库恩在《科学革命的结构》一书中不同意这种观点。他认为二者的物理蕴涵(比如质量的不变与可变性)截然不同，所以不能由爱因斯坦的理论来进行常规的推导得到牛顿的理论，或者由此得到的不是真正的牛顿的理论，因为蕴涵不同。(参见[美]托马斯·库恩：《科学革命的结构》(第四版)，金吾伦、胡新和译，北京：北京大学出版社，2012 年，第 86-87 页。)这种观点有一定道理。不过，如果不考虑这一点，而由爱因斯坦狭义相对论，是可以推导出牛顿的理论的。

④ [美]雷·斯潘根贝格、黛安娜·莫泽：《科学的旅程》(插图版)，郭奕玲、陈蓉霞、沈慧君译，北京：北京大学出版社，2008 年，第 328 页。

此外，爱因斯坦引用“引力”这一概念是要说明非匀速直线运动的，但是，根据他的“电梯思想实验”[①]，在理想电梯的参照系中，引力效果等效于处于加速运动的参照系中。由此，他抽象出等效性原理：一个相对于惯性系做匀加速运动的非惯性系与存在引力场等效。有了等效性原理这座桥梁，爱因斯坦就能够顺利地把狭义相对论的相对性原理从惯性系推广到非惯性系，即推广到任意参照系，从而建立了一组相对论方程式。根据此方程式，引力不再是一种力，而是一种空间弯曲的表现。“质量引起空间和时间的变形就导致了我们所谓的引力。引力的‘力’并不真正是恒星或行星等物体的特性，而是来自空间形状本身。”[②]就此，牛顿的作为天体间吸引力的“重力”概念就是不恰当的，行星之所以围绕太阳做椭圆运动，或者物体落向地球，并不是被远处的力所作用，而是因为大质量(例如太阳质量)引起了时空弯曲，从而使行星的惯性路径绕其弯曲成椭圆。行星只是沿着附近太阳引起的空间弯曲运动，万有引力其实根本不是一种单独的力，只是时空本质的一个方面。“作为曾经最伟大的物理学家，牛顿的统治到此彻底地结束了。”[③]

事实上，上述有关“时空弯曲”的预言已经得到了实验的检验，而且，爱因斯坦据此做出的三个预言——“水星近日点的进动”“引力场中的红移”“光线的引力偏折”，也得到了确证。所有这些表明爱因斯坦广义相对论是正确的。当然，这种正确不是绝对的，因为其检验蕴涵不具有必然性——如果爱因斯坦广义相对论是正确的，那么就应该有光线弯曲，而即使现在经过观测发现了光线弯曲，也并不表明爱因斯坦广义相对论一定是正确的，只是表明爱因斯坦广义相对论得到了经验观察的支持。如果迄今为止没有出现反例，也只是表明至今所进行的观察或实验都支持广义相对论。正因如此，广义相对论得到了更多的支持。

分析爱因斯坦广义相对论中的时空和物质可知，时间、空间与物质有着紧密的关联，物质密度越大的地方引力场越强，黎曼空间的曲率越大，时间节奏的变化越慢，时空弯曲也越厉害。这表明物质对象自身的属性如组成、结构、性质会直接影响到时空属性，时空属性会随着物质对象存在方式的不同而不同，时空决定物质如

---

① “在一理想的摩天大楼的顶上，有一正在下降的电梯。在该电梯内，有一物理学家在做实验。突然，电梯的钢缆断了，于是，电梯便处于自由落体状态向地面降落。在降落的过程中，电梯内的实验者，拿出一块手帕和一只表，然后松开双手。这两个物体会怎样运动呢？电梯外的观察者以地球作为参考系，他会发现：手帕、表和电梯连同它的天花板、四壁、地面以及里面的实验者等，都以同样的加速度下落。电梯里面的实验者则会以电梯作为参考系，因为引力场在这一参考系之外而不被考虑，他会发现手帕和表由于不受到任何力的作用，而处于静止状态。在等效原理的帮助下，电梯思想实验告诉我们，引力场和加速度是相等的。广义相对论成功地拓展到了非惯性系中。”(具体内容参见赵煦：《爱因斯坦与思想实验》，《中国社会科学报》，2015 年 8 月 25 日第 796 期。)

② [美]雷·斯潘根贝格、黛安娜·莫泽：《科学的旅程》(插图版)，郭奕玲、陈蓉霞、沈慧君译，北京：北京大学出版社，2008 年，第 328 页。

③ John Henry. A Short History of Scientific Thought. New York: Palgrave Macmillan, 2012: 287.

何运动，物质决定时空如何弯曲，时空是非平直的、非均匀的、非演化的。时空的属性虽然与物质对象不可分离，但却并非物质对象的内在属性。

相对于牛顿的绝对时空观，爱因斯坦的相对论时空观是一次革命。但是，这样的革命仍然是一次局部的革命。应该指出的是，牛顿和爱因斯坦的时间都是一种运动(不含演化)的时间，并非事物本身的内在属性。在牛顿那里，时间一维地、均匀地流逝而与任何外在的事物无关，时间成了描述事物运动的纯粹抽象的外部框架。爱因斯坦的相对论中的时间与观察者的运动状态有关，而且会受物质分布的影响；它是被动的，虽与物体的存在不可分，并受物体运动的影响，但对于物体的演化来说，它仍然是外部的相对参量，是用来调整动力学机制的外部因素。因此，绝对时间和相对论的时间同物质存在仅构成外部联系，而不存在内在关联。这是时间的外在性。由于爱因斯坦的相对论中的时间只与物体运动状态相联系，只是对机械物体运动的空间度量，没有深入到事物的内部，不具有生命性，因此，这仍然是一种机械自然观背景下的时空观革命，是一种局部的革命、物理学科内的革命，是一次“小写的科学革命”，而不是全局意义上的对机械自然观的革命，即不是一次“大写的科学革命”。

与上述形式的科学革命不同，在系统论、耗散结构理论中，时间更重要的性质不仅在于它是系统外的一种因素(运动的存在方式)，而且在于它本身就是系统内在的一种参量、一种动力，从而使得这样的时间具有内部性，进而成为“内部时间”。“内部时间”是系统的内部变量，是事物的内部属性。由它决定的熵区分了系统的过去和将来。一个系统由潜熵向熵的转化就是系统生命演化的动力，因此，系统所具有的“转化能力”本身就是系统生命的标志，而描述这一能力的参量“熵”乃是内部时间的函数。内部时间决定了系统的演化，与之相应的就是生命本身。时间在人和自然中，而不是人和自然在时间中。时间由系统演化的不可逆“动势”产生，时间的指针不是由机械运动带动，而是由生命演化带动，由此也使时间呈现出不可逆性。

虽然在现代许多科学理论中，时间的方向性无关紧要，即使时间倒流，牛顿力学、相对论、量子力学等也是成立的，因为在这些理论中，时间是可逆的。但是，一旦涉及生命性的事件，涉及热力学、化学、宇宙学、自组织理论等领域中的一些演化现象时，时间的不可逆性就表现得非常明显了。此时，引入内部时间就成为必然。内部时间是对称破缺和不可逆的，具有方向性，此方向与熵的变化方向一致，由此表示系统产生、发展和消亡的过程。其本征值不是确定物体的空间位置，而是对应系统演化阶段的状态或进化程度，它是一种不可逆的演化的时间。

如此，时间就具有了生命性，时间是“内时间”。相类似的思想也可以应用于空间中。这样的“内时间”和“内空间”就与有机整体性的自然相对应，这是对机械自然观的整体性的反叛。这才是一次“大写的科学革命”。

概括而言，爱因斯坦的狭义相对论以“光速不变原理”(在真空中光速都是一样的)和“相对性原理”(运动或静止都是相对的)为前提，以“尺缩钟慢”为其具体体现，从而使得它与牛顿绝对时空观及其物质运动的“光速可变”“运动或静止是绝对的”观念不符；爱因斯坦的广义相对论以“广义协变原理”(在所有的参照系中所有的物理定律都是一样的)和“等效性原理”(加速度产生的效果与重力产生的效果没有区别)为前提，以“光线弯曲”“水星近日点进动”“引力场红移”等为其具体体现，从而使得牛顿绝对时空观之“重力不影响时间和空间”的断言不再成立。这些都是对牛顿绝对时空观的革命。它表明牛顿经典力学只适用于宏观、低速的对象而不适用于宇观、高速的对象。这是对牛顿经典力学的革命，表明牛顿经典力学真理性的相对性。然而，无论是爱因斯坦的狭义相对论还是广义相对论，都没有改变牛顿力学的核心信念——世界像一种机械，其运转是可以精确计算的，即没有改变机械自然观的核心内涵，改变的是对事件时空之关系的理解。就此，爱因斯坦相对论之于牛顿经典力学革命，只是一次“小写的近代科学革命”，而不是“大写的近代或现代科学革命”。

三、范式的坚守(二)：从“黑体辐射”到“量子论”

(一)“黑体辐射”的研究与“旧量子论”的创立

“黑体辐射”(black-body radiation)这一概念首先是由基尔霍夫(Gustav Kirchhoff，1824—1887)于1860年首先提出的。所谓“黑体”(blackbody)，是指这样一类物体，在任何温度下，它将射入的任何波长的电磁波全部吸收，没有一点反射，也没有透射，而在相同温度下，它所发射出的热辐射比任何其他物体都强。1879年，斯蒂芬(J. Stephen，1835—1893)总结出黑体辐射总能量与黑体温度4次方成正比；1889年卢梅尔(Otto Richard Lummer，1860—1925)与卢本斯(H. Rubens，1865—1922)通过研究空腔辐射得出了黑体辐射光谱的实验数据。但是，使用实验数据找对应点的方法十分不方便，于是科学家们开始寻找一般公式。1893年，维恩(Wilhelm Carl Werner Otto Fritz Franz Wien，1864—1928)从电磁理论和热力学理论出发，得到一个位移公式——“维恩辐射能量分布定律公式”。由该公式得到的结果在短波波段同实验数据相符，而在长波波段与实验数据不符。1900年，瑞利(Lord Rayleigh，1842—1919)从统计物理学的角度提出了一个关于热辐射的公式。1905年，金斯(James Hopwood Jeans，1877—1946)修正了公式中的一个数值错误，此后该公式被称为“瑞利-金斯公式”。该公式在长波波段与实验数据相符，而在短波波段与实验数据不符。不仅如此，根据这一公式还推导出一个荒谬的结论：在短波紫外光区，理论值随波长的减少而很快增长，以致趋向于无穷大，即在紫色一端发散。这显然与实际不符，因为在一个有限的空腔内，根本不可能存在无限大的能量。

针对这种状况，当时的物理学家无法做出合理的解释。保罗·埃伦费斯特(Paul Ehrenfest，1880—1933)对当时的这种状况进行了分析，于 1910 年首次用“紫外灾难”来形容瑞利-金斯公式所面临的困难。

在国内，人们普遍认为“能量子”概念是由普朗克提出的，并且认为普朗克基于“紫外灾难”创立了相关理论。其实不是这样。“能量子”这一概念早在普朗克之前，就于 1872 年由玻尔兹曼在研究热力学的过程中假设，只不过，他假设的是分子的动能的量子化。而且，普朗克在 1900 年之前的 1894 年就已经开始研究黑体辐射问题了，试图用一个公式来表示黑体辐射的实验数据。这项工作到了 1900 年有了结果。1900 年 10 月 7 日，普朗克在与另外一位物理学家交流后，就给出了他的公式；在 1900 年 10 月 19 日，在德国物理学会举办的会议上，普朗克宣布了这一公式 $E=h\nu$，其中，E 是能量，ν 是频率，h 是普朗克常数。这一公式被称为“普朗克公式”，是普朗克使用一种分列式对维恩公式和瑞利公式进行内插转化合并而成的。该公式能够很好地描述测量结果，但是并没有充分的理由，只是一个半经验公式。为了更好地从理论上解释这一公式，同年的 12 月 14 日，在德国物理学年会上，普朗克以“正常光谱中能量分布的理论”为题，提出了“能量子假说”，即在光波的发射和吸收过程中，发射体和吸收体的能量变化是不连续的，能量值只能以最小分量的整数倍一份一份地发射或吸收，这个最小的能量单位就叫“能量子”(energy quanta)。

由此可见，普朗克提出“能量子”概念并且将这一概念应用于黑体辐射研究中，不是在所谓的“紫外灾难”之后，而是在此之前的 1900 年，即不是为了解决“紫外灾难”。[①]

“能量子”的概念表明，能量不是无限可分的，它也像物质一样，可以以粒子或波包的形式存在；能量只能以量子整数倍的形式发射，物体在低频下辐射比较容易，而在高频下辐射比较困难。这样就比较好地解决了维恩公式和瑞利公式所面临的问题。

“能量子”在刚提出来时，只是一个假说。尽管由这个假说推算出来的黑体辐射规律与观测事实很符合，但是，其所提出的“辐射过程是不连续的”与日常生活经验相违背，也与经典物理学的基本原理相对立。要接受这一假说，意味着就要放弃传统物理学中“物质运动绝对连续”的观念。这对于当时的绝大多数科学家来说，是难以接受的。如当时的金斯就拒不接受普朗克的能量子概念及其理论，以至于他

① 曹则贤：《黑体辐射公式的多种推导及其在近代物理构建中的意义(III)》，《物理》，2022 年第 1 期，第 37-42 页。

于 1905 年还对瑞利公式进行修正从而产生出一个“瑞利-金斯公式”，1910 年才最终认输。甚至连普朗克本人也对“能量子”概念表示怀疑。普朗克不能容忍“能量子假说”威胁经典物理学，试图把能量子假说纳入经典物理学的框架之中。1911 年，他提出能量只有在释放时才是量子化的；1914 年，他认为只有当振子同自由粒子碰撞从而导致能量变化时，能量才表现出不连续性。

现在我们知道，所有这些努力最终都以失败告终，就连普朗克自己，也在他晚年出版的《科学自传》中把他自己所经历的这 15 年徘徊称作一场“悲剧”。其实，这样的经历并非悲剧，只是普朗克把能量量子化作为一种方便的计算手段，没有赋予其真实的物理意义而已。这也说明，对于一个科学家来说，经过长期的学习和研究所铸就的认识的范式，是很难改变的，这种状况甚至对于范式的改变者自己也是如此。这比较充分地反映了新老科学家面对新的“范式”的态度，也部分体现了普朗克自己对自己表现的感悟。

与普朗克相反，爱因斯坦以叛逆者的形象出现，并于 1905 年利用“光量子假说”成功地解释了“光电效应”现象。事实上，在爱因斯坦做出这一解释之前几年，人们已经发现了“光电效应”的神秘现象：某些金属在光的照射下发射出电子，而且，1902 年伦纳(Philipp von Lenard，1862—1947)发现，发射的电子能量与光强没有关系。为了解释这一现象，爱因斯坦接受并且引用了普朗克的“能量子”概念，提出“光量子假说”。普朗克认为，光以独特的“波包”形式辐射，而爱因斯坦指出，光还以“波包”形式传播，即在空间传播的光不是连续的，而是一份一份的，每一份叫一个“光量子”，它们看起来像“粒子”，简称“光子”(photons)，“光子”的能量 E 与光的频率 ν 成正比，即 $E=h\nu$。光的波长越短(频率 ν 越高)，光量子所携带的能量越高，越容易激发出电子，否则，如果波长过长(频率 ν 过低)，则不足以激发出电子。不仅如此，由于光的辐射和传播都是以波包形式进行的，也就是说一个特定的波长的光是由具有固定能量的量子组成的，当一个能量子轰击一个金属原子时，原子就会释放出一个具有固定能量的电子。虽然更亮的光含有更多的量子，能够引起更多的电子辐射，但是，由于每个量子所具有的能量是固定的，因此它不会引起所辐射出来的电子携带更多的能量。一句话概括，“光电效应”能否发生取决于光的频率而非光的强度。如此，爱因斯坦就在普朗克量子理论的启发下，针对光的经典理论的缺陷，提出了“光量子假说”，成功地解释了“光电效应”。其后，他又提出固体的振动能量也是量子化的，从而解释了低温下固体比热问题。

这是普朗克量子理论的第一次应用，主要针对的是“光电效应”，直接涉及的对象是“光子”，对于其中所涉及的原子以及原子以下的层次如电子是否也具有量子效应或特征，则没有具体阐述。关于这一点，到了玻尔(1885—1962)那里，有了具体体现。

玻尔的量子理论创立与他对卢瑟福(Ernest Rutherford，1871－1937)的“原子结构模型”的变革有关。

19 世纪初，道尔顿提出了近代“原子论”，认为所有的物质都是由原子构成的。1895 年末，伦琴宣布发现了一种新射线——“X 射线”。1896 年，贝克勒尔发现放射性现象。之后很快，居里夫人、贝克勒尔以及卢瑟福几乎同时发现铀放射出来的射线不止一种，一部分射线带正电，在磁场中向一方偏折，另外一部分射线带负电，向另一方偏折。卢瑟福把带正电的射线称为 α 射线(α 粒子)，把带负电的射线称为 β 射线(β 粒子)。1900 年，维拉尔(Paul Ulrich Villard，1860—1934)在放射性辐射中又发现了第三种辐射，其具有不同寻常的穿透力，并且在磁场中一点也没有偏折，他将此称为 γ 射线。

X 射线发现后，引起了 J. J. 汤姆逊的强烈兴趣。他于 1896 年用阴极射线管做实验，发现电场能够使射线偏折。之后他进一步做实验，于 1897 年成功离析出一种“负粒子”——“电子”。电子的发现表明原子是可分的。基于原子整体是不显电性的，J. J. 汤姆逊于 1898 年提出原子结构的第一个模型“葡萄干-蛋糕模型”，即原子是一个球体，正电荷均匀地分布于这个球体中，带负电荷的电子像蛋糕中的葡萄干那样，分散嵌在球体的某些固定位置上，它们中和了正电荷，因此原子从整体上看是不带电的。

1909 年，卢瑟福和他的助手盖革(Hans Geiger，1882—1945)用放射性物质放射出来的 α 粒子轰击金属箔片，发现大部分 α 粒子可以穿透金属箔或偏转一个很小的角度，只有少量的 α 粒子产生了很大的偏转，有的 α 粒子竟被反弹了回来。这样的实验结果明显与 J. J. 汤姆逊的原子结构模型不符，因为，根据 J. J. 汤姆逊的“葡萄干-蛋糕模型”，金属箔的原子中没有什么东西能使较重的 α 粒子发生大角度的偏转，除了极少量的 α 粒子会稍微偏转外，绝大多数 α 粒子一定能直接穿过金属箔，而不会出现大幅度偏转甚至反弹的现象。在这种情况下，卢瑟福于 1911 年初提出原子结构的“太阳-行星模型”——原子内部大部分空间是空虚的，原子中心有一个体积比原子小很多、质量较大且带正电荷的核，原子的全部正电荷都集中在这个核上，带有负电荷的电子则以某种方式分布于核外的空间中。

卢瑟福的“太阳-行星模型”成功地解释了 α 粒子实验现象，使人们对原子结构的认识深入了一步，然而，这一理论在当时也存在理论上的困难。按照经典物理学的理论，电子绕原子核运动需要原子核与电子间的静电吸引力，这个力使电子获得向心加速度。而根据电动力学理论，带电粒子获得加速度就要辐射电磁波，即电子绕核运动时就要以辐射形式放出能量，这样它自身的能量要逐渐减小，因而电子的运动轨道必将不断变小，最后“掉到”原子核中。

玻尔对上述“太阳-行星模型”理论的困难进行了研究。他认为，电磁理论不但已经获得许多实验的支持，而且能够正确地指导发电机、电动机及其他电器的发明和应用，电磁理论本身应该是没有什么问题的。问题很可能出在其他方面。他受到普朗克“能量子”以及爱因斯坦“光量子”的启发，认为问题出在原子核外的电子上。他于 1913 年提出核外电子运动轨道理论，认为核外电子并不能连续地发射辐射，只能以特定大小的能量包量子的形式发射(或吸收)能量。这意味着它们必须保持在稳定的轨道上，而不能在任意轨道上运动。这也说明了原子在通常状态下是稳定的。当原子吸收能量或放出能量时，电子就会吸收或发射相应的能级差的能量。

玻尔的原子结构模型能够较好地解决原子的稳定性问题，也能成功地解释氢原子的辐射光谱的特征线分列的实验事实。在玻尔提出他的理论的第二年，德国的弗兰克(James Franck，1882—1964)等进行了电子与水银原子碰撞的实验，发现水银原子只能从电子那儿接受特定数值的能量，从而证实了玻尔的假设。

但是，这并不意味着玻尔的原子结构模型就是完美的。这一模型不能解释光谱强度，不能确定光谱中的光子的数目，不能解释原子光谱的精细结构，不能说明具有两个以上电子的较复杂原子的光谱，也不能解释谱线在磁场中的分裂。更可怕的是，玻尔一方面把电子当作经典力学所描述的那样的粒子，采用了经典力学的确定性的轨道概念，另外一方面却把电子运动的能量变迁当作量子跃迁，将经典物理学和量子这两个不相容的理论混合在了一起。鉴此，当时许多知名度很高的物理学家对此持反对的或谨慎的态度。J. J. 汤姆逊反对这一理论，说它是将牺牲对原子结构的理解作为代价而得到俗不可耐的肤浅皮毛；卢瑟福对此尽管有些怀疑，但还是接受了；劳厄(Max von Laue，1879—1960)更是放了狠话：“假如玻尔的理论碰巧是对的话，我们将退出物理学界。”这也证明了普朗克所说的下面这段话的正确性：“一个新的科学真理的胜利并不是靠使它的反对者信服和领悟，还不如说是因为它的反对者终于都死了，而熟悉这个新科学真理的新一代成长起来了。”[①]现在科学界把这一现象称为“普朗克现象”。

“普朗克现象”只是一般性的说法，并非普遍的现象。面对玻尔理论遇到的困难，阿诺德·索末菲(Arnold Johannes Wilhelm Sommerfeld，1868—1951)于1915年就把玻尔理论从两个方面加以扩充：其一是仿照行星运动规律，认为电子绕核运动不仅限于圆形轨道，而且也包括椭圆形轨道；其二是把相对论同玻尔理论结合起来，考虑到电子质量随电子运动速率的变化而变化的相对论效应，并用此成功地解释了光谱线的精细结构。

(二)“新量子论”的发展及其诠释

1. 电子的“波粒二象性”

自20世纪20年代之后，量子理论的发展与之前的“旧量子论”有很大的不同。这种不同开始于德布罗意(Louis de Broglie，1892—1987)。他深入研究了爱因斯坦

---

① 转引自[美]托马斯·库恩：《科学革命的结构(第四版)》(第2版)，金吾伦、胡新和译，北京：北京大学出版社，2012年，第127页。原文出自：Planck M. Scientific Autobiography and Other Papers. Gaynor F (trans.). 1949: 33-34.

的“光电效应”。既然原来作为波的光在爱因斯坦这里可以作为粒子——“光子”而存在，而且光又具有“波粒二象性”（wave-particle duality），那么作为“粒子”的其他粒子也可能有“波粒二象性”，即既是粒子也是波。而且，他根据爱因斯坦的质能方程式 $E=mc^2$ 所蕴含的“质量和能量可以互换，具有等价性”，认为某些对象应该同时具有粒子（物质）和波（能量）的性质。1923 年，德布罗意将光学现象与力学现象进行了深入比较，发现在几何光学中，光的运动服从光线最短路程原理，即费尔马（Pierre de Fermat，1601—1665）原理；在经典力学中，质点的运动服从力学的最小作用原理，即莫泊丢（P. Maupertuis，1698—1759）原理。这两个反映不同领域运动规律的原理，具有完全一致的数学形式。这促使德布罗意想到，既然被看作具有粒子性的光具有波动性，运用数学类比，可推断实物粒子也可能具有波动性。

如果实物粒子具有波动性，那么其波动性的大小如何呢？德布罗意力图解决这一问题。他认为，既然光的波长（λ）和动量（p）之间有如下关系：$\lambda=h/p$（h 为普朗克常数），那么像光那样具有波粒二象性的粒子的波长也应该遵循这一关系。如此一来，物质粒子的波长（λ）和动量（mv）之间也应具有同样的数学关系，即 $\lambda=h/mv$。

由上述波长公式可计算，地球的波长约为 3.6×10^{-61} 厘米，该数值很难用仪器测得，这就是我们不能观察到宏观物体物质波的原因。可是对一个在 1 伏电位差的电场中运动的电子来说，其波长大约是 10^{-7} 厘米。从理论上讲，这个波长就不能被忽视了。据此，德布罗意断言，电子应该既具有粒子的性质，也具有波动的性质。这样的预言在 1925 年得到实验的证实，表明设想为粒子的电子流以与光波相同的方式，产生了干涉图样，电子具有“波粒二象性”。

如果假设电子为粒子，并且如图 11.4 那样进行实验，那么在相纸上就会出现电子“击打”的痕迹。

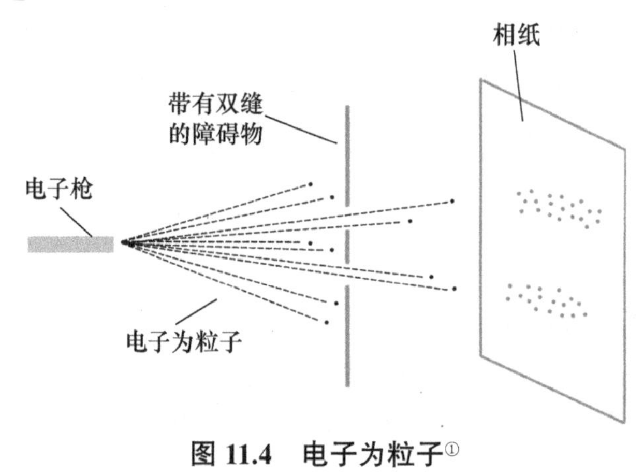

图 11.4　电子为粒子[①]

---

① [美]理查德·德威特：《世界观：现代人必须要懂的科学哲学和科学史》（原书第 3 版），孙天译，北京：机械工业出版社，2020 年，第 333 页图 26.1。

如果假设电子是波，并且如图 11.5 那样进行实验，那么在相纸上会留下光斑交织的图像。

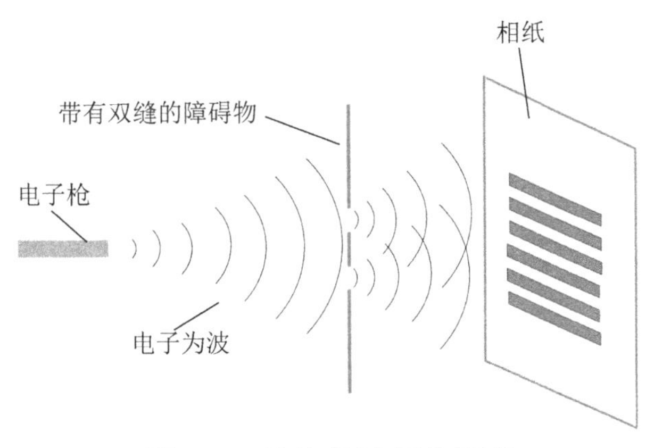

图 11.5 波效应(电子为波)①

为了进一步判定电子究竟是什么，科学家们进一步进行如图 11.6 所示的实验。该实验与前两个相比，只是加入了两个被动电子探测器，它们不会干扰电子。此时，如果电子是粒子，则电子探测器将不会同时报警；如果是波，则电子探测器将会同时报警。实验结果呈现为仅其中一个电子探测器报警，说明电子像粒子那样运动。另外，若我们给探测器安上开关，随着开关的开合，我们将看到波效应与粒子效应之间的转换。

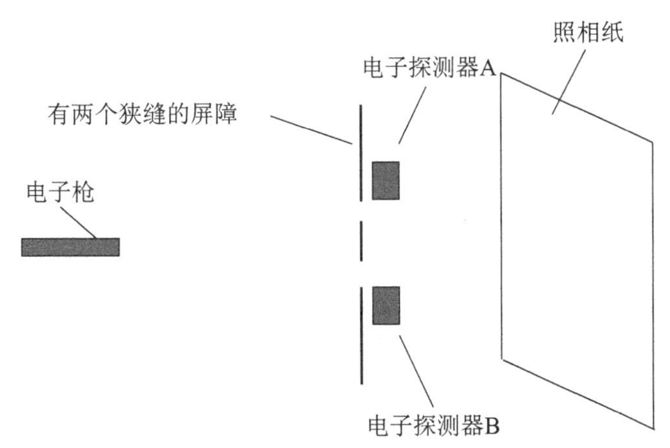

图 11.6 用电子探测器做的两个狭缝的实验②

① [美]理查德·德威特：《世界观：现代人必须要懂的科学哲学和科学史》(原书第 3 版)，孙天译，北京：机械工业出版社，2020 年，第 334 页图 26.2。

② [美]理查德·德威特：《世界观：现代人必须要懂的科学哲学和科学史》(原书第 3 版)，孙天译，北京：机械工业出版社，2020 年，第 336 页图 26.4。

电子究竟是什么？是“作为粒子的电子”，还是“作为波的电子”？抑或两者都是？①为了便于理解，薛定谔(Erwin Schrödinger，1887—1961)将微观量子现象与宏观事件联系起来，设计了著名的“薛定谔的猫”的思想实验。图 11.7 所示的是德威特根据薛定谔的思想稍作修改的思想实验：光子枪每次可以发射一个光子，光束器让光子通过或被反射的概率均为 50%，如果光子探测器 A 探测到了光子，毒药瓶将会被打开，导致小猫死亡；如果光子探测器 B 探测到了光子，则小猫安然无恙。

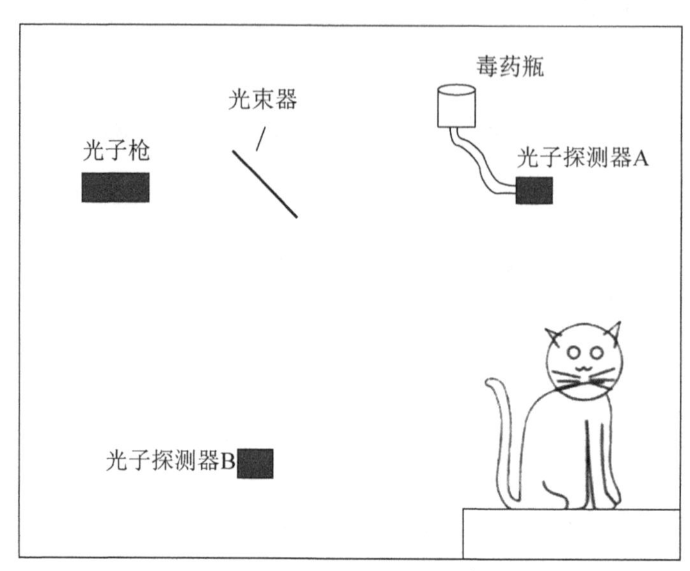

图 11.7　薛定谔的猫②

假设图 11.7 中包括小猫在内的所有实验装置都放在封闭的盒子里，我们看不到盒子里面的一切，盒子外有一个按钮可以控制光子枪发射光子。当我们按下按钮发射一个光子，则盒子中的猫是“死”还是“活”呢？它应该是既“死”又“活”，因为我们不知道哪个光子探测器记录了光子，也就是不知道盒子里发生了什么。所以对于此时的猫，是同时存在“死”和“活”这两种情况的。如此一来，作为量子效应的显现，猫处在“死”和“活”两种状态的叠加，这就是“量子叠加态”。

薛定谔创立了波动方程，对这一问题进行了探讨。他认为，电子的波动现象类似所谓的“驻波现象”，即不能像在海洋上自由传播的波浪，但可以像被限制在固定空间内的波一样，这点正如小提琴弦的振动被限制在小提琴弦的长度之内。在此基础上，他运用数学工具进行计算，建立了薛定谔方程，表明玻尔原子模型中电子

① 事实上，对于上述实验，所谓的“作为粒子的电子”和“作为波的电子”，并不意味着我们在实验中观察到了电子，而是表明如果电子是那样的一种存在——潜在的存在，那么会产生照相底片上的那样一种显在。

② [美]理查德·德威特：《世界观：现代人必须要懂的科学哲学和科学史》(原书第 3 版)，孙天译，北京：机械工业出版社，2020 年，第 361 页图 27.2。

的固定轨道，实际上是电子的电荷分布在其驻波上的峰值，即电子的电荷扩散到了整个波形中。

如果对薛定谔方程进行扩展，就必然得出一个电子的态可以由其他态叠加而成。这表现在两个方面：一个是“干涉现象”，正如在单光子的双缝干涉实验中，一个光子会同时通过两个缝而产生干涉，就像两列波叠加在一起。此时，光子既在这里也在那里吗？另外一个是“量子纠缠”，即量子系统由纠缠关系或结构束缚在一起，量子关联中的所有赖态属性绝不能还原为相互独立的单个量子系统的某些东西。

薛定谔本人对此也感到疑惑。不过，爱因斯坦认为，“薛定谔的猫”不可能存在于死和活的两种叠加状态中，一定丢失了某种东西，如果是这样，则量子理论就是不完备的，量子理论没有抓住真实的实在。鉴此，需要增加一些东西(即隐藏的变量)，让理论回到与直觉的现实相一致的轨道上来。

问题是：如果不是这样，则又该如何解释量子理论呢？对此有不同的解释。

2. 哥本哈根诠释

哥本哈根诠释(Copenhagen interpretation)被称为量子力学的标准解释，鉴于哥本哈根学派内部的物理学家之间的观点各有不同，甚至大相径庭。下面针对他们的观点进行具体分析和评论。

玻恩(Max Born，1882—1970)并不完全赞同薛定谔的上述观点。他于1926年提出，薛定谔在方程中描述的并不是电子本身，而是电子可能的位置，即在任何给定位置上能够发现电子的概率。波函数的峰值，据推测与玻尔轨道的位置相对应，简单地表明在那里找到电子的可能性比在其他地方更大。玻恩的电子位置分布的概率论表明，对于电子，你所可能知道的只是它所处位置的概率。这是对牛顿以及机械自然观决定论原则的冲击。玻恩评论道：“从我们的量子力学的观点来看，在任何一个个别的情形里，都没有一个量能够用来因果地确定碰撞的结果；不过迄今为止，我们在实验上也没有理由相信，原子会具有某种内部特性，能够要求碰撞有一个确定的结果。或许我们可以期望，将来会发现这种特性(比如相位或原子的内部运动)，并且在个别的情形中把它们确定下来。或许我们应该相信，在不可能给出因果发展的条件这一点上，理论与实验的一致正是不存在这种条件的一个必然的结果。我自己倾向于在原子世界里放弃决定论。但是这是一个哲学问题，只靠物理学的论证是不能决定的。”①

海森伯基于“为经验上可观察到的东西提供一种可行的数学解释”这一设想，于1927年提出了著名的“不确定性原理”(uncertainty principle)，又叫“测不准原理”(indeterminacy principle)。其核心内涵是：我们不可能同时精确地确定电子的位

① 转引自关洪：《科学名著赏析：物理卷》，太原：山西科学技术出版社，2006年，第251页。

置和动量，这两个量被称为“共轭互补量”（conjugate amount）。

这是什么原因造成的呢？有人认为这是由我们所用的测量方法和仪器的不完备性所导致的，即在获得某一共轭量的同时，无法控制地干扰了粒子的运动，使得粒子失去展现另一互补共轭量的能力。海森伯就说：“观测在事件中起着决定性作用，并且实在因为我们是否观测它而有所不同。”[①]“我们必须记得，我们所观测的不是自然的本身，而是由我们用来探索问题的方法所揭示的自然。”[②]玻尔也指出：“在经典物理学的范围内，某一给定客体的一切特征属性，在原理上可以用单独一个实验装置来确定，尽管在实际上用不同的装置来研究现象的不同方面往往是方便的。事实上，用这种方法得到的数据仅仅互相补充，并且可能结合成关于所研究客体之性能的首尾一致的图景。然而，在量子物理学中，用不同实验装置得到的关于原子客体的资料，却显示着一种很新颖的互补关系。”[③]举例来说，在试图确定电子的位置时，实验者必须要使用强光照射它才能看到它，但是，在亚原子层面，光波将不可避免地对电子产生重大影响，并在你确定它的位置的那一刻改变电子的动量，如此，你就不可能同时确定电子的位置和动量，这就好像你试图通过向小猫喷射高压水柱来确定这只小猫的位置一样。[④]如果是这样，则人类所获得的对电子的认识，就只是人类在仪器作用下对所能够认识到仪器对电子作用的系统的认识，至于这一认识背后电子的真实存在状态，我们永远也不能认识。

哈瑞（R. T. Harré，1927—2019）对这类仪器与研究对象之间的关系进行了分析，认为它们是“仪器-世界复合体”（apparatus-world complexes），是一类“玻尔式人工物”（Bohrian artifacts）。在“仪器-世界复合体”中，仪器完全与世界混合在一起，仪器以及世界这两个组成部分都不能够从产生现象的现实中分离出来，导致的结果是“科学就是对仪器-世界复合体的研究”[⑤]。对于此类研究所导致的现象，哈瑞称为“玻尔式现象”。“玻尔式现象既不是仪器的性质也不是由仪器所引起的世界的性质。它们是一种新的实体的性质：仪器与世界即仪器-世界复合体的无法分解的结合。”[⑥]

---

① [德]海森伯：《物理学和哲学：现代科学中的革命》，范岱年译，北京：商务印书馆，1984 年，第 19 页。

② [德]海森伯：《物理学和哲学：现代科学中的革命》，范岱年译，北京：商务印书馆，1984 年，第 24 页。

③ [丹麦]玻尔：《尼耳斯·玻尔哲学文选》，戈革译，北京：商务印书馆，1999 年，第 232 页。

④ Henry J. A Short History of Scientific Thought. New York: Palgrave Macmillan, 2012: 288.

⑤ Harré R. The materiality of instruments in a metaphysics for experiments//Radder H. The Philosophy of Scientific Experimentation. Pittsburgh: University of Pittsburgh Press, 2003: 29.

⑥ Harré R. The materiality of instruments in a metaphysics for experiments//Radder H. The Philosophy of Scientific Experimentation. Pittsburgh：University of Pittsburgh Press, 2003: 31.

这种“无法”，就是无法“回推自然”(back inference to nature)[1]，而只能是从自然的倾向性(disposition)、潜在性(potential)和可供性(affordance)[2]做出解释。[3]

如果是这样，当我们改进实验仪器及其实验操作后，原则上可以解决“不可控制的作用”，进而“回推自然”，获得对电子的本征状态的认识，此时，所测量出来的电子的位置和动量，可能就不会呈现出“测不准原理”所描述的现象。在这样的思想的指导下，科学家进行了量子非破坏性测量理想实验，结果表明，即使在获取某共轭量的同时，保证粒子的运动没有受到不可控制的干扰，即在装置不受不确定关系影响的情况下，仍然不能同时确定另一共轭量，即互补性仍然存在。[4]

这样，不确定难题的存在就与仪器精密度、仪器对微观对象的作用无本质的、必然的关联，而与微观对象的互补性质有本质的关联。即微观对象的不完全确定性是由微观对象的本性决定的。[5]微观对象如电子，在任何给定的时间都没有精确的位置和特定的动量。正是由于这一点，要想同时准确地确定这一对象的位置和动量是不可能的。照此，粒子的这一本性对人类关于微观对象的认识提出了原则性的限制，

① 所谓“回推自然”，根据哈瑞的观点，有两种情况：一种情况是“作为自然系统驯化版本的物质模拟”(material models as domesticated versions of natural systems)的仪器。这些仪器是一种自然地发生的物质设置的物质模拟。相关例子如用于做实验的果蝇群体等。对于此类模拟，在仪器和自然设置之间并不存在本体论的不同，仪器和程序的选择保障了这种同一性，因为仪器就是自然发生的现象以及物质设置的某种版本，在其物质设置中，现象发生了。另外一种情况是仪器作为“因果地关联于世界的工具”(apparatus as models of the systems in the world)。这类工具是因果地由自然的过程影响的，工具中的变化是物质世界的相应状态的效应，典型的如温度计。对于这两类仪器，它们与对象的作用机制清楚明白，能够进行进一步分析，而得到仪器与对象作用之前的对象的状态或者仪器与对象作用之后对象的状态。

② 可供性是吉布森(James J. Gibson)提出的一个概念(可以说是造出)，是他开创的生态学的视知觉论(相对于其他认知学派比如格式塔，那么可用“直接认知论”这个词)的一个重要内容。affordance是afford(提供、给予、承担)的名词形式，环境的“可供性”是指这个环境可提供给动物的属性。吉布森用来解释可供性的例子是这样的：如果一块地表面接近水平而不是倾斜的，接近平整的而不是凸起或凹陷的、充分延伸的(与动物的尺寸相关)，并且地表面的物质是坚硬的(与动物的重量相关)，那么，我们可称为基底、场地或地面，它是可以站上去的，可以让四足或两足动物站立其上行走和跑动的，而不像水表面或沼泽表面之于一定重量的动物那样是可沉陷的。在此列出的四项属性——水平、平整、延伸和坚硬，是该地表面的物理属性，可以用物理学的度量衡去衡量，但是一旦涉及特定动物的支撑可供性，就必须与动物关联才能被衡量。如此，这四项属性就不单纯是抽象的物理属性了，它们与特定的动物特定的姿势和行为相关。进一步的分析表明，环境的“可供性”既不像物理属性那样是一种客观属性，也不像价值和意义那样是一种主观属性，它看上去是既主观又客观。吉布森认为“可供性”跨越了主观和客观的二分法，既是物理的也是心理的，它同时指向环境和观察者。

③ Harré R. The materiality of instruments in a metaphysics for experiments//Radder H. The Philosophy of Scientific Experimentation. Pittsburgh: University of Pittsburgh Press, 2003: 34-38.

④ Englert B G, Scully M O, Walther H：《物质和光的二象性》，郭凯声译，《科学》，1995年第4期，第30-36页。

⑤ 肖显静：《作为客体的科学仪器》，《自然辩证法通讯》，1998年第1期，第22页。

即人类原则上不能获得对微观对象的完全认识。因为微观对象的运动、变化、发展要遵循一定的自然规律，受到自身性质、结构的限制，它只能做它能做的事。[①]这不是人类的认识能力所致，而是事物的本性使然。

在20世纪20年代，一些物理学家就持有这种观点。他们认为，在亚原子层次，事物的性质是不确定的，这种不确定不是人类认识上的不确定，而是事物本身的特性。

玻尔赞同海森伯的观点，认为就我们所观察到的电子的行为，事实上是我们在实验过程中操作电子所成就的，如果没有这样的实验，我们就观察不到电子这样的行为，电子的存在是概率性的。他于1927年提出“互补原理”。主要内容是，在宏观的物体中，粒子和波是截然不同的，是不能共存的，但是，在量子世界中，它们是互补的。“因此，我们不应该问电子或任何其他亚原子实体是波还是粒子，我们应该问，它在什么时候和什么情况下表现得像波，什么时候和什么情况下表现得像粒子。”[②]换句话说，电子既不是粒子也不是波，而是我们测量到的东西，如果我们不能通过实验和测量来确定粒子的位置和动量，那么我们就不能声称这些东西（位置和动量）是物理实在的不可否认的方面。

玻尔的上述观点，事实上是说，对于电子是否有波或粒子这样的独立的不依赖于其他系统的属性——“内禀属性”（intrinsic properties），我们并不知道，我们知道的只是量子系统对于我们所做的实验的表现，即量子系统与测量仪器之间的相互作用所呈现出来的属性。这是量子系统的不可分离性。

另外，量子力学中相互关联的粒子，所拥有的特性是一种整体性质，以至于我们无法用来描述单个粒子的性质，只能描述相互关联的粒子系统的整体性质。这表明量子系统是非定域的，它们的属性不存在于空间中的单个粒子上。非定域性表明，那种粒子与粒子之间的作用方式将以纠缠的作用方式代替，这种纠缠的作用方式是整体性的，不会随着距离的增加而消失，一定意义上体现了量子系统的不可分离性。因为量子理论表示的是相关系统的赖态属性之间的关联，这些关联并不依赖于系统的空间和时间距离，这就是“量子纠缠”。“正是在这个意义上，我们可以说，在经典物理学中看作是内禀性质的东西，在量子力学中必须被看成是物理系统之间的关联或结构属性。”[③]如果是这样，则所具有的量子态的纠缠所导致的“赖态”以及“赖态属性”，就是其最基本的属性，而像“质量”和“电荷”这样作为个体性存在所具有的“内禀属性”就是“赖态属性”的产物。由于“赖态属性”以量子系统关系属性或结构属性为基础，其基本性的存在就是关系的存在或结构的存在。场就是

---

① 肖显静：《作为客体的科学仪器》，《自然辩证法通讯》，1998年第1期，第22页。

② Henry J. A Short History of Scientific Thought. New York: Palgrave Macmillan, 2012: 291.

③ 李宏芳：《量子理论对于哲学的挑战》，《学习与探索》，2010年第6期，第14页。

这样的基本存在。这也是“量子场论”提出的缘由。

总之，在量子力学中，描述的只是物理对象之间的关系，而不是个体性的内禀属性，实体性的个体已经不是最基本的实在，最基本的实在是关系或者结构。

以上三点概括了量子力学的三个基本特征：非定域性、不可分离性、非个体性。其中非个体性是最基本的。当然，非个体性并非强调量子系统不存在个体性，而是强调量子系统的关系属性和结构属性。非个体性具体表现在量子系统属性的赖态属性及其相关性，也就是表现在量子态的纠缠关联上，这导致了量子系统的不可分离性。这种不可分离性使得量子系统及其属性具有非定域性。

3. 爱因斯坦的反驳与隐变量解释

对于量子力学，概括哥本哈根诠释的观点，总的是：量子力学的数学描述是通过波函数体现的，波函数本身就是由叠加状态构成的。在测量之前，量子实体如电子被波函数所代表，包含了两种状态(粒子性和波动性)的叠加状态。在测量进行时，包含了上述两种状态的叠加状态的波函数就“塌缩”成为新的波函数所代表的那样一种新状态，由此就产生了粒子性的或者是波动性的现象。至于测量之前，电子在哪里，电子的属性如何，不仅不知道而且还无法承诺。通俗地说，就是我们直到对电子进行了如此这般的测量之后，才知道电子具有粒子性或电子具有波动性，至于在此之前，电子是否真的具有粒子性或波动性，是否存在其他属性，不仅不可知，而且不确定。

爱因斯坦对上述观点并不赞同。他宣称：“相信有一个离开知觉主体而独立的外在世界，是一切自然科学的基础。”[①]他曾形象地把哥本哈根诠释讥讽为“月亮在无人看它时不存在”，因为在现实世界中，“月亮在无人看它时仍然存在”，在测量发生之前，量子实体一定具有确定的属性，至于量子理论不能说明测量之前量子实体的属性，是其理论数学描述的不完备所致。应该创立新的量子理论，以取代原先的量子理论。它不仅包含原先的量子理论的内涵，而且还包含原先量子理论所没有的“隐藏的变量”，以根本性地反映实体的实在。他在1926年底写给玻恩的一封信中说道：“这理论说得很多，但是一点也没有使我们更加接近于‘上帝’的秘密。我无论如何深信上帝不是在掷骰子。”[②]

为了说明量子理论的不完备性，1935年，爱因斯坦与波多尔斯基(Boris Podolsky，1896—1966)、罗森(Nathan Rosen，1909—1995)在《物理学评论》发表《量子力学所描述的物理实在是完备的吗？》一文。爱因斯坦试图通过一个思想实验

① [美]爱因斯坦：《爱因斯坦文集》(第1卷)，许良英、李宝恒、赵中立等编译，北京：商务印书馆，2017年，第422页。

② [美]爱因斯坦：《爱因斯坦文集》(第3卷)，许良英、赵中立、张宣三编译，北京：商务印书馆，2017年，第326页。

推出测不准原理的矛盾，以证明量子力学的不完备性。他们将理论的完备性定义为“物理理论中的每个要素必须在现实中有对应的配对”。也就是说，一个完整的理论，必须在理论元素和现实元素之间一一对应。根据测不准原理，一个物体的位置测量得越准确，其动量就越不准确。爱因斯坦则质疑：不能精确测量电子的位置，是否意味着电子就没有精确的位置呢？原则上，海森伯的测不准原理是可以解决的。当两个粒子在高能物理实验室中一起产生时，守恒定律允许我们从一个粒子的动量推断出另一个粒子的动量。原则上，我们可以直接测量其中一个粒子的位置，并通过测量另一个粒子的动量来推断同一粒子的动量。这样我们就可以知道特定粒子的位置和动量。[①]这被简称为“EPR（The Elements of Physical Reality）论证”。

“EPR 论证”的核心思想是，量子理论是不完备的，“物理实体的要素”（The Elements of Physical Reality）事实上没有被包含在量子理论中，应该发展一个完备的量子理论。

概括而言，爱因斯坦的总的观点是：第一，世界是可分离的，如果没有一个独立的空间存在物，就不可能有我们所熟知的物理思想。他把这一原则称为“分离原则”（separation principle），并认为由于这一原则，每一事物都有其自身独有的基本属性——“内禀属性”。[②]第二，由于事物之间相互独立的“分离原则”，事物是以个体性的方式存在的，这可称为“个体性原则”（the principle of individuality）。第三，世界上的相互作用都是定域作用，发生在某地的作用不能即时地影响到另外一个相距遥远的地方的对象，超距作用以及超光速现象不存在，这叫“定域作用原则”（the principle of local action）[③]或“定域性原则”（the principle of locality）。简而言之，量子力学之所以得出“世界是非决定的”结论，是因为当前的量子理论不完备。

通常而言，玻尔的哥本哈根诠释认为当前的量子力学形式已经完备，而爱因斯坦则认为量子力学的形式体系并不完备，可以基于“分离原则”“个体性原则”“定域作用原则”等来改造量子理论，使之更加完备，对量子测量的整个过程给出完整的动力学的描述。

玻尔不同意爱因斯坦关于量子力学的上述三个原则，与之展开了长期争论，一直持续到两人生命的最后一刻。爱因斯坦去世前还在为他的观点辩护。“爱因斯坦去世后多年，玻尔仍然在修改为了说服爱因斯坦所画的那幅插图。玻尔去世的那一天，他的黑板上画的就是那幅草图，他的内心深处从未中止过与他的老朋

---

① Einstein A, Podolsky B, Rosen N. Can quantum-mechanical description of physical reality be considered complete? Physical Review, 1935, 47(10): 777-780.

② Howard D. Einstein on locality and separability. Studies in History and Philosophy of Science Part A, 1985, (16): 179-180.

③ Einstein A. Quanten-mechanik Und wirklichkeit. Dialectica, 1948, 2: 320-324.

友的对话。”[1]

正是上述争论以及“EPR 论证”的启发，1952 年玻姆(David Bohm，1917—1992)系统地提出他的“隐变量理论”。实际上，早在 1932 年，冯•诺伊曼(John von Neumann，1903—1957)在其《量子力学的数学基础》一书中，就系统探讨了是否可以通过引进隐变量，从而克服随机性，将量子力学改造为确定性的理论。这个隐变量的特性就在于，不同于一般变量，它无法通过实验直接测量，可以不受测不准原理的限制。最后，冯•诺伊曼给出的答案是“否”，也就是说不存在这样的隐变量理论，而且给出了数学证明。玻姆发现了冯•诺伊曼论证的漏洞，重新提出了隐变量理论。假设存在一个(迄今为止)不可观测的隐变量的世界(world of hidden variables)，进而构建了相应的理论，以因果决定论的方式重现了量子力学的所有结果，给出了单个实验过程中的详细物理图景。他认为，电子在本质上是粒子，具有确定的位置和动量，遵循严格的因果律，其所以呈现出非决定性(非确定性)，主要原因在于“量子势”(一种隐变量)的超距作用，改变了原先的状态。[2]也就是说，电子的运动并非随机运动，而是受到波函数的引导，就像一块木板在海面上随洋流漂动，导波才是粒子运动的原因。

玻姆的隐变量理论提出后并未被大多数人所接受而成为标准的解释。究其原因，有两点：一是玻姆的数学不能证明比现有的量子理论数学更好；二是他的导波预设了相互独立的量子系统之间存在超光速的相互作用，这与相对论相矛盾。

爱因斯坦和玻姆关于量子现象的评价和工作，体现了实在论的思想，即对仪器与对象之间的作用加以深入分析，超越实验现象描述层面，深入到现象背后的独立的存在，进一步认识它。如此，就从理论实在向现象实在，再向自在实在迈进。

4. 进一步的量子事实以及其他量子解释

根据 EPR 实验，量子理论是不完备的。根据“EPR 悖论”(Einstein-Podolsky-Rosen paradox)，有充分的理由相信，光速是不可超越的，定域性是正确的，而如果定域性是正确的，那么偏振就是原先存在的，就此，量子力学就是不完备的理论。1964 年，约翰•贝尔(Jonh Bell，1928—1990)基于定域性假设提出了贝尔不等式以及相应的实验，结果表明量子理论与定域性假设之间是互不相容的——如果定域性假设是正确的，那么其所预测的实验结果与量子理论数学预测的实验结果之间不一致。由此，定域性假设可能是错的。

在贝尔之后的几十年里，许多物理学家努力去做贝尔开创的这类实验。在 20 世

---

① [美]雷•斯潘根贝格、黛安娜•莫泽：《科学的旅程》(插图版)，郭奕玲、陈蓉霞、沈慧君译，北京：北京大学出版社，2008 年，第 338 页。

② [英]戴维斯、布朗：《原子中的幽灵》，易心洁译，长沙：湖南科学技术出版社，1992 年，第 11-14 页。

纪 70 年代后期和 80 年代早期，巴黎大学阿兰 • 阿斯佩（Alain Aspect）实验室完成了一系列实验，表明定域性假设与量子理论之间存在冲突，定域性假设是错误的。他们的实验思想如下：进行特定的实验设计，使得在一个探测器中发出的信号来不及到达另一个探测器中，除非那个信号传播的速度能够超过光速，这样就能保证所发生的这两个事件之间没有关系，呈现出定域性。[①]但是，具体的实验结果表明两事件之间有联系。既然爱因斯坦的“光速不变”一般来说是不可能错的，那么就只有定域性这一假设错了，距离遥远的两个事件之间能够有某种影响，至于这样的影响是因果影响还是某种信息传递，有待进一步研究。

从上面的贝尔-阿斯佩实验可以看出，进一步的实验事实是不支持定域作用的，也表明了爱因斯坦定域作用的错误。但是，这并没有解决量子理论哥本哈根诠释的完备性问题。“然而，正如我们所看到的，标准诠释的支持者接受了波函数坍缩（collapse）的概念。据推测，坍缩出现在测量发生时，这使标准诠释的支持者面对与测量难题相关的问题时，无法给出很好的答案。在测量过程中，世界到底发生了什么？由于测量过程只是一个物理过程，与我们不算作测量的过程相比，在性质上没有什么不同，那么测量过程和非测量过程之间又有什么真正的差异呢？同样地，如果一切都是由量子实体组成的，那么测量设备与其所测量的量子系统之间又有什么真正的差异呢？微观世界与宏观世界之间又有什么真正的差异呢？这些问题都是对测量难题的不同描述，或者换个更好的说法，它们都是从不同角度来看待测量难题的。波函数的坍缩给标准诠释的支持者提出了难题，而这些支持者也确实无法很好地回答这些问题。”[②]

也正因为标准的哥本哈根诠释和玻姆的“隐变量解释”存在这样那样的不足，有物理学家从另外的角度试图构建更加完备的量子理论。目前影响较大的有多世界诠释理论、动力学坍缩诠释理论、退相干诠释理论等。

根据多世界诠释理论，光子是存在叠加态的，而且这样的叠加态在被测量时并

---

① 所谓“定域性”是指，“发生在一个地点的事件，不能对发生在另一地点的事件产生影响，除非两个地点之间存在某种联系或通信”。并且，这两件事发生的时间差，必须不小于光穿越两地所需的时间。由此进一步引出了“爱因斯坦定域性”，即“发生在一个地点的事件无法影响发生在超距处的另一个事件”。也就是说，一个事件无法以超过光速的速度去影响另一个事件。对于以上所述的定域性，贝尔-阿斯佩实验已经表明两个事件可以发生超距作用，产生超光速的影响，也就是说“爱因斯坦定域性”是错误的。至于“信息定域性”，即“发生在一个地点的事件，不能用来向一个在远处的地点传递信息”，并没有实验表明它是错误的，也就是没有办法超光速传递信息。这一点很重要，因为，严格来讲，“相对论只表明那些可以用来传递信息的比光速还快的影响是不可能存在的”，因此，目前并没有实验与相对论产生矛盾。[以上内容出自[美]理查德 • 德威特：《世界观：现代人必须要懂的科学哲学和科学史》（原书第 3 版），孙天译，北京：机械工业出版社，2020 年。]

② [美]理查德 • 德威特：《世界观：现代人必须要懂的科学哲学和科学史》（原书第 3 版），孙天译，北京：机械工业出版社，2020 年，第 382-383 页。

不坍缩，仍然继续。既然如此，为什么在测量过程中观察不到这种叠加状态呢？“答案是，你我是叠加态中一个态的组成部分，也就是说，你我都存在于叠加态的其中一个态里。你我恰巧存在于(或者，也许说我们是这个态的一部分更为合适)探测器A已探测到光子的态里，或者在薛定谔的猫的情境里，我们存在于死猫的态里。然而，由于没有(从来没有)出现过波函数坍缩，其他态仍然存在。在其他态里，有与你、我、探测器和猫等分别相对应的存在。(顺带提一下，并没有特别合适的词来指代这个概念，‘相对应的存在’可能是最贴近的描述了。)当我们听到探测器A发出‘哔’声时，与我们相对应的存在则听到了探测器B发出‘哔’声。当我们看到死猫时，与我们相对应的存在看到的则是一只活蹦乱跳的小猫。”[①]

多世界诠释舍弃了波函数坍缩，从而也就避免了相应的测量难题。但是，它的下列假设是违反直觉的，也是难以理解的——你我以及周围无数事物所构成的世界是由无数叠加状态构成的，我们所见的世界并不是唯一的，是存在大量的平行世界。

对于其他更多的量子诠释理论，这里就不一一介绍了。据不完全统计，讨论较多的解释可能多达二十几种，甚至更多。尽管如此，仍有很多物理学家在尝试新的方案，有关量子理论完备性的争论并未结束，量子理论是只描述物理对象之间的关系，还是只描述独立存在的对象的内禀属性，仍然存在争论。如对于量子纠缠，人们只知道其代表了一种非定域的关联性，但是这种关联究竟是为何能超越光速？其背后的机制是什么？至今物理学家仍未给出满意的解答。

如上所述，玻尔等一方认为，量子世界与普通世界是不一样的，量子纠缠是量子世界本身所具有的；爱因斯坦等一方认为，量子世界与普通世界一样，之所以出现量子纠缠，是人们有限的认识从而导致模糊不清的看法，因为，如果量子纠缠确实存在，那么相隔很远的量子系统也会以某种方式瞬间相互联系(通信)，但是，根据爱因斯坦的相对论，这种联系是不允许的——这就是爱因斯坦所称的“幽灵般的超距作用”。20世纪30年代爱因斯坦等提出的“EPR论证”思想实验，就是为了说明这一点。

到了20世纪60年代，贝尔提出“贝尔不等式”，试图将上述双方争论所涉及的哲学问题转化为物理问题，以给出相应的判断。他使用一个简单的纠缠系统扩展了爱因斯坦1935年的思想实验，表明量子描述是完备的，“幽灵般的超距作用”不存在。

不过，被授予2022年的诺贝尔物理学奖的法国物理学家阿斯佩、美国理论和实验物理学家约翰·弗朗西斯·克劳泽(John F. Clauser)和奥地利物理学家安东·塞林格(Anton Zeilinger)的工作，一定程度上支持玻尔的观点。阿斯佩、克劳泽、塞林格

---

① [美]理查德·德威特：《世界观：现代人必须要懂的科学哲学和科学史》(原书第3版)，孙天译，北京：机械工业出版社，2020年，第380页。

的工作表明，量子力学的预测是准确的，同时“幽灵般的超距作用”也是要接受的，否则无法进一步说明可以描述观察到的量子世界的纠缠量子系统。这进一步不利于爱因斯坦一方。他们通过光子纠缠实验，表明贝尔不等式在量子世界中不成立，进而开创了量子信息科学这一学科。其核心思想是：如果不使用我们所拥有的信息，就无法指称实在，也无法区分实在与我们对实在的认识、实在以及信息。

（三）新、旧“量子论”均是一次“小写的科学革命”

1. “旧量子论”是一次“小写的科学革命”

比较经典物理学与普朗克、爱因斯坦和玻尔的量子理论，可以发现：在经典物理学中，能量和物质是连续变化的，就像小球沿着一面光滑的斜坡运动；而在他们提出的量子理论中，物质并不是连续变化的，而是依据其本身的能量大小，处在一定的能级之上，当物质从一个能级跃迁到另一个能级时，需要吸收或者辐射一定的能量，否则，这样的跃迁就不可能发生。

这是一种对牛顿自然观的变革。不过，这样的变革并没有完全否定牛顿经典力学的自然观，在宏观低速的对象上，牛顿的经典力学仍然是正确的。当涉及微观粒子或在微观尺度上解释事物时，就需要量子理论了。而且，更重要的是，对于上述各种量子理论，“从某种意义而言，它根本没有构成一个统一的理论，只是一些处理特定问题的特设(ad hoc)方法”[①]。如此，这样的量子理论还不成熟，在学术界还存在争论，还没有形成统一的观点和理解，属于库恩所谓的“前科学”，不能把它看作是对牛顿经典理论的彻底变革，只能算作是一次不完整的、分支的科学革命，是一次“小写的科学革命”。这应该是学术界通常把普朗克、爱因斯坦和玻尔所提出的观点称为“旧量子论”的重要原因。

不仅如此，考察普朗克“能量子”概念的提出，与他使用分列式对维恩公式和瑞利公式进行内插转化合并而创立“普朗克公式”是分不开的。该公式能够很好地描述测量结果，但是并没有充分的理由，只是一个半经验拟合的公式。就此而言，此公式是为了解决维恩公式和瑞利公式在解释黑体辐射实验结果中的不完备，与维恩公式、瑞利公式以及此后的瑞利-金斯公式没有本质上的差别。一句话，“能量子”概念的提出是为了实现经验拟合而提出的特设性假设。这是其一。

其二，“能量子”概念确实是一个革命性的概念，其所提出的“辐射过程是不连续的”与日常生活经验相违背，也与经典物理学的基本原理不一致。要接受这一假说，意味着就要放弃传统物理学中“物质运动绝对连续”的观念。不过，这一概念并没有推翻机械自然观之“机械”本质内涵，而是对“机械”这一概念的丰富。

从表面看，爱因斯坦的“光量子”假说和玻尔的“原子结构模型”相对于原先

---

① John Henry. A Short History of Scientific Thought. New York: Palgrave Macmillan, 2012: 287.

的理论确实是一次革命，都是对经典力学理论的突破。但是，必须清楚，玻尔一方面把电子当作经典力学所描述的那样的粒子，没有波动性，采用了经典力学的确定性的轨道概念，另外一方面却把电子运动的能量变迁当作量子跃迁，将经典物理学和量子这两个不相容的理论混合在了一起，即它引发的是具体的科学理论层面的变革。

概括“旧量子力学”中的“量子”，其实是对相关物理量的“量子化”。“量子概念”的提出以及“旧量子论”的创立，秉承了旧有的近代科学的哲学层面范式，革新了具体的科学层面的范式，是一次“小写的科学革命”而非“大写的科学革命”。

2. “新量子论”也是一次“小写的科学革命”

与“旧量子论”相对，从20世纪20年代开始，对微观粒子的研究有了进一步突破，物理学家创立了各种各样的量子理论，这统称为量子力学，又被人们称为“新量子论”。对于“新量子论”，现在人们普遍性地认为其是一次重大的科学革命。这似乎有一定道理。但是，如果深入挖掘量子力学的本体论、认识论和方法论，并且以本书“大写的科学革命”和“小写的科学革命”内涵来界定量子力学革命，则会发现量子力学不是一次“大写的近代或现代科学革命”，更像是一次“小写的近代科学革命”。

第一，“量子力学”所遵循的自然观以及方法论原则，与传统科学并没有什么本质差别。

量子力学研究的尺度是亚原子层面的，所遵循的研究路线仍然是与机械自然观下的近代科学相一致的，即沿着本体论的还原论路径，将物质还原为原子以下的层次——亚原子层次，而对此展开研究的。根据这样的还原，亚原子层次的存在应该是一个机械性的存在，而不是一个有机性的存在，是一个没有智能、意志和思维的存在，甚至应该是一个最简单、最接近世界本原的基本存在。就此而言，它的存在状态与机械自然观视域下的研究对象相一致，是一个机械式的存在。可以说，量子力学的研究就是以此为基础进行的，它采取的仍然是近代科学的认识论原则，如祛魅性原则、简单性原则、还原性原则、因果决定性原则，所采用的具体的认识方法，仍然是近代科学的实验方法和数学方法。近代科学方法论原则和具体方法的运用本身似乎没有过错，但是其产生是源于对宏观对象的认识，与宏观对象相对应和一致。当将此应用到微观亚原子层次时，就是在不知道对象存在不存在的情况下，以及在不知道对象是一个什么样的存在情况下，按照传统的近代科学方法去认识它。这就是“盲人摸象”，每个盲人心中各有一头大象，导致“大象非象论”。这也是目前量子力学解释的多义性、实验验证的不确定性等的原因。

第二，对亚原子层次的非机械性特征的量子力学诠释，是以实验的“制造”和数学的“建构”为根源的。

至于为什么亚原子会呈现出非机械式的特征，如非定域性、不可分离性、非个体性，这可能不是其本身的特征，而是具有机械性特征的亚原子层次对象，在人类以及复杂的仪器作用下，呈现出的一种研究对象与研究者之间难以区分的复杂的状态。这样的复杂状态不是亚原子层次本身所固有的，而是人类为了获得对亚原子层次的认识，采取了各种各样的手段如实验的操作和数学的建构等产生出来的。如果没有这些实验的操作以及相关的数学建构，这些现象就不可能存在。就此而言，这些现象以及对现象的相应解释不是人类在实验室中发现的，而是人类在实验室中“制造”出来的和数学“建构”出来的。这样的“制造”和“建构”创造了亚原子层次认识的复杂性表象，从而也相应地导致了对获得的认识的各种各样的解释，结果是对亚原子层次对象的认识就不像传统科学那样具有可重复性、确定性、规律性以及真理性。这样的认识的真理性的缺乏，从根本上来说，是由对象的微观及其对此作用的宏观造成的。试想，如果人类有一天能够像在显微镜下观察并且操作细胞那样来“观察”并且“操作”亚原子层次的对象，那么，就很可能获得关于此对象的确定的、无疑的认识，也许到那时，我们可能会得到关于此层次对象的机械性的性质，而并非像现在的量子力学那样得到其非定域性、不可分离性和非个体性的性质，也才会获得确定性的、无疑的认识。

这样一来，量子力学的革命何在？量子实在的革命性特征——非定域性、不可分离性和非个体性，不是由科学家“发现”的，而是由他们“发明”的基础上，经过诠释而主观认为的。这样的诠释赋予了认识对象的非机械性、认识者与认识对象的二元不可分离性以及实验和数学方法的建构性，不过，这不是由世界的本原存在（亚原子层次本原存在以及人类与亚原子层次关系的本原存在，物自体）决定，而是由认识对象的本原存在的潜在性、复杂性、特殊性，以及人类的本原存在及其认识的局限性使然。

第三，随着量子力学的发展，理论的“建构”越来越强，离经验越来越远。

对于传统科学，理论的建构是建立在事实的基础上的。如果说早期量子力学的建构主要是建立在量子事实的基础上，而且量子力学本身也与经验紧密关联，那么到了弦论和圈量子引力论这里，基于事实的构建就几乎不可能了。因为，此时相关的研究已经深入到普朗克尺度，与之相应的普朗克能量的值极其巨大，达到 10^{22} 兆电子伏，而普朗克时间的值却极其微小为 10^{-42} 秒，获取与之相应的量子事实需要建造极大的粒子加速器，这从人力、物力、财力、技术等方面都难以达到要求，因此，相应的量子事实也就不能获得。

在这种情况下，弦论和圈量子力学的建立就更多地以先验的概念和理论的构建框架为基础。对于理论中的先验概念，主要是为适应理论需要所构建的，本质上属于先验的假设，如弦论中的弦、多维空间以及超对称等；对于理论构建的框架，“物理学家逐渐从经验研究，转向纯数学上的理性推理和对基础概念的带有哲学色彩的分析和讨论，物理学、数学和哲学再次携手一起研究新出现的问题。在这一阶段理论的发展中，经验的地位逐渐弱化，数学成为唯一的逻辑途径，数学和物理学之间的界限越来越模糊，可能的发展趋势为在数学和物理学分别走向统一的基础上，走向建立在物理学大统一基础上的数学大统一”[①]。这样的理论建构方式是与传统的科学如传统物理学不一样的。传统的物理学是以经验事实为基础创立科学假说或理论，以便解释或预言科学事实，而量子力学的新发展则以先验概念为基础，以解释和预言理论范围内的科学事实，至于这样的科学事实能否被检测到，则另当别论。而且，数学在传统的物理学那里，更多的只是作为物理学家描述物理事实的工具，而在新发展起来的这里，则成为构建相关理论并进而引导物理事实的基石，这使得在普朗克尺度或者量子引力尺度内，弦论和圈量子引力论的理论描述脱离经验。弦论和圈量子引力论的理论人工建构性增强了，物质依赖性减弱了，弦论和圈量子引力论更多地成为人工科学理论。它表明量子力学(弦论和圈量子引力论)的建构趋势是从经验建构到理论建构，从物理建构到数学建构。

它表明，人类只能通过建构(实验建构和数学建构)以获得对亚原子层次与人类认识系统所组成的复合系统的一种“纠缠”“叠加”式的认识。这样的认识具有关系性和建构性，由此呈现出来也就只能是关系实在论、建构实在论和结构实在论，即反实在论。反实在论的量子力学不容忽视，否则就很可能导致误解，即把一种对亚原子层次对象与人类认识系统不可分离的复合系统的认识诠释所体现出来的这一复合系统可能具有的非局域性特征、不可分离性特征以及非个体性特征，当作这一复合系统乃至量子实在的特征。这是我们必须要注意的。

第四，量子力学的检验也是呈现出越来越艰难的趋势。

从量子力学(特别是弦论和圈量子引力论)的检验看，鉴于量子引力对象的特殊性，通过实验获取量子事实是异常困难的，那么，同样地，通过诸如此类的实验来检验相关的理论也是异常困难的。在这种情况下，有些物理学家提出还是应该更多地从理论自身的完备性以及理论与理论之间的一致性来评价。除此之外，还有些物理学家认为，应该更多地从量子引力理论内部的解释力和预言力来评价，而不是从基于量子事实的量子引力的解释力和预言力来评价。这样一来，科学理论的检验就成了科学理论自身内在逻辑一致性的评价，一旦超出这一范围，其合理性就不能保证。科学的真理观也就从“符合论”——一个信念和命题为真，当且仅当它与客观实在相符合，走向“一致论”(“融贯论”)——一个信念和命题为真，当且仅当它与其他背景理论和命题在逻辑上相一致，以及走向“实用论”——一个信念和命题为真，当且仅当它有“功用”或“效用”。

---

① 高策、乔笑斐：《后真相时代的科学哲学——物理学哲学的视角》，《中国社会科学》，2019年第2期，第29页。

即使不考虑上面量子引力理论检验的困难，假设量子理论检验的实验能够进行，考虑到量子力学对象的特殊性以及实验过程的复杂性，也很难获得确定性的量子力学理论真理性检验。

如海森伯提出“测不准原理”，再进一步给予“误差-扰动诠释”。他认为，(a)电子在测量前具有确定的位置和动量，只是(b)在测量时不可控制地干扰了被测电子，从而(c)宏观地显示出电子不具有同时确定的位置和动量。其中(a)是关于电子的本体承诺，或命题假设；(b)是关于本体论承诺或命题假设的实验检验中的方法特征；(c)是关于实验结果，以宏观的人类可见的方式呈现。上述认识的真理性就在于对这三者的认定。例如，如果假设海森伯的上述“测不准原理”的“误差-扰动诠释”是正确的，那么就表明(a)、(b)、(c)都是成立的，只是由于在测量时不能消除不可控制的干扰，因此所获得的认识不是关于被认识对象(电子)的，而是关于被认识对象(电子)与仪器不可分离的作用所构成的系统的。相对于被认识对象的本体论承诺或命题假设，这样的认识就是无效的，不具有认识的真理性；相对于被认识对象与仪器不分离的作用所构成的系统，这样的认识就是有效的，具有认识的真理性，只是这样的真理性已经不是传统意义上的真理性了，即不是关于自然界中存在的自在对象或者可以还原为自然界中存在的自在对象的人工对象的真理性认识，而是关于实验仪器与潜在的自在对象之间经过不可分离的作用所呈现的对象的真理性认识。

这后一种认识的真理性已经把作为认识者的人不可分离地包含于要被认识的对象之中。问题是，作为认识者的人，如何判断自身对自身与潜在对象构成的不可分离的系统的认识的真理性呢？这是不能够的。这种情况类似于“不识庐山真面目，只缘身在此山中”。因此，关于此类认识的真理性，还是应该根据认识过程中所认识到的对象与要被认识的对象是否一致来判断。如果这样，则有关“测不准原理”检验的真理性如何呢？

关于这一问题的回答，与人们是否认同前文所述海森伯对“测不准原理”所作出的本体承诺(a)、方法特征(b)、认识结果(c)有关。如果人们认同海森伯本体承诺(a)、方法特征(b)、认识结果(c)，则认识到的对象是原先要被认识的对象与仪器构成的且在认识论上不可分离的系统，与要去认识的微观对象的目标不一致，相对于要去认识的微观对象，则这样的认识的真理性不能成立，这对应于表 11.2 中的“情形(1)”。对于其他情形，参见表 11.2 的情形(2)—情形(8)。表 11.2 表示的是在对海森伯本体承诺(a)、方法特征(b)、认识结果(c)不同的认同情形下，以“认识到的对象与要去认识的对象一致”为依据所判断的认识的真理性。其中“√”表示相应的理解与海森伯的上述相应陈述一致，“×”表示相应的理解与海森伯的上述相应陈述不一致。

表 11.2　基于对海森伯"测不准原理"陈述的认同与否及其认识的真理性确定

情形	本体承诺(a)	方法特征(b)	认识结果(c)	认识到的对象与要去认识的对象一致(认识真理性)
(1)	√	√	√	不一致，且(c)与(a)相悖，真理性不能确立
(2)	√	√	×	不一致，虽(c)与(a)相符，真理性不能确立
(3)	√	×	×	一致，且(c)与(a)相符，真理性能够确立
(4)	×	×	×	一致，但(c)与(a)相悖，真理性不能确立
(5)	×	×	√	一致，且(c)与(a)相符，真理性能够确立
(6)	×	√	√	不一致，虽(c)与(a)相符，真理性不能确立
(7)	√	×	√	一致，但(c)与(a)相悖，真理性不能确立
(8)	×	√	×	不一致，且(c)与(a)相悖，真理性不能确立

根据表 11.2，理论上有 8 种关于"测不准原理"真理性检验的情形，其中只有情形(3)和情形(5)这两种情形能够确立相关认识的真理性，其他情形下都不能确立相关认识的真理性。而且，更为重要的是，在确立真理性的两种情形中，被检验的仅仅是认识结果与本体承诺之间的相符，至于本体承诺本身是否可知，则不能确定。

这后一种情况与玻尔"互补性原理"体现出来的认识论内涵紧密相关。对于玻尔来说，电子或者同时具有确定的位置和动量，或者同时不具有确定的位置和动量，这是确定的，但是，不确定的是，我们不能事先认识到电子具有或者不具有确定的位置和动量，只有等到我们采取了具体的测量，才知道由电子微观系统与宏观仪器系统不可控制的相互作用具有或不具有确定的位置和动量。这样，通常所说的"电子同时不具有确定的位置和动量"，事实上指的是电子微观系统与宏观仪器系统不可控制的相互作用系统不具有确定的位置或动量。这点对于"作为粒子或是作为波的电子"都是如此。玻尔就说："诸如'我们不能同时知道一个电子的位置和动量'的陈述，立即会引出原子客体的这两种属性的物理实在性问题，对于这个问题，只能这样来回答：一方面要参考对时空协调的明确使用，另一方面要明确对动力学守恒定律的使用的互斥条件。"①

这涉及量子力学一个根本性的认识论问题："事物本身究竟是什么样子"是不可知的，可知的是某些概念框架以及实验系统。这有点类似于康德认识论，即物自体本身是不可知的，人类是利用"先天综合判断"来认识我们的世界的，对于认识论层面背后的本体论承诺，则不关心。如此，科学认识走向了反实在论，其具体体现可以是经验建构论，也可以是工具论或结构实在论。

① Bohr N. On the notions of causality and complementarity. Dialectica, 1948, 2(3-4): 312-319.

这种反实在论的分析表明，量子力学所认识的系统——量子系统，事实上是人类所欲认识的潜在对象(未知对象或假设对象)，与人类为了获得该对象的认识所施加的操作系统(实验操作和数学建构)，所构成的一个在认识论上不可分离的复杂系统；量子力学所揭示的所谓的量子系统的属性以及相关的蕴涵，如不可分离性及其内禀属性，非定域性及其赖态属性，非个体性及其关系属性等，不是就所要认识的认识对象而言的，而是就量子系统而言的，而且这样的而言不是自明的，而是诠释而成的。这样的特性和属性不是我们的认识者预设了认识对象具有这样的特性和属性，从而再运用相应的方法论原则认识了这样的特性和属性，而是我们的认识者在认识认识者和认识对象(建构出来的)的过程中，揭示出了它们所组成的不可分离的系统可能具有这样的特性。就此，我们不是以某种自然观变革为基础，从而揭示了对象具有这样的自然观蕴涵，而是在建构一个潜在对象的基础上，获得了人与认识对象所构成的不可分离的复杂系统所可能具有的自然观。这样的自然观不是认识对象所内禀的，而是人类对对象的建构所赋予的，是不能离开人的。就此，爱因斯坦的定域实在论是站不住脚的，而结构实在论有一定道理。曹天予(T. Y. Cao)就说："关系结构哲学基于态的纠缠关联，对于量子系统的不可分离性、非定域性和非个体性的强调，把传统实在论关注形而上学的对象个体转移至对象涉身其中的关系结构，看到了关系结构在科学理论发展中的连续性，对于应对库恩和劳丹的反实在论挑战具有重要意义。但是，另外，关系结构哲学对于相关属性的强调，对于内禀性质的回避或否定，容易陷入关于结构的数学柏拉图主义和关于粒子的现象主义。因此，一个实在论者应有的态度是在传统实在论和关系结构哲学之间保持必要的张力，把一个越来越精制化的数学关系网看作是一种了解物理实在的方式。这样，我们所拥有的相关属性或是关系知识就是关于组分结构在整个结构关系网中所占据的位置和它们所扮演的功能的某种关系知识，而不是关于它们的内禀性质的精确知识。"[①]法兰奇(Steven French)和莱德曼(James Ladyman)也说，在量子时代，我们对于科学理论的本体论蕴涵，认识的只是物理结构、数学结构和动力方程那样的东西，这些东西是关系实在，而个体客体不过是这样关系中一些能自我支持和比较持久的东西。[②]也正因为这样，在量子力学领域，确定性的、唯一的、不容置疑的理论不能获得，量子理论层出不穷，竞争理论此起彼伏，关于量子力学的争论普遍存在，对量子力学的接受成了某些科学家之间诠释、商谈、妥协乃至决裂的结果。

这种状况非常类似于霍根在《科学的终结——用科学究竟将这个世界解释到何种程度》一书中所说的，随着科学的发展，科学的前沿已经变得越来越集中在那些

---

① Cao T Y. Structural realism and the interpretation of quantum field theory. Synthese, 2003, 136(1): 7-16.

② French A. Remodelling structural realism: quantum physics and the metaphysics of structure. Synthese, 2003, (136): 38.

我们永远也不可能观测到或检验到的探索性概念上，检验新想法的手段越来越落后于我们的新思想激增的能力，科学知识将变得更不可靠，由此，人们将以一种非经验的、纸上谈兵的方式去追求科学，从而使得科学成为反讽性科学，科学走上了一条渗透多重人文因素的危险道路，科学终结了。①

量子力学的这种状况引起了某些科学家的不满，他们以弦理论和多世界理论为例，认为当今物理学内部越来越多地呈现出一种趋势，就是基于理论检验的困难的增加，而淡化或放弃理论的实验检验，尤其是理论的证伪。对于这一点，有学者认为是错误的，必须改正。②

事实上，“改正”并非易事。这涉及人类的智力水准与被认识对象难度之间的关系。有学者就认为，对量子力学基础的真正解释很可能超出人类的认知能力。如果是这样，那么量子力学基础可能永远超出任何人的理解能力。我们没有原则性的方法来辨别那些东西是什么，因为我们必须比我们自己更聪明，才能界定我们自己理解的界限。也许有一天我们会创造出一台比我们更聪明的量子计算机，它也许能够告诉我们哪些科目不需要费心去理解，但是，前提是我们必须首先找到一套可以如此简单地表达量子规则的基础。③

这给我们提出了一个非常严肃的问题：人类究竟在多大意义上能够实现对亚原子层次，尤其是普朗克尺度对象的真理性认识？在这条道路上，人类究竟能够走多远？这也告诉我们，近代科学革命之路并非一目了然的平坦之路，有许多本体论的问题、方法论的问题和认识论的问题需要我们探讨，有许多具体的科学认识难题需要我们克服。

鉴于上述分析，量子力学认识对象本体论预设是机械的，认识论预设是认识对象与认识者是分离的且是真理性追求的，方法论预设是祛魅的且是机械还原的，这些都与近代科学相一致。也正因为如此，至于其认识结果呈现出异于近代科学的一面，则是由其研究对象的微观以及人类认识能力的有限造成的，就此而言，其认识结果的各种革命性的呈现，并不是真正的革命性呈现，而是特殊对象在人类有限的认识前提下呈现出的不成熟的认识状态。

在这种情况下，量子力学革命就不是“大写的近代或现代科学革命”，而是一次不成功的、不完整的“小写的近代科学革命”。就后一方面，有学者就说：“量子力学之所以具有革命性，是因为它推翻了看起来如此显而易见且被经验充分证实的科学概念，而这些科学概念被认为是毫无疑问的，但这是一次不完整的革命，因为我们仍然不知道量子力学将引领我们前进的方向，甚至也不知道为什么它必

---

① [美]约翰·霍根：《科学的终结——用科学究竟将这个世界解释到何种程度》，孙雍君、张武军译，北京：清华大学出版社，2017年修订版。

② Ellis G, Silk J. Defend the integrity of physics. Nature, 2014, 516(12): 321-323.

③ Peacock K A. The Quantum Revolution: A Historical Perspective. London: Greenwood Press, 2008: 173.

须是真的！”[①]

鉴此，对于量子力学的哲学思考及其出路反思就显得非常重要。李·斯莫林(Lee Smolin，1955—)在2006年一篇文章中认为，物理学在过去30年里取得的进展比18世纪以来的任何可比时期都要少。他将此部分归咎于对弦理论的痴迷，但他认为，在现代理论物理学的研究方式上，还有其他系统性的障碍。最重要的障碍是，大多数现代物理学家未能对他们的工作进行哲学思考，这阻碍了创新，因为相关的量子力学研究涉及时间、空间、测量或因果等概念的深层次理解，这只能通过哲学深思来推进。关于这一点，还不如许多现代物理学的伟大先驱，如爱因斯坦、玻尔、海森伯和薛定谔等。他们不仅技术娴熟，而且受过广泛的人文教育，对哲学有着浓厚的兴趣，他们科学研究中的关键性突破来自于科学中哲学意义的深刻探求。[②]

四、范式的挑战：活力论的提出与机械论的胜出

（一）“活力论”的提出及其发展

尽管17世纪至19世纪机械自然观的“祛魅性原则”在生物学的研究中得到贯彻，但是，必须注意，这样的贯彻不像在物理学和化学中那样迅速和坚定，究其原因在于生物学这门学科的研究对象——“生物”具有特殊性。在牛顿之后，有一些科学家确实是将物理学中的力学概念应用到生命世界中，但是，许多生物学家反对这种纯粹的机械论方法，他们认为，生命物质不同于物理的和化学的物质，也不同于星球与岩石，有某种“生命力”存在。这就是所谓的“活力论”。

1. 活力论的诞生以及启蒙时代的活力论[③]

大约从18世纪开始，随着人们对生物的研究逐渐深入，出现了许多单凭物理化学规律无法解释的现象。越来越多的学者意识到生物毕竟不是机器，它有许多特征

---

① Peacock K A. The Quantum Revolution: A Historical Perspective. London: Greenwood Press, 2008: xv.

② Smolin L. The Trouble with Physics: The Rise of String Theory, the Fall of a Science, and What Comes Next. New York: Houghton Mifflin, 2006.

③ 雷尔(Peter Hanns Reill)把18世纪的活力论称为“启蒙时代活力论”(Enlightenment Vitalism)，以区别于其他活力论类型，并认为其构成启蒙运动知识领域的一部分。(参见：Reill P H. Vitalizing Nature in the Enlightenment. Berkeley: University of California Press, 2005: 12-13.)乌尔夫也使用启蒙时代活力论的表述，但他指的是蒙彼利埃活力论。[参见 Wolfe C T. Models of organic organization in Montpellier vitalism. Early Science and Medicine, 2017, 22(2-3): 229-252.]乌尔夫的启蒙时代活力论概念也可以包含在雷尔的概念之内。

无法用还原论来解释。其中之一就是斯塔尔，他提出了“theory of phlogiston”（“燃素说”），同时也于 1708 年提出 organism[①]一词，由此成为近代生物“活力论”的先驱。他之所以提出 organism 一词，是为了将个体生物的秩序与液压机械的“机制”(mechanism) 明确区别开来。他并不认同医学教授弗里德里希·霍夫曼(Friedrich Hoffmann，1660—1742) 等把“活体”(living bodies) 看作“液压机，通过冲力和压力使流体在固体部件的管道中移动”的观点。至于生物之所以具有秩序的本质，斯塔尔认为它来自 anima（“灵魂”或“灵气”），并认为它是一种“活性的存在”(active being)，它的力量来源于一种“有秩序的，或者更确切地说是组织的精力”(organic, or rather organizing energy)，并且通过一个组织起来的身体 (organized body) 表达自己。所谓有组织的精力，与无组织的“机械性精力”(mechanic energy) 是不同的，“机械性精力”维持着生物的动态秩序，它是没有任何目的或目标 (sine ullo fine aut scopo) 的行动的纯粹来源。维持生物动态秩序的“精力机理”(energia mechanica) 不可能具有与“组织性精力”相同的效果。组织性精力根据一个“计划”形成生物。它在所有器官中保持一定的“自然张力”(tonus naturalis)，“调节”血管间的液体交换。[②]概括起来就是，在生物中，灵魂与肉体相对应，没有灵魂，肉体就会失去目标，生物就仅仅是机器；没有肉体，灵魂无处安置，肉体是灵魂的容器。[③]如此，斯塔尔就从“灵魂”的角度，将生命体和非生命体区别开来，“灵魂”是生物所特有的并且无法被机械原则所解释的生命原则。鉴此，也有学者把斯塔尔的活力论称为“灵魂的活力论”(animistic vitalism)。[④]

考察斯塔尔关于生物的上述观点，是对笛卡儿机械自然观之生物机械论的背反。他虽然承认生物具有机械式的倾向，但是他认为这种机械式的倾向来源于生物“灵

---

① 在斯塔尔那里，organism 指的是生物特有的秩序（有机构或组织）而不是生物。之后，该词逐渐被作为“生物”和“有机体”使用。当该词译作“生物”时，该词既可以作为活力论的具有机械特性的生物理解——活力生物，也可以作为机械论的具有机械特性的生物理解——机械生物，还可作为有机论的具有整体特性的生物理解——有机生物；当该词译作“有机体”时，一般指的是那些不是生物但是其特性又类似生物的存在，如群落有机论（机体论）中的“群落”以及由此“群落”构成的“生态系统”，它们是类似于有机论生物那样的存在，又称为“准生物”(quasi-organism) 或“超生物”(super-organism)，统称为“有机体”。对“生物”和“有机体”含义的理解，应该参照不同的历史阶段以及不同的哲学特征进行。

② Cheung T. Regulating agents, functional interactions, and stimulus-reaction-schemes: the concept of “organism” in the organic system theories of Stahl, Bordeu, and Barthez. Science in Context, 2008, 21(4): 495-519.

③ Rehmann-Sutter C. Biological organicism and the ethics of the human-nature relationship. Theory in Biosciences, 2000, 119(3-4): 334-354.

④ Greco M. Vitalism now—A problematic. Theory, Culture & Society, 2021, 38(2): 47-69；Nicholson D J. Organism and Mechanism: A Critique of Mechanistic Thinking in Biology. Exeter: University of Exeter, 2010.

魂”的有秩序的本质。

按照通常理解，在当时西方科学界机械自然观占据主导地位的背景下，斯塔尔的上述观点要受到强烈批判，不可能被传播和发展。但是，鉴于当时发育生物学领域所进行的“预成论”（又称“先成论”，preformation）和“渐成论”（又称“后成论”，epigenesis）的争论以及新的科学发现，斯塔尔的观点在西方世界尤其是在德国得到传播和发展。

“预成论”和“渐成论”最早是由亚里士多德提出的。他认为动物发育的模式有两种：一种是“预成论”，认为在卵子或精子中就已经存在动物的微型个体，经过一定的刺激和营养供给，便生长成为个体；另一种是“渐成论”，认为在生物有机体形成之初，存在的是尚未分化的物质，经过不同的发育阶段之后，才生长出新的部分。

亚里士多德的上述学说的影响一直持续了2000多年，甚至直到19世纪，有关个体发育问题的争论还与他的观点有关。

在17世纪，“预成论”占据主导地位，究其原因一是由于亚里士多德自己是赞成“预成论”的，二是由于“预成论”的预设与此时占据绝对主导地位的机械自然观相一致。根据“预成论”，成年动物的各个生理部分在发育之初就以较小的形式存在，完整形成的生物可以在精子或卵子中找到，就像俄罗斯套娃一般，[①]因此，对其发育的解释就不需要借助灵魂等超自然的生命原则，而只需要这些较小的形式在营养因素等的作用下长大。

法布里修斯（Hieronymus Fabricius，1537—1619）深受亚里士多德的影响，赞同“预成论”。他提出小鸡在胚胎发育的早期阶段已经预先形成，以后不过是已有形态的扩大与发展。哈维和法布里修斯认为，受精的关键因素在精液中，但他们认为，这种因素是一种看不见的、非物质的，类似于磁力的东西，他们称为“精气”（aura seminalis）。列文虎克（Anthony van Leeuwenhoek，1632—1723）也受到亚里士多德的影响，倡导“精源论”，认为在精子中已然存在已成形的个体，而且他在运用他的显微镜观察鸡蛋孵化小鸡的过程中，声称看到了小鸡，事实上他不可能看到小鸡，是“观察渗透理论”在起作用。

到了18世纪，仍然有一些学者赞同“预成论”。哈勒在研究鸡卵的发育时相信了“卵源论”，认为在尚未离开母鸡体的卵中就已经存在胚胎发育所需要的一切物质。他认为，活力论不是对外在的非物质实体的论述，而是对生物拥有某种类似于牛顿万有引力的力的承诺，这种力有其自身的特点，可以认识但其本质最终未知。斯帕兰扎尼（Lazzaro Spallanzani，1729—1799）也坚持“卵源论”，他用青蛙进行实验表明，青蛙的卵如果非常接近而不是接触精液，就不会产生青蛙，从而否定了哈维和法布里修斯“精气”之说，甚至他还于1779年成功地完成了动物的人工授精。

---

① Mayr E. What is the meaning of “life”?//Bedau M A, Cleland C E. The Nature of Life: Classical and Contemporary Perspectives from Philosophy and Science. New York: Cambridge University Press, 2018: 88.

不过，进入18世纪，生物发育学的进一步研究呈现出一些新的科学事实，一定意义上削弱了“预成论”而支持“渐成论”，“渐成论”逐渐占据主导地位。

活力论先驱斯塔尔的观点在其故乡德国迅速发展起来。1740年，特伦布利(Abraham Trembley，1710—1784)在池塘中发现了一种有触角的生物(水螅)，这种生物体看起来像水生植物，但它又同时具备动物的特征(可以移动、收缩)。为了准确识别该种生物有机体的属性，特伦布利把该生物体切成小块。令他惊讶的是，切割后的水螅碎片(水螅体，polyp)继续长出了许多新的水螅，就像植物的剪枝一样，切开的水螅越多，再生的水螅就越多。[①]

特伦布利的水螅实验对当时的科学界尤其是发育生物学界，产生了巨大的冲击。从水螅体到水螅的发育并没有按照预成论者所认为的那样，从已经具备生命形式的预成胚胎(embryos)开始，而是直接从水螅体发育为水螅。这是渐成的，完成这一过程的动物发育不是由预先存在于胚胎中的微小生物体逐渐长大，而是生命形式在每一代个体中的渐成呈现。

造成渐成论的原因究竟是什么呢？机械论难以解释，要解释它要求助于那样一种在生物生长发育过程中一生都起作用的力，这就是生命世界中特有的活力。

德国生物学家沃尔夫(Caspar Friedrich Wolff，1733—1794)1759年完成了他的博士论文《繁殖理论》(*Theory of Generation*)，系统地叙述了他对各种动物所做的观察，并由此得出一个哲学观念——胚胎发育是“渐成的”。论文完成后，沃尔夫将此送给哈勒审核。后者以宗教的理由否定了沃尔夫的论文。对此，沃尔夫明确指出，一个科学家唯一追求的是真理，他不应以神学为根据预先判断材料的正确程度，而应以科学为根据来作出判断。1768年，沃尔夫通过观察鸡的胚胎发育发现，鸡卵原是没有任何结构的透明的质体，在发育过程中这些同质成分逐渐出现腔和管，然后又逐渐形成鸡的各种内脏。他写道：“我们可以得出结论，体内各种器官并不始终存在，而是逐渐形成的，不管其形成过程如何。我并不是说，它们的形成是由于某些粒子的偶然结合，是某种发酵过程，是通过机械原因或是通过灵魂的活动，我只是说，它是逐步形成的。”[②]

在这里，沃尔夫似乎没有机械论或活力论的价值取向。不过，进一步研究表明，沃尔夫是最早成为德国自然哲学信奉者的生物学家之一。受这种哲学影响，沃尔夫认为，自然中渗透着一种生命力，正是它作用于匀质的生物体上，激发出创造和繁殖过程，分化出各种结构。[③]“身体的发育是由流动的运动和凝固产生的，而流动是

---

① Cooper M. Rediscovering the immortal hydra: stem cells and the question of epigenesis. Configurations, 2003, 11(1): 1-26.

② 转引自[美]雷·斯潘根贝格、黛安娜·莫泽：《科学的旅程》(插图版)，郭奕玲、陈蓉霞、沈慧君译，北京：北京大学出版社，2008年，第189页。

③ [美]雷·斯潘根贝格、黛安娜·莫泽：《科学的旅程》(插图版)，郭奕玲、陈蓉霞、沈慧君译，北京：北京大学出版社，2008年，第189页。

在‘体质力’(essential force)的作用下被组织吸收，且凝固和再次流动的。”[①]所以，沃尔夫的观点实际上也蕴含了活力论的价值取向。

由于斯塔尔、特伦布利、沃尔夫都是德国人，这也使得活力论的观点在德国迅速发展起来。对此，康德(1724—1804)也功不可没。

面对由预成论和渐成论引发的关于生物有机体发育的机械论和活力论争论，康德试图走一条中间道路。他在《判断力批判》(下卷)内容为《目的论判断力的批判》(*Critique of the Teleological Power of Judgment*)的开篇，区分了外在的和内在的目的性(external and internal purposiveness)。外在目的性构成人工产物(artifact)——由有意识的制造者为特定目的而生产，内在目的性适用于自然产物，定义生物体的生长、繁殖等特殊现象。[②]康德将有组织的生命(organized beings)称为“Naturzwecke”，即自然目的(natural purposes)。自然目的具有以下特征：自然目的是自然产生的单元，它在部分和整体的关系方面是目的论地组织起来的；自然目的不需要外在主体而自我产生，即是自组织的(self-organizing)，自己是自己的原因和结果；整体和部分相互决定。因此，适用于有组织的生命的内在目的论原则，指的是有组织的自然产物内的所有部分都既是目的也是手段。

然而，康德认为目的性只是调节性(regulative)原则，对于反思有组织的生命来说主观上有效，但对于确定生物的属性而言却不是客观有效的。[③]也就是说，康德认为目的论对于生物学而言是一种启发式(heuristic)工具，具有认识论层面的效果而不提供本体论承诺。由此，从康德生物目的论的观点，很难确定康德究竟是活力论者还是机械论者。他似乎倾向于机械论，但又指明目的论对于生物学而言是不可缺少的。

康德有关生物目的论的思想推动了活力论的发展，尤其体现在布卢门巴赫(Johann Friedrich Blumenbach，1752—1840)的“后成论”思想中。布卢门巴赫提出，“Bildungstrieb”[④]概念是生命力(Lebenskräfte)的一种，通过这种生命力，生物体可以

---

① Gierer A.Organisms-Mechanisms:Stahl,Wolff,and the Case against Reduction Exclusion.Science in Context,1996,9(4):511-528.

② Gambarotto A, Nijssen. Vital Forces, Teleology and Organization：Philosophy of Nature and the Rise of Biology in Germany. Cham: Springer, 2018: 22.

③ Quarfood M. Kant on biological teleology: Towards a two-level interpretation. Studies in History and Philosophy of Science Part C: Studies in History and Philosophy of Biological and Biomedical Sciences, 2006, 37(4): 735-747.

④ 关于 Bildungstrieb 一词的翻译，国内有多种，有学者将此译作“形成驱力”(参见邓南海：《生命之可能性的先验根据：作用因与目的因——康德的生命科学方法论思想研究》，《自然辩证法通讯》，2007 年第 2 期，第 25-31 页。)，有学者将此译作“构形的驱动”(参见罗久：《自然中的精神——谢林早期思想中的“自然”观念探析》，《科学技术哲学研究》，2012 年第 2 期，第 77-82 页。)，有学者将此译作“构造冲力”(参见赵斌、李宏科：《前达尔文时期生物学思想中的梯度观念》，《科学技术哲学研究》，2014 年第 6 期，第 17-23 页。)，有学者将此译作“塑形力”[参见鲍永玲：《沙夫茨伯里的“内在形式”说及其对德国教化观念的影响》，《安徽师范大学学报(人文社会科学版)》，2018 年第 2 期，第 44-49 页。]。

维持其各种功能。Bildungstrieb 拥有两个重要特征：第一，它不能被还原为生成液(generative fluid)的化学成分。遵循康德的路线，布卢门巴赫强调生命概念具有内在目的论特征，如果改变其整体的任一组成元素，则整体的组织就将被完全改变。第二，作为一种活力论形式，Bildungstrieb 并非盲目的扩张机械力，也非“发酵”的化学力，它也不是独立的实体，也不是附着于(superimposed on)物质之上的灵魂，而是被构想作为目的论的能动者，有此无机世界先祖，但其又是一个涌现的活力。它由自然的目的论的和机械论的系统联结，其中来自生物的化学成分和物理成分之间复杂的相互作用，但是这种作用又不能完全解释它。为此，布卢门巴赫将 Bildungstrieb 描述为牛顿式力的有机版本，称之为“活力的唯物论”(vital materialism)。[①]

布卢门巴赫很好地贯彻了康德的目的论思想，但同时也延续了康德思想中的矛盾——他提出了一种无法被物理和化学还原解释的生命力，但他又不想这种生命力脱离于物质或者是隶属于物质。说到底，布卢门巴赫或许最终也无法说明 Bildungstrieb 究竟是什么，Bildungstrieb 是一种神秘的类似于牛顿力的生命力，引导生命的发育进程。

根据考证，最早使用 vitalist(“活力论的”)一词的科学家是 18 世纪 90 年代蒙彼利埃(Montpellier)医学院的院长仲马(Charles-Louis Dumas，1765—1813)，他领导并形成了蒙彼利埃学派。这一学派将他们自己称为“蒙彼利埃活力论者”(Montpellier vitalists)。这些活力论者并没有提出形而上学的活力，但是有其自己的活力论(vitalism)观点。乌尔夫(Charles T. Wolfe)称之为“蒙彼利埃活力论”(Montpellier vitalism)，并将蒙彼利埃活力论的特征概括为：对希波克拉底(Hippocratic)传统的援引，强调对生物体的整体观察；整体论的烙印，即个体的生命是许多微观生命(micro-lives，被视为个体生命的器官)的结合；这种整体论之于机械论以及唯物论是友好的。[②]

不仅如此，蒙彼利埃活力论者还提出了“机体整体”(animal economy)概念。“机体整体”是一种整体的维持活体生命的机制，是整体的活体(living body)模型，不仅强调活体的结构(身体的各部分及其位置)和功能(身体各部分的行为和运动)，也强调具有独立生命的活体部分在一种平衡状态下共同维持生命整体。其中，活体的组成部分是有独立的生命的，如器官，甚至纤维。活体的组成部分的位置分布、排列(结构)以及部分之间的相互作用(功能)，共同发挥作用，维持活体整体的生命，以此区别于死体(dead body)。蒙彼利埃活力论者以蜂群为例解释“机体整体”，一群

---

① Lenoir T. Kant, Blumenbach, and vital materialism in German biology. Isis, 1980, 71(1): 77-108.

② Wolfe C T. Vitalism in Early Modern Medical and Philosophical Thought//Jalobeanu D, Wolfe C T(eds). Encyclopedia of Early Modern Philosophy and the Sciences. Cham: Springer, 2021.

蜜蜂聚集在树上，形成宛如葡萄串的整体，蜂群的组成部分（每个蜜蜂）都具有生命，蜜蜂之间的位置排列（结构）以及蜜蜂之间的挤压、推动（功能）使得蜂群整体能够维持稳定于树枝上的状态。乌尔夫认为，“机体整体”是一种基于机械模型和唯物论的将生命体（living body）的结构和功能结合起来的混合概念。它既区别于机械论也区别于万物有灵论，同时区别于拥有形而上学假设的活力论，具有唯物论立场，因此他将此称为“结构-功能活力论”或“功能活力论”（结构性生命力）。[①]

2. 从浪漫主义自然哲学到新活力论

到了19世纪早期，浪漫主义逐渐取代启蒙运动思想成为主流。在浪漫主义的影响下，德国产生了浪漫主义的自然哲学（Romantic Naturphilosophie）。浪漫主义自然哲学家如谢林（Wilhelm Joseph Schelling，1775—1854）有着非常强烈的活力论倾向，他们提出活力应该作为个体生物行为和发育的解释，并且将宇宙本身作为一个生命体，使用诸如“生长”“发育”“成熟”等词语来描述自然和宇宙的历史。[②]然而，考虑到浪漫主义自然哲学与启蒙时期的活力论又有较大的差别，因而不能将其归于启蒙时期活力论阵营。就两者的关系，雷尔（Peter Hanns Reill）认为：“毫无疑问，如果没有启蒙时期活力论者创造的概念，浪漫主义自然哲学是不可能被构建的。但在其目标、假设和结论方面，浪漫主义自然哲学与启蒙时期活力论有本质区别……浪漫主义自然哲学试图发展一种不同的自然语言，同时对物质、现实、科学方法和认识论做出新的定义，这些定义与启蒙时期活力论者提出的定义相矛盾。”[③]

相较于启蒙时期活力论，浪漫主义自然哲学似乎是对机械世界观的“全盘否定”，试图创建一种类似于古希腊有机世界观的活力论世界观。因此，浪漫主义自然哲学是一种形而上学的（metaphysical）活力论，不承认机械论者的世界观及其对物质的认识，而启蒙时期的活力论者主要聚焦于生物或生命的特殊性，并没有否定生物体的物质基础，更没有试图打破唯物论的世界图景。不可否认的是，即使浪漫主义自然哲学与活力论有本质区别，浪漫主义自然哲学仍然推动了活力论在19世纪的发展。例如，谢林发展了康德和布卢门巴赫的活力论思想，认为生物有序性质的特征是功能的递增序列（ascending sequence of functions），这些功能是同一活力原则的不同表现。[④]为此，施泰格瓦尔德（Joan Steigerwald）指出：“谢林的自然哲学对生产能力（productivity）的强调鼓励了19世纪初对生物活力（organic vitality）的重新思考转向

① Wolfe C T, Terada M. The animal economy as object and program in Montpellier vitalism. Science in Context, 2008, 21(4): 537-579.

② Jardine N. *Naturphilosophie* and the Kingdoms of Nature//Jardine N, Secord J, Spary E(eds.). Cultures of Natural History. Cambridge: Cambridge University Press, 1996: 232.

③ Reill P H. Vitalizing Nature in the Enlightenment. Berkeley: University of California Press, 2005: 200.

④ Gambarotto A. Vital Forces, Teleology and Organization. Cham: Springer, 2018: 90.

基于生物功能的生命科学的概念。”[①]

19 世纪初，活力论处于一个“尴尬的”境地。一方面，生物机械论仍然具备强大的影响力；另一方面，生物活力论观点层出不穷，生命和无生命之间的鸿沟仍然没有跨越，这就导致许多今天被归类为活力论者的科学家其实持有一种机械论与活力论“杂糅”的观点。伯纳德(Claude Bernard，1813—1878)的活力论观点，正是在这种纠结中提出的。

伯纳德十分拥护机械论带来的唯物论形而上学和还原论实验传统，认为“无论‘活着的机器’(living machine)拥有多少独有的特征，实验的化学以及生命的化学都服从于相同的定律，不存在两种不同的化学”[②]。然而，伯纳德又意识到传统的机械论实验对于生物学研究的局限性，强调生物体的独特属性，即：基于内在力的“内环境”(milieu intérieur)。也正是在对环境的关注中，伯纳德发现传统实验控制的局限，转而寻求活力论原则，以区别生命体与非生命体。[③]

伯纳德将实验生理学与其活力论思想结合，标志着坚持使用“活力”为普遍解决方法的传统活力论的结束，以及向接受复杂性和独特性为中心特征的生命体生理关系的理解的转向。[④]伯纳德一方面认为，生物体服从于物理化学定律，甚至将生物体作为“活机器”以拒斥形而上学的活力论；另一方面认为，机械论方法在研究生物体的过程中有局限性，坚持生物体的独特性，即保持内部稳定的能力。为此，有学者将伯纳德的活力论观点称为“物理的活力论或自然化的活力论”(physical vitalism or naturalized vitalism)。

伯纳德的思想深刻影响了 19 世纪中后期以及 20 世纪初生物活力论者，他们被称为“新活力论者”(neo-vitalists)。根据桑德(Klaus Sander)的观点，新活力论特指 19 世纪末细胞和发育生物学兴起之后的活力论，与之前的活力论观点不同。[⑤]然而，与传统活力论类似，新活力论仍然寻求“活力原则”。[⑥]

---

① Steigerwald J. Rethinking organic vitality in germany at the turn of the nineteenth century//Normandin S, Wolfe C T. Vitalism and the Scientific Image in Post-Enlightenment Life Science, 1800-2010. Dordrecht: Springer, 2013: 68.

② Normandin S, Wolfe C T. Vitalism and the scientific image: an introduction//Normandin S, Wolfe C T. Vitalism and the Scientific Image in Post-Enlightenment Life Science, 1800-2010. Dordrecht: Springer, 2013: 8.

③ Normandin S. Claude Bernard and an introduction to the study of experimental medicine: “physical vitalism,” dialectic, and epistemology. Journal of the History of Medicine and Allied Sciences, 2007, 62(4): 495-528.

④ Normandin S, Wolfe C T. Vitalism and the scientific image: an introduction//Normandin S, Wolfe C T. Vitalism and the Scientific Image in Post-Enlightenment Life Science, 1800-2010. Dordrecht: Springer, 2013: 8.

⑤ Sander K. Landmarks in Developmental Biology 1883–1924: Historical Essays from Roux’s Archives. Berlin: Springer, 2012: 36.

⑥ Windle B C A. What is life: a study of vitalism and neo-vitalism. Sands, 1908: 139.

根据考察，伯纳德的自然活力论与杜里舒(Hans Driesch)和柏格森(Henri Bergson)的新活力论有本质区别，通常认为杜里舒的活力论观点仍然是本质主义活力论或形而上学活力论。[①]其实，伯纳德也使用了"活力"，但是是一种弱化了的作为计划的"立法力"。他认为，生物的独特性在于自我调节并保持内稳态的能力。据此，还不能简单地说是伯纳德影响了新活力论者。

1842 年，李比希(Justus von Liebig，1803—1873)在《动物化学》(*Animal Chemistry*)一书中，既为机械论辩护，也持有活力论的观点。他把活力描述为特定物质所具有的一种特性，当该物质的基本粒子以某种排列或形式结合在一起的时候，这种特性就会比较明显。这种力类似于重力和电力，源于生命系统的复杂性。

杜里舒(1867—1941)和柏格森(1859—1941)是新活力论的代表人物。鉴于柏格森的活力论更偏向于一种哲学思想，在此不作介绍。杜里舒的活力论思想，体现在他对鲁克斯(Wilhelm Roux，1850—1924)实验的重新考察和反思中。

鲁克斯的实验对象是青蛙卵子，他认为第一个卵子包含了后续发育所需的所有遗传物质，而卵子的进一步分化(differentiation)会将不同的遗传物质分配到不同的细胞中，从而形成胚胎发育的"镶嵌模型"(mosaic model)。为此，鲁克斯通过著名的青蛙卵实验来验证他的观点。如图 11.8 所示，鲁克斯使用一根热针(hot needle)刺穿了双细胞青蛙胚胎的其中一个细胞(1-4 号图片的左侧为未破坏细胞，右侧的大细胞为被破坏后的细胞)，左侧未受破坏的细胞基本上正常发育，发育形成图 11. 8 左下部分的背唇 Ee 以及三个细胞层；在图 11.8 右下部分，细胞的左侧已经形成了神经板的褶 Md，而被破坏的细胞右侧仍未分化，保持大细胞状态。鲁克斯的胚胎发育镶嵌模型是一种机械论的预成论模型：胚胎发育所需的遗传物质存在于初始细胞中，随着细胞的分化，初始细胞中的遗传物质被分配到分化后的各个细胞中，胚胎整体的发育是各个分化细胞的镶嵌过程。[②]

---

① 关于这一点值得讨论。陈勃杭是乌尔夫的博士研究生，他于 2019 年完成博士学位论文《活力论的历史-逻辑研究：生命与物质》("A historico-logical study of vitalism：life and matter")，并于 2018 年和 2019 年发表了两篇论文，对发生于 20 世纪上半叶杜里舒和逻辑实证主义者的争论进行研究，给出了完全不同的阐释，指出杜里舒的活力论确实被维也纳学圈所驳斥，但不是在形而上学的意义上而是在经验和逻辑的层面，用形而上学的唯物论拒斥活力论既不合理也无意义。[具体内容参见 Chen B. A non-metaphysical evaluation of vitalism in the early twentieth century. History and Philosophy of the Life Sciences, 2018, 40(3): 1-22, 20；Chen B. Revisiting the logical empiricist criticisms of vitalism. Transversal: International Journal for the Historiography of Science, 2019, 7: 1-17.]

② Allen G E. Mechanism, vitalism and organicism in late nineteenth and twentieth-century biology: the importance of historical context. Studies in History and Philosophy of Science Part C: Studies in History and Philosophy of Biological and Biomedical Sciences, 2005, 36(2): 261-283.

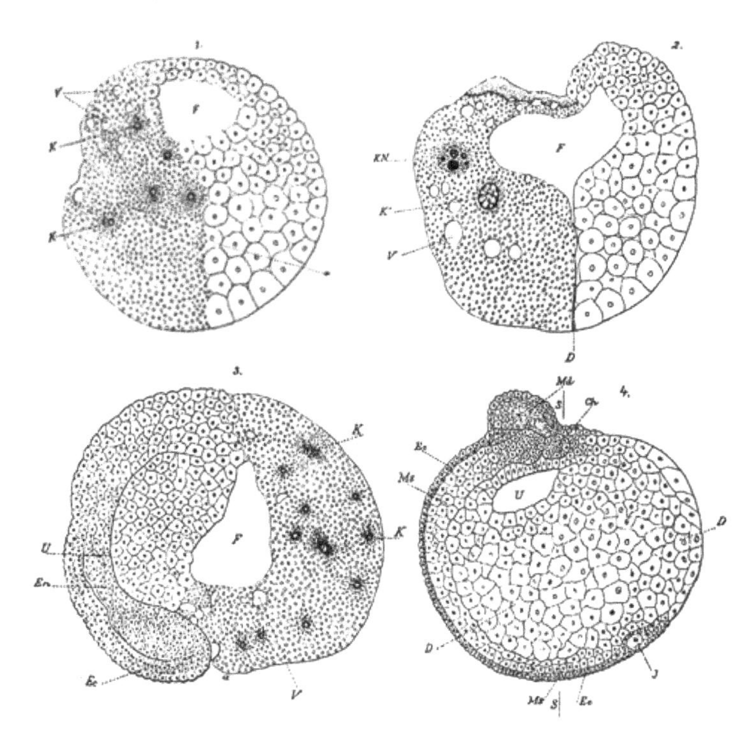

图 11.8 鲁克斯的青蛙卵实验(1888 年)①

杜里舒重复了鲁克斯的实验，却发现了不同的现象。杜里舒使用海胆的卵子作为实验对象，在细胞阶段摇动海胆卵直到一个细胞死亡或两个细胞分离。起初，这种分裂的结果似乎证实了鲁克斯的镶嵌模型——从分离的胚球中产生了半球形而不是正常卵子产生的球形。如图 11.9 所示，被分离的两细胞阶段性胚胎卵裂(cleavage)是部分的，即每个产生的细胞层(cell tiers)只包含正常细胞数的一半(即左图和中图中的半 8 和半 16 细胞阶段)。到了半 32 阶段，即胚胎发育成一个开放的半囊胚

图 11.9 杜里舒的海胆卵实验②

① Roux W. Contributions to the developmental mechanics of the embryo. On the artificial production of half- embryos by destruction of one of the first two blastomeres, and the later development (postgeneration) of the missing half of the body//Foundations of Experimental Embryology. Englewood Cliffs: Prentice-Hall, Inc., 1964:14-15.

② https://www.mun.ca/biology/scarr/4270_Driesch_experiment.html.

(blastula)阶段后，半囊胚会闭合开始遵循正常的发育过程[①]，它已经形成了通常的球形，而且只有大小是正常的一半，其余各方面都正常。这种整体性持续存在并最终产生了一个小而完整的海胆的幼体。[②]

杜里舒的海胆卵实验证明胚胎具有自我调节和自我重组能力，驳斥了鲁克斯机械自然观的胚胎发育预成论，表明胚胎发育涉及新的结构和多样性的出现，没有任何复杂的物理化学机器可以被分割成仍然是整体的部分，除非这种机器具有类似于生物的自我调节能力。

综合以上讨论，杜里舒的核心观点是：类似于机器的系统仅仅是部分的集合，它并不具备生物的整体性(wholeness)特征，生物除了遵守物理化学定律以外，应该还有其他的因果因素(causal factor)——“隐德来希”(entelechy，也可译为“生机”)。“entelechy”一词源自亚里士多德，词源“entelos”表示自身带有目的的东西，它包含在其控制下的过程所指向的目标。将“隐德来希”概念应用于生物或胚胎的发育，杜里舒认为在发育的正常路径被干扰的情况下，同样的发育目标可以通过不同的路径(最终状态)达到。该现象被杜里舒称为“等定性”(equifinality)——生物的发育和行为在“隐德来希”层次体系(hierarchy)的控制之下，不同层次的“隐德来希”都来自以及服从于生物的总体“隐德来希”。

杜里舒对“隐德来希”的描述对于当时的科学而言是超前的。杜里舒认为，“隐德来希”并不是神秘的活力，而是一种非空间的(non-spatial)，但却又可以作用于物理化学过程所在空间的因果因素。为了区别于经典物理学的决定论，杜里舒指出，既然非精力的(non-energetic)“隐德来希”可以作用于物理过程，那么物理过程就不是完全决定性的。他认为生物体内的微观物理过程并不完全由机械因果关系决定，“隐德来希”可以通过影响微观物理过程的具体时间来暂停(suspending)它们，或在需要达到“隐德来希”的目的时释放它们。这种暂时中止无机物形成(becoming)的精力是“隐德来希”最重要的本体论特征。[③]

通观活力论发展历程，活力论是在与机械论的抗争中诞生并发展的。活力论的特征可以总结为以下几点：第一，活着的生物(living)和死去的生物(nonliving)在本体论上是不连续的，活物具有死物不具有的生命原则；第二，这样的生命原则往往不能被物理化学定律解释，而是作为指导生物生存、发育的目的论原则；第三，生物具有系统层级的特征，拒斥认识论和方法论层面的还原论而寻求自上而下的因果解释。活力论与机械论的核心区别在于活力论者拒绝将生物(生命体)等同于惰性物

① Sander K. Shaking a concept: Hans Driesch and the varied fates of sea urchin blastomeres//Sander K. Landmarks in Developmental Biology 1883–1924. Berlin: Springer, 1997: 29-31.

② Smith E T. The vitalism of Hans Driesch. The Thomist: A Speculative Quarterly Review, 1955, 18(2): 186-227.

③ Sheldrake R. Three approaches to biology Part-Ⅱ. Vitalism. Theoria to Theory, 1980, 14: 227-240.

质(dead matter)，认为生物以及生命具有独特性、自主性和整体性，为此他们援引类似于古代有机自然观的活力概念。需要注意的是，近代以来生物活力论者提出的活力并不完全脱离物质基础，但他们通常也无法给出活力的确切性质，这也是活力论被机械论者诟病为神秘主义并逐渐衰败的重要原因。活力论者认为生命体与非生命体有本质的区别，有机物与无机物之间具有一条无法跨越的鸿沟。随着机械论的有机化学、生物化学以及细胞学说的出现及发展，这条鸿沟逐渐消失，也带来了活力论的衰败。

(二)机械论在与活力论的论争中获胜

1. 尿素的合成并不能宣告活力论的终结

拉瓦锡早在18世纪就成功地证明生命物质的基本组成主要是碳、氢、氧和氮，有机物与无机物并没有本质区别。1773年，罗埃尔(Hilaire Röuelle，1718—1779)发现尿素。1828年，维勒(Friedrich Wöhler，1800—1882)在一篇论文中证明自己在将氰酸与氨结合或者通过氰酸银和氯化铵的双重分解，来生产氰酸铵时总会产生尿素。①

在维勒之前，尿素被认为是一种只有动物才有的有机物质，而活力论者认为有机物质与无机物质二者之间是不可转化的。维勒的尿素合成打破了无机物与有机物之间的界限，表明有机物——作为生命物质主要组成成分，与无机物——作为非生命物质组成成分之间，没有根本性的差别，进而证明"'活力论'的有机物质只能通过生物细胞在一种特殊的力量'生命力'的作用下产生"的观念是错误的。

对于维勒的尿素合成之于"活力论"衰落的意义，长期以来科学界和哲学界给予高度评价。戴维·克莱因(David Klein)说道："1828年，维勒将氰酸铵这种无机盐转化成了一种在尿中发现的有机物尿素，沉重地打击了活力论。在随后的几十年时间里，人们又发现了其他例证，活力论的概念逐渐被否定。"②

根据上述评价以及现在人们对维勒合成尿素意义的一般性认识，似乎在维勒合成尿素后的几十年间，化学家们把维勒合成尿素的实验视作"划时代"的发现，标志着活力论的消亡以及有机化学作为化学分支的诞生。但是，也有一些学者对此产生疑问。彼德·J. 拉姆伯(Peter J. Ramberg)在他的一项有关现代有机化学教材的调查中，发现90%的教材都提到了维勒合成尿素的实验对于活力论消亡的重大意义。但是，他认为，事实并非如此，"尿素合成宣告活力论的终结"是人们创造的"神话"。③

对于这一神话，拉姆伯做了详细分析。首先，他认为"尿素合成宣告了活力论终结"的内涵可以概括为三点：第一，维勒用元素合成了尿素；第二，维勒运用与无机物质合成相同的化学合成规则合成了尿素，从而统一了有机化学和无机化学；

① Wöhler F. Ueber künstliche Bildung des Harnstoffs. Annalen der Physik, 1828, 88(2): 253-256.

② Klein D R. Organic Chemistry. Hoboken: John Wiley, 2012: 2.

③ Ramberg P J. The death of vitalism and the birth of organic chemistry: Wöhler's urea synthesis and the disciplinary identity of organic chemistry. Ambix, 2000, 47(3): 170-195.

第三，维勒尿素的合成摧毁或至少削弱了生物活力论。之后，他进一步根据其他人的科学史研究分析了上述内涵，发现以上三点都是站不住脚的，从而认为“尿素合成宣告了活力论终结”是一个神话。第一，维勒是否“用元素”合成尿素有争论，而且维勒尿素的合成在当时不被认为是人工合成的，因为原料中也许有“活力”；第二，早在合成尿素出现之前，化学家的实验操作就采纳了贝采尼乌斯(Jöns Jakob Berzlius，1779—1848)的假说，即有机化学物质与无机化学物质应遵循相同的化学合成定律，而非维勒的尿素合成统一了有机化学和无机化学；第三，“活力论”不是关于单个对象的单一理论，而是关于生物组织系统的多种理论，涉及生命本质的一套看法。如此一来，单一的尿素合成对于有组织探讨的、系统的“活力论”几乎没有影响。也许正因为这样，维勒和他的老师贝采尼乌斯在往来信件中就没有探讨尿素的合成对“活力论”的影响，早期的有机化学教材里也没有对维勒的尿素合成进行介绍，维勒尿素合成后活力论及其争论仍然继续存在于化学和生物学领域之中。[①]

考察酒石酸偏振现象的发现及其解释，支持上述论断。

1815年，比奥(Jean-Baptiste Biot，1774—1862)发现，在实验室里合成出来的酒石酸不能使光发生偏振(光波的横向振动偏向于某一方向)，而通过葡萄生产出来的酒石酸却能够使光偏振。这是什么原因呢？这种由相同的元素组成以及具有相同分子式的物质——同分异构体，为什么会有不同的光的性质呢？在当时，这只能通过“活力”来解释，从而就支持了“活力论”。

1848年，巴斯德(Louis Pasteur，1822—1895)对来自实验室合成的酒石酸进行分离，发现其中的酒石酸分为两种，一种使光沿一个方向偏振，另外一种使光沿相反方向偏振，呈现出左手性和右手性对称的形式。对于这种不对称的分子，巴斯德解释道，它们是由一种叫做“不对称力”的活力作用使然。对于酒精发酵，他也持有类似观点。

1894年，埃米尔·费雪(Emil Fischer，1852—1919)对发酵和酶的作用明确提出一种化学的、机械的解释，认为生物不对称性的来源是酶中的不对称现象，它和不对称分子就像钥匙和锁的关系。

弗朗西斯·杰普(Frances Japp，1848—1928)不同意费雪的观点，认为费雪的看法即使是对的，但是仍然没有解释不对称的起源，分子不对称的起源需要非物质诱因：“从生命一出现，一种指令性的力就开始作用，它让这位聪明的操作者可以按照自己的意愿选择结晶对应结构体，拒绝其不对称的异构体。”[②]

上面的案例比较充分地说明，尿素的合成并没有终结活力论，在此之后活力论

---

① 彼德·J. 拉姆伯(Peter J. Ramberg)：《神话7 维勒在1828年合成尿素，粉碎了活力论，有机化学从此诞生》//［美］罗纳德·纳伯斯、［希］科斯塔·卡波拉契：《牛顿的苹果：关于科学的神话》，马岩译，北京：中信出版社，2018年，第68-77页。

② Palladino P. Stereochemistry and the nature of life: mechanist, vitalist, and evolutionary perspectives. Isis, 1990, 81(1): 44-67.

又存在了一段时间并存在关于此的争论。

既然如此，关于维勒的尿素合成之“神话”又是怎样产生的呢？拉姆伯参考他人的研究总结道：“在维勒去世之后也就是1882年开始，神话开始广泛传播，部分原因是为了验证有机化学具有了学科的理论自主性，不必再借用生物学或物理学的概念；部分是因为德国化学家希望强大的德国化学界（合成在德国化学界中处于核心地位）‘起源’自他们自己的国家。对于生物学家来说，在生理学家采用严格的机械论方法及化学或物理学的定量方法，剥开生物学‘伪科学’的一面（如活力论）以使其‘更科学化’的过程中，活力论被过分简化的神话形象起了不错的陪衬。”[①]

不能说拉姆伯的上述分析没有一点道理，人工合成尿素事实上并没有完全扼杀活力论，但是，也不能就此完全否认维勒的尿素合成对于活力论的冲击作用，以及人们利用其促使活力论消亡的过程中所起到的作用。而且，考察维勒之后的生物学、有机化学和生物化学的发展，它们对活力论的衰落和消亡起到了推波助澜的作用。

2. 机械论的生物化学以及生物发展战胜活力论

19世纪中叶，以穆勒（Johannes Peter Müller，1801—1858）为首的生理学家致力于扫除生理学解释中的活力概念，统一生理学与其他物理科学，使得活力论进一步瓦解。

1861年，凯库勒（Friedrich Kekule，1829—1896）在出版的《有机化学教程》第一卷中，把有机化合物定义为仅仅是含有碳的化合物，从而首次把有机物看作是一种非生命力的存在。

1897年，毕希纳（Eduard Buchner，1860—1917）发现，原先作为活细胞生命过程的发酵，可以在细胞不在场的情况下发生。这表明生命中的某些无生命的物质可以从生命体中解析出来，执行生命的功能。这对当时研究生物学的人们的思想观念产生了革命性的冲击，表明生命过程即使没有生命，也有可能和无生命世界的现象一样，可以通过科学实验和观察寻求答案。这就为细胞化学的机械论研究做好了准备。

1901年，日本的高峰让吉（Jokichi Takamine，1854—1922）从肾上腺中分离出肾上腺素，发现它能够使血管收缩和血压上升。而且他还人工合成了这一物质。这对“活力论”又是一次打击。

1902年，贝利斯（William Maddock Bayliss，1860—1924）和斯塔林（Ernest Henry Starling，1866—1927）发现促胰腺素触发胰腺分泌消化液。他们把这些物质称为“激素”，也叫“荷尔蒙”。它们由躯体中的某一个腺体分泌，通过血液流动输送到躯体的特定部位的细胞中，以调节各种化学过程，进而影响生物的特定功能。

这就是生物化学，即通过化学反应及其过程来研究并解释生命功能和生命现象。

---

① 彼德·J. 拉姆伯（Peter J. Ramberg）：《神话7 维勒在1828年合成尿素，粉碎了活力论，有机化学从此诞生》//［美］罗纳德·纳伯斯、［希］科斯塔·卡波拉契：《牛顿的苹果：关于科学的神话》，马岩译，北京：中信出版社，2018年，第68-77页。

如此，生命现象就由化学物质以及化学反应和过程所体现，生命被“祛魅”了。

1912 年，洛布(Jacques Loeb，1859—1924)出版《生命的机械概念：生物学文集》(*The Mechanistic Conception of Life: Biological Essays*)，体现了机械论对活力论的消解，活力论被归为形而上学假设而渐渐淡出人们的视野。

以上就是活力论产生、发展及其衰落的历程。迈尔(E. Mayr，1904—2005)将活力论衰落的原因总结如下：第一，活力论越来越多地被看作是一个形而上学概念而不是科学概念；第二，生物体是由一种与无生命物质完全不同的特殊物质构成的信念逐渐失去支持；第三，所有活力论者试图证明非物质活力存在的努力都以失败告终；第四，新的生物学概念被用来解释曾作为活力论证据的现象。[①]

对于最后一点，除了从上述有机化学、生物化学的发展中得到说明，也可以从细胞学说以及胚胎发育学说的推进中得到体现。

1665 年，胡克用显微镜观察软木时，看到了像修道院里的一间间小室样的结构，他将此命名为“细胞”，但是，他没有想到他所看到的是生命的基本组成。

1831 年，布朗(Robert Brown，1773—1858)发现细胞中心有一个小的暗色结构，并将此取名为“核”。但是，所有人包括布朗本人都不理解这些微观结构的意义。

1835 年，帕金基(Jan Evangelista Purkinje，1787—1869)发现动物皮肤是由细胞构成的。这一发现并未受到更多人的关注，他也没有推进这一理论。

1838 年，施莱登(Matthias Jakob Schleiden，1804—1881)提出，所有植物组织实际上都是由细胞组成的，这是所有植物的基本模块。

1839 年，施旺(Theodor Schwann，1810—1882)指出：所有动物组织也是由细胞组成的；卵是单个细胞，器官由此发育而来；所有生命都是由单个细胞开始的。

19 世纪 40 年代，柯里克尔(Rudolf Albert von Kölliker，1817—1905)证明精子也是细胞，神经纤维则是细胞的组成部分。

至此，生物的胚胎发育也就有了一个基本的概念：精子细胞和卵子相结合，之后再由细胞发育成各种生物的组织及其器官。至于弄清细胞如何发育(后称为“分裂”)，则是许多年之后的事情了。

米歇尔(Friedrich Miescher，1844—1895)于 1869 年在细胞核中观察到核酸的存在；列文(Phoebus Aaron Theodor Levene，1869—1940)于 1909 年首先发现核酸中含有糖，这就是核糖，1929 年他又发现核酸中还含有另外一种糖——脱氧核糖，前者叫核糖核酸(RNA)，后者叫脱氧核糖核酸(DNA)。

19 世纪 80 年代弗莱明(Walther Flemming，1843—1905)发现了染色体。但是此时没有人认识到它与遗传有关系，直到 1911 年摩尔根(Thomas Hunt Morgan，1866—

① Mayr E. What is the meaning of “life”?//Bedau M A, Cleland C E. The Nature of Life: Classical and Contemporary Perspectives from Philosophy and Science. New York: Cambridge University Press, 2018: 94.

1945）才成功地证明了染色体携带了遗传信息。之后，人们认识到染色体既含有DNA，也含有蛋白质，而蛋白质的结构更复杂，似乎更适合作为遗传物质。至于证明 DNA 作为遗传物质的携带者，则是 20 世纪 20 年代以后的事情了。

概括上述生物学的研究历程：科学家首先在宏观解剖学层次上对生物体进行分离，以获得对系统、组织等的认识；然后通过光学显微镜和电子显微镜对组织学的各层次进行分析，“看到”细胞器、微管结构的细节，甚至大分子本身；最后在化学层次上进行分析，以确定 DNA 的结构、性质等，提出“中心法则”，从分子水平上揭示遗传的特征。这种研究历程可粗略由图 11.10 所示。图中上面一排的放大倍数可通过光学显微镜获得，中间一排通过电子显微镜获得，下排所示的分子结构由物理实在的化学符号表示。

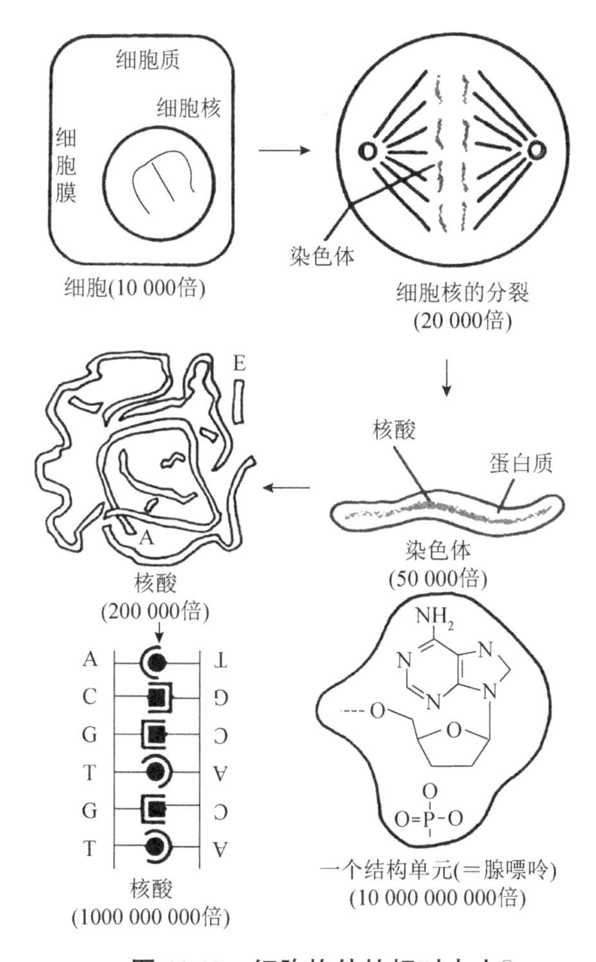

图 11.10　细胞构件的相对大小①

① ［德］弗里德里希·克拉默：《混沌与秩序——生物系统的复杂结构》，柯志阳、吴彤译，上海：上海科技教育出版社，2000 年，第 18 页图 1.6。

总之，通过上述机械自然观在生物学领域的贯彻，原先神秘的生物生命被“祛魅”为生命物质的组成成分——细胞、细胞核、染色体、核酸、基因等。作为物理的空间和化学分子及其结构的“基因”代替了“灵魂”“隐德来希”（希腊原文为entelecheia）、“普纽玛”（pneuma）、“阿契厄斯”（archeus）、“原型”（prototype）等众多有灵论、活力论的概念，成为遗传的基础，揭开了笼罩在生物遗传世界中的魔力面纱。

至此，在生物学中，影响生物学发展的最后一块“石头”——活力论被搬去，机械论大获全胜。玻尔兹曼（Ludwig Edward Boltzmann，1844—1906）于 1886 年在皇家科学院的一次讲演中直截了当地宣告：“如果你要问我，我们的世纪是钢铁世纪、蒸汽世纪，还是电气世纪，那么我会毫不犹豫地回答，我们的世纪是机械自然观的世纪和达尔文的世纪。”①

牛顿是近代科学革命的集大成者，到此，“大写的近代科学革命”已经完成。在此之后，科学认识并没有停止，而是在“大写的近代科学革命”所创立的机械自然观范式之下，运用一定的方法论原则和具体的方法，继续向前推进，并且取得了一系列的成就。考察这些成就，有许多是重大的，但是，由于这些成就是在“大写的近代科学革命”的“哲学范式”变革的基础上取得的，是具体的“科学层面的范式”变革，因此属于“小写的近代科学革命”。甚至在这样的推进过程中，也出现过一些“反常”，提出了一些新的“范式”如“场”“量子”等，给机械自然观和经典物理理论以一定的冲击，但是，深入分析由这些新的“范式”为基础建立的理论，如电磁理论、相对论、量子理论，仍然不能算作是“大写的科学革命”，而是“小写的近代科学革命”。在 18、19 世纪给近代科学机械论范式带来挑战的是活力论，但是，它最终被机械论战胜，被当作异端邪说抛弃。

---

① Boltzmann L. The second law of thermodynamics//McGuinness B. Theoretical Physics and Philosophical Problems: Selected Writings. Dordrecht: Springer, 1974: 15.

第十二章　现代科学革命的肇始

——新的自然观与新的方法论

随着近代科学革命的推进，科学的内部出现了两个分岔：一个是秉承机械自然观基础上的方法论原则，推进近代科学，并由此产生一系列的“小写的近代科学革命”的成果以及常规科学成果；另外一个就是将研究视域扩展到复杂性、有机性的对象并对此展开研究。这后一方面成为20世纪科学发展的新的着眼点，使得一些新兴的学科，如动物认知科学、地球科学、思维科学、生态学等学科，以及横断学科如“老三论”(控制论、信息论、系统论)和“新三论”(耗散结构论、协同论、突变论)等发展起来，进而引发自然观的新变革，呈现有机整体性的特征，如自然的返魅性、复杂性、整体性和非决定性等，为此，需要探求并且运用相应的新的方法论原则乃至新的方法对此加以认识。这是“大写的现代科学革命”。

一、科学的发展与有机论自然观的提出

作为对医学活力论观点的拒斥，术语“有机论”(organicism)最早出现在1831年的法国医学界，倾向于通过相关的局部器质性的变化(organic changes)来描述所有疾病，但又表示所有的疾病都可以还原为身体中的固体或液体的物理和化学变化。[①]这可以看作医学有机论，最早是作为一种实证的、还原的且亲机械论的立场提出的。到了19世纪末20世纪初，“有机论”一词再次出现于生物学家的视野，但却具备了与其初始词义完全不同的立场。它扬弃了活力论，在不寻求超自然活力的基础上反对机械论，强调生物的本体论地位以及生物的主体性，因此被许多研究者称为活力论与机械论之间的第三条道路。不过，这条道路走得艰辛且曲折，经历了产生、发展、高峰、衰落并最终复兴的过程。

① Duffin J. Vitalism and organicism in the philosophy of R.-T.-H. Laennec. Bulletin of the History of Medicine, 1988, 62(4): 525-545.

（一）生物学有机论的产生及其发展

1. 有机论的先锋——第一代生物学有机论者

通常认为，苏格兰的著名医生、生理学家霍尔丹（John Scott Haldane，1860—1936）是19世纪末生物学有机论的开创者。霍尔丹在一篇题为《以呼吸生理学为例说明生物与环境》（“Organism and Environment as Illustrated by the Physiology of Breathing”）的系列演讲中，介绍了活力论和机械论两种生命调节理论，指出它们在解释生物和环境之间的关系方面都是站不住脚的，应该寻求一种更为彻底的、直接的解释。对于这样的解释，霍尔丹认为应该是“生物调节”（organic regulation），它是生命的本质（essence）。至于“生物调节”这一概念的提出，霍尔丹认为，他是受到伯纳德自然化活力论（naturalized vitalism）的影响，在区分内在环境（internal environment）与外在环境（external environment）的基础上，通过外在环境的调节而进一步对内在环境进行调节。不过，与伯纳德不同的是，霍尔丹进一步指出，不能把对内在环境稳定性（constancy）的解释建立在调节它的器官的结构上，因为器官的结构自身就取决于内在环境的稳定性，器官的结构只是由特定物质的不断流动而呈现的外在表观（appearance）。如此，表面上的特定物质的不断流动具有自身的持久性（persistence）和发育力量就显得非常重要了。不过，这种特定物质不能仅通过对物理和化学环境的稳定性来解释。持续存在的不是单纯的物质、能量以及形式，结构、组成和行为不可分割地融合于生命中，生理学处理的生命不是物理学和化学所能够解释的。为此，霍尔丹提出“组织”（organisation）作为生物生理调节的核心，“组织”并不外在于有组织的物质，而是内在于有组织的物质中，物质及其运动是“组织”的表现。就此，通过物理学和化学是无法接近生命现象的。[①]在这种情况下，霍尔丹在该系列演讲的开篇就指出：“如果有人建议给这些讲座中所坚持的学说贴上一个方便的标签，那么可以使用“有机论”这个词，该词与伯纳德等的类似思想有关。”[②]

据此，霍尔丹以生理学为主要研究领域，以生物自我调节为研究对象，指出活力论和机械论对于生命研究的不足之处，提出“组织”作为生物的核心特征，从而使生理学（生物学）区别于物理学和化学，并将他的思想命名为“有机论”，这使得他成为生物学有机论当之无愧的开创者。

科学史家彼特森（Erik L. Peterson）对有机论者进行了较为翔实的梳理。他指出，除了霍尔丹之外，第一代有机论者还应该包括美国的惠特曼（Charles Otis Whitman）、亨德森（Lawrence J. Henderson）以及英国的摩根（Conwy Lloyd Morgan）、罗索

① Haldane J S. Organism and Environment as Illustrated by the Physiology of Breathing. New Haven: Yale University Press, 1917: 89-107.

② Haldane J S. Organism and Environment as Illustrated by the Physiology of Breathing. New Haven: Yale University Press, 1917: 3.

(Edward Stuart Russell)。其中，惠特曼和罗素强调聚集的部分无法解释整个有机体；摩根提出了“间隙性”(gappiness)和“涌现”(emergence)概念以表明复杂性等级间的差异是存在的，不同的层次按照不同的规则进行；亨德森和霍尔丹的思想类似，阐述了整体有机体特有的内部调节和外部缓冲能力。①

概括上述第一代有机论者的思想，虽然每位学者研究的内容不尽相同，但是他们的共同之处在于对生物以及生命的机械论解释进行了责难，并以多种方式展现了物理学和化学在解释生物和生命现象中的不足。他们虽然持有与某些活力论如结构-功能活力论类似的目的概念，但是他们同时意识到这些活力论的不足，并将活力论作为他们批判的目标。

第一代有机论者相关思想的提出，有其科学和哲学背景。一方面，传统意义上决定论的物理学受到爱因斯坦广义相对论和量子力学的冲击，牛顿物理学中的机械力无法完全适应新的物理图景，影响了生物学中传统的机械论解释的效力；另一方面，怀特海提出的过程哲学(process philosophy)②或有机体哲学(philosophy of organism)以及柏格森的“创化论”(evolution créatrice)思想为20世纪初第一代生物学有机论者提供了知识支架和形而上学支撑。怀特海和柏格森认为世界并不是由微粒和机制构成的，而应该是具有生命特征和历时性的过程，相比于传统的机器隐喻，宇宙更像是一个处于不断发育、创造和进化的充满偶然性的有机体。

2. 有机论的鼎盛——理论生物学俱乐部

受到第一代生物学有机论者以及有机论形而上学的影响，越来越多的生物学家开始投身于生物学有机论的理论建设中，在英国剑桥大学成立了一个成熟的有机论者共同体——理论生物学俱乐部(Theoretical Biology Club，TBC)。该俱乐部的成员包括李约瑟(Noel Joseph Terence Montgomery Needham)、林奇(Dorothy Maud Wrinch)、

---

① Peterson E L. The Life Organic: The Theoretical Biology Club and the Roots of Epigenetics. Pittsburgh: University of Pittsburgh Press, 2017: 3-41.

② 怀特海创立了过程哲学，建设性后现代主义者对此加以了继承和发扬，并且提出了一些新的观点。例如，“事件”这一术语表明现实的基本单位不是“永久不变”的事物或物质，而是瞬间(momentary)事件。那些在现代哲学看来是“永久不变”的事物，诸如一个电子、一个原子、一个细胞或一种精神，实际上都是一种短暂性的社会(a temporal society)，由一系列瞬间事件所构成。每一事件都吸收(incorporate)了先前事件的影响。这样一来，原来被当作世界基本构成单位的静止的、分列的、只具有外在关系的实体，被实体之间的关系以及由此表现出来的事件所代替，也就是被一种生成性的过程所代替。(参见[英]怀特海：《过程与实在》，周邦宪译，北京：北京联合出版公司，2013年。)这就将属于本体论范畴的关系、事件等包含于世界的基本构成之中，也将世界的基本结构看作是由关系网络组成的有机整体。过程哲学有待商榷，但是，它也并非一点道理没有。现代科学出于对实体论和还原论的拒斥，也就是出于对空间化思维和表态的结构分析、性质阐明的拒斥，去关注四维流形(包括数学上相交形式、分类定理、格点等基本概念)中随着时间而来的事件序列、动态的关系网络、生成的量子现象、演进的整体动力学机制，去关注更为具体的、本真的、具有某种主动性(activity)的自然，这或多或少地表明过程哲学具有合理性的方面。

沃丁顿(Conrad Hal Waddington)、伯纳德以及沃杰(Joseph Henry Woodger)。

剑桥理论生物学俱乐部的创建受到斯佩曼(Hans Spemann，1869—1941)“胚胎诱导作用”(embryonic induction)以及“组织者”(organizer)概念的推动。斯佩曼从一系列基于脊椎动物胚胎中眼球晶状体分化(differentiation)的实验中发现，如果将视泡(optic vesicle)从胚胎的前部移植到其他部位，被移植的原本无眼的区域会产生晶状体，斯佩曼将这种现象命名为“诱导”(induction)。作为一名唯物主义者，斯佩曼认为“诱导”需要诱导组织者(“诱导者”)和可诱导组织间的物理接触。更进一步，斯佩曼及其同事发现胚孔的背唇(dorsal lip of blastopore)区域是脊椎动物胚胎的主诱导者，背唇组织可以将自己的细胞与宿主细胞组织为一个完整的次级胚胎，斯佩曼将背唇区称为“组织者”。

斯佩曼的研究对于有机论者有一定的启发作用：一方面，他将研究重点聚焦于组织和器官的系统等级，强调还原论的局限性和组织概念的重要性；另一方面，他的研究是非活力论的，他的诱导过程完全基于物质间接触时的相互作用。①

斯佩曼的研究启发了李约瑟、沃丁顿和沃杰，斯佩曼的“组织者”概念使他们意识到理解生命的层级自组织属性这一更大问题的潜在的可操作性。为此，以李约瑟、沃丁顿和沃杰为核心，于1932年在剑桥大学成立了理论生物学俱乐部。俱乐部成员围绕着“从整体上理解生物”这一共同承诺，借鉴过程哲学、逻辑实证主义以及符号逻辑等思想，围绕斯佩曼的组织者概念、生物学中的几何图案以及科学哲学和社会议题展开讨论。②

在该俱乐部正式成立之前的1929年，沃杰(1894—1981)就出版了生物学有机论的奠基之作《生物学原则》(*Biological Principles*)。在第五章“活力论与机械论间的对立”中，沃杰区分了本体论和方法论两种不同的机械论形而上学的和非形而上学的两种不同的活力论倾向，认为无论是活力论还是机械论都不适合于生物学研究，需要调和方法论的机械论和非形而上学的活力论以寻找第三条道路。为此沃杰提出了“组织”概念的重要性，认为生物是一个连续组织的过程，对生物的组织理解可以解决生物学中长期存在的结构与功能、生物体与环境以及目的论与因果关系间的对立。③

另一位俱乐部成员李约瑟(1890—1995)，起初是一位新机械论者，但在研究的过程中慢慢加入有机论阵营。李约瑟认为，生物体不仅是简单的机械装置，它的活动和行为涉及更多的因素，如生物体具有内部调节、自我修复的能力以及适应外部

① Allen G E. Mechanism, vitalism and organicism in late nineteenth and twentieth-century biology: the importance of historical context. Studies in History and Philosophy of Science Part C: Studies in History and Philosophy of Biological and Biomedical Sciences, 2005, 36(2): 261-283.

② Herring E, Radick G. Emergence in Biology: From organicism to systems biology//Gibb S, Hendry R F, Lancaster T(Eds.). The Routledge Handbook of Emergence. London: Routledge, 2019: 352-362.

③ Woodger J H. Biological Principles. London: Routledge & Kegan Paul, 1929.

环境能力等。在加入俱乐部后的 1936 年，李约瑟出版了体现其有机论思想的《秩序与生命》(*Order and Life*)。李约瑟在该书中总结了个别的生物系统(individual biological system)如组织、细胞、器官与作为整体的生物之间的三种可能的关系：第一，个别的生物系统独立于生物的，因此可以去研究它而不必担心丢失活力之类的东西；第二，个别的生物系统是功能地依赖于作为整体的生物的；第三，个别的生物系统的存在是依赖于作为整体的生物的。李约瑟认为俱乐部研究的重点应该放在前两种关系上，而在研究的过程中可以使用分析方法，但是它们的目的不是通过物理和化学的还原论来解释复杂现象，因为机械论者的过度简化和活力论者的形而上学一样都是对科学的破坏。[①]根据李约瑟的上述论述，俱乐部的宗旨是通过充分研究生物组织与生物整体间的关系来体现生物和生命的独特性，至于机械论的物质基础和分析方法仍然可用，可以作为研究生物系统和组织层级的必要工具。

同一时期，在远离英国的奥地利维也纳，贝塔朗菲(Ludwig von Bertalanffy)和韦斯(Paul Alfred Weiss)提出了与俱乐部学者相似的观点。20 世纪初期，贝塔朗菲(1901—1972)所在的维也纳是逻辑实证主义(logical positivism)的大本营，贝塔朗菲与卡尔纳普(Rudolf Carnap，1891—1970)等逻辑实证主义者交往密切，但他却反对逻辑实证主义对形而上学的拒斥，而他的生物学研究就是要为以科学为基础、以经验为依据的理论生物学提供形而上学基础。早于沃杰的《生物学原则》，贝塔朗菲在 1928 年就出版了《现代发育理论》(*Kritische Theorie der Formbildung*)，在书中贝塔朗菲提出有机论作为机械论和活力论的调和。贝塔朗菲认为，有机论的以下三个原则对于生物学非常重要：一是整体性(调节)；二是组织(层级以及适用于每个等级的定律)；三是动态(dynamics)(过程以及之后的开放系统的行为)。[②]贝塔朗菲将生物看作是系统，看作一个相互作用以保持动态平衡状态的元素(器官)的组合体，系统各部分间的相互作用为生物带来等级秩序。此外，贝塔朗菲的有机论还体现了对生物学自主性的坚持，在反对将生物学还原为物理学和化学的基础上，试图提出生物学的理论框架。

同样作为生命系统概念的创始人，维也纳的另一位代表人物韦斯持有与贝塔朗菲相似的有机论观点。韦斯(1898—1989)将系统定义为一个相对独立和稳定的实体，系统可以产生限制性的(restricting)和调节性的(regulative)功能，并将其施加于组成部分以维持整个系统的功能性(functionality)。韦斯系统概念的独特之处在于，系统整体本身所具有的属性，部分不一定具备，而同时系统又依赖于其组成部分，达到整体大于部分之和的效果。[③]此外，韦斯的有机论思想还体现在他对他人提出的“形

① Peterson E L. The Life Organic: The Theoretical Biology Club and the Roots of Epigenetics. Pittsburgh: University of Pittsburgh Press, 2017: 116.

② Haraway D J. Crystals, Fabrics and Fields. Metaphors of Organicism in Twentieth-Century. New Haven: Yale University Press, 1976: 38.

③ Rosslenbroich B. Properties of life: Toward a coherent understanding of the organism. Acta Biotheoretica, 2016, 64(3): 277-307.

态发生场”(Morphogenetic Field)的整体性发展上，认为胚胎是一系列的形态发生场，由此产生各种诱导和互动作用。

以上学者虽然具体的研究方向不同，关于同一个现象所持有的观点也不尽相同，但是他们的共同点是想寻求一条不同于机械论和活力论的用于解释生物和生命本质的第三条道路——有机论。为此，他们通过各种沙龙、会议、通信以及互相评阅论文的形式彼此交流观点，在这个过程中使得生物学有机论的影响力逐渐增强。然而，即使是在生物学有机论的鼎盛时期，有机论者在科学界仍然被看作是异类，主导生物学研究的仍然是机械还原论范式，这似乎预示了生物学有机论的结局。

（二）生物学有机论的衰落和复兴

20 世纪 30 年代后期，在经历了短暂的鼎盛时期后，生物学有机论开始走向衰落。有机论的衰落受到多种因素的影响，可以分为两个内部因素和一个外部因素。

第一个内部因素是有机论研究共同体的消亡。首先，理论生物学俱乐部解体。作为有机论的主要阵营，位于剑桥大学的理论生物学俱乐部由于受到一些日常问题的影响，加之由沃丁顿的奖学金问题引发的俱乐部与剑桥大学官方的冲突，以及进一步导致的实验室资助的撤销、组织者项目的结束，最终导致理论生物学俱乐部的终结。[①]其次，老一代有机论者逐渐退出历史舞台。霍尔丹在 1935 年出版其最后一本著作《一位生物学家的哲学》(*The Philosophy of a Biologist*)后于 1936 年去世。尽管罗索(1887—1954)继续坚持写作与有机论相关主题的论文，但发表的速度及影响力显著下降。最后，核心研究者社会关系变化和研究兴趣迁移。伴随着“理论生物学俱乐部”的消逝，英国的有机论者社会关系也发生了改变，理论生物学俱乐部的原成员李约瑟、沃杰等结识了其他领域的学者，研究领域也开始偏离有机论。其中，李约瑟沉浸于对中国文化和技术的研究并最终成为世界闻名的中国科学史家；沃杰开始关注生物理论的公理化，开始倾向于使用逻辑经验主义的形式逻辑澄清生物学概念。理论生物学俱乐部的“编外成员”贝塔朗菲则专注于系统研究，他提出“一般系统论”(general system theory)试图将生命系统的相关研究推广到自然科学和社会科学的各类系统中。[②]

第二个内部因素在于有机论与一些哲学和意识形态之间的联系，使得人们在批判这些哲学或意识形态时连带着批判了有机论。

一方面，有机论与活力论密切相关。即使有机论处于一种批判活力论的立场，

---

① Peterson E. The conquest of vitalism or the eclipse of organicism? The 1930s Cambridge organizer project and the social network of mid-twentieth-century biology. The British Journal for the History of Science, 2014: 281-304.

② Nicholson D J, Gawne R. Neither logical empiricism nor vitalism, but organicism: what the philosophy of biology was. History and Philosophy of the Life Sciences, 2015, 37(4): 345-381.

甚至活力论本身也并非完全缺少自然主义基础，但是科学家们仍然普遍地将有机论视为活力论的弱版本，并进而将此看作是一种形而上学思想，认为有机论不具有科学解释效力。另一方面，有机论还与以法西斯主义(Fascism)为代表的极权主义(Totalitarianism)——“国家有机论”有着千丝万缕的关系，有机论对整体性和统一性(unity)的重视以及极权主义者对有机论的援引，使得有机论往往被理解为极权主义的一种亚类型，波普尔就曾指出有机论是开放和自由主义的反义词。[①]

有机论衰落的外部因素在于新机械还原论的冲击。一方面，物理还原论仍然占据有利地位，将生物学还原为物理学和化学的呼声从未停止。另一方面，分子生物学的兴起及其带来的基因还原论，正式宣告了 20 世纪初期以来在生物学界产生一定影响力的生物学有机论的失败。沃森和克里克在 1953 年发现了 DNA 双螺旋结构，随后又通过将基因中的核苷酸序列与蛋白质中的氨基酸序列联系起来实现 DNA 的结构与功能的联结。凭借以上研究，沃森和克里克认为他们发现了“生命的秘密”。[②]根据基因还原论，有机体的功能和生命的本质可以被还原为基因携带的遗传信息，而基因及其遗传信息可以通过物理和化学定律来解释。

然而，即使处于内忧外患的压力之下，有机论并没有彻底消失，20 世纪中后期仍然有一批学者坚持有机论思想，甚至进入 21 世纪后有机论又迎来了复兴。直到生命的最后几年，原俱乐部成员沃丁顿(1905—1975)仍然以坚定的有机论立场，批判以新达尔文主义和分子生物学占据主导地位的生物学研究。沃丁顿试图使用怀特海的有机论哲学拒斥生物学甚至整个科学界的机械论。在 1977 年出版的《思维工具：如何理解和应用解决问题的最新科学技术》(*Tools for Thought:How to Understand and Apply the Latest Scientific Techniques of Problem Solving*)中，沃丁顿将科学中的机械论范式称为 COWDUNG(Conventional Wisdom of the Dominant Group，即“主导群体的传统智慧”)。当然，他进一步认为，这种主导群体的观点——世界上的万事万物包括活的生物，都是不变的物质微粒构成，其特征可由物理学和化学的研究发现，是错误的。他有意识地将 Conventional Wisdom of the Dominant Group 不规则地缩写为 COWDUNG。当然，该词 COWDUNG 也有“牛粪”的意思。在此，沃丁顿借用这一缩写表示对“主导群体的传统智慧”之机械论自然的不满，指出机械还原论错误地承诺最终性(finality)以及可预测性(predictability)。[③]彼特森指出，针对生物学中的新达尔文主义和分子生物学，沃丁顿认为它们的两个前提——基因单元可以被

---

① Botz-Bornstein T. Micro and Macro Philosophy: Organicism in Biology, Philosophy, and Politics. Boston: Brill Rodopi, 2020: 36.

② Herring E, Radick G. Emergence in Biology: From organicism to systems biology//Gibb S, Hendry R F, Lancaster T(Eds.). The Routledge Handbook of Emergence. London: Routledge, 2019: 352-362.

③ Waddington C H. Tools for Thought: How to Understand and Apply the Latest Scientific Techniques of Problem Solving. New York: Basic Books, 1977: 16.

视为原子单元以及基因型(genotype)可以直接转化为表现型(phenotype)——被过度简化了。①

进入21世纪以后，学界对分子生物学的热衷有所消退，科学家发现DNA序列本身并不包含指定基因产物如何相互作用以产生生物功能所需的信息，基因型和表现型之间没有简单的一一对应关系。沃丁顿几十年前的批评得到了印证。科学家们发现基因还原论及其机械论范式无法解释生物和生命的复杂性，因此诞生了以系统整体作为研究对象的系统生物学。②生物学的其他领域也开始寻求有机论来弥补机械论范式的缺陷。斯科特·吉尔伯特(Scott F. Gilbert)和萨卡尔(Sahotra Sarkar)在世纪之交指出，有机论对于实验胚胎学(experimental embryology)是重要的，对当代发育生物学(developmental biology)是有价值的。③库斯(Cécilia Bognon-Küss)等则指出，近年来发展迅速的试图生成、改造甚至演进生命系统的合成生物学(synthetic biology)并没有否定功能性活力论，反而促进了有机论的发展。④

综合以上对生物学有机论发展的考察，19世纪末期生物学界开始产生有机论思想，20世纪初第一代有机论者群体逐渐形成。到了20世纪中期尤其是30年代，在英国和奥地利形成了生物学有机论者的两大科学共同体——以霍尔丹为代表的英国生物学有机论者和以贝塔朗菲为代表的奥地利的生物学有机论者。经历了短暂的辉煌之后，生物学有机论由于多种因素而逐渐衰落。然而，生物学有机论犹如一株顽强的小草，经历岁月的沧桑后于21世纪重新回到科学家和哲学家们的视野，生物学有机论的历史仍然在继续。

(三)有机论在一些学科中的扩展及其表现

到了20世纪下半叶，另外一种生物学有机论发展起来。该有机论承认某些动物具有智能，进而对此展开认识。动物心理学、动物行为学等方面的研究表明，某些动物有智能，某些动物有文化，某些动物有情感，某些动物有思想，等等。⑤至于植物

① Peterson E L. The excluded philosophy of evo-devo? Revisiting CH Waddington's failed attempt to embed Alfred North Whitehead's "organicism" in evolutionary biology. History and Philosophy of the Life Sciences, 2011: 301-320.

② Nicholson D J. The return of the organism as a fundamental explanatory concept in biology. Philosophy Compass, 2014, 5: 347-359.

③ Gilbert S F, Sarkar S. Embracing complexity: organicism for the 21st century. Developmental Dynamics: an Official Publication of the American Association of Anatomists, 2000, 219(1): 1-9.

④ Bognon-Küss C, Chen B, Wolfe C. Metaphysics, function and the engineering of life: the problem of vitalism. Kairos-journal of Philosophy & Science, 2018, 20(1): 113-140.

⑤ 具体内容参见[英]玛丽安·斯坦普·道金斯：《眼见为实——寻找动物的意识》，蒋志刚、曾岩、阎彩娥译，上海：上海科学技术出版社，2001年；[法]雅克·沃克莱尔：《动物的智能》，侯健译，北京：北京大学出版社，2000年。

有没有智慧，也是一个非常复杂的问题。科学研究中有越来越多的证据表明，某些植物可能并不像我们原先所想象的那样是不具有主体性的客体，它们可能也有智慧，如有计算能力与预见力，有多种感觉并能够对环境做出反应，另外还有决策能力和灵活性等。[①]

承认并且研究生物(哪怕是某些生物)具有像人类那样的思维、智能、语言、文化等，是对机械自然观的最大冲击。这些研究成果表明，将人类所具有的精神性赋予自然界中的部分生物有一定的道理。这样的一些生物与我们一起分享共同的进化历史，它们的细胞也与我们人类的非常相似，那为什么我们有智能而它们就不可能有呢？

进一步的问题是：无机界是否具有哪怕些许的经验性、能动性和目的性呢？超分子化学似乎为我们提供了部分证据。这类研究表明，多个分子通过分子间非共价键作用力，可以缔合形成复杂有序且具有某种特定功能和性质的实体或聚合体——超分子体系；[②]分子之间的多种作用力具有协同作用，能够形成一定方向性和选择性的强作用力，成为超分子形成、识别和组织的主要作用力。这里的“协同作用”“方向性和选择性”“分子识别”“分子组织”等表述已经表明，超分子一定程度上具有类似于有机组织如生物和社会群体组织的性质以及自我演化的特征。“超分子将最终导致化学家的眼界朝向复杂性，从对单个分子的研究转向对分子之间相互结合的研究，或者说关注对分子的社会学研究。在这样的研究中，化学家必须将分子看作具有一定社会结构的个体，将分子置于一个大的环境背景下，研究特定环境下分子的个体和群体行为。同时，超分子化学还将化学家的研究视角引向对分子之间选择性以及识别能力的研究，而对这一方面的研究将从根本上改变着化学家的思维观念。”[③]不仅如此，对超分子化学的研究还将化学和生物学联系了起来，为化学进化过渡到生物进化提供了一条可行的途径。它表明，生物体所具备的基本功能和特性如自组织、识别、匹配、选择等，超分子也同样具有。如此一来，超分子不仅具有化学进化——结构进化，而且还具有生物体具有的功能进化。这就打破了非生命体和生命体之间僵化的二分，为赋予无生命的物质以某种生命性提供了条件，为从无生命的物质进化到有生命的物质提供了某种可能的途径。[④]

而且，复杂性科学表明，事物的进化从根本上取决于内部的自组织的力量，即一个远离平衡态的系统，都有使自身趋向于日益复杂的结构和秩序的能力(另一方

① 田立：《植物有没有智慧？》，《百科知识》，2003年第7期，第25-27页。

② 邱立勤、耿安利、贾培世：《化学领域的前沿——超分子化学》，《化学世界》，1997年第4期，第171-177页。

③ 闫莉：《超分子化学——化学研究的新视角》，《世界科学》，2003年第4期，第7页。

④ 杜丹、王升富：《自组装超分子膜修饰电极的研制及分析应用》，《化学研究与应用》，2001年第6期，第617页。

面也有从秩序走向解体的趋势），这种自组织能力便构成了有机体形成和生长的原动力，从而为上述有机论的哲学论断提供了有力的科学佐证。[①]

不仅如此，有机论自然观在生态学的研究中得到了比较充分的体现。这方面最为典型的有群落“机体论”（有机论）以及生态系统有机论。

如对于生态系统，这一概念是坦斯利（A. G. Tansley，1871—1955）提出的。他认为，群落是一个“有机体”，但它不是一个“超级有机体”，而是一个“准有机体”。[②]在此基础上，他进一步提出，群落不仅包含了生物因素，也包含了非生物因素，由此他提出“生态系统”的概念。在1935年，他把生态系统定义为：一个物理学意义上的整个系统，它不仅包括各种生物，而且包括构成我们称之为（生态）生物群系（Biome）环境的全部物理因子，即最广泛意义上的生境因子。[③]根据上述定义，坦斯利就把生态系统看作自然的基本单元，是一个有机性的存在——“准有机体”。

对于生态系统“准有机体”特性，生态学界给予了长期深入的研究，给出了各种各样的认识。1992年帕滕（B. C. Patten）提出，“环境子”（environ）既不是生态系统中的生物，也不是生态系统中的环境，而是生物-环境整体演进和变化的基本单元，此单元是一个“整体子”（holon），具有“前摄性”（proactive）、活性和生命性。[④]帕滕、斯特拉斯克拉巴（M. Straškraba）和约恩森（S. E. Jørgensen）1997年进一步指出，生态系统就是一个生命的系统，具有“塑模”（modeling）能力，即具有预先行动的能力。所谓“塑模”，指的是生命通过对外界输入的前摄性行动以对抗周围环境，塑造它们的生存环境，使它们自身变得更有序。由此，生态系统就成为有机体，根据各自的现实情况建立模型，并将这种能力融入它们的基本环境关系中。[⑤]

这样一来，在帕滕、约恩森等那里，生态系统就成为一个观察者（observer）和行动者（actor），针对持续变动的环境，对生态系统自身进行治理、组织、生产，使其成为一个具有自治能力的、自组织能力的、自我繁殖的、自我设定的存在，从经验中学习，从环境中继续发展，保持自然本身的特性以及生态系统内部的稳定性，而使自己成为活系统（viable system）。这样的活系统，既是向环境学习优化决策控制的观察者，也是完成协同作用，自主（组）控制系统并且保持系统内部稳定性的行动者。这使得生态系统本身具有两大功能——构建和诊断，最终成为适应环境变化而维持自身发育（development）的塑模者。

---

① 肖显静：《大卫·格里芬的后现代科学成立吗》，《河北师范大学学报（哲学社会科学版）》，2003年第2期，第21-28页。

② Tansley A G. The classification of vegetation and the concept of development. The Journal of Ecology, 1920, 8(2): 118-149.

③ Tansley A G. The use and abuse of vegetational concepts and terms. Ecology, 1935, 16(3): 299.

④ Patten B C. Energy, emergy and environs. Ecological Modelling, 1992, 62(1): 29-69.

⑤ Patten B C, Straškraba M, Jørgensen S E. Ecosystems emerging: 1. conservation. Ecological Modelling, 1997, 96(1-3): 221-284.

生态学家尼尔森(S. N. Nielsen)2007年看到了这一点，他基于帕滕"环境子"理论以及生态系统"前摄进"、活性和生命性，建构生态系统符号学(ecosystem semiotics)，提出生态系统"符号学型"(semiotype)，表明作为开放的生态系统已经扩展到了景观、生态区以及生态圈。[①]在此基础上，尼尔森2016年进一步基于冯•福尔斯特(H. von Foerster)于20世纪70年代创立以及其他人所发展的二阶控制论内涵，分析了生态系统符号学与二阶控制论的关系，认为生态系统不仅有反馈，而且还有前馈(feedward)，生态系统是一个自创生系统(autopoiesis system)，使其成为自主的、自调节的存在。生态系统是二阶控制-符号系统(cyber-semiotic system)。[②]至于生态系统二阶控制论的内涵及其特征，限于其处于起步发展阶段，当进一步探讨。

对于生态系统，它也是分层级的。对于我们地球，就是一个生态系统。拉伍洛克(J. E. Lovelock，1919—2022)于20世纪70年代初提出"地球盖娅"的概念，并认为地球本身就是一个超级有机体，地球表面的生命使得地球的物理和化学环境条件最优化，从而最大程度地满足自身的需要。[③]

二、有机论自然观下的方法论原则探索

如上所述，新发展起来的学科如生物认知科学、地球科学、思维科学、生态学等，向我们展示一种新的自然观——有机论的自然观。这种有机论的自然观表明自然是有生命的，自然是复杂的，自然是整体的，自然是非决定的，应该进行新的革命，运用返魅性原则、复杂性原则、整体性原则、非决定性原则，对此加以认识。

(一)返魅的自然与返魅性原则

返魅性原则与祛魅性原则相对。在机械自然观基础上的祛魅性原则指导下，近代科学摒弃了生机论、目的论，将具有生命的自然界转变为僵死的机器，不去研究自然的任何主体性、经验和感觉等。

应该说，"祛魅性原则"有一定道理。自然界确实有很大一部分如无机界是没有情感、意志等的，也确实不需要研究这些相应的方面。而且，从科学发展的历史看，如果不对自然进行祛魅，人类就不可能采用有效的方法对自然的机械性方面进

---

① Nielsen S N.Towards an ecosystem semiotics. Some basic aspects for a new research program. Ecological Complexity, 2007, 4(3): 93-101.

② Nielsen S N. Second order cybernetics and semiotics in ecological systems—Where complexity really begins. Ecological Modelling, 2016, 319: 119-129.

③ [英]詹姆斯•拉伍洛克：《盖娅：地球生命的新视野》，肖显静、范祥东译，上海：格致出版社、上海人民出版社，2019年。

行有效认识。但是，鉴于自然存在着非机械性的或有机性的方面，人类如果只对事物机械性方面展开认识，那么获得的知识是不完整的。

问题是：怎样对非机械性的方面或有机性的方面进行相关研究呢？以动物为例，对于其是否具有精神性的方面，传统的观点认为“子非鱼安知鱼之乐”，据此，人类好像是不可能认识到动物精神性的。但新近出现的生物心理学家、生物社会学家并不赞同这种观点。他们认为，虽然我们不能直接感受到动物具有精神性，但是，动物的一些外在行为结果却是可以观察到的，可以通过科学观察和实验来检验这些行为结果，从而判断动物精神性方面是否存在。如果某些动物的行为超越了它们与生俱来的本能反应，表现出对世界的足够认识，以致它们能够按照自身的意图应对特殊的环境，并对环境做出相当复杂的评判，进而调整它们的行为，那么，就可以说这些动物具有智能和意识了。例如，科勒(Wolfgang Kohler)对黑猩猩的实验可以说明这一原则。在面对悬挂在笼子顶棚的香蕉时，六只黑猩猩看到香蕉时都会跳起来试图抓住香蕉，但都失败了。此时有只黑猩猩开始利用笼子里的箱子来垫脚，在箱子上跳起来抓住香蕉。这种适应新环境的行为就表明了这只黑猩猩的行为是智能行为。①

当然，这并不是说动物的复杂行为与智能等相伴而生。在一些情况下，复杂行为并不意味着智能的存在——它可能是由动物的本能(“先天”就会的行为)引起的，也可能是人类一心想要把看到的那些联系和巧合与动物的某些偶然表现相关联，从而认为动物拥有智能等，还可能是人类忽视了动物的“拇指规则”(rules of thumb)②——后天学习的简单经验，对它们的行为进行了复杂的解释。尽管如此，有一点可以肯定，有时动物行为的复杂程度以及适应环境变化的能力确实是其智能等方面的体现。

鉴于上述情况，一个基本的思路和可行的策略就是，如果能够用更简单的解释来说明动物的复杂行为，那么就应该用更简单的解释；如果所有的简单解释——如本能或后天习得经验都不能用以说明动物的这种复杂行为，而只能用智能等范畴来解释它，此时，就有比较充分的理由相信动物具有智能了。生物心理学、生物社会学就是依据这一原则来确认动物智能存在的。

有研究者对儿童和黑猩猩分别做了关于液体守恒的实验。在对儿童进行的实验

---

① [法]雅克·沃克莱尔：《动物的智能》，侯健译，北京：北京大学出版社，2000年，第4页。

② “拇指规则”(rules of thumb)，中文又译为“大拇指规则”“经验法则”，是一种可用于许多情况的简单的、经验性的、探索性的但不是很准确的理论原则。维基百科(WiKi)里提及，“拇指规则”最早的文字出处是William Hope写的Compleat Fencing-Master，第二章，1692年，第157页：“What he doth, he doth by rule of thumb, and not by art.”(译为：他所做的，完全是靠拇指规则[经验]，而不是技艺。)“拇指规则”在经济学中的解释是：经济决策者对信息的处理方式不是按照理性预期的方式，把所有获得的信息都引入到决策模型中，他们往往遵循的是：只考虑重要信息，而忽略掉其他信息。联系到17世纪指的是，那时的各种贸易活动中的涉及的物品数量是通过拇指的长度和宽度来计量的。

中表明，儿童在8岁左右时才能认识到，当将一个盛放在粗矮的容器中的液体，全部倾倒到另外一个细高的容器中时，液体的量保持不变。对于这一实验，是这样进行的：在3个形状、大小都相同的烧杯中先后倒入水，直到儿童确认这3只杯中的水相等为止；然后将其中第一个杯中的水倒入第四个矮而粗的空杯中，将其中第二个杯中的水倒入第五个高而细的空杯中，将其中第三个杯中的水倒入由4个小杯构成的杯群中，此时再询问儿童第四个杯中的水的容量是否与第五个杯中水的容量以及由4个小杯构成的杯群中的水的容量相等；如果儿童认为相等，那就表明他(她)已获得"液体守恒"概念。一般来说，更年幼的儿童受知觉变化的影响，往往认为水位高的那个杯中的水要多些。

参照上述实验，对于一只名叫萨拉(Sarah)的黑猩猩①，伍德沃夫(Woodruff)、普雷马克(Premack)和肯内尔(Kennel)于1978年精妙地设计了相关实验，以比较充分的理由证明了黑猩猩萨拉具有液体守恒的观念，见图12.1。

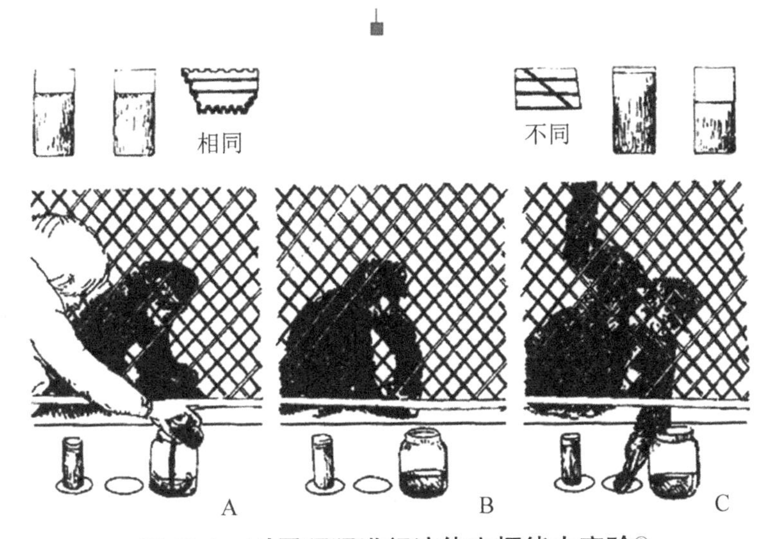

图12.1 对黑猩猩进行液体守恒能力实验②

图12.1中的A：实验人员向萨拉展示两个相同的容器且内装等量的蓝色液体之后，将其中一个容器里的液体倒入另一个更粗的容器中；B：实验人员把一个装着印有same和different的两个塑料片的盒子拿给萨拉后离开；C：萨拉打开盒子，选择了印有same的塑料片，然后把它放在两个容器之间的圆圈内。

实验一共有四步。在对萨拉进行前三步实验之后，会进行一个循环，即再进行一次前三步的实验。在完成两次前三步实验之后，会连续进行两次第四步实验。

第一步，进行前测。在这一步，会展示分别装有等量或不等量液体的两种容器，

① Sarah是一只14岁的猩猩，它在不到1岁的时候就被人工饲养，在4岁6个月至6岁5个月期间学习了一些简化的语言，之后10年里每周要上5节课来学习一系列不同的认知任务。因此萨拉在实验开始之前就了解"相同"(same)和"不同"(different)所代表的含义。

② [法]雅克·沃克莱尔：《动物的智能》，侯健译，北京：北京大学出版社，2000年，第85页。

让萨拉直接判断两个容器内所装蓝色液体的量是否相等。人们使用了3种不同形状的容器，每种容器的出现次数相同。该阶段一共有24个试次。其中的12个试次里，两个容器里装的液体的量相等；另外的12个试次里，两个容器内装有非等量的液体。在未对液体进行转移的情况下，萨拉需要对两个容器内的液体进行“相同”(same)或者“不同”(different)反应。在每个试次结束之后，无论反应对错都给萨拉酸奶、水果或者糖果以示奖励。结果显示，萨拉的正确率为85%。

第二步，进行守恒测验A。第二步与第一步相似，但多了转移液体的过程。该测验一共有24个试次，其中12个试次为等量，另外12个试次为不等量。在等量的试次中，会先展示两个相同且装有等量液体的容器，然后将其中一个容器的液体倒入一个比例跟前两个容器不同的新容器中，在经过液体转移之后，液体在两个不同比例的容器中的直径和高度上会有明显的差别，具体过程如图12.1。在不等量试次中，会先展示两个相同但装有不等量液体的容器，然后将其中一个容器的液体倒入一个比例不同的新容器中，在经过液体转移之后，实验者会保证液体在这两个比例不同的容器中的直径和高度一样。在液体转移之后，萨拉需要对两个容器内的液体进行“相同”或者“不同”反应。每次实验结束之后，无论反应对错都给萨拉酸奶、水果或者糖果以示奖励。结果显示，萨拉的正确率为79%。

第三步，进行对照组测验。该测验过程和守恒测验A完全相同，但展示过程和转移过程是在萨拉的视野之外进行的，也就是说萨拉需要对液体转移的结果进行“相同”或者“不同”反应。每次实验结束之后，无论反应对错都给萨拉酸奶、水果或者糖果以示奖励。结果显示，萨拉的正确率为52%。

第四步，进行守恒测验B。在该测验中，试次的基本流程与守恒测验A的流程相近，但全部的24个试次都是会先展示两个相同且装有等量液体的容器。在其中的12个试次中，液体在转移到另一个比例不同的容器之后，直径和高度都发生了改变，但液体的量不变，即与守恒测验A中的等量试次相同；在另外的12个试次中，液体在转移到另一个比例不同的容器时，会使用一个不透明杯子，在其中加入或减少少量液体，在转移之后，液体的直径和高度以及量都发生了改变。在转移之后，萨拉需要对两个容器内的液体进行“相同”或者“不同”反应。每次实验结束之后，都给萨拉酸奶、水果或者糖果以示奖励。结果显示，萨拉的正确率为83%。①

在这里，伍德沃夫为何要进行这样的四步测验呢？

之所以要进行“前测训练”，是要凭借“前测训练”中一半的试次里液体是等量的，一半的试次里液体不是等量的，要求萨拉既要做出“相同”反应，又要做出“不同”反应。这是为了防止萨拉一直做出“相同”反应而形成一种反应偏向(response

① Woodruff G, Premack D, Kennel K. Conservation of liquid and solid quantity by the chimpanzee. Science, 1978, 202(4371): 991-994.

bias)。实验结果表明在“前测训练”中萨拉的正确反应明显地超出了随机水平，[1]由此可以排除反应偏向的影响。

之所以进行“守恒测验 A”，是因为萨拉的正确反应明显地超出了随机水平，其一，可以排除反应偏向的影响；其二，也可以表明萨拉具有一定的液体守恒思维能力。

之所以进行“对照组测验”，是要表明萨拉是否依靠知觉估计来对液体的量进行判断。该项实验得到的结果是：在未看到液体的初始状态或者液体的转移过程时，萨拉的反应正确率急剧下降。因此，萨拉并不是依靠知觉估计来进行判断的。

之所以进行“守恒测验 B”，是要判断萨拉在此测验中的反应正确率是否依旧显著高于随机水平。试验结果是肯定的，这说明萨拉是可以成功地区分“只有液体形状发生改变”和“液体的量和形状共同发生改变”这两种不同类型的变化的。

综合萨拉在前测训练、守恒测验 A、守恒测验 B 三种实验条件下的反应和萨拉在控制组测验中的反应，可以发现，萨拉在所有实验条件下的反应正确率显著地高于随机水平，但在对照组测验中，萨拉的反应正确率处于随机水平。综上，所有结果都表明萨拉对液体的量的判断是基于推理的，因而说明萨拉是具有液体守恒概念的。

从上面的例子可以看出，对于动物精神性方面的研究与对动物的传统的“肉体”研究的原则和方法是不一样的，研究动物精神性需要动物观念方面的思想变革以及相应的方法创新。这应该是这方面研究获得突破的关键。

需要注意的是，自然界中事物的精神性并不仅仅表现在动物体上，也表现在植物体上。对于植物的“智慧”，我们又如何进行方法创新，以获得更准确的认识呢？

当然，自然界中事物的精神性并不仅仅表现在生物上，也可能存在于某些系统如自组织的、整体性的“生态系统”，从而使它们也具有某种整体性和目的性等，对此又如何认识呢？

对于具有目的性特征的那部分自然，需要采取一种新的认识方法。在近代科学中，对事物的解释采用的是因果解释框架，由过去决定现在。在自组织系统中，目的性概念反映的是一种“未来的决定性”，即当下的还不存在的终极状态或目标对系统起着现实的“吸引和引导”作用，使得系统朝着终极目标和状态迈进。在此过程中，不仅存在着原因对结果的现实作用，而且存在着结果对原因的作用，即发生着原因和结果之间的相互作用。这种相互作用是怎样的呢？要认识这一点，必须变革传统的因果观念，推进研究方法上的变革，从因果解释发展到果因解释。

---

① 这里的“随机水平”指的是概率意义上的“随机”，就是当一个反应是随机的，即没有明确的标准或规律可循时，所对应的正确率或错误率。在这里指萨拉在实验中的反应正确率或错误率，它反映的是萨拉在没有特定的思维能力和知识储备的情况下，对液体量的判断结果。

（二）复杂的自然与复杂性原则

从存在的意义而言，简单性的自然除具有“最优化”外，还具有线性、周期性和规律性。

如果我们不考虑系统论、混沌学、协同学、自组织理论等最新发展起来的科学，将眼光放在以往的近代科学上，就会发现，它们对自然的认识确实表明自然是简单的。但是，必须明确，近代科学只是对自然界中有限对象的有限的认识，并没有认识到自然的全部。考虑到这一点，我们就不能说自然的本质是简单的，而只能说，当时科学所认识到的那部分自然是简单的。至于科学没有认识到的那部分自然，其本质是简单的还是复杂的，要视进一步发展了的科学对自然的进一步的认识来确定。这种进一步发展了的科学，有人称为复杂性科学。它主要是指随着科学的发展，在科学的某些领域或该领域中的一部分出现了与近代科学所体现的简单性特征相违背，而与复杂性特征有着紧密关联或相一致的内涵。如对于混沌理论和分形理论，它们更多地体现了复杂性，可以看作是复杂性科学中的典型代表。而对于爱因斯坦的相对论，我们就不能说它是纯粹的复杂性科学，因为，复杂性科学所拒斥的基础主义、还原主义、主客体的二分性、单义决定论、时间的可逆性等都是爱因斯坦一生所追求的。但是，又不能说，相对论是纯粹的近代科学，因为，在爱因斯坦的理论中，时空的相对性、不可分离性等又体现了某些不同于传统科学的复杂性。在探讨复杂性科学时必须对此加以分析、批判、吸收。如根据混沌理论等，科学家们对变化、生成、非决定和随机等非牛顿范式中的概念更加重视，开始研究由复杂的、随机的和无规则的方式相作用的力所形成的异质系统，进而形成对世界的新的不同于原来的看法，从而使得对世界的认识呈现复杂化、多样化、暂时化等。[①]

复杂性科学对自然界中复杂性现象的研究表明，在自然界中，模糊性、非线性、混沌、分形等复杂性现象是大量存在的。自然界存在结构的复杂性、边界的复杂性、运动的复杂性。具体体现在：不稳定性、多连通性、非集中控制性、不可分解性、涌现性、进化过程的多样性以及进化能力上。[②]

由此可以得出结论：由传统科学所得出的“自然是简单的”结论是没有充分证据的，自然具有广泛的复杂性。近代科学所展现的自然简单性特征并不能涵盖自然的全部，相反，自然具有一些不同于简单性特征的复杂性。

当然，如果这种复杂性能够约简为简单性，那么，我们仍然断言自然的本质是简单的，并且可以用方法论意义上的简单性原则对此加以认识；反之，我们就不能说自然的本质是简单的，而只能说自然的本质可能是简单的，也可能是复杂的，因

---

① 肖显静：《从机械论到整体论：科学发展和环境保护的必然要求》，《中国人民大学学报》，2007 年第 3 期，第 10-16 页。

② 吴彤：《科学哲学视野中的客观复杂性》，《系统辩证学学报》，2001 年第 4 期，第 44-47 页。

而，就不能用方法论意义上的简单性原则对此加以认识。

问题是，这种复杂性能否约简为简单性呢？从逻辑上说，如果某种复杂性能够约简为简单性，那么，这样的复杂性就不是真正的复杂性，而是隐藏着简单性实质的复杂性表象。科学实践比较充分地展现了这种情况的广泛性。之所以出现这种情况，原因很多。主要原因可能在于人类的认识能力是有限的，在认识的初始阶段，把简单性的现象当成了复杂性的现象，之后，随着科学的进步，又认识到了这种表观状态下的复杂性其实具有更基本的简单性本质。说到这里，有人会说，既然复杂性是由简单性演化而来的，那么，简单性就更应该是世界的本质。其实不然。“自然的复杂性是从简单性生成的”并不表明自然在本质上是简单的，它只是表明自然在它的最初阶段可能是简单的(就是这一点也存在争论)，随着自然的演化，自然完全可能从原先的简单性中涌现出复杂性，而且这样的复杂性不可约简为简单性，自然完全可以是复杂的。[①]

科学的新发展表明，自然是存在复杂性的，集中体现在非线性系统、分形系统和混沌系统上。其主要特征是：此类系统具有相当数量和多样的元素，并且元素之间有相当紧密的相互联系，即存在元素及其相互联系的多样性；而且这些元素间的相互联系是非线性的、非对称性的，处于有序与无序之间。[②]

要认识具有上述复杂性特征的对象，就不仅要研究自然的简单性方面，还要研究自然的复杂性方面，即大力发展非线性科学、分形学和混沌学，研究自然的非线性现象、分形现象、混沌现象、突变现象等，用复杂性思维代替简单性思维，针对复杂性现象的特点，用新的适合复杂性系统特征的特定方法去认识事物，以获得对自然界的完整而准确的认识。为此，“必须抓住复杂性的本质特征，抓住被经典科学简化掉的那些产生复杂性的因素，按照不同于经典科学的思路建立全新的模型。这就叫做把复杂性当作复杂性来处理”[③]。

例如，传统的观点认为，动物数量通常是围绕着环境容纳量上下波动的，其主要原因是天敌动物、食物供给、环境和疾病等因素都影响着种群的数量。如果种群数量超过某一标准，食物供给就会相应减少，更多的动物将因饥饿而死亡，种群数量就会随之降到“正常的”状态；如果在某一年种群数量达到最大，则在次年其数量必将回到中等水平。

不过，数学生态学家罗伯特·梅依(Robert May，1936—2020)在20世纪70年代的研究表明，用来描述动物数量波动的方程远比第一眼看上去要复杂得多，上述观点并

---

① 肖显静：《面对复杂性科学，要探索科学认识方法的新范式》，《科技导报》，2003年第5期，第19-20页。

② 颜泽贤、范冬萍、张华夏：《系统科学导论——复杂性探索》，北京：人民出版社，2006年，第203页。

③ 苗东升：《把复杂性当作复杂性来处理——复杂性科学的方法论》，《科学技术与辩证法》，1996年第1期，第13页。

没有真实反映出真实世界里动物数量成倍增长的实际情况。他发现，随着参数的增大，系统会发生分离，种群数量会在两个相互替换的值之间振荡。

他用来表示鱼的总数的数学模型是这样一个方程：$X_{next}=RX(1-X)$，其中 X_{next} 代表下一周期时这个地区鱼的总数，X 代表目前这个地区鱼的总数，R 代表鱼群的增长率，表示的是在考虑了鱼群总体的出生率、死亡率和迁入率、迁出率的综合作用下，所得的鱼群总数增长情况。他发现当参数 R(增长率)为 2.7 时，鱼群的总数为 0.6292，此后鱼群总数随其增长率变化呈现非线性关系，见图 12.2。

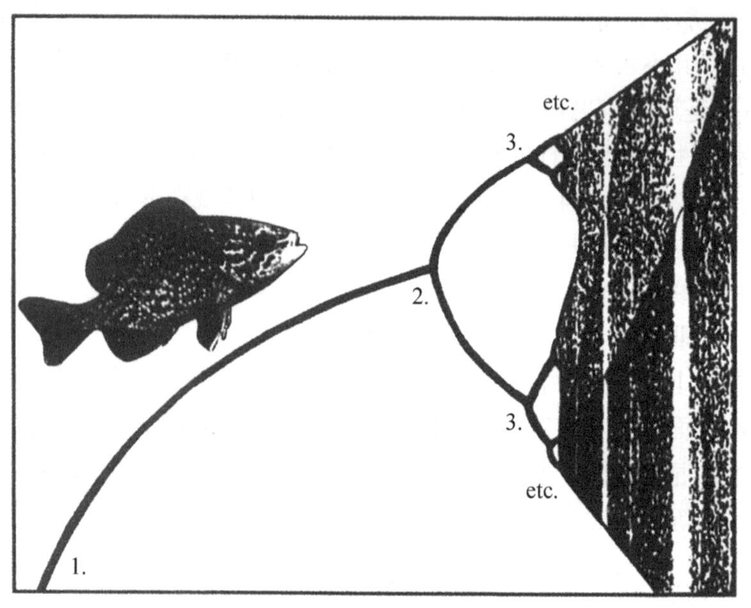

图 12.2　鱼群总数的变化[①]

从图 12.2 可以看出，当鱼群增长率为“1”时，最终鱼群的数量增长情况相对简单——稍稍增加，在图中就出现了一条从左向右缓缓上升的曲线(图 12.2 “1.” 到“2.”之间)。当鱼群增长率达到“2”时，鱼群的增长率进一步增大。当鱼群增长率为 1 到 2 之间时，随着增长率的上升，种群最终稳定后的数量也随之上升。重点是，鱼群的数量最终都只趋近于一个值(只有一个吸引子)，也就是说，如果 R 值给定在 1 到 2 之间，那么无论种群中动物的数量的初始值是多少，最终都会趋向一个稳定的数值。但是，当增长率 R 的值大于 2 后，鱼群最终稳定的数量并不只有一个，而是有两个。也就是说，这时候将会有两个吸引子。这时候，此系统的结果是可预测的，系统最终数量将会在两个值之间振荡。当鱼群增长率达到“3”后，由于此时各种环境因素，如出生率、死亡率或迁入率、迁出率等，鱼群总数对这些影

① [英]扎奥丁・萨德尔、[英]艾沃纳・艾布拉姆斯：《视读混沌学》，孙文龙译，合肥：安徽文艺出版社，2009 年，第 16 页。

响作用变得很敏感，使得鱼群的总数发生周期性变化，即在某一时期内维持在恒定数目(鱼群总数的平均值)的时间，发生了变化，由最初的一年内循环有序规律周期波动变为两年周期。此时鱼群总数的平衡点(鱼群在一个周期中的恒定平均值)也由一个变为两个，出现了分叉，这种情况一直维持着。随着增长率的进一步增大，描述鱼群的曲线沿两个平衡点发展，又会出现分叉，点的数目一倍接一倍地增加。此时，鱼群数量的增长不再是循环变化模式，变得没有规律可循。在 R 大约等于3.569946时，周期已趋向于无穷。在此之前，逻辑斯蒂映射的变化大致都可以预测。如果 R 值给定，从任何点出发的最终长期变化都能预测得到。但是当 R 大约等于3.569946时，种群稳定后的数量的值不再进入振荡，它们会变成混沌，也就是说，此系统最终的数值是无法预测的，在图12.2中表现为一片漆黑。这表明，当增长率达到某一点时，鱼群平衡点十分多，以至于在图中无法标注，图表完全混乱——图中的该区域被完全涂黑，混沌在突然间出现。当鱼群的增长率继续增大，就在上述的一片混乱中，平衡点再次出现并再次表现出有序的稳定循环状态，即稳定的循环又重新出现。在我们所处的现实世界中，类似于上述鱼群总数变化的现象是非常之多的，天气的随机变化、传染病的传播、细胞的新陈代谢、昆虫和鸟类数量的变化、各种文化的兴衰、各种刺激在人类神经中的传播等莫不如此。这类对象是开放的、复杂的、由非线性机制控制的，充满了变化、无序和不稳定，具有不确定性，在一定程度上不可预知。如果我们没有意识到这一点，而以一种简单性思维来思考它们，那么我们就会得出错误的结论。事实上，复杂性系统在很多时候是不可以用简单性思维方式去考虑的。

自然的复杂性方面是目前复杂性科学研究的焦点。不言而喻，复杂性现象所呈现的复杂性不是简单性的线性组合，更不可能被简单性所覆盖，是不可以还原为简单性的。对此，必须探讨新的有效的研究方法加以认识，以体现其自身所具有的“内在的随机性”“突现的不可预测性”和“‘长程’的不可推导性”。从目前的情况看，虽然这方面的研究取得了一定成绩，但仍需努力。

当然，自然的复杂性并不意味着绝对不可以用简单性原则对之进行简化处理。理由有二：第一，自然的复杂性是由自然的简单性演化而来的，复杂性现象中存在着简单性；第二，在没有找到更有效的方法对复杂性现象进行研究时，不可以停下人类认识的脚步，人类可以而且应该采用已经存在的方法对复杂性现象进行研究，以获得对它的进一步认识，只是在应用简单性原则对复杂性现象进行研究时，应该以不损害科学认识的正确性为原则，否则，就会获得对复杂性现象的不正确认识。这不仅会阻碍科学的发展，而且与现实世界的实际相违背。况且，对于某些复杂性系统，如果用简单性科学方法所建立的模型去描述，往往会显得繁乱而无效，而用复杂性科学方法建立的模型去描述，反而会显得简单而有效。[①]

（三）整体的自然与整体性原则

自然的有机整体性可以概括为：世界是由关系网络组成的有机整体，整体先于关系物；部分之和不等于整体；世界的各组成部分之间存在内在关系；世界是动态有序的整体：存在着层创进化（emergent evolution）[②]与自我超越；人类更大的意义与价值包含于自然整体的自组织进化过程中；等等。

这种整体论的观点有一定道理，科学的最新发展就表明了这一点。

按照传统的观点，不管环境如何，基因总是具有自我统一性的物质微粒。而根据现代生物学的研究，基因会受到有机体的影响，可以以各种不同的方式体现出来——至于以何种方式，则取决于细胞的环境以及当时分子所处的环境。如此，整体与要素、要素与要素之间就呈现出不可分离的状态，系统并非就等于组成系统的各要素之和。关于自然界事物之间的内部联系，虽然现在我们还不能明确它究竟是什么，以及某些事物之间是否真的存在内在联系，但是，我们不能否认有些事物

---

① 肖显静：《环境·科学——非自然、反自然与回归自然》，北京：化学工业出版社，2009年，第120页。

②“层创进化”又称“涌现进化”或“突现进化”，是一种在20世纪初为了摆脱生机论和机械论，而从科学和哲学角度提出的自然哲学理论。20世纪初叶，英国新实在论者怀特海和亚历山大提出了“宇宙进化的层创论”。亚历山大认为，抽象的“空间-时间”是宇宙的基础、最终的实在，万物由此而生。这是一个按不可逆的方向展开的特殊的发展过程，其中有连续的变化、增加和减少。新质的突现是由于时间的活动，故时间是能动的创造性的本原，是实在的本质属性，在时间的每一阶段上都有一种新的突现的质，各种新质互不相同。他认为，实在世界由于进化而形成一个质的等级体系，它分为若干层次（等级），其依次为时空的纯粹运动、第一性的质、第二性的质、有机体、生命、心灵、第三性的质、神。这个神并非产生或创造宇宙的上帝，而是包孕各种突现的质的空间-时间的宇宙，也是宇宙进化过程中所要产生的最高层次的质。因此，他主张实在世界由进化而形成不同质的层次，各层次在进化中前进。这是关于万物产生发展的理论。（参见冯契、徐孝通：《外国哲学大辞典》，上海：上海辞书出版社，2000年，第649页。）摩尔根（C. L. Morgen）进一步提出了宇宙发展的理论。他认为，宇宙变化由于神的突创进化性质而产生各种层次的新奇性质，每个新层次的出现都是神的创造而没有外力，神的创造过程分为物质、生命和心灵三个层次，物质的层次是物质的自然粒子；生命的层次是有组织的物质的有机化合物，它以物质为基础，但有新的结构；心灵的层次则以物质与生命为基础，并具有更复杂的结构。他认为，结构的变化是一种突变，从前一层次不能分析出后一层次的结构，三个层次各有规律，不能以这一层次的关系、结构或规律去解释另一层次的关系、结构或规律。他进一步认为，亚历山大“时间是空间的心灵”的说法，分裂了心与物，没有以内在关系来说明心物统一的突创过程，而是把时间看成进化的动力。他强调进化的动力是时间与空间的结构统一。（参见冯契、徐孝通：《外国哲学大辞典》，上海：上海辞书出版社，2000年，第444页。）20世纪末格德斯坦对层创进行了深入研究，把层创定义为：“在复杂系统的自组织过程中出现的全新且一致的结构、模式和性质。”近年来，某些美国哲学家把突现性看作是自然界的“内在动态性”而接近于唯物主义。但突现进化论在总体上与柏格森、怀特海的“创造进化论”具有同一哲学源流。（参见中国社会科学院文献情报中心：《社会科学新辞典》，重庆：重庆出版社，1988年。）

之间确实存在着内在联系。在现代生态学中，“生态系统的关系不是两个封闭实体之间的外在关系，而是两个开放系统之间的互相包容的关系，其中每一个系统既构成另一个系统的部分同时又自成整体。一个生物系统愈是具有自主性，它愈是依赖于生态系统。事实上，自主性以复杂性为前提，而复杂性意味着和环境之间的多种多样的极其丰富的联系，也就是说自主性依赖着相互关系；相互关系恰恰构成了依赖性，而这种依赖性是相对的独立性的条件”[①]。

英国大气科学家拉伍洛克提出的“盖娅理论”(Gaia thesis)与上述观点相一致。他认为，地球是一个巨大的超级有机体，是一个有生命的、系统化的活体。地球的生物圈、大气圈、海洋和土壤构成不可分离的系统。这个系统的整体功能使得地球成为生命存在之所，使得地球上的生物能够正常生存。反过来，生物通过改变其生长和代谢，通过光合作用，吸收二氧化碳，释放氧气等来影响环境。总之，地球上物种的进化与其物理和化学环境的分化紧密地联系在一起，构成单一的和不可分割的进化过程。它有两个最基本的含义：地球上的各种生物有效地调节着大气温度和化学构成；地球上的各种生物体影响着生物环境，而环境又反过来影响生物进化过程，两者共同进化。[②③]

上述所举的整体性的科学事例主要集中于生物领域。事实上，“‘整体性’绝不仅仅局限于生物领域，它可见于存在的所有阶段。‘整体性’根源在无机界中，但在有机生物界，其普遍表现获得了清晰的表达，而在智力和精神层次达到了最高级的表达。因此整体性是宇宙自然在它的时间进程中最显著的表达，是宇宙自然的一种内在性质，它刻画了宇宙进化过程的轨迹。整体论是隐藏在这种进程中的内在驱动力量”[④]。

既然整体性已经成为许多科学研究对象的最基本特征，那么，在这样的研究过程中坚持整体论原则而非还原论原则，就是非常必要了。可以说，研究这类对象时，还原论的运用是必要的，但不是充分的。对于动物肌肉收缩形成的内在机制的探索，就说明了这一点。

关于这方面的最早研究可追溯到古罗马医生盖伦。他通过实验得出结论：肌肉收缩是由其内部结构的内在机制使然，而不是经由脉管传输的，即肌肉收缩不是经由某种会引起收缩现象的外部物质所输入的。然而，他的结论并没有成为定论，在

---

① [法]埃德加·莫兰：《迷失的范式：人性研究》，陈一壮译，北京：北京大学出版社，1999年，第13-14页。

② [英]詹姆斯·拉伍洛克：《盖娅：地球生命的新视野》，肖显静、范祥东译，上海：上海人民出版社，2007年。

③ [英]詹姆斯·拉伍洛克：《盖娅时代——地球传记》，肖显静、范祥东译，北京：商务印书馆，2017年。

④ 颜泽贤、范冬萍、张华夏：《系统科学导论——复杂性探索》，北京：人民出版社，2006年，第29-30页。

其之后的2000多年的时间里，关于这一问题的争论仍然继续着。

18世纪后期，意大利科学家伽伐尼(Luigi Galvani，1737—1798)的电击肌肉实验结果表明，盖伦的上述结论不能成立，应该是附着在肌肉上的脉管造成了肌肉收缩。不仅如此，他还发现了脉管内部导致肌肉收缩的“物质”——电流。

究竟是外部原因还是内部要素导致了肌肉收缩呢？在整个20世纪50年代和60年代初，美国的两位生物学家给出了他们各自的回答。

生物化学家圣乔其(Albert von Szent-Gyorgyi，1893—1986)是一位坚定的强微观还原论者[①]。他认为：“整体没有超越其构成部分特性的任何自己的特性。”[②]所有复杂的生命现象，都能够最终根据分子和化学反应得到解释，即可以将复杂的生命现象还原为分子的化学反应。在这样的自然观指导下，圣乔其坚信，如果能够确定影响肌肉收缩的化学物质，那么就能够把握肌肉运动的内在机制。

他是这样想的，也是这样做的。他把注意力集中在构成肌细胞的关键物质——肌细胞蛋白质上，并且带领研究小组成员进行实验，分离出了大量出现在肌细胞中的两类特殊的蛋白质——肌动蛋白和肌球蛋白，再进一步研究了它们各自的化学和物理属性。在这之后，他又试图在试管中对肌肉收缩机制进行重构。

他的实验结果如下：当他把作为能量化学成分的三磷酸腺苷(ATP)加到肌细胞的各种提取成分之中时，或者把它加到被分离成悬浮状态的蛋白质凝胶之中时，这两种物质都出现了收缩现象。他将这种现象称为超沉淀作用(superprecipitation)。在某些系统中，当ATP被破坏并随着时间减少后，那种收缩了的物质又会重新恢复到先前的松弛状态。只要不停地把更多的ATP加到那种混合物中，收缩和松弛之间的循环就会不停地发生。根据上述实验，圣乔其得出结论：肌肉收缩是肌动蛋白和肌球蛋白在受到ATP的激发后，其所具有的某种可逆性的凝结或同时沉淀的特征所导致的。

这一结果似乎也表明了强微观还原论的正确之处：人们只要根据对孤立状态下相关分子性质的研究，便可以窥视肌肉收缩的机制；任何生理过程都可以在试管中被重组。如果再进一步研究，就可以完全用具体分子的特殊性来解释肌肉产生力的内在机制了。

圣乔其的上述对还原论的方法的运用，受到与他同一时期的生理学家海尔布伦(Lewis Victor Heilbrunn)的反对。海尔布伦认为，通过将组织匀浆化和提取细胞化学

---

① 强形式的微观还原论所强调的是，我们能根据事物的潜在结构——它们的基本组成部分——的全面知识，来达至对所有现象的理解。弱形式的微观还原承认细胞的不可分离的整体性。(具体内容参见[美]斯蒂芬•罗思曼：《还原论的局限：来自活细胞的训诫》，李创同、王策译，上海：上海译文出版社，2006年，第36页。)

② [美]斯蒂芬•罗思曼：《还原论的局限：来自活细胞的训诫》，李创同、王策译，上海：上海译文出版社，2006年，第36页。

物质的方式对肌肉收缩机制进行的研究，无异于根据一辆汽车被磨碎的零部件粉末——将它们分离为像铁、铜等物质构成成分之后——去认识汽车如何工作一样，即根据那些分离物质的特性去寻找汽车移动的能力所在。他坚持，细胞机制的秘密完全可以根据研究整个细胞及其性质来发现。在他看来，探究生物有机体系统的化学成分对于达到完全的认识是必要的，但不是充分的，如果细胞或有机体的完整过程尚未被认识，那么，人们就永远不知道某种设想出来的化学机制是否真正说明了那一过程的属性。

在上述思想的基础上，海尔布伦认为，必须恢复细胞作为生命不可还原单元的最初整体性观念；只有当一个细胞是完好无损的整体时，它才是有生命的；要认识生命，就必须认识作为整体性的细胞。这才是把生命作为一个整体去研究。

受这种弱微观还原论思想的指导，海尔布伦根据原生质理论以及运动的溶胶、凝胶理论推测：钙离子应该在肌肉的收缩过程中起着重要作用，如果钙离子能够导致肌肉收缩，那么，当把它注入一块松弛无力的肌细胞之中时，应会导致收缩现象。

他的研究生韦尔金斯基(Floyd Wiercinski)根据他的设想进行了实验，结果显示，当把含有小剂量钙元素的液体注入完整的肌细胞中，那些肌细胞立刻出现了收缩现象。

谁对谁错？两位科学家对此都有自己的解释，莫衷一是。

海尔布伦认为,圣乔其的实验无非表明来自肌肉的蛋白质在试管内形成了沉淀，它与完整肌细胞中肌肉收缩的机制没有什么内在关联；将观察到的孤立化学物质所产生的反应等同于完整细胞之中所发生的现象，无疑是一种非常表面的猜想；通过这种对细胞进行“搅拌”的“实验”，人们是无法认识到肌肉收缩的内在机制的。

圣乔其的观点与其针锋相对，他认为，如果不对细胞成分予以检验，人们怎样才能认识到肌肉收缩的机制呢？如果不对潜在的细胞化学物质进行检验，又怎么会从中获得任何关于细胞的知识呢？仅仅根据把某种物质注射到肌肉之中来观察它是否有收缩现象，怎么可能得出任何关于肌肉收缩机制的结论呢？

科学发展到这里似乎进入了死胡同。然而，其后电子显微镜在该专题研究上的应用使研究有了新的发现：当肌肉细胞收缩时，肌原纤维之间显然有着相互滑近对方的现象。据此，英国生物学家休·赫胥黎(Hugh Huxley，1924—2013)提出了一种新的关于肌肉收缩的模型——滑动的肌原纤维(sliding filament)模型。大意如下：肌原纤维存在厚的和薄的两种，它们通过一种“横桥”(cross-bridge)的结构，间歇性地附着在一起；正是“横桥”的运动，迫使肌原纤维以类似于棘轮机的方式滑入对方，从而导致肌肉的紧缩，所以，肌原纤维的滑动作用是肌肉张力形成的原因。

至于圣乔其和海尔布伦所述的现象是否存在呢？电子显微镜的观察显示，尽管肌细胞内塞满了各种各样有趣的结构，但是，圣乔其所谓的沉淀现象以及海尔布伦所说的溶胶和凝胶状态的迹象，都无影无踪。

这是否意味着他们关于肌肉收缩的实验和理论都是错误的呢？并不是。进一步的生物学研究表明，赫胥黎理论中所谓薄的和厚的肌原纤维，实际上就是圣乔其所说的肌动蛋白和肌球蛋白；电子显微镜自显影技术显示，在肌肉收缩过程中，钙离子的确起着至关重要的作用。

这样一来，圣乔其和海尔布伦的实验结论就都既是正确的，又是错误的。圣乔其的正确之处在于对两种蛋白质的鉴别，而海尔布伦的正确之处在于对钙离子的辨识，两者的错误之处在于对肌肉收缩机制的阐释。

鉴此，圣乔其晚年的观点发生了戏剧性的变化，他最终认识到，人们仅仅通过细胞构成部分的研究，是无法理解细胞特征的，是细胞整体体现着对其成分和本质的原因说明；海尔布伦肌肉收缩理论的总的原则以及他在细胞研究的取向上，一直都是正确的。①

上述案例无疑给我们以深刻启发。它告诉我们，在科学研究的过程中，一味地遵循强还原论是错误的。对于有机整体性的对象及其呈现的现象，“是不可能在事物的内在结构中被发现的，亦不可能从对这种结构的理解或推论中被认识。不管我们对那些构成部分的知识可能多么了如指掌，我们也不可能孤立地从系统形形色色的部分属性中理解其整体现象”②。此时，应该遵循整体性的原则，进行科学创新，以新的科学方法来对其加以认识。

不过，在这样做时，还应该清醒地意识到，自然的有机整体性不是绝对的，也不是绝对普遍的——万物都在万物中(everything is in everything)，如此，那种将自然的有机整体性绝对化从而走向绝对的整体论的观念是不妥当的，势必成为深入研究的障碍：在思维方式上，重新坠入了它所反对的“还原论”——只不过还原论者是把一切归结为“部分”，而它把一切归结为“整体”；在认识方式上，不能提出一种现实可行的方案，只能用一种信念和洞察代替翔实的探求。目前，一种可取的态度是将有机整体性相对化，扬弃传统的科学认识方法，走向弱还原论，探索新的科学认识方法，在不损害或不根本损害对象的有机整体性特征的前提下，以某种可实行的观察方法、隐喻方法、解释方法、黑箱方法、模拟方法、计算方法等，对其加以研究。将自然的有机整体性划归为机械简单性，或者机械地运用传统的科学方法去认识有机整体性的对象，都是对对象有机整体性的歪曲和践踏。在认识具有有机整体性的对象时，把有机整体性当作有机整体性本身看待并加以保持，应该成为科学方法的相应选择及其应用的基本原则。③

---

① [美]斯蒂芬·罗思曼：《还原论的局限：来自活细胞的训诫》，李创同、王策译，上海：上海译文出版社，2006年，第88-118页。

② [美]斯蒂芬·罗思曼：《还原论的局限：来自活细胞的训诫》，李创同、王策译，上海：上海译文出版社，2006年，第37页。

③ 肖显静：《环境·科学：非自然、反自然与回归自然》，北京：化学工业出版社，2009年，第122页。

既然复杂性科学认为事物之间存在内在的联系，是一个有机的整体，那么对该系统和要素进行研究时就既不能像近代科学那样采用分割的方法，也不能像它那样，认为所有的原因都是侧向和向上发展的，只从同层次的或低层次的实体那里为高层次的实体寻找原因，而应该换一种思维方式，用整体的观念去观察、思考问题，即在对部分(低层次)运动的起因进行研究时，不仅应该从与之相比的同层次的或低层次的实体那里为高层次的实体寻找原因，还必须从同层次、低层次或高层次那里为某一层次的存在寻找原因。实际上，高层次也可以成为低层次的原因，还原论者向来否认下向的因果关系。其实，随着科学的发展，这样的因果关系是不难设想的。[①]现代科学更多的时候就是通过高层次的来为低层次的寻找原因，这种原因呈现出来的关系又称为“下向的因果关系”(downward causation)。

随着科学的发展，整体性的方法论原则，逐渐在保护生物学、环境科学、地球科学、生态学等学科中得到体现和应用。

(四)或然的自然与非决定性原则

过去盛行的观点是：自然的决定性是由自然的规律性决定的，而自然的规律性又是机械自然观的必然推论，因而，机械自然观是决定论的自然观。这意味着，只要给出世界在某一时刻的完整描述，那么在因果规律的帮助下，过去和将来的任何事件都能被准确无误地描述出来。

然而，“自然是有规律的”这一论断并没有得到强有力的论证。理由如下。

第一，古希腊自然哲学思想中所蕴含的自然规律性的思想并没有牢固的基础，更多的是哲学思辨意义上的。米利都学派所宣称的自然本原学说虽然含有自然有规律地生成的含义，但更多的是基于经验的猜测和万物有灵的设想；柏拉图的数学规律仅仅存在于理念世界以及完美的世界如天上的世界当中，属于客观唯心主义阵营；亚里士多德的自然的内在目的以及世界的等级引出的自然规律，也存在把世界上所有的存在看作是精神的内在目的的追求倾向；卢克莱修之世界理性基础上的规律性，扩大了世界之精神的一面，存在世界之精神的泛化。总的来说，古希腊自然哲学之“世界的规律性”是在世界之附魅基础上完成的，富有生机论乃至神秘主义的色彩，古希腊“哲学式自然规律”是站不住脚的。

第二，中世纪神学自然观基础上的科学规律性思想，是基于上帝作为最高的完美存在这一前提的。上帝究竟存在不存在？上帝究竟完美不完美？存在的且完美的上帝基于完美创造的完美的世界是否就是以所谓的规律的形式呈现？这些问题都不能确定。因此，基于完美的上帝创造规律性的完美的自然的观念是站不住脚的，“神

---

① 肖显静：《面对复杂性科学，要探索科学认识方法的新范式》，《科技导报》，2003 年第 5 期，第 21 页。

学式自然规律”是可质疑的。

第三，近代笛卡儿机械自然观基础上的自然的规律性思想是存在局限的，它只是人们依据机械自然观进行推论的结果。事实上，自然世界虽然存在机械的方面，但是更多地呈现的是非机械的方面，就此，由机械自然观为前提而推得自然的规律性就不是必然的了，自然存在许多非规律性的方面。

既然如此，人们为什么会如此钟情于规律，并努力探求自然界的规律呢？理由之一是人类的认识能力是有限的，人类最初就只能认识具有规律性的现象。另外一个重要原因与自然界中存在着规律性有关。不可否认，自然界中是存在规律性的，并且存在近代科学所揭示的那种决定论的、机械式的规律性，正是自然界呈现出来的这种规律性，使人们产生了自然具有规律性的信念，并促使人们去研究这样的规律性。

但是，如果我们深入分析，就会发现：当我们观察周围的世界时，更多的不是观察到世界的规律，而是看到了这些规律的展现——结果。这是两个不同的领域。“展现的现象——结果要比统治它们的规律复杂，因为它们并不遵守由规律展现的对称。展现了复杂的非对称结构的结果可能由对称的简单的规律来统治。”①这就是说，我们周围的非对称的结果并不允许我们根据规律来推演，将事物分成规律和结果使得关于规律的理论对于理解世界是必要的，但远不是充分的。

如对于“生物学中究竟有无规律”这一问题，在生物学界和生物哲学界长期存在争论。1970 年，高德(Stephen J. Gould)认为，多洛定律(Dollo's law)——生物进化是不可逆的，已经演变的物种不可能再恢复到祖型，已经绝灭的物种不可能再重新产生，有一定道理。但是，与物理学和化学不同，在生物学的理论化中，有独特的因素阻止规律的形式化。生物的复杂性已经成为生物学规律的普遍的障碍。这点对于多洛定律也一样②，凡进化了的植物均不可复原。1997 年，麦金泰尔(Lee Mcintyre)对此问题进行了探讨，认为高德没有能够证明多洛定律不是一个像规律那样的东西，也没有证明多洛定律的所谓失败为什么证明了生物学中不可能有规律，更没有证明“复杂”对于规则性(nomologicality)是一个基本的障碍。③1982 年，伯尼尔(Re Jane Bernier)分析了生物学中普遍规律的含义，并且审视了生物学中的统计规律和概率规律，特别是生物学中机遇、概率理论以及逻辑概率和统计概率之间的关系。④1997 年，布兰顿(Robert N. Brandon)认为将视野集中于偶然的而不是像规律

---

① Barrow J D. Is the world simple or complex?//Williams W. The Value of Science. Boulder: Westview Press, 1999: 84.

② Gould S J. Dollo on Dollo's law: irreversibility and the status of evolutionary laws. Journal of the History of Biology, 1970, 3: 189-212.

③ Mcintyre L. Gould on laws in biological science. Biology and Philosophy, 1997: 357-367.

④ Bernier R. Laws in biology. Acta Biotheoretica, 1983, 32: 265-288.

那样的东西，对实验的进化生物学将会有更好的理解。就此，在进化生物学中，是很难接受像逻辑实证主义那样的在科学解释中起着实质性作用的规律的。[①]1994年，罗森伯格（Alexander Rosenberg）基于“随附性命题”[②]，认为生物学所涉及的生物个体所具有的性质异常复杂，不能以严格的规律形式呈现。[③]1995年，比蒂（John Beatty）提出“进化偶适性命题”，论证生物现象是具有偶然性的，因此在生物学中，规律并不存在。[④]1997年，索伯（Elliott Sober）认为，罗森伯格的“随附性命题”论证只是说明了生物现象的复杂性，但是并没有证明在此复杂性中不可能有生物学规律；通过对比蒂的“进化偶适性命题”进行重构并修改，得出了一种“非偶适性命题”，再进一步认为存在先验的生物学规律。[⑤]艾尔金（Mehmet Elgin）沿着索伯的这一思路，分别在2003年、2006年、2010年撰写论文，论证先验的生物学定律在解释与预测等方面发挥着与严格的经验定律同样重要的作用，先验生物学定律可以存在，而且确实存在。[⑥⑦⑧]2010年，德索泰尔（L. DesAutels）批评索伯和艾尔金这一先验定律观将会消解定律与偶然概括之间的区别，并且将会使得生物学中充斥着各种定律。[⑨]在这同一年，也就是2010年，索伯和艾尔金撰文回应，指出他们对比蒂“进化偶适性命题”的批判依旧有效，他们的“非偶适性命题”表明生物学中存在先验定律，并且这一定律明显不是偶然概括。[⑩]2011年，索伯进一步提出，自然选择当中存在着独立于经验的因果关系，它们表现为先验的因果模型，在自然选择中

---

① Brandon R N. Does biology have laws? The experimental evidence. Philosophy of Science, 1997, 64: 444-457.

② 戴维森对“随附性”给出这样的描述：“不存在这样的两个事件，它们在所有物理方面是相同的但却在心理方面有所不同；或者说，一个在物理方面没有任何变化的对象在心理方面也不可能发生变化。这种依赖性或随附性并不蕴涵依据规律或定义的可还原性。”参见 Davidson D. Essays on Actions and Events. New York: Oxford University Press, 2001: 207-228.

③ Rosenberg A. Instrumental Biology or the Disunity of Science. Chicago: University of Chicago Press, 1994.

④ Beatty J. The evolutionary contingency thesis//Wolters G, Lennox J G. Concepts, Theories, and Rationality in the Biological Sciences. Pittsburgh: University of Pittsburgh Press, 1995: 46-47.

⑤ Sober E. Two outbreaks of lawlessness in recent philosophy of biology. Philosophy of Science, 1997, 64: 458-467.

⑥ Elgin M. Biology and a priori laws. Philosophy of Science, 2003, 70(5): 1380-1389.

⑦ Elgin M. There may be strict empirical laws in biology, after all. Biology & Philosophy, 2006, 21: 119-134.

⑧ Elgin M. Mathematical models, explanation, laws, and evolutionary biology. History and Philosophy of the Life Sciences, 2010, 32(4): 451.

⑨ DesAutels L. Sober and Elgin on laws of biology: a critique. Biology of Philosophy, 2010, 25: 249-256.

⑩ Elgin M, Sober E. Reply to DesAutels' critique of Sober and Elgin on laws of biology. ResearchGate, 2010.

发挥着核心的作用。[①]2011 年，朗格(Marc Lange)和罗森伯格针对索伯的自然选择中的先验因果模型进行了质疑，认为并不是每一个索伯表达的“将引起”(would promote)陈述都是真正的因果关系，并认为索伯没有表明他的“将引起”陈述的例子能够在不牺牲其因果性的情况下实现先验地位。[②]2014 年，索伯和艾尔金证明了他们的相关陈述的因果性，认为朗格和罗森柏格 2011 年的例证并不恰当，继续捍卫他们的先验因果模型。2015 年，诺伦扎诺(Pablo Lorenzano)等补充了朗格二人的批评，认为索伯所谓的“先验的因果模型是生物学具有而经典力学中不具有”的观点存在问题，经典力学当中也存在索伯表述的这一先验因果模型。[③]2016 年，布拉德雷(Darren Bradley)从功能定律的角度出发扩展了定律的适用范围，捍卫并发展了索伯自然选择中的先验因果模型。[④]

我国学者结合国外学者的相关研究，也对这一问题展开了讨论。[⑤]

在这种情况下，我们可从两种不同的途径来研究自然。一种是更多地被自然的简单性和对称性所吸引，对要素进行分析，在更靠近自然规律的地方工作，以暴露自然隐藏着的对称性。这是粒子物理学家的着眼点，也是他们宣称自然简单性的基础。另一种是对整体系统进行分析，更多地研究自然的复杂性所展现的非对称性，而不是规律自身，更多地被自然的复杂性而不是它的规律所吸引。后一种是生物学家、生态学家和气象学家等的着眼点，也是他们宣称自然复杂性的基础。

上述两种对于认识自然的途径都是必需的。[⑥]传统的近代科学更多地关注第一种途径，而较少关注第二种途径，这种状况必须改变，必须对更多的非规律性现象展开研究。虽然规律性可以使我们更方便地去认识，更有效率地去行动，更好地达到目的，但是，非规律性可以使我们更全面地、更深入地认识自然，更加灵活、复杂地去行动，更多地与自然相符合。对自然非规律性的这第二个路径的贯彻和加强，使我们越来越多地认识自然的非规律性的方面，从而也就相应地呈现自然非因果决

---

① Sober E. A priori causal models of natural selection. Australasian Journal of Philosophy, 2011, 89(4): 571-589.

② Lange M, Rosenberg A. Can there be a priori causal models of natural selection? Australasian Journal of Philosophy, 2011, 89(4): 591.

③ Jose´ Dı´ez, Lorenzano P. Are natural selection explanatory models a priori? Biology & Philosophy, 2015, 30(6): 787-809.

④ Bradley D. A priori causal laws. Inquiry, 2016: 3-12.

⑤ 相关的主要中文文献如下：李建会：《生物科学中存在规律吗？》，《科学技术与辩证法》，1994 年第 5 期，第 20-24 页；张昱：《生物学哲学上语境论科学方法论应用的一个领域：生物学定律存在吗》，《科学技术哲学研究》，2012 年第 3 期，第 24-28 页；方卫：《生物学中有自然定律吗？：对索伯的几点反驳》，《自然辩证法研究》，2013 年第 1 期，第 31-34、107 页；王巍：《生物学中的科学定律》，《自然辩证法研究》，2016 年第 6 期，第 19-23 页。

⑥ 肖显静：《面对复杂性科学，要探索科学认识方法的新范式》，《科技导报》，2003 年第 5 期，第 21 页。

定性的方面。如果没有认识到一点而一味按照因果决定性的原则去认识自然，那么这样的认识就不可能反映自然界的复杂的、多类型的因果关联。“世界的结构不可能只由自然规律来解释。”[①]19 世纪发展起来的统计物理学表明，由大量微观客体组成的宏观客体所服从的是概率统计规律，而不是牛顿力学定律。1850 年，德国物理学家克劳修斯发现了热力学第二定律，并将此表述为“熵增原理”，它说明自然界中存在不可逆过程，而牛顿力学方程中时间是反演对称的，即过程是可逆的。这样，机械决定论的代表人物拉普拉斯在 1825 年完成的《天体力学》一书中所断言的——我们必须把目前的宇宙状态看成它以前的状态的结果以及以后发展的原因，就不适用了。

对机械决定论冲击最大的是 20 世纪 60 年代创立的混沌学。混沌理论表明，混沌运动具有内在的随机性、对初始条件的敏感依赖性和奇异吸引子特性。由于具有内在的随机性，使得必然性中潜藏着偶然性；由于具有对初始条件的敏感性，使得预测变得不可能；由于具有奇异吸引子特性，使得系统具有无穷层次的自相似结构和非整数维。这就从根本上动摇了机械决定论的理论基础。

三、综合方法论原则研究有机整体对象

“现代科学革命”是一次“大写的科学革命”，它以有机论自然观为其本体论基础的，采取相应的方法原则，如返魅性原则、复杂性原则、整体性原则、非决定性原则，对对象的生命性的或精神性的方面、复杂性的方面、整体性的方面、非决定性的方面进行认识。这样的认识既可以着眼于对象的这些方面，分门别类地进行，也可以针对某一认识对象或某一认识主题综合进行。事实上，在具体化的科学研究过程中，科学家针对某一对象所进行的更多的是综合性的研究，此时，是针对某一认识主题，把上述各种方法论原则综合起来展开研究的。下面以“群落聚集整体论-决定论和还原论-随机论的争论”为例，对此问题进行较为详细的论述。[②]

（一）戴蒙德群落聚集整体论的提出及其他学者的支持（1975—1979 年）

群落聚集议题是群落生态学中最为重要的问题，也是备受争议的问题。1975 年戴蒙德（Diamond）继承克莱门茨（Clements）1916 年所提出的“机体论”，并受麦克阿瑟学派岛屿生物地理学的影响，认为群落是基于生物之间营养关系建立起来的有机整体，聚集过程及其结构的形成并非偶然，而是种间竞争的结果，它规定着哪些

---

① Barrow J D. Is the world simple or complex?//Williams W. The Value of Science. Boulder: Westview Press, 1999: 85.

② 以下部分内容主要来自肖显静、王雯：《群落聚集整体论-决定论和还原论-随机论的争论——来自生态学家科学与哲学的综合》，《科学技术哲学研究》，2019 年第 3 期，第 92-98 页。

物种组合在岛屿上存在以及哪些组合不能存在——“聚集规则”（assembly rules），从而决定群落的最终目标和未来形式。[①]生态群落具有自动调节和恢复功能，通过定殖种的选择，调整多度、压缩生态位，以保持稳定和维系平衡。这种平衡的表现与物种的组合配置、群落结构的形成以及资源的竞争和获取有关，群落内允许组合使得潜在入侵种可利用的资源呈现最低限度。如此，群落在聚集过程中就趋向于一种自组织性的优化状态，具有内在目的论倾向。[②]

群落聚集整体论与物种竞争和协同进化有关。对此，1978 年，戴蒙德做出进一步论述。[③]其他生态学家也给予支持，如艾勃特（Abbott）等于 1977 年对达尔文地雀属进行野外研究，以评估种间竞争决定物种形态学特征的相对重要性。[④]这是通过物种之间尺寸比率大小的观察，以“特征替代[⑤]是否存在”来推断“种间竞争是否存在”，进而支持群落聚集整体论的。这种研究范式在当时受到整体论者的普遍推崇。

需要说明的是，对“竞争作为物种分布机制”的证据寻找并不顺利。大部分生态学家给出的答案是，竞争的证据已被物种之间协同进化的差异所消除，这被称为“竞争后的幽灵”（Ghost of Competition Past）。正因如此，他们认为寻找不到确切的证据不太重要，如凯西（Case）1979 年针对竞争种共存的问题指出，生态群落中相互竞争的物种通过协同进化而共存，这是不证自明的。[⑥]

（二）森博洛夫等群落聚集还原论者的质疑（1978—1980 年）

1. 森博洛夫以及康纳等的质疑（1978—1979 年）

戴蒙德提出群落聚集整体论后，森博洛夫（Simberloff）以及 1978 年、1979 年康纳（Conoer）和森博洛夫基于亨利·艾伦·格里森（Henry Allan Gleason，1882—1975）“个体论”，提出群落聚集还原论，对其质疑。

（1）“归纳-证实”原则的欠缺及“零假说-证伪”原则的优先

---

① Diamond J M. Assembly of species communities//Cody M L, Diamod J M. Ecology and Evolution of Communities. Cambridge: The Belknap Press of Harvard University Press, 1975: 342-444.

② Diamond J M. Assembly of species communities//Cody M L, Diamod J M. Ecology and Evolution of Communities. Cambridge: The Belknap Press of Harvard University Press, 1975: 393-345.

③ Diamond J M. Niche shifts and the rediscovery of interspecific competition. American Scientist, 1978, 66(3): 322-331.

④ Abbott I, Abbott L K, Grant P R. Comparative ecology of Galapagos Ground Finches (Geospiza Gould): evaluation of the importance of floristic diversity and interspecific competition. Ecological Monographs, 1977, 47(2): 151-184.

⑤ 所谓“特征替代”指的是在一种生态系统中，不同的物种可能具有相似的功能或角色，由此一个物种的消失由另一个物种替代，结果是生态系统的稳定性得以维持。这种替代通常发生在生态系统中存在功能重叠的多个物种之间。

⑥ Case T J. Character displacement and coevolution in some Cnemidophorus lizards. Fortschritte Der Zoologie, 1979, 25: 235-281.

森博洛夫 1978 年认为，群落是生物个体的松散组合，聚集过程取决于物种的分散属性，呈现出偶然的“现象性”结果。由此，他提出与戴蒙德群落聚集整体论之相反的“零假说”——“群落结构的形成是随机过程”，来检验“种间竞争决定群落聚集”的结论。①这体现出生态学范式由本质的、整体论的、决定论的向唯物论的、还原论的、概率论的转变。

在 1978 年和 1979 年两篇文献中，康纳和森博洛夫主张，要证明竞争决定物种分布就必须证伪“零假说”。因为“聚集规则没有简约的零假说检测……戴蒙德假设竞争为决定因素，并事后合理化观察数据”②，这种“归纳-证实”的研究模式基于波普尔的观点是不合理的，存在“归纳难题”；应该采取“零假说-证伪”原则，首先证伪“零假说”，然后再对备择假说进行证实；③就此而言，“零假说-证伪”原则优先于“归纳-证实”原则。

(2)群落聚集整体论是错误的

根据森博洛夫 1978 年的文献，尽管相关研究使戴蒙德对某些规则做出看似合理的陈述，但其推导过程是不充分的，其援引生物地理学分布数据来支持岛屿理论，事实上从统计学检验的角度来说并不牢固。如此，研究者必须抛弃“奥卡姆剃刀”，对不同类群的分布寻求不同的解释。

---

① Simberloff D S. Using island biogeographic distributions to determine if colonization is stochastic. The American Naturalist, 1978, 112(986): 713-726.

② Connor E F, Simberloff D S. The assembly of species communities: chance or competition? Ecology, 1979, 60(6): 1132-1140.

③ “零假说”(null hypothesis)思想出现于费希尔（R. A. Fisher）1935 年出版的《实验的设计》(*The Design of Experiments*)一书，源于 20 世纪 20 年代“女士品茶”的实验。(参见狄芳、金炳陶：《概率论与数理统计》，南京：东南大学出版社，2008 年，第 118 页。)在该实验中，费希尔的女同事声称“有能力品尝出奶茶是先倒的奶还是先倒的茶”，费希尔用两杯制作顺序不同的奶茶对此进行检验，发现无法有效进行证实，因为即使他的女同事没有所声称的辨别能力，她猜对的概率仍然可以达到 50%。这一问题困扰着费希尔，到 20 世纪 30 年代，他设计出有效的实验以检验女同事是否有上述能力。他随机放置 8 杯奶茶，其中 4 杯先倒入奶，4 杯先倒入茶，然后让他的女同事辨别。根据这一实验设计，如果女同事事实上没有能力辨别倒入奶和茶的先后顺序，那么她靠猜测而辨别出倒入奶茶的先后顺序的概率是非常小的，为 1/70(约 1.4%)。现在进行实验，如果她确实辨别出了倒入奶和茶的先后顺序，那么就有效地证伪了“女士没有能力品尝出奶茶是先倒的奶还是先倒的茶”这个“零假说”，从而也在很大程度上证实该女同事有这样的辨别能力。如果该零假说成立，那么，发生与该零假说相悖的实验结果的可能性就非常之低(1/70)，这属于小概率事件。在实验过程中一旦这一小概率事件发生了，那么零假说就被有效地证伪了。费希尔把这样的实验称为“零假说显著性检验”(null hypothesis significance testing)，其中被检验的假说称为“零假说”。这一检验的原则可称为“零假说-证伪原则”。关于 null hypothesis 的翻译问题，国内学界将此译作“零假说/零假设”“原假说/原假设”“虚无假说/虚无假设”“无效假说/无效假设”“解消假设”“空假设”“无效的假设”等，我们对此进行了研究，认为应该翻译成“零假说/零假设”。(具体内容参见肖显静、赵亚萍：《null hypothesis 的汉译问题及其译名选择》，《中国科技术语》，2020 年第 4 期，第 59-63 页。)

康纳和森博洛夫于 1978 年、1979 年进行了实验研究，以检测“群落聚集是不是种间竞争的结果”：加拉帕戈斯群岛鸟类等相似性检验表明，种间竞争不对物种从原始的分布区域扩散到新的地理区域进而在那里定殖以及物种的组成产生重大影响[①]；新赫布里底群岛鸟类等分析显示，无法明确拒绝零假说。在他们看来，这些结论并非否定种间竞争，而是表明“零假说”测试无法探测竞争效应。因而，引证竞争以解释物种共现模式是非常困难的，许多异域排列具有非竞争性原因。

2. 斯特朗等对“种间竞争”的质疑(1979 年)

针对艾勃特等有关群落聚集整体论的论证，斯特朗(Strong)等进行了批判。他们对特雷斯马尔法斯等群岛鸟类群落和随机聚集的“零群落”进行比较，以检测“特征替代”及其作为竞争间接证据的信念，结果表明：不存在显著的特征替代，随机过程足以解释观察结果，无须借助竞争等确定性因素进行说明。[②]

既然如此，为何仍以“特征替代”支持“种间竞争”呢？斯特朗等做出分析：该时期生态学思想深受竞争推理的影响，成为主要研究范式；然而“竞争效应”未被批判性验证，且常忽视相矛盾的证据，这种趋势与现代科学的研究规范相背。事实上，应在没有证据表明群落具有确定性结构，或者随机性被否定之前，提出一种逻辑上优先于其他假说的“零假说”，对其进行检验。[③]

3. 康奈尔拒斥“竞争后的幽灵”(1980 年)

针对凯西等所涉物种分布竞争机制的寻找难题——“竞争后的幽灵”，康奈尔(Connell)认为并非不证自明，需要重新考察。他进行野外实验，对“竞争种生态位的协同进化”予以检验，得到以下结论：第一，影响种团协同进化速率的最佳证据不是竞争，而是植物对寄生虫或病原体的抵抗性演变；第二，竞争种分化的化石记录没有显示竞争是必然机制，也未表明分化具有遗传基础；第三，大多数研究只是比较同域种群和异域种群的形态学特征，不能作为“特征替代起因于竞争”的证据。由此，竞争的概念没有得到明确的证据支持，竞争之外的其他机制也可单独或共同作用以维持共存；“竞争后的幽灵”仅表明在由少数物种组成的生物群落——低度多样性群落(low diversity community)中略具可能，物种之间协同进化的差异掩盖了竞争证据的说辞毫无根据。[④]

---

① Connor E F, Simberloff D S. Species number and compositional similarity of the Galápagos flora and avifauna. Ecological Monographs, 1978, 48(2): 219-248.

② Strong D R, Szyska L A, Simberloff D S. Test of community-wide character displacement against null hypotheses. Evolution, 1979, 33(3): 898-907.

③ Strong D R, Szyska L A, Simberloff D S. Test of community-wide character displacement against null hypotheses. Evolution, 1979, 33(3): 909-910.

④ Connell J H. Diversity and the coevolution of competitors, or the ghost of competition past. Oikos, 1980, 35(2): 131-138.

（三）群落聚集整体论者的回应及质疑（1980—1983年）

1. 格兰特和艾勃特对斯特朗等的回应及质疑（1980年）

针对斯特朗等对“种间竞争”的质疑，格兰特（Grant）和艾勃特作出回应：选择同科物种进行检测是不成功的；大陆与岛屿比较研究将影响随机模拟的结果；假定大陆物种具有等概率散布力来计算岛屿预期种/属比率，是荒谬的；检测观察喙比和预期喙比相似性的样本并不独立；等等。[①]他们进一步指出研究存在的误解，如术语混淆等。结果是研究过程和结果的实在论存在严重缺陷，具有倾向发生Ⅱ型错误的可能，即接受错误的零假说。

针对“零假说在逻辑上优先”的论点，格兰特和艾勃特认为，逻辑优先性是可争论的，因为群落研究中非交互模型有助于澄清随机的重要性，同时能够很好地模拟因果要素。然而，斯特朗等使用的“零假说”对于假定的物种组成及其属性，只是部分性的，重要的问题是随机过程如何构建群落。他们进一步说明：“我们不是针对‘零假说’展开批评……我们批评的是贯彻‘零假说’所使用的随机过程。随机‘扰码’模型的人工性以及某些情况下依赖于检验数据，降低了它的可接受性。”[②]

2. 赖特和毕尔对森博洛夫、康纳和森博洛夫分析方法的质疑（1982年）

针对康纳和森博洛夫的研究，赖特（Wright）和毕尔（Biehl）1982年指出，其用距离系数衡量样本分类相似性的Q分析方法存在固有弊端，无法进行确定性判断：从观察到的发生率分布计算相对定殖能力和预期值，这一处理方法具有循环性；将潜在定殖种库P值等于群岛中的物种数量，使P值的估算过低而致使分析失败；研究存在生物统计学问题，“零假说”无法区分随机分布和棋盘分布。基于此，赖特和毕尔提出了更好的替代方法，以区分零假说 H_0（两物种共享岛屿的观察值源于随机分布且彼此独立）和备择假设 H_1（物种在岛屿之间规律分布），两物种随机分布的概率表明拒绝 H_0 接受 H_1，即物种不是随机分布和彼此独立的，而是规律地排列在岛屿上，竞争性相互作用影响定殖进程。[③]

3. 戴蒙德和吉尔平以及吉尔平和戴蒙德的回应和批判（1982年）

1982年，戴蒙德和吉尔平撰文对群落聚集还原论者的质疑进行回应和批判，回应主要在哲学意义上，批判主要在科学意义上。

（1）哲学意义上的回应

---

① Grant P R, Abbott I. Interspecific competition, island biogeography and null hypotheses. Evolution, 1980, 34(2): 332-335.

② Grant P R, Abbott I. Interspecific competition, island biogeography and null hypotheses. Evolution, 1980, 34(2): 339.

③ Wright S J, Biehl C C. Island biogeographic distributions: testing for random, regular, and aggregated patterns of species occurrence. The American Naturalist, 1982, 119(3): 345-357.

第一，“零假说-证伪”原则并不比“归纳-证实”原则更具优势。竞争决定群落聚集的推论立基于竞争理论预测现象的观察，它是正确的；哲学应规定而不是描述“科学如何进行”，“零假说”等程序可被视为科学成功的必要条件，但证伪主义逻辑过于简洁，教条地将其作为评价标准会阻碍科学的进步。对此，生态学家应持有多元论立场，而不仅是坚持“过时了”的哲学。[①]更何况，现实的理论异常复杂，不可能对其作出确定性的证伪，理论证伪和假说-演绎的方法不能对生态学命题做出正确判断。

第二，即使“零假说-证伪”原则比“归纳-证实”原则具有优势，建构一个严格意义上“零假说”充满困难。例如“效应X在数据集解释中是否重要”，适当的零假说为“除了X外，每一事物都很重要”，如果“零假说”可解释检测结果，则不需要援引效应X；如果不能解释，则表明“所有事物(包括X)都很重要”，效应X不能否定，它被包含在“零假说”检验之中。如此，就造成了逻辑上的两难，使得构建一个严格意义上的“零假说”去检验“竞争假说”不再可能。以此考察康纳和森博洛夫“简约的零假说”，隐含地包含竞争等因素；它既不是一个简单假说，也不是一个中性假说，而是一个复杂假说。[②]因而，它是非简约的，且对竞争效应的检验不是绝对“零值”的。

第三，即使不考虑上述这点，对“随机性聚合”进行检验，也是非常困难的。戴蒙德和吉尔平引证费宁格(Feinsinger)等1981年的研究加以阐述：两极分化的生态学研究存在潜在危险，“构建一个适当的‘零假说’去获得完备的群落聚集检验”，类似于“构建一个适当的‘零假说’去检测巴赫‘第一大提琴组曲前奏’的音符模式”，被证明是非常困难的。[③]

(2)科学意义上的批判

除操作性问题外，康纳-森博洛夫程序存在基本缺陷：对整个动物区系进行分析，使竞争生成排斥性分布的数据淹没在大量无关数据中；“竞争效应”隐藏在“零假说”中，以此检验“群落构建由竞争决定”的论断是不恰当的；将观察到的物种数据等同对待而未进行加权，计算结果并不合理；行和列的约束条件使程序不能检测棋盘分布；程序存在结构性缺陷而无法构造模拟矩阵；不能检测非随机性方向，也无法确定可靠的物种组合，因而不能获得更深入的生物学认识；过分依赖于低效

① Diamond J M, Gilpin M E. Examination of the “Null” Model of Connor and Simberloff for species co-occurrences on islands. Oecologia, 1982, 52(1): 64-74.

② Diamond J M, Gilpin M E. Examination of the “Null” Model of Connor and Simberloff for species co-occurrences on islands. Oecologia, 1982, 52(1): 64-74.

③ Feinsinger P, Whelan R J, Kiltie R A. Some notes on community composition: assembly by rules or by dartboards? Bulletin of the Ecological Society of America, 1981, 62(1): 19-23.

昂贵的蒙特卡罗模拟[①]，而它未能充分覆盖样本空间。基于此，吉尔平和戴蒙德构建新的“零分布”方法探讨了物种共现的非随机问题，不仅可以检验群落是不是非随机构建的，而且还可以确定每一特定物种组合与随机性预期的偏离，进而避免康纳-森博洛夫程序的缺陷，结论是岛屿物种共现是非随机的。[②]

4. 拉夫加登的回应和质疑(1983 年)

对于上述质疑和批判，拉夫加登(Joan Roughgarden)也作出了相应回应。

第一，“证伪”并不规范性地优越于“证实”。“零假说-证伪”原则优于“归纳-证实”原则的给定理由既不明确也不充分；并且康纳和森博洛夫等论点过分强调科学研究的过程应与哲学相一致，是一种自我妥协，会导致坏的科学和哲学的滥用。哲学是一个不断前行的领域，哲学家的观念随思想的积累而发生改变；波普尔的早期研究是规范性的，但并不一定是科学哲学中最好的，这个领域才刚刚开始探索各类自然科学之间的差异，在此采取哲学标准似乎为时尚早。[③]

第二，“零假说”不具有逻辑优先性。对研究活动进行严格排序，将特定假设列为“零假说”并指定其逻辑优先，这一做法是错误的，因为不存在独立的理由来选择零假说；“物种随机聚集”的“零假说”仅具有与其他假说相同的逻辑地位，其在方法论法则上没有优先性。更何况，“逻辑优先”与“时间优先”无关，“逻辑优先”并不意味着在调查其他假说之前应首先调查“优先假说”，调查的时间顺序是一个实践问题，而不是逻辑问题。[④]

第三，“零模型”的构建是错误的。森博洛夫等构建的“零模型”并不是从种群数据中抽样分析，而是立基于抽样理论进行说明，从根本上不涉及生物进程，它在经验上是无效的，无法通过“证伪”假设来获得任何知识。并且，“零模型”歪曲了统计学中“零假说”概念，即在模式产生之前就研究模式，事实上对过程的理解有助于发现其后果，从而对模式的正确提出具有重要的意义。[⑤]

---

① 蒙特卡罗模拟(Monto Carlo Model)又称随机抽样或统计试验方法，是以概率和统计理论方法为基础的一种计算方法，将所求解的问题同一定的概率模型相联系，用电子计算机实现统计模拟或抽样，以获得问题的近似解。为象征性地表明这一方法的概率统计特征，故借用摩纳哥著名的赌城蒙特卡罗命名。蒙特卡罗模拟有一个致命的缺陷：如果必须输入一个模式中的随机数并不像设想的那样是随机数，却构成了一些微妙的非随机模式，那么整个的模拟及其预测结果都可能是错的。

② Gilpin M E, Diamond J M. Factors contributing to non-randomness in species co-occurrences on islands. Oecologia, 1982, 52(1): 75-84.

③ Roughgarden J. Competition and theory in community ecology. The American Naturalist, 1983, 122(5): 588.

④ Roughgarden J. Competition and theory in community ecology. The American Naturalist, 1983, 122(5): 586-587.

⑤ Roughgarden J. Competition and theory in community ecology. The American Naturalist, 1983, 122(5): 592-593.

第四，“竞争后的幽灵”可能存在。在技术层面，康奈尔所言“野外实验方法对于证明竞争是否存在以及生态位是否具有遗传学基础是极为必要和充分的”含义不清，缺乏说服力；“必要和充分”误导研究者以为存在一个逻辑必然性去接受实验计划的结论，且没有其他计划令人感到满意。

（四）群落聚集还原论者的回应和质疑（1983—1984 年）

1. 康纳和森博洛夫对戴蒙德和吉尔平等的回应和质疑（1983 年）

1983 年，康纳和森博洛夫集中对戴蒙德和吉尔平的质疑加以回应。他们指出，将分析限于生态系统中的一组以相似的方式利用相同类型的资源的不同物种组成的“同资源种团”或“潜在竞争种”并非易事，很难将竞争效应从群落的分析中区分开来；竞争可能影响岛屿物种丰度，但并不导致共现模式的变动；“棋盘分布”不一定由竞争引起；“方向性问题”可通过检查观察值和预期的偏差，以及单元格对卡方统计的效应来确定。

针对格兰特和艾勃特提出的“循环问题”，康纳和森博洛夫认为并不正确，列联表分析的整个前提是错误的，某些固定边际中可能的重排数量很小而无法实现统计学意义。至于赖特和毕尔的批判，康纳和森博洛夫回应：程序不能限制物种共现的预期模式来解释物种-面积关系，倾向于拒绝零假设。

对于零假说在生态学中作用的否定，康纳和森博洛夫指出，在严格的统计意义上，零假说虽不是唯一的“测试假说”，但其使用最为常见；零假说和零模型可有效地近似“控制作用”，作为挑战非实验证据的推论手段以测试非实验证据性假说，它是正确的且有用的。①

2. 森博洛夫对拉夫加登的回应与质疑（1983 年）

（1）对哲学批判的回应

森博洛夫部分赞同拉夫加登的观点，即科学事业可使用常识和经验，但认为这是一个过于简单的问题，无法获得确定性知识而存在僵局，波普尔程序的应用可清楚地表明假设和证伪，更接近对自然的准确描述，这一方法成为常识性建构的一部分。针对波普尔程序应用超出自然科学范围的指责，森博洛夫援引“精致证伪主义”指出，群落的复杂性和操纵的困难决定了理论不应被立即抛弃，“我们必须宽松地对待萌芽阶段的研究纲领，特别是当这样的纲领正在长成并且能够带来新事实的预测研究的时候”②。

---

① Connor E F, Simberloff D S. Interspecific competition and species co-occurrence patterns on islands: null models and the evaluation of evidence. Oikos, 1983, 41(3): 455-465.

② Lakatos I. Falsification and the methodology of scientific research programs//Lakatos I, Musgrave A. Criticism and the Growth of Knowledge. Cambridge: Cambridge University Press, 1970: 179.

(2) 对科学(方法)批判的反驳

关于康奈尔科学实验报告的指责，森博洛夫反驳：移除实验原则上并不能驱除“竞争后的幽灵”，但至少澄清自然如何运用；对于森博洛夫-康纳测试倾向于II型错误，拉夫加登没有在统计学上予以证实，也没有对其模型倾向性(偏倚)进行分析；在协同进化研究中，他忽略了外界环境等因素，对竞争或干扰机制的解释也不具体，并坚持有效模型的实在性。事实上，拉夫加登并未注意“实在”与“非实在”之间的界线是主观的，非实在的模型在提高对自然的理解或生成机制假设方面同实在模型一样重要。[①]

3. 森博洛夫和康纳对赖特和毕尔的回应和质疑(1984 年)

1984 年，森博洛夫和康纳撰文回应赖特和毕尔的批判。针对岛屿相似性检验循环，他们回应道，并没有检验种间竞争是否发生，而只关注物种数量模式是否与独立占据的假设不一致；对于测试缺乏统计能力，森博洛夫和康纳指出，对两个实例的检测并不等于说明岛屿的相似性是检测种间竞争的有力工具；以“同资源种团分析”论证模式缺乏力量，在他们看来并不正确，因为赖特和毕尔的计算结果存在错误。[②]

在此基础上，森博洛夫和康纳进一步指出了从变量群中提取公共因素的 R 模式分析方法所存在的问题，并得出结论：赖特和毕尔在极端假设下检验岛屿相似性的做法是不正确的，因为相似性检验并不是处理竞争排斥问题的最好方法，即使物种按照竞争性种团模式分布，实际情况也不会像他们所认为的那样严格。[③]

(五) 群落聚集整体论与还原论的最后交锋与总结性陈词(1984 年)

1984 年，普林斯顿大学出版 1981 年主题为“生态学群落：概念问题与证据”会议论文集。该文集收录争论文献 3 篇：吉尔平和戴蒙德观点的概括及补充，康纳和森博洛夫对吉尔平和戴蒙德论点的回应，以及最后陈词。

1. 吉尔平和戴蒙德的基本观点

除了概括性反驳康纳-森博洛夫程序缺陷外，吉尔平和戴蒙德重点回答了以下两方面问题：

第一，物种共现是非随机的吗？吉尔平和戴蒙德基于“零分布”方法，检验了所有排他性分布种对，除了直接相互作用“竞争”外，还存在其他生物学因素：不

---

① Simberloff D S. Competition theory, hypothesis-testing, and other community ecological buzzwords. The American Naturalist, 1983, 122(5): 626-635.

② Simberloff D S, Connor E F. Inferring competition from biogeographic data: a reply to Wright and Biehl. The American Naturalist, 1984, 124(3): 429-431.

③ Simberloff D S, Connor E F. Inferring competition from biogeographic data: a reply to Wright and Biehl. The American Naturalist, 1984, 124(3): 434.

同的分配策略；不同的地理起源；共享分布策略；共享地理起源；共享生境；单岛特种。结论是：物种共现是非随机的。

第二，“零假说”在群落生态学中有用吗？戴蒙德和吉尔平认为，构建一个严格意义上的“零假说”并不可能，该方向上的任何努力只会产生更多混乱：其一，以包含“竞争效应”的“零假说”来证伪“竞争效应”存在逻辑矛盾；其二，“零假说”缺乏常识且存在统计弱点，因其错误而被反驳；其三，改进的“零模型”仍涉及生境、分配策略等影响。[①]

2. 康纳和森博洛夫对吉尔平和戴蒙德的回应和质疑

针对上述批判，康纳和森博洛夫表示反对：聚集规则未提及同资源种团，所获结论无法检验；没有从根本上指出竞争交互对共现模式产生作用；在最初未提及加权的情况下，改变论证方式质疑同等对待种对毫无道理；模拟矩阵可识别嵌套数据集并生成有意义的重新排列也需要说明；至于“方向性”，可通过检查单元格对卡方统计量的贡献来确定；蒙特卡罗程序模拟可解决固定边际预期的频率分布问题。[②]由此，康纳和森博洛夫重申，戴蒙德-吉尔平新方法没有比其检测程序更强大，同样无法证明“岛屿物种非随机聚集”，因而引证竞争做出解释非常困难。

3. 吉尔平和戴蒙德对康纳和森博洛夫的反驳

吉尔平和戴蒙德首先概述了争议的三个主题：其一，观察到的物种共现模式是否与随机排列的预期值相一致？其二，如果不一致，哪些生物因素导致这一结果？其三，测试非随机共现模式的最佳方法是什么？

吉尔平和戴蒙德指出，物种共现模式的再检验，证明了第一个问题的答案是否定的。对于第二个问题，存在多种生物因素产生非随机共现模式，种间竞争具有决定作用。至于最佳方法，他们指出康纳-森博洛夫程序存在许多缺陷，如混淆了“棋盘分布”和“退化重排”，使用术语“退化”在“数学”和“道德”上的贬义内涵为程序的结构弱点辩驳，将难以识别的矩阵从重排样本空间删除，从而增加接受“零假设”的可能，等等。[③]

4. 康纳和森博洛夫总体性回应

面对戴蒙德和吉尔平的反驳，康纳和森博洛夫做出了简短性回应：关于同资源种团界定和罗列，仅希望读者自行确定；对于“棋盘分布问题”，他们认为已给出

---

① Strong D R, Simberloff D S. Ecological Communities: Conceptual Issues and Evidence. Princeton: Princeton University Press, 1984: 313-315.

② Strong D R, Simberloff D S. Ecological Communities: Conceptual Issues and Evidence. Princeton: Princeton University Press, 1984: 319-328.

③ Strong D R, Simberloff D S. Ecological Communities: Conceptual Issues and Evidence. Princeton: Princeton University Press, 1984: 339-340.

清楚论证，并再次声明“退化”一词无任何贬义色彩，被定义为“曲线或其他轨迹降低至较低阶，或改变为不同形式”，而非“道德”或“数学”上的堕落。

也许因上述回应太过简略，康纳和森博洛夫 1986 年再次撰文对相关问题作了概括性说明。他们认为，竞争是重要的，但重要性的证明是困难的：野外实验无法测量，而非实验性数据论证不足，其他因果关系也可预测相同的模式。对于“零模型”，如果不做出假设来解释数据结构，提出和拒绝“零假说”将是简单和无趣的；然而没有“零模型”，将看不到评估非理论证据与理论一致性的方法。[①]

（六）结论及其启发

自 1984 年后，戴蒙德与森博洛夫等很长时间没有再起争论，直到 2009 年，桑德森(Sanderson)和戴蒙德等撰写新的文章复兴争论。新的争论聚焦于“物种共现模式”和“棋盘分布”，更多涉及技术性讨论，在此不做详细阐述。

概括上述“群落聚集整体论-决定论和还原论-随机论的争论”脉络，见图 12.3。

戴蒙德和森博洛夫等之间的争论，是群落聚集整体论和还原论之间的对抗。一方面，以戴蒙德为首的群落聚集整体论者持有严格的决定论立场，否定一切随机性解释，但伴随争论的进行开始接受并使用“零假说”作为检验工具，表明他们部分接受了群落聚集随机论，并认为竞争理论、聚集规则以及整体论仅适用于同资源的生态近缘种；另一方面，以森博洛夫为首的群落还原论者持有随机论立场，坚持严格的“零假说”优先性以及朴素的“零假说-证伪”原则，但伴随争论的延续也明确承认“零假说”不具有逻辑优先性，进而转向了“精致证伪主义”，可见他们亦部分接受了群落聚集决定论，弱化了先前“‘零假说-证伪’原则优于‘归纳-证实’原则”的论点。该趋势决定了争论最终由激烈趋向缓和，由“哲学规范科学”到“科学参照哲学”，由“群落聚集原因之争”(本体论的)转向“零假说”检验是否完备(方法论)，从而在认知层面上达成以下几点共识：“群落物种组成模式不是完全随机的；在很大程度上，可根据物种个体性质和岛屿特征予以解释；只有在少数情况下，竞争理论才具有决定性。”[②]

需要说明的是，群落聚集之争既是科学争论，也是哲学争论，涉及一系列科学哲学问题，典型的有两个：一是基于群落聚集整体论-决定论和群落聚集还原论-随机论，如何协调本体论的诉求和方法论的取舍，如群落结构是非随机的整体-决定的，则是否意味着研究和解释的模式应该是整体(涌现)的？如果是，则如何合法化所呈现出的还原性？对应地，如果群落的结构是还原-随机的，则是否意味着就应该

---

① Connor E F, Simberloff D S. Competition, scientific method, and null models in ecology. American Scientist, 1986, 74(2): 155-162.

② Looijen R C. Holism and Reductionism in Biology and Ecology: The Mutual Dependence of Higher and Lower Level Research Programmes. Berlin: Springer, 2000: 298.

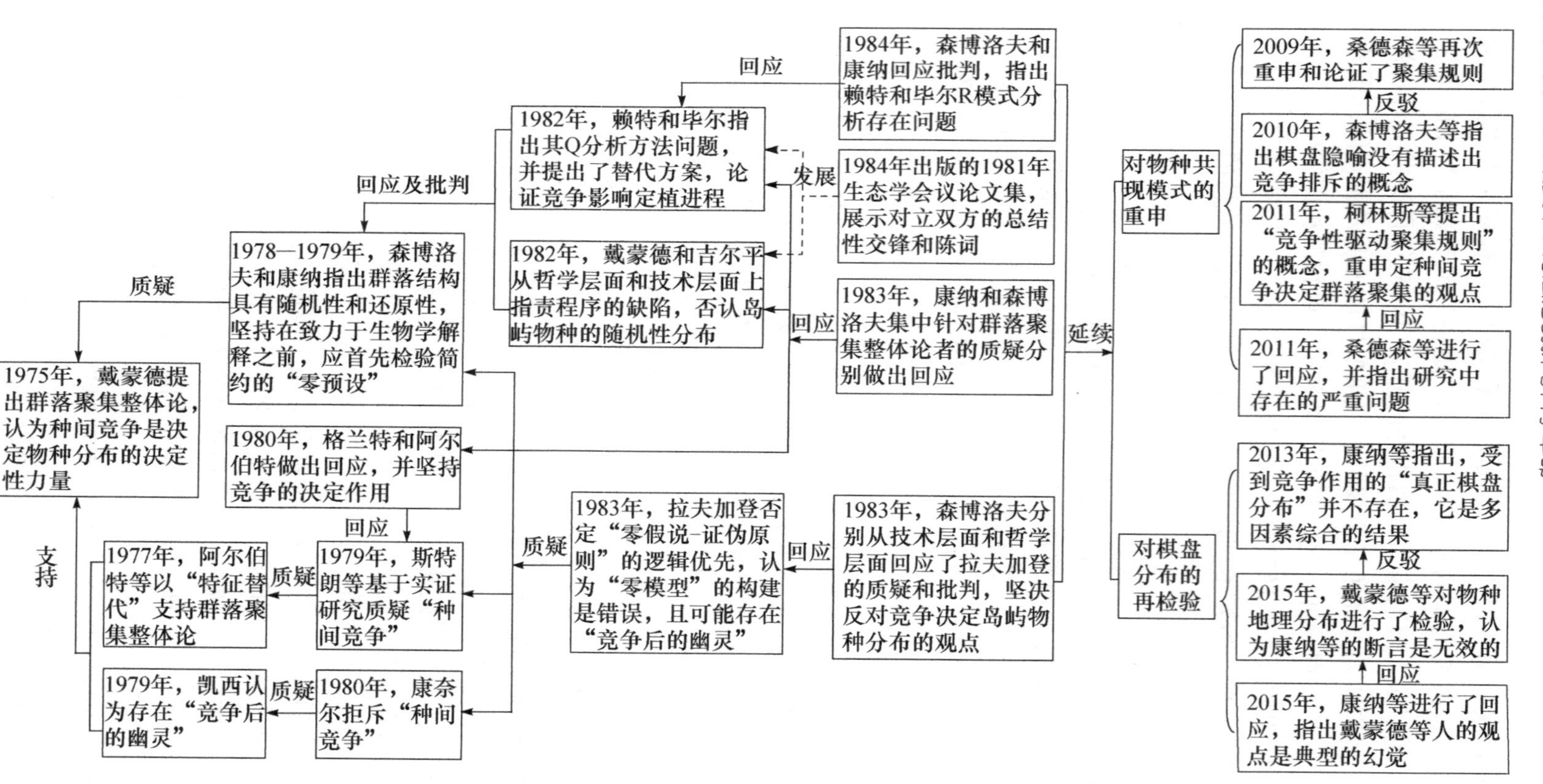

图12.3　群落聚集整体论-决定论和还原论-随机论的争论脉络

采取还原论的方法而不能或不应参照整体论？二是基于群落聚集整体论-决定论和群落聚集还原论-随机论的相关研究，是否只能分别采取“归纳-证实”原则和“零假说-证伪”原则？是否“零假说-证伪”原则优先于“归纳-证实”原则？能否构建一个逻辑上优先于备择假说的“零假说”？如何最好地实施“零假说-证伪”原则呢？等等。这些问题值得深入阐述。

更为重要的是，根据上述“群落聚集整体论-决定论与还原论-随机论的争论”研究，“群落聚集整体论”持有的是有机论的自然观，把群落看作是有机的、自组织的、目的的，从而导致其有规律地运动，呈现出决定性的性质。在此，有机论自然观的返魅性与复杂性、非决定性并非对应，而是与规律性、决定性相对应。这是与我们通常的理解不一样的。至于“群落聚集还原论-随机论”，持有的是还原论的自然观，即把群落还原为一个一个的生物个体。由于群落聚集还原论者认为生物个体是没有目的的，因此，由这些生物个体组合而成的群落也就没有目的和规律，进而呈现出随机性。在此，还原论与决定论并非对应，这也是与通常的理解不一样的。这也说明，对于有机自然观及其之下的返魅性原则、复杂性原则、整体性原则、非决定性原则的理解，一定要针对具体的对象及其具体实践进行，切不可教条化。

20 世纪之后，随着新的科学学科如复杂性科学、系统科学、地球科学、生态学等的发展，一种新的自然观——有机论自然观呈现在人们眼前。这种自然观是对传统机械自然观的革命，呈现出有机生命性的特征：返魅性、复杂性、整体性、非决定性。这种新的自然观预示着新的科学革命。这是一次“大写的科学革命”，根据此时代，可以称为“现代科学革命”；根据此特征，现代科学可以称为“有机式科学”，它运用返魅性原则、复杂性原则、整体性原则、非决定性原则，对有机整体性的对象进行认识。

第十三章　未来科学革命的提出

——始于环境问题的产生及解决

考察近代科学革命和现代科学革命，前者是在科学的独立性和自主性还没有确立的情况下进行，后者则是在科学的独立性和自主性有了坚实的发展并且社会给予科学以强有力的支持的背景下展开的，现代科学革命来自科学的内部。事实上，科学革命的进行不单纯来自于科学的内部——科学认识，也来自于科学的外部——科学应用。近代科学应用在给人类带来巨大物质利益的同时，也给自然和人类带来巨大的影响。资源被急剧消耗，环境被广泛破坏，使得自然面临着不可持续发展的困境；核战争的威胁、机器人统治人类的可能、人类基因组的被改造等，使得人类面临着不可持续发展的困境。要走出这样的困境，就要反思科学与自然环境问题的产生及其解决，以及科学与人类社会问题的产生及其解决之间的关系，进行新的"大写的未来科学革命"，以解决这些问题，从而使得科学和人类走向光明灿烂的未来。由于现代科学才刚刚开始，其应用可能产生的环境问题还没有呈现出来，因此，本部分所考察的科学与环境问题的产生及其解决之间的关联主要针对的是近代科学。而且，限于篇幅和本人研究，本章仅针对科学与环境问题的产生及其解决之间的关联这一主题展开，并回答以下几个问题：科学是造成环境问题的重要原因吗？如果是，是因为科学的什么方面导致了其应用造成了环境问题？这样的环境问题能够通过科学自身的进步解决吗？如果不能，需要进行什么样的新的科学革命吗？

一、科学是造成环境问题的重要原因

（一）好的归科学，坏的归人类吗？

科学为什么会造成环境问题呢？一些人认为，科学本身没有过错，环境问题是人们滥用科学的结果。这些人大多持有绝对的科学真理观，认为科学知识具有绝对的真理性，成熟的科学知识能够被当作"自然之镜"（mirror of nature），是对外界自

然规律的客观的正确反映，是外部世界的真实摹写，不随认识者的个人品质和社会属性转移。如此一来，科学家们就被看作是几乎绝对严谨的超人、克服困难和发现真理的英雄。

在此基础上，持有上述观点的人们进一步认为，利用上述“正确的科学认识”改造自然时，顺理成章地就能获得正确的结果，不会产生环境问题，环境问题之所以产生，只是人们滥用了科学知识，形象地说，就仿佛刀子之于行凶者，刀子本身是没有过错的，只有当人用它来滥杀无辜时，才产生了过失和罪行。

不过，科学本身真的没有过错吗？环境问题真的是人们滥用科学的结果吗？

要使科学本身没有过错，证明其拥有绝对的真理性，必须满足下列三个条件：第一，科学所获得的经验事实具有客观中立性，是消除了认识者的主观影响的，具有正确性，是自然界本身所具有的；第二，建立在这样的经验事实基础之上的科学理论是唯一的，即能够正确解释某一组经验事实的科学理论是唯一的；第三，经验事实对科学理论的检验是确定的，当科学理论与经验事实相一致时，就证明该理论是正确的，当科学理论与某一经验事实不一致时，则证明该理论是错误的。

考察西方科学哲学的相关研究，可以发现：第一，科学事实不具有客观的中立性，因为“观察是渗透理论的”，即我们的任何观察都不是纯粹客观的，具有不同知识背景的观察者观察同一事物，会得出不同的观察结果。第二，科学理论的建构是相对的而不是绝对的，相对于一组实验数据，可以建构多种科学理论解释它并与之相适应。第三，科学理论的检验是不充分的。当科学理论与经验事实相一致时，并非就一定表明该理论是正确的，而只是表明该次实验数据与理论相符合，这一理论被该实验证据支持，增加了该理论的正确性；当科学理论与某一经验事实不一致时，也并不完全证明该理论是错误的，有可能初始条件或实验本身等出了问题。

如此，保证科学绝对真理性的基础是不牢固的！科学不具有绝对的真理性！

既然如此，科学是否就是建立在“沙滩上”而不具有真理性呢？西方科学哲学中的反实在论、科学知识社会学的强纲领、后现代主义的激进派等，对此持肯定态度。如坚持科学知识社会学的一些人认为，实验现象和科学事实是科学家在一定的科学理论指导下，运用相应的科学仪器，对建构出来的实验对象进行相应的实验操作建构出来的，不是自然界中的事物自在的表现；科学理论不是直接针对这个“自然世界”的，而是基于上述实验现象和科学事实，运用一定的方法论原则和具体方法如归纳-演绎法、数学方法、模型方法等建构出来的，它与科学实验以及实验过程中所运用的科学仪器相匹配。鉴此，“人们坚持理论是因为理论对于实验室仪器所产生甚至所创造的现象来说，对于我们设计并用来测量现象的仪器来说是真实的。这种‘真实’不是理论与现象之间的比较，而是依赖于更进一步的理论，就是说依赖于关于仪器如何工作的理论以及关于如何处理我们所得数据的大量不同的技术理论。高层次的理论一点也不‘真’”[①]。

简而言之，科学的真理性是相对于实验室中所建构出来的世界而言的，而不是关于外在于实验室的自然世界的；如果从外在的自然世界考虑，那么依赖于实验的科学所反映的世界就与之不相一致了，进而也就不具有真理性了。

上述这种完全否定科学真理性的观点遭到许多科学家和哲学家的反对。他们会举例说，米、秒以及测量单位也许是与人相关的，是“社会建构”的，但是在真空中，光的速度是永恒的、确定的、客观存在的某一数值。虽然对这一数值的认识离不开人类，但是这一数值本身与人类无关，不会随着人类意识转移而转移。科学的真理性是否定不了的。

在这种情况下，比较恰当的还是应该坚持相对的科学真理观：虽然科学是对某些对象的正确认识，但是，还有许多科学尚未认识到的或不能很好地认识的对象；虽然科学方法不能保证我们所获得的科学认识是绝对正确的，但是，它能够保证科学知识体系具有相对真理性。比如，狭义相对论将牛顿理论作为它的特例，表明了科学真理的相对性；热力学统计规律的完成，表明真理的概率性、不确定性。鉴此，科学的目标并非获得绝对正确的认识，而是扩充相对准确无误的知识。人类必须由科学的绝对真理观走向科学的相对真理观，在获得真理、修正真理、获得更完备的真理的过程中，将人类认识自然的能力和程度推向更高的阶段。

这一点对于环境保护有着十分重要的意义。既然科学理论只具有相对的真理性，也就是说它存在不完全正确的地方，那么，将科学理论应用于改造自然从而造成环境问题也就在情理之中。但是，环境问题正是许多人在持有科学的绝对真理观的基础上盲目地滥用科学造成的。这些人普遍地将科学对真理的追求提升为对绝对真理的获得，认为科学研究把握了自然的纯客观规律，人们遵循这样的规律、利用这样的规律去改造自然，就必然会得到正确的结果，不会遭到自然的惩罚。这就在主观上预设了人类可以正确地认识并改造自然，而且不会招致错误的行为和结果引发自然对人类的报复，从而可以毫无保留地、不加限制地利用科学去改造自然，不必考虑科学的应用是否会带来环境危机。即使在科学应用的负效应产生之后，他们仍然认为科学能够解决一切问题，盲目乐观，看不到问题的严重性。这样的主观预设非常不利于环境保护。

而且，即使我们不接受科学的相对真理性，认同科学本身没有欠缺而将环境问题的产生归结于人们的滥用，那么，人们为什么要滥用科学呢？一种合理的解释是，一些人为了获取个人利益，在明知某些科学的应用会带来生态环境破坏的情况下，仍然利用该项科学成果来进行生产。在考察现实的环境破坏后，我们发现这是有一

---

① Kosso P. Reading the Book of Nature: An Introduction to the Philosophy of Science. Cambridge: Cambridge University Press, 1992: 44.

定道理的。

但是，如果我们全面地、历史地考察环境问题的产生，将会发现广泛存在着这样一种情况：在很多的科学应用之前或之后的一段时间，环境问题还没有或者说没有明显地表现出来，此时人们并不知道这些科学应用会造成生态环境问题，此时人们对科学应用并不是滥用，环境问题是在人们应用科学进行生产和消费的过程中产生的，是科学应用的产物，与科学本身紧密相关。[①]

以臭氧层为例。臭氧层存在于地球大气对流层上面的平流层中，主要分布在距地面10—50千米大气层内，浓度的峰值在20—30千米处。它在保护地球生态环境方面起着十分重要的作用：第一，吸收太阳紫外辐射把电磁波转变为热能，使平流层大气因吸收太阳短波辐射而增温，这好比对流层上的“热盖子”，使我们行星上的生命得以持续下去；第二，臭氧层有吸收太阳紫外辐射的功能，特别是能完全吸收会杀死生物的UV-C段紫外线，并有效吸收对生命健康有害的UV-B段紫外线，使地球生命免受伤害；第三，它还能够让对地球生命无害的紫外线和可见光等太阳辐射通过，维持各种生物的生长，并进而构成食物链的基础；第四，透过臭氧层的少量紫外线，可起到杀菌治病的作用。基于以上四种原因，人们把臭氧层称为地表生物系统的保护伞。

明确其功能之后，维持臭氧层中臭氧浓度的相对稳定就变得非常重要了。在自然情况下，平流层中既有生成臭氧的反应，也有消耗臭氧的反应，从而在氧原子、氧气、臭氧之间维持着动态平衡。但是，从20世纪80年代开始，科学家对臭氧层的研究发现，臭氧层正在遭受着破坏，一个突出的表现就是南极上空的臭氧空洞的面积在不断扩大。[②]臭氧层遭到破坏，造成的后果是严重的。具体说来，表现在：皮肤癌和白内障患者增加、生态系统退化、农作物减产、酸雨危害、光化学污染加重和大气环境质量降低等。正因为如此，查明臭氧层被破坏的原因，并进而采取相应的对策，就变得迫在眉睫。

早在20世纪70年代，美国科学家罗兰(F.Sherwood Rowland，1927—2012)和莫利纳(José Mario Molina-Pasquel Henríquez，1943—2020)的研究表明，氯原子可以消耗平流层的臭氧层；德国科学家克鲁岑(Paul Jozef Crutzen，1933—2021)进一步提出，一类被称为氟氯烃(CFCs)的化学物质是平流层中氯原子的主要来源，对臭氧层具有破坏作用。之后，各国科学家进一步研究，基本上弄清了大气中的氟氯烃对平流层臭氧的损耗过程。这一过程可以用图13.1表示。

---

① 肖显静：《环境·科学——非自然、反自然与回归自然》，北京：化学工业出版社，2009年，第2-5页。

② 张镜湖：《世界的资源与环境》，北京：科学出版社，2004年，第221-223页。

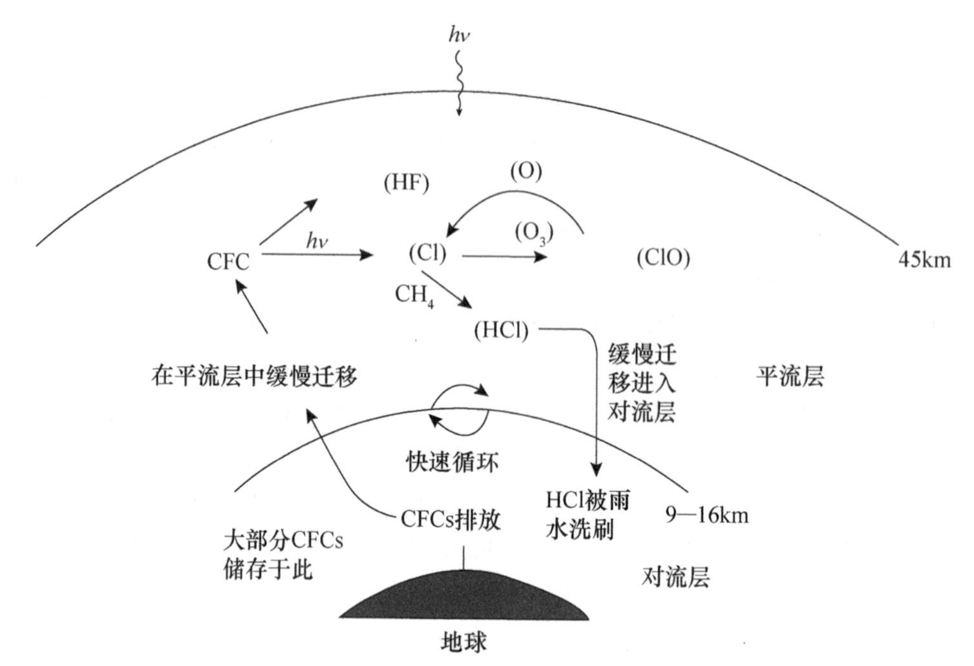

图 13.1 大气中氟氯烃（CFCs）分子的变化图①

从图 13.1 可以看出，造成臭氧层破坏的最主要原因在于地球上氟氯烃类化学物质的排放。

那么，随之而来的问题是：地球上氟氯烃类化学物质又是从哪里来的呢？进一步的探究表明，这类化学物质的广泛应用是人类进行科学研究的结果。1925 年，美国人米基利（Thomas Midgley，1889—1944）和他的研究小组将氯原子和氟原子取代碳氢化合物中的氢原子产生氟氯烃类物质。后来的研究表明，这类化学物质性质稳定、无毒、无腐蚀性、不燃烧，性能优异，可以作为制冷剂、发泡剂、洗涤剂、杀虫剂、除臭剂、头发喷雾剂等使用，满足人们生活中的多种需要。因此，自 20 世纪 30 年代以来，氯氟烃类物质一直大受欢迎，为人们所广泛使用。

然而，人们或许没有想到，虽然 CFCs 化学性质稳定、易挥发、不溶于水，但当其进入大气平流层或更上方后，就会因受紫外线辐射光解产生 Cl 原子，引发破坏臭氧（O_3）的循环反应：

$$Cl+O_3 \longrightarrow ClO+O_2$$
$$ClO+O \longrightarrow Cl+O_2$$

由上述反应方程式可知，在第一个反应中消耗的 Cl 原子，在第二个反应中又重新产生，并可以和另外一个 O_3 起反应，因此，每一个 Cl 原子都将多次参与破坏 O_3

① ［美］罗宾：《工程与环境导论》，郝吉明、叶雪梅译，北京：科学出版社，2004 年，第 401 页图 11.6。

的反应。这两个反应加起来的总反应是：

$$O_3+O \longrightarrow 2O_2$$

也就是说，反应的最后结果是将 O_3 转变为 O_2，而 Cl 原子本身只是作为催化剂而起作用。结果，O_3 就被 CFCs 分子所释放出的 Cl 原子引发的反应破坏了。这恰恰说明了人们大量使用和排放 CFCs 是造成臭氧层破坏的主要原因。[①]

从上面这个例子可以看出，CFCs 物质之所以造成臭氧层破坏，一个主要的原因是它为科学理论和科学实验建构的产物，在自然界中不存在，当在利用此物质为人类服务的过程中，它被释放到平流层中，与臭氧发生人类没有预料到的反应，从而造成严重的臭氧层破坏。

这也表明，合成 CFCs 依据的化学规律其实并不是在自然界中原先就存在的、发生于自然界中的“自然规律”，而是人类在实验室中发现和创造的“人工自然规律”。应用这种“人工自然规律”所合成的产物能够用作杀虫剂、药品，表明它具有一定的用途，但是，当它所面对和涉及的是更大的生态环境时，也就是说要面对“自然规律”时，它就会与自然规律、自然演进的产物以及天然的自然物相对抗，与自然界中发生的过程相冲突从而对环境造成破坏。

换句话说，利用科学原理合成出来的化学物质，虽然能够满足人类的一定需要，但也造成了一定的环境破坏；科学本身还是不完善的，还不能达到这样一种理想状况，即合成出来的物质，既能够满足人类的需要，又能够不破坏环境。科学本身的缺陷是造成环境问题的重要原因，那种在环境问题产生上将“好的归科学，坏的归人类”的观点是错误的。

（二）好的归科学，坏的归技术吗？

不可否认，科学确实与技术不同，两者的不同之处不胜枚举。有学者将其概括为以下十多个方面：第一，从对象上看，科学以自在的自然物为研究对象，而技术面对的则是现实的或拟想中的人造物。第二，从目的上看，科学以求真致知为鹄的，其意趣在于探索和认识自然；技术以应用厚生为归宿，其意图在于利用和改造自然。第三，从取向上看，科学是好奇取向的（curiosity-oriented），与社会现实关系疏远；技术是任务取向的（mission-oriented），与社会现实关系密切。第四，从过程上看，科学发现的目标常常不甚明了，探索性很强，偶然性较多；技术发明的目标往往事先就十分明确，有的放矢，偶然性较少。第五，从问题上看，科学需要了解“是什么”（what）和“为什么”（why），而技术面对的问题则是“做什么”（what to do）和“如

① 肖显静：《环境・科学——非自然、反自然与回归自然》，北京：化学工业出版社，2009 年，第 6-8 页。

何做”(how to do)。第六，从方法上看，科学主要运用实验推理、归纳演绎诸方法，而技术多用调查设计、试验修正等方法。第七，从结果上看，科学研究所得的最终结果是关于自然的某种理论或知识体系，技术活动所得的重要结果是某种程序或人工器物。第八，从评价上看，对科学的评价是非正误，以真理为准绳；对技术的评价是利弊得失，以功利为尺度。第九，从价值上看，科学在某种意义上可以说是价值中立(value-neutrality)的，或者说本身仅蕴含少量的价值成分；而技术处处渗透价值，时时体现价值，与价值有不解之缘。第十，从规范上看，科学的规范是美国著名的科学社会学家默顿提出的普遍性(universalism)、公有性(communism)、无私性(disinterestedness)、有条理的怀疑主义(organized skepticism)；技术的规范与此大相径庭，它以获取经济效益和物质福利为旨归，其特质是事前多保密，事后有专利……①

如果我们有足够的耐心进一步去寻找，肯定还会发现科学与技术之间更多的区别。基于这种种区别，现在有相当一部分人认为：科学是求知的，技术是求利的；科学是对自然的认识，技术是对自然的改造。以此为基础，他们进一步认为，科学不能直接物化，因而不会对自然产生直接的不利影响；技术的应用才会引起直接的不良后果……一句话，好的归科学，坏的归技术，环境问题是由技术产生的！

诚然，科学和技术是有区别的，不清楚科学与技术之间的这种种区别，将会混淆科学与技术，把本属于科学的当成技术的，把本属于技术的当成科学的，从而造成对科学和技术的错误认识。但是，这并不意味着科学与技术一点关系也没有，更不意味着技术应用所产生的环境问题只是由技术造成的，与科学一点关系也没有。对于这一点，只要考察历史上科学与技术的关系就可明了。

16 世纪以前，技术常常来源于一些偶然的经验发现，与科学没有多大关系。16、17 世纪，除航海业外，科学的研究成果很少或几乎没有转化为技术。真正的转化是从 18 世纪蒸汽机的应用开始的，但是，“直到 18 世纪末，科学从工业上获得的帮助，远多于它当时所能给予工业的，在化学和生物学两方面，至少要再过一百年，然后科学家才能给出任何可以取代或改进传统的方法，而在医学方面甚至还要更久些”②。

到了 19 世纪中叶，这种情况发生了变化。科学开始走在技术的前面，科学引导技术发展，甚至促使新的技术产生。重大的科学突破引起新的技术革命，进而成为技术革命和工业革命发生的最重要的驱动力，成为技术的源泉和生产力提

---

① 李醒民：《科学和技术异同论》，《自然辩证法通讯》，2007 年第 1 期，第 1-9，110 页。

② Multhant R P. The scientist and the ‘Improver’ of technology.Technology and Culture, 1959, 1(1)：38-47.

高的基础。这使人们认识到，“为了认识而认识”的科学能够被应用于改造自然，进而创造巨大的社会价值。从电磁理论到电力革命，从粒子物理学、质能方程到核能的应用等，都充分地说明了这一点。因此，推动科学向技术的转化以及科技向生产力的转化，就成了社会关注的焦点。

那么，科学又是怎样成为技术的源泉和生产活动的基础的呢？出于实践可行的目的，现代技术利用科学中所包含的原理去创造产品，正是在这一过程中科学发挥着自己的非凡价值。现代科学所获得的认识体系以及嵌入其中的实验操作过程为技术创新奠定了理论基础，预示着新技术领域的产生。例如，链式反应的核能利用、半导体(晶体管)的发明、激光器的研制、基因重组生物技术的产生等，都是来自科学理论的引导，而不是像以前那样来自经验探索或已有技术的延伸。[①]

一般而言，科学向技术、生产转化的过程大致可以分为如下三个阶段：阶段一——科学原理(自然规律性)+目的性→技术原理(含目的的自然规律性)；阶段二——技术原理+功效性→技术发明(技术可能性实现)；阶段三——技术发明+经济、社会性→生产技术(社会经济可行性实现)。[②]

这里我们以转基因技术的应用为例加以说明。

转基因技术是以分子遗传学为基础的。分子遗传学所包含的中心法则表明，基于基因还原论，如果弄清楚了决定某种生物性状的基因——目的基因，然后采取一定的技术手段，将这种基因从一种生物体内(第一宿主)取出来，转移到另外一种生物体(第二宿主)中，就可能使第二宿主也具有第一宿主所具有的性状和功能。

科学家就是这样想的，也是这样做的。1972 年，伯耶(Herbert Wayne Boyer，1936—)和斯坦利・N. 科亨 (Stanley Norman Cohen，1935—)从正常大肠杆菌细胞中取出质粒(质粒是环状的 DNA 小片段)，然后用限制性内切酶切开质粒，再用同样的酶处理青蛙细胞中的 DNA，获得青蛙 DNA 片段。大肠杆菌质粒和青蛙的 DNA 片段因为互补的单链 DNA 的“黏性末端”相互连接。伯耶和科亨再用另一种连接酶将 DNA 首尾连接，这样就制成新的既含有青蛙 DNA 又含有大肠杆菌质粒 DNA 的质粒。研究人员接着把携带外源基因的质粒移入大肠杆菌，并证实外源基因可以正常制造蛋白质。细菌繁殖时，附加的基因也随着细菌本身的基因一同复制[③](图 13.2)。

① 肖显静：《环境・科学——非自然、反自然与回归自然》，北京：化学工业出版社，2009 年，第 10-11 页。

② 陈昌曙：《自然辩证法概论新编》(第 2 版)，沈阳：东北大学出版社，2001 年，第 204 页。

③ Cohen S N, Chang C Y, Boyer H W, et al. Construction of biologically functional bacterial plasmids in vitro. Proceedings of the National Academy of Sciences of the United States of America, 1973, 70(11): 3240-3244.

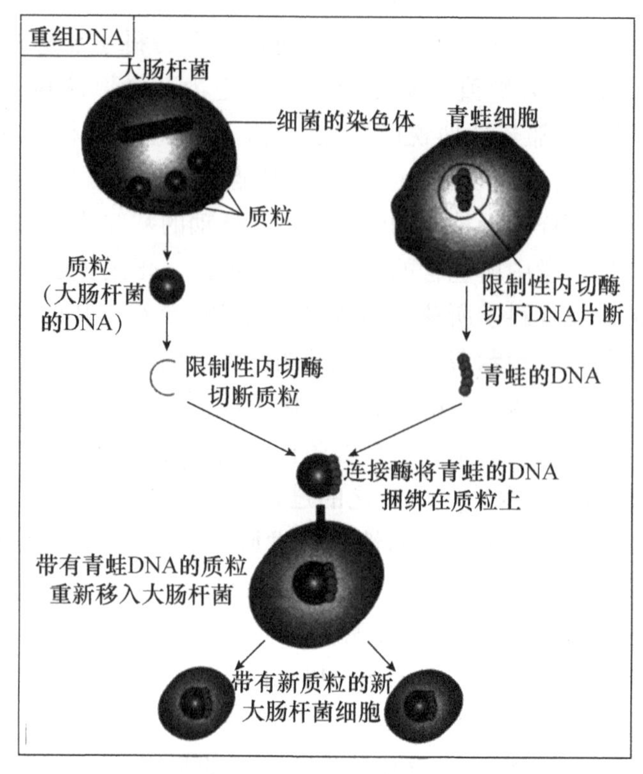

图 13.2　伯耶和科亨重组 DNA 示意图①

这项成就宣告转基因技术以及转基因生物的诞生，也表明转基因技术是以分子遗传学为基础的。这是人类第一次打破物种界限实现了基因转移。在此之后，转基因技术得到广泛应用，人们为了提高作物抗逆性，改良作物品质等，生产出了许许多多的转基因生物。所有这些表明分子遗传学是正确的以及转基因技术的伟大，也表明“基因还原论”以及“基因决定论”的正确(虽然并不绝对正确)。

正确的科学认识之应用并不一定带来必然的好的结果。科学研究表明，当转基因生物被释放到环境中，其中的目的基因有可能会借助于风力或其他的力量，发生“转基因逃逸”，产生各种各样的环境危害，如诱发害虫和野草的抗性问题，诱发基因转移跨越物种屏障，诱发自然生物种群的改变，发生基因污染，造成食物链的破坏，等等。

上述环境风险是如何造成的呢？直接的原因是转基因技术，根源在分子遗传学，伯耶和科亨发明转基因技术不是为了实用目的而进行的技术创新，而是分子生物学研究的产物。②分子遗传学为重组 DNA、重构生物提供了理论上的可能性，而以其

① [美]丽莎·扬特：《现代遗传学——设计生命》，邹晨霞译，上海：上海科学技术文献出版社，2011 年，第 21 页。标题为笔者所加。

② [美]丽莎·扬特：《现代遗传学——设计生命》，邹晨霞译，上海：上海科学技术文献出版社，2011 年，第 17-30 页。

为指导的转基因技术则使这种可能性成为现实。如果没有分子遗传学，转基因技术就成了无源之水、无本之木。转基因技术就不知道做什么——将目的基因从第一宿主(目的基因的来源生物)转到第二宿主(转入重组 DNA 的生物)，也不知道怎么去做——用限制性核酸内切酶(分子手术刀)和连接酶等将目的基因进行分离、切割、连接、重组等，更不知道为什么要这样做——科学家们已经选择某种外来基因，分析了其功能，并对其进行了测序，确定其为目的基因，转移其目的基因至新的生物体内，目的是要实现分子遗传学所昭示的理论内涵——使得产生的转基因生物具有目的基因所能够表达的性状或功能。分子遗传学为转基因技术的实施提供理论基础，引导着转基因技术规则的确立，说明着转基因技术规则的有效性和合理性——“规律为规则的效能提供依据和基础”。[①]这也表明，分子遗传学所获得的知识体系以及嵌入其中的实验操作过程，为转基因技术的创新奠定了理论基础，预示并引导着转基因技术的产生。[②]

由此可见，在科学应用的过程中，并不是科学转化为技术了，而是人们通过变革技术使得科学认识所揭示的原理以及可能的现实应用物质化了。由此可知，那种为人们普遍知晓和接受的“科学应用就是科学转化为技术”的说法严格说来是不恰当的。事实上，技术不仅是人类借以改造与控制自然的包括物质装置、技艺与知识在内的操作系统，还是一种人类借以达到目的的手段和工具体系，而且还是人类把科学认识能动地整合到自己的目的性预期中，进而将科学认识原理现实化的系统体系；相应地，科学也不仅仅是单纯的人类认识世界的知识体系，而且还是人类改造世界的知识基础。没有技术，科学的应用不可能实现，技术使科学物化，使科学认识从实验室走向生产车间，从而被应用于物质产品的生产之中。科学是使技术之所以可能的内在根据，而技术是使科学受到社会重视从而得以持续发展的外在条件。就此而言，科学类似于受精卵，技术就是孕育受精卵的子宫，我们的社会则类似于母体环境。没有科学认识，很多技术创新将不能实现，很多物质新产品的生产和使用也将不再可能；相应地，由生产过程和生产出来的新产品的使用过程所带来的环境影响也就不再可能了。

可见，环境影响并不单纯由技术产生，它与科学也紧密相关。试想：如果没有核物理学的发展，怎么会有原子弹的诞生，又怎么会有所谓“核冬天”的威胁？如果没有化学的发展，怎么会有化学工业的诞生，又怎么会有化学污染的出现？如果没有纳米科学的发展，怎么会有纳米材料的应用，又怎么会有纳米科学技术应用中的潜在风险？如果没有生物科学的发展，怎么会有转基因生物的出现，又怎么会有转基因生物潜在可能的环境风险和健康风险……

---

① Lee K. The Natural and the Artefactual: The Implications of Deep Science and Deep Technology for Environmental Philosophy. Lanham, MD: Lexington Books, 1999: 70.

② 肖显静：《转基因技术本质特征的哲学分析——基于不同生物育种方式的比较研究》，《自然辩证法通讯》，2012 年第 5 期，第 3-4 页。

总而言之，如果没有科学的发展，怎么会有与科学的应用密切相关的技术，又怎么会有因科学应用所产生的负效应？科学潜在地具有种种对环境的负面影响，而技术则使这种可能变为现实，两者缺一不可。那种认为“科学没有过错，环境问题只是由技术产生”的观点肯定是错误的。“好的归科学，坏的归技术”这种看法从现代科学与技术的关系来看，既是对技术的不公平，也是对科学的不负责任。[①]

既然环境问题的产生既非人们单纯滥用科学的结果，也非人们单纯应用技术的结果，那种把“好的归科学，坏的归技术”的观点是不恰当的，科学有其自身的原因。问题是：科学究竟因为什么样的自身原因而使其应用造成环境破坏呢？在笔者看来，是科学认识的非自然性，具体体现在机械自然观基础和相应的方法论原则、具体的实验方法和数学、理论建构和科学规训的运用等方面。

二、科学认识的非自然性与环境破坏

（一）机械自然观的非自然性与环境破坏

有什么样的自然观就会有什么样的方法论原则和具体的方法。也正因为这样，在机械自然观的指导下，近代科学普遍采用了祛魅性原则、简单性原则、还原性原则、因果决定性原则等方法论的原则对自然进行认识。这种对自然认识的方法论原则合理吗？如果考察我们周围的世界，将会发现，自然是存在机械的方面的，而且如果我们考察依据上述方法论原则所获得的科学认识，就会发现其中也体现了自然的机械性。但是，如果我们深入分析，将会发现，这种机械自然观是没有坚固的基础根据的。

原因之一是，科学研究是需要本体论预设的。有什么样的本体论预设，就会有什么样的认识自然的方法和认识形式，也就会获得什么样的对自然的认识。近代科学之所以得出自然是机械的结论，更多的是以自身预设的机械自然观信念为基础的，不一定是由自然本身是机械的而引起的；并且，由于人类的认识能力有限，在对自然进行认识时往往进行了机械化的处理和表述，从而获得了对自然的机械性的表述和对自然的机械性方面的认识，并且把这一表述和这一认识当成了自然的本质，认为自然是机械的。这是一种封闭的、自洽的、互相加强的循环论证。

原因之二是，最新发展起来的科学，如复杂性科学、系统科学、生态学、动物行为学和心理学等表明，自然界存在着大量的复杂性、经验性、非还原性、非因果决定性等非机械性的现象，具有一些不同于机械性的有机整体性特征。这动摇了“机

---

① 肖显静：《环境·科学——非自然、反自然与回归自然》，北京：化学工业出版社，2009 年，第 15-16 页。

械自然观”，比较充分地说明了近代科学所遵循以及由此所展现的自然的机械性特征并不能涵盖自然的全部。

在这种情况下，上述方法论原则的使用合理吗？如果自然的这些非机械性的方面能够约简、还原、归化为机械性的方面，那么，上述方法论原则的应用就是合理的；否则就是不合理的。

从科学认识的现实看，自然的上述非机械性并不是机械性的线性组合，更不可能被机械性所覆盖，是不可以约简、还原为机械性的。如对于非线性系统，往往存在间断点、奇异点，这些点附近的系统行为完全不能作线性化还原处理；否则，就处理掉了非线性系统的非线性因素，从而也就人为消除了相关的复杂性行为，因为这些因素恰恰就是非线性系统出现分叉、突变、自组织等复杂行为的内在根据。[①]

这里以简单性原则为例加以说明。如前所说，自然是存在复杂性方面的，而且这样的复杂性是不能够归化为简单性的。此时，采用认识论和方法论的简单性原则对相应的对象展开认识，其真理性就不能得到保证。

如对于第十一章所述的“黄铜棒热胀冷缩的实验”，第一个要考虑的问题是，根据认识论和方法论意义上的简单性原则选择相对简单的理论有道理吗？从科学发展历史看有一定道理。科学史上的很多理论就是按照这一原则确定的，由此带来了科学上的巨大成功。但是，这种成功的获得并不意味着真理的获得。简单性原则肯定是一个实用的特征，但它不一定是一个支持真理的特征。从形式以及方便人们认识的角度看，理论应该是越简单越好。但是，越简单的理论并不意味着越正确。理论是否正确取决于该理论与所研究对象的存在是否相一致。[②]对应于上例，如果简单性是一条自然原理，那么，将简单性原则应用到建构、评价和选择科学理论中就是合理的、正确的；否则，简单性原则就仅仅只是科学家在建构、评价和选择科学理论时所采用的一个认识论的策略。虽然它的应用有时能够获得正确的科学理论，从而正确地认识自然，但是，它不能保证所构建和选择的所有理论都是正确的，也就是不能保证对所有的自然对象，尤其是自然中的复杂系统，都能够获得正确的认识。在复杂性系统中，简单性和真理性不是一回事，复杂性才与真理性有着更紧密的关

① 肖显静：《面对复杂性科学，要探索科学认识方法的新范式》，《科技导报》，2003 年第 5 期，第 21 页。

② 对此，有人会说，按照这个标准的话，我们首先要知道所研究对象的存在是什么。这就产生了两个问题：第一，如果我们知道了所研究对象的存在是什么，那么我们还要这些理论干什么；第二，如果我们不知道所研究对象的存在，那么我们如何知道这个理论是正确的还是不正确的。应该说，这种看法有一定道理。但是细究之下，也存在不足。一般而言，在专门对一个对象进行认识之前，关于该对象的认识不会比专门认识之后更多，在对一个对象认识之后才能判断该认识是否合理或正确，但是，有一点是肯定的，即在认识某一个对象之前，我们肯定是有一定预设的，即我们要认识的是对象已经存在的，还是存在的对象在我们的实验操作下所产生的，前者更多地对应的是科学实在论，后者更多地对应的是经验建构论。这是两种不同的真理观。

联。这就是说，复杂性可以由简单性的形式来描述，但是，在描述复杂性现象时，我们没有充分的理由优先选择能够同等说明复杂性经验现象的更简单的理论，因为往往更复杂的理论更能正确地反映复杂性事物及其现象。

如洛特卡-沃尔泰拉模型（简称“L-V 模型”）是 1925 年和 1926 年由洛特卡（A. J. Lotka，1880—1949）和沃尔泰拉（Volterra V，1860—1940）提出的。它描述的是捕食者和猎物两个物种之间的动态变化过程及关系：猎物增加，意味着可供捕食者捕食的猎物数量增加，捕食者可以捕食更多的猎物，因此它们的数量也增加；但随着捕食者数量增加，它们将捕食更多的猎物，由此导致猎物数量的减少；而猎物数量的持续减少，将使得捕食者更少地捕食到猎物，从而捕食者的数量也减少；随着捕食者的继续减少，捕食的猎物的数量也相应减少，从而导致通过自然生成的猎物的数量增加。其结果是形成周期性振荡。①

上述模型是简单的。它抓住了自然界中猎物和被捕食者之间存在的普遍关系。但是，抓住了上述普遍关系的 L-V 模型正确吗？自然界中所发生的一切与之相符吗？

密歇根州立大学的彼得森（Rolf Peterson）自 1959 年至 2014 年，历经 56 年对密歇根州苏必利尔湖上一个偏远的荒野岛——皇家岛上的狼和鹿的种群数量的变化进行研究，发现狼捕杀的大多是年老并且无法繁殖的鹿，狼的捕食对鹿的数量几乎没有影响。二者数量的变化主要是由各个时期意外的（accidental）、偶然的（contingent）、短暂的（ephemeral）、临时的（extemporaneous）、外部的（external）、无序的（haphazard）、独特的（idiosyncratic）、一次性的（one-off）和特殊的（particular）因素，如气候剧变、猎人狩猎、犬细小病毒的暴发、蜱虫的意外暴发、疾病的发生、狼的迁移、发生的矿井事故等决定的。②

第二个要考虑的问题是，我们怎么能够辨别哪一个理论是简单的，或者我们怎么能够比较两个理论，然后去决定哪一个更简单呢？有时这是容易的，有时却并非易事。如果那个理论是数学的，那么非常直接地看它们是二次方程还是一次方程，或者是指数幂还是双曲线，来进行判断。与数学命题简单性标准相关的是变量和常量的数目，在一个公式中，这些东西越多，描述的事件的特征就越多，事件看起来就越复杂。然而，评价理论简单性的标准也受到评价者描述世界的语言和概念的影响，不同的理论将用不同的语言来描述同样的事物。例如，世界上存在大量的基本元素如氢、氧、氮等。如果简单性以原子理论来判断，它们是同种类型的事物，它们都是原子，具有原子的共性，采用原子的语言就可能将实体的数目缩小到 1。如果简单性以实体的数目来判断，那么这里选择的是语言的特征而不是理论的内容，

① Donhauser J. Theoretical ecology as etiological from the start. Studies in History and Philosophy of Science Part C: Studies in History and Philosophy of Biological and Biomedical Sciences, 2016, 60: 67-76.

② Peterson R O. Ecological studies of wolves on Isle Royale. Isle Royale Natural History Association, Houghton, 1991.

实体的数目就有许多。因此，简单性标准并不是独立的、客观的，它依赖于语言学和理论的背景。即使在数学的情况下，也是这样。这增加了我们判断某一理论是不是简单的以及是不是更简单的难度。[①]

如此一来，基于机械自然观的相应的方法论原则的应用，科学家获得了对自然的什么样的认识呢？科学家没有或很少考虑自然的有机整体性特征，而是将视野聚焦在自然的机械简单性方面，或者忽视自然有机整体性的不可简约为机械简单性的特点，一味地运用与机械自然观相对应的祛魅性原则、简单性原则、还原性原则、因果决定性原则等，对有机整体性的对象或现象进行简化处理，将此约简为机械简单性加以认识，认识到的是自然的机械简单性的方面。

这就是机械自然观的“非自然性”。这些“非自然性”原则存在着一系列的问题。

第一，祛魅性原则否定了自然的经验性和目的性，体现在生物学上就是把动植物界广泛存在的社会现象，看作是不存在的。莫兰（Edgar Morin，1921—）就说：“它也向社会现象关闭着，虽然社会现象在动物界以至于植物界都非常广泛地存在着，但是由于缺乏适当的关于‘社会’的概念，只把它们看为混乱的共生。蜜蜂或蚂蚁的显而易见的社会组织被归结为族类本能、罕见的特例，而没有被看作是深刻地录写在生物世界中的社会性的标志。”[②]由此，生物学很少研究与通信、认识、智能有关的现象。这就将生物界与社会界分离开来，生物学被局限在“生物学主义”的范围之内。实际上，某些动物是存在经验性的，如情感、意志、语言、智能、文化等，某些有机体和自组织系统还是存在目的性的。不对这些方面进行研究，就不能认识生物世界与无机世界的不同，也无法解释无生命的物质结构进化与有生命的生物功能进化之间的连接，更不能反映自然世界的有机整体性。

第二，近代科学在对自然进行认识时，关注的往往是简单性现象，较少关注复杂性现象，甚至没有发现或者忽视了复杂性现象。而且，即使在发现了复杂性现象之后，往往会为了认识的可行性和确定性以及避免数学上的复杂性，而根据简单性原则对复杂性现象做线性的简单处理，“把复杂性约化为某个隐藏着的世界的简单性”[③]。具体表现在：把模糊性约化为清晰性，把非线性现象约化为线性现象，把混沌运动约化为周期运动，把分形对象约化为整形对象。[④]如此，就会在简化自然的过程中，获得对自然的简单化的、不全面的、不正确的认识，造成“自然是简单的”

① 肖显静：《简单性原则等同于真理性吗？》，《系统辩证学学报》，2003 年第 4 期，第 30、40 页。

② [法]埃德加·莫兰：《迷失的范式：人性研究》，陈一壮译，北京：北京大学出版社，1999 年，第 7 页。

③ [比]普里戈金、[法]斯唐热：《从混沌到有序——人与自然的新对话》，曾庆宏、沈小峰译，上海：上海译文出版社，2005 年，第 9 页。

④ 苗东升：《把复杂性当作复杂性来处理——复杂性科学的方法论》，《科学技术与辩证法》，1996 年第 1 期，第 11-13 页。

假象。

第三，还原性原则是将复杂现象归结为简单的、可以解释的现象，并且相信这样的解释是有效的。具体说来就是，整体的或高层次的性质可以还原为部分的或低层次的性质。这种还原论的观点导致人们普遍会先认识简单的，再认识复杂的；先认识局部的，后认识整体的；先认识低层次的，后认识高层次的。如在生物学上，会把生命过程看成是通过某种形式的自然选择，由无机向有机再向有机体连续进化的高级复杂的物理化学过程。问题是：对于有机整体性的对象，鉴于它所具有的不可分离性、内在关联性和返魅性，我们何以能够通过还原论原则获得对低层次对象的正确的、全面的认识？而且，即使不考虑这一点，假设我们拥有了对低层次物质的全面认识，我们又何以能够全面、正确地解释整体性对象的特征、功能和属性？机械地采用还原论原则去认识有机整体性的对象，结果只能是："从还原论者眼皮底下溜走的，是事物全面的和整体性的特性。"①

第四，因果决定性原则倡导一种决定性的因果关系、线性的因果关系以及上向的因果关系(upward causation，即通过低层次的来为高层次的寻找原因)，忽视了有机整体性对象中存在的非决定性因果关系、非线性因果关系、相互因果关系、下向的因果关系(downward causation，即通过高层次的来为低层次的寻找原因)、非因果关系和因果关系。不难想象，这些新的因果关系类型在有机整体性对象中是存在的，忽视这些因果关系，着力于研究对象的决定性因果关系，所获得的只能是对自然的规律性方面的规律性认识，或者是将其他因果关系简化为决定性的因果关系而得到的认识。这种认识不可能反映自然界的复杂的、多类型的因果关联。"世界的结构不可能只由自然规律来解释。"②

接下来的问题是，具有这种特征的科学认识，对于其应用所造成的环境问题意味着什么呢？

第一个影响是，不能保证对有机整体性的对象获得全面、正确的认识，这样的科学知识指导下的人类实践，就很可能会与自然系统相违背，造成自然生态环境的破坏。由于自然本身存在着有机整体性的方面，而且这样的有机整体性从本质上来说是不可约简的，如此，前述方法论原则就只是科学家在认识自然时所采用的一种策略。虽然它的应用有时能够使科学获得对具有机械简单性特征的那一部分自然对象的正确认识，但是，用上述方法论原则来研究有机整体性的对象系统，实际上是将不可祛魅的、复杂的、不可还原的和不可分离的认识对象机械地加以了祛魅、简化、还原和分离，获得的是对已被祛魅了的、简单化了的、还原了的、分离了的、

① [美]斯蒂芬·罗思曼：《还原论的局限：来自活细胞的训诫》，李创同、王策译，上海：上海译文出版社，2006年，第37页。

② Barrow J D. Is the world simple or complex?//Williams W. The Value of Science. Boulder: Westview Press, 1999: 85.

规则化了的有机整体性对象的祛魅了的、简单化了的、还原了的、分离了的、规则化了的认识，建立的是分门别类的知识体系，如物理学、化学等。由于这些认识和知识体系是在否定有机整体性的对象具有超越其构成部分特性的基础上建立的，歪曲和践踏了此类对象的有机整体性，所以就不能保证对有机整体性的对象获得全面、正确的认识，将此认识应用于改造有机整体性的自然时，就很可能会与自然系统相违背，造成自然生态环境的破坏。

如李比希在早年研究有机化学的基础上，于 1840 年之后长期研究生物化学和农业化学。他用实验方法证明植物生长需要氮、磷、钾等元素，人和动物的排泄物只有转变为碳酸、氨和硝酸等才能被植物吸收，因此，应该合成无机肥料来提高植物收成。

分析上述研究，李比希简化了土壤与植物生长之间的关系，将之分离、简化、还原成单纯的氮、磷、钾等元素以及相应的化学物与植物生长之间的关系，而没有考虑到土壤的整体环境与植物生长之间的关系以及相应化肥的使用对土壤环境的影响，不恰当地使用过量的化肥必然会破坏有机整体性的土壤环境。

不仅如此，上述机械自然观还必然会导致人类主体性的张扬和人类中心主义的盛行。在机械自然观和近代科学的作用下，自然的历史性和复杂性被简单性替代，自然成了一个没有经验和情感、毫无灵性、呆板单调的存在，不具有自我维护、完善自身的功能；人类成了一个神性的、无畏的存在。自然在人类面前失去了它的神秘，人类在自然面前失去了对它的敬畏。既然自然界缺乏任何经验、情感和内在关系，缺乏有目的的活动，没有意志、目的，既然动植物只有肉体没有灵魂，不能感受痛苦，那么“自然实在当中亦就不可能存在目的因，对自我决定或目的因而言也不存在创造力，但若没有某种趋向于理想可能性的目的因，那么理想、规范或价值就不能发生作用。因为从严格意义上说，一切原因都源自过去有效的原因。如果没有旨在实现理想的自决，便不可能实现任何价值。因为自然事物或活动间的相互因果作用不涉及价值观问题，所以自然中不会存在内在的价值”。[①]由于自然客体没有内在价值，只有使用价值和工具价值，所以它就没有资格获得道德关怀，只是人类按照自己的目的利用、改造、操纵、处理、统治的对象，是人类借以达到目的的工具和手段。这就从实践和价值两方面造成了人与自然的对抗。

需要注意的是，这里的人类中心主义不是相对于人类社会的，而是相对于自然的，是以人类作为主体而自然作为客体来考虑的，是以与自然相对的主体“人类”为主体的，是人类主体或对于人类而言的类主体。它以现代性的主客二元对立思维模式为特征，即主体、客体被看作是完全不同的存在：主体是高级的，客体是低级

① 吴伟赋：《论第三种形而上学——建设性后现代主义哲学研究》，上海：学林出版社，2002 年，第 71 页。

的；主体处于能动、主动、积极、主导等地位，而自然界的事物，也就是客体，则处于被动、受动、消极、受控等地位，处于与占据主导地位的主体相对应的从属地位；主体具有主观性，富有价值、情感、感觉，而客体则是中性的、无情感的、无感觉的；主体富于思维，能够进行抽象、知觉等各种活动，而客体是具体的、确定的、无智慧的；主体具有确定、预见、控制事物的能力，而客体是自在的、没有预见能力的，受主体控制。人类和自然之间的关系发生了一个翻天覆地的变化。主体成了一个凌驾于客体之上的，对客体进行操纵、控制和征服的神性的存在。这必将导致人类主体在认识和改造自然时造成人与自然关系的外在对立性，必然通过各种方式引导人们去达到对自然客体的控制和征服，导致环境破坏。①

这种“主客二元对立”思维模式，是导致人与自然关系对立的深层决定原因，为人在自然界中的统治权、占有权提供了内在根据，“为现代性肆意统治和掠夺自然(包括其他所有种类的生命)的欲望提供了意识形态上的理由。这种统治、征服、控制、支配自然的欲望是现代精神的中心特征之一”。②

(二)实验“现象制造”的非自然性与环境破坏③

依据对外在自然界的考察可知，自然是纷繁复杂的。当被研究对象的构成因素错综复杂，被研究现象发生的过程极快或极慢、极微或极广，以及被研究对象所产生的后果庞杂时，被研究对象的某些属性就不太可能甚至完全不可能表现出来，仅仅用观察方法就难以获得更多的材料，也难以获得更可靠的材料。此时，该怎么办呢？弗朗西斯•培根从方法论上首次为人类解决了这一问题。他认为自然是容易“出错”的，必须对此加以“激扰”，进行科学实验，才能诱导自然“说出”它的秘密。

要完成科学实验，首先就要确定实验对象。有些实验对象是取之于自然界的，有些则是取之于人造物——自然界中没有的，由人创造的物质，它们在地球上任何一个地方都不存在，是人类创造了它们，它们是人工物。并且，随着科学的进步，实验活动所指向的对象——实验对象更多地已经不是天然自然的对象或对天然自然处理后的对象，而直接就是人工对象了，如人工合成制备的客体——单晶硅、CFCs(氯氟烃类物质)、电子器件等，它们在地球上任何一个地方都不存在，是人类创造了它们，它们是人工物。

对于实验对象，无论是取之于自然还是取之于人工，有一点是肯定的，就是首先要对它们进行分类，在分类的基础上形成物理学的对象、化学的对象、生物学的

---

① 肖显静：《论主体性的重构与“人—自然”新关系的建立》，《南京林业大学学报(人文社会科学版)》，2007 年第 1 期，第 19 页。

② [美]格里芬：《后现代精神》，王成兵译，北京：中央编译出版社，2011 年，第 23-24 页。

③ 本部分撰写主要参见肖显静：《实验科学的非自然性与科学的自然回归》，《中国人民大学学报》，2009 年第 1 期，第 105-111 页。

对象等，然后再对这些经过分类的对象进行相关的实验，如物理实验、化学实验、生物实验等。由此，可以得到关于实验的第一个结论：实验是分门别类的，不可能对实验对象的所有方面进行实验，只可能对有限实验对象的特定方面进行实验，如此，通过实验所获得的认识就是对特定对象的某些特定方面的分门别类的认识。

而且，在很多时候单凭这种分类还不能确定具体的实验对象，要确定具体的实验对象，还必须根据实验者的理论背景和具体的实践背景，对实验对象加以具体的作用，从中分离、选择、筛选、精炼、提纯，以获得能够进入实验室之中的实验对象。这是科学实验对象的准备。这样所造成的后果是：实验对象已经不是以自然状态存在的那一对象了，而是以某种人类规定给它的特定状态存在的对象，是被人类改造过的对象；所获得的关于这一对象的认识，主要不是对自然状态下的自然对象的认识，而是对取之于自然界中的经过特定处理的非自然状态下的自然对象的认识，或是对自然界中不存在的对象——人工对象的认识。

确定了实验对象后，就可以进行具体的实验操作了。从测量过程的方法论意义上来讲，实验操作本质上就是一系列合理而有效的方法和步骤，其常规程序如下：设定实验仪器的外部条件，以形成一个确定的实验系统，从而满足实验目的的要求；对仪器进行控制和校准；确定测量对象的初始状态，使其在可期望的条件下进行运动和变化；预测这一系统的可观察特性，使整个操作过程更加有序；实施干扰。在这个过程中，实验者在观察下操纵观察对象并获得观察结果；用不同的实验进行独立证实；排除可能的错误发生源，并对结果做出可选择的解释；根据相应的背景理论，记录和完成详尽的实验报告。①

考察上述实验操作过程，可以发现，它是在一定的理论指导下，运用一定的实验仪器，对实验对象施加一定的作用，从而获得一定的实验现象的过程。在此过程中，一是要纯化或简化实验对象；二是要加速或延缓实验现象；三是要强化或弱化实验现象；四是要模拟再现实验现象；五是要创造发明某种实验现象；六是要控制追踪实验现象；七是要记录描述实验现象。这样一来，实验现象就不仅仅包含对象客体，而且包含了观察设施及其干扰作用；实验现象已经不是简单的、自然的呈现，而是在人类给定的实验条件下，由人类具体的实验操作产生的，可以看作是人类通过创造而发现的现象——如果没有这样的实验仪器，如果实验者不实施一定的操作，那么那种特定的实验现象就很可能不会产生，而且，即使产生了，在很多时候也不能持续维持。

这不是说实验现象与自然完全无关，而是说，如果没有人类对实验对象的如此这般的操作，该实验现象就不存在，即该实验现象并不是先在于大自然之中由大自然自我展现的，而是经过处理的自然事物或人造物，在人类所进行的实验的特定干

① 郭贵春：《当代科学实在论》，北京：科学出版社，1991 年，第 194-195 页。

预作用下的特定的回应。一种实验条件的存在，就是对实验对象的一种限制、规定，是对实验对象的非自然化；一种实验操作的进行，是对实验对象的一种特定的作用和干涉，是一种人工现象的创造。在这里，实验对象成了人类实验、作用和认识的对象，不能独立于人类而存在，与人类对其的分类、处理、操作、认识紧密关联，是一个人工对象；实验现象是人类“发明”的，而不是“发现”的，最起码可以说是在“发明”基础上的“发现”。这样的“发现”不是发现了“自然界中本来就存在的那一现象”，而是发现了“我们在实验室中创造或制造出来的那一现象”。如此一来，实验所获得的科学事实就主要不是自然事实(natural facts)，而是人工事实(artificial facts)。有关这方面，卡林·诺尔-塞蒂纳(Karin Knorr-Cetina，1944—)的观点能够给我们启发。她认为，实验室是一种生产(科学)知识的特殊工厂或作坊(workshop)，其产品(科学知识)首先和主要是一个人工制作过程的结果。这一点通过三方面来说明：一是实验室的现实是高度人工化的。它像一个工厂，不是被设计来模拟自然的建制。实验室中不仅不包容自然，甚至尽可能地将自然排除掉了。她注意到，科学家在实验室中所面对和处理的都是高度预构好了的人造物。二是科学研究是借助工具操作的。在实验室中，科学研究的工具性不仅在科学家所操作的“事情”的性质中表现出来，而且也体现在科学行动的专注性中。这种借助工具所完成的观察，在很大程度上，截断了事件的自然路线。三是科学家是“实践推理者”(practical reasoner)。实验室行动是在一种复杂排列的环境中进行的，科学家的行动就是设法降低环境的复杂性，从无序中制造出秩序，“产生工作结果”(making things work)。[①]

总之，科学不仅是关于“什么”的，而且是关于“能是什么”的，“能是什么”是通过行动——科学实验而不是通过单纯的思辨所得的。“所知”(knowledge-that)是重要的，“能知”(knowledge-how)就更重要，因为后者是前者的基础，试想：如果没有实验操作对认识对象的作用，我们怎么能够现实地知道并认识这些对象及其现象呢？

这也说明，科学家在进行科学认识的过程中并不是相对被动的，而是主动地建构认识对象，是“现象的‘制造’”，“‘发明’基础上的‘发现’”。如此，源于实验室中的科学认识是关于事物的认识，但不是关于独立于我们心灵的“自然事物”的认识，而是关于我们所建构或制造出来的“非自然事物”的认识；在实验操作的作用下，即使是自然事物也变得非自然了，即使是原先不存在的也被建构出来了。实验科学不自然，实验科学非自然。

这种情况广泛体现在高能物理学、电磁学、热力学、化学和实验生物学之中，

---

① 赵万里：《科学的社会建构——科学知识社会学的理论与实践》，天津：天津人民出版社，2002年，第216-217页。

其研究对象和呈现的现象很大一部分并非原来就存在于自然界之中。

——高能物理学需要用到庞大而复杂的仪器作用于“不可观察的”粒子，然而再对人工产生出的对象和现象进行观测。

——电路中的电流以及相关效应同样是人工的产物，在 19 世纪之前它们尚未如此明显地存在。

——热力学研究热能向机械能的转化，是人工的操作，这是关于热机的科学。

——化学家所研究的绝大多数物质是制造的结果，甚至连最普通的化学材料也是经过人工以标准化的、高纯度的形式呈现的。

——生物学家对研究对象的处理，如培养细胞、克隆生物细菌、培育无菌状态下的动物品种等，都是产生“非自然的”生物对象。

由上可知，科学实验的现象创造，使得科学是在建构自然对象或人造对象的过程中获得对自然对象或人造对象的认识的，是对经过干预了的、经验建构了的自然对象或人造对象的认识，得到的规律主要不是关于自然事物的“自然规律”，而是“人造的”科学规律。科学规律与自然规律是不同的，它是我们在实验室中或在科学理论的建构过程中创造出来的规律，如果没有实验的建构，这样的规律就不会存在甚至不会出现，我们也就不会发现这样的规律。这些规律是科学家发明的，是在发明的基础上的发现，是人工的，以非自然(absence of naturalness)的方式存在着。

这一点与环境问题关系密切。如果科学所获得的对自然的认识反映了自然规律，那么按照这样的规律去行动就符合自然规律，也就不会产生环境问题；反之，如果科学认识获得的是对人工自然的认识，即反映的是人工自然规律，那么，由于人工自然规律与外在自然规律存在着不一致的甚至根本不同的地方，用这种人工自然规律改造外在自然时，造成环境问题也就是必然的了。

事实上，正是科学实验的建构，使得人类获得了大量的人工自然规律。这些人工自然规律的应用，使现代大量的技术创新和生产实践成为可能，并通过其将人工自然规律从科学的世界(实验室中的微世界)转移到生产车间，生产出许多人工物。

不可否认，这些人工物极大地方便和丰富了我们的生活，应用于人类生产和生活的方方面面，使人类能够过上幸福美好的生活。但是，在生产和使用这些人工物过程中会生成很多环境污染物，而且它们进入环境后，经过迁移(包括机械迁移、物理化学迁移、生物迁移)、转化(包括物理转化、化学转化、生物转化)，以及在食物链中的转移，造成了各种各样的生态环境破坏，使整个地球满目疮痍，其情可怖。

DDT[全称为 Dichlorodiphenyltrichloroethane，化学名为“二氯二苯基三氯乙烷”，化学式为$(ClC_6H_4)_2CH(CCl_3)$]的合成、使用以及所造成的环境问题，就说明了这一点。

从科学认识上讲，DDT 的合成是符合化学规律的，它能够用作有机氯类杀虫剂也表明了它符合一定的化学和生物学规律。那么，它的使用又为什么会造成环境破坏呢？对此问题的回答之一是它的应用不符合生态学规律，会对人体和生态环境造成危害。

仔细分析上述观点，仍然存在有待深入的地方。如果我们深入考察DDT的实验室合成过程，将会发现，DDT的生产确实是人类分离、简化、纯化、强化、干预自然的结果。但是，这里所涉及的自然更多、更直接的是人工自然而非天然自然；实验过程所发生的反应在自然界中并不存在，也并非自发；所生产出来的物质是人工物，而非天然物。当将这种人工物释放到自然界中，它要与自然物相作用，从而破坏自然。

（三）数学“结构模塑”的非自然性与环境破坏

数学在科学中的应用思想起源于毕达哥拉斯，首先应用于天文学。毕达哥拉斯认为，世界的本原是数学，由此，通过数学认识世界，也就成为必然的了。在此，自然的数学化起源与自然的数学化认识是合二为一的。柏拉图继承并且发展了毕达哥拉斯的思想，将数学作为物质、精神之外的理念式的理想的存在。这样的存在对于人类来说是先验的，也是自在的，但能够被人类所把握并用于认识这个世界。只是这样的认识是对经验世界的“拯救”，即人类经验的天上的世界是可能出错的，天球的运动是按照某种理想化的数学形式（几何方式）进行的，一种简单的理想的数学形式反映了天球的真实运动状态。在此，天球运动的数学几何的简单和谐是真理性的标准，而观察到的天球的运动轨迹则可能是错的，天文学成了一个构建简单的理想的几何结构体系，并以此解释天球的经验观察现象的事业。这是“数学的天文学”，集中地体现在对天文观察现象的数学“拯救”上，又可称作“现象的拯救”。

这也是一种自然的数学化，只不过这样的数学化是以自然的简单和谐完美为其自然观基础的。这样的自然观到了中世纪晚期有了进一步的发展，新柏拉图主义坚持上帝是完美伟大的，完美伟大的存在所创造的宇宙也是完美和伟大的，也就是简单和谐的。据此，哥白尼提出了“日心说”，开普勒提出了“宇宙的和谐”。相对于哥白尼，开普勒在天文学上有了更大的推进和创新。他意识到了星球运动的原因除了上帝之外，还有星球之间的类似于磁的灵魂作用，认识到了天球简单和谐运动标准的相对性，改变了在他之前一直存在的星球理想圆周运动的成见，提出了星球运动的椭圆轨道以及行星运动三定律，以科学认识的简单性原则——以最简单的理论形式最准确地解释最广泛的经验对象，代替某一具体的简单性观念——星球作匀速圆周运动，实现了更高层次上的“现象的拯救”。由于这样的拯救不单纯是以简单和谐的数学几何裁决经验观察到的天文学现象，而是考虑到了天球运动的动力和经验观察的作用，因此，这样天文学就不单纯是“数学的天文学”，而是“物理的数学的天文学”。如果说开普勒之前的数学的天文学还是以数学几何的方式呈现的话，那么到了开普勒这里，就成了以数学定律的方式（数学表达式）呈现。

伽利略虽然没有改变星球圆周运动的观念，但是，他借助望远镜观察到了月球上有山脉，太阳上有黑子，认识到了天上的世界与地上的世界一样是不完美的，通过地上物理世界的运动原理如惯性原理，能够说明并且消解那些与“日心说”相悖的观察现象，如“天上浮云不动”“地上物体垂直落回原地”等现象，而且还以“日心说”解释其他天文现象。牛顿在研究物体运动和力学问题时，需要对连续变化进行研究，提出了“无穷小量”的概念。创立了微积分学。他还以地上物体的“重力”类推到天上的星球，提出“万有引力定律”，对天上的和地上的物体加以统一的解释。这是由科学研究引发数学创立的典型例子，也是数学起源于科学研究并且应用于科学研究的典范。至此，天文学和物理学从研究纲领上已经没有什么差别了，甚至可以合二为一了。

物理学的数学化比天文学的数学化曲折，这很大程度上归因于亚里士多德。亚里士多德认为，世界是有等级的，地上的世界是低等级的不完美的，不能用数学来表达，而且地上世界的物体运动是由其内在本质决定的，用数学来表达其运动不能反映它的运动的本质。这种思想统治物理学领域1000多年，阻碍了物理学中数学方法的运用，直到伽利略，这种状况才得以改变。至于伽利略为什么要将数学方法应用于地上物体的运动中，原因是他通过天文观察已经把天上的物体与地上的物体看成是一致的，既然天上的物体的运动可以用数学表示，那么地上的物体也可以用数学表示。为了实现这一点，他把物体的性质分为第一性质和第二性质，从而确立了那些可以量化的性质——第一性质，悬置了那些不能量化的第二性质，从而也就悬置了那些与亚里士多德所谓的“内在目的”相关的性质，将研究集中在事物的外在运动特征上。不仅如此，为了能够将数学应用于地上物体的运动中，伽利略进行了理想化实验，构建理想的实验室环境和理想的实验对象，运用规范的理想化的操作，努力实现事物的理想运动，从而使得物体以某种理想化的数字形式呈现。结果是，他发现了“自由落体定律”等，创立了“数学的物理学”。

伽利略的“数学的物理学”，悬置了亚里士多德的动力因和目的因，着眼于事物的质料因和形式因，转而将研究对象限定在了事物的外在特征的第一性质上，不考虑事物的颜色、气味、味道等第二性质方面。这是对地球上物理世界的“祛魅”，使得地球上的物理世界在物理学那里成为一个没有生命的(更不要说精神的和目的的)世界。而且，伽利略还进行了理想化实验，将纷繁复杂的物理对象处理成理想简单的物理对象，从而使得物理对象以简单化的、规则化的方式呈现。这是对地球上物理世界的“理想化”，使得地球上的物理世界在物理学那里成为一个规律性的世界。伽利略的“数学的物理学”或物理学的数学化，是以物理世界“意义的悬置”以及“理想化的操作”为前提的，使得物理世界以简单的、规律性的方式呈现，从而也使得数学应用于物理学成为可能。在伽利略那里，自然的数学化不单纯是思想观念上的，更重要的是通过理想化实验操作实现的，即通过实验创设理想化的实验环境和研究对象实现的。考虑到这一点，数学理念不是存在于事物之外，而是存在于物理对象之中。这与柏拉图数学主义不一致，而倒是与亚里士多德的理念存在于事物之中的观念有那么一点相符。

至于数学应用于物理学之外的其他科学学科，得归功于笛卡儿。笛卡儿提出了机械自然观，认为广延和运动是自然界万事万物的最基本的存在，可以通过数学方法对此加以研究，以获得对该对象的本质的认识。而且，由于广延和运动为万物所具有，因此可以凭此建立普遍科学。普遍科学虽然并不完全等同于数学，但是，它以数学为基础，并以数学普遍应用于所有各种科学之中为标志。

不能说笛卡儿的上述看法没有一定道理。一旦世界被“机械化”，那么，机械的最基本特征就是它的构成的规则性和运动的规律性，而这两点确实为数学方法的运用创造了条件。这使得数学方法不仅能够应用于物理学中，而且还可以应用于生物学以及其他科学当中。如此，笛卡儿的普遍科学的部分理想就可实现，数学作为一门非自然科学的学科就被广泛应用于所有自然科学之中，从而使得自然科学成为“数理科学”。数理科学既是数学的，也是演绎的，数学在其中的应用及其体现是普遍的。

问题是：自然自身是不是机械的？如果不是，则将数学及其方法应用于自然认识之中会得到什么样的结果呢？考察周围的自然界，它是多种多样的：既有无机物，也有有机物；既有物理性的非精神的存在，也有非物理性的精神的存在；既有简单的存在，也有复杂的存在；既有可还原的存在，也有整体性的不可还原的存在；既有规律性的决定性的存在，也有非规律性的非决定性的存在。对于具有后一方面特征的自然，是不以数学化的规律形式呈现的。将自然数学化应用于这些对象，从某种意义上是对精神的、复杂的、整体的、非决定的自然的一种祛魅化、简单化、还原化、规律化的处理，最终使之成为规律性的决定的存在，成为理想化的数学对象。这是对自然的机械化和理想化，如此所获得的关于自然的认识是与自然本身不相符合的，将此应用于自然改造之中，不可避免地会造成对自然的破坏。

而且，伽利略理想化实验思想的提出，为定量实验的贯彻以及随之而来的数学知识及其方法的应用，创造了前提条件；弗朗西斯·培根的“激扰”实验思想的提出，为科学家采取各种各样的方法对对象施加作用以获得各种各样的认识，打开了思路。这两者的结合形成了以“干涉”(intervening)为其基本特征的近代科学实验。它的核心思想是，在特定的场所——实验室的环境下，运用一定的实验仪器，实施特定的实验操作，创设一定的理想化环境、理想化的对象以及对象的运动，以获得对理想化的对象的理想化的规律性所呈现的认识。这为数学知识及其方法应用于科学，开辟了广阔的前景。可以说，许多在实验室中所获得的科学定律，就是如此这般地产生的。

如此这般地产生的科学定律，根据前述实验的相关研究，应该是人工自然规律，它们与自然规律几乎没有共通之处，甚至在很多时候还相违背，因此，将这样的基于实验的科学定律应用于生产产品并且面对自然时，必然与自然产生对抗。而且，随着这样的实验理想化条件越来越高，它离真实的自然的非理想化状态越来越远，其所产生的以数学形式表达的科学定律就越来越特殊，其应用所产生的环境影响一般来说也是越来越大，而且，其环境影响的大小与其科学定律的普遍性和确定性的大小呈正相关，即某一科学定律应用所造成的环境影响随着该定律的普遍性和确定性的增大而增大、减小而减小。

上面对数学之于科学的考察有一个共同点，就是基于研究对象的存在而考虑数学知识及其方法的应用。事实上，随着科学的发展，也有这样一种情况，就是理论走在了经验(观察、实验、测量)的前面，一种理论的建构或者需要一种与现有的经验无关的数学，或者基于一种纯粹的数学建构一种科学理论。此时，数学走在了科学研究的前面，对研究对象以及与之相涉的理论的建构起着先导和决定作用。如 1826 年，罗巴切夫斯基(Nikolas lvanovich Lobachevsky，1792—1856)将欧几里得几何的第五公设——“在一条直线外的一点只能作一条直线与该直线平行”，改变为“在一条直线外的一点至少可以找到两条直线与该直线平行”，从而创立了第一种非欧几何——罗巴切夫斯基几何，在此几何中，一个三角形的三个内角之和小于 180°。1854 年，黎曼(Georg Friedrich Bernhard Riemann，1826—1866)将欧几里得几何的第五公设改变为“在一条直线外的一点不能作直线与之平行”，创立黎曼几何，在此几何中，三角形的三个内角之和大于 180°。无论是罗巴切夫斯基几何还是黎曼几何，都与人们的直观感觉经验相反，在较长一段时间内被认为是数学家的纯粹构建，在现实的世界或者实证的科学世界中不存在。后来，黎曼几何被爱因斯坦用来研究大尺度星球时空结构与物体运动状态之间的关系，创立了广义相对论(1916 年)，非欧几何才逐渐被人们接受。

这种对数学的处理方式不同于过去的物理学。在牛顿经典物理学那里，研究对象先在地存在并成为研究的基点，相关的数学体系及其结构是通过研究对象而获得的，就此，数学就产生于物理学或者内在于物理学，成为物理学的一部分。这是以自然为原型的科学的数学化，数学具有与自然对应的本体论和认识论地位，这样的自然的数学化是“数学的自然化”或“自然化的数学”，数学成为自然的一部分。在相对论这里，非欧几何成了自在的存在，成了一个自在的时空几何结构。这样的几何结构在应用之前是概念性的，在应用之后就是将这样的概念性的数学几何结构运用于规定研究对象的“世界-结构”，并最终获得研究对象在这样的时空“世界-结构”的呈现。如此，不是自然之存在决定我们选择什么样的时空结构，而是我们选择了什么样的时空结构，就决定了我们对对象的研究有什么样的发现或者研究对象呈现什么样的运动状态。在此，科学的数学化是以数学为原型的，是数学对研究对象的规定，从而最终决定研究对象以什么样的面貌呈现。此时，不是数学具有与自然对应的本体论和认识论地位，而是相反。这样的科学数学化所导致的自然的数学化，不是“数学的自然化”或“自然化的数学”，而是真正的“自然的数学化”或“数学化的自然”。

尽管爱因斯坦的相对论的预言后来得到了经验证实，证明了相对论的正确并进而证明非欧几何的合理，但是，就其认识范式来说，是形式化的数学结构先在并且规定着物理学的研究。就此，爱丁顿(Arthur Stanley Eddington，1882—1944)评论道："我们追求的不是真实的空间或时空的几何，而是世界结构的几何，它是时间空间和事物的公共基础。"[①]具体而言就是，爱因斯坦将黎曼几何应用于广义相对论创立之时，黎曼几何的真理性并没有得到实证，黎曼几何是被作为工具使用的，至于之后广义相对论的相关预言得到了经验证实，并进而证实了广义相对论以及黎曼几何，则是广义相对论建构之后的事情。

现当代，数学本身的发展越来越形式化。从欧几里得的《几何原本》到希尔伯特(David Hilbert，1862—1943)的《几何基础》，从初等代数到抽象代数，都说明了数学自身的发展形式已经从具体的内容抽象出形式，走向形式与内容相统一，再走向纯粹形式化的追求。这种纯粹形式化的数学应用于科学研究，更多地体现了数学对研究对象的形式化的建构。这成为形式化数学发展的一个趋势。

与上述趋势相伴随的是物理学研究越来越深入到微观和宇观，实验事实的获得以及解释越来越艰难，相应的理论构建越来越依赖于形式化数学的推理构建，构建出来的理论经验检验也越来越难，导致的结果是纯粹数学越来越成为物理世界结构的基石，数学理论内在的融洽以及数学理论之间的一致性，数学理论与物理理论的整体融贯性，越来越成为物理学理论真理性评价的重要因素。这一点在理论物理学、理论化学等理论科学中表现得尤为明显。在这些学科中，科学家更多的是通过形式化的、抽象的纯粹数学来理解物理实在。这与经典科学家更多的是通过观察实验理解物理实在，形成鲜明的对照。

如此一来，在科学研究过程中使用何种数学体系，似乎是科学家的自我选择以及科学家之间约定的事情。照此，数学在自然科学中的应用，事实上就是数学的相关结构对被研究对象的数学规定。这种规定有点类似于"模塑"。它可以以研究对象为原型模本对研究对象进行数学塑造，也可以以数学本身为原型模本对研究对象进行塑造，塑造的结果都是研究对象呈现出数学结构。事实上，这样的数学结构并非事物本身所固有，而是数学结构对研究对象塑造的结果。凯斯·贝克曼(Keith Backman)就说："数学本质上是对有序的一种形式描述，既然宇宙是有序的(至少在时空和质能的尺度上是有序的，这是我们能够观察到的)，那么现实世界被很好地数学模塑也就不足为奇了。错误在于将这种关系颠倒过来，并期望一个数学模型的每一个结果(sequela)都能在现实世界中得到一些对应。"[②]也就是说，真实世界是能

---

① 转引自 Cao T Y. Conceptual Developments of 20th Century Field Theories. Cambridge: Cambridge University Press, 1997: 107.

② Backman K. The danger of mathematical models. Science, 2006, 314(5798): 419.

被数学模塑化的，但把模型与真实世界的关系颠倒过来并想当然地认为数学模型的每一个结果都与真实世界中的某些因素相对应，就大错特错了。就此，我们通常所认为的某事物遵循某科学定律，事实上不是该事物真的具有此定律，而是当我们用相应的数学模塑该对象时所得到的相应的结果。这是数学建构论。照此，将具有这样的科学定律的科学认识应用于改造自然时造成环境破坏，也就在情理之中了。

胡塞尔(Edmund Gustav Albrecht Husserl，1859—1938)曾经认为，近代科学的数学化也是自然的数学化，当自然被等同于其构成的数学的、可以计量的对象的时候，欧洲科学危机也就产生了。一方面，这场欧洲科学危机，导致了人的生活意义的丧失，“抽象掉了作为过着人的生活的人的主体，抽象掉了一切精神的东西，一切在人的实践中物所附有的文化特性。这种抽象的结果使事物成为纯粹的物体，这些物体被当作具体的实在的对象，它们的总体被认为就是世界，它们成为研究的题材。”[①]另一方面，这场欧洲科学危机，也导致了自然的存在意义的丧失。而今，从生态环境保护的角度考察，近代以及现代科学的数学化在数学化地建构自然的同时，也将自然简单化、理想化、规则化和模塑化，自然的丰富的真实的意义被遗忘，成了一个数学的结构的存在，其应用必然引发生态环境危机。这是科学危机的另外一个方面，是自然的存在意义的丧失。

(四)理论“主观建构”的非自然性与环境破坏

持有传统科学观的人们认为，科学理论具有客观真理性，它是对事物本来面目的正确反映或逼近真理的反映，发挥着解释功能和预见功能。如果科学真的是这样，那么，它就是一个排除了人的主观性的中立的东西，不含有人类建构的成分，最终只与自然有关并与自然符合。实际上，这种看法是站不住脚的。

第一，“观察渗透理论”对于科学理论具有建构作用。

观察是观察者与被观察对象之间的相互作用，观察者的知识背景会影响观察结果和对观察结果的解释。同一个人对不同现象或不同的人对同一个对象进行观察，会得出不同的结果。至于具体得到什么样的结果，取决于观察者已有的概念结构、信念价值观和以往的知识经验。观察者并不是先看到某一现象然后对此加以摹写，而是在渗透已有各种知识的背景下去进行观察的，在观察的同时，也对被观察对象进行了解释。因此，当人们观察事物时，事物本身以及观察者的眼睛所接受的刺激没有改变，所改变的只是观察者的视角以及不同的知识负荷，随之就改变着人们对被观察对象的感觉和认知。这就是“观察渗透理论”的结果。

“观察渗透理论”表明所有的观察都是有理论渗透的。观察到了什么绝不仅仅取

① [德]埃德蒙德·胡塞尔：《欧洲科学危机和超验现象学》，张庆熊译，上海：上海译文出版社，2005年，第78页。

决于被观察对象，而且还取决于观察者的视野以及观察者的知识理论背景；观察是受制于理论的，观察结果只有在那些具体的理论中才有效。这表明了理论对观察的建构性。而且，正是由于观察渗透理论，而且理论又是用来说明观察的，因此，当观察渗透了不同的理论时，所得到的观察图像就会不同，进而对该观察对象的进一步的理论解释也就会不同，这表明了观察对于理论的建构性——对观察的理论说明必将随着观察的渗透理论的不同而不同。

第二，科学研究的范式对科学理论具有建构作用。

科学哲学的研究表明，科学认识是在遵循一定的研究范式基础上进行的，范式不同，表明所依据的哲学基础、思维习惯以及一般性的科学认识方法就不同，从而也就会得到不同的科学理论。

如对于物体下落问题，亚里士多德坚持自然的内在目的论，通过事物的运动状态由其内在的目的和本性所决定来解释它。他认为，重的物体含有较多的土元素，而土元素本身有一个趋向地球的内在的本性，轻的物体含有较多的气元素，而气元素本身有一个远离地球的本性，综合这些，含有较多土元素的重的物体就要比含有较多气元素的轻的物体下落快，这是由它的自然运动决定的。

到了伽利略那里，他悬置了事物的本质以及内在目的论，遵循事物的量的测量原理，将对事物的认识从内在本质方面转向对事物外在的、可量化的方面；他拒斥亚里士多德的内在目的论，坚持扬弃柏拉图的理念论，把现实实验和理想实验相结合，经过测量以及数学计算，得出了“重的物体和轻的物体下落一样快”的结论。

这两个人的观点孰真孰假呢？从现在人们的理解看，肯定是亚里士多德错了。但是，如果我们从亚里士多德的自然观范式来看，他的观点并非没有道理。从他们各自的自然观范式来看，他们的认识都是“正确的”。

这也表明，理论本身是以范式为基础的，范式反过来又背上了文化的包袱，如此一来，对于同一事件进行观察的科学家，会根据不同的“范式传统”，对相同的结果采用不同的方式来叙述和解释。这就是“范式传统”对科学理论认识的建构，可以看作是科学理论建构的第二种方式。

第三，科学理论条件的理想化对科学理论具有建构作用。

如前所述，近代科学是以机械自然观为基础的，并遵循祛魅性原则、简单性原则、还原性原则、因果决定性原则来对事物进行认识，由此所获得的认识成果——科学理论，也应该体现这几方面的原则。这导致科学理论具有综合简明性、前提条件的规定性、理想性和抽象性等特征，它们是对简单化、理想化、抽象化的对象的简单化、理想化、抽象化的描述和解释。

如牛顿万有引力定律 $F=Gm_1m_2/r^2$，表示的是两个物体间的作用力与这两个物体的质量乘积成正比，与它们之间的距离的平方成反比。但是，必须清楚，只有在两个物体都不带电的条件下，这一公式才是对的。它不适用于两个物体带电的情况，因为此时存在安培力（电作用力）。而电作用力遵循库仑定律，它在形式上类似于万有引力定律。当然，我们可以组合这两个定律并对其进行修正，或者将两个物体间的总作用力分成两个部分，一个是引力，一个是电作用力，但是，这样做会造成它们在各自的应用领域丧失效用。鉴此，卡特赖特（Nancy Cartwright）的结论是："我们可以维持库仑定律与万有引力定律的真理性，条件是不要认为它们关乎事实。"①

考察科学理论，可以发现，它们几乎都具有万有引力定律所具有的特征，即只有在所有条件都正确的前提下，该科学定律才适用。"出于解释的目的，科学家们期望获得广泛适用的普遍规律，哪怕付出不能精确应用于任何真实情况的代价。这样，他们的讨论便脱离了直接的自然事实，这使得科学理论能够面向自然的基本结构。与实验知识一样，理论面向的也是经过整理的纯化现象，是对真实性的抽象。理论、模型甚至很多独立的事实并不以原初形式反映自然，而是对自然的特殊方面或隐蔽结构进行描述，或者力图描述特定的人工现象。"②这是在人工建构理论的过程中的非自然性。它表明，科学理论并没有告诉我们自然界在自然状态下是什么样子，而只是说，具有且仅有如此这般性质的一组对象将会是什么样子。

第四，科学实验对科学理论具有建构作用。

科学理论虽然是一种抽象性的认识，但是，它是对物质性的现象的认识，其中含有大量物质性的具体的操作活动及其物质性的结果，与科学实验紧密关联。科学理论要以实验事实为基础，以实验事实为准绳，由此，科学实验的建构性也决定了渗透于其中并且解释实验现象的科学理论的建构性。而且进一步地，即使不考虑这点，仅就科学事实的实验建构而言，由于科学事实是人工事实，那么在此基础上创立的能够解释这一人工事实的科学理论，也就应该具有人工建构性，应该是对人工建构物的解释，而不是对独立存在于实验室外的自然事物的描述和解释。针对这种情况，卡特赖特（1983 年）、克拉耶夫斯基（Wladyslaw Krajewski）（1977 年）等指出：根据科学自身的标准和操作，最佳的理论和定律甚至只适用于人为设计的实验室环境。③

这是科学实验对科学理论的建构作用。事实上，科学理论对科学实验也有建构作用。在科学实验的过程中，无论实验课题的选择、实验原理的确立、实验工艺的设计、实验过程的实施、实验结果的解释等，都需要理论的指导，如此，实验的现象建构也就与理论紧密相关了。一个现象的展现是一种具体的物质性的展现，但

① 转引自[加]瑟乔·西斯蒙多：《科学技术学导论》，许为民、孟强、崔海灵等译，上海：上海科技教育出版社，2007 年，第 204 页。原文出自：Cartwright N. How the Laws of Physics Lie？Oxford：Clarendon Press，1983：61.

② [加]瑟乔·西斯蒙多：《科学技术学导论》，许为民、孟强、崔海灵等译，上海：上海科技教育出版社，2007 年，第 206 页。

③ [加]瑟乔·西斯蒙多：《科学技术学导论》，许为民、孟强、崔海灵等译，上海：上海科技教育出版社，2007 年，第 204 页。

是，必须清楚的是，其中蕴含着大量成熟的和不成熟的理论知识。

关于上述的科学实验与科学理论相互建构，可由立方烷(C_8H_8)的提出及其成功合成说明。

立方烷首先不是在自然界中发现的，而是 19 世纪下半叶随着有机化学的发展以及碳四价和氢一价的提出，由化学家在思维中构想出来的，其分子结构见图 13.3。

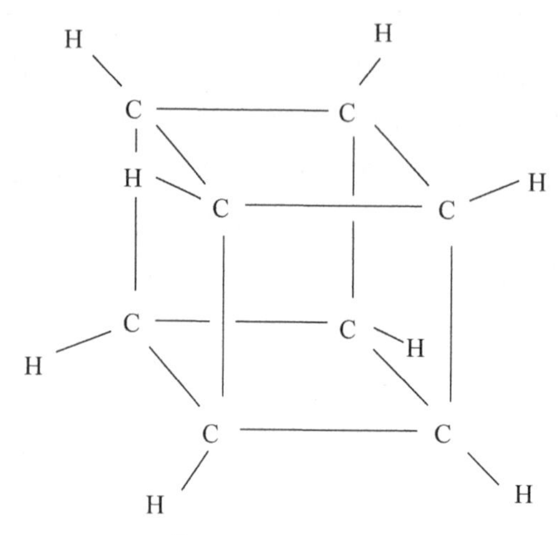

图 13.3　立方烷[①]

之后，许多科学家都试图合成立方烷，但都失败了。直到 1964 年，立方烷才由芝加哥大学的两位学者柯尔(Thomas Cole)和伊顿(Phil Eaton)通过 10 步反应成功合成。

上面的案例说明，碳、氢价键理论是在一定的观察和实验基础上提出的，是为了说明碳元素和氢元素在与其他元素相化合时原子组成的特征。根据碳、氢价键理论，应该有立方烷这一物质存在。正是基于对碳氢价键理论的信任，化学家相信应该有立方烷这种物质，这样就在实验室中设计相关实验，以努力合成这种物质。最终，化学家还真成功地合成了这一物质，只是这种成功是经过了高度的实验人工建构完成的——合成场所在自然界中不存在，合成所使用的反应物在自然界中不存在，合成所应用的反应条件在自然界中不存在，合成的产物在自然界中不存在。当将这样的科学理论认识应用于工业生产而不采取或不恰当地采取相应的环境保护措施时，就会造成人工物的泄漏，引发环境污染。

(五)科学“规训”的非自然性与环境破坏[②]

约瑟夫·劳斯(Joseph Rouse)认为，传统的知识和权力之间的关系有三种：一是

① [美]洛德·霍夫曼：《相同与不同》，李荣生、王经琳等译，长春：吉林人民出版社，1998 年，第 88 页图 20.1。

② 本部分撰写主要基于肖显静：《科学之于环境：从“规训”走向“顺应”》，《思想战线》，2017 年第 2 期，第 167-172 页。

运用知识获取权力；二是运用权力阻碍或扭曲知识的获取；三是运用知识把我们从权力的压制下解放出来。他进一步认为，这三种关系反映了权力相对于知识的外在特性，而没有涉及权力对知识以及知识对权力的内在影响，鉴此，应该参考福柯(Michel Foucault，1926—1984)的“规训机构作为权力的诞生地和实施地”[①]的思想，以实验室为焦点，进行科学实践的微观权力分析。[②]

“规训”是福柯在《规训与惩罚：监狱的诞生》一书中创造性使用的一个关键性术语。在法文、英文和拉丁文中，该词不仅具有纪律、教育、训练、校正、惩戒多种意蕴，而且，这个词还有作为知识领域的“学科”之意味，用来指称一种特殊的权力形式，即“规训”既是权力干预肉体的训练和监视手段，又是不断制造知识的手段，它本身还是“权力-知识”相结合的产物。

以上述知识为背景，约瑟夫·劳斯经过分析指出，在实验室中，科学家是通过建构操作实验室的微观世界而获得相应的认识的。这具体表现在：隔离、封闭和分割实验室，排除那些影响有效认识的因素；干涉、追踪、监视、记录实验对象和现象；标准化实验过程中所涉及的物质材料、程序和仪器设备，规范化实验者的实验操作，使得实验室中的事物及其现象以一种有序的方式呈现出来。[③]如此一来，“实验室是被严格封闭和隔离的空间，是受到严密监控和追踪的空间，是被精心控制的介入和操作的空间。如果不同时对在微观世界中从事研究工作的人进行限制(主要是自我强制和自我监控)，那么我们就不可能维持那些施加于微观世界的物质材料和过程之上的控制。实验室实践对实践主体施加了具体的规训。这种规训通常不为人所注意，因为科学家和技术人员早已把它内化了，它已经成为惯例，而且根深蒂固”[④]。简而言之，实验室是权力的诞生地和实施地，是一个规训机构，一个体现权力关系的场所。

为什么要对实验室中的对象(实验室环境、实验者、实验对象、实验仪器等)施加特定的操作和限制，即“规训”呢？根本的原因还在于，只有这样，一种自然界中不存在的、理想化的、可重复的、规律性的、数学化的知识才能被“生产”出来：通过“隔离、封闭和分割实验室，排除那些影响有效认识的因素”，就可以获得理想化的实验环境，从而相应地获得理想化的实验结果；通过“干涉、追踪、监视、记录实验对象和现象”，目的就是制造出新的对象和现象，即人工地生产新的对象

---

① [法]米歇尔·福柯：《规训与惩罚：监狱的诞生》(修订译本)，刘北成、杨远婴译，北京：生活·读书·新知三联书店，2012年。

② [美]约瑟夫·劳斯：《知识与权力——走向科学的政治哲学》，盛晓明、邱慧、孟强译，北京：北京大学出版社，2004年，第12-16页。

③ [美]约瑟夫·劳斯：《知识与权力——走向科学的政治哲学》，盛晓明、邱慧、孟强译，北京：北京大学出版社，2004年，第235-240页。

④ [美]约瑟夫·劳斯：《知识与权力——走向科学的政治哲学》，盛晓明、邱慧、孟强译，北京：北京大学出版社，2004年，第251页。

和现象；通过“标准化实验过程中所涉及的物质材料、程序和仪器设备，规范化实验者的实验操作”，就可以使得实验室中的事物及其现象以一种有序的方式呈现出来，即以某种规律性的、可重复的方式呈现出来。

如此，实验室的环境就不是自然环境，实验室中的实验对象就不是自然对象(因为自然对象在绝大多数情况下都不是纯净物和规律性对象)，实验室中所获得的实验现象就不是自然现象(即在自然界中不存在)，实验室中所获得的“科学规律”或“科学定律”就不是“自然规律”或“自然定律”。在实验室中，科学的最终目标不是去“发现”自然界中已经存在的自然规律，而是通过上述种种“规训”，去“发明”（“制造”）只有在实验室中才存在的人工自然规律——科学规律，然后再“发现”这一人工自然规律。“科学规律与自然规律是不同的，它是我们在实验的‘现象制造’基础上，经由科学理论建构出来的，用以解释实验事实(又称科学事实或人工事实)。如果没有实验建构和理论建构，即如果没有科学家在实验室里运用一定的科学仪器，渗透相应的理论，进行特定的操作，相应的科学对象乃至科学现象就不存在，对该对象所获得的认识结果——相应的科学规律就不会存在，我们也就不会发现这样的规律。”①

不可否认，这样的科学规律是具有普遍性的。但是，这样的普遍性不是没有条件的，它是科学家在实验过程中对实验环境、实验对象以及实验者自身进行了种种“规训”的结果，是在特定的实验室环境中，如此这般地思考和操作的结果。鉴于这一点，这样的科学认识就不是“放之四海而皆准”的，而是相对于“实验室这种地方性研究场所特有的规范”②而皆准的。正是在这个意义上，约瑟夫·劳斯把这种实验室中的科学认识或科学规律称为“地方性知识”③④。

也正因为实验室科学知识是这样的一种“地方性知识”，所以在约瑟夫·劳斯看来，当将在实验室中所产生的“地方性知识”向实验室之外的自然界“转移”(应

---

① 肖显静：《从工业文明到生态文明：非自然性科学、环境破坏与自然回归》，《自然辩证法研究》，2012 年第 12 期，第 52 页。

② [美]约瑟夫·劳斯：《知识与权力——走向科学的政治哲学》，盛晓明、邱慧、孟强译，北京：北京大学出版社，2004 年，第 76 页。

③ [美]约瑟夫·劳斯：《知识与权力——走向科学的政治哲学》，盛晓明、邱慧、孟强译，北京：北京大学出版社，2004 年，第 74-135 页。

④ 这样一来，就有两种“地方性知识”：一种是下一章所称的古代科学传统意义上的“地方性知识”；另一种是近代科学传统意义上的“地方性知识”。这两个概念是不同的，前者起源于人类学，主旨是不同民族、不同区域、不同阶段的人们在不同的文化背景以及实践行为下关于自然的认识，它具有“地方性”“局域性”“多样性”“非标准化”等特征；后者起源于近代科学，主旨是同一个或不同的科学家在相同或不同的实验室中，建构相同的实验室背景，运用相同的实验仪器，进行相同的实验操作，获得相同的实验结果，此结果只有在相同的实验室背景下才能够重复，因此它具有实验室“地方性”的普遍性，而不具有“放之四海而皆准”的普遍性。前者是吉尔兹意义上的“地方性知识”，后者是劳斯意义上的“地方性知识”。至于这两种“地方性知识”的异同，可参见吴彤：《两种“地方性知识”——兼评吉尔兹和劳斯的观点》，《自然辩证法研究》，2007 年第 11 期，第 87-94 页。

用)时，“这种转移不能理解为只是普遍有效的知识主张的例证化——这种例证化发生在不同的特殊场合，而且要运用架桥原理和理论变量的特定局部取值。我们必须把转移理解为对某一地方性知识的改造，以促成另一种地方性知识。我们从一种地方性知识走向另一种地方性知识，而不是从普遍理论走向其特定例证”①。

这就是说，实验室“地方性知识”向实验室外自然环境的转移，不是普遍知识的特殊化，即不是科学知识或科学规律的“演绎性”的、“顺其自然”的推广。既然如此，这样的“转移”究竟是什么呢？应该是“规训”基础上的“拓展”。为什么这么说呢？这是因为，实验室微观世界的建构和操作是一种地方性实践，实验室所产生的知识是一种“地方性知识”，是一种只在实验室的特定环境和背景之下才成立的标准化的“地方性知识”，它祛除或者屏蔽了实验室内部和外部那些干扰认识的因素，因而只具有实验室特定背景下的真理性、普遍性，或者只具有实验室背景下的地方性。当将这样的“地方性知识”从实验室之中向实验室之外“拓展”应用于改造自然时，面对的是千差万别的地方环境。这与实验室微观世界背景不同，要想顺利实现这种“拓展”，就必须对这些环境加以“规训”。

“规训”之一发生于工厂车间里。这是进行相应的技术创新，把在实验室中所发生的过程，“拓展”到生产车间里。这是一种对“生产环境”的“规训”。如果这样的“规训”失败或者不理想，则或者生产不出产品来，或者生产出来的产品质量存在欠缺，或者在此过程中，要产生泄漏，造成生产过程中所产生的相关人工物的外泄，从而相应地造成环境破坏。

“规训”之二发生于自然界中，即更多地发生于农、林、牧、副、渔产业中。这是把在实验室中所获得的“地方性知识”向地方性环境的“拓展”。对于这样的“拓展”，约瑟夫·劳斯提出，需要对自然系统进行重组，以使实验室微观世界与外在的自然界具有更多的耦合性。他进一步认为，这种重组不是重组实验室微观世界以及所获得的相应的科学知识，使科学应用实践从而适应更为复杂的自然系统，而是重组自然系统，使它们更加适应实验室微观世界，与实验室知识和技能具有更紧密的耦合性，以发挥科学的效用。这是让环境适应科学。②

磷肥的使用也比较充分地说明了“让环境适应科学”。磷元素是核酸、细胞膜和能量携带者腺苷三磷酸(ATP)的组成部分，是所有生物必需的营养元素。在自然状态下，未施过磷肥的土壤中磷的含量取决于不同的因子，如土壤母质、风化和谐、黏粒含量和有机质含量等。它是由地理环境的历史演化决定的，它的含量与当地自然生长的植物相对应，支撑着当地植物以相应的、较低的产量生长。

① [美]约瑟夫·劳斯：《知识与权力——走向科学的政治哲学》，盛晓明、邱慧、孟强译，北京：北京大学出版社，2004 年，第 77 页。

② [美]约瑟夫·劳斯：《知识与权力——走向科学的政治哲学》，盛晓明、邱慧、孟强译，北京：北京大学出版社，2004 年，第 245-247 页。

随着人口的增长以及工业社会的到来，自然生长的或以农业社会方式生产的粮食作物不能满足人类的需要。更为重要的是，随着科学的发展，人们认识到，粮食作物产量较低的一个主要原因是土壤中磷元素的含量较低，影响到粮食作物的生长，不能满足人类对粮食作物生长的需要，尤其是不能满足人类所培育出来的作物新品种生长发育的需要。鉴此，新的需求促进了科学研究以及技术创新，通过合成、生产、施用磷肥，以促进粮食作物的生长，增加粮食产量。

这是施用磷肥的好的一方面。事实上，施入土壤中的磷肥只有一小部分能进入土壤溶液，并被植物吸收，其余的绝大部分转变为结合态的磷或称为“束缚磷”[①]，存在于土壤中。这些存在于土壤中的“束缚磷”是可以被植物吸收利用的，但是，这只有等到土壤溶液中的磷的浓度较低时，也即当土壤溶液中的磷被植物吸收以后才会出现。在很多的情况下，这些大部分的“束缚磷”被吸附磷能力很强的矿物土壤吸附，从而导致土壤中的磷的含量随着磷肥使用量的增加而增加，进而导致土壤理化性质的恶化。而且，在有些情况下，这些“束缚磷”随着土壤侵蚀和表面流失，会与土壤颗粒一道进入池塘、河流和海洋之中，进而导致水域的富营养化和水域植物的疯长，等等。[②]

由此可见，磷肥的使用是符合科学原理的——植物的生长需要磷，但是，为了满足植物生长对磷的需要(实际上最终是为了满足人类的需要)，我们施用了大量的磷肥。这是“让环境适应科学”，而不是“让科学适应环境”，从而造成了土壤中磷的含量增加和相应的土壤理化性质的恶化等，导致了环境的破坏。

上述例子充分说明，“实验室里产生的知识被拓展到实验室之外，这不是通过对普遍规律(在其他地方可以例证化)的概括，而是通过把处于地方性情境的实践适用到新的地方性情境来实现的”[③]。这些科学的应用是符合科学原理或科学规律的，也是有效的，但其有效性主要不在于科学获得了普遍性的自然规律，并且将这样的规律在每一个地方展现，而在于它是按照普遍性的、规范化的、标准化的、准确有效的科学认识(实验室的知识)对各个地方的自然环境加以改造，使其尽可能符合相应的科学过程的实现所需要的环境条件。一旦这些环境条件得到满足或部分满足，则科学的过程实现了，科学的人工世界产生了，人类的目的也就达到了。但是，在这一过程中，自然环境被改造了，对环境的影响被有意或无意地忽视了，自然被简化为单纯实现人类目的的工具，由此造成了各种各样的环境影响。在此，环境破坏

---

① 之所以称为“束缚磷”，主要原因是磷不存在任何气体形式的化合物，是典型的沉积型循环物质。

② 这里的内容是根据以下材料改写而成——[德]Martin K、Sauerborn J：《农业生态学》，马世铭、封克译，北京：高等教育出版社，2011 年，第 58-60 页。

③ [美]约瑟夫·劳斯：《知识与权力——走向科学的政治哲学》，盛晓明、邱慧、孟强译，北京：北京大学出版社，2004 年，第 130 页。

的实质就是：人类按照科学认识过程中的“规训”所形成的标准化、规则化、齐一化的非自然性科学知识，改造自然环境以使其适应科学过程的实现。这是把整个自然界当成了实验室科学复制的“实验场”。在这一过程中，科学舍弃了自然生态系统的复杂性、有机整体性、非决定性，舍弃了自然生态系统和自然物种的地方独特性，而以标准化、规则化以及齐一化的方式“预置”“促逼”“摆置”地方性环境，由此必然造成环境的破坏。

由上面的论述可见，近代科学的非自然性是造成环境问题的根本原因。鉴此，很大意义上可以说：自然科学不自然！自然科学非自然！自然科学反自然！故此，要解决环境问题，就应该进行新的科学革命，改变科学的非自然性。科技乐观论者对此持有不同的观点。他们认为，随着科学的发展，其应用将会产生越来越少的问题，越来越能够解决环境问题，甚至最终解决环境问题。进一步的分析表明，上述观点是错误的。

三、解决环境问题必须进行新的科学革命

(一)环境问题会随着科学的推进和技术的加强而加强

这里以农业社会的家养禽畜和作物栽培、工业社会的杂交育种以及当代社会的转基因技术为例加以说明。[①]

首先，农业社会的家养禽畜和作物栽培，经过农民长期选择、驯化和培育生物而完成，一定意义上是偶然的、试错的产物。在此过程中，农民以经验技术选择野生生物进行培育，依赖的是前科学的规则(prescientific rules)，遵循的是经验法则，所用生物培育技术总体上独立于科学，没有得到系统的科学理论指导，此时，系统化的理论认识与生物生产没有关系。这使得该种生物培育技术成为一种经验操作，通过“做”(doing)[②]的方式进行，是一种手艺(craft)或技艺(technique)，而不是技术(technology)。这属于传统的园艺学实践，决定了农业社会生物育种对生物的干涉不

---

① 肖显静：《转基因技术本质特征的哲学分析——基于不同生物育种方式的比较研究》，《自然辩证法通讯》，2012年第5期，第1-6，125页。

② 这里的“做”(doing)引自亚里士多德。他把“制造”(making)和“行动、从事”(doing)区分开来，为的是关注行动这一方面。制造和从事是不同的：我们制造船、房子、雕像或钱，我们从事体育运动、政治或哲学；制造的目标是一个不同于制造活动的对象，行动的目标却是圆满的行动本身。在古人看来，制造，哪怕是艺术形式的制造，往往都是有害于德行的，它不利于追求最高的善，因为它所关注的是物质现实。亚里士多德在其《伦理学》中就认为，最适合人的才能的活动也许不是体育运动和政治，更不是感官快乐和物质生产。最适合于人的活动是从事哲学，是自由而超然地对自然进行沉思。

大，干涉的结果缺乏一致的有效性。它只是调整环境使得生物的习性发生改良以利于人们更好地利用它，人为的干扰一定程度上符合生物体内在的、固有的目的(intrinsic/immanent teleology)和本性倾向，导致的是生物的质朴的、原始的(pristine)、自然的丧失，并没有导致自然的终结，生物的独立性和自主性没有受到多大损害，其固有本性基本上存在，仍然是独立于人类的一个存在，与自然生物较为接近，仍然具有地方性——一个地方的家养禽畜与另外一个地方不同，一个地方的作物与另外的地方不同，其人工性(artificiality)是三种育种方式生成的生物中最低的。这决定了它与当地的其他生物及其生态环境相协调一致，所产生的生物对环境的影响不大甚至很小。

其次，对于工业社会的杂交育种，以经典遗传学——孟德尔遗传学理论为基础，并在其指导下进行。孟德尔遗传学是在人工参与但不干涉生物自然遗传发育的基础上，通过观察生物个体水平的外部形态学的宏观遗传现象，而归纳发现的遗传规律。该遗传规律中的“基因”是“遗传因子”，秉承“颗粒遗传”，遵循“遗传还原论”。通过“遗传因子”的传递和繁殖，该规律比较详尽地说明了相关生物遗传呈现出来的性状特征，满足了人们对杂交育种结果的解释需求。但是，它没有论述从遗传因子到性状表现的微观机制，只能解释同种或亲缘关系较近的个体在杂交或自交过程中的遗传表现，只具有概率层面的统计适当性。可以说，正是孟德尔遗传学理论的这种宏观性和非精确性，导致了其与杂交育种技术原理之间没有直接的内在因果关联。杂交育种技术主要是在孟德尔遗传理论的指导下，选择适当的生物种内个体——父本和母本，进行杂交，将遗传物质整体地和自然地导入，使其结合在一起，目的是在生物种内个体间进行基因转移，实现优良基因的重组，培育某些性状超过双亲的杂交后代，改良遗传特性，满足人们的要求。

这是对生物个体进行的宏观操作，仍然通过“做”完成。杂交育种技术应用的目的就是在人工帮助下，创造合适的条件和环境，通过随机和自然的方式，对自然突变产生的优良基因和重组体进行选择和利用，积累优良基因，完成自然界中的生物在自然状态下较难或很难完成的事情，以便使其更好、更快地产出凭借自身就能产出的东西。其中所发生的过程，在自然界中也能够发生，只不过这样的发生是同种或近缘杂交，发生的过程是自然的、随机的、因环境而异的、较少甚至很少发生的、时间较长的。因此，通过杂交育种技术培育生物，所发生的过程符合生物自然的、内在的、固有的目的，实现了其内在的、潜在的趋向，没有突破同一物种或亲缘关系较近的个体限制。虽然杂交育种生物固有的本性以及自主性由于人类的喜好和需要的外部目的(external teleology)的强加而减少了一些，但是，鉴于杂交育种技术对生物的干涉、破坏作用不大，可以认为其固有的本性仍然存在，拥有一个相对较低的人工性。再加上其所产生的生物——杂交育种生物有许多在自然界中是存在的，与环境的关联耦合度较大，因此，杂交育种生物释放到环境中，对环境的影响不大。

如果将农业社会的家养禽畜和作物栽培与工业社会的杂交育种进行比较，前者是独立于科学理论的手工工艺技术，后者是在科学理论指导下的手工工艺技术，两者都是人类“做”的过程，所发生的过程基本是在自然状态下发生的，所得到的产物也在自然界中存在，对环境的影响不大。

最后，对于当代社会的转基因技术，如前所述，以分子遗传学为基础，以“一种基因决定一种蛋白质的合成及其功能表达”为宗旨。与基于表现型的孟德尔遗传学相比较，分子生物学是基于 DNA 分子的，主要探讨微观层次上的基因大分子结构、性质与生物性状表达之间的关系，它为单个基因表达提供了细节性解释模型，不仅是遗传还原论的——所有的表现型现象总是能被还原为基因型的层次，而且还是物理还原论的——所有的生物学现象都可以通过物理基础来进行解释。[①]这种特征决定了分子遗传学不仅在分子的水平上能够解释孟德尔遗传学所解释的现象，而且还能够解释它所不能解释的现象——不同物种之间基因转移与性状表现之间的关系。这说明，分子遗传学是一个比孟德尔遗传学对遗传现象解释更准确、更微观、更广阔、更深刻的科学理论，孟德尔遗传学理论可以还原为分子生物学，虽然这样的还原是近似的、不完全的以及部分地形成的。[②]

分子遗传学这种由现象性描述走向本质性解释的理论特征，决定了由其引导的转基因技术与奠基于孟德尔理论的杂交育种技术不同，不仅要使用传统意义上的工具，而且还要运用一些具有特定功能的物质，如限制性内切酶、连接酶等作为工具，从第一宿主中分离出目的基因；不仅要对生物个体进行操作，还要对生物个体内更微小的存在，如基因、工具酶、载体等进行操作，借助载体作为媒介物，使得外源基因得到扩增和在第二宿主体内顺利表达；不仅要对同一物种进行操作，还要运用各种“运输车”，如病毒、精子、注射器、电子枪等，采取强制性的手段，将外源基因导入第二宿主之中，以此突破天然物种之间的生殖屏障，将第二宿主培育成转基因生物。

与前两种生物育种技术相比较，转基因技术所运用的工具更复杂，作用对象更微观，作用方式更特别、更复杂和更深刻，作用强度和控制能力更大，由此决定了它与农业社会的家养禽畜和作物栽培技术，以及工业社会的杂交育种技术有着根本的不同，它不是通过人类“做”的方式，而是像一个建筑工程，根据人类的需要，按照设计图纸，对基因进行切割、加工、拼接、组装、转移，以“制造”(making)的方式完成的，其本质特征是“制造”。这是转基因技术特殊性的集中体现。[③]

转基因技术的上述特征比较充分地反映了海德格尔技术“座架”(Ge-stell)的本

---

① Sarkar S. Genetics and Reductionism. Cambridge: Cambridge University Press, 1998: 10.

② Sarkar S. Genetics and Reductionism. Cambridge: Cambridge University Press, 1998: 101-174.

③ 肖显静：《转基因技术本质特征的哲学分析——基于不同生物育种方式的比较研究》，《自然辩证法通讯》，2012 年第 5 期，第 3-4 页。

质。所谓“座架”，按照海德格尔的理解，是指现代本质上具有的那种“去蔽”方式，它本身不是技术的，而是“对待世界的技术态度”。[①]将这种态度联系到转基因生物的产生过程，就是将转基因生物制造过程中所涉及的一切，包括“基因”“第一宿主”“第二宿主”“转基因生物”等，当作“持存物”(Bestand)——“在持存意义上立身的东西，不再作为对象而与我们相对而立”[②]。它们除了供人类使用消费外，别无任何内在价值。这种对待世界的态度，成为转基因技术活动的基础，体现于转基因技术活动的过程之中。[③]

如果说农业社会的家养禽畜和作物栽培技术与工业社会的杂交育种技术属于海德格尔的前现代(pre-modern)技术范畴，总体特征是培育性的(cultivation)，以发现为核心，以“带出”(bringing-forth)的方式进行去蔽，以“做”的方式引导并顺从生物，随机地模仿自然，与生物合作培育出满足人类最基本需要的生物，那么它就没有违背生物本性和自然进程，只是使自然更快、更好地产出它自己就能产出的东西。而转基因技术属于海德格尔的现代(modern)技术范畴，以发明而不是发现为核心，总体特征是构造性的(constructive)，通过“挑战”“限定”“预置”“摆置”“促逼”的方式，将生物置于相应的技术进程之中，使其服从于人为的技术法则。虽然这一法则也是建立在分子遗传学的科学认识规律之上，但是人们应用转基因技术的目的，是为了打破基因遗传的物种限制，改变生物自然进程，制造出自然条件下所不可能产生的生物，以服务于人类特定的目的。这是让基因和生物适应转基因技术，而不是让转基因技术适应基因和生物，基因和生物被技术化了，会产生更大、更特殊、更严重的环境风险。[④]

以水稻为例，最先存在于自然界中的是野生水稻，它是自然长期进化的产物，其中“虫子‘吃’水稻”是食物链中的一环，是天经地义的，符合生物进化规律和生态系统规律。农业社会的家养禽畜和作物栽培技术，以及工业社会的杂交育种技术，没有改变野生水稻的这一本质属性，只是这时人们考虑到“虫子‘吃’水稻”后影响到水稻的收成，故采取各种措施防治害虫以保证水稻收成，解决人类的吃饭问题。农业社会主要采用物理防治法，工业社会主要采用化学防治法。化学防治法包括各种各样的农药，它们有效地杀灭了虫子，但同时也毒害了水稻以及环境。考虑到这一点，分子生物学家和转基因专家依据分子生物学的原理，

---

① [美]米切姆：《技术哲学》，转引自吴国盛：《技术哲学经典读本》，上海：上海交通大学出版社，2008 年，第 34 页。

② [德]海德格尔：《技术的追问》，孙周兴译，见[德]海德格尔：《海德格尔选集》(下卷)，孙周兴选编，上海：生活·读书·新知上海三联书店，1996 年，第 935 页。

③ 肖显静：《转基因技术本质特征的哲学分析——基于不同生物育种方式的比较研究》，《自然辩证法通讯》，2012 年第 5 期，第 5 页。

④ 肖显静：《转基因技术本质特征的哲学分析——基于不同生物育种方式的比较研究》，《自然辩证法通讯》，2012 年第 5 期，第 5-6 页。

采用相应的转基因技术，将另外一种物种的抗虫蛋白基因转移到水稻中，“制造”出“抗虫转基因水稻”。“抗虫转基因水稻”是通过破除生物繁殖的“物种壁垒”“制造”出来的，是自然进化永远也不可能进化出来的，它违背了生物进化规律和生物繁殖规律；“抗虫转基因水稻”是一种“准新物种”，是一种“超级生物”，它逆转了水稻进化所形成的“食物链”，将原来自然界长期进化所形成的“虫子‘吃’水稻，虫子活水稻死”转变为“虫子‘吃’水稻，虫子死水稻活”，违背了生态系统规律，产生了与由自然演化而来的生态规律完全相悖的结果，存在着严重的“生物污染”以及潜在的、不确定的、级联性的和难以控制、不可逆转的生态危机。

上面的论述和案例分析充分说明，如果不改变科学的机械自然观基础，如果不改变实验科学和数理科学的特征，那么，随着科学的发展，科学的“建构”特征和“规训”特征将会越来越显著和强烈，科学的非自然性将会越来越强，其应用所带来的环境问题将会越来越大，也将会越来越强烈、越来越广泛。虽然随着这种科学的发展，其解决环境问题的能力在增强，但是其对环境问题的解决将远远赶不上其应用对环境的破坏。鉴于此，科技乐观论者试图通过推进近代科学进步以解决其所造成的环境问题，无异于“痴人说梦”。

鉴于此种情况，就要针对科学的非自然性特征与环境问题的产生之间的关联，进行新的科学革命，以利于保护环境。

（二）环境问题会随着科学“建构”“规训”的增强而增强

对于“要解决环境，就需要进行新的科学革命”这一观点，有人可能会有不同看法。他们认为“近代科学”的应用虽然带来了环境问题，但是，它能够推进工业生产，甚至能够解决人类面临的粮食危机或相对于人类所需要的物质资源危机，为人类作出了贡献，对其利害弊端相权衡，还是应该推进“近代科学”，通过这种进步了的科技发展经济并解决环境问题。

不能说上述的看法一点道理也没有。不言而喻，工业文明是以工业生产为其物质基础的，而工业生产又是以科学、技术创新及应用为其动力。分析 19 世纪之后科学、技术和工业生产之间的关系可以发现，科学获得了迅猛发展，走在技术的前面，引导并导致新的技术产生，成为技术的源泉和前提条件。问题是，科学何以能够走出实验室，通过技术应用于工业生产，以大批量的、流水线的、标准化的、规范化的、确定化的方式进行呢？这与上述科学的非自然性紧密关联。

分析科学的非自然性以及由此所导致的科学认识特征，使得其能够作为知识基础应用于工业生产，并使其呈现出相应的特点，支撑着工业文明的产生和发展。科学认识的简明性、还原性、线性、因果决定性、规则性等特点，导致其转化为技术应用于工业生产时，也使工业生产具有简明性、线性、规律性、因果关联性、确定性等特点，呈现出标准化、规范化等特征。实验科学之技术应用于生产，就是针对具体化的工业生产环境，参照实验科学的标准化的操作程序和过程，制造设备、设计工艺流程、进行相关作用，使得在实验室特殊环境下发生的实验过程和科学原理能够在生产车间里发生并完成。几乎所有的工业过程，如核电厂、化工制造和产业化的生物技术，都起源于实验的展现以及理论的描述，是新材料、新方法、新设备、新过程从实验室向“外部”世界的“转译”过程，只不过在这样的“转译”过程中还需要进行技术创新，拓展实验室情境，使之能够在生产车间里以实用化的标准、规范化的操作进行。工业化过程中的标准生产，是一种科学问题、工具、程序和结果的“标准化”，是一种将所生产的物品的功能“平均化”。由此看来，如果没有科学的“非自然性”，与科学相对应的技术转化就不能够规范化、确定化和标准化，程式化的工业生产过程就不能进行，工业文明就不能诞生和发展。科学是与工业生产及其工业文明相对应的，为工业文明的诞生及其推进奠定了认识基础和实践指南。[①]

就此而言，上面那类人的“通过发展‘近代科学’以推动经济发展”的观点是有道理的，但是，根据对科学的非自然性与环境问题的关联分析，这样的观点是错误的。

第一，科学对环境的破坏会随着其“建构”的增强而增强。

近代科学的自然观建构、实验室事实建构以及理论理想化建构，导致科学的非自然性，而这样的非自然性科学所产生(制造)的科学规律，很多时候属于实验室规律，是人工的。科学规律的人工性，导致科学应用生产出了许许多多的人工物，建构了另外一个人工世界。这些人工物以及人工世界，是自然界中所没有的，也是经过自然界的演化永远也不可能产生出来的，具有自然界中的事物所不具有的特殊的性质，相对于自然界中的存在就是异质性的存在，是“第三者”，在其生产、消费、排放过程中，会与自然界中进化而来的存在物发生作用，产生冲突，扰乱生态平衡，造成环境破坏。这是由近代科学内在本质特征决定的。随着科学实验的推进以及科学的数学化的加强，科学的人工建构性将会越来越强，所产生的人工现象和人工物将会越来越多，越来越特殊，功能越来越强大。这虽然一方面能够越来越满足人类通过消费主义文化的“消费的生产”而刺激起来的欲望和需要，但是，另一方面所产生的人工物以及人工自然与自然物以及天然自然的差异越来越大，冲突越来越多、越来越大，结果只能是对自然的破坏越来越大。由此，通过这样的科学进步是不可能解决其自身所带来的环境问题的，科学对环境的破坏会随着其“建构”的增强而

① 肖显静：《从工业文明到生态文明：非自然性科学、环境破坏与自然回归》，《自然辩证法研究》，2012 年第 12 期，第 51-52 页。

增强。[①]

第二，科学对环境的破坏会随着其“规训”的增强而增强。

科学认识是科学家通过实验室的实践完成的。实验室可以理解为一个权力关系的场所。其中，科学家通过建构微观世界而完成对实验对象的“规训”。同时，这一“规训”也发生在认识者身上，以及一个实验室的认识向另外一个实验室的认识转移中。这样的“规训”使得“科学认识”成为“人的科学认识”，所得的科学规律更多地呈现为“人工自然规律”，而非自然规律。这样的规律具有普遍性，但不是那种“放之四海而皆准”的普遍性，而是那种在实验室背景下才能获得的“地方性知识”——理想化的、数学的、标准化的、人工化的、普遍化的、如果……那么……的“实验室认识”。不仅如此，相应的“规训”还发生于科学的应用过程中。经过“规训”而获得的科学知识并不是普遍的，而只是相对于实验室环境是如此这般的，当将这样的知识应用于改造自然时，就不是“放之四海而皆准”的自然规律的应用，而是把适应于实验室背景下的科学知识应用于地方自然环境中。由于地方自然环境与实验室背景不一致，要想使得科学的应用实现或成功，就需要改变或“规训”这样的地方环境，使之更多地与实验室环境相一致。这是“让环境适应科学”而不是“让科学适应环境”，必然造成自然环境的破坏。这是科学应用造成环境问题的另外一个根本原因。[②]试想依靠如此“规训”的科学进步来解决环境问题，是“以子之矛攻子之盾”，是行不通的。随着实验室中“规训”的加强，科学所获得的知识或规律越来越特殊，越来越具有实验室的“地方性”，其适用范围和条件越来越特殊和苛刻，其人工性和实验室的地方性越来越强，与自然界的距离越来越远，把它应用于自然的改造，对自然环境的“规训”会越来越多、越来越强、越来越特殊，由此对自然环境的破坏也会越来越多、越来越强、越来越特殊。在这种情况下，依靠如此“规训”的科学进步，是不能解决科学应用过程中出于对自然的“规训”而产生的环境问题的。

上述两方面关于科学的认识充分说明，近代科学是一种遗忘了地方环境和自然

---

① 有一点需要澄清，就是科学造成资源危机与造成环境危机不是同步的。随着近代科学的向前推进，科学应用会给自然环境带来越来越大的破坏。但是，对于资源危机还不能这么说，因为，随着近代科学的向前推进，在科学应用改造自然的过程中，虽然会大量消耗地球上的自然资源，从而造成地球自然资源的减少甚至枯竭，但是，由于科学的上述“事实建构”和“理论建构”，科学应用将会带来越来越多、越来越特殊的人工物，创造越来越多的人工世界，这在一定程度上可以弥补并延缓资源危机。也正因为如此，当我们考虑资源危机时，必然要考虑科学的人工物或人工资源对于自然资源的替代作用和意义，否则，很可能像《增长的极限》(*The Limits to Growth*, 1972)一书的作者米多斯(Donella H.Meadow)那样，主要以地球上的不可再生资源的消耗来衡量资源危机，从而过分夸大了自然资源的耗竭速度，过于悲观地得出“增长的极限”的结论。

② 肖显静：《科学之于环境：从“规训”走向“顺应”》，《思想战线》，2017年第2期，第167-172页。

的科学，忽视了对真实世界的感知，其应用造成了环境破坏，通过推进这样的科学以解决其所造成的环境问题，是不可能的。虽然可以设想，随着科学的进步，科学解决环境问题的能力肯定在增强，但是，也可以预料，如果不改变近代科学，即不改变近代科学这样的“建构”和“规训”的非自然性特征，不对近代科学进行革命，那么，科学对环境问题的解决将远远赶不上科学应用对环境的破坏。在这方面，科学乐观论者是错误的。

至于是否应该“革”现代科学的命，要具体分析。其一，由于现代科学革命才刚刚开始，是从科学内部对近代科学的革命，遵循的是有机自然观的观念，运用的是有机整体性原则、复杂性原则、非因果决定性原则等方法论原则，对认识对象展开认识，因此，它能够获得复杂性对象、整体性对象和非决定性对象的更多、更正确的认识，在一定程度上是有利于环境保护的。考虑到这点，还真不能“革”现代科学的命，将其扼杀在摇篮中。其二，现代科学革命是“革”近代科学的命，如果其应用能够解决环境问题，则就不需要进行新的科学革命，只要推进现代科学革命就行了。但是，考虑到现代科学的研究对象很多时候不是自然对象，研究方法采用的仍然是实验方法和数学方法，所获得的认识更多的是关于建构出来的人工对象的认识，而且应用时没有或很少考虑到自然，仍然是以人类为中心的，因此，它的应用仍然会带来环境问题，甚至有的时候会带来严重的问题。就此而言，经过现代科学革命而产生的现代科学及其应用，还不能彻底地解决环境问题，还需要对此进行调整。更何况，分析现代科学与近代科学的关系，它更多的不是在近代科学如物理学、化学等学科的内部对近代科学进行革命而产生的，而是更多地在近代科学学科如物理学学科、化学学科之外进行，针对不同于近代科学的那些复杂性的、有机性的研究对象，如生态对象、地球对象、心理认知对象等展开的革命性研究，因此，现代科学很大程度上是与近代科学在两个不同的“战场”“战斗”，并行不悖地迈进，现代科学很大程度上并没有直接地“革”近代科学如物理学、化学、生物学的命，并没有根本性地触动近代科学的根基。在现代科学的背景下，近代科学仍然可以继续存在并且广泛应用，因此，依靠现代科学革命发展起来的现代科学也就必然不能解决近代科学应用所产生的环境问题，还必须进行另外的新的科学革命，“革”近代科学的命，以根本性地解决环境问题。

科学是造成环境问题的重要原因，这种原因更多地不是就其具体化的应用所造成的具体后果而言的，而是就其自身所具有的本质而言的，就此而言，科学应用造成环境问题主要不是人们滥用科学的结果，也不是科学转化为技术生产产品的结果，而是科学认识所具有的本质特征的结果。分析科学认识，实验室的“事实建构”、数学的“结构模塑”以及理论的“抽象建构”，都表明科学很多时候是在建构自然、纯化或简化自然的过程中，获得对人工建构出来的对象的认识。这是一种人工自然规律，它的应用产生了许许多多的人工物，这些人工物释放到环境中，会产生一系列的环境破坏。不仅如此，实验室科学认识过程中的“规训”以及科学应用过程中的“规训”，都表明科学认识的过程和科学应用的过程并非在“顺应自然”，而是在“规训自然”。这两方面是科学应用造成环境问题的根本原因。进一步的分析表明，如果不改变科学认识和应用的上述特征，那么环境破坏会随着近代科学的发展而加剧，解决环境问题需要进行新的科学革命——未来科学革命。

第十四章　未来科学革命的抉择

——走向“地方性科学”

根据前一章的分析，近代科学的本质特征如机械自然观基础和相应的方法论原则以及具体的实验方法和数学的运用，是其应用造成环境问题的根本原因，要解决环境问题就必须进行新的科学革命——“革”近代科学的命。对于现代科学，要明了其本质特征如有机论自然观以及相应的方法论原则，与环境保护有很大的一致，因此，保护环境不必革现代科学的命。但是，由于现代科学的自然观中并非总是包含人类，甚至很多时候不包含人类，而且它的研究对象很多时候不包括传统近代科学的物理学、化学和生物学对象，因此，它的革命性是不彻底的，依靠它仍然不能从根本上解决近代科学应用所造成的环境问题，甚至其应用仍然会造成新的环境问题。要从根本上解决环境问题，还必须面向未来，进行新的不同于现代科学的“大写的科学革命”。这样的科学革命可以称为“未来科学革命”。“未来科学革命”的走向如何呢？是回归古代科学传统还是另起炉灶？这样的“未来科学革命”的价值取向、自然观基础以及认识论、方法论原则是怎样的呢？

一、回归“古代科学传统”：环保但不经济[①]

某些自然主义者[②]或环保主义者批判“科学与自然之间的冲突”，崇尚“回归古

---

① 本部分以及下一部分撰写主要基于下文修改。具体内容参见肖显静：《走向“第三种科学”：地方性科学》，《中国人民大学学报》，2017 年第 1 期，第 148-156 页。由于笔者在撰写上文时还没有区分“现代科学革命”与“未来科学革命”，故把作为“未来科学革命”的“地方性科学”当成了除“古代科学传统”“近代科学”之外的“第三种科学”，考虑到本书新增了“现代科学革命”之“现代科学”，“地方性科学”应该是第五种科学了，因此，不用此称呼而改用“未来科学”或“地方性科学”称呼。另外，本书还将上文之“近现代科学”替换为“近代科学”，以明确上述区别以及相应用语含义的全文统一。值得指出的是，在我国，也有其他学者提出“第三种科学”的概念。有学者指出，我们将牛顿物理学及其机器世界观视为“古代科学传统”，量子论、生态学及其有机世界观视为“近代科学”，而心身医学、习性进化论、综合生态学因其主张心身统一、习性进化和个体价值与整体生态的内在关联，则被视为“第三种科学”。（炎冰：《第三种科学——“建设性后现代”视域中的科学新转向》，《科学技术与辩证法》，2005 年第 5 期，第 45-48 页。）也有学者撰写专著，提出“第三种科学”，内容涉及“灰学”理论。（孙万鹏：《第三种科学》，济南：山东人民出版社，1998 年。）笔者在上文提出的“第三种科学”——“地方性科学”，内涵与他们的不同。

② 需要说明的是，人文主义者和自然主义者在对科学的批判上往往是重叠的，即对于同一个人，他既可以从“科学与人文的冲突”视角，也可以从“科学与自然的冲突”视角，展开对近代科学的批判。

代科学传统”[1]，即走向“地方性知识”“博物学”等古代科学形态，希望以此解决环境问题。这样的“回归”可取吗？如果不可取，应该提出什么样的科学革命形态？

对于“地方性知识”，国内外学者多从相应地区、民族(主要是少数民族)的地方性知识在生产生活中的应用，来阐述其有利于环境保护的内涵。一个普遍性的结论是，“地方性知识”是有利于环境保护，具有重要的生态价值的。甚至我国有学者指出这种“环境保护”还具有不可替代性、低廉性和纠错性：“第一，一切地方性知识都是特定民族文化的表露形态，相关民族文化在世代调适与积累中发育起来的生态智慧与生态技能，必然与所在地区的生态系统相依存，若被我们系统发掘和利用，便能找到维护生态平衡的最佳办法，这具有不可替代性；第二，地方性知识并非孤立地存在，而是与当地社会的生产和生活有机地结合在一起，能够在不借助任何外力推动的情况下持续地发挥作用，因此发掘和利用一种地方性知识，去维护所处地区的生态环境，是所有维护办法中最低廉的手段；第三，地方性知识具有严格的使用范围，因为地方性知识之间总是相互制衡，必然派生出并存的多元文化交互依存、交互制约的结果，从而可以避免其误用，一旦被误用，就会受到其他民族文化牵制，及时得到纠正，进而大大降低人类社会对于生态系统的干扰。”[2]

考察“地方性知识”及其应用，它似乎确实具有生态保护功能。但是，上文对“地方性知识”的价值的评价有过誉之嫌。必须清楚，“地方性知识”的生态保护功能的实现是有条件的，必须与“地方性知识”的定义相符合。对于“地方性知识”，许多学者给出了各自的定义，联合国教科文组织在其网页上将此定义为：“地方性知识和土著知识指那些具有与其自然环境长期打交道的社会所发展出来的理解、技能和哲学。对于乡村和当地的人们，地方性知识为有关日常生活基本方面的决策提供信息。这种知识被整合成包括了语言、分类系统、资源利用实践、社会交往、仪式和精神生活在内的文化复合体。这种独特认识方式是世界文化多样性的重要方面，为与当地相适的可持续发展提供了基础。”[3]

根据上述定义，有一点是确定的，即“地方性知识”是一种地域性知识、经验性知识、情境性知识、文化性知识……是一种文化体系，有其自身独有的特征。有国外学者认为，“地方性知识”与三个层次的知识相关：其一，经验性知识，涉及对动植物的认知，以及捕获并如何利用它们；其二，范式性知识(paradigmatic

① 回归“古代科学传统”，不是完全回归“古代科学”，因为“古代科学”中蕴含神学宗教、万物有灵等成分，这些非科学的甚至反近代科学的成分是“回归‘科学传统’”所要舍弃的。其实，回归“科学传统”中的“科学”，事实上指的是世界上所有国家、民族、地方的古代科学，而非单指“西方古代科学”或者是“中国古代科学”。

② 杨庭硕：《论地方性知识的生态价值》，《吉首大学学报(社会科学版)》，2004年第3期，第24页。

③ Local and Indigenous Knowledge. http://www.unesco.org/new/en/natural sciences/priority areas/links/related-information/what-is-local-and-indigenous-knowledge.

knowledge)，即对经验观察进行解释，并将之置于更大的情境之中，由于范式性知识会影响人们对经验性知识的获得，故二者存在辩证关系；其三，制度性知识，指镶嵌于社会制度之中的知识。[①]我国有学者从“地方性知识”的实践价值出发，归纳出“地方性知识”的一些基本的特征：“(1)地域性。地方性知识是特定地理区域内原住民处理人与自然的关系，创造生存手段，获取生存条件的知识。(2)整体性。地方性知识根植于原住民社区的社会理想和实践、制度、关系、习惯和器物文化之中，是传统文化的重要组成部分。(3)授权性。地方性知识对地方人的活动有一定的约束和规范，这种约束和规范使得地方人的生产生活秩序井然。(4)实用性。地方性知识特别与农业生产、人类健康、生物多样性保护、自然资源管理以及教育和文化创新密切相关，是贫困人群和非主流文化社区的主要财产。”[②]

基于上述“地方性知识”的特征，要想发挥“地方性知识”在现代生态保护实践中的作用，就必须改变“地方性知识”的特征，使之与现代社会的近代科学知识形态相一致，或者改变现代社会，使之与“地方性知识”产生及其发挥作用的社会文化背景相一致。事实上，贯彻后者是完全不可能的，可能的就只剩下前者了，即运用近代和现代科学，对“地方性知识”的机理加以科学阐述，改进其操作，使之标准化、精确化、可操作化，最终达到顺利传播、继承、发扬和贯彻应用的目的。

那些宣扬“地方性知识”的学者，基于的就是此种意义。问题是：这样的“基于”有道理吗？有一定道理，但如果稍加分析即可发现其不合理之处。其主要原因在于以下几个方面。

第一，上述运用近代科学对“地方性知识”的机理阐述，实质上是近代科学对“地方性知识”的改造，鉴于近代科学的范式与“地方性知识”的范式是不一样的，它们之间存在着某种程度的不可通约性，即存在着内在矛盾，因此，这样的改造只能是脱胎换骨的、“祛情境化的”，结果导致经过改造后的“地方性知识”就不是原先的“地方性知识”了，而是近代科学的“地方性知识”，属于近代科学。如此，“地方性知识”的生态保护功能的现代发挥，主要体现的就不是“地方性知识的生态保护功能”，而是“近代科学的地方性知识的生态保护功能”。

第二，“地方性知识”是一种文化形态，当用近代科学对“地方性知识”改造时，是对“地方性知识”的“脱域”和“重塑”，是一种对“地方性知识”的“祛情境化”并使之获得科学的身份，如此，“地方性知识”因失去其文化根基而成为近代科学，其原有的效用会大打折扣甚至失效，其保护生态的功能也就很难实现。

第三，“地方性知识”是否真的具有生态保护的内涵？掌握“地方性知识”的

---

① Kalland A. Indigenous knowledge: prospects and limitations//Ellen R, Parkes P, Bicker A. Indigenous Environmental Knowledge and Its Transformations: Critical Anthropological Perspectives. Oxford: Harwood Academic Publishers, 2005: 321-322.

② 安富海：《论地方性知识的价值》，《当代教育与文化》，2010 年第 2 期，第 35 页。

人（古人）是否真的具有保护自然（环境）的思想，并将这样的思想体现于“地方性知识”的运用中？西方学者克雷奇（Shepard Krech）曾针对美洲土著，对这两个问题做过调查，结论显示，他们被普遍确认是生态学家，但是，对于他们是否是自然的保护者，大部分答案是否定的。[①]

不仅如此，还有学者认为，“环境”以及“自然保护”都是现代的西方概念，对于那些掌握“地方性知识”的人，是否具有这一概念和思想，也未可知。卢克（Timothy W. Luke）指出：“因此，环境这个词如果按照福柯的推理进路，就不能被理解为人类力量试图控制的自然给定领域的生态过程，也不应被视为可以用人类知识解释得通的地球上令人费解的事件中的一个神秘领域。相反，它突现为公开构建的历史性人工物，而不是一个难以理解的隔离性实在。”[②]因此，“环境”一词应被理解为公众的历史建构，是工业社会的产物。对于自然保护，纳达斯蒂（Paul Nadasdy）认为，它并不内在于美洲土著的信仰体系，之所以现在有人认为美洲土著具有自然保护的思想，是由那些带有西方自然保护思想的人们，对此进行的带有偏见的评判，是西方文化建构的结果。[③]

既然如此，“地方性知识”的运用为何能够而且总是产生自然保护的结果呢？这可以有两种解释：一种是，虽然古代那些掌握了“地方性知识”的人们不具有“环境”以及“自然保护”的观念，但是，他们运用了具有生态合理性的“地方性知识”，结果就自然而然地产生了保护生态的功效；另外一种是，“地方性知识”的运用所表现出来的“生态保护功效”，并不只是甚至并不是其运用的结果，而是在其运用过程中其他因素作用的必然。我国有学者对此进行了总结，认为有以下三方面原因：首先，地方社会都有人口密度低的特征，避免了资源压力造成环境退化；其次，这些社会获取资源的技术与形式不足以造成资源退化；最后，这些社会的经济目标是有限的，他们是“为了使用而生产”而非“为了交换而生产”。这决定了这些社会的资源利用必然以满足生计为目标，而不会为了利润过度利用资源，并表现为低度生产结构。[④]

以上的论述比较充分地说明，对于“地方性知识”的生态保护功能，虽然不可完全否定，但不可夸大，将环保的希望完全寄托在“地方性知识”上，试图通过对此进行近代科学的改造以解决环境问题，是没有充分根据的。

---

① Krech S. The Ecological Indian: Myth and History. New York: W. W. Norton, 1999.

② Luke T W. On environmentality: geo-power and eco-knowledge in the discourses of contemporary environmentalism//Haenn N, Wilk R. The Environment in Anthropology: A Reader in Ecology, Culture, and Sustainable Living. New York University, 2006: 263.

③ Nadasdy P. Transcending the debate over the ecologically noble Indian: indigenous peoples and environmentalism. Ethnohistory, 2005, 52(2): 291-331.

④ 罗意：《地方性知识及其反思——当代西方生态人类学的新视野》，《云南师范大学学报（哲学社会科学版）》，2015 年第 5 期，第 25 页。

而且，即使不考虑上面这一点，默认“地方性知识”具有生态保护价值，它的生产效率有多高呢？能否满足当代人类对物质(比如粮食)的日益增长的需要呢？如果答案是肯定的，那么发展这样的科学，就是理所当然，众望所归。然而实际上，呈现出来的状况是，这样的“地方性知识”属于“前科学”的经验性、定性的认识，是地方的、零散的、文化限制的，其关于自然的认识是“知其然而不知其所以然”的，关于自然的改造强度是较低的。“地方性知识”虽然能把生态保护和经济发展(主要是农林牧副渔)兼顾起来，但是凭此经济产出还是较低的，不能满足人们对物质的需求，带来生存危机或国家安全问题。因此，这样的科学以及相应的应用模式现在不能被大多数人接受而广泛推广。[①]

对于“博物学”，也存在类似的思考。在我国，某些学者认为：博物学能够拯救人类灵魂[②]；博物学是比较完善的科学[③]；博物学有利于生态文明建设[④]；应该中兴博物学[⑤⑥]。甚至还有学者认为：在中国文化中具有博物学传统[⑦]；中国古代的科学本质上是博物学，应该用这一新纲领来重写中国古代科学史[⑧]；中国博物学传统具有世界价值，要重建中国博物学传统[⑨⑩]；中国作为独特的博物大国，其博物经验具有实践性、体知性、集体认知性、伦理性等特点，在人类思想史上独树一帜，具有不可穷竭的价值，可以滋养和引导我们走向建设性的未来。[⑪]这些都有一定道理，给我们以深刻启发。不过，必须明确的是，对于博物学，其意义和作用不可夸大，博物学毕竟是一门“前科学”——一门起源于古希腊、兴起于 18 世纪、全盛于 19 世纪、衰落于 20 世纪的科学，一门主要运用观察方法而非实验方法和数学的科学，一门位于科学成熟之前的认识形态。它虽然一定意义上能够让人们亲近自然、尊重自

---

① 对此结论也不能绝对化。因为，一旦人口较少，一旦农业所占国民生产总值比例较低，一旦这样的生产利润较高，而且最重要的是一旦这样的生产能够满足人们的粮食需求，则具有“地方性知识”特征的传统的农业生产方式，就可以贯彻。然而，对于中国的现实状况，这样的条件并不满足，如此行事也是行不通的。

② 田松：《博物学：人类拯救灵魂的一条小路》，《广西民族大学学报(哲学社会科学版)》，2011 年第 6 期，第 50-52 页。

③ 吴国盛：《博物学是比较完善的科学》，《中国中医药报》，2004 年 8 月 30 日。

④ 刘华杰：《博物学服务于生态文明建设》，《上海交通大学学报(哲学社会科学版)》，2015 年第 1 期，第 37-45 页。

⑤ 江晓原、刘兵：《是中兴博物学传统的时候了》，《中国图书评论》，2011 年第 4 期，第 42-50 页。

⑥ 毛中秋：《中兴博物学——访北京大学刘华杰教授》，《中国社会科学报》，2014-12-26(A05)。

⑦ 江晓原：《中国文化中的博物学传统》，《广西民族大学学报(哲学社会科学版)》，2011 年第 6 期，第 22-24 页。

⑧ 吴国盛：《博物学：传统中国的科学》，《学术月刊》，2016 年第 4 期，第 11-19 页。

⑨ 余欣：《中国博物学传统的世界价值》，《中国社会科学报》，2014-12-26(A04)。

⑩ 余欣：《中国博物学传统的重建》，《中国图书评论》，2013 年第 10 期，第 45-53 页。

⑪ 刘啸霆、史波：《博物论——博物学纲领及其价值》，《江海学刊》，2014 年第 5 期，第 5-11 页。

然、顺应自然，建立人与自然的和谐关系乃至起到提升人类精神，陶冶情操和纠偏的作用，但是，其改造自然的作用是不大的，对于人类物质生活的贡献是不大的，甚至其保护自然的作用也是不大的。在工业文明时期，在人类如此强烈地改造了自然，提供了丰富的物质财富以及造成了巨大的环境破坏的背景下，试图通过“博物学”路径来解决精神和环境问题，无异于“杯水车薪”。

也许正因为这样，应用“地方性知识”、博物学进行自然的改造，总的来说是“雷声大、雨点小”，它虽然可以在特殊区域、特殊行业加以贯彻，但是，是不能在所有的区域和行业加以利用的。至于它在哪些特殊区域以及特殊行业可行，则需要进一步探讨。就此，回到“古代科学传统”，虽然可以考虑作为特殊情况下的特殊路径，但不可作为解决目前“科学与自然冲突”所应该遵循的普遍模式。

更何况，“古代科学传统”与农业社会或农业文明相对应，更多地与农业生产相关，与近现代意义上的工业生产几乎没有关联，这无论如何是不能满足当代人类以及未来人类的需要的。

在如此情形下，我们是无法走向“古代科学传统”的。如果我们坚持要走向“古代科学传统”，那么，结局只会是在表面上一定程度解决人类目前面临的环境危机，但是，相应地会带来资源危机，使人类有可能重新回到“物质匮乏的时代”。而且，在目前人口众多的情况下，人类为了走出物质资源匮乏的这种局面，必然会过度开采自然资源，这必然又会带来严重的生态环境危机，甚至带来人类文明的毁灭。人类历史上“玛雅文明”“复活节岛文明”等的衰落乃至毁灭一般被认为就是如此。

理想是美好的，现实是残酷的。那些坚持走向“古代科学传统”的人们，更多的是一种浪漫主义者，他们坚持的是一种理想主义，而非现实主义，他们更多地着眼于“古代科学传统”的非物质价值，聚焦于文化、伦理、历史、环保等价值，忽视了其比较低下的生产效率。这是不可取的。

二、走向“地方性科学”：既环保又经济

根据前面的论述，回归“古代科学传统”，表面上能够解决环境危机，但是，不能解决粮食危机或相对于人类所需要的资源危机；发展近代科学，虽然能够有利于经济，但是不利于环保。据此，人类应该变革“近代科学”，从根本上改变其应用造成环境危机的根基，以使新科学的应用有利于环境保护。这样的科学可称为“未来科学”。由前所述，近代科学的应用之所以造成环境问题是因为科学的非自然性，而近代科学的非自然性又由科学的机械自然观的基础、实验和理论的“建构”以及科学的“规训”三方面引起，因此，要解决环境问题，就要改变近代科学的机械自然观的非自然性、实验的非自然性和数学的非自然性，以最终解决环境问题。对于

第一个方面“科学的自然观与环境问题的解决”，应该摆脱机械自然观的束缚，坚持人与自然和谐一致的自然观。要实现这一点，对于人类，应该摆脱“人类中心主义”的束缚，尊重自然并与自然相和谐；对于自然，人类则应该坚持有机整体性的自然观，更多地对自然界中的经验性的方面、复杂性的方面、整体性的方面、非决定性的方面展开认识。关于后一方面，在“第十二章 现代科学革命的肇始——新的自然观与新的方法论”已经论述，这里不再赘述。接下来，主要针对科学认识过程中的“建构”以及科学应用过程中的“规训”与环境问题的产生之关联，提出解决环境问题的对策。

（一）让科学“回归自然”

对于“科学的‘建构’与环境问题的解决”，应该使科学更多地走出实验室，回归自然，发展真正的自然科学(即以自然界中的对象为研究对象的科学)，以获得对自然的更多、更全面、更正确的认识。回归自然的科学(真正的自然科学)是生态文明的基础，是工业文明向生态文明转变的必经之路。①

根据前章的分析，实验科学是科学应用造成环境问题的重要原因，该是到了对实验科学进行观念性革命的时候了。通过实验科学能够认识的，我们可以而且应该在一定意义上去认识，这是人类探索事物奥秘的历史使命使然，但是，这并不意味着我们应该滥用实验科学的成果，为了满足人类无止境的需求而不断利用实验科学制造出人工物。必须意识到，实验科学是把双刃剑，在有效地获取知识、应用于物质生产的同时，很可能会产生各种负面的环境影响。人类必须考虑到这一点，应该在应用实验科学于生产之前、之中或之后，考察其应用可能造成的环境影响，谨慎地应用实验科学。那种“盲目发展实验科学以奠定技术创新的基础，从而生产出更多乃至过多的产品——人工物，满足人类过多的需要，造成过多的资源危机和环境破坏”的科学技术发展和应用模式，应该改变。相反，实验方法应该更多地应用于对自然对象的更多的认识上，而不是更多乃至过多地应用于生产更多乃至过多的人工物，满足人类的过多的需要，从而造成更多的环境破坏。为了生产的实验科学应该有所限制，为了环境保护的实验科学应该大力发展！

而且，比较当前的实验科学与直接面对自然的科学，前者获得了充分的发展，后者则明显发展不充分。科学实验以及实验科学的强势发展，客观上排挤了直接面对大自然的科学的发展，一定程度上导致其发展不足。这种不足不利于环境保护。一方面，因为直接面对大自然的科学发展不足，必定意味着我们对大自然的认识不足，如此，我们按照自然规律的方式进行社会实践就不够，就很可能造成更多的环

① 肖显静：《实验科学的非自然性与科学的自然回归》，《中国人民大学学报》，2009 年第 1 期，第 105-111 页。

境破坏；另一方面，正是这种不足，使得科学不能及时、充分地预测到科学应用会产生什么样的环境影响，甚至在某一环境问题产生之后，也不能很好地认识它，以顺利地解决它。

现在到了大力发展直接面对大自然的科学的时候了！这些科学学科典型的有生态学、自然地理学、植物学、林学、海洋学、地质学、天文学等。实际上，直接面对自然的科学是对自然对象的直接的认识，所获得的更多的是自然规律本身，其应用是能够有利于环境保护的。鉴此，直接面对自然的科学是与生态文明相对应的，是生态文明建设的科学认识基础，为生态文明做准备，应该而且必须大力发展。只有大力发展直接面对自然的科学，人类才能更多、更准确地认识自然规律，按自然规律办事，产生更少的环境破坏；才能更好地考察实验科学应用所可能产生的环境影响以尽量避免之；才能在实验科学与真正的自然科学发展及其应用之间取得平衡，从而在第一产业与第二产业之间、工业文明建设与生态文明建设之间取得平衡，既能够满足人类的物质文化生活需要，又能够保护环境，实现可持续发展。

这是科学的发展、社会的进步、可持续发展的必然要求！

（二）让科学“顺应自然”

对于科学的“规训”与环境问题的解决，要改变“规训”自然的科学，走向“顺应”自然的科学。要“顺应自然”，首要的仍然是从实验室走向自然，面对大自然自身展开认识。它把重点放在对地方环境的认识上，以获得各种各样的“地方性知识”。这样的“地方性知识”，不是基于“实验室实践”背景下的“地方性知识”，而是直接面对自然的“地方性知识”，是“真正的自然科学”。它所获得的认识，更多的是“地方性的认识”，体现了“回归自然”与“顺应自然”的科学特征，可以将此称作“地方性科学”。[①]

需要特别指出的是，“顺应自然”的科学最大的特点就是要“让科学适应环境”而不是“让环境适应科学”。但是，考察科学的实际运用过程，就会发现，为了实现人类的目的很多时候不是让科学适应环境，而是让环境适应科学应用，在此过程中，对环境影响的考虑被有意或无意地忽略了，自然被简化为纯粹的实现人类目的的工具，由此造成比较严重的环境影响。

例如，在实际的农业生产过程中，粮食产量很多时候成了唯一的考量依据。为了提高粮食产量，人们引入在标准实验条件下收成最高的杂交品种，并大量使用化肥、运用灌溉系统来控制农作物的产量以及广泛使用杀虫剂来控制病虫害等。这些杀虫剂在研发的时候，没有对生态系统的其他因素如益虫、农作物、土壤等统筹考

---

① 肖显静：《科学之于环境：从“规训”走向“顺应”》，《思想战线》，2017年第2期，第171-172页。

虑。而且，在田间施用的时候，农民盲目追求杀虫效果，往往过度喷洒。因而这些农产品不但品质下降，还产生了一系列的食品安全问题。与本地品种相比，杂交品种更适合集约耕作从而消耗更多的养分，对土地的化学平衡更为敏感，因此也需要施加更多的化肥。大面积的单一物种种植会降低当地物种多样性，使得作物更容易遭受病虫害，进而需要施用更多的杀虫剂，结果是造成越来越严重的环境危害。[①]

这是不符合“地方性科学”的。对于化肥，“地方性科学”应该是在充分了解当地种植作物、土壤、大气、水分以及其他相关生态因素的情况下，即充分了解当地农业生态环境的情况下，加以研制，使它的应用既有利于促进作物生长，也不会对农业生态环境产生严重的危害。对于农药以及除草剂等，“地方性科学”也有类似研究策略。

（三）利用“地方性科学”发展环保型的“地方性经济”[②]

按照上述的方式行动之后，不仅获得了各种各样的“地方性科学认识”，而且还生产出了各种各样的“地方性产品”，如“地方农作物”——东北玉米、华北玉米等；“地方化肥”——北京肥、南京肥等；“地方农药”——东北农药、华南农药；等等。地方性是多样的，甚至是无限的，因此，地方性科学也在一定程度上是多样的和无限的，由此应用生产出来的地方性产品也是多样的甚至是无限的，它满足各个地方公民的需要，保护地方环境，从而做到在满足地方需要的同时保护环境。

至此，有人会说，要满足人类其他方面的需要，还必须发展“近代科学”，因为上述所提到的“地方性科学”的例子是关于农业的，而没有涉及工业。事实上，与农业直接相关的“地方性科学”，满足的仅仅是人类的饮食问题，要满足人类其他方面的需要，还必须发展“近代科学”。对此，相应的回应是：“地方性科学”也可以扩展到工业产品的生产领域，生产出具有特定功能的物质，用来满足人类的需要，只是这时，“地方性科学”要求科学（“近代科学”）的应用要有利于保护环境。对此，可以详述如下：“地方性科学”并不完全抛弃“近代科学”，只是它坚持，“近代科学”虽然在实验室中是正确的，但是相对于外界自然界就不一定“友好”了，会造成各种各样的地方环境影响。要判断将科学应用于外在自然时的“友

① 肖显静：《环境·科学：非自然、反自然与回归自然》，北京：化学工业出版社，2009年，第89-92页。

② 德里克·沃尔（Derek Wall）是欧洲新一代生态社会主义的主要代表，他于20世纪90年代也提出“地方性经济”（local economy）的概念。他批判了资本主义经济的内在扩张性以及由此衍生的资本主义全球化，指出这是生态危机的根源。要解决这一问题，就要走向生态社会主义，坚持生态原则、生产资料共有原则、民主原则、自治原则和关爱原则，利用传统技术，发展“地方性经济”。参见 Wall D. Babylon and Beyond: The Economics of Anti-capitalism, Anti-globalist and Radical Green Movements. London: Pluto Press, 2005.

好”程度，还必须以是否能够更多、更好地符合外在自然而同时又更少、更弱地造成地方环境破坏为标准。一般来说，造成地方环境破坏越少的“近代科学”，它相对于外在自然的“真理性”和“友好性”[①]就越强，反之则就越弱。由此，在“近代科学”应用之前，应该“让自然做科学的最终裁判者”[②]，即运用“地方性科学”参照地方性和自然环境，评价相应的“近代科学”应用的地方环境影响，以最终决定是否应该应用其于生产生活中。就此来说，“地方性科学”包容并且“监护”“近代科学”。

经过上述“监护”后，“近代科学”就与自然具有相当大的一致性，很大程度上成为“地方性科学”的一部分；应用“监护”后的“近代科学”，就生产出了各种各样的工业产品，在满足人们物质生活需要的同时，也能够保护环境。这是一种新的形式的工业，本质上已经成为“地方性工业”。“地方性工业”和“地方性农业”一道构成“地方性经济”。

如对于地方性农业经济，“地方性科学”应该对近代科学应用所产生的各种农产品进行环境影响评价，以采取相应的对策。对于农作物，“地方性科学”在研究如何更好地促进农作物生长的同时，也研究其应用所可能带来的环境影响，促进近代科学和现代科学开发出既能促进农作物生长，又能有利于生态环境保护和人类健康的产品来。对于化肥，“地方性科学”在考察其促进作物生长的同时，应该考察其对土壤结构、水质以及作物品质等的影响。对于农药，“地方性科学”应该考察它是否可能导致害虫耐药性增强，使害虫增多，影响到生态系统；应该考察它是否有可能降低农作物的品质，影响到人体健康；等等。对于除草剂，“地方性科学”应该考察它在杀灭杂草的同时是否对农作物自身以及对生态环境产生影响。

如此，“地方性科学”除了“回归自然”和“顺应自然”外，还需要对相应的“近代科学”的认识应用所可能造成的环境影响进行研究，以确定是否应用这样的认识于实践当中。

比较上述解决环境问题的科学革命路径，可以说是一致的，即要从根本上解决科学应用所带来的环境问题，就必须“顺应”自然，大力发展“地方性科学”，使科学走出实验室，走向自然，去研究自然界中的对象和现象，获得关于自然界中的对象和现象的认识，然后再按照这样的对象和现象改造世界，以真正做到“认识自

---

① 这里的“真理性”指的是在实验室中所获得的知识或规律，不仅得到了实验室实验的可重复性检验以表明其“正确”，而且得到了外在自然界的检验以表明其与自然的和谐一致，即既具有相对于实验室的“正确性”，也具有相对于自然的“正确性”。而且也只有这样，才能实现其相对于自然的“友好性”。一旦实现了这两点，也就实现了科学的“人工性”与“自然性”的统一，以及“真”与“善”的统一。

② 肖显静：《从工业文明到生态文明：科学的非自然性、环境破坏与自然回归》，《自然辩证法研究》，2012年第12期，第54页。

然规律，按照自然规律办事”，尽管这样的“自然规律”可能并无必然性。

分析“地方性科学”，它的最大特点是“回归自然”和“顺应自然”。所谓“回归自然”，指的是回到自然本身，获得关于自然的自在状态的认识；所谓“顺应自然”，指的是按照自然的法则办事。事实上，只有“回归自然”，才能获得关于自然本身的认识，也才能在按照这样的认识去改造自然时，“顺应自然”，保护自然；只有“顺应自然”，即对自然施加尽可能少的“干涉”，才能获得关于自然自在状态的认识，才能在科学应用过程中，“让科学适应环境”。

根据上面的分析，可以看出，“地方性科学”是将“古代科学传统”以及“近代科学”的合理成分融入自身，扬长避短，从而形成具有自身特色的范式。一方面，它是“古代科学传统”的延伸和扩张，并对此取长补短。“古代科学传统”有可取的方面，如“地方性知识”“博物学”等的“面向自然”“尊重自然”“顺应自然”，从而获得的对自然的许多认识是合理的，但是，其知识形态又是经验的、朴素的，混杂着非科学的成分，是知其然而不知其所以然的，运用这样的知识形态去改造自然，效率是低下的，是满足不了人类日益增长的物质需要的。必须运用“地方性科学”对此加以改造，使此呈现出“科学”[①]的形态。另一方面，它不反对近代科学认识领域中的“实验室的‘建构’和‘规训’”，因为它清楚地知道，如果没有这样的“建构”和“规训”，就不可能有如此有效的认识，也就不可能有如此丰富的、具有特殊性质和功能的人工物，人类的各种各样的需要也就不能满足。但是，它也清楚地知道，这样的近代科学是以非自然的方式、反自然的方式认识和改造自然的，从而必然造成自然环境的破坏。如此，就必然要反过来对这样的科学进行“规训”。这样的“规训”是以“未来科学”——“地方性科学”，来决定其是否应该进行工业推广和应用，即面向各个“地方”，从各个方面去评价近代科学的环境影响，以决定其是否推广和应用。

照此，“地方性科学”既吸收了“古代科学传统”“近代科学”的长处，又避免了它们的欠缺，从而能够使它在发展生产的同时，也能够保护环境，从而达到生产与环保的双赢，具有重要的意义。

三、“地方性科学”的特征：自然为人立法

说到这里，有人会提出疑问：未来的“地方性科学”到底与“古代科学”“近代科学”“现代科学”有什么样的不同呢？它是如何能够保证在保护环境的同时，又有

---

① 这里之所以对“科学”加“双引号”，是想表明，这里的“科学”不是指的近代科学，而是指的“地方性科学”，如此，对“古代科学传统”进行改造，最终是让其获得如“地方性科学”那样的“科学”形态。

利于物质生产，满足人类日益增长的物质需要的呢？这与它们各自的哲学基础与认识特征紧密相关，见表 14.1。

表 14.1　未来科学对古代科学传统、近代科学和现代科学的扬弃[①]

科学类别	哲学基础				认识特征	应用结果
	本体论	认识论	方法论	价值论		
古代科学：神学的和哲学的	神学自然观	神启、直观等	观察、博物、猜测、思辨	神学中心论	从超自然认识自然走向通过自然认识自然	农业经济：环保但不经济
近代科学：机械的和实证的	机械自然观	实证主义	实验、测量、归纳与演绎	人类中心论	以事实为根据提出并且检验理论	工业经济：经济但不环保
现代科学：有机的和整体的	有机自然观	后实证主义	系统、复杂、整体、概率	人类中心论	探寻新的方法论原则和具体方法体现整体	混合经济：环保并不必然
未来科学：地方的和持续的	和谐自然观	自然最终裁决	系统、复杂、整体、概率	生态中心论	回归自然，顺应自然，处理和模拟自然	可持续经济：经济又环保

表 14.1 中的未来科学在此指的就是“地方性科学”。“地方性科学”与“古代科学传统”是不同的。首先，比较这两种科学，在本体论、认识论、方法论和价值论上都有很大的不同。“古代科学”以神学自然观为基础，强调神启和直观，运用观察、猜测、思辨等方法去认识自然，在价值论上是“神学中心论”的。“未来科学”以人与自然和谐的自然观作为本体论基础，以证实、证伪等原则作为认识论的原则，采用观察、实验、测量等具体的方法，以及复杂性原则、整体性原则、非因果决定性原则等来认识自然，最终目的是认识自在状态下的自然，从而最终实现“人与自然和谐共生”的价值理念。其次，“地方性科学”既能兼顾经济，又能实现保护自然的目的。由于“地方性科学”并不排斥实验方法和数学方法，而是充分利用这两种方法对地方环境进行认识，因此，它对地方环境的认识就不像“古代科学传统”那样，

① 肖显静：《走向第三种科学：地方性科学》，《中国人民大学学报》，2017 年第 1 期，第 154 页表 1。本表据文中表 1 修改而成。

完全没有实验以及数学的认识形式[①]，而有着相应的机理和明确的认识。这样的认识是具有一定程度的数理形式的、确定的和可重复的，是能够更多地给我们生产出相应的产品，从而更加有利于经济发展的。另外，由于"地方性科学"与"古代科学传统"有一个共同点，就是"回归自然"和"顺应自然"，因此，它对自然的认识和改造，又是与自然相一致的，因而，又是有利于保护自然的。而且，也由于"地方性科学"与"古代科学传统"的这一相同点，当用"地方性科学"对"古代科学传统"进行重新认识和解释时，并不存在内在的矛盾，都体现了认识的历史性、时空限制性、当地性，就此而言，"地方性科学"阐释并超越"古代科学传统"。

相对于近代科学，"地方性科学"也有其优势。最重要的是，它与近代科学不同，不是以机械自然观作为其本体论基础，也不是一味运用实验室实验方法和数学方法干涉研究对象、建构科学事实、制造实验现象，在"发明"的基础上去发现"制造"出来的对象和现象，而是更多地走出实验室，走向自然，发展直接面向自然的科学——"真正的自然科学"，进行野外实验，在"处理"自然、"观测"自然、"模拟"自然的过程中，发现自然的自在状态，并进一步获得对此的相应认识。[②]结果是，它就更多地与生物学、生态学、地理学、气象学、海洋学、土壤学、森林学等相关联，而不是与近代科学之物理学、化学相关联。这样的科学认识就适应自然，与自然本身相一致，进一步根据此认识去改造自然，就不需要像"近代科学"那样，"规训"环境以"让环境适应科学"，因为此时"科学已经适应环境"了。如对于农作物新品种的培育，"地方性科学"着力于那些既具有良好的品质和增产潜力，又能够更加适应于当地自然生态环境的农作物，这样就既能够更好地满足人类的物质需要，也能够少施化肥、农药等，有利于环境保护。

---

① 吴彤教授在《再论两种地方性知识——现代科学与本土自然知识地方性本性的差异》（《自然辩证法研究》，2014 年第 8 期，第 54-57 页）一文中指出："第一，本土知识一般都具有事实条件约束，即与本土知识所处的地理、人文和其他局域条件密切相关不可脱离的条件约束；第二，不具备数理形式化条件；第三，不具备实验室条件。这样一种地方性知识很难搬运到另一地去实施。"笔者赞同这一观点，并将此思想用来表示"古代科学传统"。

② 在这一点上，它与生态学有共同之处。生态学研究的对象是自然界中生物与环境之间的关系，因此，生态学实验更多地直接面向大自然，进行野外实验。而且由于生态学的目的是获得自然界中生物与环境之间的自在的关系，因此，野外实验以非本质性地或非根本性地破坏相应的研究对象和关系为准则。如此，生态学的实验类型和特征就与传统科学实验不同。其中的"操纵实验""处理"而非"干涉"自然，"测量实验"更多的是观测自然，"自然实验"利用自然因素以及人类偶然的或无意识的对自然的作用而获得相关认识，宇宙实验则是试图通过模拟自然界中的相关过程和现象来获得相关认识。如此，生态学实验的目标是面向、观察、追随、模拟自然界中自在状态的生物与环境之间的关系，以达到认识这种关系的目的。它是"自然的追寻"和"自然的发现"，是实在论而非建构论的，具有"自然性"的本质特征。（参见肖显静、林祥磊：《生态学实验的"自然性"特征分析》，《自然辩证法通讯》，2018 年第 3 期，第 10-17 页。）

（一）“地方性科学”是对其他科学形态的扬弃

“地方性科学”既不是“‘神学中心主义’的科学”，也不是“‘人类中心主义’的科学”，还不是纯粹的“‘生态中心主义’的科学”，而是兼顾自然和人类可持续发展的“可持续式科学”。它既避免了“近代科学”“建构”“规训”的特征，又能够“面向”“顺应”各个地方的生态环境；既能够发挥“近代科学”方法及其相关认识的优势，满足生产和生活的需要，又能够实现地方生态环境的保护。“古代科学传统”与农业文明相对应，环保但不经济；“近代科学”与工业文明相对应，经济但不环保；“地方性科学”与生态文明相对应，既经济又环保。“地方性科学”是对“古代科学传统”和“近代科学”的革命，是一次新的科学革命。这次革命不单纯使得那些原先处于边缘的科学，如生物学、生态学、地理学、气象学、海洋学、土壤学、森林学等，走向中心，而且还以“地方性科学”对“近代科学”进行“监护”，使其应用有利于保护环境。这应该是“地方性科学”最重要的意义。

（二）“地方性科学”融认识与改造自然于一体

“地方性科学”不是不要科学认识者和改造者发挥主观能动性，而是对他们提出了更高的要求，即要在顺应自然、尊重自然的前提下发挥主观能动性。“地方性科学”是一种面向自然、走向自然、尊重自然、顺应自然、保护自然的科学，是一种融自然认识、自然改造、自然保护于一体并协调一致的科学。“地方性科学”对自然的认识是在“顺应”自然的过程中完成的，“改造自然”又是在“顺应性地”“认识自然”的基础上进行的，它的应用就能够保护环境。对于“古代科学传统”，是人类在改造自然的过程中获得对自然的认识的，“认识”没有从改造自然的“实践”中独立出来，故处于朴素状态且进展缓慢，据此改造自然，对自然变革的强度不大，破坏性也不大，能够保护自然。对于“近代科学”，认识自然是在实验室中进行的，改造自然是在大自然中进行的，两者是分离的、断裂的，认识自然成了一种社会建制化的活动，得到了迅猛的发展，由此使得在此基础上改造自然的广度、深度和强度都大大增强了，结果必然造成自然的破坏。

（三）“地方性科学”追求多样性和实在性

“地方性科学”对自然的认识不仅包括那些脱离了时间和空间尺度限制的普遍性规律的认识，更包括那些具体化的、具有时空特性的或受着时空限制的、地方性的自然的认识；“地方性科学”关于地方性自然的认识是复杂的，甚至是不确定的，有些时候甚至很多时候并不呈现数理形式，重复起来也很难，不具有普遍性，只是相对于地方环境才有效，由此，它是地方性的、多元化的、时空限制的、反科学主义的。但是，它又坚持面向自然，去努力获得自然自在状态的认识，因此，它是实在论的。只不过，这样的实在论更多的是埃利斯(Ellis B)意义上的“实用实在论”——科学旨在提供对自然现象最好的说明性解释(explanatory account)，对科学理论的接受包含了它属于这样一种说明的信念。①

(四)“地方性科学”是独立自主、自足自强的科学

“地方性科学”无疑具有地方性，它所获得的知识也是一种“地方性知识”。这种“地方性知识”既不同于“古代科学传统”之“地方性知识”，也不同于“近代科学”之“实验认识的地方性”，是一种非常类似于生态学那样的“地方性知识”，可以称为“第三种地方性知识”。与古代科学传统的“地方性知识”相比较，它祛除了其超自然的成分，而让有机整体性的自然观作为其本体论基础，因此，它不是文化相对主义和真理相对主义的。与近代科学传统的“地方性知识”相比较，它摆脱了实验室场所的束缚，而直接走向多样化的地方环境，由此使得它由原来的实验室背景依赖走向自然环境背景依赖，自然环境是多样的、可变的、时空限制的、异质的，因此，它所采用的方法以及所获得的认识也应该是多样的、可变的、受时空限制的，甚至是异质的。

由此，“地方性科学”不是全球性的，而是地方性的，是为地方服务的，而且也只有地方，才能够更多、更好地发展并且利用这样的科学。它能够充分地调动民族、区域的积极性，利用自身主场优势，展开“地方性科学”研究和“地方性科学”应用，发展多中心、多主体、多形态的科学，进行地方性产品的设计、制造和消费，实现地方的繁荣富强；它能够使欠发达国家摆脱西方发达国家利用近代科学的先发优势以及普遍性、全球化特征对欠发达国家实施的奴役，充分地实现自身价值，利用和发展“地方性科学”做到独立自主、自力更生、自强不息，尽快走出“后殖民科学”状态。这有利于打破目前西方科学或者近代科学“一个中心”“一统天下”的局面，使得“地方性科学”呈现出 “百花齐放”“百家争鸣”的景象，对科学技术以及可持续发展，具有重要的意义。

(五)“地方性科学”是公众的科学

“地方性科学”是面向各个“地方”或“当地”的，目的是获得对各个“地方”的认识。对于各个“地方”，当地公众与此紧密接触，他们或者传承先辈的“地方性知识”，或者在日常的生活和生产实践中，获得各种各样的关于当地的认识。这些认识虽然可能缺乏科学的成熟形态，但是，其正确性以及价值和意义不可否定，因为，作为科学应用的实践者和环境问题的产生者以及承受者的他们，对地方性自然的

---

① Ellis B. What science aims to do//Churchland P M, Hooker C A. Images of Science: Essays on Realism and Empiricism. Chicago: University of Chicago Press, 1985: 48-74.

认识以及对环境问题的感知，常常比科学家更为直接和具体，甚至也更正确。此时的公众，或者可以作为直接的认识者进入相关对象的认识中，或者其认识可以而且应该更多地被科学家所重视。

这样一来，与公众难于参与的“近代科学”有所不同，公众可以比较自然地参与到“地方性科学”的研究和实践中，成为发展“地方性科学”的重要力量。在这里，公众对自然的认识与自身生产和生活实践融合了起来，对科学的研究与对科学的应用融合在了一起，公众和科学家一道开展并推进“地方性科学”。这样的科学可以看作是“公众科学”(citizen science)，是一种公众涉入的并且直接参与的科学。在这样的科学中，科学已经不再作为科学家的特权，公众已经不再作为“门外汉”而被拒之门外，公众和科学家已经作为一个联合体参与到人与自然复合体系的研究和实践中。如此一来，民主化就内在于“地方性科学”之中，“地方性科学”的民主化就能够实现。[①]

（六）“地方性科学”让自然做科学的最终裁判者

“地方性科学”秉承的是“万物是人的尺度”而不是“人是万物的尺度”，是“自然为人立法”而不是“人为自然立法”[②]。“地方性科学”坚持在科学认识过程中去检验科学认识的正确性是必要的，但不是充分的，在科学认识过程中被确立为正确的科学认识，相对于自然就不一定是正确的了；科学认识的正确性不仅体现在科学认识的过程中，如实验的验证、理论间的一致、理论的解释和预言、理论的综合简明性等，而且还体现在科学应用的过程中，体现在这一过程中对自然造成了什么样的影响。由此看来，对科学认识的正确性的检验不仅要对科学认识本身进行反思，

① 肖显静：《走向第三种科学：地方性科学》，《中国人民大学学报》，2017 年第 1 期，第 155 页。

② 康德说：“自然界的普遍法则必须是在我们心中，即在我们的理智中。”(北京大学哲学系外国哲学史教研室编译：《西方哲学原著选读》(下卷)，北京：商务印书馆，1982 年，第 286 页。)具体而言就是，人的知性为自然立法，人的理性为自身立法。由于人类不能经验到物自体，而只能经验到现象，而我们所经验到的现象受到知性范畴的支配，在知性范畴的作用下，经验成为现象界的整体，即自然界，所以，人类对自然的认识就是使得自然对象符合主体，即“人为自然立法”。这成为康德“哥白尼革命”的重要结论。笔者这里的“人为自然立法”明显不是康德意义上的，因为在近代科学这里，人类已经通过实验和理论的事实建构，建构出了另外一个人工世界——实验室中的世界或者科学世界，其中，“物自体”已经不再存在，存在的只是“人工体”，此时，人类所面对的已经不是以人类为支点还是以“物自体”为支点去认识“物自体”，而是以人类为中心，对“物自体”加以人工改造使之成为“人工体”，然后再运用实验和理论对这样的“人工体”进行建构，以获得对此“人工体”的人工化的认识。在康德那里，“人为自然立法”是以“物自体”的存在及其认识为支点的，仍然是以自然为中心的，“自然”是存在的，而在近代科学这里，“人为自然立法”之“自然”已经不再存在，它成为人类干涉、作用、控制、压迫的对象，成为一个为人类服务的对象，这是完全意义上的“人为自然立法”。

还要针对科学应用对自然的影响进行反思，以便认识到科学认识的应用对自然的干涉以及所产生的人工自然可能与天然自然形成怎样的对抗，来最终确定科学认识的真理性如何，以及是否应该应用该项科学成果。无论从科学认识的真理性看，还是从这种真理性与环境问题的关联看，自然应该是科学的最终裁判者。

这就给我们的科学提出了一个新任务，即不要等到某项科学应用产生了环境问题之后，才对该项科学应用进行环境影响评价，以便弄清它之所以产生环境问题的科学原因，然后再探求解决这一环境问题的科学途径，而应该在科学应用之前或之中，就研究这样的科学认识如果被应用，可能会产生什么样的环境破坏，从而对它进行更大范围内的真理性考察，更进一步确定这样的科学能否被如此这般地应用。这不是事后补救的，而是事先预防的，从源头上控制环境破坏。

近代科学的非自然性是造成环境问题的根本原因，不进行新的科学革命就不能解决环境问题。回归“古代科学传统”是行不通的，因为它“环保但不经济”；推进“近代科学”也是不行的，因为它“经济但不环保”；必须创立“未来科学”，使得它“既环保又经济”。这样的科学应该是“回归自然”的科学以及“顺应自然”的科学，是一次“大写的科学革命”。概括这样的科学的特点，可称为“地方性科学”。要想既环保又经济，必须按照“地方性科学”的特点发展这样的科学和应用这样的科学，大力发展“地方性经济”。“地方性科学”是可持续式科学，“地方性经济”是可持续的经济。这对于科学的进一步发展和生态文明的推进意义重大。

结语　“大写的科学革命”是什么
——历程、特征和诉求

一、“大写的科学革命”的历程

（一）“大写的科学革命”的历史脉络

1. 第一个阶段：史前时期

旧石器时代晚期以及新石器时代已经有了“科学”。只是当时的科学还处于萌芽状态，落后于技术，深深地蕴含在神话、巫术的氛围中。[①]这决定了当时的人类只能以一种拟人化的或神话的方式认识自然，当时的科学呈现为“神话式科学”。这样的科学如果用近代科学的标准来衡量，是非科学甚至是反近代科学的，但是从当时的历史背景看，有一定的合理性和作用，支撑着人类向前迈进。

2. 第二个阶段：古希腊阶段

(1) 古希腊早期自然哲学——由世界的本原认识自然

——爱奥利亚学派：通过自然的因素来认识自然。这与神话宗教自然观下的人类通过超自然来认识自然的方式不同。虽然他们没有否认“超自然”的存在，但是他们已经懂得区分“自然”和“超自然”。这是人类认识走向科学的第一步。

——毕达哥拉斯学派：通过世界的本原“数”来认识自然。这为自然的数学化提供了形而上学基础，从而使得科学的数学化成为可能。纵观自然的数学化和科学的数学化，是从毕达哥拉斯学派开始的。

---

① 对于史前时期以及近代以前科学与技术的关系，一种普遍的观点认为科学处于萌芽状态，技术相对进步，技术与科学无关，走在科学的前面。对于这种观点，需要具体分析。可以说，如果以近代科学来衡量古代科学，则以机械自然观为基础，以实验和数学方法的应用为特征的科学是处于萌芽状态的，此种科学对当时的技术的基础作用也没有体现。但是，如果以古代科学来衡量当时的技术，则还真不能认为其处于萌芽状态，且与技术无关，只不过这样的科学是“神话式科学”或“哲学式科学”，其观察经验的成分蕴含于神学自然观和万物有灵论自然观之中，这样的科学并非独立于当时的技术，仍然给当时的技术以指导，这典型地体现于古代农业科学与农业技术的关系中。

——爱利亚学派：世界的本原是“不变的一”。这为古希腊自然哲学家探讨世界的本原找到了另外的根据和路径，从而也将世界的本原构成和变化导向元素论以及原子论。这是希腊自然哲学发展的新阶段。

——元素论者和原子论者：由基本的要素解释宏观世界。这与近代科学的微粒说以及元素说等紧密关联，也与近代科学通过机械微粒之间的相互作用来统一解释世界的思想路线相一致。

(2)古典希腊自然哲学——由数学理念和内在目的认识自然

——柏拉图：理念论与数学的天文学。理念世界是真实的，经验世界是虚假的，天上的世界是完美的，遵循理想化的理念世界——数学几何结构。由此，真实的天文学应该是那种能够体现天体匀速圆周运动，并要“拯救”那些观察到的星球的非匀速圆周运动现象。这种数学的天文学一直占据着西方天文学的主导地位，直到开普勒开创了物理的数学的天文学。

——亚里士多德：自然的内在目的论与哲学的物理学。亚里士多德对各类范畴进行分类，并在此基础上展开对事物的认识，从而创立了逻辑学并使得知识系统化。亚里士多德认为世界是等级制的，从而使得天上的世界和地上的世界呈现出不同的状况：天上的世界是完美的，可以用数学表示，地上的世界是不完美的，不能用数学表示。而且，基于他从事物的内在目的和“四因说”来解释事物，因此，数学方法和原子论在他那里不可能得到重视。他的物理学是“哲学的物理学”。

(3)晚期希腊自然哲学——由解决个人的人生问题认识自然

纵观古希腊晚期自然哲学，有一个共同点，就是从自然哲学的角度为人生哲学作注。具体体现在：伊壁鸠鲁学派发展原子论经验地解释自然，认为快乐是人生的最高目标；斯多亚学派将生机论置于实存论创立物理宇宙论，认为人类应该遵循自然法则来追求幸福；怀疑论学派通过“悬置判断”事物的本性，来探索真理和幸福；新柏拉图主义提出自上而下的“流溢”和自下而上的“净化”，以达到灵魂的最高境界。这表现出哲学伦理化的倾向，对于科学发展的意义与之前的自然哲学相比要少得多，此时其中即使有一些科学思想成分，也是出于论证人生的幸福、价值、意义等的目的。

在古希腊，自然哲学家以哲学的方式认识自然，所拥有的科学是“哲学式科学”，主要通过世界的本原认识自然，所以又称“自然哲学”。相比于史前人类所拥有的科学——“神话式科学”，古希腊时期的科学——“哲学式科学”（“自然哲学”），其自然观有了一个根本性的变化，科学的认识方式也有了一个根本性的变化。因此，这是一次“大写的科学革命”。

很长一段时间以来，人们把古希腊自然哲学当作近代科学的思想源流，但是，很少把它看作是一次科学革命。事实上，古希腊自然哲学是一次“大写的科学革命”，代表着新的“哲学式科学”的诞生。尽管这样的科学由于种种原因于公元前 2 世纪衰落了，但是，它在中世纪后期的复兴，为近代科学革命的发生提供了知识背景和被批判的对象，意义重大。

3. 第三个阶段：中世纪阶段

到了中世纪，尤其是中世纪晚期，自然神学占据主导地位，自然哲学相对独立并为自然神学服务，两者综合形成那一时期认识自然的形式，使得那一时期的科学或者属于“神话式科学”，或者属于“哲学式科学”，或者属于两者的综合。例如，哥白尼的“日心说”就综合了“神话式科学”和“哲学式科学”两大特点。

在中世纪的绝大多数时间里，自然哲学依附于神学并为之服务。但是，到了中世纪晚期，自然哲学逐渐独立于神学，并取得一定的进展，从为神学服务到为科学做准备。正因为这样，中世纪自然哲学为近代早期科学提供了诸多概念基础，从而使得一些学者认为其与近代早期科学相延续。然而，科学史的考察表明，近代早期科学是在对中世纪自然哲学革命的基础上产生的，虽然在某些概念上有延续的成分，但是两者在自然观和方法论上呈现断裂的状态。到了中世纪晚期，一种更加重视经验的自然研究方式开始出现——仔细观察开始代替权威裁决，赫尔墨斯传统下的实验也以巫术、炼金术等形式出现。这些新的转向有利于近代早期科学的诞生，为近代科学革命做准备。

4. 第四个阶段：近代科学革命阶段

(1) 近代科学革命(一)——从抽象的数学理念到具体的数学实在

——哥白尼：由新柏拉图主义创立日心说。哥白尼为什么会提出“日心说”呢？这与他热爱上帝，坚持并实践新柏拉图主义有关，也与古代地动说和太阳中心说有关。“日心说”具有数学审美的优势，是神性和谐的。这样一来，实证意义上的观察证据优先性让位于理性主义的柏拉图主义原则，数学真理，即天体运动的几何意义上的简单性与和谐性，成了先在的普遍的真理标准，用来建构相应的天文学知识体系并衡量所获得的天文学知识体系是否正确。就此而言，“日心说”与“地心说”类似，虽然其结论有悖于“地心说”。

——开普勒：开创了物理的数学的天文学。开普勒一方面坚持柏拉图主义，认为天体是和谐的；另一方面强调经验以及物理现象的重要性，要求天文学理论一定要与观察相一致。而且，他将类似于吉尔伯特磁力的概念用于天文学的研究中，认为太阳对星球有某种类似的力，进而发现开普勒三定律，开创了物理的数学的天文学。从某种意义上说，这是对柏拉图以来“数学的天文学”的革命。

——伽利略：实现了数学的物理学思想。伽利略一是将研究集中到事物的第一性质上，从而使得对此进行客观性研究成为可能；二是进行理想化实验，从而能够将数学运用到对物理对象的运动过程的描述中。由此他就实现了物理学的数学化。这是对亚里士多德的“哲学的物理学”的革命。

开普勒和伽利略所进行的科学革命可以看作是“亚历山大加”革命，这样的科学可称为“数理科学”。

(2)近代科学革命(二)——从泛灵的经验到激扰的实验

在中世纪晚期和近代早期，赫尔墨斯传统得到复兴，基于自然精神性的“附魅”开始盛行，以自然附魅为导向的实验得以呈现。这不仅表现在巫术士、炼金术士、帕拉塞尔苏斯医药化学学派身上，而且还呈现于吉尔伯特、哈维、范·赫尔蒙特等相关的实验实施中。受此启发，弗朗西斯·培根将其中实用主义的实验方法与经验主义的自然哲学结合起来，提出“激扰自然”的实验思想。他之所以提出“激扰自然”的实验思想及其贯彻原则，还在于他认为诡辩的哲学(以亚里士多德为代表)、迷信的哲学(以毕达哥拉斯和柏拉图为代表)不能作出对自然有效的认识，必须进行实验“激扰自然”，促使自然暴露它的秘密。弗朗西斯·培根的“激扰自然”的实验思想将科学从神学以及哲学中独立出来，引导科学从中世纪进入近代。这是从“泛灵的经验”到“发现型实验”的革命，这样的科学可称为“实验科学”。

(3)近代科学革命(三)——从万物有灵论到机械自然观

在笛卡儿提出机械自然观之前，人类是通过神话宗教自然观、万物有灵论以及内在目的论来认识自然的，由此并不能获得对自然的实证化的、有效的、正确的认识。笛卡儿提出机械自然观，反对文艺复兴时期自然主义泛灵论，开辟了通过机械性的物质微粒来解释事物宏观运动的道路，由此，机械自然观下的祛魅性原则、简单性原则、还原性原则、因果性原则等方法论原则得以贯彻。在笛卡儿提出机械自然观之后，人们就可以像研究机械那样去研究自然。这开辟了认识自然的近代科学之路，为17世纪及其之后的科学发展奠定了自然观基础。近代科学革命就是在这样的自然观基础上向前推进的。这可以看作是“雅典加”革命。这样的科学可称为“机械式科学”。

无论是“数理科学”还是“实验科学”，其实都是“实证式科学”，似乎都没有触及近代科学的本质，近代科学的本质还是“机械”，用“机械式科学”称呼近代科学比较合适。因为，近代科学革命实质上就是对柏拉图的理念论与数学的天文学，亚里士多德的内在目的论与哲学的物理学，以及“自然主义对世界的深度‘魔幻化’”①的反动，总体上是在对世界“祛魅”基础上的实证研究。

(4)近代科学革命的集成——微粒说、数学与实验相结合

惠更斯、早期的牛顿实现了微粒说与数学的结合，波义耳、胡克和早期的牛顿实现了微粒说与实验的结合，牛顿最终实现了微粒说、数学和实验的结合，从而达到了这三者的大统一。至此，“大写的近代科学革命”的自然观范式以及方法论范

① 宋斌：《近代科学革命时期基督教与科学的相互作用——以麦尔赛纳为例》，《自然辩证法研究》，2012年第9期，第102页。

式形成，并使科学沿着这样的范式向前迈进。牛顿的研究纲领直接引导 18 世纪科学的发展，各种“微粒”以及“微粒”之间的各种“力”被提出，并用来解释越来越多的观察和实验现象。

(5) 近代科学革命的推进——范式的遵循、坚守与挑战

在牛顿完成“大写的”近代科学革命的集成之后，虽然 18 世纪、19 世纪乃至 20 世纪的一系列重大发现如光的波动性、电磁场理论、相对论、量子论等都对机械自然观产生了冲击，但是没有根本否认自然的机械性这一根本性特征，它们都在很大程度上沿着“大写的近代科学革命”开辟的道路向前迈进，可以看作“大写的近代科学革命”的贯彻。鉴此，它们还真不能被看作如“大写的近代科学革命”那样的科学革命——由根本性的自然观变革(从“万物有灵论”到“机械自然观”)导致方法论创新(由“抽象的数学”到“实在的数学”，由“精确的观察”到“激扰的实验”)，并最终产生新的科学学科(物理的数学的天文学、数学的物理学、实验化学等)，而应该看作在这种根本性自然观不变的情况下的局部自然观变革基础上的科学重大进步。这些都应该看作是一次次“小写的科学革命”。

在此过程中，对“大写的近代科学革命”提出挑战的活力论，只是活力论在与机械论的抗争中被抛弃。

5. 第五个阶段：现代和未来科学革命阶段

(1) 现代科学革命的肇始——新的自然观与新的方法论

进入 20 世纪，一系列新的科学发展呈现出新的自然观——有机论自然观，返魅性、复杂性、整体性、非决定性是其体现。这可以看作是对机械自然观的革命。它需要探索新的方法论原则，如返魅性原则、复杂性原则、整体性原则、非决定性原则等，来对自然进行认识。而且在这样的认识过程中，还可能需要具体的认识方法上的革命。这是一次相对于近代科学自然观和方法论的革命，是一次“大写的科学革命”，称之为“现代科学革命”。由近代科学革命的推进所引发的一次次“小写的科学革命”，似乎并不能引发“大写的科学革命”。“大写的现代科学革命”的产生表明了这一点。虽然“大写的现代科学革命”是由科学的内部引起的，是“有机论”自然观的革命，可以称之为“有机式科学”，但是，它与近代科学并无必然的联系，它是现代科学在面对新的不同于近代科学的复杂性的、有机性的认识对象时，所探讨和采取的一种新的自然观念。这样的“有机论”的自然观念需要新的方法论原则和具体的方法与此相对应，因此引发新的科学革命。这样的“大写的现代科学革命”所遵循的哲学范式是与“大写的近代科学革命”相悖的，就此来说是对“大写的近代科学革命”范式的革命。但是，由于其不是直接针对近代科学的，而且其研究对象与近代科学也不一致，因此，还不能说它就“革”了近代科学的命，近代科学在它自身的哲学层面的范式下仍然可以继续发展并推进。

(2) 未来科学革命的提出——解决环境问题需要新的科学革命

环境问题的产生并非人们单纯滥用科学的结果，也并非只与技术有关而与科学无关，科学认识的非自然性恰恰是其应用造成环境问题的根本原因。不进行新的科学革命，这样的科学认识的特征不可能改变，而只可能加强，所可能造成的环境破坏只会越来越严重。要解决环境问题，就必须对这样的近代科学进行新的科学革命。这就是“大写的未来科学革命”。

(3) 未来科学革命的抉择——走向“地方性科学”

“大写的未来科学革命”并非要回到古代科学传统——博物学和“地方性知识”，因为这样的科学环保但不经济，而且在面临人口、资源、环境、经济等问题的形势下，回到古代科学传统，势必造成环保与经济双输的局面。未来科学革命不仅要革近代科学机械自然观以及相应的方法论原则的命，而且还要避免现代科学之有机论自然观中的“人类与自然和谐相处”观念的欠缺，“回归自然”和“顺应自然”，以做到“既环保又经济”。这样的科学集中体现了“地方性”的特点，因此又称“地方性科学”。

要建立“地方性科学”，就必须从近代科学的机械自然观的人与自然的二元对立思维，走向人与自然的和谐一致。鉴此，就要从“人类中心主义”走向“非人类中心主义”，树立新的自然观。这样的新的自然观不仅是“有机论”的自然观，而且还是“人与自然和谐一致”的自然观，从而需要未来的科学家在科学认识和科学应用的过程中“回归自然”“顺应自然”，以最终达到保护自然和发展经济的目的。这样的科学不以“人类中心主义”为圭臬，而以人与自然和谐共生为目标，从而能够实现人类与自然的双赢。据此，它是为了实现可持续发展服务的，所以也可以用“可持续式科学”(sustainable science) 表示它。不过，它的内涵与现在流行于国外的“可持续性科学”(sustainability science) 不同。[①]

以历史展开为线索，科学革命的演进形式是：史前晚期的“神话式科学”→古希腊的“哲学式科学”→近代的“机械式科学”→现代的“有机式科学”→未来的“地方性科学”(“可持续式科学”)。

---

① 这里的“可持续式科学”，可用英文 sustainable science 表示，指的是单凭这样的科学就既能够保护环境又能够发展经济。“可持续式科学”的内涵与国际上提出的 sustainability science (可持续性科学) 内涵不同。邬建国等认为：“可持续性科学是研究人与环境之间动态关系——特别是耦合系统的脆弱性、抗扰性、弹性和稳定性——的整合型科学。它穿越自然科学和人文与社会科学，以环境、经济和社会的相互关系为核心，将基础性研究和应用研究融为一体。”(邬建国等：《什么是可持续性科学？》，《应用生态学报》，2014 年第 1 期，第 1 页。) 如此，“可持续性科学”的目的是从生态、经济与社会三个角度建构相关的知识体系，以实现可持续发展。“可持续性科学”可分为生态可持续性科学、经济可持续性科学、社会可持续性科学。由此，“可持续性科学”就既是一个“多学科”(multidiscipline)，也是一个“跨学科”(crossdiscipline)，还是一个“整合学科”(interdiscipline)，最终目标是“超学科”(transdiscipline)。至于“可持续式科学”，是单一的综合性学科，属于“超学科”。

(二)有关“大写的科学革命”需要澄清的几个问题

1. 科学革命只发生过一次吗?

对这一问题的回答，取决于发生了什么样的科学革命。如 I.B. 科恩依据其对科学革命的定义，认为从 17 世纪到 20 世纪一共发生了四次科学革命：第一次科学革命，历经伽利略、开普勒、笛卡儿、哈维等的重大发现和理论变革，到牛顿达到顶峰；第二次科学革命，包括科学的数学化以及达尔文生物学的出现；第三次科学革命，包括三次伟大的物理学革命(麦克斯韦革命、相对论革命和量子力学革命)，数次化学革命，以及生命科学中的革命(最重要的是遗传学的创立)；第四次科学革命，是始于第二次世界大战并且仍在进行的一系列科学技术变革，科学进入大科学时代。[①]

上述认识失之偏颇。这与没有区分“大写的科学革命”和“小写的科学革命”有关。根据笔者在本书中所称的“大写的科学革命”的定义，已经发生但没有继续的“大写的科学革命”是“古希腊自然哲学革命”，已经发生并且基本完成的“大写的科学革命”是“近代科学革命”，正在发生但只是初露端倪的“大写的科学革命”是“现代科学革命”，基本上没有发生而未来很有可能发生的“大写的科学革命”是“未来科学革命”。据此，科学革命从过去看，并不只是发生了“大写的近代科学革命”这一次，从现在以及未来看，还将发生许多次“大写的科学革命”。至于“小写的科学革命”，基于其定义，已经发生了许多次。

2. 科学革命开始和终止于什么时间?

本书意义上的“大写的科学革命”开始和终止的时间各有不同：“古希腊自然哲学革命”起始于公元前 6—前 5 世纪，衰落于公元前 2 世纪，因为此时古希腊自然哲学突然停滞了；“近代科学革命”起始于 16 世纪下半叶(也有说更早)，集成于 1687 年(经典力学革命)，发展于 18、19 世纪乃至 20 世纪，结束时间不确定；“现代科学革命”起始于 20 世纪，终止于什么时间不确定；至于“未来科学革命”，起始时间和终止时间都不确定。

3. 科学革命发生的原因究竟在内部还是外部?

本书意义上的“大写的科学革命”发生的原因各有不同：“古希腊自然哲学革命”发生的原因主要在外部，关于此，有学者就从“古希腊文明的多样性”“殖民运动与米利都的兴起”“僭主政治与古希腊的政治智慧”等来阐述古希腊哲学的起源；“近代科学革命”发生的原因主要在于文艺复兴运动，就此来看，它的起因在外部，即当时的社会发动了文艺复兴运动，但是，从文艺复兴运动很大意义上就是

① [美]I. 伯纳德·科恩：《科学中的革命》，鲁旭东、赵培杰译，北京：商务印书馆，2017 年，第 737-746 页。

复兴古希腊自然哲学来看，近代科学的起因又在于科学的内部，这与对古希腊自然哲学革命的扬弃紧密相关；“现代科学革命”主要发生于内部，但不是发生于传统的近代科学内部，而是发生于新兴的复杂性科学内部，如“老三论”——“控制论”“信息论”“系统论”、“新三论”——“耗散结构论”“协同论”“突变论”、地球科学、认知科学等。这些学科的研究领域得到了扩展，从物质到意识(信息)，从机械到生命(有机)，从简单到复杂(整体)，从实验室到野外，从自然到人类社会。“未来科学革命”发生的原因主要在外部，是响应自然的可持续发展、经济的可持续发展、社会的可持续发展要求的，不是自发产生于科学的内部，相反是对近代科学的反思、批判和校正。

4. 科学革命究竟是断裂的还是连续的？

关于这一问题，本书从整体性的角度给我们以启发。如果我们从历史的长河看，古希腊之“哲学式科学”代替“神话式科学”，近代西方之“机械式科学”代替“哲学式科学”，现代科学之“有机式科学”代替“机械式科学”，未来科学之“可持续式科学”（“地方性科学”）代替“不可持续式科学”（“机械式科学”），应该是一次次“大写的科学革命”，也是一次次断裂。当然，对于未来科学与现代科学之关系，比较复杂，既非完全的代替与被代替的关系，也非完全的断裂或连续。而且，从科学革命发生的具体历程看，其中的科学家个人，具体的科学研究活动或者是具体的理论和概念，则不是完全断裂的，而是呈现出某种或某些连续状态。关于这一点，在本书的“第五章 古希腊自然哲学——从革命到衰落再到恢复”“第六章 中世纪自然哲学——从为神学服务到为科学做准备”，以及近代科学革命的相关部分等，多有论述。

二、“大写的科学革命”的特征

(一)有许多科学事实是被建构而不是被发现的

人类并非“自然之镜”，观察是渗透理论的，纯粹的中性事实是不存在的。所谓科学事实“被建构”，指的是许多科学事实形成并受制于科学家所信奉的理论、目标和信念。在科学革命的历史上，哥白尼的“日心说”，伽利略的“惯性”“重力加速度”，开普勒的“行星运动定律”，牛顿的“万有引力”等，莫不如此。另外一种建构是科学方法论原则以及具体方法的建构，它是科学事实的“建构”。实验室的实验建构和抽象的数学建构是其重要方面。关于此，科学技术学的实验室研究以及科学哲学的数学哲学研究给了我们启发。

事实上，科学事实的“被建构”并不表明这样的科学事实不存在，而是表明这样的科学事实或者是基于当时的宗教文化、政治文化等提出的，或者是基于自然观提出的，或者是基于科学家在实验室中运用一定的实验仪器对实验对象施加相应作用而产生的。这些事实有的确实不存在，无论是从天然存在的意义还是人工产生的意义；有的是天然地存在于自然界中的；有的虽然在自然界中不存在，但是，经过人类的实验室“现象的制造”，在实验室中生产出来了。对于那些存在的科学事实，无论是自然界中存在的，还是自然界中不存在但由我们人类产生的，都是存在的，都是客观事实。可以说，近代科学革命最大的历史功绩就是在机械自然观的基础之上，运用相应的方法论原则和具体的实验数学方法，“建构”出人工科学事实，创造出人工的世界，为人类服务。

(二)科学理论的提出和检验并非完全是逻辑严密的

科学理论的提出是以一定的科学事实为基础的。基于事实的理论提出并非一定是基于事实的必然推导，也可以是类比、想象、联想、直觉、顿悟等非理性认识的结果，更可以是从理论到理论的建构。这表明科学理论的提出并非完全是逻辑严密的。

而且，基于事实的理论检验也不是绝对的，事实对理论的证实是不确定的。它既存在逻辑难题(如果理论正确，那么会得到相应的实验结果，得到相应的实验结果并非表明理论一定正确)，也存在潜在难题(一组科学事实在支持某一待检理论的同时，也潜在地支持某一与待检理论相竞争的潜在的可能出于多种原因没有提出来的理论)。至于证伪，波普尔的证伪主义也不牢固，要结合命题的种类——简单命题还是复合命题、全称命题还是非全称命题等，理论的整体——与理论相关的前提条件、辅助性假说、科学仪器等，学科的特质——各种具体的自然科学如物理学、化学、生物学、生态学等研究对象的特征，认识的阶段——前科学阶段、常规科学阶段、反常阶段、危机阶段、科学革命阶段等，具体情况具体分析。所有这些必然导致：科学假说(理论)的证实是不确定的，科学假说(理论)的证伪是复杂的。更多的实验证实是对科学假说或理论正确性的更多支持，更多的实验证伪是对科学假说或科学理论错误性的更多肯定。科学理论的辩护也不是完全逻辑严密的。

(三)科学是受着社会文化限制而非完全自主的

必须清楚，科学家并不独立于科学共同体而单独进行研究，科学也不是与社会无关而自主地进行，科学家处在科学共同体中，而且这一共同体的思想和行为由社会-政治亚文化建构。科学共同体在社会-政治亚文化的环境中，依据相关的亚文化如宗教、自然哲学(自然观)、商业制度、人文主义等对相关的理论、事实、发现等进行竞争、抗辩，以推进科学革命。如哥白尼日心说的提出，就并非基于观测事实，而是基于自然哲学的形而上学背景知识；第谷选择哥白尼的日心说，是取其舍弃均衡点而未取其他；开普勒选择哥白尼的日心说，是基于新柏拉图主义；伽利略选择哥白尼的日心说，是有其天文学观察依据的；等等。这种情形由图 15.1 表示，具体内容参见本书“第七章”之“四、哥白尼的‘日心说’是如何被接受的”。

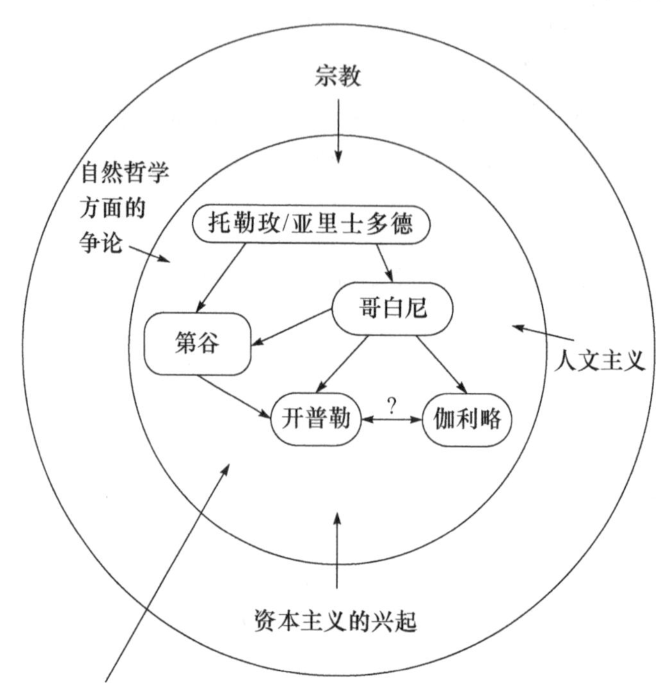

图 15.1 社会-政治亚文化背景中的哥白尼天文学革命①

考察图 15.1，“我们将发现，这场革命几乎不是直截了当的真理战胜明显的错误和愚蠢的案例；在科学革命中，理论决定事实而不是事实决定理论，宽泛的宗教和社会关注通常决定了这些理论的内容”②。不仅如此，科学共同体的社会-政治亚文化又被镶嵌在更大的社会环境之中，社会环境对它们都有影响。

任何科学革命的发生总是有一定的目的和价值观的，并总能体现一定的社会目的和价值。“当自然哲学家和具体科学的实践者从社会中获得了这些目标、价值观和目的时，这些目标、价值观和目的就能影响自然哲学家所创造的知识主张的内容

① [澳]约翰·A. 舒斯特：《科学史与科学哲学导论》，安维复主译，上海：上海科技教育出版社，2013 年，第 488 页图 26.8。标题为本书作者所加。

② [澳]约翰·A. 舒斯特：《科学史与科学哲学导论》，安维复主译，上海：上海科技教育出版社，2013 年，第 4 页。

和方向，以及人们在更广泛的领域中对它们进行协商的方式。”[①]如对于哥白尼天文学的演变，就与巫术型柏拉图主义的兴衰以及机械论哲学的兴盛紧密相关，而这样的自然哲学的演替又是与认识的目标、目的和价值观转变紧密相关，后者又是由外部环境所形成的社会态度、目标和价值观所影响乃至决定。一言以蔽之，哥白尼天文学革命的目标、愿景和价值观，是由国家中央集权扩张冲突，扩张的商业资本主义经济，以及宗教分裂和冲突三者形成的综合作用所决定的，如此才削弱了持续了几个世纪的亚里士多德哲学的权威地位。[②]这才使得哥白尼天文学革命得以发生并最终被接受。

以上是有关近代科学革命中外部因素对科学作用的案例。事实上，随着科学的建制化增强以及科学应用作用的扩大，外部社会因素在科学革命中的作用将会越来越强。这点在本书有关未来科学革命的描述中得到充分体现。

（四）对立假说是可以共存于科学革命的过程中的

“大写的科学革命”是新的哲学观念、理论、实验等对旧的哲学观念、理论和实验等的代替。这样的代替是如何发生的呢？布鲁斯·T. 莫兰（Bruce T. Moran）以炼金术思想与化学发展之间的关联，以及它们与科学革命的关系，对此做了系统阐述。他认为，炼金术既是科学又是宗教，既依赖于理性又依赖于启示，既信奉实践又信奉神圣，有一定的合理性，不可断然完全否定和抛弃。尽管在炼金术士中，有少数人因为迷恋黄金而存在盗骗，但是，许多炼金术士真心希望在自己的实践中融入自身的情感，最终实现由贱金属炼出黄金来。就此而言，那些认为“炼金术士所从事的事业是欺世盗名之辈所做的，化学要想发展起来，就必须与炼金术一刀两断”的观点，是错误的。从历史的角度看，近代化学是在炼金术的基础上诞生的，完全放弃炼金术的相关思想以及实验实践和相关仪器，是不切实际的。莱默里虽然把炼金术士归入骗子的行列，倡导以机械自然观为基础的化学，但是，他的化学仍然利用了新的炼金术经验，而且，正是这样的“对化学经验的新认识，消除了人们所认为的炼金术上的谎言和欺骗，把炼金术上的实用智慧变成了新的化学事实。炼金术进入了一个文化蜕变的阶段”[③]。特别是到了波义耳那里，他虽然拒绝了帕拉塞尔苏斯的传统，即把人体视为类似于大世界结构或宏观世界的微观世界，同时也拒绝了硫、盐和汞是自然的基本元素的观点，以物质的微粒学说为基础来指导并且解释实验，但是，他并没有完全抹去炼金术传统，而是试图通过“哲人石”以炼出金子。

---

① ［澳］约翰·A. 舒斯特：《科学史与科学哲学导论》，安维复主译，上海：上海科技教育出版社，2013 年，第 497 页。

② ［澳］约翰·A. 舒斯特：《科学史与科学哲学导论》，安维复主译，上海：上海科技教育出版社，2013 年，第 501-502 页。

③ Moran B T. Distilling Knowledge: Alchemy, Chemistry, and the Scientific Revolution. Cambridge: Harvard University Press, 2005: 119-120.

莫兰对科学革命中的上述现象进行了概括，认为这体现了科学革命的“思想的活动性”(mobility of thought)，即在科学革命的早期，应该允许对立的假设如机械的和活力的、炼金术的和化学的共存等。这为我们提供了一种新的科学革命思维方式，也是科学革命的主要特征。不可否认，从当代实验研究的角度看，把物质从精神中分离出来可能是一个了不起的值得关注的成就，但是，在近代早期试图把这两者分开，并且在一种新的自然观的基础上展开实验的实践，是不太可能的。事实上，炼金术士通过混乱的冲突和多样性，扩展了可以想象的观点。他们发出的声音虽然是嘈杂的，但是，这样的声音是理性与激情、理论与实践、信仰与经验之间的交融。这种交融与科学革命有关，因为科学革命就是对已经存在了很长时间的经验的主观看法重新评价，并且把科学革命本身解释为一个重新思考旧经验的过程。[①]“从学科意义上讲，化学是炼金术的衍生物。”[②]

这是对“科学等同于理性”的超越。如此超越之后，就可以理解下面这段历史史实了：在中世纪下半叶的好几个世纪中，赫尔墨斯(自然魔法)传统下的实验在发展着，直到17世纪科学革命的实现。在此过程中，自然魔法中的许多合理成分被移植到了近代科学中。这也说明，对立的自然观或科学假说是可以共存于科学革命过程中的，而且这种共存是科学革命的主要特征。

(五)完成了的科学革命还是可以修正的[③]

哥白尼的日心说经过第谷、开普勒、伽利略、牛顿以及其后他人的发展，应该说是比较完善了，而且可以说哥白尼的“日心说革命”也已经完成了。但是，这样的完成并不意味着日心说理论达到完善，不可修正。

2006年8月14日，第26届国际天文学联合会(IAU)大会在布拉格开幕。8月24日，大会通过表决，首次对行星定义做出明确规定，冥王星因不符合规定而自动“降级”。这一消息令人震惊，可比这更震惊的是它对人们科学观的影响。思考之余，人们不禁发出疑问：长期以来在科学上被认为正确的、确定的、完备的东西为什么突然之间不正确、不确定、不完备了？过去被认为是崇高伟大严肃的科学认识为什么突然之间成了科学家的概念游戏以及相互妥协、协商约定的结果？所有这一切是如何发生的？

其实这一切的发生并不难理解，关键在于我们对科学要有一个清醒的认识。

考察科学的发展历史不难发现：科学是科学家运用一定的仪器、方法和已有的

---

① Moran B T. Distilling Knowledge: Alchemy, Chemistry, and the Scientific Revolution. Cambridge: Harvard University Press, 2005: 132-181.

② Moran B T. Distilling Knowledge: Alchemy, Chemistry, and the Scientific Revolution. Cambridge: Harvard University Press, 2005: 185.

③ 肖显静：《让科学的回归科学——从冥王星不再属于九大行星谈起》，《科学时报》，2006年9月1日，第A04版。本部分参照该文修改。

理论对自然的探索。科学家是人，人是有局限的；科学家所运用的仪器、方法及其理论是人建立的，因而也是有限的、规定性的；而科学的认识对象——自然本身或者是巨大的，或者是微小的，或者是复杂的，这增加了人类对其认识的不确定性、相对性、阶段性、有限性。以冥王星为例，它是1930年由美国学者克莱德·威廉·汤博(Clyole William Tombaugh,1906—1997)基于错误的计算发现的。它围绕太阳运动并且质量很大，因此被长期看作太阳系的第九大行星。但是，后来对它和太阳系的进一步研究发现，原先对它的认识有些是错误的，有些是不完善的，冥王星作为第九大行星是存在疑问的。主要表现在以下四个方面。

第一，冥王星的质量并不如原先认识的那样巨大，不足以导致海王星运行轨道的偏差。

第二，所有的行星都在同一平面上绕太阳运行——除了冥王星，它的轨道相对于其他行星的轨道倾斜得最厉害(约17度，而其他行星只有1至7度)。

第三，所有行星的轨道都大致为圆形——除了冥王星，它的轨道偏离圆形最大(其椭圆偏心率达0.248)。事实上，它在1979—1999年的轨道是个很扁的椭圆，以致落入海王星轨道圈内，一度使后者变成了最外面的行星。

第四，冥王星所处的轨道在海王星之外，“原则上”更应该属于柯伊伯带天体(Cubewano)——运行轨道在海王星之外，且不与大行星产生轨道共振。自20世纪90年代以来，天文学家们在此区域中发现了许多新的天体，其中较大的一些天体直逼冥王星的大小。2005年，几位美国天文学家在之前两年的观测资料中发现了这类天体中到那时为止所知最大的一颗天体，该天体临时命名为2003 UB313，编号为136199 Eris。许多人暂时把它叫作“齐娜”。它的发现立即引发了新一轮的行星定义之争。它既然比冥王星还大，就没有理由不把它看作太阳系第十大行星。如果我们不把它称为行星，那么冥王星的行星资格也应该被剥夺。无论哪一种观点，都对有着90多年历史的太阳系九大行星格局构成了严重威胁。

在这种情况下，为了更好地认识太阳系的行星和展开天文学研究，有必要给行星下一个比较确切的定义，对围绕太阳运动的行星加以分类。鉴此，第26届国际天文学联合会大会提出了行星定义及冥王星归属方案，让天文学家表决。结果是冥王星不再属于行星行列，而被归于矮行星(dwarf planet，亦称侏儒行星)。

由上述科学认识过程可以看出：对冥王星以及太阳系的认识过程是一个探索的过程，是在把握局部、发现错误、克服有限、走向全面的过程中向前迈进的。这就告诉我们，尽管过去人们对冥王星的认识存在各种欠缺，但那是相对于现在而言的，在当时仍然是科学认识活动的展开及其结果，仍然属于科学认识。尽管它可能不正确、不完备、不确定，但就真实的科学发展历史而言，不正确、不确定、不完备的科学认识仍然属于科学。现在冥王星虽然已经不属于太阳系大行星了，但这并不表明过去把冥王星作为太阳系的行星就是错误的，可以说，冥王星作为围绕太阳运行的行星的地位是不可动摇的，这只是表明，过去我们不加区别地将冥王星和其他八大行星归于太阳系九大行星，没有体现它和其他八大行星之间的不同之处。

还有人认为，表决决定行星定义及冥王星的归属方案很不严肃，因为这使科学成了一个游戏，成了一个人为规定的概念，成了一个协商的结果。实际上，随着人们对太阳系的观测事实的增加及理论认识的扩展和深入，对行星等概念的修正、完善，对冥王星归属的重新认定是非常合情合理的。可以试想，行星的定义是否一定要改变？冥王星是否一定非降级不可？答案是否定的。其实，天文学家完全可以维持原先行星的定义而将冥王星归于第九大行星，只不过这样做会带来太阳系行星认识上的混乱。虽然冥王星被排除出行星队列可能会引起一定程度的混乱，但是如果不排除而导致的行星数量增加所带来的混乱或许更大。如此看来，上述新规定是妥当的，意在弥合传统的行星概念与新发现的差距，使我们能够规范在太阳系内可能发现的更多的比冥王星还大的天体。至于由表决来通过这样的定义及冥王星的归属认定，从形式上看好像是一个游戏，是天文学家协商妥协的结果，与社会文化因素有关，但这样的游戏并不是一个毫无规则的游戏，而是在一定的科学认识基础上的科学家之间的交流协商认同，具有一定的合理性，体现了科学概念的人为规定性，科学认识的复杂性、民主性。不可否认，科学认识不仅与自然本身有关，而且与人类对自然的认识有关，而人类对自然的认识是与概念框架有关的。概念框架不单纯与自然或与对自然的发现或认识有关，还与人类认识的理论成果有关，也就是说与人类及其社会有关。它是人们用来定义科学事实、建构科学理论、形成有序的现象世界的认识工具。有些时候，科学概念的定义确实是为了认识上的方便，是人们协商妥协、约定俗成的结果。至于这种结果是否合适，有待进一步探讨。

总之，这一天文学事件不单纯具有重要的科学意义，更重要的是具有社会意义。它使人们意识到：科学认识是一种历史性的活动，具有历史的阶段性、局限性；科学认识是由人做出的，科学是人的科学，与人有关，与社会历史文化等有关；科学认识并不单纯由自然决定，一定程度上还由社会决定，包含社会历史文化因素的作用。总而言之，科学认识随着科学认识历史的演化而演化，那种将科学认识静止化、标准化、理想化、绝对化的行为和观念，都是错误的。就这一点而言，对于那些完成了的科学革命仍然适用。

三、“大写的科学革命”的诉求

（一）推动全社会有意识地进行现代科学革命和未来科学革命

对于现代科学革命，一般认为它开始于 20 世纪。根据前文的论述，被人们通常称作“现代科学革命”的相对论革命、量子论革命、分子生物学革命不是“现代科学革命”，而是“小写的近代科学革命”，是近代科学革命在物理学和生物学领域中的推进，只有那些持有“有机论自然观”，并对有机、整体、复杂的对象展开相应研究的科学革命，才属于现代科学革命，也才是一次“大写的现代科学革命”。

考察现代科学革命的学科，系统科学、复杂性科学、思维认知科学、地球科学、生态学是其典型代表，而且，生态学革命可以作为现代科学革命中最典型的学科。这种观点与当下流行的观点不相符合。现在人们一般认为，近代科学革命是以物理学革命作为其开端的，也是在其带领下其他学科的科学革命才得以推进的。顺理成章地，现代科学革命也应该由其带领。但是，过去的并不一定适用于现在和未来，现代科学革命和未来科学革命就不一定要以物理学革命尤其是量子力学革命作为其核心或者标杆。从量子力学与近代科学的关系看，它仍然可以看作近代科学的进一步推进，只不过在推进的过程中出现了有违机械自然观的特性，如非定域性、不可分离性、非个体性等特性，但是，如前文所述，它仍然没有出现“有机”之成分，仍然属于“小写的近代科学革命”。

在本书所述的现代科学革命中，“有机”是与近代科学革命之“机械”相对的，有机自然观是现代科学革命的自然观基础。现代科学革命更多地着眼于“有机”，与生命、智能、过程、关系、组织、生活等紧密关联，与近代科学革命着眼于“物质”“粒子”不同，现代科学革命更多地着眼于“精神”“生命”；现代科学革命遵循返魅性原则、复杂性原则、整体性原则、非决定性原则，就此而言，一些人将量子力学革命作为现代科学革命的标杆是不恰当的。

总之，以上述认识考察现代科学革命，属于现代科学革命的，应该是那些以有机自然观如返魅自然观、复杂自然观、整体自然观、非决定自然观等为基础的科学革命。在生命科学的领域，有系统生物学革命、生态学革命、人体科学革命等；在认知科学领域，有人类思维科学革命、人工智能革命、生命智能革命等；在地球科学领域，有天体宇宙学革命、深海科学革命、地理科学革命、地球信息系统革命等。从现代科学革命的上述表现看，其前景广阔，影响深远，必将带来科学自身以及人类认识自然和改造自然的巨大进步，是历史发展的必然趋势。

当然，上述现代科学革命如果能够解决人类所面临的环境问题，则不需要未来科学革命。正如本书所言，现代科学革命虽然可能有利于环境保护，但是并不能完全做到保护环境这一点，因此，还需要进行未来科学革命。考察现代科学革命与未来科学革命的关系，现代科学革命为未来科学革命奠定了科学认识基础，因为生命科学革命和地球科学革命直接地与未来科学革命相关；现代科学革命的自然观基础也是未来科学革命所坚持的，只是未来科学革命增加了“人”，将现代科学革命“有机自然观”扩展到“人-地和谐自然观”，把人类纳入自然之中，走向人与自然的和谐一致，共荣共生。这是一种新的自然观，既不同于神话宗教的自然观，也不同于万物有灵论自然观，还不同于机械自然观，又不同于有机整体性自然观，而是融有机自然观于其中的“人与自然和谐一致”的自然观。它是一种可持续发展的自然观，更多地涉及人与自然之间的关系。

在这样的自然观指导下的未来科学革命，就必然是对自然态度的根本性革命。它要求未来的科学在认识和实践方面要“回归自然”“顺应自然”，要一改近代科学革命的人工科学形态，弥补现代科学革命的不足，使其直接面向自然，走向人类认识自然和改造自然的大舞台，为实现经济发展与环境保护双赢服务。

至此，有人会认为，凭借现今生态学和环境科学的发展及应用，也能够实现经济发展与环境保护的双赢，从而不需要本书所称的“未来科学革命”。其实不然。深入分析生态学，它的产生并不直接来自环境问题的产生及其分析解决中，只是随着环境问题的产生及其解决，需要生态学参与其中。它构成了现代科学革命的一部分，但不能涵盖未来科学革命的全部。更何况，生态学还只是处于发展中的科学，本身并不成熟，受到许多生态学家的诟病——生态学中缺乏进步，没有出现普遍性理论，生态学概念有欠缺，生态学家不能检验他们的理论，等等。[①]

深入分析环境科学，它所遵循的自然观和方法论原则，很大程度上仍然是机械自然观及其基础上的方法论原则，它的使用仍然有可能产生以机械自然观为基础的传统科学所可能产生的环境问题。更何况，环境科学的目的是解决近代科学的应用所产生的环境问题，从目前的情形看，环境科学对环境的保护作用还跟不上近代科学的应用对环境的破坏作用。

鉴此，需要进行未来科学革命。这是科学发展、环境保护、生态文明建设、可持续发展的必需！也只有进行未来科学革命，才能既发展经济，又保护环境，促进自然、经济、社会的可持续发展。就此而言，未来科学革命所昭示的科学是“可持续式科学”。

现代科学革命才刚刚开始，未来科学革命几乎没有展开，“近代科学革命”形成的范式还被广泛地应用于科学和社会的各个方面。虽然 19 世纪末、20 世纪的科学发展在一定程度上冲击着机械自然观，但是，它并没有终结这种自然观。相反，从科学发展的历史及其未来看，机械自然观仍将在科学研究中发挥着重大作用。分子生物学的诞生和发展，基因技术的进步，生物学上还原主义的贯彻，都比较充分地说明了这一点。在这种情况下，“现代科学革命”“未来科学革命”之路任重而道远。关于这点，可以从国内外科学革命类书籍的出版情况略知一二。

① ［英］大卫·福特：《生态学研究的科学方法》，肖显静、林祥磊译，北京：中国环境科学出版社，2012 年，第 438-445 页。

据不完全统计，国内以“科学革命”为书名的专著主题及出版情况如表 15.1 中所示。

表 15.1 国内以“科学革命”为书名的专著出版情况

主题	著作目录及主要研究内容
近代科学革命	1. 李醒民：《科学的革命》，北京：中国青年出版社，1989 年。该书主要讲述了历史上的科学革命、国外学者对科学发展的哲学反思以及与科学革命有关的理论问题等 2. 金吾伦：《科学变革论》，北京：科学出版社，1991 年。这是一部科学哲学案例研究的专著，论述了科学革命的一般特征，尤其是科学革命的整体论特征 3. 江泓：《世界著名科学家与科技革命》，天津：南开大学出版社，1992 年。该书介绍了人类近代四次科学革命和技术革命，以及做出杰出贡献的著名科学家、发明家的生平和成就 4. 吴国盛：《自然的退隐：科学革命与世界图景的诞生》，哈尔滨：东北林业大学出版社，1996 年。该书主要内容有：科学革命与大自然概念的转变、自然的数学化与世界图景的诞生、宇宙的空间化与世界图景的诞生、自然的祛魅与退隐等 5. 张功耀：《文艺复兴时期的科学革命》，长沙：湖南人民出版社，2005 年。该书包括以下内容：科学革命的思想和文化基础、天文学革命、医学及生理学的革命、数学革命、化学革命的前夜、15—17 世纪欧洲科学技术年表 6. 陈丰：《20 世纪科学革命和地球科学精览》，贵阳：贵州科技出版社，2006 年。该书系统阐述了 20 世纪以来的科学革命，包括相对论、量子力学、基因理论、板块构造理论等 7. 阎康年：《科学革命与卡文迪什实验室》（第 2 版），太原：山西教育出版社，2008 年。该书从科学革命的角度，考察了卡文迪什实验室及其科学家们在近代科学革命中的地位和作用 8. 翟宇：《现代理性的成长：科学革命与启蒙运动》，长春：长春出版社，2010 年。该书内容包括四章：仰望星空、格物致知、医学的反叛、理性王国的建立
科学哲学视域中的科学革命	1. 张宣平：《科学理论的潜结构：关于科学革命的双重建构学说》，武汉：华中理工大学出版社，1992 年。该书揭示了导致科学理论结构得以产生和发生变化的深层原因，说明科学理论体系的建构是科学理论潜结构作用的结果 2. 刘钢：《〈科学革命的结构〉导读》，成都：四川教育出版社，2002 年。该书主要内容：库恩的生平事迹以及思想述评、《科学革命的结构》分章导读、《科学革命的结构》核心片段等 3. 黄光国：《心理学的科学革命方案》，台北：心理出版社股份有限公司，2011 年。该书主要是从心理学方面的相关知识，对个人的发展、实证主义的哲学转向、行为主义到认知心理学等各方面进行了论述，呼唤心理学革命的到来 4. 吴以义：《科学革命的历史分析：库恩与他的理论》，上海：复旦大学出版社，2013 年。该书以托马斯·库恩的学术生涯为线索，叙述了他的主要思想观念的发生、发展，并对他的科学革命的理论进行了系统评价 5. 林定夷：《科学理论的演变与科学革命》，广州：中山大学出版社，2016 年。该书除了讨论科学理论的常规演变外，着重探讨了科学理论中重大演变的两种方式，即理论的还原与整合。该书还探讨了与科学革命紧密相关的范式变革理论

续表

主题	著作目录及主要研究内容
科学革命的社会影响	1. 斯坦：《科学革命和科技发展战略》，北京：中央民族大学出版社，1994 年。该书包括科学技术的发展与世界的未来、中国革命与现代科学技术革命、高技术产业与科技发展战略等 8 章内容 2. 陈凡、李兆友：《现代科学技术革命与当代社会》，沈阳：东北大学出版社，2004 年。该书对现代科学技术革命的内容和实质，以及现代科技革命对社会各方面的影响作了论述，尤其关注现代化的各个方面 3. 袁江洋、方在庆：《科学革命与中国道路》，武汉：湖北教育出版社，2006 年。该书主要涉及世界范围内科学中心的转移，16—17 世纪的科学革命，中国科学革命的历史与现实反思，以及它们对于中国现代化具有的意义
李约瑟难题	刘钝、王扬宗编：《中国科学与科学革命》，沈阳：辽宁教育出版社，2002 年。该书主要探讨李约瑟与李约瑟难题，以及中国为何没有产生近代科学等

根据表 15.1，国内以“近代科学革命”和“科学哲学与科学革命”为主题的书籍较多，以“科学革命与社会”为主题的书籍有一些，也有书籍涉及“李约瑟难题”主题，但是涉及“未来科学革命”主题的书籍很少。

进一步地，笔者收集整理国外以“科学革命”为书名的出版情况，可见表 15.2。

表 15.2　国外以“科学”并且“革命”为书名的专著出版情况

主题	著作目录及主要研究内容
近代科学革命及其人物	1. Hall A R. The Scientific Revolution 1500-1800 the Formation of the Modern Scientific Attitude[M]. Boston: Beacon Press, 1962. 该书概述了 1500—1800 年的科学革命状况：16 世纪科学的新趋向，17 世纪科学向传统的进攻，以及 18 世纪生物学、化学和物理学的发展 2. Swerdlow N M, Neugebauer O. Mathematical Astronomy in Copernicus’s De Revolutionibus (Part 2). New York: Springer, 1984. 该书主要探讨数学的天文学的内涵以及在哥白尼日心说科学革命中的体现 3. Cohen I B. Revolution in Science. Massachusetts：Belknap Press of Harvard University Press, 1985. ([美]I. 伯纳德·科恩：《科学中的革命》，鲁旭东、赵培杰译，北京：商务印书馆，2017 年。)该书探讨科学革命的性质、阶段、时间、规模、标准等问题 4. Bechler Z. Newton’s Physics and the Conceptual Structure of the Scientific Revolution. Dordrecht: Kluwer Academic Publishers, 1991. 该书首先对亚里士多德和柏拉图的传统自然哲学进行叙述，然后介绍了哥白尼、培根、伽利略、笛卡儿的相关思想，之后介绍了牛顿的自然哲学以及绝对时空观的内涵及挑战，最后叙述了莱布尼茨、贝克莱的相关思想 5. Cohen H F. The Scientific Revolution: A Historiographical Inquiry. Chicago: University of Chicago Press, 1994.（[荷]H. 弗洛里斯·科恩：《科学革命的编史学研究》，张卜天译，长沙：湖南科学技术出版社，2012 年。)该书是一部关于科学革命的编史学研究著作，系统地考察了自 19 世纪以来科学史家们关于科学革命的实质和原因的各种观点，并给出了自己的看法

续表

主题	著作目录及主要研究内容
近代科学革命及其人物	6. Dear P. Discipline & Experience: The Mathematical Way in the Scientific Revolution. Chicago: University of Chicago Press, 1995. 该书主要探讨近代科学革命中数学方法的应用路径 7. Henry J. Scientific Revolution and the Origins of Modern Science. New York: St Martin's Press, 1997.（[英]约翰·亨利：《科学革命与现代科学的起源》，杨俊杰译，北京：北京大学出版社，2013 年。）该书对近代科学革命发生的原因以及一般过程进行系统叙述，勾勒出科学革命的概貌，突出科学革命的重大事件和变革 8. McAllister J W. Beauty & Revolution in Science. Ithaca: Cornell University Press, 1996.（[英]詹姆斯·W. 麦卡里斯特：《美与科学革命》，李为译，长春：吉林人民出版社，2000 年。）该书对科学革命与美学之间的关系进行了系统探讨，并且比较了科学理论评价的经验标准和美学标准，以及科学的美与真之间的关系 9. Christianson G E. Isaac Newton: And the Scientific Revolution. New York: Oxford University Press，1996.（[美]盖尔·E. 克里斯汀森：《牛顿与科学革命》，陈明璐、李麟译，天津：百花文艺出版社，2001 年。）该书属于牛顿的传记，主要是通过对牛顿的生活以及牛顿的著作来对牛顿进行研究 10. Jardine L. Ingenious Pursuits: Building the Scientific Revolution. Boston：Little, Brown & Company Press, 1999.（[英]丽莎·贾汀：《显微镜下的科学革命：一段天才纵横的历史》，陈信宏译，台北：究竟出版社，2001 年。）该书作者带领我们重新造访科学革命中的卓越成就，也查看了创意的本质、科学对现代世界出现之初的冲击，以及至今影响我们生活的知识革命 11. Hellyer M. The Scientific Revolution: The Essential Readings. Oxford: Blackwell Publishing, 2003. 该书是一本论文集，首先对传统科学革命的内涵加以叙述，然后对近代科学革命之实验哲学和它的体制、机械论哲学和它的诉求、博物学中的革命、医学和炼金术、牛顿的成就以及科学革命与工业之间的关系作了阐述，最后集中提出有关科学革命的不同观点 12. Eaton W R. Boyle on Fire: The Mechanical Revolution in Scientific Explanation. New York: Continuum, 2005. 该书对波义耳的机械论哲学、关于火的机械论的说明以及机械的认识论等作了系统阐述，最后对波义耳在科学革命中的作用作了概括 13. Applebaum W. The Scientific Revolution and the Foundations of Modern Science. London: Greenwood Press，2005. 该书主要阐述科学革命中的天文学、物理学和生物学认识革命，以及与此相应的哲学、宗教、方法等的基础，最后阐述了科学革命的影响 14. Moran B T. Distilling Knowledge: Alchemy, Chemistry, and the Scientific Revolution. Cambridge: Harvard University Press, 2005. 该书概述了炼金术的思想基础和社会需求，复兴于 1460 年的原因，发展于帕拉塞尔苏斯的内涵，应用于化学革命的历程，最后得到结论——科学革命的特征是“思想的流动性”（mobility of thought），即允许假设的对立面如机械和活力、炼金术和物理学的存在 15. Harkness D E. The Jewel House: Elizabethan London and the Scientific Revolution. London: Yale University Press, 2008.（[美]德博拉·哈克尼斯：《珍宝宫：伊丽莎白时代的伦敦与科学革命》，张志敏、姚利芬译，上海：上海交通大学出版社，2017 年。）该书考察了 16 世纪伦敦六大令人着迷的科学探究和争议事件，将所涉及的个人和面对的挑战描述得栩栩如生

续表

主题	著作目录及主要研究内容
近代科学革命及其人物	16. Laird W R, Roux S. Mechanics and Natural Philosophy Before the Scientific Revolution. Dordrecht: Springer, 2008. 该书讨论了力学史上不同传统和更广泛的实践世界之间发生冲突时的各种时刻，展示了在这些冲突过程中所做的调整是如何最终促成了近代力学的出现。该书第一部分涉及古代力学及其在中世纪的转变；第二部分涉及古代力学的重新应用，特别是文艺复兴时期对伪亚里士多德力学的接受；第三部分，是在特定的社会、国家和制度背景下的早期近代力学 17. Andersen H, Barker P, Chen X. The Cognitive Structure of Scientific Revolutions. Cambridge: Cambridge University Press, 2006. 该书在认知科学等领域发展的背景下，由认知科学家提出的最新概念理论来评价和扩展库恩最有影响力的科学革命思想，包括常规科学和科学革命的思想、反常现象的功能、不可通约性等。这一通向科学专业发展和历史的新路径，综合了传统的科学哲学和建构主义的科学社会学的观点 18. Peacock K A. The Quantum Revolution: A Historical Perspective. London: Greenwood Press, 2008. 该书系统并且简要回顾了量子力学的发展历程，并对量子力学理论所涉及的一些哲学问题如多世界解释等问题进行了探讨 19. Harman P M. The Scientific Revolution. London: Routledge Press, 2009. 该书探讨中世纪的世界观、文艺复兴时期的自然观、哥白尼的天文学革命、皇家学会与机械论的世界观、牛顿的世界观等 20. Freudenthal G, McLaughlin P. The Social and Economic Roots of the Scientific Revolution: Texts by Boris Hessen and Henryk Grossmann. Dordrecht：Springer, 2009. 该书首先介绍了马克思主义的编史学的内涵，然后涵盖了牛顿原理的社会和经济根源，笛卡儿的机械论哲学的社会基础及其社会来源 21. Brake M L. Revolution in Science：How Galileo and Darwin Changed Our World. New York: Palgrave Macmillan，2009. 该书通过对伽利略的望远镜、实验和达尔文的考察活动的描述，展现他们新的科学革命性发现的世界观意义 22. Hannam J. The Genesis of Science：How the Christian Middle Ages Launched the Scientific Revolution. Washington, D. C. : Regnery Publishing, Inc., 2011. 该书主要讲述中世纪早期、文艺复兴、宗教改革和人文主义等不同阶段科学发展的内容及状况，以此展现基督教中世纪为近代科学的产生奠定了制度的、技术的、形而上学的和理论的基础 23. Dascal M，Boantza V D. Controversies Within the Scientific Revolution. Amsterdam: John Benjamins Publishing Company，2011. 该书系统阐述了 17 世纪天文学与力学的争论(以伽利略为核心)，光和重力的争论(以牛顿为核心)，生理学与活力论的争论，人类科学与神学的争论，17 世纪自然哲学中的种族难题和前亚当派(the Pre-Adamite)的争论，17 世纪晚期塞缪尔·普芬道夫(Samuel Pufendorf, 1632—1694)与路德神学家(the Lutheran theologians)的争论 24. Principe L M. The Scientific Revolution：A Very Short Introduction. Oxford: Oxford University Press，2011.（[美]劳伦斯·普林西比：《科学革命》，张卜天译，南京：译林出版社，2013 年。)该书探索了科学革命时期天体科学、地球科学、物质与运动科学以及生命科学领域激动人心的革新与发展 25. Bagchi D, Bagchi M, Moriyama H, et al. Bio-Nanotechnology：A Revolution in Food, Biomedical and Health Sciences. New York: Wiley-Blackwell, 2013. 该书主要讲的是生物纳米技术在营养和医学、人类健康、食品、化妆品、农业、显微术和核磁、提高生物利用度和控制病原体中的应用以及广泛性

续表

主题	著作目录及主要研究内容
近代科学革命及其人物	26. Calloway K. Natural Theology in the Scientific Revolution: God's Scientists. London: Pickering & Chatto, 2014. 该书主要论述 19 世纪下半叶科学革命中信奉上帝的科学家的几个自然目的论内涵，如理性的目的论、谨慎的慈善、上帝的自然论者、上帝的哲学家等 27. David Marshall Miller. Representing Space in the Scientific Revolution. Cambridge: Cambridge University Press, 2014.本文以古希腊亚里士多德等空间哲学为起点，重点探讨近代科学革命中的代表人物哥白尼、开普勒、伽利略、笛卡儿、牛顿的空间哲学思想 28. Mikuláš T. The Scientific Revolution Revisited, Cambridge: Open. Book Publishers, 2015. 本文主要探讨前古典和古典探索、实验和定量、科学的建制化、真理、科学革命的大的图景等 29. Merchant C. Autonomous Nature: Problems of Prediction and Control from Ancient Times to the Scientific Revolution. London: Routledge, 2016. 该书系统回顾了自然观念的变化，指出从古希腊到文艺复兴时期，自然的观念主要是自主的自然；而从科学革命开始，在培根、牛顿以及莱布尼茨那里，最主要的是控制自然，使自然呈现规律 30. Wootton D. The Invention of Science: A New History of the Scientific Revolution. New York: Harper Perennial Press, 2016.（[英]戴维·伍顿：《科学的诞生：科学革命新史》，刘国伟译，北京：中信出版社，2018 年。）该书主要阐述近代科学革命的各方面要素，还比较详细地从科学革命时期一些英语词汇的产生及内涵变化来展现科学革命时期观念的变革 31. Dear P. Revolutionizing the Sciences: European Knowledge in Transition, 1500-1700. 3rd ed. Berlin: Springer, 2003. 该书系统阐述了 1500—1700 年自然哲学在自然观、方法论以及科学知识上的转变，涉及一些典型的代表人物
分支科学革命	1. Heisenberg W. Physics and Philosophy: The Revolution in Modern Science. New York: Harper & Brothers Press, 1958.（[德]W. 海森堡：《物理学和哲学：现代科学中的革命》，范岱年译，北京：科学出版社，1974 年。）作者展示了当新的证据出现时，嵌入在科学方法中的物理和哲学假设是如何允许修改的 2. Mcelheny V K. Watson and DNA: Making a Scientific Revolution. New York: Basic Books Press, 2004.（[美] V. K. 麦克尔赫尼：《沃森与 DNA：推动科学革命》，魏荣瑄译，北京：科学出版社，2005 年。）该书介绍了生物学家沃森不可思议的科学生涯，以及他的人生经历和个性对他科学研究的影响 3. Morgan R M. The Genetics Revolution: History, Fears, and Future of a Life-Altering Science. London: Greenwood Press, 2006. 该书研究了人类基因组计划和基因工程、体外受精（IVF）和生殖技术、人类基因组多样性项目、研究人类基因组的变异、胚胎干细胞研究和克隆等 4. Kidd J S, Kidd R A. Agricultural versus Environmental Science: A Green Revolution. New York: Infobase Publishing, 2006. 该书主要讲述了科技产品对人们的影响领域和范围日益加大，进而引发人们对环境及公众健康的思考，以促进绿色革命 5. Judd J W. The Coming of Evolution: The Story of a Great Revolution in Science. Cambridge: Cambridge University Press, 2009. 该书概括叙述了进化的起源，进化思想在无机世界和有机世界中的发展，进化与灾变，达尔文与华莱士关于自然选择的理论，物种起源以及达尔文进化理论的影响 6. Kelly K. The Scientific Revolution and Medicine: 1450-1700. New York：Facts on File Press, 2009.（[美]凯特·凯利：《科学革命和医学：1450—1700》，王中立译，上海：上海科学技术文献出版社，2015 年。）该书描述了 1450—1700 年医学革命的概况，包括彻底改变西方人体观念的安德烈·维萨里、威廉·哈维等的研究 7. Powell J L. Four Revolutions in the Earth Sciences: From Heresy to Truth. New York: Columbia University Press, 2014. 该书主要讲述深部时间、大陆漂移、陨石撞击和全球变暖从异端到真理的演变，展示了科学如何在实践中运作

续表

主题	著作目录及主要研究内容
科学革命总论	1. Kuhn T S. The Structure of Scientific Revolution. Chicago: University of Chicago Press, 1962.（[美]托马斯·库恩：《科学革命的结构（第四版）》（第2版），金吾伦、胡新和译，北京：北京大学出版社，2012年。）该书对科学革命进行了系统研究，提出革命的过程就是“范式”的变革过程，由此导致科学分为前科学、常规科学、科学危机、科学革命几个阶段 2. Hesse M. Revolutions and Reconstructions in the Philosophy of Science. Bloomington: Indiana University Press, 1980. 该书对科学哲学以及科学知识强纲领的科学革命观进行了比较，坚持了弱的科学实在论的观点 3. Lindberg D C, Westman R S. Reappraisals of the Scientific Revolution. Cambridge: Cambridge University Press, 1990. 该书共13章，内容涉及科学革命的概念以及科学革命中的科学的概念，科学与形而上学、哲学之间的关系，近代科学革命中宗教、大学、自然巫术、博物学等的作用，以及科学和公众、异端、语言以及数学等关系，最后提出科学革命是一次还是多次的问题 4. Merchant C. The Death of Nature: Women, Ecology, and the Scientific Revolution. San Francisco: Harper and Row Press, 1990.（[美]卡洛琳·麦茜特：《自然之死：妇女、生态和科学革命》，吴国盛、吴小英、曹南燕等译，长春：吉林人民出版社，1999年。）该书描述了近代科学的机械世界观是如何导致对自然的剥削的，以及这种剥削与男权文化的关系，阐述了生态女权主义的观点 5. Shapin S. The Scientific Revolution. Chicago: University of Chicago Press, 1996.（[英]史蒂文·夏平：《科学革命：批判性的综合》，徐国强、袁江洋、孙小淳译，上海：上海科技教育出版社，2004年；[英]史蒂文·谢平：《科学革命》，许宏彬，林巧玲译，台北：左岸文化事业有限公司，2010年。）该书将科学革命置于社会脉络中去解读，说明当时各种互相冲撞的信仰、实践与影响，将科学从纯粹理性的逻辑推演中摆脱出来，转而认识实验与观察等 6. Kaku M. Visions: How Science Will Revolutionize the Twenty-first Century. Oxford: Oxford University Press, 1999. 该书作者对那些将彻底改变人类未来的现代科学进行了梳理 7. Russo L. The Forgotten Revolution: How Science Was Born in 300 BC and Why It Had to Be Reborn. Levy S (trans). Berlin: Springer, 2004. 该书对发生于公元前300年前希腊化时期的科学进行了分析，认为其是精确科学，是一次科学革命，紧接着该书对这一科学的消亡和漫长恢复进行了阐述，并相应地说明了原因 8. Schuster J A. The Scientific Revolution: An Introduction to the History and Philosophy of Science. Sydney: University of Sydney, 1995.（[澳]约翰·A. 舒斯特：《科学史与科学哲学导论》，安维复主译，上海：上海科技教育出版社，2013年。）该书超越内史论和外史论，以一种后库恩主义的科学知识社会学和语境论科学史视角，以地心说到日心说的演变为案例，展现自然哲学作为一种争论中进化的亚文化或传统，是如何发生变化的。这是关于科学革命的新理解 9. Schlagel R H. Three Scientific Revolutions: How They Transformed Our Conceptions of Reality. New York: Humanity Books, 2015. 该书将以往的科学革命划分为三次，即古希腊时期起于自然哲学探索的转变，起于近代科学产生的第二次转变，19世纪末20世纪初科学的第三次转变如相对论和量子论等，还有第四次科学转变，如量子论的新发展、宇宙起源理论、思维科学等

续表

主题	著作目录及主要研究内容
科学革命总论	10. Böcher M, Krott M. Science Makes the World Go Round: Successful Scientific Knowledge Transfer for the Environment. Berlin: Springer International Publishing, 2016. 该书主要描述了一种新的科学知识转移模型，称为 RIU（研究、综合与应用）模型，并对其内涵以及如何更好地利用以实现绿色发展做了说明

根据表 15.2，国外关于科学革命的研究主要针对近代科学革命及其代表人物、分支科学革命（物理学革命、化学革命、进化论革命、遗传学革命、医学革命、量子力学革命、基因革命）、科学革命总论（科学哲学、科学社会学、科学的社会影响等视域），对与本书“现代科学革命”和“未来科学革命”内涵相符的这两方面的主题研究很少。为了推进现代科学革命和未来科学革命，需要我们加强研究，形成思想，引领社会，扩大影响，转化为社会意识，推动全社会迎接新的科学革命。

（二）以反科学主义的态度对待现代科学革命与未来科学革命

科学主义是关于科学的一类理想主义的想法：科学家是追求真理的、没有信仰基础的、不受到社会因素以及个人主观影响的；科学事实是客观的，科学概念是明确的，科学理论是正确的，观察实验对理论的检验是确定的；科学革命是正确战胜错误、英雄战胜懦夫的过程；科学是不断进步的，并最终能够解决人类所面临的所有问题。综观本书对史前人类“神学式科学”、古希腊时期“哲学式科学”、近代“机械式科学”的产生及其特征的研究，结果是与科学主义观念不相符的，虽然后一种科学是对前一种科学的革命，但是，科学革命以及科学认识的过程不是一帆风顺的，而是渗透了多重社会因素和个人情感的，是从不完善到逐步完善的过程。科学革命不是一蹴而就的，也不是永远叙述着成功的故事的，科学革命的历史本身就是一个反科学主义的历史，这点对于近代科学革命尤甚。

对此，有学者会提出不同的看法。他们会说，上述看法，对于近代科学革命是适用的，因为在近代科学产生之前，科学还没有从宗教和哲学中独立出来，科学的范式还没有确立，科学是不成熟的，是在各种各样的社会因素影响下向前迈进的，是存在各种各样的争论的，因此，有着各种各样的反科学主义的表现。但是，一旦近代科学革命完成，科学范式确立了，科学认识的方法就被牢固地树立起来，科学就走上了一条康庄大道，科学认识成果出现井喷现象。更何况，近代科学革命引发技术创新模式的改变，推动了生产力要素的变革，促进了经济结构的调整，实现了经济的转型，使人类社会由农业社会走向工业社会，由工业社会走向后工业社会，由电气社会走向自动化社会再走向智能社会，近代科学革命功莫大焉。在这种情况下，再对近代科学持有反科学主义的观念，似乎不太合适。不过，本书的分析表明，近代科学非自然、不自然、反自然，近代科学的本质是科学认识应用之后产生环境问题的根本原因，近代科学“经济但不环保”，直接影响到自然和人类的可持续发展，因此，近代科学也是存在根本性欠缺的，要对此采取反科学主义的态度，进行新的科学革命，为科学自身以及人类和自然寻找出路。

就此来看，对近代科学进行反科学主义的反思、批判是必要的，也是重要的。而且，如果没有反科学主义的反思、批判，那么近代科学就很可能成为人类发展史上科学的最终形态，新的科学革命如现代科学革命和未来科学革命就不可能发生，科学就不可能得到革命性的进步，科学所带来的诸多问题也就不可能得到根本性的解决，人类社会也就不可能进入到新的文明形态。就此来说，反科学主义是现代科学革命、未来科学革命乃至社会革命以及新的生态文明形态诞生的前提。

对于现代科学革命之现代科学，是否也要像对待近代科学革命之近代科学那样反思批判呢？有人认为不需要，因为现代科学革命才刚刚开始，现代科学革命的应用还没有广泛展开，其应用的正面效应和负面效应还没有呈现，现在急着反思批判势必有碍它的发展。更何况，现代科学是以有机自然观为基础来研究复杂对象和现象的，这一点与自然界本身的存在状态相符合，也与近代科学的最新发展趋势相适应，而且其展现出某些强劲的促进经济和社会发展的势头，因此受到人们的追捧，被人们所肯定。

不过，深入分析现代科学革命和未来科学革命，它们的思想理念才刚刚被提出，它们的哲学范式和科学范式还没有被确立，它们的研究方法还不成熟和牢固，它们所提出的概念和理论还不明确和成熟，还需要对它们进行反思批判，以反科学主义的态度对待它们。在此以作为现代科学革命的典范（事实上它也可以作为未来典范）——生态学为例，对此加以说明。

生态学诞生于 19 世纪末发展于 20 世纪初，是一门研究自然界中生物与环境之间的关系的科学。由于生物与环境之间的关系是历史的、复杂的、有机的、包含了人类的，这决定了生态学是一门历史性的科学、复杂性的科学、系统性的科学，需要探索以新的自然观和方法论原则以及新的科学认识方法对相关对象加以认识，也决定了生态学的认识在其产生之后的一段时间内是不成熟的。如此，就需要对此采取反科学主义的态度，进行相应的反思批判，以发展完善它。

1. 生态学家并非总是客观的、理性的、没有信念基础的

在孟德尔的遗传学那里，种群的繁殖是遗传物质（基因）根据独立分离定律以及自由组合定律进行的，基因和种群在这里都是存在的。孟德尔的种群概念是统计学的概念，而且是一个类的存在——同一类种群个体之间才能交配，这被称为“孟德尔种群”，属于“种群自然类”。到了索伯（Elliott Sober）那里，对种群的理解发生了改变。索伯在 1984 年的论文中说道，种群与个体生物没有差别：生物个体有生理边界，同一种群有生殖边界；生物个体的特征会随着其发育或进化过程改变，但是，它们作为一个整体的完整性没有改变，这点对于种群也一样；种群是通过某亲本单位萌生的，就像某种生物体一样；种群和生物体一样，将通过功能退化而停止存在，其程度不亚于其组成部分遭到破坏。一句话，种群和生物体一样，是一个个体，不同的只是两者的组成部分在功能上的整合程度不同。这就是“种群个体论”。[①]

对于“种群是一个自然类”还是“种群是一个个体”，生态学界存在争论。分析这两种观点，是生态学家关于种群的两种不同的看法，都承诺了种群在自然界中不依赖于人类心灵而真实存在。这是“种群实在论”。

2003年，甘尼特(L. Gannett)发表了与上述观点不同的看法。他以人类基因组多样性项目(HGDP)规划阶段出现的争论为例，展现了种群并非独立于研究者的心灵而存在——它们的属性并非科学家发现的，而是在物种基因多样性调查中“制造”出来的；它们的边界并不是固定的，而是游动的。如在该计划实施过程中，生物学家就面临这样的问题：在样本的选择方面，是根据繁殖还是根据谱系来确定？在样本受试者的知情同意方面，是为了满足特定的调查语境而不强求知情，还是为了保持群组一致性而要求知情？在样本取样的策略方面，是基于种群还是基于地理网格？对于这些问题，当时就存在争论，各持己见，最后的结局是大家磋商、博弈，选择其中一种。这也表明，对所谓生物种群的界定有多种，根据哪种界定选择哪些种群进行研究，是研究者根据特定的研究所涉及的目标、兴趣、价值而实用地建构的，这些目标、兴趣和价值对于相应的研究背景是特定的，但是，并不是完全很客观的，甚至在很大程度上是不客观的。一些种群及层级优先于另外一些种群及层级被选择并考察，是与调查所涉及的理论与实践的特定背景相关的，其中的客观性理由并不牢固。如此一来，种群是否独立于人类心灵存在就成了问题，种群属性的客观性就没有建立在种群确实存在的基础上，种群的客观性就成为没有对象的客观性，即在没有肯定种群是否确实存在的基础上，就预设了它们的存在以及属性的客观性。一句话，种群是被建构出来的。这属于“种群建构论”。[②]

“种群实在论”与“种群建构论”的上述陈述表明，生态学研究对象是复杂的，生态学家对它们的认识是不确定的，不能以一种非此即彼无异议的方式对待。此时，根据具体情况，持有某种信念，打破二元对立思维，抛弃绝对客观论、真理至上论，展开相关研究，就显得特别重要了。

---

① Sober E. The Nature of Selection: Evolutionary Theory in Philosophical Focus. Cambridge: MIT Press, 1984.

② Gannett L. Making populations: bounding genes in space and in time. Philosophy of Science, 2003, 70(5)：989-1001. Proceedings of the 2002 Biennial Meeting of The Philosophy of Science Association Part I: Contributed Papers Edited by Sandra D. Mitchell (December 2003).

2. 生态学概念并非总是明确的、不容置疑的

生态学中涉及许多概念，对于这些概念的内涵和外延，生态学家和生态学哲学家持续地研究着，从而给出其各种各样的看法和观点，以进一步明晰这些概念。

如对于自然选择与种群之间的关系，有些学者坚持种群是自然选择的单位，并认为自然选择只不过是一个种群层级，是低层级事件的统计学的结果，不涉及外部影响因素或力(forces)。[①]另外一些学者拒绝这种纯粹统计的、种群层级的解释，而支持自然选择的个体层级、因果的解释。[②]米尔斯坦(R. L. Millstein)在2006年的一篇文献中认为，上述两种观点在某种程度上都是正确的，但在另一方面是错误的，山地柳叶甲虫的自然选择研究表明，自然选择既不是纯粹统计的，也不是个体层级的因果过程，而是种群层级的因果过程。自然选择确实发生在种群层级上，但它仍然是一个因果过程。[③]至于这里的种群究竟是“自然类”，还是一个像生物体那样的“个体”，米尔斯坦在2009年认为，种群既不是类，也不是集合，而是像生物体那样的个体，这是根据两类候选因果作用——生殖因果相互作用和生存因果相互作用确立的。[④]在此基础上，她给出种群的定义：“种群(在生态学和进化的语境下)由至少两个同种生物体组成，它们在一个物种适宜的时间跨度内交配，或参与达尔文式的生存斗争，或者两者兼而有之。种群是因果联系的生物的最大集合(the largest number)。当且仅当位于同一空间区域的生物体(包括最近的迁移者)与其他同种生物体发生因果相互作用时，它们才成为种群的一部分。”[⑤]

关于种群，生物学家或生态学家给出了各种定义，如克雷布斯(Krebs)1985年认为种群是“单个物种的一群个体”[⑥]；奥里恩斯(Orians)1973年指出种群是“根据某些特定研究的标准限定的某一物种中的个体的有点武断的分组”[⑦]；莱恩(Lane)1976年认为种群是“生活在一个特定地理区域的同一物种的一群生物”[⑧]；阿密(Arms)和坎普(Camp)1979年指出种群是“在同一时间占据一个特定区域的同

---

① Matthen M, Ariew A. Two ways of thinking about fitness and natural selection. The Journal of Philosophy, 2002, 99: 55-83；Walsh D M, Lewens T, Ariew A. The trials of life: natural selection and random drift. Philosophy of Science, 2002, 69: 452-473.

② Bouchard F, Rosenberg A. Fitness, probability, and the principles of natural selection. British Journal for the Philosophy of Science, 2004, 55: 693-712.

③ Millstein R L. Natural selection as a population-level causal process. The British Journal for the Philosophy of Science, 2006, 57(4): 627-653.

④ Millstein R L. Populations as individuals. Biological Theory, 2009, 4(3): 267-273.

⑤ Millstein R L. Populations as individuals. Biological Theory, 2009, 4(3): 271.

⑥ Krebs C J. Ecology: The Experimental Analysis of Distribution and Abundance. 3rd ed. New York: Harper and Roe, 1985.

⑦ Orians G H. The Study of Life. 2nd ed. Boston: Allyn and Bacon, Inc, 1973.

⑧ Lane T R. Life, the Individual, the Species. St. Louis Missouri: The C. V. Mosby Company, 1976.

一物种的所有成员”①；普维斯(Purves)和奥里恩斯(Orians)1983年认为种群是“能在大多数情况下进行杂交，并能在同一时间、同一地点共存的任何一群生物体”②；弗图摩(Futuyma)1986年指出种群是“一群同种生物体，它们或多或少占据着一个明确界定的地理区域，并表现出世代繁衍的连续性；一般认为，这些个体之间的生态的和生殖的相互作用比它们与同一物种的其他种群成员之间的相互作用更为频繁”。③2010年，米尔斯坦认为这些概念的界定并不严谨，有些非常宽泛。对于那些宽泛的概念，在使用它们的过程中会造成使用上的任意性，也造成对相关理论如进化理论选择作用解释的错误。为此，需要对物种概念进行进一步研究，以明确其内涵。在此背景下，米尔斯坦进一步阐述了因果相互作用者种群概念(the causal interactionist population concept)和因果相互作用者集合种群概念，并且用6个案例对此加以说明。结论就是：在生态学和进化论中，如果种群是以生殖和生存因果相互作用存在，那么种群就呈现出“时空局域性”“凝聚性”“连续性”“历史性”等类似生物“个体性”的特征，种群就是一个类似于生物个体那样的存在。④

针对米尔斯坦上述物种“个体论”以及相关的因果相互作用者种群概念，斯图根加(J. Stegenga)于2010年提出反驳。他认为，米尔斯坦所反对的物种多元论的观点，如概念的不一致使用、事实的不充分决定以及划界负担等，在米尔斯坦关于物种的定义中也存在；米尔斯坦的物种定义一是模糊的，二是没有解决事实不充分决定的问题，三是限定过于严格，将物种概念限定在生态学和进化生物学领域，太窄了。他在赞同甘尼特观点的基础上进一步指出，种群不是一个自然类的类，种群是由生物学家根据研究的语境定义的变化的存在。⑤

针对斯图根加的质疑，米尔斯坦在同一年的同一期刊上给予回应，以摘掉斯图根加给她扣上的种种“帽子”。首先，她声明她本人并没有提出种群是一个自然类，而且反对种群的概念多元论并不一定就反对种群是一个自然类，斯图根加预设了她反对种群的概念多元论就顺理成章地认为她反对种群是一个自然类；其次，她指出，斯图根加认为她本人是在将“种群的概念多元论”等同于“怎么都行”的意义上反对“种群概念多元论”的，并因此积极地给种群下定义，事实上，她自己是在“如果不对‘生物学上和理论上的研究问题’加以限制，那么‘概念多元论’就会滑向‘怎么都行’”的意义上来对待“种群概念多元论”的；再次，她提出，斯图根加的

① Arms K, Camp P S. Biology. New York: Holt, Rinehart, and Winston, 1979.

② Purves W K, Orians G H. Life: The Science of Biology. Sunderland: Sinauer Associates, 1983.

③ Futuyma D J. Evolutionary Biology. 2nd ed. Sunderland: Sinauer Associates, 1986.

④ Millstein R L. The concepts of population and metapopulation in evolutionary biology and ecology//Bell M A, Futuyma D J, Eanes W F, et al. Evolution since Darwin: the First 150 Years. Sunderland: Sinauer, 2010: 61-86.

⑤ Stegenga J. Population is not a natural kind of kinds. Biological Theory, 2010, 5(2): 154-160.

下述观点是对的：她虽然提出了种群个体论，但是，事实上她并不完全反对多元论，具体来说就是，她的“种群一元论”只是限制在进化论和生态学的语境中，除此之外她就不是一个“反多元论者”了。在上述澄清的基础上，米尔斯坦进一步回应了斯图根加 2010 年对她种群概念的“不一致使用、事实的不充分决定以及划界太窄太严”三个方面的担心，并最终指出，对于生态学和进化生物学，她提出的因果相互作用种群概念很重要。①

2015 年，米尔斯坦进一步撰文指出，斯图根加的“种群多元论”存在欠缺，事实上前瞻性的杂交和后进性的祖先关系不需要不同的物种概念，种群的因果相互作用概念是合理的，通过将时间纳入因果相互作用者种群概念，“种群一元论”或者“物种个体论”得到捍卫。②

针对米尔斯坦的上述辩护，斯图根加 2016 年进一步指出，生物种群概念分为广义解释层面和狭义解释层面，米尔斯坦将物种概念作狭义的解释是存在问题的：如果将种群概念解释为一个不断进化的像个体那样的群组，必须满足什么条件才能进化呢？不仅如此，他还进一步指出，第一，生物种群狭义解释面临概念的困难和生物领域的反例；第二，最有说服力的狭义解释的条件——因果连通性，也存在概念困难；第三，构成种群的因果关系的数量是巨大的，导致种群成员关系由大量的多维建构物定义，这些建构物之间的差异在很大程度上是任意的。结果是，没有生物学家能够自然地划分种群的节点。在此基础上，他进一步指出，种群划分部分地取决于研究领域的主题(系统学、种群动力学、遗传学、生态学等)，而且即使给出一个特定领域，也没有适合该领域的唯一划分。广义解释是可行的，种群多元论是合适的，它与“物种混杂实在论”以及“物种多元论”是一致的。③

由上述有关种群概念的争论可以看出，有关种群的概念远不是明确的、不容置疑的，种群概念的界定与实在论以及建构论紧密关联。这也决定了生物学家或生态学家对于种群研究的不同的价值取向——是从追求真理或逼近真理的角度来研究种群，还是从实用的或工具的角度来研究种群。从种群研究的最终目标看，它是研究自然界的存在，这也决定了生物学家或生态学家最终会将实在论作为其最终追求。可以肯定，随着生物学家和生态学对种群研究的深入，有关种群的概念将会越来越明确，越来越深刻，也越来越正确。

---

① Millstein R L. Should we be population pluralists? A reply to Stegenga. Biological Theory, 2010, 5(3): 271-276.

② Millstein R L. Thinking about populations and races in time. Studies in History and Philosophy of Biological and Biomedical Sciences, 2015, 52: 5-11.

③ Stegenga J. Population pluralism and natural selection. The British Journal for the Philosophy of Science, 2016, 67(1): 1-29.

3. 生态学事实并非总是准确的、确定的

为了完全检验相关的生态学假说，生态学研究者建构了数学模型(mathematical models)、数字有机体(digital organisms)、人工生命系统(artificial living systems)等人工系统。这些系统具有什么特征呢？它们的复杂性、可控性以及对未受干扰的自然系统的反映——真实性如何呢？莫梅尼(Momeni)等在图15.2中一般性地展现了这种关系。其中的插图显示了可控性的不同尺度：(a)洛特卡-沃尔泰拉(Lotka-Volterra)模型，研究捕食者-猎物系统的动态；(b)Avida数字有机体，研究进化；(c)构建的细菌系统，研究捕食者-猎物相互作用；(d)生物圈2号项目，研究地球生物圈的综合生态系统。①

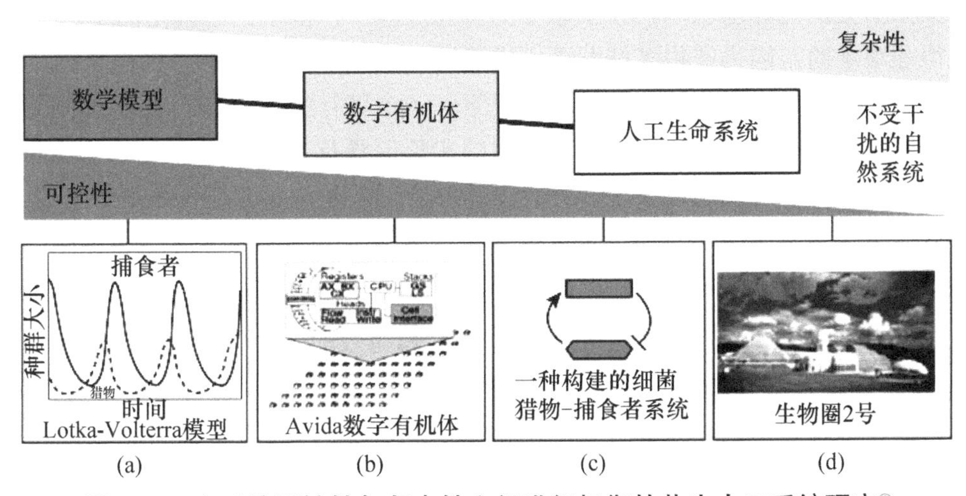

图 15.2　在系统可控性与复杂性之间进行权衡的共生人工系统研究②

根据图15.2，普遍地，从数学模型到数字有机体，再到人工生命系统，最后到不受干扰的自然系统，其复杂性越来越高，可控性越来越低，真实性越来越高。数学模型和数字有机体倾向于抽象出生命系统最基本的和一般的方面，反映的是支配生态学的和进化的动力学抽象法则，其可控性最强，精确性最高，但是，它们不能彻底地对生物性质和进化变化进行取样，其复杂性最低，真实性最低，其高的精确性是以低的真实性为代价的。人工生命系统是由一系列小的生命有机体组成的系统，

① 根据上述文献，(a)(b)(c)(d)的主要内涵分别参见下列文献：Murray J D. Mathematical Biology I: An Introduction (Interdisciplinary Applied Mathematics). New York: Springer, 2007；Ofria C, Wilke C O. Avida: a software platform for research in computational evolutionary biology. Artificial Life, 2004, 10(2): 191-229；Balagadde F K, Song H, Ozaki J, et al. A synthetic Escherichia coli predator–prey ecosystem. Molecular Systems Biology, 2008, 4(1):187；Walter A, Lambrecht S C. Biosphere 2 Center as a unique tool for environmental studies. Journal of Environmental Monitoring, 2004, 6(4): 267-277.

② Momeni B, Chen C C, Kristina L, et al. Using artificial systems to explore the ecology and evolution of symbioses. Cellular and Molecular Life Sciences, 2011, 68(8): 1354.

也叫“微宇宙”，保持了自然系统中生命实体丰富的行为特征和进化趋势，但是，又降低了自然系统中大量相互作用的物种的网络复杂性以及物种间的关联度，因此，其可控性较高，精确性较高，复杂性较高，真实性较高。不受干扰的自然系统，可控性最差，精确性最差，复杂性最高，真实性最高，其高的真实性是以差的精确性为代价的。与数学模型以及数字有机体这样的数学系统相比，人工生命系统以较差的精确性换取了较高的真实性。但是，与不受干扰的自然系统相比，人工生命系统又以较高的精确性换取了较低的真实性。因此，“人工生命系统起到了中间体的作用，填补了抽象的数学模型和不受干扰的自然系统之间的空隙”[①]。出于生态学实验精确性与真实性之间的双赢或平衡，应该选择人工生命系统进行实验。

上面的案例充分地表明，在生态学的研究过程中，准确的、确定的生态学事实的获得是艰难的，因为在很多情况下，准确的、确定的生态学事实的获得是以真实性的减少甚至丧失为代价的。在这种情况下，一个可行的路径是，综合考虑研究对象以及所要达到的研究目标，结合所使用的实验仪器及其装备，确定所采用的实验方式，以达到一个在现阶段条件和背景下还算合理的生态学事实的准确性与真实性之间的平衡。这也说明，对于生态学事实，它不仅并不总是准确的、确定的，而是常常甚至总是不准确的、不确定的。

4. 生态学方法并非总是固定的、程式化的和有效的

这里以生态学实验方法的选择和使用为例加以说明。

根据生态学的定义和研究目标，它是与传统科学实验不同的。传统的科学实验，是实验者在渗透相关理论的前提下，运用一定的实验仪器，对实验对象进行干涉，从而获得相应的实验现象。这里的“实验对象”，既可以是自然存在的或自然状态下的对象，也可以是经过实验处理了的对象，但多数是后者；这里的“实验现象”既可以是自然界存在的或发生的现象，也可以是实验室环境下在实验过程中制造出来的对象和现象，但多数是后者。关于这点，西方科学技术论的“实验室研究”给予了更多的揭示。塞蒂纳认为，“在实验室中找不到自然”[②]，“对于外部世界的观察者而言，实验室展示为一个行动场所，在这里，‘自然’被尽可能地排除出去，而不是纳入进来”[③]。如此，在传统的科学实验中，所得到的科学知识是非自然的，是人工建构的产物。

对于生态学实验，情况有所不同。它的认识目标与生态学的认识目标相一致，

---

① Momeni B, Chen C C, Kristina L, et al. Using artificial systems to explore the ecology and evolution of symbioses. Cellular and Molecular Life Sciences, 2011, 68(8): 1355.

② Knorr-Cetina K. The Manufacture of Knowledge: An Essay on the Constructivist and Contextual Nature of Science. Oxford: Pergamon University Press, 1981: 4.

③ Knorr-Cetina K, Mulkay M J. Science Observed: Perspectives on the Social Study of Science. London: Sage Publications, 1983: 115-140.

是对自然界中所存在生物与环境之间的关系的认识。这是生态学实验认识的一般性原则。可以说，几乎所有的生态学实验(包括生态学实验室实验和生态学野外实验)都在贯彻这种原则，即面向大自然，以自然界中存在的生物与环境之间的关系为模本，以努力获得对这种关系的认识。也正因为这样，生态学实验就与传统科学实验具有本质的不同，是“顺应”自然而非“规训”自然。试想，一个走向“人工建构”和“规训”的生态学实验如何能够保证其获得生态环境的认识，又如何保证将这样的认识应用于生态保护具有恰当性？为了自然，为了人类的未来，进行“回归”自然以及“顺应”自然的生态学实验，是生态学工作者应该遵循的基本原则。

为了遵循并且实现上述原则，生态学家作了不懈的努力，明确传统实验方法在生态学研究中的欠缺，探索新的实验方法，以获得对生态学对象更加有效、准确和精确的认识。①

——在实验方法的探索和分类上，传统科学实验基本上是实验室实验，它又分为定性实验、定量实验、析因实验、模拟实验、理想实验等，而生态学实验大多是野外实验，按照实验自身的时空特征、对象特征、作用特征等，分为测量实验、操纵实验、宇宙实验、自然实验等。其中的“测量实验”“观测”自然，“操纵实验”“处理”自然，“宇宙实验”“模拟”自然，“自然实验”“追随”自然。如此，生态学实验的目标就是面向、观察、追随、模拟自然界中自在状态的生物(包括人类)与环境之间的关系，以最终达到认识这种关系的目的。这是实在论的而非建构论的，更多的是在逼近“自然发生”的条件下进行的，“追寻”并且“发现”自然，属于自然的“回归”，具有“自然性”的本质特征。这种特征与传统科学实验的本质特征“建构性”有着根本性的差别。

——在实验仪器的选择和使用上，生态学实验的“自然性”特征对其施加了原则性的限制。在传统的科学实验中，仪器的一个最主要作用是现象的“制造”。而在生态学实验中，仪器的最主要作用是展现并且测定自然，由此使得生态学实验仪器或者属于哈瑞所称的“作为世界系统模式的仪器”，或者属于“因果地关联于世界的工具”，而不属于其所称的“仪器—世界复合体”。②出于生态学实验的目的，生态学实验仪器主要不是在“干涉”自然的过程中获得对自然的认识，而是在“追随”自然的过程中尽量去获得对自然的自在状态的认识。这体现了生态学实验仪器“回推自然”以及与自然相一致的特性，也决定了生态学实验仪器由“室内”走向“室外”，由“理想”走向“在线”“现场”，由“标准”走向“自制”，由“现象的制造”走向“现象的探查与记录”。

① 以下部分具体内容参见肖显静：《生态学实验实在论》，北京：科学出版社，2018 年。

② Harré R. The materiality of instrument in a metaphysics for experiments//Radder H. The Philosophy of Scientific Experimentation. Pittsburgh: University of Pittsburgh Press, 2003: 25-26.

——在实验的实在性、普遍性和精确性综合考量和平衡上，传统科学实验着眼于实验对象或实验现象的客观存在，而不考虑这样的实验对象或实验现象是自在存在还是人工存在，而且传统科学实验的人工建构性和标准化，也使得其准确性、精确性和真实性呈现一致性。但是，对于生态学实验，所面对的真实性，不是以实验呈现出来的对象或现象的客观存在为标准，而是以自然界中是否存在如实验所展现的对象或现象作为标准的。由于自然界中存在的生态学对象或现象具有复杂性、整体性和历史性，因此，关于对此对象或现象所进行的生态学实验认识具有复杂性，不能同时获得实在性、普遍性、精确性。如此，就要在这几个认识要素之间寻找某种平衡，以实现生态学实验实在性、普遍性、精确性三者的共赢。

——在实验的"可重复"的追求和改进上，生态学实验"可重复"存在诸多困难，需要解决。在本体论上，主要有自然的变异性以及大尺度的限制等原因，对此，采取的对策或者使用易于处理的生物或生态系统来阐明相关过程，或者选择那些同质性的或平衡的系统进行研究，或者模拟自然进行微宇宙实验；在认识论上，生态学实验对象的复杂性、有机整体性、历史性决定了对它的相关认识的正确性受到限制，这直接影响到实验的"可重复"，为此，准确确定实验场所，清楚界定相关概念等等，就成为必须，由此能够达到生态学实验的正确性(实在性)与"可重复"的双赢；在方法论上，不完整的实验报告以及缺乏相关的方法细节，是造成生态学实验"可重复"困难的重要原因，鉴此，完善实验报告和评审体制，提供实验细节原始记录，执行严格的论文评审标准，就成为必须；在价值论上，学术不端行为如 P 值篡改、择优选择、结果已知之后假设等，成为实验"可重复"困难的一个重要方面，必须杜绝。

不仅如此，在贯彻生态学实验"可重复原则"的过程中，应该具体情况具体分析，采取相应的应用策略：对于"不可重复的"生态学实验，不可强求其"重复"，以贯彻"可重复原则"，可以分析其原因，有条件地加以改善；对于"可重复"的生态学实验，不一定按照原先的"可重复原则"重复，可以另辟蹊径，进行"对照实验"或"自然重现"；在贯彻"可重复原则"的过程中，不能偏爱生态学实验的"可重复性"，降低乃至牺牲生态学实验的"真实性"；不能偏爱生态学实验的"真实性"及其论证，损害其"可重复性"；不能偏爱生态学实验的"正面"结果而嫌弃其"负面"结果，弃"负面"结果于不顾，进而不采取"可重复原则"对此进行"重复"实验。这种生态学实验"可重复原则"的应用策略与传统科学是不一样的。

——在实验"伪复现"(pseudoreplication)辨别与防止上，要特别防止"伪复现"现象的发生。生态学实验"伪复现"是一个"真问题"，应该在澄清"伪复现"概念内涵的基础上，针对生态学研究的具体实践，加深对"伪复现"意义及价值的理解，确定其应用的边界及其策略，更好地推进生态学实验研究。这是其一。其二，调查分析国内外生态学实验论文文献，发现"伪复现"发生的概率还是比较高的。

这应该引起生态学者的高度重视，在生态学实验过程中，理解并且识别“伪复现”，避免此类现象的发生。

——在生态学实验尺度选择和评价上，要特别关注时间尺度、空间尺度问题。对于生态学实验对象，时间尺度和空间尺度并非外在于它们且与它们无关，或者外在于它们且与它们有关，而是内在于它们且与它们不可分离。如此，时间尺度和空间尺度成为生态学实验对象不可缺少的部分，成为其本质特征的一部分。由此，对于生态学实验对象的时间和空间尺度选择、分析、推绎等，应该遵循一定的原则，以保证生态学实验对象的操作尺度(表征尺度)与生态学实验的对象尺度(本征尺度)相一致。为此，应该按照生态学实验对象尺度操作实验，正确处理时间、空间与生态学实验对象的关系，选择恰当的“粒度”和“幅度”进行实验，时刻关注生态学实验的尺度依赖，防止尺度简化、实验圈地和尺度失真，对自己以及他人所做的生态学实验之尺度进行反思，以“特征尺度”的识别、选择、分析为基础，保证生态学实验尺度推绎的可靠性等等。

5. 生态学认识并非总是正确的、无疑的、不需改进的

这里以群落演替“机体论”与“个体论”的争论为例加以说明。[①]

克莱门茨(Frederick E. Clements，1874—1945)于1916年正式提出“机体论”群落演替理论，即“单元演替顶极学说”(mono climax theory)[②]。他认为，植物群系具有高度的内在集成性(integration)，因而将其演变和发展视为一个类似单独植物或动物有机体的生长过程，进而断言“群系”事实上就是一个“超级有机体”(super organism)，它可被视为植被的主要单元，其中包含许多变化并且涉及一系列区域性群丛(association)，由此决定了群落演替起因于生物反应，群落演替为“进展演替”，群落演替趋向于气候顶极。

克莱门茨群落演替“机体论”的观点提出后，很快(1917年)受到格里森的强烈批判。[③]在格里森看来，物种在同一区域出现是因其相似的生境需求，而非“有机实体”的组分；植物群丛由生物个体构成，群丛的发展和维持是个体发展和维持的结果；驱动演替的主体机制是迁移和环境选择，如此，作为一种易变易动的现象，群落演替具有个体性和随机性。在格里森提出“个体论”之后的较长时间内，“个体论”并未受到生态学界，尤其是“机体论者”的重视，甚至作为“异端”不被理会，而克莱门茨的“机体论”则得到重视。20世纪40年代之前，总体上赞

---

① 具体内容参见王雯、肖显静：《克莱门茨“机体论”群落演替理论发展史研究》，《自然辩证法通讯》，2019年第5期，第54-66页；肖显静、王雯：《群落演替“个体论”的发展历程及启发》，《自然辩证法研究》，2020年第2期，第62-68页。

② Clements F E. Plant Succession: An Analysis of the Development of Vegetation. Washington: Carnegie Institution of Washington, 1916.

③ Gleason H A. The structure and development of the plant association. Bulletin of the Torrey Botanical Club, 1917, 44(10): 463-481.

同克莱门茨“机体论”的生态学家也对其进行了进一步研究，发现在群落演替“机体论”理论的内部，包括演替的起因(动因)、路径(方式)、趋向(终点)等方面，需要完善。

在此之后的20世纪50年代，马格列夫(R. Margalef)和奥德姆(E. P. Odum)将演替研究扩展至生态系统，实现了从定性描述到定量分析的转变——“新克莱门茨主义”。紧接着，“新克莱门茨主义”受到其他学者的批判。这一批判涉及生物能学原则、物种多样性结论以及演替进程有序性，动摇了机体论范式的核心，进而将演替研究引向了“个体论”。对于“个体论”，直到20世纪50年代，艾格勒(Frank Egler)提出“初始植物区系学说”(initial floristic theory)，才推动了“个体论”范式的复兴。随后，格莱姆(Grime)提出“适应对策学说”或“R-C-S三角模型”。不过，这一理论受到蒂尔曼(Tilman)的质疑，由此提出了“资源比率假说”。“资源比率假说”存在固有局限，休斯顿(Huston)和史密斯(Smith)对其予以批判，进一步提出“个体-本位模型”。这些群落演替理论被称为“新个体论”，它们更注重“个体性”，并将群落演替还原为组分“种群”或“个体”的动态行为，成为格里森“个体论”群落演替理论的逻辑延续。“新个体论”更为开放和充实，也更为完善。

群落演替“机体论”和“个体论”的上述争论并不是势不两立的，最终它们两者都各自弱化而走向综合。具体情形见图15.3。

6. 生态学理论预测并非总是准确的，其解决环境问题并非总是有效的

1986年，美国国家科学院(NAS)组织了一个生态学家小组，作为“生态学理论应用于环境问题委员会”，以论证生态学理论在环境政策中的应用状况。该委员会区分了生态学理论和生态学知识(ecological theory vs. ecological knowledge)，认为生态学理论是形式的和抽象的，它通过先验假设的原则进行推理以得到相关的预测后果，而对于生态学知识(又称为生态学信息)，是经验的和观察的，来自地方的博物学的个案研究。对于这两类认识，该委员会通过个案研究，很快达成共识：“在标准的生态学教科书中描述的‘生态学理论’，很少直接应用于环境问题，但对于‘生态学知识’……在形成解决广泛的环境问题的方法方面非常重要。”[①]至于生态学理论为何不能直接应用于环境问题的解决，或者不能应用于环境问题的解决，该委员会则没有深入探索。

① National Research Council. Ecological knowledge and environmental problem-solving: Concepts and case studies//Orians G H, Buckley J, Clark W, et al. Committee on the applications of ecological theory to environmental problems. Washington, D.C.: National Academies Press, 1986.

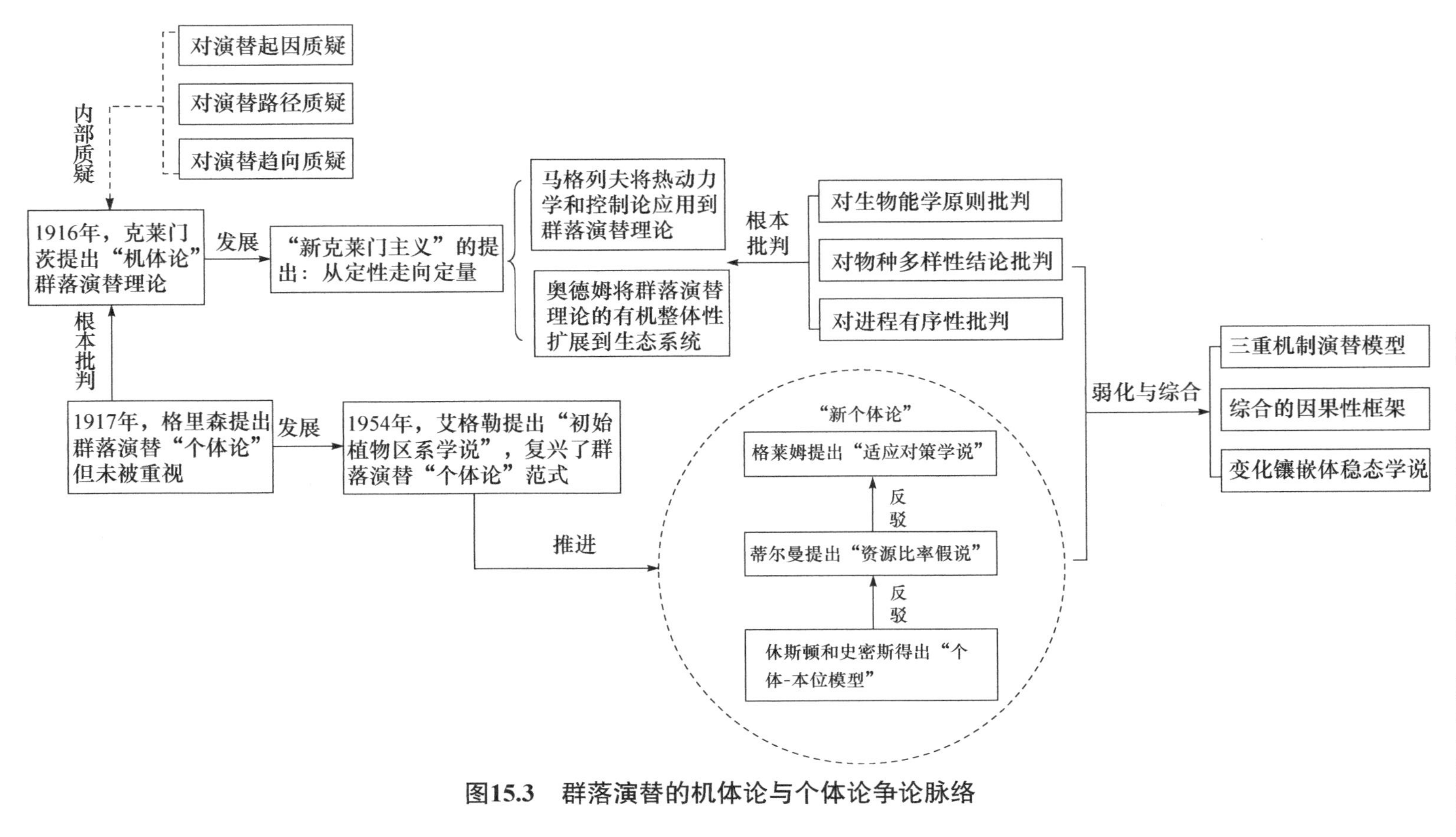

图15.3 群落演替的机体论与个体论争论脉络

萨戈夫(M. Sagoff)对此问题进行了系统研究。他于1996年的文献中指出：“生态学家们自己不愿意放弃自然有本质的概念……当生态学家将目的论扔出前门时，他们从后门将其偷运进来。”[①]“理论生态学模糊了科学和宗教之间的区别”，并且“通过在数学概念和模型中修饰传统的创造概念，理论生态学的主流地位保持了它对自然的有序性和目的性的深刻满意的形象”。[②]由此，生态学理论不能进行准确的预测以有效地解决环境问题。

在2003年的文献中，萨戈夫进一步指出，生态学家的研究策略可分为两种，一种是自下而上的，依靠观察、归纳和实验方法，即依靠案例研究或博物学的方法，来确定特定事件的原因。在此，研究对象被看作是研究地点植物和动物的偶然集合，生物之间的关系是与时间、地点紧密关联的。另外一种是自上而下的，通过理论原理、综合类比和数学模型，来检验“更高层次的生物组织”，所涉及的是“大尺度的综合集成的系统的特性”，即努力通过从一般模式或原则中推断事件的发生来解释对象，在此种群、群落和生态系统被视为由一般的规则、力量或原则所支配的结构化的存在。对于第二种研究策略，萨戈夫指出，生态学理论面临四个方面的困难：第一，生态学家必须定义和分类他所研究的对象，从而确定何种条件下这些对象的身份随着时间的延续而保持不变；第二，生态学家必须找到创建以及抛弃某个生态系统数学模型的方法；第三，生态学家必须识别生态系统组织或设计的有效原因；第四，生态学家应该展示生态学理论可以帮助解决原始系统和人类主导系统中的环境问题。但是，现实情况是，理论生态学已经成为一门形式科学，研究假设的数学后果，而不考虑这些假设与世界的关系，从而导致它不能用于环境问题的解决。[③]这四个方面的困难各有其寓意：第一个困难表明生态学理论所表征的对象是否存在或稳定存在不确定，第二个困难表明生态学理论中的数学模型的有效性难以保证，第三个困难表明生态学理论中的因果关系难以识别，第四个困难表明生态学理论不能现实地用来解决环境问题。一句话，生态学理论既不准确，也不能有效地应用到环境问题的解决中。

2013年，萨戈夫在一篇题为《环境保护究竟保护了什么》的文章中认为，环境保护困难重重。第一，面临着环境保护究竟是保护人类的“环境”还是生物的“环境”的难题；第二，面临着如何界定“生态系统”以及如何看待生态系统的难题；第三，面临着如果将生态系统看作有机体以及自组织的系统，那么如何进行生态风

---

① Sagoff M. Muddle or muddle through-takings jurisprudence meets the endangered species Act. William & Mary Law Review, 1996, 38: 830.

② Sagoff M. Muddle or muddle through-takings jurisprudence meets the endangered species Act. William & Mary Law Review, 1996, 38: 888.

③ Sagoff M. The plaza and the pendulum: two concepts of ecological science. Biology & Philosophy, 2003, 18: 529-552.

险评价(ecological risk assesment，ERA)的难题；第四，面临着是保护原始的自然还是合成新的人工系统的难题。这些难题从目前生态学的发展看来，是很难解决的，并因此决定了理论生态学家对生态系统的数学抽象不能反映真实的自然状况，不能用来解决环境问题。鉴此，应该由“机体论”转向“个体论”，从理论生态学走向博物学。对于环境保护，建立在博物学上的生态学要比建立在推理抽象基础上的生态学更可靠。①

2016 年，萨戈夫在《综合》(*Synthese*)期刊上发表了一篇题名为《生态学中有普遍的因果力吗》的文章，以 L-V 模型为例，对生态学中是否有普遍的因果力与生态学理论能否作出有效的预言以及能否解决环境问题，进行了系统深入的论证。他的思路是这样的：

L-V 模型所预设的力——捕食者与被捕食者之间的交互作用，是一般的(普遍的)力(general forces)，也是内力(internal forces)，与之相对，在现实的自然界中，存在着各种各样的个别的(特殊的)力(individualistic forces)和外力(external forces)——病毒感染、气候剧变作用等。

要想通过 L-V 模型能够作出准确的预测，那么 L-V 模型所预设的一般的(普遍的)力或内力就应该是大原因(great causes)，起着主导的、重大的作用，其他的原因如个别的(特殊的)力或外力是小原因(small causes)，只能起着较小的作用，不能影响大原因所起的主导作用，如地形对潮汐的影响之于万有引力对潮汐的影响等。

实际情况是，L-V 模型之外的那些偶然的(contingent)、突发的(accidental)、个别的(特殊的)力，却导致了种群数量无规则的变化，从而使得 L-V 模型所蕴含的规律之“其他条件相同”失效，也使得这一模型之预测失败，没有为具体的现实提供任何信息，不能用来解决相关的环境问题。典型的案例有美国皇家岛中狼和鹿的相互作用以及加拿大哈德逊湾山猫和野兔的相互作用。②

唐豪斯(Donhauser)在 2010 年之后，也对生态学理论能否解决环境问题进行了系统研究。

在 2014 年的文献中，唐豪斯认为，生态学的模型有两类，一类是经验数据驱动的模型，它只能模拟已经发生的情况，不能用于预测以指导环境问题的解决；另外一类是理论生态学模型(theoretical ecological models，TEMs)，它依据一般性的前提推导以预测可能发生的情况。对于后者，能否应用于决策以指导环境问题的解决，在认识层面存在不确定性，并在学界和政府层面引起争论。为了保证 TEMs 能够应用于环保实践，技术专家小组必须进行两方面的工作以减少这种不确定性。一是结

---

① Sagoff M. What does environmental protection protect? Ethics, Policy & Environment, 2013, 16(3): 239-257.

② Sagoff M. Are there general causal forces in ecology? Synthese, 2016, 193(9): 3003-3024.

合现实展开研究，界定 TEMs 的局限性。二是进行理论分析，以获得以下四个方面的信息：第一，产生关于生态现实的新知识，并通过允许研究人员评估是否存在某些生态学原理无法获得的可能生态条件，为实证研究指明新的途径；第二，通过允许研究人员评估哪些相互作用需要在 TEMs 中考虑以产生良好的预测，可以获得更多的关于哪些类型的生态相互作用对产生网络级别的行为最有影响的相关认识；第三，形成新的 TEMs，可以作为组织数据的框架，启用新的经验研究方法，并在推理特定案例时发挥启发功能；第四，当 TEMs 被用作特定生态现象的特征分析时，发现信息错误并由此产生相关的生态知识。在此情况下，TEMs 能够用于环境问题的解决。①

在生态伦理学界和生态美学界以及环境管理界，往往赋予生态实体(如生态系统)、功能(如稳定性)以及属性(如多样性)以价值，并倡导对它们进行保护。不过，对于生态系统是什么，多样性是否与稳定性正相关等问题，生态学界存在争论，由此影响到理论生态学在环保实践中的应用。为了解决这一问题，唐豪斯在 2016 年的文献中指出，应该把生态学的本体论基础由生态实体、功能、属性转向生态网络(ecological networks)，并以生态网络为基础，展开相关分析，将生态实体看作是生态网络的直接的和间接的随机相互作用，以研究生物之间以及生物与环境之间的相互作用，评估其价值，摆脱生态实体、功能和属性方面的实在论和反实在论争论的窘境，从组成部分意义上的现象学还原和功能意义上的整体论综合，进行相关的生态决策。②

在上篇文章中，唐豪斯已经涉及萨戈夫的相关观点，不过，他并没有直接针对萨戈夫的观点进行通篇批驳。而在 2016 年的另一篇文献《生态学一开始就是病因学》中，唐豪斯针对萨戈夫 1996 年、2013 年文献中所表达的观点——“生态学种群、群落或生态系统以某种目标为导向并朝着这一目标迈进，生态学理论研究依赖目的论的‘神奇’思维是强目的论思维，据此对实际决策没有什么价值”，进行了直接的批驳与回应，认为萨戈夫的上述观点是错误的，不科学的。

首先，他系统地考察了生态系统网络理论的发展历程，认为在 1948 年的哈钦森(Hutchinson)那里，目的论的使用已经不是在字面(literal)意义上实在地使用，而是在隐喻意义上工具地使用；在哈钦森之后，生态学家基本上是以哈钦森的隐喻方式，而非“自上而下”因果强目的论的方式使用。生态学家放弃了实在论的追求，由对种群、群落、生态系统的具体描述走向相应的网络结构分析，由强目的论的实在描述走向工具论的目的论隐喻分析。

---

① Donahauser J. On how theoretical analyses in ecology can enable environmental problem-solving. Ethics and the Environment, 2014, 19(2): 91-116.

② Donhauser J. Making ecological values make sense: toward more operationalizable ecological legislation. Ethics and the Environment, 2016, 21(2): 1-25.

其次，这种工具论的目的论的隐喻分析可以作病因学的解释，即生态网络的属性都是由部分与部分间的因果相互作用，以及“自下而上的”因果相互作用所导致的，如此，目的论的解释就可以还原成有效的因果解释。如通过生态网络的“自我调节”，产生一系列部分与部分之间的因果相互作用(目的论机制)，以保持生物的丰度以及营养资源丰度不产生过度波动，形成相应的“双曲线振荡”。这样一来，以目的论隐喻所建立起来的生态学理论也能够用来解决环境问题，是有价值的。

最后，生态学理论目的论隐喻的工具解释价值，不在于目的论是否是真实的或实在论的，或者它们是否真实地表征了自然界中的事物或现象，而在于它们是否(以及有多好)有效地帮助理解和预测自然现象，以进一步解决环境问题。生态学理论的研究根本就不是，也许从来就不是，以发展真实的理论和模型为目标。①

针对唐豪斯的上述观点，萨戈夫于2017年针锋相对地指出：“生态理论从来就不是病因学，意思是生态学理论没有提供因果效力的经验证据，例如密度依赖、竞争排斥、洛特卡-沃尔泰拉捕食者-猎物关系、物种丰富度与资源限制的逻辑关系等等。”②

第一，唐豪斯所描画的营养物质和物种相互作用的“振荡双曲线”，没有数据支撑，是他自己编造的，甚至哈钦森自己对此也不敢肯定。而且，这一曲线所描画的营养物质和物种间的相互作用受到生态学界某些生态学家的怀疑，而支持唐豪斯观点的文献却难以搜索。

第二，唐豪斯所称的“产生生态网络级动态的‘机制’与自然选择过程中的运作机制是相同的”，并不成立。自然选择针对的是物种水平而非网络水平，唐豪斯从理论上推断群落尺度的植物网络实际上做了什么，没有坚实的基础和严密的概念支撑，唐豪斯所假设的“有一个较大的原因，如营养供应，可以在其效率或显著性上与任何数量的较小原因，如捕食、疾病、天气、寄生虫、火灾等区别”，也没有得到充分的论证，物种竞争性排斥所导致的逻辑性增长——逻辑斯蒂曲线以及局部灭绝在自然界中极少出现。一句话，自然选择并不是一个更大的原因。

第三，唐豪斯没有区分生态学理论与生态学知识。对环境问题的解决起作用的是生态学知识而非生态学理论，鉴此，应该建立理论生态学和博物学的联盟。不过，生态学理论研究和博物学研究越来越走向二元，博物学的实证研究在很大程度上被赶出生态学这一学术事业，生态学的理论不能得到来自博物学家的经验的检验和支持。

---

① Donhauser J. Theoretical ecology as etiological from the start. Studies in History and Philosophy of Biological and Biomedical Sciences, 2016, 60: 67-76.

② Sagoff M. Theoretical ecology has never been etiological: a reply to Donhauser. Studies in History and Philosophy of Science Part C: Studies in History and Philosophy of Biological and Biomedical Sciences, 2017, 63: 64.

第四，唐豪斯否认了生态学理论批判者所没有假设的东西——理论生态学有其目的论基础，却假设了生态学理论批判者所要否定的东西——生态网络是存在的并且呈现出捕食种群与被捕食者种群数量变化的“双曲线振荡”。事实上，生态网络是不存在的，生态网络中的成员类似于“酒吧中的成员”；生态网络的“大原因”及其主导特性，在自然界中观察不到；生态学中没有普遍的因果效力，有的只是短暂的、临时的、自发的、一次性的、偶然的和巧合的效力。生态学理论如 L-V 模型不能提供任何有效的解释以解决环境难题，它不含有任何信息。[①]

针对萨戈夫上文所持有的观点，唐豪斯在 2017 年同一期刊同一期发表《辨析和化解理论生态学的批评：反驳萨戈夫对唐豪斯的回应》一文，认为萨戈夫对他的批判没有抓住他的焦点，即对“理论生态学是有问题的，因为它依赖于强的目的论假设”的化解，而是把重点放在了与此问题没有多大关系的主题上，如生态学的一般性的力是否存在，振荡曲线是否存在，生态学理论模型是否具有经验基础，能否通过演绎有效地预测自然生态系统以解决环境难题。由此，他对与此相关的几个方面作了辨析。[②]

也是在 2017 年，唐豪斯对上文中的思想作了进一步扩充，完成了《没有生态学力的信息生态学模型》一文，投到《综合》(*Synthese*)杂志。该论文于 2018 年被录用，并于 2020 年发表。[③]鉴于该文是对他自己 2017 年所发表的前述文献中的观点的系统化和深化，故在此将它们综合起来加以介绍。

唐豪斯首先系统地梳理了萨戈夫 2016 年发表在《综合》上的《生态学中存在普遍的因果力吗》中的观点，认为萨戈夫的论证程序如下。

(i) 以“普遍的生态学力”为基础的生态学原则和模型所假设的“普遍生态力”，在产生种群和群落层面的动态方面发挥作用；

(ii) 在 L-V 模型中，这种普遍的生态学力是捕食者-被捕食者交互作用，它是范例式的(paradigmatic)，并且由它决定种群和群落的动态和模型；

(iii) 如果在自然界中发现了 L-V 模型表征的力，则此类模型应提供“大致正确”的预测，或者，如果不能作出大致正确的预测，则帮助人们找出导致预测错误的干预因素；

(iv) L-V 模型无法准确模拟或预测自然种群中发生的情况，例如皇家岛的狼和鹿种群数量变化，表明 L-V 模型无法提供有关自然生态种群和群落的信息；

---

① Sagoff M. Theoretical ecology has never been etiological: a reply to Donhauser. Studies in History and Philosophy of Science Part C: Studies in History and Philosophy of Biological and Biomedical Sciences, 2017, 63: 64-69.

② Donhauser J. Differentiating and defusing theoretical Ecology's criticisms: a rejoinder to Sagoff's reply to Donhauser (2016). Studies in History and Philosophy of Biological and Biomedical Sciences, 2017, 63: 70-79.

③ Donhauser J. Informative ecological models without ecological forces. Synthese, 2020, 197(6): 2721-2743.

(v) L-V 模型不能准确模拟像皇家岛这样的种群所发生的情况，这表明种群和群落的动态不是由捕食者-猎物的相互作用来调节的，而是由独特的偶然事件来调节。[①]

对于上述萨戈夫以 L-V 模型为例所进行的论证，唐豪斯认为，是不成立的。第一，(i) 和 (ii) 预设了“普遍的生态力”的存在是错误的，该模型中并不存在如万有引力那样的力，生态学的文献中也很少见到这样的力。[②③]第二，(i)—(iii) 中预设了实证主义论证模式，事实上在生态学理论模型的检验和预测中，生态学家通常不采用上述模式而采用模型拟合技术，上述实证主义的论证模式是狭隘的和过时的，带有理想主义的色彩。[④⑤]第三，上述论证采用了“简单性-论证”(simplicity-argument)，来暗示更详细的模型比更简单的模型(如 L-V 模型)拥有更有用的信息。许多研究表明，相对简单的模型可以在更详细的模型没有的方面发挥作用，甚至比更详细的模型在预测上更准确。在生态学建模中，预测的准确性显然与表征的精确性无关。[⑥]第四，上述论证依据“其他条件相同”，断言“L-V 模型不能解释那些偶然因素如疾病等而导致种群数量急剧变化”，也是不正确的。即使偶然因素对种群丰度动态的决定作用比基本的 L-V 模型所预测的更大，L-V 模型所蕴含的捕食者与被捕食者之间的交互作用仍然存在，仍然可以结合这些偶然因素改进 L-V 模型，使之更好地说明那些关键性的、局部的突发事件所引起的种群变化，以体现“种群同构”(species-isomorphic)。关于这一点，得到一些生态学家的研究实践支持。[⑦⑧]

总之，唐豪斯认为，萨戈夫的“生态学理论模型不提供任何信息，不能进行准确的预测以解决环境问题”的观点是错误的。事实上，L-V 模型能够提供启发式的

① Donhauser J. Informative ecological models without ecological forces. Synthese, 2020, 197(6): 2721-2723.

② Donhauser J. Differentiating and defusing theoretical Ecology's criticisms: a rejoinder to Sagoff's reply to Donhauser(2016). Studies in History and Philosophy of Biological and Biomedical Sciences, 2017, 63: 73-74.

③ Donhauser J. Informative ecological models without ecological forces. Synthese, 2020, 197(6): 2725-2727.

④ Donhauser J. Differentiating and defusing theoretical Ecology's criticisms: a rejoinder to Sagoff's reply to Donhauser(2016). Studies in History and Philosophy of Biological and Biomedical Sciences, 2017, 63: 73-74.

⑤ Donhauser J. Informative ecological models without ecological forces. Synthese, 2020, 197(6): 2727-2728.

⑥ Donhauser J. Informative ecological models without ecological forces. Synthese, 2020, 197(6): 2727-2732.

⑦ Donhauser J. Differentiating and defusing theoretical Ecology's criticisms. Studies in History and Philosophy of Science Part C: Studies in History and Philosophy of Biological and Biomedical Sciences, 2017, 63: 74-75.

⑧ Donhauser J. Informative ecological models without ecological forces. Synthese, 2020, 197(6): 2727-2735.

信息、追溯式的信息以及预测式的信息，来为环境问题的解决服务。所谓启发式的信息，就是对捕食者和被捕食者的对象范围进行扩展，如从动物到植物再到动植物，从简单捕杀到种间竞争、种间互利、种间偏利等，为特定案例提供信息；所谓追溯式的信息，就是充分考虑到那些外在的、突发的、偶然的、临时的因素对 L-V 模型中的物种数量的影响，再将这种受到影响的物种数量代入 L-V 模型之中，从而得到新的相关物种数量变化趋势；所谓推测式的信息，就是通过上述两种信息的设想和推测，得到相应物种的变化结果。一句话，在没有生态力的生态学模型如 L-V 模型中，也存在相关的信息，能够用来预测物种数量的变化，以解决环境问题。①

萨戈夫与唐豪斯的上述争论给我们启发：理论生态学或理论生态学模型的建立是以经验的不完全归纳为基础的，存在着真实性、普遍性与精确性三者之间的权衡。这种权衡决定了生态学理论模型是一个理想的模型，反映了现实中生态学对象理想条件下的动态。一旦涉及非理想的现实状况(这种状况是经常有的)，那么，这样的理论生态学模型就与之不相符合了。鉴此，对于理论生态学模型，不可以以僵化的实在论的态度对待它，将此看作放之四海而皆准的真理应用于现实状况的预测以解决环境问题，而应该以一种批判的实在论的态度对待它。在此，一味地否定或肯定理论生态学模型的真理性，绝对地否定或肯定它的解释和预测能力，从而也相应地否定或肯定它的解决环境问题的能力，是不可取的，这是绝对实在论的态度；相应地，一味地强调理论生态学模型的建构性和工具性，否定它的信息含义，采取一种中立的实用的态度对待它，也是不可取的。恰当的态度应该是在实在论与反实在论之间保持必要的张力，如此，才能够恰当地评价它、发展它以及应用它。

上述对生态学的反科学主义取向的分析表明，现代科学也并非霞光万丈，形势一片大好，也有其不足之处，也需要我们在推进现代科学革命的过程中进行反思。这样的反思不单纯地局限于其应用的社会政治、经济、文化、伦理、环境等方面，而且还应该深入到现代科学革命的本体论、认识论和方法论方面。

至于未来科学革命，如前所述，是“既环保又经济”，似乎达到了完美状态。但是，对此，现在还只是展望，至于具体蓝图的绘制以及贯彻，还需要在对近代科学乃至现代科学进行深刻反思批判的基础上，做大量的建设性的工作。

所有这一切表明，对于近代科学革命，需要反科学主义的态度，对于现代科学革命以及未来科学革命这样的新科学革命也需要反科学主义，否则，科学的发展则会囿于科学主义的观念而止步于近代科学，忽视现代科学革命和未来科学革命的诉求，把人类发展的目标停留在工业文明阶段，痛失生态文明建设的推进和建立。反对科学主义，进行新的现代科学革命和未来科学革命，是科学发展和环境保护的必

---

① Donhauser J. Informative ecological models without ecological forces. Synthese, 2020, 197(6): 2727-2738.

然，更是建设生态文明的必需。

(三)树立新的自然观为现代科学革命与未来科学革命做准备

现代科学革命和未来科学革命是以新的自然观为基础的，需要科学家深刻理解自然观与科学以及科学革命之间的关系，自觉地反思科学的发展和应用，针对近代科学自然观的局限以及科学应用的环境影响，树立新的自然观以迎接新的科学革命。

自然观与对自然的具体认识——科学之间的关系是复杂的。从历史的角度来看，自然观并不总是以对自然的具体化了的认识为基础的。

远古时期，人类对自然的具体化的认识不能说没有，但是，那样的认识是一种直观的认识，一种在日常的生活和生产实践过程中获得的经验性的认识，一种表面性的认识，知其然而不知其所以然， 不知道相关现象背后的物理机制、化学机制、生物机制等。在这种情况下，要对现象背后的原因进行探讨，就只能采取类推的方式，将人类对自身存在的行为原因的精神和灵魂的解释类推到自然界的其他事物中，形成神话宗教自然观。由此，远古时期人类神话自然观的形成在很大意义上就不是科学的产物，尤其不是近代科学意义上的科学的产物，而是人类文化的产物。

到了古希腊时期，虽然有一些哲学家从另外一种不同的方式和途径——"通过自然的因素来解释自然"，从而形成古希腊自然观(自然哲学)，但是，这样的自然观(自然哲学)的提出和形成仍然是在神话自然观和万物有灵论自然观的背景之下进行的，与它们有着不可分离的紧密关联。对于那时的公众来说，更多地接受了神话宗教自然观和万物有灵论自然观，而不是接受了这种与神话宗教自然观和万物有灵论紧密关联的古希腊自然观(自然哲学)。更何况，古希腊自然哲学是"哲学式科学"，因此，这一时期的自然也不以实证式的科学认识为基础。

到了中世纪，宗教神学成为社会文化的主导，成了普遍的社会意识，这时自然观的形成以及体现主要是以其为轴心了，由此也就形成了中世纪神学自然观。不过必须注意，这一时期的神学自然观与史前人类神学自然观有所不同，它不再单纯地以超自然的因素来解释自然，而是在以超自然的因素来解释自然的过程中，以通过自然的因素来解释自然的古希腊自然哲学作为其支持。就此而言，中世纪自然观是一种以神学自然观为主导的，并且以古希腊自然哲学为辅佐的自然观。由于神学自然观的神性以及古希腊自然哲学的哲学性，这一时期的自然观仍然不是以实证性的科学认识为基础。

在上述人类历史的几个阶段，不能说人类对自然的具体化的认识在自然观的形成过程中不起作用，但是，这样的认识尤其是关于所认识的现象的原因的阐释，仍然是以社会文化作为支点的，因此，还真不能说自然观主要是从具体化的实证自然认识(科学)中抽象出来的。

考察近代科学革命时期的自然观与科学之间的关系，不难发现，这一时期的科学革命的发生是以自然观的革命为基础的，即由宗教神学自然观和万物有灵论自然观转变为机械自然观。机械自然观又是如何形成的呢？是不是以相关的科学认识为基础呢？不可否认，这一时期科学家对自然的认识对于机械自然观的形成具有一定的作用，科学家，尤其是一些著名的科学家，如吉尔伯特、开普勒、伽利略等，他们的科学认识是与自然观的改变紧密相关的，在此过程中逐渐走向机械自然观。但是，笛卡儿基于神学自然观宇宙精密和谐基础上的机械自然观的提出，是机械自然观诞生的重要原因。至于笛卡儿之后的惠更斯、波义耳、牛顿的科学实践，是以笛卡儿机械自然观为基础的，同时也发展了机械自然观。

至于牛顿之后的科学家，普遍的就是在机械自然观已经被比较好地确立以及运用的情况下，接受了机械自然观的观念，并且在它的指导下进行科学研究。这种研究取得了巨大的成就，强有力地支持了机械自然观，从而使其成为一个理所当然的、不可置疑的、具有可预见性的前提性知识基础及其一般原理，指导着 18 世纪、19 世纪乃至 20 世纪科学家的科学研究活动。

18 世纪的科学在机械自然观的基础上向前推进，科学的新发现也在不断地验证着机械自然观。到了 19 世纪，光的“波动说”之“波动”，电磁场理论之“场”，“能量子”假说之“量子”等都对机械自然观发起了挑战，但是，科学家所做的更多的还是试图将此纳入机械自然观的框架内，大多数科学家还是坚持机械自然观的合理性。而且，即使到了 19 世纪下半叶，有少数思想敏锐的科学家如马赫、迪昂等虽然对机械自然观展开了批判，并直接为 20 世纪相对论和量子力学的建立鸣锣开道，但是，他们并没有抛弃与精神相对立的机械自然观的核心内涵——“机械”，而只是对原先科学所揭示的机械自然观之局部的革命，是“小写的科学革命”。

这种状况表明，从 18 世纪开始，科学几乎进入常规时期。自此，科学家对他们的科学研究所依赖的机械自然观越来越不加怀疑了，而且机械自然观越来越理所当然地内化于具体化了的科学知识之中。这种状况使得科学家们只要按照一定的科学认识方法，来进行具体化的科学认识就行了。在这个时候，科学家对自然观的反思是越来越少的，而且具体的、常规性的科学研究也不需要他们对这样的自然观进行反思，以至于从表面上看自然观对他们的具体科学研究没有多少指导甚至没有指导，甚至他们也感觉不到有这样的自然观指导。

但是，如果我们深入考察，将会发现，他们的研究并非与自然观一点关系也没有，他们的研究可以是潜在地在机械自然观的指导之下进行的，而且研究所运用的科学认识方法论和所获得的具体认识印证着或者支持着相应的机械自然观。只是在这一时期，这样的机械自然观的指导并不是直接的、显在的甚至能够被他们感觉到的。更何况，这一时期他们的具体化的科学认识还没有与机械自然观相矛盾，他们也就不会或很少会对自然观进行反思考察，更不会对他们具体化了的科学认识进行抽象，以强化或巩固原有的自然观或提出新的自然观。

说到这里，有人会说，随着近代科学的发展，科学的新发现会对原先的机械自然观产生冲击，从而产生新的科学与新的自然观。但是，根据本书的研究，有什么样的自然观，就会有什么样的方法原则和具体的方法，就会产生什么样的认识，从而也就进一步昭示着那样的自然观。就此，在机械自然观基础上的相应的方法论原则和具体方法的应用，所产生的认识更多地只会是机械的。不可否认，近代科学的新发展有时候是会产生与原先的科学概念、科学理论等不一致的认识，但这只是“小写的科学革命”，它没有根本改变机械自然观“机械”的特性。相对论、量子力学、分子生物学等表明了这一点。在这种情况下，就不要期望“堡垒从内部攻破”，不要期望随着近代科学的新发展，从事近代科学研究的那些科学家们将会进行新的自然观念变革，从科学的内部产生有机论自然观，从而引发新的“大写的现代科学革命”。

现代科学革命的发生是随着科学认识领域的扩展而发生的。随着科学的进一步发展，科学家对自然的认识和改造越来越深入和广泛，一些新的复杂的、系统的、有机的认识对象进入到科学的视野，呈现出与简单的、部分的、机械的近代科学认识对象所不一样的特征需要对此进行反思。反思的主要路径就是针对有机整体的对象，树立新的有机论自然观，探讨新的有机整体性原则和具体的方法，来对有机整体的对象进行有效的认识。在此，科学家如果没有对自然观进行反思，那么也就不可能有进一步的对有机整体对象的有效的认识，从而也就不会有“大写的现代科学革命”。在此，自然观的创新与科学认识的创新是相伴而行的，其中既有先在的有机自然观的哲学探讨给予现代科学认识的指导，但更多地是科学家在具体的现代科学认识实践中对有机自然观的创新和应用。

既然如此，是否应该期望现代科学革命所昭示的有机论自然观去影响近代科学，从而促使近代持有机械自然观的那些近代科学家们改变他们的自然观念，由机械自然观走向有机自然观呢？对此也不要乐观。因为，持有机械自然观范式的近代科学家们，已经习惯于在此自然观范式之下展开研究工作，更何况这样的研究工作还在不断地产出研究成果，并且源源不断地为工业生产“添砖加瓦”，呈现出一派欣欣向荣的景象。

对机械自然观敲响警钟乃至丧钟的是近代科学应用的环境影响。对此的反思表明，近代科学的机械观以及在此基础上相应的方法论原则以及相应方法的运用，所产生出的非自然性的科学认识，是科学应用产生环境问题的最根本原因。要解决环境问题，就要“革”近代科学的命，发展一种人与自然和谐共生的可持续式科学——“地方性科学”。

在这种背景下，要想使得在机械自然观范式下进行研究的近代科学家转变原先的自然观观念，就要对他们进行“科学与环境问题的产生及其解决”的教育，使他们意识到近代科学与环境问题有本质的联系，要解决环境问题，就必须对近代科学进行革命，抛弃机械自然观，发展有机自然观按照一种新的人与自然和谐的自然观来展开新的认识。

这就是“大写的未来科学革命”。从目前看，它才初露端倪，有待培育和发展。这样的培育和发展虽然也关涉科学认识以及科学共同体，但是，它的出发点不是科学认识和科学共同体，而是科学应用的环境影响，涉及人类的生产和消费，属于全人类，因此从根本意义上说，“大写的未来科学革命”更是一次社会革命。正因为如此，作为社会革命的“大写的未来科学革命”之自然观变革以及人与自然和谐自然观的确立，就不单纯是或主要不是科学共同体内部的事情，而是全社会的事情，需要全社会行动起来，反思批判近代科学的形而上学基础与环境破坏之间的根本关联，以一种新的不同于近代科学的自然观、方法论原则和具体的方法，进行新的未来的科学革命，建立人与自然的和谐关系，实现可持续发展。

这就是社会文化环境对近代科学和未来科学革命的影响，是未来科学革命发生的社会文化基础。没有这一点，就不可能发生未来科学革命。但是，仅有这一点还不够。科学是由科学家承担的，科学研究是由科学家进行的，科学应用是由科学家(应用科学家)推动的。未来科学革命发生于社会，落实于科学家。科学家理应做未来科学革命的先行者和贯彻者，本着对自然、对社会、对人类负责的态度，深刻反思近代科学造成环境问题的根本原因，全面认识自然是什么，人在自然界的位置怎样，人类应该如何对待自然，进行新的科学革命——未来科学革命，实现“负责任创新”。

总之，关于新的“大写的”现代和未来科学革命以及相应的新的自然观，有一系列最基本的思考需要我们关注。

第一，自然观的形成和产生并不单纯由科学而来，甚至还不是唯一的，而且有的时候主要的不是由人类对自然的认识而来，也可以由科学的应用甚至其他非科学文化而来。

第二，自然观可以在具体化了的科学认识的反思抽象中产生，但是，不能认为它是科学家在完成了具体化的对自然的认识之后对认识结果的反思抽象而来，而是应该认为它是科学家在认识过程中就有这样的反思或抽象。

第三，对具体化了的科学认识应该进行反思抽象以与自然观相关联，但是，这种反思抽象并不需要科学家自始至终地进行，甚至也不一定需要他们在其科学研究整个过程或一生中进行。这种反思和抽象与科学发展的阶段以及所从事的具体化了的科学研究主题相关联。

第四，科学家一定要对科学所体现的自然观有一个深刻的理解和认识，并且具体化地针对自己所从事的科学研究，有意识地去反思考察自己从事的科学认识与自然观的关联，由此更深刻地理解自己所从事的科学认识并且努力去推进这样的认识。

第五，对科学自然观以及相应方法论的反思，有时并不唯一地或甚至主要地由科学家进行，而应是一种社会行为。其中，哲学家尤其是科学哲学家往往起着关键作用。这就涉及哲学家如何看待科学以及科学与哲学之间的关系问题。对具体的科学认识及其应用进行哲学反思，可以由哲学家在系统地研究科学认识及其应用的基础上进行。他们可以现在不进行具体的科学研究，但是他们应该过去进行过具体化了的科学研究；或者他们过去没有进行过具体的科学研究，但是他们现在应该在研究科学，以尽量对科学有一个深刻全面的认识。只有这样，他们才能提出恰当的有价值的自然观，以指导科学实践。

现在人们一谈起哲学与科学之间的关系，总会套用学校教条式的教育给我们强加的观念——“哲学给科学研究以指导”。这一观念从一般意义上而言，从笼统的意义上而言，没有什么错，但是一旦考虑上面所述的情况，其不足之处就显露无遗了。更何况，现代科学无论从速度还是从深度上都已经进入到了一个新的时期，未来科学更是人类为了实现可持续发展的一个迫切要求。这就对从事那种与科学相关的自然观的研究的哲学家提出了更高的要求，即要具备扎实的自然科学知识基础。否则，这样的工作是很难甚至不能进行下去的。在这种情况下去说“哲学给科学以指导”，无疑是痴人说梦。

如此这般地考虑之后，“把自然科学排他地指派给一个称为科学家的人群，而哲学指派给称为哲学家的人群就不合适了。一个从不对他的工作的原理进行反思的人，就还没有达到一个成熟的人对待它的态度；一个对他的科学从不进行哲学思考的科学家顶多也就是一个打下手的、只会模仿的、熟练工匠式的科学家。一个从未体验过某种经验的人不可能对之进行反思；一个从未从事过自然科学研究工作的哲学家，不可能对之进行哲学思考，除非他自我欺骗”[①]。

既然如此，科学家什么时候才涉及对自然观的思考？对这一问题的阐述应该是非常重要的。对于某个具体的科学工作者而言，他们是从处理个别问题开始的。只有当细节性的研究或学习积累到一定程度时，他们才开始反思他们所进行的或已经进行的工作，也许到这个时候他们才意识到过去一直未意识到的一般性的自然观的原理，也才会感觉到自然观在科学知识体系中的地位与作用，也才会意识到它在科学研究过程中的作用。当然，这样的反思并不是一定要等到科学研究进行到一定时间之后才进行。这是因人而异的，因所研究的问题而异的，因所研究的问题进行到什么样的阶段而异的。

在这里，有一个问题需要澄清，科学家是否越早进行这种哲学思维上的探讨，就越是有利于科学研究呢？事实可能并非如此。科学家对待自然观的态度和形成自然观的途径应该有两方面：一是来自科学研究和科学应用本身的需要；二是来自一种有意识的学习。前面一个应该说是更加有效一些，原因是它来自实践过程中的科

① [英]柯林武德：《自然的观念》，吴国盛译，商务印书馆，2018 年，第 3 页。

学研究的需要，对科学家来说应该更具有针对性，更能使他们深刻理解科学研究中自然观的具体内涵，也更能促进他们的工作。不过，这并不意味着科学家就不需要从一些有关科学史的研究中，从科学的哲学研究中，或从科学与自然观的深刻关联的理解和学习中，去获得相关的理解和认识，并且将这样的理解和认识与具体的科学研究和应用本身结合起来。这需要科学家做两方面的工作：一是针对具体的科学问题作自然观或哲学方面的思考，这方面"哲人科学家"是一个典型；二是有意识地阅读一些科学史、科学哲学、科学技术与社会等方面的论著，增强自己这方面的意识。

上面关于自然观与自然认识、自然科学家之间的关系的论述，为科学家恰当地对待现代科学革命和未来科学革命提供了思想支点：充分吸收并且理解最新科学成果的新的自然观意义，并将此应用于最新最前沿的科学研究中；充分理解人与自然和谐之于人类可持续发展的意义，进行新的科学革命，建立既环保又经济的新的科学。这是现代科学革命、未来科学革命赋予新时代科学家的新的使命。

主要参考文献

一、国外英文著作及论文参考文献

(一)国外英文著作参考文献

Agassi J. The Very Idea of Modern Science: Francis Bacon and Robert Boyle. Dordrecht: Springer, 2013.

Algra K. The Cambridge History of Hellenistic Philosophy. Cambridge: Cambridge University Press, 2002.

Andersen H, Barker P, Chen X. The Cognitive Structure of Scientific Revolutions. Cambridge: Cambridge University Press, 2006.

Applebaum W. The Scientific Revolution and the Foundations of Modern Science. London: Greenwood Press, 2005.

Armstrong A H. The Cambridge History of Later Greek and Early Medieval Philosophy. Cambridge: Cambridge University Press, 1967.

Bacon F. Of the Proficience and Advancement of Learning, Divine and Human(1605). Kitchin G W, Dent J M(eds.). London: J. M. Dent & sons, 1915.

Bacon F. New Atlantis//Spedding J, Ellis R L, Heath D D, et al(ed.). The Works of Francis Bacon: Philosophical Works(Vol. 3). Cambridge: Cambridge University Press, 2011.

Barrow J D. Is the World Simple or Complex?//Williams W. The Value of Science. Boulder: Westview Press, 1999.

Bedau M A, Cleland C E. The Nature of Life: Classical and Contemporary Perspectives from Philosophy and Science. New York: Cambridge University Press, 2018.

Beer G, Darwin C. On the Origin of Species. Cambridge: Oxford University Press, 2008.

Boardman J, Griffin J, Murray O. The Oxford History of the Classical World: Greece and the Hellenistic World. Oxford: Oxford University Press, 1986.

Boas M. Robert Boyle and the Corpuscular Philosophy: A Study of Theories of Matter in the Seventeenth Century. Ithaca: Cornell University, 1949.

Botz-Bornstein T. Micro and Macro Philosophy: Organicism in Biology, Philosophy, and Politics. Boston: Brill Rodopi, 2020.

Brake M L. Revolution in Science: How Galileo and Darwin Changed Our World. New York: Palgrave Macmillan, 2009.

Cartwright N. How the Laws of Physics Lie? Oxford: Clarendon Press, 1983.

Christianson G E. Isaac Newton: And the Scientific Revolution. New York: Oxford University Press, 1996.

Clavelin M. The Natural Philosophy of Galileo: Essay on the Origins and Formation of Classical Mechanics. Pomerans A J (trans.). Cambridge: The MIT Press, 1974.

Clements F E. Plant Succession: An Analysis of the Development of Vegetation. Washington: Carnegie Institution of Washington, 1916.

Crombie A C. Augustine to Galileo: The History of Science A. D. 400-1650. Cambridge: Harvard University Press, 1953.

Devlin W, Bokulich A. Kuhn's Structure of Scientific Revolutions – 50 Years on. Vol. 311. Cham: Springer, 2015.

Dijksterhuis F J. Lenses and Waves: Christiaan Huygens and the Mathematical Science of Optics in the Seventeenth Century. Dordrecht: Kluwer Academic Publishers, 2004.

Dobbs B J T. The Foundation of Neton's Alehemy, or, "The Hunting of the Creene Lyon". Cambridge: Cambridge University Press, 1975.

Drake S, Levere T H, Shea W R. Nature, Experiment, and the Sciences: Essays on Galileo and the History of Science in Honour of Stillman Drake. Dordrecht: Kluwer Academic Publishers, 1990.

Duhem. To Save the Phenomena: An Essay on the Idea of Physical Theory from Plato to Galileo. Chicago: University of Chicago Press, 1908/1969.

Ebeling F. The Secret History of Hermes Trismegistus: Hermeticism from Ancient to Modern Times. Lorton D (trans.). Ithaca: Cornell University Press, 2007.

Edel A. Aristotle and His Philosophy. London: Routledge, 1982.

Ford E D. Scientific Method for Ecological Research. Cambridge: Cambridge University Press, 2000.

Frances A. Yates, Giordano Bruno and the Hermetic Tradition. Chicago: University of Chicago Press, 1964.

Gambarotto A. Vital Forces, Teleology and Organization:Philosophy of Nature and the Rise of Biology in Germany. Cham: Springer, 2018.

Garber D. Descartes, Mechanics, and the Mechanical Philosophy. Midwest Studies in Philosophy XXVI, 2002.

Gaukroger S. Descartes' System of Natural Philosophy. Cambridge: Cambridge University Press, 2002.

Goldstein B R. What's New in Kepler's New Astronomy?//Earman J, Norton D J. The Cosmos of Science. Pittsburgh: University of Pittsburgh Press, 1997.

Haldane J S. Organism and Environment as Illustrated by the Physiology of Breathing. New Haven: Yale University Press, 1917.

Hall A R. The Scientific Revolution (1500-1800): The Formation of the Modern Scientific Attitude. London: Longmans, Green and Go Ltdetc, 1954.

Hall M B. Robert Boyle and the Seventeenth-Century Chemistry. Cambridge: Cambridge University Press, 1958.

Hall M B. Robert Boyle on Natural Philosophy: An Essay with Selections from His Writings. Bloomington, London: Indiana University Press, 1966.

Hannam J. The Genesis of Science: How the Christian Middle Ages Launched the Scientific Revolution. Washington, D. C.: Regnery Publishing, Inc, 2011.

Haraway D J. Crystals, Fabrics and Fields. Metaphors of Organicism in Twentieth-Century. New Haven: Yale University Press, 1976.

Harold T. From the Old Academy to Later Neo-Platonism: Studies in the History of Platonic Thought. England: Ashgate Publishing Limited, 2011.

Harré R. The materiality of instrument in a metaphysics for experiments. Pittsburgh: University of Pittsburgh Press, 2003.

Hellyer M. The Scientific Revolution: The Essential Readings. Malden: Blackwell, 2003.

Henry J. A Short History of Scientific Thought. New York: Palgrave Macmillan, 2012.

Henry J. Knowledge is Power: Francis Bacon and the Method of Science. London: Icon Books, Flint: Totem Books, 2002.

Henry J. Robert Hooke, the Incongrous Mechanist//Religion, Magic, and the Origins of Science in Early Modern England. London: Routledge, 2017:149-180.

Henry J. The Scientific Revolution and the Origins of Modern Science. London: Palgrave Macmillan, 1997.

Herring E, Radick G. Emergence in biology: from organicism to systems biology//Gibb S, Hendry R F, Lancaster T (eds.). The Routledge Handbook of Emergence. London: Routledge, 2019.

Holton G. Thematic Origins of Scientific Thought, Kepler to Einstein. Revised Edition. Cambridge and London: Harvard University Press, 1988.

Huggett N. Everywhere and Everywhen: Adventures in Physics and Philosophy. Oxford:

Oxford University Press, 2010.
Jalobeanu D, Wolfe C T. Encyclopedia of Early Modern Philosophy and the Sciences. Cham: Springer, 2021.
Kepler J. Harmonies of the World. Motte A (trans.). London: Running Press, 2002.
Kepler J. New Astronomy. Donahue W H (trans.). Cambridge: Cambridge University Press, 1992.
Kepler J. The Secret of the Universe. Duncan A M (trans.). London: Abaris Books, Inc, 1981.
Kidd J S, Kidd R A. Agricultural versus Environmental Science: A Green Revolution. New York: Infobase Publishing, 2006.
Knorr-Cetina K. The Manufacture of Knowledge: an Essay on the Constructivist and Contextual Nature of Science. Oxford: Pergamon University Press, 1981.
Kosso P. Reading the Book of Nature: An Introduction to the Philosophy of Science. Cambridge: Cambridge University Press, 1992.
Koyre A. Metaphysics and Measurement: Essays in the Scientific Revolution. Philadelphia: Gordon and Breach Science Publishers, 1992.
Koyre A. The Astronomical Revolution. Maddison R W (trans.). New york: Dover Publication, Inc, 1973.
Kozhamthadam J. The Discovery of Kepler's Laws. London: University of Notre Dame Press, 1994.
Krebs C J. Ecology: The Experimental Analysis of Distribution and Abundance. 3rd ed. New York: Harper and Roe, 1985.
Kuhn T. Second thoughts on paradigms//Suppe F (ed.). The Structure of Scientific Theories. Urbana, IL: University of Illinois Press, 1974.
Kuhn T. The Copernican Revolution: Planetary Astronomy in the Development of Western Thought. Foreword James B.Conant, New York: Random House, Vintage Books, 1957, 1959.
Laird W R, Roux S. Mechanics and Natural Philosophy:Before the Scientific Revolution. Dordrecht: Springer, 2008.
Lakatos I. Falsification and the methodology of scientific research programs//Lakatos I, Musgrave A. Criticism and the Growth of Knowledge. Cambridge: Cambridge University Press, 1970.
Lee K. The Natural and the Artefactual: The Implications of Deep Science and Deep Technology for Environmental Philosophy. Lanham, MD: Lexington Books, 1999.
Lloyd G E R. Greek antiquity: the invention of nature//Torrance J (ed.). The Concept of Nature. Oxford: Oxford University Press, 1992.
Looijen R C. Holism and Reductionism in Biology and Ecology: The Mutual Dependence of Higher and Lower Level Research Programmes. Berlin: Springer, 2000.
Martin J. Francis Bacon, the State, and the Reform of Natural Philosophy. Cambridge: Cambridge University Press, 1992.
Masterman M. The Nature of a Paradigm//Musgrave A, Lakatos I (eds.). Criticism and the

Growth of Knowledge. Cambridge: Cambridge University Press, 1970.

Mayr E. What is the meaning of "life"?//Bedau M A, Cleland C E. The Nature of Life: Classical and Contemporary Perspectives from Philosophy and Science. New York: Cambridge University Press, 2018.

Mcclellan J E, Dorn H. Science and Technology in World History: An Introduction. Baltimore: Johns Hopkins University Press, 2015.

Merchant C. Autonomous Nature: Problems of Prediction and Control from Ancient Times to the Scientific Revolution. London: Routledge, 2016.

Merton R K. Social Theory and Social Structure. Revised and enlarged edition. Glencoe: The Free Press, 1957.

Moran B T. Distilling Knowledge: Alchemy, Chemistry, and the Scientific Revolution. Cambridge: Harvard University Press, 2005.

Morgan R M. The Genetics Revolution: History, Fears, and Future of a Life-Altering Science. London: Greenwood Press, 2006.

Naddaf G. The Greek Concept of Nature. New York: State University of New York Press, 2005.

Newman W R，Prieinpe L M. Alchemy Tried in the Fire: Starkey, Boyle, and the Fate of Helmontian Chymistry. Chicago: University of Chicago Press, 2002.

Newton I. Cohen I B, Whitman A. The Principia: Mathematical Principles of Natural Philosophy. Berkeley: University of California Press, 1999.

Nicholson D J. Organism and mechanism: A critique of mechanistic thinking in biology. University of Exeter (United Kingdom), 2010.

Normandin S, Wolfe C T. Vitalism and the Scientific Image in Post-Enlightenment Life Science, 1800-2010. Dordrecht: Springer, 2013.

Paracelsus. The Coelum Philosophorum, or Book of Vexations//Waite A E(trans.). The Hermetic and Alchemical Writings of Aureolus Philippus Theophrastus Bombast, of Hohenheim, called Paracelsus the Great. Berkeley: Shambala Books, 1976.

Peacock K A. The Quantum Revolution: A Historical Perspective. London: Greenwood Press, 2008.

Peterson E L. The Life Organic: The Theoretical Biology Club and the Roots of Epigenetics. Pittsburgh: University of Pittsburgh Press, 2017.

Pitt J C. Galileo, Human Knowledge, and the Book of Nature: Method Replaces Metaphysics. Dordrecht: Kluwer Academic Publishers, 1992.

Price J. An Account of Some of the Experiments on Mercury, Silver and Gold. Oxford: Clarendon Press, 1782.

Radder H. The Philosophy of Scientific Experimentation. Pittsburgh: University of Pittsburgh Press, 2003.

Reill P H. Vitalizing Nature in the Enlightenment. Berkeley: University of California Press, 2005.

Remes P. Neoplatonism. Stocksfield: Acumen Press, 2008.
Rosenberg A. Instrumental Biology or the Disunity of Science. Chicago: University of Chicago Press, 1994.
Russo L. The Forgotten Revolution: How Science Was Born in 300 BC and Why It Had to Be Reborn. Levy S (trans.). Berlin: Springer, 2004.
Sambursky S. The Physical World of the Greeks. London: Routledge & Kegan Paul, 1956.
Sander K. Landmarks in Developmental Biology 1883–1924: Historical Essays from Roux's Archives. Berlin: Springer, 2012.
Sargent R M. The Diffident Naturalist, Robert Boyle and the Philosophy of Experiment.Chicago: University of Chicago Press, 1995.
Sarkar S. Genetics and Reductionism. Cambridge: Cambridge University Press, 1998.
Schlagel R H.Three Scientific Revolutions: How They Transformed Our Conceptions of Reality. New York: Humanity Books, 2015.
Singer C. A Short History of Scientific Ideas to 1900. London: Oxford University Press, 1959.
Smolin L. The Trouble with Physics: The Rise of String Theory, the Fall of a Science, and What Comes Next. New York: Houghton Mifflin, 2006.
Solomon J R. Objectivity in the Making: Francis Bacon and the Politics of Inquiry. Baltimore: Johns Hopkins University Press, 1998.
Stefoff R. Charles Darwin and the Evolution Revolution. New York: Oxford University Press, 1996.
Stephenson B. Kepler's Physical Astronomy. Princeton: Princeton University Press, 1994.
Stephenson B. The Music of the Heavens: Kepler's Harmonic Astronomy. Princeton: Princeton University Press, 1994.
Strong D R, Simberloff D S. Ecological Communities: Conceptual Issues and Evidence. Princeton: Princeton University Press, 1984.
Taylor E B. The Encyclopedia of Religion and Nature (Two Volume Set): Volume 1. London: Thoemmes Continuum, 2008.
Waddington C H. Tools for Thought: How to Understand and Apply the Latest Scientific Techniques of Problem Solving. New York: Basic Books, 1977.
Wallace W A. Galileo's Logic of Discovery and Proof: the Background, Content, and Use of His Appropriated Treatises on Aristotle's Posterior Analytics. Dordrecht: Kluwer Academic Publishers, 1992.
Wallis J. A Defence of the Royal Society, and the Philosophical Transactions. London: Thomas Moore, 1678.
Weinberg S. Foundations of Modern Physics. New York: Cambridge University Press, 2021.
Westfall R S. Never at Rest: A Biography of Isaac Newton. Cambridge: Cambridge University Press, 1980.
White M J. Stoic Natural Philosophy (Physics and Cosmology). Inwood B (ed.). Cambridge:

Cambridge University Press, 2003.

Whitehead A N. Science and the Modern World. New York: The New American Library ot World Literature, Inc, 1997.

Windle B C A. What is Life: A Study of Vitalism and Neo-vitalism. Brockville: Sands Press, 1908.

Wolfe C T. Vitalism in early modern medical and philosophical thought//Jalobeanu D, Wolfe C T(eds). Encyclopedia of Early Modern Philosophy and the Sciences. Cham: Springer, 2021.

Wuketits F M. Organisms, vital forces, and machines: classical controversies and the contemporary discussion 'reductionism vs. holism'//Paul H-H, Wuketits F M(eds.). Reductionism and Systems Theory in the Life Sciences. Dordrecht: Springer, 1989.

Yates F A. Giordano Bruno and the Hermetic Tradition. London: Routledge and Kegan Paul, 2002.

(二)国外英文论文参考文献

Allen G E. Mechanism, vitalism and organicism in late nineteenth and twentieth-century biology: the importance of historical context. Studies in History and Philosophy of Science Part C: Studies in History and Philosophy of Biological and Biomedical Sciences, 2005, 36(2): 261-283.

Anstey P R. Robert Boyle and the heuristic value of mechanism. Studies in History and Philosophy of Science Part A, 2002, 33(1): 157-170.

Backman K. The danger of mathematical models. Science, 2006, 314(5788): 750-753.

Biagioli M. The scientific revolution is undead. Configurations, 1998, (6): 141-148.

Boas M. Boyle as a theoretical scientist. Isis, 1950, 41(3/4): 261-268.

Boas M. The establishment of the mechanical philosophy. Osiris, 1952, 10(10): 412-541.

Bognon-Küss C, Chen B, Wolfe C. Metaphysics, function and the engineering of life: the problem of vitalism. Kairos-journal of Philosophy & Science, 2018, 20(1): 113-140.

Bouchard F, Rosenberg A. Fitness, probability, and the principles of natural selection. British Journal for the Philosophy of Science, 2004, 55(4): 693-712.

Cao T Y. Structural realism and the interpretation of quantum field theory. Synthese, 2003, 136(1): 7-16.

Chalmers A. Experiment versus mechanical philosophy in the work of Robert Boyle: a reply to Anstey and Pyle. Studies in History and Philosophy of Science Part A, 2002, 33(1): 187-193.

Chalmers A. The lack of excellency of Boyle's mechanical philosophy. Studies in History and Philosophy of Science Part A, 1993, 24(4): 541-564.

Chen B. A non-metaphysical evaluation of vitalism in the early twentieth century. History and Philosophy of the Life Sciences, 2018, 40(3): 1-22.

Chene D D. Mechanisms of life in the seventeenth century: Borelli, Perrault, Régis. Studies in History and Philosophy of Biological and Biomedical Sciences, 2005, 36(2): 245-260.

Cheung T. Regulating agents, functional interactions, and stimulus-reaction-schemes: the concept of "organism" in the organic system theories of Stahl, Bordeu, and Barthez. Science in Context, 2008, 21(4): 495-519.

Connor E F, Simberloff D S. Competition, scientific method, and null models in ecology. American Scientist, 1986, 74(2): 155-162.

Davis T L. Boyle's conception of element compared with that of Lavoisier. Isis, 1931, 16(1): 82-91.

Dear P. The mathematical principles of natural philosophy: toward a heuristic narrative for the scientific revolution. Configurations, 1998, 6(2): 173-193.

Diamond J M. Assembly of species communities//Cody M L, Diamod J M. Ecology and Evolution of Communities. Cambridge: The Belknap Press of Harvard University Press, 1975: 393-345.

Diamond J M, Gilpin M E. Examination of the "Null" Model of Connor and Simberloff for species co-occurrences on islands. Oecologia, 1982, 52(1): 64-74.

Don H. Einstein on locality and separability. Study in History and Philosophy of Science Parf A, 1985(16): 171-201.

Donhauser J. Differentiating and defusing theoretical Ecology's criticisms: a rejoinder to Sagoff's reply to Donhauser(2016). Studies in History and Philosophy of Biological and Biomedical Sciences, 2017, 63: 70-79.

Donahauser J. On how theoretical analyses in ecology can enable environmental problem-solving. Ethics and the Environment, 2014, 19(2): 91-116.

Donhauser J. Theoretical ecology as etiological from the start. Studies in History and Philosophy of Biological and Biomedical Sciences, 2016, 60: 67-76.

Duffin J. Vitalism and organicism in the philosophy of R.-T.-H. Laennec. Bulletin of the History of Medicine, 1988, 62(4): 525-545.

Elzinga A. Huygens' theory of research and descartes' theory of knowledge I. Journal for General Philosophy of Science, 1971, 2(2): 174-194.

Feimsinger P, Whelan R J, Kiltie R A. Some notes on community composition: assembly by rules or by dartboards? Bulletin of the Ecological Society of America, 1981, 62(1): 19-23.

French S, Ladyman J. Remodelling structural realism: quantum physics and the metaphysics of structure. Synthese, 2003(136): 31-56.

Gannett L. Making populations: bounding genes in space and in time. Philosophy of Science, 2003, 70(5): 989-1001//Proceedings of the 2002 Biennial Meeting of The Philosophy of Science AssociationPart I: Contributed Papers Edited by Sandra D. Mitchell (December 2003).

Gierer A. Organisms-Mechanisms: Stahl, Wolff, and the case against reduction exclusion.

Science in Context, 1996, 9(4):511-528.
Gilbert S F, Sarkar S. Embracing complexity: organicism for the 21st century. Developmental Dynamics: an Official Publication of the American Association of Anatomists, 2000, 219 (1) : 1-9.
Giere R. History and philosophy of science: intimate relationship or marriage of convenience? The British Journal for the Philosophy of Science, 1973, 24 (3) : 282-297.
Gillispie C C. Dictionary of Scientific Biography. Charles Scribner's Sons, 1981, (6): 597-613.
Gleason H A. The structure and development of the plant association. Bulletin of the Torrey Botanical Club, 1917, 44 (10) : 463-481.
Greco M. Vitalism now—A problematic. Theory, Culture & Society, 2021, 38 (2) : 47-69.
Holmes F. The "Revolution in Chemistry and Physics" : overthrow of a reigning paradigm or competition between contemporary research programs?. Isis, 2000, 91 (4) : 735-753.
Jonson B. Mercury vindicated from the alchemists at court. Works, 2013, 11.
Klein U. A Revolution that never happened. Studies in History and Philosophy of Science, 2015, 49: 80-90.
Lenoir T. Kant, Blumenbach, and vital materialism in German biology. Isis, 1980, 71 (1) : 77-108.
Matthen M, Ariew A. Two ways of thinking about fitness and natural selection. The Journal of Philosophy, 2002, 99: 55-83.
Merchant C. Francis Bacon and the "Vexations of art" : experimentation as intervention. The British Journal for the History of Science, 2013, 46 (4) : 551-599.
Merchant C. Secrets of nature: The bacon debates revisited. Journal of the History of Ideas, 2008, 69 (1) : 147-162.
Merchant C. The violence of impediments: Francis bacon and the origins of experimentation. Isis, 2008, 99: 731-760.
Millstein R L. Populations as individuals. Biological Theory, 2009, 4 (3) : 267-273.
Mumford L. Technics and the nature of man. Nature, 1965, 208 (5014) : 923-928.
Musgrave E. Kuhn's second thoughts. British Journal for the Philosophy of Science, 1971, 22: 287-306.
Nicholson D J.The return of the organism as a fundamental explanatory concept in biology. Philosophy Compass, 2014, (9) 5: 347-359.
Nicholson D J, Gawne R. Neither logical empiricism nor vitalism, but organicism: what the philosophy of biology was. History and philosophy of the life sciences, 2015, 37 (4) : 345-381.
Nielsen S N. Second order cybernetics and semiotics in ecological systems — Where complexity really begins. Ecological Modelling, 2016, 319: 119-129.
Nielsen S N.Towards an ecosystem semiotics. Some basic aspects for a new research program.

Ecological Complexity, 2007, 4(3): 93-101.

Normandin S. Claude Bernard and an introduction to the study of experimental medicine: "physical vitalism," dialectic, and epistemology. Journal of the History of Medicine and Allied Sciences, 2007, 62(4): 495-528.

Normandin S, Wolfe C T. Vitalism and the scientific image: an introduction. Vitalism and the Scientific Image in Post-Enlightenment Life Science, 1800-2010, 2013: 1-15.

Orthia L A. What's wrong with talking about the scientific revolution? Applying lessons from history of science to applied fields of science studies. Minerva, 2016, 54(3): 353-373.

Palladino P. Stereochemistry and the nature of life: mechanist, vitalist, and evolutionary perspectives. Isis, 1990, 81(1): 44-67.

Pastorino C. The philosopher and the craftsman: Francis Bacon's notion of experiment and its debt to early Stuart inventors. Isis, 2017, 108(4): 749-768.

Pastorino C. Weighing experience: experimental histories and Francis Bacon's quantitative program. Early Science and Medicine, 2011, 16(6): 542-570.

Pastorino C. Weighing experience: Francis Bacon, the inventions of the mechanical arts, and the emergence of modern experiment. Dissertations & Theses Gradworks, 2011.

Patten B C. Energy, emergy and environs. Ecological Modelling, 1992, 62(1): 29-69.

Patten B C, Straškraba M, Jørgensen S E. Ecosystems emerging: 1. conservation. Ecological Modelling, 1997, 96(1-3): 221-284.

Pesic P. Francis Bacon, violence, and the motion of liberty: the Aristotelian background. Journal of the History of Ideas, 2014, 75(1): 69-90.

Pesic P. Proteus rebound reconsidering the "Torture of Nature". Isis, 2008, 99(2): 304-317.

Pesic P. Wrestling with Proteus: Francis Bacon and the "torture" of nature. Isis, 1999, 90(1): 81-94.

Peterson E. The conquest of vitalism or the eclipse of organicism? The 1930s Cambridge organizer project and the social network of mid-twentieth-century biology. The British Journal for the History of Science, 2014, 47(2): 281-304.

Pumfrey S, Rayson P, Mariani J. Experiments in 17th century English: manual versus automatic conceptual history. Literary and Linguistic Computing, 2012, 27(4): 395-408.

Pyle A. Boyle on science and the mechanical philosophy: a reply to Chalmers. Studies in History and Philosophy of Science Part A, 2002, 33(1): 171-186.

Quarfood M. Kant on biological teleology: towards a two-level interpretation. Studies in History and Philosophy of Science Part C: Studies in History and Philosophy of Biological and Biomedical Sciences, 2006, 37(4): 735-747.

Raj K. Thinking without the scientific revolution: global interactions and the construction of knowledge. Journal of Early Modern History, 2017, 21(5): 445-458.

Ramberg P J. The death of vitalism and the birth of organic chemistry: Wöhler's urea synthesis and the disciplinary identity of organic chemistry. Ambix, Taylor & Francis, 2000, 47(3):

170-195.

Rehmann-Sutter C. Biological organicism and the ethics of the human-nature relationship. Theory in Biosciences, 2000, 119(3-4): 334-354.

Rosslenbroich B. Properties of life: toward a coherent understanding of the organism. Acta Biotheoretica, 2016, 64(3): 277-307.

Richard Serjeantson. Francis Bacon and the "Interpretation of Nature" in the Late Renaissance. Isis, 2015,105(4): 681-705.

Roughgarden J. Competition and theory in community ecology. The American Naturalist, 1983, 122(5): 592-593.

Sargent R M. Baconian Experimentalism: comments on McMullin's *History of the Philosophy of Science*. Philosophy of Science, 2001, 68(3): 314.

Shapin S. History of science and its sociological reconstructions. History of Science, 1982, 20: 157-211.

Shapin S. Phrenological knowledge and the social structure of early nineteenth-century Edinburgh. Annals of Science, 1975, 32(3): 222.

Shapin S, Thackray A. Prosopography as a research tool in history of science: the British scientific community, 1700—1900. History of Science, 1974, 12(1): 3.

Sagoff M. Are there general causal forces in ecology? Synthese, 2016, 193(9): 3003-3024.

Sagoff M. Theoretical ecology has never been etiological: a reply to Donhauser. Studies in History and Philosophy of Science Part C: Studies in History and Philosophy of Biological and Biomedical Sciences, 2017, 63: 64.

Sagoff M. What does environmental protection protect? Ethics, Policy & Environment, 2013, 16(3): 239-257.

Schickore J. More thoughts on HPS: another 20 years later. Perspectives on Science, 2011, 19(4): 453-481.

Sheldrake R. Three approaches to biology Part-II. Vitalism.Theoria to Theory, 1980, 14: 227-240.

Siegfried R. Lavoisier and the phlogistic connection. Ambix, 1989, 36(1): 31-40.

Simberloff D S. Competition theory, hypothesis-testing, and other community ecological buzzwords. The American Naturalist, 1983, 122(5): 626-635.

Simberloff D S, Connor E F. Inferring competition from biogeographic data: a reply to Wright and Biehl. The American Naturalist, 1984, 124(3): 429-431.

Stegenga J. Population is not a natural kind of kinds. Biological Theory, 2010, 5(2): 154-160.

Stegenga J. Population pluralism and natural selection. The British Journal for the Philosophy of Science, 2016, 67(1): 1-29.

Steigerwald J. Rethinking organic vitality in Germany at the turn of the nineteenth century. Vitalism and the Scientific Image in Post-Enlightenment Life Science, 1800-2010, 2013: 51-75.

Strong D R, Szyska L A, Simberloff D S. Test of community-wide character displacement against null hypotheses. Evolution, 1979, 33(3): 898-907.

Tansley A G. The classification of vegetation and the concept of development. The Journal of ecology, 1920, 8(2): 118-149.

Tansley A G. The use and abuse of vegetational concepts and terms. Ecology, 1935, 16(3): 299.

Tart C T. States of Consciousness and State-Specific Sciences. Science, 1972, 176(4040): 1203-1210.

Walsh D M, Lewens T, Ariew A. The trials of life: natural selection and random drift. Philosophy of Science, 2002, 69(3): 452-473.

Wolfe C T, Terada M. The animal economy as object and program in Montpellier vitalism. Science in Context, 2008, 21(4): 537-579.

Woodruff G, Premack D, Kennel K. Conservation of liquid and solid quantity by the chimpanzee. Science, 1978, 202(4371): 991-994.

Wright S J, Biehl C C. Island biogeographic distributions: testing for random, regular, and aggregated patterns of species occurrence. The American Naturalist, 1982, 119(3): 345-357.

二、国外哲学家英文著作译著参考文献

[英]巴恩斯：《亚里士多德的世界》，史正永、韩守利译，南京：译林出版社，2013 年。

[法]柏格森：《时间与自由意志》，吴士栋译，北京：商务印书馆，1958 年。

[法]柏格森：《思想与行动》，邓刚、李成季译，上海：上海人民出版社，2015 年。

[古希腊]柏拉图：《理想国》，郭斌和、张竹明译，北京：商务印书馆，2004 年。

[古希腊]柏拉图：《曼诺篇》80E-81E，见苗力田：《古希腊哲学》，北京：中国人民大学出版社，1989 年。

[德]彼德·昆兹曼、[德]法兰兹-彼德·布卡特、[德]法兰兹·魏德曼等：《哲学百科》，黄添盛译，南宁：广西人民出版社，2011 年。

[德]策勒尔《古希腊哲学史纲》，翁绍军译，济南：山东人民出版社，1996 年。

[法]德日进：《人的现象》，范一译，北京：北京联合出版公司，2014 年。

[法]笛卡尔：《第一哲学沉思集》，庞景仁译，北京：商务印书馆，1986 年。

[法]笛卡尔：《谈谈方法》，王太庆译，北京：商务印书馆，2000 年。

[法]笛卡尔：《探求真理的指导原则》，管震湖译，北京：商务印书馆，1991 年。

[古希腊]第欧根尼·拉尔修：《名哲言行录》，徐开来，溥林译，桂林：广西师范大学出版社，2010 年。

[古罗马]恩披里柯：《皮浪学说概要》，崔延强译注，北京：商务印书馆，2019 年。

[古罗马]恩披里克：《皮罗学说概要》第 3 卷，见[古罗马]塞克斯都·恩披里克：《悬搁判断与心灵宁静：希腊怀疑论原典》，包利民、龚奎洪、唐翰译，北京：中国社会

科学出版社，2017 年。
[古罗马]斐洛：《论〈创世记〉》，王晓朝、戴伟清译，北京：商务印书馆，2017 年。
[古罗马]斐洛：《论凝思的生活》，石敏敏译，北京：中国社会科学出版社，2004 年。
[美]弗格森：《古希腊-罗马文明：社会、思想和文化》，李丽书译，上海：华东师范大学出版社，2012 年。
[英]弗朗西斯·培根：《新大西岛》，何新译，北京：商务印书馆，2012 年。
[英]弗朗西斯·培根：《新工具》，许宝骙译，北京：商务印书馆，2016 年。
[英]弗朗西斯·培根：《学术的进展》，刘运同译，上海：上海人民出版社，2015 年。
[英]弗雷泽：《金枝》(上册)，汪培基、徐育新、张泽石译，北京：商务印书馆，2013 年。
[法]福柯：《规训与惩罚：监狱的诞生》(修订译本)，刘北成、杨远婴译，北京：生活·读书·新知三联书店，2012 年。
[美]福莱：《劳特利奇哲学史·第二卷·从亚里士多德到奥古斯丁》，冯俊等译，北京：中国人民大学出版社，2017 年。
[美]格里芬：《后现代精神》，王成兵译，北京：中央编译出版社，2011 年。
[德]海德格尔：《海德格尔选集》(下卷)，孙周兴选编，上海：生活·读书·新知上海三联书店，1996 年。
[古希腊]赫拉克利特：《赫拉克利特著作残篇》，[加]罗宾森英译，楚荷中译，桂林：广西师范大学出版社，2007 年。
[以色列]赫拉利：《人类简史：从动物到上帝》，林俊宏译，北京：中信出版社，2014 年。
[德]黑格尔：《哲学史讲演录：第一卷》，贺麟、王太庆译，北京：商务印书馆，1997 年。
[德]胡塞尔：《欧洲科学危机和超验现象学》，张庆熊译，上海：上海译文出版社，2005 年。
[英]怀特海：《过程与实在》(修订版)，杨富斌译，北京：中国人民大学出版社，2013 年。
[英]怀特海：《过程与实在》，周邦宪译，北京：北京联合出版公司，2013 年。
[英]怀特海：《科学与近代世界》，何钦译，北京：商务印书馆，1959 年。
[美]基尔克、[美]拉文、[美]斯科菲尔德：《前苏格拉底哲学家：原文精选的批评史》，聂敏里译，上海：华东师范大学出版社，2014 年。
[美]基辛：《当代文化人类学概要》，北晨编译，杭州：浙江人民出版社，1986 年。
[法]列维-布留尔：《原始思维》，丁由译，北京：商务印书馆，1981 年。
[古罗马]卢克莱修：《物性论》，方书春译，北京：商务印书馆，2017 年。
[古罗马]卢克莱修：《物性论》，蒲隆译，南京：译林出版社，2012 年。
[英]罗素：《西方的智慧》，马家驹、贺霖译，北京：世界知识出版社，1992 年。
[英]罗素：《西方哲学史》(上卷)，何兆武、李约瑟译，北京：商务印书馆，2018 年。
[英]罗素：《西方哲学史》(下卷)，马元德译，北京：商务印书馆，2018 年。
[美]麦茜特：《自然之死——妇女、生态和科学革命》，吴国盛、吴小英、曹南燕等译，长春：吉林人民出版社，1999 年。
[美]米勒：《柏拉图哲学中的数学》，覃方明译，杭州：浙江大学出版社，2017 年。
[美]默顿：《科学社会学》(全 2 册)，鲁旭东、林聚任译，北京：商务印书馆，2010 年。
[美]牛顿：《牛顿自然哲学著作选》，王富山等译，上海：上海译文出版社，2001 年。

[美]诺尔曼·李莱佳德：《伊壁鸠鲁》(第2版)，王利译，北京：中华书局，2014年。
[英]帕金森：《文艺复兴和17世纪理性主义》，田平、陈喜贵、韩东晖等译，北京：中国人民大学出版社，2009年。
[古罗马]普罗提诺：《九章集》(上册)，石敏敏译，北京：中国社会科学出版社，2018年。
[古罗马]普罗提诺：《九章集》(下册)，石敏敏译，北京：中国社会科学出版社，2018年。
[美]斯通普夫、菲泽：《西方哲学史：从苏格拉底到萨特及其后》，匡宏、邓晓芒、丁三东等译，北京：世界图书出版公司北京公司，2009年。
[美]斯通普夫、菲泽：《西方哲学史》(第七版)，丁三东、张传友、邓晓芒等译，北京：中华书局，2005年。
[英]泰勒：《从开端到柏拉图》，韩东晖、聂敏里、冯俊等译，北京：中国人民大学出版社，2003年。
[英]泰勒：《原始文化：神话、哲学、宗教、语言、艺术和习俗发展之研究》，连树声译，桂林：广西师范大学出版社，2005年。
[美]汤姆森、米斯纳：《亚里士多德》，张晓林译，北京：中华书局，2002年。
[美]汤姆森：《笛卡尔》，王军译，北京：中华书局，2002年。
[美]梯利：《西方哲学史》，贾辰阳、解本远译，北京：光明日报出版社，2014年。
[美]托马塞洛：《人类认知的文化起源》，张敦敏译，北京：中国社会科学出版社，2011年。
[古希腊]亚里士多德：《尼各马可伦理学》，廖申白译，北京：商务印书馆，2003年。
[古希腊]伊壁鸠鲁、[古罗马]卢克来修：《自然与快乐——伊壁鸠鲁的哲学》，包利民、刘玉鹏、王玮玮译，北京：中国社会科学出版社，2018年。
[古希腊]伊壁鸠鲁、[古罗马]卢克莱修：《自然与快乐——伊壁鸠鲁的哲学》，包利民等译，北京：中国社会科学出版社，2004年。

三、国外科学家经典译著及其研究译著参考文献

(一)“科学素养文库·科学元典丛书”(北京大学出版社)

[古希腊]阿基米德：《阿基米德经典著作集》，凌复华译，北京：北京大学出版社，2022年。
[美]爱因斯坦：《狭义与广义相对论浅说(彩图珍藏版)》，杨润殷译，北京：北京大学出版社，2018年。
[美]爱因斯坦：《狭义与广义相对论浅说》，杨润殷译，北京：北京大学出版社，2006年。
[美]爱因斯坦：《相对论的意义》，李灏译，北京：北京大学出版社，2014年。
[英]波义耳：《怀疑的化学家》，袁江洋译，北京：北京大学出版社，2007年。
[丹]玻尔：《玻尔讲演录》，戈革译，北京：北京大学出版社，2017年。
[英]达尔文：《人类的由来及性选择》，叶笃庄、杨习之译，北京：北京大学出版社，

2009 年。
[英]达尔文：《物种起源》，舒德干译，北京：北京大学出版社，2005 年。
[英]达尔文：《物种起源》，舒德干译，北京：北京大学出版社，2018 年。
[英]道尔顿：《化学哲学新体系》，李家玉译，北京：北京大学出版社，2006 年。
[法]笛卡儿：《笛卡儿几何》，袁向东等译，北京：北京大学出版社，2008 年。
[意]伽利略：《关于两门新科学的对谈》，戈革译，北京：北京大学出版社，2015 年。
[意]伽利略：《关于托勒密和哥白尼两大世界体系的对话》，周煦良译，北京：北京大学出版社，2006 年。
[波]哥白尼：《天体运行论》，叶式辉译，北京：北京大学出版社，2006 年。
[英]赫胥黎：《人类在自然界的位置》，蔡重阳等译，北京：北京大学出版社，2010 年。
[荷]惠更斯：《光论》，李维译，北京：北京大学出版社，2007 年。
[荷]惠更斯：《惠更斯光论》，蔡勖译，北京：北京大学出版社，2007 年。
[德]开普勒：《世界的和谐》，张卜天译，北京：北京大学出版社，2011 年。
[法]拉瓦锡：《化学基础论》，任定成译，北京：北京大学出版社，2008 年。
[英]麦克斯韦：《电磁通论》，戈革译，北京：北京大学出版社，2010 年。
[英]牛顿：《光学》，周岳明、舒幼生译，北京：北京大学出版社，2007 年。
[英]牛顿：《牛顿光学》，周岳明译，北京：北京大学出版社，2011 年。
[英]牛顿：《自然哲学之数学原理》，王克迪译，北京：北京大学出版社，2006 年。
[英]牛顿：《自然哲学之数学原理》，王克迪译，北京：北京大学出版社，2018 年。
[比]普里戈金：《从存在到演化》，沈小峰译，北京：北京大学出版社，2007 年。
[英]威廉・哈维：《心血运动论》，田洺译，北京：北京大学出版社，2007 年。
[美]维纳：《控制论：或关于在动物和机器中控制和通信的科学》，郝季仁译，北京：北京大学出版社，2007 年。
[美]维纳：《控制论：或关于在动物和机器中控制和通信的科学》，洪帆译，北京：北京大学出版社，2020 年。
[美]维纳：《人有人的用处：控制论与社会》，陈步译，北京：北京大学出版社，2010 年。
[德]魏格纳：《海陆的起源》，李旭旦译，北京：北京大学出版社，2006 年。
[奥]薛定谔：《生命是什么》，周程、胡万亨译，北京：北京大学出版社，2018 年。
[奥]薛定谔：《薛定谔讲演录》，范岱年译，北京：北京大学出版社，2007 年。

(二)其他国外科学家经典译著及其研究译著参考文献

[英]艾利夫：《牛顿新传》，万兆元译，南京：译林出版社，2015 年。
[美]爱因斯坦：《爱因斯坦文集》(第 1 卷)，许良英、李宝恒、赵中立等编译，北京：商务印书馆，2017 年。
[丹]玻尔：《尼耳斯・玻尔哲学文选》，戈革译，北京：商务印书馆，1999 年。
[英]德雷克：《伽利略》，唐云江译，北京：中国社会科学出版社，1987 年。
[波]哥白尼：《天球运行论》，张卜天译，北京：商务印书馆，2016 年。
[德]海森伯：《物理学和哲学：现代科学中的革命》，范岱年译，北京：商务印书馆，

1984 年。
[法]柯依列：《伽利略研究》，李艳平、张昌芳、李萍萍译，南昌：江西教育出版社，2002 年。
[美]I.B. 科恩：《牛顿革命》，颜锋、弓鸿午、欧阳光明译，南昌：江西教育出版社，1999 年。
[英]牛顿：《自然哲学之数学原理》(彩图珍藏版)，王克迪译，北京：北京大学出版社，2018 年。

四、国外科学史(科学思想史)著作译著参考文献

(一)“剑桥科学史译丛”(复旦大学出版社)

[美]艾伦：《20 世纪的生命科学史》，田洺译，上海：复旦大学出版社，2000 年。
[美]巴萨拉：《技术发展简史》，周光发译，上海：复旦大学出版社，2000 年。
[英]拜纳姆：《19 世纪医学科学史》，曹珍芬译，上海：复旦大学出版社，2000 年。
[英]布鲁克：《科学与宗教》，苏贤贵译，上海：复旦大学出版社，2000 年。
[美]狄博斯：《文艺复兴时期的人与自然》，周雁翎译，上海：复旦大学出版社，2000 年。
[美]格兰特：《中世纪的物理科学思想》，郝刘祥译，上海：复旦大学出版社，2000 年。
[英]格雷厄姆：《俄罗斯和苏联科学简史》，叶式辉等译，上海：复旦大学出版社，2000 年。
[英]哈曼：《19 世纪物理学概念的发展——能量、力和物质》，龚少明译，上海：复旦大学出版社，2000 年。
[美]汉金斯：《科学与启蒙运动》，任定成、张爱珍译，上海：复旦大学出版社，2000 年。
[美]科尔曼：《19 世纪的生物学和人学》，严晴燕译，上海：复旦大学出版社，2000 年。
[美]理查德·韦斯特福尔：《近代科学的建构：机械论与力学》，彭万华译，上海：复旦大学出版社，2000 年。

(二)“剑桥科学史译丛”(大象出版社，共 8 卷，目前出版 4 卷)

[美]凯瑟琳·帕克、洛兰·达斯顿：《剑桥科学史(第三卷)：现代早期科学》，吴国盛、张卜天等译，郑州：大象出版社，2020 年。
[英]罗伊·波特：《剑桥科学史(第四卷)：18 世纪科学》，方在庆译，郑州：大象出版社，2010 年。
[美]玛丽·乔·奈：《剑桥科学史(第五卷)：近代物理科学与数学科学》，刘兵等译，郑州：大象出版社，2015 年。
[英]西奥多·M、波特、多萝西·罗斯：《剑桥科学史(第七卷)：现代社会科学》，第七卷翻译委员会译，郑州：大象出版社，2008 年。

（三）“北京大学科技史与科技哲学丛书”（北京大学出版社）

[美]伯特：《近代物理科学的形而上学基础》，徐向东译，北京：北京大学出版社，2003 年。
[美]芬伯格：《技术批判理论》，韩连庆，曹观法译，北京：北京大学出版社，2005 年。
[法]柯瓦雷：《从封闭世界到无限宇宙》，张卜天译，北京：北京大学出版社，2008 年。
[法]柯瓦雷：《伽利略研究》，刘胜利译，北京：北京大学出版社，2008 年。
[法]柯瓦雷：《牛顿研究》，张卜天译，北京：北京大学出版社，2003 年。
[丹]克拉夫：《科学史学导论》，任定成译，北京：北京大学出版社，2004 年。
[美]库恩：《必要的张力》，范岱年、纪树立译，北京：北京大学出版社，2004 年。
[美]库恩：《哥白尼革命——西方思想发展中的行星天文学》，吴国盛等译，北京：北京大学出版社，2003 年。
[美]库恩：《结构之后的道路》，邱慧译，北京：北京大学出版社，2012 年。
[美]库恩：《科学革命的结构》，金吾伦、胡新和译，北京：北京大学出版社，2004 年。
[奥]劳斯：《知识与权力——走向科学的政治哲学》，盛晓明等译，北京：北京大学出版社，2004 年。
[美]伊德：《技术与生活世界——从伊甸园到尘世》，韩连庆译，北京：北京大学出版社，2012 年。
[美]伊德：《让事物说话——后现象学与技术科学》，韩连庆译，北京：北京大学出版社，2008 年。

（四）“科学源流译丛”（湖南科学技术出版社）

[美]奥斯勒：《重构世界：从中世纪到近代早期欧洲的自然、上帝和人类认识》，张卜天译，长沙：湖南科学技术出版社，2012 年。
[美]伯特：《近代物理学的形而上学基础》，张卜天译，长沙：湖南科学技术出版社，2012 年。
[荷]戴克斯特霍伊斯：《世界图景的机械化》，张卜天译，长沙：湖南科学技术出版社，2010 年。
[荷]H. 弗洛里斯·科恩：《科学革命的编史学研究》，张卜天译，长沙：湖南科学技术出版社，2012 年。
[荷]H. 弗洛里斯·科恩：《世界的重新创造：近代科学是如何产生的》，张卜天译，长沙：湖南科学技术出版社，2012 年。
[美]格兰特：《近代科学在中世纪的基础》，张卜天译，长沙：湖南科学技术出版社，2010 年。
[美]哈里斯：《无限与视角》，张卜天译，长沙：湖南科学技术出版社，2014 年。
[美]吉莱斯皮：《现代性的神学起源》，张卜天译，长沙：湖南科学技术出版社，2012 年。
[美]科恩：《新物理学的诞生》，张卜天译，长沙：湖南科学技术出版社，2010 年。

[美]克莱因：《雅各布·克莱因思想史文集》，张卜天译，长沙：湖南科学技术出版社，2015年。
[美]林德伯格：《西方科学的起源：公元1450年之前宗教、哲学、体制背景下的欧洲科学传统》，张卜天译，长沙：湖南科学技术出版社，2013年。
[德]瓦格纳：《中世纪的自由七艺》，张卜天译，长沙：湖南科学技术出版社，2016年。

（五）“科学文化译丛”（上海交通大学出版社）

[美]埃里克森：《科学文化与社会：21世纪如何理解科学》，孟凡刚、王志芳译，上海：上海交通大学出版社，2016年。
[英]巴特菲尔德：《现代科学的起源》，张卜天译，上海：上海交通大学出版社，2016年。
[英]鲍尔：《好奇心：科学何以执念万物》，王康友等译，上海：上海交通大学出版社，2016年。
[美]查罗：《实验室法则》，王大鹏译，上海：上海交通大学出版社，2016年。
[美]伽里森：《实验是如何终结的？》，董丽丽译，上海：上海交通大学出版社，2016年。
[英]高克罗杰：《科学文化的兴起：科学与现代性的塑造(1210—1685》(上下)，罗晖、冯翔译，上海：上海交通大学出版社，2017年。
[美]哈克尼斯：《珍宝宫：伊丽莎白时代的伦敦与科学革命》，张志敏、姚利芬译，上海：上海交通大学出版社，2017年。
[英]卡罗尔：《科学、文化与现代国家的形成》，刘萱、王以芳译，上海：上海交通大学出版社，2016年。
[英]帕戈登：《启蒙运动：为什么依然重要》，王丽慧等译，上海：上海交通大学出版社，2017年。
[英]琼斯：《工业启蒙》，李斌译，上海：上海交通大学出版社，2017年。
[法]雅各布：《科学文化与西方工业化》，李红林等译，上海：上海交通大学出版社，2016年。

（六）“科学史译丛”（商务印书馆）

[美]I. 伯纳德·科恩：《新物理学的诞生》，张卜天译，北京：商务印书馆，2016年。
[美]I. 伯纳德·科恩：《自然科学与社会科学的互动》，张卜天译，北京：商务印书馆，2016年。
[荷]戴克斯特豪斯：《世界图景的机械化》，张卜天译，北京：商务印书馆，2015年。
[澳]哈里森：《科学与宗教的领地》，张卜天译，北京：商务印书馆，2016年。
[澳]哈里森：《人的堕落与科学的基础》，张卜天译，北京：商务印书馆，2021年。
[澳]哈里森：《圣经、新教与自然科学的兴起》，张卜天译，北京：商务印书馆，2019年。
[美]哈里斯：《无限与视角》，张卜天译，北京：商务印书馆，2020年。

[荷]哈内赫拉夫：《西方神秘学指津》，张卜天译，北京：商务印书馆，2018年。
[法]柯瓦雷：《从封闭世界到无限世界》，张卜天译，北京：商务印书馆，2016年。
[法]柯瓦雷：《牛顿研究》，张卜天译，北京：商务印书馆，2016年。
[英]劳埃德：《希腊科学》，张卜天译，北京：商务印书馆，2021年。
[英]李约瑟：《文明的滴定：东西方的科学与社会》，张卜天译，北京：商务印书馆，2016年。
[美]普林西比：《炼金术的秘密》，张卜天译，北京：商务印书馆，2018年。
[美]韦斯特福尔：《近代科学的建构：机械论与力学》，张卜天译，北京：商务印书馆，2020年。

（七）其他重要的科学史（科学思想史）译著

[美]阿伦特：《论革命》，陈周旺译，南京：译林出版社，2011年。
[加]安德鲁·埃德、莱斯利·科马克：《科学通史：从哲学到功用》，刘晓译，北京：生活·读书·新知三联书店，2023年。
[英]安东尼·肯尼：《牛津西方哲学史》（第一卷），王柯平译，长春：吉林出版集团有限责任公司，2010年。
[美]巴特菲尔德：《近代科学的起源：1300—1800年》，张丽萍、郭贵春等译，北京：华夏出版社，1988年。
[英]柏廷顿：《化学简史》，胡作玄译，北京：中国人民大学出版社，2010年。
[美]彼得斯、江丕盛、本纳德：《桥：科学与宗教》，北京：中国社会科学出版社，2002年。
[美]I. 伯纳德·科恩：《牛顿革命》，颜锋、弓鸿午、欧阳光明译，南昌：江西教育出版社，1999年。
[美]伯特：《近代物理科学的形而上学基础》，徐向东译，成都：四川教育出版社，1994年。
[英]布朗：《原子中的幽灵》，易心洁译，长沙：湖南科学技术出版社，1992年。
[英]W. C. 丹皮尔：《科学史》，李珩译，北京：中国人民大学出版社，2010年。
[英]丹皮尔：《科学史及其与哲学和宗教的关系》，李珩译，桂林：广西师范大学出版社，2001年。
[美]丹齐克：《数：科学的语言》，苏仲湘译，北京：商务印书馆，1985年。
[英]道金斯：《眼见为实——寻找动物的意识》，蒋志刚、曾岩、阎彩娥译，上海：上海科学技术出版社，2001年。
[英]福特：《生态学研究的科学方法》，肖显静、林祥磊译，北京：中国环境科学出版社，2012年。
[美]赫梅尔：《自伽利略之后：圣经与科学之纠葛》，闻人杰等译，银川：宁夏人民出版社，2008年。
[英]亨利：《科学革命与现代科学的起源》（第3版），杨俊杰译，北京：北京大学出版社，2013年。

[美]霍夫曼：《相同与不同》，李荣生、王经琳等译，长春：吉林人民出版社，1998 年。

[英]霍斯金：《科学家的头脑：假想的与伽利略、牛顿、赫歇尔、达尔文及巴斯德的谈话》，郭贵春、邹范林、王道君译，北京：华夏出版社，1990 年。

[意]卡洛·罗韦利：《极简科学起源课》，张卫彤译，长沙：湖南科学技术出版社，2018 年。

[美]卡约里：《物理学史》，戴念祖译，呼和浩特：内蒙古人民出版社，1981 年。

[英]凯文·拉兰德：《未完成的进化：为什么大猩猩没有主宰世界》，史耕山、张尚莲译，北京：中信出版社，2018 年。

[英]柯林武德：《自然的观念》，吴国盛、柯映红译，北京：华夏出版社，1990 年。

[英]柯林武德：《自然的观念》，吴国盛译，北京：北京大学出版社，2006 年。

[英]柯林武德：《自然的观念》，吴国盛译，北京：商务印书馆，2018 年。

[德]克拉默：《混沌与秩序——生物系统的复杂结构》，柯志阳、吴彤译，上海：上海科技教育出版社，2000 年。

[美]克莱因：《古今数学思想》(第一册)，张理京、张锦炎、江泽涵等译，上海：上海科学技术出版社，2014 年。

[美]克莱因：《数学与知识的探求》(第二版)，刘志勇译，上海：复旦大学出版社，2016 年。

[美]克莱因：《西方文化中的数学》，张祖贵译，北京：商务印书馆，2013 年。

[美]克莱因：《西方文化中的数学》，张祖贵译，上海：复旦大学出版社，2004 年。

[美]库恩：《科学革命的结构(第四版)》(第 2 版)，金吾伦、胡新和译，北京：北京大学出版社，2012 年。

[英]拉卡托斯：《科学研究纲领方法论》，兰征译，上海：上海译文出版社，2005 年。

[英]拉伍洛克：《盖娅：地球生命的新视野》，肖显静、范祥东译，上海：上海人民出版社，2007 年。

[英]拉伍洛克：《盖娅时代——地球传记》，肖显静、范祥东译，北京：商务印书馆，2017 年。

[英]劳埃德：《早期希腊科学：从泰勒斯到亚里士多德》，孙小淳译，上海：上海科技教育出版社，2015 年。

[美]理查德·德威特：《世界观：科学史与科学哲学导论》(第 2 版)，李跃乾、张新译，北京：电子工业出版社，2014 年。

[美]理查德·德威特：《世界观：现代人必须要懂的科学哲学和科学史》(原书第 3 版)，孙天译，北京：机械工业出版社，2020 年。

[美]林德伯格：《西方科学的起源》，王珺、刘晓峰、周文峰等译，北京：中国对外翻译出版公司，2001 年。

[法]罗斑：《希腊思想和科学精神的起源》，陈修斋译，桂林：广西师范大学出版社，2003 年。

[美]罗纳德·纳伯斯、[希]科斯塔·卡波拉契：《牛顿的苹果：关于科学的神话》，马岩译，北京：中信出版社，2018 年。

[美]罗思曼：《还原论的局限：来自活细胞的训诫》，李创同、王策译，上海：上海

译文出版社，2006 年。
[德]马克斯·韦伯：《新教伦理与资本主义精神》，于晓、陈维纲等译，北京：生活·读书·新知三联书店，1987 年。
[美]玛格纳：《生命科学史》，李难、崔极谦、王水平译，天津：百花文艺出版社，2002 年。
[美]迈克尔·J. 布拉德利：《数学的诞生：古代—1300 年》，陈松译，上海：上海科学技术文献出版社，2008 年。
[美]迈克尔·斯特雷文斯：《知识机器》，任烨译，北京：中信出版社，2022 年。
[德]迈因策尔：《复杂性思维：物质、精神和人类的计算机动力学》，曾国屏、苏俊斌译，上海：上海辞书出版社，2013 年。
[美]J. E. 麦克莱伦第三、[美]哈罗德·多恩：《世界科学技术通史》，王鸣阳译，上海：上海科技教育出版社，2007 年。
[英]梅森：《自然科学史》，上海外国自然科学哲学著作编译组译，上海：上海人民出版社，1977 年。
[美]蒙洛迪诺：《思维简史：从丛林到宇宙》，龚瑞译，北京：中信出版社，2018 年。
[法]莫兰：《迷失的范式：人性研究》，陈一壮译，北京：北京大学出版社，1999 年。
[美]R. K. 默顿：《科学社会学》（全 2 册），鲁旭东、林聚任译，北京：商务印书馆，2010 年。
[美]默顿：《十七世纪英格兰的科学、技术与社会》，范岱年、吴忠、蒋效东译，北京：商务印书馆，2009 年。
[美]佩尔斯、撒士顿：《科学的灵魂——500 年科学与信仰、哲学的互动史》，潘柏滔译，南昌：江西人民出版社，2006 年。
[美]皮克林：《作为实践和文化的科学》，柯文、伊梅译，北京：中国人民大学出版社，2006 年。
[比]普里戈金、[法]斯唐热：《从混沌到有序——人与自然的新对话》，曾庆宏、沈小峰译，上海：上海译文出版社，2005 年。
[英]萨德尔、[英]艾布拉姆斯：《视读混沌学》，孙文龙译，合肥：安徽文艺出版社，2009 年。
[澳]舒斯特：《科学史与科学哲学导论》，安维复主译，上海：上海科技教育出版社，2013 年。
[美]斯潘根贝格、莫泽：《科学的旅程》（插图版），郭奕玲、陈蓉霞、沈慧君译，北京：北京大学出版社，2008 年。
[美]韦斯科夫：《二十世纪物理学》，杨福家、汤家镛、施士元等译，北京：科学出版社，1979 年。
[德]文德尔班：《哲学史教程》（上下卷），罗达仁译，北京：商务印书馆，1987 年。
[法]沃克莱尔：《动物的智能》，侯健译，北京：北京大学出版社，2000 年。
[美]C. 沃伦·霍莱斯特：《欧洲中世纪简史》，陶松寿译，北京：商务印书馆，1988 年。

[英]伍顿：《科学的诞生：科学革命新史》（上下册），刘国伟译，北京：中信出版社，2018年。
[美]夏平、谢弗：《利维坦与空气泵：霍布斯、玻意耳与实验生活》，蔡佩君译，上海：上海人民出版社，2008年。
[美]夏平：《科学革命：批判性的综合》，徐国强、袁江洋、孙小淳译，上海：上海科技教育出版社，2004年。
[美]夏平：《真理的社会史》，赵万里等译，南昌：江西教育出版社，2002年。
[英]约翰·德斯蒙德·贝尔纳：《历史上的科学》（卷一至卷四），伍况甫、彭家礼译，北京：科学出版社，2015年。

五、国内中文著作及论文参考文献

（一）国内中文著作参考文献

邓晓芒、赵林：《西方哲学史》，北京：高等教育出版社，2005年。
桂起权：《科学思想的源流》，武汉：武汉大学出版社，1994年。
郭贵春：《当代科学实在论》，北京：科学出版社，1991年。
黄颂杰、章雪富：《古希腊哲学》，北京：人民出版社，2009年。
林定夷：《近代科学中机械论自然观的兴衰》，广州：中山大学出版社，1995年。
林夏水：《数学哲学》，北京：商务印书馆，2003年。
刘兵、杨舰、戴吾三：《科学技术史二十一讲》，北京：清华大学出版社，2006年。
冒从虎、王勤田、张庆荣：《欧洲哲学通史》（上卷），天津：南开大学出版社，2012年。
苗力田：《古希腊哲学》，北京：中国人民大学出版社，1989年。
聂敏里：《存在与实体——亚里士多德〈形而上学〉Z卷研究（Z1—9）》，上海：华东师范大学出版社，2011年。
聂敏里：《西方思想的起源——古希腊哲学史论》，北京：中国人民大学出版社，2017年。
邱仁宗：《科学方法和科学动力学》，上海：知识出版社，1984年。
宋斌：《论笛卡尔的机械论哲学——从形而上学与物理学的角度看》，北京：中国社会科学出版社，2012年。
王贵友：《科学技术哲学导论》，北京：人民出版社，2005年。
王国强：《新天文学的起源——开普勒物理天文学研究》，北京：中国科学技术出版社，2010年。
王强：《普罗提诺终末论思想研究》，北京：人民出版社，2014年。
王晓朝：《希腊哲学简史——从荷马到奥古斯丁》，上海：上海三联书店，2007年。
吴国盛：《技术哲学经典读本》，上海：上海交通大学出版社，2008年。
吴国盛：《科学的历程》（第二版），北京：北京大学出版社，2002年。
吴国盛：《科学的历程》（第四版），长沙：湖南科学技术出版社，2018年。

吴庆余：《基础生命科学》（第2版），北京：高等教育出版社，2006年。
吴伟赋：《论第三种形而上学——建设性后现代主义哲学研究》，上海：学林出版社，2002年。
吴以义：《从哥白尼到牛顿：日心学说的确立》，上海：上海人民出版社，2013年。
肖显静：《环境·科学——非自然、反自然与回归自然》，北京：化学工业出版社，2009年。
肖显静：《生态学实验实在论》，北京：科学出版社，2018年。
席德强：《追寻科学家的足迹：生物学简史》，北京：北京大学出版社，2012年。
徐开来：《拯救自然——亚里士多德自然观研究》，成都：四川大学出版社，2007年。
颜泽贤、范冬萍、张华夏：《系统科学导论——复杂性探索》，北京：人民出版社，2006年。
杨河：《时间概念史研究》，北京：北京大学出版社，1998年。
姚介厚：《西方哲学史(学术版)·第二卷·古代希腊与罗马哲学》，叶秀山、王树人总主编，南京：凤凰出版社、江苏人民出版社，2005年。
张卜天：《质的量化与运动的量化——14世纪经院自然哲学的运动学初探》，北京：北京大学出版社，2010年。
章雪富、陈玮：《希腊哲学的精神》，北京：商务印书馆，2016年。
章雪富：《斯多亚主义Ⅰ》，北京：中国社会科学出版社，2007年。
赵敦华：《基督教哲学1500年》，北京：人民出版社，2007年。
赵敦华：《西方哲学简史》，北京：北京大学出版社，2015年。
赵万里：《科学的社会建构——科学知识社会学的理论与实践》，天津：天津人民出版社，2002年。

（二）国内中文论文参考文献

安富海：《论地方性知识的价值》，《当代教育与文化》，2010年第2期，第34-41页。
包利民：《古典德性论的再出发——试论普罗提诺的内圣价值学》，《浙江学刊》，2020年第5期，第134-141页。
卞毓麟：《从“游星”到系外行星——极简行星发现史》，《世界科学》，2019年第11期，第55-57页。
曹欢荣：《营造快乐的伊壁鸠鲁自然哲学》，《自然辩证法研究》，2007年第4期，第1-4页。
陈仕丹、袁江洋：《波义耳的“硝石复原”实验与化学微粒论》，《自然辩证法通讯》，2018年第10期，第1-6页。
陈阳：《火、逻各斯、城邦生活三者的内在关系——赫拉克利特哲学思想研究》，《西南交通大学学报(社会科学版)》，2019年第4期，第102-110、118页。
陈越骅：《太一的多面相——论普罗提诺形而上学中的最高本原》，《世界哲学》，2011年第2期，第291-301页。
陈智莉：《浅析皮浪怀疑主义的伦理意义》，《美与时代》（下），2015年第5期，第

43-44 页。
崔延强：《古希腊怀疑主义对形而上学的诊断与治疗》，《自然辩证法研究》，1998 年第 6 期，第 11-14 页。
崔延强：《怀疑即探究：论希腊怀疑主义的意义》，《哲学研究》，1995 年第 2 期，第 58-65 页。
崔延强：《作为生活方式的怀疑论何以可能？——基于皮浪派和中期学园派的理解》，《中国社会科学院大学学报》，2023 年第 3 期，第 5-30 页。
范志均：《数学与善——柏拉图数学思想新探》，《自然辩证法研究》，2010 年第 11 期，第 70-75 页。
方在庆、黄佳：《从惠更斯到爱因斯坦：对光本性的不懈探索》，《科学》，2015 年第 3 期，第 30-34 页。
冯晓华、王金凤：《植物蒸馏与波义耳的怀疑》，《山西科技》，2018 年第 4 期，第 45-49 页。
付丽萍、陈玠同、姚珩：《牛顿力学的先驱惠更斯——机械论的数学化》，《物理老师》，2019 年第 2 期，第 88-89 页。
龚群、何小嫄：《斯多亚派的自然法伦理观念》，《湖北大学学报(哲学社会科学版)》，2016 年第 6 期，第 1-6 页。
桂起权：《物理学史上的毕达哥拉斯主义研究传统》，《洛阳师范学院学报》，2005 年第 4 期，第 8-12 页。
桂质亮：《比较研究：罗伦兹与爱因斯坦——科学革命期间理论范式的影响》，《同济医科大学学报(社会科学版)》，1990 年第 1 期，第 23-27 页。
韩彩英：《文艺复兴时期自然魔法的盛行和对实验精神的培育》，《自然辩证法通讯》，2012 年第 2 期，第 87-93，127-128 页。
何平：《意大利文艺复兴艺术家与近代科学革命——以达 •芬奇和布鲁内勒斯基为中心》，《历史研究》，2011 年第 1 期，第 159-171 页。
黄林秀、张星萍：《身泰心宁：知识的诉求——伊壁鸠鲁的科学价值论维度》，《自然辩证法研究》，2015 年第 6 期，第 101-105 页。
黄秦安：《毕达哥拉斯——柏拉图的数学观念及其知识典范》，《陕西师范大学继续教育学报》，2007 年第 2 期，第 104-107 页。
江晓原、刘兵：《是中兴博物学传统的时候了》，《中国图书评论》，2011 年第 4 期，第 42-50 页。
晋世翔：《罗吉尔・培根在科学史中的位置》，《自然辩证法研究》，2017 年第 3 期，第 69-73 页。
李存生：《简述关于宗教起源的几种理论——以古典进化论学派及法国社会学派为例》，《思想战线》，2013 年第 S1 期，第 162-165 页。
李丹、韩静：《惠更斯及其碰撞理论》，《物理教学探讨》，2008 年第 8 期，第 4-7 页。
李宏芳：《量子理论对于哲学的挑战》，《学习与探索》，2010 年第 6 期，第 13-17 页。
李醒民：《科学和技术异同论》，《自然辩证法通讯》，2007 年第 1 期，第 1-9，110 页。

廖正衡：《关于亚里士多德和波义耳两个元素概念的历史重整》，《自然辩证法研究》，2001 年第 3 期，第 39-42 页。
林定夷：《实在论与电磁场理论》，《自然辩证法通讯》，1995 年第 4 期，第 16-21，9 页。
林凡：《皮浪怀疑主义思想述评》，《重庆第二师范学院学报》，2013 年第 2 期，第 26-28 页。
刘华杰：《博物学服务于生态文明建设》，《上海交通大学学报(哲学社会科学版)》，2015 年第 1 期，第 37-45 页。
刘露：《论普罗提诺的净化伦理》，《道德与文明》，2020 年第 4 期，第 123-130 页。
刘民钢：《人类历史上的三次科学革命和对未来发展的启迪》，《上海师范大学学报(哲学社会科学版)》，2018 年第 6 期，第 64-71 页。
刘蔚华：《原始思维的进化》，《齐鲁学刊》，1985 年第 6 期，第 2-11 页。
刘晓雪、刘兵：《布鲁诺再认识——耶兹的有关研究及其启示》，《自然科学史研究》，2005 年第 3 期，第 259-268 页。
刘啸霆、史波：《博物论——博物学纲领及其价值》，《江海学刊》，2014 年第 5 期，第 5-11 页。
鲁旭东：《科学革命的另一种解读——科恩与库恩的比较研究》，《哲学动态》，2014 年第 10 期，第 82-89 页。
罗意：《地方性知识及其反思——当代西方生态人类学的新视野》，《云南师范大学学报(哲学社会科学版)》，2015 年第 5 期，第 21-29 页。
麦科马奇：《罗伦兹和电磁自然观》，董光壁译，《自然科学哲学问题丛刊》，1985 年第 1 期，第 32 页。
苗东升：《把复杂性当作复杂性来处理——复杂性科学的方法论》，《科学技术与辩证法》，1996 年第 1 期，第 11-13 页。
乔楚：《直观与统一：赫拉克利特的自然观》，《学术探索》，2014 年第 8 期，第 22-25 页。
邱立勤、耿安利、贾培世：《化学领域的前沿——超分子化学》，《化学世界》，1997 年 04 期，第 171-177 页。
任定成：《论氧化说与燃素说同处于一个传统之内》，《自然辩证法研究》，1993 年第 8 期，第 30-35 页。
施璇：《笛卡尔的机械论解释与目的论解释》，《世界哲学》，2014 年第 6 期，第 77-86，160-161 页。
宋斌：《近代科学革命时期基督教与科学的相互作用——以麦尔赛纳为例》，《自然辩证法研究》，2012 年第 9 期，第 100-105 页。
陶培培：《被化约的“排斥运动”——吉尔伯特对于磁体排斥现象的研究》，《自然辩证法通讯》，2015 年第 1 期，第 84-90 页。
田立：《植物有没有智慧？》，《百科知识》，2003 年第 7 期，第 25-27 页。
田松：《博物学：人类拯救灵魂的一条小路》，《广西民族大学学报(哲学社会科学版)》，

2011 年第 6 期，第 50-52 页。
王海琴：《“哥白尼革命”的另一种解读——从数学哲学的角度看》，《自然辩证法研究》，2005 年第 9 期，第 18-22 页。
王琦：《波爱修斯的数学哲学思想》，《自然辩证法通讯》，2016 年第 3 期，第 61-65 页。
王汝发、朱海文：《从精确科学到模糊科学的哲学思考》，《北京科技大学学报(社会科学版)》，2001 年第 1 期，第 1-3，8 页。
王文华：《Physis 与 be——一个对欧洲语言系动词的词源学考察》，《世界哲学》，2011 年第 2 期，第 19-32 页。
王雯、肖显静：《克莱门茨“机体论”群落演替理论发展史研究》，《自然辩证法通讯》，2019 年第 5 期，第 54-66 页。
文兴吾：《芝诺运动悖论研究的演进》，《社会科学研究》，2018 年第 2 期，第 140-148 页。
吴国盛：《博物学：传统中国的科学》，《学术月刊》，2016 年第 4 期，第 11-19 页。
吴国盛：《自然的发现》，《北京大学学报(哲学社会科学版)》，2008 年第 2 期，第 57-65 页。
吴彤：《科学哲学视野中的客观复杂性》，《系统辩证学学报》，2001 年第 4 期，第 44-47 页。
吴彤：《再论两种地方性知识——现代科学与本土自然知识地方性本性的差异》，《自然辩证法研究》，2014 年第 8 期，第 51-57 页。
肖显静：《波义耳将“微粒说”与“实验”相结合的自然哲学分析》，《山东科技大学学报(社会科学版)》，2020 年第 6 期，第 1-12 页。
肖显静：《从工业文明到生态文明：非自然性科学、环境破坏与自然回归》，《自然辩证法研究》，2012 年第 12 期，第 51-54 页。
肖显静：《从机械论到整体论：科学发展和环境保护的必然要求》，《中国人民大学学报》，2007 年第 3 期，第 10-16 页。
肖显静：《弗朗西斯·培根科学实验思想的哲学基础探析——从“果”的实验到“光”的实验，再到“激发自然”的实验》，《科学技术哲学研究》，2022 年第 1 期，第 20-27 页。
肖显静：《古希腊自然哲学之科学革命论》，《长沙理工大学学报(社会科学版)》，2020 年第 9 期，第 8-23 页。
肖显静：《古希腊自然哲学中的科学思想成份探究》，《科学技术与辩证法》，2008 年第 4 期，第 72-81 页。
肖显静：《伽利略物理学数学化哲学思想基础析论》，《江海学刊》，2012 年第 1 期，第 53-62 页。
肖显静：《简单性原则等同于真理性吗？》，《系统辩证学学报》，2003 年第 4 期，第 27-30，40 页。
肖显静：《科学之于环境：从“规训”走向“顺应”》，《思想战线》，2017 年第 2 期，第 167-172 页。

肖显静：《论主体性的重构与“人-自然”新关系的建立》，《南京林业大学学报(人文社会科学版)》，2007 年第 1 期，第 18-24 页。
肖显静：《面对复杂性科学，要探索科学认识方法的新范式》，《科技导报》，2003 年第 5 期，第 18-22 页。
肖显静：《实验科学的非自然性与科学的自然回归》，《中国人民大学学报》，2009 年第 1 期，第 105-111 页。
肖显静：《转基因技术本质特征的哲学分析——基于不同生物育种方式的比较研究》，《自然辩证法通讯》，2012 年第 5 期，第 1-6，125 页。
肖显静：《走向第三种科学：地方性科学》，《中国人民大学学报》，2017 年第 1 期，第 148-156 页。
肖显静：《作为客体的科学仪器》，《自然辩证法通讯》，1998 年第 1 期，第 16-23，11 页。
肖显静、毕丞：《Phusis 与 Natura 的词源考察与词义分析》，《山西大学学报(哲学社会科学版)》，2012 年第 1 期，第 6-11 页。
肖显静、林祥磊：《生态学实验的“自然性”特征分析》，《自然辩证法通讯》，2018 年第 3 期，第 10-17 页。
肖显静、王雯：《群落聚集整体论-决定论和还原论-随机论的争论——来自生态学家科学与哲学的综合》，《科学技术哲学研究》，2019 年第 3 期，第 92-98 页。
肖显静、王雯：《群落演替“个体论”的发展历程及启发》，《自然辩证法研究》，2020 年第 2 期，第 62-68 页。
肖显静、张亚玲：《米尔斯坦因果相互作用种群个体论的提出及其实在论辩护》，《自然辩证法研究》，2023 年第 2 期，第 3-12 页。
谢鸿昆：《简论近代自然哲学与中世纪基督教的内在联系》，《自然辩证法通讯》，2003 年第 5 期，第 18-22，36，110 页。
徐阳鸿：《希腊怀疑主义对独断论的诘难》，《现代哲学》，1998 年第 3 期，第 64-67 页。
闫莉：《超分子化学——化学研究的新视角》，《世界科学》，2003 年第 4 期，第 6-8 页。
阎康年：《古希腊原子论与欧洲近代自然科学》，《自然科学史研究》，1983 年第 2 期，第 183-192 页。
杨庭硕：《论地方性知识的生态价值》，《吉首大学学报(社会科学版)》，2004 年第 3 期，第 23-29 页。
叶舒宪：《“原始思维说”及其现代批判》，《江苏社会科学》，2003 年第 4 期，第 127-132 页。
余欣：《中国博物学传统的重建》，《中国图书评论》，2013 年第 10 期，第 45-53 页。
俞成：《经典物理巨匠——惠更斯》，《中学物理教学参考》，1995 年第 12 期，第 44-46 页。
袁江洋：《论玻意耳-牛顿思想体系及其信仰之矢》，《自然辩证法通讯》，1995 年第 1 期，第 43-52 页。
袁江洋：《牛顿的炼金术：高贵的哲学》，《自然科学史研究》，2004 年第 4 期，第

288-289 页。
袁江洋：《探索自然与颂扬上帝——波义耳的自然哲学与自然神学思想》，《自然辩证法通讯》，1991 年第 6 期，第 34-42 页。
张卜天：《中世纪自然哲学的思维风格》，《科学文化评论》，2011 年第 3 期，第 26-34 页。
张殷全：《亚里士多德的哲学元素观及其在化学中的演化》，《化学通报》，2006 年第 11 期，第 869-878 页。
赵克：《科学革命：一种流行的神话》，《科学学研究》，2012 年第 9 期，第 1284-1285 页。
赵林：《希腊神学思想与基督教的起源》，《学习与探索》，1993 年第 1 期，第 4-10 页。
朱宏：《中国远古神话的文化意义与现代境遇》，《长江大学学报(社会科学版)》，2015 年第 8 期，第 12-14 页。

人名索引

B

C

D

E

H

I

J

K

L

M

N

O

P

R

S

T

U

V

W

人 物 简 介

A

阿波罗尼奥斯(Apollonius of Perga，约公元前 262—前 190)，古希腊数学家，著有《圆锥曲线论》。

阿格里帕(Comelius Agrippa，生卒年不详)，古希腊智者，因提出“阿格里帕三难问题”而著名。

阿基米德(Archimedes，公元前 287—前 212)，古希腊哲学家，静态力学和流体动力学的奠基人。

阿里斯塔克(Aristarchus，约公元前 315—前 230)，古希腊数学家、天文学家，最早提出日心说的人，著有《太阳和月亮的大小与距离》。

阿那克萨戈拉(Anaxagoros，公元前 500—前 428)，古希腊哲学家，原子唯物论思想的先驱。

阿那克西曼德(Anaximander，约公元前 610—前 545)，古希腊哲学家，主要思想有“无定说”。

阿那克西美尼(Anaximenes，约公元前 570—前 526)，古希腊哲学家，提出“气本原说”。

阿维森纳(伊本·西纳，Avicenna，980—1037)，中亚哲学家、自然科学家、医学家，著有《哲学、科学大全》等。

埃拉托色尼(Eratosthenes，公元前 275—前 195)，古希腊数学家、地理学家，第一个真正测量地球大小的人。

埃涅西德姆(Aenesidemus，生卒年不详)，古希腊怀疑论哲学家，因提出“怀疑论十式”而著名。

爱丁顿(Arthur Stanley Eddington，1882—1944)，英国天文学家、物理学家、数学家，广义相对论之光线弯曲预言的发现者，著有《恒星和原子》《恒星内部结构》《基本理论》等。

爱留根纳(John Scotus Eriugena，约 800—877)，罗马帝国哲学家，加洛林朝文艺复兴时期著名学者。著有《论自然的区分》《论神的预定》等。

爱因斯坦(Albert Einstein，1879—1955)，德国物理学家，提出光量子假说，解决了光电效应问题创立了狭义相对论、广义相对论等，著有《非欧几里德几何和物理学》。

安培(André-Marie Ampère，1775—1836)，法国物理学家，提出著名的安培定律。

安瑟尔谟(Anselmus of Bec and Canterbury，1033—1109)，罗马天主教经院哲学家、神学家，著有《论真理》《独白》《宣讲》《上帝何以化身为人》等。

安提司泰尼(希腊语 Ἀντισθένης，英语 Antisthenes ，公元前 435—前 370)，古希腊哲学家，苏格拉底弟子之一。

奥古斯丁(Saint Aurelius Augustinus，354—430)，古罗马帝国时期的天主教思想家、教父，著有《忏悔录》等。

奥卡姆的威廉(William of Occam，约 1285—1349)，英国逻辑学家，因提出“奥卡姆剃刀”原理而著名。

奥勒留(Marcus Aurelius，121—180)，罗马帝国皇帝，思想家，著有《沉思录》。

奥斯特(Hans Christian Ørsted，1777—1851)，丹麦物理学家，发现电磁感应现象。

B

巴尔末(Johann Jakob Balmer，1825—1898)，瑞士数学教师，提出了“巴尔末公式”。

巴门尼德(Parmenides，约公元前 515—前 5 世纪中叶以后)，古希腊哲学家，著有《论自然》。

巴特菲尔德(Herbert Butterfield，1900—1979)，英国历史学家，著有《近代科学的起源：1300—1800》等。

柏格森(Henri Bergson，1859—1941)，法国哲学家，著有《创造进化论》《生命的意识》《物质与记忆》等。

柏拉图(Plato，公元前 427—前 347)，古希腊哲学家，提出了“理念论”，是整个西方文化中最伟大的哲学家和思想家之一。

贝尔(Jonh Bell，1928—1990)，爱尔兰物理学家，在量子力学的发展中，提出了贝尔不等式。

贝尔纳(John Desmond Bernal，1901—1971)，英国著名物理学家、剑桥大学教授，著有《科学的社会功能》。

贝塔朗菲(Ludwig Von Bertalanffy，1901—1972)，美籍奥地利生物学家，一般系统论和理论生物学创始人，著有《一般系统论：基础、发展与应用》。

比奥(Jean-Baptiste Biot，1774—1862)，法国数学家、物理学家，发现旋光色散现象。

毕达哥拉斯(Pythagoras，公元前 580—约前 500)，古希腊数学家、哲学家，提出了毕达哥拉斯定理(勾股定理)。

波尔哈夫(Hermann Boerhaave，1668—1738)，荷兰植物学家，著有《机械论方法在医学中的应用》等。

波纳文图拉(Bonaventure，约 1217—1274)，中世纪意大利的神学家及哲学家，拉丁基督教杰出人物之一，他的神学特点是试图整合信仰与理性。

波普尔(Karl Popper，1902—1994)，奥地利哲学家，著有《猜想与反驳》等。

波义耳(Robert Boyle，1627—1691)，英国化学家，著有《怀疑派化学家》。

玻恩(Max Born，1882—1970)，德国犹太裔理论物理学家，量子力学奠基人之一，著有《晶体点阵动力学》。

玻尔(Niels Henrik David Bohr，1885—1962)，丹麦物理学家，提出玻尔模型来解释氢原子光谱，著有《论原子构造和分子构造》等。

玻姆(David Bohm，1917—1992)，英籍美国物理学家，著有《量子理论》《现代物理学中的因果关系与偶然性》等。

伯耶(Herbert Wayne Boyer，1936—)，美国科学家，揭开基因工程的序幕。

博雷利(Giovanni Alfonso Borelli，1608—1679)，意大利数学家、生理学家，著有《论动物的运动》。

布克哈特(Jacob Burckhardt，1818—1897)，瑞士欧洲文化史研究专家，著有《意大利文艺复兴时期的文化》等。

布拉班特的西格尔(Siger of Brabant，约 1240—1284)，13 世纪南部低地国家的哲学家，与 J. K. 莫泽合著了《天体力学讲义》。

布莱克(Joseph Black，1728—1799)，英国化学家、物理学家，提出比热的概念，开创了气体化学的新时代。

布卢门巴赫(Johann Friedrich Blumenbach，1752—1840)，德国解剖学家、人类学家，现代人类学奠基人之一，著有《比较解剖学和生理学导论》《自然史导论》等。

布鲁诺(Giordano Bruno，1548—1600)，文艺复兴时期意大利思想家、自然科学家、哲学家和文学家，著有《论无限宇宙和世界》《诺亚方舟》。

D

达·芬奇(Leonardo Da Vinci，1452—1519)，意大利著名画家、发明家、科学家、生物学家、工程师，著有《蒙娜丽莎》《最后的晚餐》等。

达尔文(Charles Robert Darwin，1809—1882)，英国生物学家，著有《物种起源》《人类的由来》等。

达朗贝尔(Jean le Rond D'Alembert，1717—1783)，法国著名的物理学家、数学家和天文学家，著有《数学手册》《动力学》等。

大阿尔伯特(Albertus Magnus 约 1200—1280)，德国哲学家、神学家，著有《物理学》。

戴克斯特霍伊斯(Eduard Jan Dijksterhuis，1892—1965)，荷兰皇家科学院院士，著有《世界图景的机械化》等。

戴蒙德(Jared Diamond，1937—)，美国演化生物学家、生理学家、生物地理学家以及非小说类作家，著有《性的进化》《枪炮、病菌与钢铁：人类社会的命运》《剧变：人类社会与国家危机的转折点》等。

丹皮尔(Sir William Whetham Cecil Dampier，1867—1952)，英国物理学家、农学家、化学家、科技史学家，著有《物理科学的发展近况》《现代科学的诞生》等。

道尔顿(John Dalton，1766—1844)，英国化学家、物理学家，近代原子论的提出者，著有《化学哲学的新体系》。

德谟克利特(Democritus，公元前 460—前 370)，古希腊哲学家，原子唯物论创始人之一，著有《宇宙大系统》《宇宙小系统》。

狄德罗(Denis Diderot，1713—1784)，法国启蒙思想家、哲学家，百科全书派代表人物，著有《对自然的解释》《达朗贝和狄德罗的谈话》《关于物质和运动的原理》等。

狄西阿库斯(Dicaearchus，约公元前 355—前 285)，希腊地理学家，对希腊各山脉的高度作了估，首先在地图上画下了从东到西的纬线。

迪昂(Pierre-Maurice-Marie Duhem，1861—1916)，法国科学家、科学史家和科学哲学家，著有《物理学理论的目的与结构》。

笛卡儿(René Descartes，1596—1650)，近代法国哲学家、物理学家、数学家，被称为近代解析几何之父和近代机械论哲学之父。

第谷(Tycho Brahe，1546—1601)，丹麦天文学家和占星学家，近代天文学奠基人。

第欧根尼(Diogenēs，约公元前 412—前 324)，古希腊哲学家，犬儒学派的代表人物。

蒂蒙(Timon，约公元前 320—前 230)，古希腊怀疑论哲学家，皮罗的学生。

E

恩格斯(Friedrich Engels，1820—1895)，德国思想家、哲学家，和卡尔·马克思共同创立了科学共产主义理论，著有《自然辩证法》《家庭、私有制、国家的起源》等。

恩培多克勒(Empedocles，约公元前 495—约 435)，古希腊哲学家，著有《论自然》《洗心篇》等。

恩披里克(Sextus Empiricus，约 160—210)，古希腊怀疑论哲学家、医生。

F

法拉第(Michael Faraday，1791—1867)，英国物理学家、化学家，1831 年发现电磁

感应原理，1844 年提出场理论，引入“场”的概念。

范·赫尔蒙特(Jean-Baptiste van Helmont，1579—1644)，比利时化学家、生物学家、医生。

菲涅耳(Augustin-Jean Fresnel，1788—1827)，法国土木工程师、物理学家，波动光学的奠基人之一，对光的本性的研究，波动光学的理论建立作出了杰出的贡献。

斐洛(Phlio，约公元前 20—公元 50)，希腊化时期犹太教哲学的代表人物和基督教神学的先驱。被誉为“物理光学的缔造者”。

费耶阿本德(Paul Feyerabend，1924—1994)，奥地利裔美籍科学哲学家，无政府主义者，著有《反对方法》。

费雪(Emil Fischer，1852—1919)，美国经济学家、数学家，经济计量学的先驱者之一，对发酵和酶的作用明确提出一种化学的、机械的解释。

冯·诺伊曼(John von Neumann，1903—1957)，美籍匈牙利数学家、计算机科学家、物理学家，是 20 世纪最重要的数学家之一。

弗拉姆斯蒂德(John Flamsteed，1646—1719)，首任英国皇家天文学家，是格林尼治(Greenwich)天文台的创始人，是现代精密天文观测的开拓者。

弗朗西斯·培根(Francis Bacon，1561—1626)，英国近代散文家、哲学家，倡导科学方法，著有《新工具》等。

弗雷泽(James George Frazer，1854—1941)，英国人类学家，著有《原始宗教中的死亡恐惧》《柏拉图理想理论的发展》等。

弗洛伊德(Sigmund Freud，1856—1939)，奥地利心理学家，著有《梦的解析》。

伏尔泰(François-Marie Arouet，1694—1778)，法国哲学家，著有《哲学通信》。

福柯(Michel Foucault，1926—1984)，法国哲学家、社会思想家和思想系统的历史学家，著有《疯癫与文明》《规训与惩罚》等。

傅里叶(Baron Jean Baptiste Joseph Fourier，1768—1830)，法国数学家、物理学家，创立了著名的傅里叶变换数学理论，著有《热的解析理论》。

富兰克林(Benjamin Franklin，1706—1790)，美国政治家、物理学家，发明了避雷针，最早提出电荷守恒定律。著有《穷理查年鉴》《富兰克林自传》等。

G

盖伦(Claudius Galenus，129—199)，古罗马医生，动物解剖学家和哲学家，著有《气质》《本能》《关于自然科学的三篇论文》等。

哥白尼(Nicolaus Copernicus，1473—1543)，文艺复兴时期的波兰天文学家、数学家、教会法博士、神父，著有《天体运行论》。

格里森(Henry Allan Gleason，1882—1975)，美国生态学家、植物学家及分类学家，著有《草原上的植物群》等。

格雷(Stephen Gray，1666—1736)，英国科学家，发现了电的传导现象。

格罗斯泰斯特（Robert Grosseteste，1175—1253），英国政治家、经院哲学家、神学家和伦敦大主教。

H

H. 弗洛里斯·科恩（H. Floris Cohen，1964—），荷兰科学史家，著有《科学革命的编史学研究》《世界的重新创造：近代科学是如何产生的》。

哈雷（Edmond Halley，1656—1742），英国天文学家、地理学家、数学家、气象学家和物理学家，他把牛顿定律应用到彗星运动上，并正确预言了那颗现被称为哈雷的彗星作回归运动的事实，他还发现了天狼星、南河三和大角这三颗星的自行及月球长期加速现象。

哈里奥特（Thomas Harriot，1560—1621），英国著名的天文学家、数学家、翻译家，首次创作完成了月球表面的地形图。

哈维（William Harvey，1578—1657），英国科学家、医生，发现血液循环规律。

哈金（Ian Hacking，1936—），加拿大哲学家，“新实验主义”的代表人物之一，著有《驯服偶然》《表征与干预》。

海德格尔（Martin Heidegger，1889—1976）德国哲学家，存在主义哲学代表人物之一，著有《存在与时间》等。

海森伯（Werner Karl Heisenberg，1901—1976），德国物理学家，量子力学主要创始者，著有《量子论的物理学基础》《关于流体流动的稳定和湍流》。

海亚姆（Omar Khayyam，1048？—1122），波斯数学家、天文学家、哲学家，著有《鲁拜集》《代数学》。

亥姆霍兹（Hermann Ludwig Ferdinand von Helmholtz，1821—1894），德国数学家，创立能量守恒学说，著有《力之守恒》等。

荷马（Homer，约公元前 9 世纪—前 8 世纪），古希腊盲诗人，著有《荷马史诗》。

赫拉克利特（Heraclitus，约公元前 544—前 483），古希腊哲学家，提出“火本原”说，著有《论自然》。

赫拉利（Yuval Noah Harari，1976—），以色列历史学家，著有《人类简史》《未来简史》。

赫伦（Heron，公元 62 年左右，生卒年不详），古希腊数学家、力学家、机械学家。

赫罗菲拉斯（Herophilus，公元前 335—前 280），希腊医生及最早的解剖学家之一，开创了神经解剖学。

赫胥黎（Hugh Huxley，1924—2013），英国生物学家，提出滑肌原纤维模型。

赫兹（Heinrich Rudolf Hertz，1857—1894），德国物理学家，用实验证实了电磁波的存在。

黑格尔(德语：Georg Wilhelm Friedrich Hegel，常缩写为 G. W. F. Hegel；1770—1831)，德国哲学家，著有《法哲学原理》等。

霍布斯(Thomas Hobbes，1588—1679)，英国哲学家，著有《利维坦》。

胡克(Robert Hooke，1635—1703)，英国博物学家，发明了望远镜和显微镜等，著有《显微术》。

胡塞尔(Edmund Gustav Albrecht Husserl，1859—1938)，奥地利著名作家、哲学家，现象学的创始人，同时也被誉为近代最伟大的哲学家之一，著有《纯粹现象学和现象学哲学的观念》。

华莱士(Alfred Russel Wallace，1823—1913)，英国博物学家、人类学家，创立“自然选择”理论。

怀特海(Alfred North Whitehead，1861—1947)，英国数学家、哲学家，过程哲学的创始人，著有《泛代数论》《数学原理》等。

惠更斯(Christiaan Huygens，1629—1695)，荷兰物理学家、数学家、天文学家，提出动量守恒定律，著有《光论》等。

霍尔丹(John Scott Haldane，1860—1936)，苏格兰医生、生理学家，是 19 世纪末生物学有机论的开创者。

I

I. B. 科恩(I.B. Cohen，1914—2003)，美国科学史家，著有《新物理学的诞生》《自然科学与社会科学的互动》《科学中的革命》等。

J

吉布斯(Josiah Willard Gibbs，1839—1903)，美国数学物理学家，提出了吉布斯自由能与吉布斯相律。

吉尔伯特(William Gilbert，1544—1603)，英国伊丽莎白女王的御医、英国皇家科学院物理学家，著有《磁石论》。

伽伐尼(Luigi Galvani，1737—1798)，意大利医生和动物学家，发现伽伐尼电流。

伽利略(Galileo Galilei，1564—1642)，意大利数学家、天文学家，论证了日心说和提出了自由落体定律，被誉为“现代观测天文学之父”“现代物理学之父”“科学之父”及“现代科学之父”，著有《星际使者》《关于太阳黑子的书信》。

伽桑狄(Pierre Gassendi，1592—1655)，法国哲学家，提出著名的“三种灵魂”。

金斯(James Hopwood Jeans，1877—1946)，英国物理学家、天文学家、数学家，提出了关于太阳系起源的潮汐假说。

K

卡尔达诺(Girolamo Cardano，1501—1576)，文艺复兴时期的哲学家、数学家和医生，因发表三次方程解公式而著名，著有《大术》。

卡佩拉(Martianus Capella，约 410—439)，拉丁百科全书家的主要代表人物之一，著有《菲劳罗嘉与默丘利的联姻》。

卡文迪什(Henry Cavendish，1731—1810)，英国化学家、物理学家，建立电势概念、测量万有引力扭秤实验等。

卡尔纳普(Rudolf Carnap，1891—1970)，德裔美籍哲学家，逻辑实证主义的主要代表，著有《世界的逻辑构造》《语言的逻辑句法》等。

开普勒(Johannes Kepler，1571—1630)，德国天文学家，发现行星运动三大定律，著有《宇宙的奥秘》《世界的和谐》《鲁道夫星表》。

凯恩斯(J. M. Keynes，1883—1946)，英国经济学家，现代经济学最有影响的经济学家之一，著有《就业、利息和货币通论》。

凯库勒(Friedrich Kekule，1829—1896)，德国有机化学家，著有《有机化学教程》。

康德(德语原名：Immanuel Kant，1724—1804)，德国哲学家，提出“星云假说”，著有《纯粹理性批判》《实践理性批判》《判断力批判》。

柯瓦雷(Alexandre Koyré，1892—1964)，俄罗斯科学史家，著有《从封闭世界到无限宇宙》《伽利略研究》。

柯西(Augustin-Louis Cauchy，1789—1857)，法国数学家，在数学领域建树有柯西不等式等。

可敬的比德(The Venerable Bede，672—735)，英国历史学家，被称为英国史学之父，著有《英格兰人教会史》。

克劳修斯(Rudolf Julius Emanuel Clausius，1822—1888)，德国物理学家和数学家，热力学主要奠基人之一，把熵的概念引入了热力学。

克里克(Francis Harry Compton Crick，1916—2004)，英国物理学家、生物学家，发现 DNA 双螺旋结构。

克隆比(Alistair Cameron Crombie，1915—1996)，澳大利亚科学史家，著有《从奥古斯丁到伽利略：在公元 400 年到 1650 年间的科学史》。

克鲁岑(Paul Jozef Crutzen，1933—)，荷兰大气化学家，因氧的分解而与莫利纳、罗兰共同获得 1995 年诺贝尔化学奖。

克律西普斯(Chrysippos，公元前 280—前 207)，斯多亚哲学的代表人物，对逻辑学有着特别的贡献。

克特西比乌斯(Ctesibius，公元前 285—前 222)，亚历山大城发明家，是气体力学的创始人，也是亚历山大力学学派的创始人。

克莱门茨(Frederick Clements，1874—1945)，美国植物生态学家，也是植物生态学和植被演替研究的先驱，著有《植物演替：植被发展的分析》。

孔多塞(Marie-Jean-Antoine-Nicolas-Caritat,Marquis de Condorcet，1743—1794)，法国哲学家，著有《人类精神进步史表纲要》。

库恩(Kuhn Thomas Sammual，1922—1996)，美国科学史家、科学哲学家，提出“范式”概念，著有《科学革命的结构》等。

库仑(Charles-Augustin de Coulomb，1736—1806)，法国物理学家，提出“库仑

定律”。

库萨的尼古拉(Nicholas of Cusa，1401—1464)，德国哲学家、神学家、法学家和天文学家，著有《天主教的和谐》和《论有学识的无知》。

L

拉卡托斯(Imre Lakatos，1922—1974)，美国科学哲学家，著有《科学研究纲领方法论》。

拉美特利(Julien Offroy De La Mettrie，1709—1751)，法国哲学家，著有《人是机器》。

拉普拉斯(Pierre-Simon de Laplace，1749—1827)，法国数学家、物理学家，著有《宇宙体系论》《分析概率论》《天体力学》。

拉瓦锡(Antoine-Laurent de Lavoisier，1743—1794)，法国著名化学家，提出氧的燃烧学说，被后世尊称为“近代化学之父”，著有《化学基本论述》。

拉伍洛克(James Ephraim Lovelock，1919—2022)，英国化学家、生物学家和发明家，提出“盖娅假说”，著有《盖娅：对生命和地球的新看法》《盖娅时代》。

莱布尼兹(Gottfried Wilhelm Leibniz，1646—1716)，德国哲学家、数学家，“单子论”的提出者，微积分的创立者，著有《神义论》《单子论》等。

莱默里(Nicolas Lemery，1645—1715)，法国化学家、药学家，对植物化学和火山有研究，著有《化学教程》。

劳埃德(G. E. R. Lloyd，1933—)，英国历史学家，著有《古代世界的现代思考：透视希腊、中国的科学与文化》《早期希腊科学：从泰勒斯到亚里士多德》等。

老普林尼(Pliny the Elder，23—79)，意大利哲学家，植物学研究史上第一个使用经典拉丁文描述植物的学者。

雷蒂库斯(Rheticus，1514—1574)，奥地利数学家、天文学家，主要贡献在三角学和天文学方面。

黎曼(Georg Friedrich Bernhard Riemann，1826—1866)，德国数学家，黎曼几何的创立者，该几何体系为广义相对论的创立作出了贡献。

李•斯莫林(Lee Smolin，1955—)，美国知名理论物理学家，圈量子引力论创始人之一，著有《时间重生：从物理学危机到宇宙的未来》等。

李比希(Justus von Liebig，1803—1873)，德国化学家，创立了有机化学，称为“有机化学之父”，著有《有机物分析》《动物化学》等。

李约瑟(Joseph Needham，1900—1995)，英国生物化学和科学史学家，著有《化学胚胎学》《生物化学与形态发生》等。

里德伯(Johannes Rober Rydberg，1854—1919)，瑞典数学家、物理学家，光谱学的奠基人之一。

列宁(俄语：Ле́нин，1870—1924)，俄国无产阶级革命家、政治家、理论家、思想家，著有《国家与革命》《帝国主义是资本主义的最高阶段》等。

列奥谬尔(Rene-Antoine Ferchault de Reaumur，1683—1757)，法国物理学家，是昆虫学的创立者之一，而且发现胃液对食物有消化作用。

列维-布留尔(Lucien Lévy-Bruhl，1857—1939)，法国哲学家、社会学家，以研究原始思维而著名，著有《原始思维中的超自然与自然》等。

列维-施特劳斯(Claude Lévi-Strauss，1908—2009)，法国哲学家，结构主义人类学创始人，著有《种族的历史》等。

林德伯格(David C. Lindberg，1935—2015)，美国著名科学史家，1999 年获得科学史研究的奖萨顿奖章，著有《西方科学的起源》等。

留基伯(Leucippus 或 Leukippos，约公元前 500—前 440)，古希腊哲学家，原子论创始人之一。

卢克莱修(Lucretius，约公元前 99—前 55)，罗马共和国末期的诗人和哲学家，著有《物性论》。

卢瑟福(Ernest Rutherford，1871—1937)，英国物理学家，创建了原子结构的太阳系模型。

罗巴切夫斯基(Nikolas lvanovich Lobachevsky，1792—1856)，俄罗斯数学家，非欧几何的早期创立者之一。

罗吉尔・培根(Roger Bacon，1214—1294)，英国著名唯名论者，实验科学的先驱。

罗兰(Sherwood Rowland，1927—2012)，美国化学家，因发现氟氯氢能够破坏臭氧层而著名。

罗素(Bertrand Arthur William Russell，1872—1970)，英国哲学家、数学家、逻辑学家、历史学家、文学家，分析哲学的主要创始人，著有《西方哲学史》《哲学问题》《心的分析》《物的分析》等。

洛克(John Locke，1632—1704)，英国哲学家，提出了“白板说”，著有《政府论》《论宽容》《人类理智论》。

洛伦兹(Hendrik Antoon Lorentz，1853—1928)，荷兰理论物理学家、数学家，经典电子论的创立者。

M

马丁・路德(Martin Luther，1483—1546)，16 世纪欧洲宗教改革倡导者，基督教新教路德宗创始人，著有《九十五条论纲》等。

马赫(Ernst Mach，1838—1916)，奥地利-捷克物理学家、心理学家和哲学家，著有《感觉的分析》等。

马克罗比乌斯(Macrobius Ambrosius Theodosius，生卒年不详)，拉丁语法学家和哲学家，活跃于 5 世纪上半叶，约比老普林尼晚 350 年；古罗马作家，著有《西庇阿之梦》《农神节》。

麦金泰尔（Lee Mcintyre，1929—），苏格兰格拉斯哥哲学家，著有《伦理学简史》《三种对立的道德探索观点：百科全书、谱系学和传统》《第一原理、终极目的与当代哲学问题》等。

麦克斯韦（James Clerk Maxwell，1831—1879），英国物理学家、数学家，创立了麦克斯韦方程式，著有《电磁学通论》《论电和磁》。

麦茜特（Carolyn Merchant），美国的生态女性主义哲学家和科学史学家，著有《自然之死——妇女、生态和科学革命》等。

梅洛-庞蒂（Maurice Merleau-Ponty，1908—1961），法国哲学家，著有《知觉现象学》等。

孟德尔（Gregor Johann Mendel，1822—1884），奥地利帝国生物学家，是遗传学的奠基人，被誉为现代遗传学之父。

米基利（Thomas Midgley，1889－1944），美国机械工程师和化学家，因发明和应用四乙基铅和氟利昂而闻名于世。

莫利纳（Mario Molina，1943—），美国化学家、环境学家，研究大气化学，对臭氧的形成和保护作出了重要贡献。

莫斯利（Henry Gwyn Jeffreys Moseley，1887—1915），英国的物理学家、化学家，他发现原子序数，提出莫塞莱定律。

默顿（Robert King Merton，1910—2003），美国社会学家，结构功能主义代表人物之一，著有《十七世纪英国的科学、技术与社会》等。

N

牛顿（Isaac Newton ，1643—1727），英国物理学家，著有《自然哲学之数学原理》等。

O

欧多克斯（Eudoxus of Cnidus，约公元前 400—前 347），古希腊天文学家，创立了同心球系统，又叫“洋葱”系统。

欧几里得（Euclid，拉丁文为 Euclides 或 Eucleides，公元前 330—前 275），古希腊数学家，被称为“几何之父”，著有《几何原本》。

P

帕拉塞尔苏斯（Von Hohenheim Paracelsus，1493—1541），文艺复兴初期的自然哲学家，著名的炼金术士，开创了医疗化学学派。

帕斯卡尔（Blaise Pascal，1623—1662），法国数学家、哲学家，著有《算术三角形》《思想录》。

皮罗（Pyrrhon，约公元前 365—前 270），古希腊哲学家，怀疑论鼻祖。

普鲁斯特（Joseph Louis Proust，1754—1826），法国化学家，因“普鲁斯特定律”而著名。

普朗克（Max Karl Ernst Ludwig Planck，1858—1947），德国物理学家、思想家，

提出“量子”概念，著有《普通热化学概论》《热力学讲义》《能量守恒原理》等。

普利斯特列(Joseph Priestley，1736—1813)，英国化学家，囿于燃素说而将此分解氧化汞所得的氧气称为“脱燃素的空气”。

普鲁塔克(Plutarch，46—120)，罗马时代的希腊作家，著有《希腊罗马名人传》《掌故清谈录》等。

普罗克洛斯(Proklos，410—485)，希腊哲学家、天文学家、数学家、数学史家，著有《普罗克洛斯概要》《球面学》等。

普罗提诺(Plotinus，约 205—270)，罗马帝国时代哲学家，新柏拉图主义者，“三位一体”思想先驱。

R

让·布里丹(Jean Buridan，约 1292—1358)，法国哲学家，因证明“两个相反而又完全平衡的推力下，要随意行动是不可能的”而著名。

瑞利(Lord Rayleigh，1842—1919)，英国物理学家，发现了惰性气体氩。

若弗鲁瓦(Étienne François Geoffroy，1672—1731)，法国医生、化学家，18 世纪初提出“亲合力表”，开始用“力”来解释化学现象。

S

沙特尔的蒂埃里(Thierry of Chartres，卒于 1156 年后)，12 世纪的哲学家，曾在沙特尔和法国巴黎工作，运用柏拉图的宇宙论以及亚里士多德、斯多亚派自然哲学的一部分，阐释“六天创世说”。

萨顿(George Sarton，1884—1956)，比利时科学史家，当代科学史学科的重要奠基者之一，著有《科学史导论》等。

塞尔维特(Miguel Servet，1511—1543)，西班牙医生，文艺复兴时代的自然科学家，肺循环的发现者。

塞内加(Seneca，公元前 4—公元 65)，古罗马政治家、斯多亚派哲学家、悲剧作家、雄辩家，著有《疯狂的赫拉克勒斯》《特洛伊妇女》等。

塞维利亚的伊西多尔(Isidore of Seville，约 560—636)，西班牙基督教神学家和自然法学家，著有《词源》。

圣乔其(Albert von Szent-Gyorgyi，1893—1986)，匈牙利生理学家，1937 年获诺贝尔生理学或医学奖。

森博洛夫(Daniel Simberloff，1942—)，美国生物学家、生态学家，著有《生物入侵》等。

舒斯特(John A. Schuster，1947—)，澳大利亚科学史和知识史研究者，著有《科学史与科学哲学导论》等。

司各脱(John Duns Scotus，约 1265—1308)，中世纪盛期英国哲学家、教育家，著有《巴黎论著》《牛津论著》等。

斯坦利·N. 科享(Stanley Norman Cohen，1935—?)，美国遗传学家，诺贝尔生理学或医学奖获得者。

斯宾诺莎(Baruch de Spinoza，1632—1677)，犹太人，近代西方哲学的三大理性主义者之一，与笛卡儿和莱布尼茨齐名，著有《笛卡尔哲学原理》《神学政治论》《伦理学》《知性改进论》等。

苏格拉底(Socrates，公元前470—前399)，古希腊哲学家，雅典哲学的创始人之一。

T

泰勒(Edward Burnett Tylor，1832—1917)，英国文化人类学的奠基人，古典进化论的主要代表人物，著有《原始文化》《人类学：人及其文化研究》等。

泰勒斯(Thales，约公元前624—前547或546)，古希腊哲学家，提出“水是万物的本原”命题。

坦斯利(A. G. Tansley，1871—1955)，英国植物学家，生态学的先驱者，被称为“英国植物生态学之父”。

汤姆逊(Joseph John Thomson，1856—1940)，英国物理学家，电子的发现者。

图西(Nasiral-Din al-Tusi，1201—1274)，中世纪波斯天文学家、数学家、哲学家，著有《论完全四边形》等。

托勒密(拉丁语Claudius Ptolemaeus，约90—168)，希腊数学家、天文学家，地心说的集大成者，著有《天文学大成》《地理学》《天文集》等。

托里拆利(Evangelista Torricelli，1608—1647)，意大利物理学家、数学家，于1644年制成第一只水银气压计，著有《论重物的运动》。

托马斯·阿奎那(Thomas Aquinas，约1225—1274)，中世纪经院哲学家，著有《神学大全》。

托马斯·杨(Thomas Young，1773—1829)，英国医生、物理学家，光的波动说的奠基人之一，著有《自然哲学与机械工艺课程》《自然哲学讲义》等。

W

威尔森(Edward Osborne Wilson，1929—2021)，美国昆虫学家、博物学家和生物学家，被称为“达尔文的天然继承人”、“社会生物学之父”和“生物多样性之父”，著有《社会生物学》等。

维恩(Wilhelm Carl Werner Otto Fritz Franz Wien，1864—1928)，德国物理学家，发现了维恩位移定律，著有《流体力学》。

维勒(Friedrich Wohler，1800—1882)，德国化学家，首次使用无机物氰酸铵与硫酸铵人工合成了尿素，打破了有机化合物的“生命力”学说。

维萨里(Andreas Vesalius，1514—1564)，著名医生、解剖学家，近代人体解剖学的创始人，现代解剖学之父，著有《人体构造》。

维韦(Juan Luis Vives，1492—1540)，西班牙人文主义者，著有《论教育儿童的正确方法》。

韦伯(Max Weber，1864—1920)，德国社会学家、哲学家，著有《新教伦理与资本主义精神》。

沃尔夫(Caspar Friedrich Wolff，1733—1794)，德国胚胎学家，撰写了划时代的论文《繁殖理论》(“Theory of Generation”)，叙述了他对各种植物所做的观察，并由此得出一个哲学观念——胚胎发育是“渐成的”。

沃森(James Dewey Watson，1928—)，美国生物学家，1962年获诺贝尔生理学或医学奖，被称为DNA之父。

沃丁顿(Conrad Hal Waddington，1905—1975)，英国发育生物学家、古生物学家、遗传学家、胚胎学家和哲学家，著有《基因的策略》等。

X

西塞罗(Marcus Tullius Cicero，公元前106—前43)，古罗马著名政治家、演说家、雄辩家、法学家和哲学家。

希尔伯特(David Hilbert，1862—1943)，德国著名数学家，著有《数论报告》《几何基础》《线性积分方程一般理论基础》等。

希帕克斯(Hipparchus，约公元前160—前127)，古希腊天文学家，被称为天文学之父，创立了球面三角工具。

夏平(Steven Shapin，1943—)，美国历史学家与科学知识的社会学家，著有《利维坦与空气泵》《真理的社会史——17世纪英国的文明与科学》《真理的社会史》等。

谢林(Wilhelm Joseph Schelling，1775—1854)，德国哲学家，著有《先验唯心论体系》《哲学与宗教》等。

休谟(David Hume，1711—1776)，苏格兰不可知论哲学家、经济学家、历史学家，被视为是苏格兰启蒙运动以及西方哲学历史中最重要的人物之一，著有《人性论》《道德原则研究》等。

薛定谔(Erwin Schrödinger，1887—1961)，奥地利理论物理学家，提出薛定谔方程式，为量子力学的发展作出贡献，著有《波动力学四讲》《统计热力学》《生命是什么？——活细胞的物理面貌》等。

Y

亚里士多德(Aristotle，公元前384—前322)，古希腊哲学家、百科全书式学者，著有《尼各马可伦理学》等。

伊本·海塞姆[Ibn al-Haytham，在西方又被称为“海桑”(Alhazen)，956—1040]，埃及物理学家，阿拉伯学者，发现了光线形成影像的原理，著有《光学》。

伊壁鸠鲁(Epicurus，公元前341—前270)，古希腊哲学家、无神论者，著有《论自然》《准则学》等。

Z

芝诺(Ζήνων，英文名 Zeno of Elea，约公元前 490—前 425)，古希腊哲学家，巴门尼德的学生，因提出“飞矢不动”的思想以反驳运动可能性而著名。

仲马(Charles-Louis Dumas，1765—1813)，法国医生，18 世纪 90 年代蒙彼利埃(Montpellier)医学院的院长，他领导并形成了蒙彼利埃学派。

后　　记

（一）本书的写作背景及其历程

本书的完成完全超出笔者的预料。起初，笔者并没有打算撰写并出版这样一本书，毕竟笔者的主攻专业是科学技术哲学而非科学技术史，撰写这样一本书真的是“吃力不讨好”。

1. 1999—2013：从“科学的发展与自然观变革”到《科学方法历史导论》

本人之所以想到撰写本书，根源还在“自然辩证法概论”课程的教学。1999年8月，笔者自中国人民大学博士毕业，进入中国科学技术大学研究生院（北京）（2000年12月更名为“中国科学院研究生院”，2012年7月更名为“中国科学院大学”）工作，承担“自然辩证法概论”课程教学。这门课程的教学涉及“自然观”部分。对于这部分，传统的教材一般是按照“古希腊朴素唯物主义自然观”“中世纪神学自然观”“近代机械自然观”“现代唯物主义自然观”“未来生态自然观”的体系编排的。这与科学的联系不紧密，也导致我在为理工科硕士研究生授课时，他们不感兴趣。这种状况迫使我对本部分的教学内容进行改革，认识到单纯谈论自然观的变革并不可取，应该结合科学的发展来谈自然观的变革，这样就既能够体现科学（关于自然的具体认识）与自然观（关于自然的一般性看法）之间的关系，也能够更好地与理工科硕士研究生所从事的科学研究工作相关。恰好此时（2002年），刘大椿教授主持理工科硕士研究生教材《自然辩证法概论》一书（2004年首版，2008年再版，2013年重版）的编写，他让本人负责“第二篇　自然观及其变革”部分。就此，本人根据“自然辩证法概论”课程的教学经验，设计“第三章 科学发展与自然观的变革”并进行撰写，其内容包括“一、古代自然观与中世纪自然观”“二、近代科学的兴起与机械论自然图景”“三、当代科学突破与自然观的新探索”“四、自然观对于科学认识活动的意义”。

这种“自然观”部分的写作内容安排在我国以往《自然辩证法概论》教材中几乎没有见到，应该是一个创新，依此授课也受到选课学生的欢迎。自此，笔者有意识地吸收国内外资料，结合本课程的教学以及《自然辩证法概论》教材的再版(2008年)和重版(2013年)，对“科学的发展与自然观的变革”这一主题进行连续性的研究和重新撰写，先后完成了史前神话自然观与人类关于自然的认识，古希腊早期、中期自然哲学及其科学思想蕴涵，中世纪神学自然观与自然认识，近代科学革命中的代表人物哥白尼、开普勒、伽利略、笛卡儿、牛顿等的科学思想研究，发表的论文典型的有《自然的本质是简单的吗？》(《自然辩证法研究》，2003年第3期)，《面对复杂性科学，要探索科学认识方法的新范式》(《科技导报》，2003年第5期)，《论主体性的重构与“人-自然”新关系的建立》(《南京林业大学学报(人文社会科学版)》，2007年第1期)，《自然的有机整体性与科学认识方法的变革》(光明日报(理论周刊11版学术笔谈)》，2007年7月17日)，《古希腊自然哲学中的科学思想成份探究》(《科学技术与辩证法》，2008年第4期)，《伽利略物理学数学化哲学思想基础析论》(《江海学刊》，2012年第1期)，《Phusis与Natura的词源考察与词义分析》(《山西大学学报(哲学社会科学版)》，2012年第1期)等。

在这样的研究过程中，本人还发现，在科学的发展中单纯谈论自然观的变革并不可取，实际上，自然观的变革与方法论的创新紧密联系在一起。而且，本人于2008年至2012年参加了科技部“创新方法”专项课题之子课题的研究。该课题原先计划撰写多部科学方法著作，其中，本人负责《科学方法的历史导论》分册，各章的标题分别为：“一、什么是科学和科学方法”“二、史前科学方法：通过神话和人格化来解释自然”“三、古希腊科学认识方法：近代科学方法的萌芽”“四、中世纪科学方法：为神学自然观服务”“五、近代科学革命时期的科学方法：以机械自然观为先导”“六、科学认识方法在科学研究中的应用”“七、科学的发展、自然观的变革与科学方法的革命”。在此，之所以加上第七部分，是因为本人此时认识到科学的发展、自然观的变革与方法论的创新是紧密联系在一起的。

之后，由于上述课题项目最终决定只出一本书，《科学方法的历史导论》一书没有单独出版。但是，那时本人已经有了出版这样一本书的想法了。经与国家重点学科教育部人文社会科学重点研究基地山西大学科学技术哲学研究中心商谈，他们同意资助并由科学出版社出版。2012年底，我向科学出版社提交了《科学方法历史导论：自然观变革、方法创新与科学革命》书籍介绍表，并于2013年签订正式出版合同。

《科学方法历史导论：自然观变革、方法创新与科学革命》一书章的目录如下：“绪论：自然观变革、方法创新与科学革命之关系”“第一章 史前神话宗教自然观与人类对自然的认识”“第二章 古希腊自然哲学时期的自然观与科学认识”“第三章 古希腊自然哲学时期之后的自然观与科学认识”“第四章 中世纪宗教自然观与科学的发展”“第五章 文艺复兴运动与科学革命的肇始”“第六章 机械自然观与近代科学革命的开展”“第七章 机械自然观与近代科学革命的推进”“第八章 机械自然观与科学认识方法论的确立”“第九章 科学革命与自然观的新探索”“第十章 新自然观与新科学革命”“第十一章 自然观变革下的科学方法创新案例”“结语：科学方法历史演变概述”。

现在回过头来想想，上书无论是就书名还是每章的标题及其安排，是很粗糙的且某些地方不合理，那时向出版社提出出版计划还是太盲目了，有点“初生牛犊不怕虎”的味道。事实上，直到那时，我对自然哲学(自然观)以及科学史的了解还较少，很大程度上只是囿于自己的无知而想当然地认为可以出版这样一本书。关于这点，被后面的经历所证实。

2. 2013—2018：从《科学方法历史导论》到《科学思想史》

2013 年与科学出版社签订出版合同后，本人以为对已经完成的书稿初稿进行少量的补充以及完善，就可以很快出版了。但是，本人在进一步收集并且研读相关文献的过程中，发现王国强博士和宋斌博士已经分别出版了他们的博士学位论文，原先关于开普勒和笛卡儿的部分要重新撰写，不仅如此，“史前神话宗教自然观与人类部分”需要重写，弗朗西斯·培根、波义耳等人物的相关科学思想研究还需要开启；“古希腊晚期自然哲学与自然认识”不能与“古希腊中期自然哲学与自然认识”合为一章，需要将其单独作为一章。

不仅如此，本人研读了湖南科学技术出版社出版的“科学源流译丛”，发现格兰特的《近代科学在中世纪的基础》(2010 年)对中世纪自然哲学与神学以及近代科学多有论述，应该对中世纪自然哲学与科学认识部分重新撰写；发现 H. 弗洛里斯·科恩在《世界的重新创新：近代科学是如何产生的》(2012 年)中将科学革命分为六种：第一种革命“雅典加的”；第二种革命“亚历山大里亚加的”；第三种革命“发现的-实验的”；第四种革命“惠更斯的将微粒说与数学结合起来”；第五种革命“波义耳的将微粒说与实验结合起来”；第六种革命“牛顿的微粒说、实验与数学结合起来”。据此，本人对近代科学革命部分进行了重新编排，分为四章——“近代科学革命(一)：从抽象的数学到实在的数学”“近代科学革命(二)：从经验的观察到发现的实验”“近代科学革命(三)：从万物的有灵到自然的祛魅”“近代科学革命的完成：科学方法的综合”，并重新撰写。

而且，本人自 2000 年至 2003 年在山西大学师从郭贵春教授开展项目博士后合作研究，提炼出“后现代生态科技观：从建设性的角度看”主题，从科学哲学的角度探讨科学应用造成环境问题的本体论、认识论和方法论方面的原因，然后再从科学哲学角度提出解决环境问题的科学革命路径，出版《后现代生态科技观：从建设性的角度看》（科学出版社，2003 年）。从此以后，本人进一步推进这方面的研究，出版《环境·科学：非自然、反自然与回归自然》（化学工业出版社，2009 年），发表一系列的论文，认为近代科学的非自然性是科学应用造成环境问题的根本原因，要解决环境问题，就要回归自然、顺应自然，进行新的科学革命，发展既有利于经济也有利于环境的科学——“地方性科学”（《走向第三种科学：地方性科学》，中国人民大学学报，2017 年第 3 期）。这也使本人想到，应该将这部分内容精炼压缩，作为最后一章“科学的非自然性、环境破坏与方法创新”，放到本书稿中。

更为重要的是，本人在分析之前所列的写作提纲时发现，上述书稿的主标题虽然是《科学方法历史导论》，但是直接针对科学方法的历史研究较少，而针对方法论创新的较多，主标题不太恰当。而且，上述书稿还涉及自然观的变革、方法论创新和科学革命，这应该是对科学认识的或科学思想的综合。如此思考之后，再加上本人分别自 2007 年和 2010 年，在中国科学院研究生院开设了“科学方法论导论”以及“科学技术与社会概论”课程，几年之后本人想到可以撰写关于科学的三部曲，书名定为《科学的思想》、《科学的方法》、《科学的社会》。在这样的背景下，本人于 2016 年 4 月将原先书名《科学方法导论：自然观变革、方法论创新与科学革命》，改为《科学的思想：自然观变革、方法论创新与科学革命》。

到了 2018 年 9 月，本人从中国社会科学院调到华南师范大学任教，为科学技术哲学专业的硕士生开设了“科学思想史”这门课程。应该是受到这门课程名称的影响以及上书撰写的推进，本人于 2018 年底将该书书名改为《科学思想史：自然观变革、方法论创新与科学革命》。

比较 2013 年初提交给科学出版社的书稿目录以及 2018 年底的书稿目录，区别见表 16.1。

表 16.1　2013 年初的书稿目录和 2018 年底的书稿目录比较

书名	《科学方法历史导论：自然观变革、方法创新与科学革命》（2013 年 1 月）	《科学的思想：自然观变革、方法论创新与科学革命》（2018 年 12 月）
目录及各部分完成情况	绪论：自然观变革、方法创新与科学革命之关系（未撰写） 第一章　史前神话宗教自然观与人类对自然的认识（简略撰写） 一、史前人类认识自然的基础：神话宗教自然观；二、神话宗教自然观与史前人类认识自然的方法；三、史前人类认识自然的特点：自然的神化和人格化	引论　科学的思想：科学革命是如何发生的？（简略撰写） 第一章　史前神话宗教自然观与自然认识（大改并完成） 一、史前人类认识自然的科学与非科学；二、以神话宗教自然观的方式认识自然；三、神化宗教自然观对于史前人类的意义

续表

书名	《科学方法历史导论：自然观变革、方法创新与科学革命》(2013 年 1 月)	《科学的思想：自然观变革、方法论创新与科学革命》(2018 年 12 月)
目录及各部分完成情况	第二章　古希腊自然哲学时期的自然观与科学认识(初步完成) 一、米利都学派：试图用自然的因素解释自然现象；二、毕达哥拉斯学派：科学数学化的起源；三、元素论者和原子论者：由基本的构成解释宏观经验现象 第三章　古希腊自然哲学时期之后的自然观与科学认识(初步完成) 一、柏拉图学派：为建立数学的天文学提供了很好的思想基础；二、亚里士多德：世界的逻辑化、内在目的论与定性物理学；三、伊壁鸠鲁和卢克莱修的原子论与对自然的认识 第四章　中世纪宗教自然观与科学的发展(简略撰写) 一、古希腊自然观的衰落与中世纪宗教自然观的主导；二、中世纪宗教自然观的内涵；三、中世纪宗教自然观对于科学认识的意义 第五章　文艺复兴运动与科学革命的肇始(初步完成) 一、文艺复兴运动时期的自然观与科学认识；二、哥白尼：由新柏拉图主义创立日心说；三、开普勒：开创了物理的数学的天文学；四、伽利略：实现了数学的物理学的思想 第六章　机械自然观与近代科学革命的开展(简略完成) 一、笛卡儿：机械自然观引导 17 世纪的科学革命；二、培根：实验方法和归纳方法的确立；三、牛顿：试图整合新柏拉图传统和机械论传统 第七章　机械自然观与近代科学革命的推进(初步完成)	第二章　古希腊早期自然哲学：由世界的本原认识自然(新增第三节) 一、米利都学派：试图用自然的因素解释自然；二、毕达哥拉斯学派：通过自然的本原“数”认识自然；三、埃利亚学派：世界的本原是不变的(通过不变的存在认识自然)；四、元素论者和原子论者：由基本的构成解释宏观世界 第三章　古希腊中期自然哲学：数学的天文学与哲学的物理学(完善并完成) 一、柏拉图：理念论与数学的天文学；二、亚里士多德：世界的逻辑化、内在目的论与哲学的物理学 第四章　古希腊晚期自然哲学：从原子论自然观到新柏拉图主义(新增并初步完成) 一、伊壁鸠鲁派：原子论自然观；二、斯多亚派：折中主义；三、怀疑论学派：悬置判断；四、新柏拉图主义：理性—神 第五章　中世纪神学自然观、自然哲学与自然认识(撰写初稿) 一、中世纪神学自然观：自然哲学为神学服务；二、中世纪自然哲学：与近代早期科学相延续；三、近代科学革命需要变革中世纪自然观 第六章　近代科学革命(一)：从“抽象的数学理念”到“具体的数学实在”(完成) 一、哥白尼：由新柏拉图主义创立日心说；二、开普勒：开创了物理的数学的天文学；三、伽利略：实现了数学的物理学思想 第七章　近代科学革命(二)：从“经验的观察”到“侵扰的实验”(新增并完成) 一、通过经验观察获得经验认识；二、赫尔墨斯传统下的实验的肇始；三、培根“侵扰自然”的实验思想及其来源 第八章　近代科学革命(三)：从“万物的有灵”到“自然的祛魅”(完善并完成)

续表

书名	《科学方法历史导论：自然观变革、方法创新与科学革命》(2013 年 1 月)	《科学的思想：自然观变革、方法论创新与科学革命》(2018 年 12 月)
目录及各部分完成情况	一、牛顿的研究纲领及其对科学的影响；二、机械自然观与十八世纪科学的发展；三、机械自然观与十九世纪科学的发展 第八章　机械自然观与科学认识方法论的确立(基本完成) 一、机械自然观与简单性原则；二、机械自然观与还原性原则；三、机械自然观与决定性原则；四、机械自然观与祛魅性原则 第九章　科学革命与自然观的新探索(初步完成) 一、十九世纪科学发现对机械自然观的冲击；二、从绝对时空观到相对时空观；三、科学的新突破与自然观的新变革 第十章　新自然观与新科学革命(初步完成) 一、新自然观对传统科学方法的挑战；二、新自然观需要新的科学方法；三、新兴科学中的新自然观、新方法与新认识 第十一章　自然观变革下的科学方法创新案例(未撰写) 结语：科学方法历史演变概述(未撰写)	一、通过"万物有灵论"来解释自然；二、笛卡尔：通过"机械自然观"来解释自然；三、机械自然观引导近代科学革命 第九章　近代科学革命的完成：科学方法的综合(新增并完成) 一、惠更斯：将运动微粒说与数学结合起来；二、波义耳：将运动微粒说与实验结合起来；三、牛顿：将运动微粒说、数学与实验结合起来 第十章　科学的发展及其自然观变革与方法创新(初步完成) 一、科学的发展对机械自然观的冲击；二、机械自然观与科学认识的原则；三、科学的新发展与自然观的新变革；四、新自然观下的科学方法创新 第十一章　科学的非自然性及其环境破坏与自然回归(新增并完成) 一、科学的非自然性特征；二、非自然性科学应用造成环境问题；三、走向第三种科学：地方性科学 结语　基于自然观变革的方法创新和科学革命(初步撰写)

比较表 16.1 两个版本的书稿目录，还是对原先的书稿作较大的改动了。这对于本人来说，是一个挑战。是"明知山有虎，偏向虎山行"，勇往直前，还是知难而退，就是一个问题。

3. 2019—2023：从"大写的科学革命"和"综合论"撰写《科学思想史》

2019 年，科学出版社催促本人尽快完成本书稿以便尽快出版。这促使本人加快进度，对之前修改后的书稿作最后的完善，撰写"绪论"部分。

在撰写这一部分时，遇到两个问题需要解决：第一个问题是什么是科学革命？第二个问题是采取什么样的纲领研究科学思想史。

对于第一个问题，其实在表 16.1 中 2018 年的书稿"结语"部分就已经涉及。在该部分，本人撰写了"需要澄清的科学革命的几个问题"，其中对范式与科学革命的关联进行了初步分析，并且提出了史前人类"宗教式科学"，古希腊"哲学式科学”，近代“数理科学”“实验科学”“实证科学”“机械式科学”，现代“有机式科学”，未来“可持续式科学”的概念，而且也看到施拉格尔的古希腊科学是一次革命的论述，但是，对什么是科学革命仍然没有给予系统的阐述。

到了2019年，本人对科学革命究竟是什么作了系统分析。I.B.科恩科在《科学中的革命》(商务印书馆，2017)将科学革命按照规模大小分为“大规模的科学革命”和“较小规模的科学革命”，而且将前者用“Scientific Revolution”表示，后者用“scientific revolutions”表示。根据此用来表示的英文单词首字母的大小写以及其内涵，我将前者称为“大写的科学革命”，后者称为“小写的科学革命”，并将我的《科学思想史：自然观变革、方法论创新与科学革命》中的“科学革命”界定为“大写的科学革命”。进一步地，本人也从巴特菲尔德《现代科学的起源》(上海交通大学出版社，2017)给予佐证。

对于第二个问题，本人也作了深入思考，认为应该从“二阶研究”(科学史研究)到“三阶研究”(科学史研究的再研究)，应该系统收集文献进行全面客观的文献综述，应该博采众长地比较科学史(科学思想史)研究上的不同观点，应该以内史为主外史为辅相结合展开相关研究，应该落实编史学讨论的案例分析方法，应该将科学史而不是科学哲学作为科学思想史研究的基点方法。

在上述思考的基础上，本人对引论部分作了撰写，并将该部分标题改为“引论　科学的思想——从自然观变革、方法论创新到科学革命”，其下分为“一、‘大写的科学革命’：以自然观变革和方法论创新为基础”“二、主要研究内容：自然观变革如何引发科学革命”“三、主要研究方法：从‘三阶研究’到‘综合交叉’研究”。也对“结语”部分进行了改写，将该部分的标题改为“结语　科学革命究竟是什么：结论与反思”“一、基于自然观变革和方法创新的科学革命”“二、需要澄清的科学革命的几个问题”“三、如何看待现代科学革命和未来科学革命”。另外，本人还发现“古希腊晚期自然哲学是由解决个人的人生问题认识自然”，据此对“第四章　古希腊晚期自然哲学”作了改写；发现中世纪的自然哲学部分需要厘清自然哲学与神学以及近代早期科学之间的关系，从而将该部分的标题改为“第五章　中世纪自然哲学：从为神学服务到为科学做准备”，并将其下的节的标题改为“一、中世纪自然哲学之于神学：从‘依附’到‘独立’”“二、中世纪自然哲学之于近代早期科学：从‘断裂’到‘延续’”“三、近代科学革命需要变革中世纪自然观”，进而重新撰写。

上述工作于2019年10月完成。之后，本人在推进国家社会科学基金重大项目“生态学范式争论的哲学研究”(16ZDA112)过程中想到，可以将“范式”分为“抽象的哲学层面的范式”和“具体的科学层面的范式”两类。受此启发，笔者进一步将由前者变革所引发的科学革命界定为“大写的科学革命”，将在“大写的科学革命”完成后，由“具体的科学层面的范式变革”引发的科学革命界定为“小写的科学革命”。本书沿着“大写的科学革命”主线展开科学思想史研究，以揭示人类历史各个发展阶段“大写的科学革命”。如此思考之后，对书稿作了整体性的修改：重新评价了史前人类认识的科学性以及革命性；增加了“第五章 古希腊自然哲学：从革命到衰落再到恢复”，并且将古希腊自然哲学界定为一次“大写的科学革命”；分析了相对论、量子力学的革命性特征，将此认定为“小写的近代科学革命”，而非被广泛认为的“现代科学革命”，并将此放到“第十一章 近代科学革命的推进：范式的遵循、坚守与挑战”部分。不仅如此，笔者还明确以“现代科学革命的肇始”为主题，代替原先的“第十章 科学的发展及其自然观变革与方法创新”。

同样重要的是，本人还对科学思想史研究纲领进行系统研究，意识到科学思想史的研究除了传统科学史研究的内史论和外史论研究纲领之外，还有舒斯特在《科学史与科学哲学导论》(上海科技教育出版社，2013)一书中提出的默顿传统科学社会学视域的“新的外史论”，以及基于夏平科学史的科学知识社会学研究传统的语境论科学史，由此提出科学思想史研究的历史学、哲学与社会学整合的“综合论”的研究纲领。

考虑到原书稿中科学思想史研究的历史学研究纲领以及科学哲学研究纲领已经体现，而科学知识社会学研究纲领体现不够，故在原先“第七章 近代科学革命(一)——从抽象的数学理念到具体的数学实在”中增加一节“四、哥白尼的‘日心说’是如何被接受的”，在“第九章 近代科学革命(三)——从万物有灵论到机械自然观”中增加一节“三、机械自然观建构和被接受的原因”，在“第十章 近代科学革命的集成——微粒说、数学与实验相结合”中增加一节“四、牛顿的后机械论哲学及其研究纲领的贯彻”。

上述工作在2020年完成。之后，本人对已完成的书稿加以进一步完善和补充。一是在“引论”部分新增一节“三、本书的研究策略：综合科学的历史学、哲学和社会学研究”，对科学思想史研究“综合论”的研究纲领之哲学研究纲领以及科学知识社会学的研究纲领进行辩护；二是意识到在近代科学革命的推进过程中，是遇到与机械自然观相对立的活力论的冲击的，因此，在“第十一章 近代科学革命的推进——范式的遵循、坚守与反抗”中增加“四、范式的挑战：活力论的提出与机械论的胜出”一节，并将原章的目录改为“第十一章 近代科学革命的推进——范式的遵循、坚守与挑战”；三是认识到“大写的现代科学革命”是以有机论自然观为基础的方法论创新，就此在“第十二章 现代科学革命的肇始——新的自然观与新的方法论”中增加两节，分别为“一、返魅的自然与自然有机论原则”和“三、综合方法论原则研究有机整体性”；四是认识到“结语”之“三、大写的科学革命的诉求”应该增加“以反科学主义的态度对待现代科学革命与未来科学革命”的内容等。

这些内容的完善和增加是必要的，尤其是对科学思想史“综合论”的研究纲领的辩护，以及对活力论和有机论的专门研究，更是花了我较多的精力。到了2022年

2 月，上述工作基本完成，并且发表了《古希腊自然哲学之科学革命论》（《长沙理工大学学报(社会科学版)》，2020 年第 9 期)、《波义耳将“微粒说”与“实验”相结合的自然哲学分析》(《山东科技大学学报(社会科学版)》，2020 年第 6 期)、《弗朗西斯·培根科学实验思想的哲学基础探析》(《科学技术哲学研究》，2022 年第 1 期)、《量子力学革命是一次“小写的近代科学革命”》(《长沙理工大学学报(社会科学版)》，2024 年第 3 期)。

2022 年 5 月，本人以完成的书稿申报 2022 年教育部哲学社会科学后期资助重大项目，于 2022 年 10 月获得资助(22JHQ003)。在此之后，本人进一步对完成的书稿进行修订，特别是对“第四章 晚期希腊自然哲学——由解决个人的人生问题认识自然”进行修改，强化了这一时期各学派自然哲学思想为解决个人人生问题的内涵。现在呈现出来的书稿是根据结项修改意见修改后的终稿。

到此，本书稿终于完成了，本人也松了一口气。回顾这第三阶段的研究历程，重点在于本人最后一个阶段提出的“大写的科学革命”的核心概念，以及为科学思想史研究提出的“综合论”的研究纲领，并且按照这样的核心概念和研究纲领统领全文，从而使得本书的撰写有了灵魂和手脚架，也使本人对完成的本书更有信心了。尽管在“大写的科学革命”的概念和“综合论”的研究纲领上，还需进一步探讨和商榷，但是，它们的提出肯定是有价值的，就此来说有点“与虎谋皮，方显英雄本色”的意味。

(二)本书的研究特色及其创新

1. “引论”：“大写的科学革命”与“综合论”

(1)目前学界对“范式”的定义不明确，从而导致对“范式”变革之下的“科学革命”的定义也不明确，关于科学革命究竟是什么存在争论。本人在将“范式”分为“哲学层面的范式”和“科学层面的范式”之后，顺理成章地将“科学革命”分为“大写的科学革命”和“小写的科学革命”，并且将“大写的科学革命”界定为由自然观变革所引发的方法论革命以及具体的科学认识革命。据此就可以判断相应的历史时期所发生的“大写的科学革命”的形式，如新石器时代“神话式科学革命”、古希腊的“哲学式科学革命”、近代“机械式科学革命”、现代“有机式科学革命”以及未来“地方性科学革命”，还可以判断哪些科学革命属于“大写的科学革命”，哪些科学革命属于“小写的科学革命”。

(2)传统的科学史研究的方法或范式有内史论和外史论，现在有走向科学知识社会学的语境论的趋势。内史论和外史论预设了一个受特权保护的、自治的科学概念、科学理论和科学方法的“内部”，外史论存在着社会决定论的倾向，语境论消解了科学的内部与外部之分从而也就得出“科学革命不存在”的结论。本人在深入分析评价上述各种研究纲领的基础上，取长补短，提出“综合论”的研究纲领，不仅针对自然观变革、方法论创新如何引致科学革命，展开科学史和科学哲学研究；而且还将科学知识社会学的相关研究有针对性地融入其中，展现“亚文化论”意义上的科学研究共同体内部的争论、协商如何影响科学认识；最后针对近代科学的环境影响，展开科学与环境问题的产生及其解决的哲学研究，提出“地方性科学革命”概念，使得科学思想史研究获得了为未来提供借鉴的意义。这种由“史”到“论”，由“科学”到“社会”“环境”，由“历史”到“未来”的科学历史研究或者科学思想史研究，是一个创新。

2. 史前神话宗教自然观：由超自然来认识自然（“神话式科学”）

这为第一章。国内外研究史前人类认识以及史前科学的较少，甚至有许多人认为史前人类处于蒙昧状态，没有科学，而且即使有科学，也是神话、宗教式的科学，是“伪科学”或“反科学”，对于人类的发展和进步没有什么意义。本人以“人类关于自然的认识”来界定科学，认为史前人类是有科学的，甚至有科学革命，只是这样的科学落后于技术，深深地蕴含在宗教神话的氛围中，以一种人格化的或神话的方式认识自然，属于“神话式科学”。这样的科学如果用近代科学的标准来衡量，是非科学的，但是从当时的历史背景看，有一定的合理性和作用，支撑着人类向前迈进。如此，就比较客观公正地评价了史前人类关于自然的认识，也给史前科学一个比较恰当的定位。

3. 古希腊自然哲学：内含丰富的科学思想（“哲学式科学”）

(1) 在国内，关于古希腊自然哲学研究主要集中在西方哲学专业领域，研究者大多缺乏自然科学知识基础，而具有科学知识基础的科学哲学研究者又很少涉及古希腊自然哲学，从而导致有关古希腊自然哲学研究缺乏科学思想意蕴的挖掘。本人意识到这一点，在充分吸收古希腊自然哲学相关研究成果和深入理解近代、现代科学的基础上，对它的科学思想内涵作了比较深入和广泛的挖掘。

(2) 在国内，一般性地认为古希腊自然哲学是“朴素唯物主义”的。这一结论值得商榷。本人在深入挖掘古希腊自然哲学科学思想内涵的同时，意识到古希腊自然哲学又是深蕴在神话宗教和万物有灵论的自然观中的，是含有许多反近代科学的思想成分的，在介绍分析古希腊自然哲学的时候应该注意到这一点，并将此整合进去。这样一来，古希腊自然哲学就不能简单地用“朴素唯物主义”来概括，而应该用“通过自然的因素来解释自然”来概括，它开创了一种新的有别于史前人类神话式的认识自然的方式——“哲学式科学”。

(3) 对于古希腊自然哲学，国内学界普遍地将此看作近代科学的源流，但是，对其与科学之间的区别及其特征探讨较少。它究竟是科学还是哲学呢？本人在“哲学层面的范式”和“科学层面的范式”区分的基础上，明确古希腊自然哲学是“哲学范式”基础上的关于自然的认识，是“哲学式科学”。如此，就不仅在“大写的科学革命”的基点上，将“古希腊自然哲学”与史前人类“神话式科学”、近代“机械式科学”、现代“有机式科学”、未来“地方性科学”区分了开来，而且还在“大写的科学革命”的基点上，将它与希腊化时期“精确科学”或“专门科学”区别了开来，前者属于“大写的哲学式科学”，后者是在前者的基础上的科学的具体研究，属于“大写的古希腊自然科学”，也应该包含于“大写的哲学式科学”。

⑷在国内，对于古希腊自然哲学介绍和研究的重点，一般性地放在古希腊早期自然哲学和古典希腊自然哲学上，对晚期希腊自然哲学重视不够，介绍和研究较少，更没有广泛深入展开晚期希腊自然哲学与宗教信仰和伦理道德之间关系的研究，相关研究只在近五年零星进行。本人在阅读相关资料的过程中，意识到晚期希腊自然哲学已经有了一个较大的转向，就是它为解决个人的人生问题服务。晚期希腊哲学家们都是从关注世界的本原问题，转而探究人的幸福和快乐问题，并从自然哲学的角度为人生哲学作注。鉴此，本人将其单独作为一章，围绕“晚期希腊自然哲学——由解决个人的人生问题认识自然”来撰写。这样的写作方式国内并不多见。这既区别了晚期希腊自然哲学与其之前希腊自然哲学，也呈现了古希腊自然哲学伦理化的倾向。

⑸在国内，探讨“近代科学革命为什么没有在中国发生”这一问题的学者很多，但是，探讨“近代科学革命为什么没有在古希腊发生”这一问题的学者很少。这有点不正常，毕竟古希腊自然哲学含有丰富的近代科学思想成分，而且它是作为近代科学的源流引发了近代科学革命。本人注意到这一点，在“大写的科学革命”概念的启发下，分析古希腊自然哲学的哲学范式特征，将其界定为一次“大写的科学革命”。这在国内未见，也避免了国外学者仅仅将此视为一次科学革命，或者将希腊化时期自然科学界定为“精确科学革命”的模糊性。而且，本人系统地分析了“大写的古希腊自然哲学革命”为什么没有延续，而是在公元前2世纪突然衰落的原因，并且对“假若古希腊自然哲学革命没有中断会怎样”这一问题作了探讨。这些问题的探讨，对于我们深入理解古希腊自然哲学的特征以及它与社会的关联，理解古希腊自然哲学的命运，具有重要的意义。

4. 中世纪自然哲学：与神学以及近代早期科学的复杂关系

这属于第六章。在国内，人们普遍认为，西方中世纪是黑暗的世纪，科学成为神学的婢女，神学对科学的发展绝对起着阻碍的作用。如果是这样，则早期近代科学或者说近代科学革命为何能够在如此黑暗的中世纪的西方发生呢？关键在于，在西方中世纪，与神学相伴随的主要是自然哲学而非自然科学，对于自然哲学，它在为宗教神学服务的同时，其地位也从“依附”到“独立”。也正因为这样，古希腊自然哲学才有了复兴和进一步发展，也才为近代早期科学的诞生创造了条件。由此来看，古希腊自然哲学与近代早期科学之间是“连续”的。不过，古希腊自然哲学毕竟是“哲学式科学”，而近代早期科学正在向“实证式科学”迈进，近代科学的产生及其发展毕竟是一次科学革命，而且是以机械自然观为基础的数学和实验革命。考虑到这一点，近代科学革命需要变革中世纪自然哲学，近代科学革命就是“革”古希腊自然哲学的命，古希腊自然哲学与近代科学之间是“断裂”的。本人正是本着这样的认识理念，将第六章的标题定为“中世纪自然哲学——从为神学服务到为科学做准备”。这也使得本书关于中世纪科学思想史的撰写富有特色，独树一帜。

5. 近代科学革命：“机械式科学”的产生及其推进

这是本书第七章至第十一章的内容。第七章主要探讨近代科学的数学思想革命，包括哥白尼“日心说”的提出、开普勒“三定律”的创立、伽利略“自由落体运动定律”的发现等。对于哥白尼，国内普遍地认为他是基于新的天文观察事实提出“日心说”的，“日心说”对宗教神学是一个沉重打击，是一次伟大的科学革命。本人在吸收国内外最新研究成果的基础上指出，情况并非如此。事实上，哥白尼是基于“新柏拉图主义”理念提出“日心说”的，就此，他所遵循的哲学范式与托勒密的并没有本质差别，“日心说”之于“地心说”是一次“小写的科学革命”，是柏拉图“数学的天文学”的延续。当然，其所含有的“日心说”的科学内容确实是与支持宗教神学的“地心说”的科学内容相悖，就此而言，是对宗教神学的冲击。对于开普勒，国内学界普遍忽视他的世界观转变对他创立“开普勒三定律”的影响。本人将视野聚焦于此，揭示开普勒之所以能够创立“开普勒三定律”，一个重要的原因是他从天球运动的原因是“灵魂”到“类似磁的灵魂的力”的观念的转变，将动力学运用于天文学的研究中，开创了“物理的数学的天文学”。至于伽利略，本人率先在国内展开其何以能够提出“数学的物理学”研究，揭示出伽利略虽然没有明确提出机械自然观，但是，他是明确将研究对象限定在事物的第一性质(机械性地不依赖于人的主观感觉)上，从而进行“理想化实验”并且发现相关的物理学定律。这是对柏拉图理念论的扬弃，也是对亚里士多德内在目的的悬置。开普勒和伽利略分别在天文学领域和物理学领域实现了“从抽象的数学理念到具体的数学实在”的转变。不仅如此，本人还在上述研究和他人研究的基础上，从哥白尼“日心说”接受的历程，提出“日心说”革命绝非真理战胜谬误、理性战胜迷信、科学战胜宗教的突然进行和完成，而是一个复杂的过程，其中既有从工具论的到实在论的态度的转变，也有社会宗教、政治、价值的考量。

第八章主要探讨近代科学的实验思想革命。关于这一主题，国内很少研究，既没有展现 experiment 一词的来源，也没有探讨占星术实验、炼金术实验、帕拉塞尔苏斯实验的自然观基础和特征，更没有分析弗朗西斯·培根“激扰自然”的实验思想。本人对此探讨，揭示出近代科学实验的产生是与自然观的变革紧密联系在一起的，是从泛灵的经验到“激扰的”实验，从向书本(先验观念)学习到向自然学习。这就将古代实验、中世纪晚期实验与近代早期实验区分了开来，也提出了弗朗西斯•培根的实验应该更多的是“激扰自然”的实验而非“干涉自然”的实验。

第九章主要探讨近代科学的机械自然观革命。对于机械自然观，国内学界乃至公众普遍对此持有负面印象，认为抱有机械自然观的人们在孤立地、静止地、片面地看问题，是应该被抛弃的。从辩证唯物主义的角度看，这有一定道理。然而，从科学的产生与机械自然观的关联看，机械自然观有其积极意义。它是对万物有灵论自然观的反抗，是近代科学产生的基础，也是科学的技术应用、工业文明的产生及其推进等的基础。机械自然观的积极意义不仅不可忽视，而且还要重视起来。可以说，直到今天传统科学依据的主要还是机械自然观。

第十章主要探讨近代科学革命的集成，涉及到：惠更斯实现了运动微粒说与数学的结合，提出光的波动学说；波义耳实现了机械微粒说而非元素说与实验的结合，把化学确立为科学；牛顿实现了运动微粒说、数学和实验的大统一，提出了他的“从运动现象分析自然之力，再从自然之力证明其他现象”的研究纲领。对于这一部分，国内有关惠更斯的专题研究很少，而且如此这般地开展系统性地研究也较少。它更加清楚地表明，“大写的近代科学革命”的各个部分不是孤立的，而是相互关联的，应该整体性地推进“大写的科学革命”。到此，近代科学的自然观范式以及随之的方法论范式也就具备了，“大写的近代科学革命”也就完成了。

第十一章主要探讨“大写的近代科学革命”完成后的“小写的近代科学革命”的推进。对于18世纪之后至20世纪之前发生的科学革命，以及之前16世纪晚期、17世纪发生的科学革命，国内外学界一直没有明确区分，将此统称为“近代科学革命”。本人在“大写的”和“小写的”科学革命概念基础上，将两者作了区分，认为18世纪之后至20世纪之前发生的科学革命，是16世纪晚期、17世纪“大写的近代科学革命”基础上的“小写的科学革命”，是“大写的近代科学革命”之哲学范式的贯彻。这种贯彻遵循了祛魅性原则、简单性原则、还原性原则、决定性原则，取得了一系列重大成就，如氧的燃烧学说、原子-分子学说、光的波动学说、电磁场理论等。不仅如此，本人还对发生于19世纪末20世纪上半叶的“相对论革命”“量子力学革命”“分子生物学革命”进行了分析，说明它们仍然是在“大写的近代科学革命”基础上的“小写的近代科学革命”。而且，与一般的科学思想史研究不同，本人认为，在18世纪之后至20世纪之前，对近代科学哲学层面机械论范式提出挑战的是活力论，只是这样的活力论在与机械论的抗争中落败了。这样的研究方式及其所获得的相关结论，有一定的创新性。

6. 现代科学革命：从机械论到有机论，创立“有机式科学”

这属于第十二章的内容。对于现代科学革命，国内非常重视，炒的很火，但是，对于其究竟是什么，少有人探讨。由此造成的结果是，人们普遍把发生于20世纪的科学革命不分青红皂白地全部称为现代科学革命，这对于人们恰当地认识以及推进现代科学革命非常不利。实际上，现代科学革命应该不同于近代科学革命，这种不同根本性地不在具体化的科学认识上，而在于现代科学之哲学范式相对于近代科学之哲学范式应该是一次革命，从近代科学的机械论走向现代科学的有机论，遵循返魅性原则、复杂性原则、整体性原则、非决定性原则等。据此分析，现代科学革命不是发生于传统的近代科学内部，而是发生于20世纪新兴的分支科学学科(如动物认知科学、地球科学、思维科学、生态学等学科)，以及横断学科如“老三论”(控制论、信息论、系统论)和“新三论”(耗散结构论、协同论、突变论)上。这种认识对于明确现代科学革命的领域、内涵及其着力点，进而有效推动现代科学革命，具有十分重要的意义。

7. 未来科学革命：创立“既经济又环保”的“地方性科学”

这是第十三章和第十四章的内容。以往的科学思想史是不涉及未来科学的，也很少考虑未来科学革命。这就失去了科学思想史知往而鉴今的功能。本人考虑到这一点，结合自己的“科学技术与环境论”研究，从科学哲学的角度，分析近代科学之所以造成环境问题的自然观、认识论和方法论原因，认为近代科学的本质是其应用造成环境问题的根本原因，要解决环境问题，就必须进行新的科学革命(未来科学革命)，发展一种“既有利于环保也有利于经济的‘地方性科学’”。

8. “结语”：“大写的科学革命”是什么

本部分是对全书作一个总结和反思。首先，概括出“大写的科学革命”历史演进：史前人类的“神话式科学”→古希腊自然哲学的“哲学式科学”→中世纪的“神学式科学”和“哲学式科学”的混杂→近代的“机械式科学”→现代的“有机式科学”→未来的“地方性科学”或“可持续式科学”；其次，澄清关于科学革命的几个问题，如科学革命是起源于科学内部还是外部，科学革命发生了几次，每次科学革命发生的时间长短如何，科学革命是断裂的还是连续的等；再次，概括出科学革命的具体特征，如科学是受着社会文化限制的而非完全自主的，科学事实在很多时候是被建构的而不是被发现的，科学理论的提出和检验并非完全是逻辑严密的，对立假说可以共存于科学革命过程中，完成了的科学革命还是可以修正的等；最后，指出要推进新的现代科学革命和未来科学革命，就要科学家加强科学思想史的素养，坚持反科学主义的态度，理解自然观变革对于新的科学革命的意义，从而自觉推进新的科学革命。

(三)本书的理论意义与应用价值

1. 重启科学思想史的专门研究，为学界进一步展开研究提供文本资料

纵观中国国内科学思想史著作的出版，主要集中在20世纪80和90年代，分别为《科学思想史》(江苏科学技术出版社，作者林德宏，1985 年第 1 版，2004 年、2020 年修订再版)、《科学思想史指南》(四川教育出版社，吴国盛主编，论文集，1994 年第 1 版)、《科学思想的源流》(武汉大学出版社，作者桂起权，1994 年第 1 版)、《近代科学中机械自然观的兴衰》(中山大学出版社，作者林定夷，1995 年第 1 版)等。之后直到 2015 年，才见《科学思想史：一种基于语境论编史学的探讨》(科学出版社，作者魏屹东)。

在国内近 30 年未见他人撰写并且出版同类主题书籍的情况下，本书的撰写及其出版一定程度上填补了这方面的长期空缺，为科技史领域、科学哲学领域、科学社会学领域的研究者进行科学思想史以及科学革命研究，提供完整的文本。

2. 提出“综合论”的研究纲领，为学界研究科学思想史提供方法借鉴

从 20 世纪末开始，尤其是进入 21 世纪，国内翻译出版了许多译丛。这些译丛中的有的著作主要探讨古希腊、中世纪以及近代早期科学思想史，对史前阶段以及现阶段和未来阶段的科学思想史没有涉及，有的著作主要是从科学史的角度探讨科学思想史，有的著作主要是从科学哲学的角度探讨科学思想史，有的著作主要是从科学(知识)社会学的角度探讨科学思想史，有的著作从自然观的角度探讨其与科学革命的关系，但从这些方面进行综合研究论述的较少。

在此情况下，本书融科学史、科学哲学和科学社会学研究于一体的科学思想史“综合论”的研究纲领，为学界进行这方面的探讨提供方法论借鉴和脚本，有利于推动国内科学思想史理论建设和学科发展，促进科学史界、科学哲学界、科学社会学界的联盟。

3. 明确“大写的科学革命”内涵，为学界澄清科学革命提供思想基础

本书将“大写的科学革命”与科学思想史的研究结合了起来，在系统分析各个历史阶段自然观变革、方法论创新的基础上，沿着“史前阶段-古希腊阶段-中世纪阶段-近代-现代-未来”时间轴线，新增了相关研究主题，将科学思想史的研究向两极作了扩展——向前回溯到史前人类，提出科学的萌芽形式；向下关注现代科学革命，提出有机论的科学范式；向后展望未来科学革命，提出经济和环保双赢的未来科学革命新形态。由此形成完整的科学思想史知识体系，呈现“大写的科学革命”的全貌以及各个历史阶段的科学所具有的形而上学特征——史前科学是“神学式科学”，古希腊自然哲学是“哲学式科学”，中世纪科学是“神学与哲学相混合的科学”，近代科学是“机械式或实证式科学”，现代科学是“有机式科学”，未来科学是“地方性或可持续式科学”。

这对于学界深入理解和厘清相关概念，回应相关问题，如科学革命究竟是什么？有无科学革命？历史上发生了几次科学革命？现代科学革命与近代科学革命有何不同？体现在哪些学科之中？未来科学革命怎样？等等，提供了思想基础和案例展现。

而且，本书在系统阐述“大写的科学革命”的同时兼顾到“小写的科学革命”，并且探讨了“以一个什么样的态度对待新的科学革命”以及“如何更好地贯彻新的科学革命”等问题，为有效地推进新的现代科学革命和未来科学革命奠定哲学思想基础。在此情况下，本书为国内学界深刻地了解并理解“大写的科学革命”的内涵以及其与“小写的科学革命”的区别，进一步展开现代科学革命和未来科学革命研究，提供了系统的知识基础和崭新的哲学框架，启发中国的科学界和社会各界推动并且展开新的科学革命研究。

4. 探讨各个历史阶段的自然哲学，为学界展开跨学科研究架起桥梁

本书对史前神话宗教自然观以及人类认识的研究，重点放在这样的认识是否是科学上；对古希腊自然哲学的梳理，重点放在它的科学思想意蕴以及科学的革命性揭示上；对中世纪自然哲学的分析，重点放在其与宗教神学以及近代早期科学的关联上；对近代科学之自然哲学的探讨，重点放在其对古希腊自然哲学的革命以及新的机械自然观和方法论的确立上；对现代科学之自然哲学的确立，重点放在其有机论自然观的内涵以及方法论创新上；对未来科学之自然哲学的探讨，重点放在近代科学的非自然性、环境破坏以及未来科学的人与自然和谐的自然观确立上。

如此，就将史前时期的、古希腊时期的、中世纪的自然哲学与近代科学联结了起来，为西方哲学研究者以及古代科学思想史研究者展开相关时期的研究，奠定了基础；就将现代科学之于近代科学区别了开来，为科学哲学界与科学界的研究者展开现代科学革命研究，提供了基点；就将近代科学之于环境保护的非自然性欠缺，以及未来科学对其的革命性的哲学基础揭示了出来，为环境哲学界、科学哲学界以及科学界进行新的未来科学革命研究，指明了方向。

这样的研究，就将科学认识的本体论、认识论、方法论以及价值论结合了起来，将科学认识与科学应用结合了起来，既拓展了科学史研究至哲学层面和社会学层面，也进一步拓展了科学哲学研究至科学应用层面，还拓展了科学社会学研究至经济和环境层面；这样的研究就为哲学界内部以及哲学界与科学界形成学科联盟，开展跨学科以及跨历史时期的自然哲学研究，架起了桥梁。

本人在这里简要回顾本书的撰写历程、观念的创新以及理论和应用价值并非表功，而只是想表明，撰写这样的一本书是不容易的，也是有价值的。

当然，本书的撰写也存在不足。其中之一就是较少对其他地区，特别缺少对中国古代的科学思想的梳理、分析和评述，固然这与本书的撰写是以西方科学思想的演变为主线展开有关，但是本人缺乏这方面的素养也是事实。不仅如此，限于本人的研究视域及能力所限，本书没有在系统呈现人类各个历史阶段认识论与自然观变革和方法论创新之间的关系，只是在某些关键部分涉及，这值得进一步探讨。而且，本书是一部学术研究专著，对基础性专题进行了专门研究，专业性较强，也很艰深，从学术研究的角度看非常必要，但是，读者对象受到了限制，不能为公众所阅读，下一步计划以本书为母本，撰写《科学革命的思想简史》通俗读本，扩大本书的科学和社会影响。

（四）致谢

在撰写本书过程中，笔者就完成的相关部分请教于诸多专家。科学哲学专家桂起权教授审读了本书稿（2019年11月）；古希腊方面的专家聂敏里教授审读了本书稿古希腊及中世纪部分（2020年2月）；科学史方面的专家王国强研究员审读了近代科学革命部分（2021年5月）。另外，在本书写作期间，科技史方面的专家柯遵科博士、王哲然博士审读了本书稿第一章、第六章（2016年10月），晋世翔博士审读了第二章、第三章（2016年5月），张东林博士审读了本书稿的第六章、第七章（2016年10月）；物理学哲学方面的专家罗栋博士、乔笑斐博士分别审读了书稿中的相对论哲学、量子力学哲学部分（2021年8月）。笔者的博士生倪峻伟参与了第十一章“‘活力论’的提出及其发展”以及第十二章“生物学有机论的产生及其发展”主题的撰写。在此对他们致以衷心的感谢！中国人民大学一级教授、科技哲学专家刘大椿教授，中国科学技术史学会理事长、中国科学院大学孙小淳教授，应笔者之邀，为本书作序，不吝推荐。在此致以特别的感谢！

本书的撰写涉及众多的历史人物，经历较长的时间，参考很多的资料，典型的有“科学史译丛”（商务印书馆，共 14 册）、“剑桥科学史译丛”（复旦大学出版社，共 11 册）、“科学源流译丛”（湖南科学技术出版社，共 12 册）、“北京大学科技史与科技哲学丛书”（北京大学出版社，共 13 种）、“科学文化译丛”（上海交通大学出版社，共 11 种）、“剑桥科学史译丛”（大象出版社，共 8 卷，已出版 4 卷）等。对于这些图书，有的有老的和新的版本，有的由不同的人翻译出版，近三年本人进行全书统稿之时，将所引用的旧译本尽可能换成最新版本。为了让读者了解这方面的情况，在本书参考文献目录部分，笔者将旧的翻译版本和新的翻译版本一并放上。对于这些科学史、科学思想史或科学文化的译著，笔者虽然不能说都给予研读，但是，对于本书相关研究确是有必要的，应该说都研读了。另外，本书的撰写也充分吸收他人的专题研究成果。在此，对各位译者以及相关人物和主题的研究者表示衷心感谢！没有您们的辛勤劳动和丰硕成果，本书是不可能如此顺利地完成的。

到了 2018 年，笔者调到华南师范大学工作，为 2017—2023 级的硕士研究生开设了“科学思想史”课程，并且也为 2020 级以及 2022 级的哲学本科生开设了“自然哲学”课程。这两门课程的教学所用的教材就是笔者所撰写的本书稿。在授课过程中，同学们对本书稿初稿进行了研读和校对，提出了许多宝贵意见，使我受益匪浅。在此衷心感谢！

2023 年 5 月 14 日，科学出版社科学人文分社在华南师范大学召开了本书稿的图书定稿会。在本次定稿会上，来自中国社会科学院、清华大学、北京师范大学、哈尔滨工业大学、中山大学等单位的 20 余位专家就本书的特色、创新、价值以及不足，畅所欲言，提出了很好的意见和建议。在此衷心感谢！

虽然笔者在本书的撰写过程中，系统收集并研读了国内外相关的科学史、科学哲学以及科学知识社会学的著作和期刊论文，尽可能真实地梳理历史事件的脉络，厘清基本的历史事实，理解历史背后的语境，挖掘历史深处的科学哲学以及科学知识社会学的思想观念，比较分析各种观念的合理性，给出自己的恰当看法，以保证本书撰写的客观性和准确性，但是，鉴于本书所涉及的人物、主题以及概念太多，有些难度较大且复杂，更鉴于本人才疏学浅，这导致本书不当之处在所难免，在此敬请各位专家批评指正，衷心感谢！

本书的出版得到 2013 年度教育部人文社会科学重点研究基地山西大学科学技术哲学研究中心、2021 年度华南师范大学哲学社会科学优秀学术著作出版基金、2022 年度教育部哲学社会科学研究后期资助重大项目（22JHQ003）资助，科学出版社于 2023 年底将本书列入社精品项目。在此衷心感谢！

最后，要特别感谢科学出版社科学人文分社侯俊琳社长以及本书责任编辑邹聪女士等！感谢你们对本书稿的关怀以及辛苦工作！

肖显静

2023 年 12 月 18 日

于广州大学城求真街 110 号